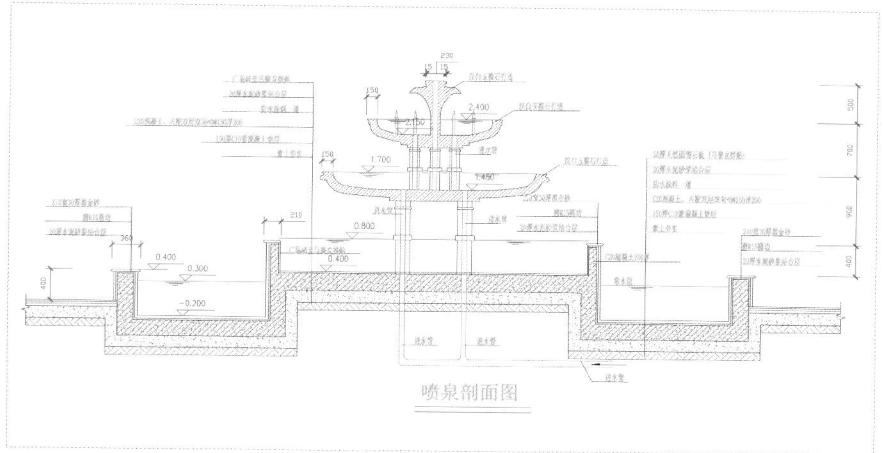

喷泉剖面图

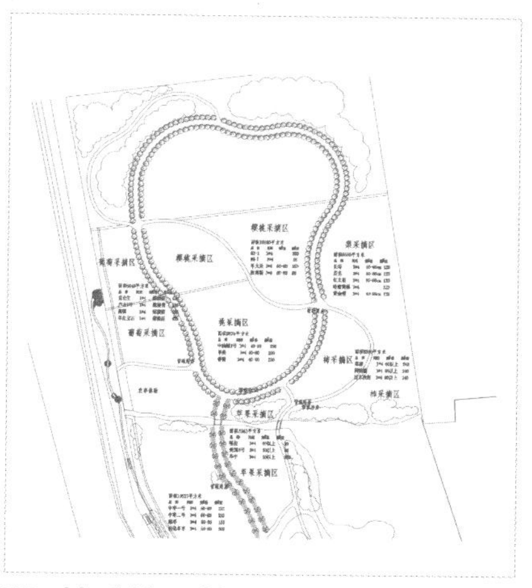

某采摘园植物配置图一

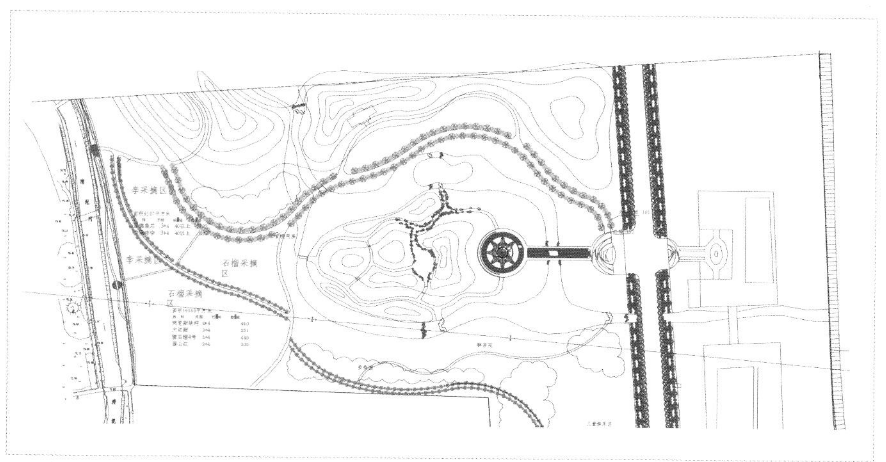

某采摘园植物配置图二

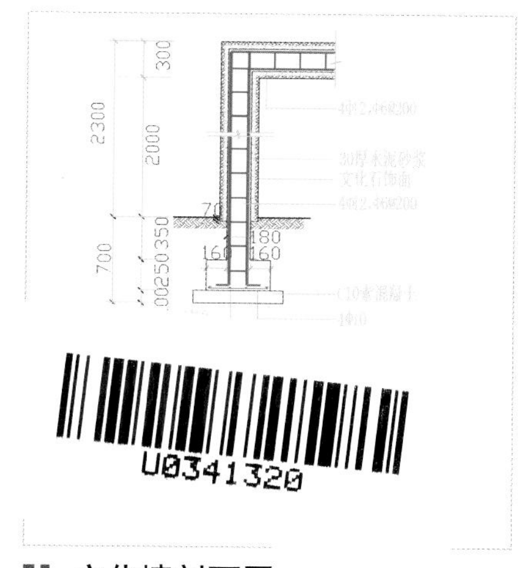

文化墙剖面图

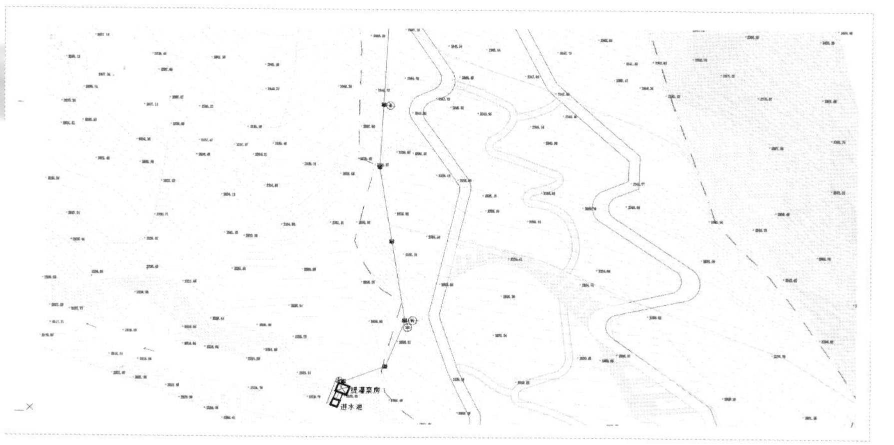

提灌系统总平面布置图一

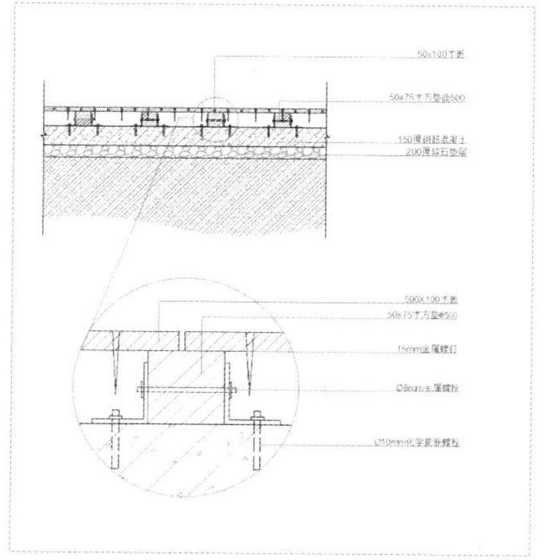

木平台施工详图

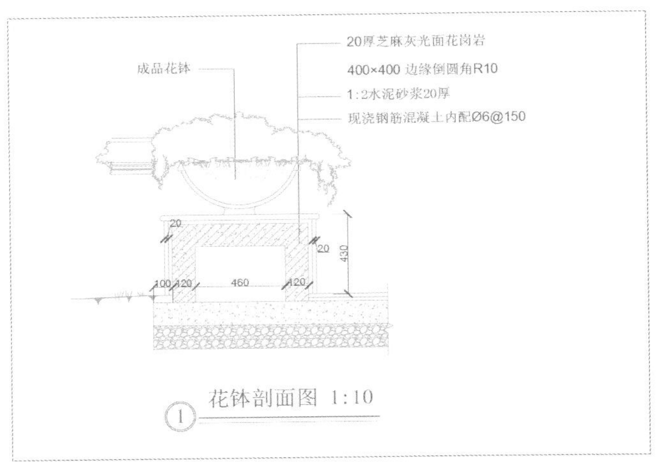

花钵剖面图一

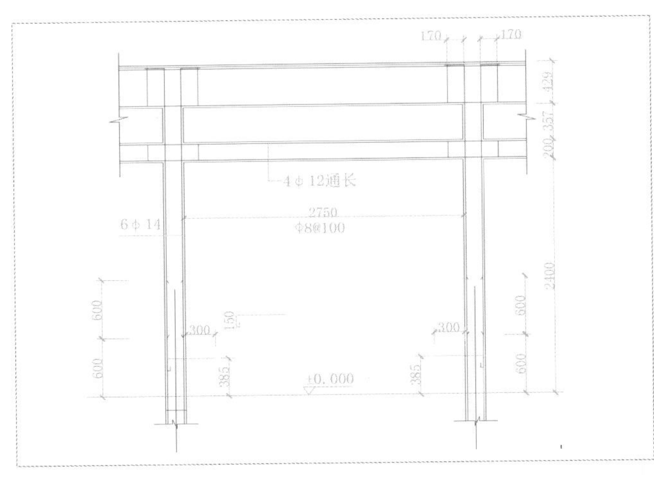

梁展开图

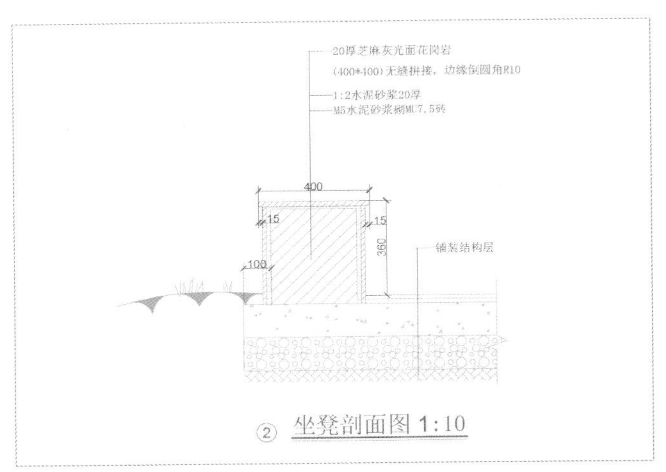

花钵剖面图二

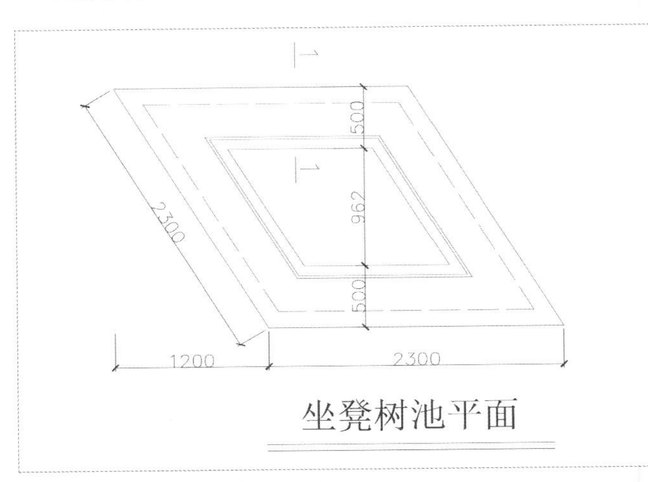

绘制坐凳树池平面图

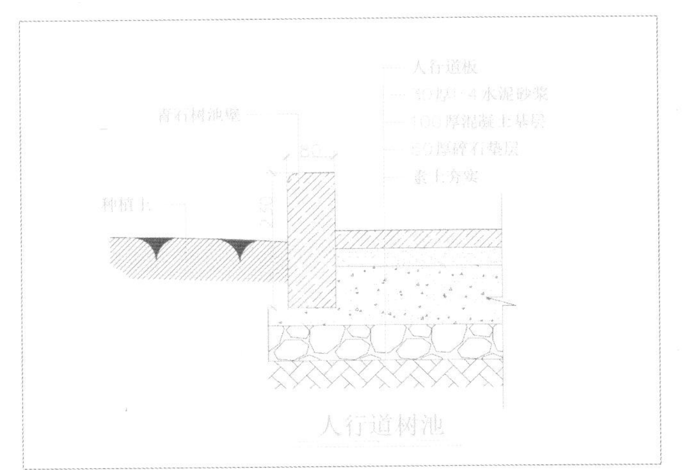

绘制人行道树池

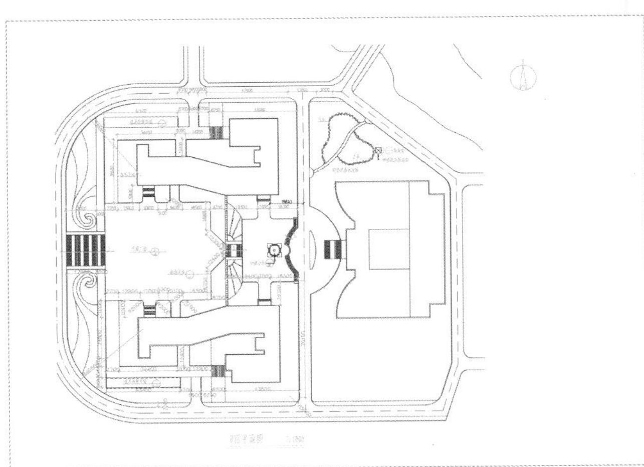

某学院景观绿化B区平面图

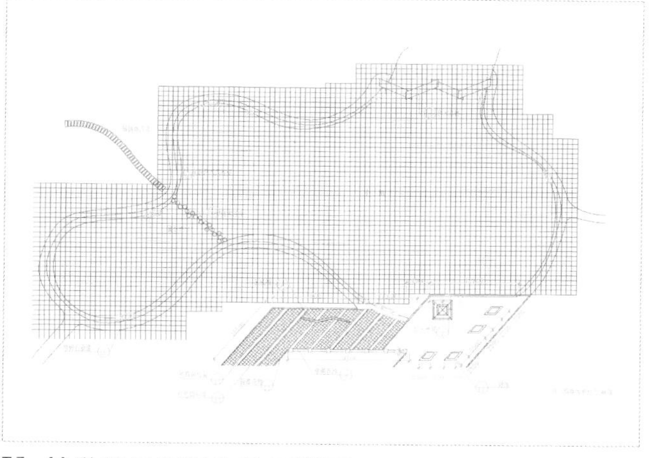

某学院景观绿化施工详图二

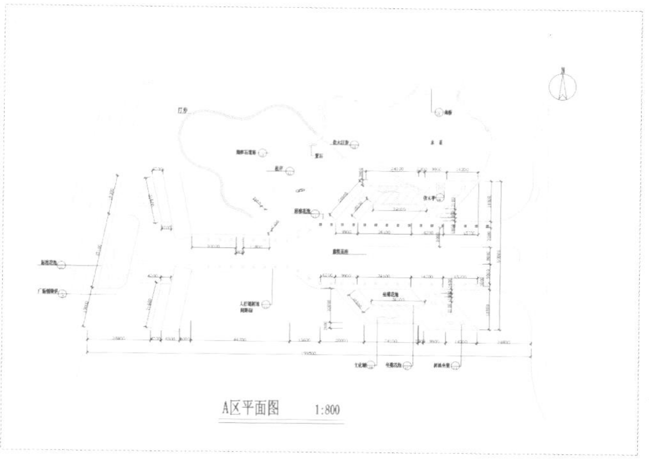

某学院景观绿化A区平面图

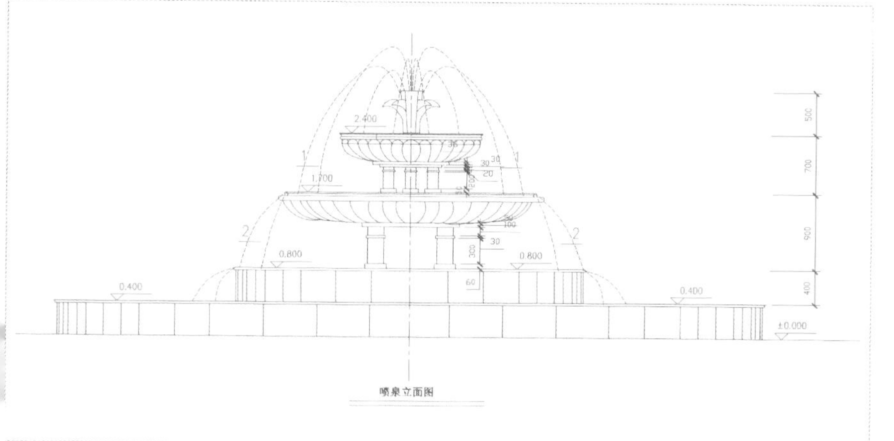

喷泉立面图

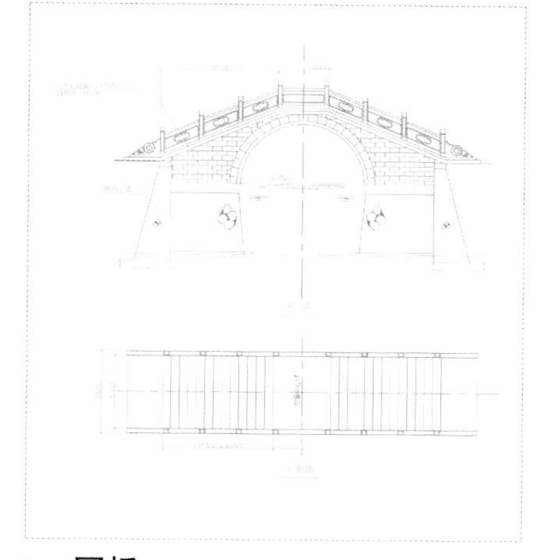

园桥

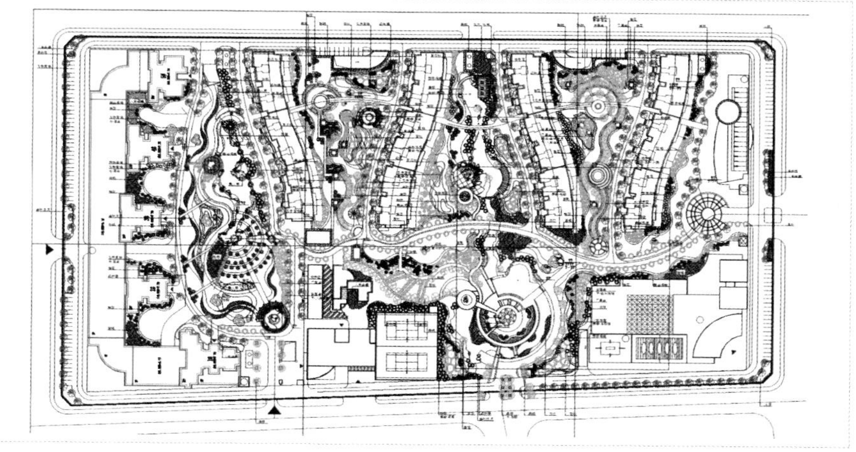

居住区公园

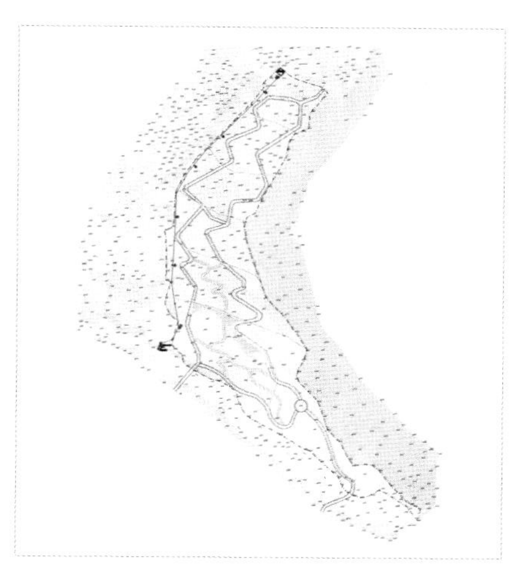

提灌系统总平面布置图

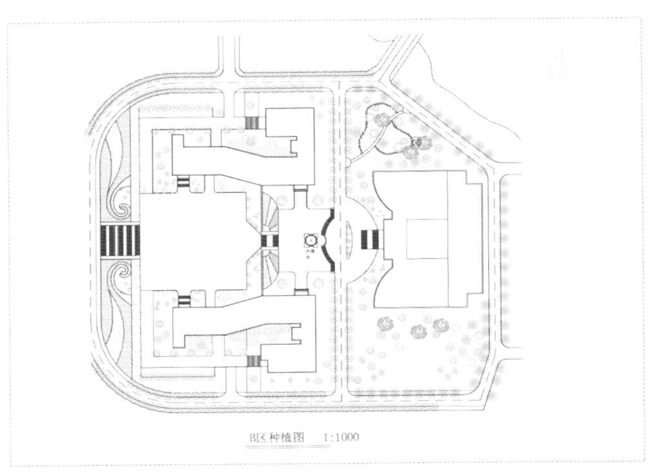

B区种植图

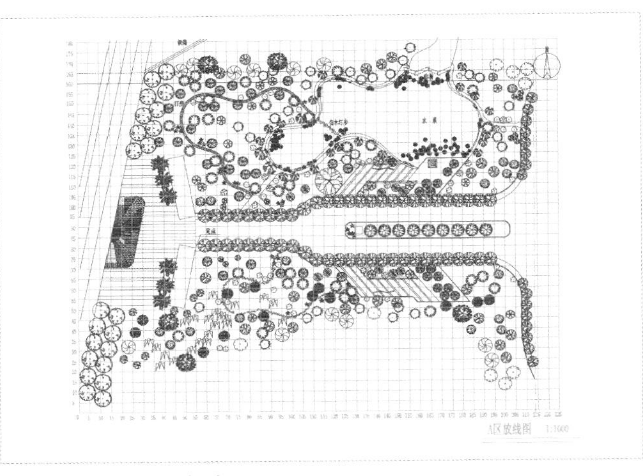

A区放线图的绘制

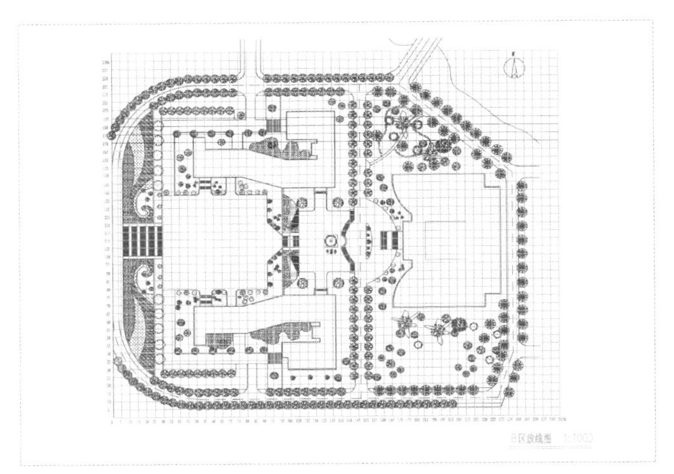

B区放线图的绘制

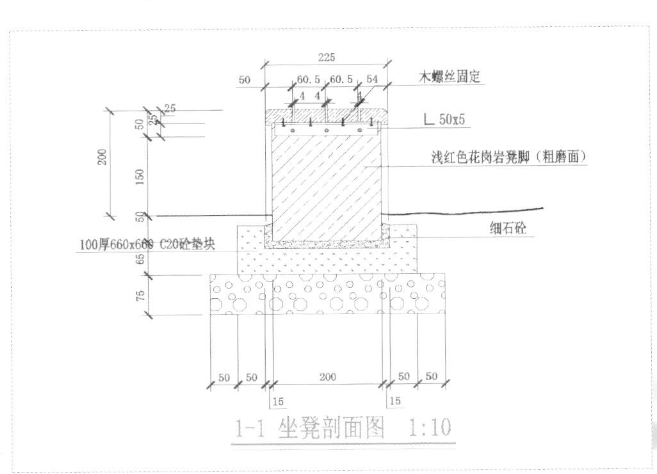

1-1 坐凳剖面图

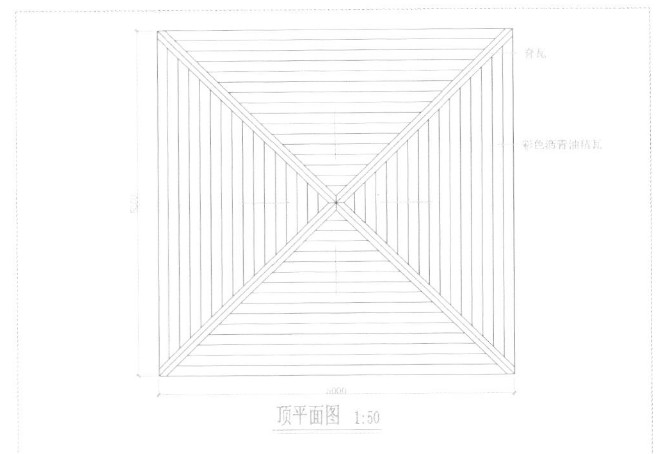

四角亭顶平面图

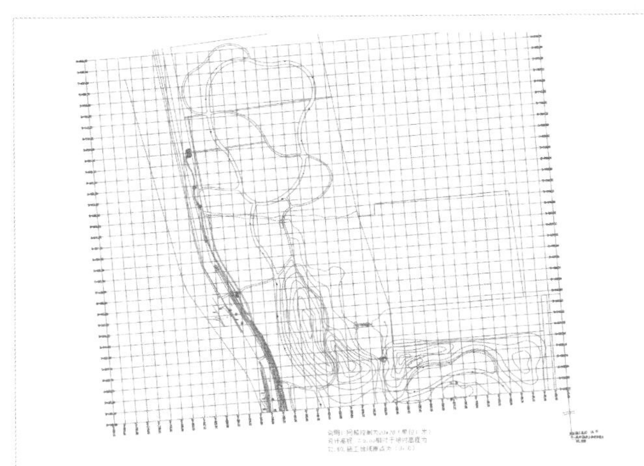

施工放线图一

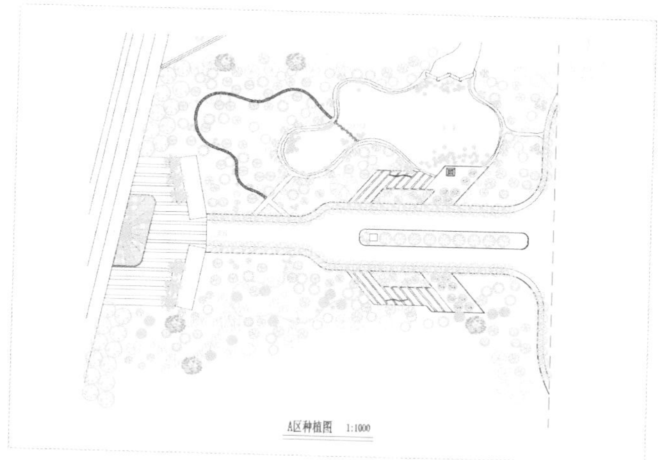

某学院景观绿化A区种植图

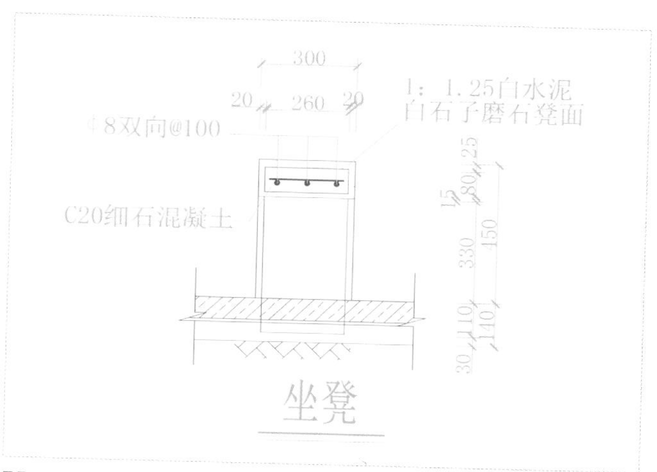

坐凳

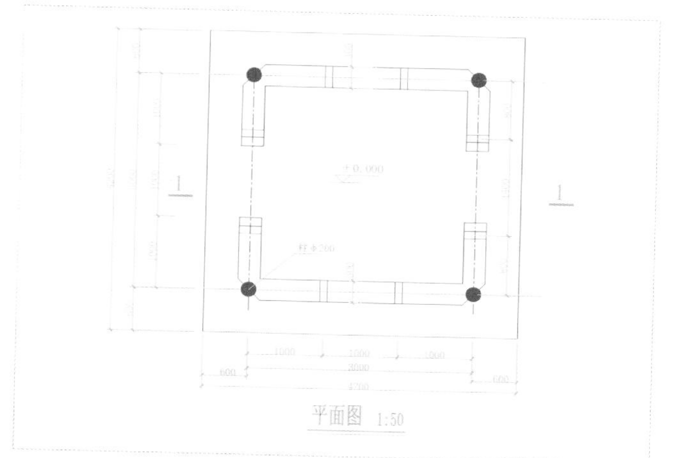

四角亭平面图

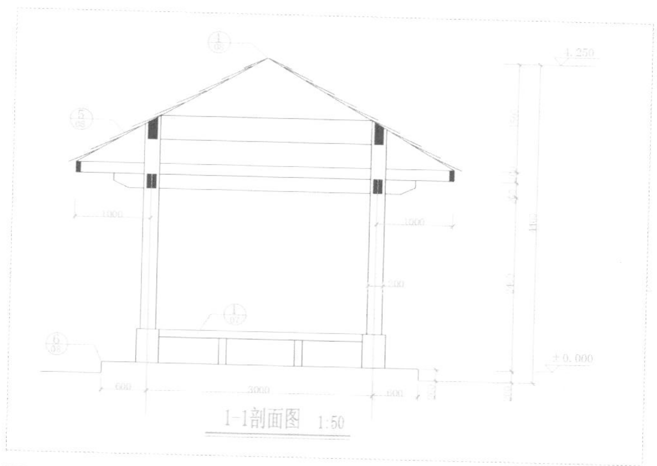

四角亭1-1剖面图

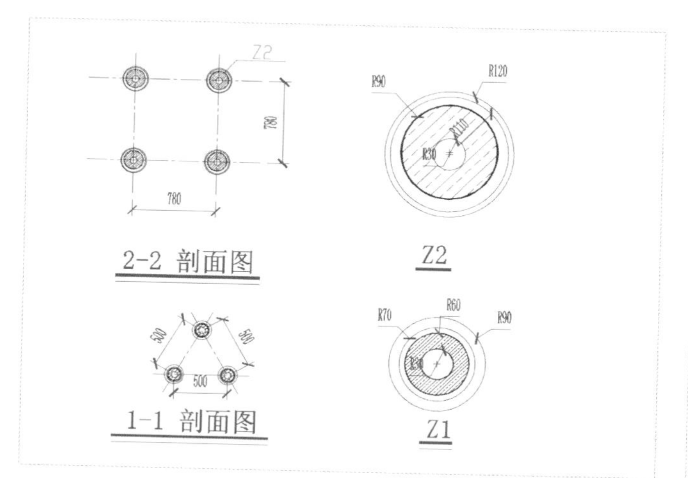

喷泉详图

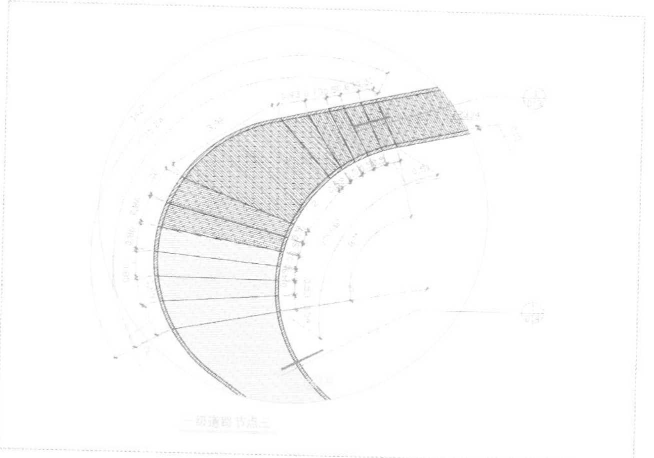

一级道路节点三

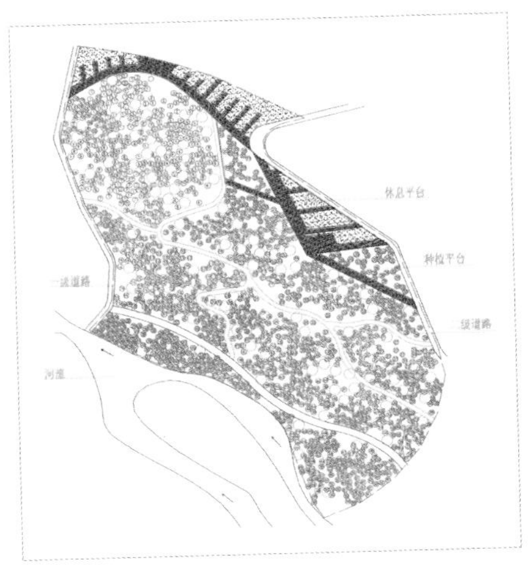

植物园总平面图

水磨石罩面
87
13
300
500
130
1685
坐凳树池立面

坐凳树池立面

灌溉系统平面布置图

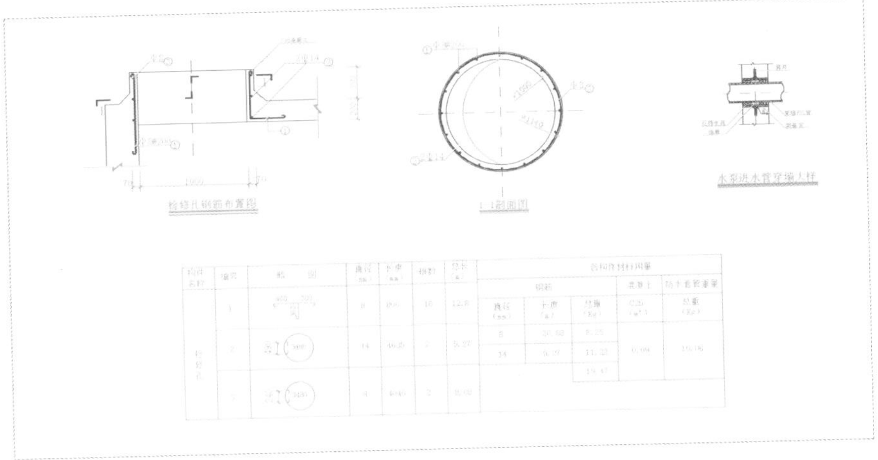

检修孔、防水套管详图

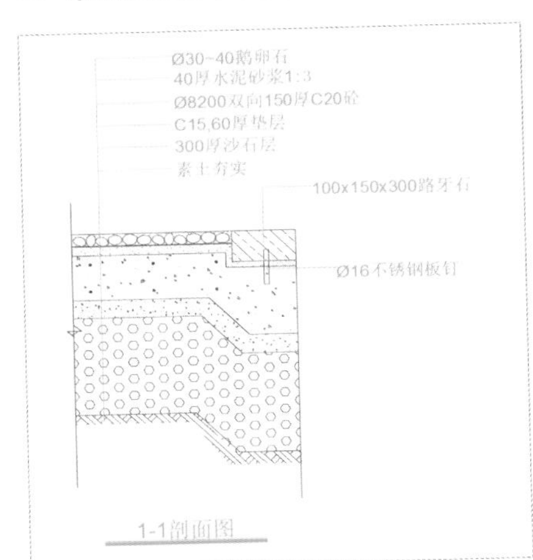

二级道路大样图

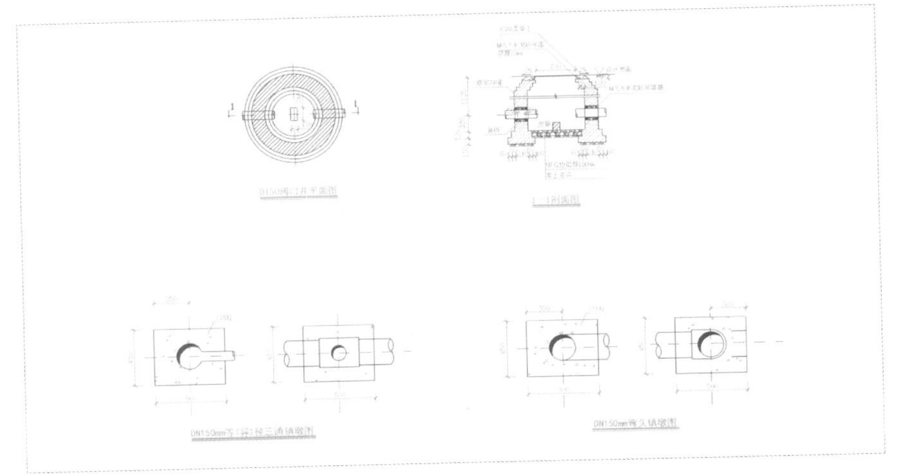

检查井、镇墩结构详图

仿木纹处理
6Ø8
仿松木皮处理
常水位
C20砼
Ø10@150
C10素砼垫层
仿木汀步大样图

仿木汀步大样图

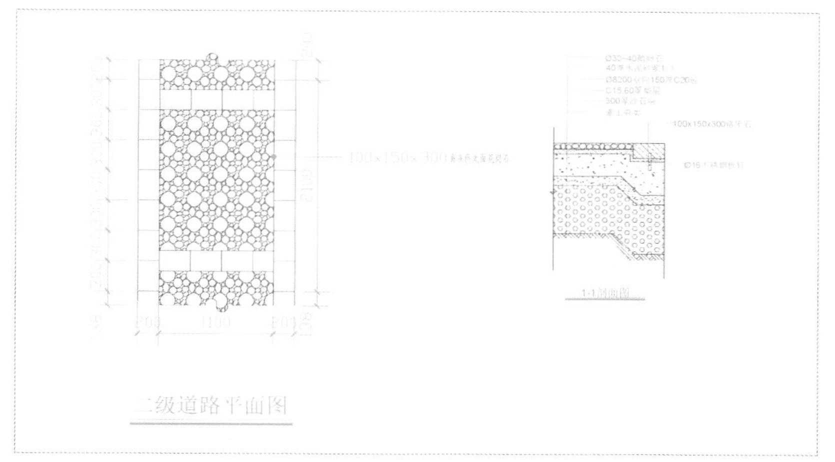

二级道路平面图

凳脚及红砖镶边大样

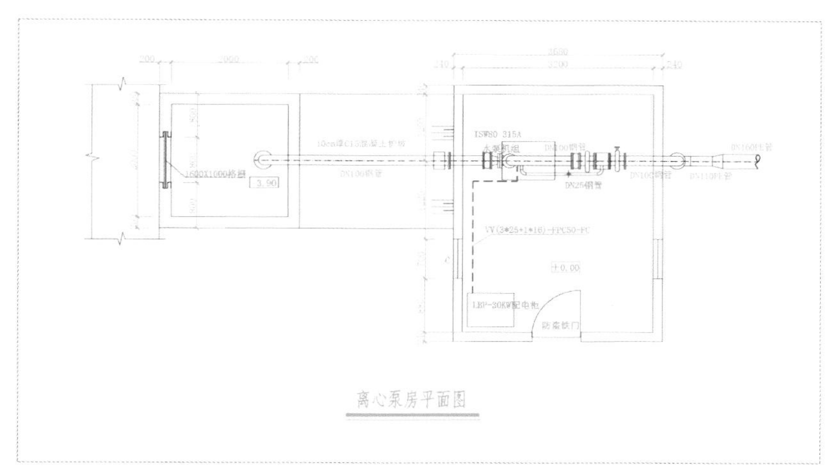

离心泵房平面图

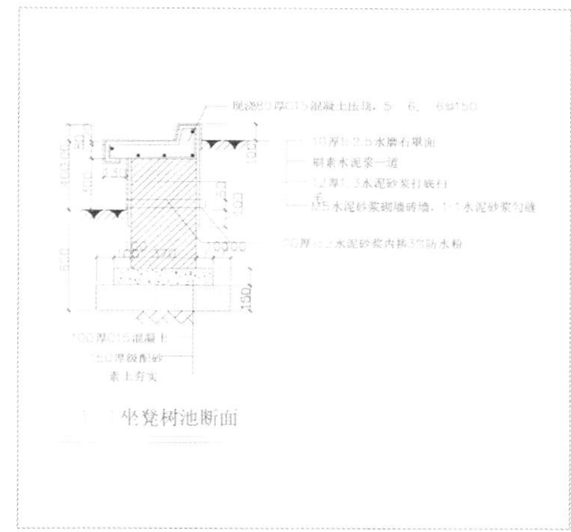

1-1坐凳树池断面

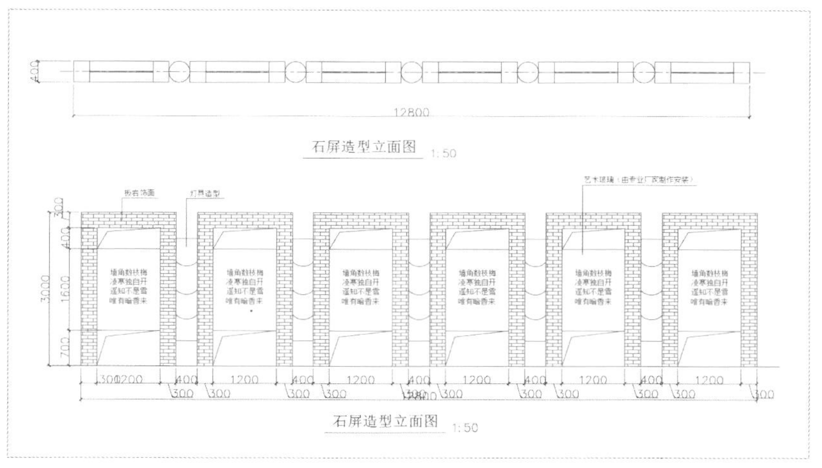

围墙

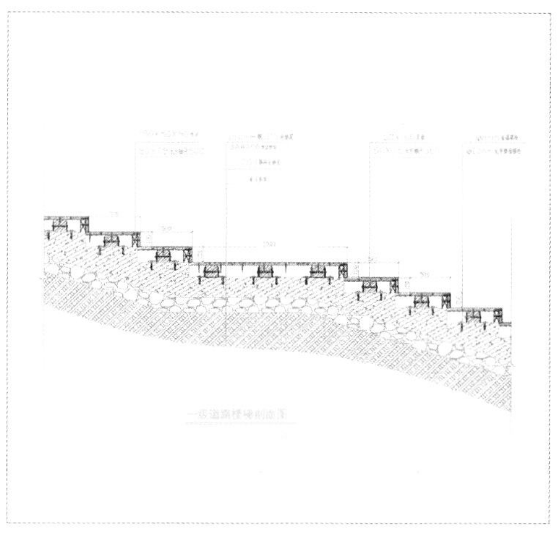

一级道路楼梯剖面图

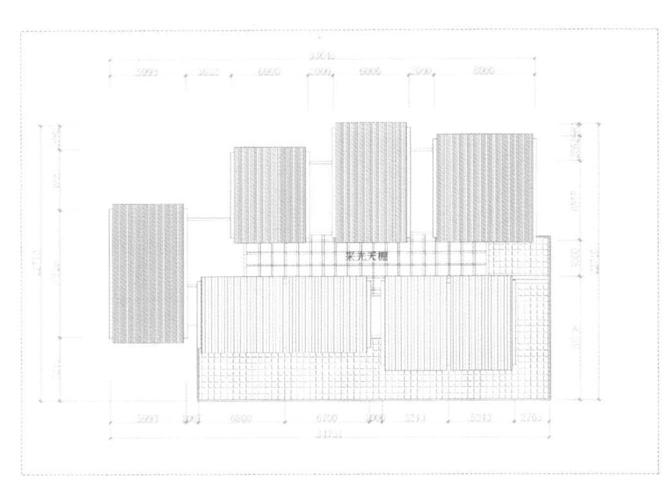

茶室顶视平面图

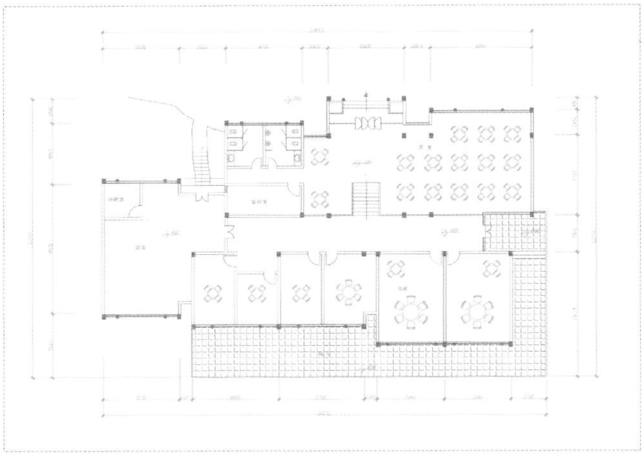

茶室平面图

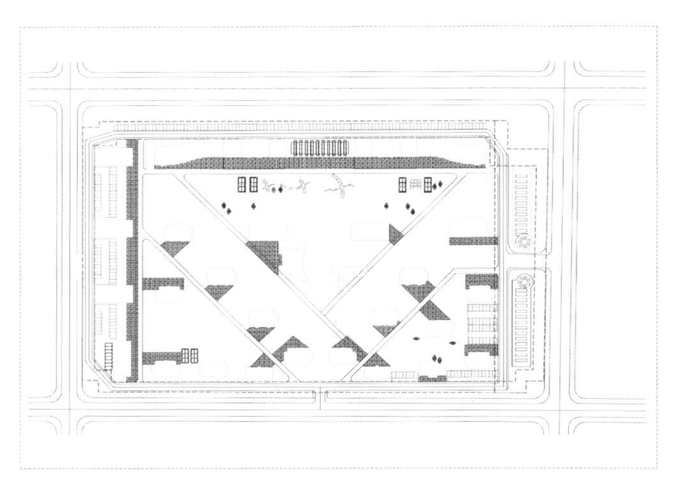

高层住宅小区园林规划

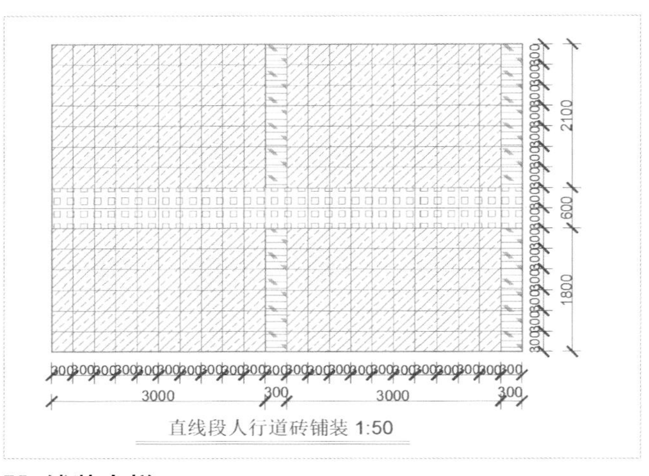

铺装大样

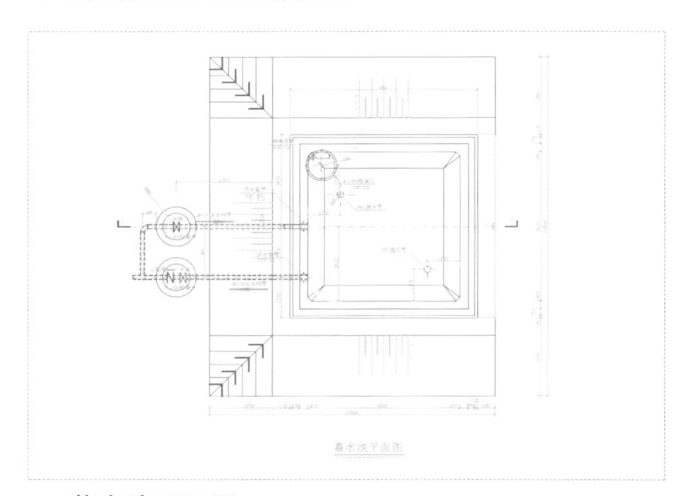

蓄水池平面图

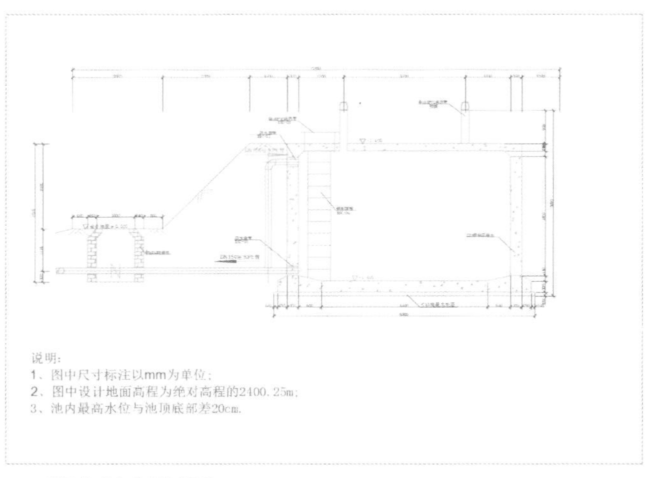

蓄水池剖视图

AutoCAD 园林景观绘图实例大全

CAD/CAM/CAE 技术联盟　编著

清华大学出版社

北　京

内容简介

《AutoCAD 园林景观绘图实例大全》一书讲述了利用AutoCAD进行园林设计的经典案例，全书共分4篇17章，第1篇为基础知识篇，通过实例讲述了园林设计四要素（建筑、小品、水景、绿化）的设计思路和方法；第2篇为社区公园园林设计篇，讲述了常见的城市居住小区园林的设计思路和方法；第3篇为校园园林设计篇，讲述了某校园园林设计的基本思路和方法；第4篇为植物园园林设计篇，综合讲述了某植物园园林设计各个方面的全部设计过程，各章之间紧密联系，前后呼应，形成一个整体。

另外，本书随书光盘中还配备了极为丰富的学习资源，具体内容如下：

1. 69集（段）与本书同步的社区公园、校园、植物园等不同类型园林景观设计案例的教学视频，让学习像看电影一样轻松、直观。

2. AutoCAD应用技巧大全、疑难问题汇总、常用图块集、常用填充图案集、AutoCAD认证考试样题及常用工具、快捷键和快捷命令的速查手册等，能极大地方便学习，提高效率。

3. 园林建筑、绿化和水景设计方案及道路绿化设计方案，包括源文件及长达200分钟的同步教学视频，拓展视野。

4. 全书实例的源文件和素材，方便按照书中实例操作时直接调用。

本书既适合于园林设计工程技术人员作为设计能力提高书籍，也适合于已经学过AutoCAD先前版本的用户作为AutoCAD实例提高书籍。

图书在版编目（CIP）数据

AutoCAD 园林景观绘图实例大全 / CAD/CAM/CAE 技术联盟编著 . —北京：清华大学出版社，2016
ISBN 978-7-302-43069-8

I. ① A…　II. ① C…　III. ①园林设计 – 景观设计 – 计算机辅助设计 –AutoCAD 软件　IV. ① TU986.2-39

中国版本图书馆 CIP 数据核字（2016）第 034097 号

责任编辑：赵洛育
封面设计：李志伟
版式设计：郑　坤
责任校对：赵丽杰
责任印制：沈　露

出版发行：清华大学出版社
网　　址：http://www.tup.com.cn，http://www.wqbook.com
地　　址：北京清华大学学研大厦A座　　**邮　　编：**100084
社 总 机：010-62770175　　**邮　　购：**010-62786544
投稿与读者服务：010-62776969，c-service@tup.tsinghua.edu.cn
质 量 反 馈：010-62772015，zhiliang@tup.tsinghua.edu.cn
印 刷 者：清华大学出版社
装 订 者：三河市新茂装订有限公司
经　　销：全国新华书店
开　　本：203mm × 260mm　　**印　　张：**40　　**插　　页：**6　　**字　　数：**1126千字
（附 DVD 光盘 1 张）
版　　次：2016年10月第1版　　**印　　次：**2016年10月第1次印刷
印　　数：1～4000
定　　价：99.80元

产品编号：058842-01

前　言

Preface

园林（garden and park）是指在一定地域内运用工程技术和艺术手段，通过因地制宜地改造地形、整治水系、栽种植物、营造建筑和布置园路等方法创作而成的优美的游憩境域。

园林学（landscape architecture，garden ar-chitecture）是指综合运用生物科学技术、工程技术和美学理论来保护和合理利用自然环境资源，协调环境与人类经济和社会发展，创造生态健全、景观优美、具有文化内涵和可持续发展的人居环境的科学和艺术。

AutoCAD 是美国 Autodesk 公司推出的集二维绘图、三维设计、参数化设计、协同设计及通用数据库管理和互联网通信功能为一体的计算机辅助绘图软件包。自 1982 年推出以来，其版本不断更新，性能更加完善，广泛应用在机械、电子、建筑、室内装潢、家具、园林和市政工程等设计领域，是目前计算机 CAD 系统中应用最广泛的图形软件之一。近年来，虽然辅助绘图软件众多，但 AutoCAD 以其开放性的平台和简单的操作方法，早已被工程设计人员所认可，成为工程界公认的规范和标准。

一、编写目的

AutoCAD 作为一款计算机辅助设计软件，其操作方法是比较简单的，只要认真学习，都能够轻松掌握。但是学习软件操作的最终目的是实际应用，如何快速准确地将设计方案通过图纸展示出来，是很多年轻设计人员需要解决的问题，也是提升个人技能的必经之路。针对这种情况，我们试图编写一套全方位介绍 AutoCAD 在各个工程行业应用实际情况的书籍。具体就每本书而言，我们不求事无巨细地将 AutoCAD 知识点全面讲解清楚，而是针对本专业或本行业需要，将所需知识进行详细介绍，并以实例作为“抓手”，帮助读者掌握利用 AutoCAD 进行本行业工程设计的基本技能和技巧。

二、本书特点

☑　专业性强

本书作者具有多年的计算机辅助设计领域工作经验和教学经验。本书是作者总结多年的设计经验以及教学的心得体会，历时多年精心编写而成，力求全面、细致地展现出 AutoCAD 在园林景观设计应用领域的使用方法。

☑　实例经典

本书以实例的方式详细讲解了常见的社区公园、校园和植物园中景观设计的具体过程，经过作者精心提炼和改编，不仅保证读者能够学会知识点，更重要的是能够帮助读者掌握实际的操作技能，通过实例演练，找到一条学习 AutoCAD 园林景观设计的捷径。

☑ 涵盖面广

本书在有限的篇幅内，详细介绍了园林中建筑、园林小品与水体设计、绿化设计的相关方法和具体过程，其中涉及园林规划、建筑图布置、水体和绿化设计、园林平面图、种植图、施工图绘制等。另外，任何操作都必须以一定的理论做支撑，所以本书在具体的实例绘制前，还详细介绍了园林设计的基本理论知识。“秀才不出屋，能知天下事”，可以说读者只要有本书在手，就能够做到AutoCAD 园林景观设计知识全精通。

☑ 突出技能提升

本书从全面提升园林景观设计与 AutoCAD 应用能力的角度出发，结合具体的案例讲解如何利用 AutoCAD 进行园林设计，使读者在学习案例的过程中潜移默化地掌握 AutoCAD 软件的操作技巧，同时培养读者的工程设计实践能力，让读者真正掌握计算机辅助设计技能，从而独立地完成各种园林景观工程设计。

三、本书光盘

1. 69 集（段）大型高清多媒体教学视频（动画演示）

为了方便读者学习，本书对大多数实例，专门制作了 69 集（段）多媒体图像、语音视频录像（动画演示），读者可以先看视频，像看电影一样轻松愉悦地学习本书内容。

2. 4 套 AutoCAD 绘图技巧、快捷命令速查手册等辅助学习资料

本书赠送了 AutoCAD 绘图技巧大全、快捷命令速查手册、常用工具按钮速查手册、AutoCAD 常用快捷键速查手册等多种电子文档，方便读者使用。

3. 园林建筑、绿化和水景设计方案及道路绿化设计方案，包括源文件及长达 200 分钟的同步教学视频

为了帮助读者拓展视野，本书光盘特意赠送了园林建筑、绿化和水景设计方案及道路绿化设计方案，包括图纸源文件、视频教学录像（动画演示），总长 200 分钟。

4. 全书实例的源文件和素材

本书中包含了很多实例，光盘中包含实例和练习实例的源文件及素材，读者可以安装 AutoCAD 软件，打开并使用它们。

四、本书服务

1. AutoCAD 安装软件的获取

在学习本书前，请先在电脑中安装 AutoCAD 软件（因版权问题，随书光盘中不附带软件安装程序）（最好安装 AutoCAD 2014 及以上等版本较新的软件），读者可在 Autodesk 官网 http://www.autodesk.com.cn/ 下载其试用版本，也可在当地电脑城、软件经销商购买软件使用。安装完成后，即可按照本书上的实例进行操作练习。

2. 关于本书和配套光盘的技术问题或有关本书信息的发布

读者朋友遇到有关本书的技术问题，可以加入 QQ 群 379090620 进行咨询，也可以将问题发送到邮箱 win760520@126.com 或 CADCAMCAE7510@163.com，我们将及时回复。另外，也可以登录清华大学出版社网站 http://www.tup.com.cn/，在右上角的“站内搜索”框中输入本书书名或关键字，找

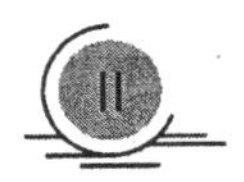

到该书后单击，进入详细信息页面，我们会将读者反馈的关于本书和光盘的问题汇总在“资源下载”栏“网络资源”处，读者可以下载查看。

3. 关于本书光盘的使用

本书光盘可以放在电脑 DVD 格式光驱中使用，其中的视频文件可以用播放软件进行播放，但不能在家用 DVD 播放机上播放，也不能在 CD 格式光驱的电脑上使用（现在 CD 格式的光驱已经很少）。如果光盘仍然无法读取，最快的办法是建议换一台电脑读取，然后复制过来，极个别光驱与光盘不兼容的现象是有的。另外，盘面有脏物建议要先行擦拭干净。

五、作者团队

本书由 CAD/CAM/CAE 技术联盟组织编写。CAD/CAM/CAE 技术联盟是一个 CAD/CAM/CAE 技术研讨、工程开发、培训咨询和图书创作的工程技术人员协作联盟，包含 20 多位专职和众多兼职 CAD/CAM/CAE 工程技术专家。其中赵志超、张辉、赵黎黎、朱玉莲、徐声杰、张琪、卢园、杨雪静、孟培、闫聪聪、李兵、甘勤涛、孙立明、李亚莉、王敏、宫鹏涵、左昉、李谨、张红松、陈晓鸽、解江坤、张亭、秦志霞等参与了具体章节的编写工作，对他们的付出表示真诚的感谢。

CAD/CAM/CAE 技术联盟负责人由 Autodesk 中国认证考试中心首席专家担任，全面负责 Autodesk 中国官方认证考试大纲制定、题库建设、技术咨询和师资力量培训工作，成员精通 Autodesk 系列软件。其创作的很多教材成为国内具有引导性的旗帜作品，在国内相关专业方向图书创作领域具有举足轻重的地位。

六、致谢

在本书的写作过程中，编辑刘利民先生和杨静华女士给予了很大的帮助和支持，提出了很多中肯的建议，在此表示感谢。同时，还要感谢清华大学出版社的所有编审人员为本书的出版所付出的辛勤劳动。本书的成功出版是大家共同努力的结果，谢谢所有给予支持和帮助的人们。

编 者

目 录

Contents

第1篇 基础知识篇

第 2 篇 社区公园园林设计篇

第 3 篇　校园园林设计篇

第 4 篇 植物园园林设计篇

▶▶ 第1篇

基础知识篇

本篇导读：

在国内，AutoCAD 软件在园林设计中的应用是最广泛的，使用好该软件，是每个园林设计技术人员必不可少的技能。为了使读者能够顺利地学习和掌握这些知识和技能，本篇主要讲解了园林设计工作的概念及园林设计图的绘制过程。

内容要点：

- 园林设计基本概念
- 园林建筑图绘制
- 园林小品图绘制
- 园林水景图绘制
- 园林绿化图绘制

园林设计基本概念

园林是指在一定地域内，运用工程技术和艺术手段，通过因地制宜地改造地形、整治水系、栽种植物、营造建筑和布置园路等方法创作而成的优美的游憩境域。

1.1　概　　述

1.1.1　园林设计的意义

园林设计的意义在于给人类提供美好的生活环境。从中国汉书《淮南子》《山海经》记载的“悬圃”“归墟”，到西方《圣经》中的伊甸园，从拙政园、颐和园，再到现代的各种城市公园和绿地，人类历史实现了从理想自然到现实自然的转化。有人说园林工作者从事的是上帝的工作，按照中国的说法，也可以说他们从事的是盘古的工作，要“开天辟地”，为大家提供美好的生活环境。

1.1.2　当前我国园林设计状况

近年来，随着人们生活水平的不断提高，园林行业受到了更多的关注，发展也更为迅速，在科技队伍建设、设计水平、行业发展等各方面都取得了巨大的成就。

在科研进展上，建设部早在 20 世纪 80 年代初就制定了“园林绿化”科研课题，进行系统研究并逐步落实；风景名胜和大地景观的科研项目也有所进展。另外，经过多年不懈的努力，园林行业的发展也取得了很大的成绩，建设部在 1992 年颁布的《城市园林绿化产业政策实施办法》中，明确了风景园林在社会经济建设中的作用，是国家重点扶持的产业。园林科技队伍建设步伐加快，在各省市都有相关的科研单位和大专院校。

但是，在园林设计中也存在一些不足，比如盲目模仿现象，一味追求经济效益和迎合领导的意图，还有一些不负责任的现象。

面对我国园林行业存在的一些现象，应该有一些具体的措施：尽快制定符合我国园林行业发展形势的法律、法规及各种规章制度；积极拓宽我国园林行业的研究范围，开发出高质量系列产品，用于园林建设；积极贯彻“以人为本”的思想，尽早实行公众参与式的设计，设计出符合人们要求的园林作品；最后，在园林作品设计上，严格制止盲目模仿、抄袭的现象，使园林作品符合自身特点，突出自身特色。

1.1.3　我国园林发展方向

1. 生态园林的建设

随着环境的恶化和人们环境保护意识的提高，以生态学原理与实践为依据建设生态园林将是园林行业发展的趋势，其理念是“创造多样性的自然生态环境，追求人与自然共生的乐趣，提高人们的自然志向，使人们在观察自然、学习自然的过程中，认识到保护生态环境的重要性”。

2. 园林城市的建设

现在城市园林化已逐步提高到人类生存的角度，园林城市的建设已成为我国城市发展的阶段性目标。

1.2 园林设计的原则

园林设计的最终目的是要创造出景色如画、环境舒适、健康文明的游憩境域。一方面要满足人们精神文明的需要；另一方面要满足人们良好休息、娱乐的物质文明需要。在园林设计中，必须遵循“适用”“经济”“美观”的原则。

“适用”包含两层意思，一层意思是指正确选址，因地制宜，巧于因借；另一层意思是园林的功能要适合于服务对象。在考虑“适用”的前提下，要考虑经济问题，尽量在投资少的情况下建设出质量高的园林。最后在“适用”“经济”的前提下，尽可能做到“美观”，满足园林布局、造景的艺术要求。

在园林设计过程中，“适用”“经济”“美观”三者之间不是孤立的，而是紧密联系、不可分割的整体。必须在“适用”和“经济”的前提下，尽可能做到“美观”，将三者统一考虑，最终设计出理想的园林艺术作品。

具体而言，园林设计应遵循以下基本原则。

1. 主景与配景设计原则

各种艺术创作中，首先确定主题、副题，重点、一般，主角、配角，主景、配景等关系。所以，园林布局时，首先确定主题思想，考虑主要的艺术形象，也就是考虑园林主景。主景能通过次要景物的配景、陪衬、烘托得到加强。

为了表现主题，在园林和建筑艺术中突出主景通常采用下列手法。

（1）中轴对称

在布局中，首先确定某方向一轴线，轴线上方通常安排主要景物，在主景前方两侧，常常配置一对或若干对次要景物，以陪衬主景，如天安门广场、凡尔赛宫等。

（2）主景升高

主景升高犹如鹤立鸡群，这是最常用的艺术手段。主景升高往往与中轴对称方法同用，如美国华盛顿纪念性园林、北京人民英雄纪念碑等。

（3）环拱水平视觉四合空间的交汇点

园林中，环拱四合空间主要出现在宽阔的水平面景观或四周由群山环抱、盆地类型园林空间，如杭州西湖中的三潭印月等。自然式园林中四周由土山和树林环抱的林中草地也是环拱的四合空间，四周配杆林带，在视觉交汇点上布置主景，即可起到主景突出作用。

（4）构图重心位能

三角形、圆形图案等重心为几何构图中心，往往是处理主景突出的最佳位置，起到最好的位能效应。自然山水园的视觉重心忌居正中。

（5）渐变法

渐变法即园林景物面局，采用渐变的方法，从低到高，逐步升级，由次要景物到主景，逐级引入，通过园林景观的序列布置，引人入胜，引出主景。

2. 对比与调和

对比与调和是布局中运用统一与变化的基本规律，是对事物形象的具体表现。采用骤变的景象，以产生唤起兴致的效果。调和的手法，主要通过布局形式、造园材料等方面的统一、协调来表现。

园林设计中，对比手法主要应用于空间对比、疏密对比、虚实对比、藏露对比、高低对比、曲直对比等。主景与配景本身就是“主次对比”的一种对比表现形式。

3. 节奏与韵律

在园林布局中，常使同样的景物重复出现，这样的布局，就是节奏与韵律在园林中的应用。韵律可分为连续韵律、渐变韵律、交错韵律、起伏韵律等。

4. 均衡与稳定

在园林布局中均衡分为静态均衡、依靠动势求得均衡和拟对称均衡。静态均衡为对称的均衡，一般在主轴两侧，景物以相等的距离、体量、形态组成。拟对称均衡，是主轴不在中线上，两侧的景物在形体、大小、与主轴的距离上都不相等，但两景物又处于动态的均衡之中。

5. 尺度与比例

任何物体，不论形状如何，必有 3 个方向，即长、宽、高的度量。比例就是研究三者之间的关系。任何园林景观中都要研究双重的 3 个关系，一是景物本身的三维空间；二是整体与局部。园林中的尺度，指园林空间中各个组成部分与具有一定自然尺度的物体的比较。功能、审美和环境特点决定园林设计的尺度。尺度可分为可变尺度和不可变尺度两种。不可变尺度是按一般人体的常规尺寸确定的尺度。可变尺度，如建筑形体、雕像的大小、桥景的幅度等都要依具体情况而定。园林中常应用的是夸张尺度，夸张尺度往往是将景物放大或缩小，以满足造园造景效果的需要。

1.3　园 林 布 局

园林的布局，就是在选定园址（相地）的基础上，根据园林的性质、规模、地形条件等因素进行全园的总布局，通常称之为“总体设计”。总体设计是一个园林艺术的构思过程，也是园林的内容与形式统一的创作过程。

1.3.1　立意

立意是指园林设计的总意图，即设计思想。要做到“神仪在心，意在笔先”“情因景生，景为情造”。在园林创作过程中，选择园址、依据现状确定园林主题思想，以及创造园景这几方面是不可分割的有机整体。而造园的立意就是通过精心布局以最终实现通过具体的园林艺术创造出一定的园林形式。

1.3.2 布局

园林布局是指在园林选址、构思的基础上，设计者在孕育园林作品过程中所进行的思维活动，主要包括选取、提炼题材；酝酿、确定主景、配景；功能分区；设计景点、游赏线分布；探索采用的园林形式。

园林的形式需要根据园林的性质、当地的文化传统、意识形态等决定。构成园林的五大要素分别为地形、植物、建筑、广场与道路以及园林小品。这在以后的相关章节会详细讲述。园林的布置形式可以分为 3 类：规则式园林、自然式园林和混合式园林。

1. 规则式园林

规则式园林又称整形式、建筑式、图案式或几何式园林。西方园林，在 18 世纪英国风景式园林产生以前，基本上以规则式园林为主，其中以文艺复兴时期意大利台地建筑式园林和 17 世纪法国勒诺特平面图案式园林为代表，这一类园林以建筑和建筑式空间布局作为园林风景表现的主要题材。规则式园林的特点如下。

（1）中轴线：全园在平面规划上有明显的中轴线，基本上依中轴线进行对称式布置，园地的划分大都为几何形体。

（2）地形：在平原地区，由不同标高的水平面及缓倾斜的平面组成；在山地及丘陵地，由阶梯式的、大小不同的水平台地、倾斜平面及石级组成。

（3）水体设计：外形轮廓均为几何形；多采用整齐式驳岸，园林水景的类型以整形水池、壁泉、整形瀑布及运河等为主，其中常以喷泉作为水景的主题。

（4）建筑布局：园林中不仅个体建筑采用中轴对称均衡的设计，建筑群和大规模建筑组群的布局也采取中轴对称均衡的手法，以主要建筑群和次要建筑群形式的主轴和副轴控制全园。

（5）道路广场：园林中的空旷地和广场外形轮廓均为几何形。封闭性的草坪、广场空间，以对称建筑群或规则式林带、树墙包围。道路均由直线、折线或几何曲线组成，构成方格形或环状放射形、中轴对称或不对称的几何布局。

（6）种植：园内花卉布置用以图案为主题的模纹花坛和花境为主，有时布置成大规模的花坛群，树木配置以行列式和对称式为主，并运用大量的绿篱、绿墙以区划和组织空间。树木整形修剪以模拟建筑体形和动物形态为主，如绿柱、绿塔、绿门、绿亭和用常绿树修剪而成的鸟兽等。

（7）园林小品：常采用盆树、盆花、瓶饰、雕像为主要景物。雕像的基座为规则式，雕像位置多配置于轴线的起点、终点或交点上。

2. 自然式园林

自然式园林又称为风景式园林、不规则式园林、山水派园林等。我国园林从周秦时代开始，无论大型的帝皇苑囿或小型的私家园林，多以自然式山水园林为主，古典园林中以北京颐和园、三海园林、承德避暑山庄、苏州拙政园、留园为代表。我国自然式山水园林从唐代开始影响日本的园林风格，从 18 世纪后半期传入英国，从而引起了欧洲园林对古典形式主义的革新运动。自然式园林的特点如下。

（1）地形：平原地带，地形为自然起伏的和缓地形与人工堆置的若干自然起伏的土丘相结合，其断面为和缓的曲线。在山地和丘陵地，则利用自然地形地貌，除建筑和广场基地以外，不做人工阶梯形的地形改造工作，原有破碎割切的地形地貌也加以人工整理，使其自然。

（2）水体：其轮廓为自然的曲线，岸为各种自然曲线的倾斜坡度，如有驳岸也是自然山石驳岸，园林水景的类型以溪涧、河流、自然式瀑布、池沼、湖泊等为主，常以瀑布为水景主题。

（3）建筑：园林内个体建筑为对称或不对称均衡的布局，其建筑群和大规模建筑组群多采取不对称均衡的布局。全园不以轴线控制，而以主要导游线构成的连续构图控制。

（4）道路广场：园林中的空旷地和广场的轮廓为自然形的、封闭性的空旷草地和广场，以不对称的建筑群、土山、自然式的树丛和林带包围。道路平面和剖面由自然起伏曲折的平面线和竖曲线组成。

（5）种植：园林内种植不成行列式，以反映植物群落自然之美，花卉布置以花丛、花群为主，不用模纹花坛。树木配植以孤立树、树丛、树林为主，不用规则修剪的绿篱，以自然的树丛、树群、树带来区划和组织园林空间。树木整形不作建筑鸟兽等体形模拟，而以模拟自然界苍老的大树为主。

（6）园林其他景物：除建筑、自然山水、植物群落为主景以外，其余常采用山石、假石、桩景、盆景、雕刻为主要景物，其中雕像的基座为自然式，雕像位置多配置于透视线集中的焦点。

自然式园林在中国的历史悠长，绝大多数古典园林都是自然式园林，游人如置身于大自然之中，足不出户而游遍名山名水。

3. 混合式园林

所谓混合式园林，主要是指规则式、自然式交错组合，全园没有或形不成控制全园的轴线，只有局部景区、建筑以中轴对称布局，或全园没有明显的自然山水骨架，形不成自然格局。

在园林规则中，原有地形平坦的可规划成规则式；原有地形起伏不平，丘陵、水面多的可规划成自然式。大面积园林以自然式为宜，小面积园林以规则式较经济。四周环境为规则式宜规划成规则式，四周环境为自然式则宜规划成自然式。

相应地，园林的设计方法也就有 3 种：轴线法、山水法和综合法。

1.3.3　园林布局基本原则

1. 构园有法，法无定式

园林设计所牵涉的范围广泛、内容丰富，所以在设计时要根据园林内容和园林的特点，采用一定的表现形式。形式和内容确定后还要根据园址的原状，通过设计手段创造出具有个性的园林。

构园有法，但是法无定式，要因地制宜地创造出个性化的园林。园林布局的基本原则，可参见 1.2 节中的介绍。

2. 功能明确，组景有方

园林布局是园林综合艺术的最终体现，所以园林必须要有合理的功能分区。以颐和园为例，有宫廷区、生活区、苑林区 3 个分区，苑林区又可分为前湖区、后湖区。现代园林的功能分区更为明确，如花港观鱼公园，共有 6 个景区。

在合理的功能分区基础上，组织游赏路线，创造构图空间，安排景区、景点，创造意境、情景，是园林布局的核心内容。游赏路线就是园路，园路的职能之一便是组织交通、引导游览线路。

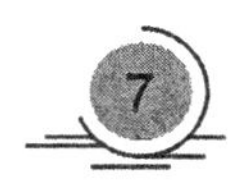

3. 因地制宜，景以境出

因地制宜是造园最重要的原则之一，应在园址现状基础上布景设点，最大限度地发挥现有地形地貌的特点，以达到虽由人作、宛自天开的境界。要注意根据不同的基地条件进行布局安排，“高方欲就亭台，低凹可开池沼”，稍高的地形堆土使其成假山，而在低洼地上再挖深使其变成池湖。颐和园即在原来的“翁山”“翁山泊”上建成，圆明园则在“丹棱泮”上设计建造，避暑山庄则是在原来的山水基础上建造出来的风景式自然山水园。

4. 掇山理水，理及精微

人们常用“挖湖堆山”来概括中国园林创作的特征。

理水，首先要沟通水系，即“疏水之去由，察源之来历”，忌水出无源或死水一潭。

掇山，挖湖后的土方即可用来堆山。在堆山的过程中可根据工程的技术要求，设计成土山、石山、土石混合山等不同类型。

5. 建筑经营，时景为精

园林建筑既有使用价值，又能与环境组成景致，供游客游览和休憩。其设计方法概括起来主要有6个方面：立意、选址、布局、借景、尺度与比例、色彩与质感。中国园林的布局手法有以下几点。

（1）山水为主，建筑配合：山水是骨架，建筑是眉目。建筑有机地与周围结合，创造出别具特色的建筑形象。

（2）统一中求变化，对称中有异象：对于建筑的布局来讲，就是除了主从关系外，还要在统一中求变化，在对称中求灵活。如佛香阁东西两侧的湖山碑和铜亭，位置对称，但碑体和铜亭的高度、造型、性质、功能等却截然不同，然而这样截然不同的景物却在园中得到了完美的统一。

（3）对景顾盼，借景有方：在园林中，观景点和在具有透景线的条件下所面对的景物之间形成对景。一般透景线穿过水面、草坪，或仰视、俯视空间，两景物之间互为对景。如拙政园内的远香堂对雪香云蔚亭，留园的涵碧山房对可亭，退思园的退思草堂对闹红一舸等。借景是《园冶》中最后一篇，可见借景的重要性，它是丰富园景的重要手法之一。如从颐和园借景园外的玉泉塔，拙政园从绣绮亭和梧竹幽居一带西望北寺塔等。

6. 道路系统，顺势通畅

园林中，道路系统的设计是十分重要的内容，道路的设计形式决定了园林的形式，表现了不同的园林内涵。道路既是园林划分不同区域的界线，又是连接园林各不同区域活动内容的纽带。园林设计过程中，除考虑上述内容外，还要使道路与山体、水系、建筑、花木之间构成有机的整体。

7. 植物造景，四时烂漫

植物造景是园林设计全过程中十分重要的组成部分之一。在后面的相关章节会对种植设计进行简单介绍。植物造景是一门学问，详细的种植设计可以参照苏雪痕老师编写的《植物造景》一书。

1.4　园林设计的程序

园林设计的程序主要包括以下步骤。

1.4.1　园林设计的前提工作

（1）掌握自然条件、环境状况及历史沿革。
（2）准备图纸资料，如地形图、局部放大图、现状图、地下管线图等。
（3）现场踏勘。
（4）编制总体设计任务文件。

1.4.2　总体方案设计阶段

总体方案设计阶段需准备以下材料。

（1）主要设计图纸：位置图、现状图、分区图、总体设计方案图、地形图、道路总体设计图、种植设计图、管线总体设计图、电气规划图、园林建筑布局图。

（2）鸟瞰图：直接表达公园设计的意图，通过钢笔画、水彩、水粉等均可。

（3）总体设计说明书：总体设计方案中除了图纸外，还要求配有一份文字说明，全面地介绍设计者的构思、设计要点等内容。

1.5　园林设计图的绘制

1.5.1　园林设计总平面图

1. 园林设计总平面图的内容

园林设计总平面图是设计范围内所有造园要素的水平投影图，能表明设计范围内的所有内容。园林设计总平面图是园林设计的最基本图纸，能够反映园林设计的总体思想和设计意图，是绘制其他设计图纸及施工、管理的主要依据，主要包括以下内容：

（1）规划用地区域现状及规划的范围。
（2）对原有地形地貌等自然状况的改造和新的规划设计意图。
（3）竖向设计情况。
（4）景区景点的设置、景区出入口的位置，各种造园素材的种类和位置。
（5）比例尺，指北针，风玫瑰。

2. 园林设计总平面图的绘制

（1）首先要选择合适的比例，常用的比例有 1∶200、1∶500 和 1∶1000 等。

（2）绘制图中设计的各种造园要素的水平投影。其中，地形用等高线表示，并在等高线的断开处标注设计的高程。设计地形的等高线用实线绘制，原地形的等高线用虚线绘制；道路和广场的轮廓线用中实线绘制；建筑外轮廓线用粗实线绘制，园林植物用图例表示；水体驳岸用粗线绘制，并用细实线绘制水底的坡度等高线；山石外轮廓用粗线绘制。

（3）标注定位尺寸和坐标网进行定位，尺寸标注是指以图中某一原有景物为参照物，标注新设计的主要景物和该参照物之间的相对距离；坐标网是以直角坐标的形式进行定位，有建筑坐标网和测量坐标网两种形式，园林上常用建筑坐标网，即以某一点为“零点”并以水平方向为 B 轴，垂直方向为 A 轴，按一定距离绘制出方格网。坐标网用细实线绘制。

（4）编制图例图，图中应用的图例，都应在图上编制图例表说明其含义。

（5）绘制指北针，风玫瑰；注写图名、标题栏、比例尺等。

（6）编写设计说明，用文字的形式进一步表达设计思想，或作为图纸内容的补充等。

1.5.2 园林建筑初步设计图

1. 园林建筑初步设计图的内容

园林建筑是指在园林中与园林造景有直接关系的建筑。园林建筑初步设计图中须绘制出平、立、剖面图，并标注出各主要尺寸，图纸要能反映建筑的形状、大小和周围环境等内容，一般包括建筑总平面图、建筑平面图、建筑立面图、建筑剖面图等图纸。

2. 园林建筑初步设计图的绘制

（1）建筑总平面图：要反映新建建筑的形状、所在位置、朝向及室外道路、地形、绿化等情况以及该建筑与周围环境的关系和相对位置。绘制时首先要选择合适的比例。其次要绘制图例。建筑总平面图是用建筑总平面图例表达其内容的，其中的新建建筑、保留建筑、拆除建筑等都有对应的图例。接着要标注标高，即新建建筑首层平面的绝对标高、室外地面及周围道路的绝对标高及地形等高线的高程数字。最后要绘制比例尺、指北针、风玫瑰、图名、标题栏等。

（2）建筑平面图：用来表示建筑的平面形状、大小、内部的分隔和使用功能、墙、柱、门窗、楼梯等的位置。绘制时同样要先确定比例，然后绘制定位轴线，接着绘制墙、柱的轮廓线、门窗细部，再进行尺寸标注、注写标高，最后绘制指北针、剖切符号、图名、比例等。

（3）建筑立面图：主要用于表示建筑的外部造型和各部分的形状及相互关系等，如门窗的位置和形状，阳台、雨篷、台阶、花坛、栏杆等的位置和形状。绘制顺序依次为选择比例，绘制外轮廓线、主要部位的轮廓线、细部投影线，尺寸和标高标注，绘制配景，注写比例、图名等。

（4）建筑剖面图：表示房屋的内部结构及各部位标高，剖切位置应选择在建筑的主要部位或构造较特殊的部位。绘制顺序依次为选择比例，绘制主要控制线、主要结构的轮廓线、细部结构，尺寸和标高标注，注写比例、图名等。

1.5.3　园林施工图绘制的具体要求

园林制图是表达园林设计意图最直接的方法，是每个园林设计师必须掌握的技能。园林AutoCAD 制图是风景园林景观设计的基本语言，在园林图纸中，对制图的基本内容都有规定，这些内容包括图纸幅面、标题栏及会签栏、线宽及线型、汉字、字符、数字、符号和标注等。

一套完整的园林施工图一般包括封皮、目录、设计说明、总平面图、施工放线图、竖向设计施工图、植物配置图、照明电气图、喷灌施工图、给排水施工图、园林小品施工详图、铺装剖切段面等。

1. 文字部分

文字部分应该包括封皮、目录、总说明、材料表等。

（1）封皮的内容包括工程名称、建设单位、施工单位、时间、工程项目编号等。

（2）目录的内容包括图纸的名称、图别、图号、图幅、基本内容、张数等。图纸编号以专业为单位，各专业各自编排各专业的图号；对于大、中型项目，应按照以下专业进行图纸编号：园林、建筑、结构、给排水、电气、材料附图等；对于小型项目，可以按照以下专业进行图纸编号：园林、建筑及结构、给排水、电气等。每一专业图纸应该对图号加以统一标示，以方便查找。例如，建筑结构施工可以缩写为“建施（JS）”，给排水施工可以缩写为“水施（SS）”，种植施工图可以缩写为“绿施（LS）”。

（3）设计说明主要针对整个工程需要说明的问题，如设计依据、施工工艺、材料数量、规格及其他要求等。其具体内容主要包括以下方面。

①设计依据及设计要求：应注明采用的标准图集及依据的法律规范。

②设计范围：包括庭院、宅园、小游园、花园、公园以及城市街区机关、厂矿、校园以及宾馆等。

③标高及标注单位：应说明图纸文件中采用的标注单位是相对坐标还是绝对坐标，如为相对坐标，须说明采用的依据以及与绝对坐标的关系。

④材料选择及要求：对各部分材料的材质要求及建议；一般应说明的材料包括饰面材料、木材、钢材、防水疏水材料、种植土及铺装材料等。

⑤施工要求：强调需注意工种配合及对气候有要求的施工部分。

⑥经济技术指标：施工区域总的占地面积，绿地、水体、道路、铺地等的面积及占地百分比、绿化率及工程总造价等。

除了总的说明之外，在各个专业图纸之前还应该配备专门的说明，有时施工图纸中还应该配有适当的文字说明。

2. 施工放线

施工放线应该包括施工总平面图、各分区施工放线图、局部放线详图等。

1）施工总平面图

（1）施工总平面图的主要内容。

①指北针（或风玫瑰图），绘图比例（比例尺），文字说明，景点、建筑物或者构筑物的名称标注，图例表。

②道路、铺装的位置、尺度，主要点的坐标、标高以及定位尺寸。

③小品主要控制点坐标及小品的定位、定形尺寸。

④地形、水体的主要控制点坐标、标高及控制尺寸。

⑤植物种植区域轮廓。

⑥对无法用标注尺寸准确定位的自由曲线园路、广场、水体等，应给出该部分局部放线详图，用放线网表示，并标注控制点坐标。

（2）施工总平面图绘制的要求。

①布局与比例。图纸应按上北下南方向绘制，根据场地形状或布局，可向左或右偏转，但不宜超过 45°。施工总平面图一般采用 1：500、1：1000、1：2000 的比例进行绘制。

②图例。《总图制图标准》（GB/T 50103—2010）中列出了建筑物、构筑物、道路、铁路以及植物等的图例，具体内容参见相应的制图标准。如果由于某些原因必须另行设定图例时，应该在总图上绘制专门的图例表进行说明。

③图线。在绘制总图时应该根据具体内容采用不同的图线，具体内容参照《总图制图标准》（GB/T 50103—2010）。

④单位。施工总平面图中的坐标、标高、距离宜以米为单位，并应至少取至小数点后两位，不足时以 0 补齐。详图宜以毫米为单位，如不以毫米为单位，应另加说明。

建筑物、构筑物、铁路、道路方位角（或方向角）和铁路、道路转向角的度数，宜注写到秒，特殊情况，应另加说明。

道路纵坡度、场地平整坡度、排水沟沟底纵坡度宜以百分计，并应取至小数点后一位，不足时以 0 补齐。

⑤坐标网格。坐标分为测量坐标和施工坐标。测量坐标为绝对坐标，测量坐标网应绘制成交叉十字线，坐标代号宜用“X，Y”表示。施工坐标为相对坐标，相对零点宜通常选用已有建筑物的交叉点或道路的交叉点，为区别于绝对坐标，施工坐标用大写英文字母 A、B 表示。

施工坐标网格应以细实线绘制，一般绘制成 100m × 100m 或者 50m × 50m 的方格网，当然也可以根据需要调整。例如，对于面积较小的场地可以采用 5m × 5m 或者 10m × 10m 的施工坐标网。

⑥坐标标注。坐标宜直接标注在图上，如图面无足够位置，也可列表标注，如坐标数字的位数太多，可将前面相同的位数省略，其省略位数应在附注中加以说明。

建筑物、构筑物、铁路、道路等应标注下列部位的坐标：建筑物、构筑物的定位轴线（或外墙线）或其交点；圆形建筑物、构筑物的中心；挡土墙墙顶外边缘线或转折点。表示建筑物、构筑物位置的坐标，宜标注其 3 个角的坐标，如果建筑物、构筑物与坐标轴线平行，可标注对角坐标。

平面图上有测量和施工两种坐标系统时，应在附注中注明两种坐标系统的换算公式。

⑦标高标注。施工图中标注的标高应为绝对标高，如标注相对标高，则应注明相对标高与绝对标高的关系。

建筑物、构筑物、铁路、道路等应按以下规定标注标高：建筑物室内地坪，标注图中 ± 0.00 处的标高，对不同高度的地坪，分别标注其标高；建筑物室外散水，标注建筑物四周转角或两对角的散水坡脚处的标高；构筑物标注其有代表性的标高，并用文字注明标高所指的位置；道路标注路面中心交点及变坡点的标高；挡土墙标注墙顶和墙脚标高，路堤、边坡标注坡顶和坡脚标高，排水

沟标注沟顶和沟底标高；场地平整标注其控制位置标高；铺砌场地标注其铺砌面标高。

（3）施工总平面图绘制步骤。

①绘制设计平面图。

②根据需要确定坐标原点及坐标网格的精度，绘制测量和施工坐标网。

③标注尺寸、标高。

④绘制图框、比例尺、指北针，填写标题、标题栏、会签栏，编写说明及图例表。

2）施工放线图

施工放线图内容主要包括道路、广场铺装、园林建筑小品、放线网格（间距 1m、5m 或 10m 不等）、坐标原点、坐标轴、主要点的相对坐标、标高（等高线、铺装等），如图 1-1 所示。

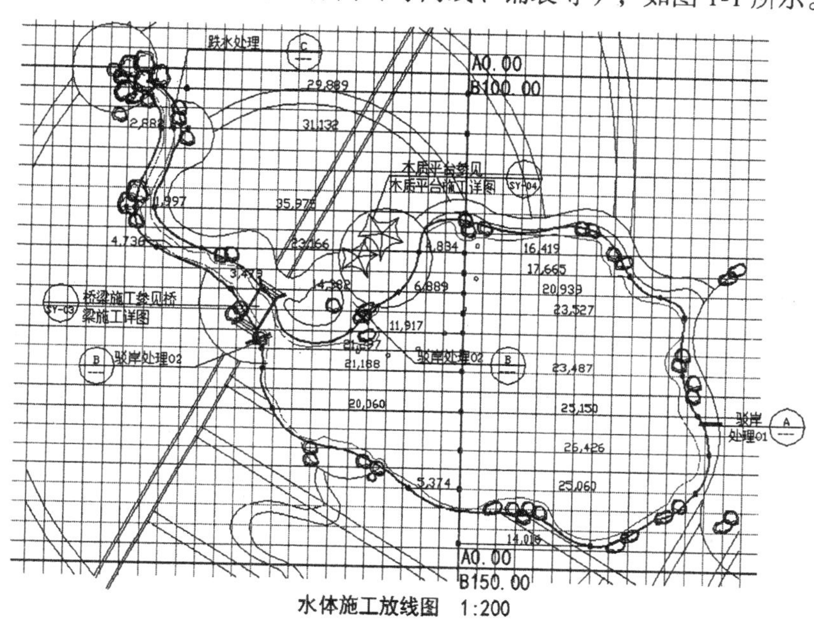

图 1-1　水体施工放线图

3. 土方工程

土方工程应该包括竖向设计施工图和土方调配图。

1）竖向设计施工图

竖向设计指的是指在一块场地中进行垂直于水平方向的布置和处理，也就是地形高程设计。

（1）竖向设计施工图的内容。

①指北针、图例、比例、文字说明、图名。文字说明中应该包括标注单位、绘图比例、高程系统的名称、补充图例等。

②现状与原地形标高、地形等高线。设计等高线的等高距一般取 0.25 ～ 0.5m，当地形较为复杂时，需要绘制地形等高线放样网格。

③最高点或者某些特殊点的坐标及该点的标高。例如，道路的起点、变坡点、转折点和终点等的设计标高（道路在路面中、阴沟在沟顶和沟底）、纵坡度、纵坡距、纵坡向、平曲线要素、竖曲线半

径、关键点坐标；建筑物、构筑物室内外设计标高；挡土墙、护坡或土坡等构筑物的坡顶和坡脚的设计标高；水体驳岸、岸顶、岸底标高，池底标高，水面最低、最高及常水位。

④地形的汇水线和分水线，或用坡向箭头标明设计地面坡向，指明地表排水的方向、排水的坡度等。

⑤绘制重点地区、坡度变化复杂的地段的地形断面图，并标注标高、比例尺等。

⑥当工程比较简单时，竖向设计施工平面图可与施工放线图合并。

（2）竖向设计施工图的具体要求。

①计量单位。通常标高的标注单位为米，如果有特殊要求，应该在设计说明中注明。

②线型。竖向设计施工图中比较重要的就是地形等高线，设计等高线用细实线绘制，原有地形等高线用细虚线绘制，汇水线和分水线用细单点长划线绘制。

③坐标网格及其标注。坐标网格采用细实线绘制，网格间距取决于施工的需要以及图形的复杂程度，一般采用与施工放线图相同的坐标网体系。对于局部的不规则等高线，或者单独作出施工放线图，或者在竖向设计图纸中局部缩小网格间距，提高放线精度。竖向设计施工图的标注方法同施工放线图，针对地形中最高点、建筑物角点或者特殊点进行标注。

④地表排水方向和排水坡度。利用箭头表示排水方向，并在箭头上标注排水坡度，对于道路或者铺装等区域除了要标注排水方向和排水坡度之外，还要标注坡长，一般排水坡度标注在坡度线的上方，坡长标注在坡度线的下方。

其他方面的绘制要求与施工总平面图相同。

2）土方调配图

在土方调配图上要注明挖填调配区、调配方向、土方数量和每对挖填之间的平均运距。图中的土方调配，仅考虑场内挖方、填方平衡，如图 1-2 所示（A 为挖方，B 为填方）。

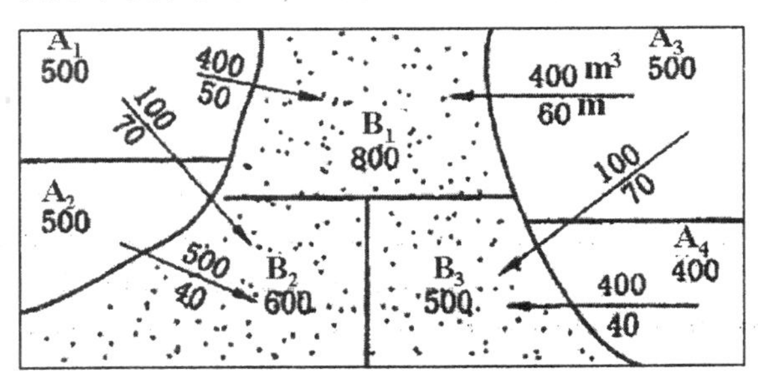

图 1-2　土方调配图

（1）建筑工程应该包括建筑设计说明，建筑构造作法一览表，建筑平面图、立面图、剖面图，建筑施工详图等。

（2）结构工程应该包括结构设计说明，基础图、基础详图，梁、柱详图，结构构件详图等。

（3）电气工程应该包括电气设计说明，主要设备材料表，电气施工平面图、施工详图、系统图、控制线路图等。大型工程应按强电、弱电、火灾报警及其智能系统分别设置目录。

（4）照明电气施工图的内容主要包括灯具形式、类型、规格、布置位置、配电图（电缆电线型号规格，联结方式；配电箱数量、形式规格等）等。

电位走线只需标明开关与灯位的控制关系，线型宜用细圆弧线（也可适当用中圆弧线），各种强弱电的插座走线不需标明。

要有详细的开关（一联、二联、多联）、电源插座、电话插座、电视插座、空调插座、宽带网插座、配电箱等图标及位置（插座高度未注明的一律距地面 300mm，有特殊要求的要在插座旁注明标高）。

给排水工程应该包括给排水设计说明，给排水系统总平面图、详图，给水、消防、排水、雨水系统图，喷灌系统施工图。

喷灌、给排水施工图内容主要包括给水、排水管的布设、管径、材料等，喷头、检查井、阀门井、排水井、泵房的位置等。

园林绿化工程应该包括植物种植设计说明，植物材料表，种植施工图，局部施工放线图，剖面图等。如果采用乔、灌、草多层组合，分层种植设计较为复杂，应该绘制分层种植施工图。

植物配置图的主要内容包括植物种类、规格、配置形式以及其他特殊要求，其主要目的是为苗木购买、苗木栽植提高准确的工程量，如图 1-3 所示。

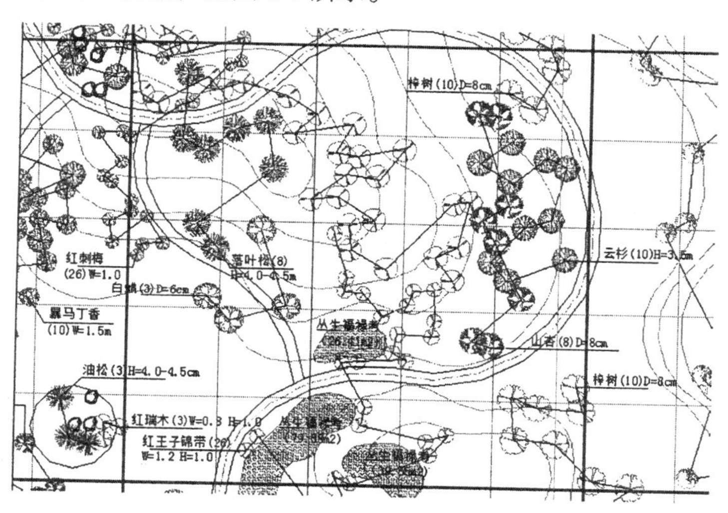

图 1-3　植物配置图

4. 现状植物的表示

（1）行列式栽植。对于行列式的种植形式（如行道树、树阵等），可用尺寸标注出株行距、始末树种植点与参照物的距离。

（2）自然式栽植。对于自然式的种植形式（如孤植树），可用坐标标注种植点的位置或采用三角形标注法进行标注。孤植树往往对植物的造型、规格的要求较严格，应在施工图中表达清楚，除利用立面图、剖面图示以外，可与苗木表相结合，用文字加以标注。

5. 图例及尺寸标注

（1）片植、丛植。施工图应绘出清晰的种植范围边界线，标明植物名称、规格、密度等。对于边缘线呈规则的几何形状的片状种植，可用尺寸标注方法标注，为施工放线提供依据，而对边缘线呈不规则的自由线的片状种植，应绘制坐标网格，并结合文字标注。

（2）草皮种植。草皮是用打点的方法表示，标注应标明其草坪名、规格及种植面积。

（3）常见图例。园林设计中，经常使用各种标准化的图例来表示特定的建筑景点或常见的园林植物，如图 1-4 所示。

图　例	名　称	图　例	名　称
	溶洞		垂丝海棠
	温泉		紫薇
	瀑布跌水		含笑
	山峰		龙爪槐
	森林		茶梅+茶花
	古树名木		桂花
	墓园		红枫
	文化遗址		四季竹
	民风民俗		白（紫)玉兰
	桥		广玉兰
	景点		香樟
	规划建筑物		原有建筑物

图　例	名　称	图　例	名　称
	龙柏		水杉
	银杏		金叶女贞
	鹅掌秋		鸡爪槭
	珊瑚树		芭蕉
	雪松		杜英
	小花月季球		杜鹃
	小花月季		花石榴
	杜鹃		腊　梅
	红花继木		牡　丹
	龟甲冬青		鸢　尾
	长绿草		苏　铁
	剑麻		葱　兰

图 1-4　常见图例

读书笔记

园林建筑图绘制

建筑是园林的五大要素之一，且形式多样，既有使用价值，又能与环境组成景致，供游人游览和休憩。本章首先对各种类型的建筑作简单介绍，然后结合实例进行讲解。

2.1 概　　述

园林建筑是指在园林中与园林造景有直接关系的建筑，它既有使用价值，又能与环境组成景致，因此园林建筑的设计构造等一定要考虑这两个方面的因素，使之达到可居、可游、可观。其设计方法概括起来主要有6个方面：立意、选址、布局、借景、尺度与比例、色彩与质感。另外，根据园林设计的立意、功能要求、造景等需要，必须考虑适当的建筑和建筑组合，同时要考虑建筑的体量、造型、色彩以及与其配合的假山艺术、雕塑艺术、园林植物、水景等诸要素的安排，并要求精心构思，使园林中的建筑起到画龙点睛的作用。

园林建筑常见的有亭、榭、廊、花架、大门、园墙、桥等。

2.1.1 园林建筑基本特点

园林建筑作为造园五要素之一，是一种独具特色的建筑，既要满足建筑的使用功能要求，又要满足园林景观的造景要求，并与园林环境密切结合，与自然融为一体。

1. 功能

1）满足功能要求

园林是改善、美化人们生活环境的设施，也是供人们休息、游览、开展文化娱乐活动的场所。随着园林活动的日益增多，园林建筑类型也日益丰富起来，主要有茶室、餐厅、展览馆、体育场所等，以满足人们的需要。

2）满足园林景观要求

（1）点景：点景要与自然风景融会结合，园林建筑常成为园林景观的构图中心主体，或易于近观的局部小景，或成为主景，控制全园布局，园林建筑在园林景观构图中常有画龙点睛的作用。

（2）赏景：作为观赏园内外景物的场所，一栋建筑常成为画面的重点，而一组建筑物与游廊相连成为动观全景的观赏线。因此，建筑朝向、门窗位置大小要考虑赏景的要求。

（3）引导游览路线：园林建筑常常具有起承转合的作用，当人们的视线触及某处优美的园林建筑时，游览路线就会自然而然地延伸，建筑常成为视线引导的主要目标。“步移景异”就是这个意思。

（4）组织园林空间：园林设计空间组合和布局是重要内容。园林常以一系列空间变化的巧妙安排给人以艺术享受，以建筑构成的各种形式的庭院及游廊、花墙、圆洞门等恰是组织空间、划分空间的最好手段。

2. 特点

（1）布局：园林建筑布局上要因地制宜，巧于因借，建筑规划选址除考虑功能要求外，要善于

利用地形，结合自然环境，与自然融为一体。

（2）情景交融：园林建筑应结合情景，抒发情趣，尤其在古典园林建筑中，常与诗画结合，加强感染力，达到情景交融的境界。

（3）空间处理：在园林建筑的空间处理上，尽量避免轴线对称、整形布局，力求曲折变化、参差错落，要灵活通过空间划分，形成大小空间的对比，增加层次感，扩大空间感。

（4）造型：园林建筑在造型上更重视美观的要求，建筑体形、轮廓要有表现力，增加园林画面美，建筑体量、体态都应与园林景观协调统一，造型要表现园林特色、环境特色、地方特色。一般而言，在造型上，体量宜轻盈，形式宜活泼，力求简洁明快，通透有度，达到功能与景观的有机统一。

（5）装修：在细节装饰上，应有精巧的装饰，增加本身的美感，又可用来组织空间画面，如常用的挂落、栏杆、漏窗、花格等。

3. 园林建筑的分类

按使用功能划分，可分为如下 5 类。

（1）游憩性建筑：有休息、游赏等功能，具有优美造型，如亭、廊、花架、榭、舫、园桥等。

（2）园林建筑小品：以装饰园林环境为主，注重外观形象的艺术效果，兼有一定使用功能，如园灯、园椅、展览牌、景墙、栏杆等。

（3）服务性建筑：为游人在旅途中提供服务的设施，如小卖部、茶室、小吃部、餐厅、小型旅馆、厕所等。

（4）开展文化娱乐活动用的设施：如游船码头、游艺室、俱乐部、演出厅、露天剧场、展览厅等。

（5）办公管理用设施：主要有公园大门、办公室、实验室、栽培温室，动物园还应有动物兽室。

2.1.2　园林建筑图绘制

园林建筑的设计程序一般分为初步设计和施工图设计两个阶段，较复杂的工程项目还要进行技术设计。

初步设计主要是提出方案，说明建筑的平面布置、立面造型、结构选型等内容，绘制出建筑初步设计图，送有关部门审批。

技术设计主要是确定建筑的各项具体尺寸和构造做法，进行结构计算，确定承重构件的截面尺寸和配筋情况。

施工图设计主要是根据已批准的初步设计图，绘制出符合施工要求的图纸。园林建筑景观施工图一般包括平面图、施工图、剖面图以及建筑详图等内容。与建筑施工图的绘制基本类似。

1. 初步设计图的绘制

（1）初步设计图的内容。所包括的基本图样为总平面图、建筑平面图、建筑立面图、建筑剖面图、有关技术和构造说明、主要技术经济指标等。通常要作一幅透视图，表示园林建筑竣工后的外貌。

（2）初步设计图的表达方法。初步设计图尽量绘制在同一张图纸上，图面布置可以灵活些，表达方法可以多样。例如，可以画上阴影和配景，或用色彩渲染，以加强图面效果。

（3）初步设计图的尺寸。初步设计图上要绘制出比例尺并标注主要设计尺寸，如总体尺寸、主要建筑的外形尺寸、轴线定位尺寸和功能尺寸等。

2. 施工图的绘制

设计图审批后，再按施工要求绘制出完整的建施、结施图样及有关技术资料。绘图步骤如下：

（1）确定绘制图样的数量。根据建筑的外形、平面布置、构造和结构的复杂程度决定绘制哪几种图样。在保证能顺利完成施工的前提下，图样的数量应尽量少。

（2）在保证图样能清晰地表达其内容的情况下，根据各类图样的不同要求，选用合适的比例，平面图、立面图、剖面图尽量采用同一比例。

（3）进行合理的图面布置。尽量保持各图样的投影关系，或将同类型的、内容关系密切的图样集中绘制。

（4）通常先绘制建筑施工图，一般按总平面→平面图→立面图→剖面图→建筑详图的顺序进行绘制。再绘制结构施工图，一般先绘制基础图、结构平面图，然后分别绘制出各构件的结构详图。

①视图包括平面图、立面图、剖面图，表达各部分的外形和装配关系。

②尺寸在标有建施的图样中，主要标注与装配有关的尺寸、功能尺寸、总体尺寸。

③透视图园林建筑施工图常附一个单体建筑物的透视图，特别是没有设计图的情况下更是如此。透视图应按比例用绘图工具绘制。

④编写施工总说明。施工总说明包括放样和设计标高、基础防潮层、楼面、楼地面、屋面、楼梯和墙身的材料和做法，室内外粉刷、装修的要求、材料和做法等。

2.2 茶　　室

公园里的茶室可供游人饮茶、休憩、观景，是公园里很重要的建筑。茶室设计要注意两点。

首先，茶室的外形设计要与周围环境协调，并且要优美，使之不仅是一个商业建筑，更要成为公园里的艺术品。

其次，茶室本身的空间设计要考虑到客流量，空间太大，会加大成本且显得空荡、冷落、寂寞；空间过小，则不能达到其相应的服务功能。空间内部的布局基本要求是敞亮、整洁、美观、和谐、舒适，满足人们的生理和心理需求，有利于身心健康，同时要灵活多样地区划空间，造就好的观景点，形成优美的休闲空间。

下面以某公园茶室为例说明其绘制方法，如图 2-1 所示。

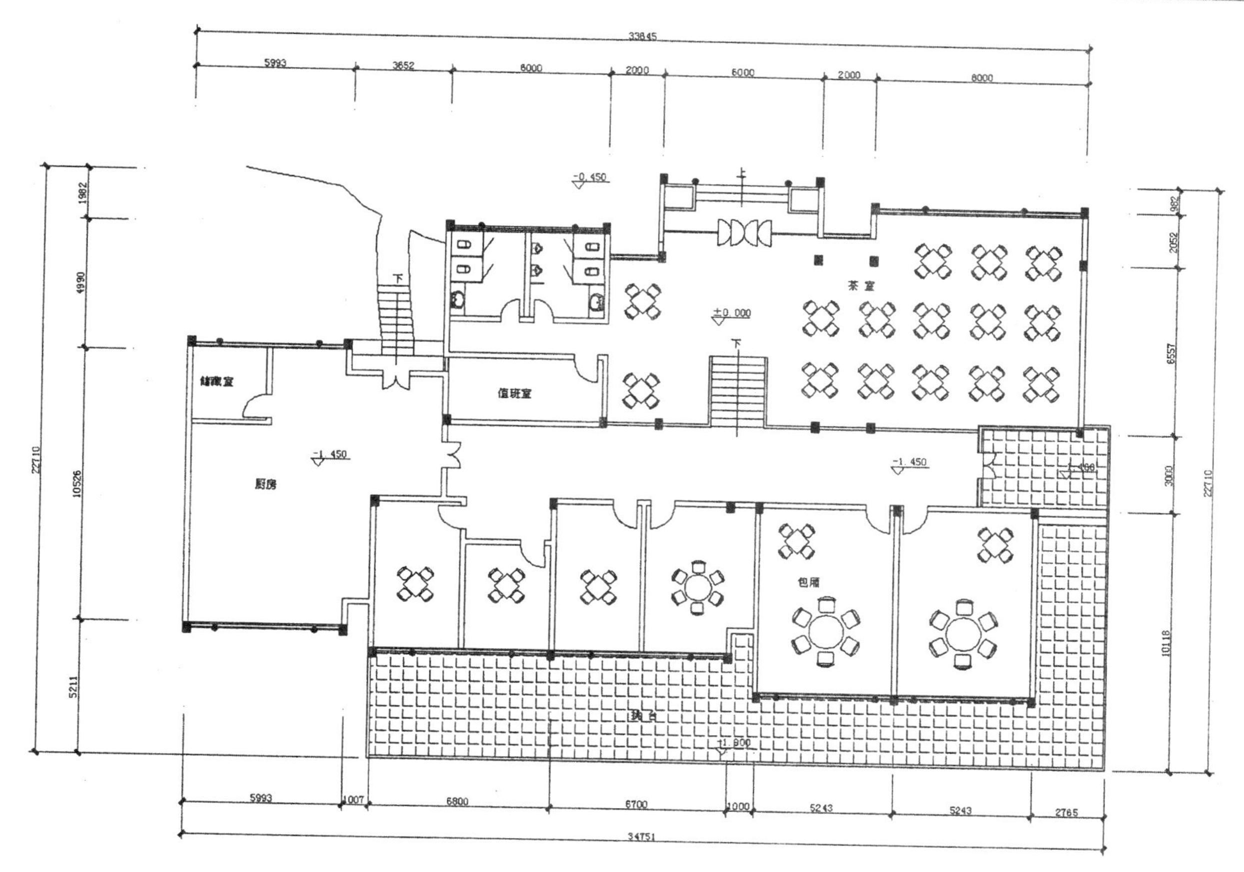

图 2-1　茶室平面设计图

2.2.1　茶室平面图的绘制

1. 轴线绘制

（1）建立一个新图层，命名为“轴线”，颜色为红色，线型为 CENTER，线宽为默认，并将其设置为当前图层，如图 2-2 所示。确定后回到绘图状态。

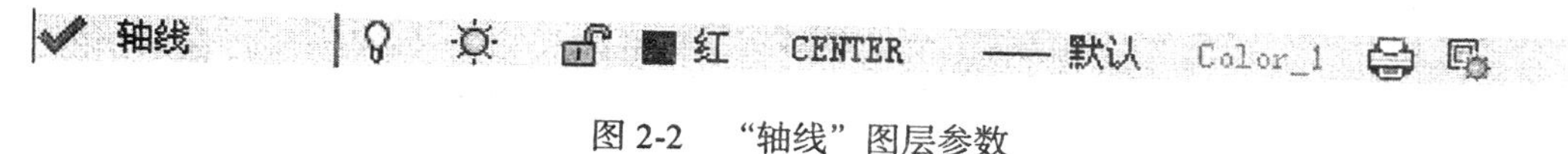

图 2-2　“轴线”图层参数

（2）根据设计尺寸，单击“绘图”工具栏中的“直线”按钮，在绘图区适当位置选取直线的初始点，绘制长为 37128 的水平直线，按照上述方法，绘制长为 23268 的竖直直线，如图 2-3 所示。

（3）单击“修改”工具栏中的“偏移”按钮，将竖直轴线依次向右偏移 3000、2993、1007、2645、755、2245、1155、1845、1555、445、2855、1000、2145、2000、1098、5243 和 1659，水平轴线依次向上偏移 892、2412、1603、2850、150、1850、769、1400、2538、1052、1000 和 982，并

设置线型为 40，然后单击“修改”工具栏中的“移动”按钮，将各个轴线上下浮动进行调整，并保持偏移的距离不变，结果如图 2-4 所示。

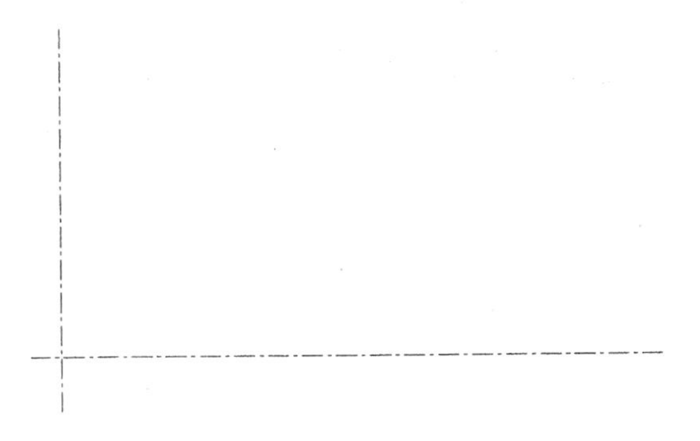

图 2-3　绘制轴线

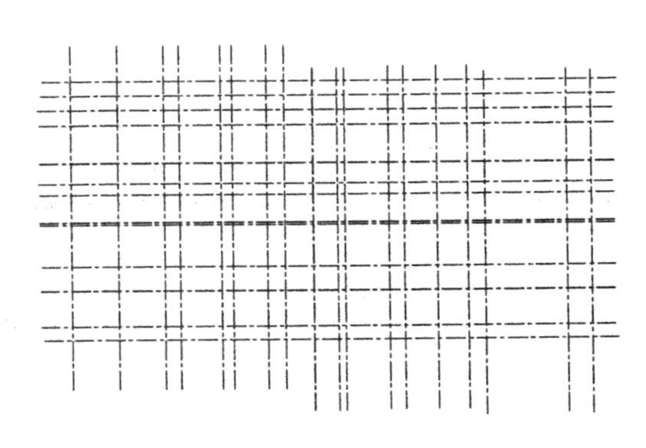

图 2-4　轴线设置

2. 建立“茶室”图层

单击“图层”工具栏中的“图层特性管理器”按钮，弹出“图层特性管理器”选项板，建立一个新图层，命名为“茶室”，颜色为洋红，线型为 Continuous，线宽为 0.7，并将其设置为当前图层，如图 2-5 所示。确定后回到绘图状态。

图 2-5　“茶室”图层参数

3. 绘制茶室平面图

（1）柱的绘制。首先，单击“绘图”工具栏中的“矩形”按钮，绘制尺寸为 300×400 的矩形。然后，单击“绘图”工具栏中的“图案填充”按钮，打开“图案填充创建”选项卡，具体设置如图 2-6 所示。最后，单击“修改”工具栏中的“移动”按钮和“复制”按钮，将柱移到指定位置，并复制到图中其他位置处，最终完成柱的绘制，结果如图 2-7 所示。

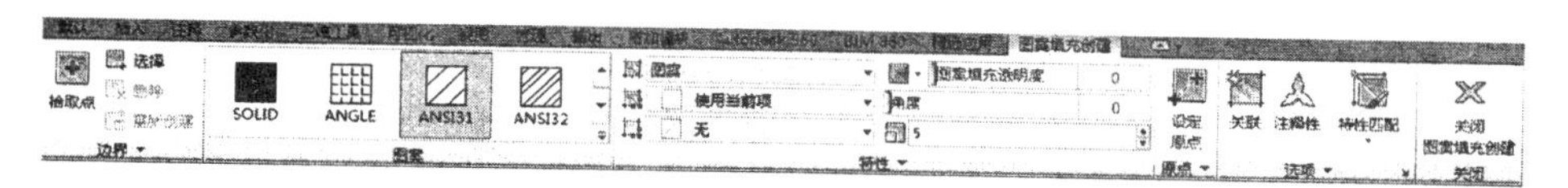

图 2-6　“图案填充创建”选项卡

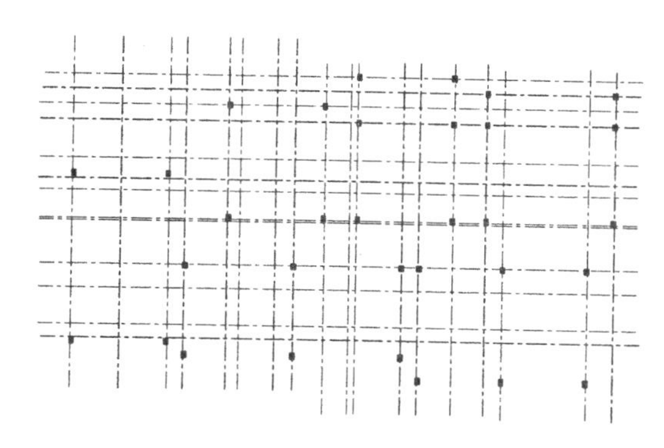

图 2-7　柱的绘制

（2）墙体的绘制。选择菜单栏中的“绘图”→“多线”命令，绘制墙体。命令行提示与操作如下：

```
命令 :MLINE ↙
当前设置 : 对正 = 下，比例 = 1.00，样式 = STANDARD
指定起点或 [ 对正 (J)/ 比例 (S)/ 样式 (ST)]: j ↙
输入对正类型 [ 上 (T)/ 无 (Z)/ 下 (B)] < 下 >: b ↙
当前设置 : 对正 = 下，比例 = 1.00，样式 = STANDARD
指定起点或 [ 对正 (J)/ 比例 (S)/ 样式 (ST)]: s ↙
输入多线比例 <1.00>: 200 ↙
当前设置 : 对正 = 下，比例 = 200.00，样式 = STANDARD
指定起点或 [ 对正 (J)/ 比例 (S)/ 样式 (ST)]: ( 选择柱的左侧边缘 )
指定下一点 : ( 选择柱的左侧边缘 )
```

结果如图 2-8 所示。

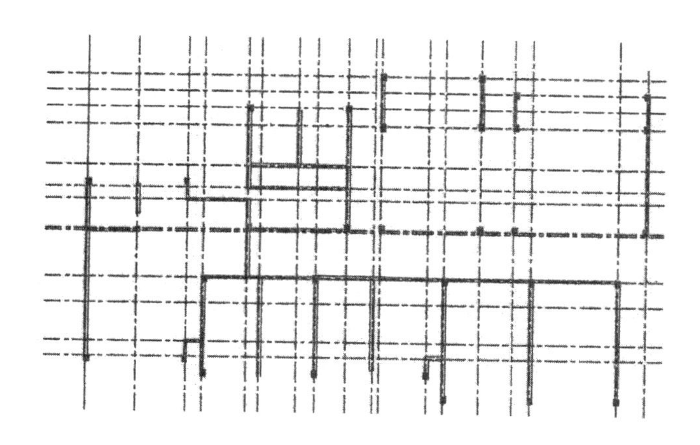

图 2-8　墙体的绘制

依照上述方法绘制剩余墙体，修剪多余的线条，将墙的端口用直线连接，绘制洞口时，常以临近的墙线或轴线作为距离参照来帮助确定墙洞位置，如图 2-9 所示，然后将轴线关闭，结果如图 2-10 所示。

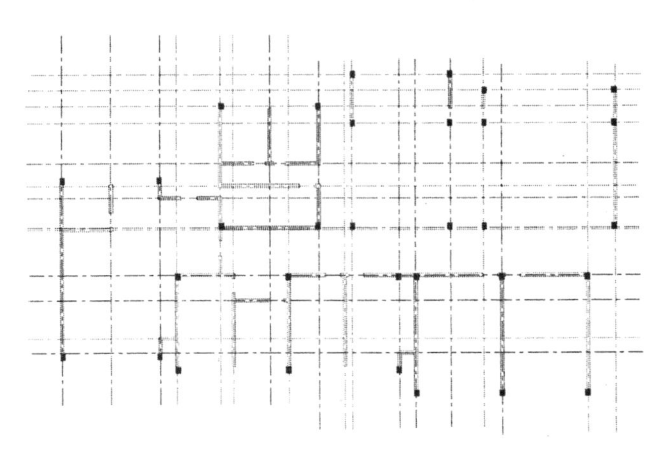

图 2-9　绘制剩余墙体

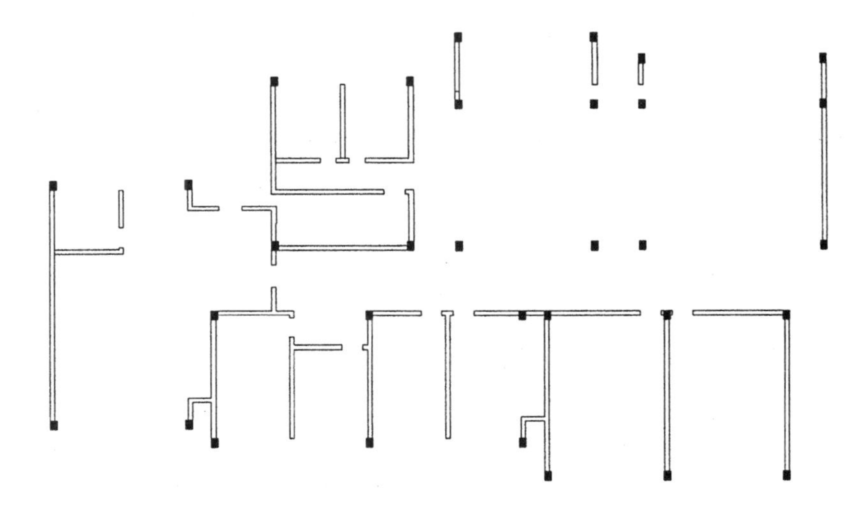

图 2-10　隐藏“轴线”图层后的平面

（3）入口及隔挡的绘制。单击“绘图”工具栏中的“直线”按钮和“多段线”按钮，以最近的柱为基准，确定入口的准确位置，绘制相应的入口台阶。新建一个图层，命名为“文字”，并将其设置为当前图层，在合适的位置标出台阶的上下关系，结果如图 2-11 所示。

（4）窗户的绘制。将“茶室”图层设置为当前图层。单击“绘图”工具栏中的“直线”按钮，找一个基准点，然后绘制出一条直线，再单击“修改”工具栏中的“偏移”按钮，将直线依次向下偏移 50、100 和 50，最终完成窗户的绘制，如图 2-12 所示。

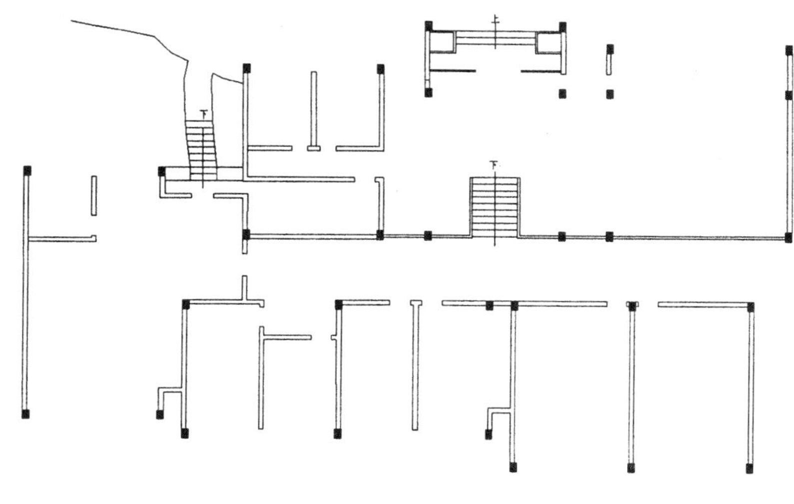

图 2-11　入口及隔挡

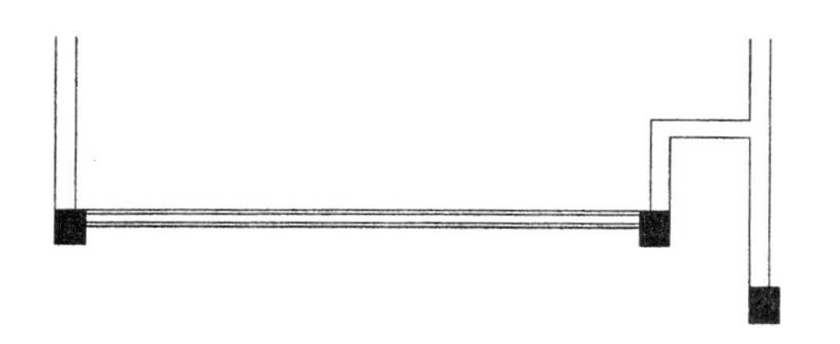

图 2-12　窗户

同理，绘制图中其他位置处的窗户，结果如图 2-13 所示。

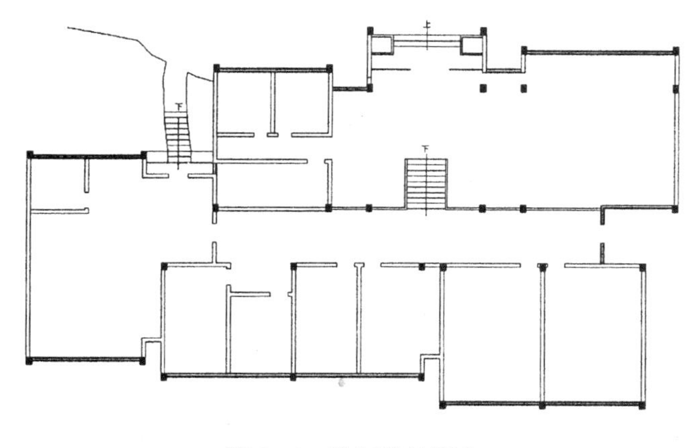

图 2-13　绘制其他窗户

（5）窗柱的绘制。单击“绘图”工具栏中的“圆”按钮，绘制一个半径为 110 的圆，对其进行填充，填充方法同方柱的填充方法。绘制好后，复制到准确位置，结果如图 2-14 所示。

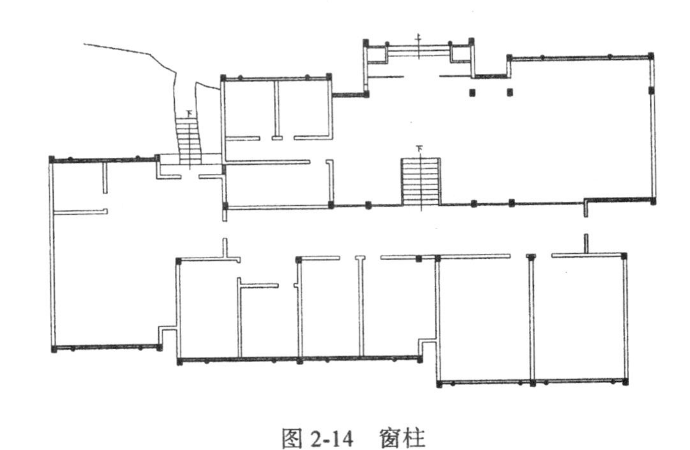

图 2-14　窗柱

（6）阳台的绘制。单击“绘图”工具栏中的“多段线”按钮，绘制阳台的轮廓，然后单击“绘图”工具栏中的“图案填充”按钮，打开“图案填充创建”选项卡，具体设置如图 2-15 所示。

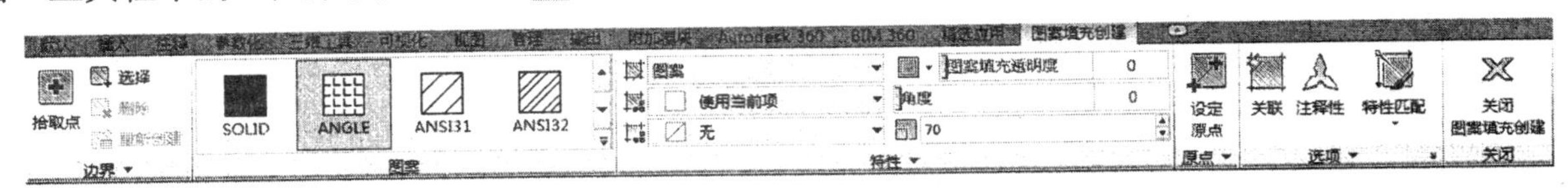

图 2-15　“图案填充创建”选项卡

阳台填充的结果如图 2-16 所示。

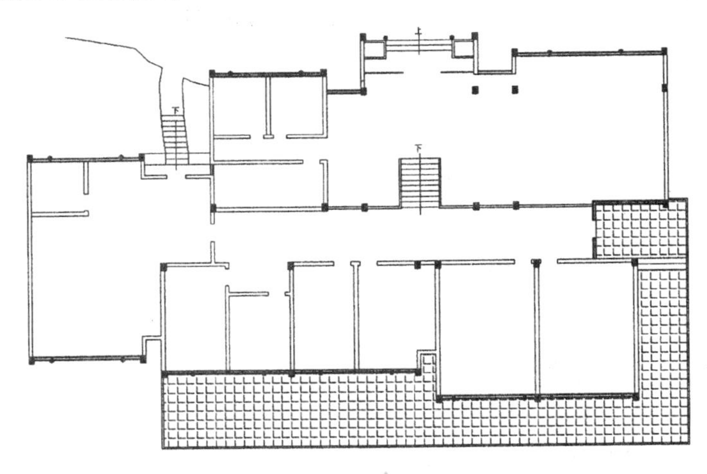

图 2-16　填充后效果

（7）室内门的绘制。室内门分为单拉门、双拉门和多扇门，绘制方法如下。

①单拉门的绘制：单击“绘图”工具栏中的“圆弧”按钮，在门的位置绘制以墙的内侧的一点为起点，半径为 900，包含角为 -90° 的圆弧，如图 2-17 所示。

单击“绘图”工具栏中的“直线”按钮，以圆弧的末端点为第一角点，水平向右绘制一直线段，与墙体相交，如图 2-18 所示。

②双拉门的绘制：单击“绘图”工具栏中的“直线”按钮，以墙体右端点为起点，水平向

右绘制长为 500 的直线，然后单击“绘图”工具栏中的“圆弧”按钮，绘制半径为 500 的圆弧。最后单击“修改”工具栏中的“镜像”按钮，将绘制好的门的一侧进行镜像，结果如图 2-19 所示。

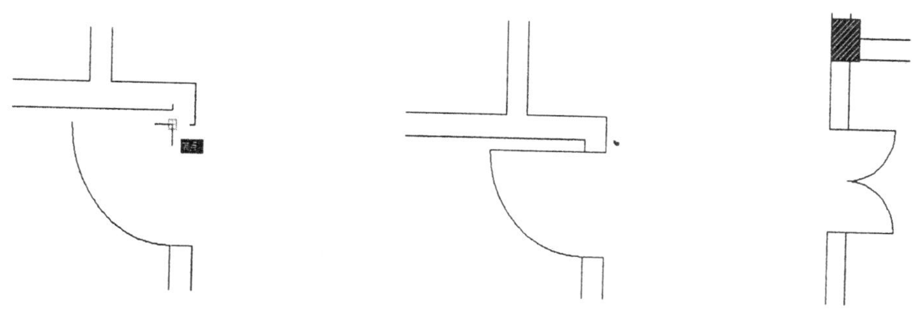

图 2-17　室内门的绘制 1　　图 2-18　室内门的绘制 2　　图 2-19　双拉门的绘制

③多扇门的绘制：单击“绘图”工具栏中的“圆弧”按钮，以图示直线的端点为圆心，绘制半径为 500，包含角为 -180° 的圆弧，如图 2-20 所示。

单击“绘图”工具栏中的“直线”按钮，将绘制的半圆的直径用直线封闭起来，这样门的一扇就绘制好了。单击“修改”工具栏中的“复制”按钮，将绘制的一扇门全部选中，以圆心为指定基点，以圆弧的顶点为指定的第二点进行复制，然后单击“修改”工具栏中的“镜像”按钮，将绘制好的两扇门进行镜像操作，结果如图 2-21 所示。

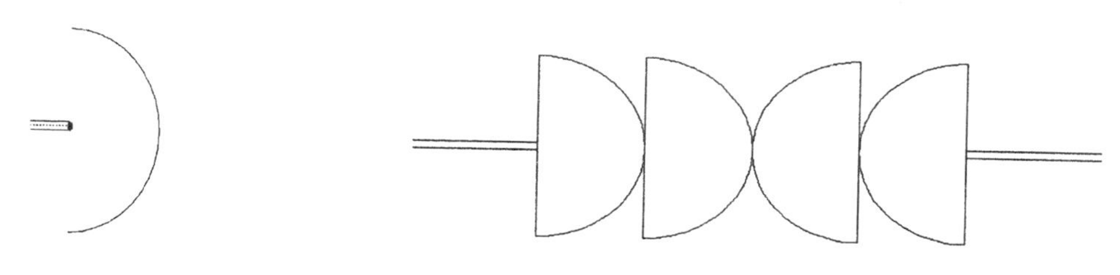

图 2-20　多扇门的绘制 1　　图 2-21　多扇门的绘制 2

同理，绘制茶室其他位置处的门，对于相同的门，可以利用“复制”和“旋转”命令进行绘制，结果如图 2-22 所示。

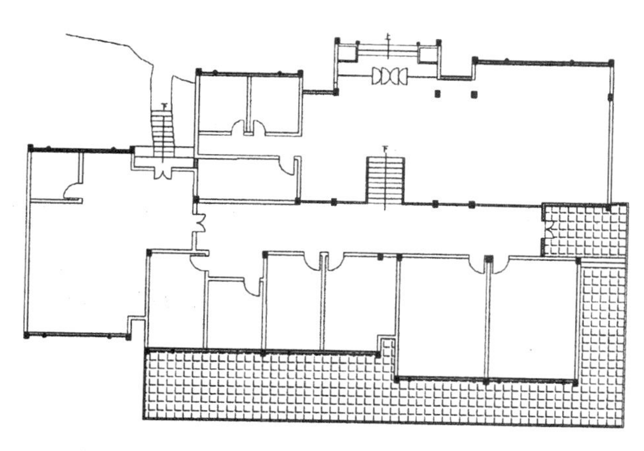

图 2-22　将绘制好的门复制到茶室的相应位置

（8）室内设备的添加。新建一个“家具”图层，参数设置如图 2-23 所示，将其设置为当前图层。

家具 洋红 Contin... —— 默认 Color_6

图 2-23 “家具”图层参数

下面的操作需要利用附带光盘中的素材，请将光盘插入光驱。

室内设备包括卫生间的设备、大厅的桌椅等，单击“绘图”工具栏中的“直线”按钮，绘制卫生间墙体，然后单击“绘图”工具栏中的“插入块”按钮，将“源文件 / 图库”中的马桶、小便池和洗脸盆图块插入到图中，结果如图 2-24 所示。

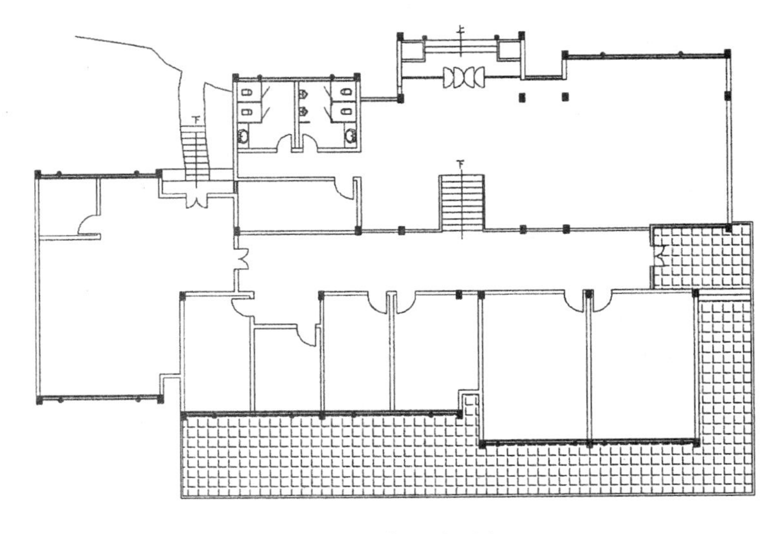

图 2-24 添加室内设备 1

添加桌椅。单击“绘图”工具栏中的“插入块”按钮，将“源文件 / 图库”中的方形桌椅和圆形桌椅图块插入到图中，结果如图 2-25 所示。

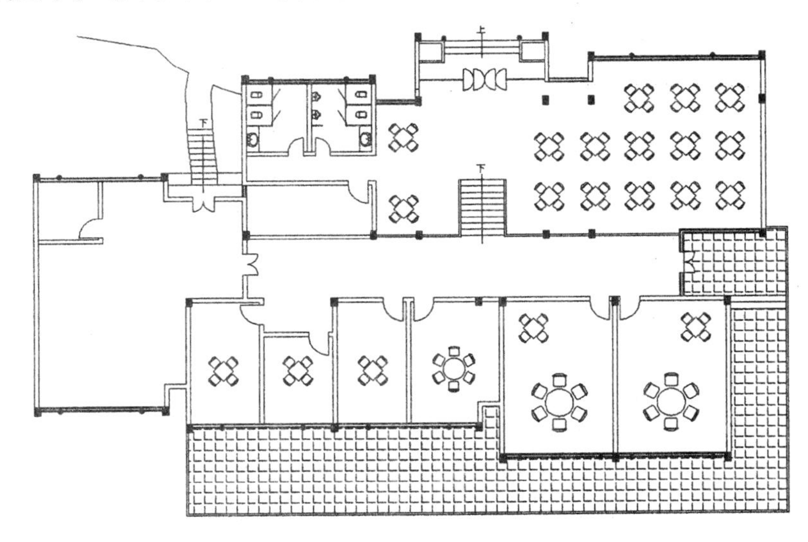

图 2-25 添加室内设备 2

2.2.2　文字、尺寸的标注

1. 文字的标注

将“文字”图层设置为当前层，单击“绘图”工具栏中的“多行文字”按钮A，在待注文字的区域拉出一个矩形，弹出“文字格式”对话框。首先设置字体及字高，其次在文本区输入要标注的文字，单击“确定”按钮，结果如图 2-26 所示。

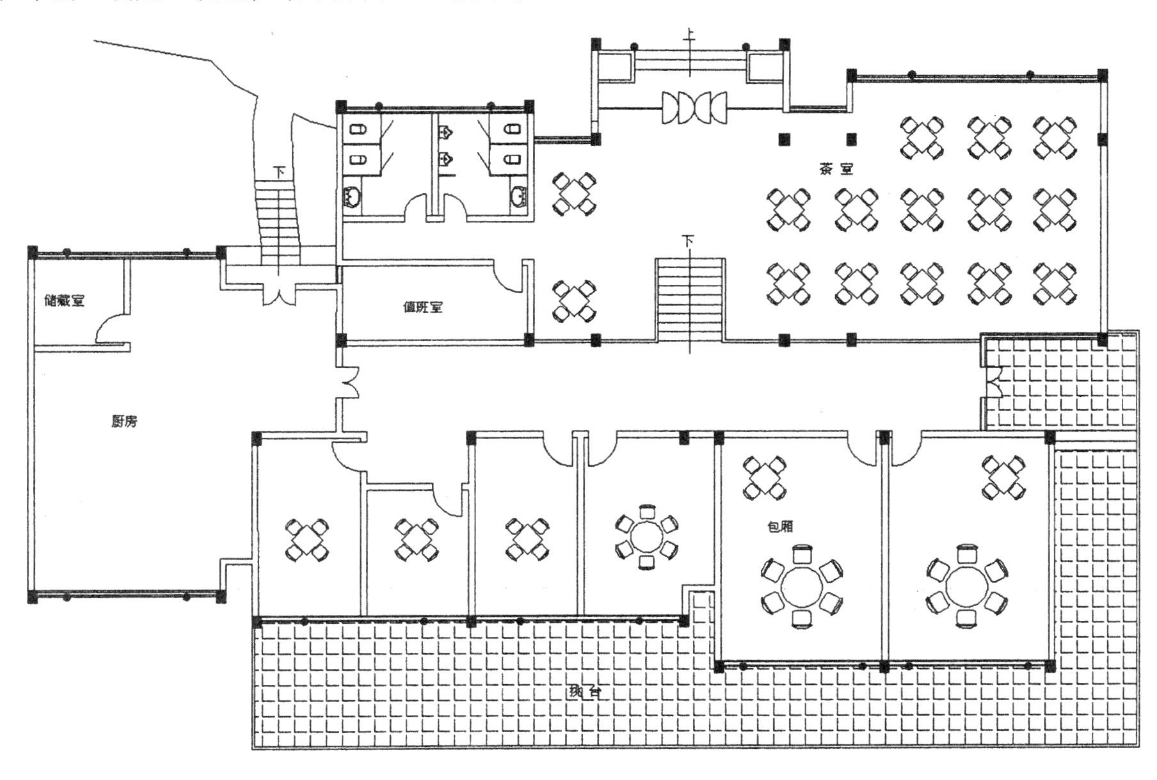

图 2-26　文字标注

2. 尺寸的标注

（1）建立“尺寸”图层，参数设置如图 2-27 所示，并将其设置为当前图层。

图 2-27　“尺寸”图层参数

（2）单击“绘图”工具栏中的“直线”按钮和“多行文字”按钮A，标注标高，如图 2-28 所示。

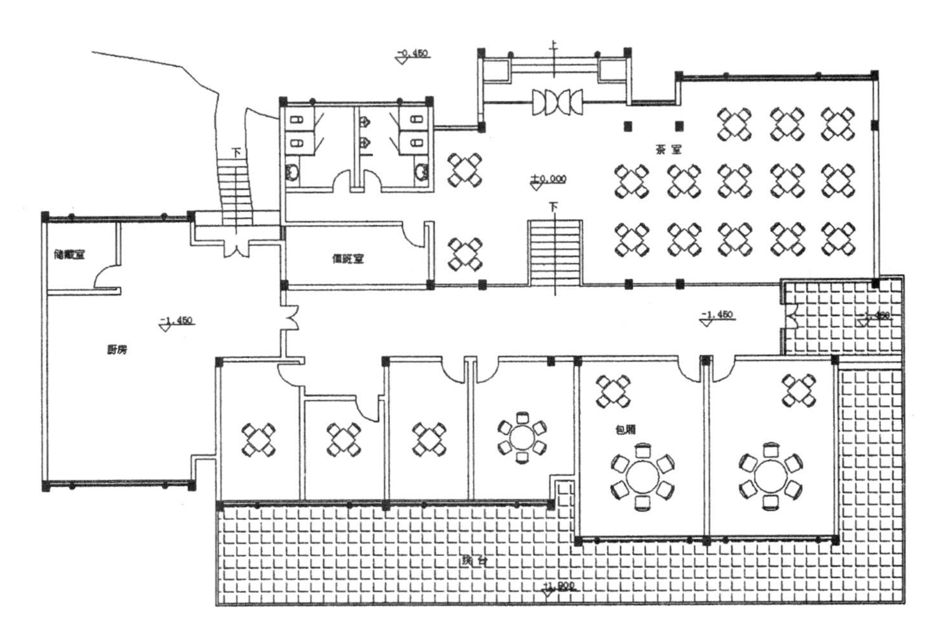

图 2-28 相对高程的标注

（3）将“轴线”图层打开，单击“标注”工具栏中的“线性”按钮和“连续”按钮，标注尺寸，并整理图形，如图 2-29 所示，然后将“轴线”图层关闭，结果如图 2-1 所示。

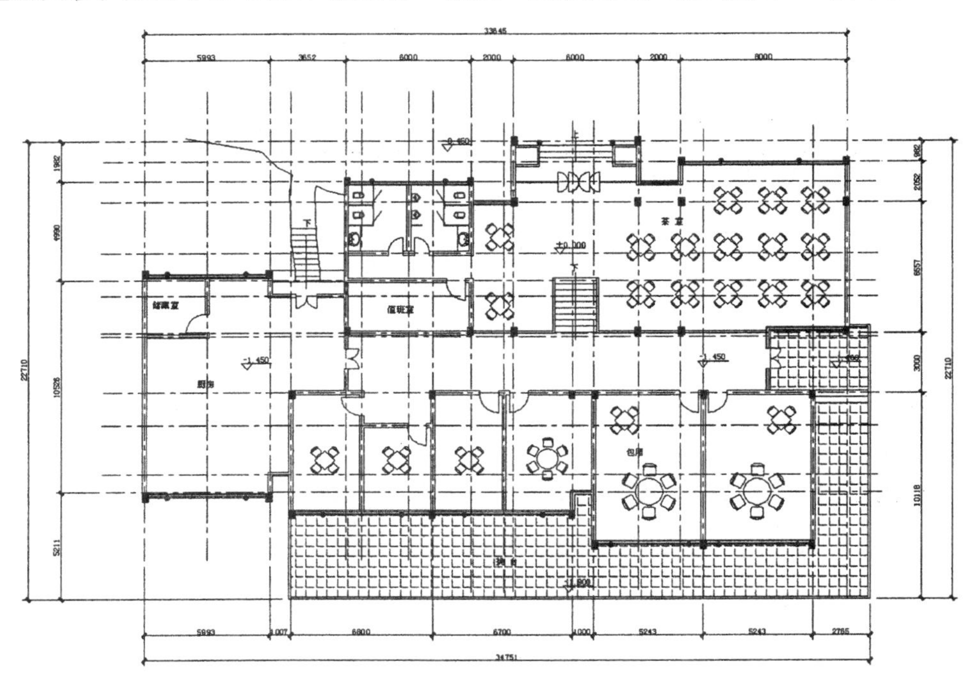

图 2-29 尺寸的标注

2.2.3　茶室顶视平面图的绘制

下面绘制如图 2-30 所示的茶室顶视平面图。

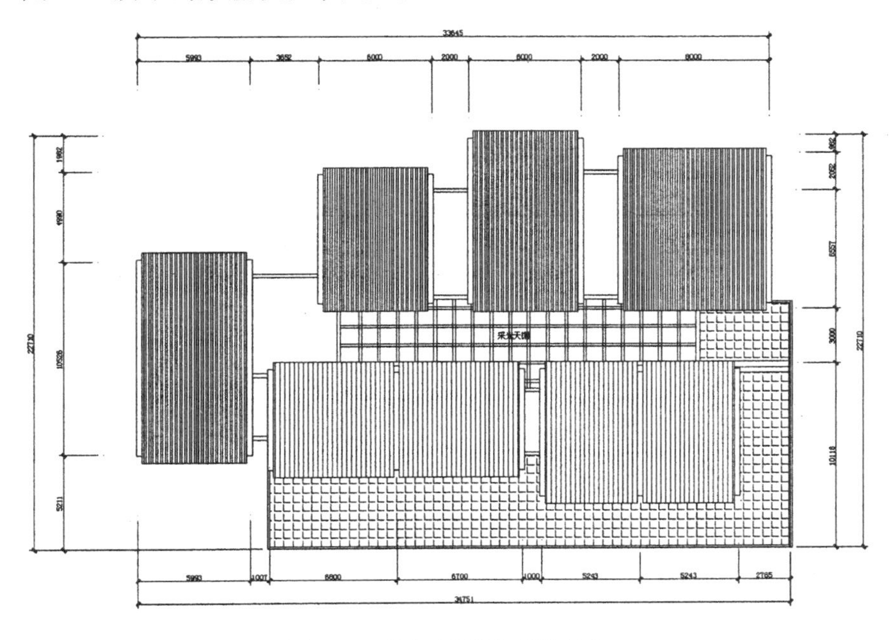

图 2-30　茶室顶视平面设计图

（1）选择菜单栏中的“文件”→“打开”命令，打开“茶室平面图”文件，将其另存为“茶室顶视平面图”，然后单击“修改”工具栏中的“删除”按钮，删除部分图形并进行整理，结果如图 2-31 所示。

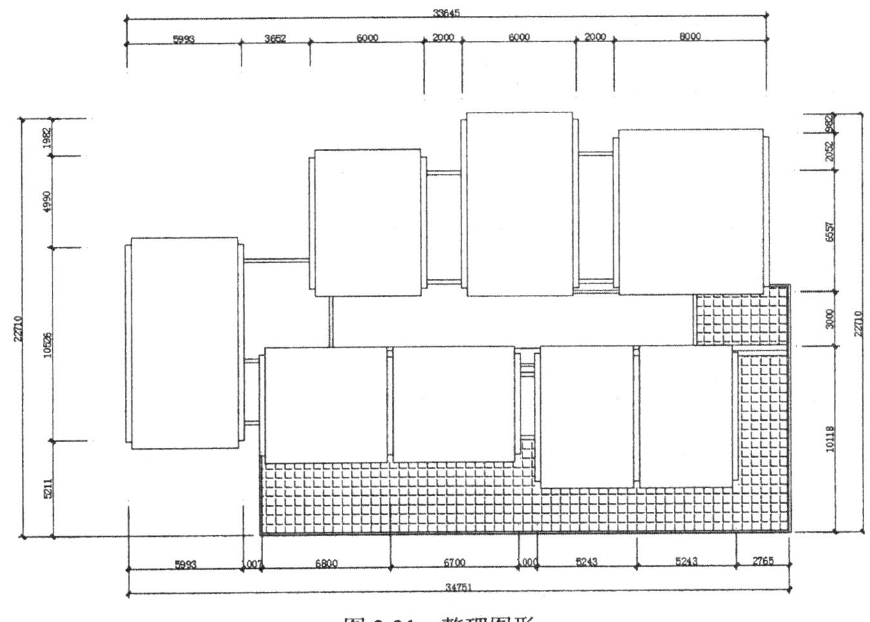

图 2-31　整理图形

（2）单击“绘图”工具栏中的“图案填充”按钮，打开“图案填充创建”选项卡，如图 2-32 所示。选择 ANSI31 图案，角度为 45°，比例分别为 40 和 80，填充图形，如图 2-33 所示。

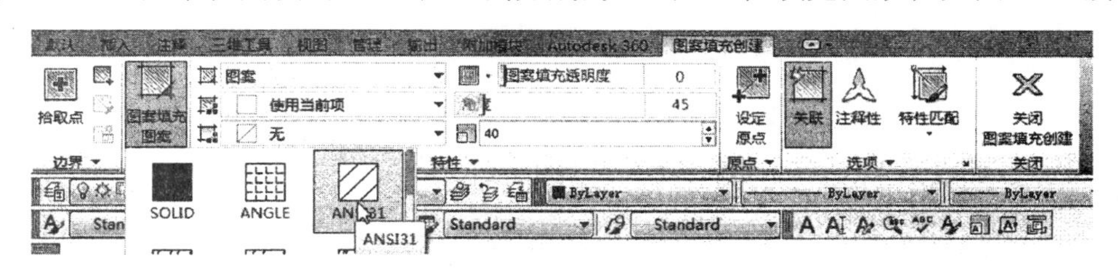

图 2-32 “图案填充创建”选项卡

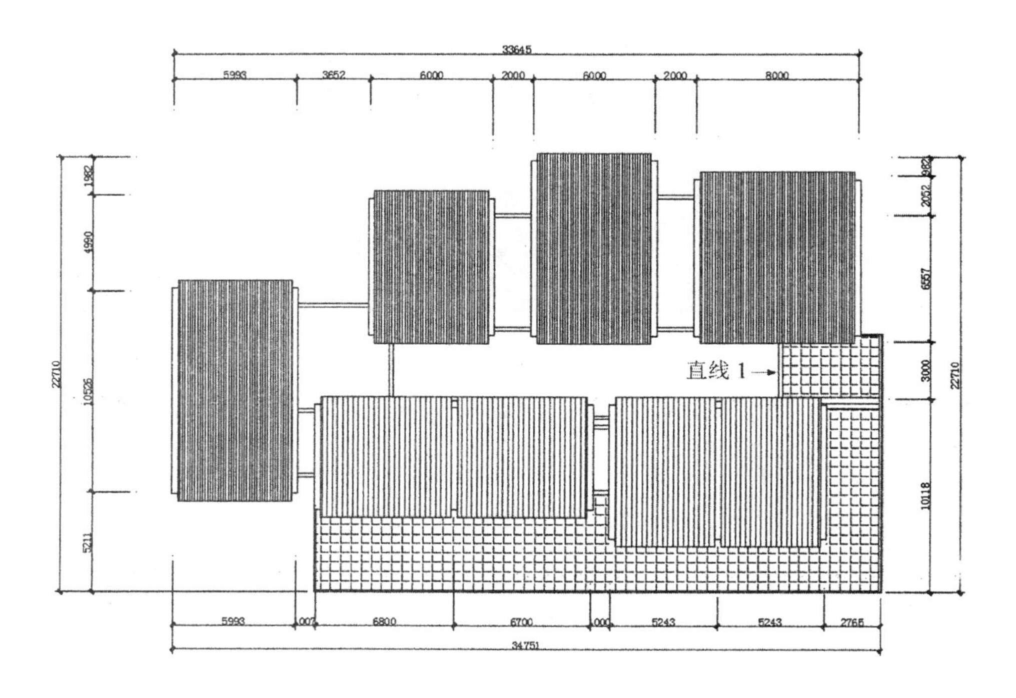

图 2-33 填充图形

（3）单击“修改”工具栏中的“偏移”按钮，将图 2-33 所示的直线 1 依次向左进行偏移，偏移距离为 847、153、847、153、847、153、847、153、847、153、847、153、847、153、847、153、847、153、847、153、847、153、847、153、847、153、847、153、847、153、847、153、847、153、847 和 153，然后单击“绘图”工具栏中的“直线”按钮，绘制水平方向的直线，最后整理图形，最终完成天棚的绘制，结果如图 2-34 所示。

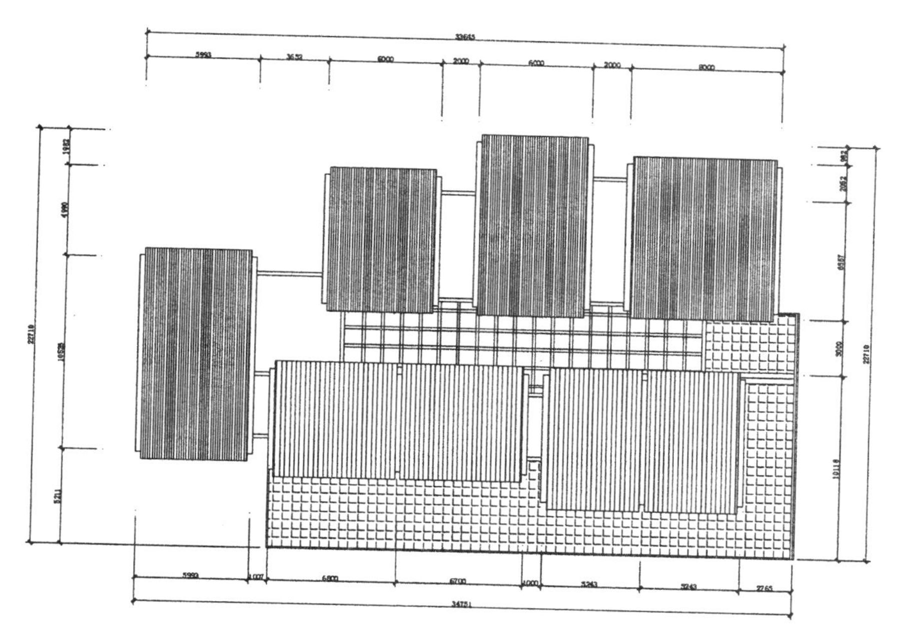

图 2-34　绘制天棚

（4）文字标注。将“文字”图层设置为当前图层，然后进行文字标注。单击“绘图”工具栏中的“多行文字”按钮A，在待注文字的区域拉出一个矩形，弹出“文字格式”对话框。首先设置字体及字高，然后在文本区输入要标注的文字，单击“确定”按钮后完成，如图 2-30 所示。

以下为附带的茶室的立面图，具体绘制方法与大门的立面绘制方法相同，在此不再详述，效果如图 2-35 和图 2-36 所示。

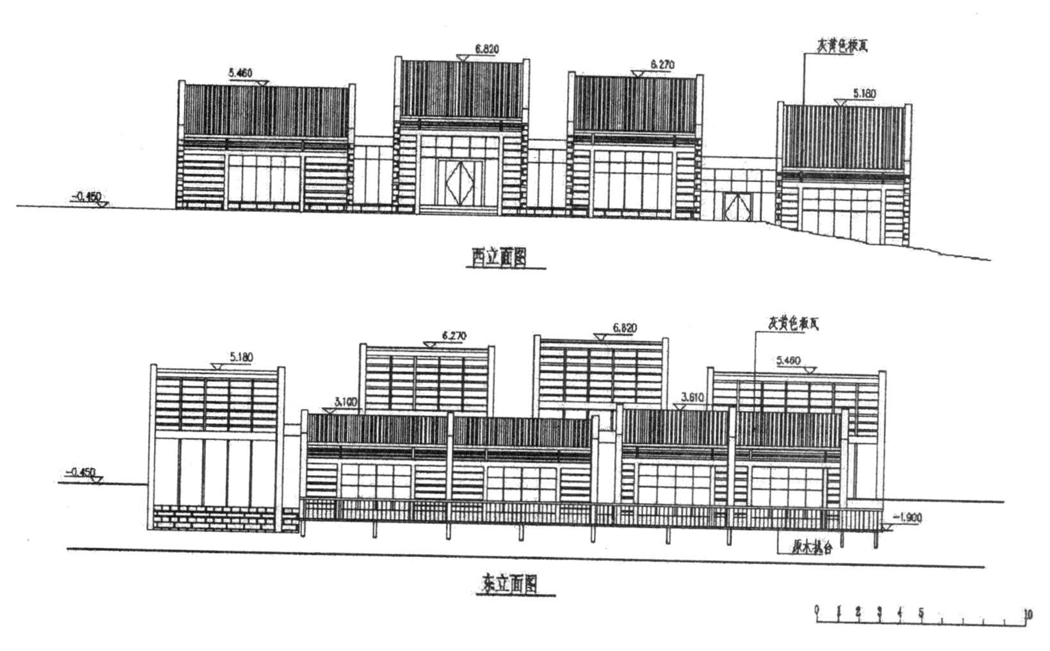

图 2-35　茶室立面图 1

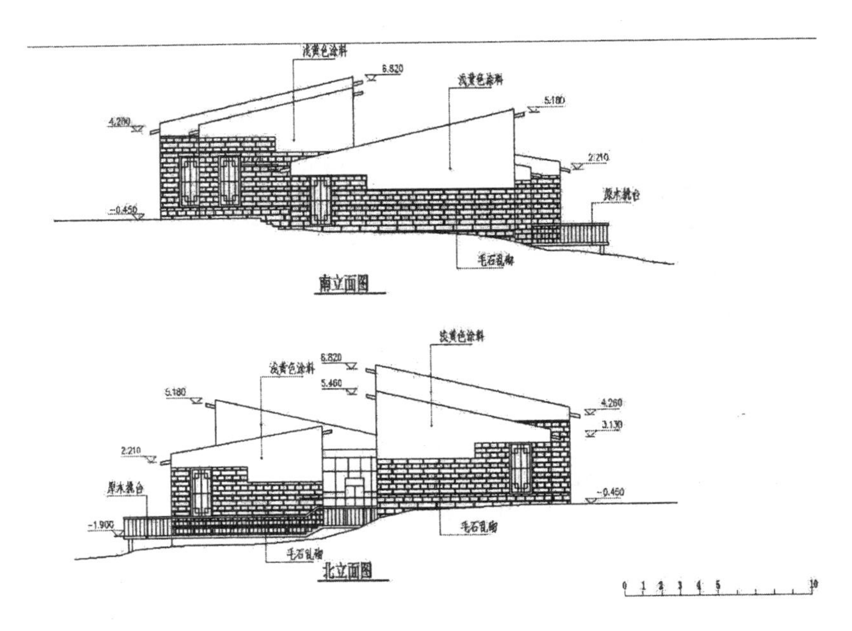

图 2-36　茶室立面图 2

如图 2-37 所示为整个茶室的平面及位置图，该茶室依山而建，别具特色。

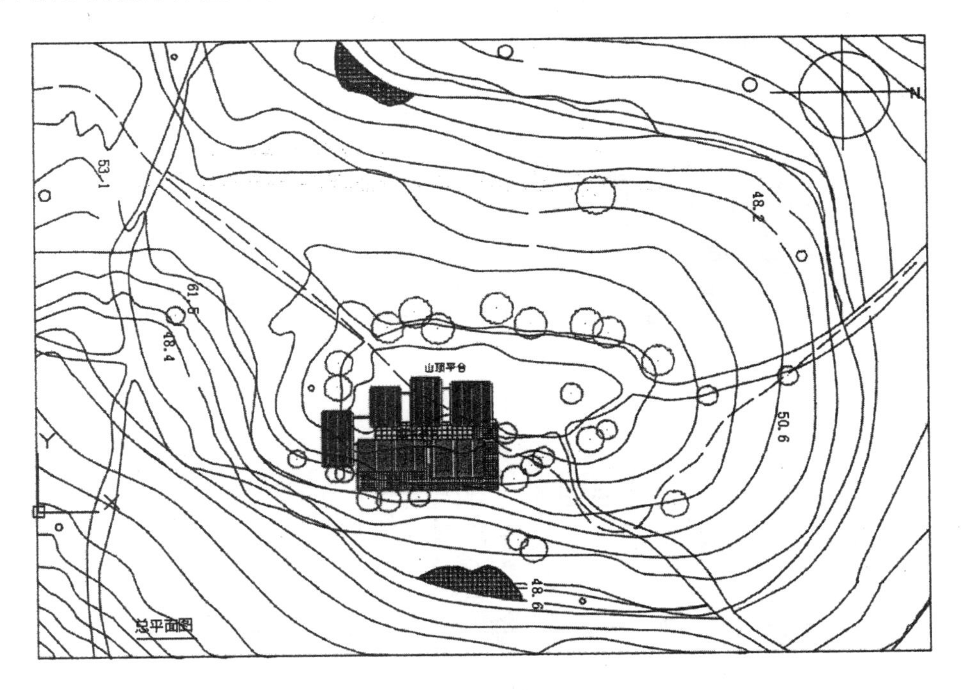

图 2-37　茶室平面位置

2.3　园　　桥

园林中的桥既起到交通连接的功能，又兼备赏景、造景的作用，如拙政园的折桥和“小飞虹”、颐和园中的十七孔桥和园内西堤上的六座形式各异的桥、网师园的小石桥等。在全园规划时，应将园桥所处的环境和所起的作用作为园桥的设计依据。一般在园林中架桥，多选择两岸较狭窄处，或湖岸与湖岛之间，或两岛之间。桥的形式多种多样，如拱桥、折桥、亭桥、廊桥、假山桥、索桥、独木桥、吊桥等，前几类多以造景为主，联系交通时以平桥居多。就材质而言，有木桥、石桥、混凝土桥等。在设计时应根据具体情况选择适宜的形式和材料。

下面绘制如图 2-38 所示的桥。

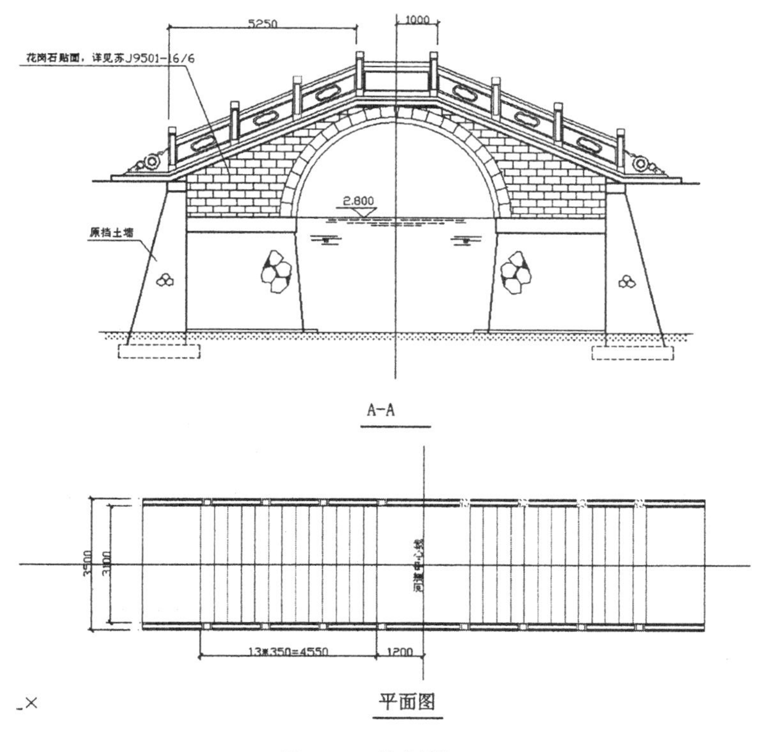

图 2-38　绘制桥

2.3.1　桥的绘制

1. 绘制轴线

建立“轴线”图层，进行相应设置。单击“绘图”工具栏中的“直线”按钮，在绘图区适当位

置选取直线的初始点，输入第二点的相对坐标（@0，15000），按Enter键后绘出竖向轴线。然后重复“直线”命令，在绘图区适当位置选取直线的初始点，输入第二点的相对坐标（@30000，0），进行范围缩放后如图2-39所示。

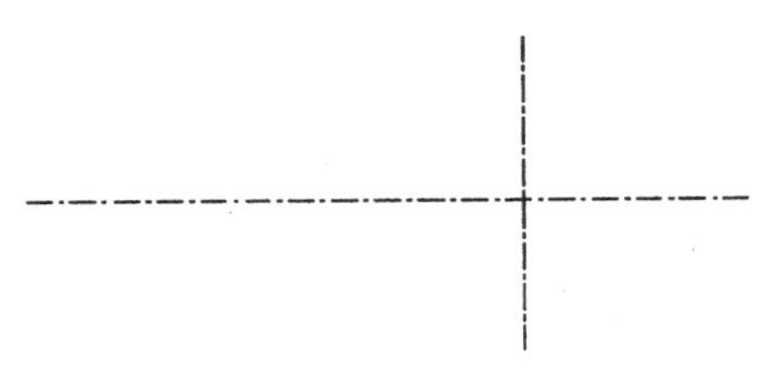

图2-39　轴线绘制

2. 桥平面图的绘制

（1）建立一个新图层，并将其命名为“桥”，参数设置如图2-40所示。确定后回到绘图状态。

桥　洋红 Contin...　0.70 ...　Color_6

图2-40　“桥”图层参数

（2）台阶的绘制。

①将“桥”图层置为当前图层。单击“绘图”工具栏中的“直线”按钮，以横向轴线和竖向轴线的交点为起点，水平向左绘制一条直线段，长度为7250；然后垂直向上绘制一条竖向直线段，长度为1550，删除横向直线段，结果如图2-41所示。

②单击“绘图”工具栏中的“直线”按钮，以步骤①中绘制的直线段的上端点为起点，向下绘制一条长度为3100的直线段，作为台阶的界线。单击“修改”工具栏中的“偏移”按钮，将刚刚绘制出的直线段向右偏移，偏移距离为1500，结果如图2-42所示，为第一个台阶。

图2-41　台阶的绘制1　　　图2-42　台阶的绘制2

（3）单击“修改”工具栏中的“矩形阵列”按钮，将步骤（2）中偏移后的直线段向右阵列，阵列设置为1行14列，行偏移为1，列偏移为350，结果如图2-43所示。

注意　选择对象为步骤（2）中第一个台阶的竖向直线。

（4）桥栏的绘制。先绘制一侧栏杆，然后再对其进行镜像，绘制出另外一侧栏杆。单击“绘图”工具栏中的“直线”按钮，在台阶一侧绘制一条直线（以桥的左端为起点，到中轴线结束），如图2-44

所示，然后单击“修改”工具栏中的“偏移”按钮，将刚绘制的直线向下偏移，偏移距离为 200，为桥栏杆的宽度。

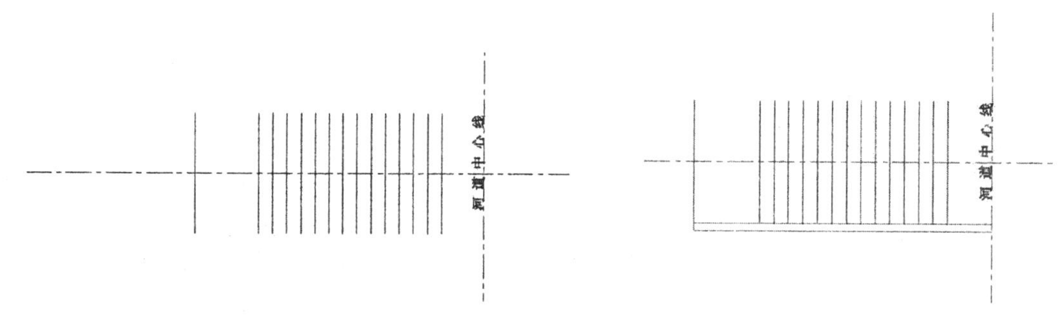

图 2-43　全部台阶　　　　图 2-44　桥栏的绘制

（5）桥栏的细部做法。单击“修改”工具栏中的“偏移”按钮，将栏杆的两侧边缘线分别向内侧进行偏移，偏移距离为 25，然后以偏移后的直线为基准线，再向内偏移 25，结果如图 2-45 所示。

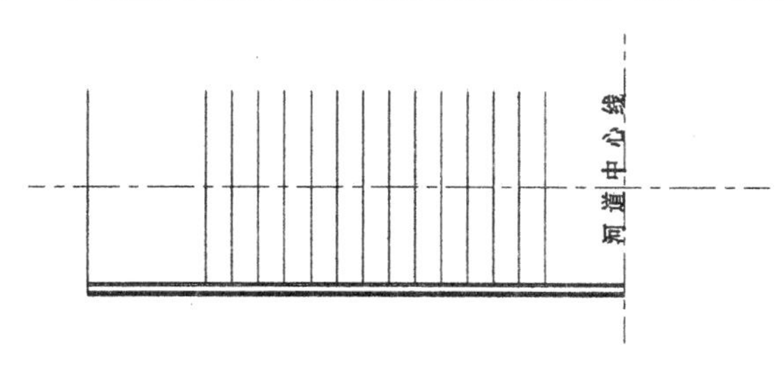

图 2-45　桥栏的细部

（6）望柱的绘制。

①单击“绘图”工具栏中的“多段线”按钮，以第一个台阶与桥栏的交点为起始点，沿桥栏水平向右绘制长为 50 的直线段，然后垂直向下，与桥栏的外侧边缘线相交，如图 2-46 所示。

②单击“绘图”工具栏中的“矩形”按钮，以折点为第一角点绘制矩形，如图 2-47 所示。

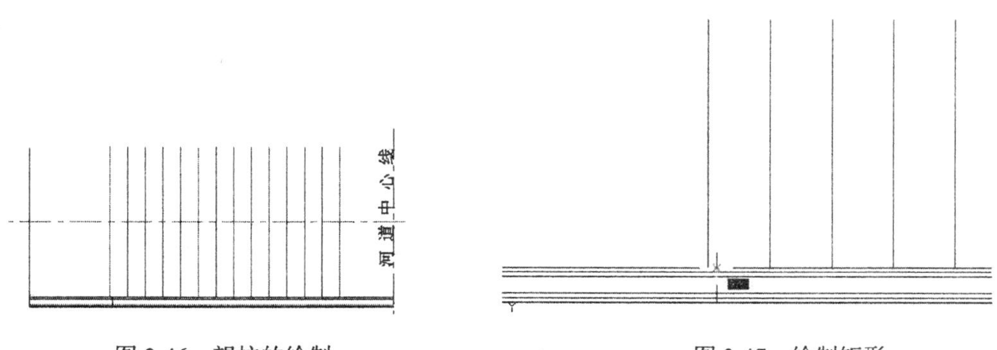

图 2-46　望柱的绘制　　　　图 2-47　绘制矩形

③在命令行输入（@240，-200），然后单击“修改”工具栏中的“修剪”按钮，将矩形内部的线条修剪掉，结果如图 2-48 所示。

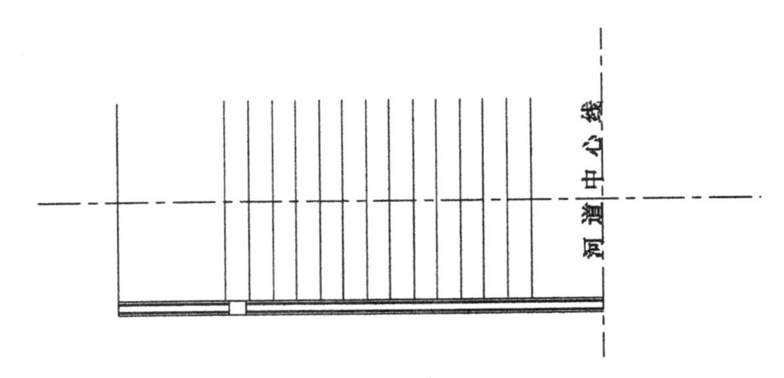

图 2-48　修剪多余线条

（7）望柱内部的绘制。

①单击“修改”工具栏中的“偏移”按钮，将绘制好的矩形向内侧偏移，偏移距离为 30，然后将内外矩形对应的 4 个角点连起来。最后单击“绘图”工具栏中的“创建块”按钮，将其命名为“望柱”，拾取点选择望柱的任意一角点，选择对象为整个望柱。

②单击“修改”工具栏中的“矩形阵列”按钮，将望柱进行矩形阵列，设置为 1 行 4 列，行偏移为 1，列偏移为 1500。

③单击“修改”工具栏中的“修剪”按钮，将“望柱”内部直线修剪掉，结果如图 2-49 所示。

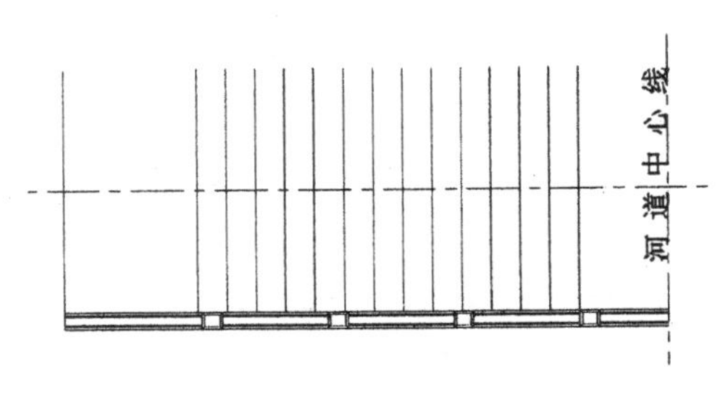

图 2-49　修剪多余线条

（8）整个桥栏的绘制。

①单击“修改”工具栏中的“镜像”按钮，将绘制好的一侧桥栏以水平中心线为镜像中心线进行镜像，结果如图 2-50 所示。

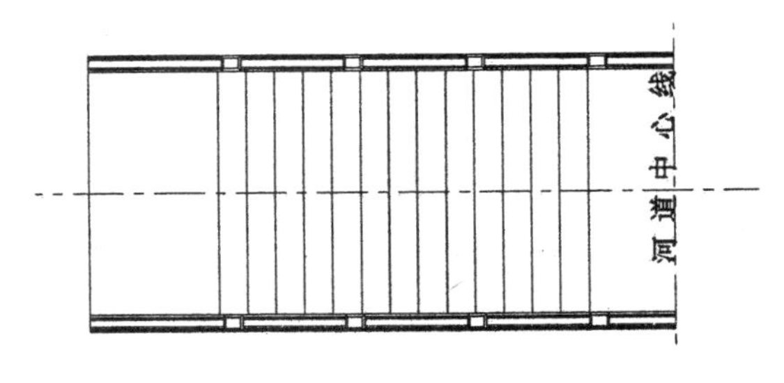

图 2-50　一侧桥栏绘制

②采用相同方法，单击“修改”工具栏中的“镜像”按钮，将桥栏以竖直中心线为镜像中心线

进行镜像，结果如图 2-51 所示。

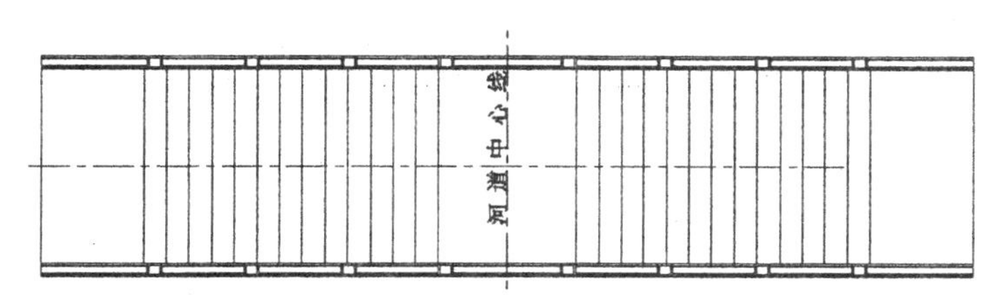

图 2-51　镜像得到另一侧桥栏

3. 桥立面图的绘制

（1）将“轴线”图层设置为当前图层，打开正交设置。

单击“绘图”工具栏中的“直线”按钮，在绘图区适当位置选取直线的初始点，输入第二点的相对坐标（@0，12000），按 Enter 键后绘出竖向轴线。

（2）桥立面轮廓的绘制。

①单击“绘图”工具栏中的“直线”按钮，以轴线上端近顶点处为起点，水平向左绘制一条长为 1000 的直线段，为桥体的最高处。右击“状态”工具栏中的“极轴追踪”按妞，在弹出的菜单中选择“设置”选项，弹出“草图设置”对话框，设置附加角度为 203°。

②单击“绘图”工具栏中的“直线”按钮，沿极轴追踪方向 203°，在命令行输入直线长度 5250，绘制出桥体斜坡的倾斜线；然后沿水平向左方向输入直线长度 2000，为桥体的坡脚线，结果如图 2-52 所示。

（3）桥拱的绘制。

拱顶距常水位高度为 3000，拱券宽度为 150，拱券顶部距桥面最高处为 300。

①单击“绘图”工具栏中的“直线”按钮，以轴线与桥面最高处的交点为第一角点，沿垂直向下方向绘制直线段，在命令行输入距离 3000，然后水平向左绘制直线段，在命令行输入距离 3000。单击“绘图”工具栏中的“圆弧”按钮，以折点为圆心，命令行提示与操作如下：

```
命令：_arc
指定圆弧的起点或 [ 圆心 (C)]: c ↙
指定圆弧的圆心：( 折点，如图 2-53 所示 )
指定圆弧的起点：( 轴线与桥面最高处的交点，如图 2-54 所示 )
指定圆弧的端点 ( 按住 Ctrl 键以切换方向 ) 或 [ 角度 (A)/ 弦长 (L)]: ( 水平方向直线段的端点，如图 2-55 所示 )
```

绘制的圆弧效果如图 2-56 所示。

②将绘制好的圆弧进行偏移。单击“修改”工具栏中的“偏移”按钮，向内侧进行偏移，偏移距离为 300；然后重复“偏移”命令，以偏移后的弧线为基准线，偏移距离为 150。

③单击“绘图”工具栏中的“直线”按钮，在常水位处绘制长短不一的直线段，表示水面，结果如图 2-57 所示。

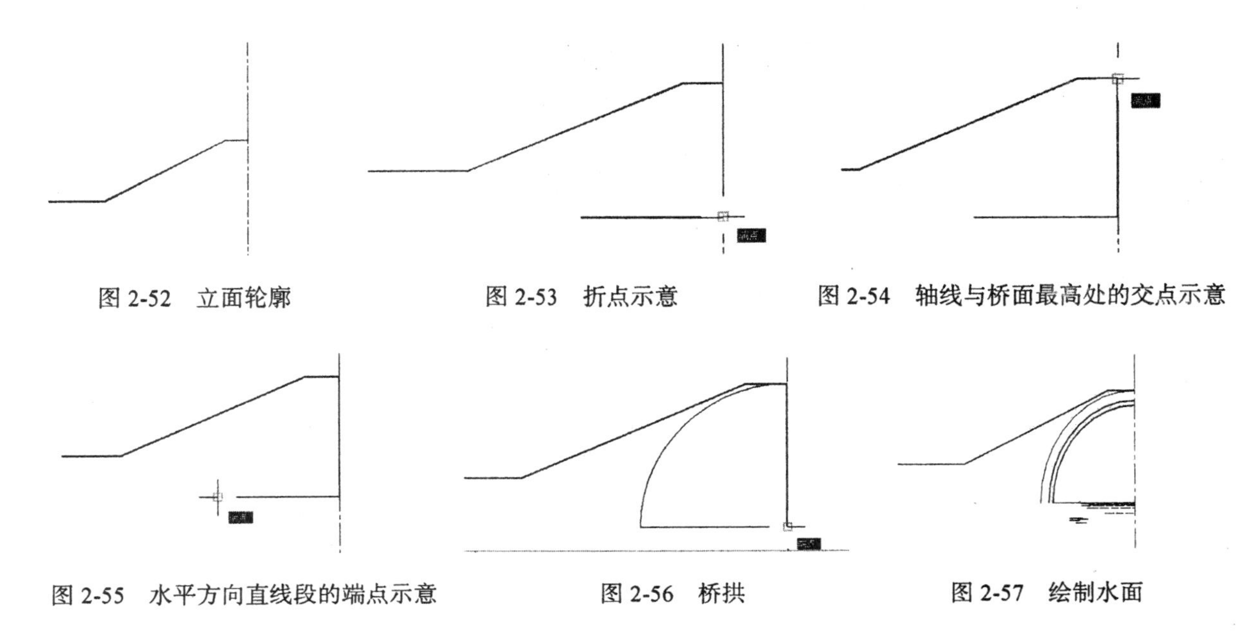

图 2-52　立面轮廓　　图 2-53　折点示意　　图 2-54　轴线与桥面最高处的交点示意

图 2-55　水平方向直线段的端点示意　　图 2-56　桥拱　　图 2-57　绘制水面

（4）桥拱砖体的绘制。

①单击“绘图”工具栏中的“直线”按钮，在拱的最下端绘制一条水平方向的直线段，如图 2-58 所示。

②单击“修改”工具栏中的“旋转”按钮，将图 2-58 所示的直线进行旋转复制，设置第一次旋转复制角度为 6°，其他旋转复制角度为 8°，结果如图 2-59 所示。

图 2-58　桥拱砖体的绘制 1　　图 2-59　桥拱砖体的绘制 2

（5）桥台的绘制。

①绘制挡土墙与桥台的界线，单击“绘图”工具栏中的“直线”按钮，以桥面转折点为第一角点（如图 2-60 所示），方向为沿桥面斜线方向，绘制长度为 450 的一条直线段。

②打开“正交”命令，方向转为垂直向下，绘制一条长度为 4200 的直线段。

③单击“绘图”工具栏中的“直线”按钮，以 4200 的直线段下端点为第一角点，向两侧绘制直线，作为河底线，如图 2-61 所示。

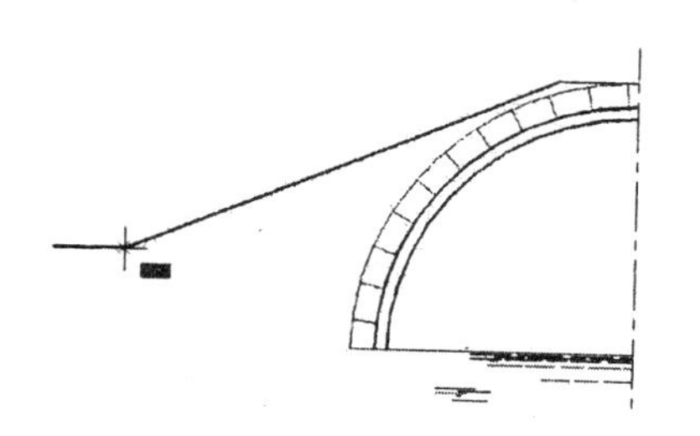

图 2-60　桥基础的绘制

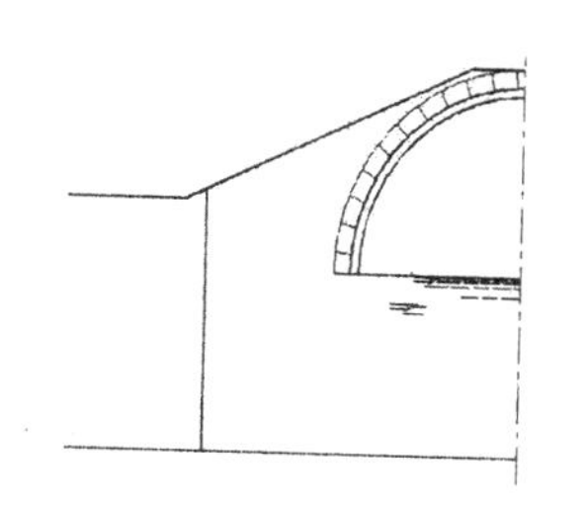

图 2-61　河底线

④单击“绘图”工具栏中的“多段线”按钮，以挡土墙与桥台界线的上端点为第一角点，垂直向下绘制直线段，在命令行输入直线长度 1350，然后方向转为水平向右，在命令行输入直线长度 500。单击“绘图”工具栏中的“矩形”按钮，以折线的转折点为第一角点，另一角点坐标为（@2850，-400），为挡土石。删除多段线，如图 2-62 所示。

⑤单击“绘图”工具栏中的“多段线”按钮，以矩形右下角点为起点，方向为水平向左，在命令行输入 50；右击“极轴”按钮，在弹出的快捷菜单中选择“设置”命令，弹出“草图设置”对话框，设置附加角为 275°。

⑥单击“绘图”工具栏中的“直线”按钮，以多段线端点为起点，沿 275° 方向绘制斜线，为桥台的边缘线，与河底线相交。

⑦删除绘制的多段线，结果如图 2-63 所示。

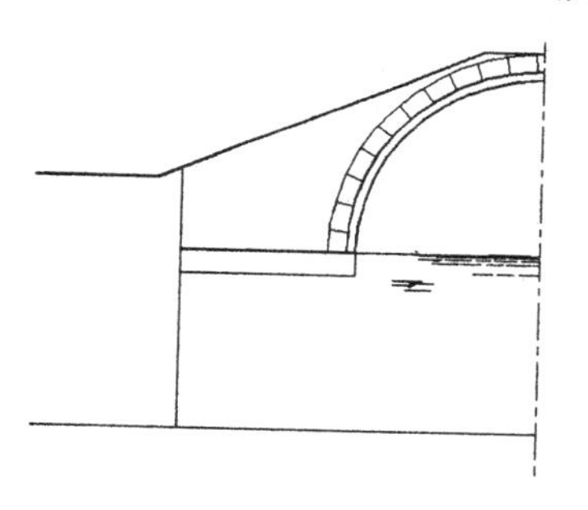

图 2-62　挡土石

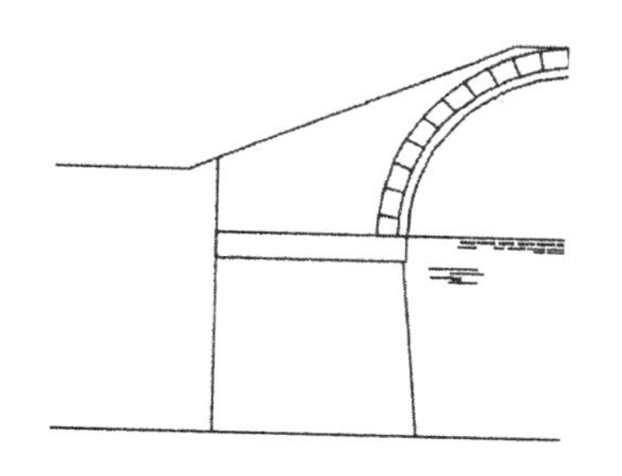

图 2-63　桥台的边缘线

⑧单击“绘图”工具栏中的“矩形”按钮，以挡土墙与桥台的界线和河底线的交点为第一角点，另一角点坐标为（@3400，100），绘制河底基石，结果如图 2-64 所示。

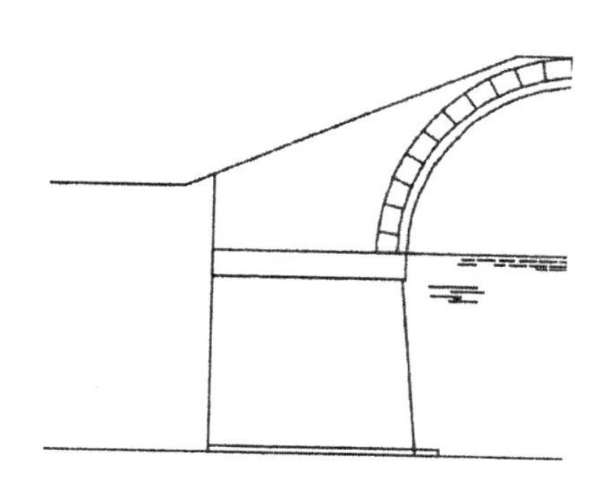

图 2-64　河底基石

（6）挡土墙的绘制。

①单击“绘图”工具栏中的“多段线”按钮，以桥面转折点为第一角点（如图 2-65 所示），方向为水平向左，在命令行输入距离 80，绘制一条直线段。

②方向转为垂直向下，在命令行输入距离 50，绘制一条直线段。然后单击“绘图”工具栏中的“矩形”按钮，以多段线的转折点为第一角点，另一角点坐标为（@500，250），绘制挡土墙上的基石；单击“绘图”工具栏中的“直线”按钮，以基石的左下角点为第一角点，打开“极轴”命令，附加角度为 256°，沿 256° 方向绘制直线，与河底线相交，结果如图 2-66 所示。

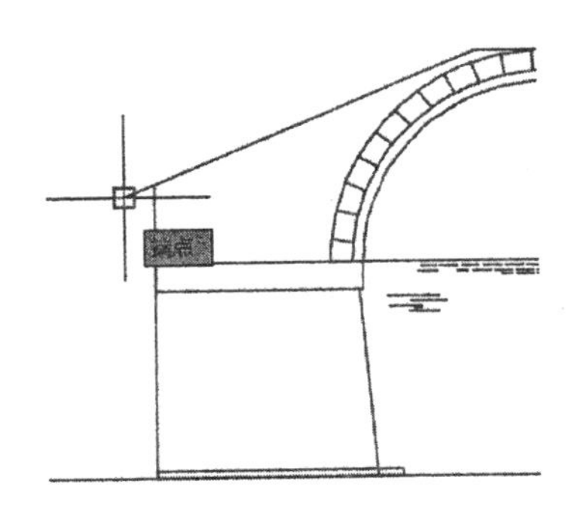

图 2-65　挡土墙的绘制 1

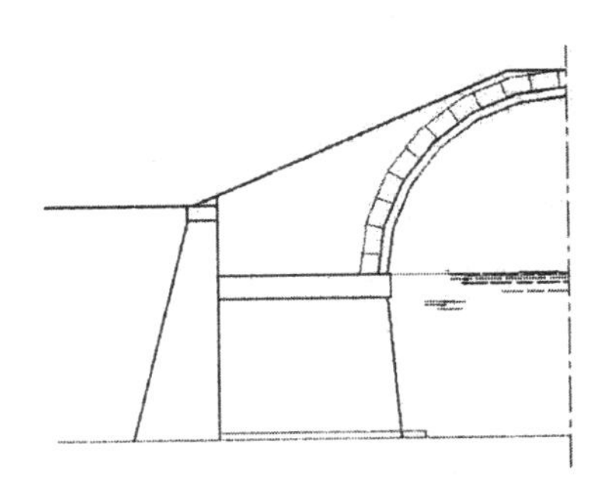

图 2-66　挡土墙的绘制 2

（7）河底基石的绘制。

单击“绘图”工具栏中的“直线”按钮，以挡土墙与桥台的界线和河底线的交点为第一角点，垂直向下绘制直线段，在命令行输入长度 325，将方向改为水平向右，在命令行输入距离 360，然后单击“绘图”工具栏中的“矩形”按钮，以直线段的端点为第一角点，另一角点坐标为（@-2100，-350）。单击“修改”工具栏中的“延伸”按钮，以“矩形”作为选择对象，以 256° 斜线作为要延伸的对象。然后将本步骤绘制线条的“线型”全部改为 dashedx2，全局比例因子设为 5，结果如图 2-67 所示。

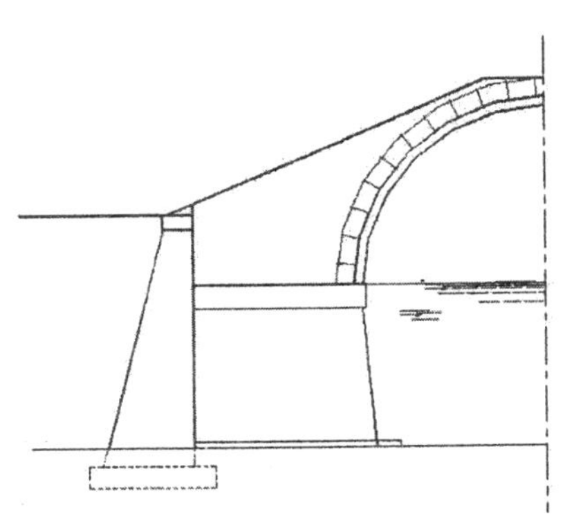

图 2-67　河底基石

（8）桥体材料的填充。

①填充桥台的砖体材料，单击“绘图”工具栏中的“图案填充”按钮，打开“图案填充创建”选项卡，参数设置如图 2-68 所示。

图 2-68　“图案填充创建”选项卡

结果如图 2-69 所示。

②填充桥台基础的石材，单击“绘图”工具栏中的“插入块”按钮，弹出“插入”对话框，将“石块”图块插入图中合适位置处，结果如图 2-70 所示。

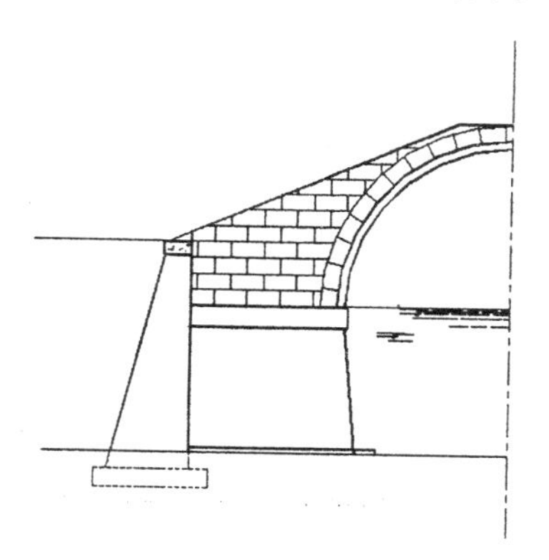

图 2-69　填充效果

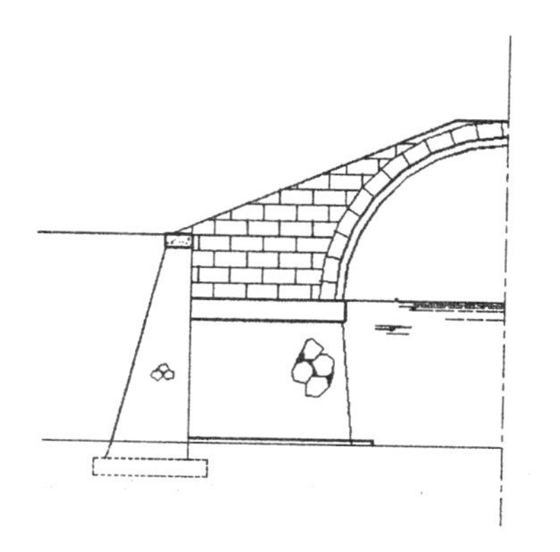

图 2-70　插入石块

③填充河底素土的材料，单击“绘图”工具栏中的“矩形”按钮，以河底线与中轴线的交点为第一角点，另一角点坐标为（@-7500，-210）。单击“绘图”工具栏中的“图案填充”按钮，打开“图案填充创建”选项卡，参数设置如图 2-71 所示。

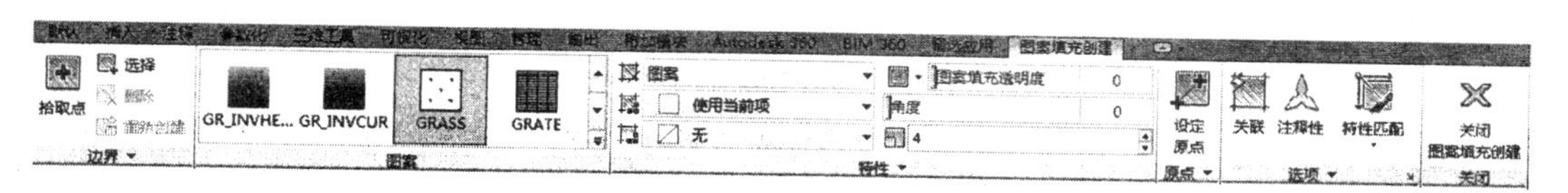

图 2-71　填充设置

④填充后去掉矩形框，结果如图 2-72 所示。

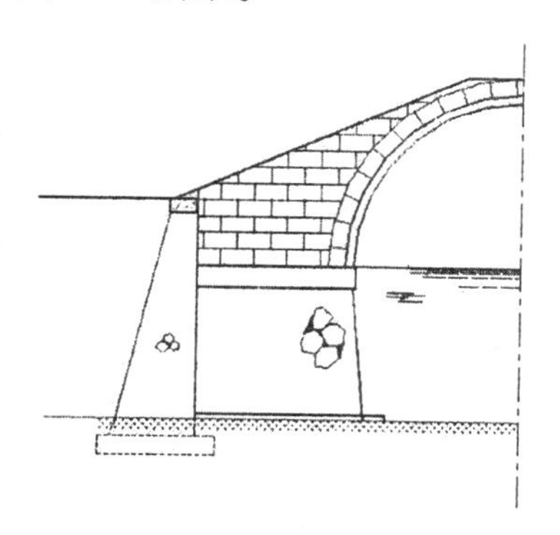

图 2-72　填充河底素土

（9）桥栏的绘制。

首先绘制基座，步骤如下。

①单击“修改”工具栏中的“偏移”按钮，将绘制好的桥面线向上偏移，偏移距离为 150，单击“绘图”工具栏中的“直线”按钮，以偏移后的下端转折点为第一角点，如图 2-73 所示。打开“正交”命令，水平向左绘制直线段，在命令行输入距离 1500。打开“状态”工具栏中的“捕捉”命令，方向转为垂直向下，与桥面垂直相交，如图 2-74 所示。

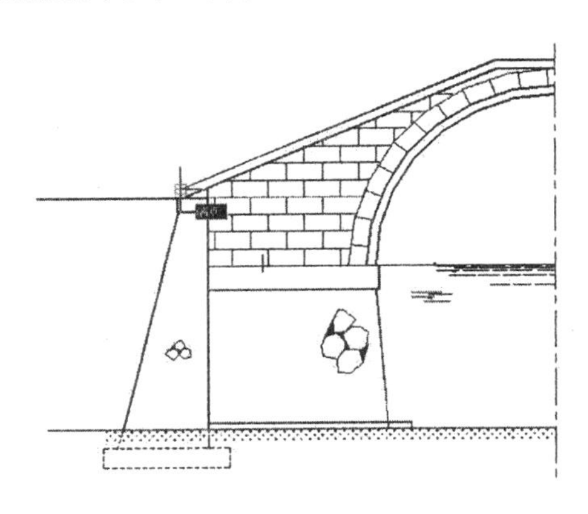

图 2-73　基座的绘制 1

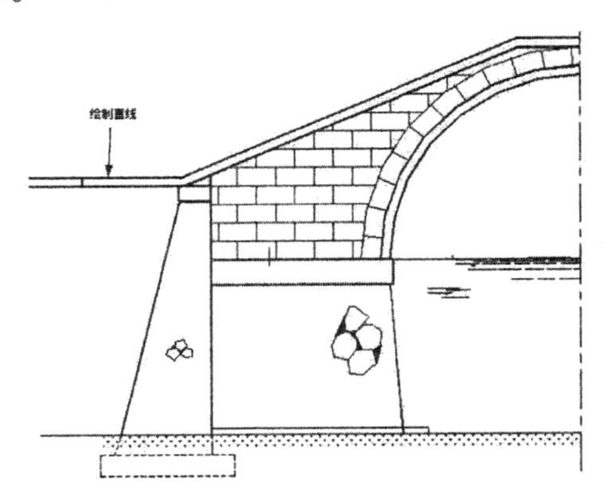

图 2-74　基座的绘制 2

②单击“修改”工具栏中的“修剪”按钮，以刚绘制的垂直线段为选择对象，以桥面线偏移后的直线段为要修剪的对象，结果如图 2-75 所示。

③单击“修改”工具栏中的“偏移”按钮，将绘制好的桥面线的偏移线向上偏移，偏移距离为 110，单击“绘图”工具栏中的“直线”按钮，以偏移后的下端转折点为第一角点，如图 2-76 所示。

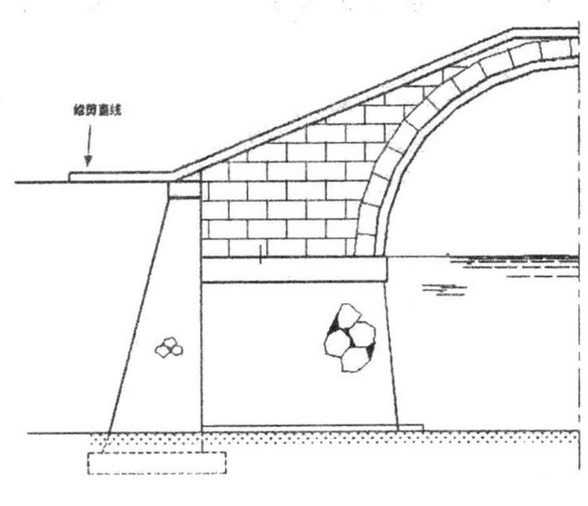

图 2-75　修剪后

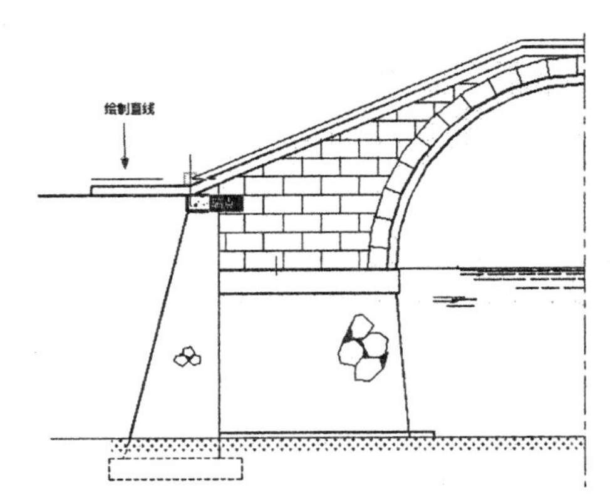

图 2-76　确定直线第一点

④打开“正交”功能，水平向左绘制直线段，在命令行输入距离 1200。打开“状态”工具栏中的“捕捉”“极轴（附加 45° 角）”命令，方向转为倾斜 225°，与桥面基座线相交，如图 2-77 所示。

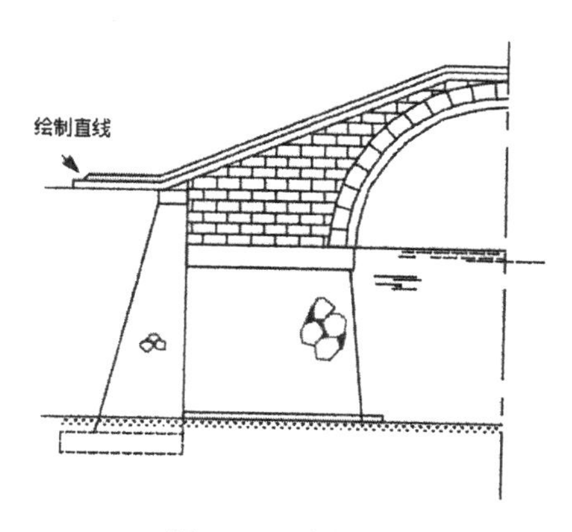

图 2-77　绘制直线

⑤单击“绘图”工具栏中的“圆弧”按钮，以刚绘制的斜线段端点为起点，以斜线段的中点为端点绘制包含角为 90° 的圆弧。重复“圆弧”命令，以斜线段的中点为起点，斜线段下端点为端点，绘制包含角为 90° 的圆弧。结果如图 2-78 所示，删除斜线段后如图 2-79 所示。

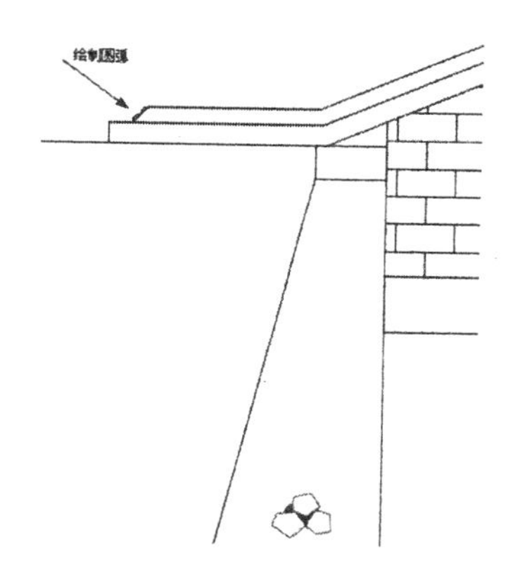

图 2-78　绘制第二条圆弧

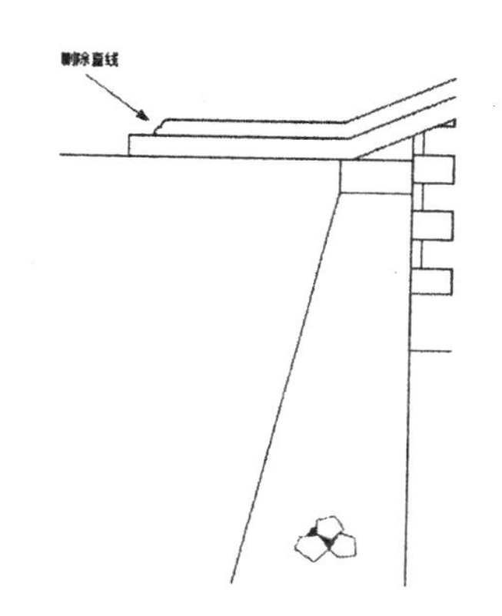

图 2-79　删除斜线

至此，基座绘制完成，然后绘制栏杆，步骤如下。

①单击“绘图”工具栏中的“直线”按钮，以界面内任意一点作为直线的第一角点，打开“正交”功能，方向为垂直向上。在命令行输入直线长度 1200，然后转为水平方向；在命令行输入直线长度 20；然后方向转为垂直向下，在命令行输入直线长度 1200，结果如图 2-80（a）所示。

②单击“修改”工具栏中的“偏移”按钮，以横向直线为基准线，偏移距离为 180，结果如图 2-80（b）所示。

③单击“修改”工具栏中的“偏移”按钮，以刚刚偏移后的横向直线段为基准线，向下偏移距离为 40，然后重复“偏移”命令，以竖向直线段为基准线，向右偏移距离为 35，单击“绘图”工具栏中的“矩形”按钮，以两条直线的交点为第一角点，另一角点坐标为（@125，-800），结果如图 2-80（c）所示。

④单击“绘图”工具栏中的“圆弧”按钮，分别以矩形的 4 个端点为圆心绘制半径为 18 的圆弧。

⑤用同样的方法绘制矩形长边中间的圆弧，以矩形长边的中点为圆心绘制半径为 18 的圆弧，结果如图 2-80（d）所示。

⑥单击“修改”工具栏中的“修剪”按钮，以刚刚绘制的圆弧为选择对象，矩形为要修剪的对

象修剪图形，结果如图 2-80（e）所示。

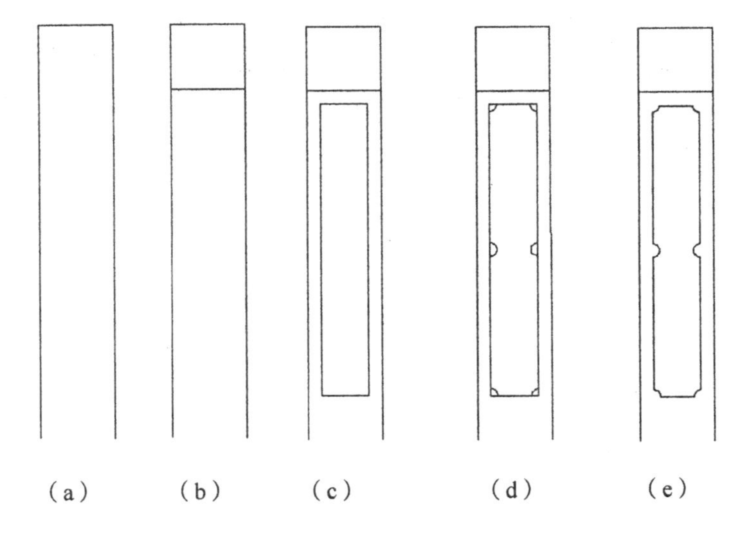

图 2-80　栏杆的绘制

⑦单击“绘图”工具栏中的“创建块”按钮，将绘制好的栏杆创建为一个名为“栏杆”的块。单击“拾取点”按钮，选择栏杆的左下角点。

⑧在图中合适的点上插入“栏杆”图块，然后将图块分解，进行修剪后，结果如图 2-81 所示。

⑨打开“极轴”命令并右击，设置附加角度为 23°，单击“绘图”工具栏中的“直线”按钮，以栏杆的右上角点为第一角点，垂直向下绘制直线段，在命令行输入直线长度 280，然后方向转为 23°，在命令行输入距离 1180，然后单击“修改”工具栏中的“偏移”按钮，将 23° 斜线向下偏移，偏移距离为 80，单击“修改”工具栏中的“延伸”按钮，将偏移后的直线段延伸至栏杆，斜线段的另一端进行修剪，使其竖向整齐，结果如图 2-82 所示。

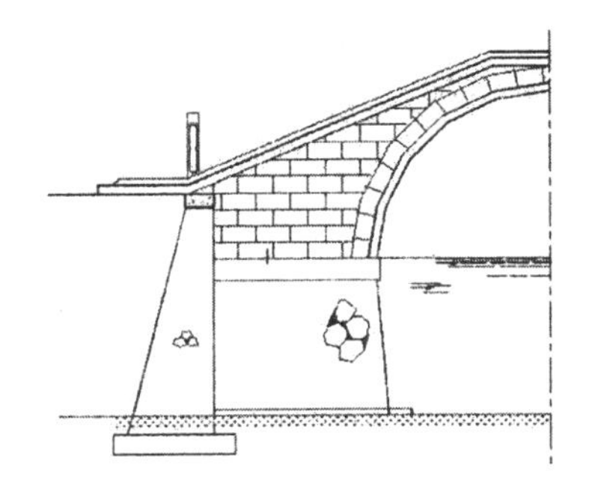

图 2-81　分解“块”并进行修剪

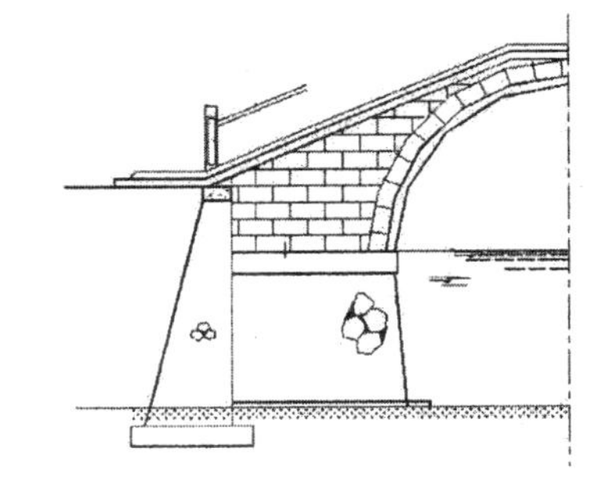

图 2-82　绘制直线并偏移

⑩单击“修改”工具栏中的“路径阵列”按钮，选择对象为前面所绘制的栏杆和柱，将其进行阵列。

⑪单击“绘图”工具栏中的“直线”按钮，以第 3 根栏杆与第 4 根柱的两个交点为起点，水平向右绘制直线，与中轴线相交，结果如图 2-83 所示。

4. 栏杆内装饰物的绘制

（1）单击“修改”工具栏中的“偏移”按钮，将栏杆的线条向内侧偏移，偏移距离为 130，如图 2-84 所示。单击“修改”工具栏中的“修剪”按钮，将多余的线条进行修剪，结果如图 2-85 所示。

（2）单击“修改”工具栏中的“偏移”按钮，将如图 2-86 所示的直线段向内侧进行偏移，偏移距离为 30，结果如图 2-87 所示。

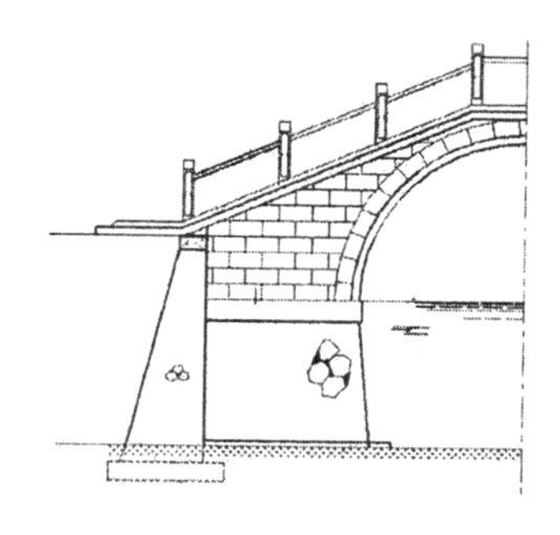

图 2-83　绘制直线

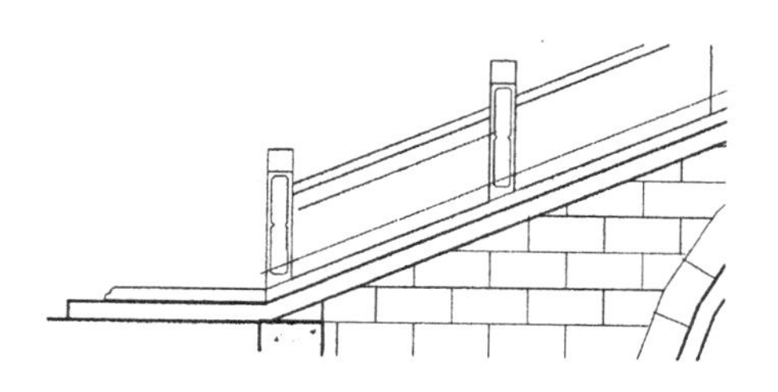

图 2-84　栏杆内装饰物的绘制 1

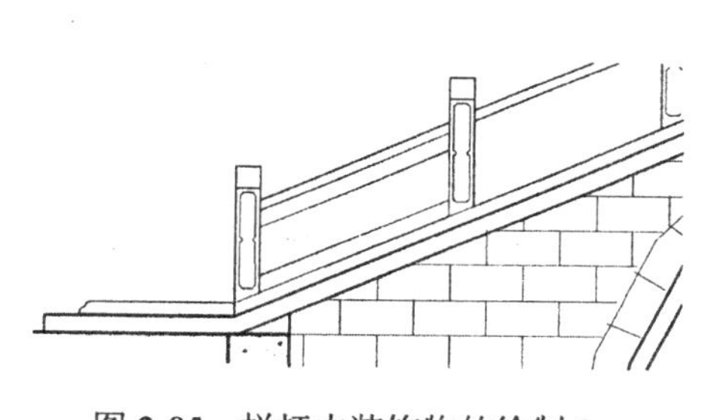

图 2-85　栏杆内装饰物的绘制 2

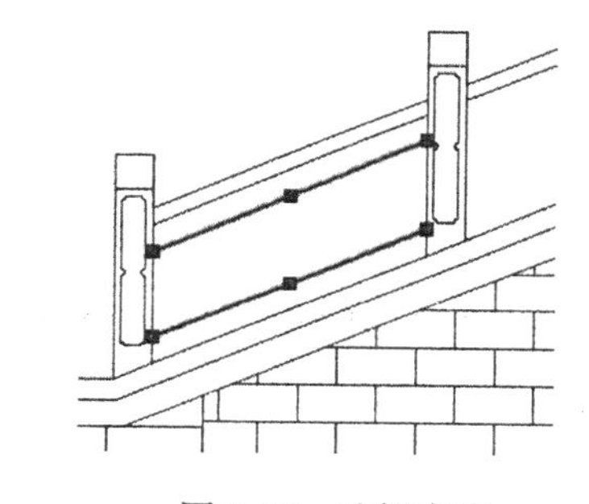

图 2-86　选择直线

（3）单击“修改”工具栏中的“修剪”按钮，将多余的线条进行修剪，结果如图 2-88 所示。

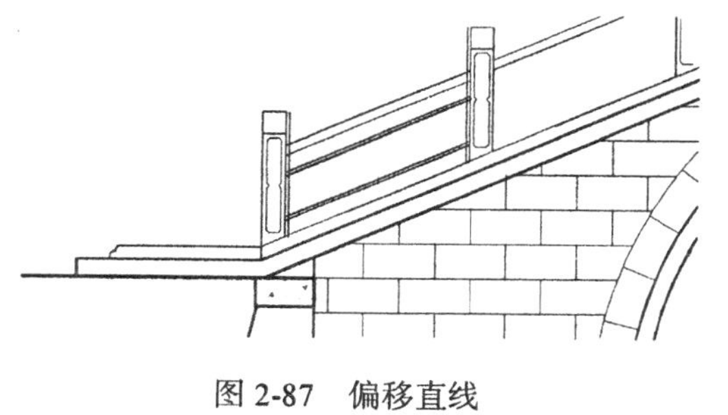

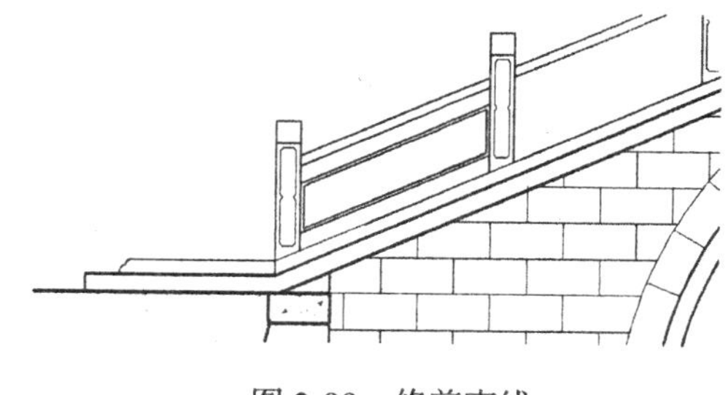

图 2-87　偏移直线

图 2-88　修剪直线

（4）单击“绘图”工具栏中的“圆弧”按钮，以平行四边形的 4 个端点为圆心绘制半径为 30 的圆弧。

（5）单击“修改”工具栏中的“修剪”按钮，以步骤（4）中绘制的圆弧为选择对象，矩形为要修剪的对象修剪图形，结果如图 2-89 所示。

（6）单击“绘图”工具栏中的“直线”按钮，打开“对象捕捉”功能，以线段中点为起始点

和终端点绘制中心线（辅助线），如图 2-90 所示。

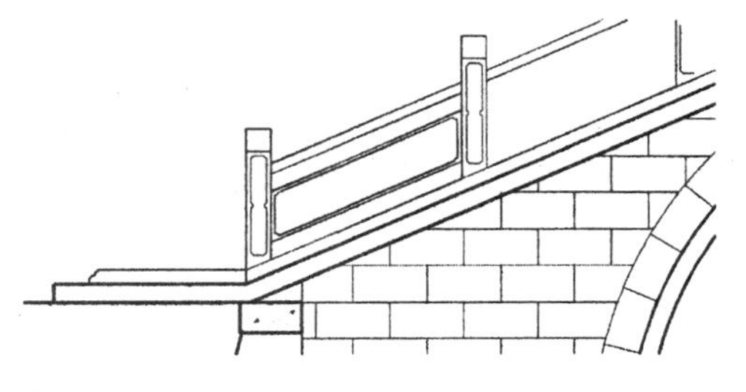

图 2-89　将矩形的角圆弧化

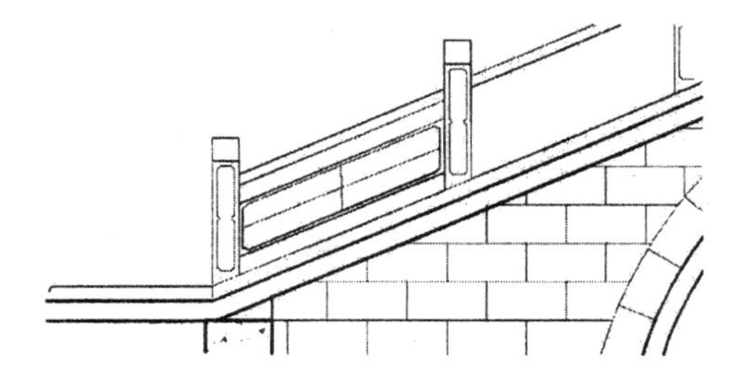

图 2-90　绘制辅助线

（7）单击“修改”工具栏中的“偏移”按钮，将竖向中心线向两侧偏移，偏移距离为 190，单击“绘图”工具栏中的“圆”按钮，以偏移后的直线段与横向轴线的交点为圆心，绘制半径为 100 的圆。然后单击“绘图”工具栏中的“圆弧”按钮，绘制以一侧圆的圆心为起点，另一侧圆的圆心为端点，包含角分别为 120° 和 -120° 的两段圆弧，删除多余线条，结果如图 2-91 所示。

（8）单击“修改”工具栏中的“修剪”按钮，对多余线条进行修剪，结果如图 2-92 所示。

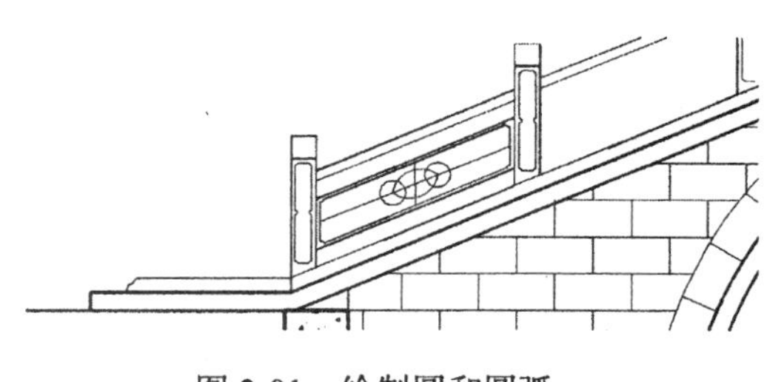

图 2-91　绘制圆和圆弧

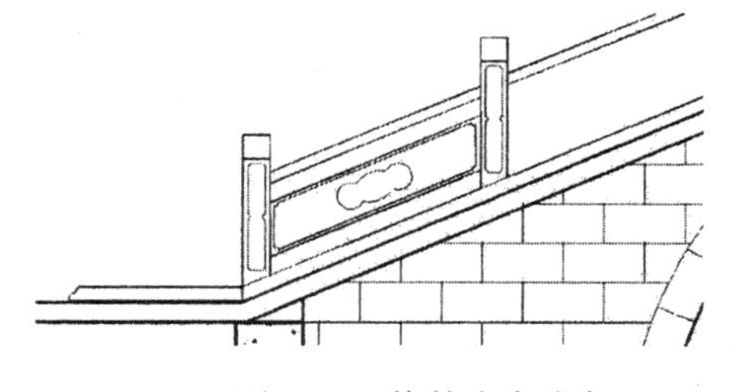

图 2-92　修剪多余线条

（9）绘制好的图案不是一个整体，在命令行中输入“编辑多段线”命令 PEDIT，将其合并成一条多段线，命令行提示与操作如下：

```
命令：PEDIT↙
选择多段线或 [ 多条 (M)]: M↙
选择对象：( 选择绘制好的图案 )↙
选择对象：↙
是否将直线、圆弧和样条曲线转换为多段线？ [ 是 (Y)/ 否 (N)]? <Y>↙
输入选项 [ 闭合 (C)/ 打开 (O)/ 合并 (J)/ 宽度 (W)/ 拟合 (F)/ 样条曲线 (S)/ 非曲线化 (D)/ 线型生成 (L)/ 反转 (R)/ 放弃 (U)]: J↙
合并类型 = 延伸
输入模糊距离或 [ 合并类型 (J)] <0.0000>:↙
多段线已增加 4 条线段
输入选项 [ 闭合 (C)/ 打开 (O)/ 合并 (J)/ 宽度 (W)/ 拟合 (F)/ 样条曲线 (S)/ 非曲线化 (D)/ 线型生成 (L)/ 反转 (R)/ 放弃 (U)]:↙
```

（10）单击“修改”工具栏中的“偏移”按钮，将合并后的多段线向外侧偏移，偏移距离为 32，结果如图 2-93 所示。

（11）单击“修改”工具栏中的“复制”按钮，将绘制好的栏杆装饰全部选中，带基点复制，结果如图 2-94 所示。

图 2-93　偏移多段线

图 2-94　复制栏杆内装饰物

5. 桥面最高处的栏杆装饰的绘制

（1）单击“修改”工具栏中的“偏移”按钮，将桥面最高处水平方向的栏杆线条向内侧偏移，偏移距离为 130，结果如图 2-95 所示。

（2）单击“修改”工具栏中的“偏移”按钮，将如图 2-96 所示的直线段向内侧进行偏移，偏移距离为 30，结果如图 2-97 所示。

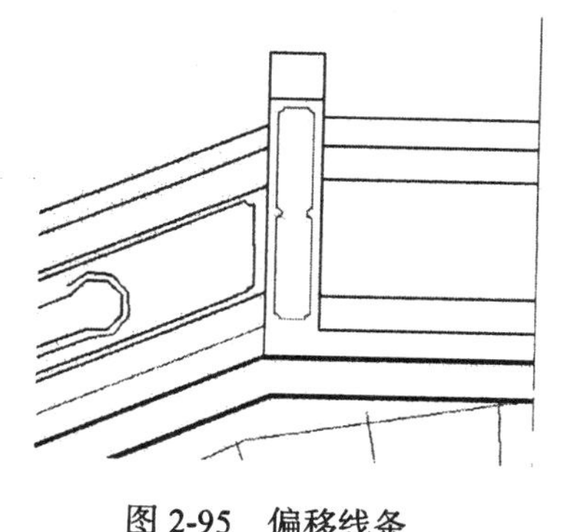

图 2-95　偏移线条

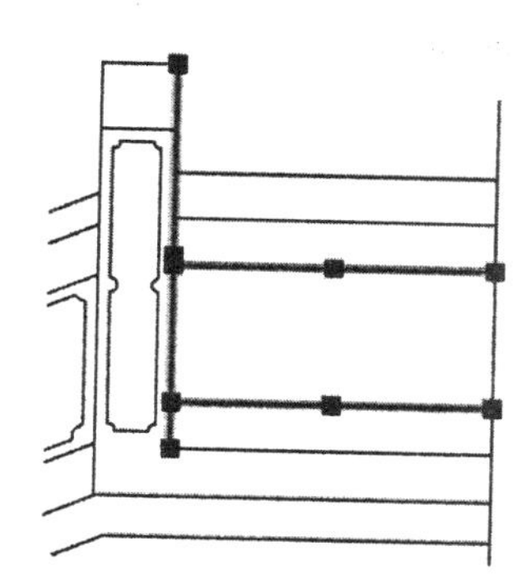

图 2-96　选择线段

（3）单击“修改”工具栏中的“修剪”按钮，将多余的线条进行修剪，结果如图 2-98 所示。

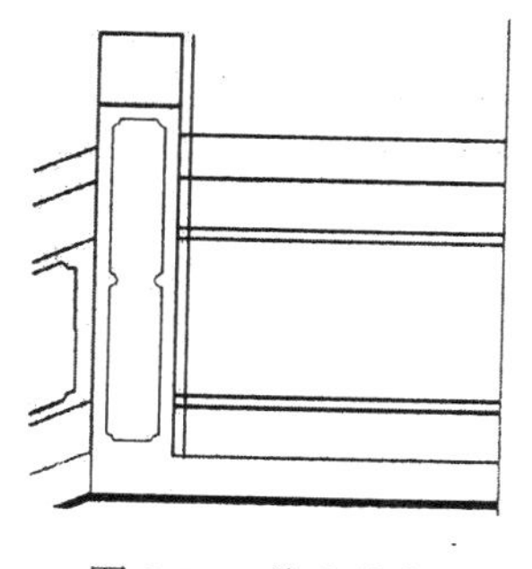

图 2-97　偏移线条

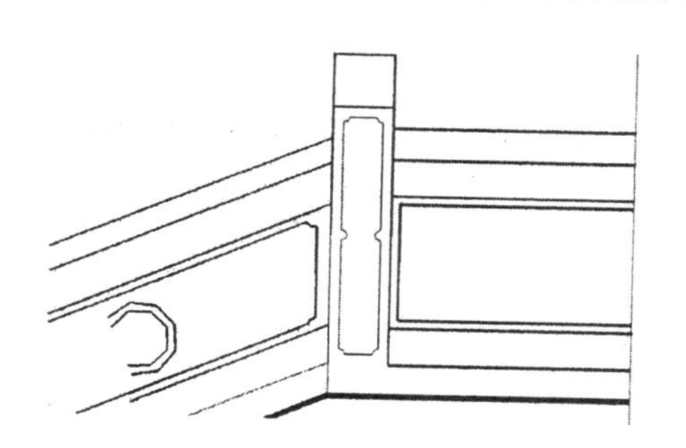

图 2-98　修剪多余的线条

（4）单击“绘图”工具栏中的“圆弧”按钮，以步骤（3）中修剪好的矩形的两个角点为圆心，绘制半径为 30 的圆弧。

（5）单击“修改”工具栏中的“修剪”按钮，以步骤（4）中绘制的圆弧为选择对象，矩形为要修剪的对象，结果如图 2-99 所示。

（6）单击“绘图”工具栏中的“插入块”按钮，将“石花”图块插入到图中适当位置，结果如图 2-100 所示。

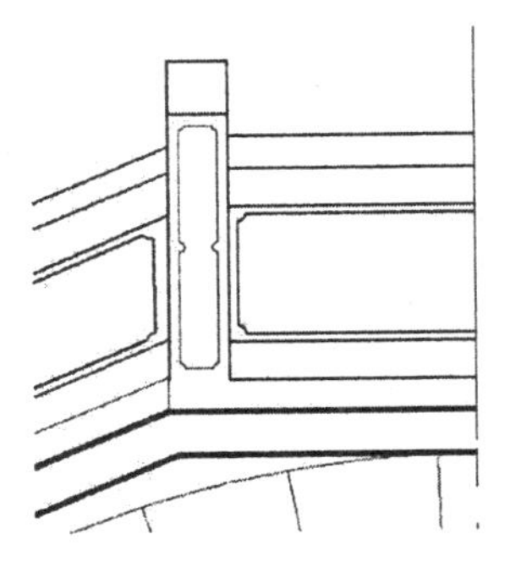

图 2-99　将矩形的角圆弧化

图 2-100　插入图块后的效果

（7）将所绘制好的一侧全部选中，单击“修改”工具栏中的“镜像”按钮，以中轴线作为对称轴进行镜像，效果如图 2-101 所示。

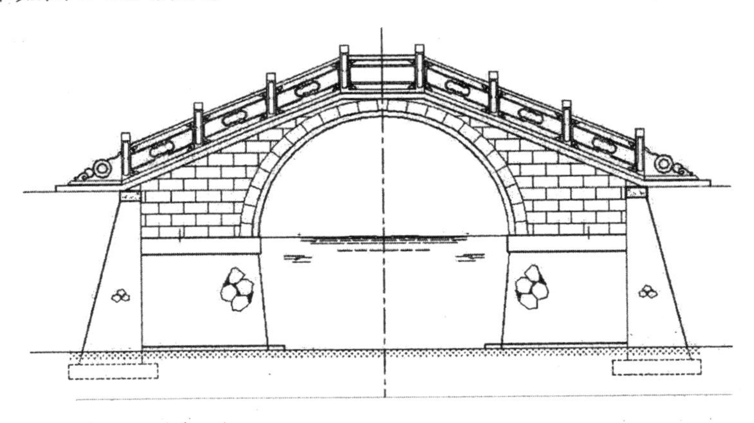

图 2-101　桥体绘制完毕

2.3.2　文字、尺寸的标注

1. 建立“尺寸”图层

建立一个新图层，命名为“尺寸”，参数设置如图 2-102 所示，并将其设置为当前图层。

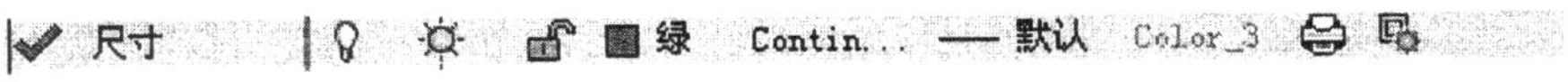

尺寸　绿　Contin...　—— 默认　Color_3

图 2-102　“尺寸”图层参数

2. 标注样式设置

标注样式的设置应该和绘图比例相匹配。

（1）选择菜单栏中的“格式”→“标注样式”命令，弹出“标注样式管理器”对话框，新建一个标注样式，并将其命名为“建筑”，单击“继续”按钮。

（2）将“建筑”样式中的参数逐项进行设置。单击“确定”按钮后回到“标注样式管理器”对话框，将“建筑”样式设为当前。

3. 尺寸标注

该部分尺寸分为两道，第一道为局部尺寸，第二道为总尺寸。

（1）第一道尺寸线绘制。单击“标注”工具栏中的“线性”按钮，标注如图 2-103 所示的尺寸。

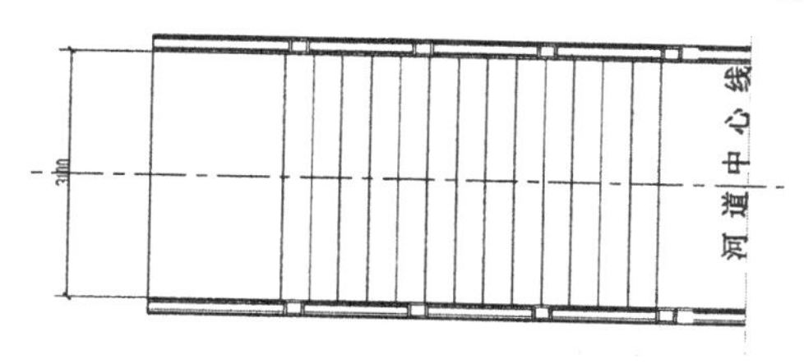

图 2-103　第一道尺寸线 1

采用同样的方法依次标注第一道其他尺寸，结果如图 2-104 所示。

（2）第二道尺寸绘制。单击“标注”工具栏中的“线性”按钮，标注如图 2-105 所示的尺寸。结果如图 2-38 所示。

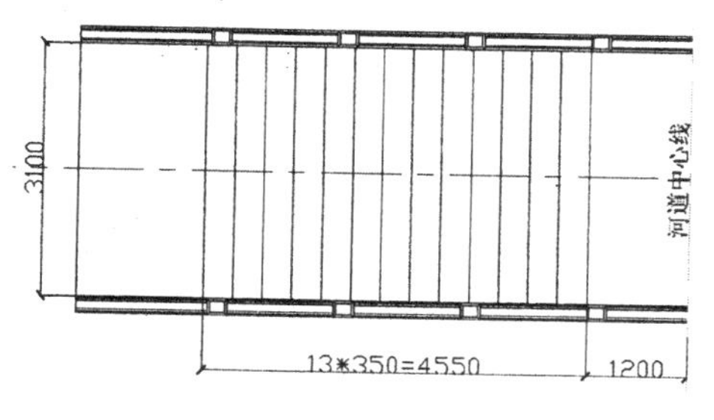

图 2-104　第一道尺寸线 2

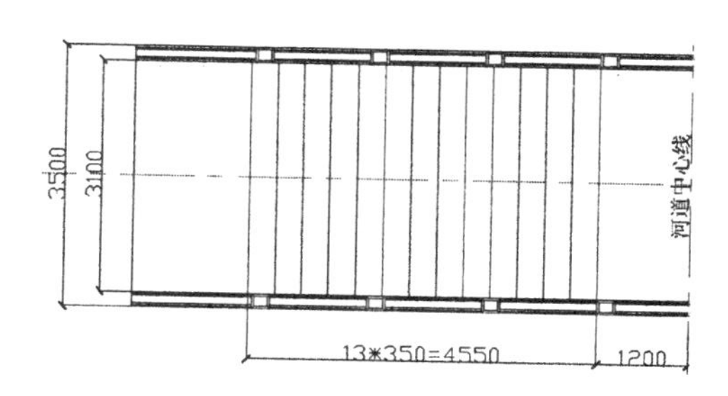

图 2-105　第二道尺寸

2.4　围　　墙

围墙在园林中起划分内外范围、分隔组织内部空间和遮挡劣景的作用，也有围合、标识、衬景的功能。建造精巧的围墙可以起到装饰、美化环境，制造气氛等作用。围墙高度一般控制在 2m 以下。

园林中的墙，根据其材料和剖面的不同，有土墙、砖墙、瓦墙、轻钢墙等。从外观又有高矮，曲直，虚实，光洁与粗糙，有檐与无檐之分。围墙区分的重要标准就是压顶。

围墙的设置多与地形结合，平坦的地形多建成平墙，坡地或山地则就势建成阶梯形，为了避免单调，有的建成波浪形的云墙。划分内外范围的围墙内侧常用土山、花台、山石、树丛、游廊等把墙隐蔽起来，使有限空间产生无限景观的效果。而专供观赏的景墙则设置在比较重要和突出的位置，供游人细细品味和观赏。

2.4.1 围墙的基本特点

围墙是长型构造物。长度方向要按要求设置伸缩缝，按转折和门位布置柱位，调整因地面标高变化的立面；横向则关及围墙的强度，影响用料的大小。利用砖、混凝土围墙的平面凹凸、金属围墙构件的前后交错位置，实际上等于加大围墙横向断面的尺寸，可以免去墙柱，使围墙更自然通透。

1. 围墙设计的原则

（1）能不设围墙的地方，尽量不设，让人接近自然，爱护环境。

（2）能利用空间的办法，使用自然的材料达到隔离的目的，尽量利用。高差的地面、水体的两侧、绿篱树丛，都可以达到隔而不分的目的。

（3）要设置围墙的地方，能低尽量低，能透尽量透，只有少量须掩饰隐私处，才用封闭的围墙。

（4）使围墙处于绿地之中，成为园景的一部分，减少与人的接触机会，由围墙向景墙转化。善于把空间的分隔与景色的渗透联系统一起来，有而似无，有而生情，才是高超的设计。

2. 围墙按构造分类

围墙的构造有竹木、砖、混凝土、金属材料几种。

（1）竹木围墙：即竹篱笆，是过去最常见的围墙，现已较少用。有人设想过种一排竹子而加以编织，成为“活”的围墙（篱），则是最符合生态学要求的墙垣了。

（2）砖墙：墙柱间距 3 ～ 4m，中开各式漏花窗，是既节约又易施工、管养的围墙。缺点是较为闭塞。

（3）混凝土围墙：一是以预制花格砖砌墙，花型富有变化但易爬越；二是混凝土预制成片状，可透绿也易管养。混凝土墙的优点是一劳永逸，缺点是不够通透。

（4）金属围墙：

①以型钢为材，断面有 3 种，表面光洁，性韧易弯不易折断，缺点是每 2 ～ 3 年要油漆一次。

②以铸铁为材，可做各种花型，优点是不易锈蚀，价格便宜，缺点是性脆，光滑度不够。订货时要注意铸铁所含成分不同。

③锻铁、铸铝材料，质优而价高，于局部花饰中或室内使用。

④各种金属网材，如镀锌、镀塑铅丝网、铝板网、不锈钢网等。

现在往往把几种材料结合起来，取其长而补其短。混凝土往往用作墙柱、勒脚墙。取型钢为透空部分框架，用铸铁为花饰构件。局部、细微处用锻铁、铸铝材料。

下面以如图 2-106 所示的石屏造型为例说明景墙的绘制。

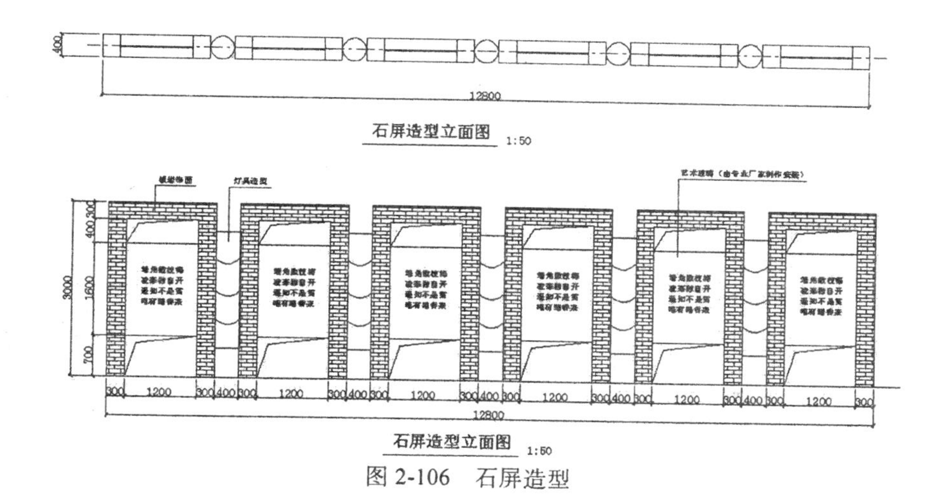

图 2-106　石屏造型

2.4.2　景墙平面图的绘制

1. 轴线设置

（1）建立“轴线”图层，进行相应设置，然后开始绘制轴线。

（2）单击“绘图”工具栏中的“直线”按钮，在绘图区适当位置选取直线的初始点，输入第二点的相对坐标（@2400，0），按 Enter 键后绘出横向轴线。

2. 墙体绘制

（1）在命令行输入“多线”命令 MLINE，命令行提示与操作如下：

```
命令 : MLINE↙
当前设置 : 对正 = 上，比例 = 20.00，样式 = STANDARD
指定起点或 [ 对正 (J)/ 比例 (S)/ 样式 (ST)]:  j↙
输入对正类型 [ 上 (T)/ 无 (Z)/ 下 (B)] < 上 >:  z↙
当前设置 : 对正 = 无，比例 = 20.00，样式 = STANDARD
指定起点或 [ 对正 (J)/ 比例 (S)/ 样式 (ST)]:  s↙
输入多线比例 <20.00>:  400↙
当前设置 : 对正 = 无，比例 = 400.00，样式 = STANDARD
指定起点或 [ 对正 (J)/ 比例 (S)/ 样式 (ST)]:（用鼠标拾取轴线的左端点）
指定下一点 :1800↙（方向为水平向右）
```

结果如图 2-107 所示。

（2）单击“绘图”工具栏中的“直线”按钮，将其端口封闭，结果如图 2-108 所示。

图 2-107　墙体绘制 1

图 2-108　墙体绘制 2

（3）单击“修改”工具栏中的“偏移”按钮，对端口封闭直线段向内侧偏移，偏移距离为300，结果如图 2-109 所示。

（4）在命令行输入“多线”命令 MLINE，命令行提示与操作如下：

```
命令：MLINE↙
当前设置：对正 = 上，比例 = 400.00，样式 = STANDARD
指定起点或 [ 对正 (J)/ 比例 (S)/ 样式 (ST)]: j↙
输入对正类型 [ 上 (T)/ 无 (Z)/ 下 (B)] < 上 >: z↙
当前设置：对正 = 无，比例 = 400.00，样式 = STANDARD
指定起点或 [ 对正 (J)/ 比例 (S)/ 样式 (ST)]: s↙
输入多线比例 <400.00>: 16↙
当前设置：对正 = 无，比例 = 16.00，样式 = STANDARD
指定起点或 [ 对正 (J)/ 比例 (S)/ 样式 (ST)]:（轴线与内侧偏移线的交点）
指定下一点：（方向为水平向右，终点为轴线与内侧偏移线的交点）
```

内置玻璃的平面绘制结果如图 2-110 所示。

图 2-109　墙体绘制 3　　　　图 2-110　内置玻璃

（5）单击“修改”工具栏中的“偏移”按钮，将左端封闭直线段向左偏移，偏移距离为200，作为“景墙”中绘制“柱”的辅助线，如图 2-111 所示。然后单击“绘图”工具栏中的“圆”按钮，以偏移后的线与轴线的交点为圆心，绘制半径为 200 的圆，作为灯柱，结果如图 2-112 所示。

图 2-111　灯柱绘制 1　　　　图 2-112　灯柱绘制 2

（6）单击“修改”工具栏中的“复制”按钮，命令行提示与操作如下：

```
命令：_copy
选择对象：（选择图 2-113 中所有对象）↙
选择对象：↙
当前设置： 复制模式 = 多个
指定基点或 [ 位移 (D)/ 模式 (O)] < 位移 >:（如图 2-113 所示交点）
指定第二个点或 [ 阵列 (A)] < 使用第一个点作为位移 >:（如图 2-114 所示交点）
指定第二个点或 [ 阵列 (A)/ 退出 (E)/ 放弃 (U)] < 退出 >:↙
```

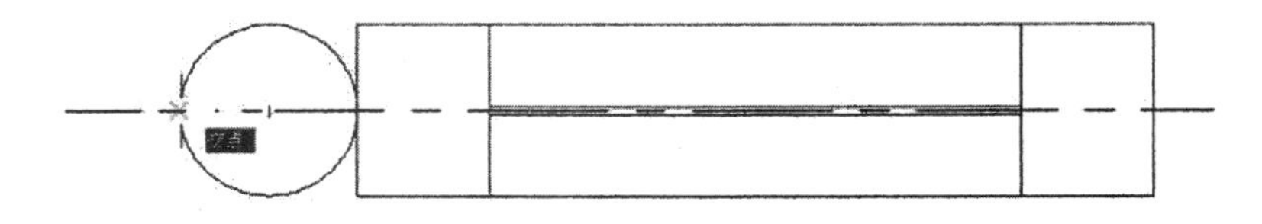

图 2-113　基点 1

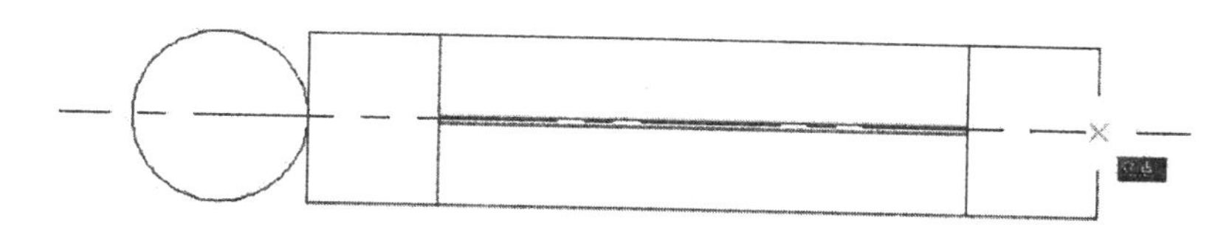

图 2-114 基点 2

结果如图 2-115 所示。

图 2-115 墙体平面图

2.4.3 景墙立面图的绘制

1. 建立新图层

建立一个新图层，命名为“景墙立面图”，如图 2-116 所示。确定后回到绘图状态。

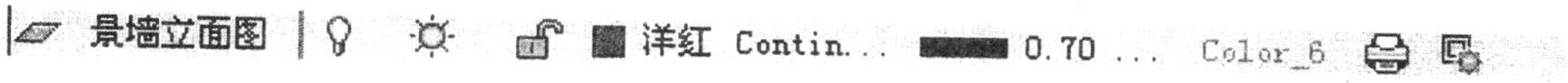

景墙立面图 洋红 Contin... 0.70 ... Color_6

图 2-116 “景墙立面图”图层参数

2. 绘制基线

单击“绘图”工具栏中的“多段线”按钮，绘制一条地基线，线条宽度设为 1.0。

3. 绘制景墙外轮廓线

（1）打开“状态”工具栏中的“正交”功能。单击“绘图”工具栏中的“多段线”按钮，命令行提示与操作如下：

```
命令：_pline
指定起点：(用鼠标拾取地基线上一点)↙
当前线宽为 0.0000
指定下一个点或 [圆弧 (A)/ 半宽 (H)/ 长度 (L)/ 放弃 (U)/ 宽度 (W)]: 3000↙(方向垂直向上)
指定下一点或 [圆弧 (A)/ 闭合 (C)/ 半宽 (H)/ 长度 (L)/ 放弃 (U)/ 宽度 (W)]: 1800↙(方向水平向右)
指定下一点或 [圆弧 (A)/ 闭合 (C)/ 半宽 (H)/ 长度 (L)/ 放弃 (U)/ 宽度 (W)]: 3000↙(方向垂直向下)
```

（2）单击“修改”工具栏中的“偏移”按钮，向内侧偏移，偏移距离为 300，结果如图 2-117 所示。

4. 内置玻璃的绘制

（1）打开“正交”功能，单击“绘图”工具栏中的“直线”按钮，以内侧偏移线左上角点为基点，垂直向下绘制长度为 400 的直线段，重复“直线”命令，水平向右绘制一条长度为 1200 的直线段，然后单击“修改”工具栏中的“偏移”按钮，将长度为 1200 的直线段向下偏移，偏移距离为 1600。

（2）玻璃上下方为镂空处理，用折断线表示。单击“绘图”工具栏中的“多段线”按钮，绘制如图 2-118 所示的折断线。

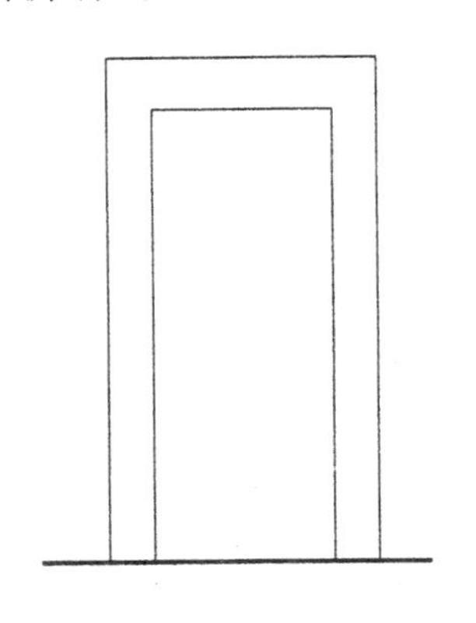

图 2-117　墙体

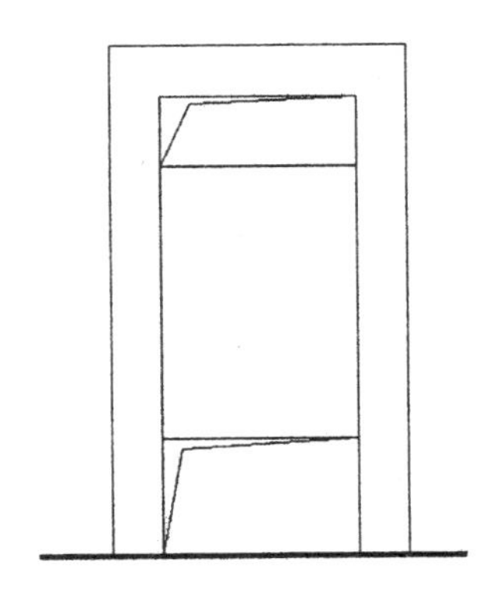

图 2-118　内置玻璃

5. 景墙材质的填充处理

单击“绘图”工具栏中的“图案填充”按钮，打开“图案填充创建”选项卡，如图 2-119 所示。其中，拾取点选择要填充的区域，其他设置按照选项卡中的设置，结果如图 2-120 所示。

图 2-119　填充设置

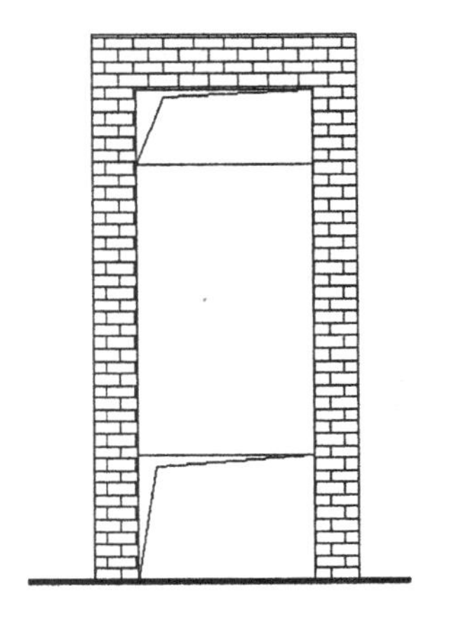

图 2-120　填充后的效果

6. 灯柱的绘制

（1）单击“绘图”工具栏中的“矩形”按钮□，在屏幕中的适当位置绘制尺寸为 400×2000 的矩形。

（2）单击“绘图”工具栏中的“圆弧”按钮⌒，按照图 2-121 所示绘制灯柱上的装饰纹理。

（3）单击“绘图”工具栏中的“直线”按钮／，在景墙左上角垂直向下绘制长度为 500 的直线，然后水平向左绘制一条直线，作为灯柱的插入位置。然后单击“修改”工具栏中的“移动”按钮✥，命令行提示与操作如下：

命令：_move
选择对象：（用鼠标框选灯柱）
选择对象：↙
指定基点或 [位移 (D)] < 位移 >:（用鼠标拾取灯柱的右上角点）
指定第二个点或 < 使用第一个点作为位移 >:（用鼠标拾取 1 点）

结果如图 2-122 所示。

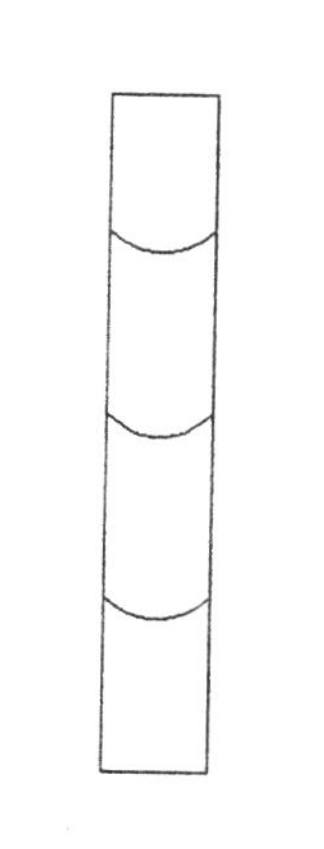

图 2-121　灯柱

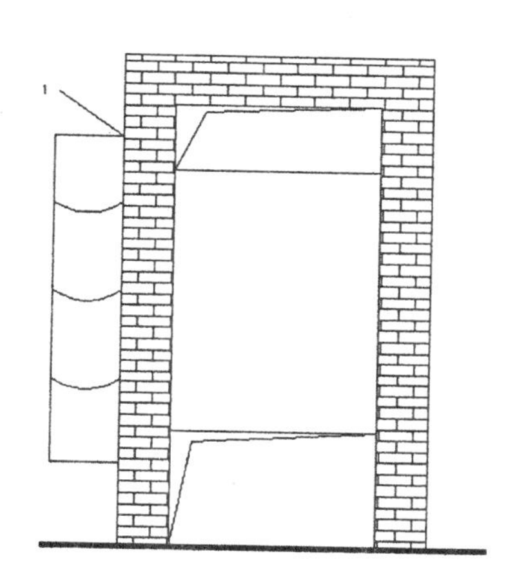

图 2-122　将灯柱移到相应位置

7. 文字的装饰

（1）单击“绘图”工具栏中的“多行文字”按钮A，在景墙图形适当位置输入如图 2-123 所示的文字。

墙角数枝梅
凌寒独自开
遥知不是雪
为有暗香来

图 2-123　输入文字

（2）单击“修改”工具栏中的“复制”按钮，将图 2-124 全部选中，带基点进行复制，基点选择如图 2-125 所示。

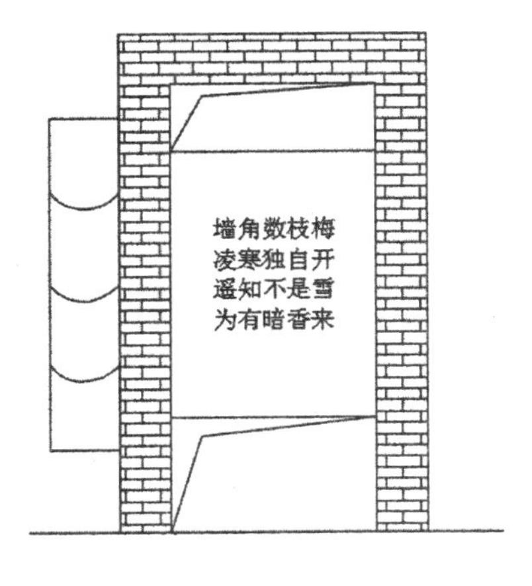

图 2-124　文字的装饰

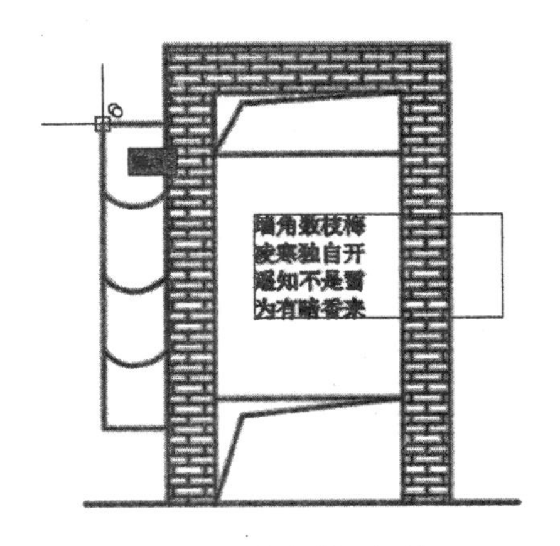

图 2-125　选中进行复制

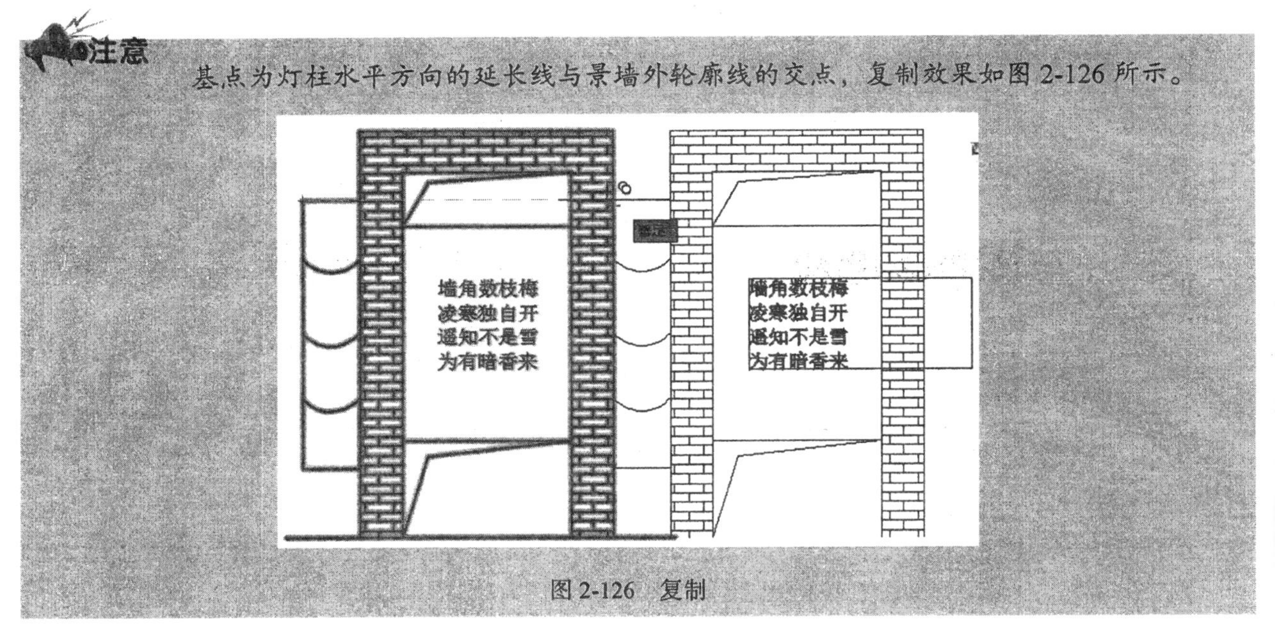

注意

基点为灯柱水平方向的延长线与景墙外轮廓线的交点，复制效果如图 2-126 所示。

图 2-126　复制

双击其他玻璃框中文字并进行编辑，复制完成后，结果如图 2-127 所示。

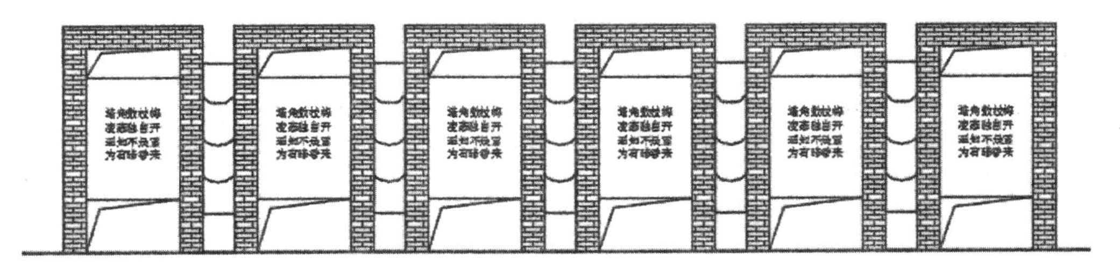

图 2-127　最终效果

2.4.4　尺寸标注及轴号标注

1. 建立“尺寸”图层

建立“尺寸”图层，参数设置如图 2-128 所示，并将其设置为当前图层。

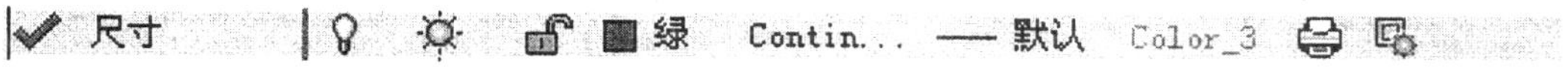

尺寸　绿　Contin...　—— 默认　Color_3

图 2-128　“尺寸”图层参数

2. 标注样式设置

标注样式的设置应该与绘图比例相匹配。

（1）选择菜单栏中的“格式”→“标注样式”命令，弹出“标注样式管理器”对话框，单击“新建”按钮，在弹出的“创建新标注样式”对话框中设置标注样式名为“建筑”，单击“继续”按钮，如图 2-129 所示。

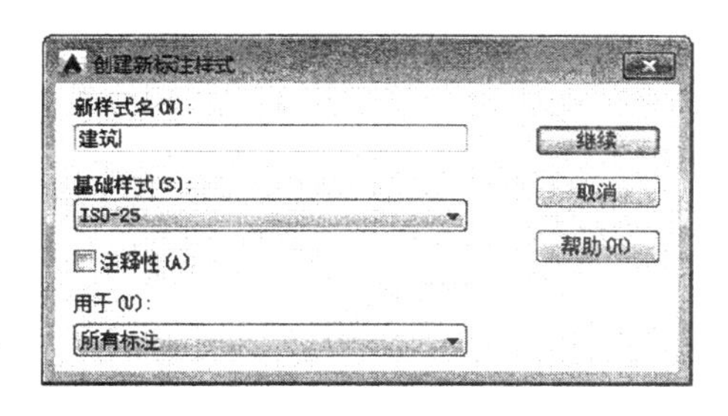

图 2-129　新建标注样式

（2）将“建筑”样式中的参数逐项进行设置。单击“确定”按钮后回到“标注样式管理器”对话框，将“建筑”样式置为当前，如图 2-130 所示。

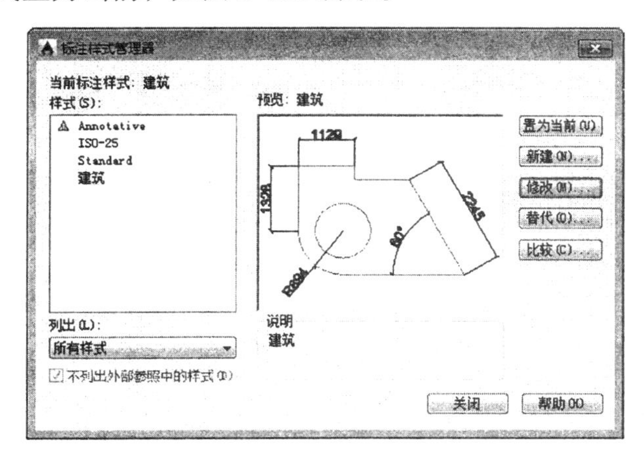

图 2-130　将“建筑”样式置为当前

尺寸分为三道，第一道为局部尺寸，第二道为主要轴线的尺寸，第三道为总尺寸。

（3）第一道尺寸线绘制。单击“标注”工具栏中的“线性”按钮，标注第一道尺寸线，如图 2-131 所示，命令行提示与操作如下：

```
命令：_dimlinear
指定第一条尺寸界线原点或 < 选择对象 >:（利用“对象捕捉”拾取图中景墙的角点，如图 2-132 所示）
指定第二条尺寸界线原点：（捕捉第二角点（水平方向）如图 2-131 所示）
指定尺寸线位置或 [ 多行文字 (M)/ 文字 (T)/ 角度 (A)/ 水平 (H)/ 垂直 (V)/ 旋转 (R)]:
```

用同样方法标注竖向尺寸，结果如图 2-133 所示。

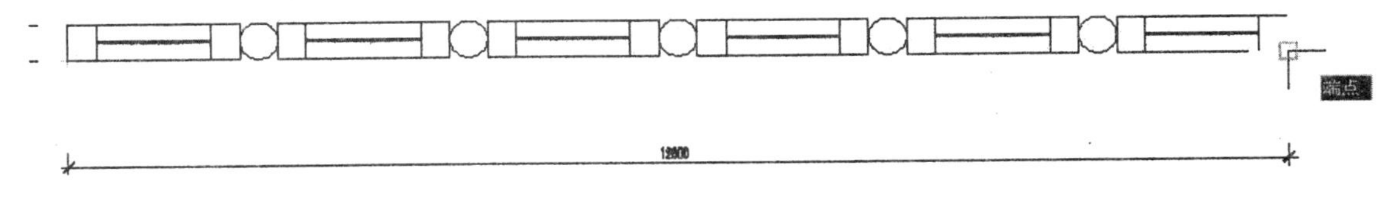

图 2-131　第一道尺寸线

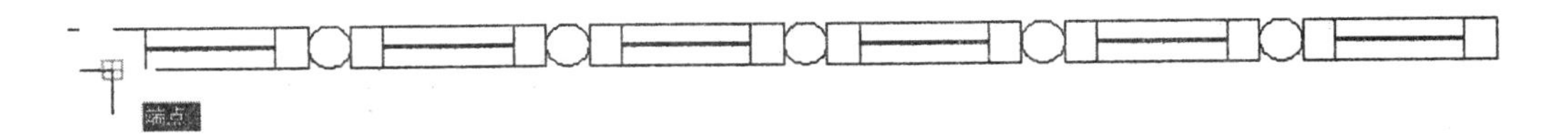

图 2-132　捕捉端点

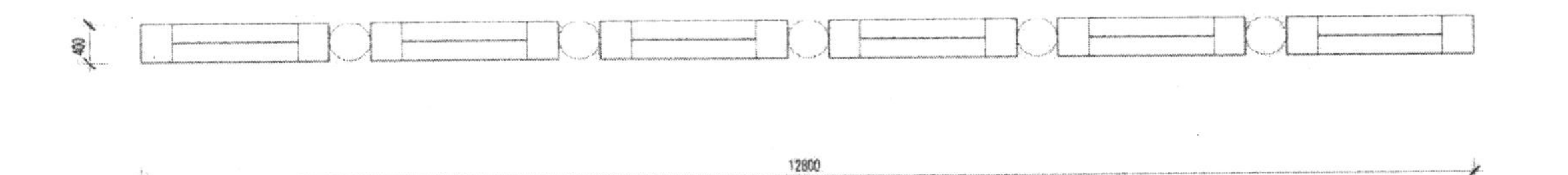

图 2-133　竖向尺寸

3. 景墙立面图尺寸的标注

标注景墙立面图的第一道尺寸，结果如图 2-134 所示。

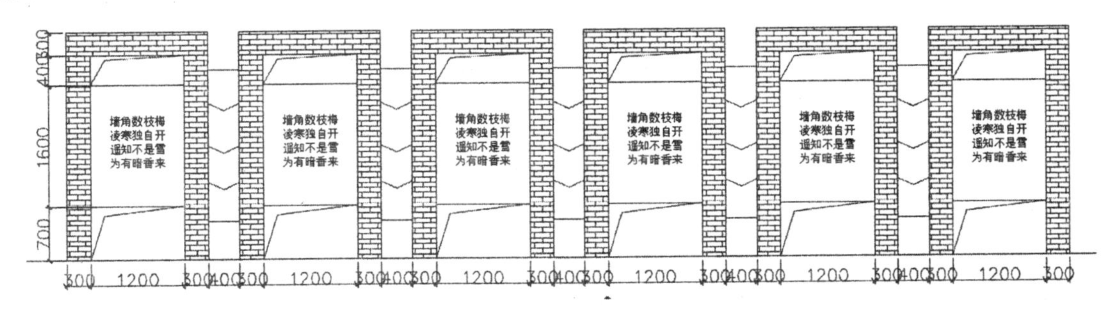

图 2-134　立面图的第一道尺寸

用同样方法标注第二道尺寸，结果如图 2-135 所示。

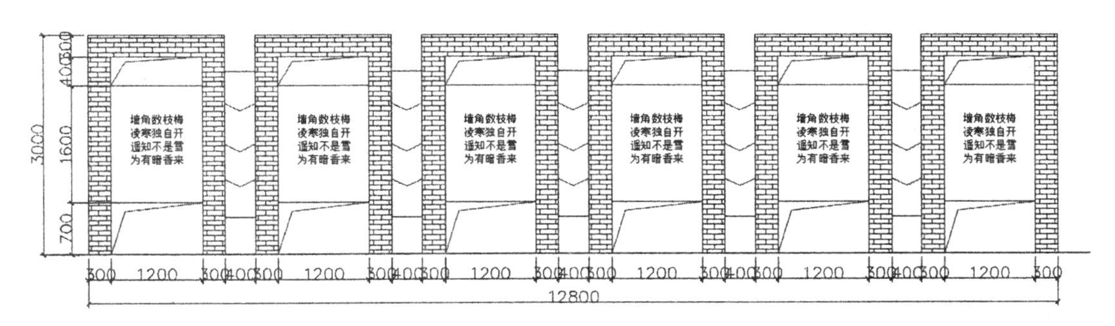

图 2-135　立面图的第二道尺寸

2.4.5　文字标注

1. 建立“文字”图层

建立“文字”图层，参数设置如图 2-136 所示，将其设置为当前图层。

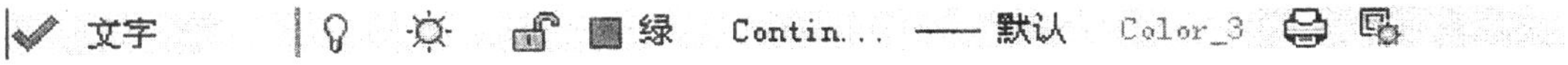

文字　绿　Contin...　—— 默认　Color_3

图 2-136　“文字”图层参数

2. 标注文字

单击“绘图”工具栏中的“多行文字”按钮 A，在标注文字的区域拉出一个矩形，弹出“文字格式”对话框，如图 2-137 所示。首先设置字体及字高，然后在文本区输入要标注的文字，单击“确定”按钮后完成。

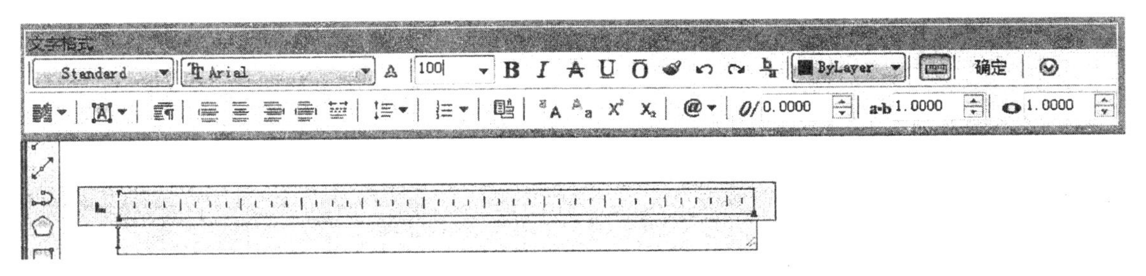

图 2-137　多行文字标注

采用相同的方法，依次标注出景墙其他部位名称。至此，景墙的标注就完成了，结果如图 2-106 所示。

园林小品图绘制

园林中供休息、装饰、照明、展示和为园林管理及方便游人之用的小型建筑设施称为园林建筑小品，一般没有内部空间，体量小巧、造型别致、富有特色，并讲究适得其所。这种建筑小品设置在城市街头、广场、绿地等室外环境中，又称为城市建筑小品。园林建筑小品在园林中既能美化环境，丰富园趣，为游人提供文化休息和公共活动的方便，又能使游人从中获得美的感受和良好的教益。

3.1　园林小品概述

3.1.1　园林小品的分类

园林建筑小品按其功能分为 5 类。

1. 供休息的小品

包括各种造型的靠背园椅、凳、桌和遮阳的伞、罩等，常结合环境，用自然块石或用混凝土做成仿石、仿树墩的凳、桌；或利用花坛、花台边缘的矮墙和地下通气孔道做成椅、凳等；围绕大树基部设椅凳，既可休息，又能纳荫。

2. 装饰性小品

包括各种固定的和可移动的花钵、饰瓶，可以经常更换花卉。装饰性的日晷、香炉、水缸，各种景墙（如九龙壁）、景窗等，在园林中起点缀作用。

3. 照明的小品

园灯的基座、灯柱、灯头、灯具都有很强的装饰作用。

4. 展示性小品

各种布告板、导游图板、指路标牌以及动物园、植物园和文物古建筑的说明牌、阅报栏、图片画廊等，都对游人有宣传、教育的作用。

5. 服务性小品

包括为游人提供服务的饮水泉、洗手池、公用电话亭、时钟塔等，为保护园林设施设置的栏杆、格子垣、花坛绿地的边缘装饰等，为保持环境卫生放置的废物箱等。

3.1.2　园林小品设计原则

园林装饰小品在园林中不仅是实用设施，还可作为点缀风景的景观小品，因此设计时既有园林建筑技术的要求，又有造型艺术和空间组合上的美感要求。一般在设计和应用时应遵循以下原则。

1. 巧于立意

园林建筑装饰小品作为园林中局部主体景物，具有相对独立的意境，应具有一定的思想内涵，才能产生感染力。如我国园林中常在庭院的白粉墙前置玲珑山石、几竿修竹，粉墙花影，恰似一幅花鸟国画，很有感染力。

2. 突出特色

园林建筑装饰小品应突出地方特色、园林特色及单体的工艺特色，使其有独特的格调，切忌生搬硬套，产生雷同。如广州某园草地一侧，花竹之畔，设一水罐形灯具，造型简洁，色彩鲜明，灯具紧靠地面，与花卉绿草融成一体，独具环境特色。

3. 融于自然

园林建筑小品要将人工与自然融为一体，追求自然又精于人工。“虽由人作，宛如天开”，这样的作品则是设计者匠心独具之处，如在老榕树下，塑以树根造型的园凳，似在一片林木中自然形成的断根树桩，可达到以假乱真的程度。

4. 注重体量

园林装饰小品作为园林景观的陪衬，一般在体量上力求与环境相适宜。例如在大广场中设巨型灯具，有明灯高照的效果，而在林荫曲径旁，只宜设小型园灯，不但体量小，造型更应精致；又如喷泉、花池的体量等，都应根据所处空间的大小确定其相应的体量。

5. 因需设计

园林装饰小品，绝大多数有实用意义，因此除满足美观效果外，还应符合实用功能及技术上的要求。例如园林栏杆具有各种使用目的，对于各种园林栏杆的高度也就有不同的要求；又如围墙，则需要从围护要求来确定其高度及其他技术上的要求。

6. 功能技术要相符

园林小品绝大多数具有实用功能，因此除满足艺术造型美观的要求外，还应符合实用功能及技术的要求。例如，园林栏杆的高度，应根据使用目的不同有所变化；又如园林坐凳，应符合游人休息的尺度要求；再如园墙，应从围护要求来确定其高度及其他技术要求。

7. 地域民族风格浓

园林小品应充分考虑地域特征和社会文化特征。园林小品的形式，应与当地自然景观和人文景观相协调，尤其在旅游城市，建设新的园林景观时，更应充分注意到这一点。

园林小品设计需考虑的问题是多方面的，不能局限于几条原则，应学会举一反三，融会贯通。园林小品作为园林的点缀，一般在体量上力求精巧，不可喧宾夺主，失去分寸。

3.1.3 园林小品主要构成要素

园景规划设计应该包括园墙、门洞（又称墙洞）、空窗（又称月洞）、漏窗（又称漏墙或花墙窗洞）、室外家具、出入口标志等小品设施的设计。同时园林意境的空间构思与创造，往往又具有通过它们作为空间的分隔、穿插、渗透、陪衬来增加景深变化，扩大空间，使方寸之地能小中见大，并在园林艺术上巧妙地作为取景的画框，随步移景，遮移视线又成为情趣横溢的造园障景。

1. 墙

园林景墙有分隔空间、组织导游、衬托景物、装饰美化或遮蔽视线的作用，是园林空间构图的一个重要因素。其作用在于加强建筑线条、质地、阴阳、繁简及色彩上的对比。其式样可分为博古式、栅栏式、组合式和主题式等几类。

2. 装饰隔断

装饰隔断的作用在于划分组织空间，也有围合、标识、衬景的作用，还有装饰以及美化环境的作用。

3. 门窗洞口

门洞的形式有曲线型、直线型，混合式现代园林建筑中还出现一些新的不对称的门洞式样，可以称之为自由型。门洞、门框处游人进出频繁，易受碰挤磨损，需要配置坚硬耐磨的材料，特别是位于门碱樋部位的材料更应如此；若有车辆出入，其宽度应该考虑车辆的净空要求。

4. 园凳、椅

园凳、椅的首要功能是供游人休息，欣赏周围景物。园椅不仅可作为休息、赏景的设施，又可作为园林装饰小品，以其优美精巧的造型点缀园林环境，成为园林景色之一。

5. 引水台、烧烤场及路标等

为了满足游人日常之需和野营等特殊需要，在风景区应该设置引水台和烧烤场，以及野餐桌、路标、厕所、废物箱、垃圾桶等。

6. 铺地

园中铺地是一种地面装饰。铺地形式多样，有乱石铺地、冰裂纹地，以及各式各样的砖花地等。砖花地形式多样，若做得巧妙，则价廉形美。

也有铺地是用砖、瓦等与卵石混用拼出美丽的图案，这种形式是用立砖为界，中间填卵石；也有的用瓦片，以瓦的曲线做出“双钱”及其他带有曲线的图形。这种地面是园林中的庭院常用的铺地形式。另外，还有利用卵石的不同大小或色泽拼搭出各种图案，例如，以深色（或较大的）卵石为界线，以浅色（或较小的）卵石填入其间，拼填出鹿、鹤、麒麟等动物图案，或拼填出“平升三级”等吉祥如意的图形或其他形象。总之，可以用各种材料铺成不同形象的地面。

用碎的大小不等的青板石，还可以铺出冰裂纹地面。冰裂纹图案除了形式美之外，还有文化上的内涵。文人们喜欢这种形式，因其具有“寒窗苦读”或“玉洁冰清”之意，隐喻出坚毅、高尚、纯朴。

7. 花色景梯

园林规划中结合造景和功能之需，采用多种造型的花色景梯小品，有的依楼倚山，有的凌空展翅，或悬挑睡眠，既满足交通功能之需，又增强了建筑空间的艺术景观效果。花色楼梯造型新颖多姿，与宾馆庭院环境相融相宜。

8. 栏杆边饰等装饰细部

园林中的栏杆除起防护作用外，还可用于分隔不同活动内容的空间，划分活动范围以及组织人流，以栏杆点缀装饰园林环境。

9. 园灯

（1）园灯中使用的光源及特征

①汞灯：使用寿命长，是目前园林中最合适的光源之一。

②金属卤化物灯：发光效率高，显色性好，也用于游人多的地方，但使用范围受限制。

③高压钠灯：效率高，多用于节能、照度要求高的场景，如道路、广场、游乐园之中，但不能真实地反映绿色。

④荧光灯：照明效果好，寿命长，在范围较小的庭院中适用，但不适用于广场和低温环境。

⑤白炽灯：能使红、黄颜色更鲜艳，但寿命短，维修麻烦。

⑥水下照明彩灯：能够显示出鲜艳的色彩，但造价一般比较昂贵。

（2）园林中使用的照明器及特征

①投光器：用在白炽灯、高强度放电处，增加节日快乐的气氛，能从反向照射树木、草坪、纪念碑等。

②杆头式照明器：布置在院落一侧或庭院角隅，适于全面照射铺地路面、树木、草坪，可营造静谧、浪漫的气氛。

③低照明器：有固定式、直立移动式、柱式照明器。

（3）植物的照明

①照明方法：树木照明可用自下而上照射的方法，以消除叶里的黑暗阴影。尤其当具有的照度为周围倍数时，被照射的树木就可以得到构景中心感。在一般的绿化环境中，需要的照度为50 ～ 1001X。

②光源：汞灯、金属卤化物灯都适用于绿化照明，但要看清树或花瓣的颜色，可使用白炽灯，同时应该尽可能地安排不直接出现的光源，以免产生色的偏差。

③照明器：一般使用投光器，调整投光的范围和灯具的高度，以取得预期效果。对于低矮植物多半使用仅产生向下配光的照明器。

（4）灯具选择与设计原则

①外观舒适并符合使用要求与设计意图。

②艺术性要强，有助于丰富空间的层次和立体感，形成阴影的大小，明暗要有分寸。

③与环境和气氛相协调。用“光”与“影”来衬托自然的美，创造一定的场面气氛，分隔与变化空间。

④保证安全，灯具线路开关乃至灯杆设置都要采取安全措施。

⑤形美价廉，具有能充分发挥照明功效的构造。

（5）园林照明器具构造

①灯柱：多为支柱形，构成材料有钢筋混凝土、钢管、竹木及仿竹木，柱截面多为圆形和多边形两种。

②灯具：有球形、半球形、圆及半圆筒形、角形、纺锤形、圆和角锥形、组合形等。所用材料则有镀金金属铝、钢化玻璃、塑胶、搪瓷、陶瓷、有机玻璃等。

③灯泡灯管：普通灯、荧光灯、水银灯、钠灯及其附件。

（6）园林照明标准

①照度：目前国内尚无统一标准，一般可采用 0.3 ～ 1.51X 作为照度保证。

②光悬挂高度：一般取 4.5m 高度，花坛则要求设置低照明度的园路，光源设置高度小于或等于 1.0m 为宜。

10. 雕塑小品

园林建筑的雕塑小品主要是指带观赏性的小品雕塑，园林雕塑的取材应与园林建筑环境相协调，要有统一的构思。园林雕塑小品的题材确定后，在建筑环境中应如何配置是一个值得探讨的问题。

11. 游戏设施

游戏设施较为多见的有秋千、滑梯、沙场、爬杆、爬梯、绳具、转盘等。

3.2 花　　池

花池是公园里最灵动、最吸引游客的地方，因为最美丽鲜艳的植物就种植在这里，因此花池的设计一定要新颖、别致、美观。本节以最普通的花池为例说明其绘制方法，如图 3-1 所示。

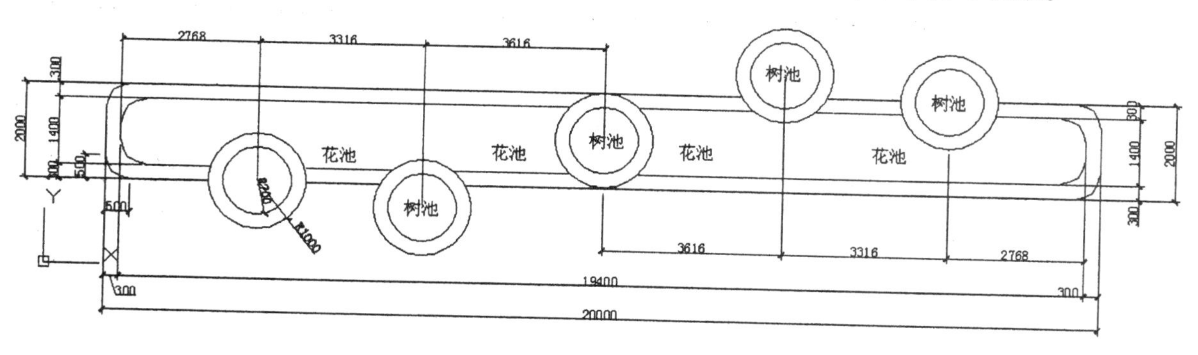

图 3-1　绘制花池

1. 建立“花池”图层

单击“图层”工具栏中的“图层特性管理器”按钮，弹出“图层特性管理器”选项板，建立一个新图层，命名为“花池”，颜色为洋红，线型为 Continuous，线宽为 0.70，并将其设置为当前图层，如图 3-2 所示。确定后回到绘图状态。

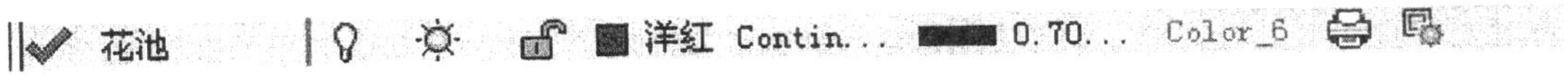

花池 洋红 Contin... 0.70... Color_6

图 3-2 “花池”图层参数

2. 花池外轮廓的绘制

（1）单击“绘图”工具栏中的“矩形”按钮，在绘图区取适当一点为矩形的第一角点，另一角点坐标为（@20000，2000）。然后单击“修改”工具栏中的“偏移”按钮，将矩形向内侧进行偏移，偏移距离为 300，结果如图 3-3 所示。

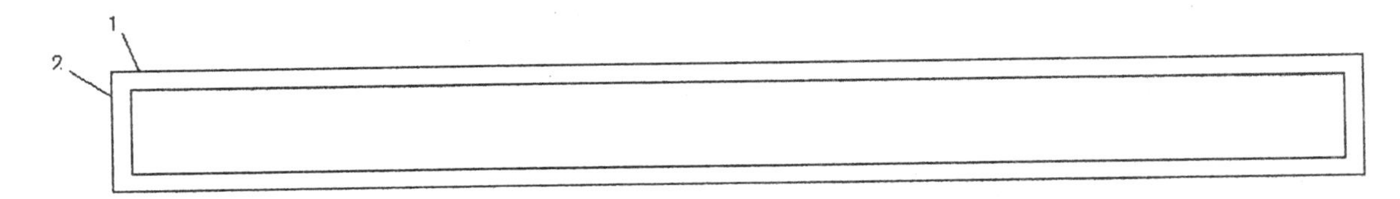

图 3-3 花池外轮廓

（2）单击“修改”工具栏中的“分解”按钮，将绘制好的矩形分解，然后单击“修改”工具栏中的“圆角”按钮，命令行提示与操作如下：

```
命令：_fillet
当前设置：模式 = 修剪，半径 = 0.0000
选择第一个对象或 [ 放弃 (U)/ 多段线 (P)/ 半径 (R)/ 修剪 (T)/ 多个 (M)]: r↙
指定圆角半径 <0.0000>: 500↙
选择第一个对象或 [ 放弃 (U)/ 多段线 (P)/ 半径 (R)/ 修剪 (T)/ 多个 (M)]:（选择直线 1）
选择第二个对象，或按住 Shift 键选择要应用角点的对象：（选择直线 2）
```

（3）重复“圆角”命令，对内外矩形的其他边角进行圆角化，圆角半径为 500，结果如图 3-4 所示。

图 3-4 圆角后效果

（4）单击“绘图”工具栏中的“圆”按钮，绘制一个半径为 1000 的圆，然后单击“修改”工具栏中的“偏移”按钮，将圆向内侧进行偏移，偏移距离为 300。单击“绘图”工具栏中的“创建块”按钮，将其创建成块，命名为“花池”。

3. 添加圆形花池

（1）单击“绘图”工具栏中的“直线”按钮，绘制直线确定圆形花池的位置，分别连接矩形 4 条边的中点，交点即为中心圆形花池的插入点；左边圆形花池位置的确定：打开“极轴”命令，右击选择设置，附加 22° 角，重复“直线”命令，沿 22° 角方向绘制直线段，直线段长度为 3900，此点作为中心圆右侧圆形花池的圆心插入点；用同样方法沿 8° 角方向绘制直线段，长度为 7000，结果如图 3-5 所示。

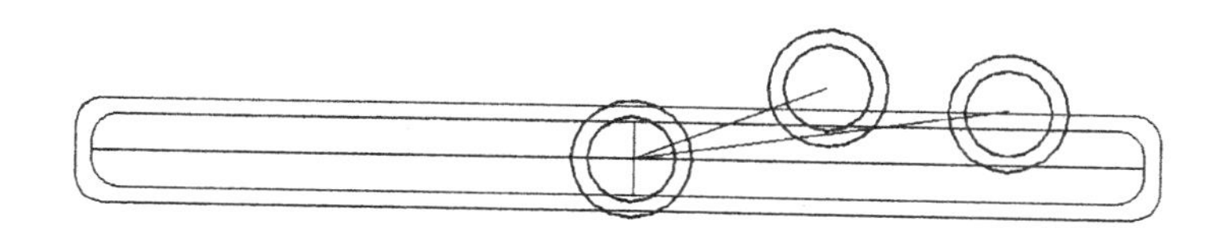

图 3-5　添加圆形花池

（2）删除多余的辅助线，并对多余的线条进行修剪。然后单击“修改”工具栏中的“镜像”按钮，将步骤（1）中绘制好的圆形花池沿横向中轴线（矩形两条短边中点的连线）镜像，镜像后再将两个圆沿竖向中轴线（矩形两条长边中点的连线）镜像，镜像后结果如图 3-6 所示。

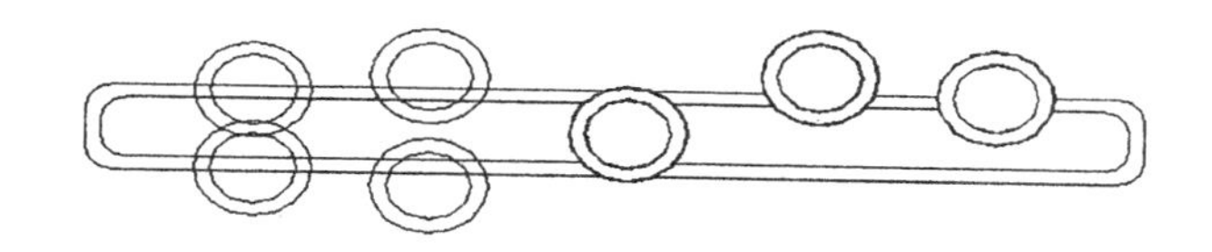

图 3-6　镜像

（3）删除多余的圆，然后修剪掉多余的直线，结果如图 3-7 所示。

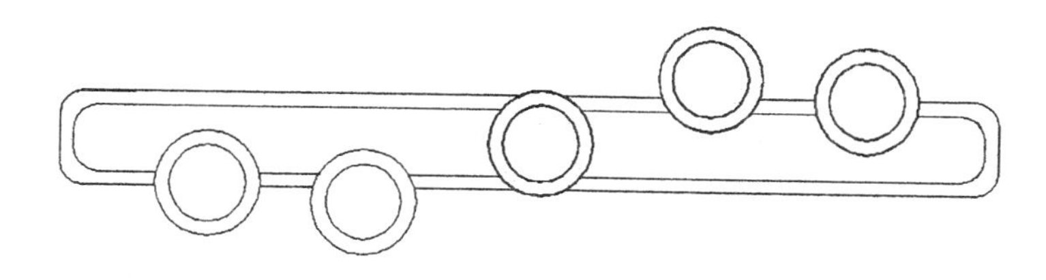

图 3-7　删除多余圆及直线

4. 尺寸的标注

（1）建立“尺寸”图层，参数设置如图 3-8 所示，并将其设置为当前图层。

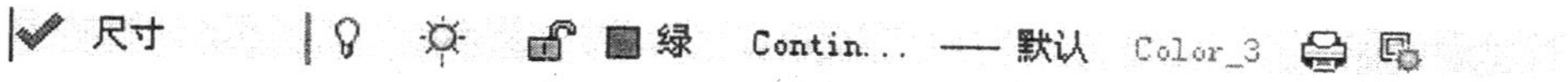

尺寸　绿　Contin...　—— 默认　Color_3

图 3-8　“尺寸”图层参数

（2）进行相关设置，选择菜单栏中的“格式”→“标注样式”命令，弹出“标注样式管理器”对话框，单击“新建”按钮，在弹出的“创建新标注样式”对话框中新建一个标注样式，命名为“建筑”，单击“继续”按钮，如图 3-9 所示。

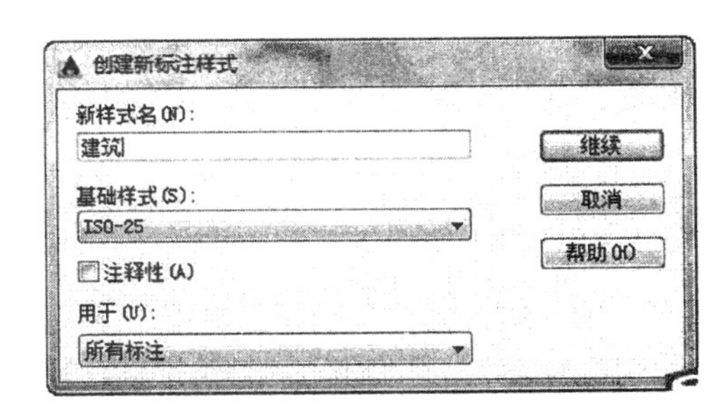

图 3-9　新建标注样式

其他设置按照上章设置方法设置，这里不再详述。

（3）在“绘图”工具栏上右击，在弹出的快捷菜单中选择“标注”命令，将“标注”工具栏显示在屏幕上，以便使用。

（4）绘制第一道尺寸线。单击“标注”工具栏中的“线性”按钮，按命令行提示进行操作。

（5）标注的半径。单击“标注”工具栏中的“半径”按钮，命令行提示与操作如下：

```
命令：_dimradius
选择圆弧或圆：（选择半径为 1120 的圆）
标注文字 = 1120.00
指定尺寸线位置或 [ 多行文字 (M)/ 文字 (T)/ 角度 (A)]:
```

（6）重复“半径”标注命令，标注其他半径尺寸。

（7）绘制第二道尺寸线。单击“标注”工具栏中的“线性”按钮，按命令行提示进行操作，结果如图 3-10 所示。

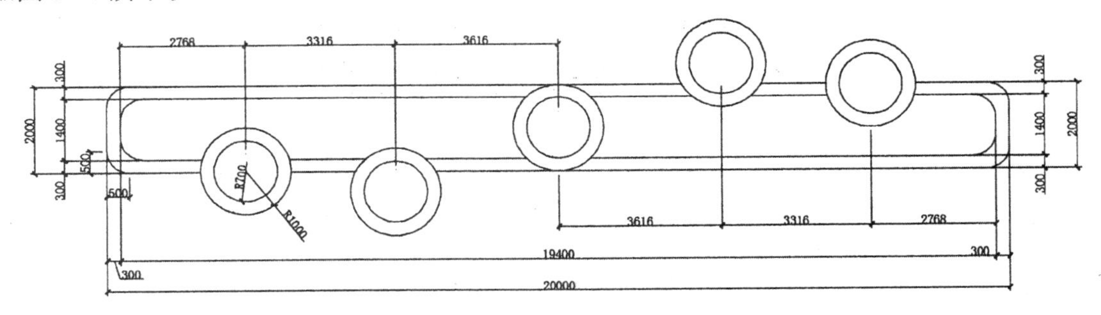

图 3-10　尺寸线标注

5. 文字的标注

（1）建立“文字”图层，参数设置如图 3-11 所示，将其设置为当前图层。

图 3-11　“文字”图层参数

（2）单击“绘图”工具栏中的“多行文字”按钮，在标注文字的区域拉出一个矩形，弹出“文字格式”对话框，首先设置字体及字高，然后在文本区输入要标注的文字，单击“确定”按钮后完成。

（3）采用相同的方法，依次标注出花池其他部位名称。至此，花池就绘制完成了，如图 3-1 所示。

3.3　坐凳绘制

园椅、园凳、园桌是各种园林绿地及城市广场中必备的设施。湖边池畔、花间树下、广场周边、园路两侧、山腰台地处均可设置，供游人就座休息、促膝长谈和观赏风景。如果在一片天然的树林中设置一组蘑菇形的休息园凳，宛如林间树下长出的蘑菇，可把树林环境衬托得野趣盎然。而在草坪边、园路旁、竹丛下适当地布置园椅，也会给人以亲切感，并使大自然富有生机。园椅、园凳、园桌的设置常选择在人们需要就座休息、环境优美、有景可赏之处。园桌、园凳既可以单独设置，也可成组布置；既可自由分散布置，又可有规则地连续布置。园椅、园凳也可与花坛等其他小品组合，形成一个整体。园椅、园凳的造型要轻巧美观，形式要活泼多样，构造要简单，制作要方便，要结合园林环境，做出具有特色的设计。小小坐凳不仅能为人提供休息、赏景的处所，若与环境结合得好，本身也能成为一景。在风景游览胜地及大型公园中，园椅、园凳主要供人们在游览路程中小憩，数量可相应少些；而在城镇的街头绿地、城市休闲广场以及各种类型的小游园内，游人的主要活动是休息、弈棋、读书、看报，或者进行各种健身活动，停留的时间较长，因此，园椅、园凳、园桌的设置要相应多一些，密度大一些。绘制的坐凳施工图如图 3-12 所示。

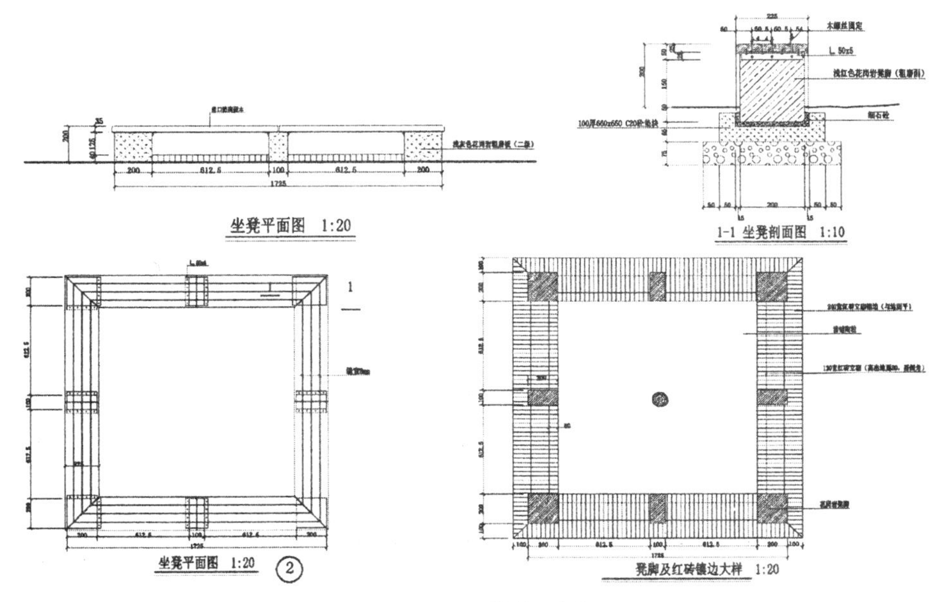

图 3-12　坐凳施工图

3.3.1　绘图前准备以及绘图设置

1. 设置比例

要根据绘制的图形决定绘图的比例，建议采用 1∶1 的比例绘制。

2. 建立新文件

打开 AutoCAD 2015 应用程序，以 A4.dwt 样板文件为模板，建立新文件，将新文件命名为“坐凳 .dwg”并保存。

3. 设置绘图工具栏

在任意工具栏处右击，从弹出的快捷菜单中选择“标准”、“图层”、“对象特性”、“绘图”、“修改”、“修改Ⅱ”、“文字”和“标注”这 8 个命令，调出这些工具栏，并将其移动到绘图窗口中的适当位置。

4. 设置图层

设置以下 4 个图层：“标注尺寸”“中心线”“轮廓线”“文字”，把这些图层设置成不同的颜色，使图纸上表示更加清晰，将“中心线”设置为当前图层。设置好的图层如图 3-13 所示。

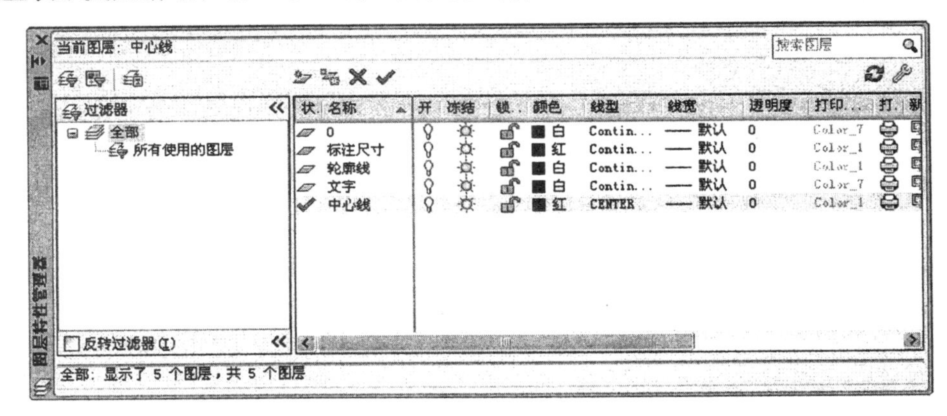

图 3-13　坐凳图层设置

5. 标注样式的设置

根据绘图比例设置标注样式，选择菜单栏中的“格式”→“标注样式”命令，对标注样式的“线”“符号和箭头”“文字”“主单位”进行设置，具体如下。

（1）线：超出尺寸线为 25，起点偏移量为 30。

（2）符号和箭头：第一个为建筑标记，箭头大小为 30，圆心标记为标记 15。

（3）文字：文字高度为 30，文字位置为垂直向上，从尺寸线偏移为 15，文字对齐为 ISO 标准。

（4）主单位：精度为 0.0，比例因子为 1。

6. 文字样式的设置

选择菜单栏中的“格式”→“文字样式”命令，弹出“文字样式”对话框，选择仿宋字体，宽度因子设置为 0.8。

3.3.2　绘制坐凳平面图

1. 绘制坐凳平面图定位线

（1）在状态栏中分别单击“正交模式”按钮、“对象捕捉”按钮和“对象捕捉追踪”按钮，打开相应模式。

（2）单击“绘图”工具栏中的“直线”按钮，绘制一条长为 1725 的水平直线。重复“直线”命令，取其端点绘制一条长为 1725 的垂直直线。

（3）将“标注尺寸”图层设置为当前图层，单击“标注”工具栏中的“线性”按钮，标注外形尺寸。完成的图形和尺寸如 3-14（a）所示。

（4）单击“修改”工具栏中的“删除”按钮，删除标注尺寸线。

（5）单击“修改”工具栏中的“复制”按钮，复制刚刚绘制好的水平直线，向上复制的距离分别为 200、812.5、912.5、1525 和 1725。

（6）单击“修改”工具栏中的“复制”按钮，复制刚刚绘制好的垂直直线，向右复制的距离分别为 200、812.5、912.5、1525 和 1725。

（7）单击“标注”工具栏中的“线性”按钮，标注线性尺寸，然后单击“标注”工具栏中的“连续”按钮，进行连续标注，命令行提示与操作如下：

```
命令：_dimcontinue
指定第二条尺寸界线原点或 [ 放弃 (U)/ 选择 (S)] < 选择 >:（选择轴线的端点）
标注文字 =612.5
指定第二条尺寸界线原点或 [ 放弃 (U)/ 选择 (S)] < 选择 >:
```

完成的图形和尺寸如图 3-14（b）所示。

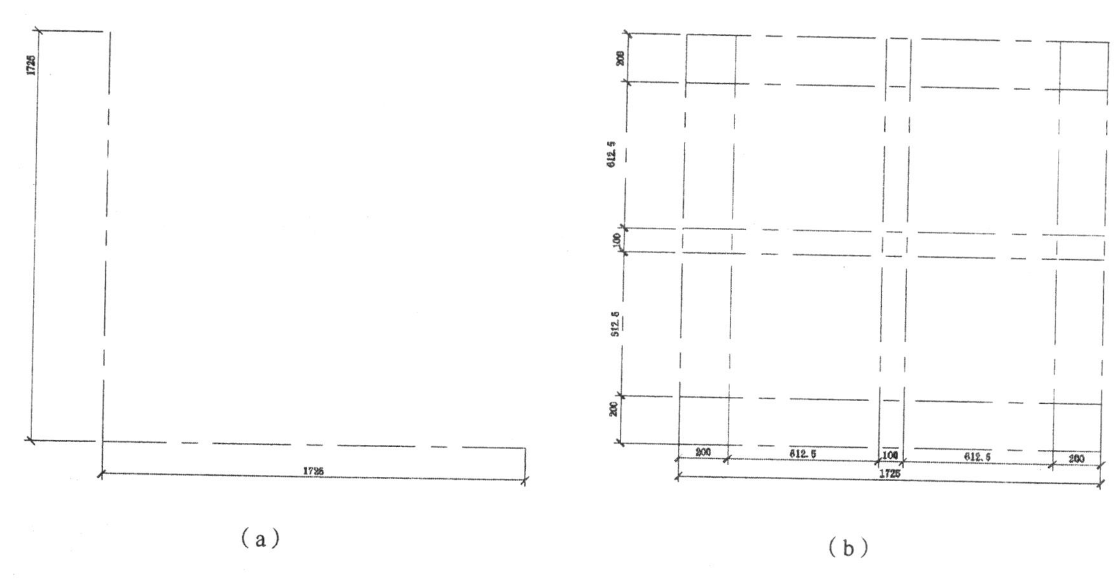

（a）　　　　（b）

图 3-14　坐凳平面定位轴线

2. 绘制坐凳平面图轮廓

（1）将“轮廓线”图层设置为当前图层，单击“绘图”工具栏中的“矩形”按钮，绘制尺寸为 200×200、200×100 和 100×200 的矩形，作为坐凳基础支撑，完成的图形如图 3-15（a）所示。

（2）单击“绘图”工具栏中的“矩形”按钮，绘制角钢固定连接。

（3）单击“绘图”工具栏中的“圆”按钮，绘制直径为 5 的圆，作为连接螺栓。

（4）单击“修改”工具栏中的“复制”按钮，复制刚刚绘制好的图形到指定位置，完成的图形如图 3-15（b）所示。

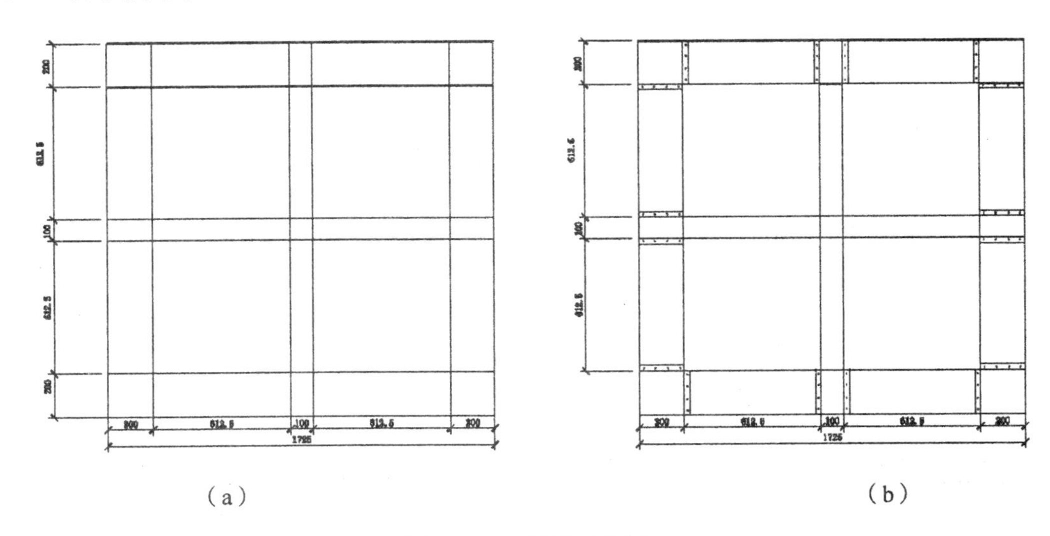

（a） （b）

图 3-15 坐凳平面绘制 1

（5）单击“修改”工具栏中的“复制”按钮，把外围定位轴线向外平行复制，距离为 12.5。

（6）单击“绘图”工具栏中的“矩形”按钮，绘制尺寸为 1750×1750 的矩形 1。

（7）单击“修改”工具栏中的“偏移”按钮，向矩形内偏移 50，得到矩形 2，然后选择刚刚偏移后的矩形，向矩形内偏移 50，得到矩形 3。再选择刚刚偏移后的矩形，向矩形内偏移 50，得到矩形 4。

（8）单击“修改”工具栏中的“偏移”按钮，选择刚刚偏移后的矩形 4，向矩形内偏移 75。

（9）单击“修改”工具栏中的“偏移”按钮，选择偏移后的矩形 2，向矩形内偏移 8。然后选择偏移后的矩形 3，向矩形内偏移 8。选择偏移后的矩形 4，向矩形内偏移 8。

（10）单击“绘图”工具栏中的“直线”按钮，连接最外面和里面的对角连线。

（11）单击“修改”工具栏中的“偏移”按钮，偏移对角线。向对角线左侧偏移 4，向对角线右侧偏移 4。

3. 标注尺寸和文字

（1）将“标注尺寸”图层设置为当前图层，单击“标注”工具栏中的“线性”按钮，标注线性尺寸。

（2）单击“标注”工具栏中的“连续”按钮，进行连续标注。

（3）单击“标注”工具栏中的“对齐”按钮，进行斜线标注。

（4）单击“绘图”工具栏中的“多行文字”按钮A，标注文字。完成的图形如 3-16 所示。

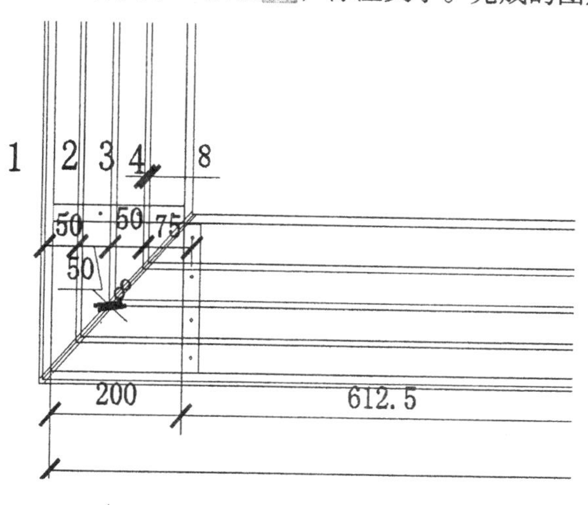

图 3-16　坐凳平面绘制 2

（5）单击“修改”工具栏中的“删除”按钮，删除定位轴线、多余的文字和标注尺寸。

（6）利用上述方法完成剩余边线的绘制，单击“修改”工具栏中的“修剪”按钮，框选并删除多余的实体，完成的图形如图 3-17（a）所示。

（7）单击“绘图”工具栏中的“多行文字”按钮A，标注文字和图名，完成的图形如图 3-17（b）所示。

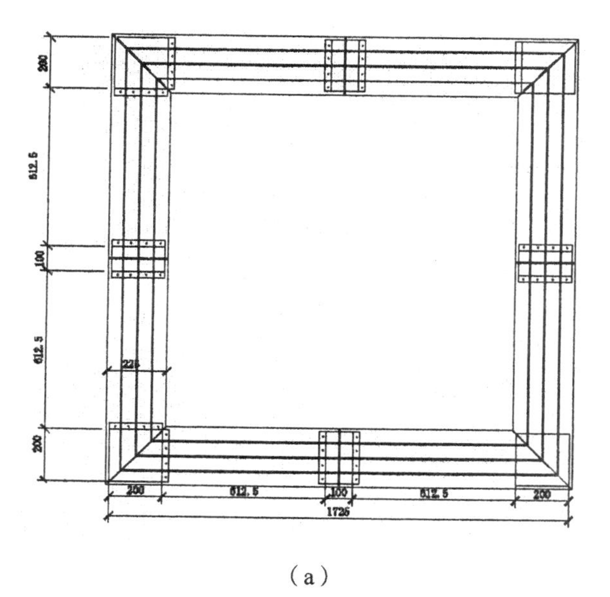

（a）

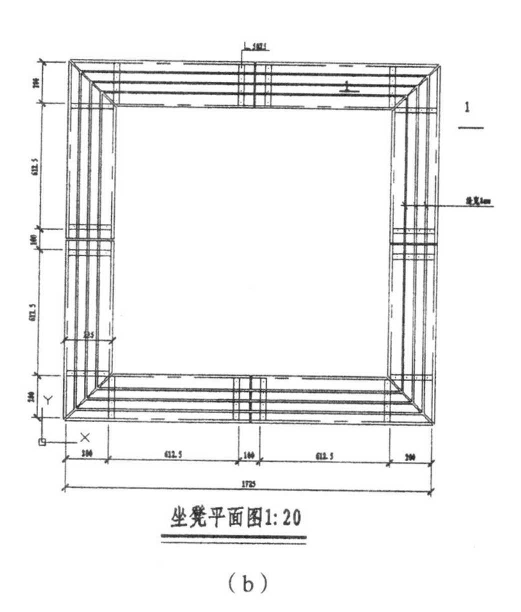

（b）

图 3-17　坐凳平面绘制 3

3.3.3 绘制坐凳其他视图

1. 绘制坐凳立面图

完成的立面图如图 3-18 所示。

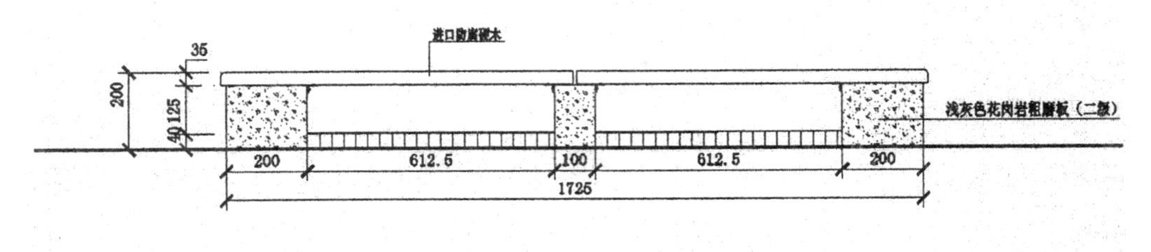

图 3-18 坐凳立面图

2. 绘制坐凳剖面图

完成的剖面图如图 3-19 所示。

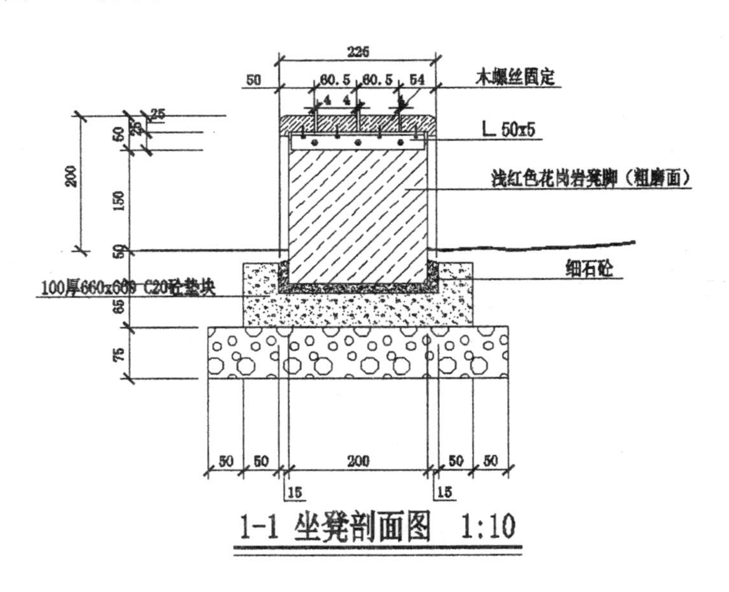

图 3-19 坐凳剖面图

3. 绘制凳脚及红砖镶边大样

完成的图形如图 3-20 所示。

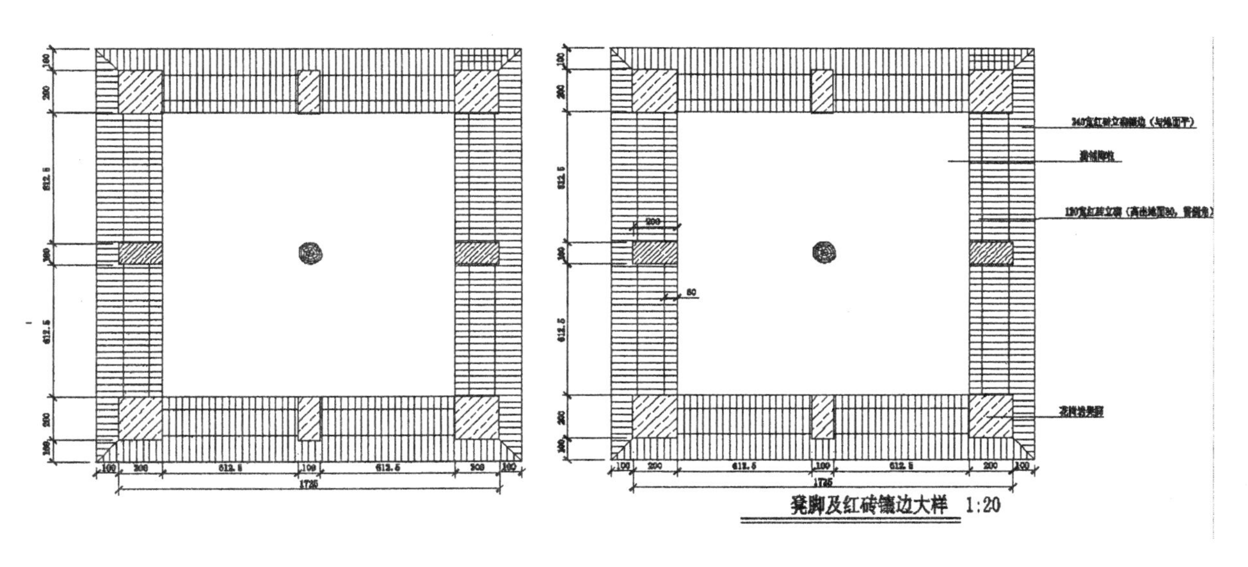

图 3-20　凳脚及红砖镶边大样

3.4　垃圾箱绘制

下面以垃圾箱为例讲解服务性小品的绘制方法。垃圾箱的绘制如图 3-21 所示。

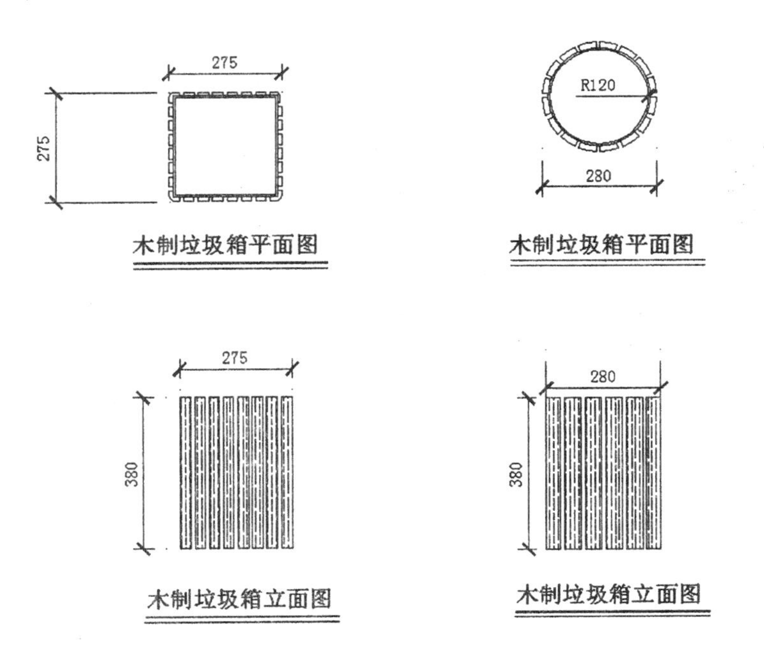

图 3-21　绘制垃圾箱

3.4.1 绘图前准备以及绘图设置

1. 设置绘图比例

要根据绘制的图形决定绘图的比例，建议采用 1：1 的比例绘制。

2. 建立新文件

打开 AutoCAD 2015 应用程序，以 A4.dwt 样板文件为模板，建立新文件，将新文件命名为“垃圾箱 .dwg”并保存。

3. 设置绘图工具栏

在任意工具栏处右击，从弹出的快捷菜单中选择“标准”、“图层”、“对象特性”、“绘图”、“修改”、“修改Ⅱ”、“文字”和“标注”这 8 个命令，调出这些工具栏，并将其移动到绘图窗口中的适当位置。

4. 设置图层

设置以下 4 个图层：“标注尺寸”“轮廓线”“文字”“中心线”，把这些图层设置成不同的颜色，使图纸上表示更加清晰，将“轮廓线”层设置为当前图层。设置好的图层如图 3-22 所示。

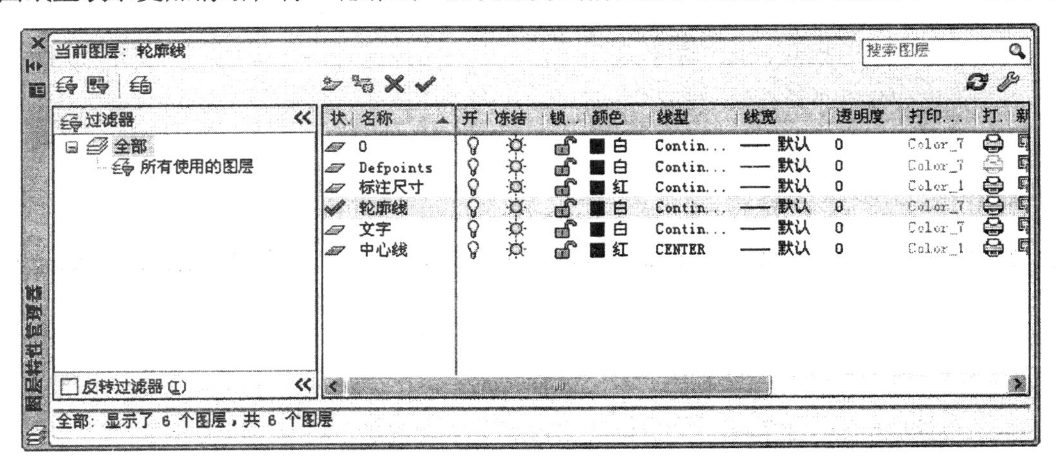

图 3-22 图层设置

5. 标注样式的设置

根据绘图比例设置标注样式，选择菜单栏中的“格式”→“标注样式”命令，对标注样式的“线”“符号和箭头”“文字”“主单位”进行设置，具体如下。

（1）线：超出尺寸线为 25，起点偏移量为 30。

（2）符号和箭头：第一个为建筑标记，箭头大小为 30，圆心标记为标记 15。

（3）文字：文字高度为 30，文字位置为垂直上，从尺寸线偏移为 15，文字对齐为 ISO 标准。
（4）主单位：精度为 0.0，比例因子为 1。

6. 文字样式的设置

选择菜单栏中的“格式”→“文字样式”命令，弹出“文字样式”对话框，选择仿宋字体，宽度因子设置为 0.8。

3.4.2 绘制垃圾箱平面图

（1）在状态栏，单击“正交模式”按钮和“对象捕捉”按钮，打开相应模式。
（2）单击“绘图”工具栏中的“圆”按钮，绘制同心圆，圆的半径分别为 140、125 和 120。
（3）将“标注尺寸”图层设置为当前图层，单击“标注”工具栏中的“半径”按钮，标注外形尺寸。完成的图形如图 3-23（a）所示。
（4）单击“绘图”工具栏中的“直线”按钮，在半径为 140 和 125 的圆之间使用“直线”命令绘制两条直线，完成的图形如图 3-23（b）所示。
（5）单击“修改”工具栏中的“修剪”按钮，删除最外部圆多余部分，完成的图形如图 3-23（c）所示。
（6）单击“修改”工具栏中的“环形阵列”按钮，设置中心点为同心圆的圆心，项目总数为 16，填充角度为 360°，选择外围装饰部分为阵列对象。完成的图形如图 3-23（d）所示。
（7）将“文字”图层设置为当前图层，单击“绘图”工具栏中的“多行文字”按钮 A，标注文字，如图 3-23（e）所示。

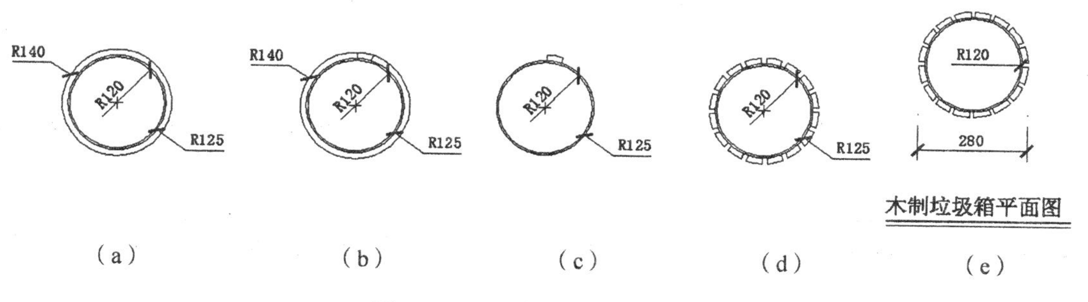

图 3-23　垃圾箱平面图绘制流程

3.4.3 绘制垃圾箱立面图

继续绘制垃圾箱立面图，绘制过程如图 3-24 所示。

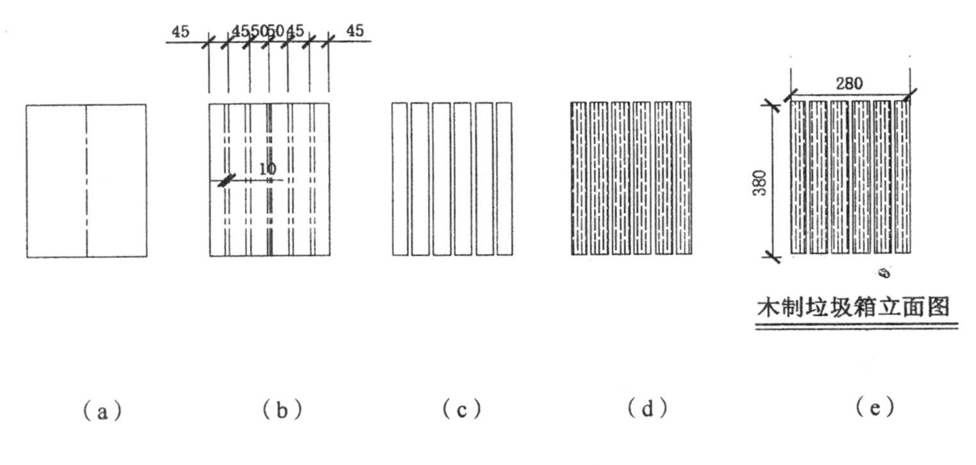

图 3-24 垃圾箱立面图绘制流程

3.5 铺装大样绘制

使用“阵列”命令绘制网格；使用“填充”命令填充铺装区域；使用“多行文字”命令标注文字，完成并保存铺装大样，如图 3-25 所示。

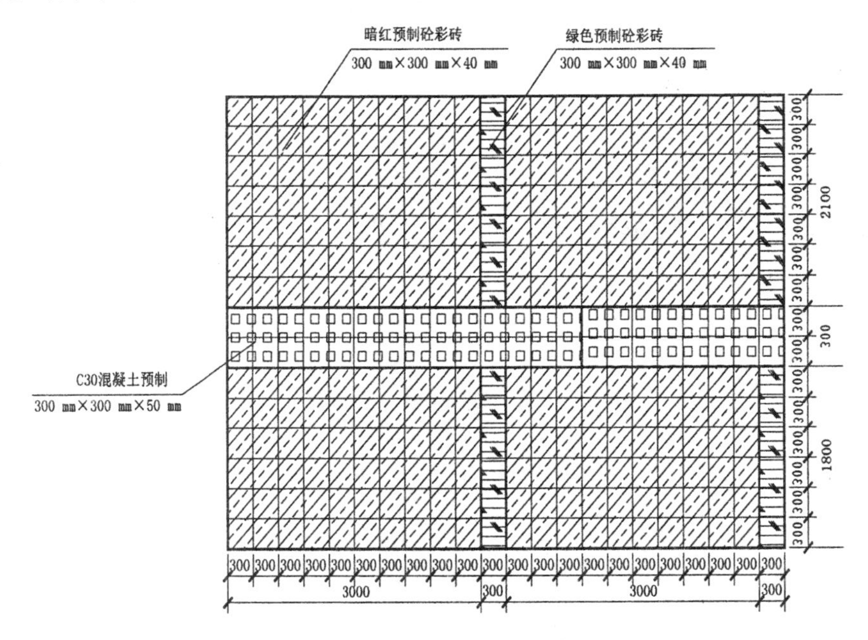

图 3-25 铺装大样

3.5.1　绘图前准备以及设置

1. 设置绘图比例

要根据绘制图形决定绘图的比例，建议采用 1∶1 的比例绘制，1∶50 的比例出图。

2. 建立新文件

打开 AutoCAD 2015 应用程序，建立新文件，将新文件命名为“铺装大样 .dwg”并保存。

3. 设置绘图工具栏

在任意工具栏处右击，从弹出的快捷菜单中选择“标准”、“图层”、“对象特性”、“绘图”、“修改”、“修改Ⅱ”、“文字”和“标注”这 8 个命令，调出这些工具栏，并将其移动到绘图窗口中的适当位置。

4. 设置图层

设置以下 4 个图层：“标注尺寸”、“材料”、“铺装”和“文字”，将“铺装”层设置为当前图层。设置好的图层参数如图 3-26 所示。

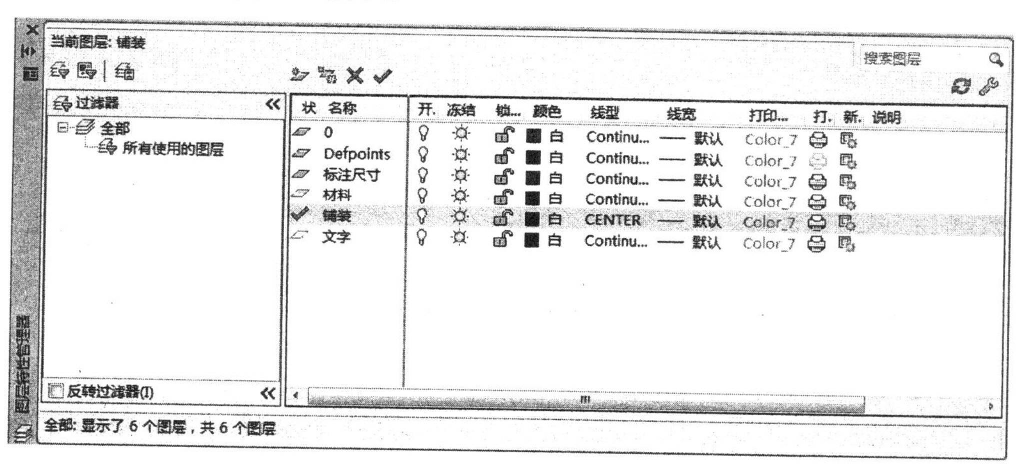

图 3-26　铺装大样图层设置

5. 标注样式的设置

根据绘图比例设置标注样式，对标注样式线、符号和箭头、文字、主单位进行设置，具体如下。

（1）线：超出尺寸线为 125，起点偏移量为 150。

（2）符号和箭头：第一个为建筑标记，箭头大小为 150，圆心标记为标记 75。

（3）文字：文字高度为 150，文字位置为垂直上方，从尺寸线偏移为 75，文字对齐为 ISO 标准。

（4）主单位：精度为 0，比例因子为 1。

6. 设置文字样式

单击“文字”工具栏中的“文字样式”按钮，进入“文字样式”对话框，选择“仿宋-GB2312”字体，宽度因子设置为0.8。

3.5.2 绘制直线段人行道

（1）在状态栏中，单击“正交模式”按钮，打开正交模式；单击“对象捕捉”按钮，打开对象捕捉模式；单击“对象捕捉追踪”按钮，打开对象捕捉追踪模式。

（2）单击“绘图”工具栏中的“直线”按钮，绘制一条长为6600的水平直线。重复“直线”命令，绘制一条长为4500的垂直直线。

（3）复制垂直直线，单击“修改”工具栏中的“矩形阵列”按钮，选择垂直线段为阵列对象，设置行数为1，列数为23，列间距为300，结果如图3-27所示。

（4）把“标注尺寸”层设置为当前图层，单击“标注”工具栏中的“线性”按钮，标注外形尺寸。完成的图形如图3-27所示。

（5）单击“修改”工具栏中的“矩形阵列”按钮，选择水平线段为复制对象。设置行数为16，列数为1，行间距为300，列间距为0，完成的图形如图3-28所示。

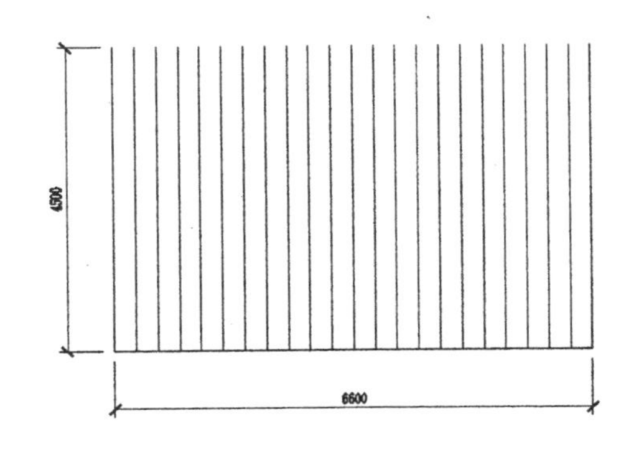

图3-27 直线段人行道方格网绘制1

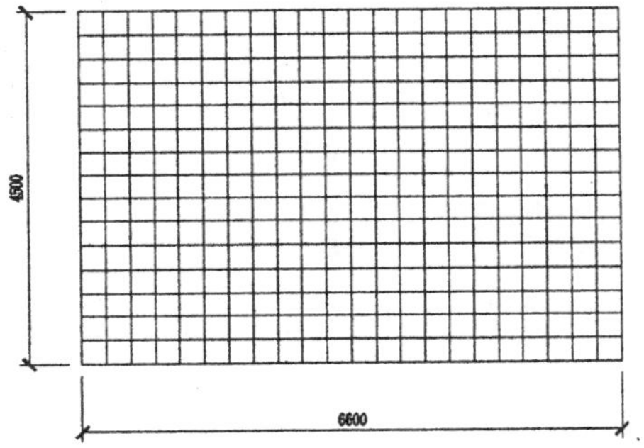

图3-28 直线段人行道方格网绘制2

（6）把“材料”层设置为当前图层，多次单击“绘图”工具栏中的“图案填充”按钮，填充铺装。各次选择如下。

①预定义ANSI33图例，填充比例和角度分别为30和0。

②预定义CORK图例，填充比例和角度分别为30和0。

③预定义SQUARE图例，填充比例和角度分别为30和0。

填充完的图形如图3-29（a）所示。

（7）把“铺装”层设置为当前图层，单击“绘图”工具栏中的“多段线”按钮，加粗铺装分隔区域。

（8）把“标注尺寸”层设置为当前图层，单击“标注”工具栏中的“线性”按钮，标注外形尺寸。

（9）单击“标注”工具栏中的“连续”按钮，进行连续标注，然后使用线性以及连续标注尺寸，完成的图形如图3-29（b）所示。

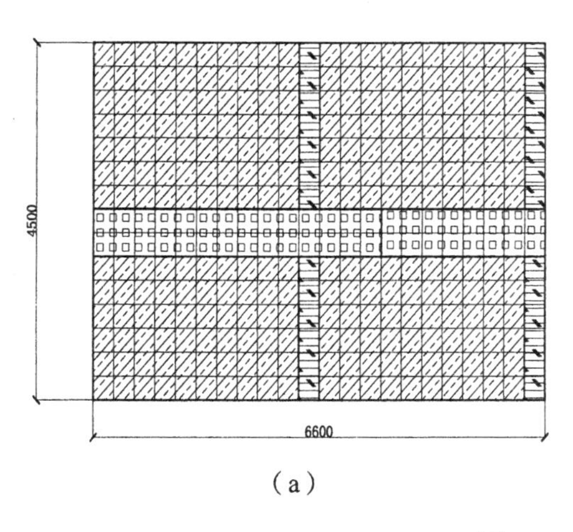

（a）

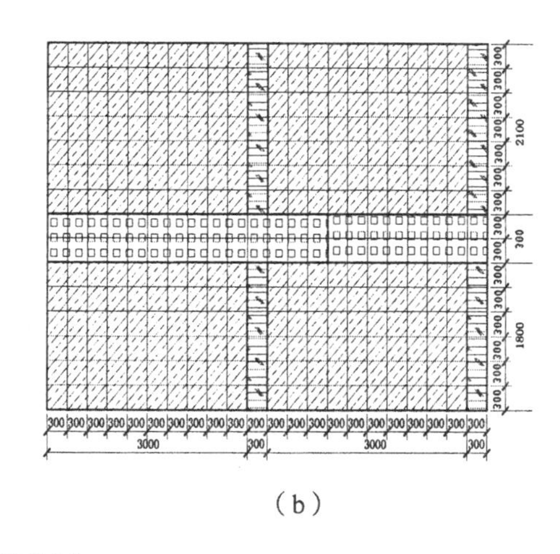

（b）

图 3-29　铺装大样绘制

（10）把“文字”层设置为当前图层，单击“绘图”工具栏中的“多行文字”按钮**A**，标注文字和图名。完成的图形如图 3-25 所示。

读书笔记

园林水景图绘制

随着房地产等相关行业的发展，人们对居住环境有了更高的要求。水景逐渐成为居住区环境设计的一大亮点，水景的应用技术也得到了快速发展，许多技术已大量应用于园林实践中。

4.1　园林水景概述

水景，作为园林中一道别样的风景点缀，以它特有的气息与神韵感染着每一个人。它是园林景观和给水排水的有机结合。

4.1.1　园林水景的作用

园林水景的用途非常广泛，主要归纳为以下 5 个方面。

（1）园林水体景观。如喷泉、瀑布、池塘等，都以水体为题材，水成了园林的重要构成元素，也引发无穷尽的诗情画意。冰灯、冰雕也是水在非常温状况下的一种观赏形式。

（2）改善环境，调节气候，控制噪音。矿泉水具有医疗作用，负离子具有清洁作用，都不可忽视。

（3）提供体育娱乐活动场所，如游泳、划船、溜冰、船模等，现在休闲的热点，如冲浪、漂流、水上乐园等。

（4）汇集、排泄天然雨水。此项设计会节省不少地下管线的投资，为植物生长创造良好的立地条件。相反，污水倒灌、淹苗，又会造成意想不到的损失。

（5）防护、隔离、防灾用水。如护城河、隔离河以水面作为空间隔离，是最自然、最节约的办法。引申来说，水面创造了园林迂回曲折的线路，隔岸相视，可望而不可即也。救火、抗旱都离不开水。城市园林水体可作为救火备用水，郊区园林水体、沟渠是抗旱天然管网。

4.1.2　园林景观的分类

园林水体的景观形式是丰富多彩的。明袁中郎谓：“水突然而趋，忽然而折，天回云昏，顷刻不知其千里，细则为罗谷，旋则为虎眼，注则为天坤，立则为岳玉；矫而为龙，喷而为雾，吸而为风，怒而为霆，疾徐舒蹙，奔跃万状。”

下面以水体存在的 4 种形态来划分水体的景观。

（1）水体因压力而向上喷，形成各种各样的喷泉、涌泉、喷雾等，总称“喷水”。

（2）水体因重力而下跌，高程突变，形成各种各样的瀑布、水帘等，总称“跌水”。

（3）水体因重力而流动，形成各种各样的溪流、旋涡等，总称“流水”。

（4）水面自然，不受重力及压力影响，称“池水”。

自然界不流动的水体并不是静止的，会因风吹而产生涟漪、波涛，因降雨而得到补充，因蒸发、渗透而减少、枯干，因各种动植物、微生物的参与而污染、净化，无时不在进行生态的循环。

4.1.3　喷水的类型

人工造就的喷水，有 7 种景观类型。

（1）水池喷水：这是最常见的形式。设计水池，安装喷头、灯光、设备。停喷时是一个静水池。

（2）旱池喷水：喷头等隐于地下，适用于广场、游乐场等。停喷时是场中一块微凹地坪，缺点是水质易污染。

（3）浅池喷水：喷头藏于山石、盆栽之间，可以把喷水的全范围做成一个浅水盆，也可以仅在射流落点之处设几个水钵。美国迪斯尼乐园有座间歇喷泉，由 A 定时喷一串水珠至 B，再由 B 喷一串水珠至 C，如此不断循环跳跃，也是喷泉的一种形式。

（4）舞台喷水：适用于影剧院、跳舞厅、游乐场等场所，有时作为舞台前景、背景，有时作为表演场所和活动内容。这样小型的设施中，水池往往是活动的。

（5）盆景喷水：常为家庭、公共场所的摆设，大小不一，往往成套出售。此种以水为主要景观的设施，不限于“喷”的水姿，而易于吸取高科技成果，做出让人意想不到的景观，很有启发意义。

（6）自然喷水：喷头置于自然水体之中。

（7）水幕影像：上海城隍庙的水幕电影，由喷水组成十余米宽、二十余米长的扇形水幕，与夜晚天际连成一片，电影放映时，人物驰骋万里，来去无影。

当然，除了这 7 种类型，还有很多其他类型的有趣景观。

4.1.4 水景的类型

水景是园林景观构成的重要组成部分，水的形态不同，则构成的景观也不同。水景一般可分为以下几种类型。

1. 水池

园林中常以天然湖泊作水池，尤其在皇家园林中，此水景有一望千顷、海阔天空之气派，构成了大型园林的宏旷水景。而私家园林或小型园林的水池面积较小，其形状可方、可圆、可直、可曲，常以近观为主，不可过分分隔，故给人的感觉是古朴野趣。

2. 瀑布

瀑布在园林中虽用得不多，但特点鲜明，充分利用了高差变化，使水产生动态之势。如把石山叠高，下挖成潭，水自高往下倾泻，击石四溅，飞珠若帘，俨如千尺飞流，震撼人心，令人流连忘返。

3. 溪涧

溪涧的特点是水面狭窄而细长，水因势而流，不受拘束。水口的处理应使水声悦耳动听，使人犹如置身于真山真水之间。

4. 泉源

泉源之水通常是溢满的，一直不停地往外流出，古有天泉、地泉、甘泉之分。泉的地势一般比较低，常结合山石，光线幽暗，别有一番情趣。

5. 濠濮

濠濮是山水相依的一种景象，其水位较低，水面狭长，往往能产生两山夹岸之感。而护坡置石，植物探水，可造成幽深濠涧的气氛。

6. 渊潭

潭景一般与峭壁相连。水面不大，深浅不一。大自然之潭周围峭壁嶙峋，俯瞰气势险峻，有若万丈深渊。庭园中潭之创作，岸边宜叠石，不宜披土；光线处理宜荫蔽浓郁，不宜阳光灿烂；水位标高宜低下，不宜涨满。水面集中而空间狭隘是渊潭的创作要点。

7. 滩

滩的特点是水浅而与岸高差很小。滩景结合洲、矶、岸等，潇洒自如，极富自然。

8. 水景缸

水景缸是用容器盛水作景，其位置不定，可随意摆放，内可养鱼、种花以用作庭园点景之用。

除上述类型外，随着现代园林艺术的发展，水景的表现手法越来越多，如喷泉造景、叠水造景等，均活跃了园林空间，丰富了园林内涵，美化了园林景致。

4.1.5　喷水池的设计原则

（1）要尽量考虑向生态方向发展，如空调冷却水的利用、水帘幕降温、鱼塘增氧、兼作消防水池、喷雾增加空气湿度和负离子，以及作为水系循环水源等。科学研究证明，水滴分裂有带电现象，水滴由加有高压电的喷嘴中以雾状喷出，可吸附微小烟尘乃至有害气体，会大大提高除尘效率。带电水雾硝烟的技术及装置、向雷云喷射高速水流消除雷害的技术正在积极研究中，真是“喷流飞电来，奇观有奇用”。

（2）要与其他景观设施结合。喷水等水景工程是一项综合性工程，要园林、建筑、结构、雕塑、自控、电气、给排水、机械等方面专业参加，才能做到臻善臻美。

（3）水景是园林绿化景观中的一部分内容，要有雕塑、花坛、亭廊、花架、座椅、地坪铺装、儿童游戏场、露天舞池等内容的参加配合才能成景，并做到规模不至过大，而效果淋漓尽致，喷射时好看，停止时也好看。

（4）要有新意，不落窠臼。日本的喷水，有由声音、风向、光线来控制开启的，还有座“急流勇进”，一股股激浪冲向艘艘木舟，状似激起千堆雪。美国有座喷泉，上喷的水正对着下泻的瀑，水花在空中爆炸，蔚为壮观。

（5）要因地制宜选择合理的喷泉。例如，适于参与、有管理条件的地方采用旱地喷水；而只适于观赏的要采用水池喷泉；园林环境下可考虑采用自然式浅池喷水。

4.1.6 各种喷水款式的选择

现在的喷泉设计多从造型考虑，依据喜好选择喷头，此大谬。实际上现有各种喷头的使用条件是有很多不同的。

（1）声音：有的喷头的水噪音很大，如充气喷头；而有的是有造型而无声，很安静的，如喇叭喷头。

（2）风力的干扰：有的喷头受外界风力影响很大，如半圆形喷头，此类喷头形成的水膜很薄，强风下几乎不能成型；有的则没什么影响，如树水状喷头。

（3）水质的影响：有的喷头受水质的影响很大，水质不佳，动辄堵塞，如蒲公英喷头，堵塞局部，破坏整体造型。但有的影响很小，如涌泉。

（4）高度和压力：各种喷头都有其合理、高效的喷射高度。例如，要喷得高，可用中空喷头，比用直流喷头效果好，因为环形水流的中部空气稀薄，四周空气裹紧水柱使之不易分散。而儿童游戏场为安全起见，要选用低压喷头。

（5）水姿的动态：多数喷头是安装后或调整后按固定方向喷射的，如直流喷头。还有一些喷头是动态的，如摇摆和旋转喷头，在机械和水力的作用下，喷射时喷头是移动的，经过特殊设计，有的喷头还按预定的轨迹前进。同一种喷头，由于设计的不同，可喷射出各种高度的水柱，此起彼伏。无级变速可使喷射轨迹呈曲线形状，甚至时断时续，射流呈现出点、滴、串的水姿，如间歇喷头。多数喷头是安装在水面之上的，但是鼓泡（泡沫）喷头是安装在水面之下的，因水面的波动，喷射的水姿会呈现起伏动荡的变化。使用此类喷头，还要注意水池会有较大的波浪出现。

（6）射流和水色：多数喷头喷射时水色是透明无色的。鼓泡（泡沫）喷头、充气喷头由于空气和水混合，射流是不透明白色的。而雾状喷头要在阳光照射下才会产生瑰丽的彩虹。水盆景、摆设一类水景，往往把水染色，使之在灯光下更绚丽。

4.2 园林水景工程图的绘制

山石水体是园林的骨架，表达水景工程构筑物（如驳岸、码头、喷水池等）的图样称为水景工程图。在水景工程图中，除表达工程设施的土建部分外，一般还有机电、管道、水文地质等专业内容。此处主要介绍水景工程图的表达方法、一般分类和喷水池工程图。

4.2.1 水景工程图的表达方法

1. 视图的配置

水景工程图的基本图样仍然是平面图、立面图和剖面图。水景工程构筑物，如基础、驳岸、水闸、水池等许多部分被土层履盖，所以剖面图和断面图应用较多。人站在上游（下游），面向建筑物作投射，所得的视图称为上游（下游）立面图，如图 4-1 所示。

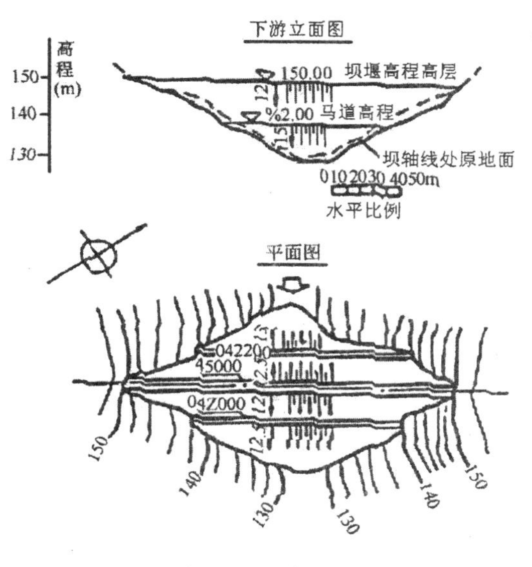

图 4-1　上游立面图

为看图方便，每个视图都应在图形下方标出名称，各视图应尽量按投影关系配置。布置图形时，习惯使水流方向由左向右或自上而下。

2. 其他表示方法

（1）局部放大图

将物体的局部结构用较大比例绘制出的图样称为局部放大图或详图。放大的详图必须标注索引标志和详图标志。

（2）展开剖面图

当构筑物的轴线是曲线或折线时，可沿轴线剖开物体并向剖切面投影，然后将所得剖面图展开在一个平面上，这种剖面图称为展开剖面图，在图名后应标注“展开”二字。

（3）分层表示法

当构筑物有几层结构时，在同一视图内可按其结构层次分层绘制。相邻层次用波浪线分界，并用文字在图形下方标注各层名称。

（4）掀土表示法

被土层覆盖的结构在平面图中不可见。为表示这部分结构，可假想将土层掀开后再绘制出视图。

（5）规定画法

规定画法指的是按照相关规范规定的画法将工程图表示出来，简化画法指的是在规范中规定的特殊图形，可以采用简易的图形图例来表示。

除可采用规定画法和简化画法外，还有以下规定。

①构筑物中的各种缝线，如沉陷缝、伸缩缝和材料分界线，两边的表面虽然在同一平面内，但绘图时一般按轮廓线处理，用一条粗实线表示。

②水景构筑物配筋图的规定画法与园林建筑图相同。如钢筋网片的布置对称可以只绘一半，另一半表达构件外形。对于规格、直径、长度和间距相同的钢筋，可用粗实线绘出其中一根来表示，同时

用一条横穿的细实线表示其余的钢筋。

如果图形的比例较小，或者某些设备另有专门的图纸来表达，可以在图中相应的部位用图例来表达工程构筑物的位置。常用图例如图 4-2 所示。

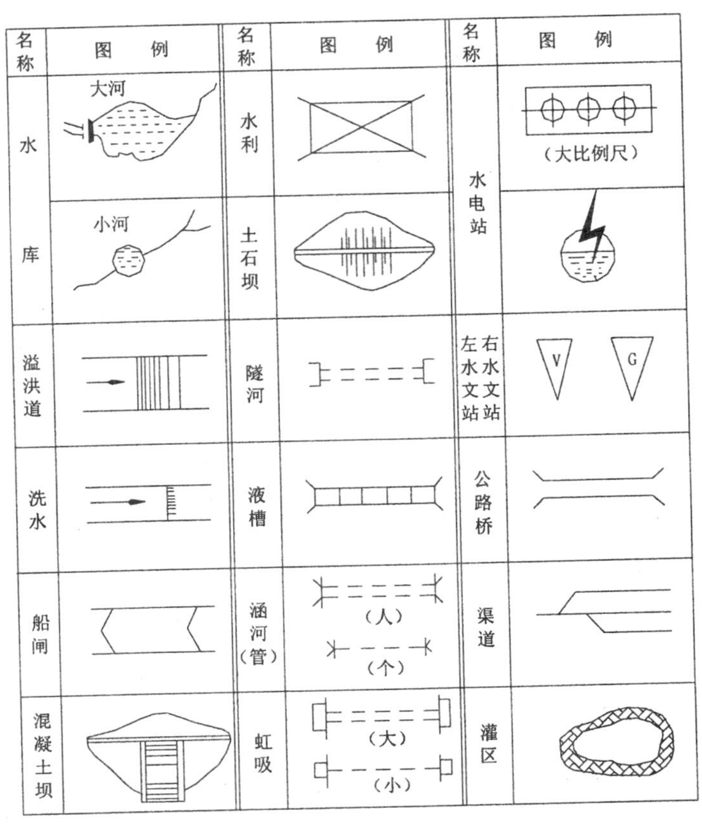

图 4-2　常见图例

4.2.2　水景工程图的尺寸标注法

投影制图有关尺寸标注的要求，在注写水景工程图的尺寸时也必须遵守。但水景工程图也有自己的特点，主要如下。

1. 基准点和基准线

要确定水景工程构筑物在地面的位置，必须先定好基准点和基准线在地面的位置，各构筑物的位置均以基准点进行放样定位。基准点的平面位置是根据测量坐标确定的，两个基准点的连线可以定出基准线的平面位置。基准点的位置用交叉十字线表示，引出标注测量坐标。

2. 常水位、最高水位和最低水位

设计和建造驳岸、码头、水池等构筑物时，应根据当地的水情和一年四季的水位变化来确定驳岸

和水池的形式和高度。使得常水位时景观最佳，最高水位时不至于溢出，最低水位时岸壁的景观也可入画，因此在水景工程图上，应标注常水位、最高水位和最低水位的标高，并将常水位作为相对标高的零点，如图 4-3 所示。为便于施工测量，图中除注写各部分的高度尺寸外，尚需注出必要的高程。

3. 里程桩

对于堤坝、渠道、驳岸、隧洞等较长的水景工程构筑物，沿轴线的长度尺寸通常采用里程桩的标注方法。标注形式为 k+m，k 为公里数，m 为米数。如起点桩号标注成 0+000，起点桩号之后，k、m 为正值，起点桩号之前，k、m 为负值。桩号数字一般沿垂直于轴线的方向注写，且标注在同一侧，如图 4-4 所示。当同一图中几种建筑物均采用“桩号”标注时，可在桩号数字之前加注文字以示区别，如“坝 0+021.00”“洞 0+018.30”等。

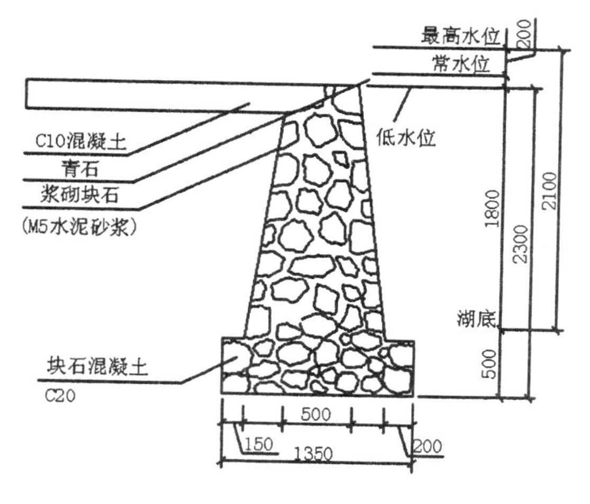

图 4-3　驳岸剖面图尺寸标注

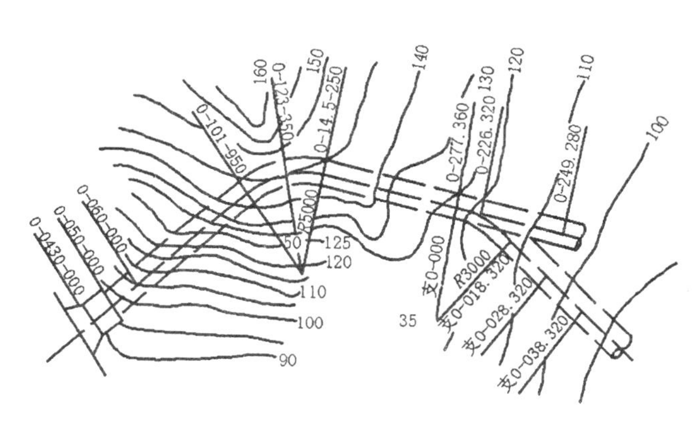

图 4-4　里程桩尺寸标注

4.2.3　水景工程图的内容

开池理水是园林设计的重要内容。园林中的水景工程，一类是利用天然水源（河流、湖泊）和现状地形修建的较大型水面工程，如驳岸、码头、桥梁、引水渠道和水闸等；更多的是在街头、游园内修建的小型水面工程，如喷水池、种植池、盆景池、观鱼池等人工水池。水景工程设计一般也要经过规划、初步设计、技术设计和施工设计几个阶段，每个阶段都要绘制相应的图样。水景工程图主要有总体布置图和构筑物结构图。

1. 总体布置图

总体布置图主要表示整个水景工程各构筑物在平面和立面的布置情况。总体布置图以平面布置图为主，必要时配置立面图，平面布置图一般绘制在地形图上；为了使图形主次分明，结构图的次要轮廓线和细部构造均省略不画，或用图例或示意图表示这些构造的位置和作用。图中一般只注写构筑物的外形轮廓尺寸和主要定位尺寸，主要部位的高程和填挖方坡度。总体布置图的绘图比例一般为

1 : 200 ～ 1 : 500。总体布置图的具体内容如下。

（1）工程设施所在地区的地形现状、河流及流向、水面、地理方位（指北针）等。

（2）各工程构筑物的相互位置、主要外形尺寸、主要高程。

（3）工程构筑物与地面交线、填挖方的边坡线。

2. 构筑物结构图

结构图是以水景工程中某一构筑物为对象的工程图，包括结构布置图、分部和细部构造图以及钢筋混凝土结构图。构筑物结构图必须把构筑物的结构形状、尺寸大小、材料、内部配筋及相邻结构的连接方式等都表达清楚。结构图包括平面图、立面图、剖面图、详图和配筋图，绘图比例一般为 1 : 5 ～ 1 : 100。构筑物结构图的具体内容如下。

（1）表明工程构筑物的结构布置、形状、尺寸和材料。

（2）表明构筑物各分部和细部构造、尺寸和材料。

（3）表明钢筋混凝土结构的配筋情况。

（4）工程地质情况及构筑物与地基的连接方式。

（5）相邻构筑物之间的连接方式。

（6）附属设备的安装位置。

（7）构筑物的工作条件，如常水位和最高水位等。

4.2.4 喷水池工程图

喷水池的面积和深度较小，一般仅几十厘米至一米左右，可根据需要建成地面上、地面下或者半地上半地下的形式。人工水池与天然湖池的区别，一是采用各种材料修建池壁和池底，并有较高的防水要求。二是采用管道给排水，要修建闸门井、检查井、排放口和地下泵站等附属设备。

常见的喷水池结构有两种：一类是砖、石池壁水池，池壁用砖墙砌筑，池底采用素混凝土或钢筋混凝土，另一类是钢筋混凝土水池，池底和池壁都采用钢筋混凝土结构。喷水池的防水做法多是在池底上表面和池壁内外墙面抹 20mm 厚防水砂浆。北方水池还有防冻要求，可以在池壁外侧回填时采用排水性能较好的轻骨料，如矿渣、焦渣或级配砂石等。喷水池土建部分用喷水池结构图表达，以下主要说明喷水池管道的绘制方法。

喷水的基本形式有直射形、集射形、放射形、混合形等。喷水又可与山石、雕塑、灯光等相互依赖，共同组合形成景观。不同的喷水外形主要取决于喷头的形式，可根据不同的喷水造型设计喷头。

1. 管道的连接方法

喷水池采用管道给排水。管道是工业产品，有一定的规格和尺寸。在安装时加以连接组成管路，其连接方式将因管道的材料和系统而不同。常用的管道连接方式有 4 种。

（1）法兰接

适用的管道范围较大，利用螺栓加紧垫片保持密封。

（2）承插接

管道的一端做成钟形承口，另一端是直管，直管插入承口内，在空隙处填以石棉水泥。

（3）螺纹接

管端加工有处螺纹，用有内螺纹的套管将两根管道连接起来。

（4）焊接

将两管道对接焊成整体，在园林给排水管路中应用不多。喷水池给排水管路中，给水管一般采用螺纹连接，排水管大多采用承插接。

2. 管道平面图

管道平面图主要是用以显示区域内管道的布置。一般游园的管道综合平面图常用比例为1∶200～1∶2000。喷水池管道平面图主要能显示清楚该小区范围内的管道即可，通常选用1∶50～1∶300的比例。管道均用单线绘制，称为单线管道图，但用不同的宽度和不同的线型加以区别，新建的各种给排水管用粗线，原有的给排水管用中粗线。给水管用实线，排水管用虚线等。

管道平面图中的房屋、道路、广场、围墙、草地花坛等原有建筑和构筑物按建筑总平面图的图例用细实线绘制，水池等新建建筑物和构筑物用中粗线绘制。

铸铁管以公称直径 DN 表示，公称直径指管道内径，通常以英寸为单位（1″=25.4mm），也可标注毫米，例如 DN50。混凝土管以内径 d 表示，例如 d150。管道应标注起迄点、转角点、连接点、变坡点的标高。给水管宜标注管中心线标高，排水管宜注管内底标高。一般标注绝对标高，如无绝对标高资料，也可注相对标高。给水管是压力管，通常水平敷设，可在说明中注明中心线标高。排水管为简便起见，可在检查井处引出标注，水平线上面注写管道种类及编号，例如 W-5，水平线下面注写井底标高，也可在说明中注写管口内底标高和坡度。管道平面图中还应标注闸门井的外形尺寸和定位尺寸，指北针或风向玫瑰图。为便于对照阅读，应附足给水排水专业图例和施工说明。施工说明一般包括设计标高、管径及标高、管道材料和连接方式、检查井和闸门井尺寸、质量要求和验收标准等。

3. 安装详图

安装详图主要用于表达管道及附属设备安装情况的图样，或称工艺图。安装详图以平面图作为基本视图，然后根据管道布置情况选择合适的剖面图，剖切位置通过管道中心，但管道按不剖切绘制。局部构造，如闸门井、泄水口、喷泉等用管道节点图表达。在一般情况下，管道安装详图与水池结构图应分别绘制。

一般安装详图的绘图比例都比较大，各种管道的位置、直径、长度及连接情况必须表达清楚。在安装详图中，管径大小按比例用双粗实线绘制，称为双线管道图。

为便于阅读和施工备料，应在每个管件旁边，以指引线引出 6mm 小圆圈并加以编号，相同的管配件可编同一号码。在每种管道旁边注明其名称，并绘制箭头以示其流向。

池体等土建部分另有构筑物结构图详细表达其构造、厚度、钢筋配置等内容。在管道安装工艺图中，一般只绘制水池的主要轮廓，细部结构可省略。池体等土建构筑物的外形轮廓线（非剖切）用细实线绘制，闸门井、池壁等剖面轮廓线用中粗线绘制，并给出材料图例。管道安装详图的尺寸包括构筑尺寸、管径及定位尺寸、主要部位标高。构筑尺寸指水池、闸门井、地下泵站等内部长、宽和深度尺寸，沉淀池、泄水口、出水槽的尺寸等。在每段管道旁边注写管径和代号 DN 等，管道通常以池壁或池角定位。构筑物的主要部位（池顶、池底、泄水口等）及水面、管道中心、地坪应标注标高。

喷头是经机械加工的零部件，与管道用螺纹连接或法兰连接。自行设计的喷头应按机械制图标准绘出部件装配图和零件图。

为便于施工备料、预算，应将各种主要设备和管配件汇总列出材料表，包括件号、名称、规格、材料、数量等。

4. 喷水池结构图

喷水池池体等土建构筑物的布置、结构，形状大小和细部构造用喷水池结构图来表示，通常包括表达喷水池各组成部分的位置、形状和周围环境的平面布置图，表达喷泉造型的外观立面图，表达结构布置的剖面图和池壁、池底结构详图或配筋图。如图 4-5 所示是钢筋混凝土地上水池的池壁和池底详图。其钢筋混凝土结构的表达方法应符合建筑结构制图标准的规定。

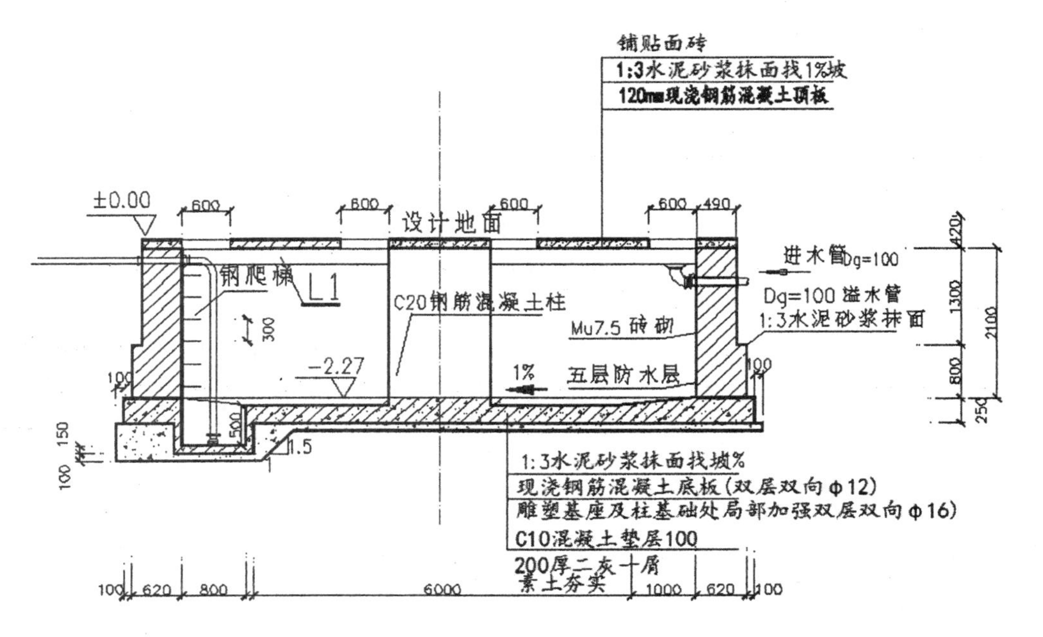

图 4-5　池壁和池底详图

4.3　喷泉顶视图绘制

使用“直线”“圆”命令绘制定位轴线和喷池，使用“直线”“偏移”“修剪”命令绘制喷泉顶视图，用半径标注命令标注尺寸，完成后保存喷泉顶视图，如图 4-6 所示。

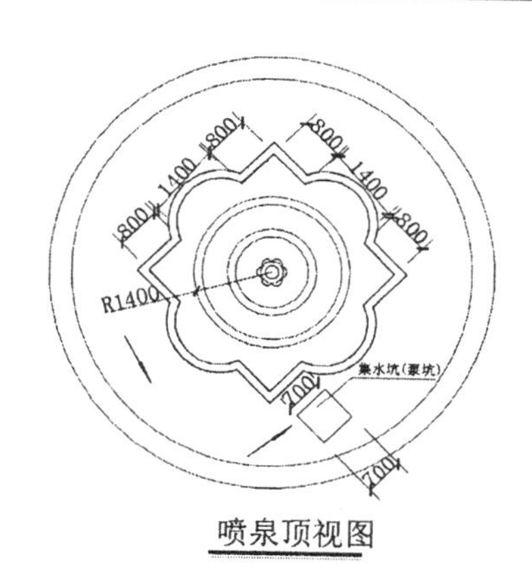

图 4-6　喷泉顶视图

4.3.1　绘图前准备与设置

要根据绘制图形决定绘图的比例，建议采用 1 : 1 的比例绘制。

1. 建立新文件

打开 AutoCAD 2015 应用程序，建立新文件，将新文件命名为“喷泉顶视图 .dwg”并保存。

2. 设置绘图工具栏

在任意工具栏处右击，从弹出的快捷菜单中选择“标准”、“图层”、“对象特性”、“绘图”、“修改”、“修改Ⅱ”、“文字”和“标注”这 8 个命令，调出这些工具栏，并将其移动到绘图窗口中的适当位置。

3. 设置图层

设置以下 4 个图层：“标注尺寸”“轮廓线”“文字”“中心线”，把这些图层设置成不同的颜色，使图纸上表示更加清晰，将“中心线”层设置为当前图层。设置好的图层如图 4-7 所示。

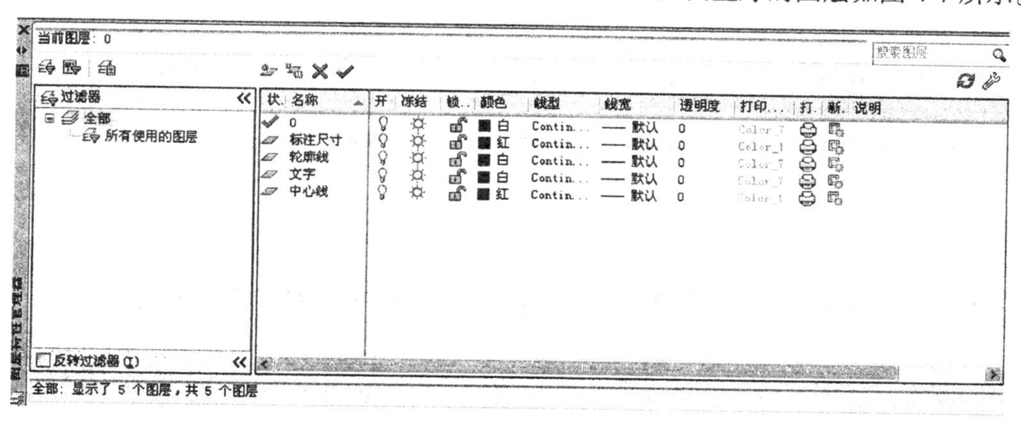

图 4-7　喷泉顶视图图层设置

4. 标注样式的设置

根据绘图比例设置标注样式，对标注样式线、符号和箭头、文字、主单位进行设置，具体如下。

（1）线：超出尺寸线为 250，起点偏移量为 300。

（2）符号和箭头：第一个为建筑标记，箭头大小为 300，圆心标注为标记 150。

（3）文字：文字高度为 300，文字位置为垂直向上，从尺寸线偏移为 150，文字对齐为 ISO 标准。

（4）主单位：精度为 0，比例因子为 1。

5. 文字样式的设置

单击“样式”工具栏中的“文字样式”按钮，进入“文字样式”对话框，选择“宋体”字体，宽度因子设置为 0.8。文字样式的设置如图 4-8 所示。

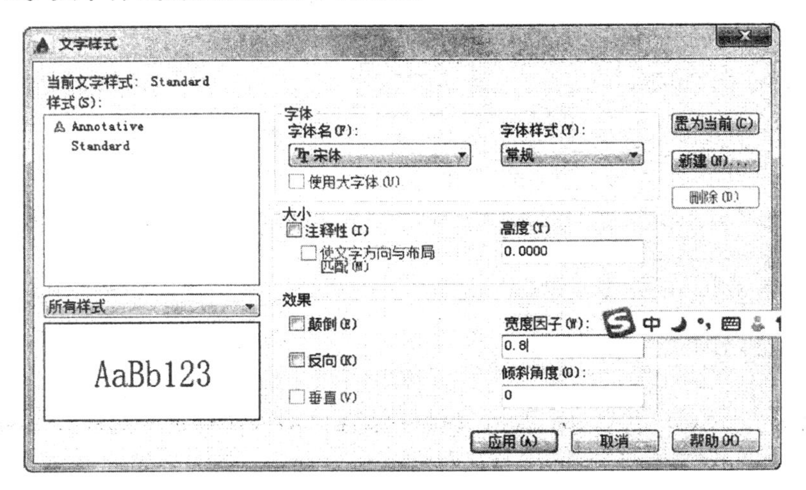

图 4-8　喷泉顶视图文字样式设置

4.3.2　绘制定位轴线

（1）在状态栏中，单击“正交模式”按钮，打开正交模式，单击“对象捕捉”按钮，打开对象捕捉模式。

（2）单击“绘图”工具栏中的“直线”按钮，绘制一条长为 8000 的水平直线。重复“直线”命令，以中点为起点向上绘制一条长为 4000 的垂直直线；重复“直线”命令，以中点为起点向下绘制一条长为 4000 的垂直直线。

（3）把“标注尺寸”层设置为当前图层，单击“标注”工具栏中的“线性”按钮，标注外形尺寸。完成的图层和尺寸如图 4-9 所示。

（4）把“轮廓线”层设置为当前图层，单击“绘图”工具栏中的“圆”按钮，绘制同心圆，圆的半径分别为 120、200、280、650、800、1250、1400、3600 和 4000。

（5）把“轮廓线”层设置为当前图层，单击“修改”工具栏中的“删除”按钮，删除标注尺寸。

（6）把“标注尺寸”层设置为当前图层，单击“标注”工具栏中的“半径标注”按钮，标注外形尺寸。完成的图形和尺寸如图 4-10 所示。

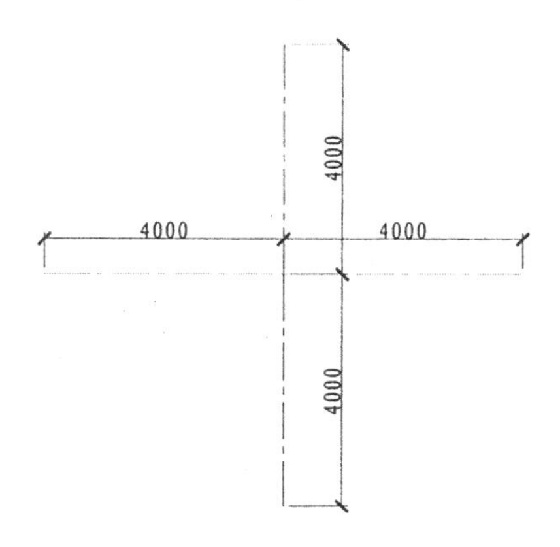

图 4-9　喷泉顶视图定位中心线绘制

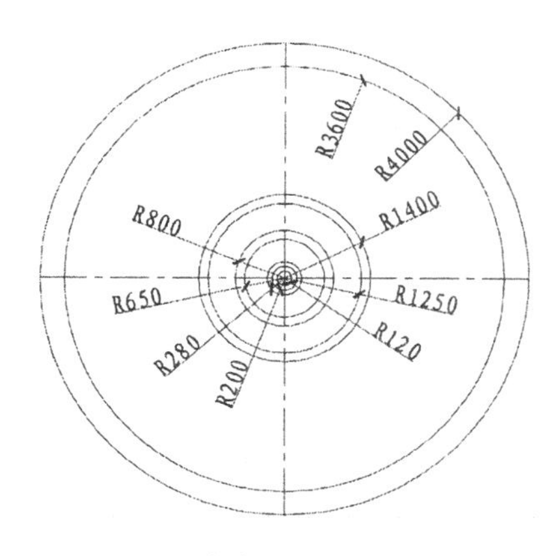

图 4-10　喷泉顶视图同心圆绘制

4.3.3　绘制喷泉顶视图

（1）把“轮廓线”层设置为当前图层。单击“绘图”工具栏中的“圆”按钮，绘制一个半径为 2212 的圆。

（2）单击“绘图”工具栏中的“直线”按钮，在刚绘制好的圆与定位中心线的交点处绘制直线，然后在状态栏中单击“对象捕捉”按钮右侧的小三角，选择“对象捕捉设置”，在“草图设置”对话框中对“极轴追踪”和“对象捕捉”选项卡进行如图 4-11 所示的设置。

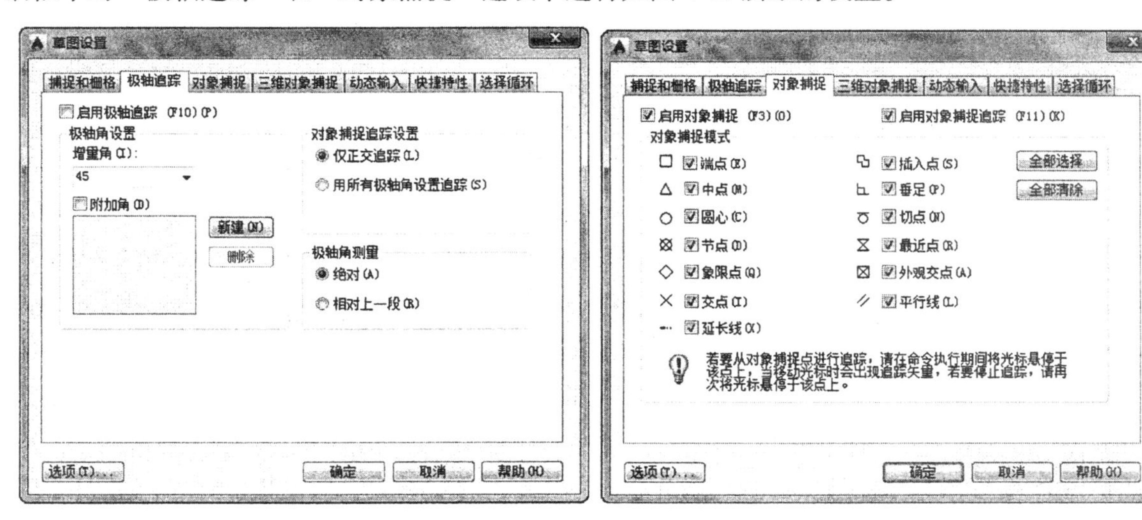

图 4-11　喷泉顶视图“极轴追踪”和“对象捕捉”设置

（3）单击“绘图”工具栏中的“直线”按钮，在 45° 方向绘制长为 800 的两条直线。

（4）把“标注尺寸”层设置为当前图层，单击“标注”工具栏中的“半径标注”按钮，标注半径尺寸。

（5）单击“标注”工具栏中的“对齐”按钮，标注斜向尺寸。完成的图形和尺寸如图 4-12 所示。

（6）把“轮廓线”层设置为当前图层。单击“绘图”工具栏中的“圆”按钮，以45° 方向直线的端点为圆心绘制两个半径为750的圆，两圆交于下方的一点C。

（7）单击“绘图”工具栏中的“圆弧”按钮，绘制45° 方向圆弧，指定45° 方向直线的端点A为圆弧的起点，指定两圆交点C为圆弧的圆心，指定45° 方向直线的端点B为圆弧的端点。

（8）单击“标注”工具栏中的“半径标注”按钮，标注半径尺寸。完成的图形和尺寸如图4-13所示。

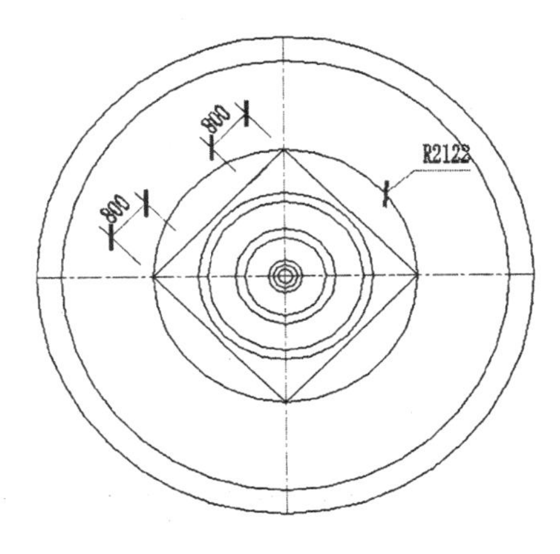

图4-12　45° 方向直线绘制

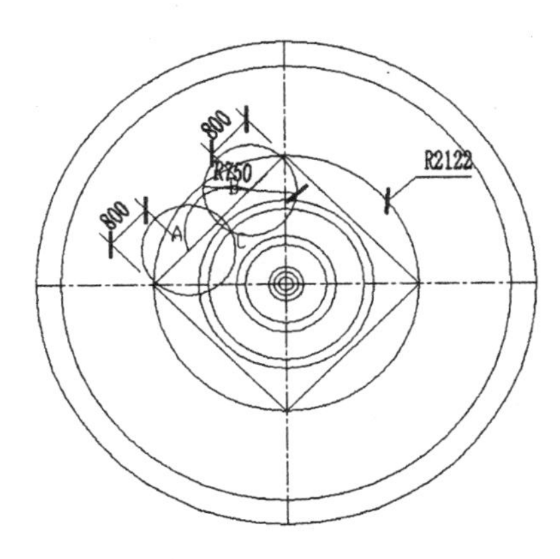

图4-13　45° 方向圆弧绘制

（9）单击“修改”工具栏中的“删除”按钮，删除多余圆和直线。

（10）单击“标注”工具栏中的“对齐”按钮，标注斜向尺寸。

（11）单击“修改”工具栏中的“镜像”按钮，分别以两条定位中心线为镜像线复制45° 方向圆弧的实体，完成的图形如图4-14所示。

（12）单击“修改”工具栏中的“编辑多段线”按钮，把45° 方向的实体转化为多段线，指定所有线段的新宽度为2。

（13）单击“修改”工具栏中的“偏移”按钮，偏移刚刚定义好的多段线，向内偏移距离为150，完成的图形如图4-15所示。

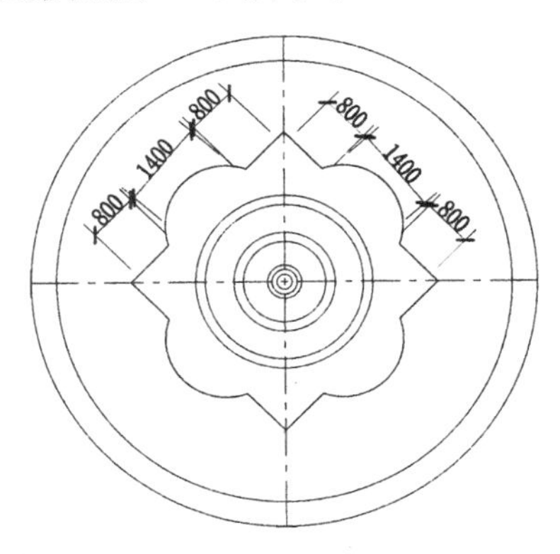

图4-14　45° 方向实体的复制

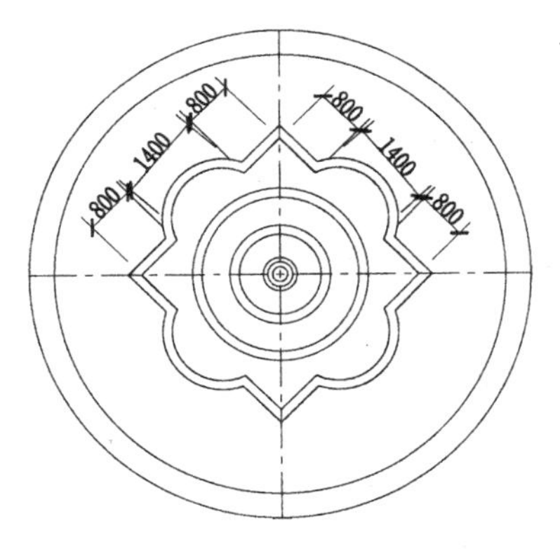

图4-15　45° 方向实体的偏移

4.3.4　绘制喷泉池

（1）单击“绘图”工具栏中的“直线”按钮，绘制一条与水平方向成 30° 的直线。

（2）单击“绘图”工具栏中的“圆”按钮，以垂直直线和 30° 的直线与半径为 200 的圆的交点为圆心，绘制半径为 100 的圆。

（3）单击“绘图”工具栏中的“圆弧”按钮，绘制圆弧。完成的图形和尺寸如图 4-16 所示。

（4）单击“修改”工具栏中的“删除”按钮，删除多余圆和直线。

（5）单击“修改”工具栏中的“环形阵列”按钮，选择圆弧为阵列对象。设置阵列项目数为 6，项目间填充角度为 60° ，拾取的中心点为同心圆的圆心。结果如图 4-17 所示。

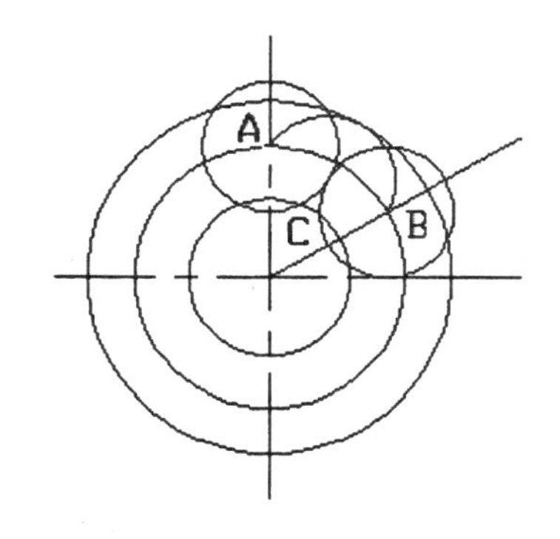

图 4-16　喷泉中心喷池平面圆弧绘制

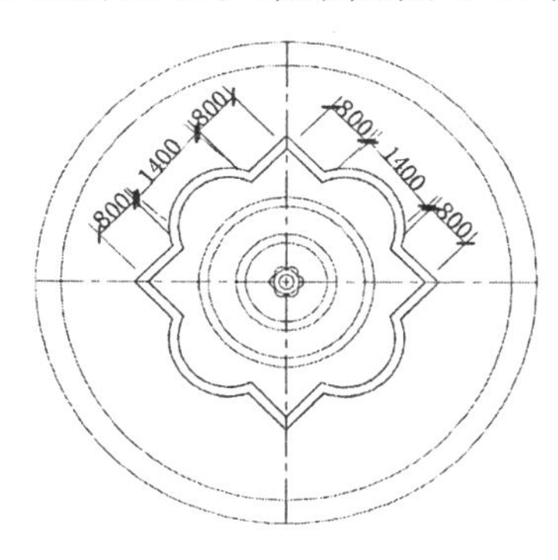

图 4-17　喷泉中心喷池绘制

（6）单击“绘图”工具栏中的“直线”按钮，绘制集水坑定位轴线。

（7）单击“绘图”工具栏中的“矩形”按钮，绘制集水坑。指定矩形的长度为 700，宽度为 700，旋转角度为 45° 。

（8）把“标注尺寸”层设置为当前图层，单击“标注”工具栏中的“线性”按钮，标注外形尺寸。

（9）单击“标注”工具栏中的“对齐”按钮，标注斜向尺寸。完成的图形和尺寸如图 4-18 所示。

（10）单击“修改”工具栏中的“删除”按钮，删除多余的标注尺寸和定位直线。

（11）单击“绘图”工具栏中的“多段线”按钮，绘制箭头。输入 w 并指定起点宽度和端点宽度为 5，再输入 w，指定起点宽度为 50，端点宽度为 0。完成的图形如图 4-19 所示。

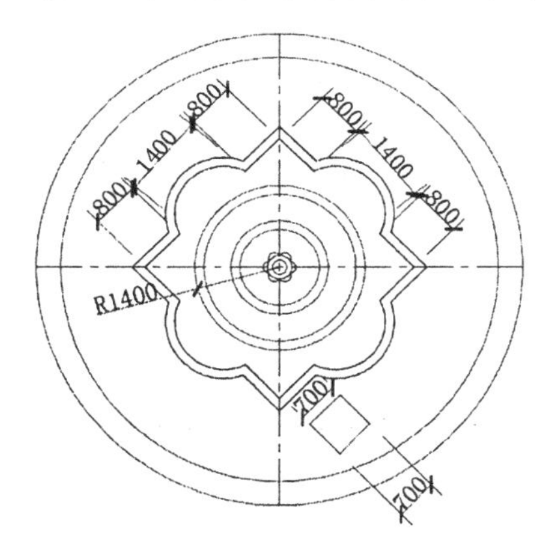

图 4-18　集水坑绘制

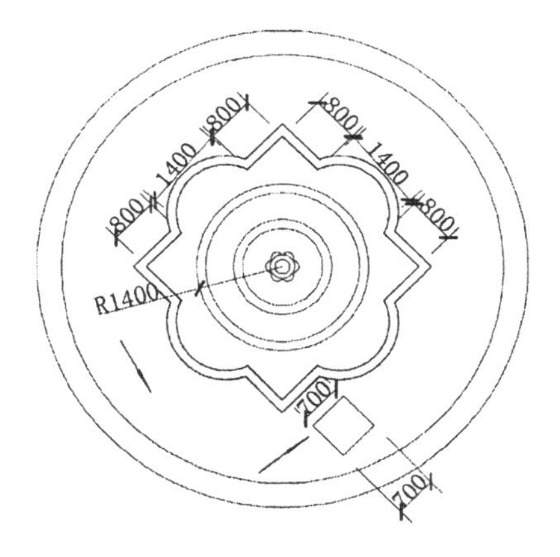

图 4-19　箭头绘制

4.3.5 标注尺寸和文字

（1）单击“标注”工具栏中的“半径标注”按钮，标注半径尺寸。标注完的图形如图 4-20 所示。

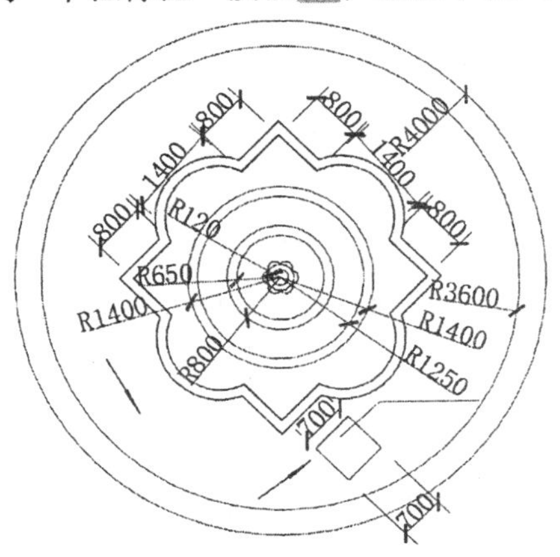

图 4-20 喷泉标注绘制

（2）单击“绘图”工具栏中的“多行文字”按钮，标注文字。完成的图形如图 4-6 所示。

4.4 喷泉立面图绘制

使用“直线”“复制”命令绘制定位轴线，使用“直线”“样条曲线”“复制”“修剪”等命令绘制喷泉立面图，标注标高，使用“多行文字”命令标注文字，完成并保存喷泉立面图，如图 4-21 所示。

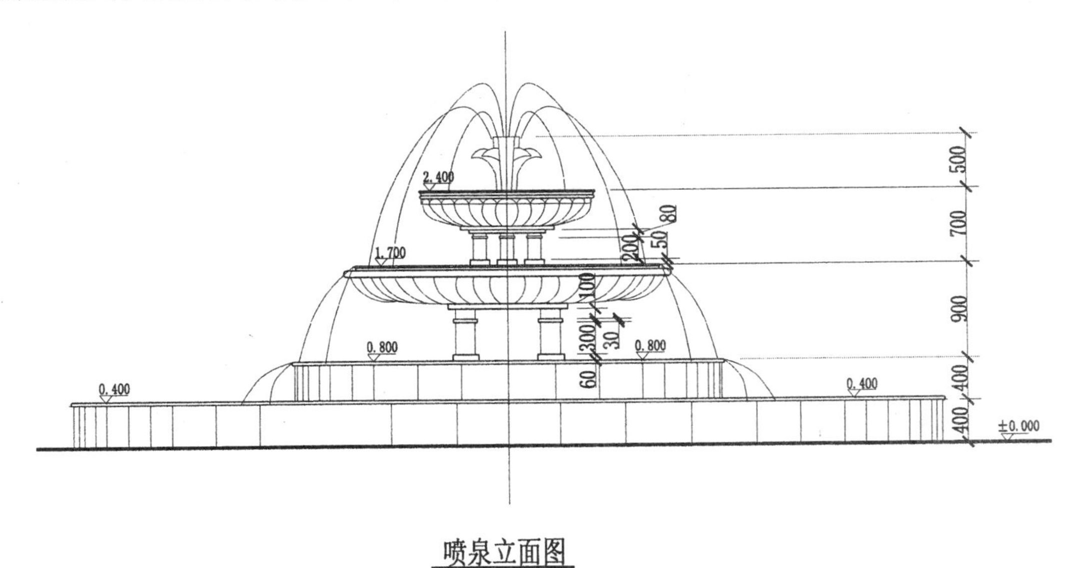

图 4-21 喷泉立面图

4.4.1　绘图前准备以及绘图设置

要根据绘制图形决定绘图的比例，建议采用 1 : 1 的比例绘制。

1. 建立新文件

打开 AutoCAD 2015 应用程序，建立新文件，将新文件命名为“喷泉立面图 .dwg”并保存。

2. 设置绘图工具栏

在任意工具栏处右击，从弹出的快捷菜单中选择“标准”、“图层”、“对象特性”、“绘图”、“修改”、“修改Ⅱ”、“文字”和“标注”这 8 个命令，调出这些工具栏，并将其移动到绘图窗口中的适当位置。

3. 设置图层

设置以下 5 个图层：“标注尺寸”、“轮廓线”、“水面线”、“文字”和“中心线”，将“中心线”层设置为当前图层。设置好的图层如图 4-22 所示。

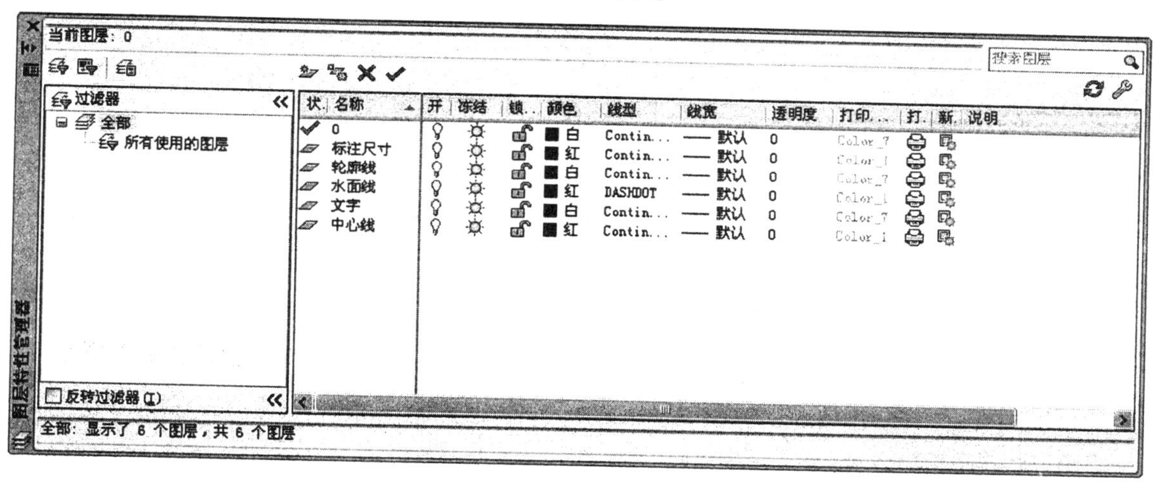

图 4-22　喷泉立面图图层设置

4. 标注样式的设置

根据绘图比例设置标注样式，对标注样式线、符号和箭头、文字、主单位进行设置，具体如下所述。

（1）线：超出尺寸线为 120，起点偏移量为 150。

（2）符号和箭头：第一个为建筑标记，箭头大小为 150，圆心标注为标记 75。

（3）文字：文字高度为 150，文字位置为垂直向上，从尺寸线偏移 150，文字对齐为 ISO 标准。

（4）主单位：精度为 0，比例因子为 1。

5. 文字样式的设置

单击“文字”工具栏中的“文字样式”按钮，进入“文字样式”对话框，选择宋体，宽度因子设置为 0.8。

4.4.2 绘制定位轴线

（1）在状态栏中单击“正交模式”按钮，打开正交模式；单击“对象捕捉”按钮，打开对象捕捉模式。

（2）单击“绘图”工具栏中的“直线”按钮，绘制一条长为 8050 的水平直线。重复“直线”命令，以中点为起点向上绘制一条长为 2224 的垂直直线；重复“直线”命令，以中点为起点向下绘制一条长为 2224 的垂直直线。

（3）把“标注尺寸”层设置为当前图层，单击“标注”工具栏中的“线性”按钮，标注外形尺寸。单击“标注”工具栏中的“连续”按钮，进行连续标注。完成的图形和尺寸如图 4-23 所示。

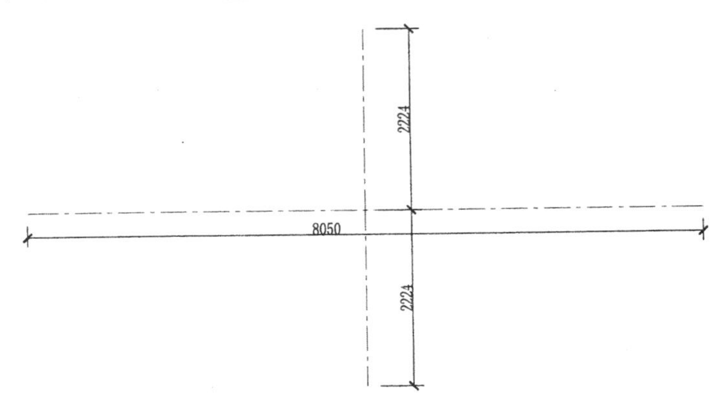

图 4-23　喷泉立面定位轴线绘制

（4）单击“修改”工具栏中的“删除”按钮，删除标注尺寸线。单击“修改”工具栏中的“复制”按钮，复制刚刚绘制好的水平直线，向上复制的位移分别为 700、1200。

（5）单击“修改”工具栏中的“复制”按钮，复制刚刚绘制好的水平直线，向下复制的位移分别为 900、1300 和 1700。

（6）单击“修改”工具栏中的“复制”按钮，复制刚刚绘制好的垂直直线，向右复制的位移分别为 120、200、273、650、800、1250、1400、1832、1982、3800 和 4000。重复“复制”命令，复制刚刚绘制好的垂直直线，向左复制的位移分别为 120、200、273、650、800、1250、1400、1832、1982、3800 和 4000。

（7）单击“标注”工具栏中的“线性”按钮，标注直线尺寸。

（8）单击“标注”工具栏中的“连续”按钮，进行连续标注。完成的图形和尺寸如图 4-24 所示。

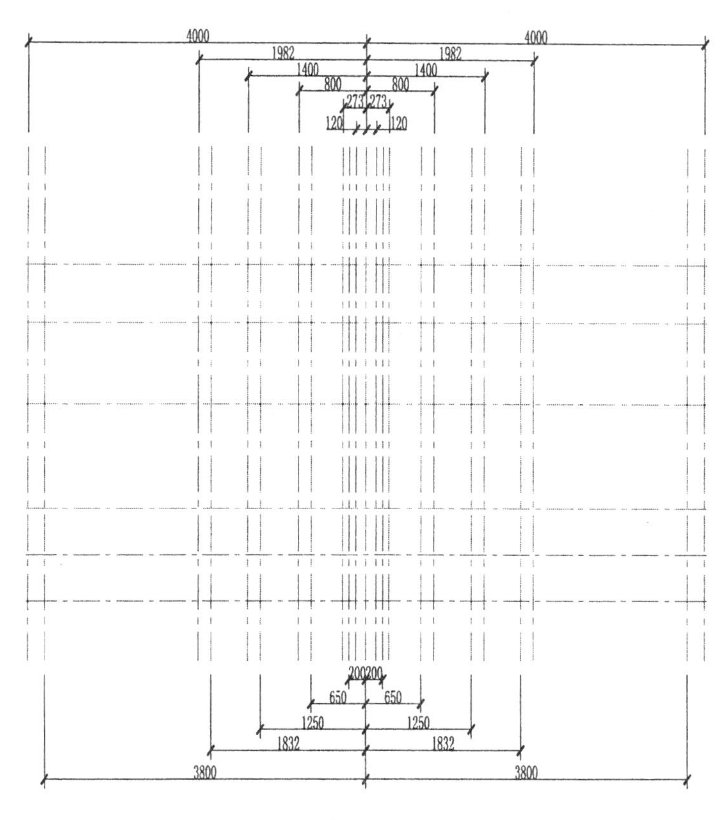

图 4-24　喷泉立面图定位轴线

4.4.3　绘制喷泉立面图

1. 绘制最底面喷池

（1）把“轮廓线”层设置为当前图层，单击“绘图”工具栏中的“多段线”按钮，绘制一条水平地面线。输入 w，指定起点和端点的宽度为 30。

（2）单击“绘图”工具栏中的“矩形”按钮，绘制最外面的喷池，尺寸为 8000×30。输入 f，指定矩形的圆角半径为 15；输入 w，指定矩形的线宽为 5。完成的图形如图 4-25 所示。

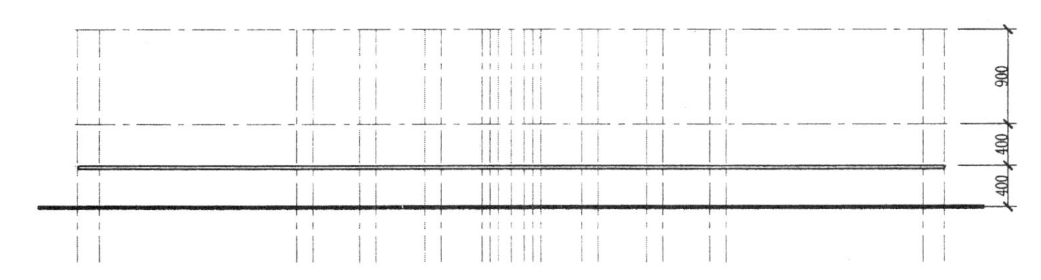

图 4-25　最底面喷池绘制

（3）单击“绘图”工具栏中的“直线”按钮，绘制最底面的竖向线，长度为 370。

（4）单击“修改”工具栏中的“复制”按钮，复制刚刚绘制好的竖向线，向右复制的距离分别为 25、75、125、225、325、525、725、925、1325、1725、2325、2925 和 3525。

（5）单击“修改”工具栏中的“删除”按钮，删除最初绘制的竖向直线。

（6）单击“修改”工具栏中的“镜像”按钮，以竖向线为对称轴镜像刚刚绘制完的竖向线。

（7）把“标注尺寸”层设置为当前图层，单击“标注”工具栏中的“线性”按钮，标注直线尺寸。

（8）单击“标注”工具栏中的“连续”按钮，进行连续标注。完成的图形和尺寸如图 4-26 所示。

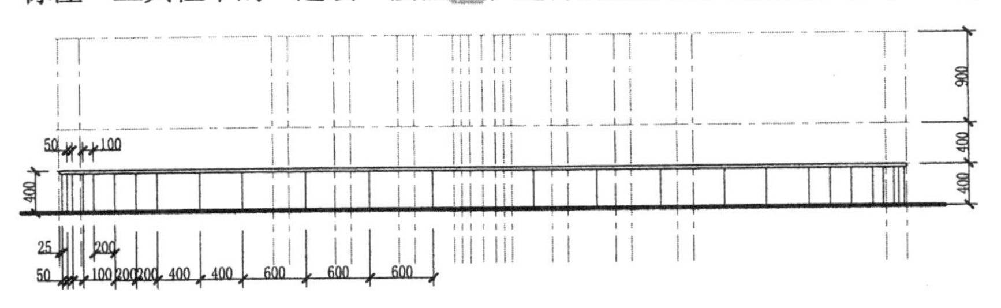

图 4-26　最底面喷池竖向线绘制

2. 绘制第二层喷池

（1）把“轮廓线”层设置为当前图层，单击“绘图”工具栏中的“矩形”按钮，绘制第二层喷池，尺寸为 3964 × 30。输入 f，指定矩形的圆角半径为 15；输入 w，指定矩形的线宽为 5。

（2）单击“绘图”工具栏中的“直线”按钮，绘制最底面的竖向线，长度为 370。

（3）单击“修改”工具栏中的“复制”按钮，复制刚刚绘制好的竖向线，向右复制的距离分别为 25、50、100、150、250、350、550、750、1150 和 1550。

（4）单击“修改”工具栏中的“删除”按钮，删除最初绘制的竖向直线。

（5）单击“修改”工具栏中的“镜像”按钮，以竖向线为对称轴镜像刚刚绘制完的竖向线。

（6）把“标注尺寸”层设置为当前图层，单击“标注”工具栏中的“线性”按钮，标注直线尺寸。

（7）单击“标注”工具栏中的“连续”按钮，进行连续标注，完成第二层喷池的绘制。完成的图形和尺寸如图 4-27 所示。

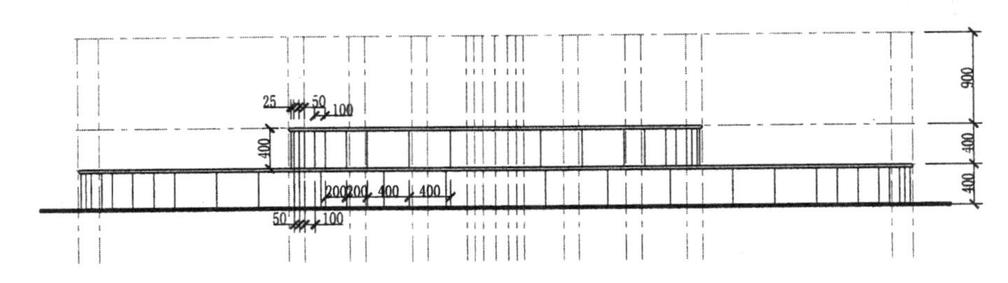

图 4-27　第二层喷池绘制

3. 绘制第三层喷池

（1）单击“修改”工具栏中的“复制”按钮，复制离地面距离为 1700 的直线，向下复制的

距离为 15、45 和 105。

（2）把“轮廓线”层设置为当前图层，单击“绘图”工具栏中的“矩形”按钮，绘制第三层喷池，尺寸为 2800×15。输入 f，指定矩形的圆角半径为 7.5；输入 w，指定矩形的线宽为 5。重复“矩形”命令，绘制尺寸为 3000×60 的矩形。输入 f，指定矩形的圆角半径为 30；输入 w，指定矩形的线宽为 5。

（3）单击“绘图”工具栏中的“多段线”按钮，绘制圆弧。输入 w，设置起点和端点宽度为 5。

（4）把“标注尺寸”层设置为当前图层，单击“标注”工具栏中的“线性”按钮，标注直线尺寸。

（5）单击“标注”工具栏中的“连续”按钮，进行连续标注。完成的图形和尺寸如图 4-28 所示。

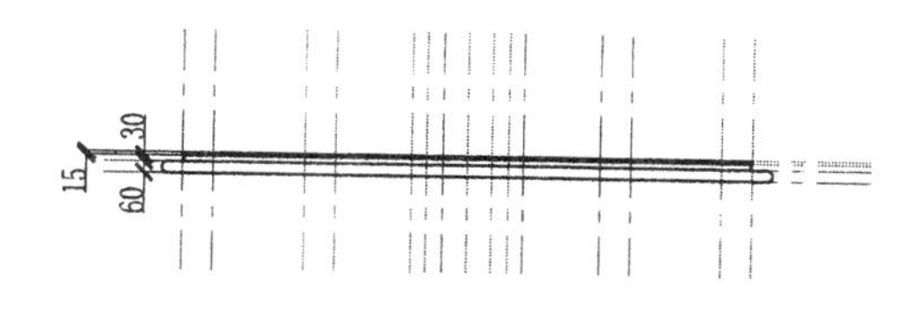

图 4-28　第三层喷池绘制

（6）单击“修改”工具栏中的“删除”按钮，删除多余的标注尺寸。使用“直线”和“多段线”命令绘制立柱。

（7）单击“修改”工具栏中的“复制”按钮，复制中心的垂直直线，向左右复制的距离分别为 390，以确定底柱中心线。

（8）把“轮廓线”层设置为当前图层，单击“绘图”工具栏中的“多段线”按钮，绘制尺寸为 240×60 的矩形，输入 w，设置起点宽度为 5。

（9）单击“绘图”工具栏中的“直线”按钮，绘制长为 300 的垂直直线。

（10）单击“修改”工具栏中的“复制”按钮，复制此垂直直线，向右复制的距离为 180。

（11）单击“绘图”工具栏中的“多段线”按钮，绘制尺寸为 220×30 的矩形，输入 w，设置起点宽度为 5。

（12）单击“绘图”工具栏中的“直线”按钮，绘制长为 100 的垂直直线。

（13）单击“修改”工具栏中的“复制”按钮，复制此竖向直线，向右复制的距离为 180。

（14）单击“绘图”工具栏中的“多段线”按钮，绘制 1100×50 矩形，输入 w 来设置起点宽度为 5。

（15）单击“修改”工具栏中的“复制”按钮，复制刚刚绘制好的立柱，复制的距离为 780。

（16）把“标注尺寸”层设置为当前图层，单击“标注”工具栏中的“线性”按钮，标注直线尺寸。

（17）单击“标注”工具栏中的“连续”按钮，进行连续标注。完成的图形和尺寸如图 4-29 所示。

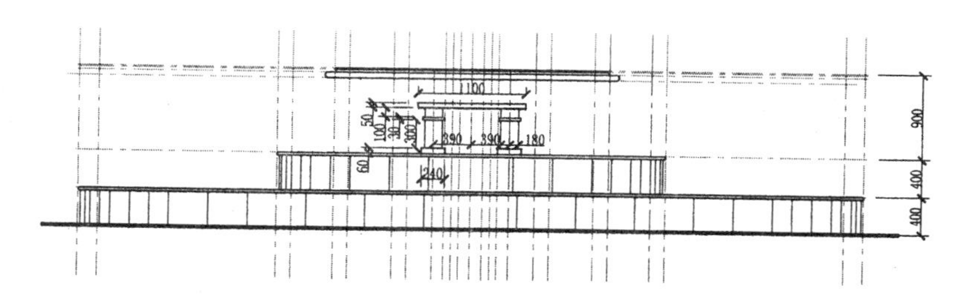

图 4-29　第三层立柱绘制

（18）单击“修改”工具栏中的“删除”按钮，删除多余的标注尺寸。

（19）单击“绘图”工具栏中的“圆弧”按钮，绘制喷池立面装饰线，完成的图形如图 4-30 所示。

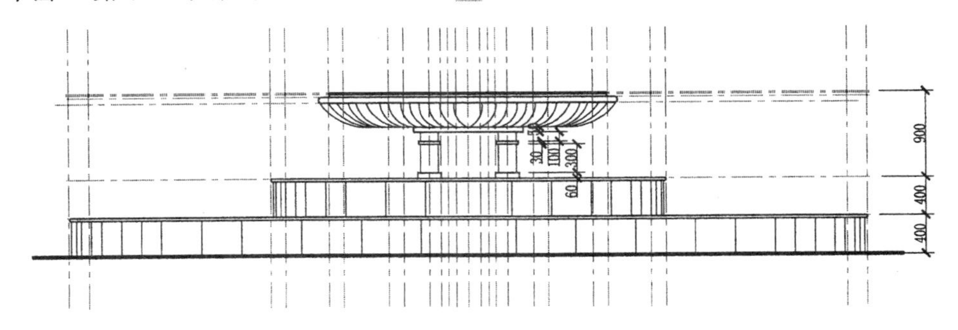

图 4-30　第三层喷池立面装饰绘制

4. 绘制第四层喷池

（1）单击“修改”工具栏中的“复制”按钮，复制离地面距离为 2400 的直线，向下复制的距离为 15、45 和 75。

（2）把“轮廓线”层设置为当前图层，单击“绘图”工具栏中的“矩形”按钮，绘制第四层喷池，尺寸为 1615 × 15。输入 f，指定矩形的圆角半径为 7.5；输入 w，指定矩形的线宽为 5。重复“矩形”命令，绘制尺寸为 1600 × 30 的矩形。输入 f，指定矩形的圆角半径为 15；输入 w，指定矩形的线宽为 5。

（3）单击“绘图”工具栏中的“多段线”按钮，绘制圆弧。输入 w，设置起点和端点宽度为 5。

（4）把“标注尺寸”层设置为当前图层，单击“标注”工具栏中的“线性”按钮，标注直线尺寸。

（5）单击“标注”工具栏中的“连续”按钮，进行连续标注。完成的图形和尺寸如图 4-31 所示。

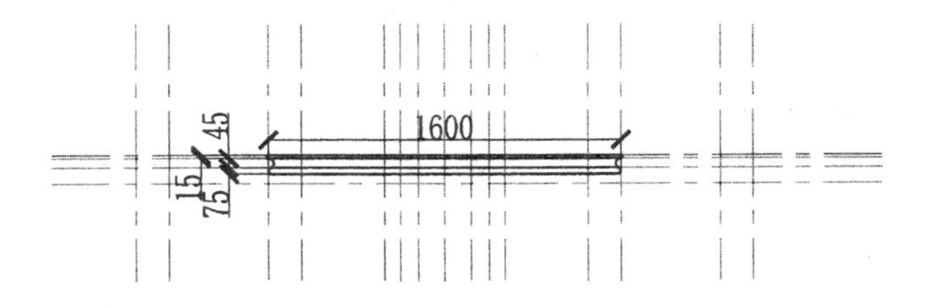

图 4-31　第四层喷池绘制

（6）单击“修改”工具栏中的“删除”按钮，删除多余的标注尺寸。

（7）把“轮廓线”层设置为当前图层，单击“绘图”工具栏中的“多段线”按钮，绘制尺寸为 180 × 50 的矩形，输入 w，设置起点宽度为 5。

（8）单击“绘图”工具栏中的“直线”按钮，绘制长为 200 的垂直直线。

（9）单击“修改”工具栏中的“复制”按钮，向右复制此垂直直线，距离为 120。

（10）单击“绘图”工具栏中的“多段线”按钮，绘制尺寸为 140 × 20 的矩形，输入 w，设置起点宽度为 5。

（11）单击“绘图”工具栏中的“直线”按钮，绘制长为 30 的垂直直线。

（12）单击“修改”工具栏中的“复制”按钮，复制此垂直直线，向右复制的距离为 120。

（13）单击“绘图”工具栏中的“多段线”按钮，绘制尺寸为 700×30 的矩形，输入 w，设置起点宽度为 5。

（14）单击“绘图”工具栏中的“多段线”按钮，绘制尺寸为 860×35 的矩形，输入 w，设置起点宽度为 5。

（15）单击“修改”工具栏中的“复制”按钮，复制刚刚绘制好的立柱，向左、向右复制的距离均为 250。

（16）把“标注尺寸”层设置为当前图层，单击“标注”工具栏中的“线性”按钮，标注直线尺寸。

（17）单击“标注”工具栏中的“连续”按钮，进行连续标注，完成第四层喷池立柱的绘制。完成的图形和尺寸如图 4-32 所示。

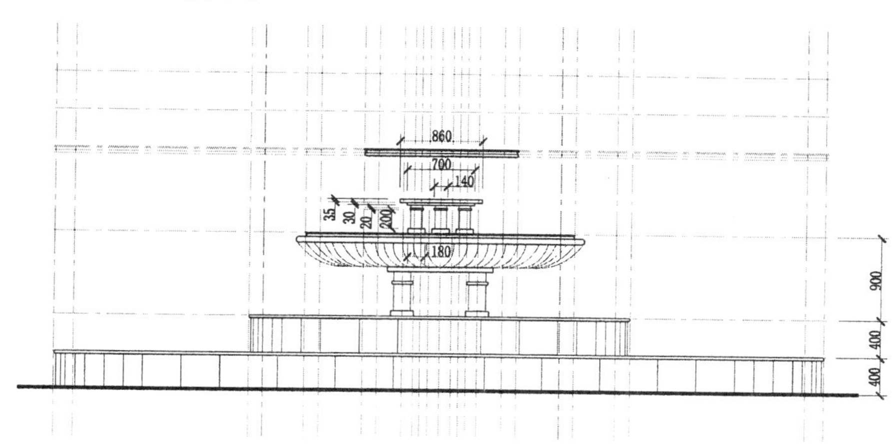

图 4-32　第四层立柱绘制

（18）单击“绘图”工具栏中的“圆弧”按钮，绘制喷池立面装饰线。

（19）单击“绘图”工具栏中的“直线”按钮，绘制尺寸为 1550×50 的矩形。

（20）单击“修改”工具栏中的“删除”按钮，删除多余的标注尺寸和直线。完成的图形如图 4-33 所示。

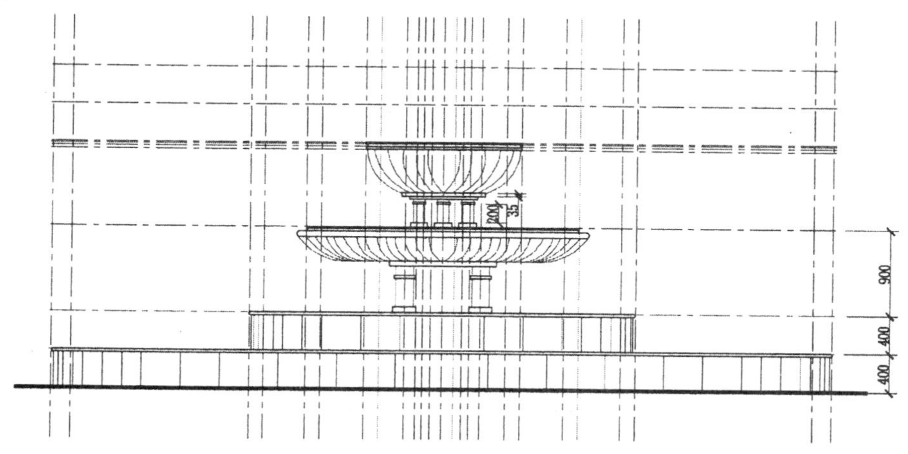

图 4-33　第四层喷池立面装饰绘制

4.4.4 绘制喷嘴造型

（1）把“轮廓线”层设置为当前图层，单击“绘图”工具栏中的“直线”按钮，绘制喷嘴。

（2）把“标注尺寸”层设置为当前图层，单击“标注”工具栏中的“线性”按钮，标注直线尺寸，完成的图形和尺寸如图 4-34（a）所示。

（3）把“轮廓线”层设置为当前图层，单击“绘图”工具栏中的“圆弧”按钮，绘制花瓣，完成的图形如图 4-34（b）所示。

（4）单击“修改”工具栏中的“修剪”按钮，剪切多余的部分，完成的图形如图 4-34（c）所示。

（5）单击“修改”工具栏中的“镜像”按钮，镜像刚刚绘制好的花瓣，完成的图形如图 4-34（d）所示。

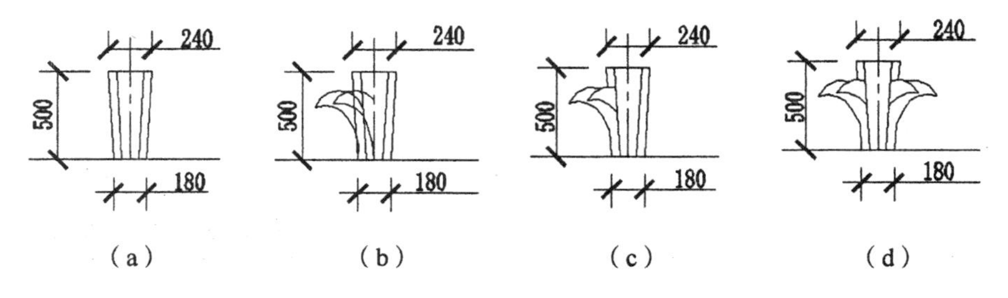

图 4-34 顶部喷嘴造型绘制

（6）单击“修改”工具栏中的“移动”按钮，把绘制好的喷嘴花瓣移动到指定位置，删除多余的定位线，完成的图形如图 4-35 所示。

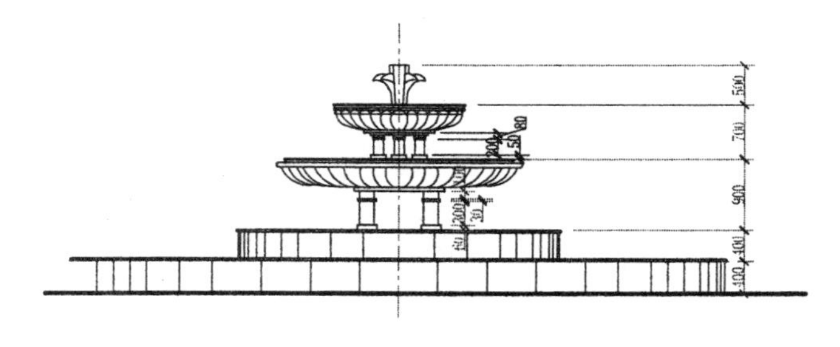

图 4-35 喷泉轮廓图

（7）单击“绘图”工具栏中的“样条曲线”按钮，绘制喷水，完成的图形如图 4-36 所示。

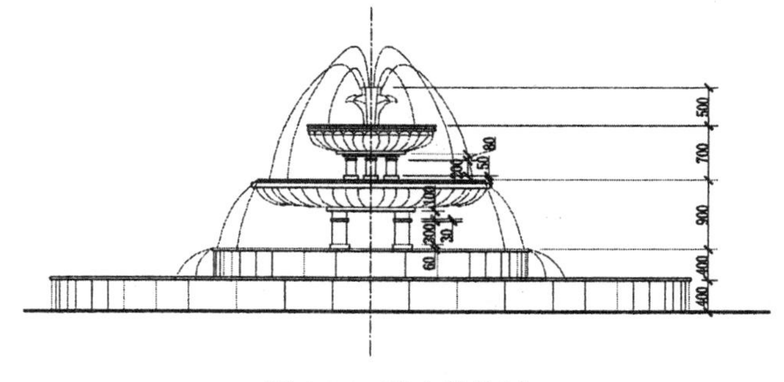

图 4-36 喷水的绘制

4.4.5　标注文字

（1）利用前面所学知识在喷泉立面图中绘制标高符号。

（2）单击“修改”工具栏中的“复制”按钮，把标高和文字复制到相应位置，然后双击文字，对标高文字进行修改，完成的图形如图 4-37 所示。

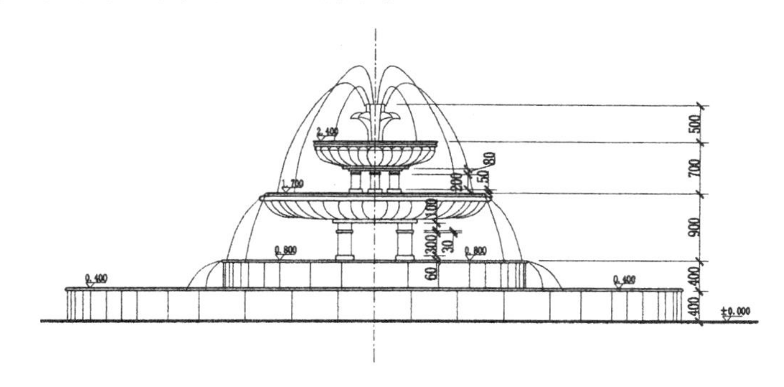

图 4-37　喷泉立面图标高标注

（3）单击“绘图”工具栏中的“多段线”按钮，绘制剖切线。输入 w，确定多段线的宽度为 10。

（4）单击“绘图”工具栏中的“多行文字”按钮，标注剖切文字和图名，完成的图形如图 4-21 所示。

4.5　喷泉剖面图绘制

使用“多段线”“矩形”“复制”等命令绘制基础；使用“直线”“圆弧”等命令绘制喷泉剖面轮廓；使用“直线”“矩形”等命令绘制管道；填充基础和喷池；标注标高、使用多行文字标注文字，完成喷泉剖面图，如图 4-38 所示。

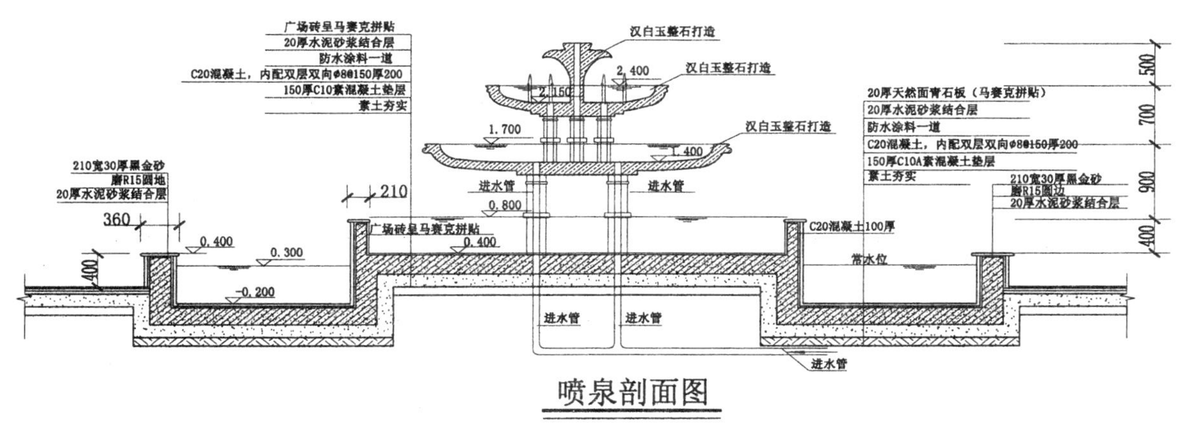

图 4-38　喷泉剖面图

4.5.1 前期准备以及绘图设置

要根据绘制图形决定绘图的比例，在此采用 1∶1 的比例绘制。

1. 建立新文件

打开 AutoCAD 2015 应用程序，建立新文件，将新文件命名为“喷泉剖面图 .dwg”并保存。

2. 设置绘图工具栏

在任意工具栏处右击，从弹出的快捷菜单中选择“标准”、“图层”、“对象特性”、“绘图”、“修改”、“修改Ⅱ”、“文字”和“标注”这 8 个命令，调出这些工具栏，并将其移动到绘图窗口中的适当位置。

3. 设置图层

设置以下 5 个图层：“标注尺寸”、“轮廓线”、“水面线”、“文字”和“中心线”，将“轮廓线”层设置为当前图层。设置好的图层如图 4-39 所示。

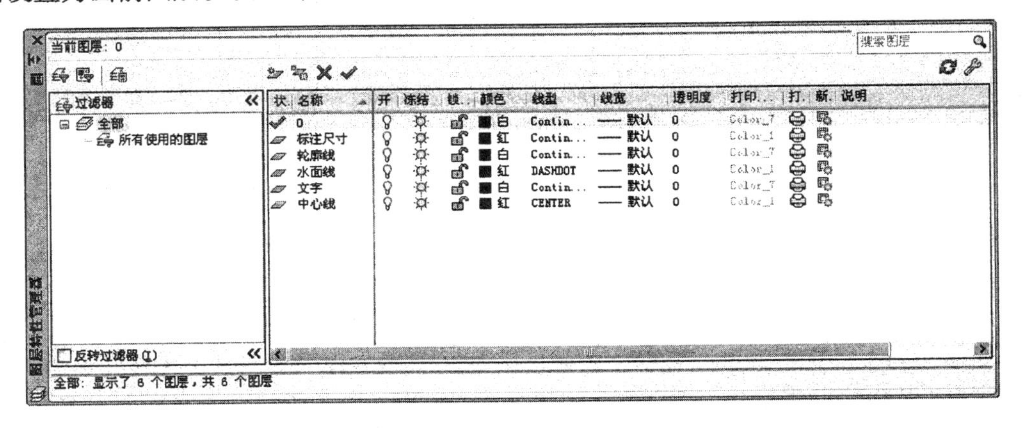

图 4-39　喷泉剖面图图层设置

4. 标注样式设置

根据绘图比例设置标注样式，对标注样式线、符号和箭头、文字、主单位进行设置，具体如下。

（1）线：超出尺寸线为 120，起点偏移量为 150。

（2）符号和箭头：第一个为建筑标记，箭头大小为 150，圆心标注为标记 75。

（3）文字：文字高度为 150，文字位置为垂直向上方，从尺寸线偏移 150，文字对齐为 ISO 标准。

（4）主单位：精度为 0，比例因子为 1。

5. 文字样式的设置

单击“文字”工具栏中的“文字样式”按钮，进入“文字样式”对话框，字体选择“宋体”，宽度因子设置为 0.8。

4.5.2　绘制基础

1. 绘制基础定位线和垫层

（1）在状态栏中单击“正交”按钮，打开正交模式，单击“对象捕捉”按钮，打开对象捕捉模式。

（2）单击“绘图”工具栏中的“多段线”按钮，绘制基础底部线。

（3）把“标注尺寸”层设置为当前图层，单击“标注”工具栏中的“线性”按钮，标注外形尺寸。

（4）单击“标注”工具栏中的“连续”按钮，进行连续标注。完成的图形和尺寸如图 4-40 所示。

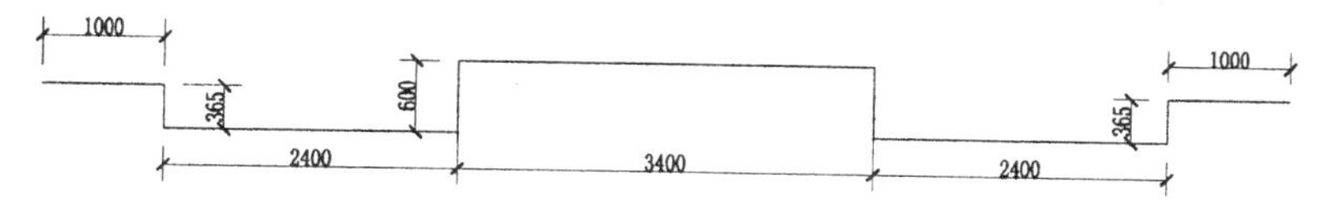

图 4-40　喷泉剖面图基础底部线

（5）单击“修改”工具栏中的“删除”按钮，删除多余的标注尺寸。

（6）把“轮廓线”层设置为当前图层，单击“绘图”工具栏中的“矩形”按钮，绘制 5 个尺寸分别为 1000 × 100、2400 × 100、3400 × 100、2400 × 100、1000 × 100 的矩形。

（7）把“标注尺寸”层设置为当前图层，单击“标注”工具栏中的“线性”按钮，完成的图形和尺寸如图 4-41 所示。

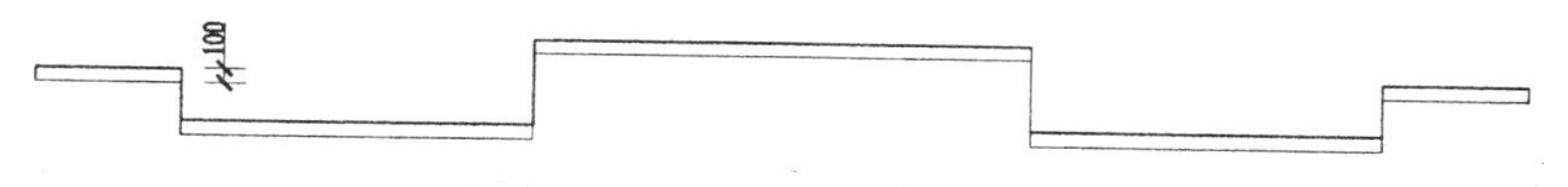

图 4-41　喷泉剖面图基础垫层绘制

（8）把“轮廓线”图层设置为当前图层，单击“修改”工具栏中的“偏移”按钮，把绘制好的多段线向上偏移 150。

（9）单击“修改”工具栏中的“复制”按钮，复制直线。

（10）把“标注尺寸”层设置为当前图层，单击“标注”工具栏中的“线性”按钮，标注外形尺寸。

（11）单击“标注”工具栏中的“连续”按钮，进行连续标注。复制的尺寸和完成的图形如图 4-42 所示。

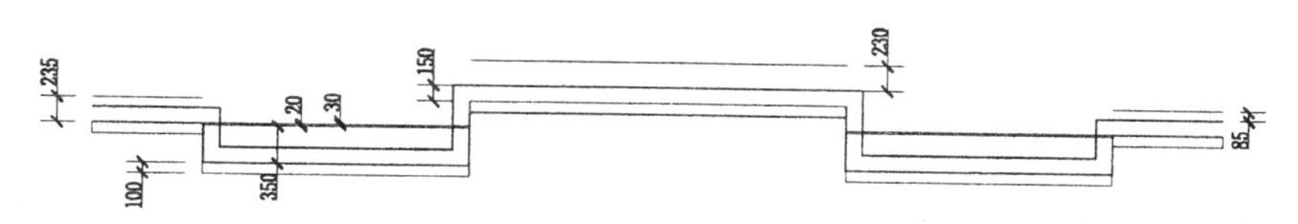

图 4-42　喷泉剖面基础定位线复制

2. 绘制喷泉剖面基础轮廓

（1）把“轮廓线”层设置为当前图层，多次单击“绘图”工具栏中的“多段线”按钮，绘制长分别为 1100、370、360、570、1605、970、150、390 的直线。

（2）单击“绘图”工具栏中的“直线”按钮，绘制长为 370 的垂直直线和长为 2000 的水平直线。

（3）单击“修改”工具栏中的“镜像”按钮，镜像刚刚绘制好的直线。

（4）单击“标注”工具栏中的“线性”按钮，标注外形尺寸。完成的图形如图 4-43 所示。

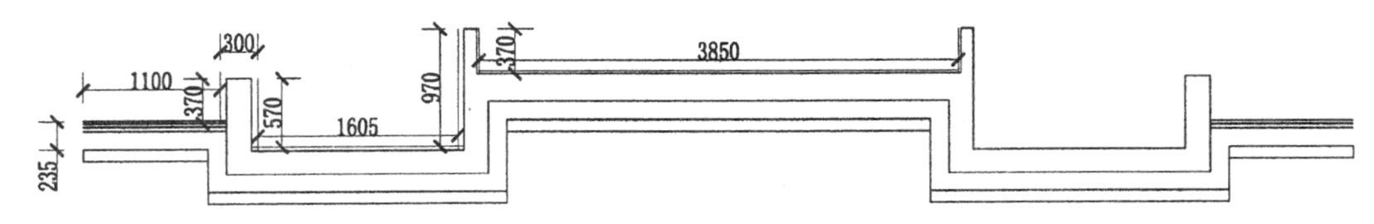

图 4-43　喷泉剖面基础轮廓绘制 1

（5）单击“修改”工具栏中的“删除”按钮，删除多余的标注尺寸。

（6）单击“修改”工具栏中的“复制”按钮，复制刚刚绘制的垂直直线和水平直线。

（7）单击“绘图”工具栏中的“矩形”按钮，绘制立面水台。输入 f，指定矩形的圆角半径为 15；输入 w，指定矩形的线宽为 5。

（8）把“标注尺寸”层设置为当前图层，单击“标注”工具栏中的“线性”按钮，标注外形尺寸。复制的距离和尺寸如图 4-44 所示。

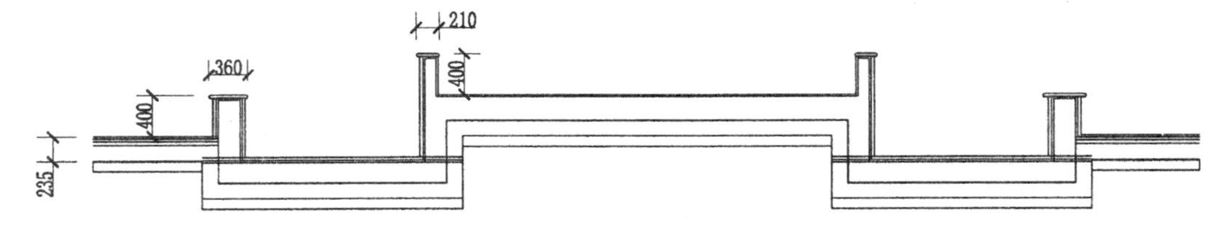

图 4-44　喷泉剖面基础轮廓绘制 2

（9）单击“绘图”工具栏中的“直线”按钮和“修改”工具栏中的“修剪”按钮，完成图形折弯线的绘制。完成的图形如图 4-45 所示。

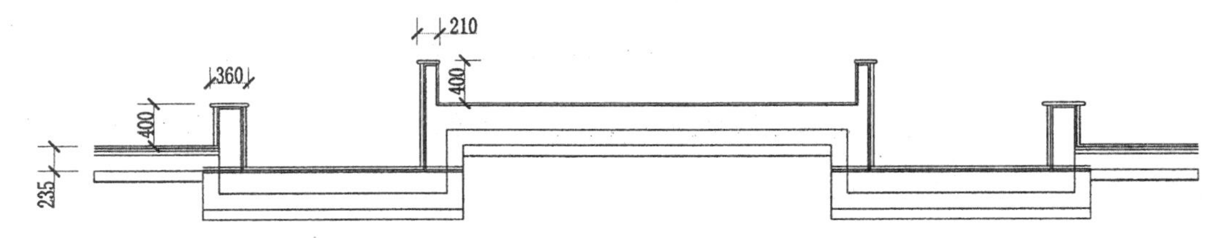

图 4-45　喷泉剖面基础轮廓绘制 3

（10）单击“修改”工具栏中的“修剪”按钮，框选并剪切多余的部分。完成的图形如图 4-46 所示。

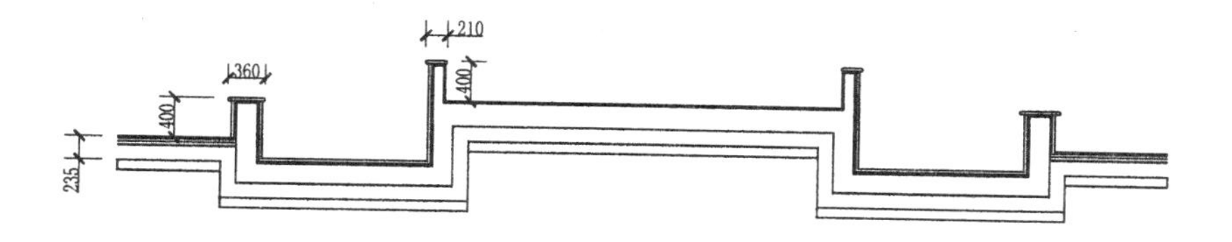

图 4-46　喷泉剖面基础轮廓绘制 4

4.5.3　绘制喷泉剖面轮廓

（1）按 Ctrl+C 快捷键复制喷泉立面图中绘制好的定位轴线，然后按 Ctrl+V 快捷键粘贴到喷泉剖面图上。

（2）单击“修改”工具栏中的“移动”按钮，把绘制好的基础轮廓线复制到定位线上，完成的图形如图 4-47 所示。

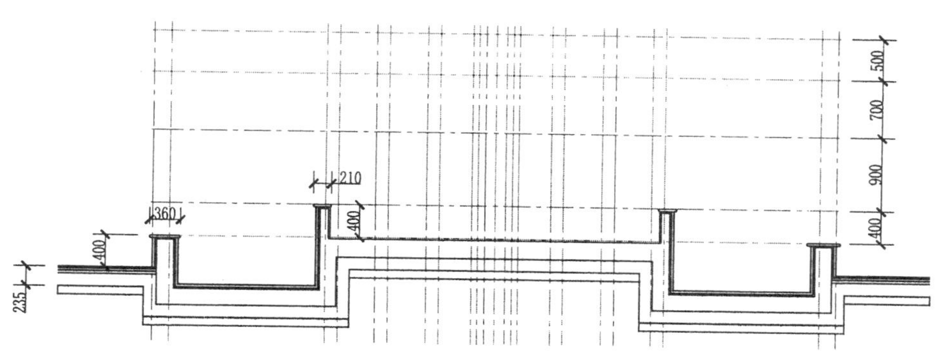

图 4-47　喷泉剖面基础复制到定位线

（3）根据立面图的尺寸，使用直线、圆弧等命令绘制喷泉剖面轮廓，具体的绘制流程和方法与立面图轮廓线的绘制类似。完成的图形如图 4-48 所示。

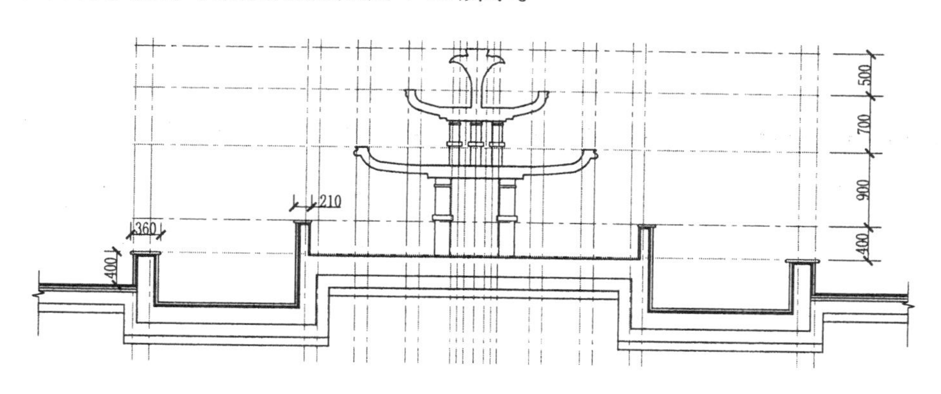

图 4-48　喷泉剖面轮廓线绘制

4.5.4　绘制管道

（1）把“轮廓线”层设置为当前图层，单击“绘图”工具栏中的“直线”按钮，绘制进水管道。

（2）单击“修改”工具栏中的“圆角”按钮，把进水管道转角处做成圆角，指定圆角半径为50。完成的图形如图 4-49 所示。

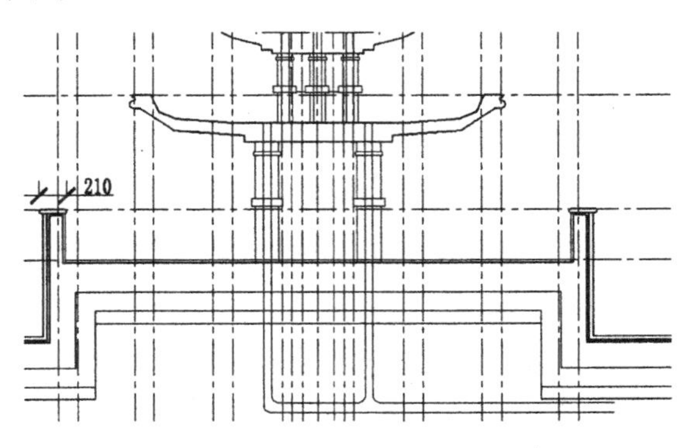

图 4-49　进水管道绘制

（3）单击“绘图”工具栏中的“直线”按钮，绘制喷嘴管道。

（4）单击“绘图”工具栏中的“圆弧”按钮，绘制喷嘴，完成的图形如图 4-50 所示。

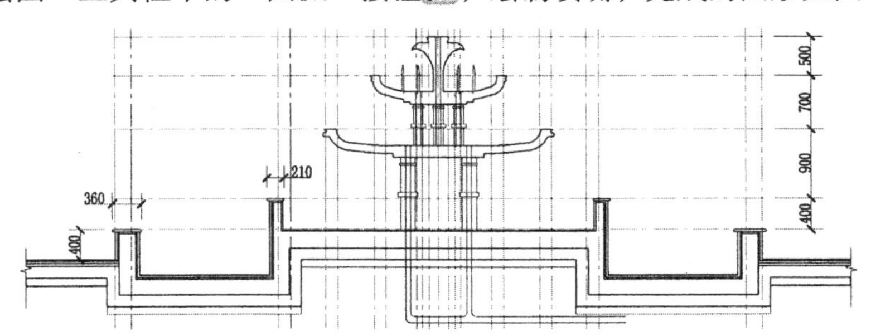

图 4-50　喷泉喷嘴绘制

（5）单击“绘图”工具栏中的“直线”按钮，绘制水位线。

（6）单击“修改”工具栏中的“复制”按钮，复制刚刚绘制好的水位线到相应的位置，完成的图形如图 4-51 所示。

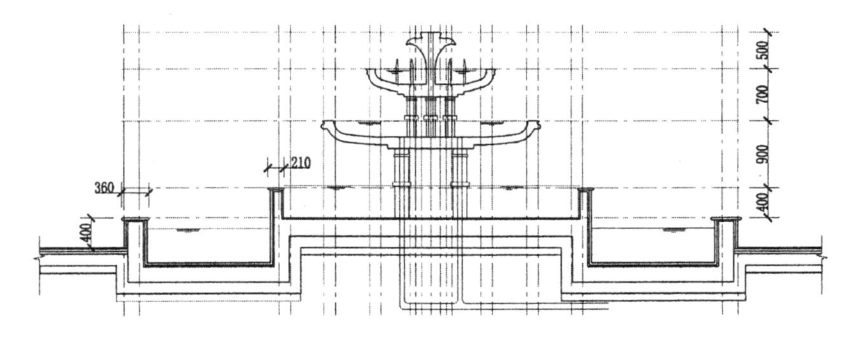

图 4-51　喷泉剖面水位线绘制

（7）单击“修改”工具栏中的“删除”按钮，删除多余的定位轴线，完成的图形如图 4-52 所示。

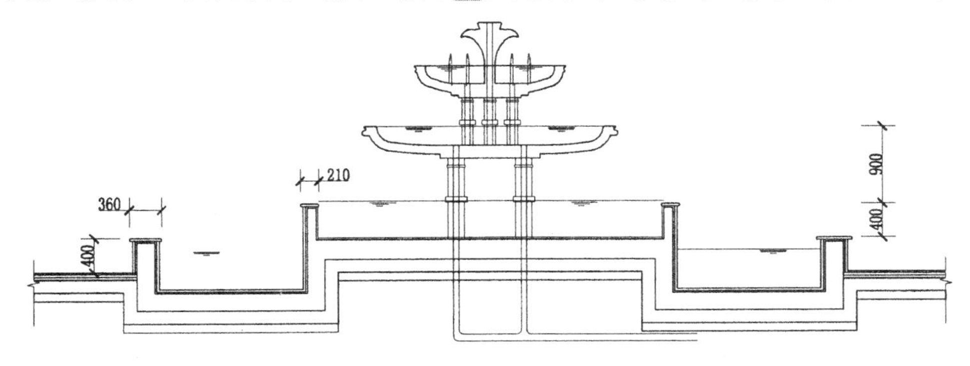

图 4-52　删除多余轴线

4.5.5　填充基础和喷池

把要填充的图层设置为当前图层，单击“绘图”工具栏中的“图案填充”按钮，填充基础和喷池。单击对话框里“图案（P）”右边的按钮更换图案样例，进入“填充图案选项板”对话框，各次选择如下。

（1）自定义“回填土”图例，填充比例和角度分别为 400 和 0°。

（2）自定义“混凝土”图例，填充比例和角度分别为 0.5 和 0°。

（3）自定义“钢筋混凝土”图例，填充比例和角度分别为 10 和 0°。

（4）“汉白玉整石”填充采用 ANSY33 图例，填充比例和角度分别为 10 和 0°。

完成的图形如图 4-53 所示。

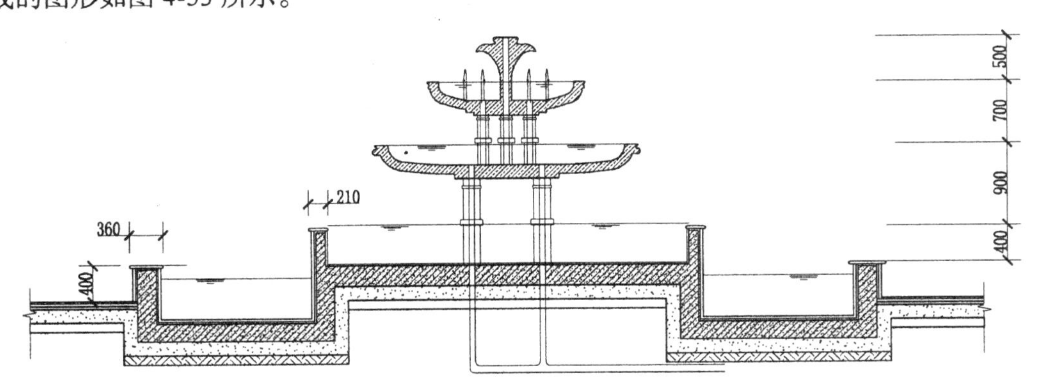

图 4-53　喷泉剖面的填充

4.5.6　标注文字

（1）按 Ctrl+C 快捷键复制喷泉立面图中绘制好的标高，然后按 Ctrl+V 快捷键粘贴到喷泉剖面图中。

（2）单击“修改”工具栏中的“复制”按钮，把标高和文字复制到相应的位置。

（3）把“标注尺寸”层设置为当前图层，单击“标注”工具栏中的“线性”按钮，标注其他直线尺寸，完成的图形如图 4-54 所示。

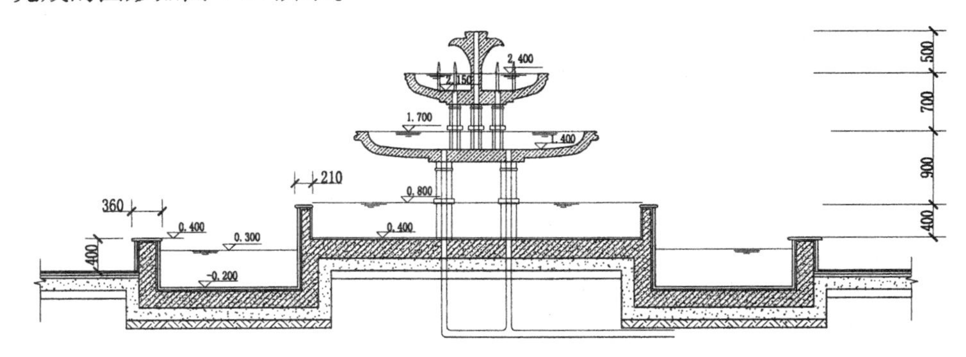

图 4-54 喷泉剖面标高标注

（4）把“文字”层设置为当前图层，多次单击“绘图”工具栏中的“多行文字”按钮A，标注坐标文字，完成的图形如图 4-38 所示。

4.6 喷泉详图绘制

使用“直线”和“复制”命令绘制定位轴线；使用“圆”命令绘制汉白玉石柱；使用“多行文字”命令标注文字，完成后保存喷泉详图，如图 4-55 所示。

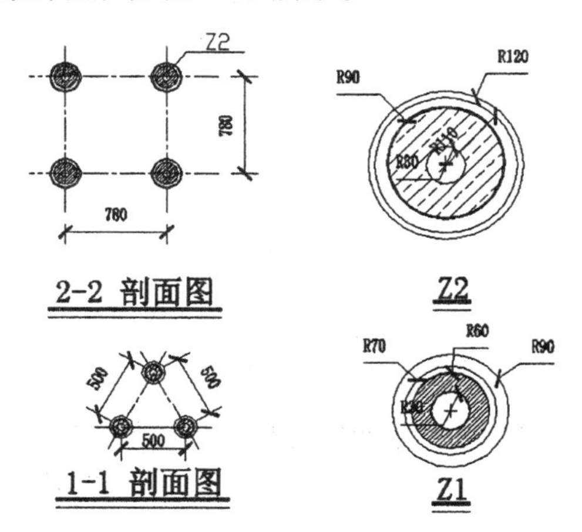

图 4-55 喷泉详图

4.6.1 前期准备以及绘图设置

要根据绘制图形决定绘图的比例，在此采用 1 : 1 的比例绘制。

1. 建立新文件

打开 AutoCAD 2015 应用程序，建立新文件，将新文件命名为“喷泉详图 .dwg”并保存。

2. 设置绘图工具栏

在任意工具栏处右击，从弹出的快捷菜单中选择“标准”、“图层”、“对象特性”、“绘图”、“修改”、“修改Ⅱ”、“文字”和“标注”这 8 个命令，调出这些工具栏，并将其移动到绘图窗口中的适当位置。

3. 设置图层

设置以下 5 个图层：“标注尺寸”、“轮廓线”、“水面线”、“文字”和“中心线”，把这些图层设置成不同的颜色，使图纸上表示更加清晰，将“中心线”层设置为当前图层。设置好的图层如图 4-39 所示。

4. 标注样式设置

根据绘图比例设置标注样式，对标注样式线、符号和箭头、文字、主单位进行设置，具体如下所述。

（1）线：超出尺寸线为 120，起点偏移量为 150。

（2）符号和箭头：第一个为建筑标记，箭头大小为 150，圆心标注为标记 75。

（3）文字：文字高度为 150，文字位置为垂直向上，从尺寸线偏移为 150，文字对齐为 ISO 标准。

（4）主单位：精度为 0，比例因子为 1。

5. 文字样式的设置

单击“文字”工具栏中的“文字样式”按钮，进入“文字样式”对话框，选择宋体，宽度因子设置为 0.8。

4.6.2　绘制定位线（以 Z2 为例）

（1）在状态栏，单击“正交模式”按钮，打开正交模式，单击“对象捕捉”按钮，打开对象捕捉模式。

（2）单击“绘图”工具栏中的“直线”按钮，绘制一条长为 1600 的水平直线。重复“直线”命令，绘制一条长为 1600 的垂直直线，如图 4-56（a）所示。

（3）单击“修改”工具栏中的“复制”按钮，复制刚刚绘制好的水平直线，向上复制的位移为 780。

（4）单击“修改”工具栏中的“复制”按钮，复制刚刚绘制好的垂直直线，向右复制的位移为 780。完成的图形如图 4-56（b）所示。

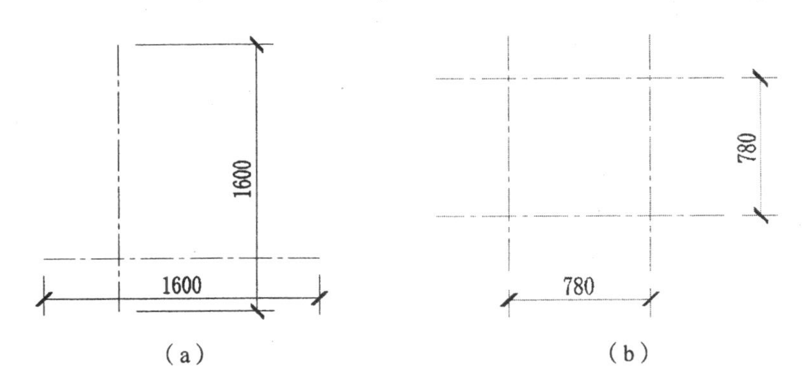

图 4-56 喷泉详图定位轴绘制

4.6.3 绘制汉白玉石柱

（1）把“轮廓线”层设置为当前图层，单击“绘图”工具栏中的“圆”按钮，绘制 4 个半径分别为 30、90、110、120 的同心圆，如图 4-57（a）所示。

（2）单击“绘图”工具栏中的“多段线”按钮，加粗立柱圆。输入 w，设置起点宽度为 2.5，完成的图形如图 4-57（b）所示。

（3）把要填充的图层设置为当前图层，单击“绘图”工具栏中的“图案填充”按钮，填充石柱。单击对话框里“图案（P）”右边的按钮更换图案样例，进入“填充图案选项板”对话框，选择 ANSI33 图例进行填充。填充比例为 5，填充角度为 0°。完成的图形如图 4-57（c）所示。

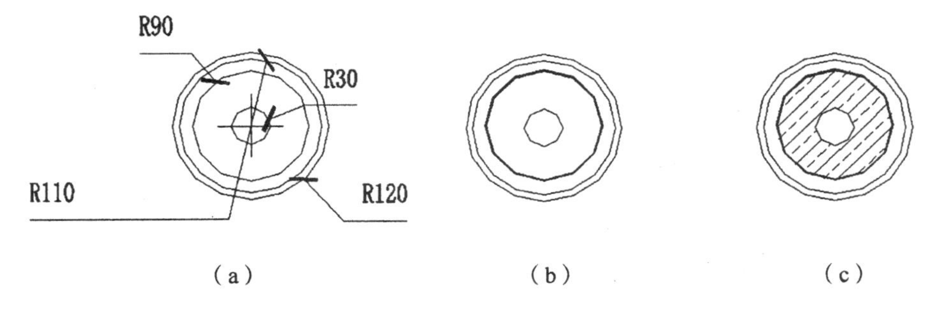

图 4-57 喷泉详图石柱绘制

4.6.4 标注文字

（1）单击“修改”工具栏中的“复制”按钮，把绘制的好的石柱复制到定位轴线的交点，完成的图形如图 4-58 所示。

（2）单击“修改”工具栏中的“缩放”按钮，把绘制好的石柱放大 5 倍，得到石柱平面放大详图。

（3）单击“绘图”工具栏中的“多行文字”按钮，标注文字。

（4）单击“标注”工具栏中的“半径标注”按钮，标注圆的半径。完成的图形如图 4-59 所示。

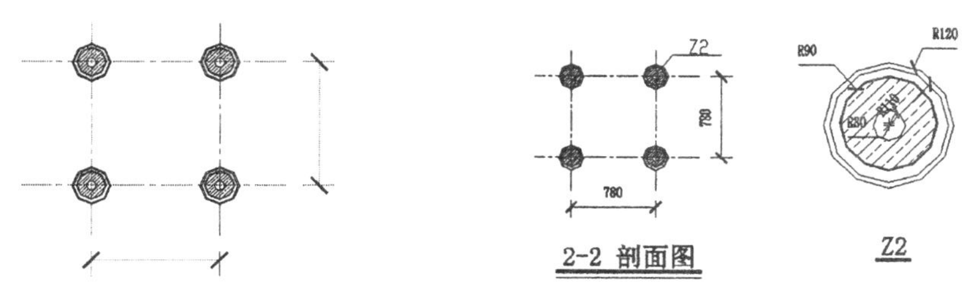

图 4-58　喷泉石柱复制　　　　图 4-59　喷泉 Z2 绘制

同理，完成 Z1 详图的绘制，完成的图形如图 4-60 所示。

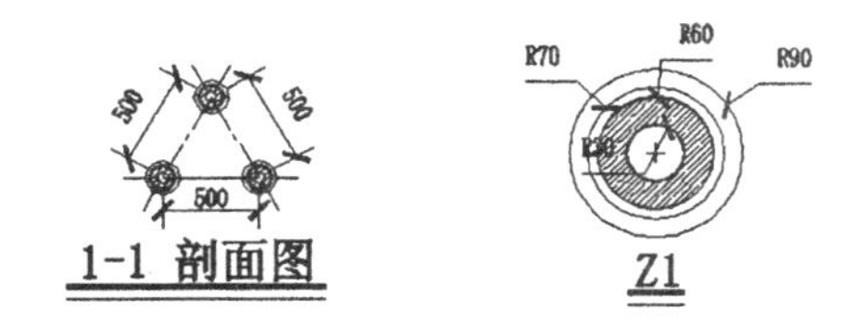

图 4-60　喷泉 Z1 绘制

最终完成的喷泉详图如图 4-55 所示。

4.7　喷泉施工图绘制

将前面绘制的各个喷泉视图定义成块插入到视图中，完成喷泉施工图的绘制，如图 4-61 所示。

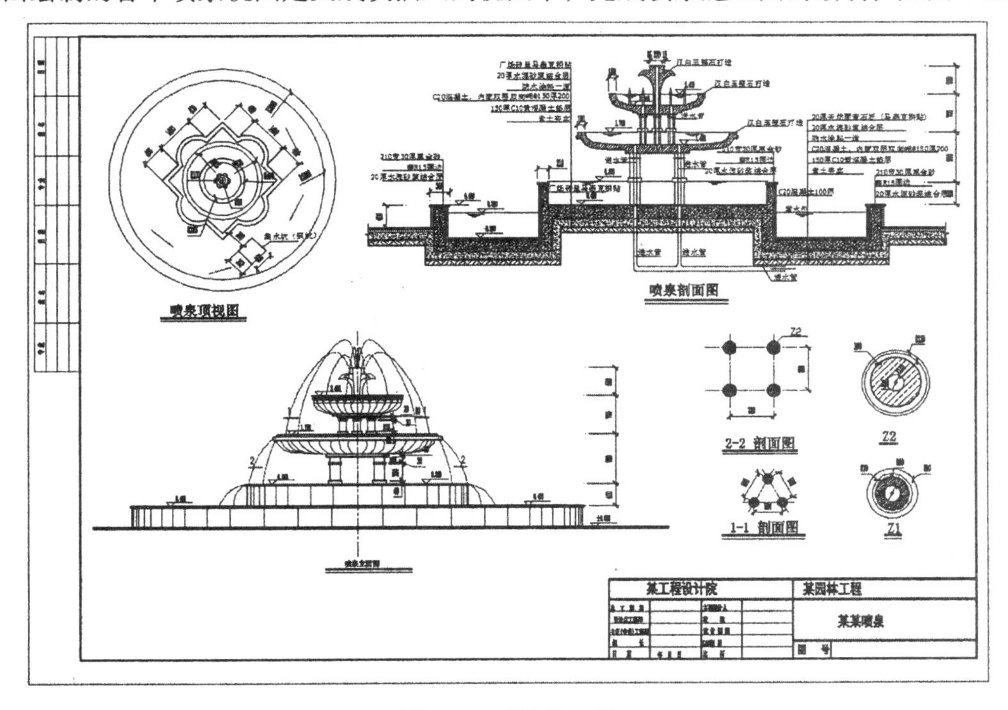

图 4-61　喷泉施工图

（1）按 Ctrl+C 快捷键复制 A3.dwt 图幅，然后按 Ctrl+V 快捷键粘贴到喷泉详图中。

（2）单击“修改”工具栏中的“缩放”按钮，把绘制好的 A3 图幅放大 50 倍，即输入的比例因子为 50，并将文件另存，命名为“喷泉 .dwg”。

（3）单击“绘图”工具栏中的“多行文字”按钮A，标注标签栏和会签栏中的文字。然后按 Ctrl+C 快捷键复制喷泉立面图、剖面图，再按 Ctrl+V 快捷键粘贴到“喷泉 .dwg”中。

（4）单击“修改”工具栏中的“移动”按钮，把立面图和剖面图移动到合适的位置。

（5）打开喷泉顶视图，单击“绘图”工具栏中的“创建块”按钮，进入“块定义”对话框，拾取同心圆的圆心为拾取点，把喷泉顶视图创建为块并输入块的名称，如图 4-62 所示。

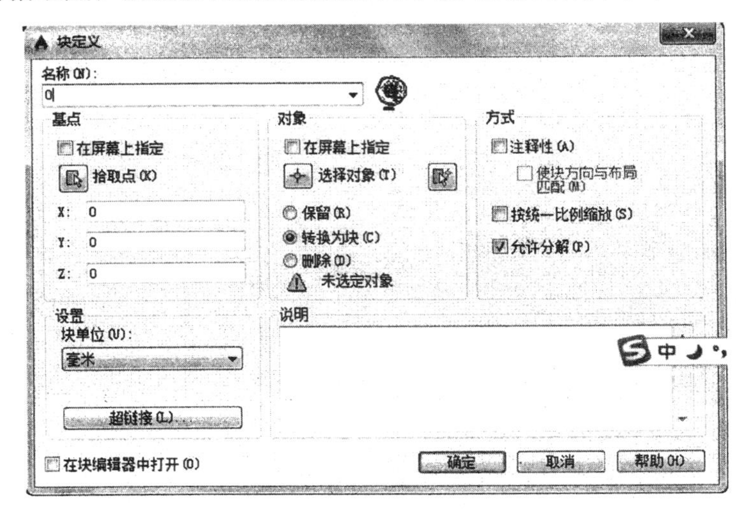

图 4-62　块定义对话框

（6）单击“标准”工具栏中的“设计中心”按钮，打开“设计中心”选项板。单击左上角的“打开的图形”按钮，在“喷泉顶视图 .dwg”下单击“块”找到 0 图块，右击，然后选择“插入块（I）”命令，如图 4-63 所示。

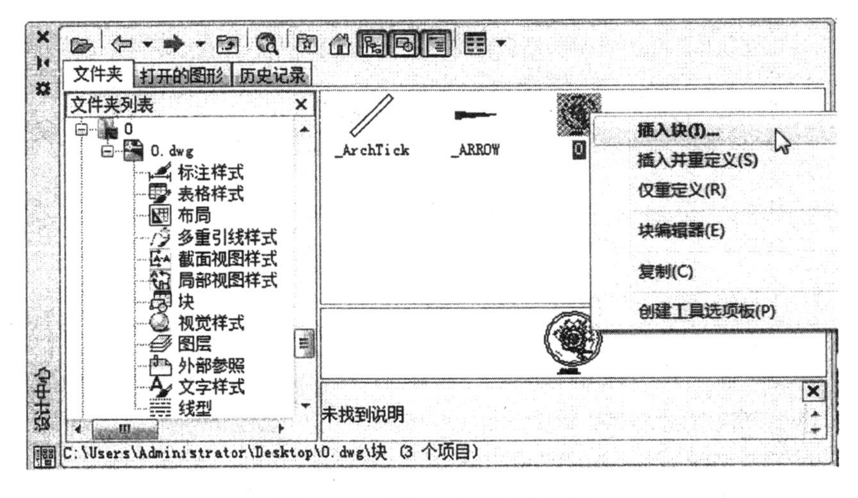

图 4-63　“设计中心”选项板

（7）进入“插入”对话框，将插入比例设置为 0.5，在“插入点”栏选中“在屏幕上指定（S）复选框”，单击“确定”按钮进行插入，如图 4-64 所示。完成图形效果如图 4-61 所示。

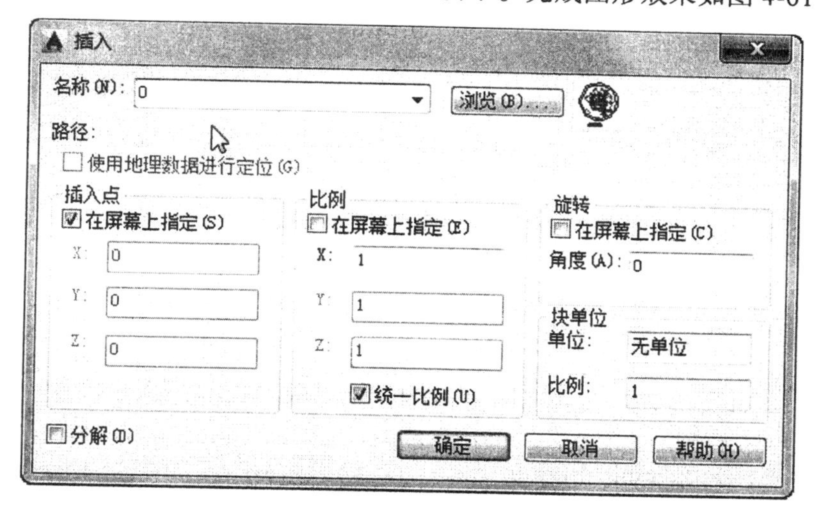

图 4-64　“插入块”对话框

读书笔记

园林绿化图绘制

植物是园林设计中有生命的题材，在园林中占有十分重要的地位，其多变的形体和丰富的季相变化使园林风貌丰富多彩。植物景观配置成功与否，将直接影响环境景观的质量及艺术水平。本章首先对植物种植设计进行简单介绍，然后讲解应用 AutoCAD 2015 绘制园林植物图例和进行植物配置的方法。

5.1　概　　述

园林植物作为园林空间构成的要素之一，其重要性和不可替代性在现代园林中正在日益明显地表现出来。园林生态效益的体现主要依靠以植物群落景观为主体的自然生态系统和人工植物群落；园林植物有着多变的形体和丰富的季相变化，其他的构景要素无不需要借助园林植物来丰富和完善，园林植物与地形、水体、建筑、山石、雕塑等有机配置，将形成优美、雅静的环境和艺术效果。

植物要素包括乔木、灌木、攀缘植物、花卉、草坪地被、水生植物等。各种植物在各自适宜的环境中发挥着共同的作用。植物的四季景观，本身的形态、色彩、芳香、习性等都是园林造景的题材。植物景观配置成功与否，将直接影响环境景观的质量及艺术水平。

5.1.1　园林植物配置原则

1. 整体优先原则

城市园林植物配置要遵循自然规律，利用城市所处的环境、地形地貌特征、自然景观、城市性质等进行科学建设或改建。要高度重视并保护自然景观、历史文化景观，以及物种的多样性，把握好它们与城市园林的关系，使城市建设与自然和谐，在城市建设中可以回味历史，保障历史文脉的延续。充分研究和借鉴城市所处地带的自然植被类型、景观格局和特征特色，在科学合理的基础上，适当增加植物配置的艺术性、趣味性，使之具有人性化和亲近感。

2. 生态优先的原则

在植物材料的选择、树种的搭配、草本花卉的点缀、草坪的衬托以及地段的选择上等必须最大限度地以改善生态环境、提高生态质量为出发点，也应该尽量多地选择和使用乡土树种，创造出稳定的植物群落；充分应用生态位原理和植物他感作用，合理配置植物，只有适合的才是最好的，才能发挥出最大的生态效益。

3. 可持续发展原则

以自然环境为出发点，按照生态学原理，在充分了解各植物种类的生物学、生态学特性的基础上，合理布局、科学搭配，使各种植物和谐共存，群落稳定发展，达到调节自然环境与城市环境之间的关系，在城市中实现社会、经济和环境效益的协调发展。

4. 文化原则

在植物配置中坚持文化原则，可以使城市园林向充满人文内涵的高品位方向发展，使不断演变起伏的城市历史文化脉络在城市园林中得到体现。在城市园林中把反映某种人文内涵、象征某种精神品格、代表着某个历史时期的植物科学合理地进行配置，形成具有特色的城市园林景观。

5.1.2 园林植物配置方法

1. 近自然式配置

所谓近自然式配置，一方面是指植物材料本身为近自然状态，尽量避免人工重度修剪和造型，另一方面是指在配置中要避免植物种类的单一、株行距的整齐划一以及苗木规格的一致。在配置中要尽可能自然，通过不同物种、密度，不同规格的适应、竞争实现群落的共生与稳定。目前，城市森林在我国还处于起步阶段，森林绿地的近自然配置应该大力提倡。首先要以地带性植被为样板进行模拟，选择合适的建群种；同时要减少对树木个体、群落的过度人工干扰。上海在城市森林建设改造中采用宫胁造林法来模拟地带性森林植被，也是一种有益的尝试。

2. 融合传统园林中植物配置方法

充分吸收传统园林植物配置中模拟自然的方法，师法自然，经过艺术加工来提升植物景观的观赏价值，在充分发挥群落生态功能的同时尽可能创造社会效益。

5.1.3 树种选择配置

树木是构成森林最基本的组成要素，科学地选择城市森林树种是保证城市森林发挥多种功能的基础，也直接影响城市森林的经营和管理成本。

1. 发展各种高大的乔木树种

在我国城市绿化用地十分有限的情况下，要达到以较少的城市绿化建设用地获得较高生态效益的目的，必须发挥乔木树种占有空间大、寿命长、生态效益高的优势。例如，德国城市森林树木达到12m，修剪 6m 以下的侧枝，林冠下种植栎类、山毛榉等阔叶树种。我国的高大树木物种资源丰富，30 ～ 40m 的高大乔木树种很多，应该广泛加以利用。在高大乔木树种选择的过程中除了重视一些长寿命的树种以外，还要重视一些速生树种的使用，特别是在我国城市森林发展还比较落后的现实情况下，通过发展速生树种可以尽快形成森林环境。

2. 按照我国城市的气候特点和具体城市绿地的环境选择常绿与阔叶树种

乔木树种的主要作用之一是为城市居民提供遮荫环境。在我国，大部分地区都有酷热漫长的夏季，冬季虽然比较冷，但阳光比较充足。因此，我国的城市森林建设在夏季能够遮荫降温，在冬季要透光增温。而现在许多城市的城市森林建设并没有这种考虑，偏爱使用常绿树种。有些常绿树种引种进来了，许多都处在濒死的边缘，几乎没有生态效益。一些具有鲜明地方特色的落叶阔叶树种，不仅能够在夏季旺盛生长，发挥降温增湿、净化空气等生态效益，而且在冬季落叶增加光照，起到增温作用。因此，要根据城市所处地区的气候特点和具体城市绿地的环境需求选择常绿与落叶树种。

3. 选择本地野生或栽培的建群种

追求城市绿化的个性与特色是城市园林建设的重要目标。地区之间因气候条件、土壤条件的差异

造成植物种类上的不同，乡土树种是表现城市园林特色的主要载体之一。使用乡土树种更为可靠、廉价、安全，它能够适应本地区的自然环境条件，抵抗病虫害、环境污染等干扰的能力强，尽快形成相对稳定的森林结构和发挥多种生态功能，有利于减少养护成本。因此，乡土树种和地带性植被应该成为城市园林的主体。建群种是森林植物群落中在群落外貌、土地利用、空间占用、数量等方面占主导地位的树木种类。建群种可以是乡土树种，也可以是在引入地经过长期栽培，已适应引入地自然条件的外来物种。建群种无论是在对当地气候条件的适应性、增建群落的稳定性，还是展现当地森林植物群落外貌特征等方面都有不可替代的作用。

5.2　植物种植设计

园林植物种植设计是园林规划设计的一项重要内容。

在植物种类的选择上，要因地制宜地选择适合当地环境的种类，以乡土植物为主，因为乡土植物经过自然界的选择，是最适合当地立地条件的种类；植物的种类要多样，空间层次要丰富，四季景观要多样，有季相变化；园林植物应当有较高的观赏性，同时为了管理方便，各种抗性要强；针对不同的种植条件和种植形式，对植物的要求略有不同。

植物的种植设计形式多样，有规则式、自然式和混合式 3 种基本形式；种植设计类型丰富，如孤植、对植、树丛、疏林草地、树列、树阵、花坛、花境、花带等。在规则的道路、广场等地一般用树列、树阵的形式，节日时用各种花坛来装饰；在大门入口处等多用对植的形式；在自然式设计的地方多采用自然式种植，如树丛、疏林草地、花境、花带等；在一些重点的地方，可以画龙点睛地用一些比较名贵、观赏价值较高的花木、大树孤植。在植物的组合上注意乔灌草的搭配，进行复层种植，注意将“相生”的植物搭配在一起，将“相克”的植物远离，提高植物组合的稳定性，减少后期管理的强度。

5.2.1　绘制乔木图例

1. 建立“乔木”图层

单击“图层”工具栏中的“图层特性管理器”按钮，弹出“图层特性管理器”选项板，建立一个新图层，命名为“乔木”，颜色选取绿色，线型为 Continuous，线宽为 0.20，并设置为当前图层，如图 5-1 所示。确定后回到绘图状态。

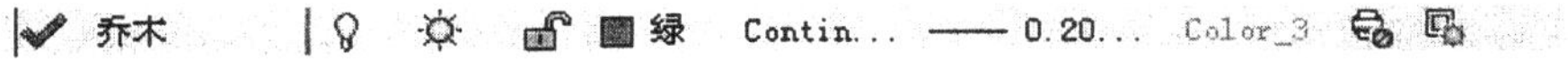

乔木　绿　Contin...　—— 0.20...　Color_3

图 5-1　“乔木”图层参数

2. 图例绘制

1）落叶乔木图例

（1）单击“绘图”工具栏中的“圆”按钮，在命令行输入 2500（树种不同，输入的树冠半径

也不同），命令行提示与操作如下：

命令：_circle
指定圆的圆心或 [三点 (3P)/ 两点 (2P)/ 相切、相切、半径 (T)]:
指定圆的半径或 [直径 (D)] <4.1463>: 2500

绘制一个半径为 2500mm 的圆，圆直径代表落叶乔木树冠冠幅。

（2）单击“绘图”工具栏中的“直线”按钮，在圆内绘制直线，直线代表树木的枝条，如图 5-2 所示。

（3）按照上述步骤继续在圆内绘制直线，结果如图 5-3 所示。

（4）单击“修改”工具栏中的“删除”按钮，删除外轮廓线圈，如图 5-4 所示。

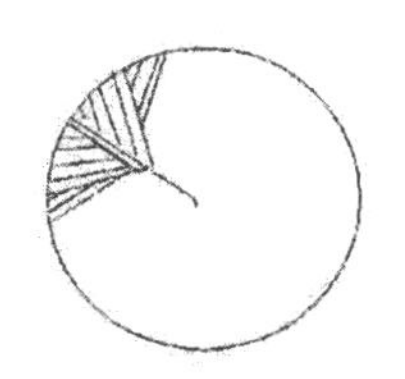

图 5-2　绘制树木枝条

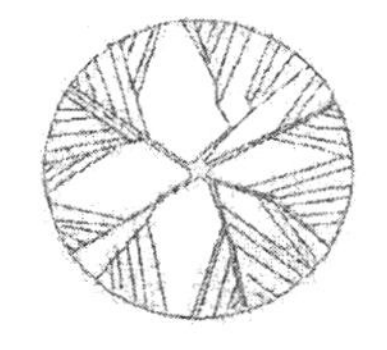

图 5-3　绘制其他树木枝条

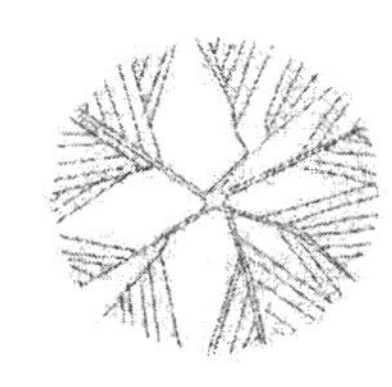

图 5-4　图例绘制完毕

2）常绿针叶乔木图例

（1）单击“绘图”工具栏中的“圆”按钮，在命令行输入 1500，命令行提示与操作如下：

命令：_circle
指定圆的圆心或 [三点 (3P)/ 两点 (2P)/ 相切、相切、半径 (T)]:
指定圆的半径或 [直径 (D)] <4.1463>: 1500

绘制一半径为 1500mm 的圆，圆代表常绿针叶乔木树冠平面的轮廓。

（2）单击“绘图”工具栏中的“圆”按钮，绘制一个半径为 150 的小圆，代表乔木的树干。

（3）单击“绘图”工具栏中的“直线”按钮，在圆上绘制直线，直线代表枝条，如图 5-5 所示。

（4）单击“绘图”工具栏中的“环形阵列”按钮，选择步骤（3）中绘制的直线，选择圆的圆心为中心点，项目数为 10，填充角度为 360°，结果如图 5-6 所示。

（5）单击“绘图”工具栏中的“直线”按钮，在圆内绘制一条 30° 斜线（打开极轴，右击设置极轴角度为 30°）。

（6）单击“修改”工具栏中的“偏移”按钮，偏移距离为 150，命令行提示与操作如下：

命令：OFFSET
当前设置：删除源 = 否　图层 = 源　OFFSETGAPTYPE=0
指定偏移距离或 [通过 (T)/ 删除 (E)/ 图层 (L)] < 通过 >: 150
选择要偏移的对象，或 [退出 (E)/ 放弃 (U)] < 退出 >:
指定要偏移的那一侧上的点，或 [退出 (E)/ 多个 (M)/ 放弃 (U)] < 退出 >:

结果如图 5-7 所示。

（7）单击“修改”工具栏中的“修剪”按钮，选择对象为圆轮廓线，按 Enter 键或空格键确定，对圆外的斜线进行修剪，结果如图 5-8 所示。

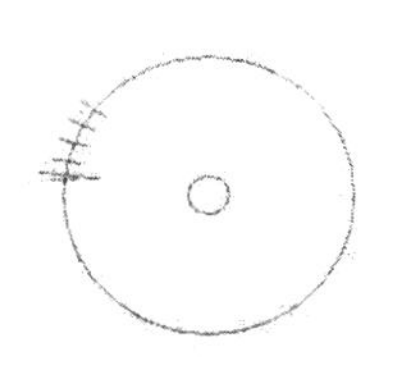

图 5-5　图例绘制 1

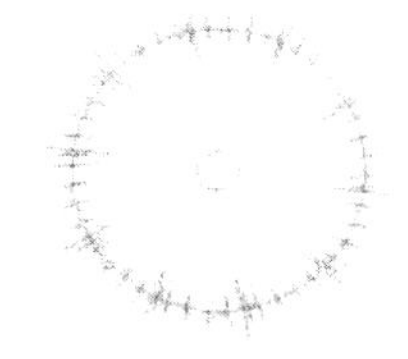

图 5-6　图例绘制 2

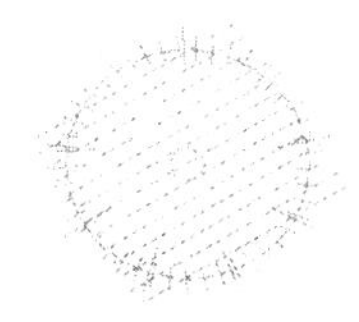

图 5-7　图例绘制 3

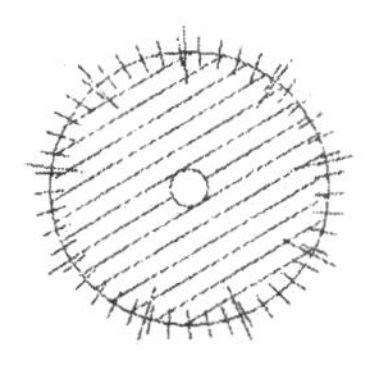

图 5-8　图例绘制完成

在图例的绘制中，可用斜线来区别落叶植物和常绿植物。

（8）单击“绘图”工具栏中的“创建块”按钮，弹出“块定义”对话框，如图 5-9 所示，在“名称”下拉列表框中输入植物名称，然后单击“选择对象”按钮，选择要创建的植物图例，按 Enter 键或空格键确定；接着单击“拾取点”按钮，选择图例的中心点，按 Enter 键或空格键确定，结果如图 5-10 所示；单击“确定”按钮，植物的块创建完毕。

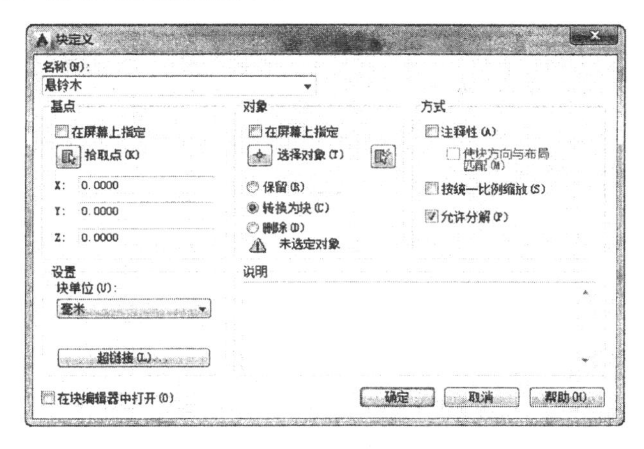

图 5-9　“块定义”对话框

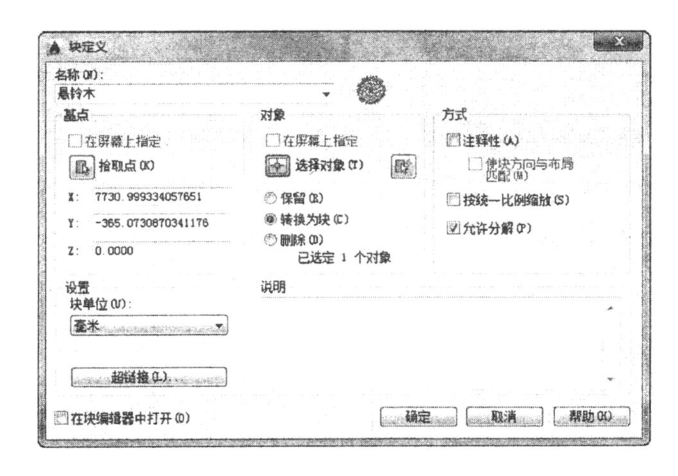

图 5-10　拾取点

将图例创建为“块”，在以后的设计中就可以直接插入使用了。

注意

灌木图例的画法和乔木的画法大体一致，区别只在于每种植物的平面形态的变化，但注意灌木图层要单独建立一个层。

5.2.2 植物图例的栽植方法

1. 沿规则直线的等距离栽植

（1）绘制如图 5-11 所示的一条园林道路，在其外侧 1.5m 处栽植国槐，间距为 5m。

（2）单击“修改”工具栏中的“偏移”按钮，将道路向外侧偏移 1500，绘制辅助线。在辅助线的一侧插入块“国槐”图块，结果如图 5-12 所示。

图 5-11　道路　　图 5-12　绘制辅助线并插入图块

（3）选择菜单栏中的“绘图”→“点”→“定距等分”命令，等分距离为 5000，结果如图 5-13 所示。

（4）删除辅助线，最终栽植行道树后的效果如图 5-14 所示。

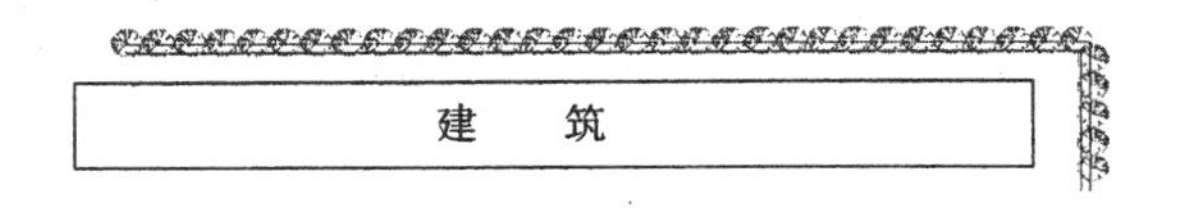

图 5-13　定距等分后的效果

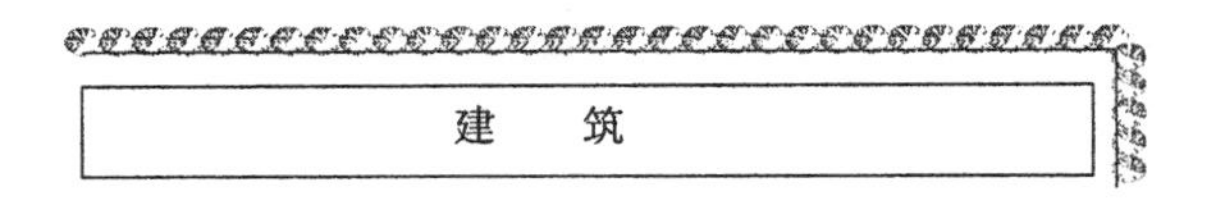

图 5-14　删除辅助线

2. 沿规则广场的等距离栽植

（1）绘制如图 5-15 所示的弧形广场，在其内侧 1.5m 处栽植国槐，数量为 15。

（2）单击“修改”工具栏中的“偏移”按钮，将广场边缘向内侧偏移 1500，绘制辅助线。在辅助线的一侧插入块“国槐”，结果如图 5-16 所示。

（3）选择菜单栏中的“绘图”→“点”→“定数等分”命令，插入“国槐”图块，线段数目为 15，结果如图 5-17 所示。

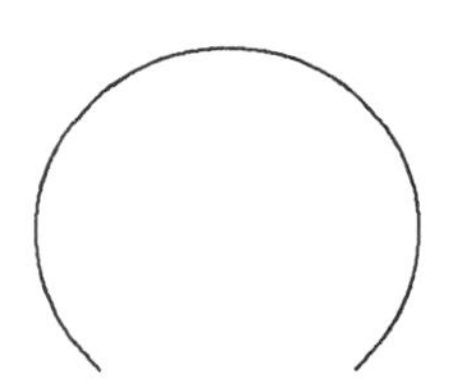

图 5-15　弧形广场轮廓

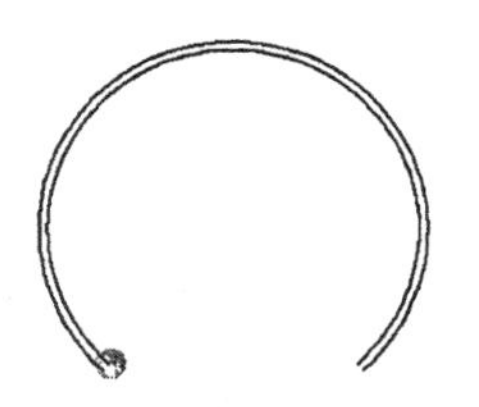

图 5-16　绘制辅助线并插入块

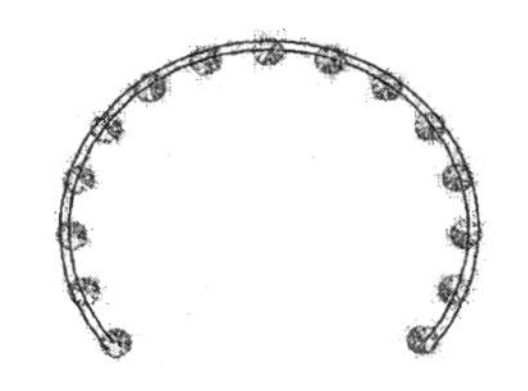

图 5-17　定数等分后的效果

（4）删除辅助线，最终栽植广场树后的效果如图 5-18 所示。

3. 沿自然式道路的等距离栽植方法

（1）绘制如图 5-19 所示的自然式道路轮廓，在其外侧 1.5m 处栽植国槐，间距为 5m。

（2）单击“修改”工具栏中的“偏移”按钮，将道路向外侧偏移 1500，绘制辅助线。在辅助线的一侧插入块“国槐”，结果如图 5-20 所示。

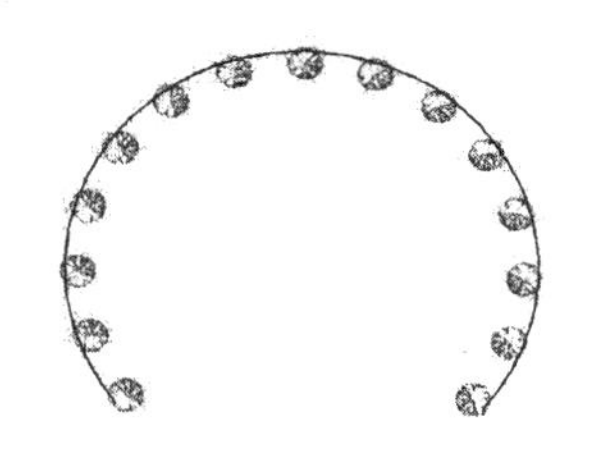

图 5-18　删除辅助线

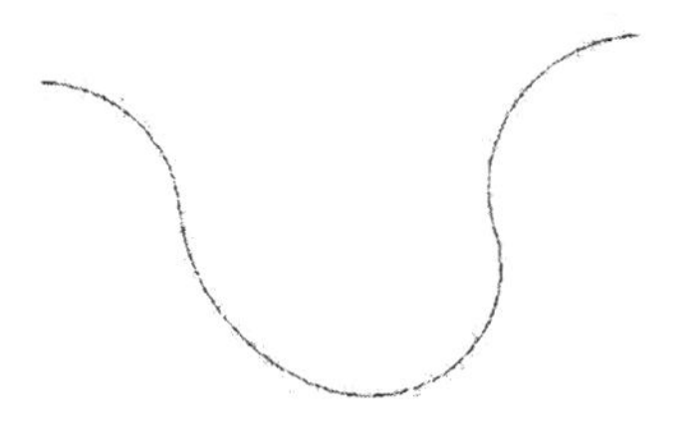

图 5-19　自然式道路轮廓

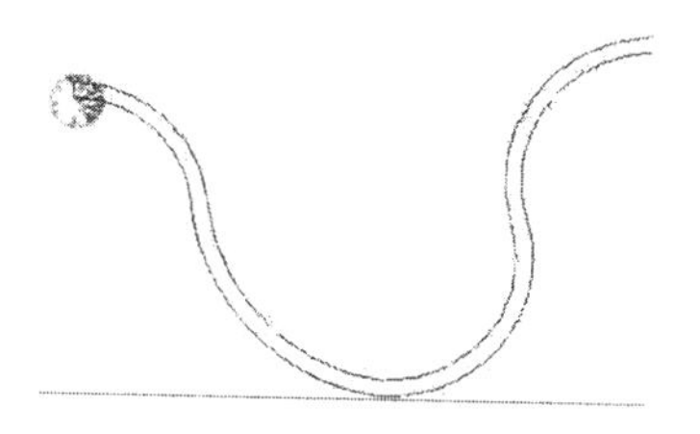

图 5-20　绘制辅助线并插入块

（3）选择菜单栏中的“绘图”→“点”→“定距等分”命令，插入“国槐”图块，等分距离为 5000，结果如图 5-21 所示。

（4）删除辅助线，最终栽植行道树后的效果如图 5-22 所示。

图 5-21　定距等分

图 5-22　删除辅助线

5.2.3　一些特殊植物图例的画法

1. 绿篱

（1）绿篱比较规整，单击“绘图”工具栏中的“多段线”按钮，先绘制出上部图形，如图 5-23 所示。

图 5-23　绿篱绘制 1

（2）单击“修改”工具栏中的“镜像”按钮，将步骤（1）中绘制的绿篱上部图形进行镜像操作，结果如图 5-24 所示。

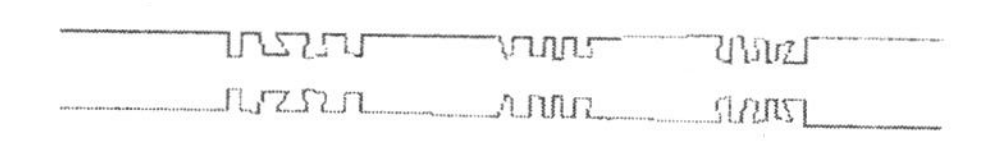

图 5-24　绿篱绘制 2

（3）将镜像的多段线向右移动一段距离，在其左边延长一段多段线，如图 5-25 所示。

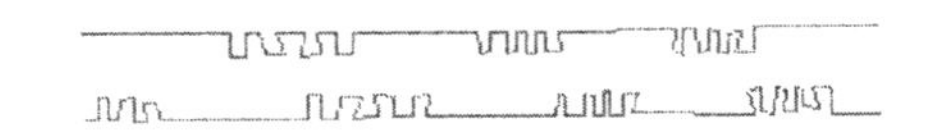

图 5-25　绿篱绘制 3

2. 树丛

树丛的图例如图 5-26 所示。

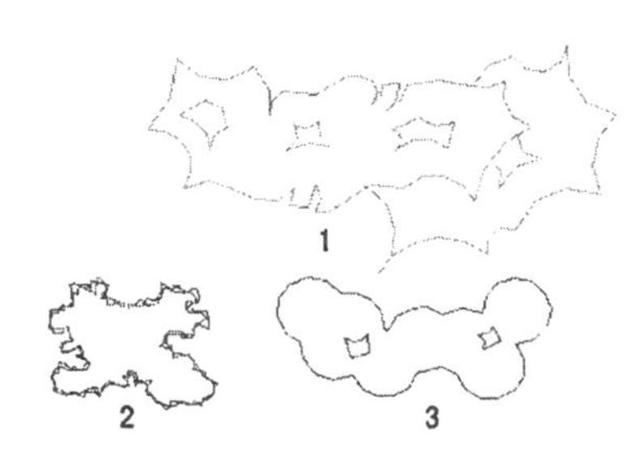

图 5-26　树丛的绘制

第 1 种和第 3 种图例均可采用“修订云线”命令绘制，之后进行点的调整，使整个图形看起来美观。第 1 种多用来表现针叶类树丛景观，第 3 种多用来表现阔叶类树丛景观。

第 2 种图例采用“多段线”命令绘制，画出不规则的两圈，多用来表示小型灌木丛。

3. 竹类

单击“绘图”工具栏中的“修订云线”按钮，绘出外轮廓线，如图 5-27 所示；然后单击“绘图”工具栏中的“多段线”按钮，绘出单个竹叶的形状，如图 5-28 所示；单击“修改”工具栏中的“复制”按钮，对其进行复制，然后单击“修改”工具栏中的“旋转”按钮，旋转合适角度；单击“绘图”工具栏中的“创建块”按钮，弹出如图 5-29 所示的“块定义”对话框，命名为“竹叶”；然后单击“修改”工具栏中的“移动”按钮，移动到合适位置，如图 5-30 所示；重复以上步骤，结果如图 5-31 所示。

图 5-27　外轮廓线

图 5-28　单个竹叶

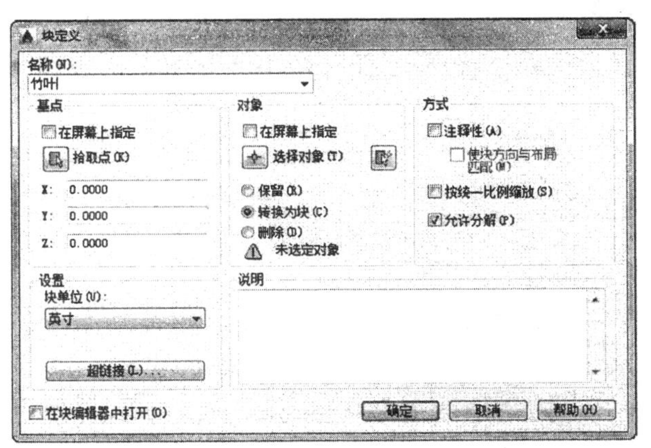

图 5-29　定义块

4. 图案式植物的画法

图案式植物主要靠填充来表示其植物种类，其主要表现的是整个图案的样式。首先画出设计图案的轮廓，如图 5-32 所示。

图 5-30　竹叶 1　　图 5-31　竹叶 2　　图 5-32　图案轮廓

单击“绘图”工具栏中的“图案填充”按钮，打开“图案填充创建”选项卡，如图 5-33 所示，选择 CROSS 样例，比例为 1000，然后单击“确定”按钮，填充结果如图 5-34 所示。

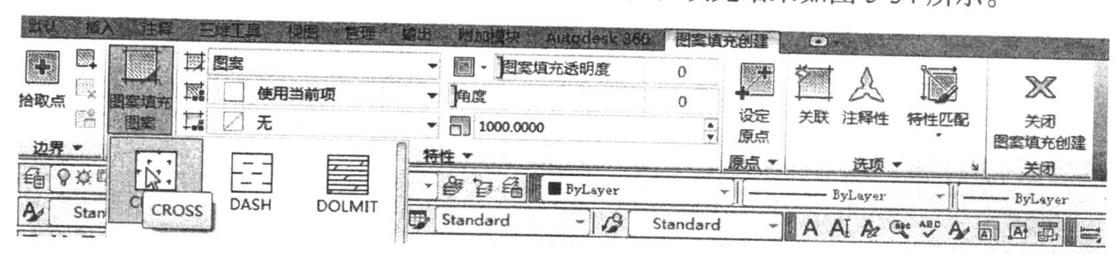

图 5-33　“图案填充创建”选项卡

图 5-34　填充效果

注意

植物图例种类多样，以上示例仅介绍一些图例的基本画法。

5.2.4　苗木表的制作

在园林设计中植物配置完成之后，要进行苗木表（植物配置表）的制作，苗木表用来统计整个园林规划设计中植物的基本情况，主要包括编号、图例、植物名称、学名、胸径、冠幅、高度、数量、单位等项。

常绿植物一般用高度和冠幅来表示，如雪松、大叶黄杨等；落叶乔木一般用胸径和冠幅来表示，如垂柳、栾树等；落叶灌木一般用冠幅和高度来表示，如金银木、连翘等。某小型游园的植物配置表如图 5-35 所示。更多的植物图例详见附带光盘。

植物配置表

编号	图例	植物名称	学　　名	胸径(mm)	冠幅(mm)	高度(mm)	数量	单位
1		黄槲树	Ficus Lacor	250~500	4000~5000	5000~6000	1	株
2		香樟	Cinnamomum camphora	100~120	3000~3500	5000~6000	8	株
3		垂柳	Salix babylonica	120~150	3000~3500	3500~4000	4	株
4		水杉	Metasequoia	120~150	2000~5000	7000~8000	7	株
5		栾树	Koelreuteria	120~150	3000~4000	4000~8000	25	株
6		棕榈	Trachycarpus	120~150	3000~3600	5000~6000	14	株
7		马蹄莲	Zantedeschia		400~500	500~600	26	丛
8		玉簪	Hosta plantaginea		300~500	200~500	30	丛
9		迎春	Jasminum nudiflorum		1000~1500	500~800	18	丛
10		杜鹃	Rhododendron simsii		300~500	300~600	7	m^2
11		红叶小檗	Berberis thunbergii		350~400	400~600	14	m^2
12		四季秋海棠	Begonia semperflorens-hybr		350~400	300~500	18	m^2
13		平户杜鹃	Rhododendron mucronatum		500~800	900~1000	23	m^2
14		黄金柏	Cupressus Macrocarpa		300~500	300~500	10	m^2
15		鸢尾	Iris tectorum		300~500	300~500	5	m^2
16		时令花卉			300~500	200~600	3	m^2
17		草坪					100	m^2

图 5-35　某小型游园的植物配置表

5.3　某采摘园植物配置图 -1

本节绘制如图 5-36 所示的植物配置图 -1。

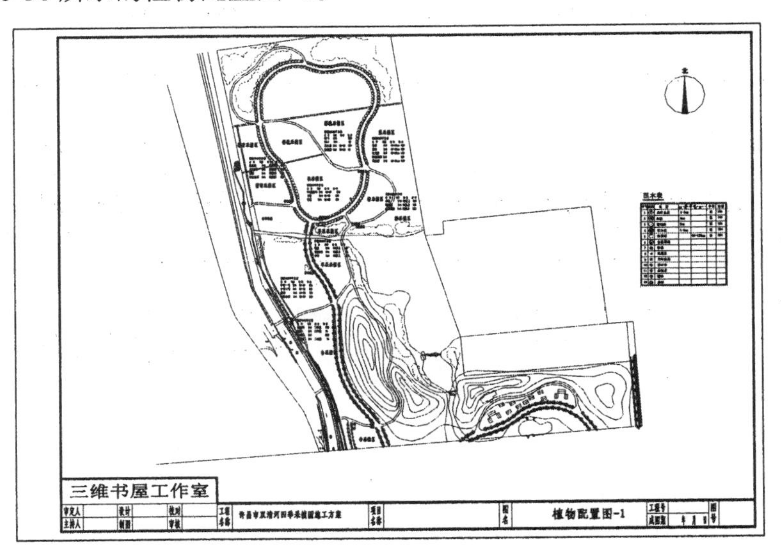

图 5-36　植物配置图 -1

5.3.1　编辑旧文件

（1）打开 AutoCAD 2015 应用程序，选择菜单栏中的“文件”→“打开”命令，打开“选择文件”对话框，选择图形文件“施工放线图一”；或者在“文件”下拉菜单中最近打开的文档中选择“施工放线图一”，双击打开文件，将文件另存为“植物配置图一”，打开后的图形如图 5-37 所示。

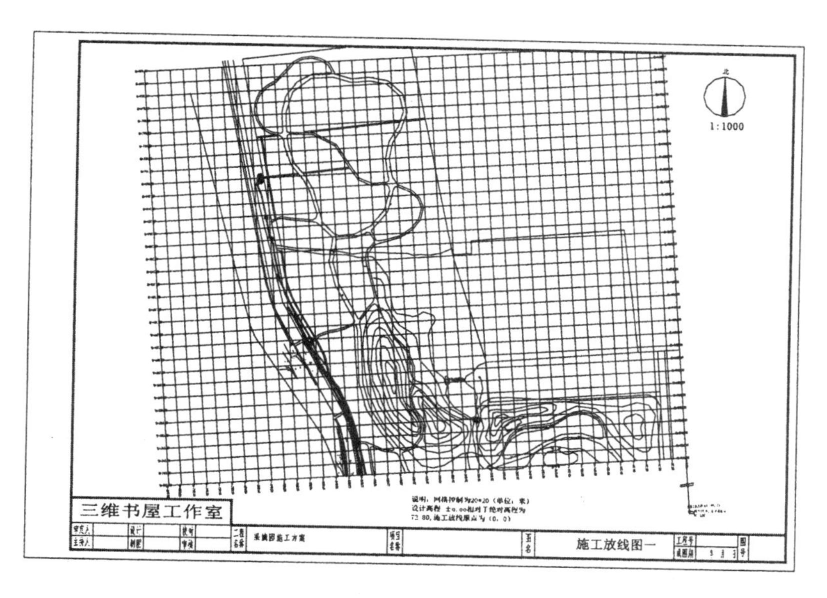

图 5-37　打开“施工放线图一”

（2）单击“修改”工具栏中的“删除”按钮，将多余的图形删除，并整理图形，如图 5-38 所示。

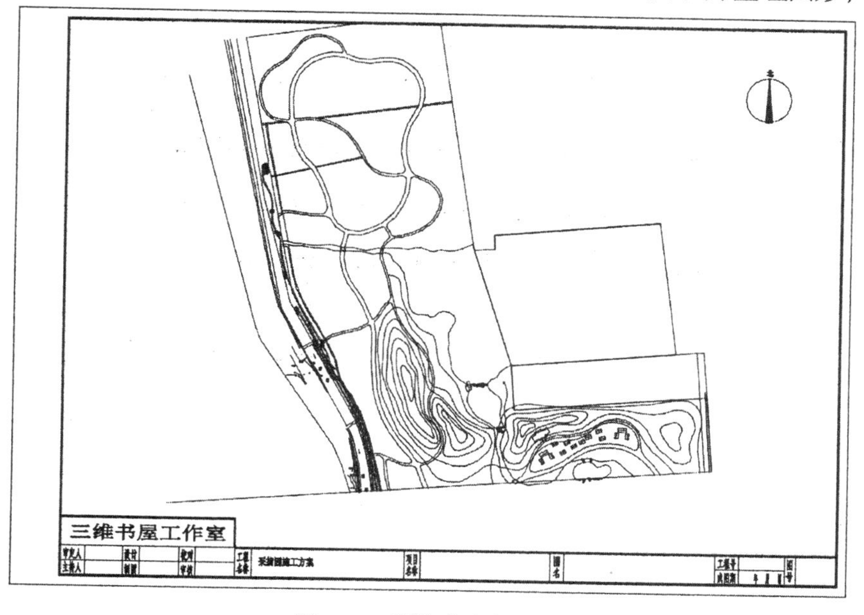

图 5-38　删除多余的图形

5.3.2　植物的绘制

植物是园林设计中有生命的题材，在园林中占有十分重要的地位，其多变的形体和丰富的季相变化使园林风貌充满风采。植物景观配置成功与否，将直接影响环境景观的质量及艺术水平。

1. 绘制修订云线

（1）单击“图层”工具栏中的“图层特性管理器”按钮，打开“图层特性管理器”选项板，新建“种植设计”图层，并将其设置为当前层，如图 5-39 所示。

✔ 种植设计 | 94 CONTIN... —— 默认 0 Colo.

图 5-39　新建图层

（2）单击“绘图”工具栏中的“修订云线”按钮，在图形顶侧绘制云线，如图 5-40 所示。

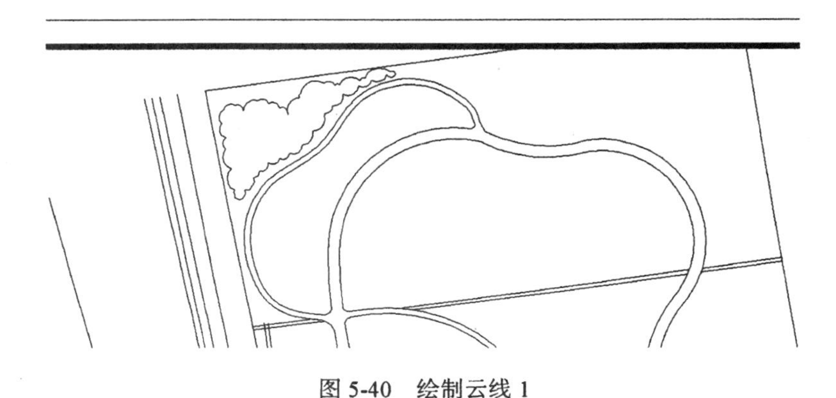

图 5-40　绘制云线 1

（3）同理，单击“绘图”工具栏中的“修订云线”按钮，在顶侧绘制其他两处的云线，结果如图 5-41 所示。

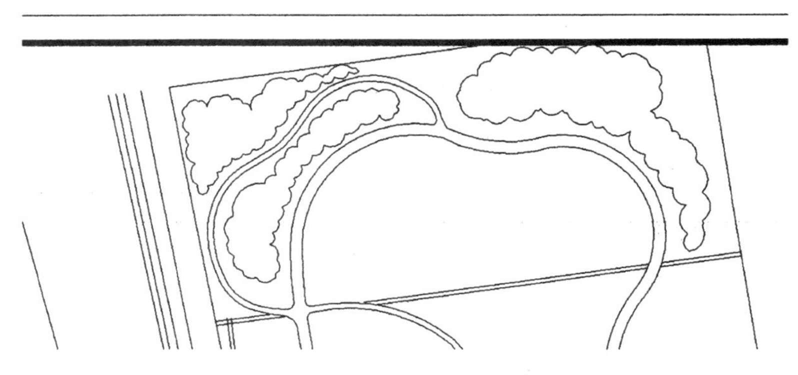

图 5-41　绘制云线 2

（4）单击“绘图”工具栏中的“修订云线”按钮，在苹果采摘区处绘制云线，如图 5-42 所示。

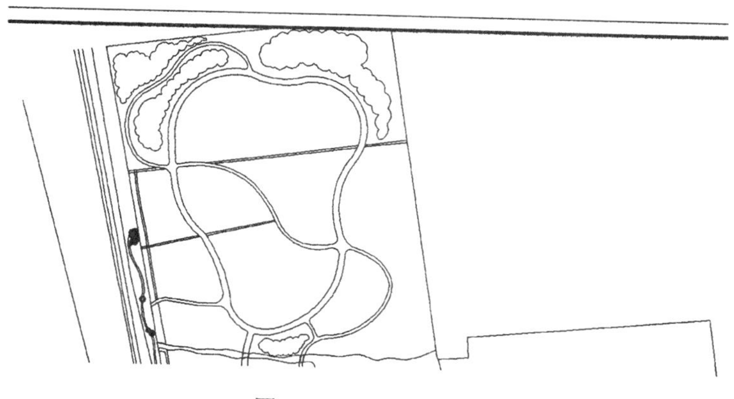

图 5-42　绘制云线 3

（5）同理，单击“绘图”工具栏中的“修订云线”按钮，在其他区域处绘制剩余云线，如图 5-43 所示。

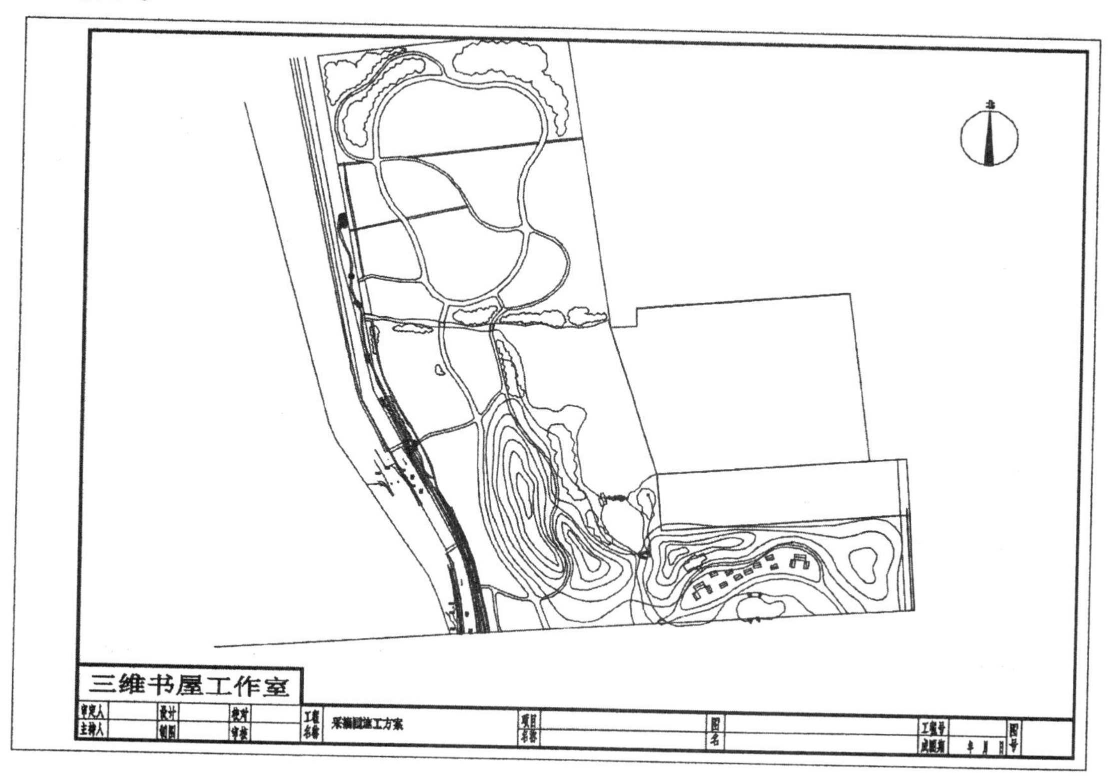

图 5-43　绘制剩余云线

2. 绘制珊瑚朴

（1）单击“绘图”工具栏中的“直线”按钮，绘制一个十字交叉直线，如图 5-44 所示。

（2）单击“绘图”工具栏中的“圆弧”按钮，在十字交叉线四周绘制圆弧，完成珊瑚朴的绘制，如图 5-45 所示。

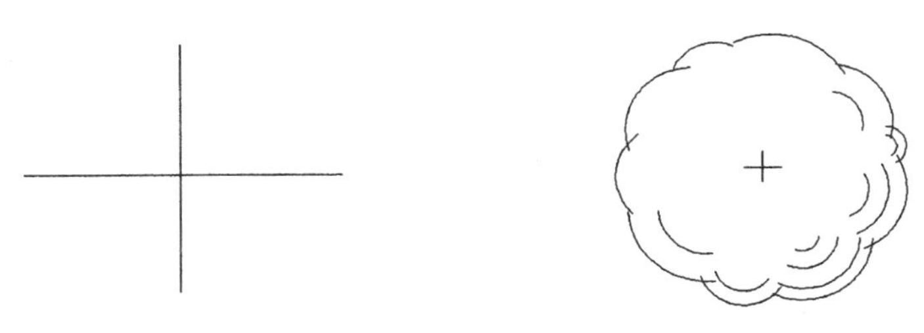

图 5-44　绘制十字交叉直线　　　　图 5-45　绘制圆弧

（3）在命令行中输入 WBLOCK 命令，将珊瑚朴创建为块。

（4）单击“绘图”工具栏中的“插入块”按钮，打开“插入”对话框，如图 5-46 所示，将珊瑚朴插入到图中，如图 5-47 所示。

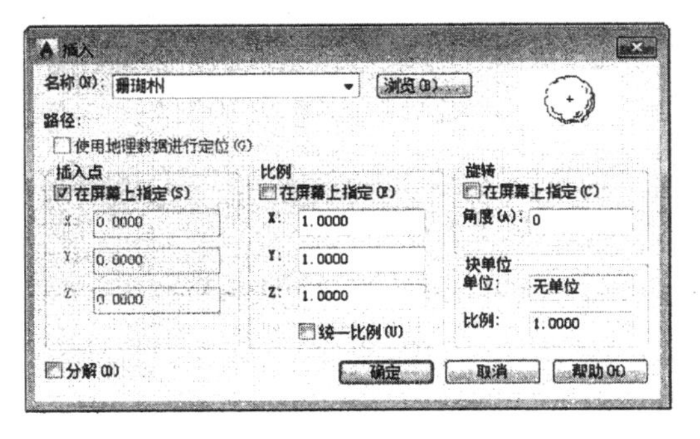

图 5-46　“插入”对话框

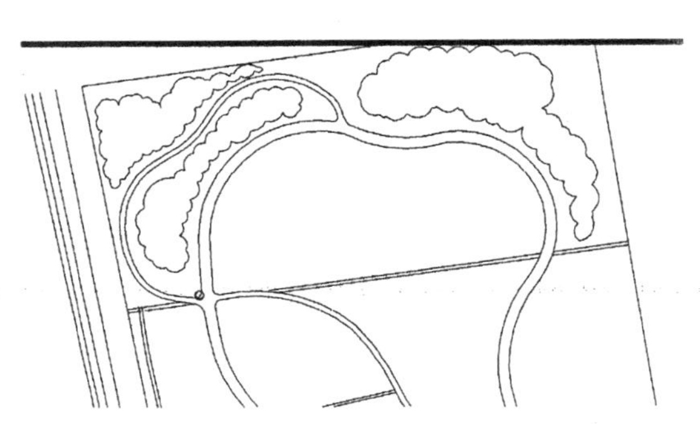

图 5-47　插入珊瑚朴

（5）单击“修改”工具栏中的“复制”按钮，将珊瑚朴复制到图中其他位置处，然后单击“修改”工具栏中的“旋转”按钮，将复制后的珊瑚朴旋转到合适的角度，如图 5-48 所示。

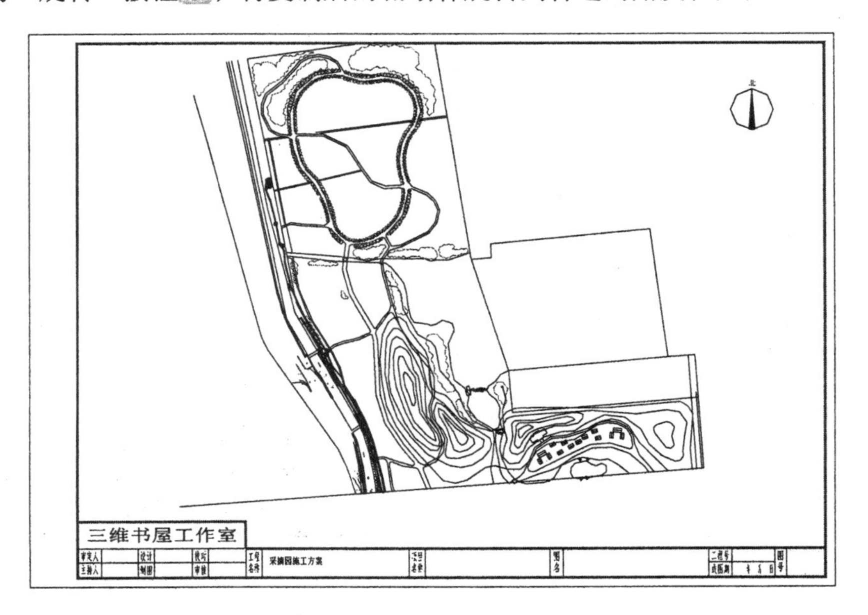

图 5-48　复制珊瑚朴

3. 绘制白蜡

（1）单击“绘图”工具栏中的“圆”按钮，绘制一个圆，如图 5-49 所示。

（2）单击“绘图”工具栏中的“直线”按钮，在圆内绘制直线，然后在命令行中输入 WBLOCK 命令，将其创建成块，完成白蜡的绘制，结果如图 5-50 所示。

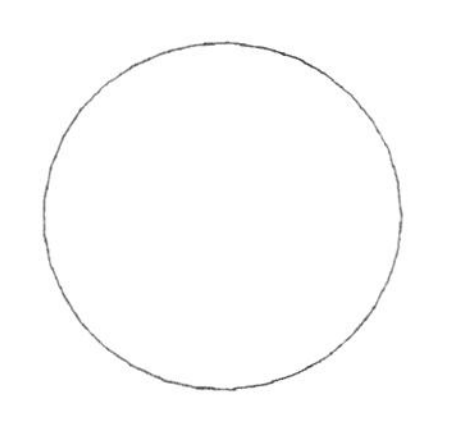

图 5-49　绘制圆

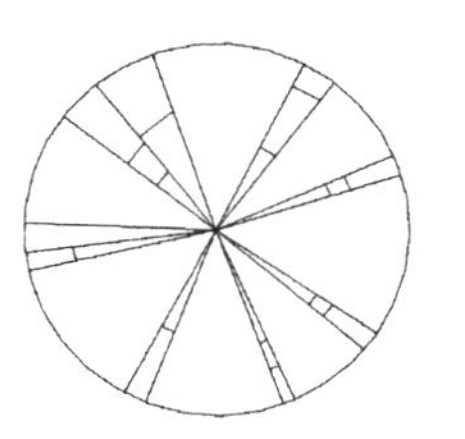

图 5-50　绘制直线

（3）单击“绘图”工具栏中的“插入块”按钮，将白蜡插入到图中，如图 5-51 所示。

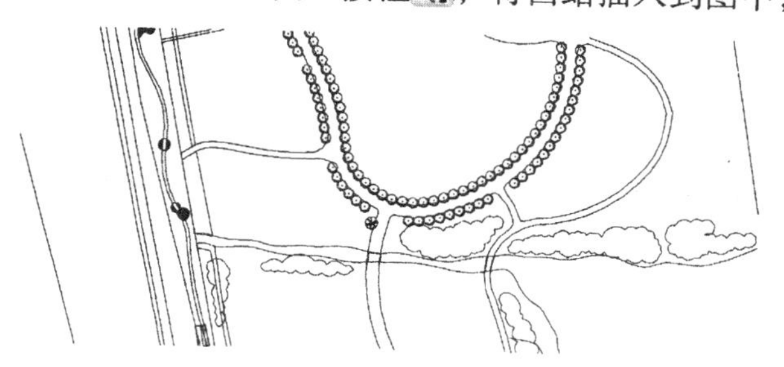

图 5-51　插入白蜡

（4）单击“修改”工具栏中的“复制”按钮，将白蜡复制到图中其他位置处，如图 5-52 所示。

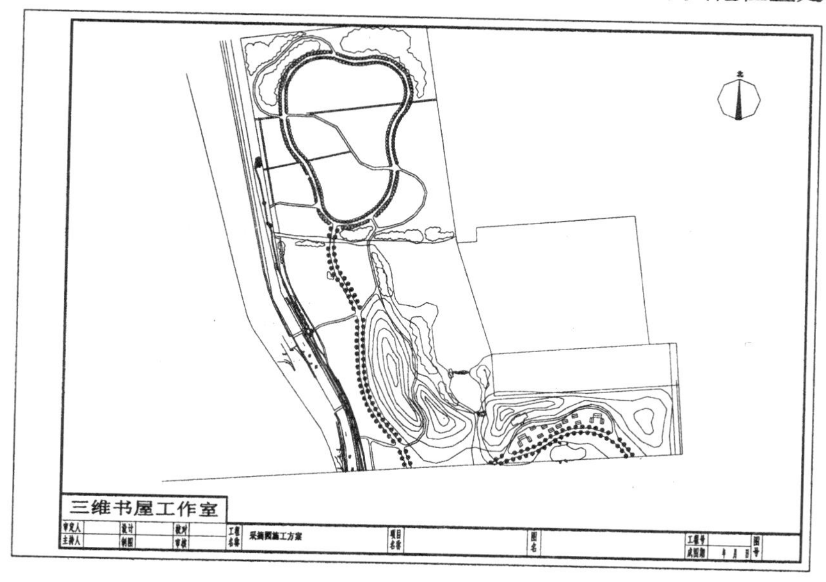

图 5-52　复制白蜡

4. 绘制其他图形

（1）单击“绘图”工具栏中的“插入块”按钮，将大叶女贞插入到图中，如图 5-53 所示。

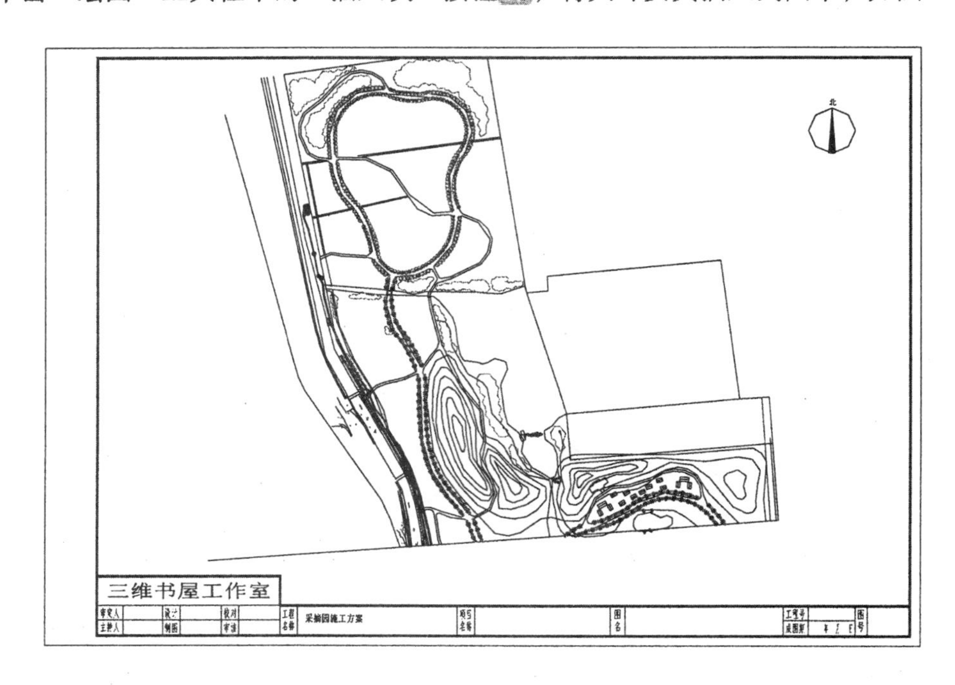

图 5-53　插入大叶女贞

（2）同理，插入图中其他种植物，结果如图 5-54 所示。

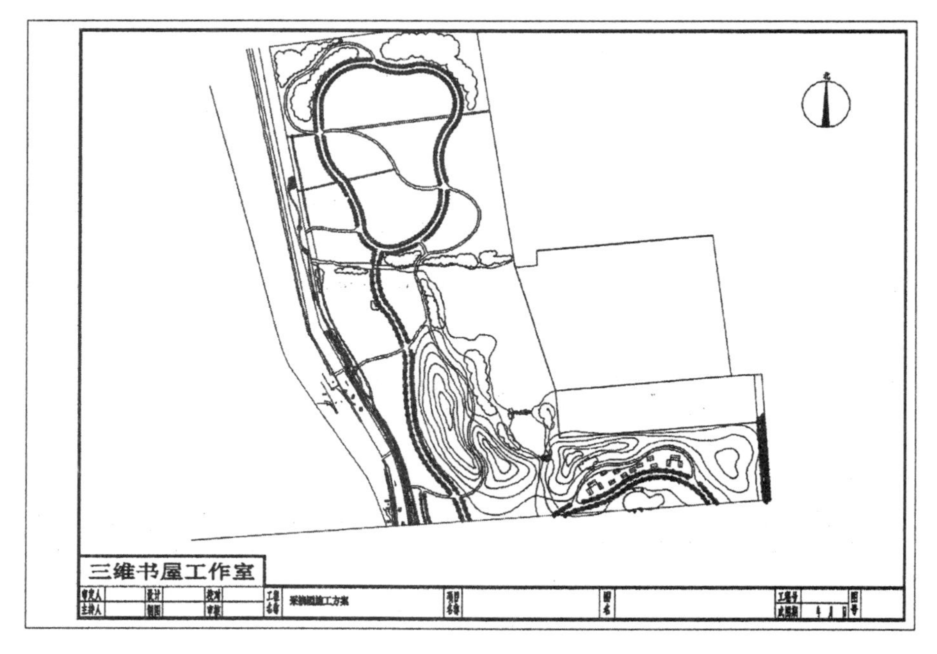

图 5-54　插入其他种植物

5.3.3 标注文字

1. 标注文字说明

（1）选择菜单栏中的“格式”→“文字样式”命令，打开“文字样式”对话框，如图 5-55 所示。单击“新建”按钮，打开“新建文字样式”对话框，创建一个新的文字样式，如 5-56 所示，然后设置字体为仿宋，宽度因子为 0.8。

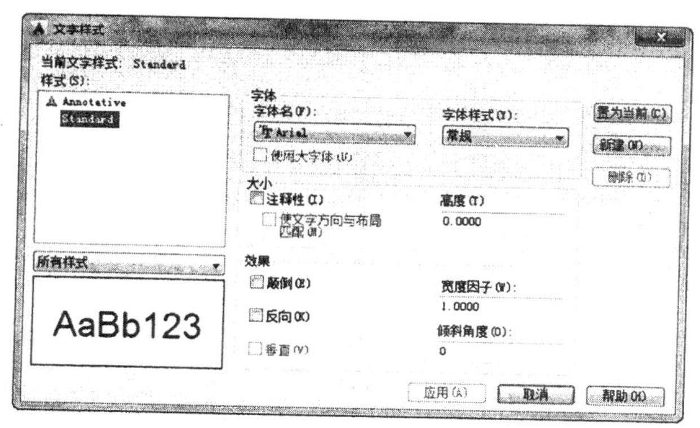

图 5-55　“文字样式”对话框

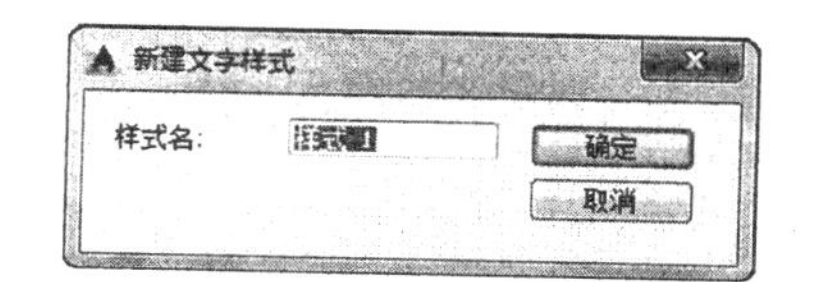

图 5-56　“新建文字样式”对话框

（2）单击“绘图”工具栏中的“多行文字”按钮 A，为图形标注文字，如图 5-57 所示。

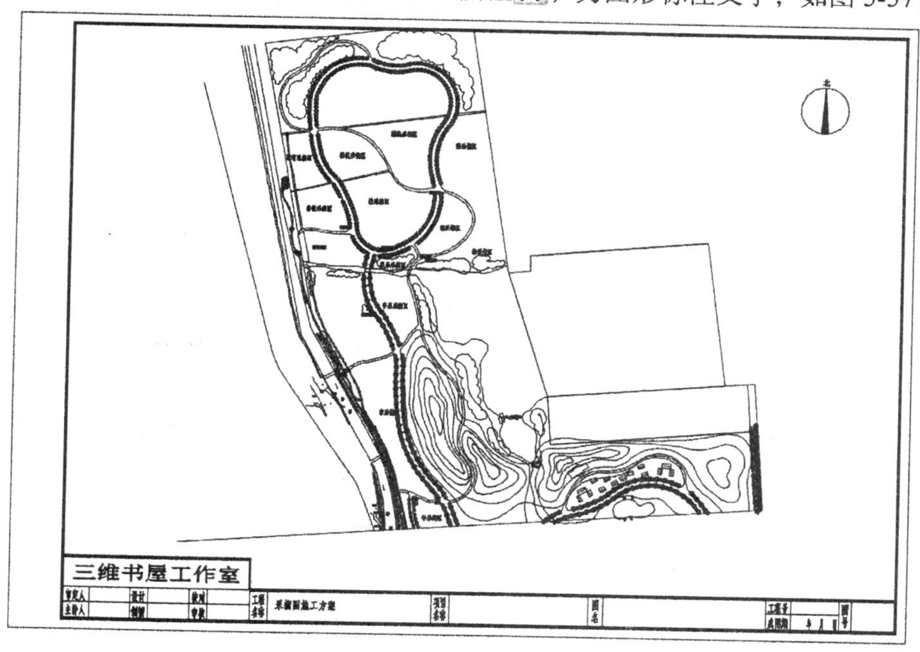

图 5-57　标注文字

（3）单击“绘图”工具栏中的“多行文字”按钮 A，在梨采摘区处标注文字说明，如图 5-58 所示。

面积8660平方米

品 种	间距	规 格	数 量
长寿	3*4	60-80cm	120
若光	3*4	60-80cm	120
红太阳	3*4	60-80cm	120
哈密黄梨	3*4		120
黄金梨	3*4	60-80cm	120

图 5-58　标注文字说明

（4）单击“绘图”工具栏中的“多行文字”按钮A，标注剩余文字，结果如图 5-59 所示。

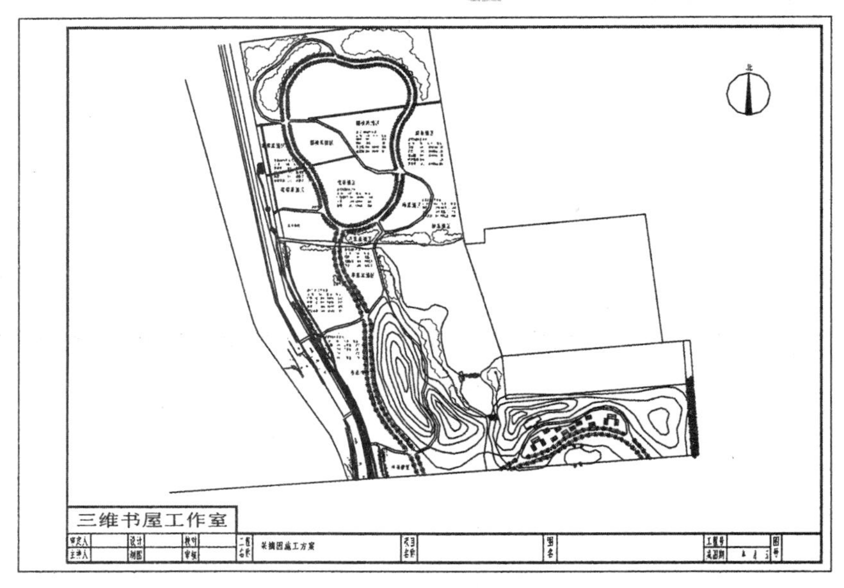

图 5-59　标注剩余文字

2. 绘制苗木表

（1）单击“绘图”工具栏中的“多段线”按钮，绘制 4 条多段线，设置多段线的全局宽度为 0.42，水平边长为 133，竖直边长为 135，如图 5-60 所示。

（2）单击“修改”工具栏中的“偏移”按钮，将 4 条多段线分别向外偏移 1.65，然后单击“修改”工具栏中的“分解”按钮，将偏移后的多段线进行分解，如图 5-61 所示。

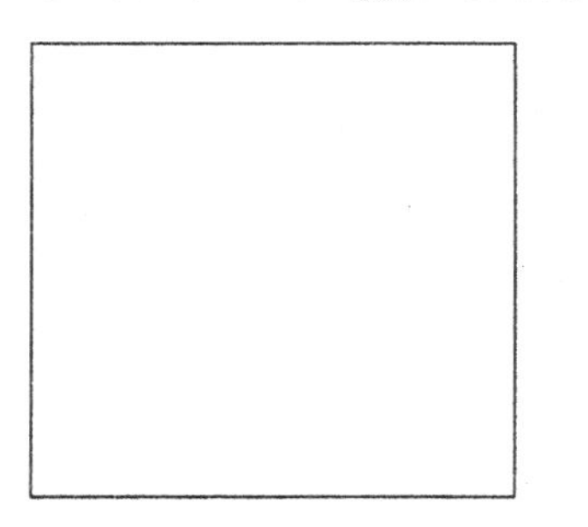

图 5-60　绘制 4 条多段线

图 5-61　偏移多段线

（3）单击“修改”工具栏中的“偏移”按钮，将最上侧水平多段线依次向下进行偏移，偏移距离为 5.1，并将偏移后的多段线分解，删除多余的直线，然后将两边端点延伸到两侧多段线处，最后继续将偏移后的多段线向下偏移 5.1、9.6、9.6、9.6、9.6、9.6、9.6、9.6、9.6、9.6、9.6、9.6 和 9.6。同理，将左侧竖直多段线依次向右进行偏移分解，偏移距离为 10.5、10.5、38、19、25、14 和 16，结果如图 5-62 所示。

（4）单击“修改”工具栏中的“修剪”按钮，修剪掉多余的直线，如图 5-63 所示。

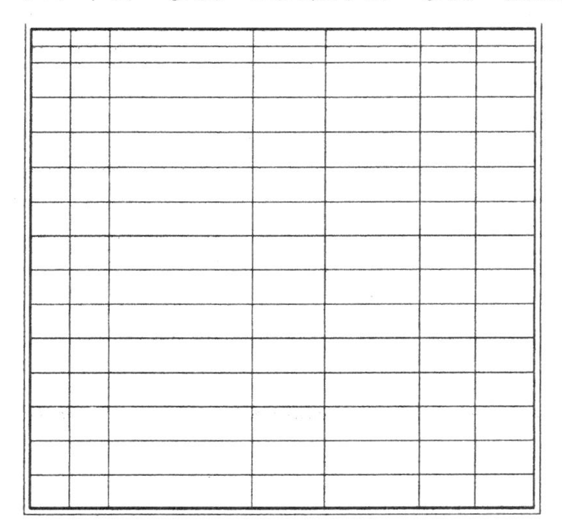

图 5-62　复制直线

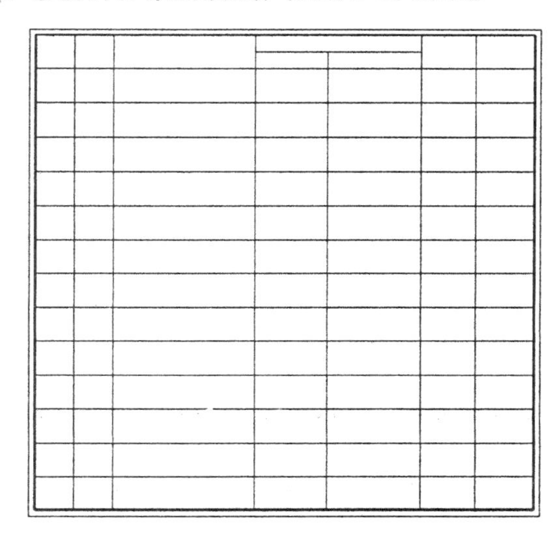

图 5-63　修剪直线

（5）单击“绘图”工具栏中的“多行文字”按钮**A**，在第一行中输入标题，如图 5-64 所示。

（6）单击“修改”工具栏中的“复制”按钮，将第一行第一列的文字依次向下复制，如图 5-65 所示。双击文字，修改文字内容，以便文字格式统一，如图 5-66 所示。

序号	图例	名　称	规　格 cm		单位	数量
			胸　径	高　度		

图 5-64　输入标题

图 5-65　复制文字

（7）单击“修改”工具栏中的“复制”按钮，在种植图中选择各个植物图例，复制到表内，如图 5-67 所示。

（8）同理，单击“绘图”工具栏中的“多行文字”按钮A和“修改”工具栏中的“复制”按钮，在各个标题内输入相应的内容，并标注名称，最终完成苗木表的绘制，如图 5-68 所示。

序号	图例	名　称	规　格 cm		单位	数量
			胸　径	高　度		
1						
2						
3						
4						
5						
6						
7						
8						
9						
10						
11						
12						
13						

图 5-66　修改文字内容

序号	图例	名　称	规　格 cm		单位	数量
			胸　径	高　度		
1						
2						
3						
4						
5						
6						
7						
8						
9						
10						
11						
12						
13						

图 5-67　复制植物图例

苗木表

序号	图例	名　称	规　格 cm		单位	数量
			胸　径	高　度		
1		大叶女贞	4-6cm		株	165
2		白蜡	6cm		株	165
3		珊瑚朴	6cm		株	281
4		黄山栾	4-6cm		株	234
5		海桐球		80-120cm	株	234
6		金枝国槐				
7		碧桃				
8		凤尾兰				
9		大叶黄杨				
10		紫叶李				
11		金银木				
12		圆柏				
13		栾树				

图 5-68　绘制苗木表

3. 输入文字

单击“绘图”工具栏中的“多行文字”按钮 A，在图框内输入图名，最终完成“植物配置图 -1”的绘制，如图 5-36 所示。

5.4 某采摘园植物配置图 -2

本节绘制如图 5-69 所示的植物配置图 -2。

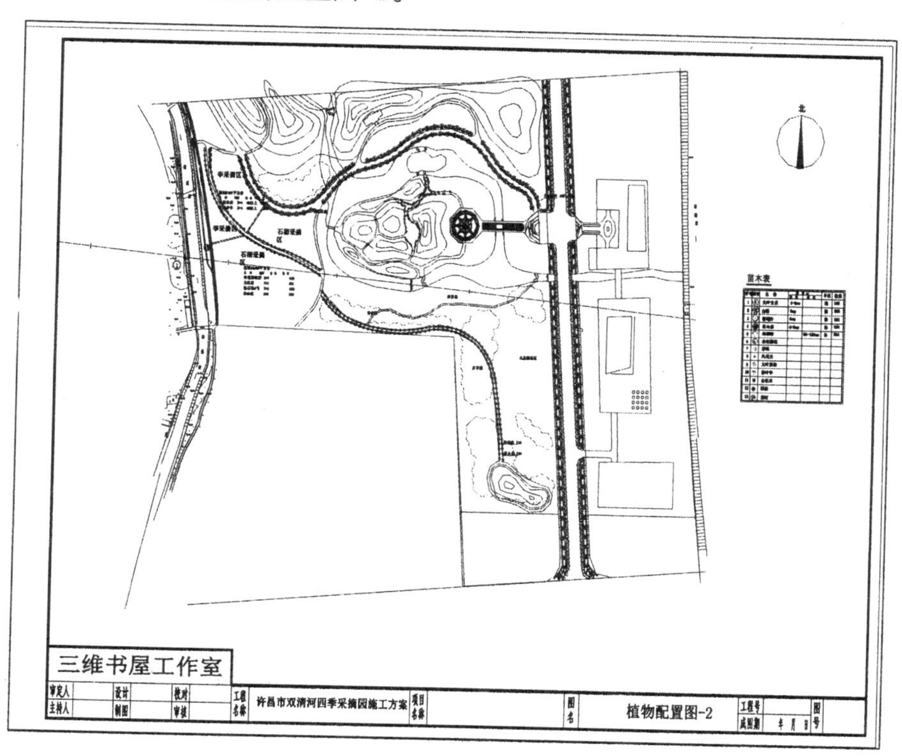

图 5-69 植物配置图 -2

5.4.1 编辑旧文件

（1）打开 AutoCAD 2015 应用程序，选择菜单栏中的“文件”→“打开”命令，打开“选择文件”对话框，选择图形文件“施工放线图二”；或者在“文件”下拉菜单中最近打开的文档中选择“施工放线图二”，双击打开文件，将文件另存为“植物配置图二”，打开后的图形如图 5-70 所示。

（2）单击“修改”工具栏中的“删除”按钮，将多余的图形删除，如图 5-71 所示。

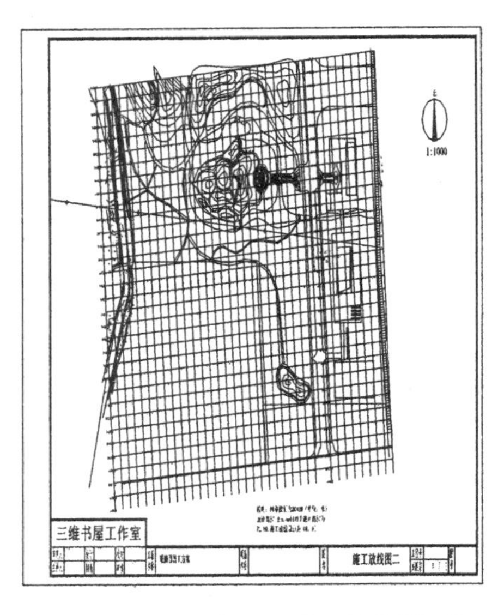

图 5-70　打开“施工放线图二”

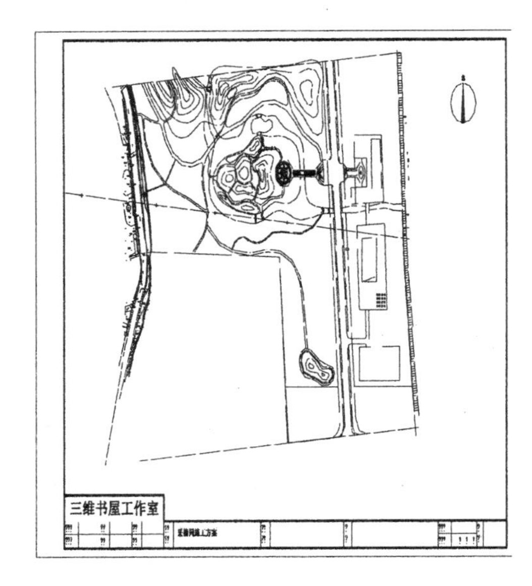

图 5-71　删除多余的图形

5.4.2　植物的绘制

1. 绘制修订云线

（1）单击“绘图”工具栏中的“修订云线”按钮，在图形上侧绘制云线，如图 5-72 所示。

（2）单击“绘图”工具栏中的“修订云线”按钮，绘制其他位置处的云线，如图 5-73 所示。

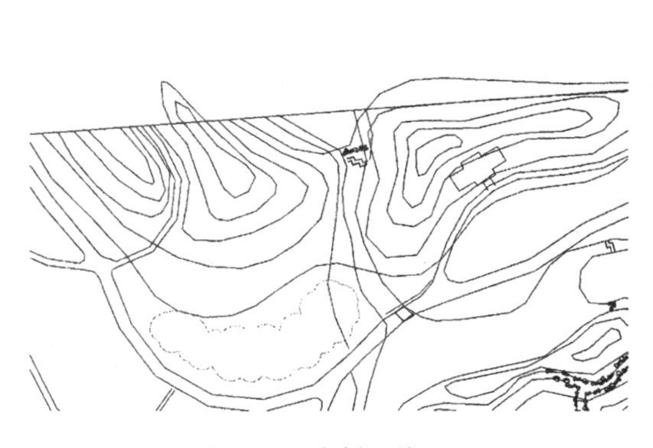

图 5-72　绘制云线 1

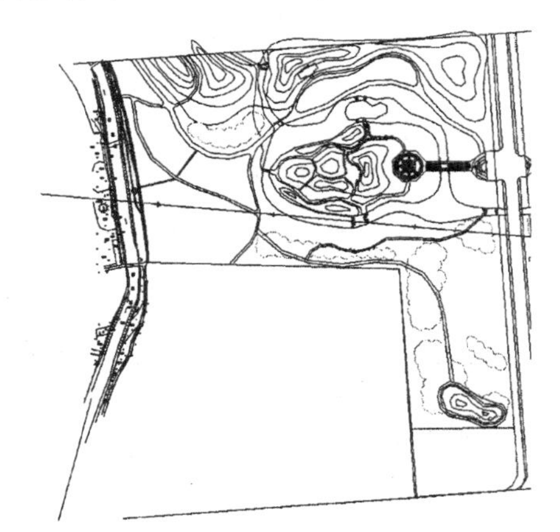

图 5-73　绘制云线 2

2. 绘制海桐球

（1）单击“绘图”工具栏中的“圆”按钮，在图中绘制一个圆，如图 5-74 所示。

（2）单击“绘图”工具栏中的“圆弧”按钮，在圆内绘制一段圆弧，如图 5-75 所示。

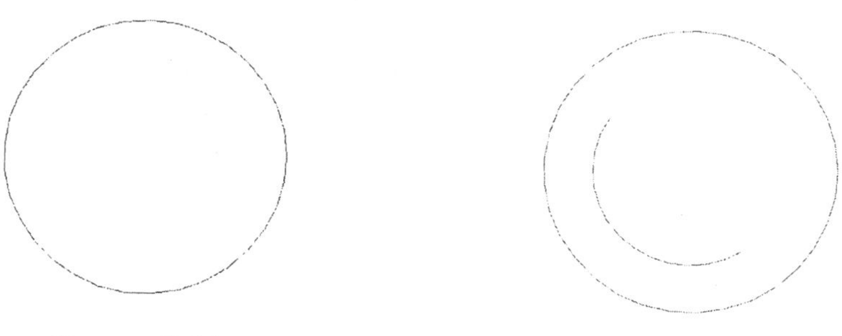

图 5-74　绘制圆　　　　图 5-75　绘制圆弧

（3）在命令行中输入 WBLOCK 命令，打开“写块”对话框，将图形创建为块，命名为“海桐球”。

（4）单击“绘图”工具栏中的“插入块”按钮，将海桐球插入到图中，如图 5-76 所示。

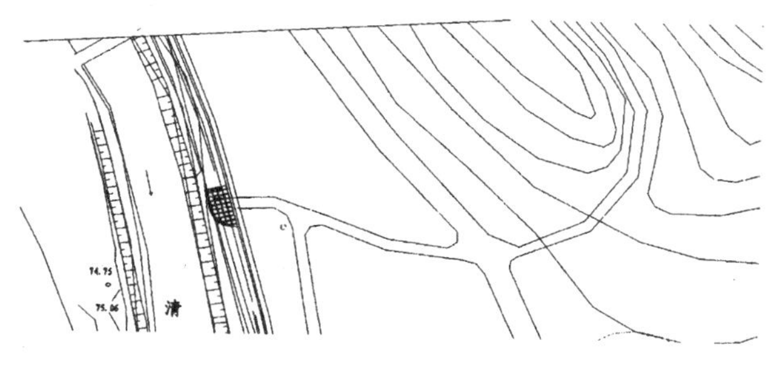

图 5-76　插入海桐球

（5）单击“修改”工具栏中的“复制”按钮，将海桐球复制到图中其他位置处，然后单击“修改”工具栏中的“旋转”按钮，将复制后的海桐球旋转到合适的角度，如图 5-77 所示。

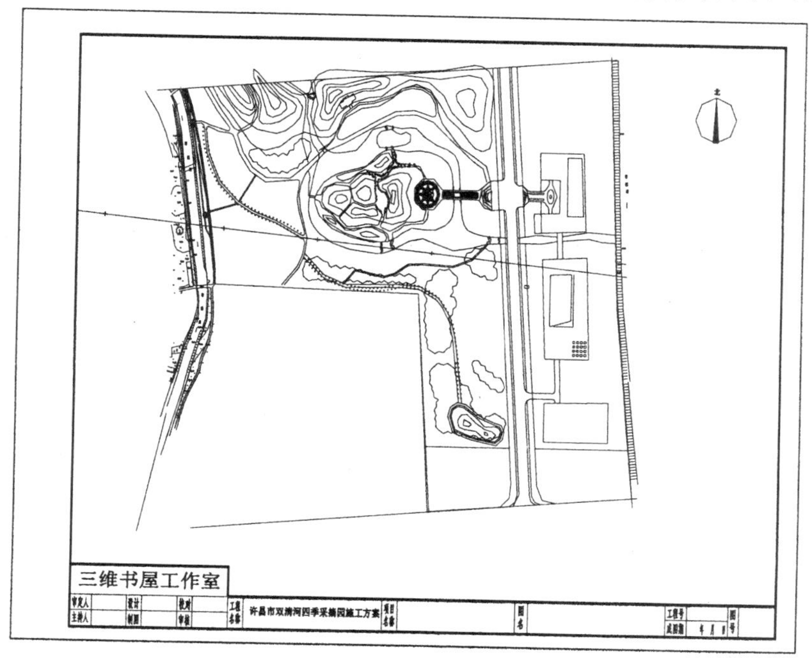

图 5-77　复制海桐球

3. 插入图块

（1）单击“绘图”工具栏中的“插入块”按钮，将黄山栾插入到图中合适的位置处，如图 5-78 所示。

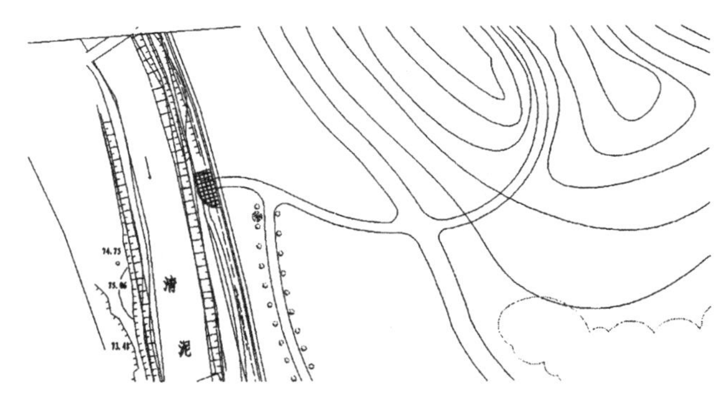

图 5-78　插入黄山栾

（2）单击“修改”工具栏中的“复制”按钮，将黄山栾复制到图中其他位置处，然后单击“修改”工具栏中的“旋转”按钮，将复制后的黄山栾旋转到合适的角度，如图 5-79 所示。

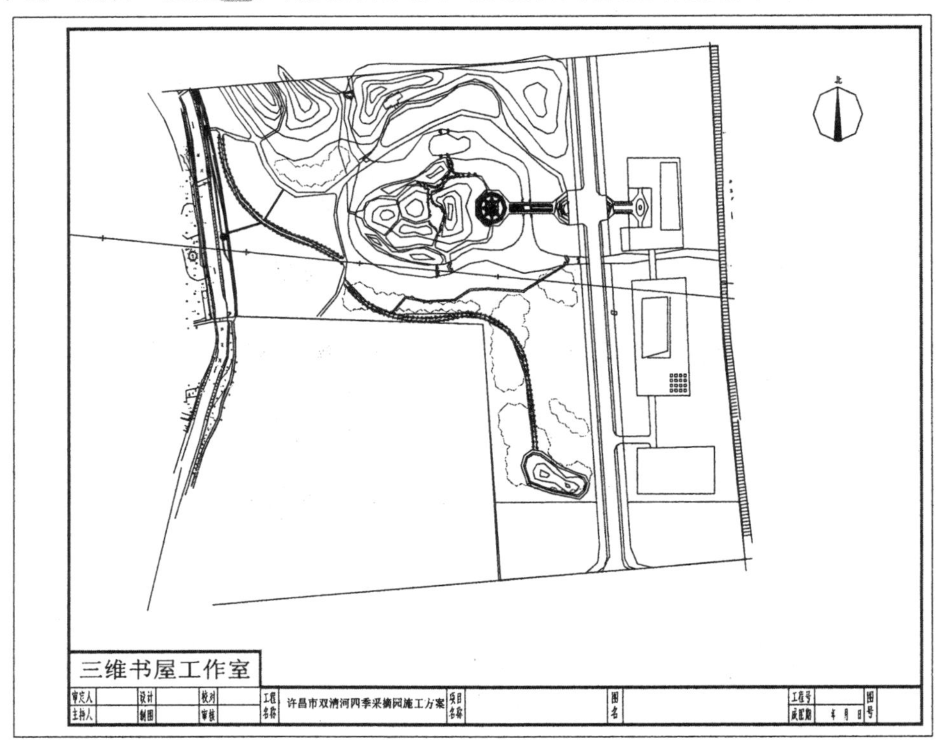

图 5-79　复制黄山栾

（3）单击“绘图”工具栏中的“插入块”按钮，将大叶女贞插入到图中合适的位置处，如图 5-80 所示。

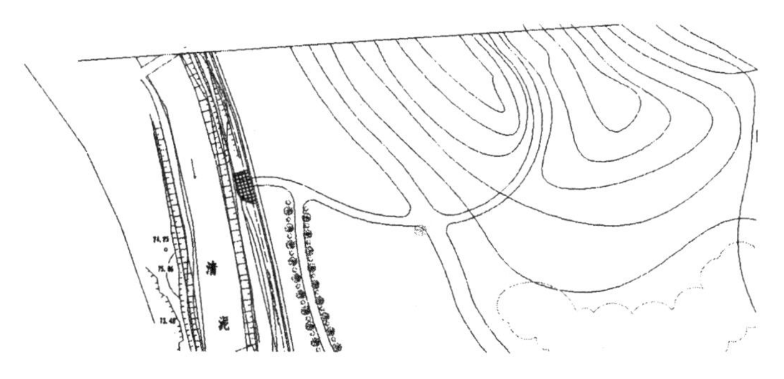

图 5-80　插入大叶女贞

（4）单击“修改”工具栏中的“复制”按钮，将大叶女贞复制到图中其他位置处，然后单击“修改”工具栏中的“旋转”按钮，将复制后的大叶女贞旋转到合适的角度，如图 5-81 所示。

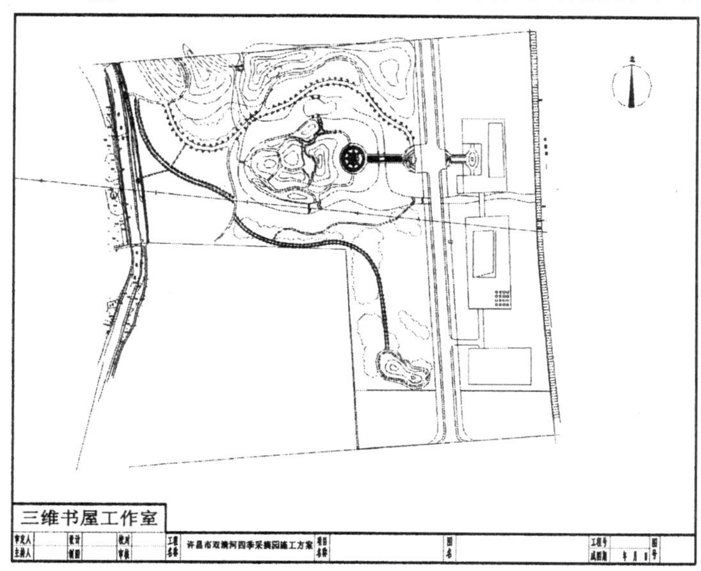

图 5-81　复制大叶女贞

（5）单击“绘图”工具栏中的“插入块”按钮，将白蜡插入到图中合适的位置处，如图 5-82 所示。

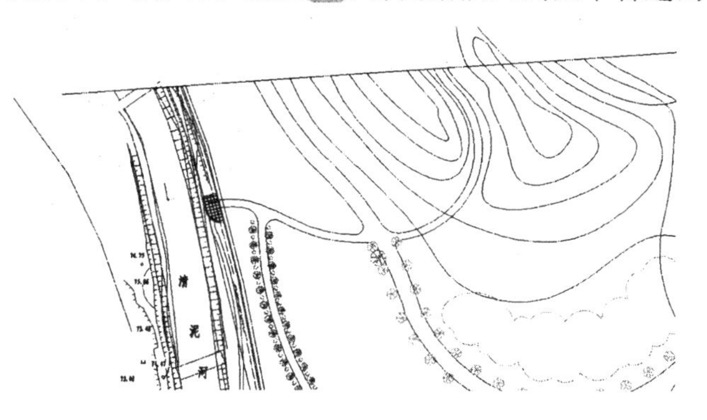

图 5-82　插入白蜡

（6）单击“修改”工具栏中的“复制”按钮，将白蜡复制到图中其他位置处，然后单击“修改”工具栏中的“旋转”按钮，将复制后的白蜡旋转到合适的角度，如图 5-83 所示。

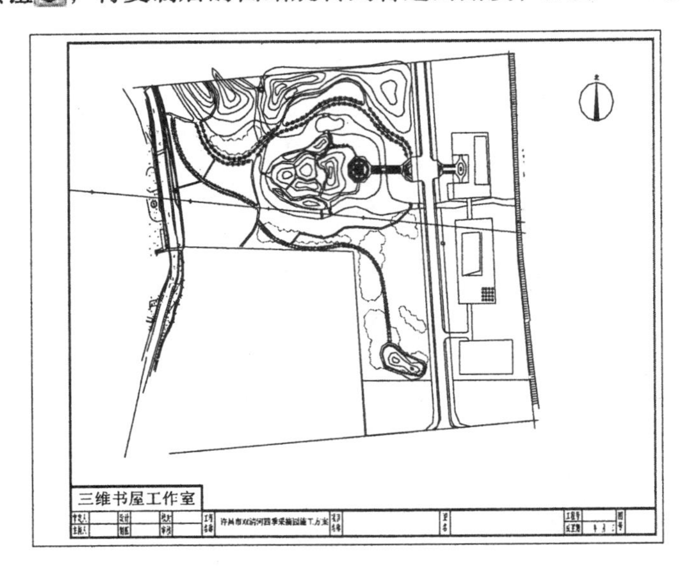

图 5-83　复制白蜡

（7）同理，插入图中其他种植物，结果如图 5-84 所示。

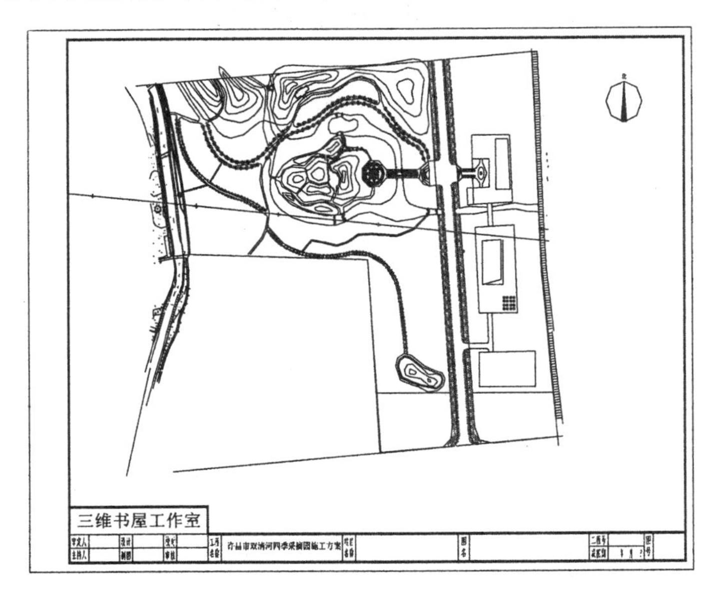

图 5-84　插入种植物

5.4.3　标注文字

（1）单击“绘图”工具栏中的“多行文字”按钮A，为图形标注文字，如图 5-85 所示。

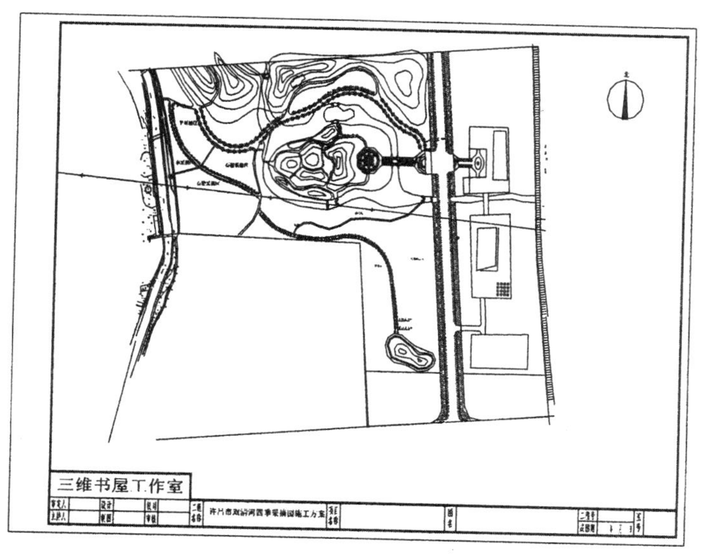

图 5-85　标注文字

（2）单击“绘图”工具栏中的“多行文字”按钮A，在李子采摘区处标注文字说明，如图 5-86 所示。

面积6107平方米

品　种	间距	规 格	数 量
玫瑰皇后	3*4	40以上	285
美国杏李	3*4	40以上	285

图 5-86　标注文字说明

（3）单击“绘图”工具栏中的“多行文字”按钮A，标注剩余文字，结果如图 5-87 所示。

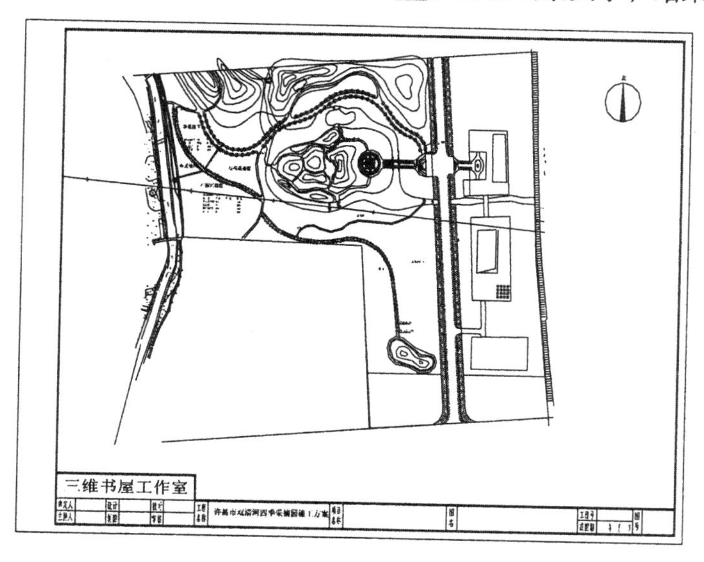

图 5-87　标注剩余文字

（4）打开“植物配置图 -1”，然后按 Ctrl+C 快捷键将苗木表复制，按 Ctrl+V 快捷键将其粘贴到“植物配置图二”中，如图 5-88 所示。

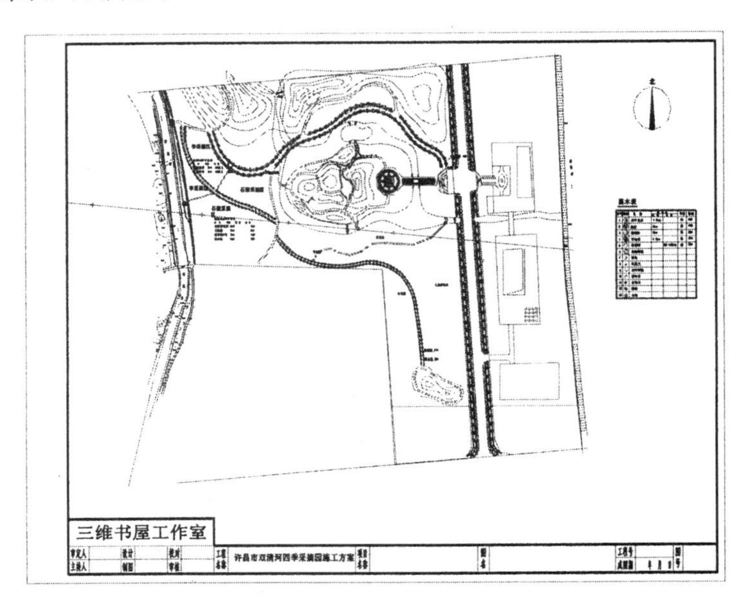

图 5-88　复制苗木表

（5）单击“绘图”工具栏中的“多行文字”按钮 A，在图框内输入图名，最终完成“植物配置图 -2”的绘制，如图 5-69 所示。

读书笔记

▶▶ 第2篇

社区公园园林设计篇

本篇导读：

社区规划设计首先以服务居民为目标，形成有利于邻里团结交往、居民休息娱乐的园林环境；要考虑老年人及少年儿童的需要，按照他们不同的活动规律配备不同的设施，采用无障碍设计，适应老幼及残疾人的生理体能特点。其次要充分利用居住区中保留的有利的自然生态因素，在规划设计时，结合原有的地形条件使地形、空间更加丰富，并协调建筑与居住区周围环境的关系，提高绿化的生态环境功能。最后一条就是根据绿地中市政设施布局和具体环境条件进行绿化建设。在规划时要遵循城市园林绿化设计的一般原则，还要根据绿地中各种管线、构筑物、道路等情况进行布置，种植设计要注意建筑物的采光、通风等要求。

本篇将以两个不同的小区园林设计为例讲述社区规划的相关思路和方法。

内容要点：

- 高层住宅小区园林设计
- 居住区公园设计

高层住宅小区园林规划

小区游园是为一个居住小区的居民服务、配套建设的集中绿地，并设置一定的健身活动设施和社交游憩场地，如儿童游戏设施、老年人活动休息场地设施，园林小品建筑和铺地，小型水体水景、地形变化、树木草地花卉、出入口等，一般面积在 $100m^2$ 以上。小区游园服务半径为 0.3 ～ 0.5km。

本章将以某高层小区园林设计为例，介绍小区园林设计的基本规划和布局。

6.1 概　　述

小区游园是为居住小区就近提供服务的绿地。一般布置在居住人口 10000 人左右的小区中心地带，也有的布置在居住小区临近城市主要道路的一侧，方便居民及行人进入公园休息，同时美化街景，并使居住区建筑与城市街道间有适当的过渡，减少城市街道对居住小区的不利影响。也可利用周围的有利条件建造，如优美的自然山水、历史古迹、园林胜景等。

小区游园是居住区中最主要的绿地，利用率比居住区公园更高，能更有效地为居民服务，因此一般把小区游园设置在较适中的位置，并尽量与小区内的活动中心、商业服务中心相距近些。

小区游园无明确的功能分区，内部的各种园林建筑、设施较居住区公园简单。一般有游憩锻炼活动场地、结合养护管理用房的公共厕所，儿童游戏场地，并有花坛、花池、亭、廊、景墙及铺地、园椅等建筑小品和设施小品。

小区游园平面布局形式不拘一格，但总的来说要简洁明了，内部空间要开敞明亮。对于较小的小区游园，宜采取规则式布局，结合地形竖向变化，形成简洁明快、活泼多变的小区游园环境。

本实例以高层住宅区绿地设计为主进行介绍，如图 6-1 所示，绘制时首先要建立相应的图层，在原地形的基础上进行出入口、道路、地形、景区等的划分，然后再绘制各部分的详图，最后进行植物的配植。

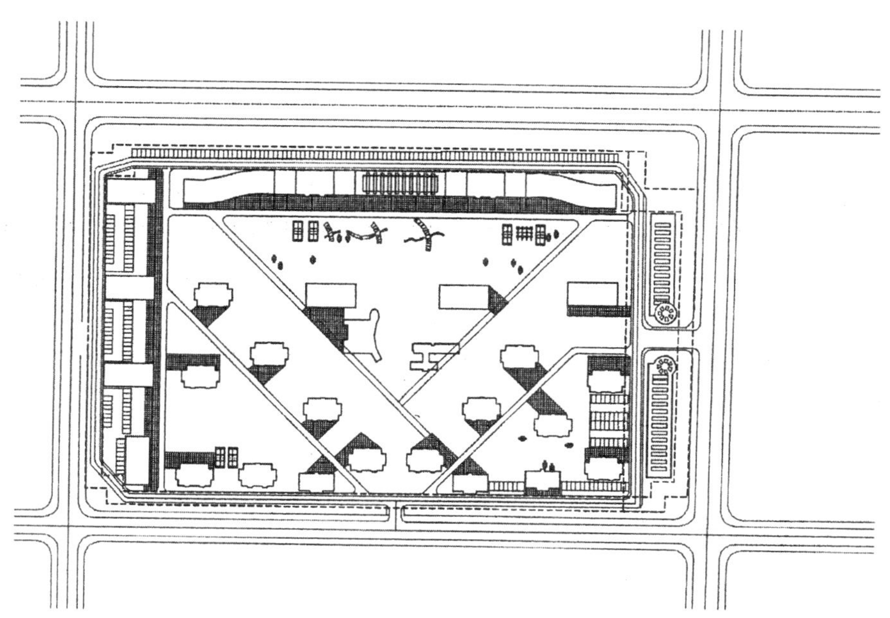

图 6-1　高层住宅区绿地设计

6.1.1 设计理念

本实例主要讲述高层住宅绿化规划，设计理念可以分为以下 4 点。

（1）视觉转化、景观预览——景观主轴的建立。通透的景观视廊作为小区的景观轴线，与水脉结合，相得益彰。

（2）尊重机理、景观内聚——紧凑社区的倡导。把握土地开发与资源利用的未来趋势，对于居住区园林设计是一个新的课题。

（3）组团结构、共生联动——空间时序的设想。按两个大的组团考虑，更贴切地呼应了中轴景观的内聚、共享功能，并把建设的时序与联动有机结合，在操作上更为合理。

（4）以人为本、简约设计——从城市空间形态出发，以人为本，尊重住户，实现真正意义上的人车分流。

6.1.2 主要指标

本高层住宅绿化规划的设计指标包括以下几点。

（1）用地面积：96481m^2。

（2）建筑面积：308993m^2，其中，住宅面积 305770.7m^2，公建面积 2471.4m^2，商业面积 750.9m^2。

（3）建筑密度：14.28%。

（4）绿地率：54%。

6.2 高层住宅小区园林建筑设计

本节将介绍高层小区园林建筑设计规划，包括园林道路规划、户型绘制和户型布置等的设计和布置。

6.2.1 设置绘图环境

1. 单位的设置

将系统单位设置为米（m），以 1∶1 的比例绘制。选择菜单栏中的“格式”→“单位”命令，弹出“图形单位”对话框，进行如图 6-2 所示的设置，然后单击“确定”按钮。

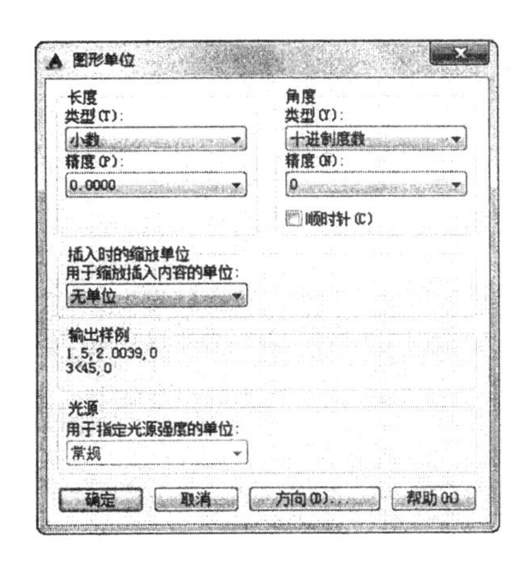

图 6-2　单位的设置

2. 图形界限的设置

AutoCAD 2015 默认的图形界限为 420×297，是 A3 图幅，这里以 1∶1 的比例绘制，将图形界限设为 420000×297000。

6.2.2　绘制道路

1. 绘制轴线

（1）建立一个新图层，命名为“中心线层”，颜色选取为红色，线型选取 DASHD，线宽为默认，并将其设置为当前图层，如图 6-3 所示。确定后回到绘图状态。

图 6-3　“中心线层”图层

（2）考虑到周围居民的进出方便，设计两个入口，一个主入口，一个次入口。

（3）单击“绘图”工具栏中的“直线”按钮，在图形空白位置任选一点为直线起点，绘制一条长度为 567700 的水平直线，如图 6-4 所示。

图 6-4　绘制水平直线

（4）单击“绘图”工具栏中的“直线”按钮，在步骤（3）中绘制的水平直线上选取一点为直线起点，绘制一条长度为 400500 的竖直直线，如图 6-5 所示。

（5）单击“修改”工具栏中的“偏移”按钮，选择步骤（4）中绘制的竖直直线为偏移对象，将其向右进行偏移，偏移距离为 425900，如图 6-6 所示。

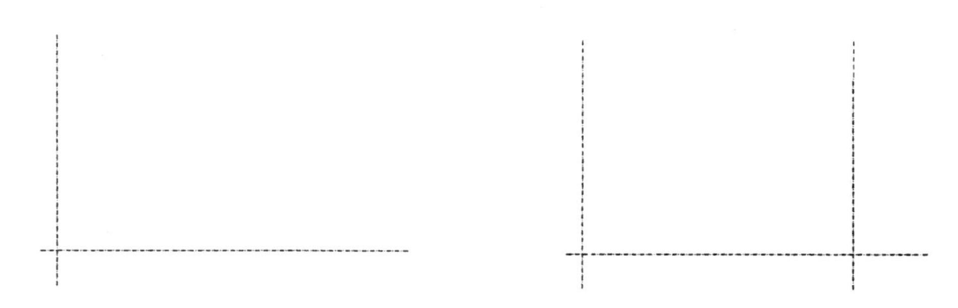

图 6-5　绘制竖直直线　　　　图 6-6　偏移竖直直线

（6）单击“修改”工具栏中的“偏移”按钮，选择底部水平直线为偏移对象，将其向上进行偏移，偏移距离为 290300，如图 6-7 所示。

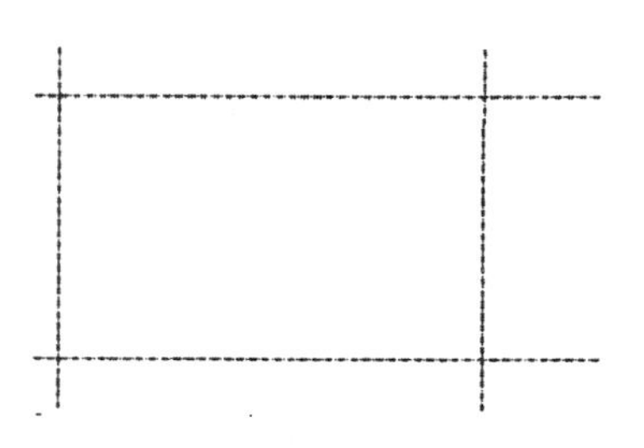

图 6-7　偏移水平直线

2. 绘制道路

（1）建立一个新图层，命名为“道路”，颜色选取为红色，线型为默认，并将其设置为当前图层，如图 6-8 所示。

图 6-8　“道路”图层

（2）单击“修改”工具栏中的“偏移”按钮，选择前面绘制的竖直轴线为偏移对象，分别向左右两侧进行偏移，偏移距离为 8500、4500，如图 6-9 所示。

（3）单击“修改”工具栏中的“偏移”按钮，选择绘制的水平直线为偏移对象将其向上下两侧进行偏移，偏移距离为 8500、4500，如图 6-10 所示。

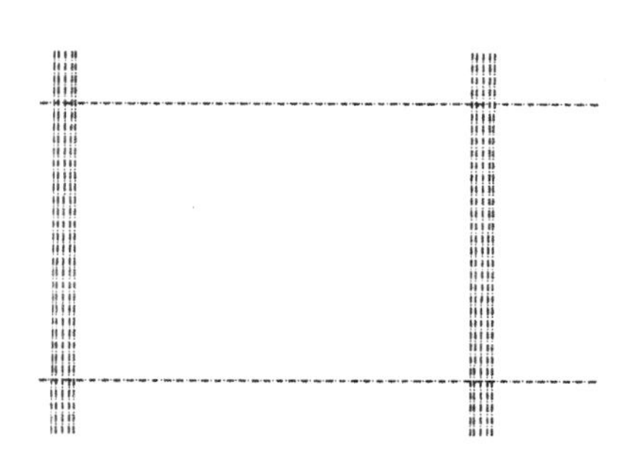

图 6-9　偏移竖直线段

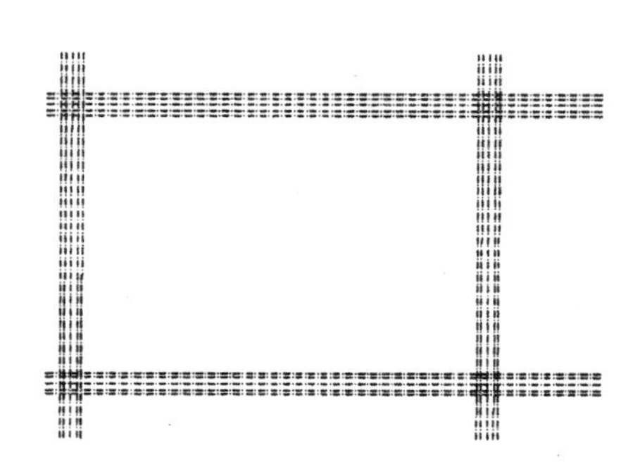

图 6-10　偏移水平线段

（4）选择偏移后的线段为操作对象并右击，在弹出的快捷菜单中选择“特性”命令，打开“特性”选项板，在选项板中“图层”列表中选择“道路”图层，如图 6-11 所示。将偏移后的线段切换到“道路”图层，如图 6-12 所示。

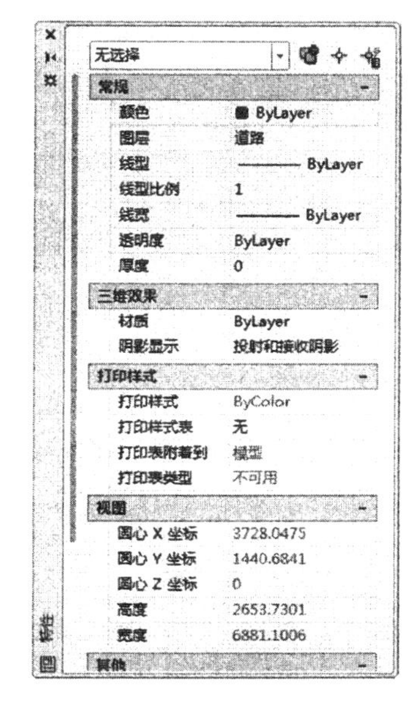

图 6-11　“特性”选项板

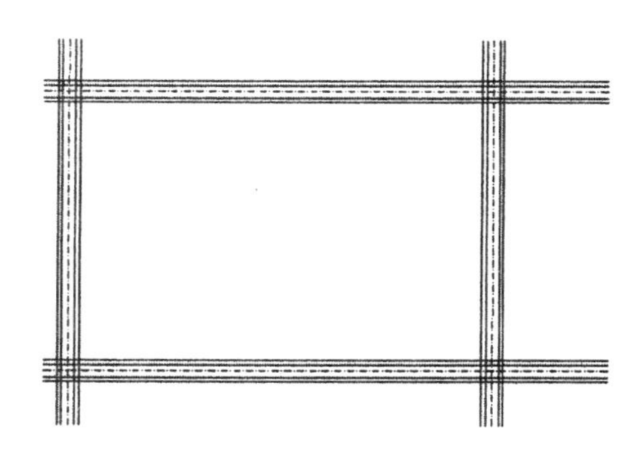

图 6-12　切换图层

（5）单击“修改”工具栏中的“圆角”按钮，选择步骤（3）中偏移的轴线为圆角对象，圆角半径为 10000，以不修剪模式进行圆角处理，结果如图 6-13 所示。

（6）单击“修改”工具栏中的“修剪”按钮，选择步骤（5）中的圆角对象为修剪对象，对其进行修剪处理，如图 6-14 所示。

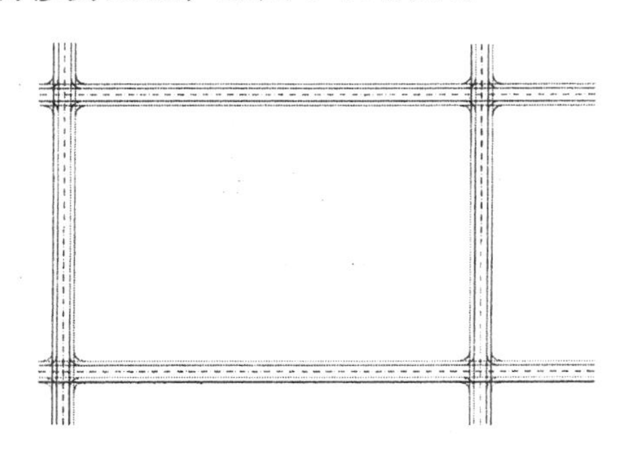

图 6-13　圆角处理

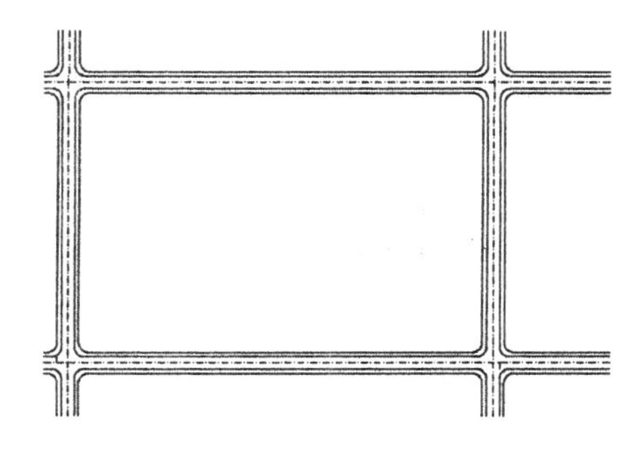

图 6-14　修剪线段

6.2.3　小区户型图的绘制

1. 绘制 30F 户型图

（1）新建图层“建筑小品”，图层颜色设置为黄色，线型保持默认，如图 6-15 所示，并将其设

置为当前图层。

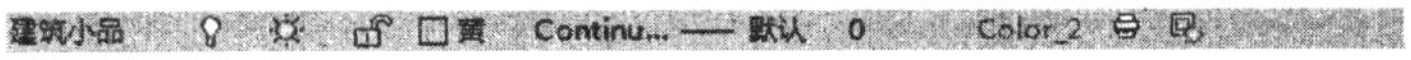

建筑小品 Continu... —— 默认 0 Color_2

图 6-15 “建筑小品”图层

（2）单击“绘图”工具栏中的“多段线”按钮，指定起点宽度为 100，端点宽度为 100，在图形中指定点（0，0）为多段线起点，在图形中绘制连续多段线，命令行提示与操作如下：

```
命令：PLINE
指定起点：
当前线宽为 100.0000
指定下一个点或 [ 圆弧 (A)/ 半宽 (H)/ 长度 (L)/ 放弃 (U)/ 宽度 (W)]: w
指定起点宽度 <100.0000>: 100
指定端点宽度 <100.0000>:
指定下一个点或 [ 圆弧 (A)/ 半宽 (H)/ 长度 (L)/ 放弃 (U)/ 宽度 (W)]: 16500（垂直向上）
指定下一点或 [ 圆弧 (A)/ 闭合 (C)/ 半宽 (H)/ 长度 (L)/ 放弃 (U)/ 宽度 (W)]: 11000（水平向右）
指定下一点或 [ 圆弧 (A)/ 闭合 (C)/ 半宽 (H)/ 长度 (L)/ 放弃 (U)/ 宽度 (W)]: 300（垂直向上）
指定下一点或 [ 圆弧 (A)/ 闭合 (C)/ 半宽 (H)/ 长度 (L)/ 放弃 (U)/ 宽度 (W)]: 2900（水平向右）
指定下一点或 [ 圆弧 (A)/ 闭合 (C)/ 半宽 (H)/ 长度 (L)/ 放弃 (U)/ 宽度 (W)]: 300（垂直向下）
指定下一点或 [ 圆弧 (A)/ 闭合 (C)/ 半宽 (H)/ 长度 (L)/ 放弃 (U)/ 宽度 (W)]: 10900（水平向右）
指定下一点或 [ 圆弧 (A)/ 闭合 (C)/ 半宽 (H)/ 长度 (L)/ 放弃 (U)/ 宽度 (W)]: 16600（垂直向下）
指定下一点或 [ 圆弧 (A)/ 闭合 (C)/ 半宽 (H)/ 长度 (L)/ 放弃 (U)/ 宽度 (W)]: 5600（水平向左）
指定下一点或 [ 圆弧 (A)/ 闭合 (C)/ 半宽 (H)/ 长度 (L)/ 放弃 (U)/ 宽度 (W)]: 700（垂直向上）
指定下一点或 [ 圆弧 (A)/ 闭合 (C)/ 半宽 (H)/ 长度 (L)/ 放弃 (U)/ 宽度 (W)]: 4000（水平向左）
指定下一点或 [ 圆弧 (A)/ 闭合 (C)/ 半宽 (H)/ 长度 (L)/ 放弃 (U)/ 宽度 (W)]: 700（垂直向上）
指定下一点或 [ 圆弧 (A)/ 闭合 (C)/ 半宽 (H)/ 长度 (L)/ 放弃 (U)/ 宽度 (W)]: 5900（水平向左）
指定下一点或 [ 圆弧 (A)/ 闭合 (C)/ 半宽 (H)/ 长度 (L)/ 放弃 (U)/ 宽度 (W)]: 700（垂直向下）
指定下一点或 [ 圆弧 (A)/ 闭合 (C)/ 半宽 (H)/ 长度 (L)/ 放弃 (U)/ 宽度 (W)]: 4000（水平向左）
指定下一点或 [ 圆弧 (A)/ 闭合 (C)/ 半宽 (H)/ 长度 (L)/ 放弃 (U)/ 宽度 (W)]: 700（垂直向下）
指定下一点或 [ 圆弧 (A)/ 闭合 (C)/ 半宽 (H)/ 长度 (L)/ 放弃 (U)/ 宽度 (W)]: 5500（水平向左）
指定下一点或 [ 圆弧 (A)/ 闭合 (C)/ 半宽 (H)/ 长度 (L)/ 放弃 (U)/ 宽度 (W)]:
```

结果如图 6-16 所示。

（3）单击“绘图”工具栏中的“多段线”按钮，指定起点宽度为 100，端点宽度为 100，在步骤（2）中绘制的图形内绘制 4 条斜向直线，如图 6-17 所示。

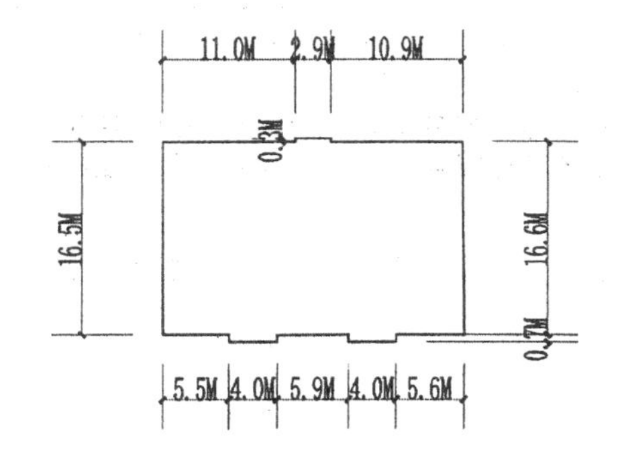

图 6-16 绘制连续多段线

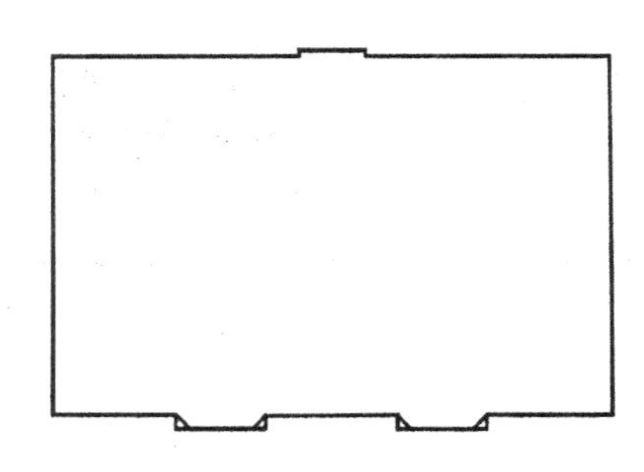

图 6-17 绘制斜向直线

（4）单击“修改”工具栏中的“修剪”按钮，选择步骤（3）中绘制的斜向直线外部线段为修剪对象，对其进行修剪处理，完成 30F 户型图的绘制，如图 6-18 所示。

2. 绘制 26F 户型图

单击“绘图”工具栏中的“多段线”按钮，指定起点宽度为 100，端点宽度为 100，绘制尺寸为 32900 × 16000 的矩形，完成 26F 户型图的绘制，如图 6-19 所示。

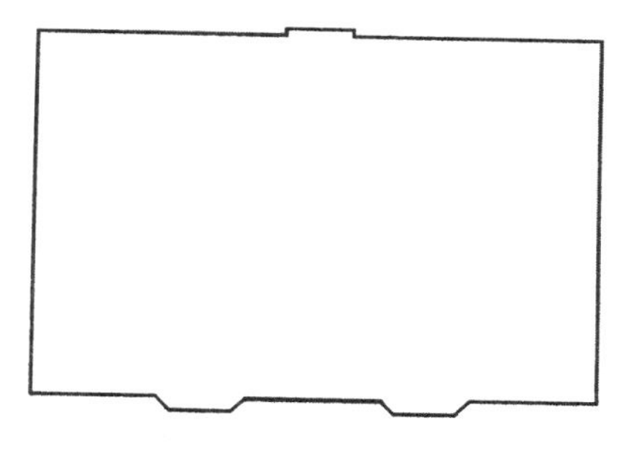

图 6-18　30F 户型图

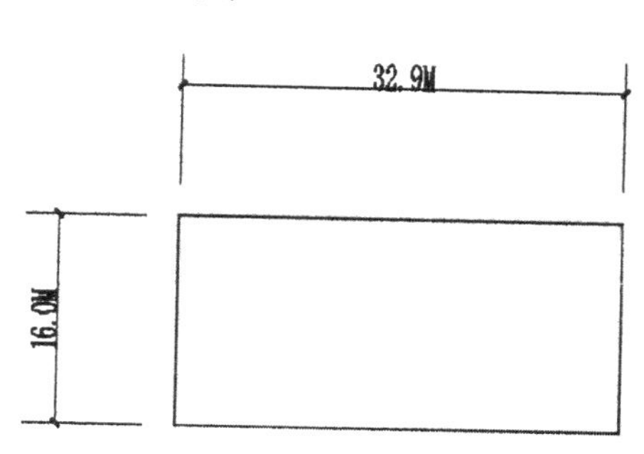

图 6-19　26F 户型图

3. 绘制 3F 户型图

（1）单击“绘图”工具栏中的“多段线”按钮，绘制尺寸为 31800 × 18800 的矩形，如图 6-20 所示。

（2）单击“修改”工具栏中的“偏移”按钮，选择左侧竖直直线为偏移对象，将其向右进行偏移，偏移距离为 1100、900、6100、4000、1600、1700 和 2700，命令行部分提示与操作如下：

```
命令：OFFSET
当前设置：删除源 = 否  图层 = 源  OFFSETGAPTYPE=0
指定偏移距离或 [ 通过 (T)/ 删除 (E)/ 图层 (L)] <900.0000>: 1100
选择要偏移的对象，或 [ 退出 (E)/ 放弃 (U)] < 退出 >: 选择左侧竖直直线
指定要偏移的那一侧上的点，或 [ 退出 (E)/ 多个 (M)/ 放弃 (U)] < 退出 >: 右侧偏移
```

偏移结果如图 6-21 所示。

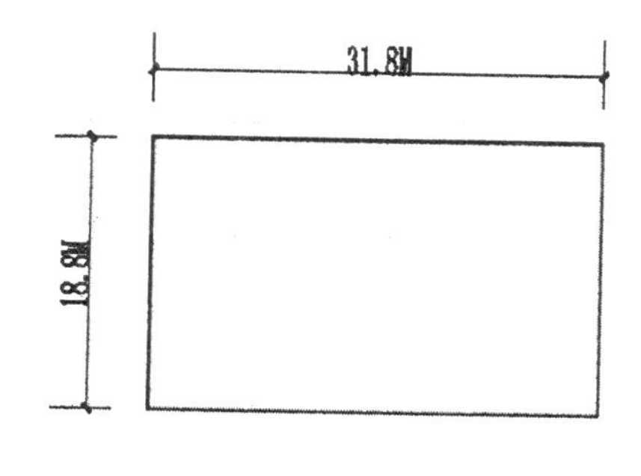

图 6-20　绘制矩形

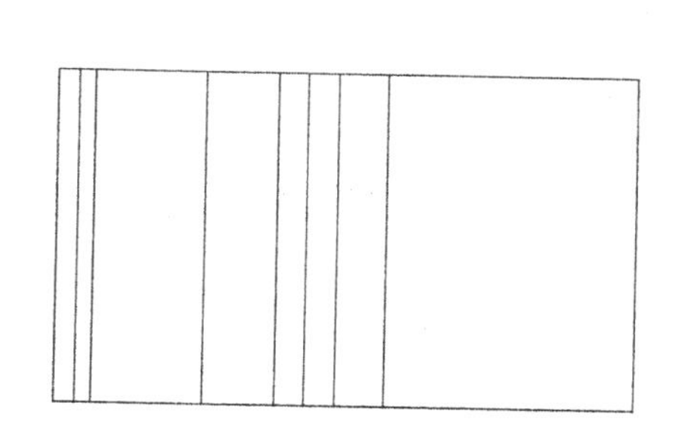

图 6-21　偏移线段

（3）单击“修改”工具栏中的“偏移”按钮，选择步骤（2）中水平直线为偏移对象，将其向下进行偏移，偏移距离为 500、600、3700、1800、6100 和 4700，结果如图 6-22 所示。

（4）单击“修改”工具栏中的“修剪”按钮，选择步骤（2）和步骤（3）中偏移的水平多段线和竖直多段线为修剪对象，对其进行修剪处理，完成高层住宅小区内幼儿园 3F 户型图的绘制，如图 6-23 所示。

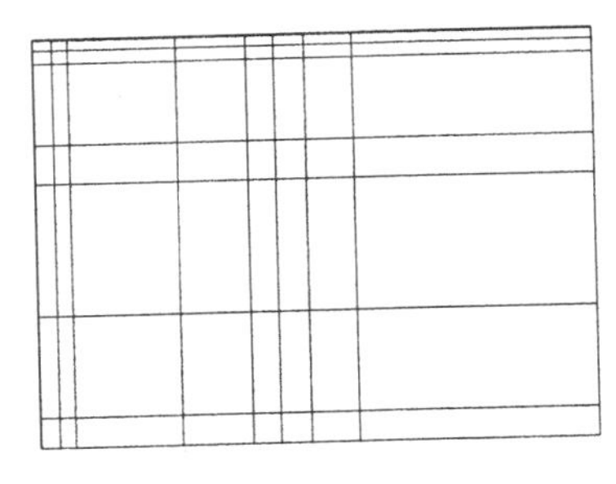

图 6-22　偏移水平线段

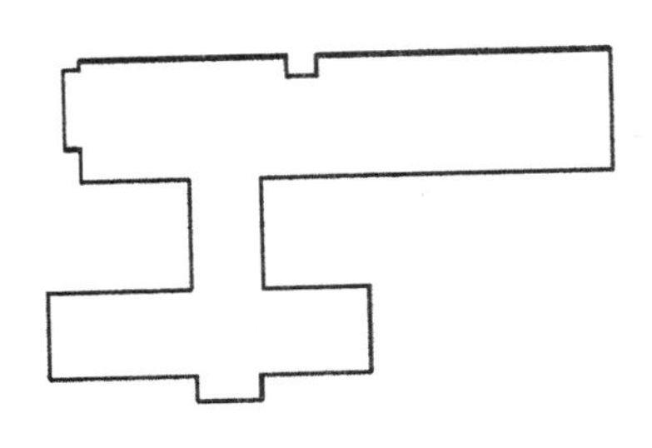

图 6-23　修剪线段

4. 绘制 12F 户型图

单击“绘图”工具栏中的“多段线”按钮，指定起点宽度为 0，端点宽度为 0，在图形空白位置选择一点为直线起点绘制连续多段线，完成 12F 户型图的绘制，如图 6-24 所示。

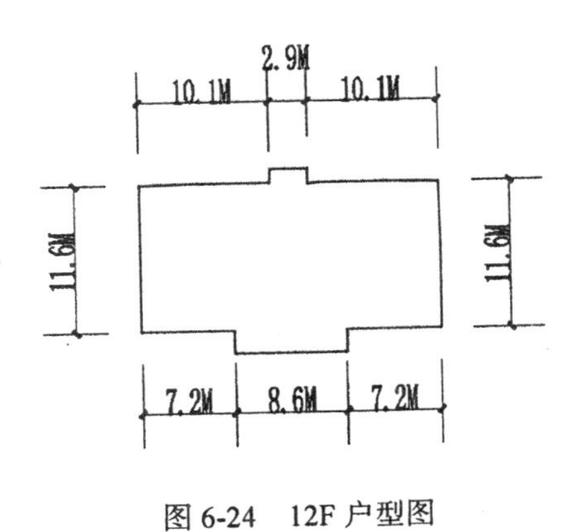

图 6-24　12F 户型图

5. 绘制其他户型图

（1）单击“绘图”工具栏中的“多段线”按钮，在图形空白位置任选一点为矩形起点，绘制尺寸为 10200×22500 的矩形，如图 6-25 所示。

（2）单击“修改”工具栏中的“偏移”按钮，选择下面水平多段线为偏移对象，将其向上进行偏移，偏移距离为 9000、9700，如图 6-26 所示。

（3）单击“修改”工具栏中的“偏移”按钮，选择左侧竖直多段线为偏移对象，将其向右进行偏移，偏移距离为 3000，如图 6-27 所示。

（4）单击“修改”工具栏中的“修剪”按钮，选择偏移水平多段线和竖直多段线为修剪对象，对其进行修剪处理，如图 6-28 所示。

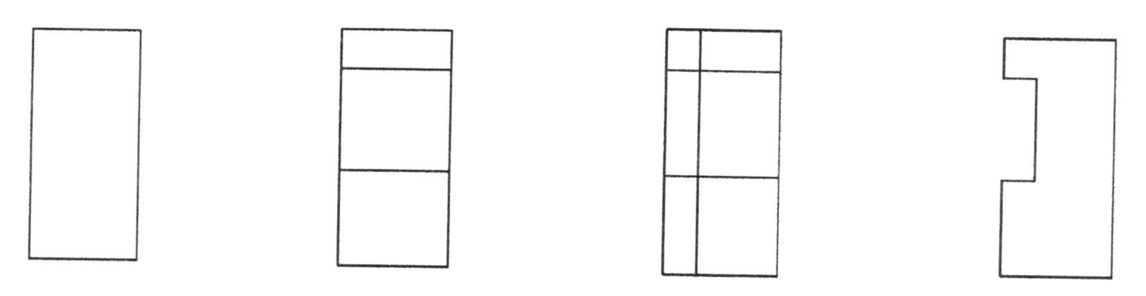

图 6-25　绘制矩形　　图 6-26　偏移线段　　图 6-27　偏移多段线　　图 6-28　修剪多段线

（5）单击“绘图”工具栏中的“直线”按钮，以步骤（4）图形中左侧竖直直线上下端点为直线起点，分别向右绘制两条长度为 8600 的水平直线，如图 6-29 所示。

（6）单击“绘图”工具栏中的“圆弧”按钮，在步骤（5）中绘制的两条水平直线间选择一点为圆弧起点绘制一段适当半径的圆弧，如图 6-30 所示。

（7）单击“修改”工具栏中的“偏移”按钮，选择步骤（6）中绘制的圆弧为偏移对象，将其向右进行偏移，偏移距离为 4100，如图 6-31 所示。

（8）单击“绘图”工具栏中的“多段线”按钮，选择左侧圆弧下端点为多段线起点，右侧圆弧下端点为直线终点，连接圆弧下部端口绘制多段线，如图 6-32 所示。

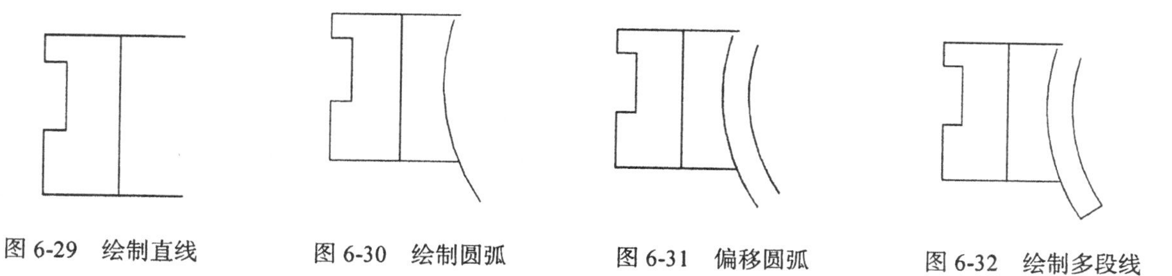

图 6-29　绘制直线　　图 6-30　绘制圆弧　　图 6-31　偏移圆弧　　图 6-32　绘制多段线

（9）单击“绘图”工具栏中的“椭圆”按钮，在步骤（8）中绘制的图形上方选择一点为椭圆的圆心，绘制一个适当大小的椭圆，如图 6-33 所示。

（10）单击“修改”工具栏中的“修剪”按钮，选择椭圆内的线段为修剪对象，对其进行修剪处理，如图 6-34 所示。

（11）单击“绘图”工具栏中的“多段线”按钮，指定起点宽度为 100，端点宽度为 100，在步骤（10）中绘制的椭圆上半部描绘多段线轮廓，如图 6-35 所示。

（12）单击“绘图”工具栏中的“直线”按钮，在如图 6-36 所示的位置绘制一条水平直线。

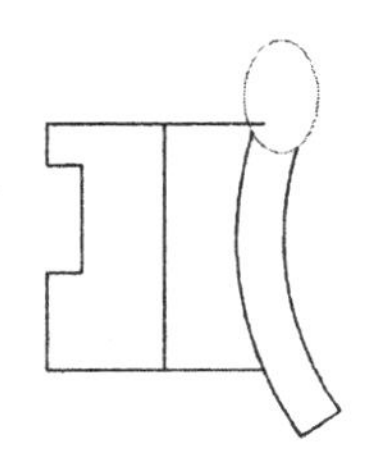

图 6-33　绘制椭圆

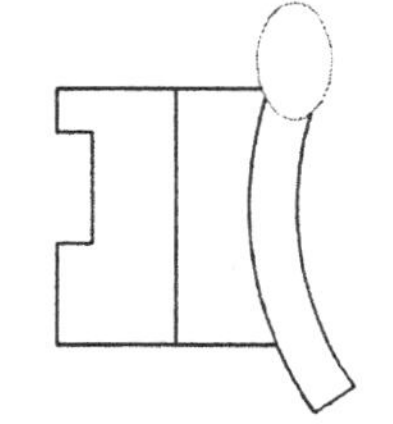

图 6-34　修剪线段

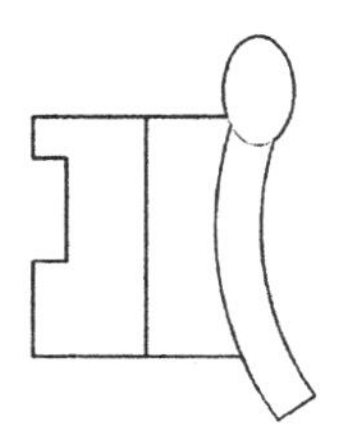

图 6-35　绘制多段线

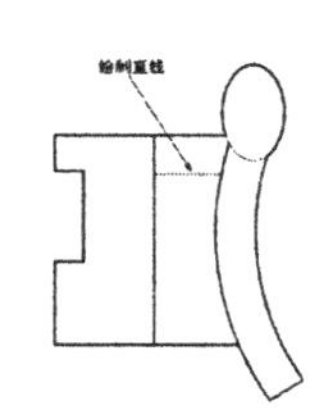

图 6-36　绘制水平直线

（13）单击“修改”工具栏中的“偏移”按钮，选择步骤（12）中绘制的水平直线为偏移对象，将其向下进行偏移，偏移距离为 900，偏移 17 次，如图 6-37 所示。

（14）单击“修改”工具栏中的“偏移”按钮，选择步骤（13）中偏移线段的最下段直线为偏移对象再次执行偏移操作，将其向下偏移，偏移距离为 100，如图 6-38 所示。

（15）单击“修改”工具栏中的“修剪”按钮，选择步骤（14）中的偏移线段为修剪对象对其进行修剪处理，完成高层住宅小区社区服务中心的绘制，如图 6-39 所示。

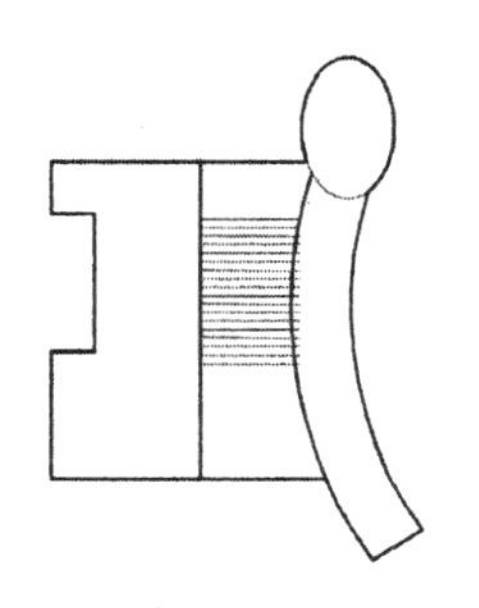

图 6-37　偏移线段

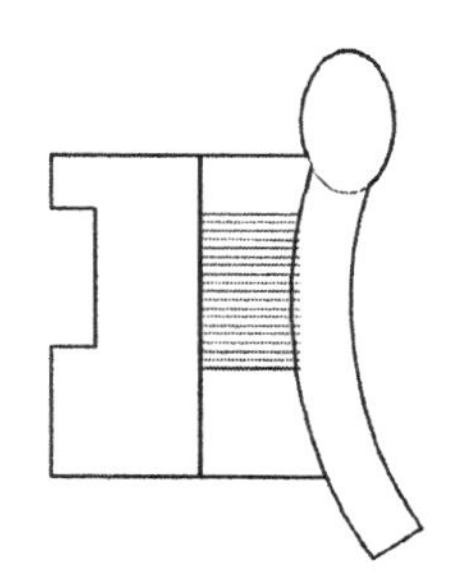

图 6-38　偏移线段

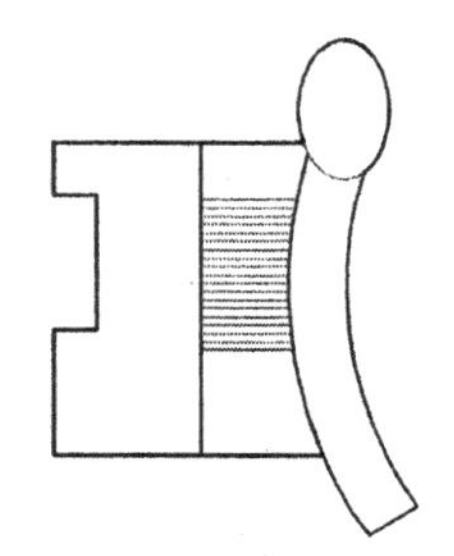

图 6-39　修剪线段

6.2.4　布置户型图

（1）单击“修改”工具栏中的“移动”按钮，选择前面绘制的 30F 户型图为复制对象，将其移动并放置到高层住宅小区园林规划图内，如图 6-40 所示。

（2）单击“修改”工具栏中的“复制”按钮，选择步骤（1）中移动放置好的 30F 户型为复制对象，对其进行复制操作，如图 6-41 所示。

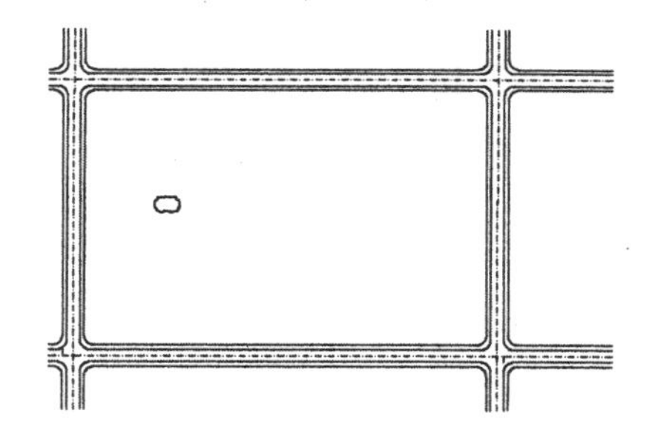

图 6-40　放置 30F 户型

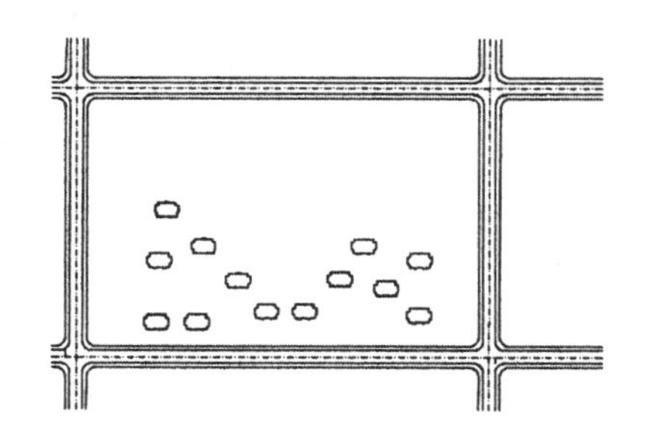

图 6-41　复制 30F 户型

（3）单击“修改”工具栏中的“移动”按钮，选择前面绘制的 26F 户型图为复制对象，将其放置到高层住宅小区园林规划图内，如图 6-42 所示。

（4）图形中多层户型与 26F 相同，单击“修改”工具栏中的“复制”按钮，直接复制放置到高层住宅小区园林规划图内，如图 6-43 所示。

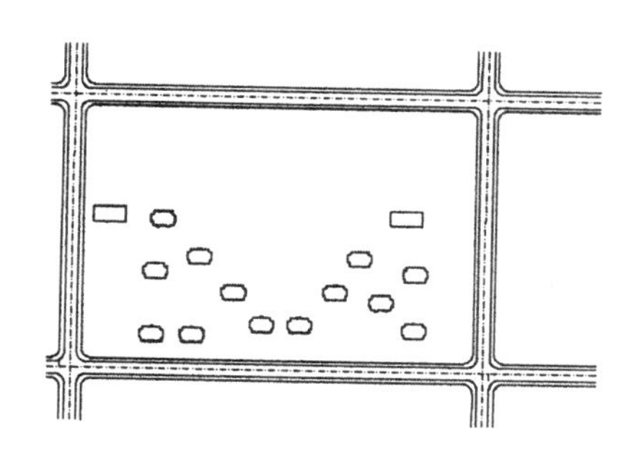

图 6-42　放置 26F 户型

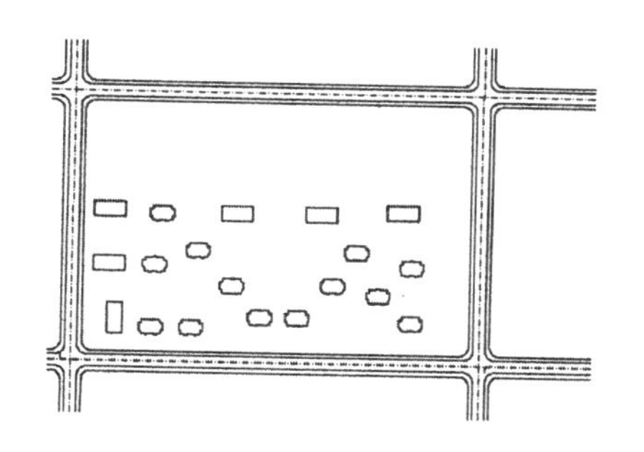

图 6-43　复制 26F 户型

（5）单击“修改”工具栏中的“移动”按钮，选择前面绘制的幼儿园户型为移动对象，将其放置在高层住宅小区园林规划图内，如图 6-44 所示。

（6）单击“修改”工具栏中的“移动”按钮，选择前面绘制的社区服务中心户型为移动对象，将其移动放置在高层住宅小区园林规划图内，如图 6-45 所示。

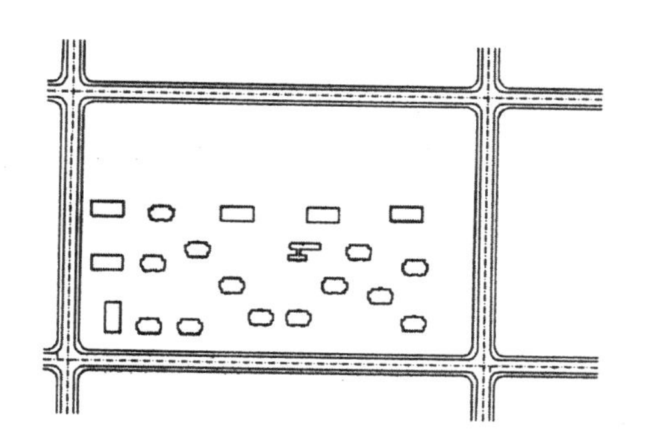

图 6-44　移动图形

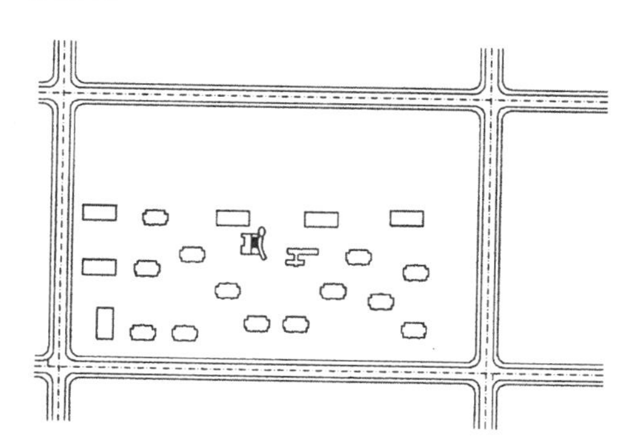

图 6-45　放置社区服务中心户型

（7）利用上述方法完成高层住宅小区园林规划图内剩余户型图的布置，如图 6-46 所示。

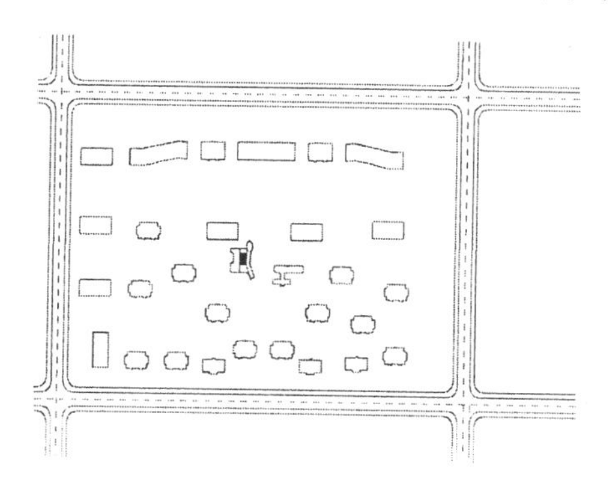

图 6-46　放置户型图

（8）单击“绘图”工具栏中的“多段线”按钮，指定起点宽度为300，端点宽度为300，线型为ByLayer，线型比例为2000，在高层住宅小区园林规划图上方选择一点为多段线起点，绘制连续多段线，如图6-47所示。

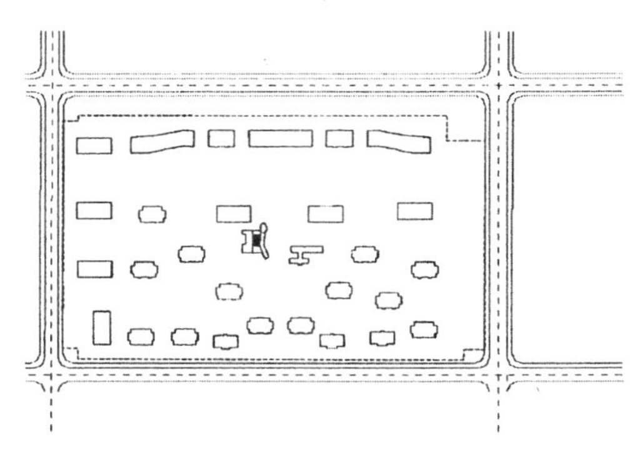

图6-47 绘制连续多段线

（9）单击“修改”工具栏中的“偏移”按钮，选择步骤（8）中绘制的多段线为偏移对象，将其向内进行偏移，如图6-48所示。

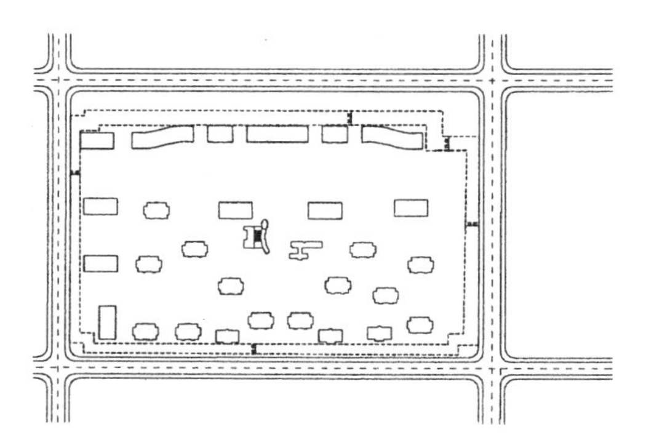

图6-48 偏移线段

（10）单击“绘图”工具栏中的“多段线”按钮，指定起点宽度为300，端点宽度为300，线型为ByLayer，线型比例为2000，在步骤（9）中的图形内绘制一条竖直多段线，如图6-49所示。

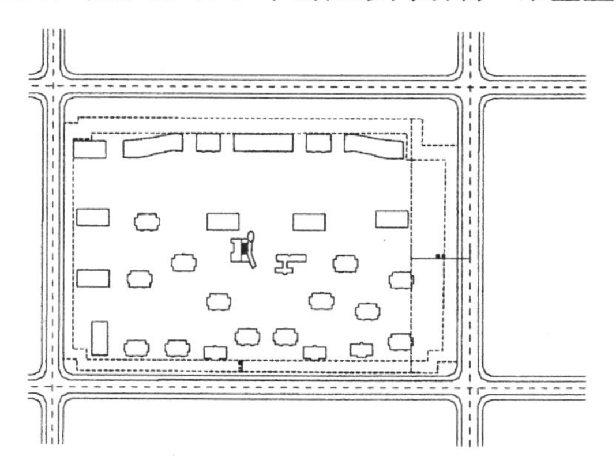

图6-49 绘制多段线

（11）单击“绘图”工具栏中的“直线”按钮、“圆弧”按钮以及“修剪”按钮，完成高层住宅小区园林规划图内剩余路线的绘制，如图 6-50 所示。

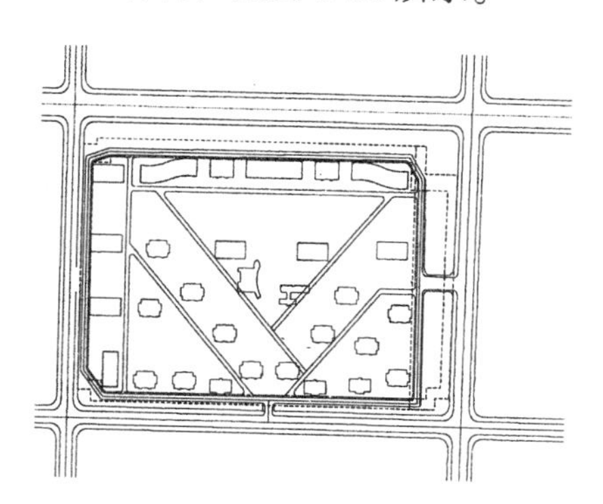

图 6-50 绘制内部图形

6.3 高层住宅小区园林小品与水体设计

本节将介绍高层小区园林小品和水体设计规划，包括园林建筑小品绘制、水体绘制和广场布置等的设计和布置。

6.3.1 绘制建筑小品

1. 绘制建筑小品 1

（1）建立一个新图层，命名为“小品”，颜色设为 142，线型、线宽为默认，并将其设置为当前图层，如图 6-51 所示。

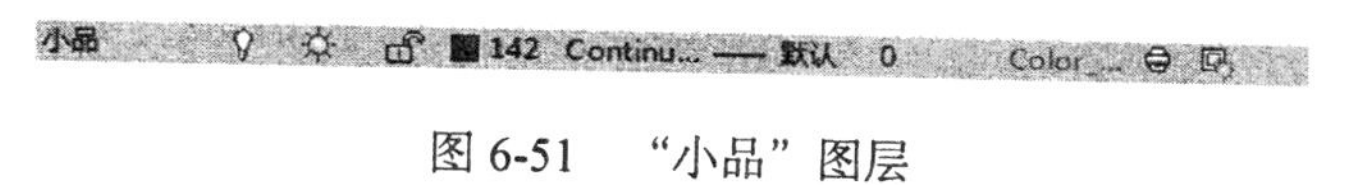

图 6-51 “小品”图层

（2）单击“绘图”工具栏中的“直线”按钮，在图形空白位置选择一点为直线起点，水平向右绘制一条长度为 6700 的水平直线，如图 6-52 所示。

（3）单击“绘图”工具栏中的“多段线”按钮，指定起点宽度为 50，端点宽度为 0，在步骤（2）中绘制的水平直线上方选取一点为多段线起点绘制一条长度为 13600 的竖直多段线，如图 6-53 所示。

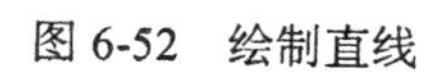

图 6-52 绘制直线

图 6-53 绘制竖直多段线

（4）单击“修改”工具栏中的“偏移”按钮，选择步骤（3）中绘制的竖直多段线为偏移对象，将其向右进行偏移，偏移距离为6100，如图6-54所示。

（5）单击“绘图”工具栏中的“多段线”按钮，指定起点宽度为50，端点宽度为50，左侧竖直直线上端点为多段线起点，右侧竖直直线上端点为多段线终点绘制一条水平多段线，如图6-55所示。

（6）单击“修改”工具栏中的“偏移”按钮，选择步骤（5）中绘制的水平多段线为偏移对象将其向下进行偏移，偏移距离为800、4000、4000、4000和800，如图6-56所示。

（7）单击“绘图”工具栏中的“直线”按钮，在距离左侧竖直直线500处绘制一条竖直直线，如图6-57所示。

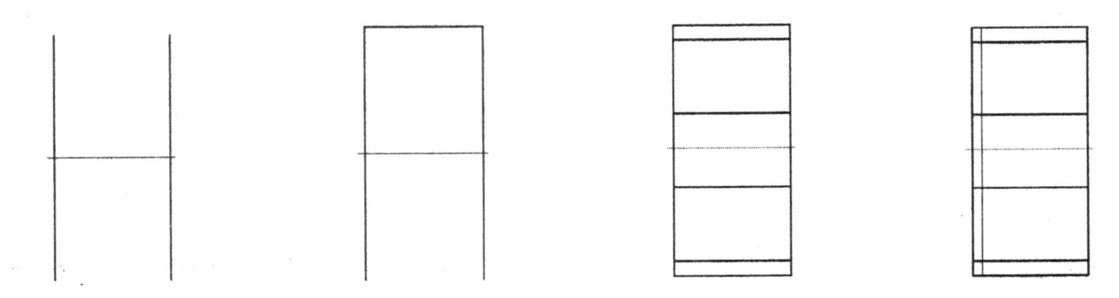

图6-54　偏移直线　　图6-55　绘制水平多段线　　图6-56　偏移水平多段线　　图6-57　绘制竖直直线

（8）单击“修改”工具栏中的“偏移”按钮，选择步骤（7）中绘制的竖直直线为偏移对象，将其向右进行偏移，距离为2600、2600，结果如图6-58所示。

（9）单击“修改”工具栏中的“移动”按钮，选择步骤（8）中绘制完成的小品图形为移动对象，将其移动放置在合适的位置，如图6-59所示。

（10）单击“修改”工具栏中的“复制”按钮，选择小品图形为复制对象，将其向右进行复制，如图6-60所示。

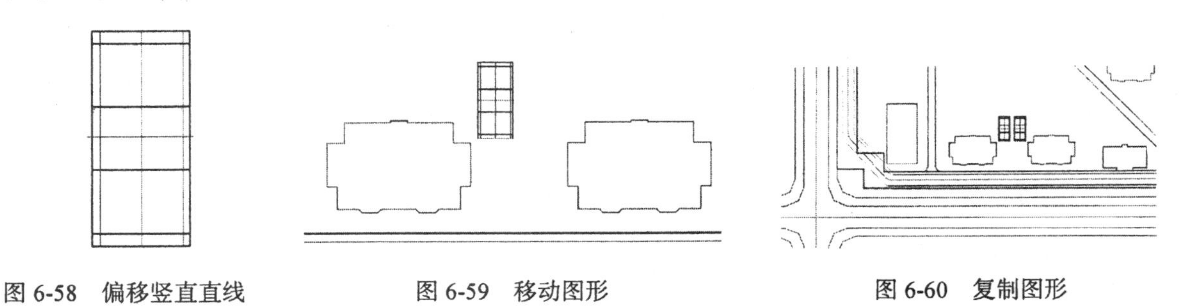

图6-58　偏移竖直直线　　图6-59　移动图形　　图6-60　复制图形

2. 绘制建筑小品2

（1）建立一个新图层，命名为“建筑小品”，颜色选取为黄色，线型、线宽为默认，并将其设置为当前图层，如图6-61所示。确定后回到绘图状态。

（2）单击“绘图”工具栏中的“多段线”按钮，指定起点宽度为100，端点宽度为100，绘制如图6-62所示的多段线。

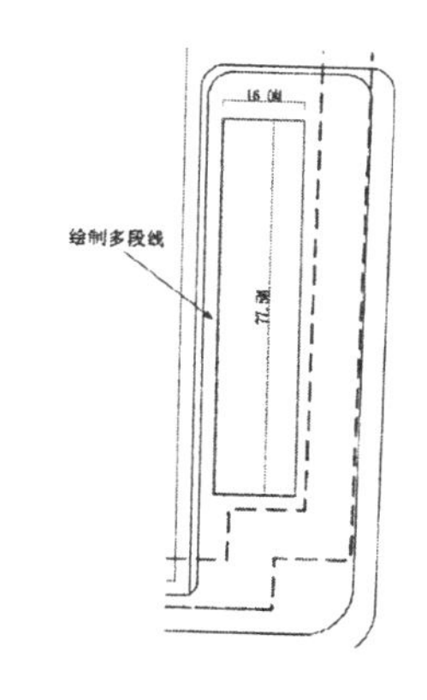

图 6-61　“建筑小品”图层

图 6-62　绘制多段线

（3）单击“修改”工具栏中的“复制”按钮，选择步骤（2）中绘制的图形为复制对象对其进行复制操作，将其放置到高层住宅小区园林规划图内，如图 6-63 所示。

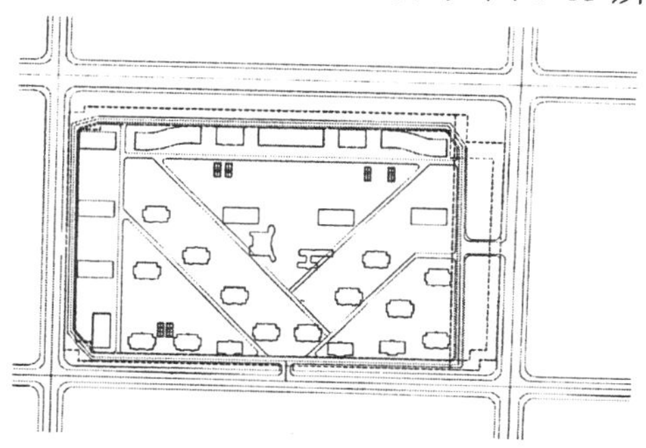

图 6-63　复制图形

（4）单击“绘图”工具栏中的“多段线”按钮，在如图 6-64 所示的位置绘制一段圆弧。

（5）单击“修改”工具栏中的“修剪”按钮，选择步骤（4）中绘制的圆弧内线段为修剪对象对其进行修剪处理，如图 6-65 所示。

（6）单击“绘图”工具栏中的“圆”按钮，选择步骤（4）中绘制圆弧的圆心为圆的圆心，绘制半径为 5200 的圆，如图 6-66 所示。

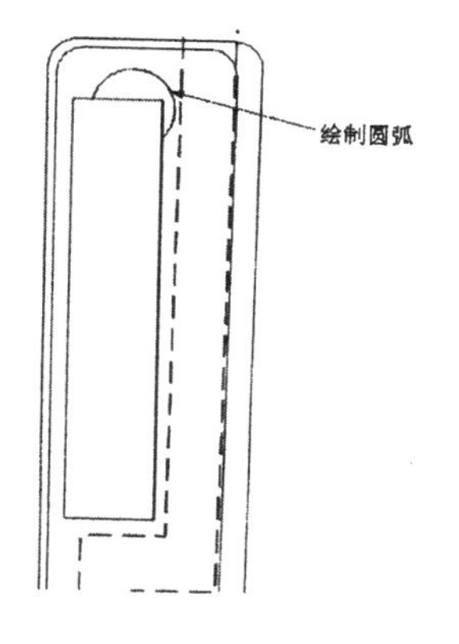

图 6-64　绘制圆弧

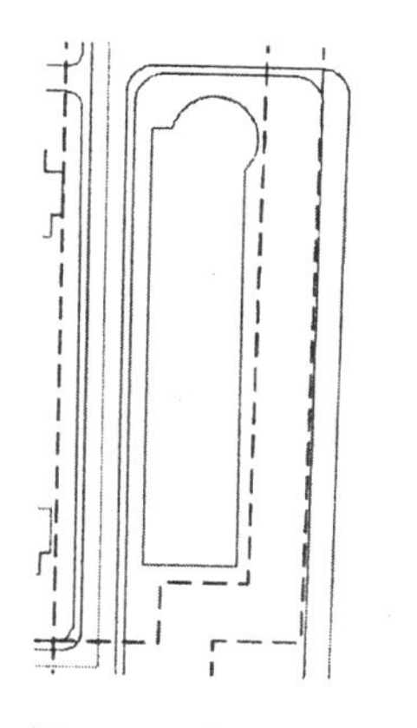

图 6-65　修剪线段

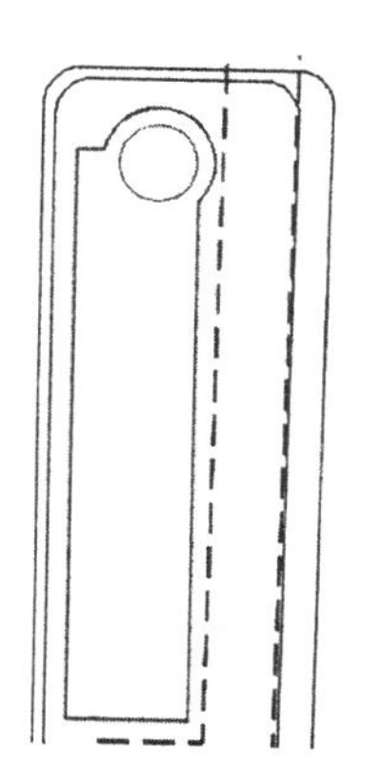

图 6-66　绘制圆

（7）单击“修改”工具栏中的“偏移”按钮，选择步骤（6）中绘制的圆图形为偏移对象，将其向内进行偏移，偏移距离为 2600。

（8）单击“绘图”工具栏中的“直线”按钮，以步骤（7）中绘制的同心圆的圆心为直线起点向上绘制一条斜向直线，如图 6-67 所示。

（9）单击“修改”工具栏中的“环形阵列”按钮，选择步骤（8）中绘制的斜向直线为阵列对象，内圆圆心为阵列中心点，设置阵列项目数为 14，指定阵列角度为 360° ，如图 6-68 所示。

（10）单击“修改”工具栏中的“修剪”按钮，选择步骤（8）中环形阵列对象及绘制的圆为修剪对象，对其进行修剪处理，如图 6-69 所示。

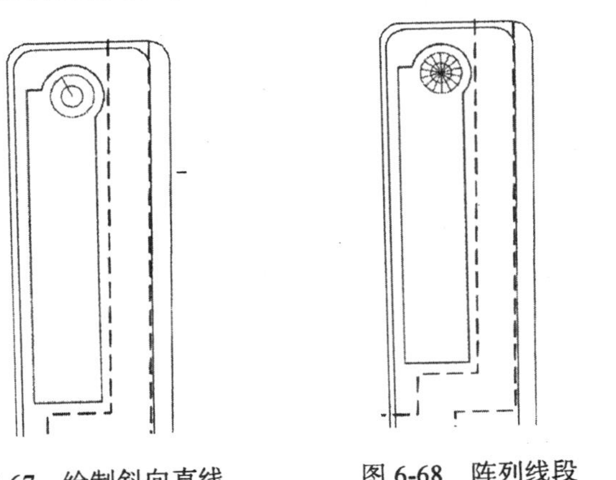

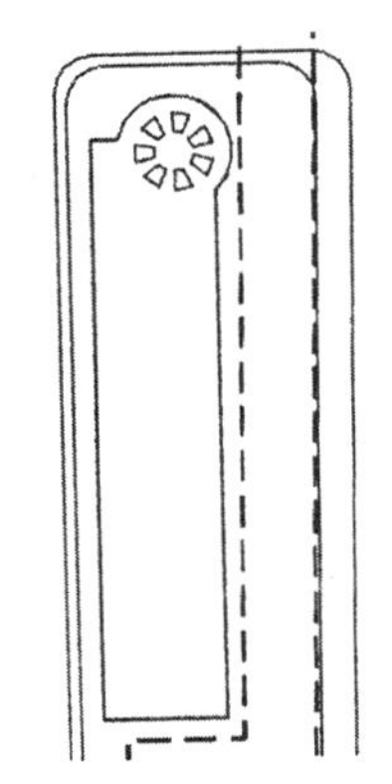

图 6-67　绘制斜向直线　　图 6-68　阵列线段　　图 6-69　修剪线段

（11）单击“绘图”工具栏中的“矩形”按钮，在步骤（10）中绘制的图形下方选择一点为矩形起点，绘制一个尺寸为 10100×2500 的矩形，如图 6-70 所示。

（12）单击“修改”工具栏中的“复制”按钮，选择步骤（11）中绘制的矩形左侧竖直边中点为复制基点，将其向下进行复制，复制距离为 3700，如图 6-71 所示。

（13）单击“修改”工具栏中的“矩形阵列”按钮，选择步骤（12）中复制的矩形为阵列对象，指定列数为 1，行数为 13，行间距为 -4900，进行阵列，阵列结果如图 6-72 所示。

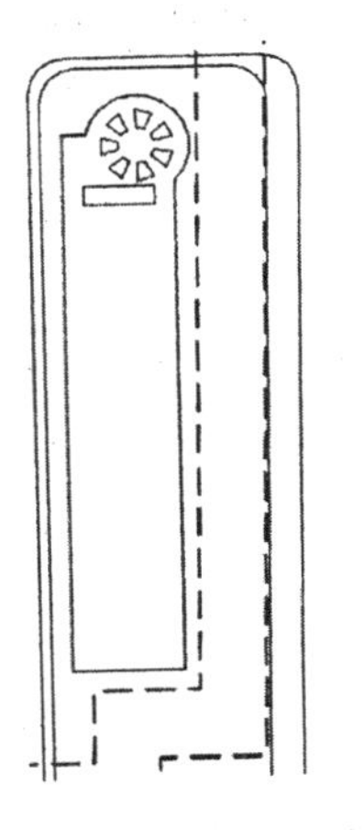

图 6-70　绘制矩形

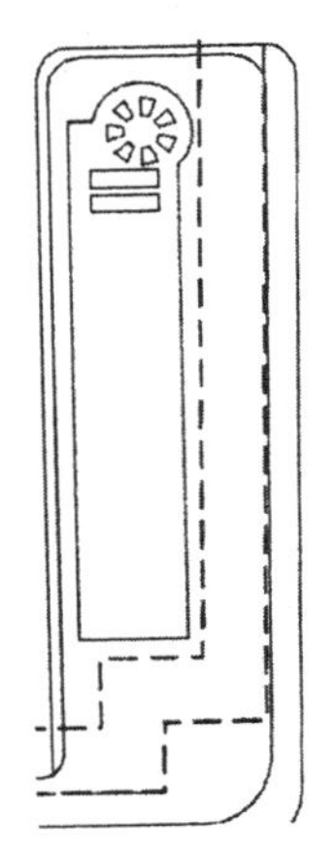

图 6-71　复制矩形

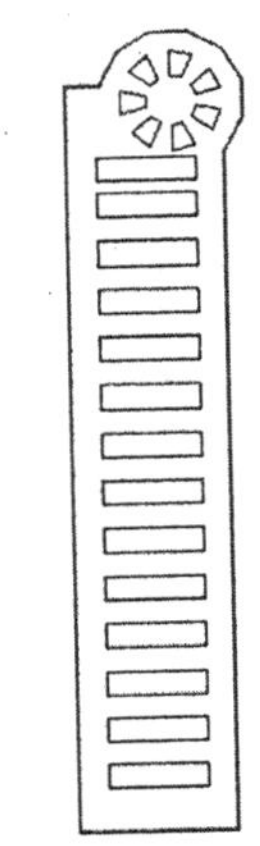

图 6-72　阵列矩形

（14）单击“绘图”工具栏中的“矩形”按钮▭，在如图 6-73 所示的位置绘制一个尺寸为 49500 × 10500 的矩形。

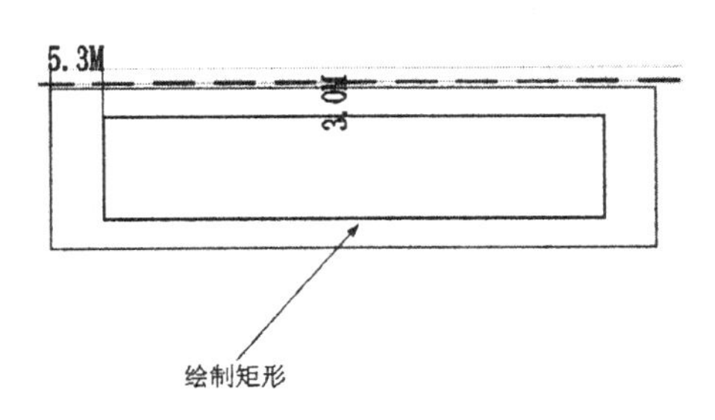

图 6-73　绘制 49500 × 10500 矩形

（15）单击“绘图”工具栏中的“矩形”按钮▭，在步骤（14）中绘制的矩形上方选取一点为矩形起点，绘制一个尺寸为 2000 × 13400 的矩形，如图 6-74 所示。

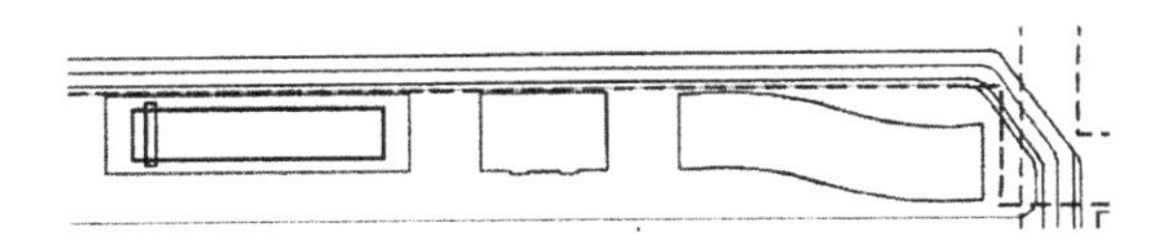

图 6-74　绘制 2000 × 13400 矩形

（16）单击“修改”工具栏中的“矩形阵列”按钮，选择步骤（15）中绘制的矩形为阵列对象，指定行数为 10，行间距为 4800，列数为 1，进行阵列，阵列结果如图 6-75 所示。

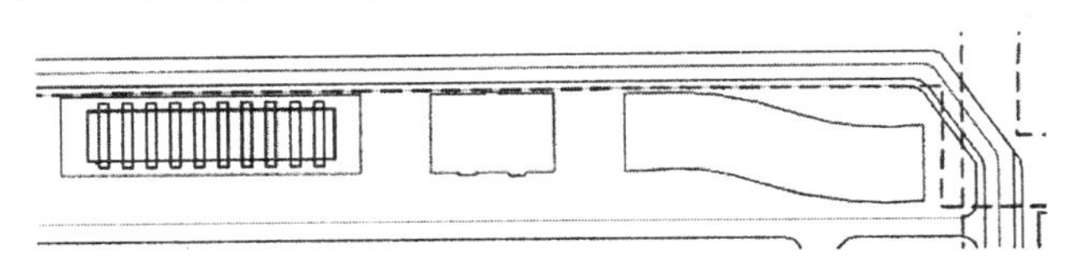

图 6-75　阵列结果

6.3.2　绘制道路与水体

（1）建立一个新图层，命名为“道路及水体”，颜色选取为 165，线型、线宽为默认，并将其设置为当前图层，如图 6-76 所示。确定后回到绘图状态。

道路及水体　165　Continu...　—— 默认　0　Color_...

图 6-76　“道路及水体”图层

（2）单击“绘图”工具栏中的“矩形”按钮▭，以如图 6-77 所示的位置为矩形起点绘制一个尺寸为 6000 × 3000 的矩形。

（3）单击“修改”工具栏中的“矩形阵列”按钮，选择步骤（2）中绘制的矩形为阵列对象，指定列数为 1，行数为 8，行间距为 -3000，进行阵列，阵列结果如图 6-78 所示。

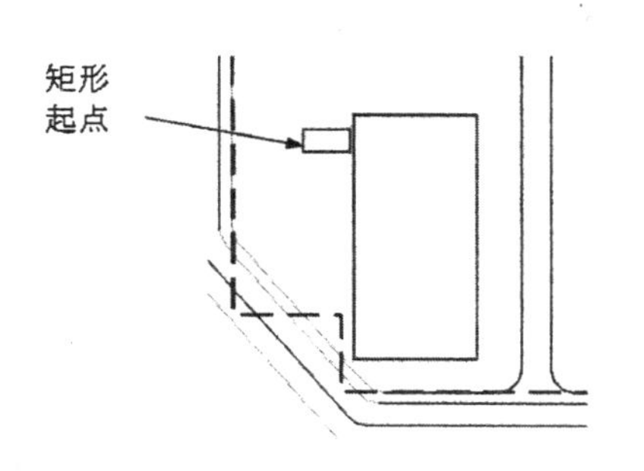

图 6-77　绘制 6000×3000 矩形

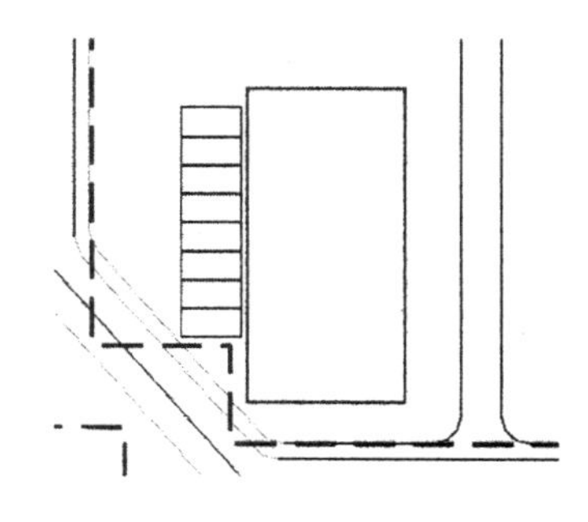

图 6-78　阵列矩形

（4）利用上述方法完成相同图形的绘制，如图 6-79 所示。

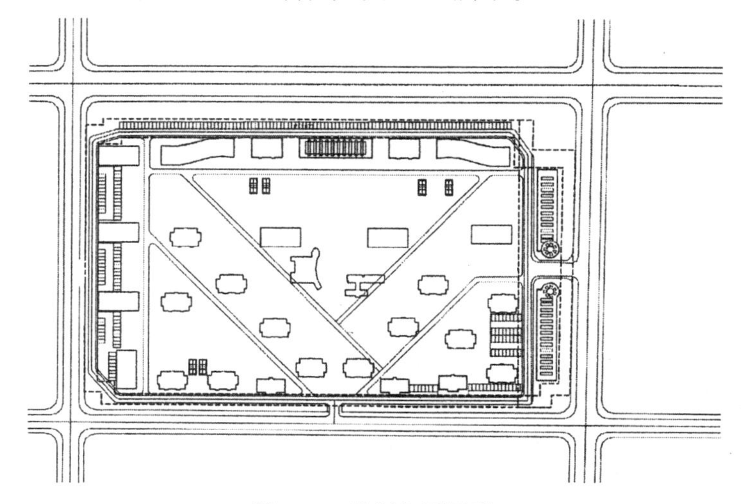

图 6-79　绘制相同图形

6.3.3　绘制园路

1. 绘制园路

（1）建立一个新图层，命名为“园路”，颜色选取为 23，线型、线宽为默认，并将其设置为当前图层，如图 6-80 所示。

图 6-80　“园路”图层

（2）单击“绘图”工具栏中的“圆弧”按钮，在如图 6-81 所示的位置绘制两段适当半径的圆弧。

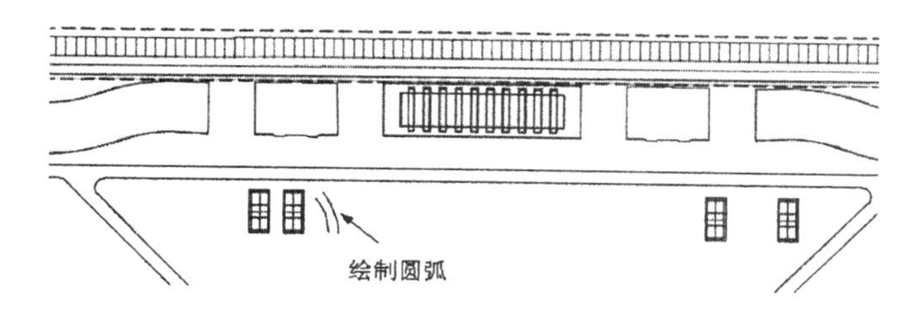

图 6-81　绘制圆弧

（3）单击“绘图”工具栏中的“直线”按钮，在步骤（2）中绘制的圆弧上绘制多条直线，如图 6-82 所示。

（4）单击“修改”工具栏中的“修剪”按钮，选取步骤（3）中绘制的斜向直线为修剪对象对其进行修剪处理，如图 6-83 所示。

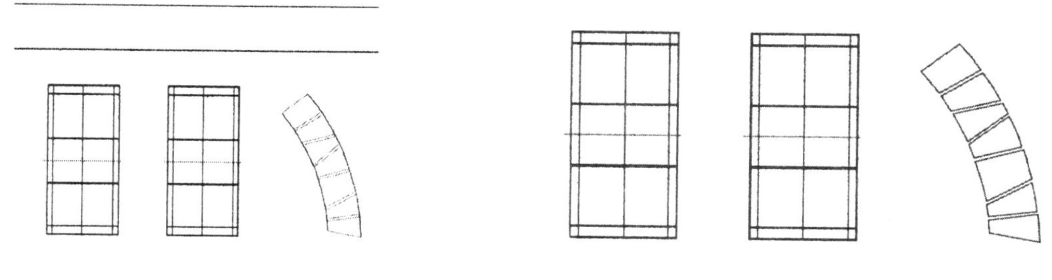

图 6-82　绘制斜向直线

图 6-83　修剪线段

（5）单击“绘图”工具栏中的“直线”按钮，完成园路剩余部分的绘制，如图 6-84 所示。

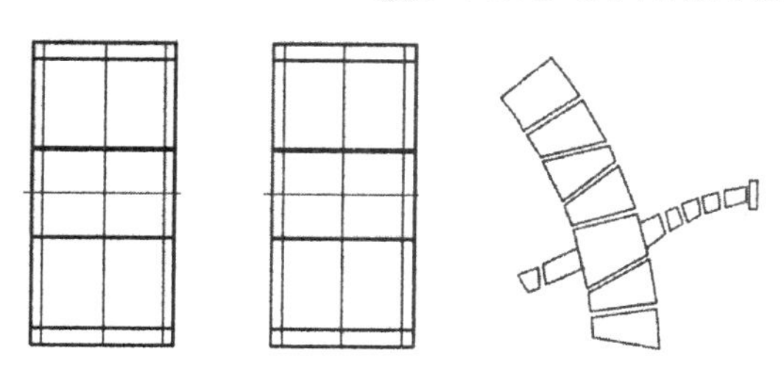

图 6-84　绘制剩余图形

（6）利用上述方法完成其他园路的绘制，园路绘制方法相同，绘制的大小不同，如图 6-85 所示。

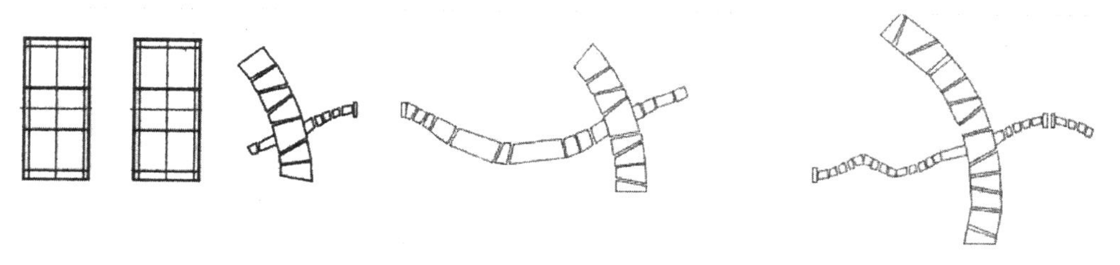

图 6-85　绘制剩余图形

2. 绘制家居

（1）建立一个新图层，命名为“家居”，颜色选取为青，线型、线宽为默认，并将其设置为当前图层，如图 6-86 所示。

图 6-86 “家居”图层

（2）绘制道路与水体。

①单击“绘图”工具栏中的“矩形”按钮，选择如图 6-87 所示的点为矩形起点，绘制一个尺寸为 1200×5200 的矩形。

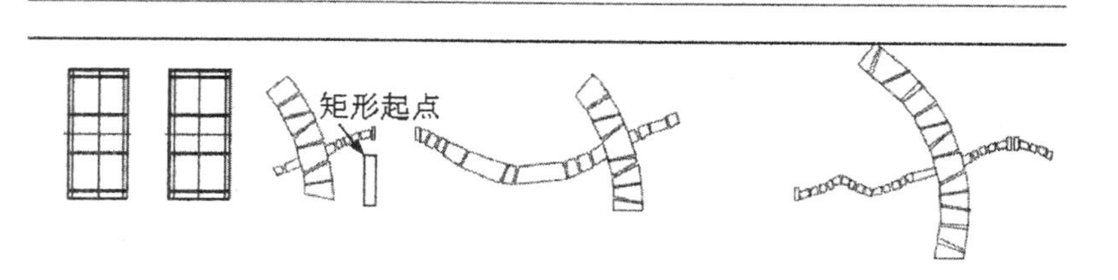

图 6-87 绘制 1200×5200 矩形

②单击“修改”工具栏中的“偏移”按钮，选择步骤①中绘制的矩形为偏移对象，将其向内进行偏移，偏移距离为 100，如图 6-88 所示。

③单击“修改”工具栏中的“分解”按钮，选择步骤②中偏移的内部矩形为分解对象，按 Enter 键确认分解，使其变为可独立操作的线段。

④单击“修改”工具栏中的“偏移”按钮，选择步骤③中分解矩形的上部水平边为偏移对象，将其向下进行偏移，偏移距离为 700、900、900、900 和 900，如图 6-89 所示。

⑤单击“绘图”工具栏中的“矩形”按钮，在外部矩形上选取一点为矩形起点，绘制一个尺寸为 200×1800 的矩形，如图 6-90 所示。

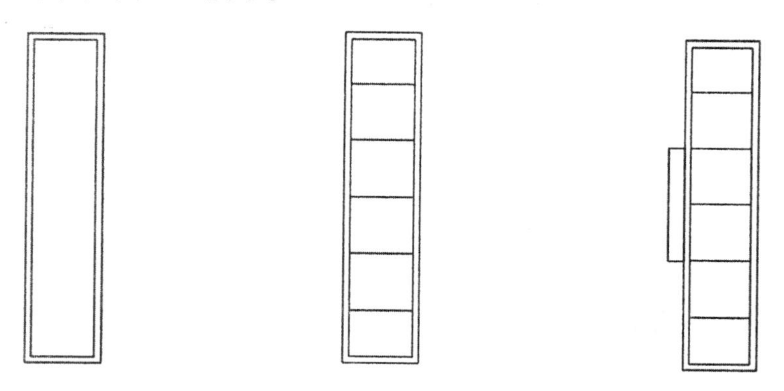

图 6-88 偏移矩形　　图 6-89 偏移线段　　图 6-90 绘制 200×1800 矩形

⑥单击“绘图”工具栏中的“矩形”按钮，在步骤⑤中绘制的矩形上选取一点为矩形起点，绘制一个尺寸为 100×900 的矩形，如图 6-91 所示。

⑦单击“绘图”工具栏中的“矩形”按钮▭，在步骤⑥中绘制的矩形上选取一点为矩形起点，绘制一个尺寸为 400×200 的矩形，如图 6-92 所示。

⑧单击“绘图”工具栏中的“矩形”按钮▭，在步骤⑦中绘制的矩形上方选择一点为矩形起点，绘制一个尺寸为 200×2500 的矩形，如图 6-93 所示。

⑨单击“修改”工具栏中的“镜像”按钮，选择大矩形左侧图形为镜像对象，将其向右侧进行竖直镜像，完成道路与水体的绘制，如图 6-94 所示。

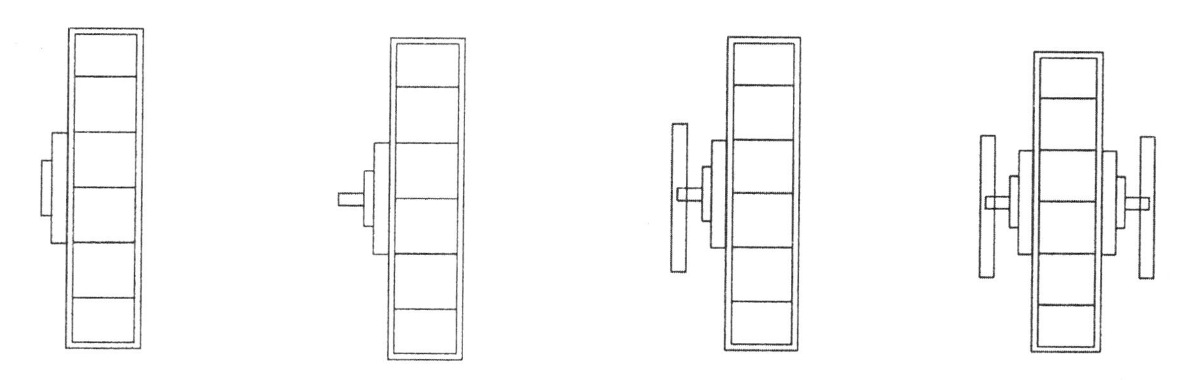

图 6-91　绘制 100×900 矩形　图 6-92　绘制 400×200 矩形　图 6-93　绘制 200×2500 矩形　图 6-94　镜像矩形

⑩单击“修改”工具栏中的“复制”按钮，选择步骤⑨中绘制完成的道路与水体为复制对象，将其移动放置在高层住宅小区园林规划区内，如图 6-95 所示。

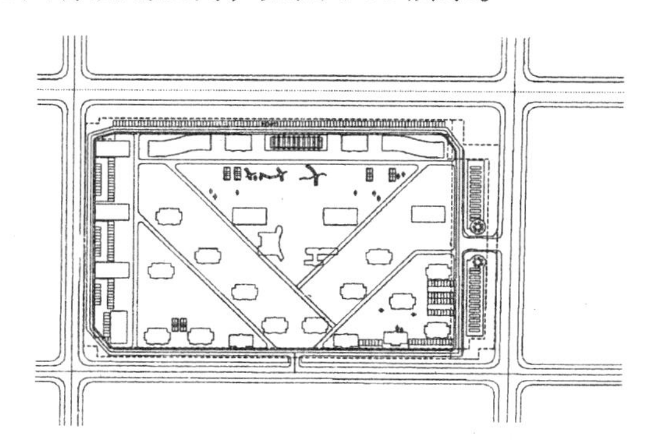

图 6-95　复制矩形

（3）绘制其他图形。

①单击“绘图”工具栏中的“矩形”按钮▭，选择如图 6-96 所示的点为矩形起点，绘制一个尺寸为 9200×8500 的矩形。

②单击“修改”工具栏中的“分解”按钮，选择步骤①中绘制的矩形为分解对象，按 Enter 键确认进行分解，使其变为独立的操作线段。

③单击“修改”工具栏中的“删除”按钮，选择分解矩形底部水平边为删除对象，将其删除，如图 6-97 所示。

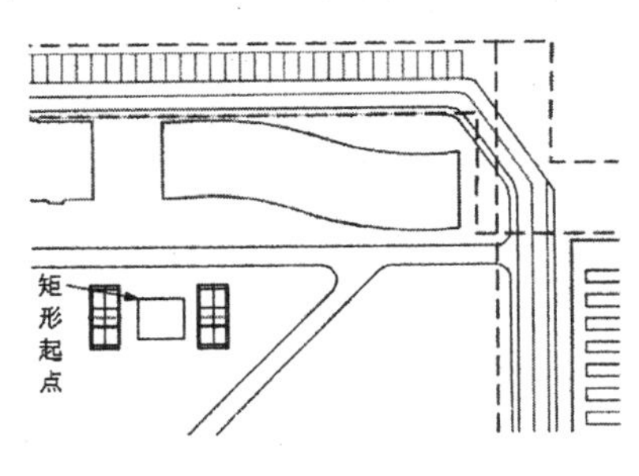

图 6-96　绘制 9200×8500 矩形

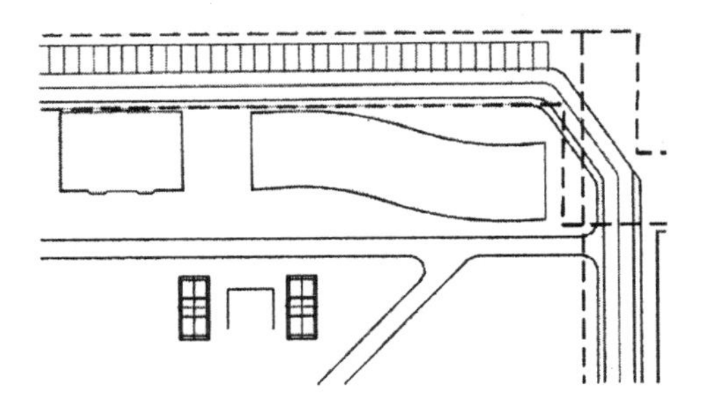

图 6-97　删除线段

④单击“修改”工具栏中的“偏移”按钮，选择分解矩形的上部水平边为偏移对象，将其向下进行偏移，偏移距离为 200、2800、200、2300、200、300 和 200，如图 6-98 所示。

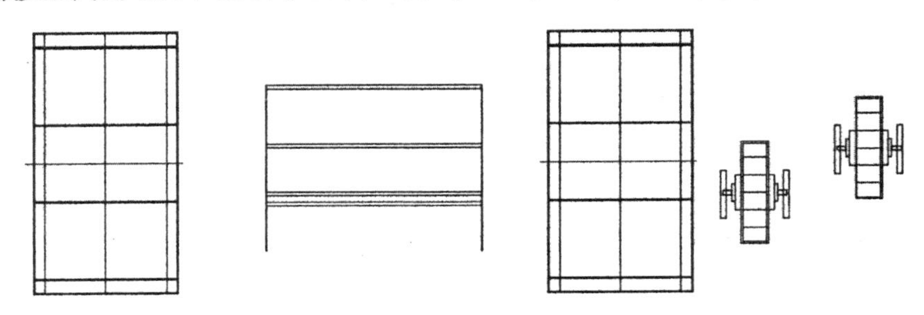

图 6-98　偏移线段

⑤单击“修改”工具栏中的“偏移”按钮，选择分解矩形左侧边为偏移对象，将其向右进行偏移，偏移距离为 200、2800、200、2800、200 和 2800，如图 6-99 所示。

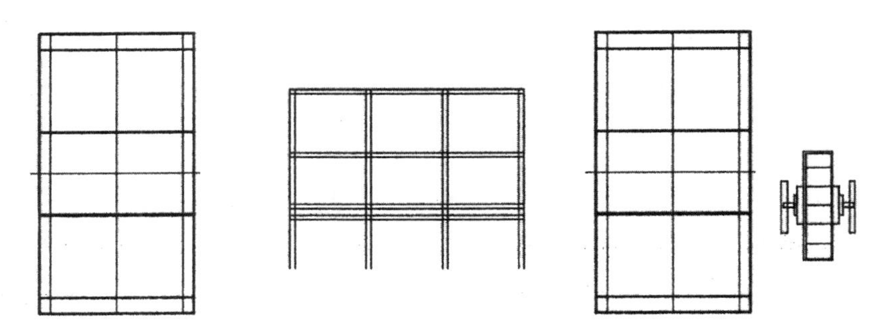

图 6-99　偏移线段

⑥单击“绘图”工具栏中的“矩形”按钮，在如图 6-100 所示的位置绘制一个尺寸为 1100×1100 的矩形。

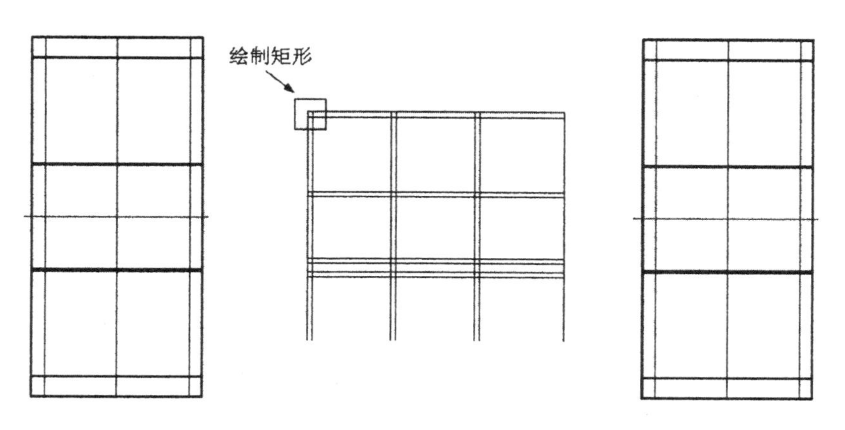

图 6-100　绘制矩形

⑦单击“修改”工具栏中的“偏移”按钮，选择步骤⑥中绘制的矩形为偏移对象，将其向内进行偏移，偏移距离为 100，如图 6-101 所示。

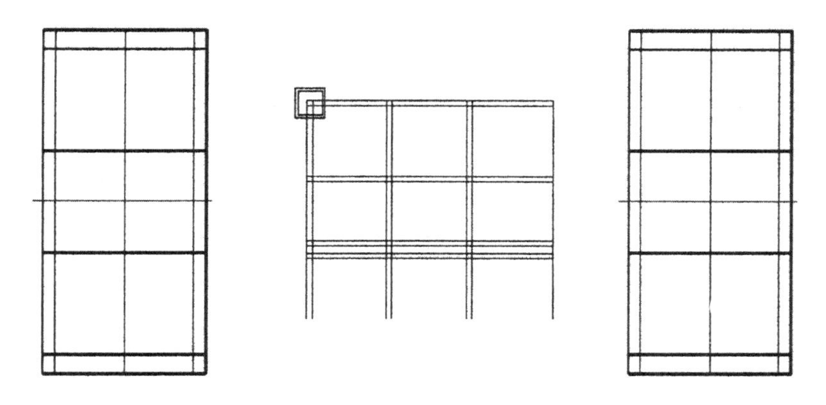

图 6-101　偏移矩形

⑧单击“修改”工具栏中的“修剪”按钮，选择步骤⑦中偏移矩形内部线段为修剪对象，对其进行修剪处理，如图 6-102 所示。

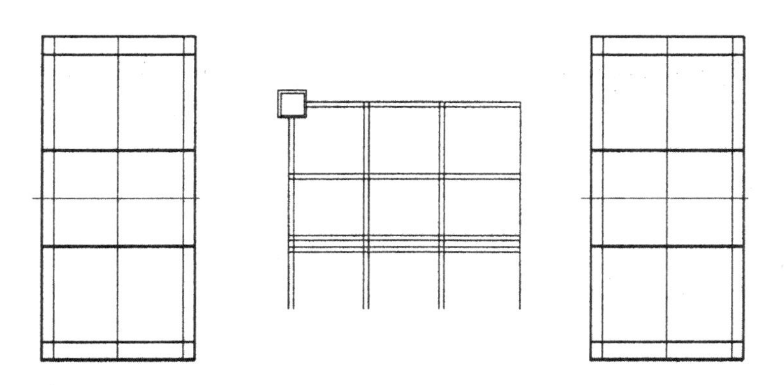

图 6-102　修剪线段

⑨单击“绘图”工具栏中的“直线”按钮，选择偏移矩形上边中点为直线起点，向下绘制竖直直线，如图 6-103 所示。

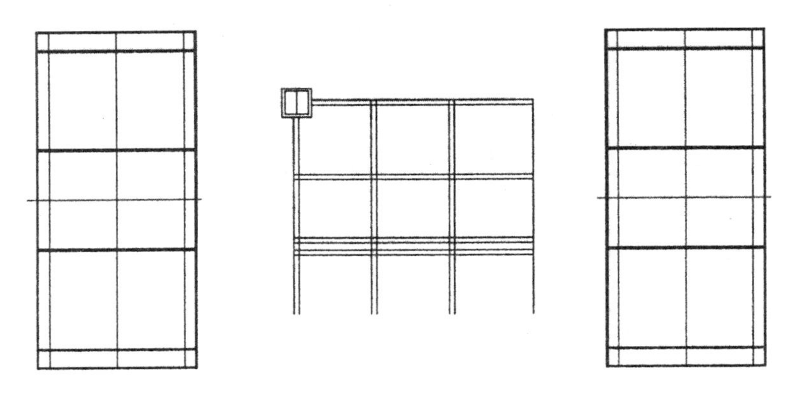

图 6-103　绘制竖直直线

⑩单击“绘图”工具栏中的“直线”按钮，选择偏移矩形左侧竖直边中点为直线起点，水平向右绘制直线，如图 6-104 所示。

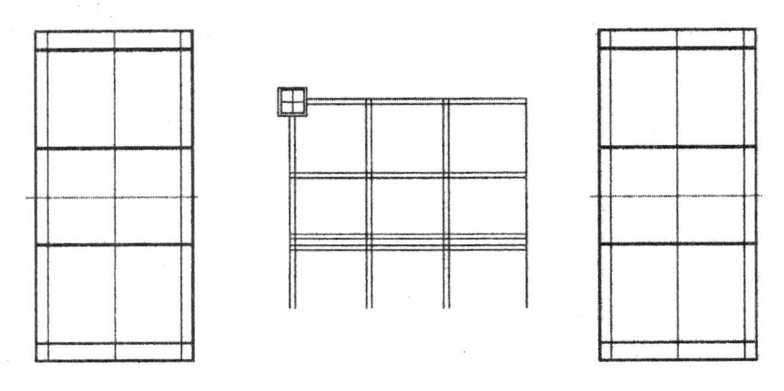

图 6-104　绘制水平直线

⑪单击“绘图”工具栏中的“圆”按钮，选择步骤⑩中绘制的十字交叉线交点为圆心，绘制一个与内部矩形四边相交的圆，如图 6-105 所示。

⑫单击“修改”工具栏中的“偏移”按钮，选择步骤⑪中绘制的圆为偏移对象，将其向内进行偏移，偏移距离为 100，如图 6-106 所示。

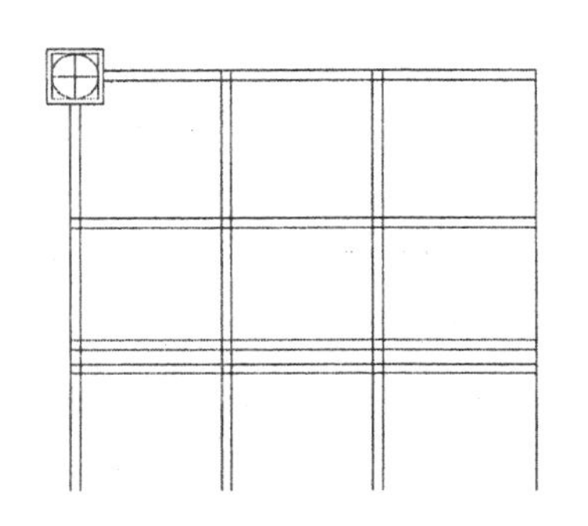

图 6-105　绘制圆

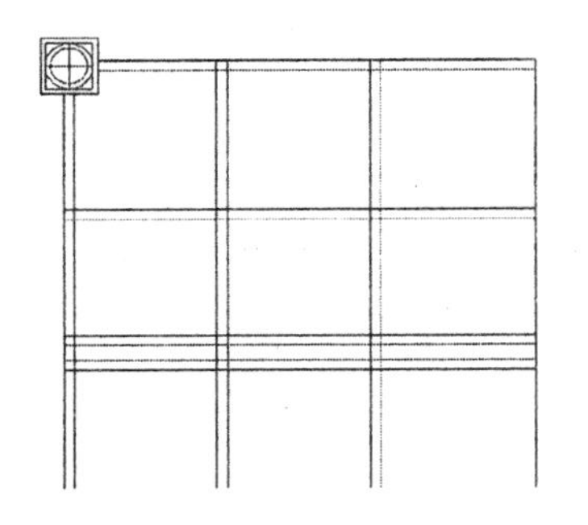

图 6-106　偏移圆

⑬单击“修改”工具栏中的“删除”按钮，选择圆内线段为删除对象，对其进行删除处理，如图 6-107 所示。

⑭单击“修改”工具栏中的“复制”按钮，选择步骤⑬中的图形为复制对象，选择内部圆圆心为复制基点，对其进行连续复制，将其放置在合适的位置，如图 6-108 所示。

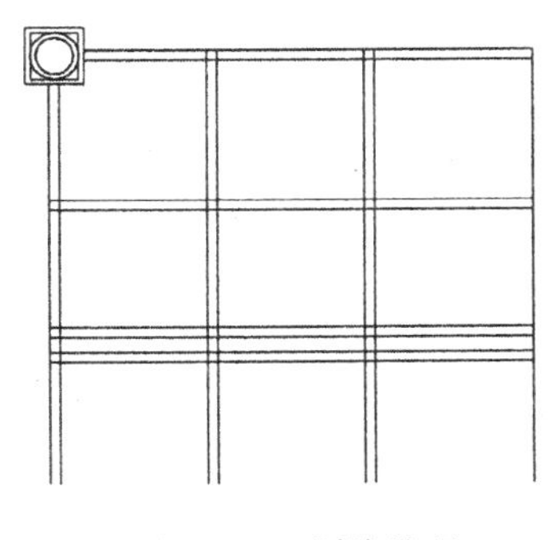

图 6-107　删除处理

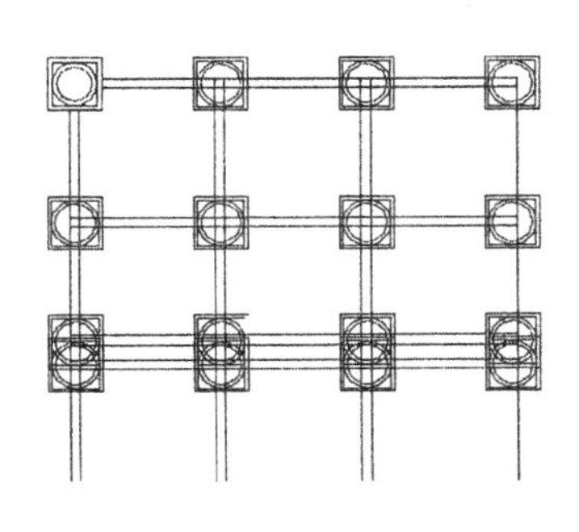

图 6-108　复制图形

⑮单击“修改”工具栏中的“修剪”按钮，选择步骤⑭中复制的图形内线段为修剪对象，对其进行修剪处理，如图 6-109 所示。

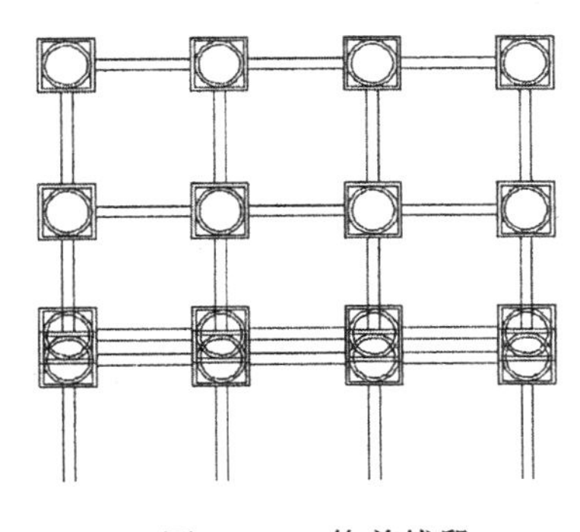

图 6-109　修剪线段

6.3.4　绘制广场铺砖

（1）单击“图层”工具栏中的“图层特性管理器”按钮，弹出“图层特性管理器”选项板，建立一个新图层，命名为“广场铺砖”，颜色选取 128，线型为默认，将其设置为当前图层，如图 6-110 所示。确定后回到绘图状态。

（2）单击“绘图”工具栏中的“直线”按钮，选择如图 6-111 所示的点为直线起点绘制连续直线。

广场铺砖 128 CONTI... —— 默认 0 Color_...

图 6-110 “广场铺砖”图层

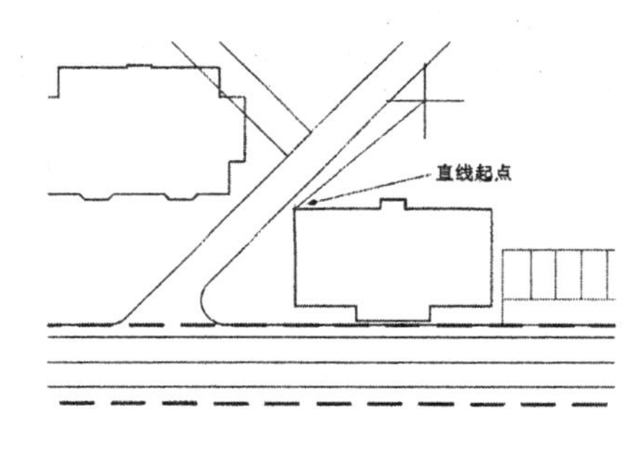

图 6-111 绘制连续直线

（3）单击“绘图”工具栏中的“图案填充”按钮，打开“图案填充创建”选项卡，选择步骤（2）中绘制的连续直线为填充区域对其进行填充，填充设置如图 6-112 所示，完成该区域铺砖的绘制，如图 6-113 所示。

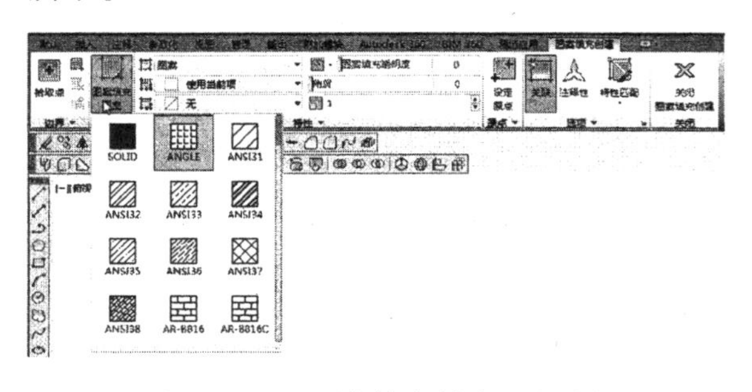

图 6-112 “图案填充创建”选项卡

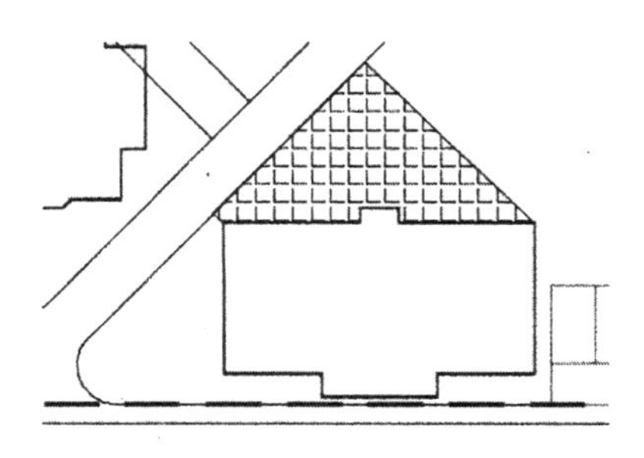

图 6-113 填充图形

利用上述方法完成剩余广场铺砖的绘制，如图 6-114 所示。

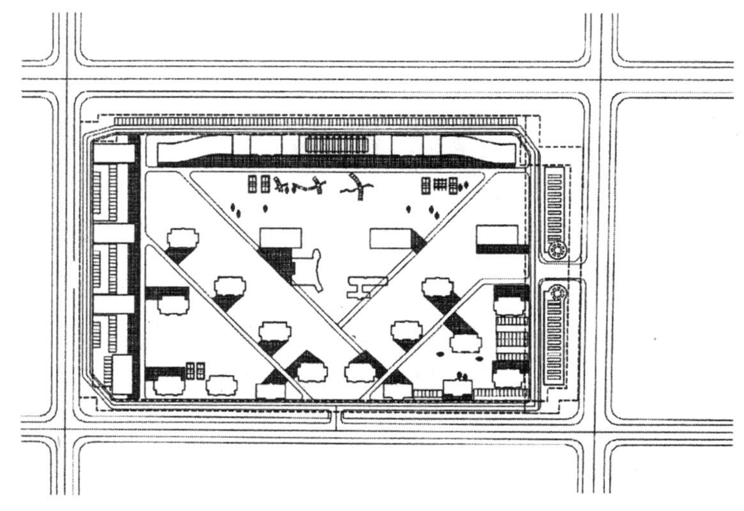

图 6-114 绘制剩余图形

第7章 高层住宅小区绿化设计

第 6 章介绍了高层住宅小区园林设计的初步规划和布局，本章将在此基础上进行细部的绿化设计和布置，完成各种细部的设计工作。

7.1 绿化设计与布局

本节将介绍高层小区园林绿化设计，包括树池绘制、绿植布置和广场喷泉绘制等的设计和布置。

7.1.1 绘制树池

1. 建立“路旁树”图层

（1）单击“图层”工具栏中的“图层特性管理器”按钮，弹出“图层特性管理器”选项板，建立一个新图层，命名为“路旁树”，颜色选取 84，线型为默认，将其设置为当前图层，如图 7-1 所示。确定后回到绘图状态。

路旁树 84 Continu... —— 默认 0 Color_...

图 7-1 “路旁树”图层

（2）单击“绘图”工具栏中的“圆弧”按钮，以如图 7-2 所示的位置为圆弧起点，绘制一段半径为 2400 的圆弧。

（3）单击“绘图”工具栏中的“圆弧”按钮，在步骤（2）中绘制的多段线外侧绘制另外一段半径为 4100 的圆弧，如图 7-3 所示。

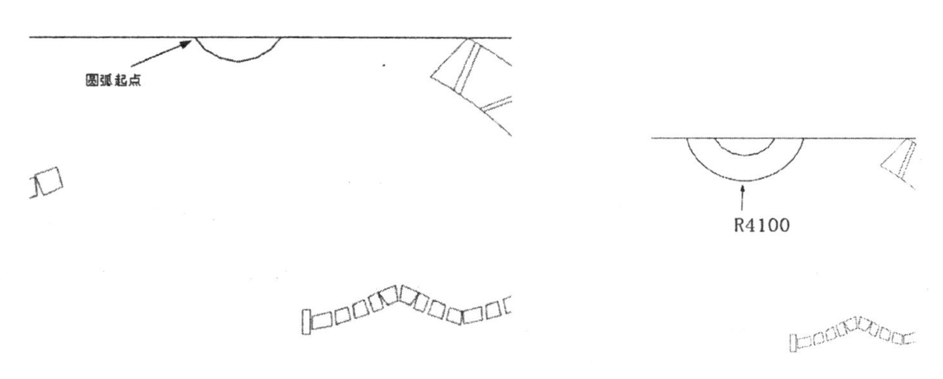

图 7-2 绘制圆弧 1　　图 7-3 绘制圆弧 2

（4）单击“绘图”工具栏中的“多段线”按钮，设置线宽为 0，在步骤（3）中绘制的圆弧上方绘制外端圆弧，如图 7-4 所示。

（5）单击“绘图”工具栏中的“直线”按钮，绘制连接线，如图 7-5 所示。

（6）单击“绘图”工具栏中的“圆弧”按钮，在步骤（5）中的图形外侧绘制 4 段圆弧，半径分别为 8300、8800、9500 和 10500，如图 7-6 所示。

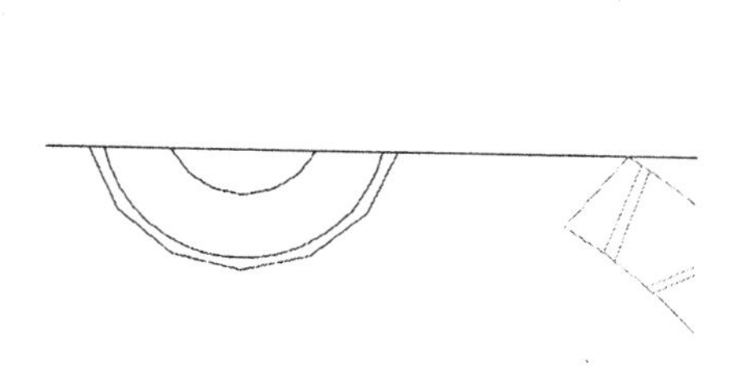

图 7-4　绘制多段线

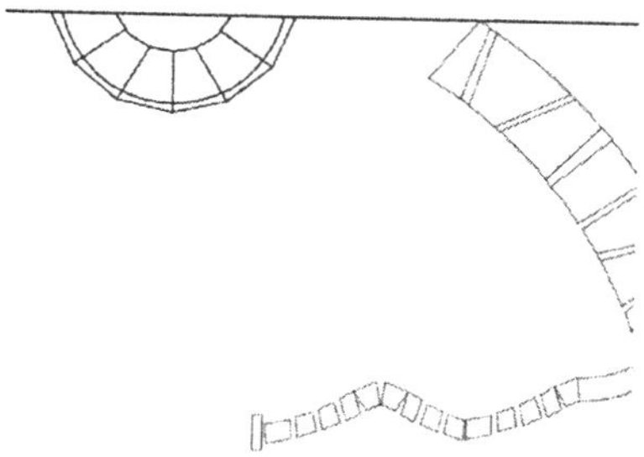

图 7-5　绘制多条连接线

（7）单击“绘图”工具栏中的“矩形”按钮，在步骤（6）中绘制的图形上选取一点为矩形起点，绘制一个尺寸为 1600 × 300 的矩形，如图 7-7 所示。

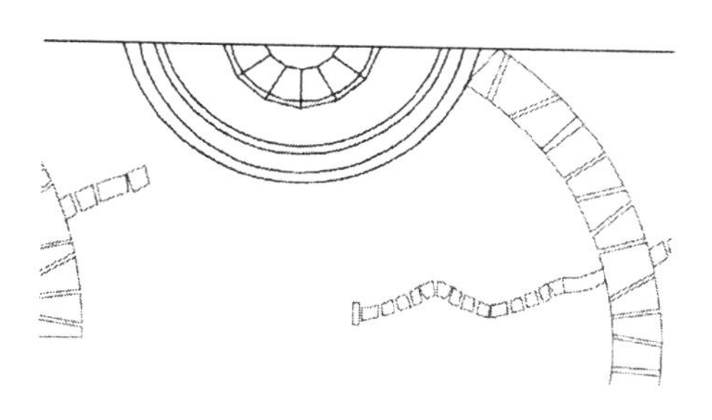

图 7-6　绘制圆弧

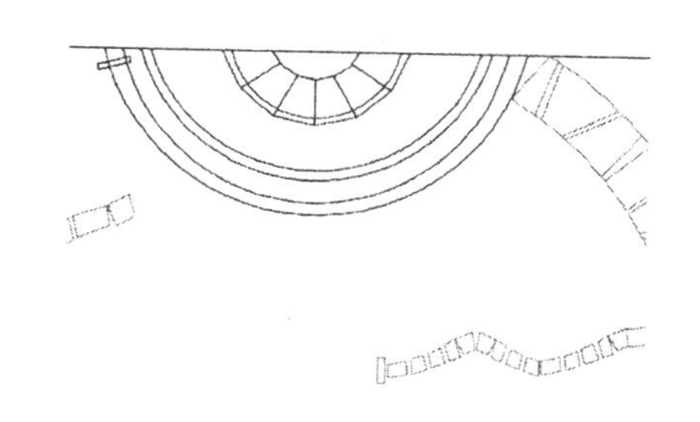

图 7-7　绘制矩形

（8）单击“修改”工具栏中的“旋转”按钮，选择步骤（1）中绘制的矩形为旋转对象，对其进行复制旋转处理，如图 7-8 所示。

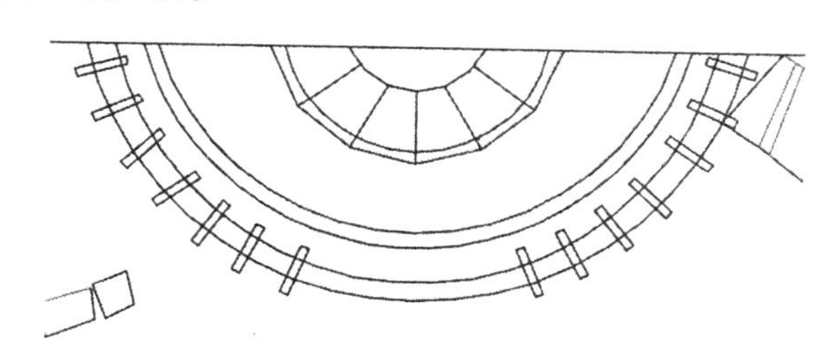

图 7-8　复制旋转矩形

2. 建立“规划建筑”图层

1）单击“图层”工具栏中的“图层特性管理器”按钮，弹出“图层特性管理器”选项板，建立一个新图层，命名为“规划建筑”，颜色选取白色，线型为默认，将其设置为当前图层，如图 7-9 所示。

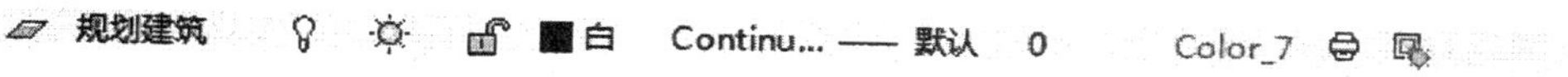

规划建筑　白　Continu... —— 默认　0　Color_7

图 7-9　“规划建筑”图层

2）单击“绘图”工具栏中的“直线”按钮，选择如图 7-10 所示的位置为直线起点，向下绘制一条长度为 25800 的竖直直线，如图 7-10 所示。

（1）单击“修改”工具栏中的“偏移”按钮，选择绘制的长度为 25800 的竖直直线为偏移对象，将其向右进行偏移，偏移距离 1200、200、1400、1400、200 和 1200，如图 7-11 所示。

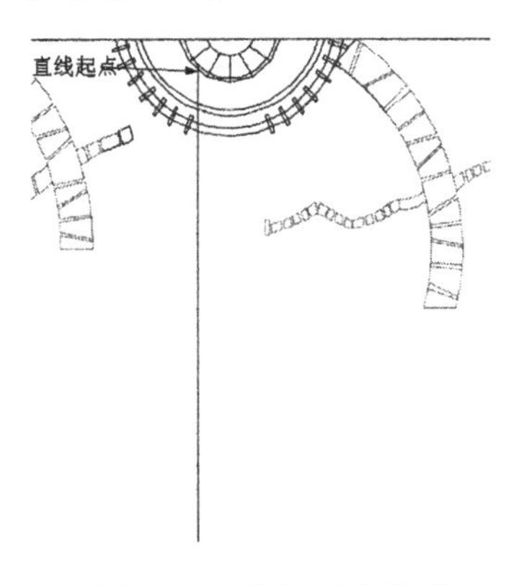

图 7-10 绘制竖直直线

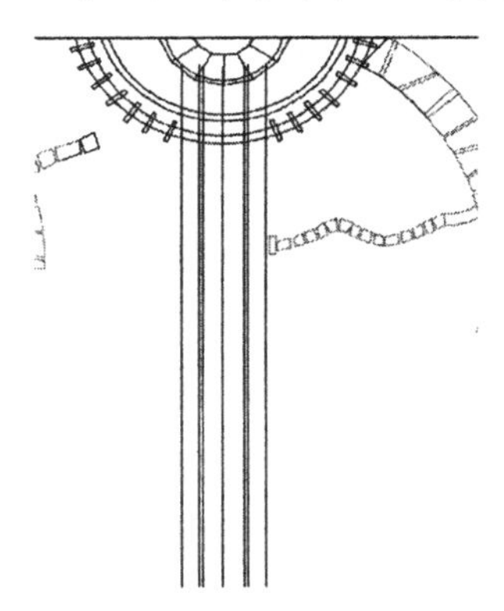

图 7-11 偏移直线

（2）单击“修改”工具栏中的“修剪”按钮，将多余直线和圆弧进行修剪，如图 7-12 所示。

（3）单击“绘图”工具栏中的“矩形”按钮，选择如图 7-13 所示的点为矩形起点，绘制一个尺寸为 500×500 的矩形。

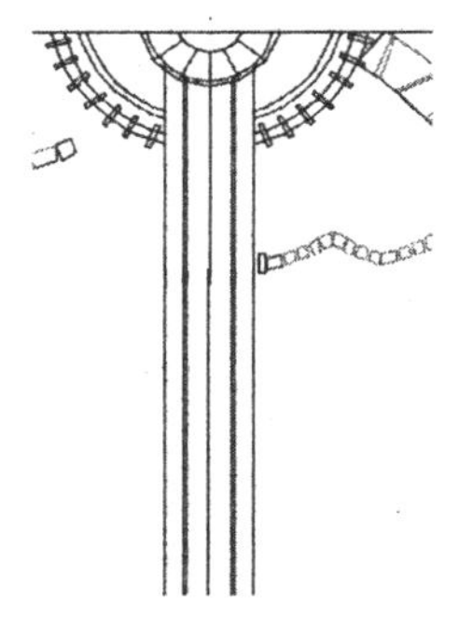

图 7-12 修剪线段

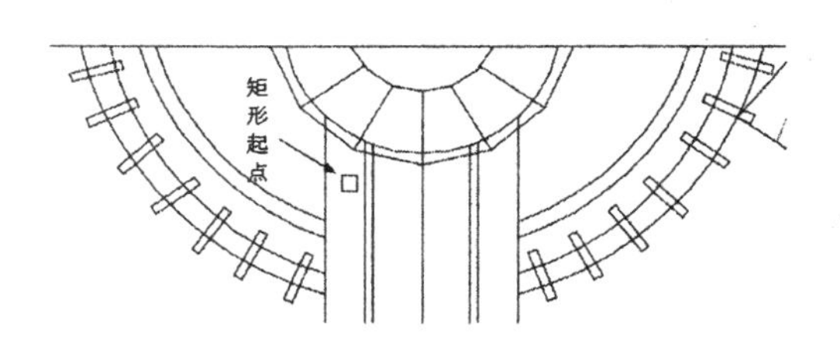

图 7-13 绘制矩形

（4）单击“修改”工具栏中的“偏移”按钮，选择步骤（3）中绘制的矩形为偏移对象，对其进行偏移，偏移距离为 100，如图 7-14 所示。

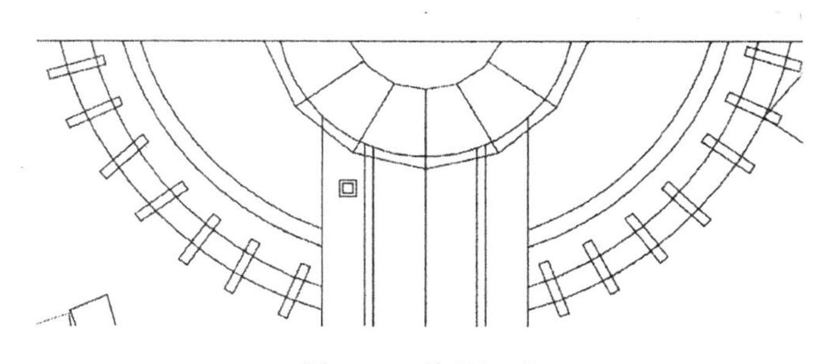

图 7-14 偏移矩形

（5）单击“修改”工具栏中的“矩形阵列”按钮，选择步骤（4）中绘制的两矩形为阵列对象，指定行数为 10，行间距为 -2600，列数为 2，列间距为 4300，进行阵列，完成阵列的结果如图 7-15 所示。

（6）单击“绘图”工具栏中的“直线”按钮，在最顶部两矩形间绘制一条水平直线，如图 7-16 所示。

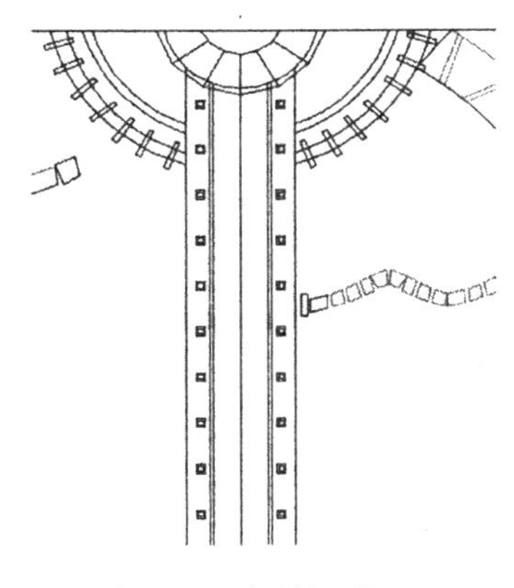

图 7-15　阵列矩形

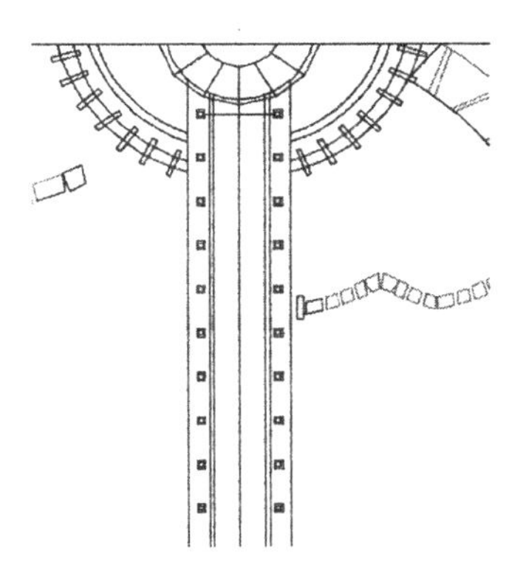

图 7-16　绘制直线

（7）单击“修改”工具栏中的“矩形阵列”按钮，选择步骤（6）中绘制的水平直线为阵列对象，指定行数为 10，行间距为 -2600，列数为 1，列间距为 5730，进行阵列，完成阵列的结果如图 7-17 所示。

（8）单击“绘图”工具栏中的“矩形”按钮，在如图 7-18 所示的位置绘制一个尺寸为 200 × 200 的矩形。

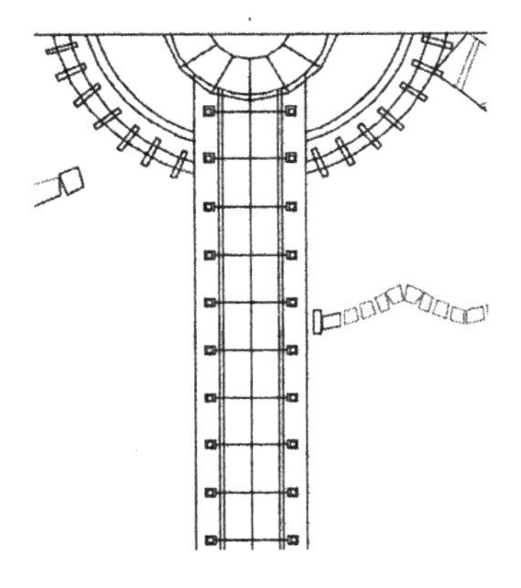

图 7-17　阵列直线

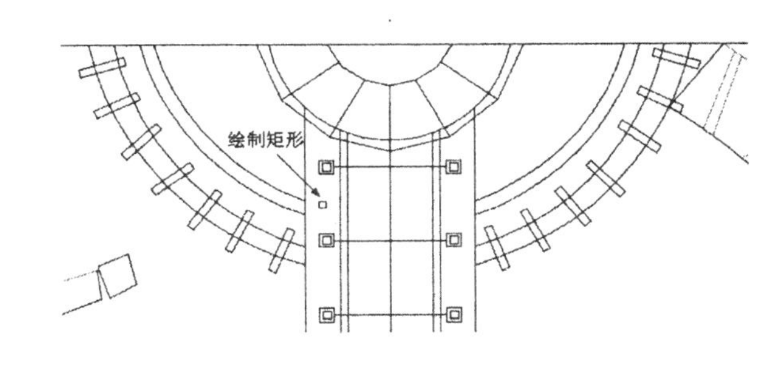

图 7-18　绘制矩形

（9）单击“修改”工具栏中的“复制”按钮，选择步骤（8）中绘制的矩形为复制对象，将其向右进行复制，复制距离为 4600，如图 7-19 所示。

（10）单击“绘图”工具栏中的“矩形”按钮，在步骤（9）中绘制的矩形右侧选择一点为矩形起点，绘制一个尺寸为 3800 × 200 的矩形，如图 7-20 所示。

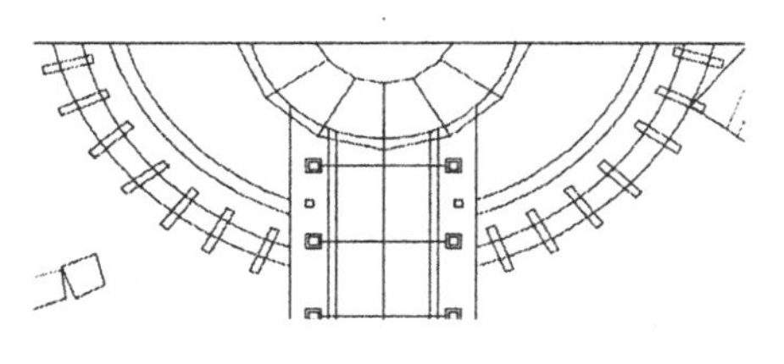

图 7-19　复制矩形

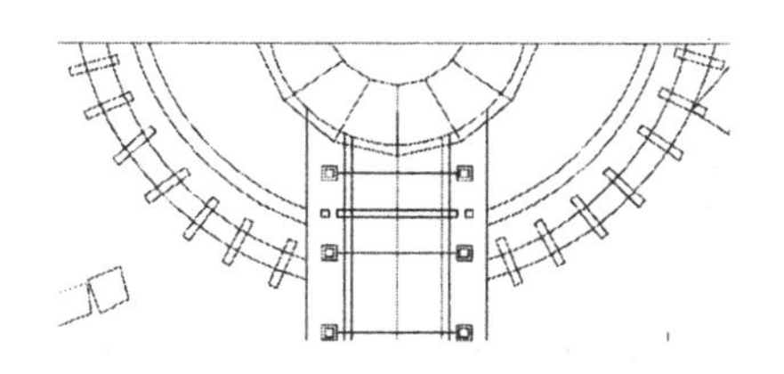

图 7-20　绘制矩形

（11）单击“修改”工具栏中的“矩形阵列”按钮，选择步骤（10）中绘制的连续多段线及两个原始矩形为阵列对象，指定行数为 9，行间距为 -2600，列数为 1，进行阵列，完成阵列的结果如图 7-21 所示。

3）单击“绘图”工具栏中的“矩形”按钮，在图 7-21 中的图形下方选取一点为矩形起点，绘制一个尺寸为 7700 × 7700 的矩形，如图 7-22 所示。

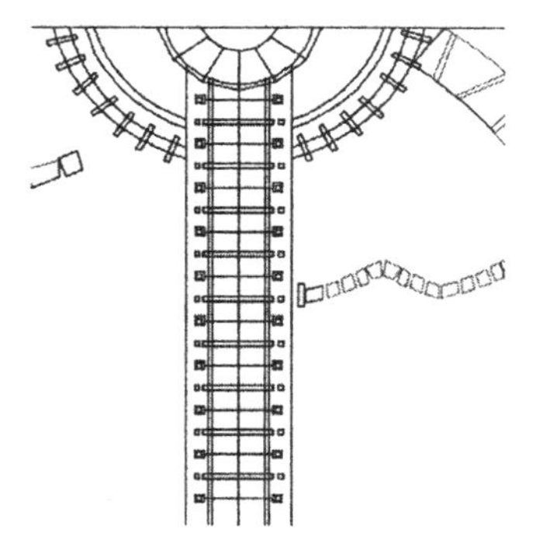

图 7-21　阵列线段

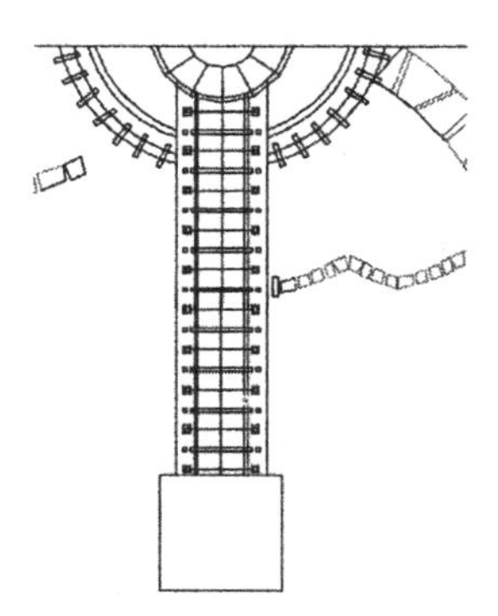

图 7-22　绘制矩形

（1）单击“修改”工具栏中的“分解”按钮，选择绘制的 7700 × 7700 矩形为分解对象，按 Enter 键确认进行分解，使绘制的矩形分解为 4 条独立线段。

（2）单击“修改”工具栏中的“偏移”按钮，选择分解矩形的上部水平边为偏移对象，将其向下进行偏移，偏移距离为 1800、200、1700、200、1700 和 200，如图 7-23 所示。

（3）单击“修改”工具栏中的“偏移”按钮，选择左侧竖直直线为偏移对象，将其向右进行偏移，偏移距离为 1800、200、1700、200、1700 和 200，如图 7-24 所示。

（4）单击“绘图”工具栏中的“矩形”按钮，在步骤（3）中的偏移线段上选择一点为矩形起点，绘制尺寸为 800 × 800 的矩形，如图 7-25 所示。

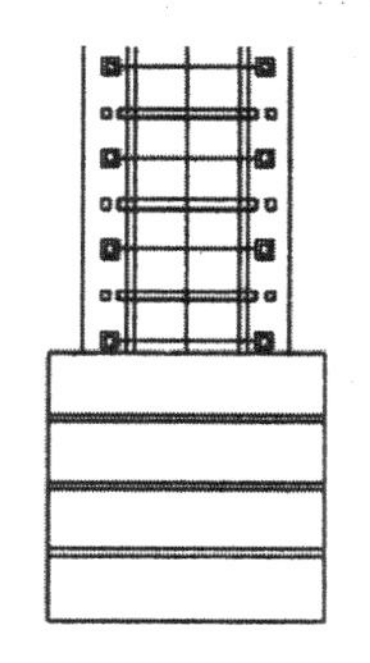

图 7-23　偏移水平直线

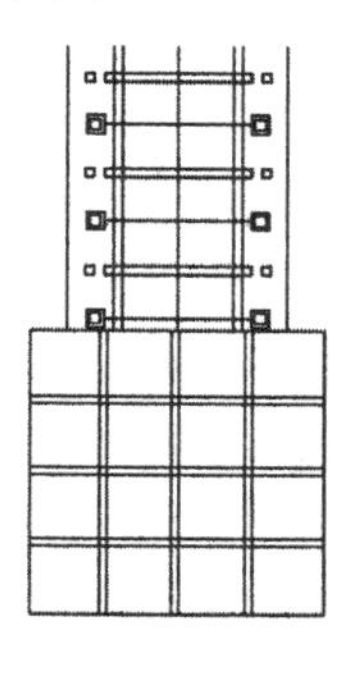

图 7-24　偏移竖直直线

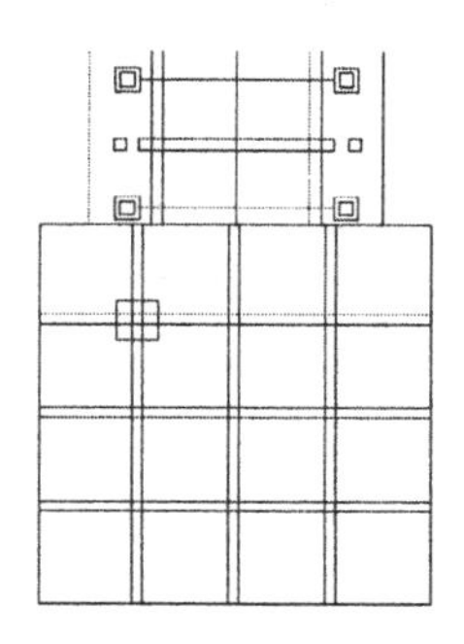

图 7-25　绘制矩形

（5）单击“修改”工具栏中的“偏移”按钮，选择步骤（4）中绘制的矩形为偏移对象，将其向内进行偏移，偏移距离为 300，如图 7-26 所示。

（6）单击“修改”工具栏中的“修剪”按钮，选择步骤（5）中绘制的矩形内线段为修剪对象，对其进行修剪处理，如图 7-27 所示。

（7）单击“绘图”工具栏中的“直线”按钮，在步骤（6）中修剪的线段内绘制多条直线，如图 7-28 所示。

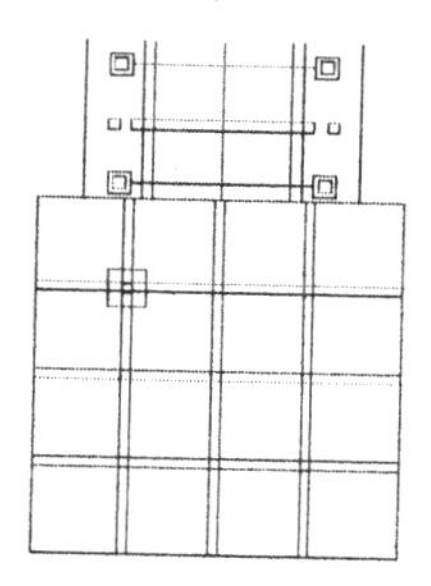
图 7-26　偏移矩形

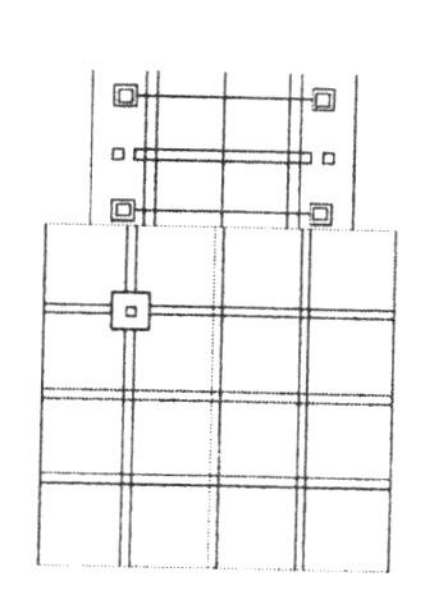
图 7-27　修剪直线

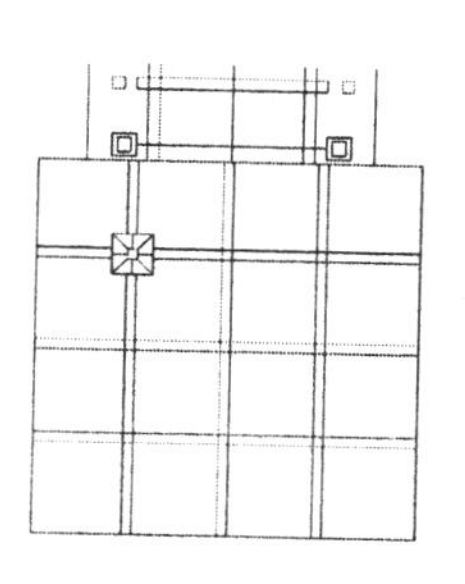
图 7-28　绘制直线

（8）单击“修改”工具栏中的“复制”按钮，选择图 7-28 中的图形为复制对象，对其进行连续复制，如图 7-29 所示。

（9）单击“修改”工具栏中的“修剪”按钮，选择步骤（8）中复制的矩形内线段为修剪对象，对其进行修剪处理，如图 7-30 所示。

（10）利用上述方法完成与步骤（9）中相同的铺装图形的绘制，如图 7-31 所示。

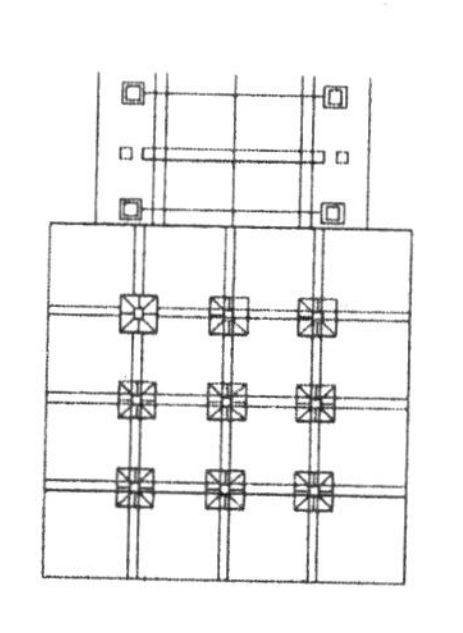
图 7-29　复制对象

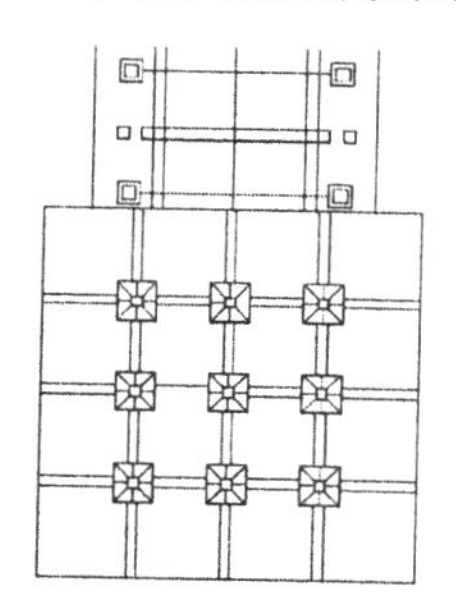
图 7-30　修剪线段

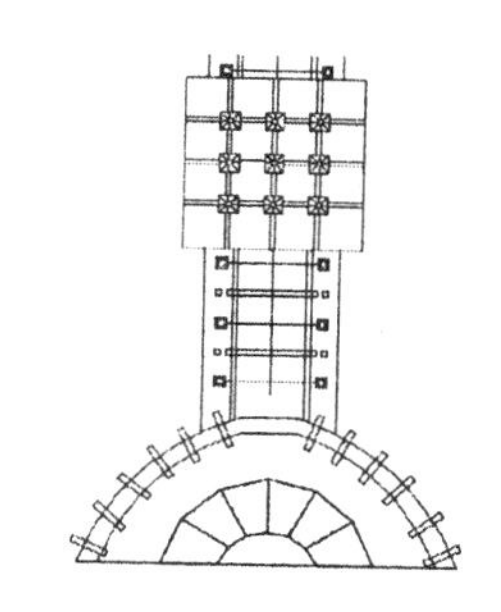
图 7-31　绘制图形

4）单击“绘图”工具栏中的“矩形”按钮，在图 7-31 中的图形下方选取一点为矩形起点，绘制一个尺寸为 9000×4100 的矩形，如图 7-32 所示。

（1）单击“修改”工具栏中的“分解”按钮，选择绘制的 9000×4100 矩形为分解对象，按 Enter 键确认进行分解，使矩形分解为 4 条独立线段。

（2）单击“修改”工具栏中的“偏移”按钮，选择步骤（1）中分解的矩形线段为偏移对象，将其向下进行偏移，偏移距离为 300、300、300、300 和 2400，如图 7-33 所示。

（3）单击“绘图”工具栏中的“矩形”按钮，在图 7-33 中的矩形下方选择一点为矩形起点，绘制一个尺寸为 8000×1500 的矩形，如图 7-34 所示。

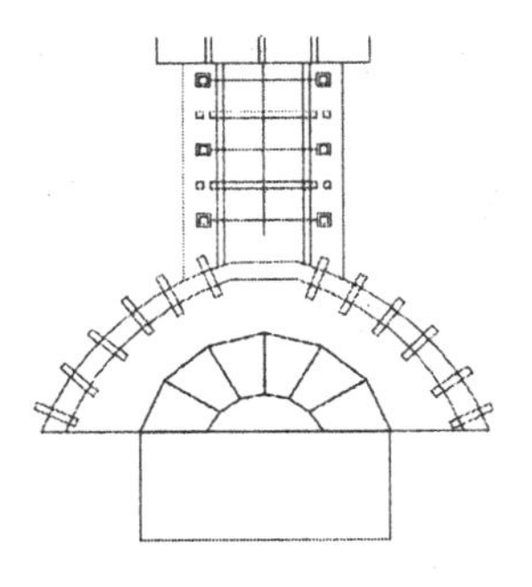

图 7-32　绘制矩形

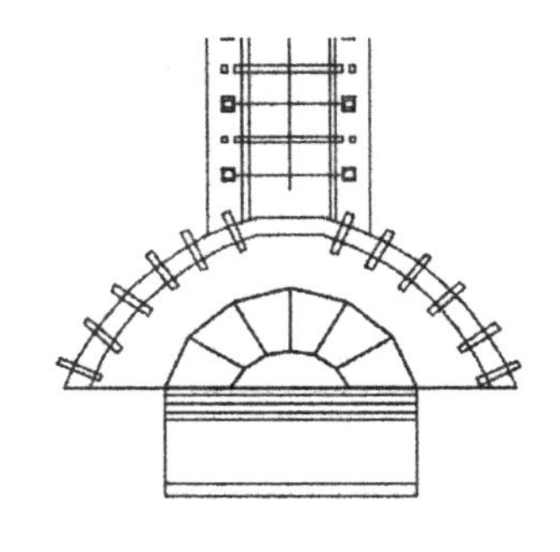

图 7-33　偏移线段

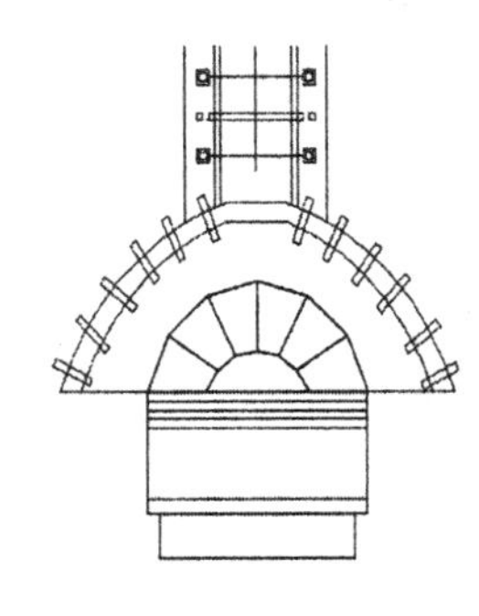

图 7-34　绘制 8000 × 1500 矩形

（4）单击“绘图”工具栏中的“矩形”按钮，在步骤（3）中绘制的矩形下方绘制一个尺寸为 9000 × 500 的矩形，如图 7-35 所示。

（5）单击“绘图”工具栏中的“图案填充”按钮，打开“图案填充创建”选项卡，如图 7-36 所示，选择步骤（4）中的矩形为填充区域，对其进行图案填充，如图 7-37 所示。

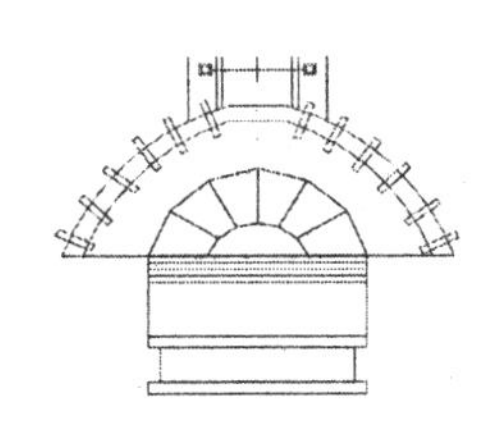

图 7-35　绘制 9000 × 500 矩形

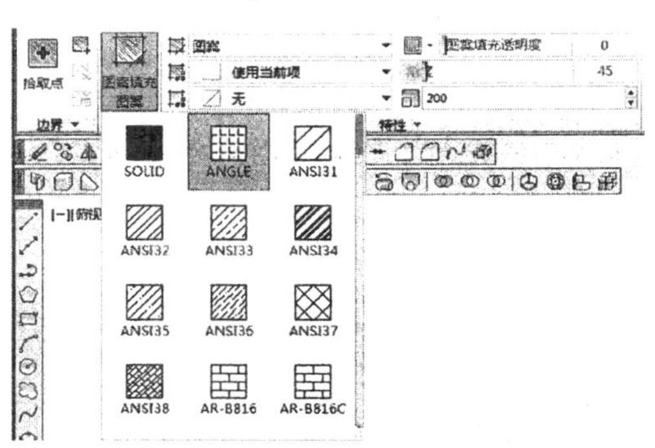

图 7-36　“图案填充创建”选项卡

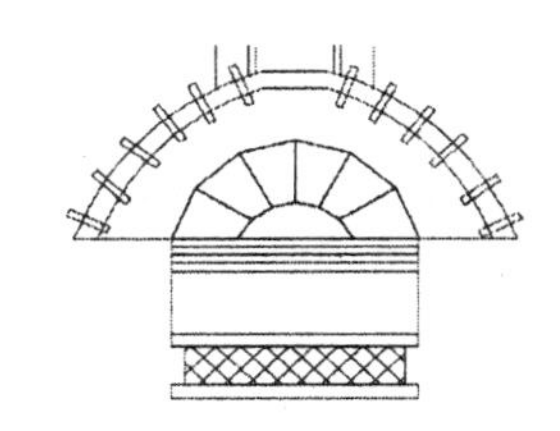

图 7-37　填充图案

（6）单击“修改”工具栏中的“复制”按钮，选择步骤（5）中绘制完成的两个图形为复制对象，选择 8000 × 1500 矩形左侧竖直边中点为复制基点，将其向下复制 7 个，复制距离为 2000，如图 7-38 所示。

5）单击“绘图”工具栏中的“圆”按钮，在图 7-38 中的图形下方选择一点为圆的圆心，绘制一个半径为 105 的圆，如图 7-39 所示。

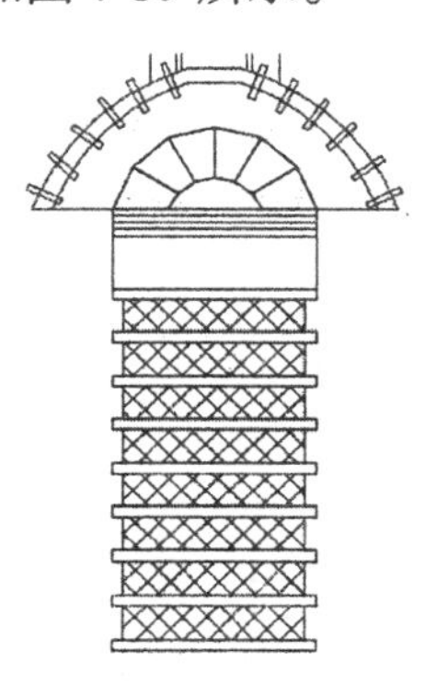

图 7-38　复制图形

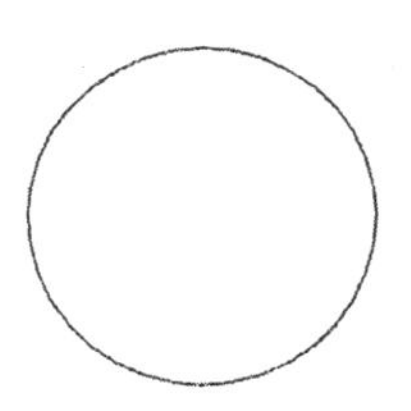

图 7-39　绘制圆

（1）单击“修改”工具栏中的“偏移”按钮，选择绘制的半径为 105 的圆为偏移对象，将其向外侧进行偏移，偏移距离为 70、280、70、455、70、560、70、70、70、913、70、770、70、455、70、1050、35、2030、35、2064、35 和 1080，如图 7-40 所示。

①单击“修改”工具栏中的“修剪”按钮，选择偏移圆内线段为修剪对象，对其进行修剪处理，如图 7-41 所示。

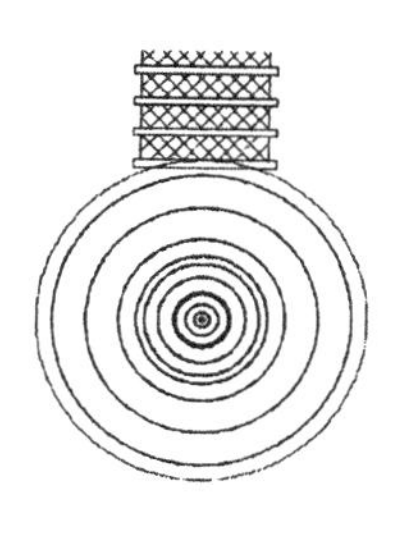

图 7-40　偏移圆

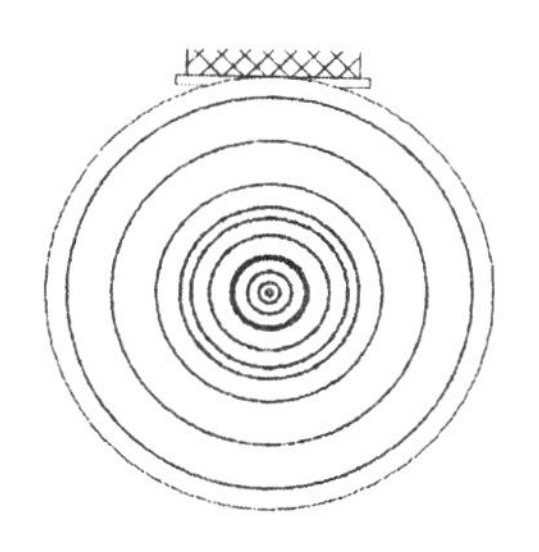

图 7-41　修剪线段

②单击“绘图”工具栏中的“圆”按钮，在步骤①中偏移圆内选择一点为新圆圆心，绘制一个半径为 10.5 的圆，如图 7-42 所示。

③单击“修改”工具栏中的“偏移”按钮，选择步骤②中绘制的圆为偏移对象，将其向外进行偏移，偏移距离为 7，如图 7-43 所示。

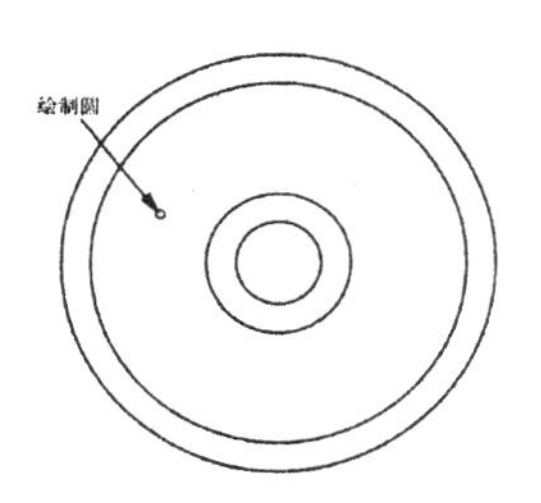

图 7-42　绘制圆

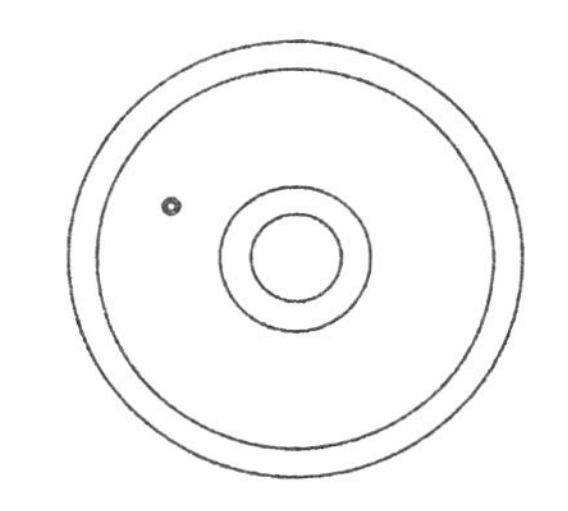

图 7-43　偏移圆

④单击“修改”工具栏中的“环形阵列”按钮，选择步骤③中绘制的两个圆形为环形阵列对象，选择偏移圆的圆心为阵列中心，指定项目数为 8，填充角度为 360°，进行环形阵列。

⑤单击“修改”工具栏中的“复制”按钮，选择步骤④中绘制的两个圆形进行复制，并进行环形阵列，选择偏移圆的圆心为阵列中心，指定项目数为 8，填充角度为 360°，结果如图 7-44 所示。

⑥单击“绘图”工具栏中的“直线”按钮，在偏移后的第 3 个圆和第 4 个圆之间绘制多条斜向直线，如图 7-45 所示。

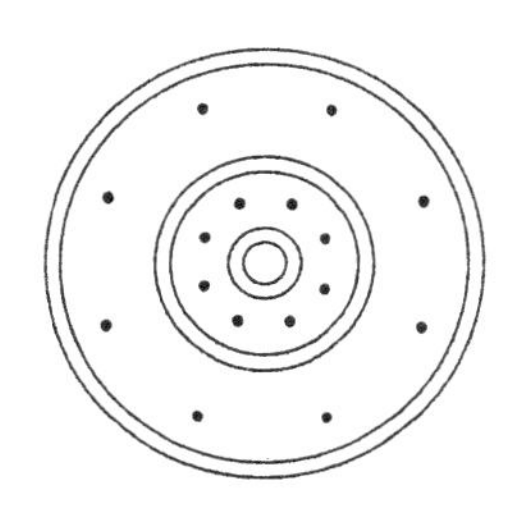

图 7-44　阵列图形

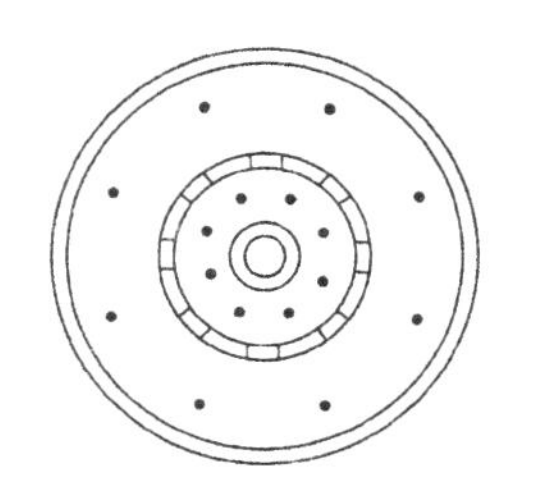

图 7-45　绘制斜向直线

⑦单击“修改”工具栏中的“修剪”按钮，选择步骤⑥中绘制的直线间线段为修剪对象，对其进行修剪处理，如图 7-46 所示。

（2）单击“绘图”工具栏中的“矩形”按钮，在如图 7-47 所示的位置绘制一个尺寸为 200×200 的矩形。

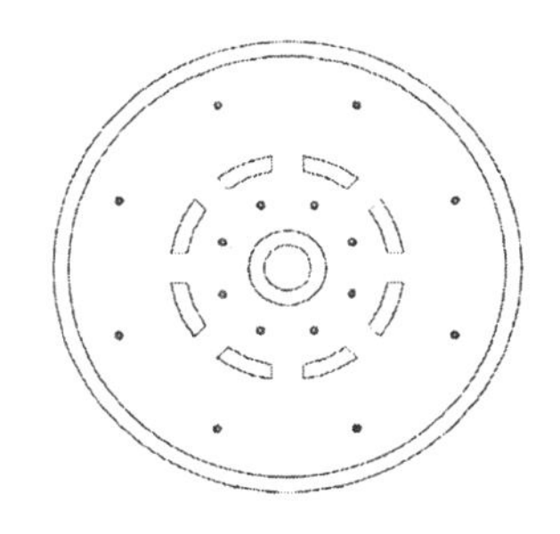

图 7-46 修剪线段

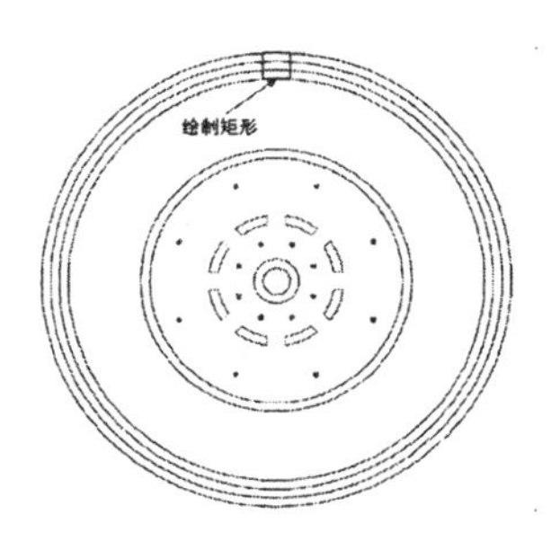

图 7-47 绘制矩形

①单击“修改”工具栏中的“修剪”按钮，选择绘制的 200×200 矩形内的线段为修剪对象，对其进行修剪处理，如图 7-48 所示。

②单击“绘图”工具栏中的“直线”按钮，以步骤①中绘制的矩形 4 条边中点为直线起点绘制十字交叉线，如图 7-49 所示。

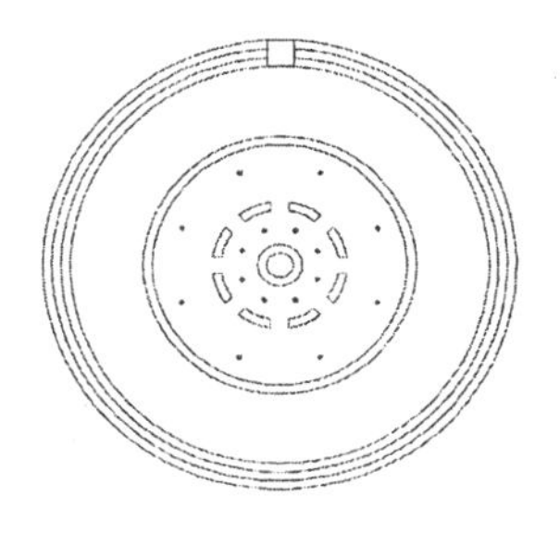

图 7-48 修剪线段

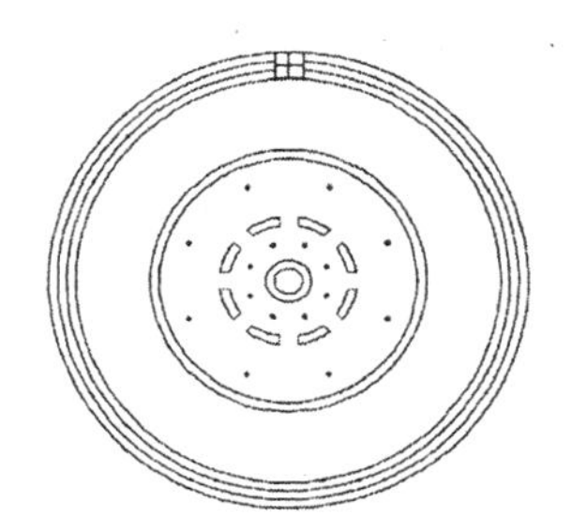

图 7-49 绘制直线

③单击“绘图”工具栏中的 “圆”按钮，以步骤②中绘制的十字交叉线交点为圆的圆心绘制一个半径 70 的圆，如图 7-50 所示。

④单击“修改”工具栏中的“删除”按钮，选择步骤③中绘制的十字交叉线为删除对象，将其删除，如图 7-51 所示。

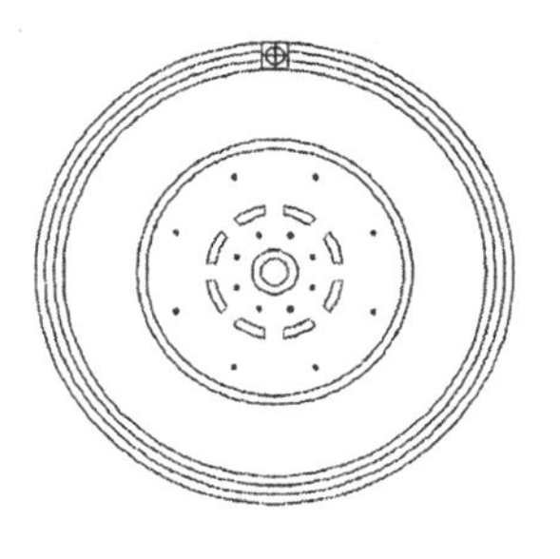

图 7-50 绘制圆

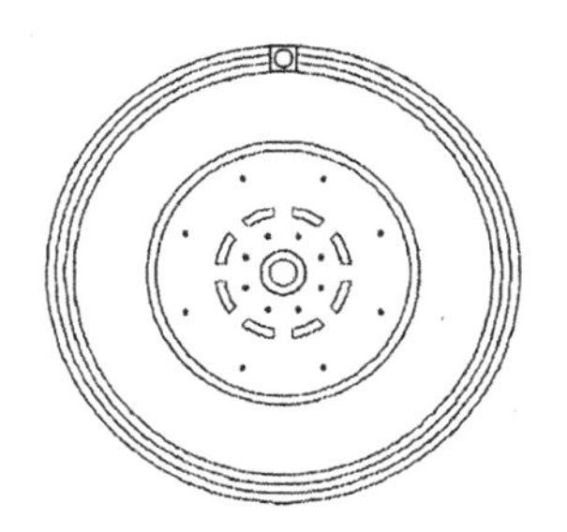

图 7-51 删除线段

⑤单击“修改”工具栏中的“偏移”按钮，选择步骤④中绘制的圆为偏移对象，将其向外进行偏移，

偏移距离为 17.5，如图 7-52 所示。

⑥单击“修改”工具栏中的“环形阵列”按钮，选择步骤⑤中绘制的图形环形阵列对象，选择偏移圆的圆心为阵列中心，指定阵列的项目数为 8，填充角度为 360°，结果如图 7-53 所示。

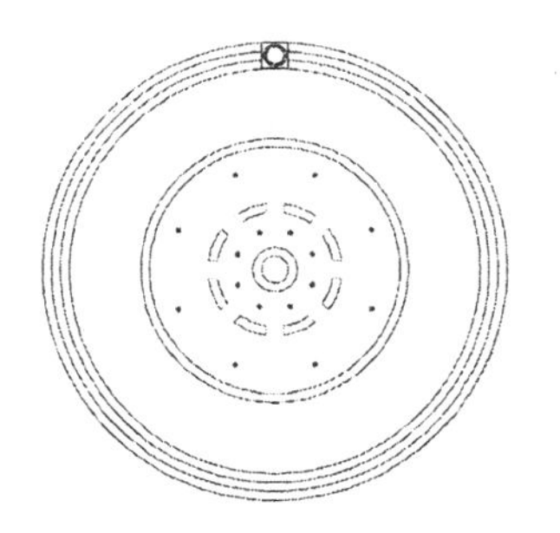

图 7-52　偏移图形

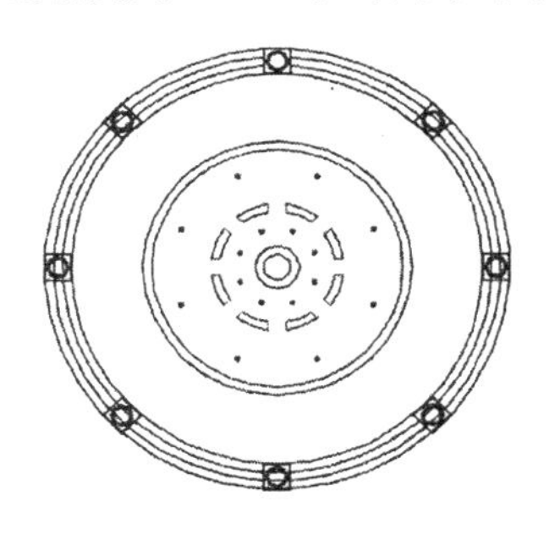

图 7-53　阵列图形

⑦单击“修改”工具栏中的“修剪”按钮，选择步骤⑥中阵列后的图形为修剪对象，对其进行修剪处理，如图 7-54 所示。

⑧单击“绘图”工具栏中的“直线”按钮，以内部小圆圆心为直线起点绘制两条斜向直线，如图 7-55 所示。

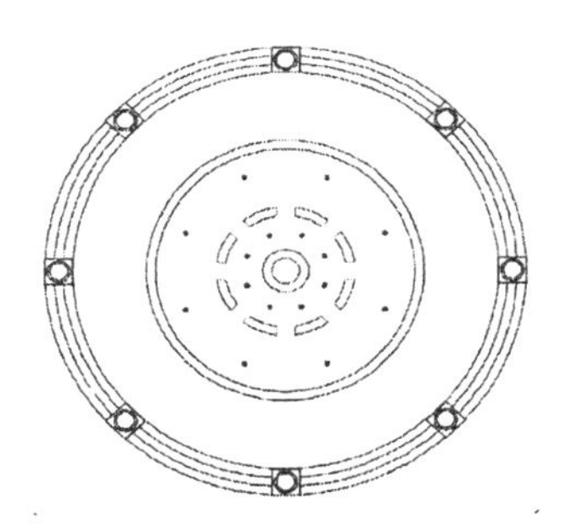

图 7-54　修剪线段

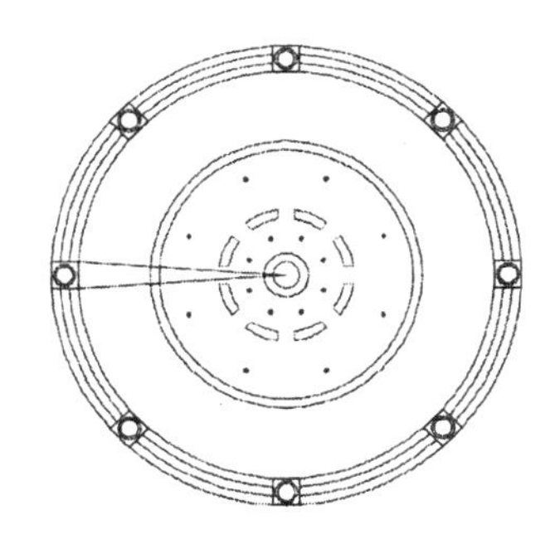

图 7-55　绘制斜向直线

⑨单击“修改”工具栏中的“环形阵列”按钮，选择步骤⑧中绘制的图形为对象，选择偏移圆的圆心为阵列中心，指定阵列的角度为 360°，指定项目数为 8，进行阵列，结果如图 7-56 所示。

（3）单击“绘图”工具栏中的“直线”按钮，在图形适当位置选择一点为直线起点，绘制一条水平直线，如图 7-57 所示。

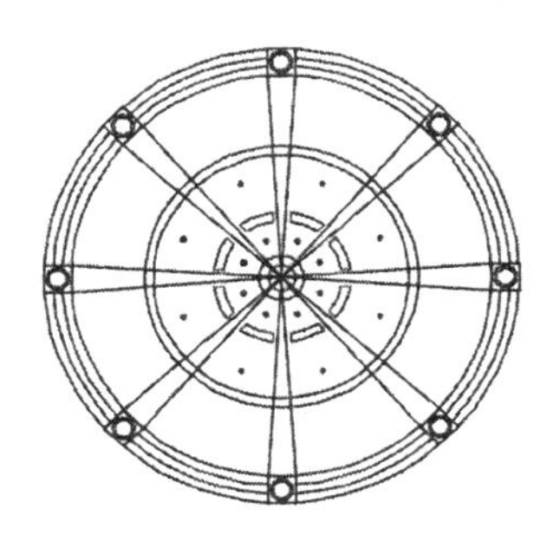

图 7-56　绘制斜向直线

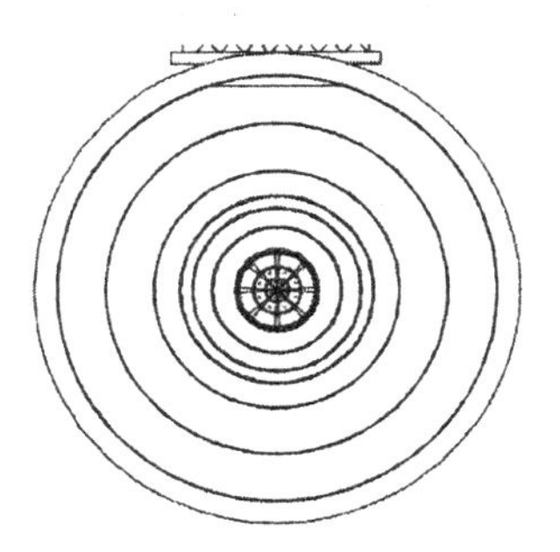

图 7-57　绘制水平直线

①单击“修改”工具栏中的“偏移”按钮，选择步骤（3）中绘制的直线为偏移对象，将其向下进行偏移，偏移距离为 210、420、210、420、210、420、210、1050、210、1050、210，1050 和 35，如图 7-58 所示。

②单击“修改”工具栏中的“延伸”按钮，选择步骤①中绘制的直线为延伸对象，将其向两侧进行延伸，使绘制直线延伸至最外侧圆圆心，如图 7-59 所示。

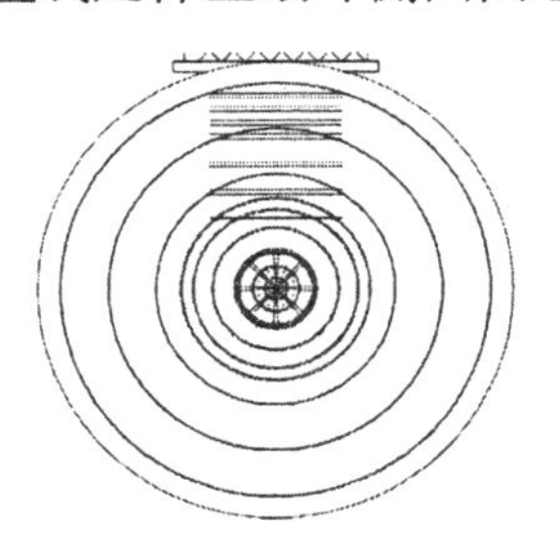

图 7-58　偏移直线

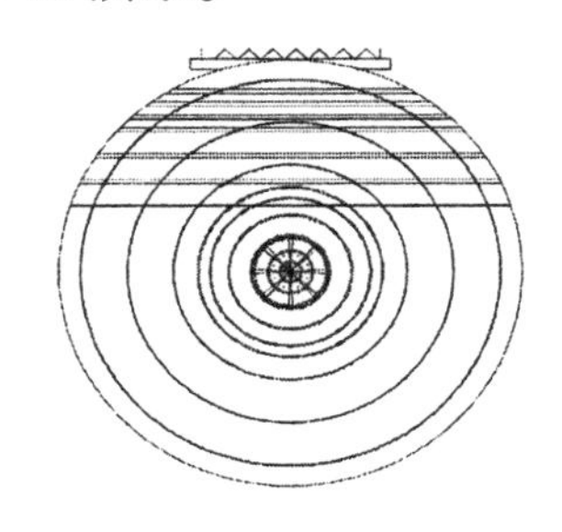

图 7-59　延伸线段

③单击“绘图”工具栏中的“直线”按钮，在步骤②中延伸线段上选择一点为直线起点，绘制一条竖直直线，如图 7-60 所示。

④单击“修改”工具栏中的“偏移”按钮，选择步骤③中绘制的竖直直线为偏移对象，将其向右进行偏移，偏移距离为 35、3990 和 35，如图 7-61 所示。

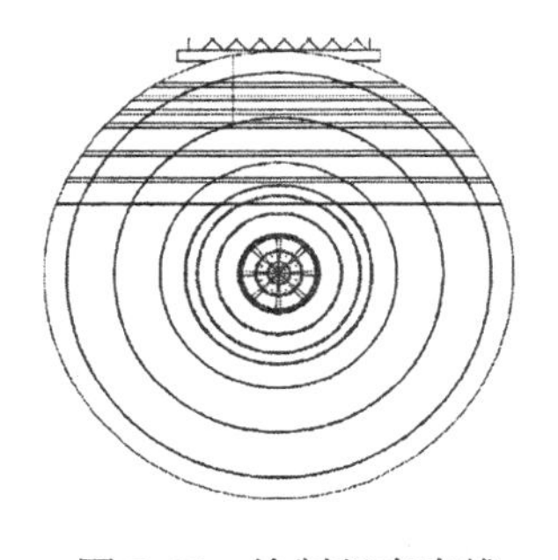

图 7-60　绘制竖直直线

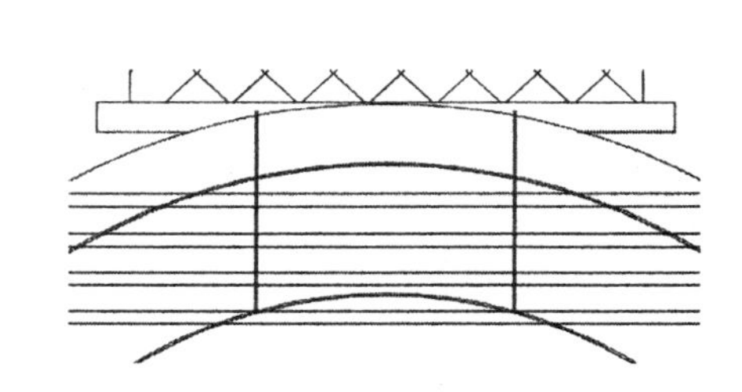

图 7-61　偏移线段

⑤单击“修改”工具栏中的“修剪”按钮，选择步骤④中偏移的线段为修剪对象，对其进行修剪处理，如图 7-62 所示。

（4）单击“绘图”工具栏中的“矩形”按钮，在图 7-62 中图形的适当位置选择一点为矩形起点，绘制一个尺寸为 13101 × 6510 的矩形，如图 7-63 所示。

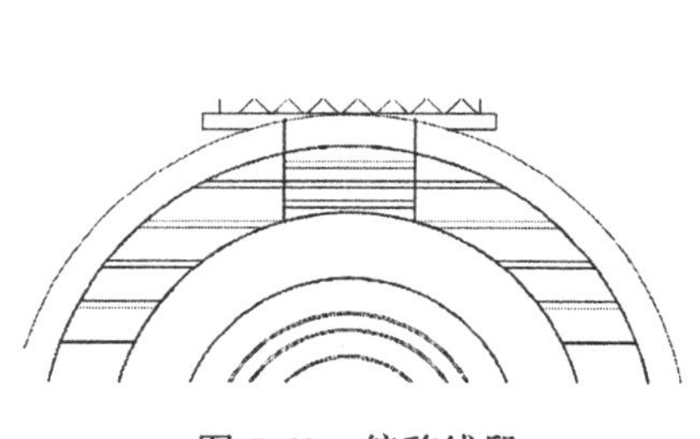

图 7-62　偏移线段

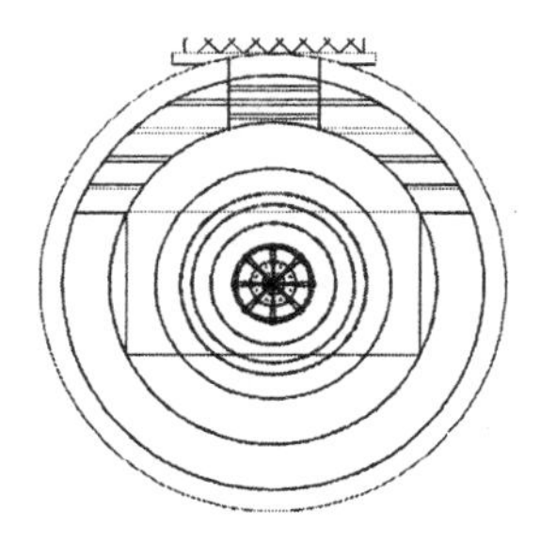

图 7-63　绘制矩形

①单击“修改”工具栏中的“偏移”按钮，选择绘制的 13101 × 6510 矩形为偏移对象，将其向内进行偏移，偏移距离为 105，如图 7-64 所示。

②单击“绘图”工具栏中的“直线”按钮，在图形内部绘制多条组合线，如图 7-65 所示。

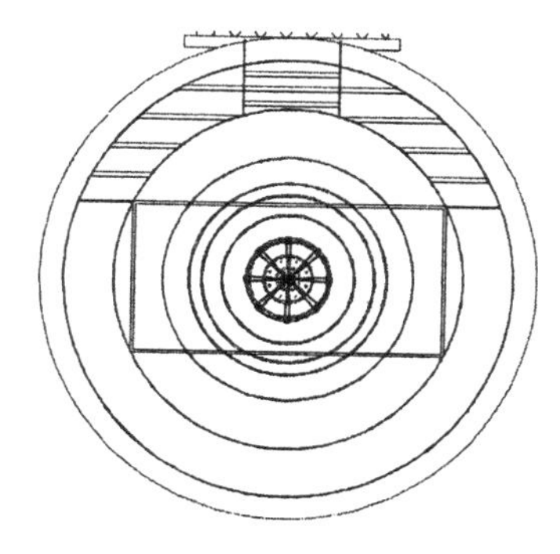

图 7-64　偏移矩形

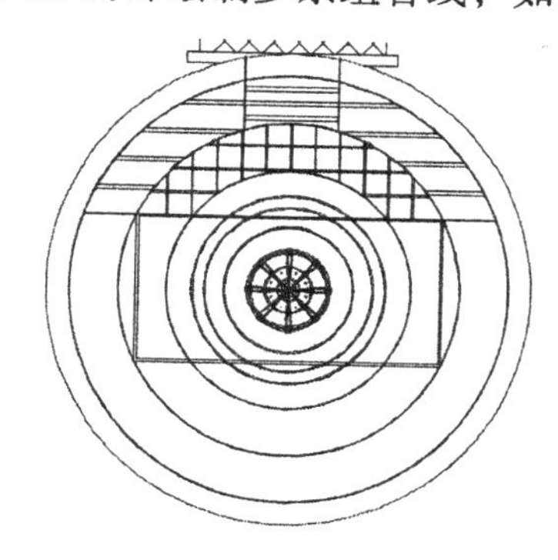

图 7-65　绘制直线

③单击“绘图”工具栏中的“矩形”按钮，在步骤②中绘制的组合线间选择一点为矩形起点，绘制一个尺寸为 700 × 700 的矩形，如图 7-66 所示。

④单击“修改”工具栏中的“修剪”按钮，选择步骤③中绘制的矩形内线段为修剪对象，对其进行修剪处理，如图 7-67 所示。

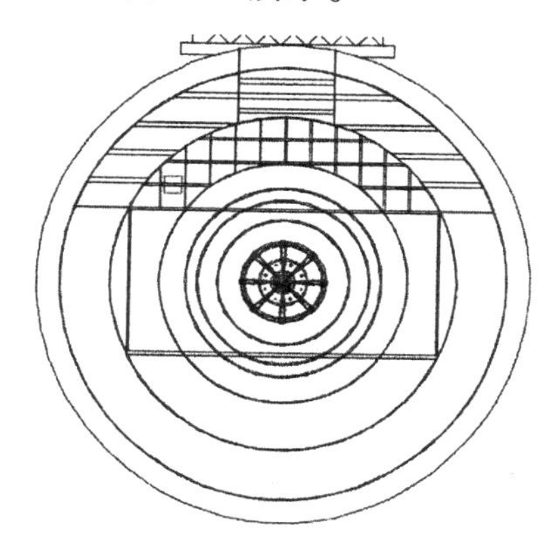

图 7-66　绘制矩形

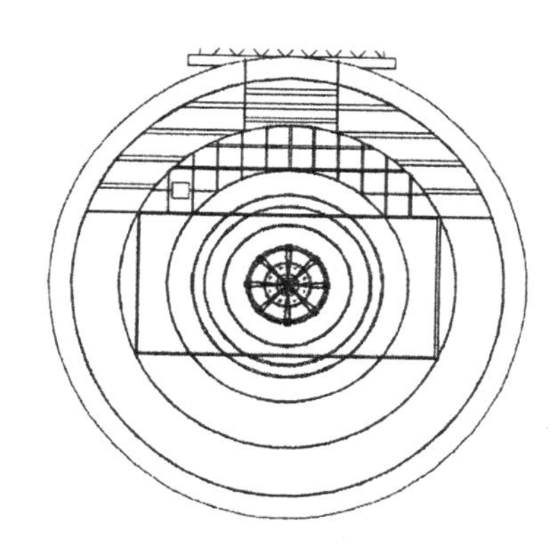

图 7-67　修剪线段

（5）单击“修改”工具栏中的“偏移”按钮，选择图 7-67 中修剪后的矩形为偏移对象，将其向内进行偏移，偏移距离为 140 和 35，如图 7-68 所示。

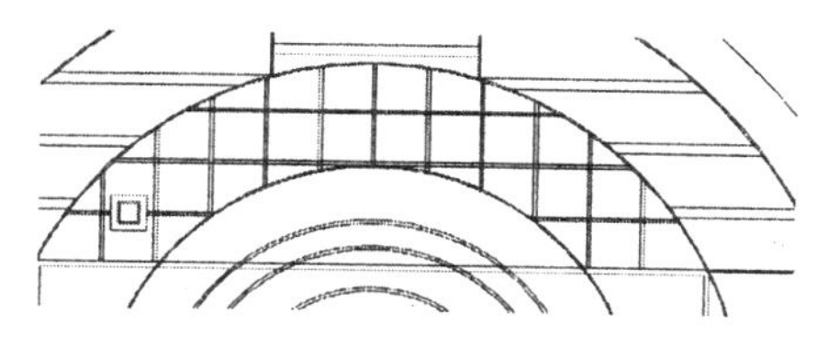

图 7-68　偏移矩形

①单击“修改”工具栏中的“分解”按钮，选择最外部矩形为分解对象，按 Enter 键确认，使外部矩形分解为 4 条独立边。

②单击“修改”工具栏中的“偏移”按钮，选择步骤①中分解的矩形上部水平边为偏移对象，将其向下进行偏移，偏移距离为 140、140、140 和 140，如图 7-69 所示。

③单击“修改”工具栏中的“偏移”按钮，选择分解矩形左侧竖直边为偏移对象，将其向右进行偏移，偏移距离为 140、140、140 和 140，如图 7-70 所示。

④单击“修改”工具栏中的“修剪”按钮，选择步骤③中偏移线段为修剪对象，对其进行修剪处理，如图 7-71 所示。

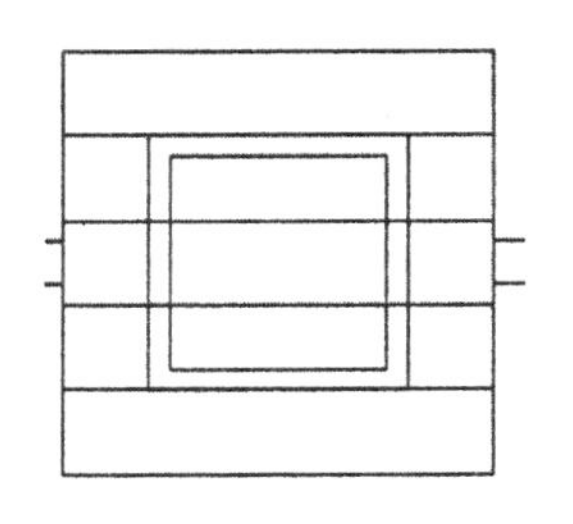
图 7-69　偏移线段

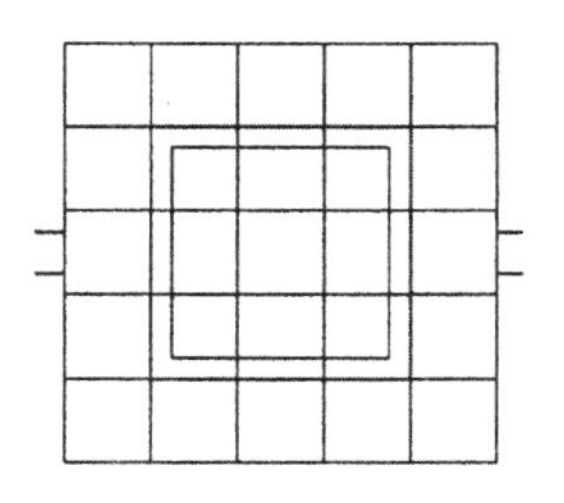
图 7-70　偏移竖直直线

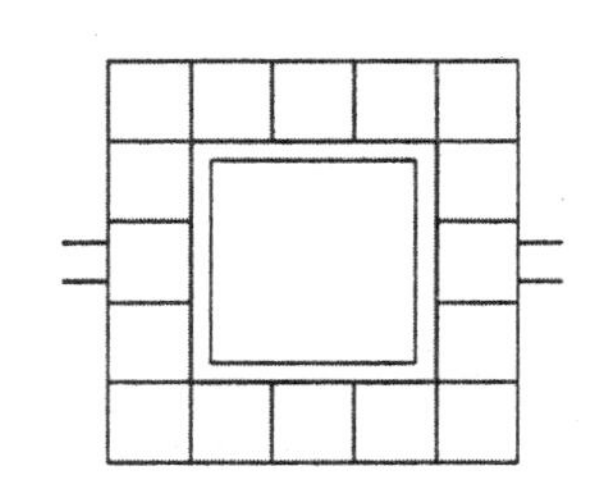
图 7-71　修剪线段

⑤单击“绘图”工具栏中的“直线”按钮，在步骤④中偏移线段的 4 个角形成的矩形内绘制 4 条斜向直线，如图 7-72 所示。

⑥单击“绘图”工具栏中的“样条曲线”按钮，在内部矩形内选择一点为样条线起点，绘制连续样条曲线，如图 7-73 所示。

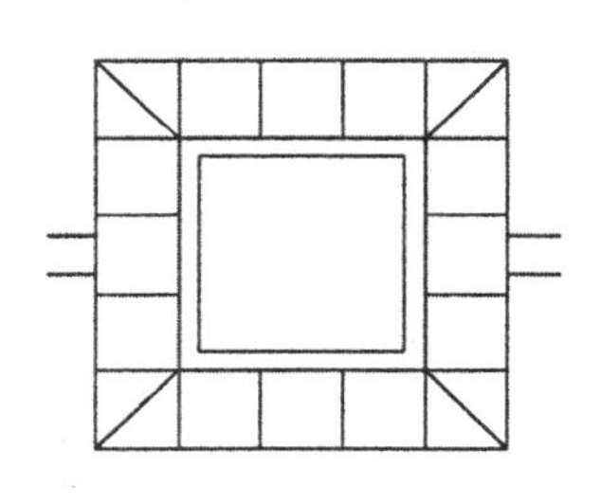
图 7-72　绘制斜线

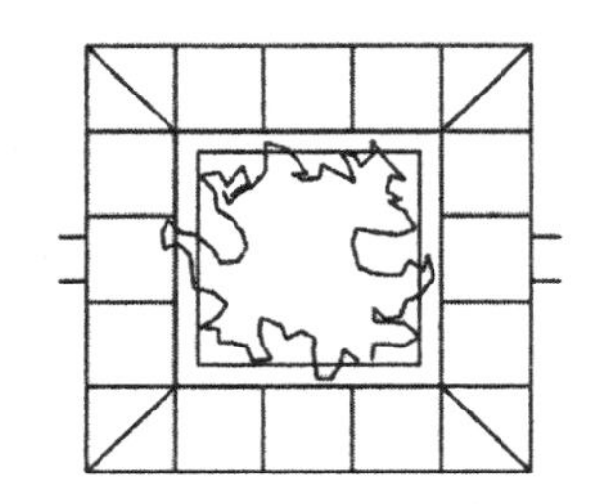
图 7-73　绘制样条曲线

⑦单击“修改”工具栏中的“复制”按钮，选择步骤⑥中绘制的图形为复制对象，对其进行连续复制，如图 7-74 所示。

⑧单击“修改”工具栏中的“修剪”按钮，选择步骤⑦中复制的图形间线段为修剪对象，对其进行修剪处理，如图 7-75 所示。

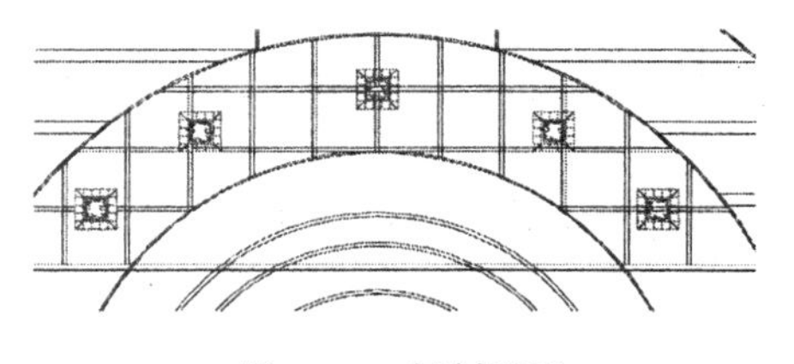
图 7-74　复制图形

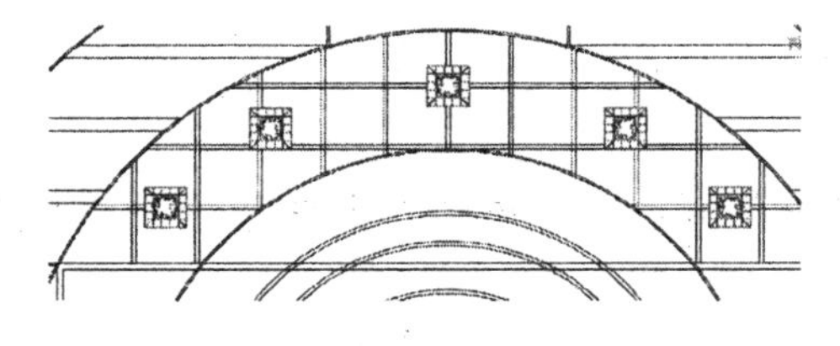
图 7-75　修剪线段

⑨单击“修改”工具栏中的“分解”按钮，选择绘制的 13101×6510 矩形为分解对象，按

Enter 键确认，使绘制矩形分解为 4 条独立边。

⑩单击“修改”工具栏中的“偏移”按钮，选择分解矩形左侧竖直边为偏移对象，将其向右进行偏移，偏移距离为 1732、70、1121、70、1820、70、3360、70、1820、70、1121 和 70，如图 7-76 所示。

⑪单击“修改”工具栏中的“修剪”按钮，选择步骤⑩中偏移线段为修剪对象，对其进行修剪处理，如图 7-77 所示。

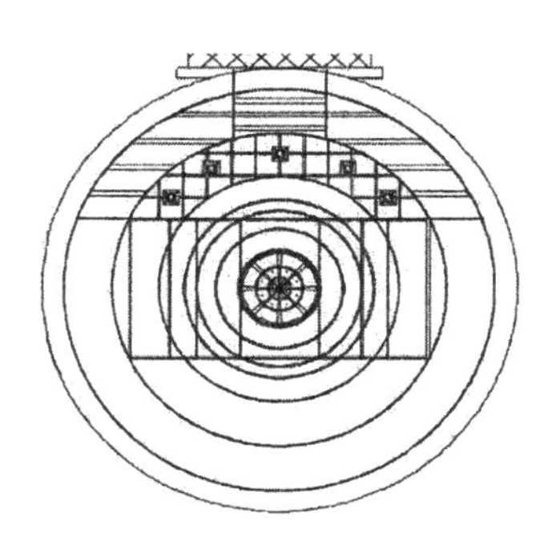

图 7-76　偏移线段

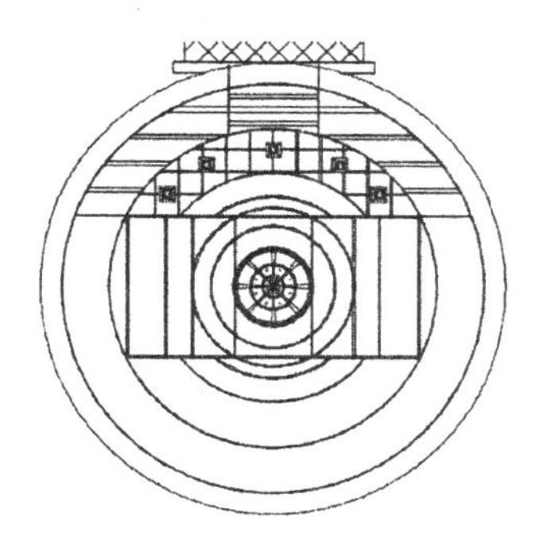

图 7-77　修剪线段

⑫单击“绘图”工具栏中的“圆弧”按钮，绘制半径为 5778 的圆弧，如图 7-78 所示。

⑬单击“修改”工具栏中的“偏移”按钮，选择步骤⑫中绘制的圆弧为偏移对象，将其向内进行偏移，偏移距离为 70，如图 7-79 所示。

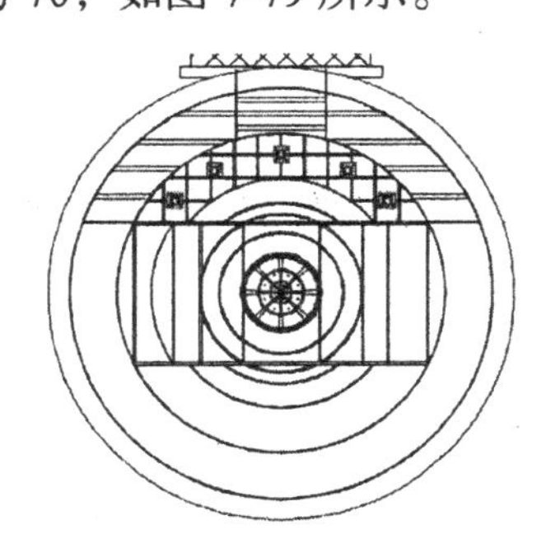

图 7-78　绘制圆弧

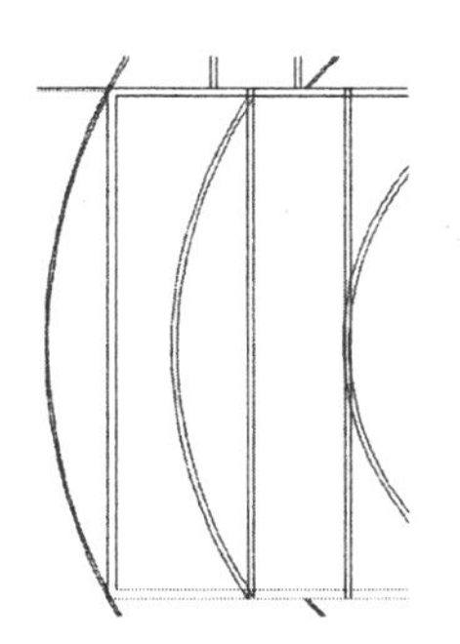

图 7-79　偏移圆弧

⑭利用上述方法完成剩余相同图形的绘制，如图 7-80 所示。

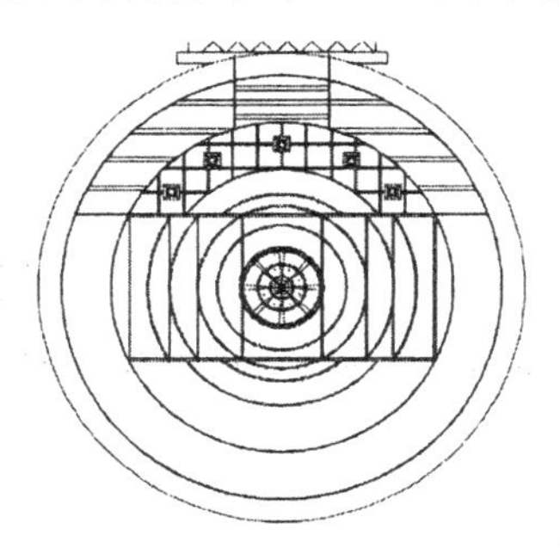

图 7-80　绘制相同图形

⑮单击“绘图”工具栏中的“图案填充”按钮，选择步骤⑭中的图形区域为填充区域，对“图案填充创建”选项卡进行设置，如图 7-81 所示。填充结果如图 7-82 所示。

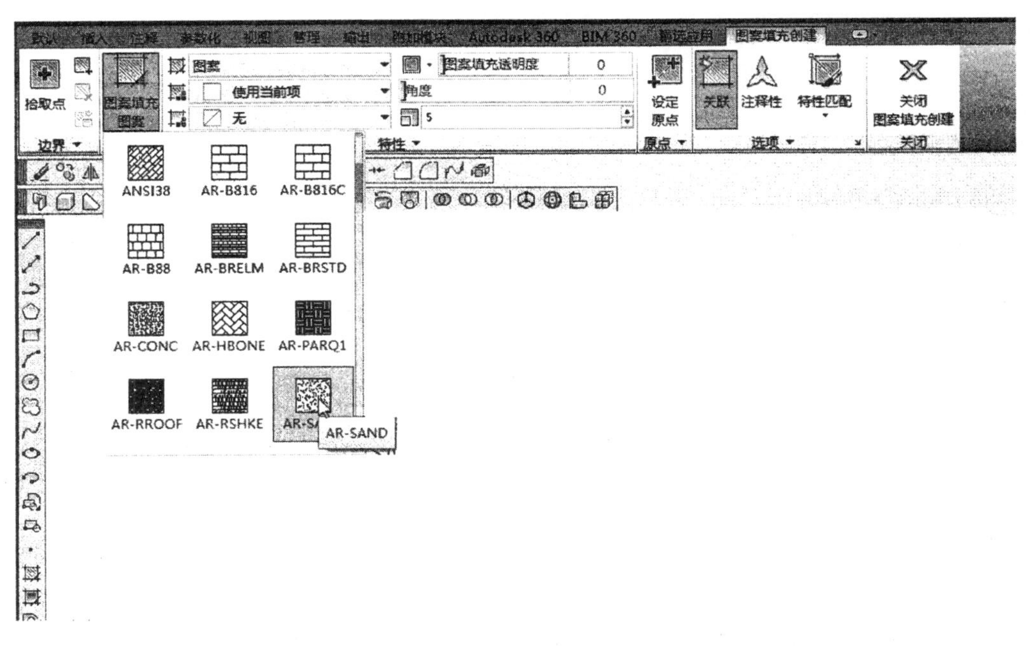

图 7-81 “图案填充创建”选项卡

⑯单击“修改”工具栏中的“镜像”按钮，选择步骤⑮图形中的已有图形为镜像对象，对其进行水平镜像，镜像结果如图 7-83 所示。

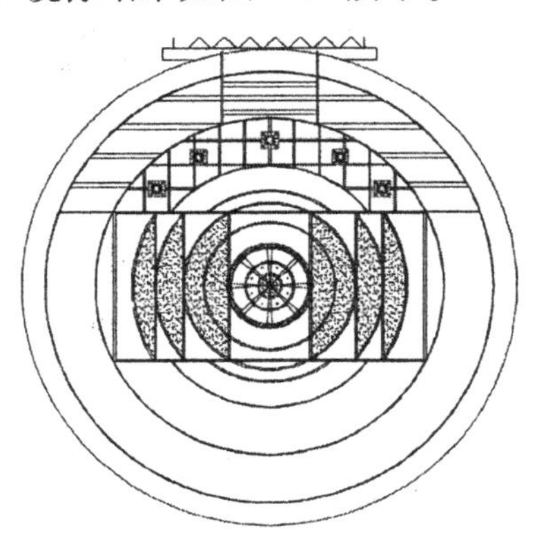

图 7-82 图案填充

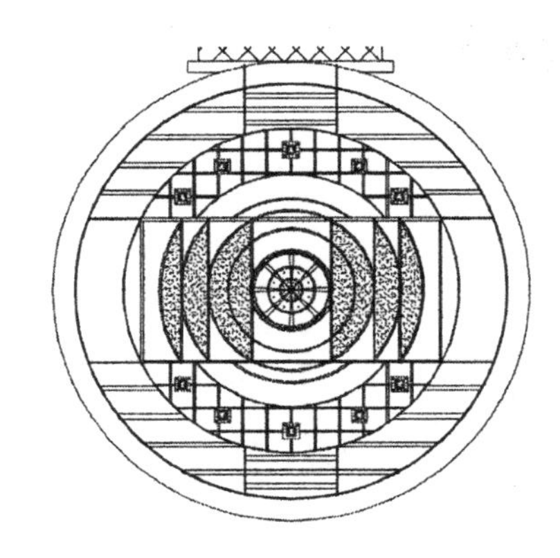

图 7-83 水平镜像

⑰利用前面所学知识细化圆内剩余图形，如图 7-84 所示。

图 7-84　细化图形

⑱利用上述方法完成剩余图形的绘制，如图 7-85 所示。

（6）单击“绘图”工具栏中的“多段线”按钮，指定起点宽度为 61，端点宽度为 61，在图 7-85 中图形下方绘制一条长度为 26212 的水平多段线和一条长度为 12441 的竖直多段线，如图 7-86 所示。

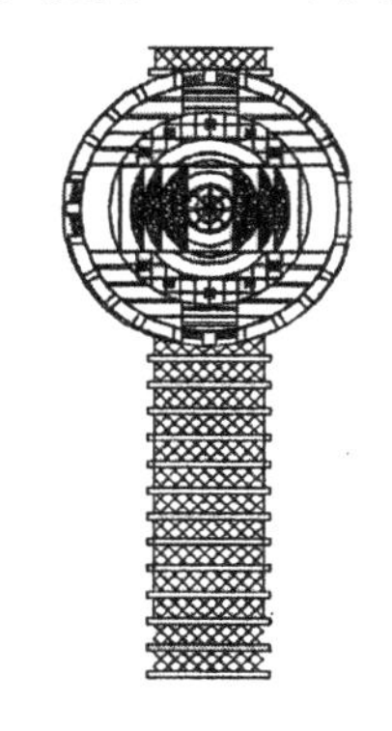

图 7-85　绘制剩余图形

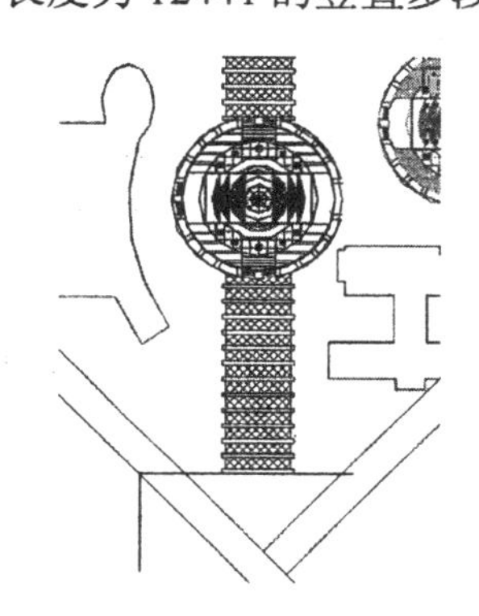

图 7-86　绘制连续多段线

①单击“修改”工具栏中的“偏移”按钮，选择前面绘制的水平多段线为偏移对象，将其向下进行偏移，偏移距离为 1915、1215、5507、1215、1447 和 1141，如图 7-87 所示。

②单击“修改”工具栏中的“偏移”按钮，选择前面绘制的竖直多段线为偏移对象，将其向右进行偏移，偏移距离为 4348、6054、1215、4673、1042 和 8749，如图 7-88 所示。

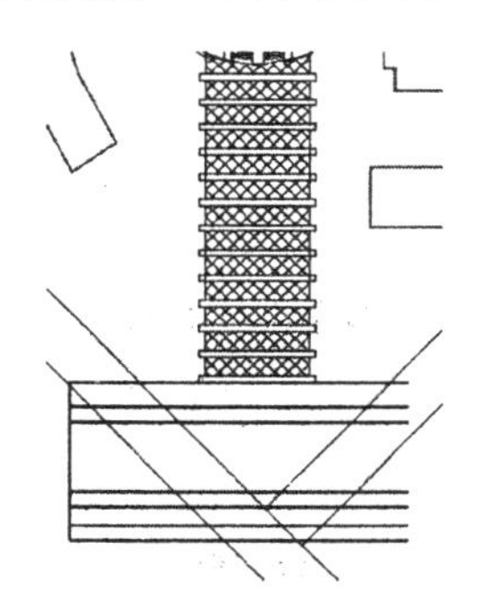

图 7-87　偏移水平多段线

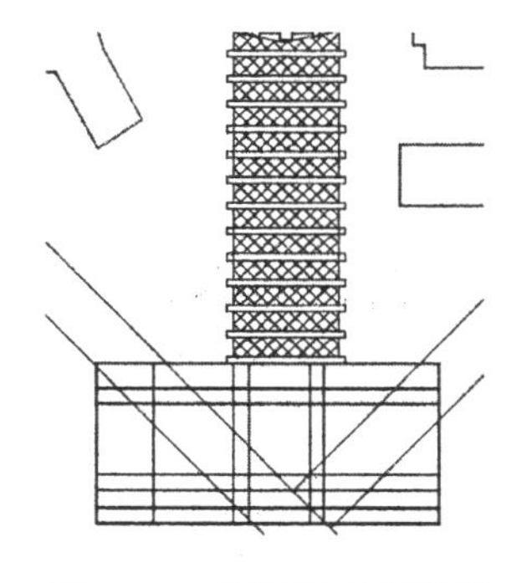

图 7-88　偏移竖直多段线

③单击“修改”工具栏中的“修剪”按钮，选择步骤②中偏移的线段为修剪对象，对其进行

修剪处理，如图 7-89 所示。

④单击“绘图”工具栏中的“直线”按钮，在步骤③中的图形底部绘制多条直线，如图 7-90 所示。

6）利用上述方法完成剩余图形的绘制，如图 7-91 所示。

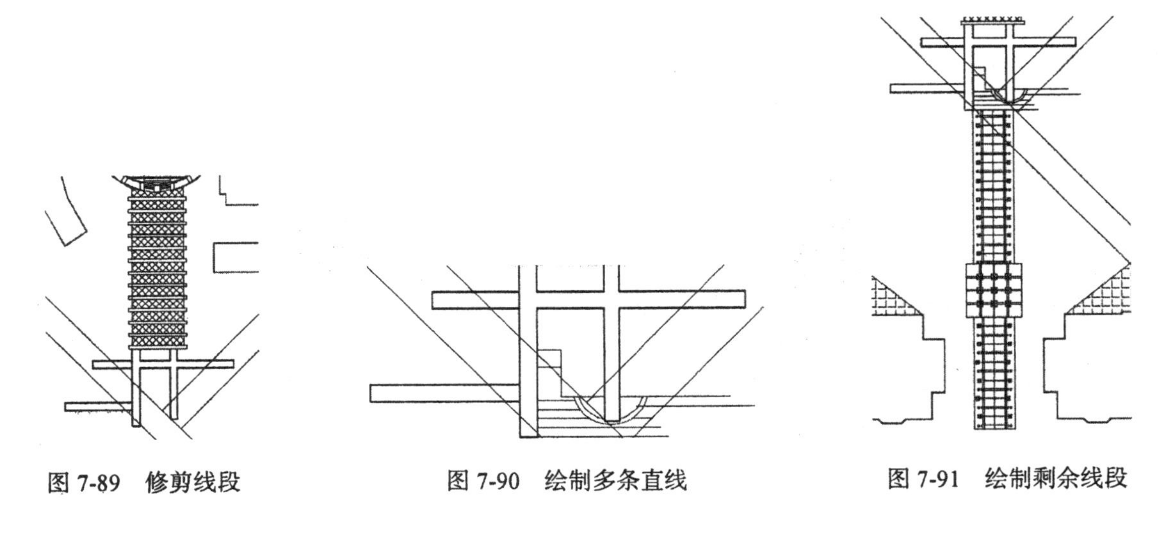

图 7-89 修剪线段　　图 7-90 绘制多条直线　　图 7-91 绘制剩余线段

7.1.2 绘制绿植

1. 设置图层

设置“路旁树”图层为当前图层。

2. 绘制绿植

（1）单击“绘图”工具栏中的“直线”按钮，在 7.1.1 节绘制的图形右侧选取一点为直线起点，绘制一条长度为 25121 的竖直直线，如图 7-92 所示。

（2）单击“绘图”工具栏中的“圆弧”按钮，以步骤（1）中绘制的竖直直线上端点为圆弧起点，下端点为圆弧端点，绘制半径为 12600 的圆弧，如图 7-93 所示。

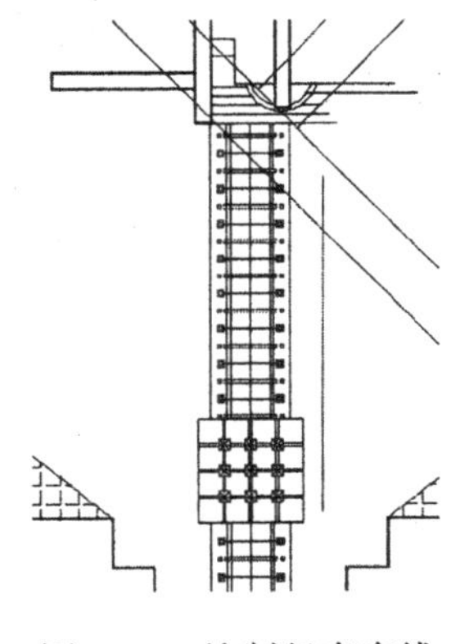

图 7-92 绘制竖直直线

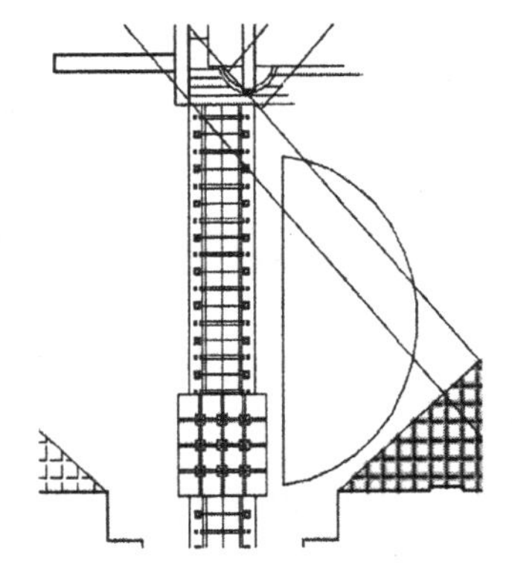

图 7-93 绘制圆弧

（3）单击“修改”工具栏中的“偏移”按钮，选择步骤（2）中绘制的圆弧为偏移对象，将其向内进行偏移，偏移距离为 750、1500、750、1500、2250、750 和 1500，如图 7-94 所示。

（4）单击“修改”工具栏中的“修剪”按钮，选择步骤（3）中偏移的圆弧内线段为修剪对象，对其进行修剪处理，如图 7-95 所示。

（5）单击“绘图”工具栏中的“直线”按钮，以步骤（4）中修剪圆弧的圆心为直线起点，向右绘制一条水平直线，如图 7-96 所示。

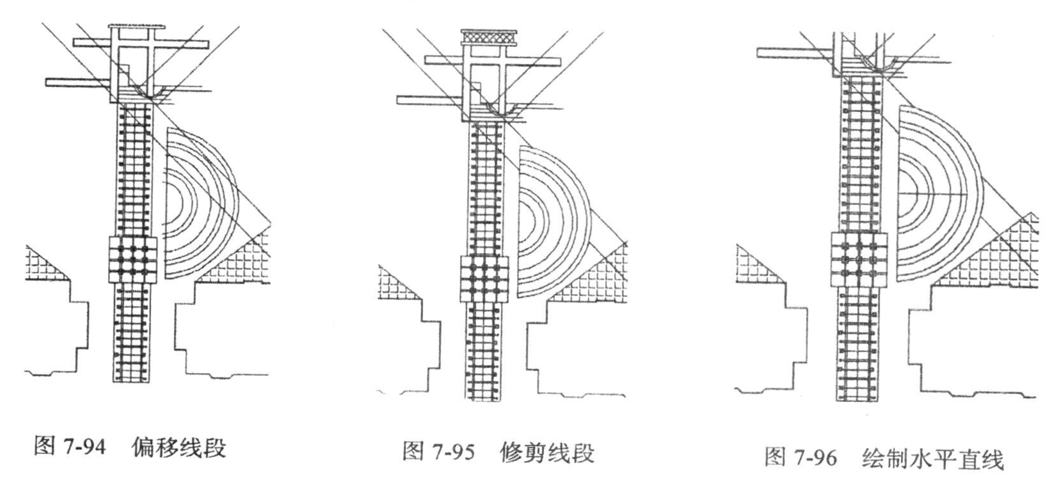

图 7-94　偏移线段　　图 7-95　修剪线段　　图 7-96　绘制水平直线

（6）单击“修改”工具栏中的“旋转”按钮，选择步骤（5）中绘制的水平直线为旋转对象，对其进行复制旋转，旋转角度为 26°、50° 和 73°，如图 7-97 所示。

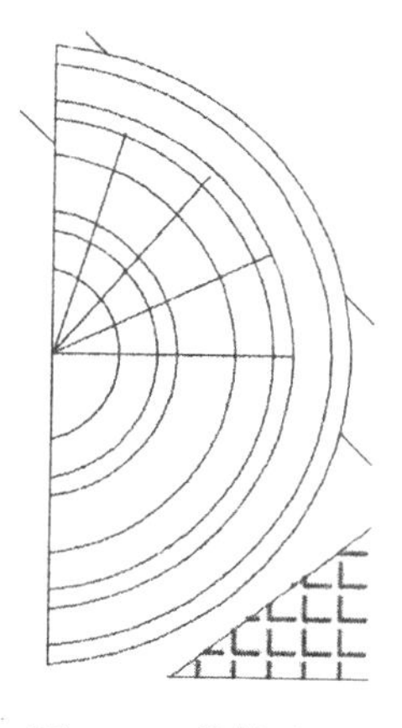

图 7-97　旋转线段

（7）单击“修改”工具栏中的“镜像”按钮，选择步骤（6）中旋转复制后的图形为镜像对象，对其进行镜像，镜像到下侧，如图 7-98 所示。

（8）单击“修改”工具栏中的“延伸”按钮，选择步骤（7）中镜像前与镜像后的线段为延伸对象，将其圆弧边相接，如图 7-99 所示。

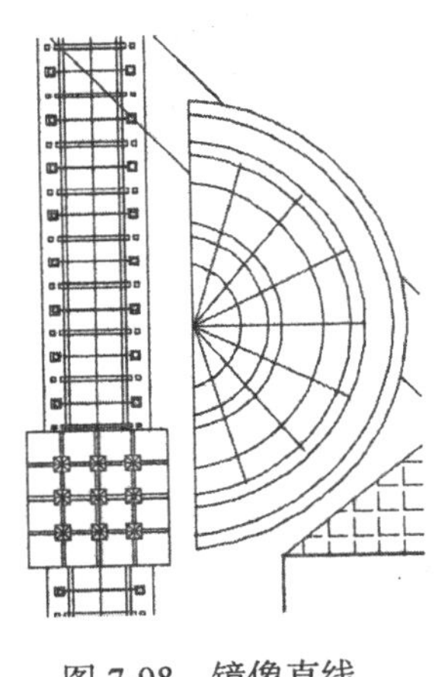

图 7-98　镜像直线

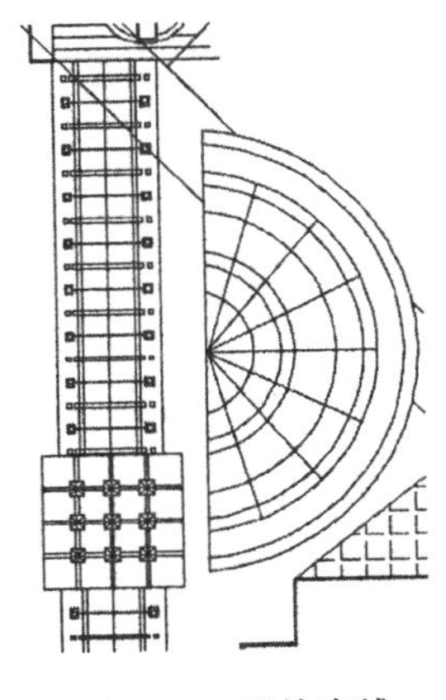

图 7-99　延伸直线

（9）单击“绘图”工具栏中的“直线”按钮，在步骤（8）中绘制的图形内绘制连续线段，如图 7-100 所示。

（10）单击“修改”工具栏中的“删除”按钮，选择最左端的竖直直线为删除对象，将其删除，如图 7-101 所示。

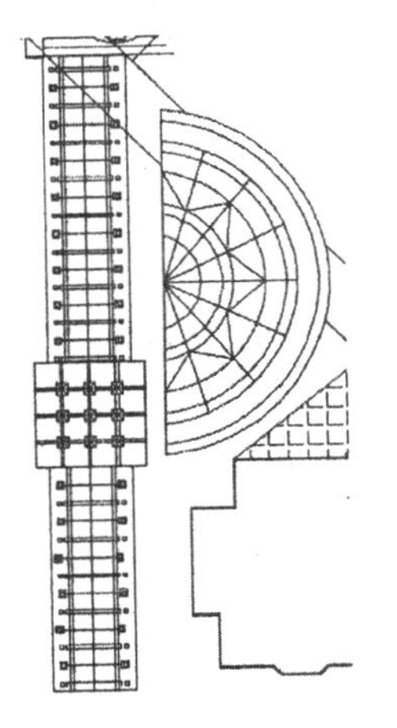

图 7-100　绘制连续直线

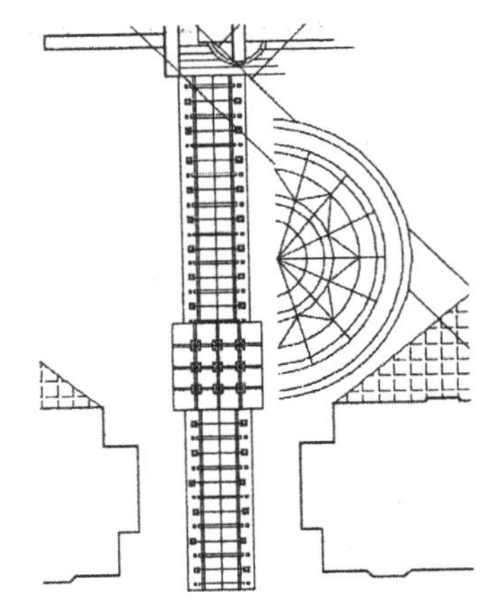

图 7-101　删除线段

3. 新建图层

建立一个新图层，命名为“绿化”，颜色选取为 62，线型、线宽为默认，并将其设置为当前图层，如图 7-102 所示。确定后回到绘图状态。

绿化　62　Continu... —— 默认　0　Color_...

图 7-102　“绿化”图层

4. 绘制绿植

1）单击“绘图”工具栏中的“直线”按钮，在图 7-101 中图形下方选择一点为直线起点，绘

制一条长度为 60623 的水平直线，如图 7-103 所示。

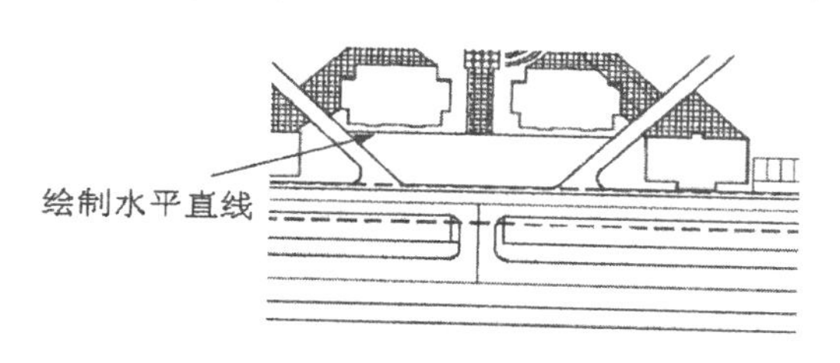

图 7-103　绘制水平直线

（1）单击“修改”工具栏中的“偏移”按钮，选择前面绘制的水平直线为偏移对象，将其向下进行偏移，偏移距离为 2342、195、2245、195、541、292、975、292、975、292、975、292、975 和 292，如图 7-104 所示。

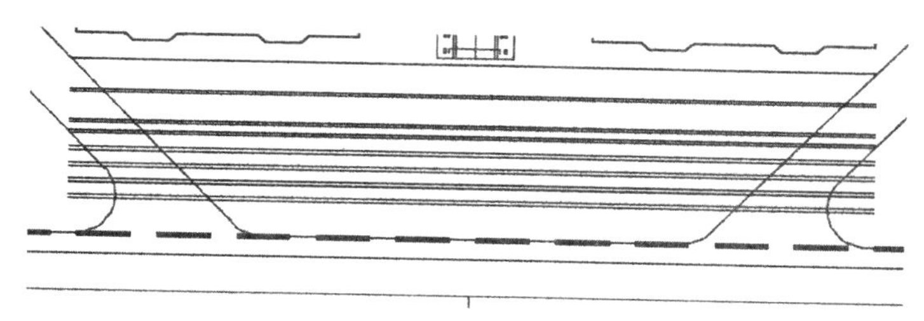

图 7-104　偏移线段

（2）单击“修改”工具栏中的“修剪”按钮，选择步骤（1）中的偏移线段为修剪对象，对其进行修剪处理，如图 7-105 所示。

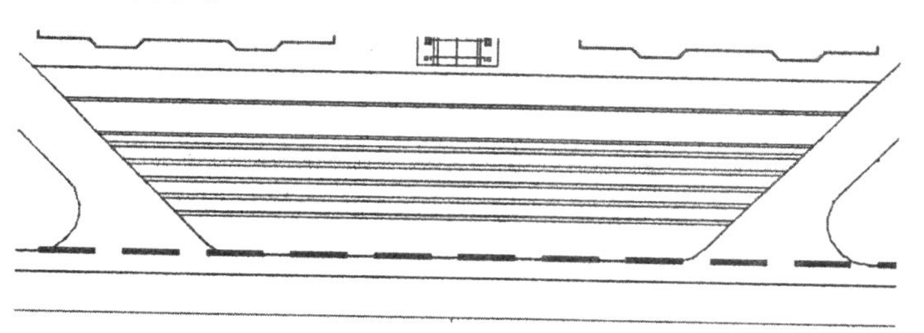

图 7-105　修剪线段

（3）单击“绘图”工具栏中的“直线”按钮，在步骤（2）中的偏移线段上选取一点为直线起点，绘制一条长度为 13539 的竖直直线，如图 7-106 所示。

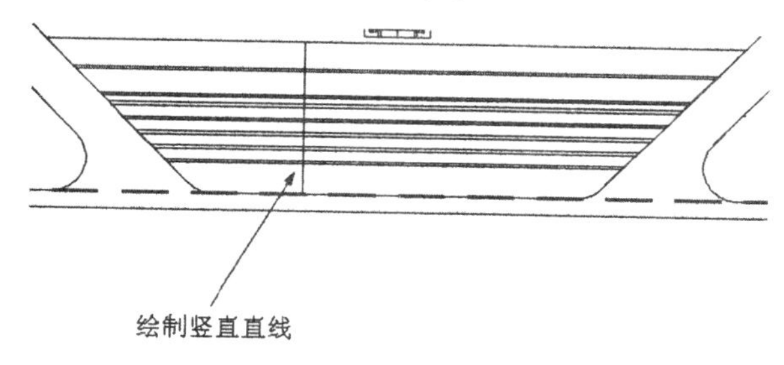

图 7-106　绘制竖直直线

（4）单击“修改”工具栏中的“偏移”按钮，选择步骤（3）中绘制的竖直直线为偏移对象，将其向右进行偏移，偏移距离为 682、11717、292、975、292、975、292、702、240、292 和 974，如图 7-107 所示。

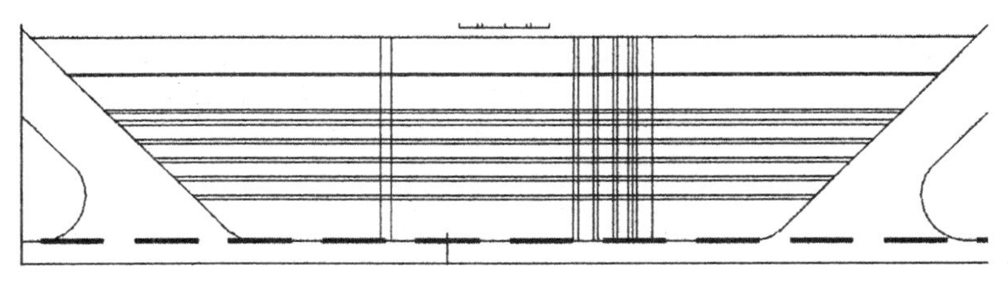

图 7-107 偏移线段

（5）单击“绘图”工具栏中的“直线”按钮，在步骤（4）中的图形上选择一点为直线起点，绘制一条斜向直线，如图 7-108 所示。

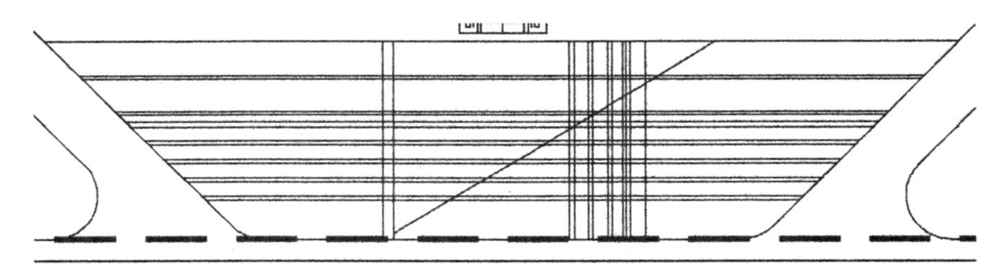

图 7-108 绘制斜向直线

（6）单击“修改”工具栏中的“偏移”按钮，选择步骤（5）中绘制的斜向直线为偏移线段，将其向上进行偏移，偏移距离为 195、2940 和 195，如图 7-109 所示。

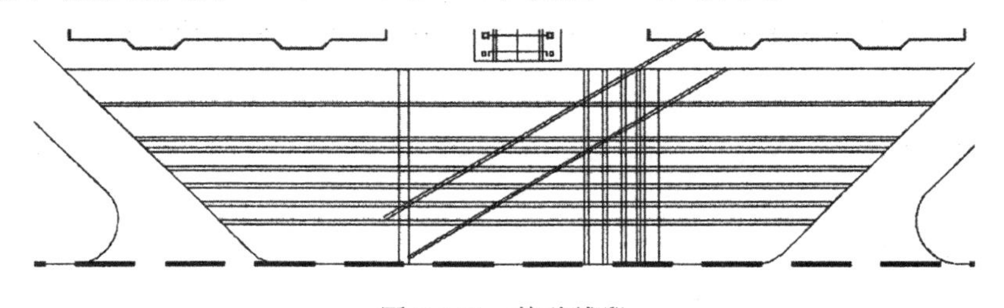

图 7-109 偏移线段

（7）单击“绘图”工具栏中的“多段线”按钮，指定多段线起点宽度为 0，端点宽度为 0，在步骤（6）中的线段上选取一点为多段线起点，绘制连续多段线，如图 7-110 所示。

（8）单击“修改”工具栏中的“分解”按钮，选择步骤（7）中绘制的多段线为分解对象，按 Enter 键确认对其进行分解，使其分解为独立线段。

（9）单击“修改”工具栏中的“偏移”按钮，选择步骤（8）中分解后的线段为偏移对象，将其向内进行偏移，偏移距离为 195，如图 7-111 所示。

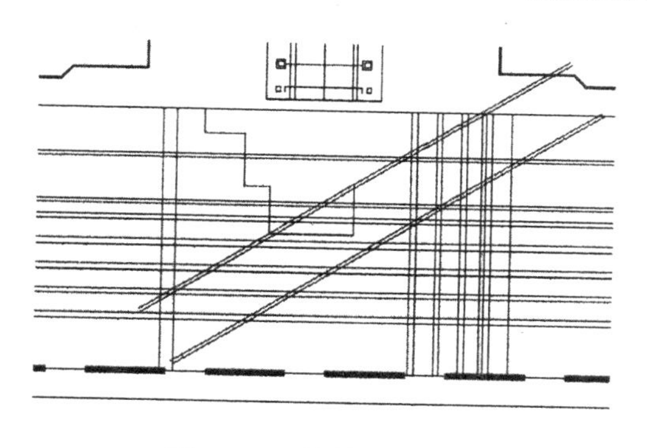

图 7-110　绘制连续多段线

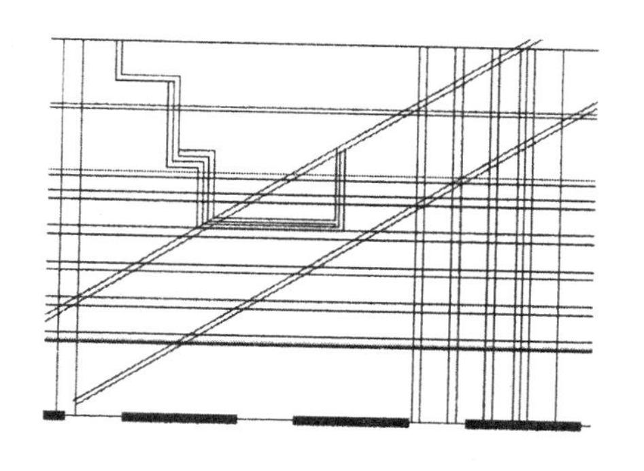

图 7-111　偏移线段

（10）单击“绘图”工具栏中的“直线”按钮和“圆弧”按钮，完成剩余图形的绘制，如图 7-112 所示。

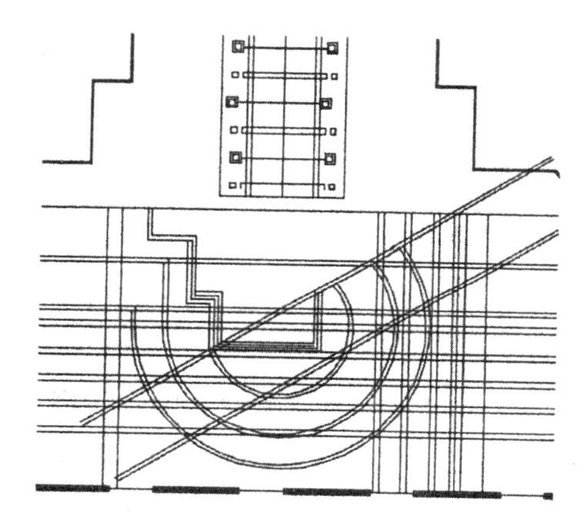

图 7-112　绘制直线和圆弧

（11）单击“修改”工具栏中的“修剪”按钮，选择步骤（10）中绘制的图形为修剪对象，对其进行修剪处理，如图 7-113 所示。

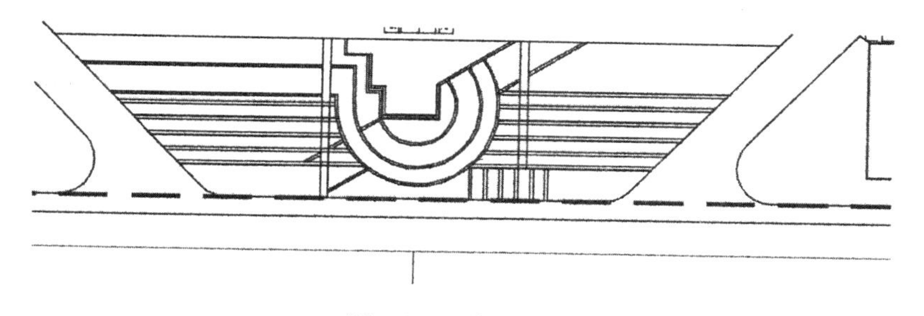

图 7-113　修剪线段

2）单击“绘图”工具栏中的“圆弧”按钮，以如图 7-114 所示的起点为端点，绘制一段半径为 4623 的圆弧。

（1）单击“修改”工具栏中的“偏移”按钮，选择前面绘制的圆弧为偏移对象，将其向内进行偏移，偏移距离为 790、300、800 和 300，如图 7-115 所示。

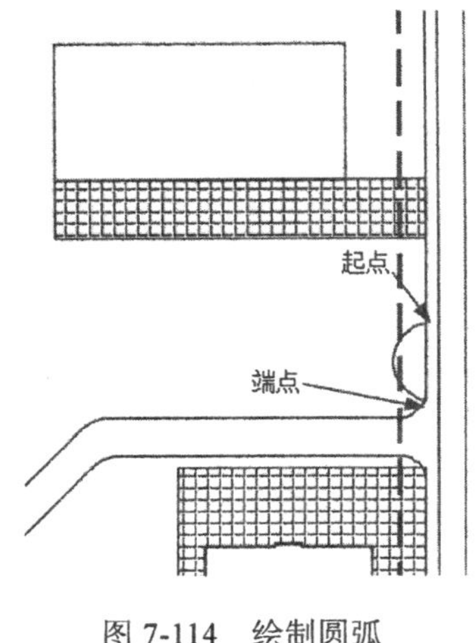

图 7-114　绘制圆弧

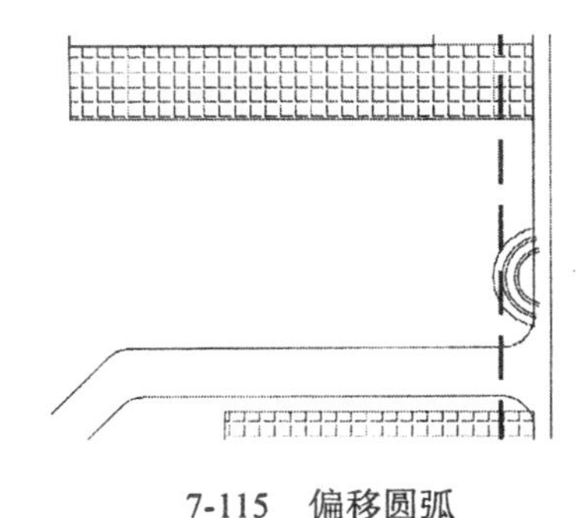

7-115　偏移圆弧

（2）单击“修改”工具栏中的“修剪”按钮，选择步骤（1）中偏移圆弧超出直线边的部分为修剪对象，对其进行修剪处理，如图 7-116 所示。

（3）单击“绘图”工具栏中的“直线”按钮，在步骤（2）中修剪线段上绘制两条长度为 892 的水平直线，如图 7-117 所示。

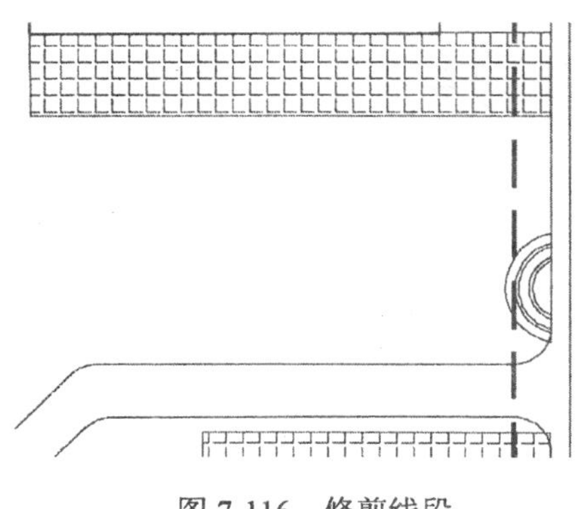

图 7-116　修剪线段

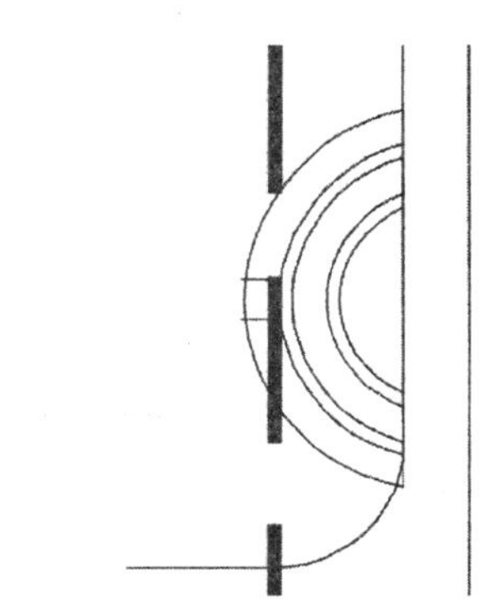

图 7-117　绘制水平直线

（4）单击“绘图”工具栏中的“矩形”按钮，在步骤（3）中的图形上方选择一点为矩形起点，绘制一个尺寸为 4417×2800 的矩形，如图 7-118 所示。

①单击“修改”工具栏中的“分解”按钮，选择前面绘制的矩形为分解对象，按 Enter 键确认对其进行分解，使其分解为 4 条独立线段。

②单击“修改”工具栏中的“偏移”按钮，选择分解后的右侧竖直边为偏移对象，将其向左进行偏移，偏移距离为 60、60、60、60、477、100、300、100、300、100、300、100、300、100、300、100、300、100、300、100、300、100、300 和 100，如图 7-119 所示。

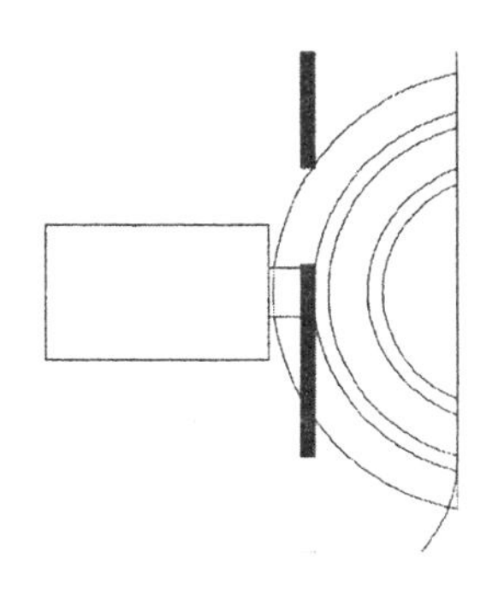

图 7-118　绘制矩形

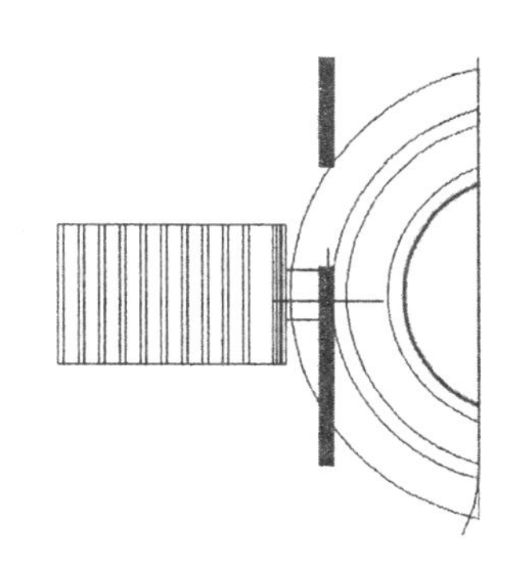

图 7-119　偏移线段

③单击“修改”工具栏中的“偏移”按钮，选择分解矩形上部水平边为偏移对象，将其向下进行偏移，偏移距离为 200、400、1600 和 400，如图 7-120 所示。

④单击“修改”工具栏中的“修剪”按钮，选择步骤③中的偏移线段为修剪对象，对其进行修剪处理，如图 7-121 所示。

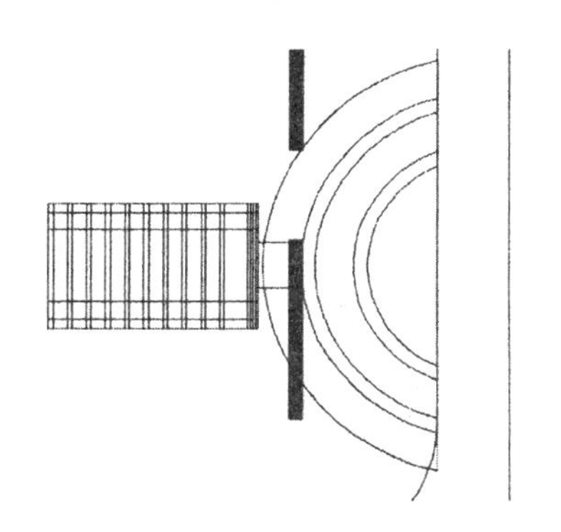

图 7-120　偏移线段

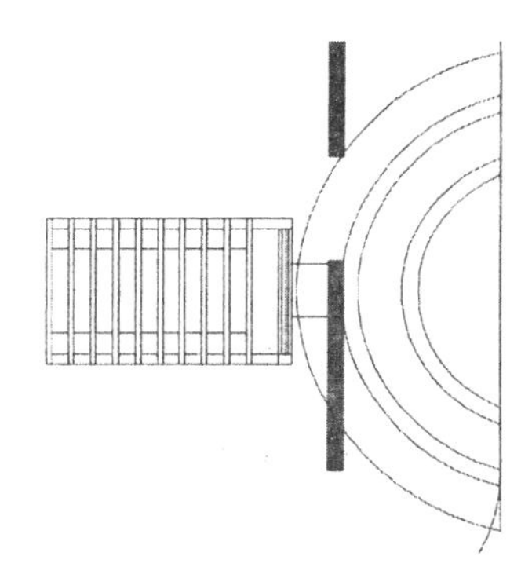

图 7-121　修剪线段

⑤单击“绘图”工具栏中的“图案填充”按钮，选择步骤④中修剪线段内为填充区域，打开“图案填充创建”选项卡进行设置，如图 7-122 所示。填充结果如图 7-123 所示。

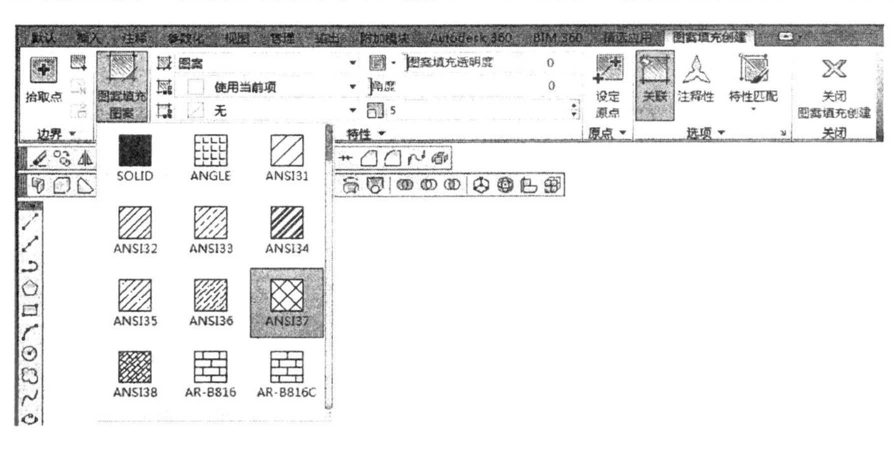

图 7-122　图案填充创建

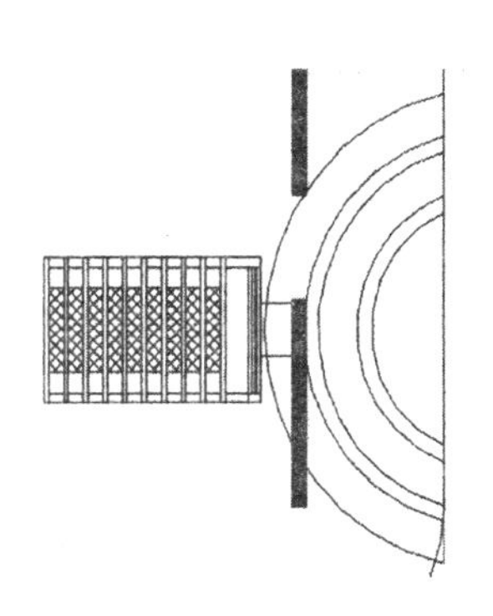

图 7-123　填充图形

（5）单击“绘图”工具栏中的“直线”按钮，在图 7-123 中图形左侧竖直边上选取一点为直线起点，绘制长度为 831 的水平直线，如图 7-124 所示。

（6）单击“修改”工具栏中的“偏移”按钮，选择步骤（5）中绘制的水平直线为偏移对象，将其向下进行偏移，偏移距离为 1000，如图 7-125 所示。

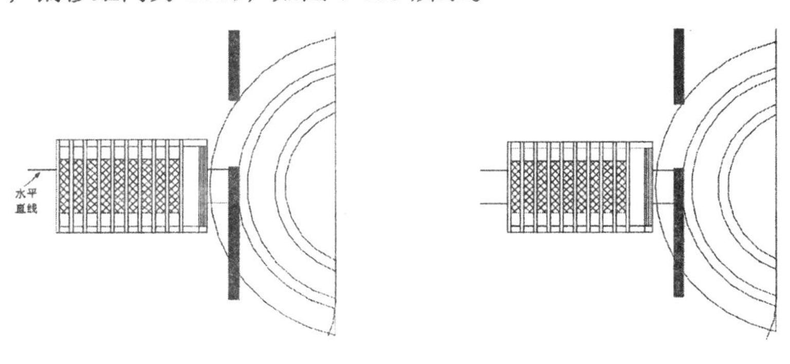

图 7-124　绘制水平直线　　图 7-125　偏移线段

（7）单击“修改”工具栏中的“圆”按钮，在步骤（6）中绘制的图形上方选取一点为圆的圆心，绘制半径为 2100 的圆，如图 7-126 所示。

①单击“修改”工具栏中的“偏移”按钮，选择前面绘制的圆为偏移对象，将其向内进行偏移，偏移距离为 886、70、374、75、225 和 75，如图 7-127 所示。

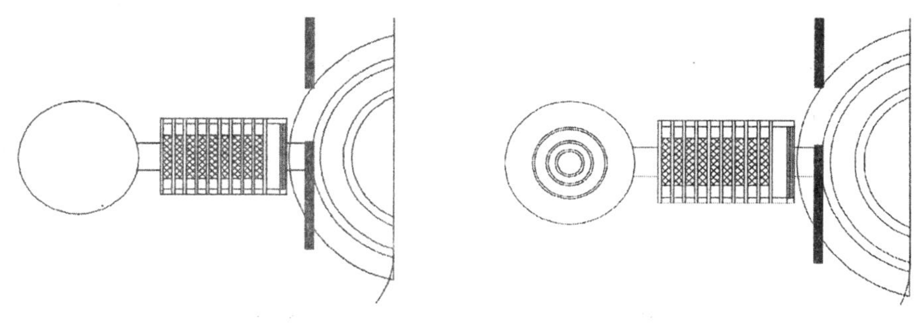

图 7-126　绘制圆　　图 7-127　偏移圆

②单击“绘图”工具栏中的“图案填充”按钮，选择步骤①中偏移的最小圆的圆心为填充对象对其进行填充，如图 7-128 所示。

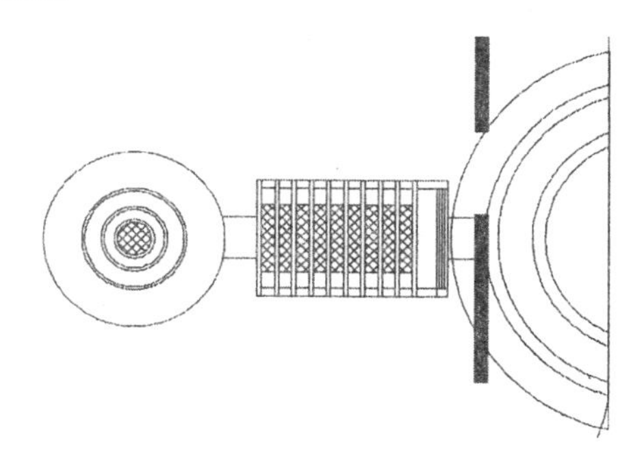

图 7-128　填充圆

③单击“绘图”工具栏中的“直线”按钮，在步骤②中的偏移圆上选择一点为直线起点，绘制一条斜向直线，如图 7-129 所示。

④单击“修改”工具栏中的“镜像”按钮，选择步骤③中绘制的斜向直线为镜像对象，将其进行镜像，如图 7-130 所示。

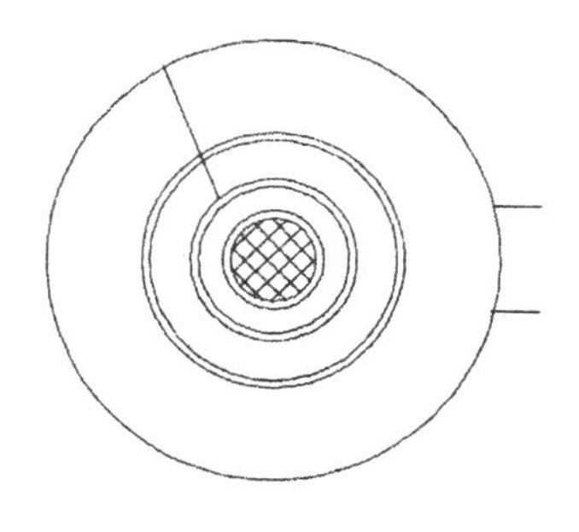

图 7-129　绘制斜向直线

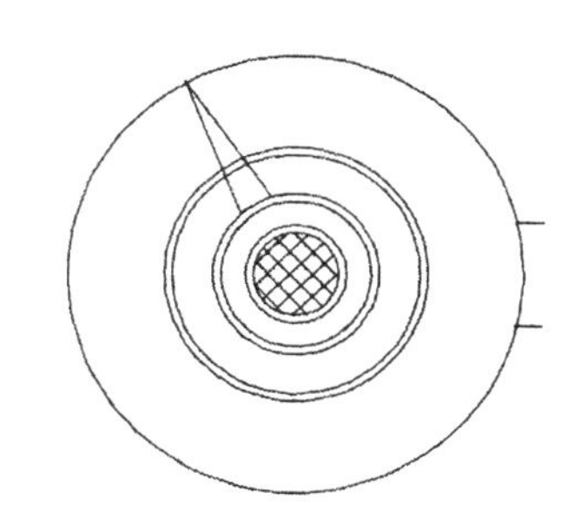

图 7-130　镜像线段

⑤单击“修改”工具栏中的“环形阵列”按钮，选择步骤④中镜像后的图形为镜像对象，指定内部圆圆心为阵列基点，设置阵列个数为 6，结果如图 7-131 所示。

⑥单击“修改”工具栏中的“修剪”按钮，选择步骤⑤中阵列的图形内的线段为修剪对象对其进行修剪处理，结果如图 7-132 所示。

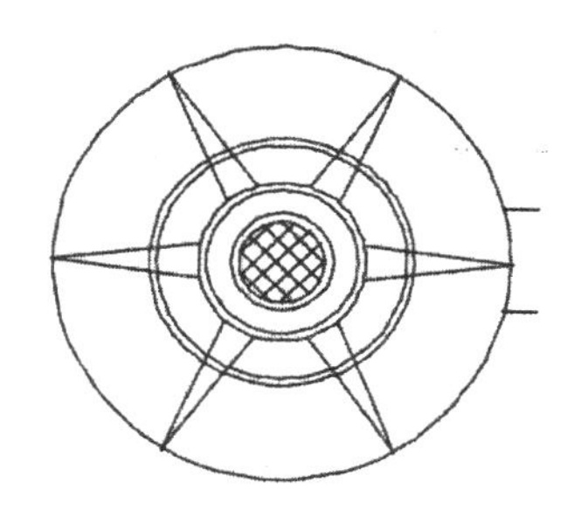

图 7-131　阵列图形

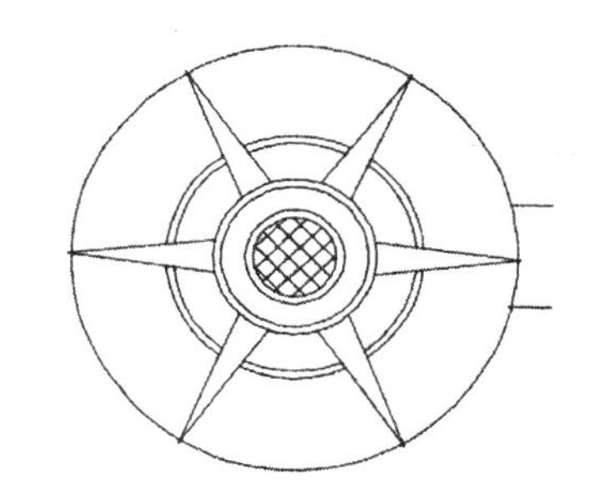

图 7-132　修剪线段

（8）单击“修改”工具栏中的“镜像”按钮，选择图 7-132 中绘制的图形为镜像对象，外围圆上下两点为镜像点对其执行竖直镜像，如图 7-133 所示。

（9）单击“修改”工具栏中的“圆”按钮，在步骤（8）中绘制的图形左侧选择一点为圆心，绘制一个半径为 1600 的圆，如图 7-134 所示。

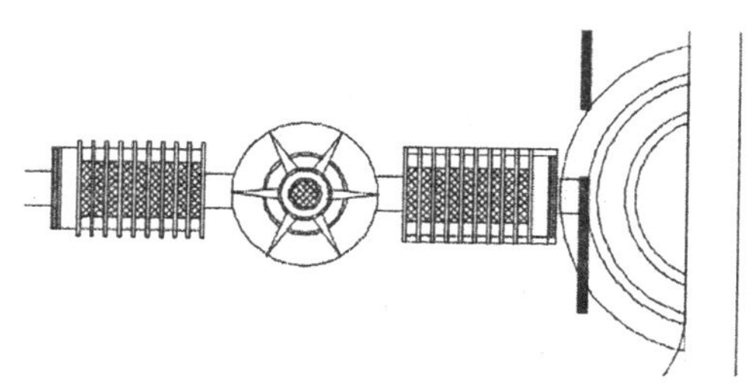

图 7-133　镜像图形

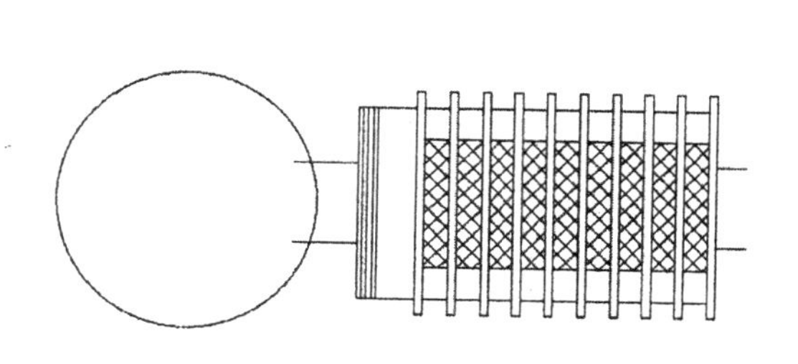

图 7-134　绘制圆

①单击“修改”工具栏中的“偏移”按钮，选择前面绘制的圆为偏移对象，将其向内进行偏移，偏移距离为 200、200、406，如图 7-135 所示。

②单击“绘图”工具栏中的“直线”按钮，以步骤①中偏移圆的圆心为直线起点向上绘制一条长度为 1200 的竖直直线，如图 7-136 所示。

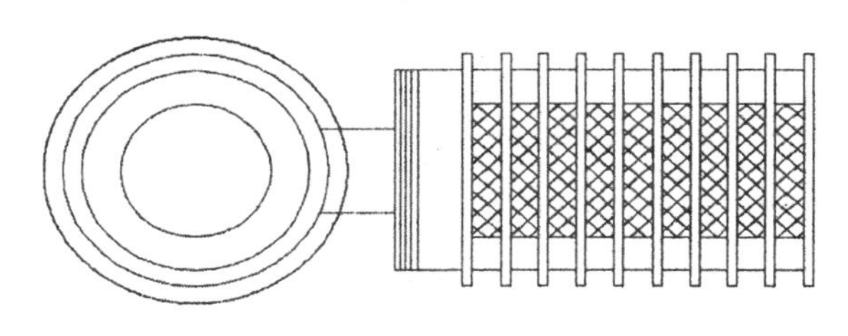

图 7-135　偏移圆

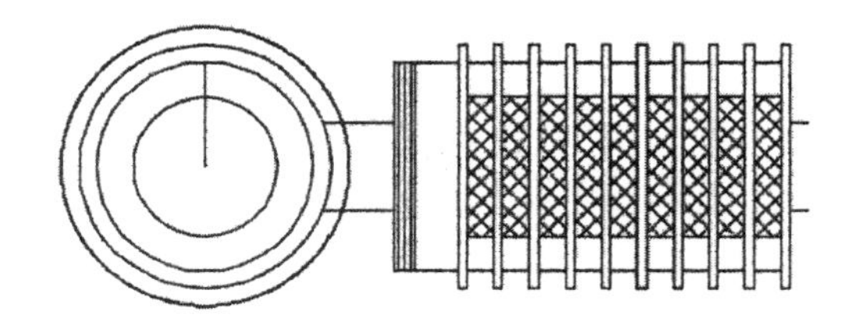

图 7-136　绘制竖直直线

③单击“绘图”工具栏中的“圆弧”按钮，以步骤②中绘制的竖直直线上端点为圆弧起点，下端点为圆弧端点，绘制半径为 1625 的圆弧，如图 7-137 所示。

④单击“修改”工具栏中的“镜像”按钮，选择步骤③中绘制的圆弧为镜像对象，对其进行竖直镜像，如图 7-138 所示。

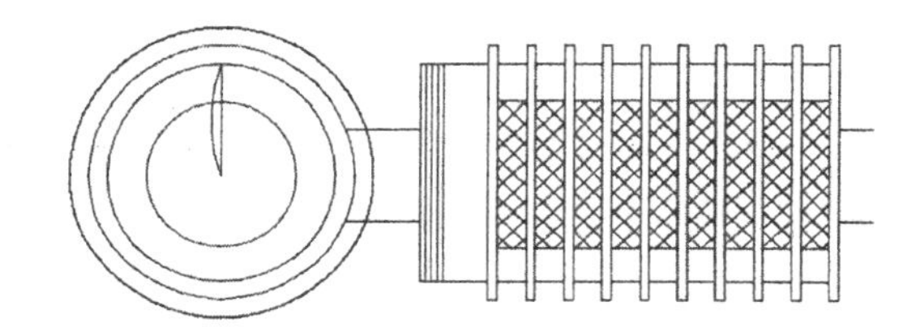

图 7-137　绘制圆弧

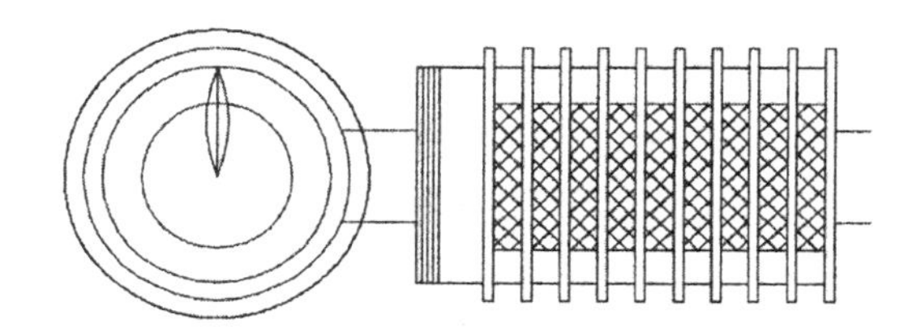

图 7-138　镜像图形

⑤单击“修改”工具栏中的“环形阵列”按钮，选择步骤④中绘制的圆弧及竖直直线为镜像对象，选择最小圆的圆心为阵列基点，设置个数为 8，如图 7-139 所示。

⑥单击“修改”工具栏中的“修剪”按钮，选择步骤⑤中阵列图形内部多余线段为修剪对象，对其进行修剪处理，如图 7-140 所示。

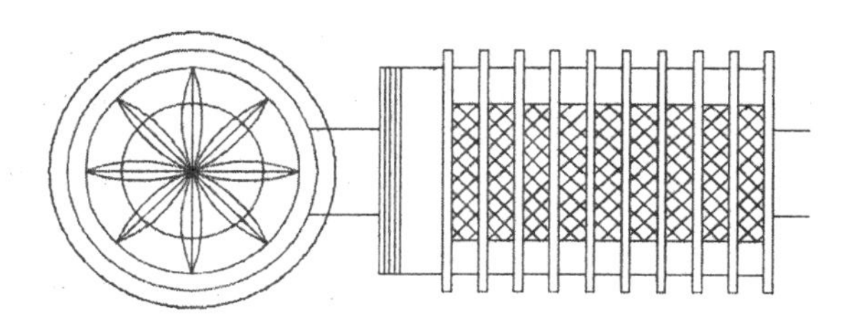

图 7-139　环形阵列

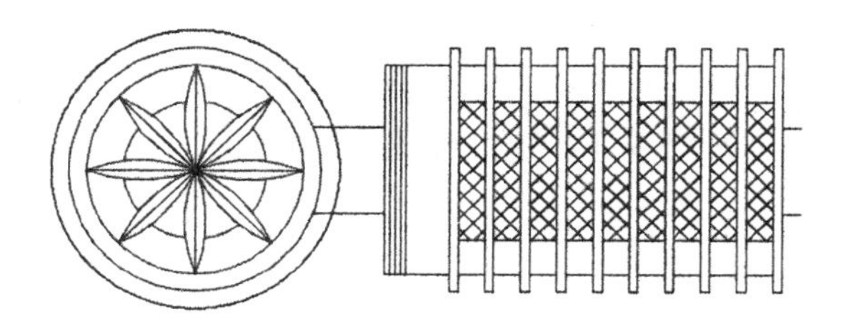

图 7-140　修剪线段

（10）利用上述方法完成剩余图形的绘制，如图 7-141 所示。

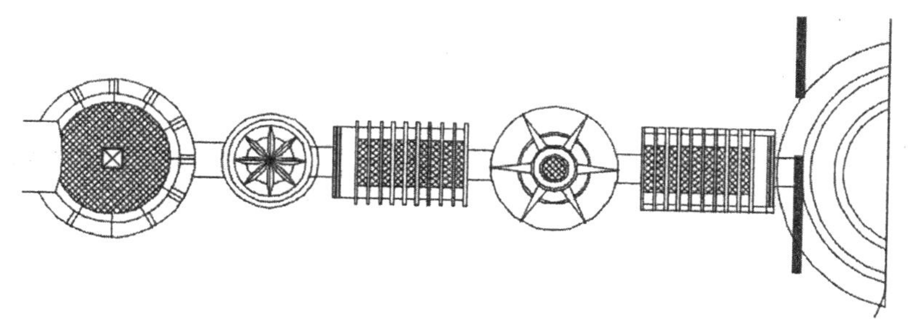

图 7-141 绘制完成

5. 设置图层

建立一个新图层，命名为“步行道”，颜色选取为 44，线型、线宽为默认，并将其设置为当前图层，如图 7-142 所示。确定后回到绘图状态。

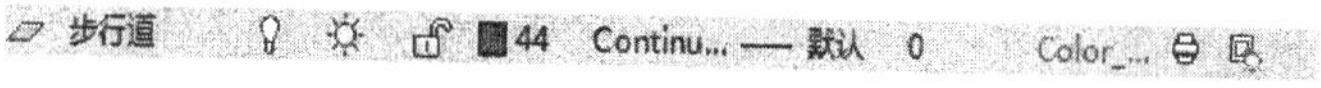

步行道 44 Continu... —— 默认 0 Color_...

图 7-142 “步行道”图层

6. 绘制图形

（1）单击“修改”工具栏中的“圆”按钮，选取如图 7-143 所示的位置为圆心，绘制一个半径为 12245 的圆。

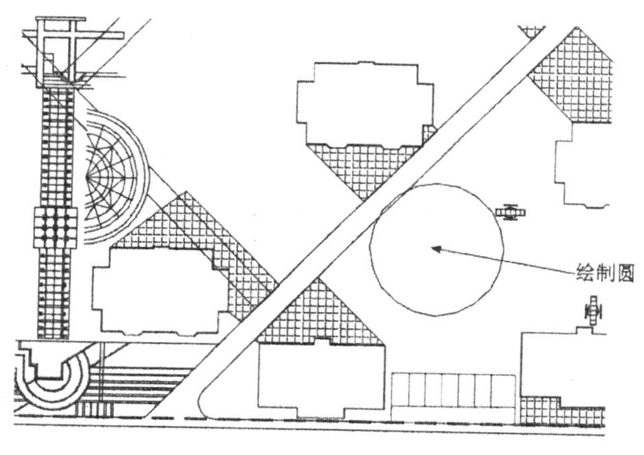

图 7-143 绘制圆

（2）单击“修改”工具栏中的“偏移”按钮，选择图 7-143 中绘制的圆为偏移对象，将其向内进行偏移，偏移距离为 240、960、245、360、240、600、1200、600 和 240，如图 7-144 所示。

（3）单击“绘图”工具栏中的“直线”按钮，在步骤（2）中偏移的圆上绘制多条斜向直线，如图 7-145 所示。

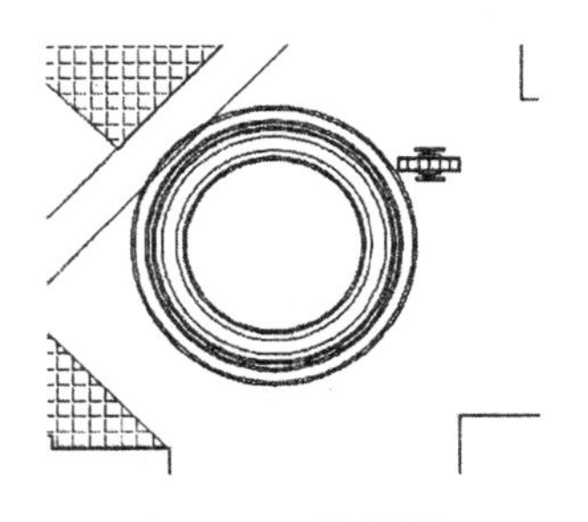

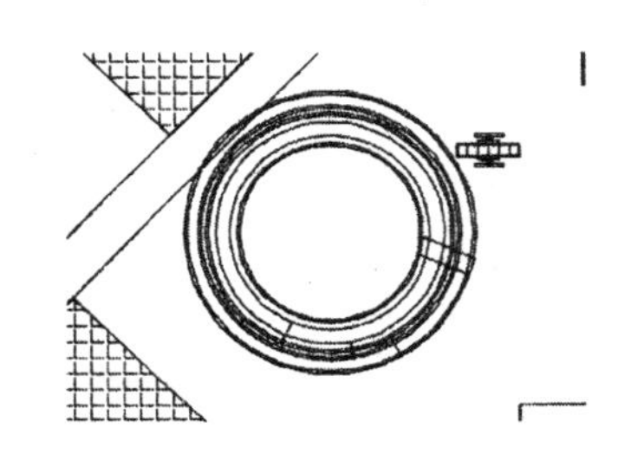

图 7-144　偏移圆　　　　图 7-145　绘制斜向直线

（4）单击“修改”工具栏中的“修剪”按钮，选择步骤（2）中的图形为修剪对象，对其进行修剪处理，如图 7-146 所示。

（5）单击“绘图”工具栏中的“直线”按钮，在步骤（4）中的图形内绘制多条水平直线，如图 7-147 所示。

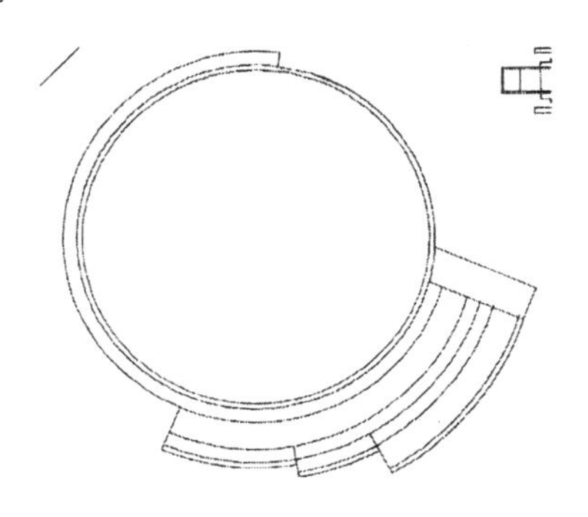

图 7-146　修剪线段

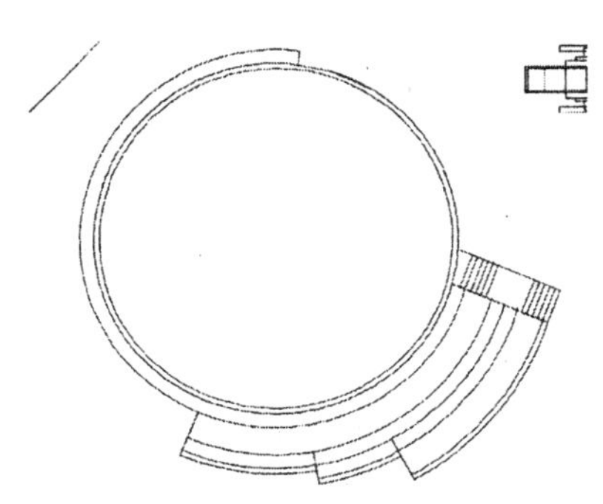

图 7-147　绘制水平直线

（6）单击“绘图”工具栏中的“多边形”按钮，在步骤（5）中的图形内绘制一个半径为 580 的八边形，如图 7-148 所示。

①单击“绘图”工具栏中的“直线”按钮，在前面绘制完成的八边形内绘制多条对角线，如图 7-149 所示。

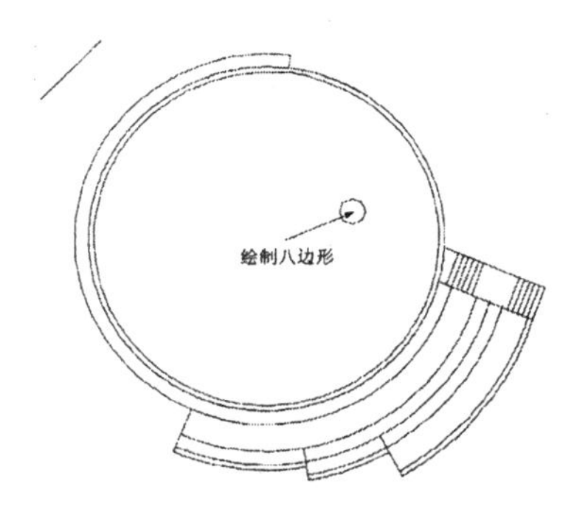

图 7-148　绘制八边形

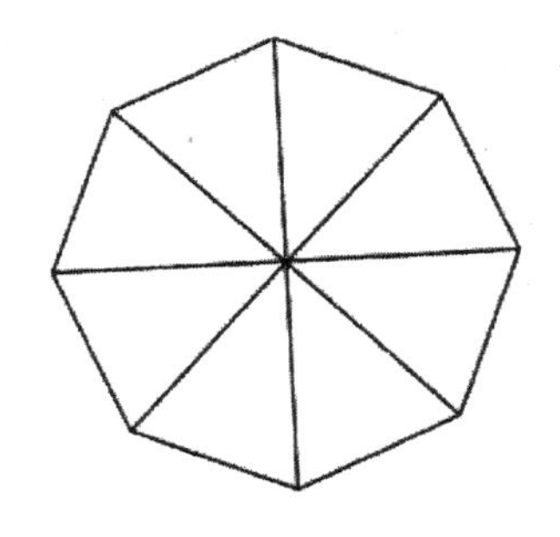

图 7-149　绘制多条对角线

②单击“修改”工具栏中的“圆”按钮，以步骤①中绘制的直线交点为圆心，绘制一个半径为 13.8 的圆，如图 7-150 所示。

③单击“修改”工具栏中的“修剪”按钮，选择步骤②中绘制的圆内线段为修剪对象，对其进行修剪处理，如图 7-151 所示。

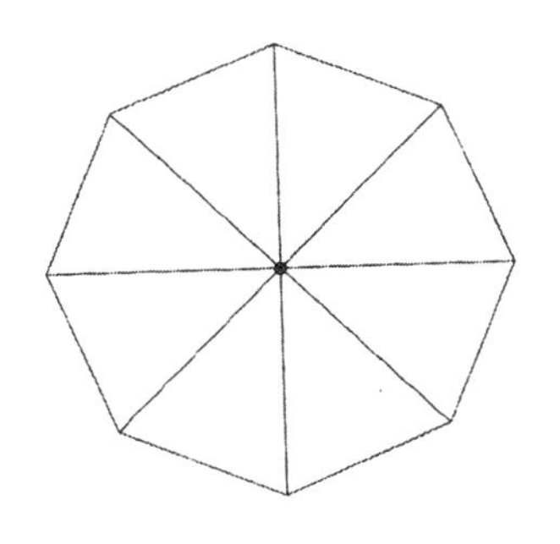

图 7-150　绘制圆

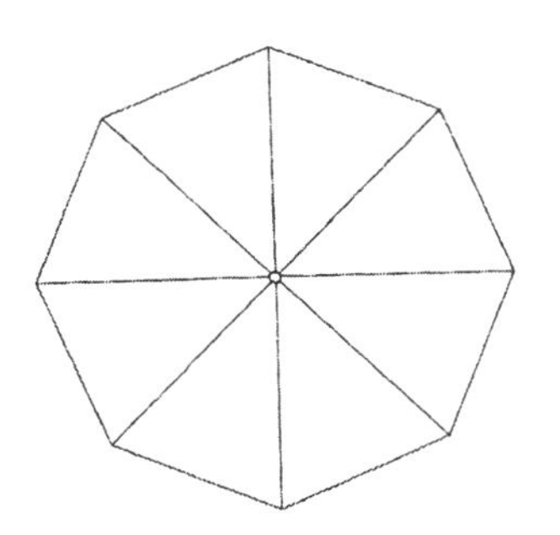

图 7-151　修剪线段

④单击“修改”工具栏中的“复制”按钮，选择步骤③中绘制完成的图形为复制对象，对其进行连续复制，结果如图 7-152 所示。

（7）单击“绘图”工具栏中的“矩形”按钮，在图 7-152 中的图形上选择一点为矩形起点，绘制一个尺寸为 1914×1914 的矩形，如图 7-153 所示。

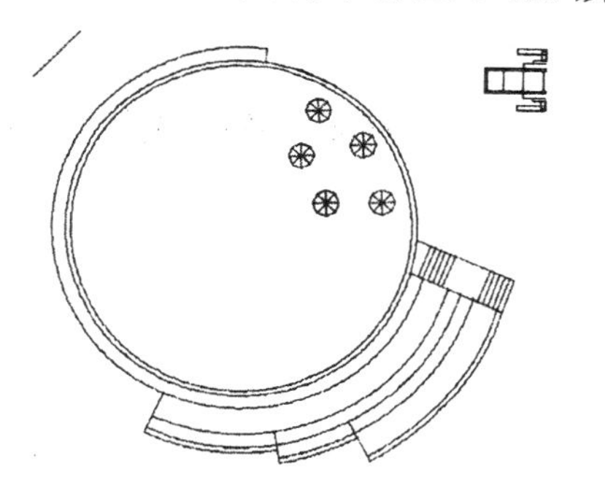

图 7-152　复制图形

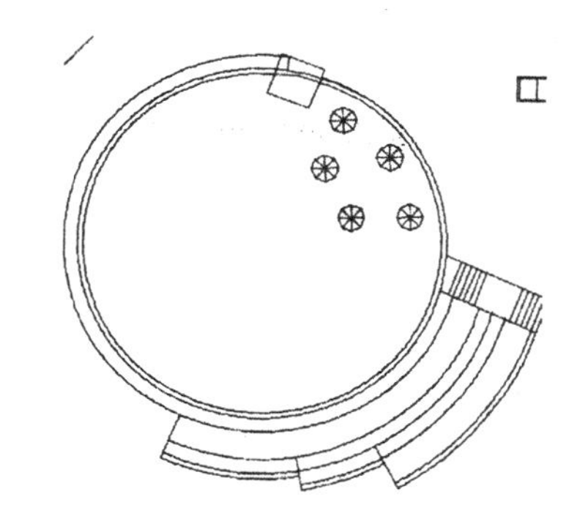

图 7-153　绘制矩形

①单击“修改”工具栏中的“修剪”按钮，选择前面绘制的矩形内线段为修剪对象，对其进行修剪处理，如图 7-154 所示。

②单击“绘图”工具栏中的“直线”按钮，在步骤①中绘制的矩形内绘制两条对角线，如图 7-155 所示。

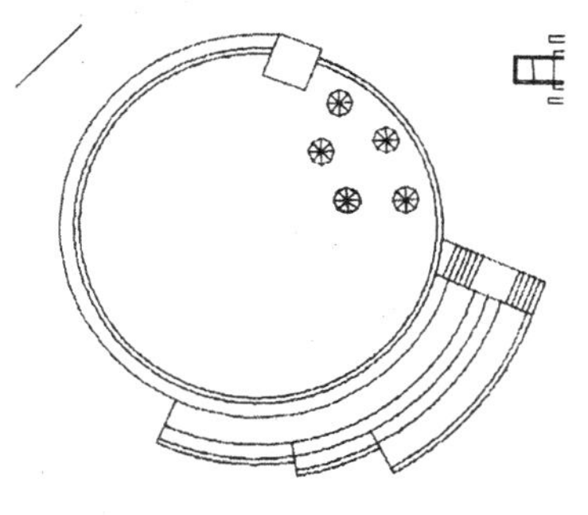

图 7-154　修剪线段

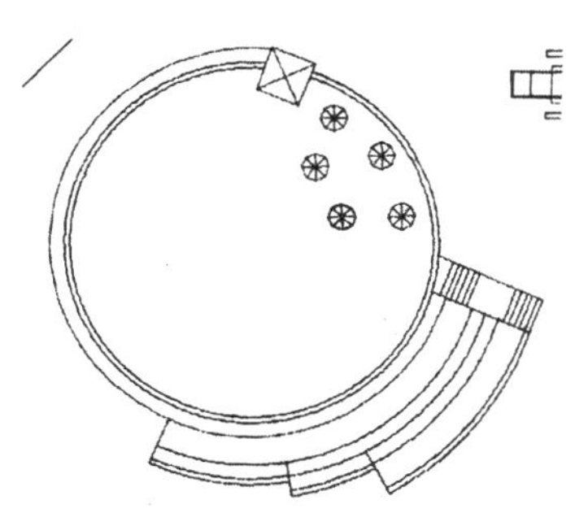

图 7-155　绘制斜向对角线

③单击“修改”工具栏中的“复制”按钮，选择步骤②中绘制的图形为复制对象，对其进行连续复制，如图 7-156 所示。

（8）单击“绘图”工具栏中的“样条曲线”按钮，在图 7-156 中图形内绘制剩余的样条曲线，结果如图 7-157 所示。

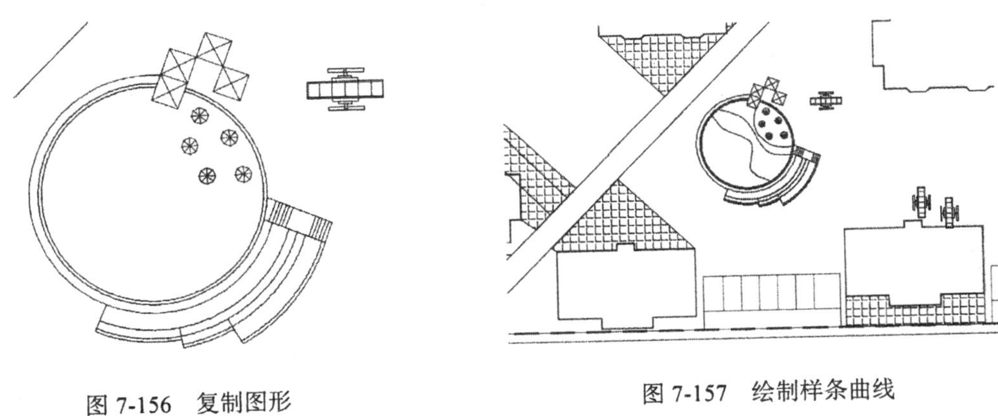

图 7-156　复制图形　　　　图 7-157　绘制样条曲线

7.1.3　绘制广场喷泉

1. 绘制图形 1

（1）单击“绘图”工具栏中的“直线”按钮，在图形空白区域选择一点为直线起点，绘制一条长度为 33430 的水平直线，如图 7-158 所示。

（2）单击“修改”工具栏中的“偏移”按钮，选择步骤（1）中绘制的水平直线为偏移对象，将其向下进行偏移，偏移距离为 800、2400、800、3200、1600、1600、3200、800、2400 和 800，如图 7-159 所示。

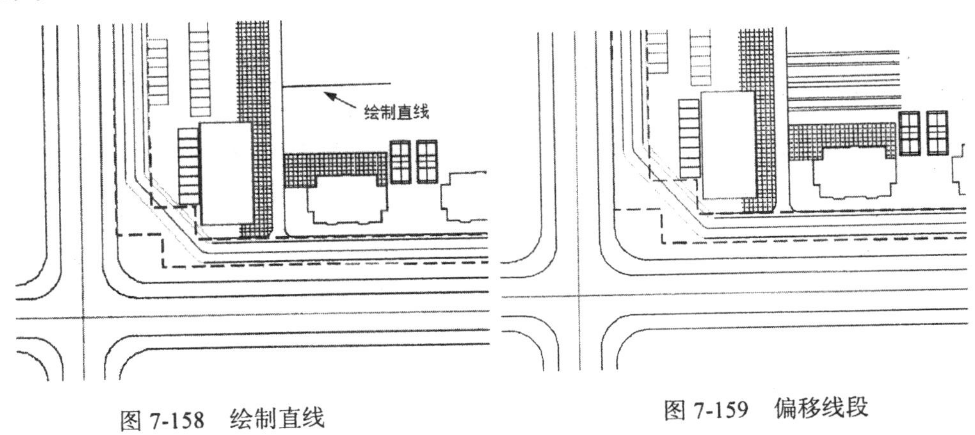

图 7-158　绘制直线　　　　图 7-159　偏移线段

（3）单击“绘图”工具栏中的“直线”按钮，在步骤（2）中的图形上选择一点为直线起点，绘制一条长度为 16000 的竖直直线，如图 7-160 所示。

（4）单击“修改”工具栏中的“偏移”按钮，选择步骤（3）中绘制的竖直直线为偏移对象，将其向右进行偏移，偏移距离为 1600、3200、4800、1600、7710 和 1600，如图 7-161 所示。

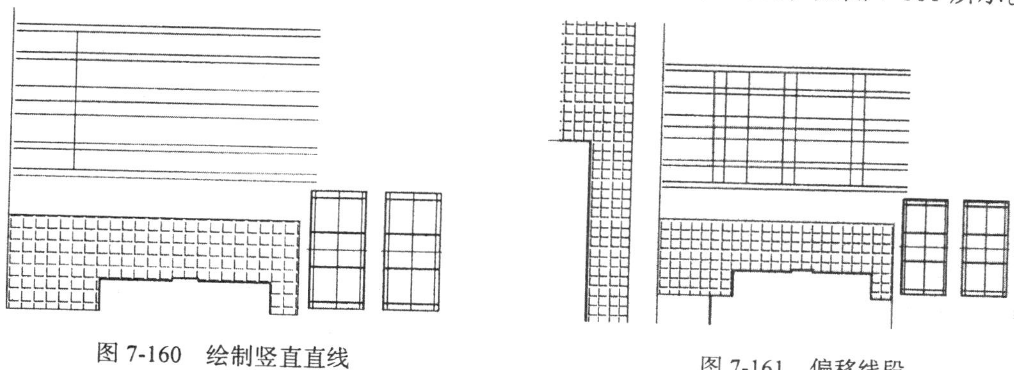

图 7-160　绘制竖直直线

图 7-161　偏移线段

（5）单击“绘图”工具栏中的“直线”按钮，在步骤（4）中的偏移线段上绘制多条斜线，如图 7-162 所示。

（6）单击“绘图”工具栏中的“椭圆”按钮，在步骤（5）中绘制的图形右侧选择一点为椭圆圆心，绘制一个适当大小的椭圆，如图 7-163 所示。

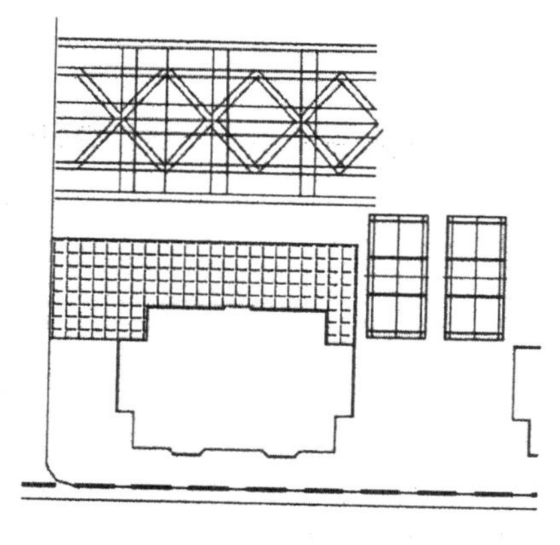

图 7-162　绘制斜向直线

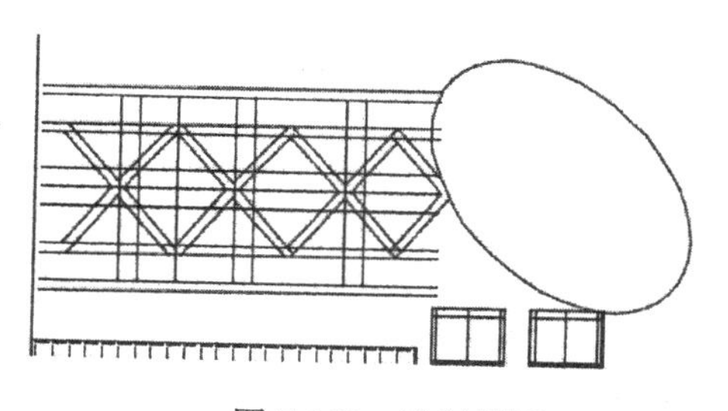

图 7-163　绘制椭圆

（7）单击“修改”工具栏中的“修剪”按钮，选择步骤（6）中绘制的椭圆内线段为修剪对象，对其进行修剪处理，如图 7-164 所示。

（8）单击“修改”工具栏中的“延伸”按钮，选择前面绘制的水平直线并向绘制的椭圆边延伸，如图 7-165 所示。

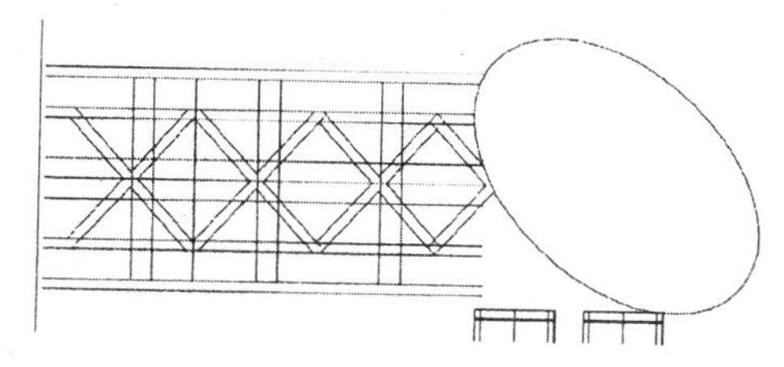

图 7-164　修剪线段

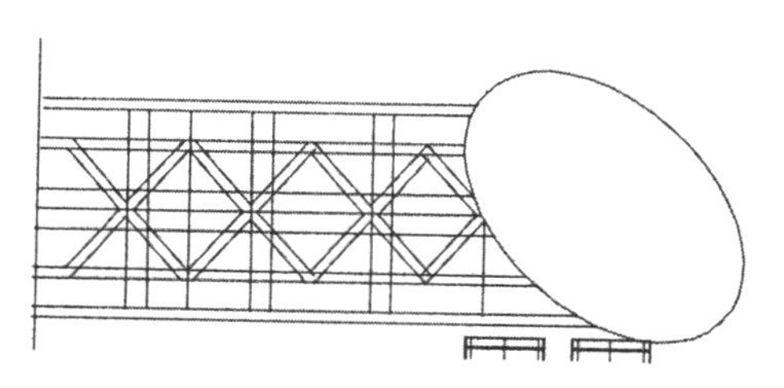

图 7-165　延伸线段

（9）单击“修改”工具栏中的“偏移”按钮，选择步骤（8）中绘制的椭圆为偏移对象，将其向内进行偏移，偏移距离为 800，如图 7-166 所示。

（10）单击“绘图”工具栏中的“椭圆”按钮，在步骤（9）中偏移的椭圆内绘制一个适当大小的椭圆，如图 7-167 所示。

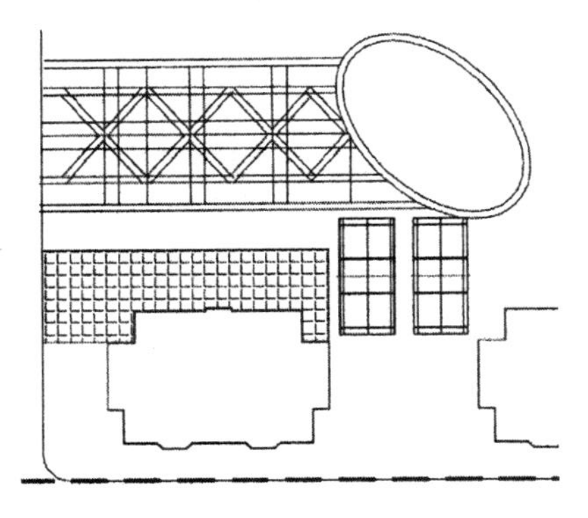

图 7-166　偏移椭圆

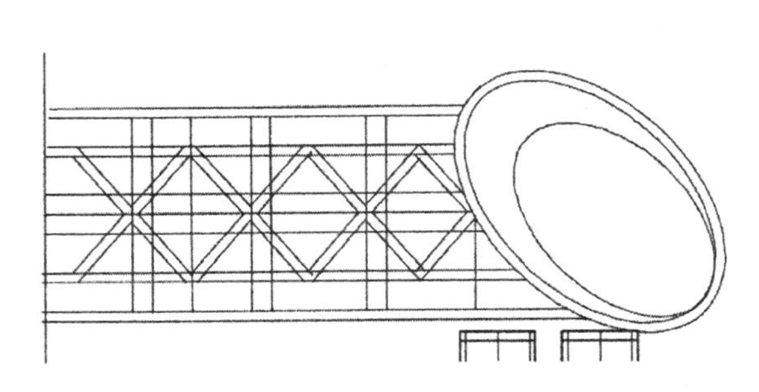

图 7-167　绘制椭圆

（11）单击“绘图”工具栏中的“椭圆弧”按钮，如图 7-168 所示。

（12）单击“修改”工具栏中的“圆”按钮，在步骤（11）中的图形内部选取一点为圆心，绘制一个半径为 1093.5 的圆，如图 7-169 所示。

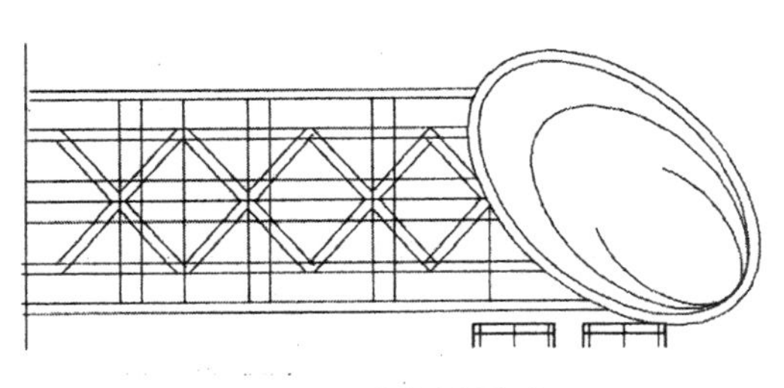

图 7-168　绘制椭圆弧

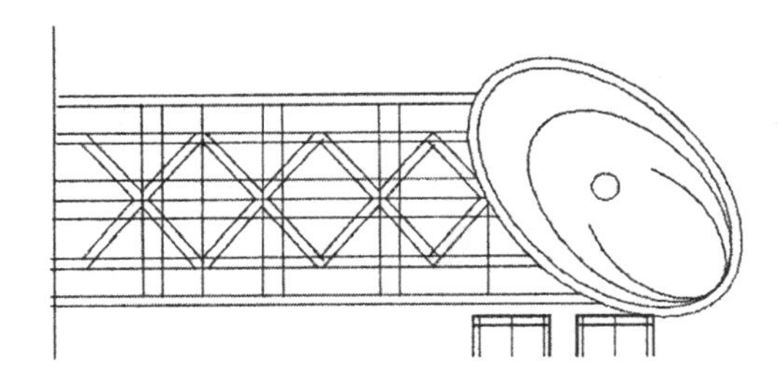

图 7-169　绘制圆

（13）单击“修改”工具栏中的“偏移”按钮，选择步骤（12）中绘制的圆为偏移对象，将其向外进行偏移，偏移距离为 262、1968、262、262、262 和 262，如图 7-170 所示。

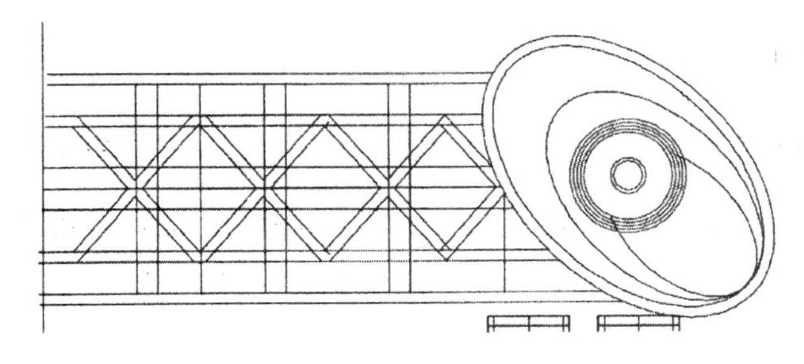

图 7-170　偏移圆

（14）单击“绘图”工具栏中的“直线”按钮，绘制斜向直线，如图 7-171 所示。

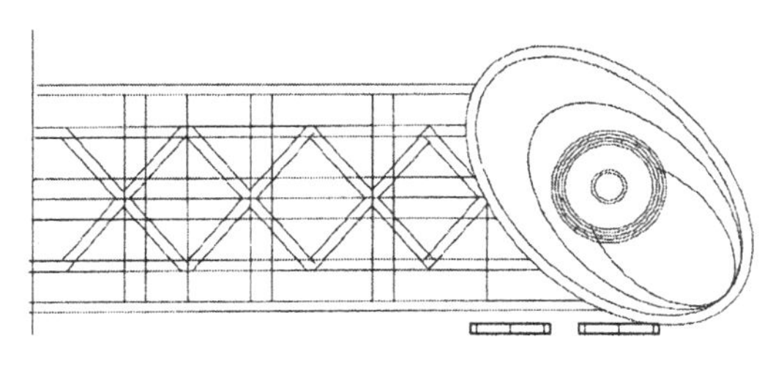

图 7-171　绘制斜向直线

（15）单击“修改”工具栏中的“修剪”按钮，选择步骤（14）中偏移圆内的线段为修剪对象，对其进行修剪处理，如图 7-172 所示。

（16）利用上述方法完成相同图形的绘制，如图 7-173 所示。

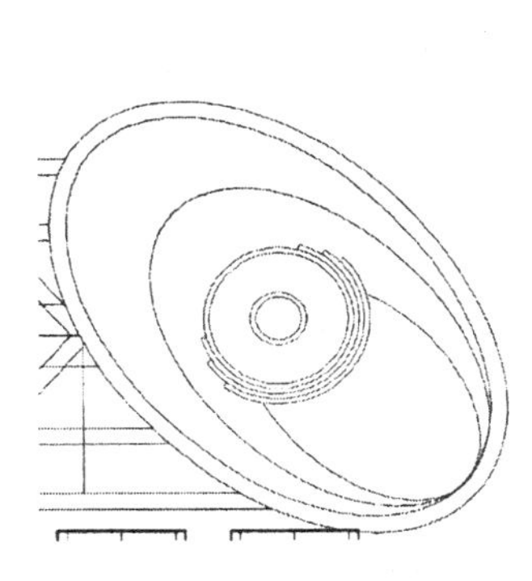

图 7-172　修剪处理

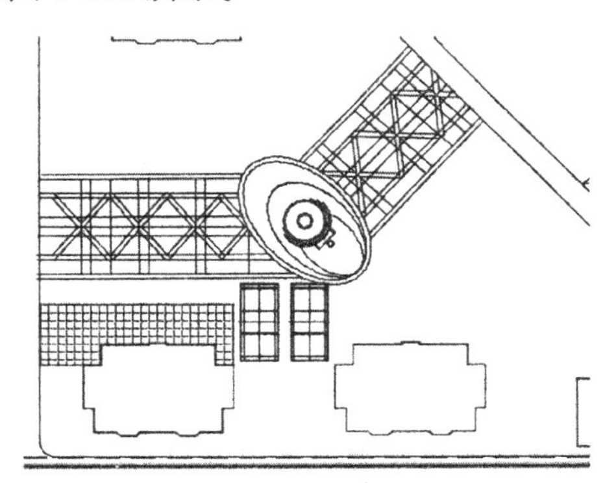

图 7-173　绘制相同图形

2. 绘制图形 2

（1）单击“绘图”工具栏中的“直线”按钮，在如图 7-174 所示的位置绘制一条斜向直线。

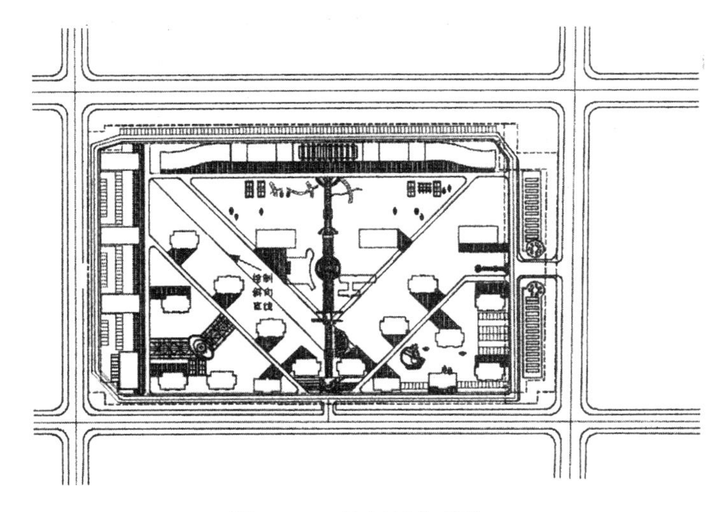

图 7-174　绘制斜向直线

（2）单击“修改”工具栏中的“偏移”按钮，选择步骤（1）中绘制的斜向直线为偏移对象，将其向上进行偏移，偏移距离为 1572、1847 和 1987，如图 7-175 所示。

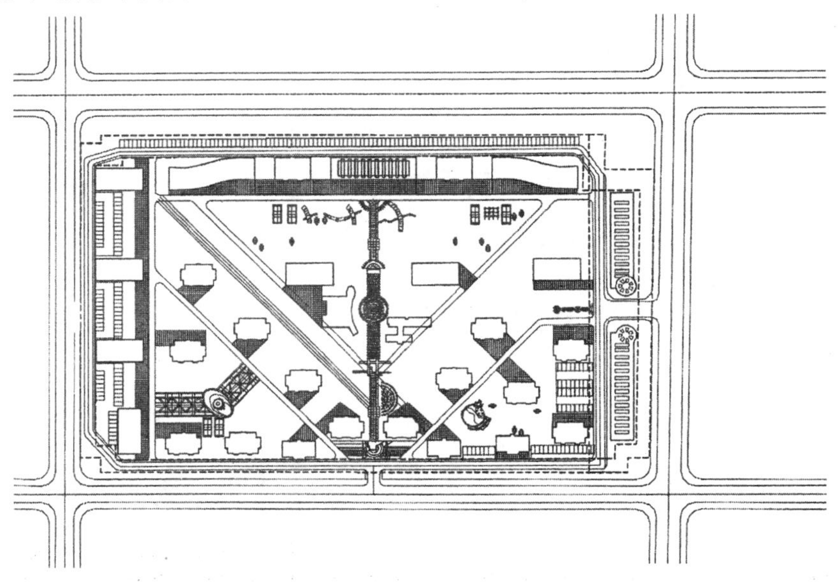

图 7-175　偏移线段

（3）单击“修改”工具栏中的“修剪”按钮，选择步骤（2）中的偏移线段为修剪对象，对其进行修剪处理，如图 7-176 所示。

（4）单击“绘图”工具栏中的“矩形”按钮，在步骤（3）中的偏移线段上选择一点为矩形起点，绘制一个尺寸为 5527×5527 的矩形，如图 7-177 所示。

（5）单击“修改”工具栏中的“修剪”按钮，选择步骤（4）中绘制的矩形内线段为修剪对象，对其进行修剪处理，如图 7-178 所示。

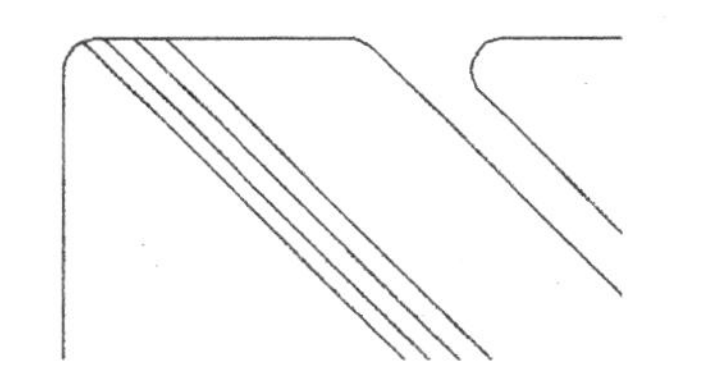

图 7-176　修剪线段

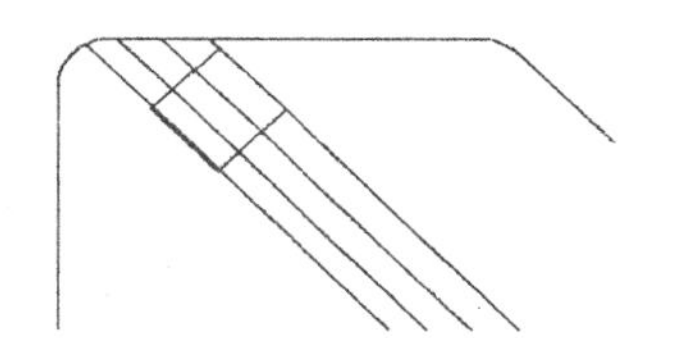

图 7-177　绘制矩形

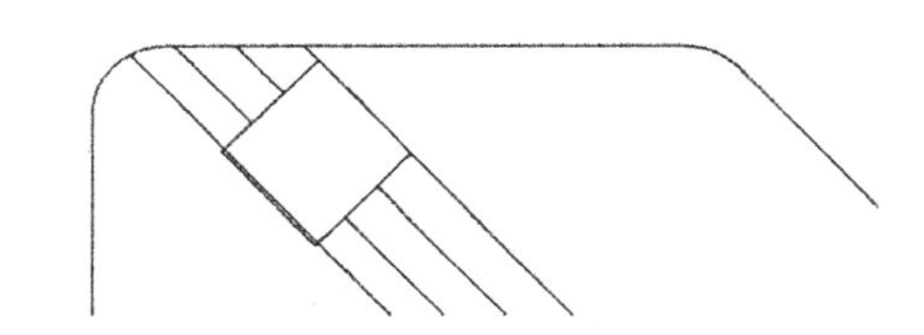

图 7-178　修剪处理

（6）单击“修改”工具栏中的“分解”按钮，选择绘制的矩形为分解对象并按 Enter 键确认，使其分解为 4 条独立边。

（7）单击“修改”工具栏中的“偏移”按钮，选择分解矩形左侧竖直边为偏移对象，将其向右进行偏移，偏移距离为 1700、276、1566 和 276，如图 7-179 所示。

（8）单击“修改”工具栏中的“偏移”按钮，选择分解矩形上部水平边为偏移对象，将其向下进行偏移，偏移距离为 1700、276、1566 和 276，如图 7-180 所示。

（9）单击“绘图”工具栏中的“矩形”按钮，在步骤（8）中的偏移线段上方绘制一个尺寸为 829×829 的矩形，如图 7-181 所示。

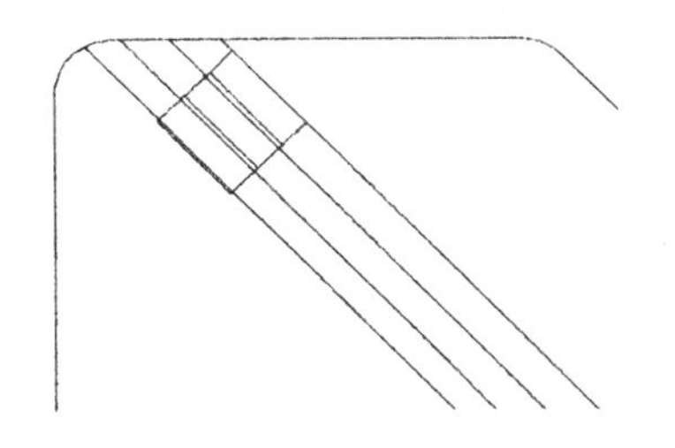

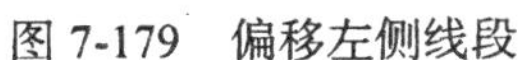

图 7-179　偏移左侧线段

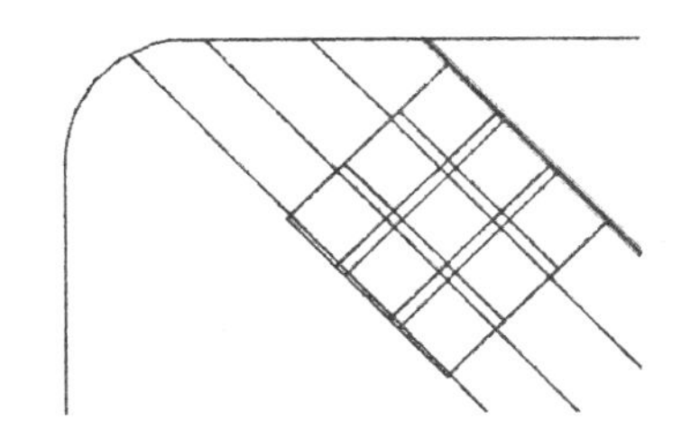

图 7-180　偏移上部线段

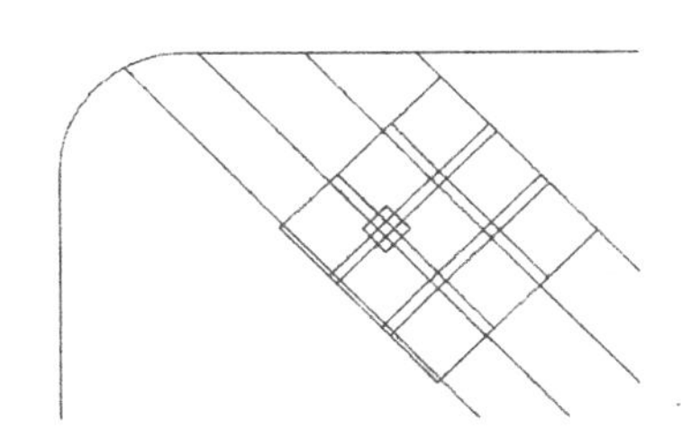

图 7-181　绘制矩形

（10）单击“修改”工具栏中的“修剪”按钮，选择步骤（9）中绘制的矩形间线段为修剪对象，对其进行修剪处理，如图 7-182 所示。

（11）单击“修改”工具栏中的“偏移”按钮，选择步骤（10）中绘制的矩形为对象，将其向内进行偏移，偏移距离为 276，如图 7-183 所示。

（12）单击“绘图”工具栏中的“直线”按钮，在步骤（11）中的偏移矩形内绘制多条整直线，如图 7-184 所示。

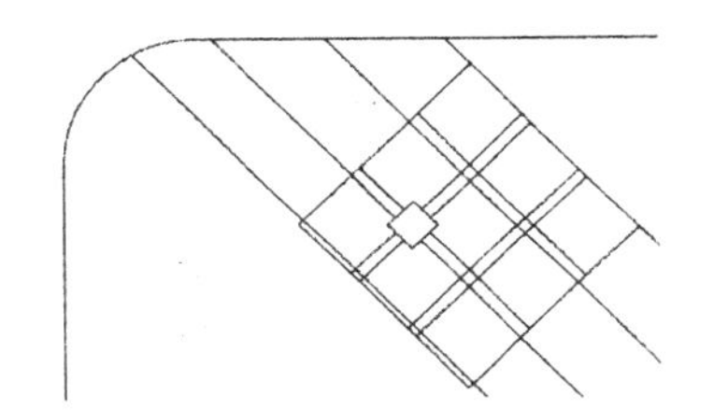

图 7-182　修剪矩形

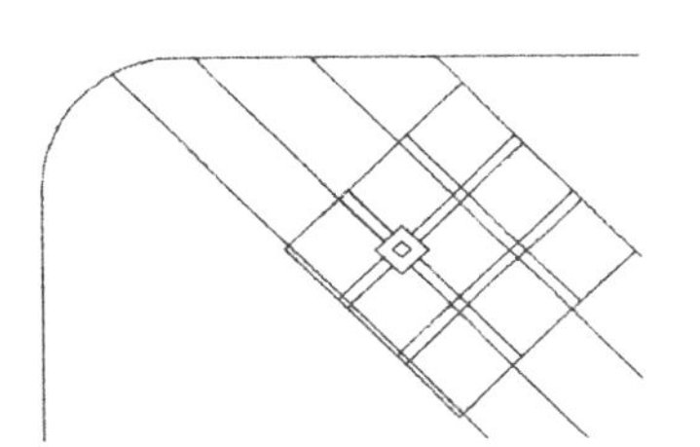

图 7-183　偏移矩形

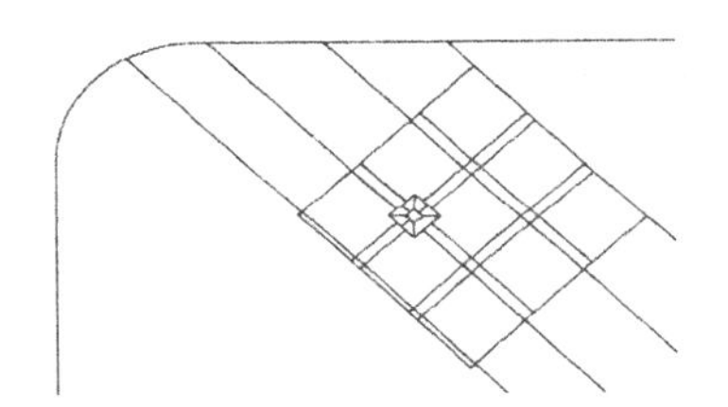

图 7-184　绘制直线

（13）单击“修改”工具栏中的“复制”按钮，选择步骤（12）中绘制的图形为复制对象，对其进行连续复制，如图 7-185 所示。

（14）单击“修改”工具栏中的“修剪”按钮，选择步骤（13）中复制的图形间线段为修剪对象，对其进行修剪处理，如图 7-186 所示。

（15）单击“绘图”工具栏中的“直线”按钮，在步骤（14）中绘制的图形下方绘制直线，如图 7-187 所示。

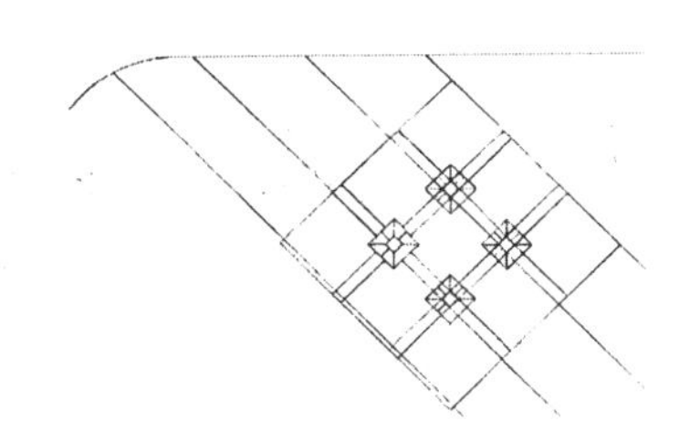

图 7-185　复制图形

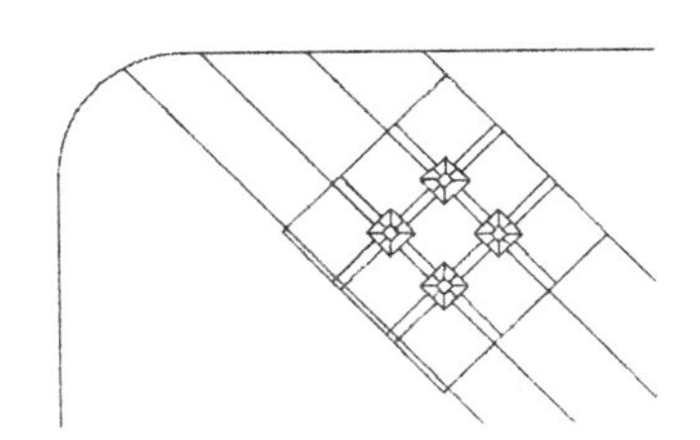

图 7-186　修剪线段

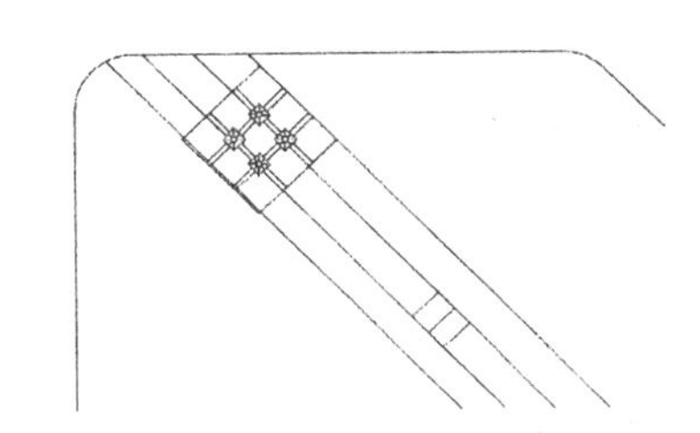

图 7-187　绘制直线

（16）单击“修改”工具栏中的“路径阵列”按钮，选择步骤（14）和步骤（15）中绘制的图形为阵列对象，选择如图 7-188 所示的边为阵列路径对其进行路径操作。

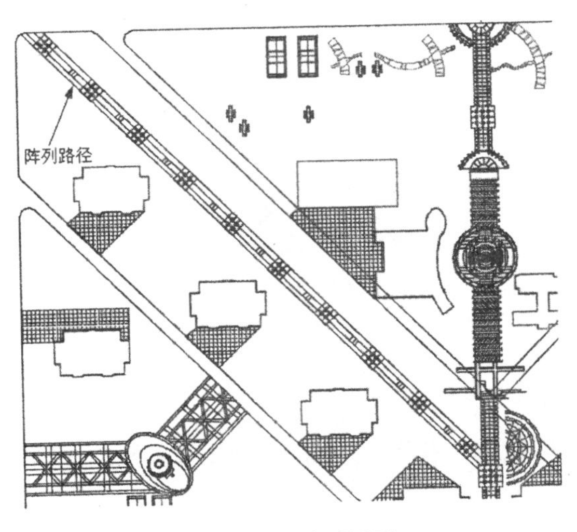

图 7-188　阵列图形

3. 绘制图形 3

（1）单击“修改”工具栏中的“分解”按钮，选择图 7-188 中阵列后的图形为分解对象，按 Enter 键确认进行分解，使图形分解为独立的个体。

（2）单击“绘图”工具栏中的“样条曲线”按钮，在步骤（1）中的图形线段上选择一点为样条曲线起点，绘制连续样条曲线，如图 7-189 所示。

（3）单击“修改”工具栏中的“删除”按钮，选择步骤（2）中绘制的样条曲线内线段为删除对象，对其进行删除处理，如图 7-190 所示。

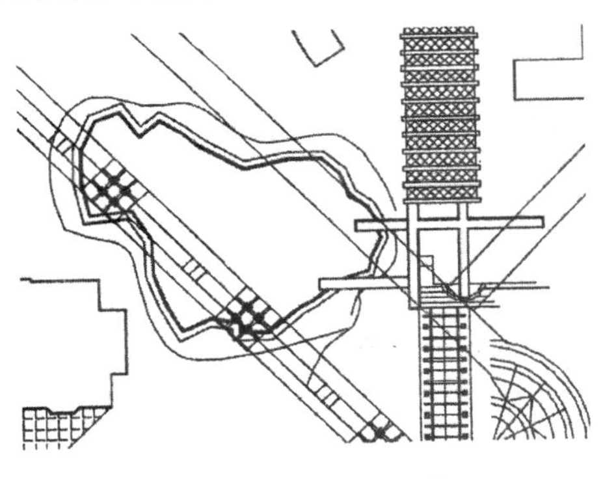

图 7-189　绘制样条曲线

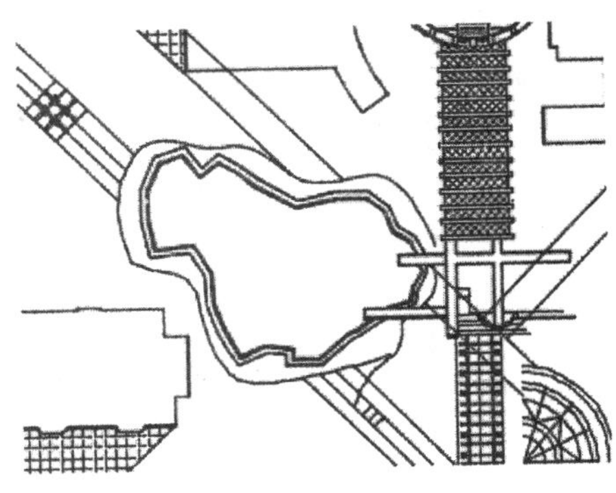

图 7-190　删除多余线段

（4）单击“绘图”工具栏中的“直线”按钮，在步骤（3）中绘制的图形内绘制多条长度不等的水平直线，如图 7-191 所示。

（5）单击“绘图”工具栏中的“样条曲线”按钮，在步骤（4）中图形的适当位置绘制连续样条曲线，如图 7-192 所示。

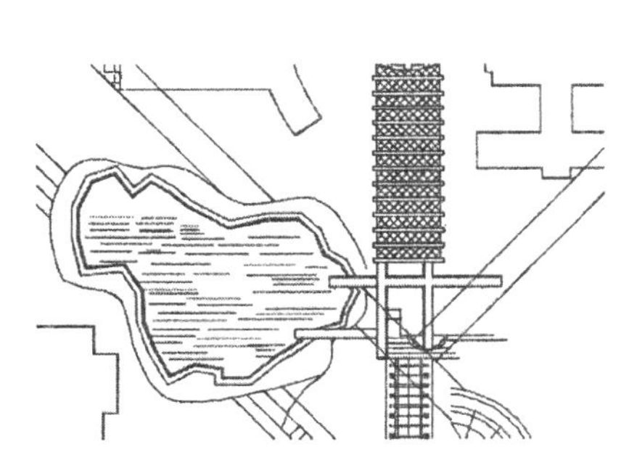

图 7-191　绘制水平线段

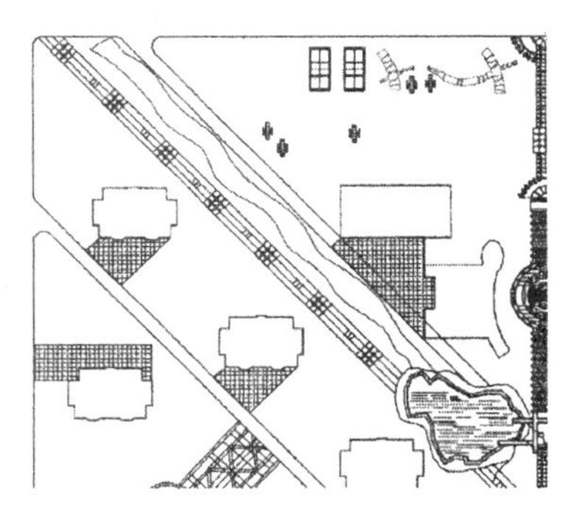

图 7-192　绘制样条曲线

（6）利用上述方法完成相同图形的绘制，如图 7-193 所示。

（7）单击“修改”工具栏中的“复制”按钮，选择步骤（6）中绘制的图形为复制对象，将其向下端进行连续复制，如图 7-194 所示。

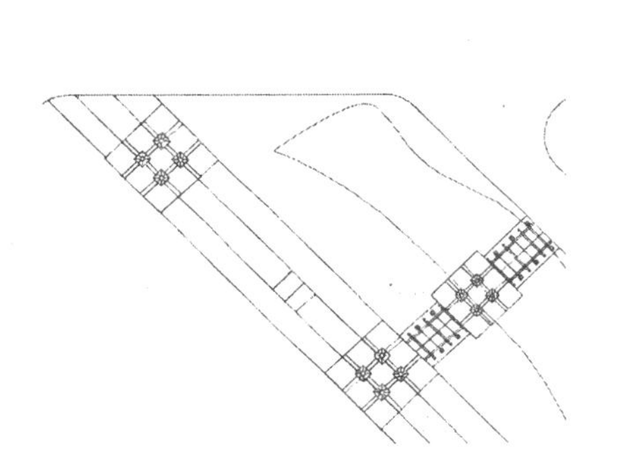

图 7-193　绘制相同图形

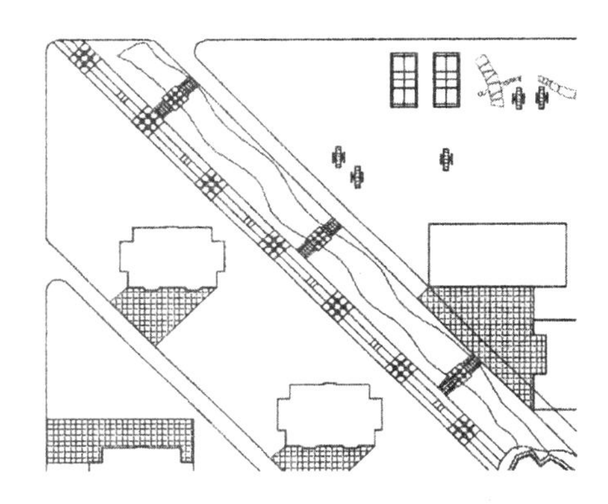

图 7-194　复制图形

（8）单击“修改”工具栏中的“修剪”按钮，选择步骤（7）中复制的图形间的线段为修剪对象，对其进行修剪处理，按 Enter 键确认进行修剪，如图 7-195 所示。

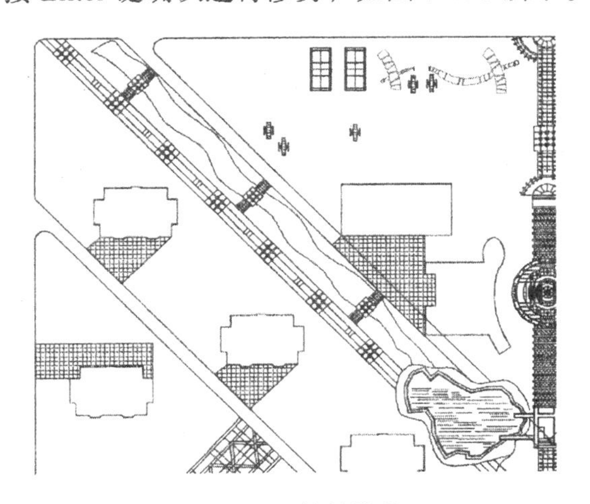

图 7-195　修剪线段

7.1.4 绘制小区植物

1. 建立“路旁树”图层

建立一个新图层，命名为“路旁树”，颜色选取为84，线型、线宽为默认，并将其设置为当前图层，如图7-196所示。

图7-196 “路旁树”图层

2. 绘制路旁植物1

（1）单击“绘图”工具栏中的“圆”按钮，在图形空白位置任选一点为圆心，绘制一个半径为368的圆，如图7-197所示。

（2）单击“修改”工具栏中的“偏移”按钮，选择步骤（1）中绘制的圆为偏移对象，将其向外进行偏移，偏移距离为3698和4785，如图7-198所示。

（3）单击“绘图”工具栏中的“圆弧”按钮，在步骤（2）中绘制的圆内绘制多段不规则圆弧，如图7-199所示。

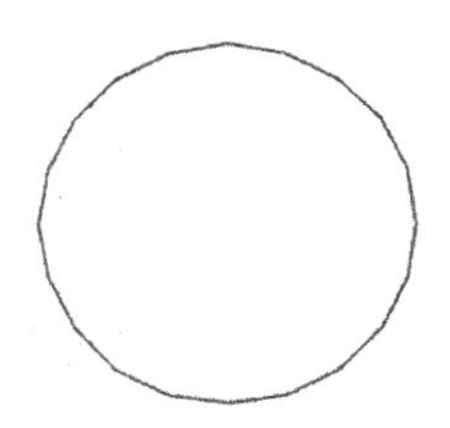

图7-197 绘制圆

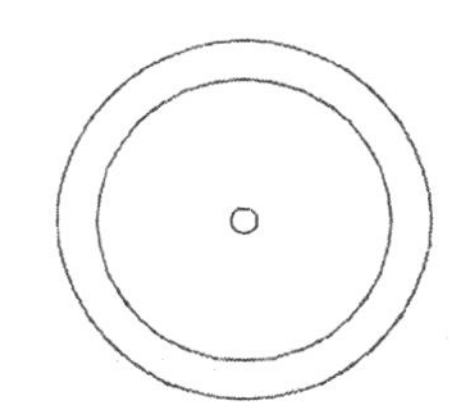

图7-198 偏移圆

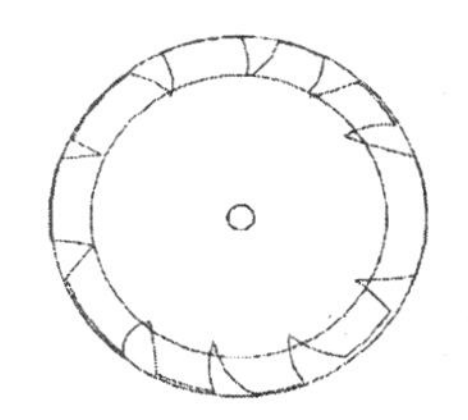

图7-199 绘制圆弧

（4）单击“修改”工具栏中的“修剪”按钮，对步骤（3）中绘制的图形进行修剪处理，如图7-200所示。

3. 绘制路旁植物2

（1）单击“绘图”工具栏中的“圆”按钮，在图形空白位置任选一点为圆心，绘制半径为1200的圆，如图7-201所示。

（2）单击“修改”工具栏中的“偏移”按钮，选择步骤（1）中绘制的圆为偏移对象，将其向内进行偏移，偏移距离为600、160和40，如图7-202所示。

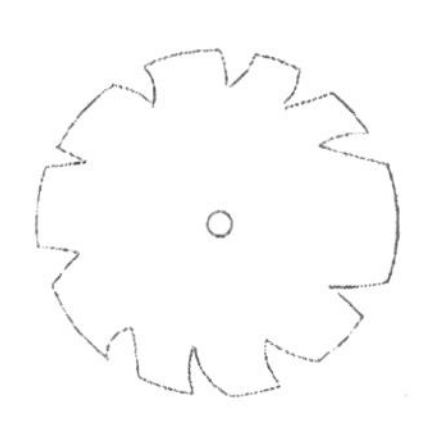

图7-200 修剪线段

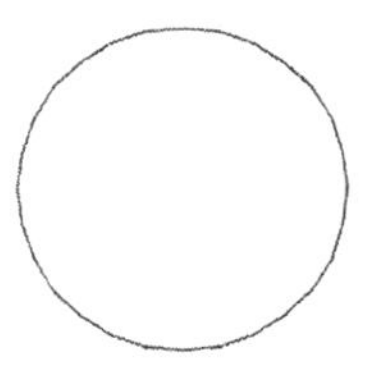

图7-201 绘制圆

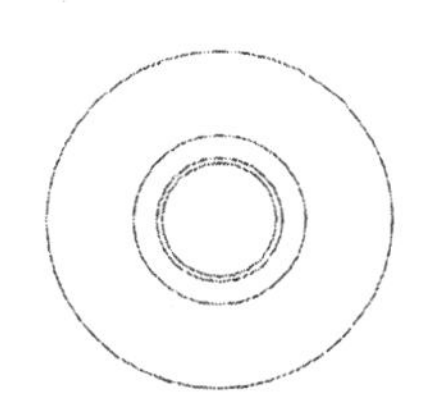

图7-202 偏移圆

（3）单击“绘图”工具栏中的“直线”按钮，在步骤（2）中偏移的圆上选取一点为直线起点，绘制一条竖直直线，如图 7-203 所示。

（4）单击“修改”工具栏中的“阵列”按钮，选择步骤（3）中绘制的竖直直线为阵列对象，绘制圆的圆心为阵列基点，设置项目数为 20，如图 7-204 所示。

（5）单击“绘图”工具栏中的“圆弧”按钮，在步骤（4）中的图形圆心处绘制多段圆弧，如图 7-205 所示。

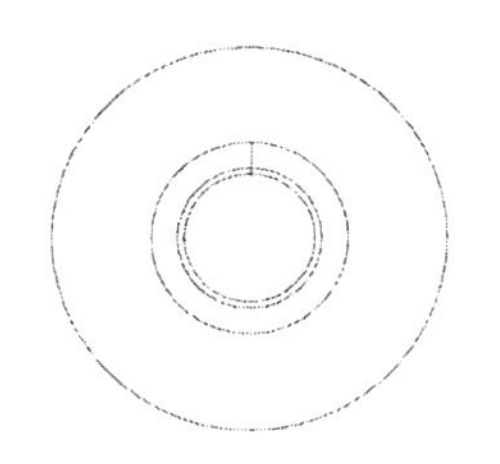

图 7-203　绘制竖直直线

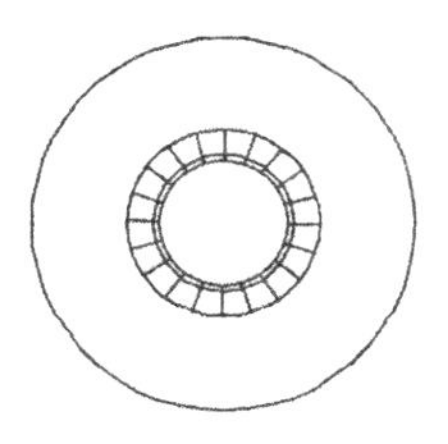

图 7-204　阵列线段

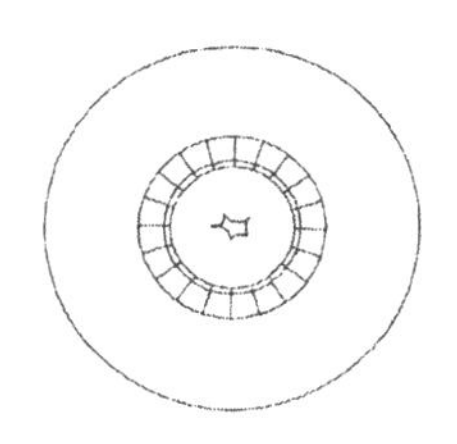

图 7-205　绘制圆弧

4. 绘制路旁植物 3

（1）单击“绘图”工具栏中的“直线”按钮，在图形空白位置选择一点为直线起点，绘制一条长度为 702 的水平直线，如图 7-206 所示。

（2）单击“绘图”工具栏中的“直线”按钮，以步骤（1）中绘制的水平直线右端点为直线起点，绘制剩余相同长度不同角度的直线，如图 7-207 所示。

（3）单击“绘图”工具栏中的“圆弧”按钮，在步骤（2）中绘制的直线上选取一点为圆弧起点，绘制一段适当半径的圆弧，如图 7-208 所示。

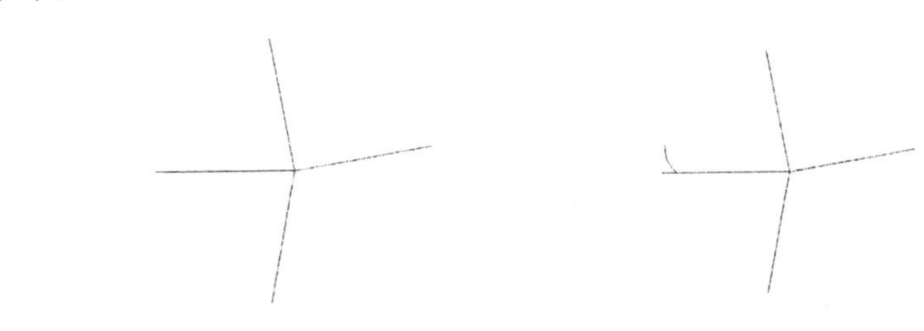

图 7-206　绘制水平直线　　图 7-207　绘制直线　　图 7-208　绘制圆弧

（4）单击“绘图”工具栏中的“圆弧”按钮，以步骤（3）中绘制的圆弧上端点为圆弧起点，绘制一条适当半径的圆弧，如图 7-209 所示。

（5）单击“修改”工具栏中的“镜像”按钮，选择步骤（4）中绘制的图形为镜像对象，对其进行水平镜像，如图 7-210 所示。

（6）单击“修改”工具栏中的“缩放”按钮，选择步骤（5）中绘制的图形为缩放对象，将其进行缩放复制，如图 7-211 所示。

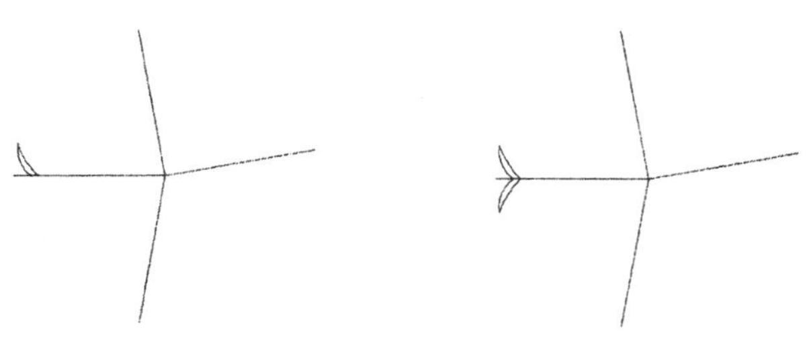

图 7-209　绘制圆弧　　图 7-210　镜像图形

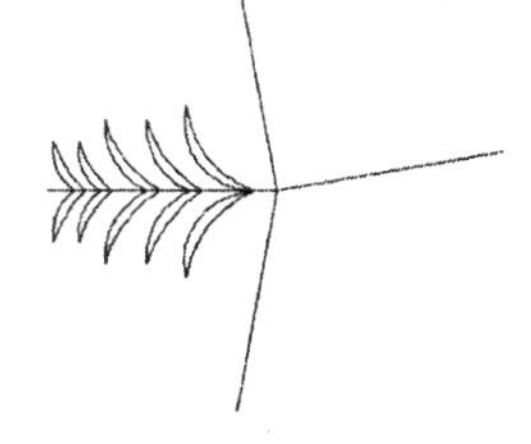

图 7-211　缩放图形

（7）利用上述方法完成剩余图形的绘制，如图 7-212 所示。

图 7-212　绘制剩余图形

5. 绘制路旁植物 4

（1）单击“绘图”工具栏中的“圆”按钮，在图形空白位置任选一点为圆心，绘制一个半径为 792 的圆，如图 7-213 所示。

（2）单击“修改”工具栏中的“偏移”按钮，选择步骤（1）中绘制的圆为偏移对象，将其向外进行偏移，偏移距离为 5442，如图 7-214 所示。

（3）单击“绘图”工具栏中的“直线”按钮，在步骤（2）中的偏移圆上绘制多条斜向直线，如图 7-215 所示。

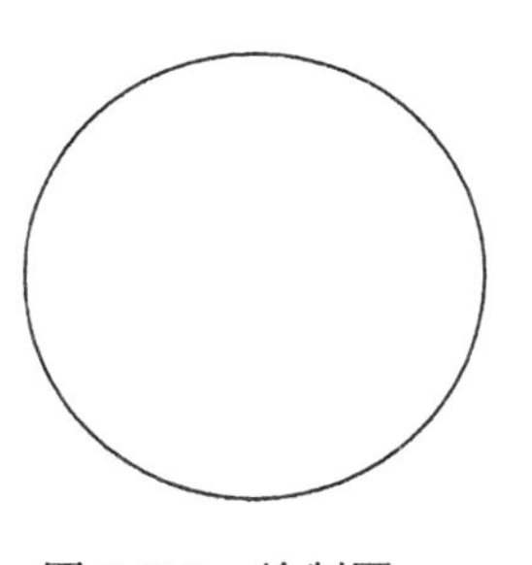

图 7-213　绘制圆

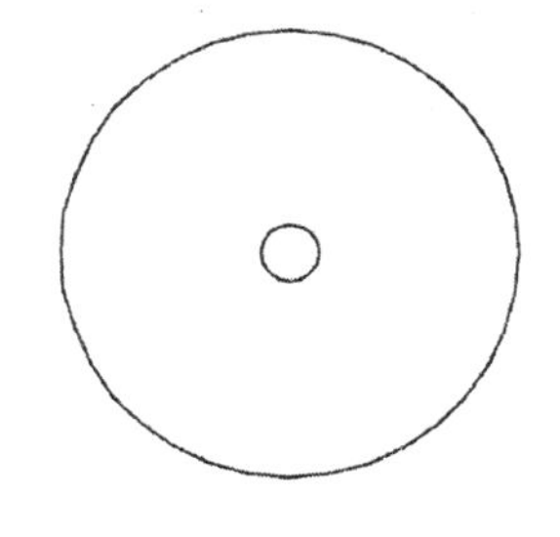

图 7-214　偏移圆

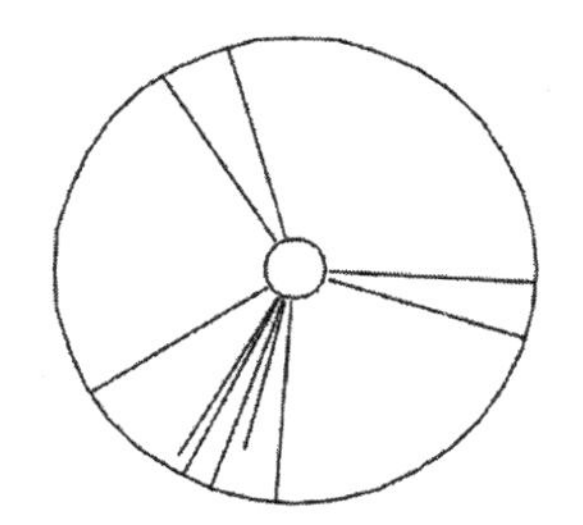

图 7-215　绘制斜向直线

（4）单击“修改”工具栏中的“修剪”按钮，选择步骤（3）中绘制的直线间多余线段为修剪对象，按 Enter 键确认对其进行修剪，如图 7-216 所示。

（5）单击“绘图”工具栏中的“圆弧”按钮，在步骤（4）中绘制的图形间绘制一段适当半径的圆弧，如图 7-217 所示。

（6）单击“绘图”工具栏中的“图案填充”按钮，选择前面绘制的内部圆圆心为填充区域，选择图案 SOLID 对其进行填充，如图 7-218 所示。

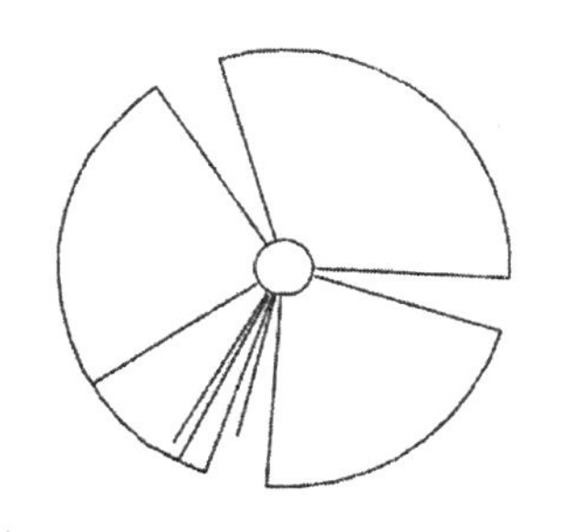

图 7-216　修剪线段

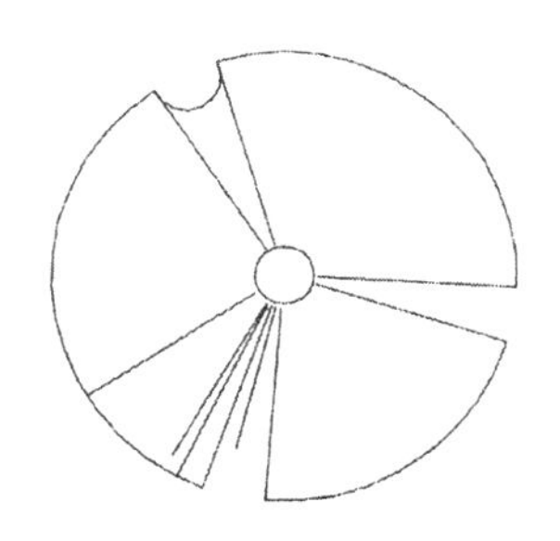

图 7-217　绘制圆弧

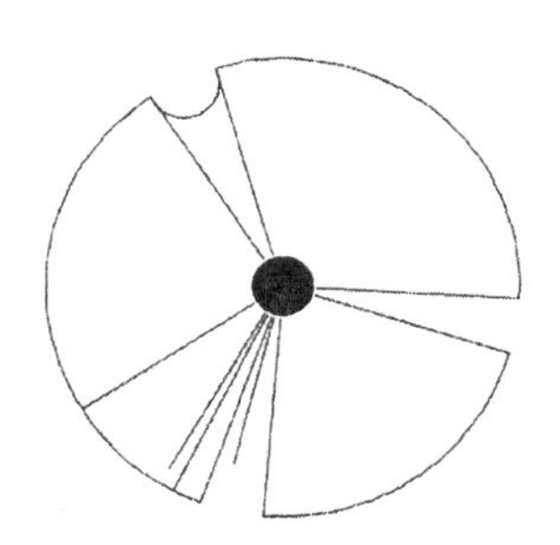

图 7-218　填充图形

6. 绘制路旁植物 5

（1）单击“绘图”工具栏中的“直线”按钮，在图形空白区域选择一点为直线起点，绘制一条斜向直线，如图 7-219 所示。

（2）单击“绘图”工具栏中的“直线”按钮，在步骤（1）中绘制的斜向直线上选择一点为直线起点，绘制一条竖直直线，如图 7-220 所示。

（3）单击“修改”工具栏中的“镜像”按钮，选择步骤（2）中绘制的斜向直线为镜像对象，对其进行镜像处理，如图 7-221 所示。

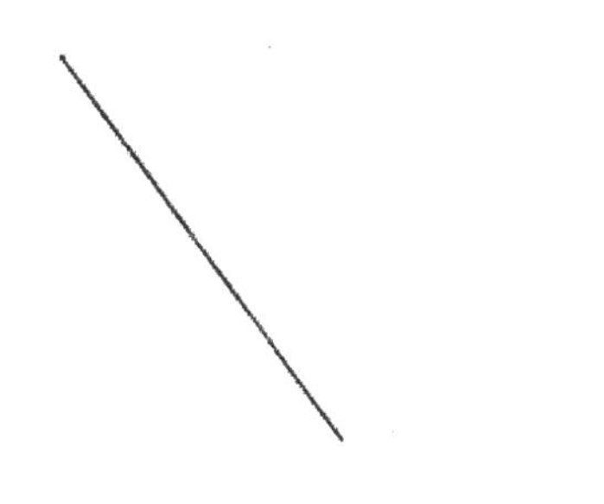

图 7-219　绘制斜向直线

图 7-220　绘制竖直直线

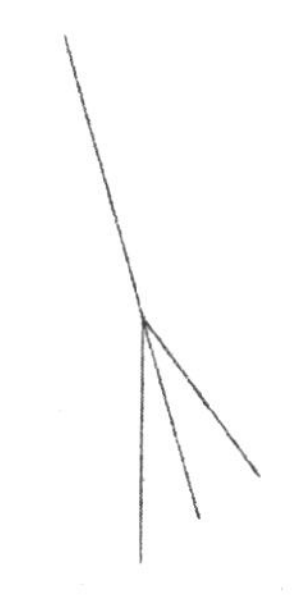

图 7-221　镜像图形

（4）单击“修改”工具栏中的“环形阵列”按钮，选择步骤（3）中绘制的图形为阵列对象，选择初始斜向直线上端点为阵列中心点，对其进行环形阵列，设置项目数为 12，如图 7-222 所示。

（5）单击“绘图”工具栏中的“直线”按钮和“修改”工具栏中的“复制”按钮，完成绘制路旁植物 5 的绘制，如图 7-223 所示。

图 7-222　环形阵列

图 7-223　绘制路旁植物 5

7. 绘制路旁植物 6

（1）利用上述方法完成小区植物 6 绘制，如图 7-224 所示。

（2）利用上述方法完成龙船花的绘制，如图 7-225 所示。

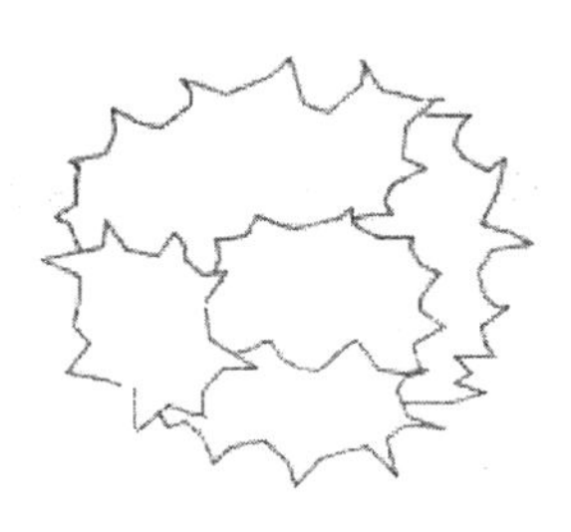

图 7-224　绘制路旁植物 6

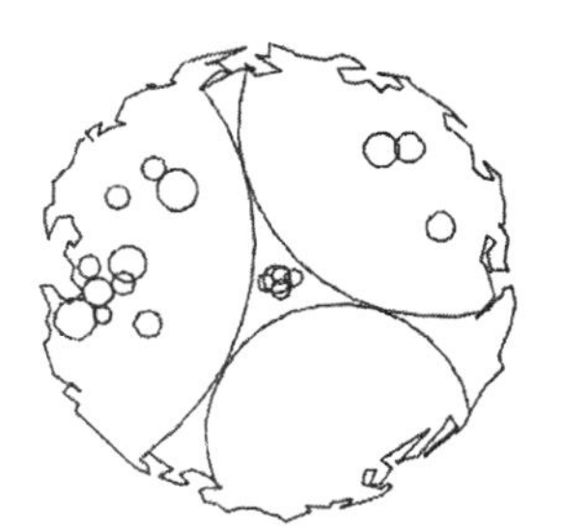

图 7-225　绘制龙船花

7.1.5　布置绿植

（1）单击“修改”工具栏中的“移动”按钮，选择前面绘制的路旁植物 1 为移动对象，将其移动放置到图形内，如图 7-226 所示。

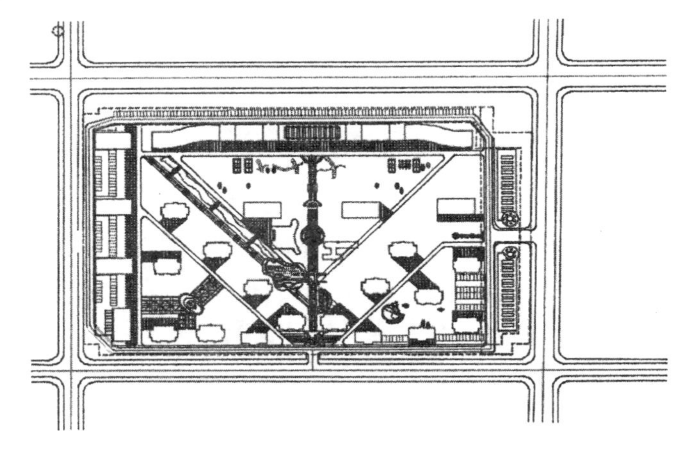

图 7-226　移动路旁植物 1

（2）单击“修改”工具栏中的“复制”按钮，选择步骤（1）中移动放置好的路旁植物 1 为复制对象，对其进行移动复制，如图 7-227 所示。

（3）单击“修改”工具栏中的“复制”按钮，选择已有路旁植物为复制对象，将其放置到合适位置。

（4）单击“修改”工具栏中的“缩放”按钮，以步骤（2）中复制的路旁植物 1 为缩放对象，选择内部圆圆心为缩放基点，将其缩放 0.5，如图 7-228 所示。

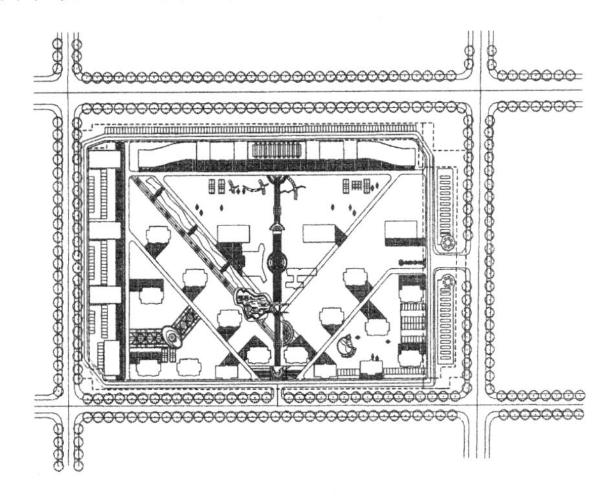

图 7-227　复制路旁植物 1

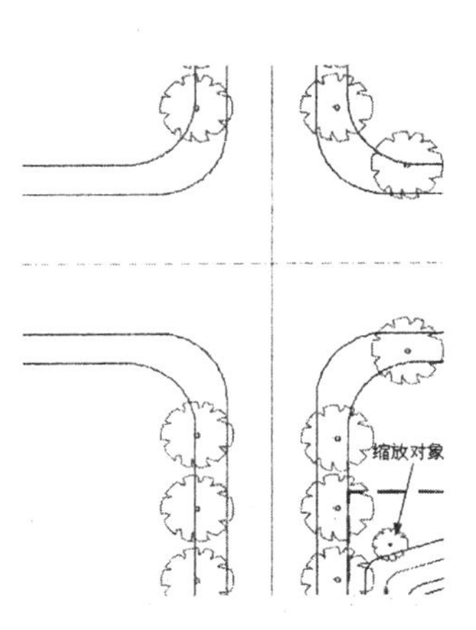

图 7-228　缩放路旁植物 1

（5）单击“修改”工具栏中的“复制”按钮，选择步骤（4）中缩放后的路旁植物 1 为复制对象，对其进行连续复制，如图 7-229 所示。

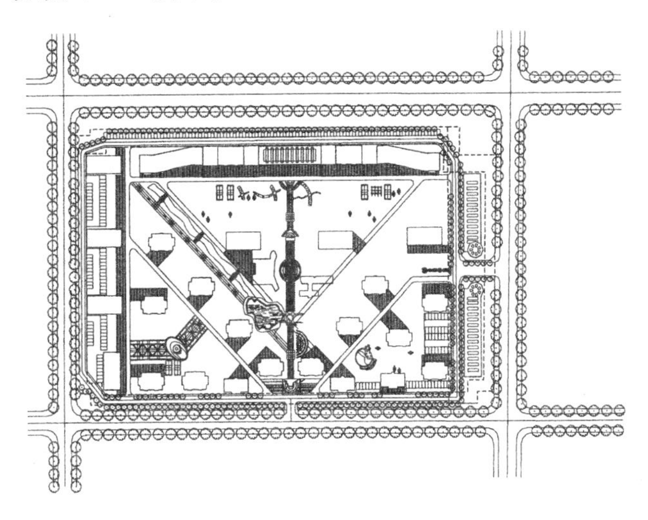

图 7-229　连续复制路旁植物 1

（6）利用上述方法将路旁植物 1 缩放 0.33，并利用“复制”命令将其放置到合适的位置，如图 7-230 所示。

（7）单击“修改”工具栏中的“移动”按钮，选择前面绘制的路旁植物 2 为移动对象，将其

移动放置到如图 7-231 所示的位置。

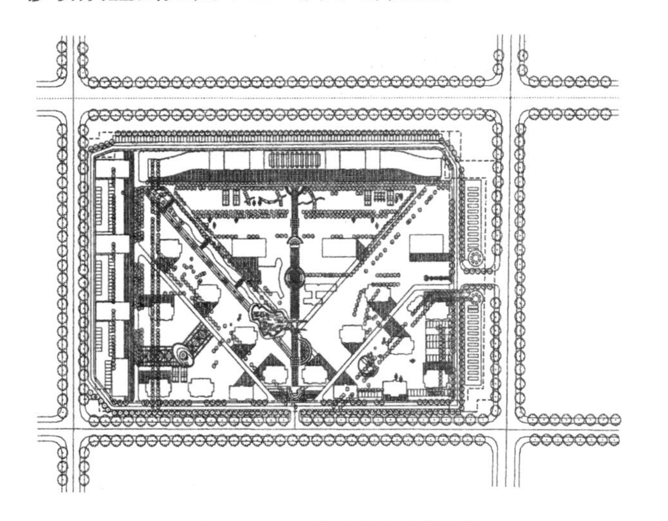

图 7-230　缩放并复制图形

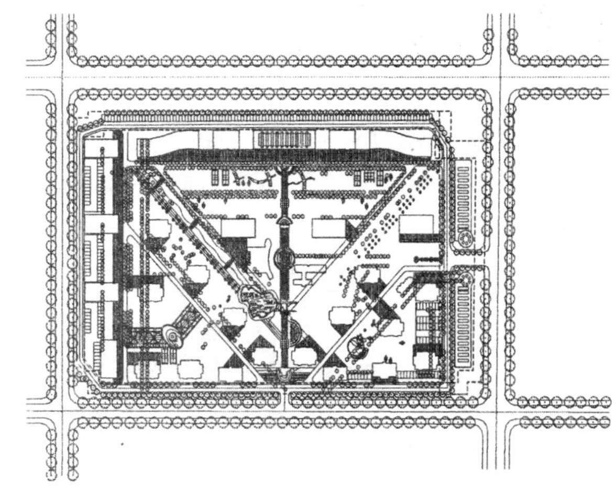

图 7-231　移动图形

（8）利用上述方法完成剩余所有绿植的布置，并结合所学命令完成剩余小区绿化的绘制，如图 7-232 所示。

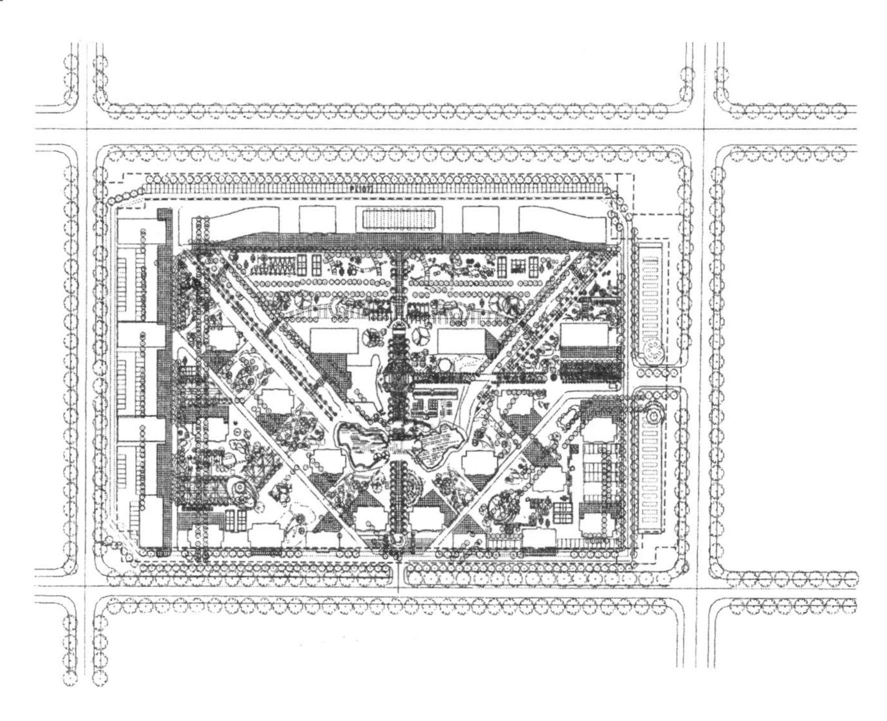

图 7-232　小区绿化

7.2　完 成 图 纸

在主要图形绘制完成后，为图形添加必要的文字说明，最后回执图框，完成整个图纸的绘制。

7.2.1　添加文字

（1）单击“绘图”工具栏中的“多行文字”按钮 A，设置高度为 2500，字体为 Arial，为小区户型图添加文字说明，如图 7-233 所示。

（2）单击“绘图”工具栏中的“直线”按钮 ╱，在步骤（1）中的图形适当位置处绘制连续直线，如图 7-234 所示。

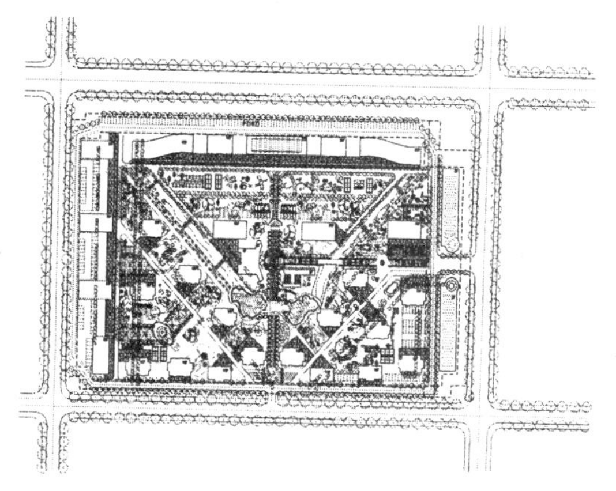

图 7-233　添加文字

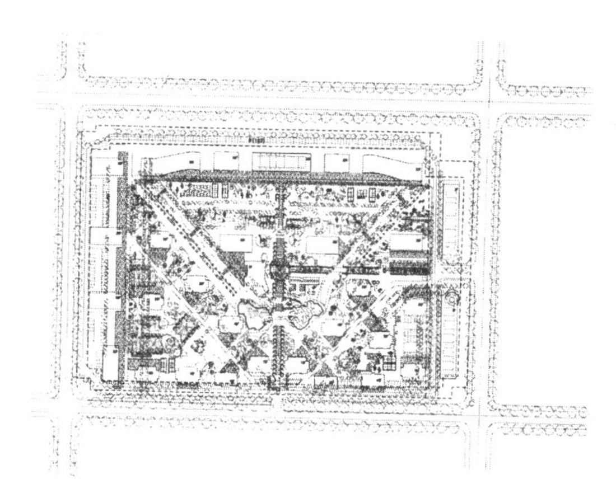

图 7-234　绘制连续直线

（3）单击“绘图”工具栏中的“多行文字”按钮 A，设置高度为 6000，字体为宋体，在步骤（2）中绘制的连续直线上方添加引线文字，如图 7-235 所示。

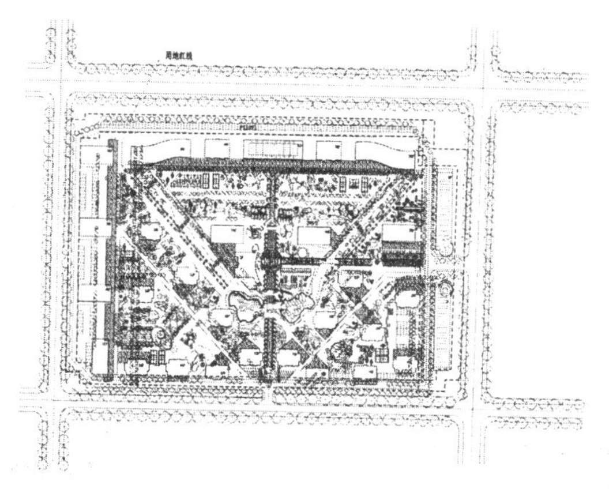

图 7-235　添加引线文字

（4）利用前面讲述的方法完成剩余文字的添加，结合所学知识补充图形入口，最终完成高层住宅小区园林规划的绘制，如图 7-236 所示。

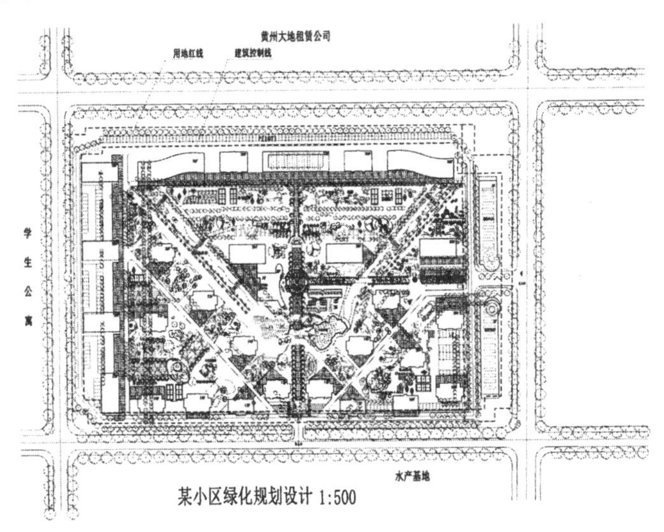

图 7-236　添加引线文字

7.2.2　绘制图框

（1）单击“绘图”工具栏中的“多段线”按钮，指定起点宽度为 500，端点宽度为 500，在 7.2.1 节完成图形外侧绘制连续多段线，多段线水平长度为 577000，竖直长度为 410500，如图 7-237 所示。

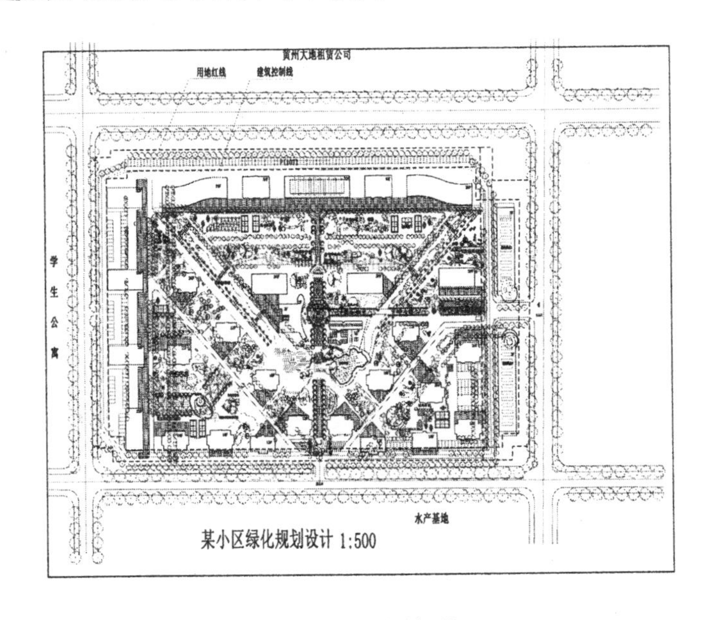

图 7-237　绘制图框

（2）单击“修改”工具栏中的“偏移”按钮，选择步骤（1）中绘制的多段线为偏移对象，将其向外侧进行偏移，左侧竖直边向外侧进行偏移，偏移距离为 12500，剩余 3 边均向外侧偏移 5000，图框绘制完成。最终完成高层小区园林规划的绘制，如图 7-238 所示。

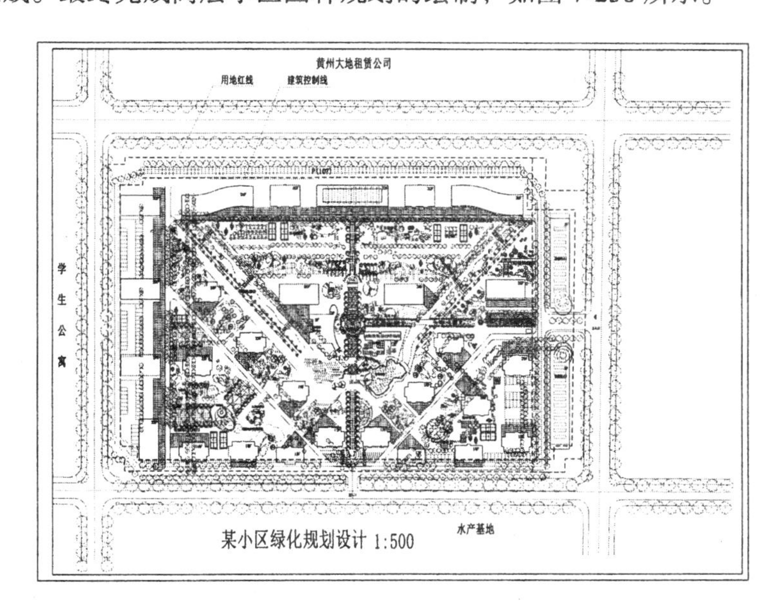

图 7-238　某小区绿化规划

读书笔记

第8章 居住区公园设计实例

居住区公园是服务于一个居住区的居民、具有一定活动内容和设施、为居住区配套建设的集中绿地。规划用地面积较大，一般在4000m^{2}以上，相当于一个城市小型公园。公园内的设施比较丰富，有体育活动场地、各年龄组休息活动设施、画廊、阅览室、茶室、园林小品建筑和铺地、小型水体水景、地形变化、树木草地花卉、出入口等。

本章将以某居住区公园园林设计为例，介绍居住区园林设计基本规划和布局。

8.1 概　　述

居住区公园的用地规模、布局形式和景观构成与城市公园类似。公园常与居住区服务中心结合布置，以方便居民活动和更有效地美化居住区形象。居住区公园一般服务半径为 0.5 ～ 11.0km，居民步行到达时间在 10 分钟左右。

在选址与用地范围的确定上，往往利用原有的地形地貌或有人文历史价值的区域。公园的设施和内容比较丰富、齐全，有功能区或景区的划分。布局紧凑，各个分区联系紧密，游览路线的景观变化节奏比较快。

一般居住区公园规划布局应达到以下几个方面的要求。

（1）满足功能要求，划分不同功能区域。根据居民的要求布置休息、文化娱乐、体育锻炼、儿童玩耍及互相交往等活动场地和设施。

（2）满足园林审美和游览需求，充分利用地形、水体、植物、建筑及小品等要素营造园林景观，创造优美的环境。园林空间的组织与园路的布局要结合园林景观及活动场地的布局，兼顾游览交通和展示园景的功能。

（3）形成优美的绿化景观和优良的生态环境，发挥园林植物群落在形成公园景观及公园良好生态环境的主导作用。

居住区公园的规划设计手法与城市综合公园的规划设计手法相似，但也有其个性的一面。居住区公园的游人主要是本居住区的居民，游园时间多集中在早晚，尤其是在夏季晚上乘凉的居民较多，因此要多考虑晚间游园活动所需的场地和设施，在植物配植上，要多配植一些夜间开花和散发香味的植物，基础设施上要注意晚间的照明，达到亮化、彩化。

下面以北京某居住区公园绿地设计为例进行介绍，如图 8-1 所示。绘制时首先要建立相应的图层，在原地形的基础上进行出入口、道路、地形、景区等的划分，然后再绘制各部分的详图，最后进行植物的配植。

读书笔记

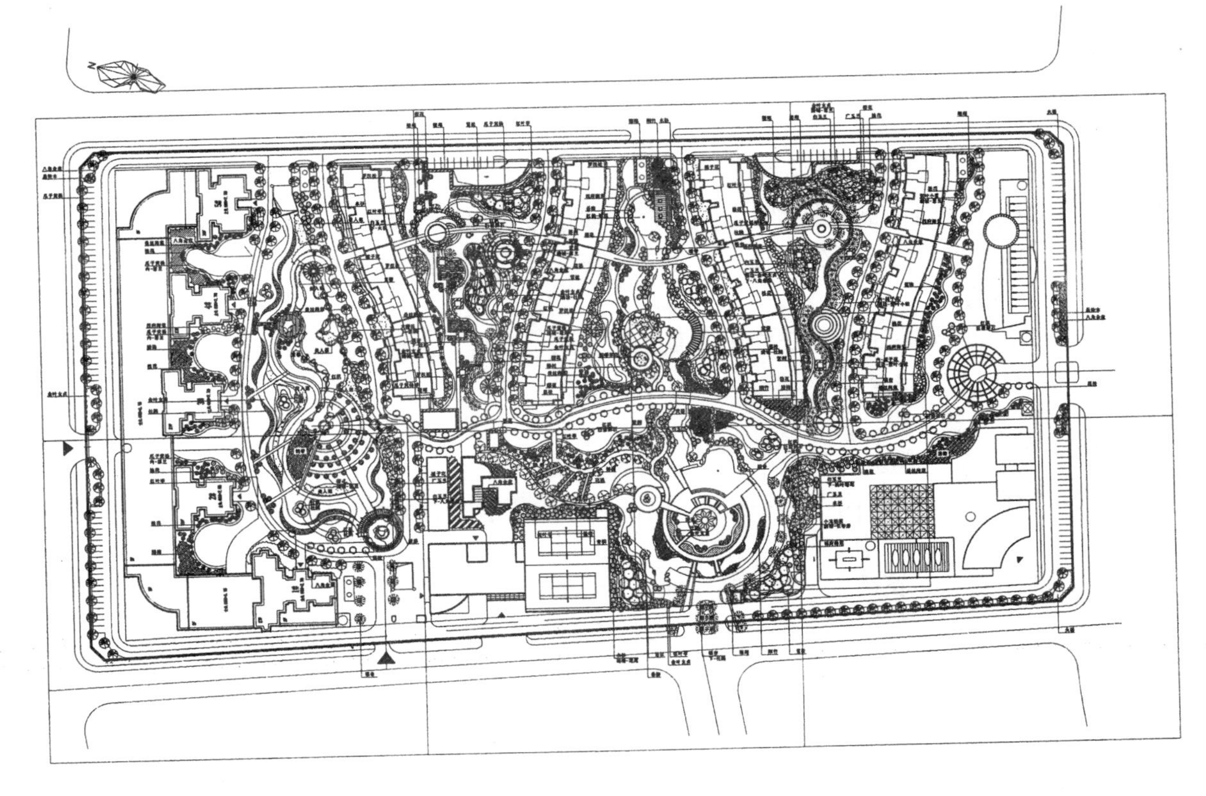

图 8-1　居住区公园的绘制

8.2　居住区公园地形的绘制

本节将介绍居住区公园的基本地形轮廓，为后面的具体园林设计设定一个基本的环境。

8.2.1　绘图环境设置

（1）设置单位。将系统单位设置为毫米（mm），以 1 ：1 的比例绘制。选择菜单栏中的“格式”→“单位”命令，弹出“图形单位”对话框，进行如图 8-2 所示的设置，然后单击“确定”按钮。

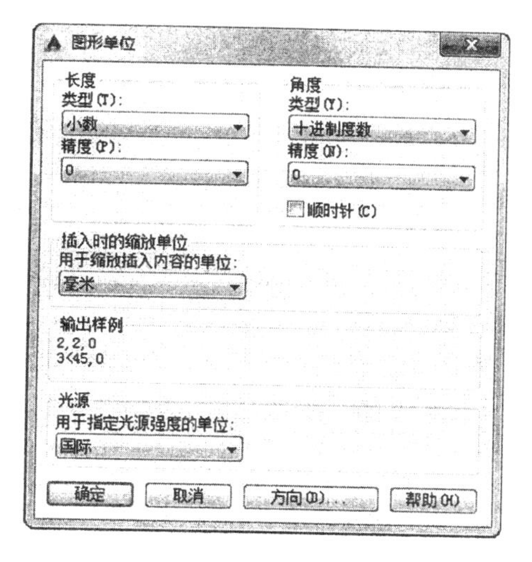

图 8-2　单位的设置

（2）设置图形界限。AutoCAD 2015 默认的图形界限为 420×297，是 A3 图幅，这里以 1 ∶ 1 的比例绘制，将图形界限设为 420000×297000。

（3）选择菜单栏中的“文件”→“打开”命令，弹出“选择文件”对话框，如图 8-3 所示。

（4）打开“源文件 / 居住区公园 / 小区户型图”，放置到适当位置，如图 8-4 所示。

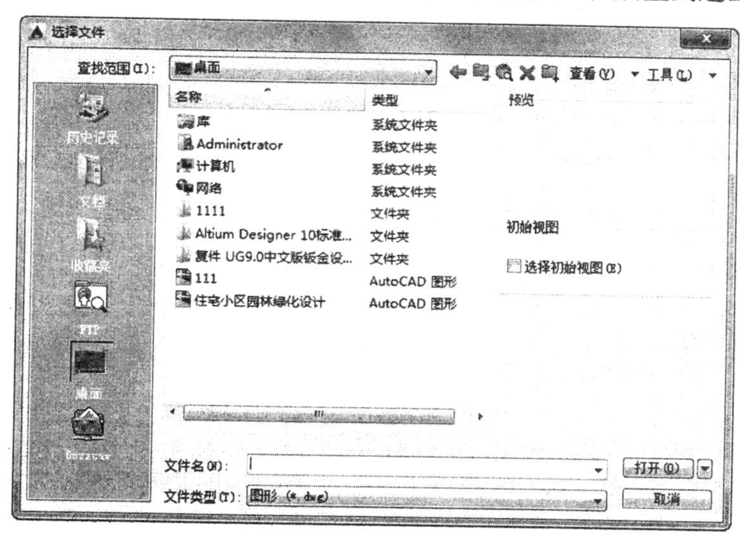

图 8-3　“选择文件”对话框

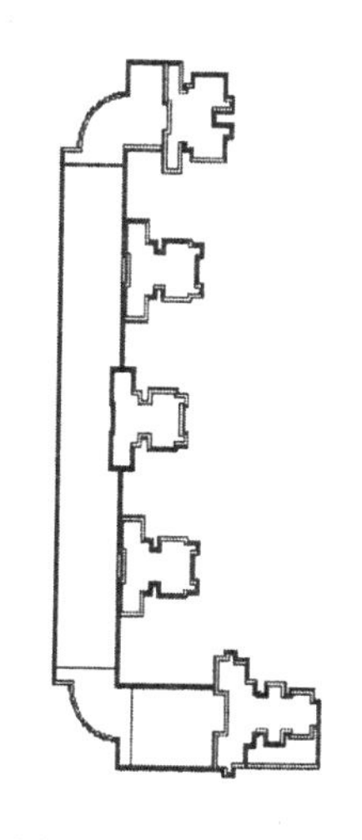

图 8-4　小区户型图

8.2.2　绘制基本地形和建筑

1. 建立“轴线”图层

（1）单击“图层”工具栏中的“图层特性管理器”按钮，弹出“图层特性管理器”选项板，

建立一个新图层，命名为“轴线”，颜色选取红色，线型为 CENTER，线宽为默认，将其设置为当前图层，如图 8-5 所示。确定后回到绘图状态。

图 8-5 “轴线”图层

（2）单击“绘图”工具栏中的“直线”按钮，绘制长度为 457098 和 38065 的直线，如图 8-6 所示。

图 8-6 绘制直线

2. 建立“线路”图层

（1）单击“图层”工具栏中的“图层特性管理器”按钮，弹出“图层特性管理器”选项板，建立一个新图层，命名为“线路”，颜色选取红色，线型为 Continuous，线宽为默认，将其设置为当前图层，如图 8-7 所示。确定后回到绘图状态。

图 8-7 新建图层

（2）单击“修改”工具栏中的“偏移”按钮，选择图 8-6 中的直线分别向上、下偏移，偏移距离为 6750，如图 8-8 所示。

图 8-8 偏移直线

（3）单击“修改”工具栏中的“偏移”按钮，选择图 8-6 中的垂直直线分别向左、右偏移，如图 8-9 所示。

图 8-9　偏移直线

（4）单击“绘图”工具栏中的“圆角”按钮，对偏移后水平底边和垂直直线进行圆角处理，圆角半径为 12000，如图 8-10 所示。

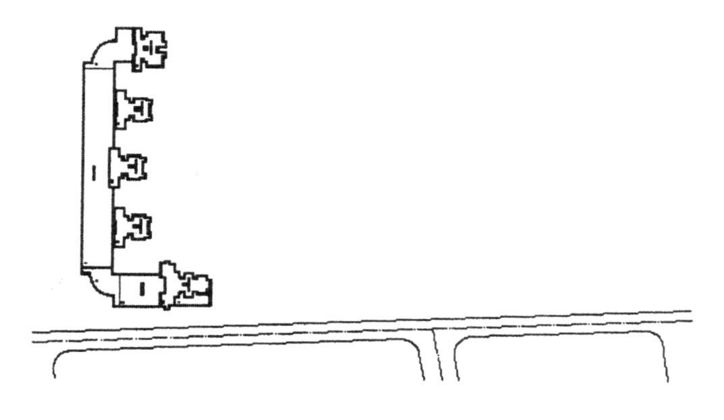

图 8-10　圆角处理

（5）单击“绘图”工具栏中的“直线”按钮，绘制居住区公园外围轮廓线，如图 8-11 所示。

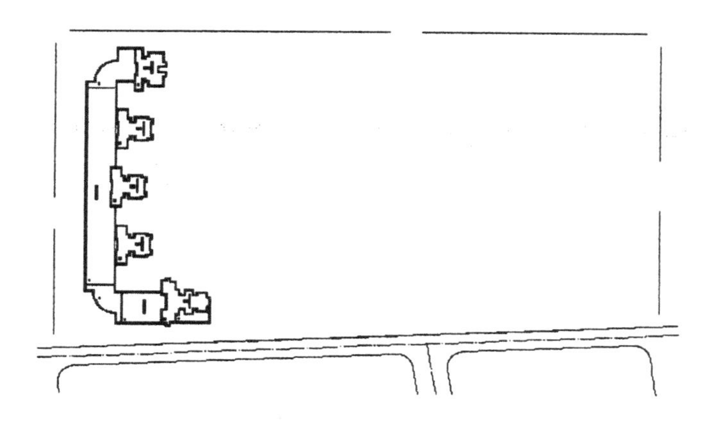

图 8-11　绘制外围轮廓线

（6）单击“修改”工具栏中的“偏移”按钮，选取步骤（5）中绘制的居住区公园外围线向内偏移，偏移距离为 2500，如图 8-12 所示。

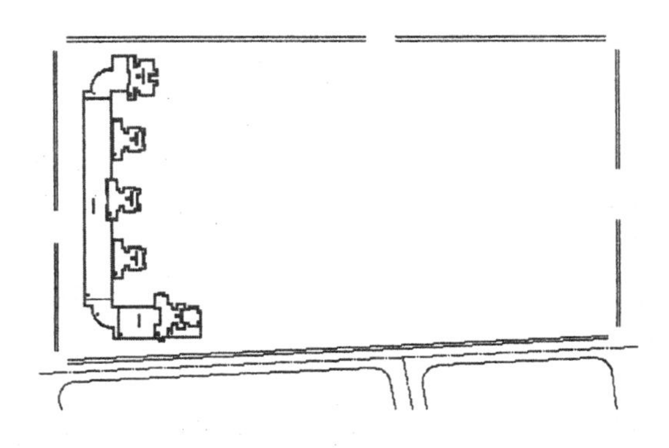

图 8-12　偏移直线

（7）单击“修改”工具栏中的“圆角”按钮，选择步骤（6）中偏移的直线进行圆角处理，外边倒角半径为 10000，内边倒角半径为 8500，如图 8-13 所示。

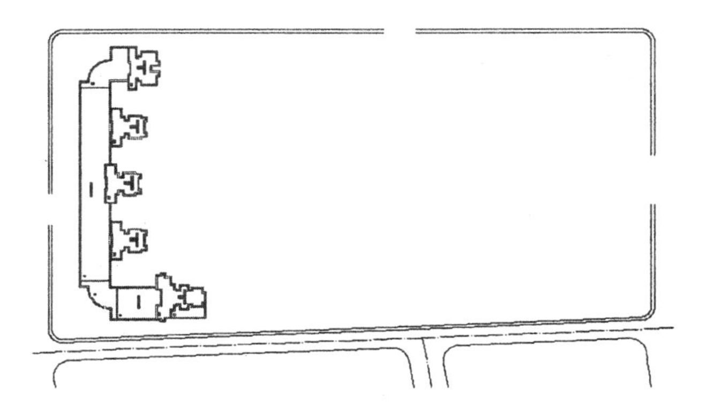

图 8-13　圆角处理

（8）单击“绘图”工具栏中的“直线”按钮、“多段线”按钮和“修改”工具栏中的“修剪”按钮，在居住区公园周边绘制轮廓线，如图 8-14 所示。

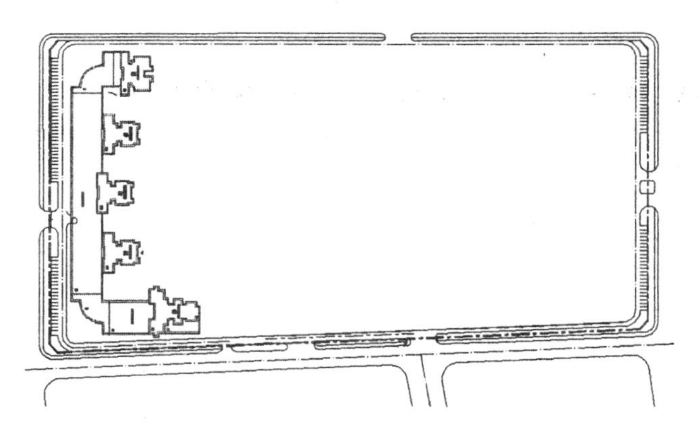

图 8-14　绘制周边轮廓线

8.3　居住区公园景区详图的绘制

本节将介绍居住区公园的具体设施，包括居民楼、公共建筑、体育设施、娱乐设施等。

8.3.1　绘制公园设施 1

（1）单击“图层”工具栏中的“图层特性管理器”按钮，弹出“图层特性管理器”选项板，建立一个新图层，命名为“公园设施”，颜色选取黑色，线型为 Continuous，线宽为默认，将其设置为当前图层，如图 8-15 所示。确定后回到绘图状态。

图 8-15　新建图层

（2）将公园设施设为当前图层，单击“绘图”工具栏中的“多段线”按钮，在图形内适当位置绘制连续多段线，如图 8-16 所示。

（3）单击“绘图”工具栏中的“矩形”按钮，在图形内绘制一个尺寸为 36000 × 37940 的矩形，如图 8-17 所示。

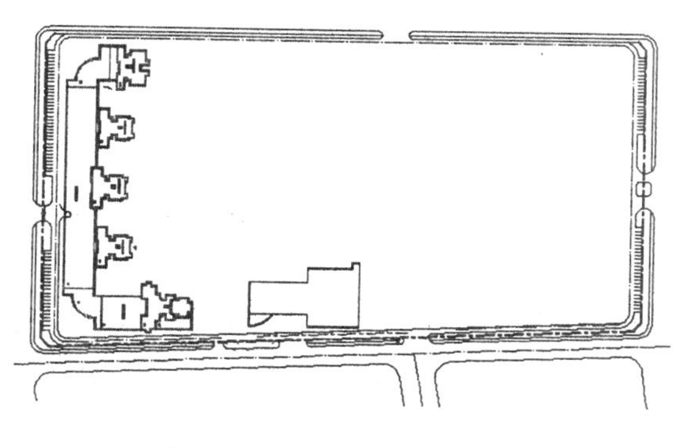

图 8-16　绘制多段线

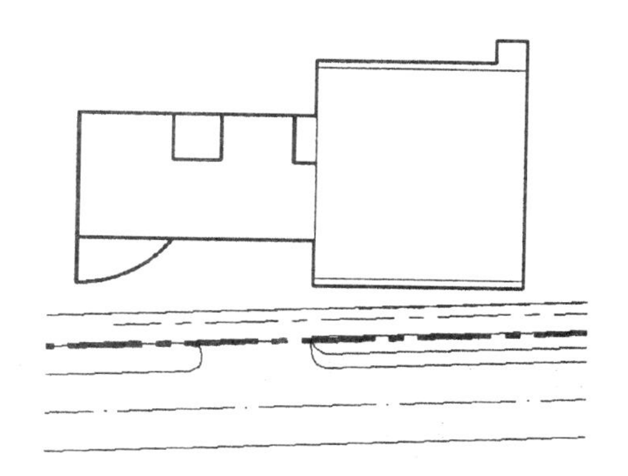

图 8-17　绘制矩形

（4）单击“修改”工具栏中的“分解”按钮，选择步骤（3）中绘制的矩形，按 Enter 键确认进行分解。

（5）单击“修改”工具栏中的“偏移”按钮，选择步骤（4）中分解矩形的左侧竖直边向右偏移，偏移距离为 6300、5485、6400、8400 和 5482。再选择矩形的下部水平边竖直边向上偏移，偏移距离为 4000、1370、4115、4115、1360、4040、4000、1370、4115、4115 和 1370，如图 8-18 所示。

（6）单击“修改”工具栏中的“修剪”按钮，修剪掉偏移后的多余线段，如图 8-19 所示。

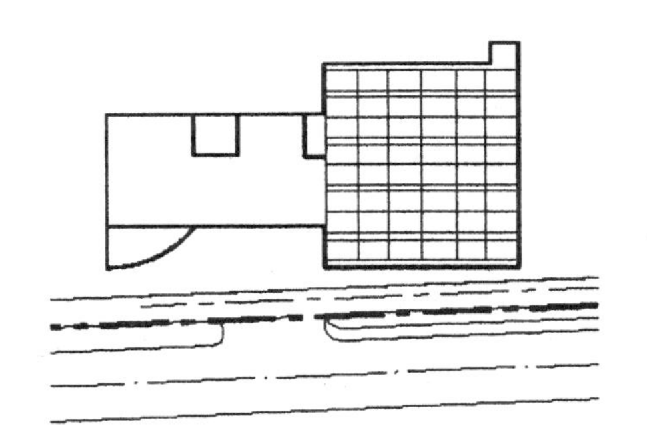

图 8-18　偏移线段

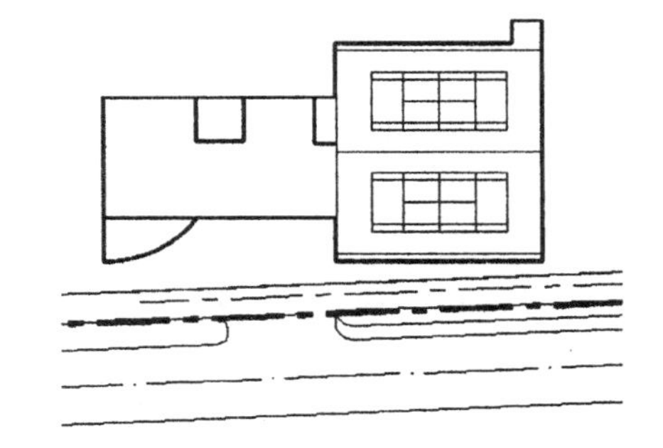

图 8-19　修剪线段

（7）单击“绘图”工具栏中的“直线”按钮，在图形适当位置绘制一段长为947的直线，如图8-20所示。

（8）单击“绘图”工具栏中的“圆”按钮，在绘制的直线上方绘制一个半径为305的圆，如图8-21所示。

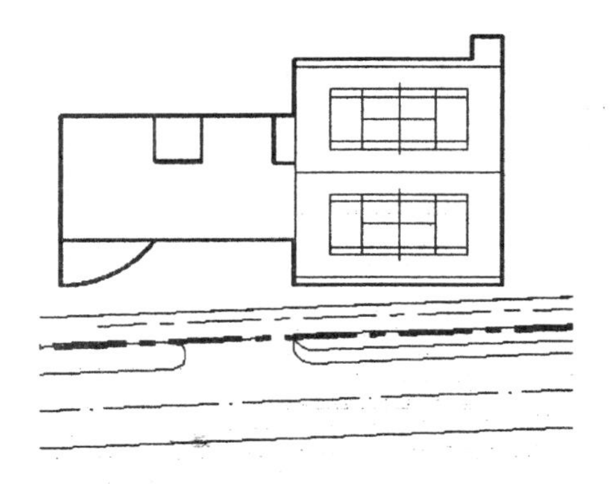

图 8-20　绘制直线

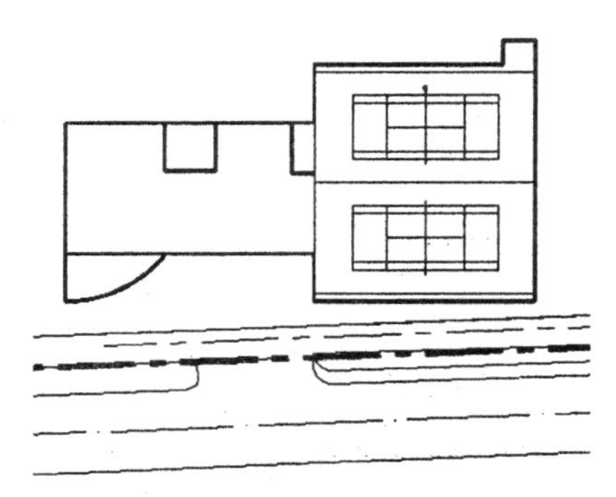

图 8-21　绘制圆

（9）单击“修改”工具栏中的“复制”按钮，选择步骤（8）中绘制的圆向下复制，如图8-22所示。

（10）单击“绘图”工具栏中的“直线”按钮，绘制公园设施的剩余图形，如图8-23所示。

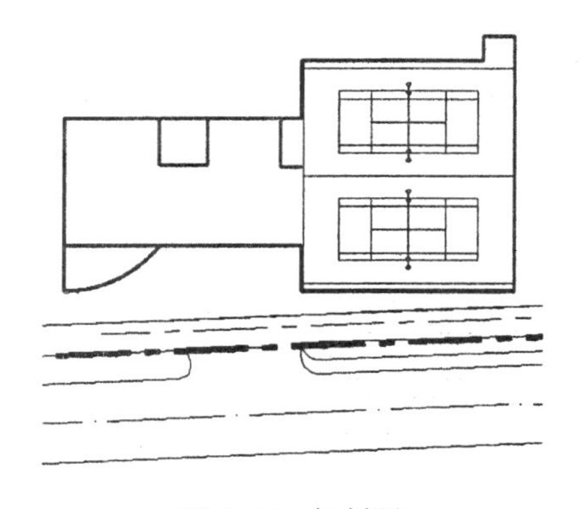

图 8-22　复制圆

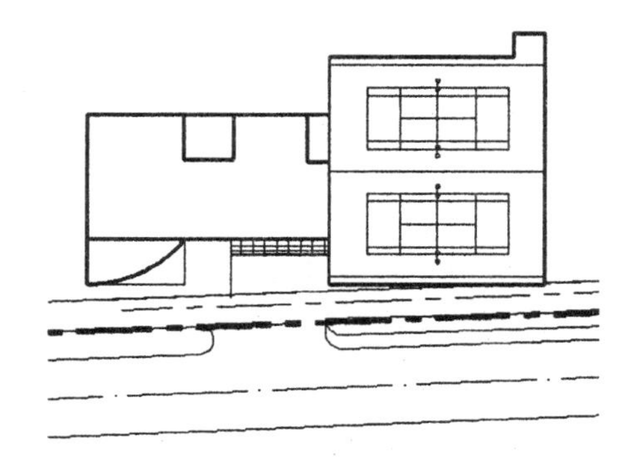

图 8-23　绘制剩余图形

（11）单击“绘图”工具栏中的“样条曲线”按钮，在图形适当位置绘制一段样条曲线，如图 8-24 所示。

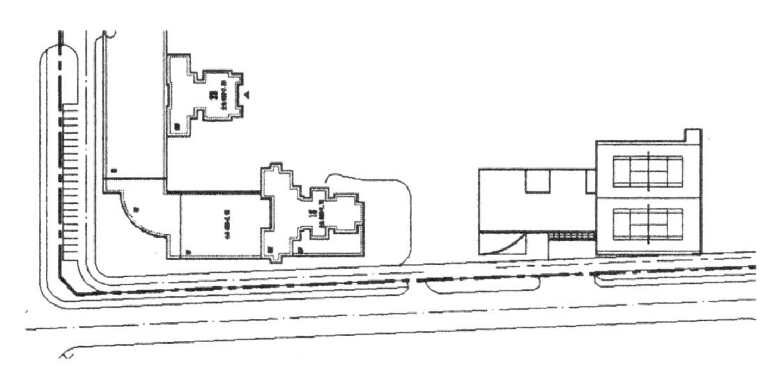

图 8-24　绘制样条曲线

8.3.2　绘制公园设施 2

（1）单击“绘图”工具栏中的“矩形”按钮，在 8.3.1 节图 8-24 的样条曲线内绘制一个尺寸为 4000×10800 的矩形，如图 8-25 所示。

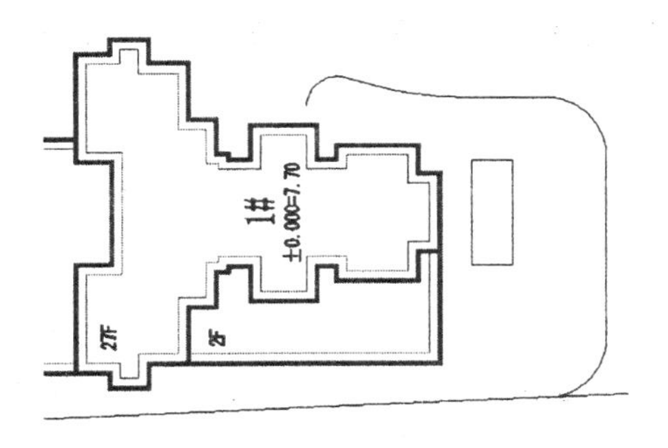

图 8-25　绘制 4000×10800 矩形

（2）单击“绘图”工具栏中的“圆”按钮，在绘制的矩形内绘制两个半径为 1000 的圆，如图 8-26 所示。

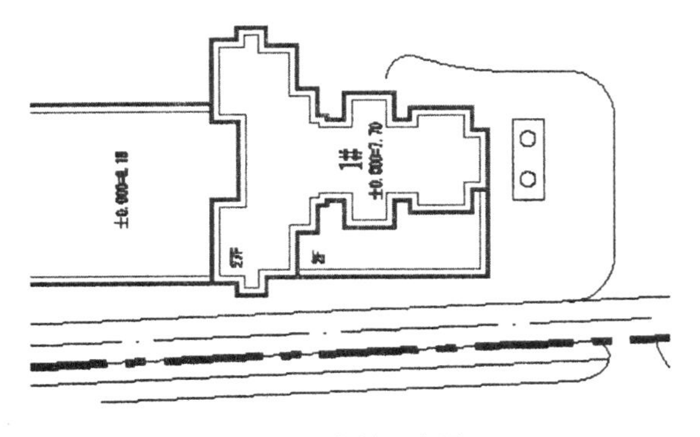

图 8-26　绘制两个圆

（3）单击“绘图”工具栏中的“矩形”按钮▭，在步骤（1）中绘制的矩形右上端适当位置绘制一个尺寸为 1790×1900 的矩形，如图 8-27 所示。

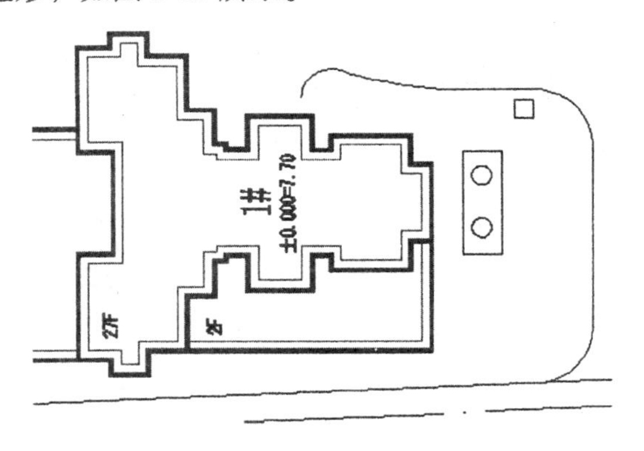

图 8-27　绘制 1790×1900 矩形

（4）单击“修改”工具栏中的“偏移”按钮，选择步骤（3）中绘制的矩形向内偏移，偏移距离为 256，如图 8-28 所示。

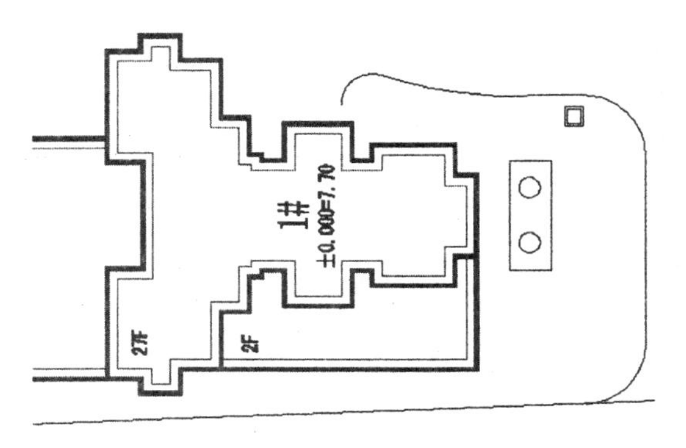

图 8-28　偏移矩形

（5）单击“修改”工具栏中的“复制”按钮，选择步骤（4）中偏移的矩形向下复制，如图 8-29 所示。

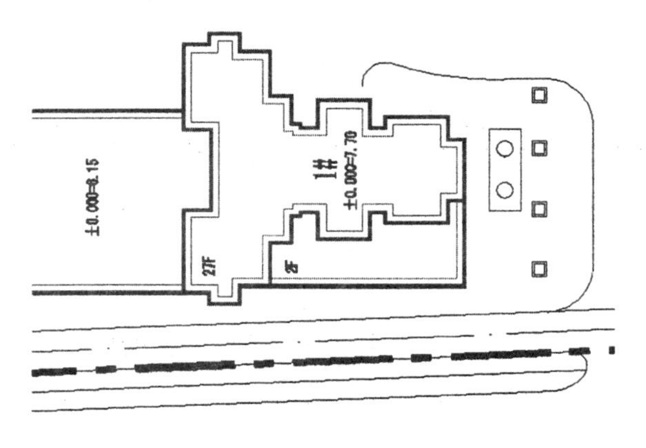

图 8-29　复制图形

（6）单击“绘制”工具栏中的“矩形”按钮，在图形内适当位置绘制一个尺寸为 57000 × 17400 的矩形，如图 8-30 所示。

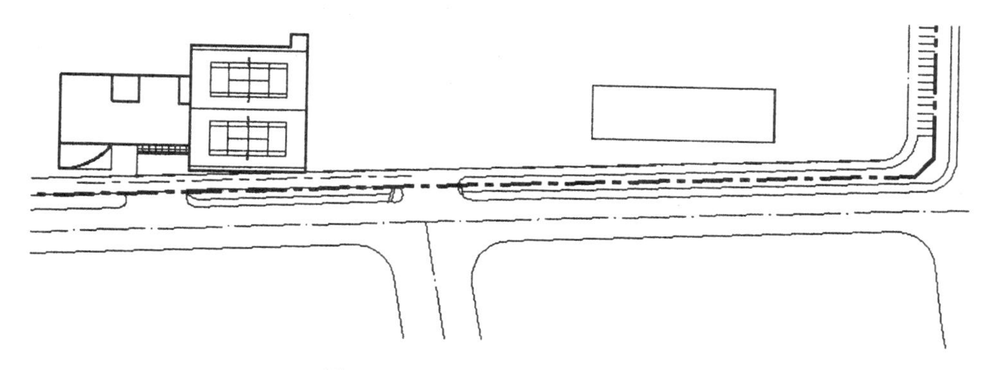

图 8-30　绘制 57000 × 17400 矩形

（7）单击“修改”工具栏中的“分解”按钮，选择步骤（6）中绘制的矩形，按 Enter 键确认。

（8）单击“修改”工具栏中的“偏移”按钮，选择步骤（7）中分解的矩形左侧竖直边向右偏移，偏移距离为 24700、16200 和 16400，如图 8-31 所示。

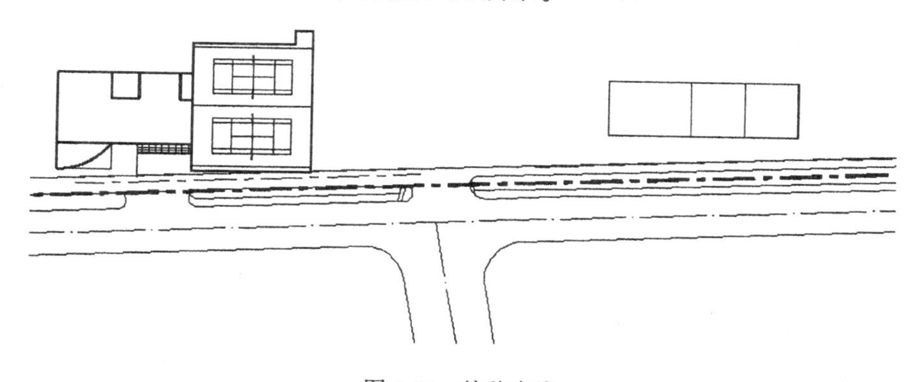

图 8-31　偏移直线

（9）单击“绘图”工具栏中的“矩形”按钮，在分解的矩形内适当位置绘制一个尺寸为 11302 × 7411 的矩形。

（10）单击“绘图”工具栏中的“矩形”按钮，在步骤（9）中绘制的矩形四边上绘制 4 个小矩形，如图 8-32 所示。

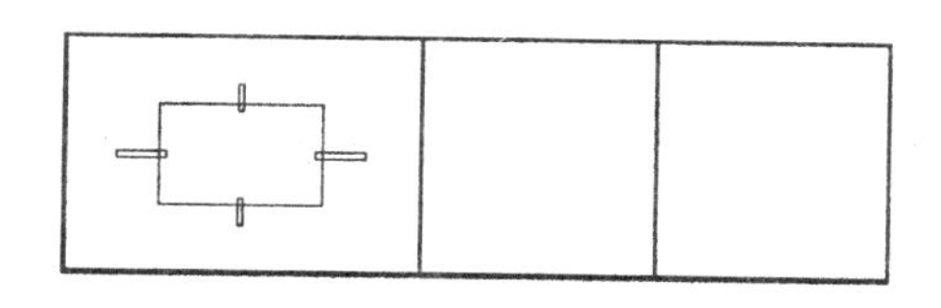

图 8-32　绘制小矩形

（11）单击“绘图”工具栏中的“矩形”按钮，在矩形内的适当位置绘制一个尺寸为 27111 × 12780 的矩形，如图 8-33 所示。

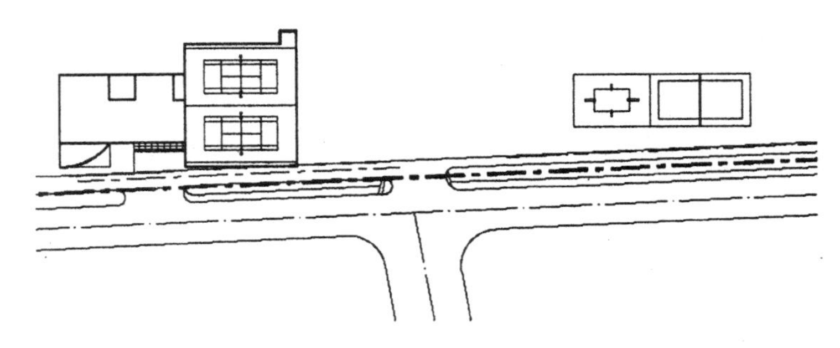

图 8-33　绘制 27111 × 12780 矩形

（12）单击“绘图”工具栏中的“椭圆”按钮，在步骤（11）中绘制的矩形内绘制一个椭圆，如图 8-34 所示。

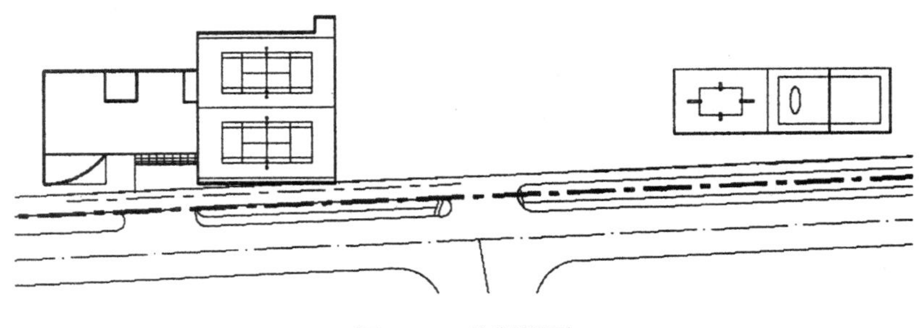

图 8-34　绘制椭圆

（13）单击“修改”工具栏中的“复制”按钮，选择步骤（12）中绘制的椭圆向右复制，如图 8-35 所示。

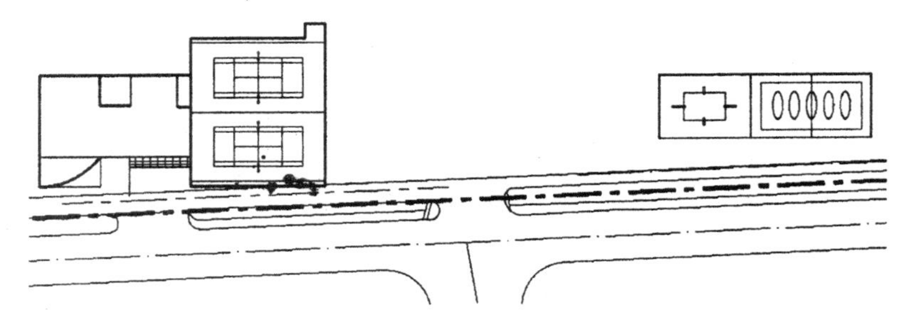

图 8-35　复制椭圆

（14）单击“绘图”工具栏中的“直线”按钮和“圆弧”按钮，绘制右侧图形，如图 8-36 所示。

（15）单击“绘图”工具栏中的“矩形”按钮，在图形适当位置绘制一个矩形，如图 8-37 所示。

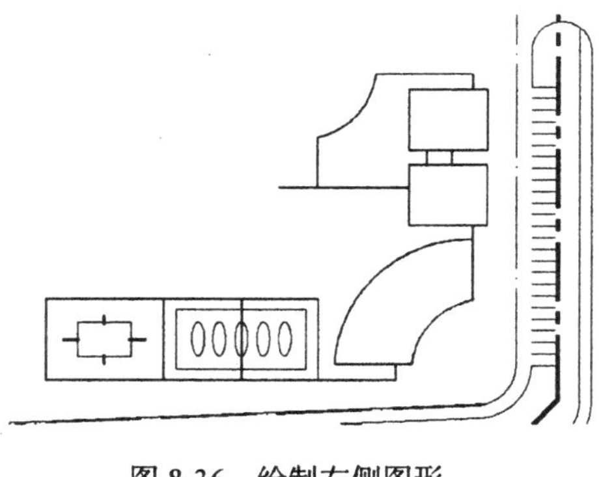

图 8-36　绘制右侧图形

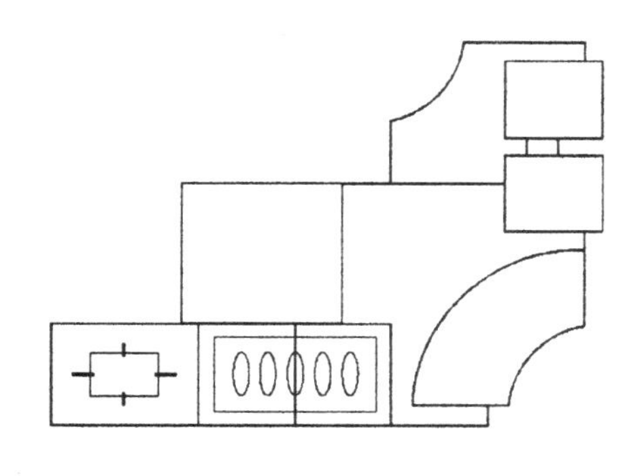

图 8-37　绘制矩形

（16）单击“修改”工具栏中的“分解”按钮，选择步骤（15）中绘制的矩形，按 Enter 键确认进行分解。

（17）单击“修改”工具栏中的“偏移”按钮，选择步骤（16）中分解的矩形上端水平边连续向下偏移，偏移距离为 3000，如图 8-38 所示。

（18）单击“修改”工具栏中的“偏移”按钮，选择步骤（17）中分解的矩形左侧竖直边连续向右偏移，偏移距离为 3000，如图 8-39 所示。

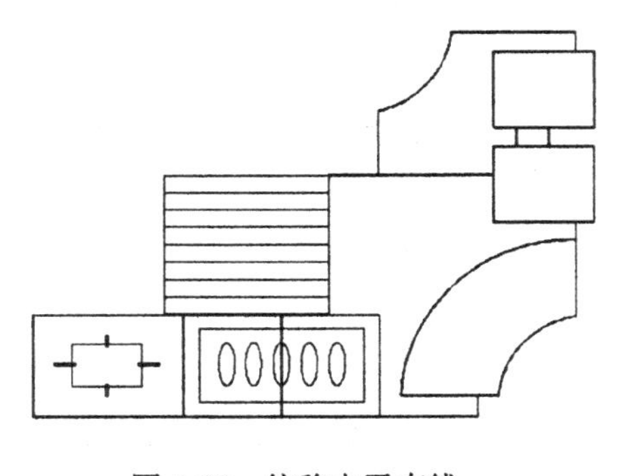

图 8-38　偏移水平直线

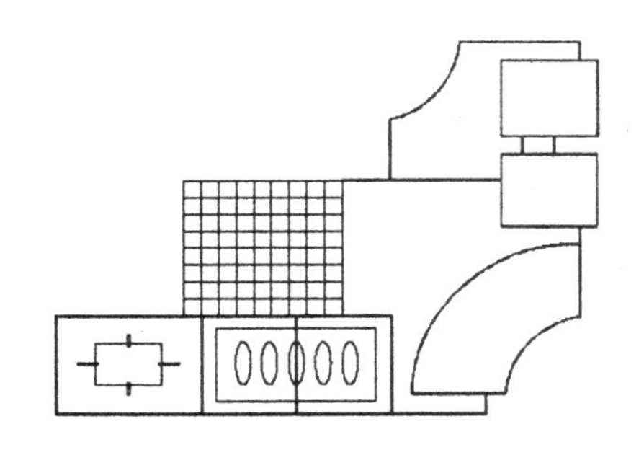

图 8-39　偏移竖直直线

（19）单击“绘图”工具栏中的“直线”按钮，在偏移直线内绘制对角线，如图 8-40 所示。完成的公园设施 2 如图 8-41 所示。

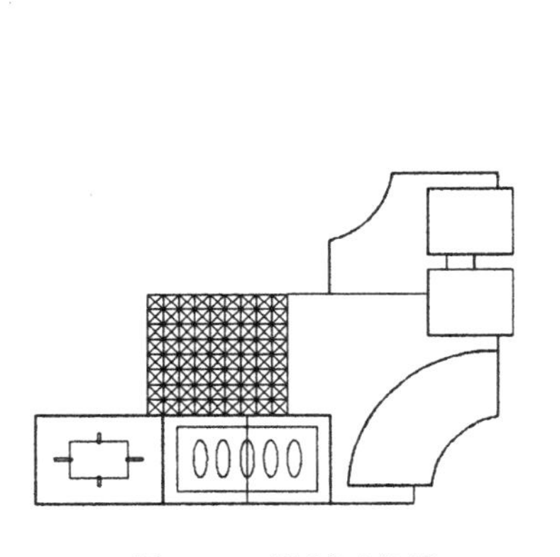

图 8-40　绘制对角线

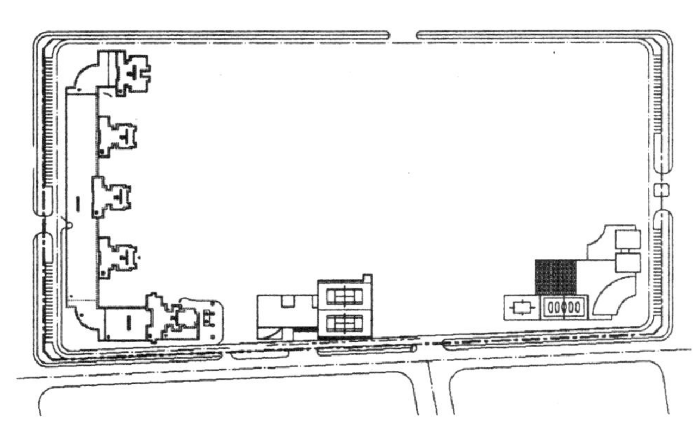

图 8-41　公园设施 2

8.3.3 绘制公园设施 3

（1）单击“绘图”工具栏中的“圆”按钮，在图形适当位置绘制两个不同半径的同心圆，如图 8-42 所示。

（2）单击“绘图”工具栏中的“直线”按钮，在步骤（1）中绘制的圆图形内绘制装饰线段，如图 8-43 所示。

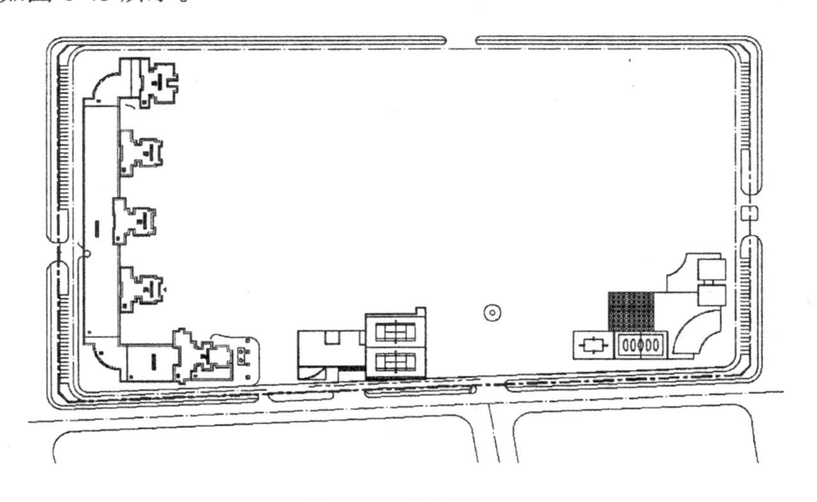

图 8-42 绘制圆

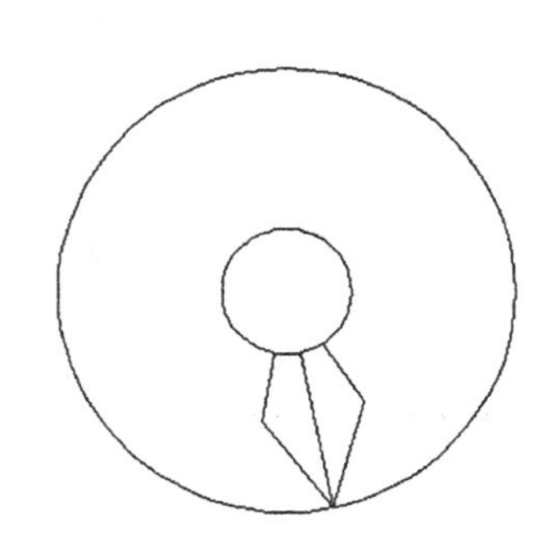

图 8-43 绘制装饰线段

（3）单击“修改”工具栏中的“环形阵列”按钮，选择步骤（2）中绘制的直线为阵列对象，指定阵列的项目数为 8，角度为 360°，进行阵列，如图 8-44 所示。

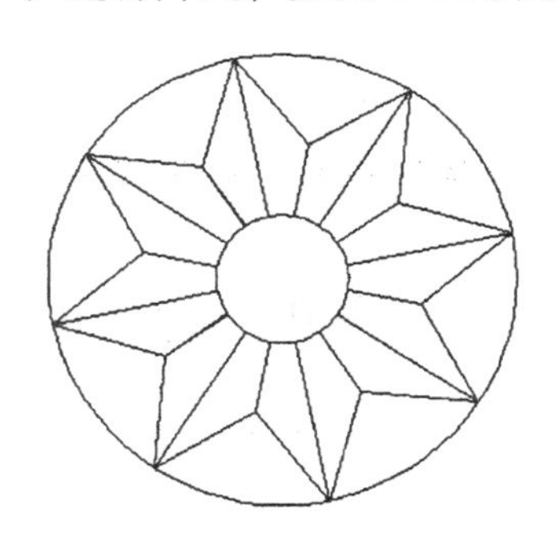

图 8-44 阵列图形

（4）单击“修改”工具栏中的“偏移”按钮，选择步骤（3）中绘制的外围圆连续向外偏移，如图 8-45 所示。

（5）单击“绘图”工具栏中的“直线”按钮，在偏移的圆图形内绘制直线，如图 8-46 所示。

图 8-45　偏移图形

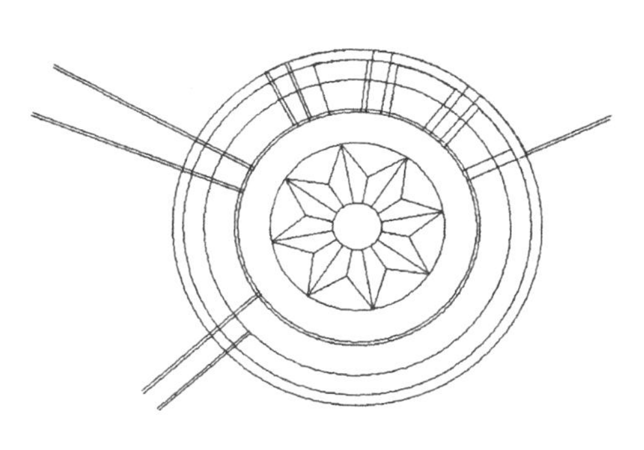

图 8-46　绘制直线

（6）单击“修改”工具栏中的“修剪”按钮，对步骤（5）中绘制的直线进行修剪，如图 8-47 所示。

（7）单击“绘图”工具栏中的“圆”按钮，在步骤（6）中绘制的图形适当位置绘制一个圆，如图 8-48 所示。

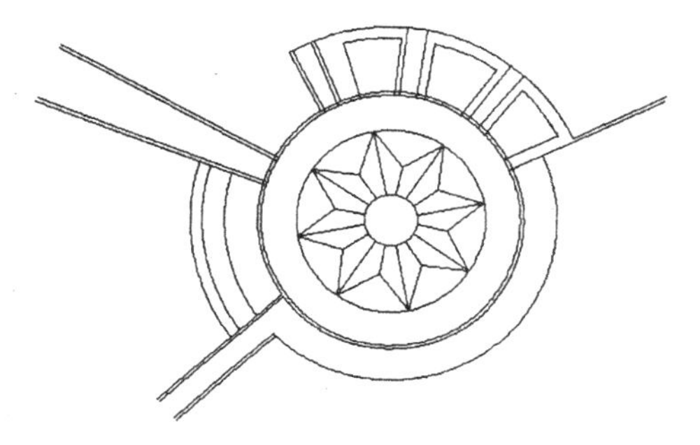

图 8-47　修剪图形

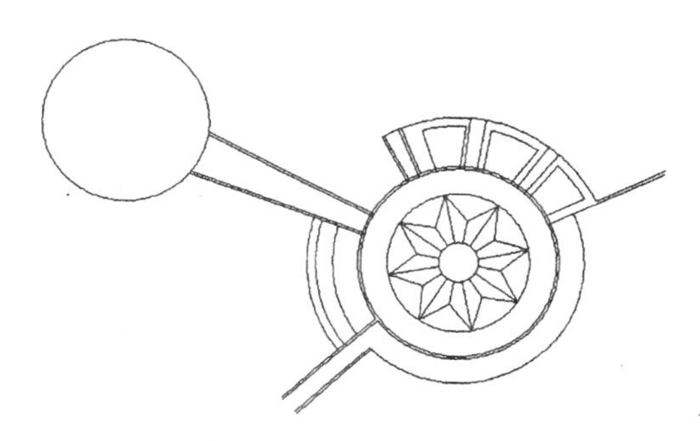

图 8-48　绘制圆

（8）单击“修改”工具栏中的“偏移”按钮，选取步骤（7）中绘制的圆向内偏移，结果如图 8-49 所示。

（9）单击“绘图”工具栏中的“样条曲线”按钮，绘制内部装饰图形，如图 8-50 所示。完成的公园设施 3 如图 8-51 所示。

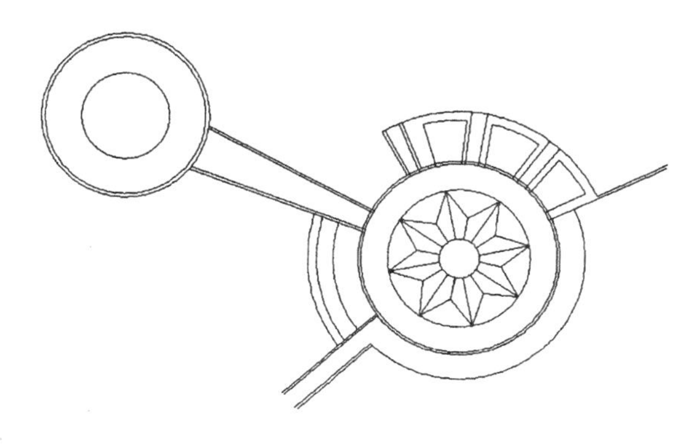

图 8-49　偏移圆

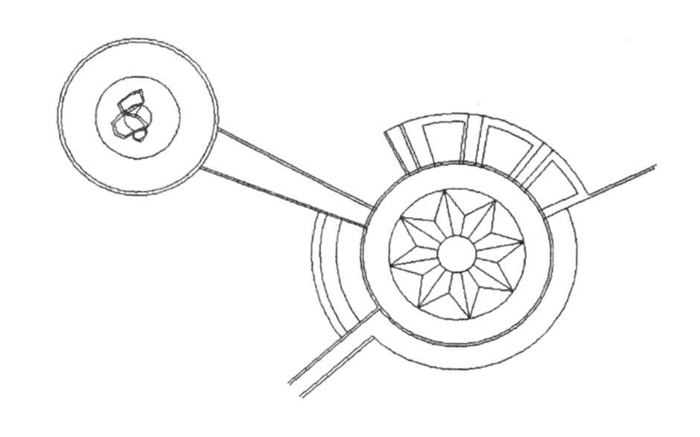

图 8-50　绘制内部圆弧

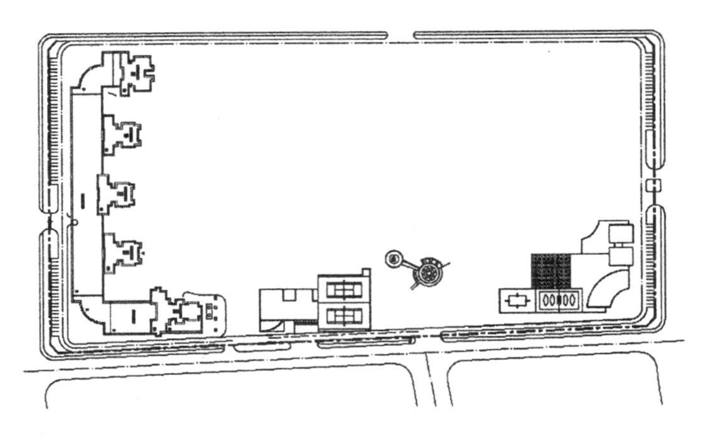

图 8-51　公园设施 3

8.3.4　绘制公园设施 4

（1）单击“绘图”工具栏中的“多段线”按钮，在图形适当位置绘制连续多段线，如图 8-52 所示。

（2）单击“绘图”工具栏中的“圆”按钮，在步骤（1）中绘制的矩形内适当位置绘制一个半径为 7600 的圆，如图 8-53 所示。

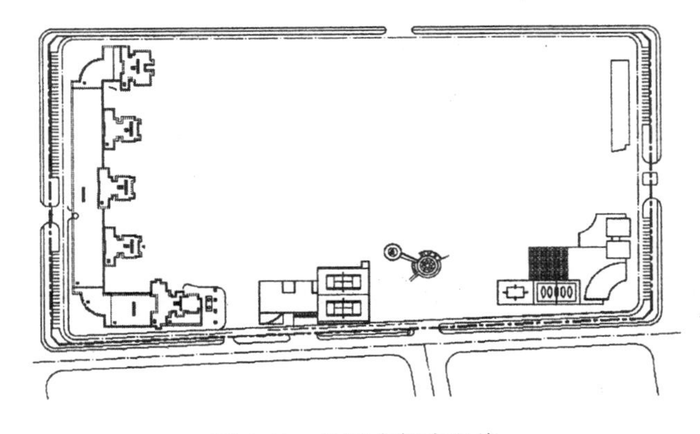

图 8-52　绘制内部多段线

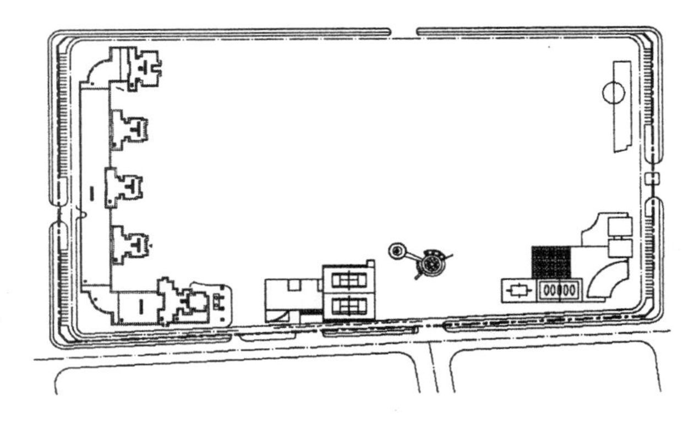

图 8-53　绘制圆

（3）单击“修改”工具栏中的“偏移”按钮，选取步骤（2）中绘制的圆向内偏移，偏移距离为 120、880，如图 8-54 所示。

（4）单击“修改”工具栏中的“修剪”按钮，修剪掉圆内多余线段，如图 8-55 所示。

（5）单击“绘图”工具栏中的“直线”按钮，在偏移的圆内绘制两段长度为 880 的斜向直线，如图 8-56 所示。

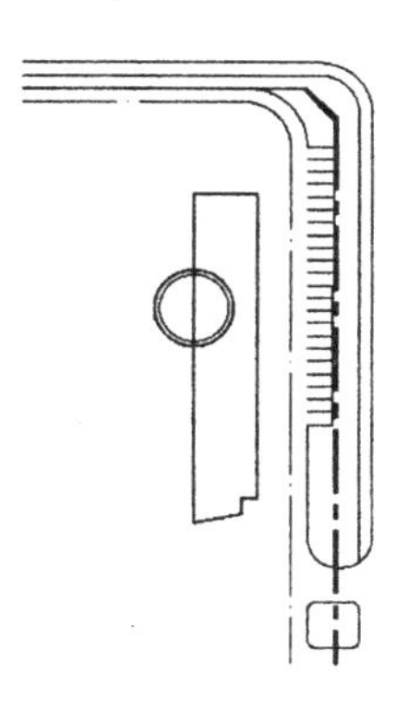

图 8-54 向内偏移圆

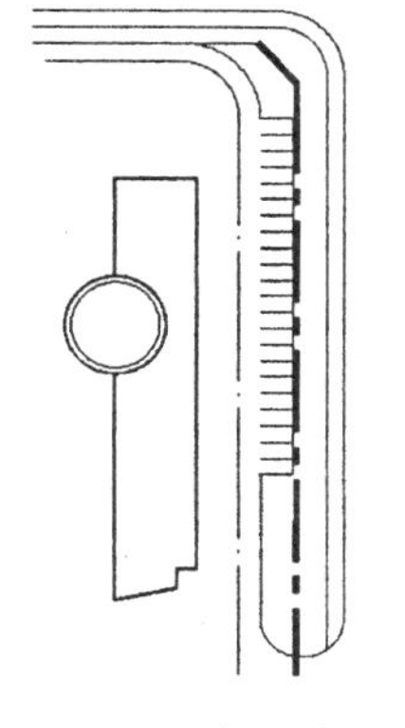

图 8-55 修剪线段

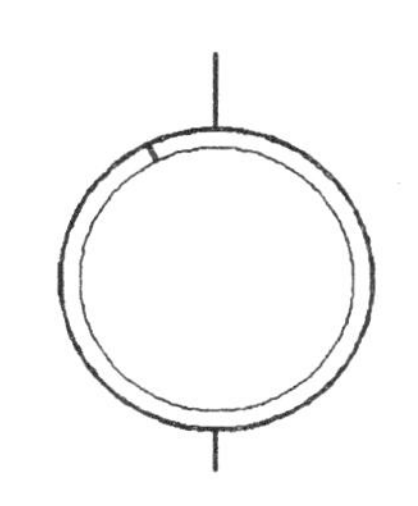

图 8-56 绘制斜向直线

（6）单击“修改”工具栏中的“环形阵列”按钮，选择绘制的直线为阵列对象，以偏移圆的圆心为中心点，对图形进行环形阵列，指定阵列的项目数为 40，阵列后图形如图 8-57 所示。

（7）单击“绘图”工具栏中的“多段线”按钮，指定起点宽度为 300，端点宽度为 300，在前面绘制的图形上的适当位置绘制多段线，如图 8-58 所示。

（8）单击“绘图”工具栏中的“多段线”按钮，指定起点宽度为 300，端点宽度为 300，在步骤（7）中绘制的图形下方绘制尺寸为 5055×6000 的矩形，如图 8-59 所示。

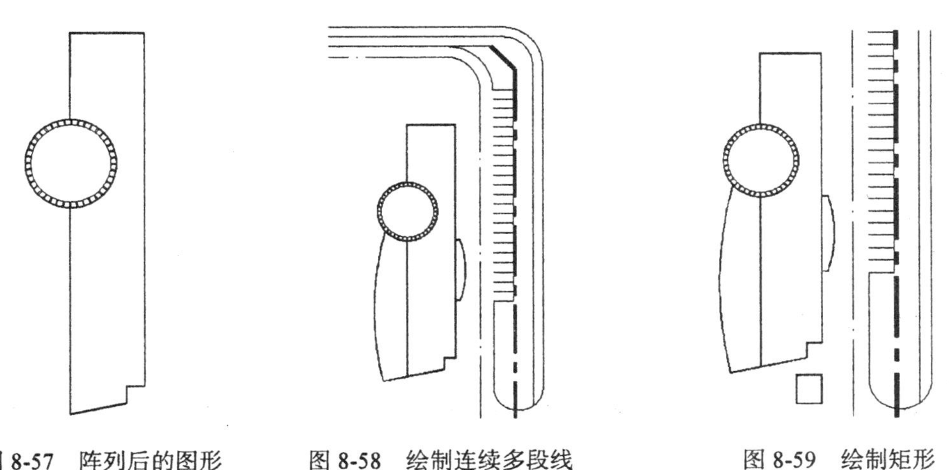

图 8-57 阵列后的图形　　图 8-58 绘制连续多段线　　图 8-59 绘制矩形

（9）单击“绘图”工具栏中的“圆”按钮，在图形不同位置绘制两个半径为 2000 的圆，如图 8-60 所示。

（10）单击“绘图”工具栏中的“直线”按钮，选取矩形左侧竖直边中点为起点，绘制连续直线，如图 8-61 所示。

（11）单击“绘图”工具栏中的“直线”按钮，在前面绘制的多段线内绘制一条长度为 8742 的水平直线和一条长度为 51006 的垂直直线，如图 8-62 所示。

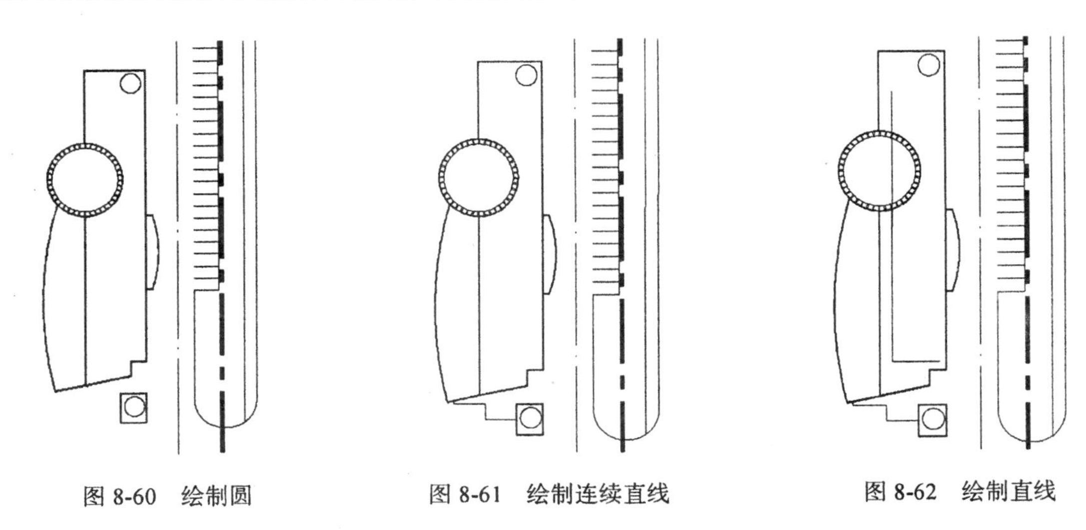

图 8-60　绘制圆　　图 8-61　绘制连续直线　　图 8-62　绘制直线

（12）单击“修改”工具栏中的“偏移”按钮，选取步骤（11）中绘制的水平直线连续向上偏移，偏移距离为 3006，选取垂直直线向右偏移，偏移距离为 1430 和 7313，如图 8-63 所示。

（13）单击“修改”工具栏中的“修剪”按钮，修剪掉偏移后的多余线段，如图 8-64 所示。

（14）单击“绘制”工具栏中的“矩形”按钮，在图形内绘制尺寸为 2361×424 的矩形，如图 8-65 所示。

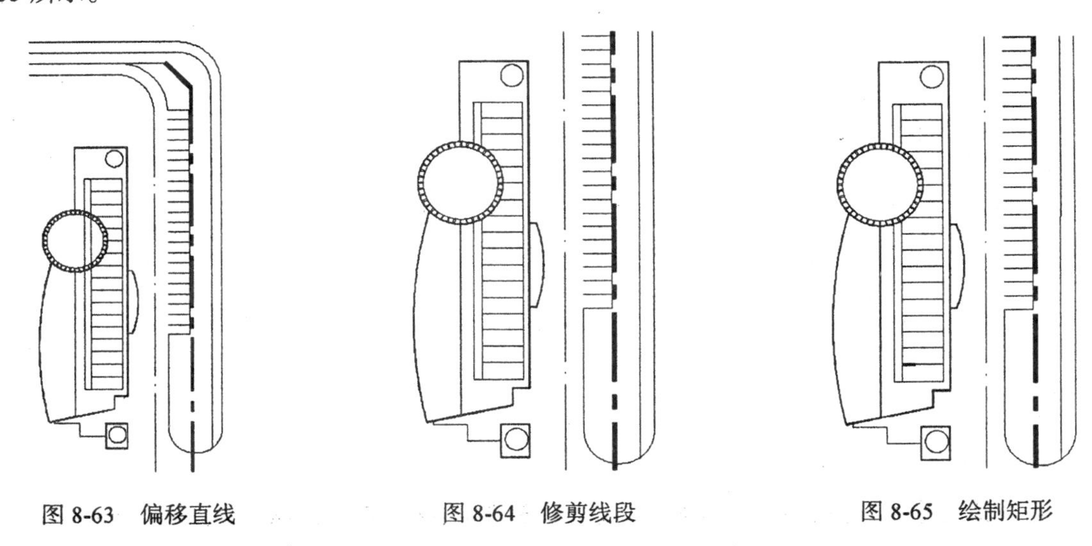

图 8-63　偏移直线　　图 8-64　修剪线段　　图 8-65　绘制矩形

（15）单击“修改”工具栏中的“复制”按钮，选取步骤（14）中绘制的矩形向上复制，如图 8-66 所示。完成的公园设施 4 如图 8-67 所示。

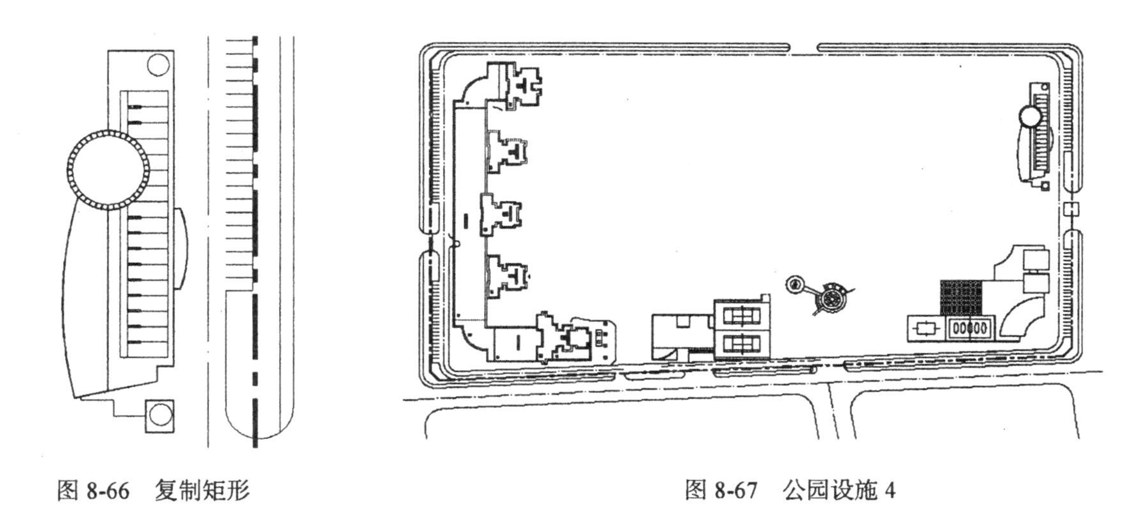

图 8-66　复制矩形　　　　图 8-67　公园设施 4

8.3.5　绘制公园设施 5

（1）单击“绘图”工具栏中的“多段线”按钮，在图形内适当位置绘制一段多段线，如图 8-68 所示。

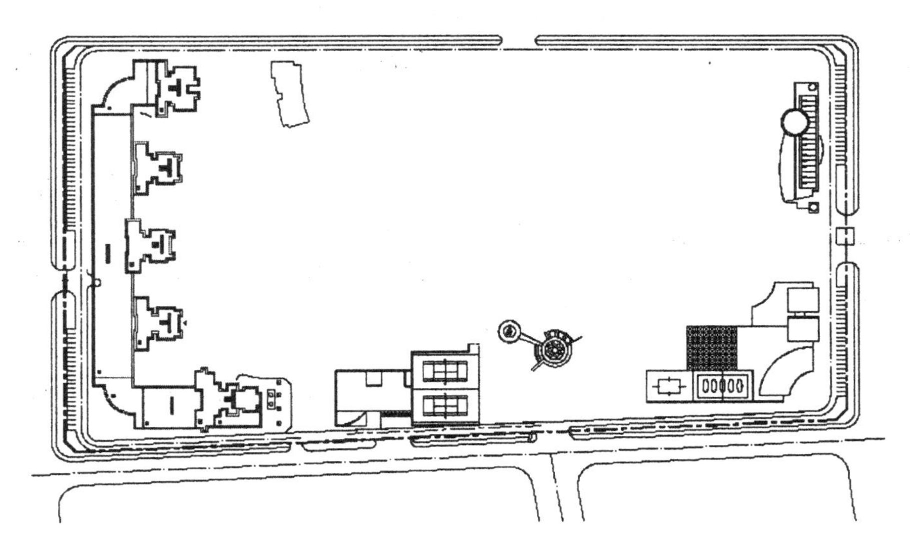

图 8-68　绘制多段线

（2）单击“绘图”工具栏中的“镜像”按钮，选取绘制的多段线进行镜像处理，如图 8-69 所示。

（3）单击“修改”工具栏中的“偏移”按钮，选取镜像后的图形向外偏移，偏移距离为 450，偏移后的图形如图 8-70 所示。

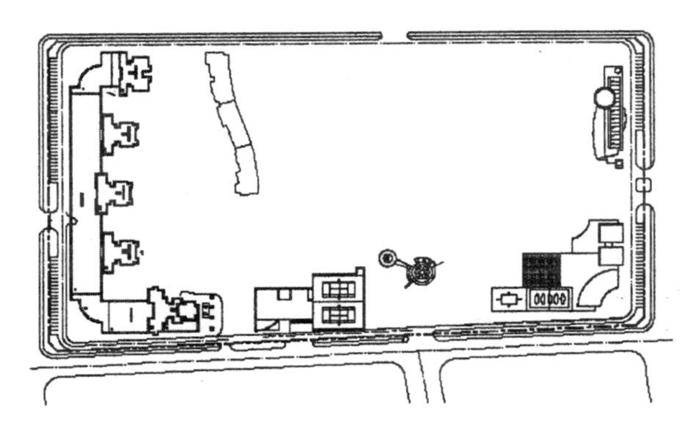

图 8-69　镜像图形

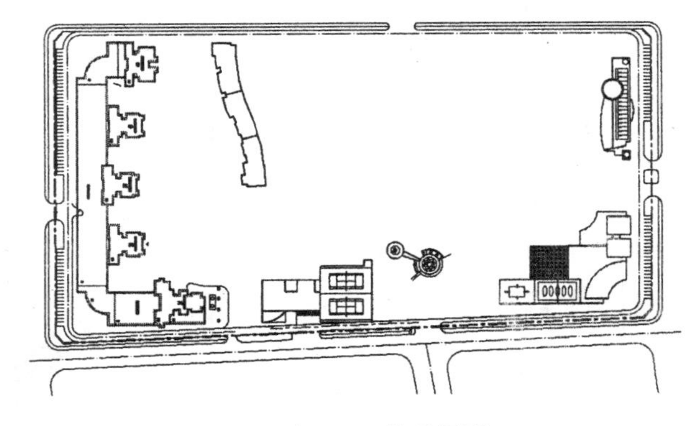

图 8-70　偏移图形

（4）单击“绘图”工具栏中的“直线”按钮，在偏移后的图形内绘制连续直线，如图 8-71 所示。

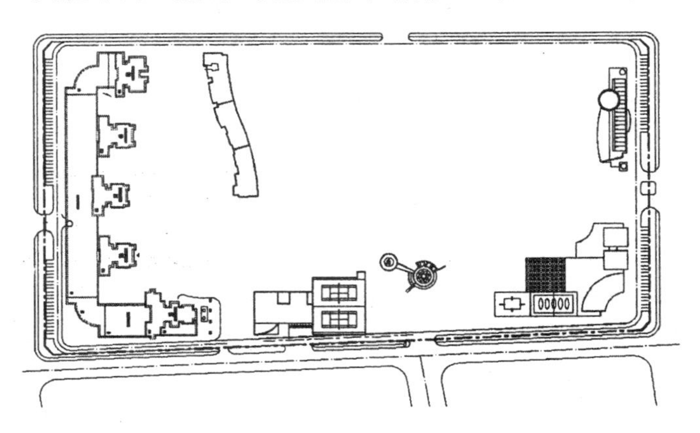

图 8-71　绘制直线

（5）单击“修改”工具栏中的“复制”按钮，对步骤（4）中绘制的直线图形进行复制，如图 8-72 所示。

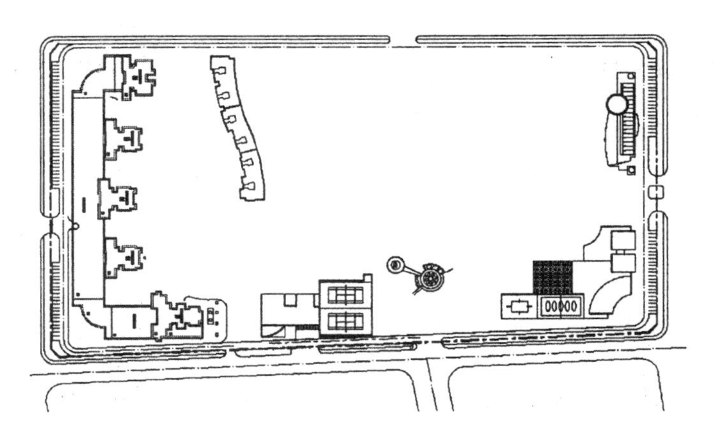

图 8-72　复制图形

（6）单击“绘图”工具栏中的“直线”按钮，在适当位置绘制多段直线，如图 8-73 所示。

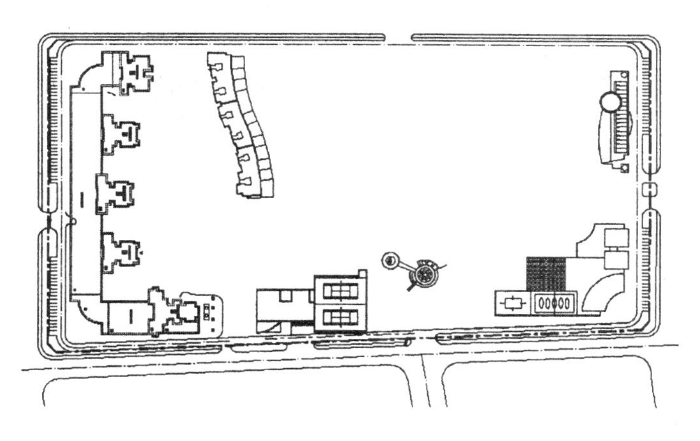

图 8-73　绘制直线

（7）单击“绘图”工具栏中的“直线”按钮，在步骤（6）中绘制的直线内继续绘制多段水平直线和竖直直线，如图 8-74 所示。

（8）单击“修改”工具栏中的“修剪”按钮，修剪掉图形中的多余线段，如图 8-75 所示。

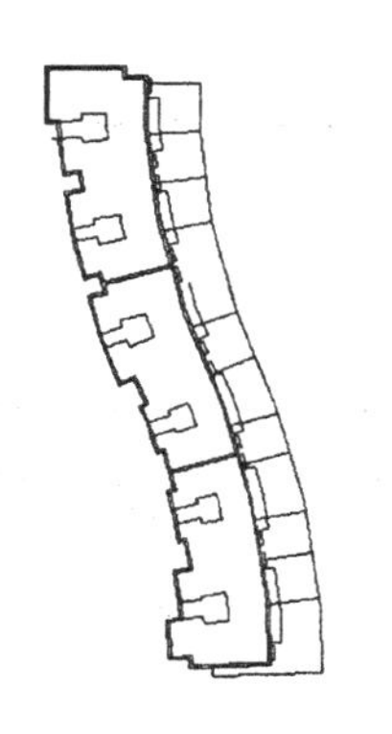

图 8-74　绘制直线

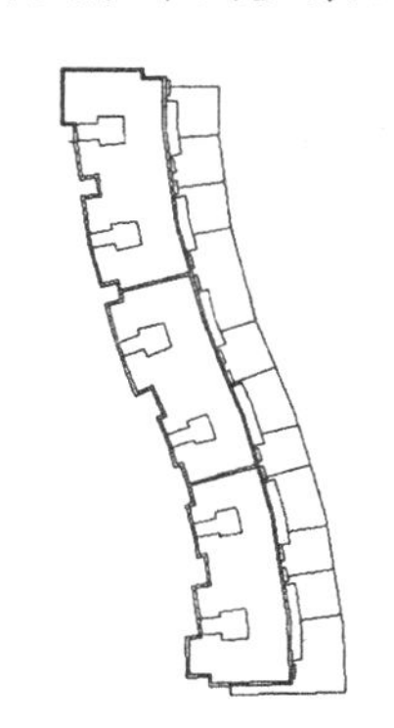

图 8-75　修剪线段

（9）单击“修改”工具栏中的“镜像”按钮，选取绘制完成的公园设施为镜像对象进行垂直镜像，如图 8-76 所示。

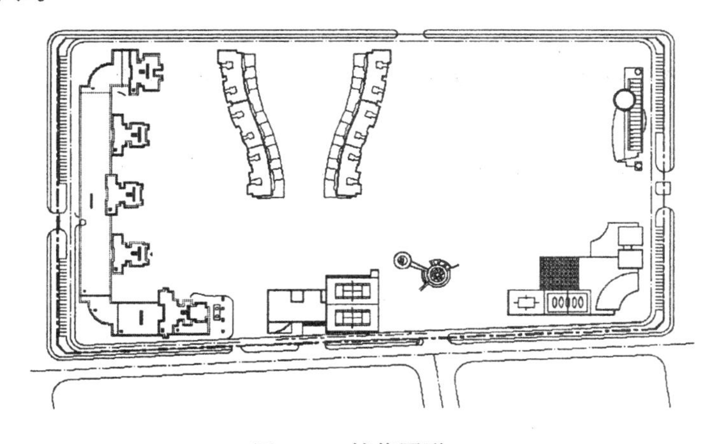

图 8-76　镜像图形

（10）单击“修改”工具栏中的“复制”按钮，选取步骤（9）中的图形进行复制，如图 8-77 所示。

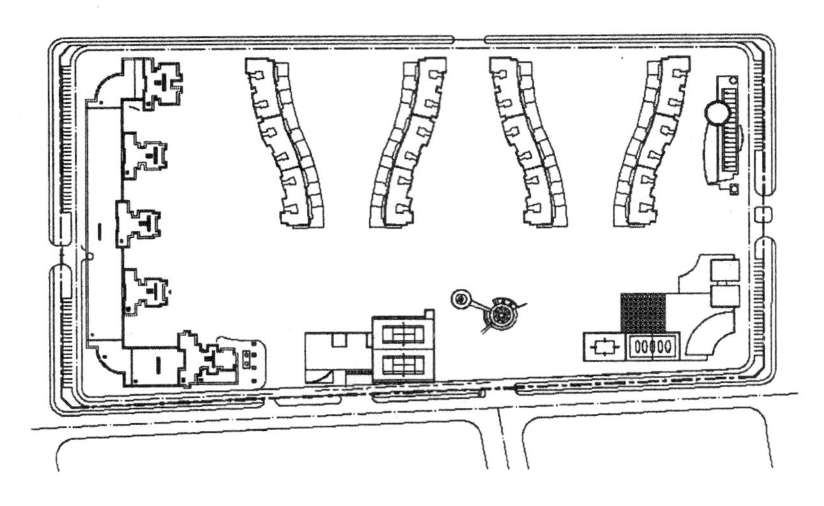

图 8-77　公园设施 5

8.3.6　绘制公园设施 6

（1）单击“绘图”工具栏中的“多段线”按钮，指定起点宽度为 200，端点宽度为 200，绘制尺寸为 8740×32640 的矩形，如图 8-78 所示。

（2）单击“绘图”工具栏中的“多段线”按钮，绘制连续多段线，如图 8-79 所示。

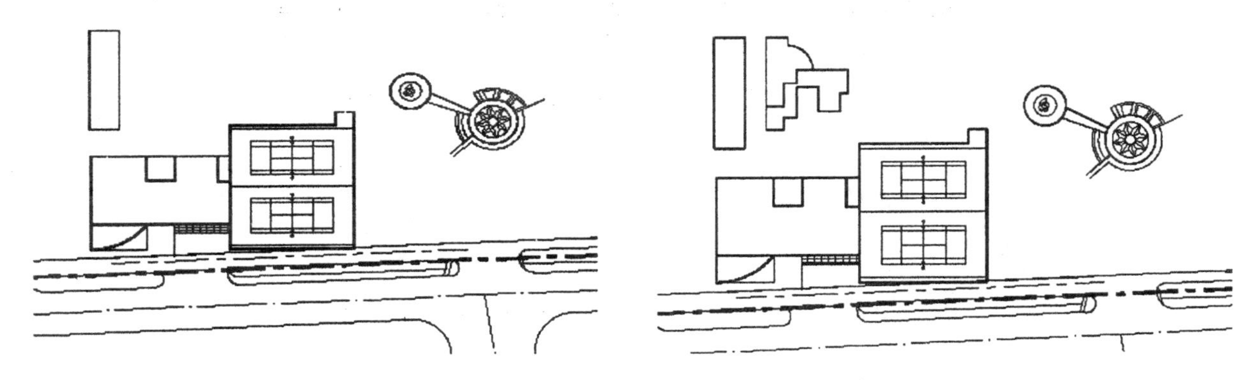

图 8-78　绘制矩形　　　　图 8-79　绘制连续多段线

（3）单击“绘图”工具栏中的“直线”按钮，在步骤（2）中绘制的图形内绘制一条水平直线和一条竖直直线，如图 8-80 所示。

（4）单击“修改”工具栏中的“偏移”按钮，选取步骤（3）中绘制的水平直线向下偏移，偏移距离为 1150，如图 8-81 所示。

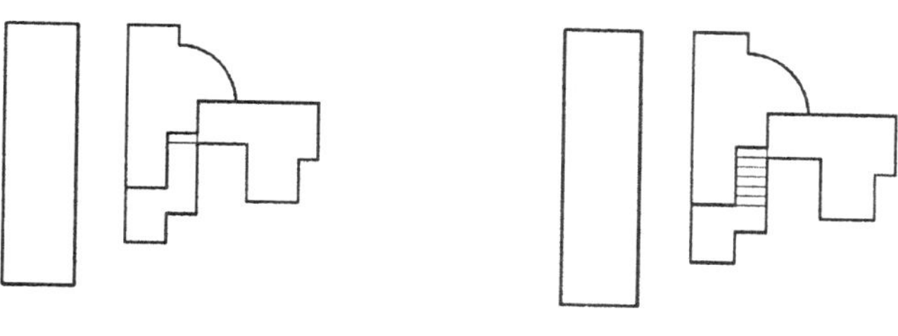

图 8-80 绘制直线　　　　图 8-81 偏移直线

（5）单击“修改”工具栏中的“偏移”按钮，选取已经绘制好的多段线图形向内偏移，偏移距离为 500；单击“修改”工具栏中的“分解”按钮，选取偏移后的多段线进行分解，按 Enter 键确认，如图 8-82 所示。

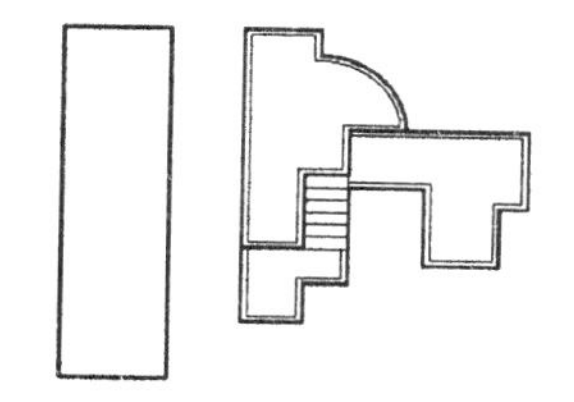

图 8-82 分解图形

8.3.7 完善其他设施

（1）单击“绘图”工具栏中的“矩形”按钮，绘制一个尺寸为 1200×400 的矩形，作为居住区公园内的方块踩砖，如图 8-83 所示。

图 8-83 绘制矩形

（2）单击“修改”工具栏中的“复制”按钮，复制步骤（1）中绘制的矩形，作为公园砖道，如图 8-84 所示。

（3）单击“绘图”工具栏中的“圆”按钮，在图形适当位置绘制适当半径的圆，如图 8-85 所示。

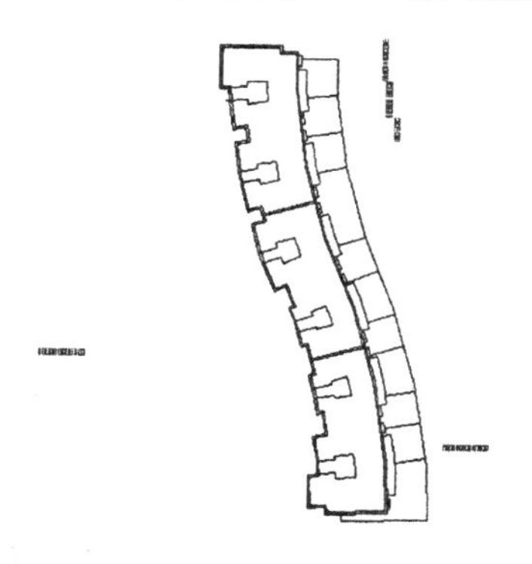

图 8-84 复制矩形

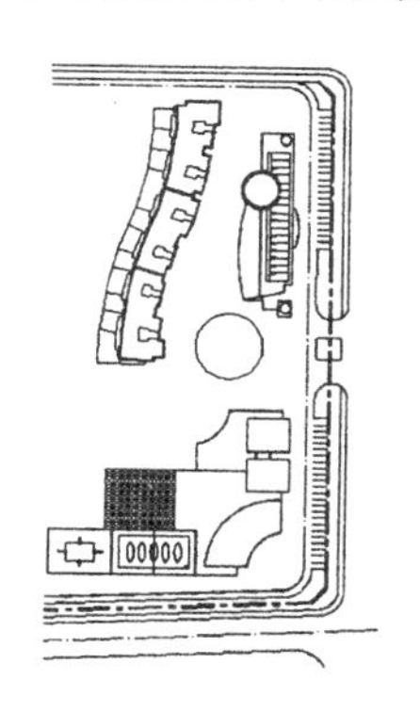

图 8-85 绘制圆

（4）单击“修改”工具栏中的“偏移”按钮，选取步骤（3）中绘制的圆向内偏移，偏移距离为381、2480、322、1618、382、3714和102，如图8-86所示。

（5）单击“绘图”工具栏中的“多段线”按钮，在偏移的圆内绘制多段线，如图8-87所示。

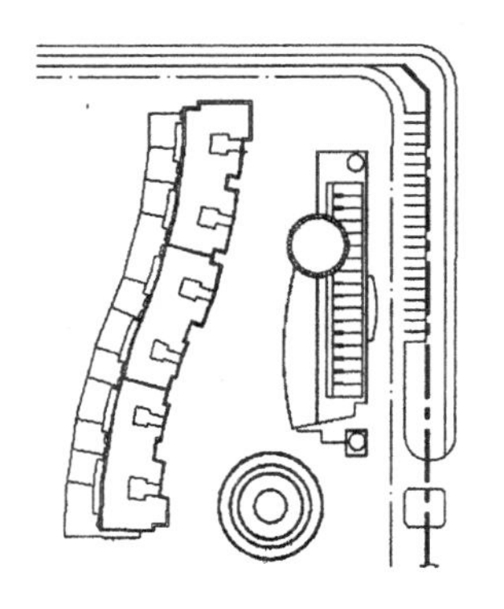

图8-86　偏移圆

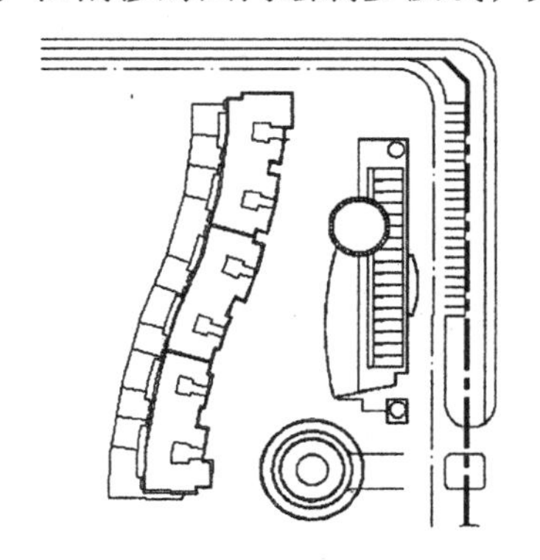

图8-87　绘制多段线

（6）单击“修改”工具栏中的“修剪”按钮，修剪掉多余线段，如图8-88所示。

（7）单击“修改”工具栏中的“直线”按钮，在绘制的圆内绘制一小段竖直直线，如图8-89所示。

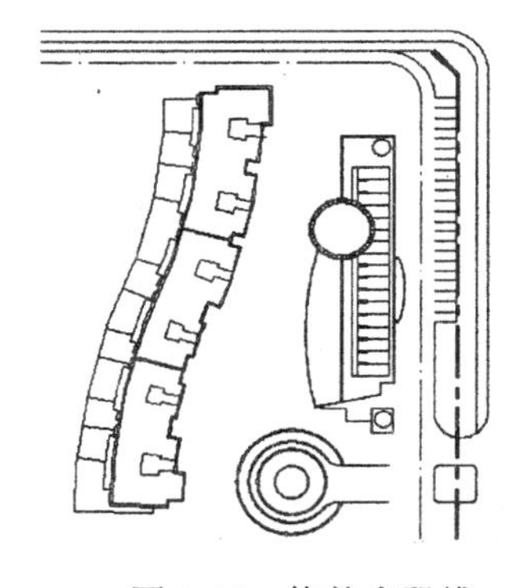

图8-88　修剪多段线

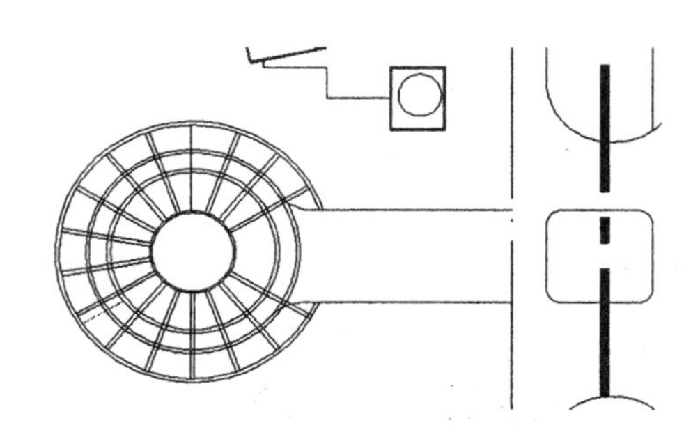

图8-89　绘制一段直线

（8）单击“修改”工具栏中的“修剪”按钮，修剪掉图形中的多余线段，如图8-90所示。

（9）单击“绘图”工具栏中的“矩形”按钮，在步骤（8）中的图形下方绘制一个矩形，如图8-91所示。

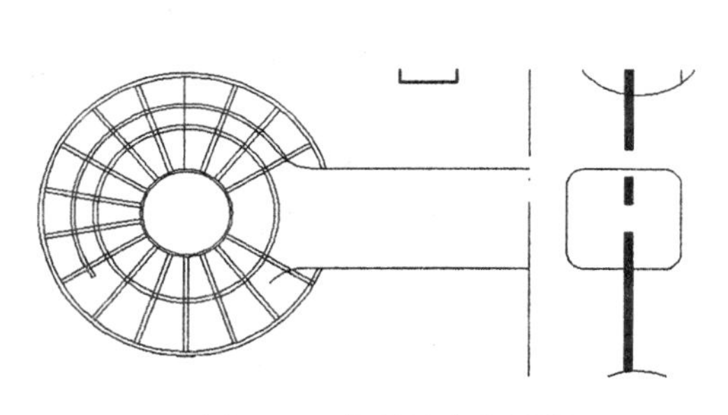

图8-90　修剪掉多余线段

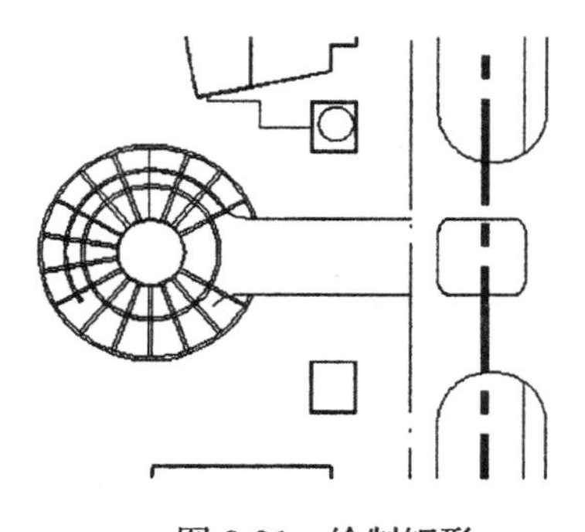

图8-91　绘制矩形

（10）单击“绘图”工具栏中的“直线”按钮，在步骤（9）中绘制的矩形内绘制对角线，如图 8-92 所示。

（11）单击“绘图”工具栏中的“圆”按钮，以步骤（10）中绘制的对角线交点为圆心绘制一个适当半径的圆，如图 8-93 所示。

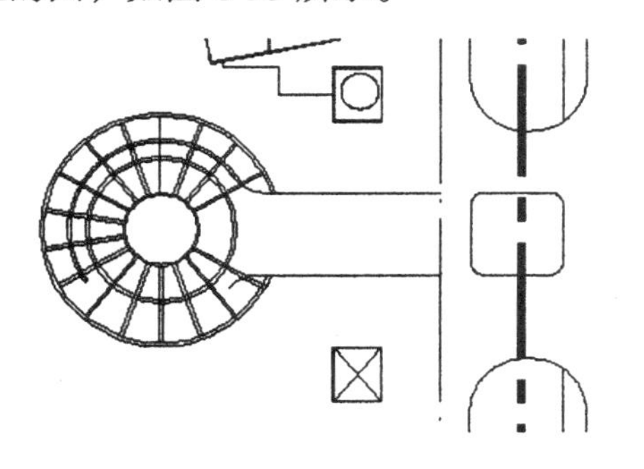

图 8-92　绘制图形对角线

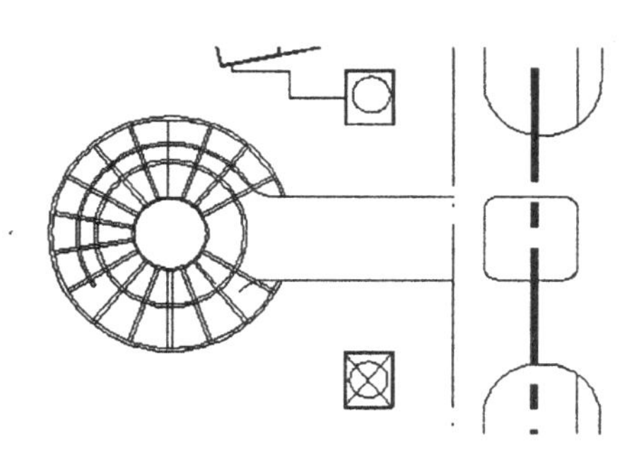

图 8-93　绘制圆

（12）单击“绘图”工具栏中的“直线”按钮，以绘制的矩形左侧竖直边中点为起点绘制连续线段，如图 8-94 所示。

（13）单击“修改”工具栏中的“镜像”按钮，选择图形中的道路和道路中线，选取适当一点为镜像点，完成图形镜像，如图 8-95 所示。

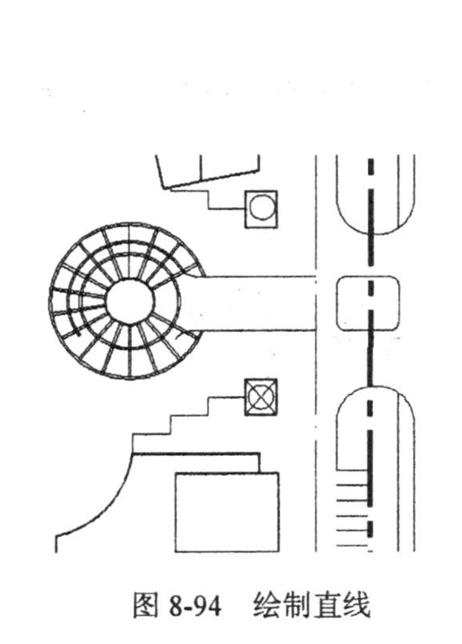

图 8-94　绘制直线

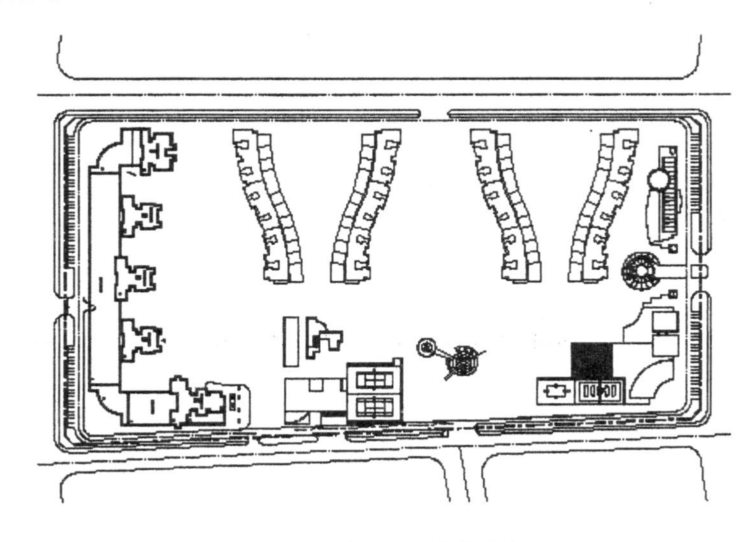

图 8-95　镜像道路

8.4　居住区公园辅助设施的绘制

居住区公园内的基本设施已经绘制完成，下面绘制内部辅助设施，包括各种道路、绿植、分区线和指引线、说明文字等。

8.4.1　辅助设施绘制

（1）单击“图层”工具栏中的“图层特性管理器”按钮，弹出“图层特性管理器”选项板，建立一个新图层，命名为“辅助设施”，颜色选取黑色，线型为 Continuous，线宽为默认，将其设置为当前图层，如图 8-96 所示。确定后回到绘图状态。

辅助设施

图 8-96　新建图层

（2）单击“绘图”工具栏中的“样条曲线”按钮，绘制大小、形状合适的曲线。单击“绘图”工具栏中的“圆”按钮，绘制景区详图内的部分设施，如图 8-97 所示。

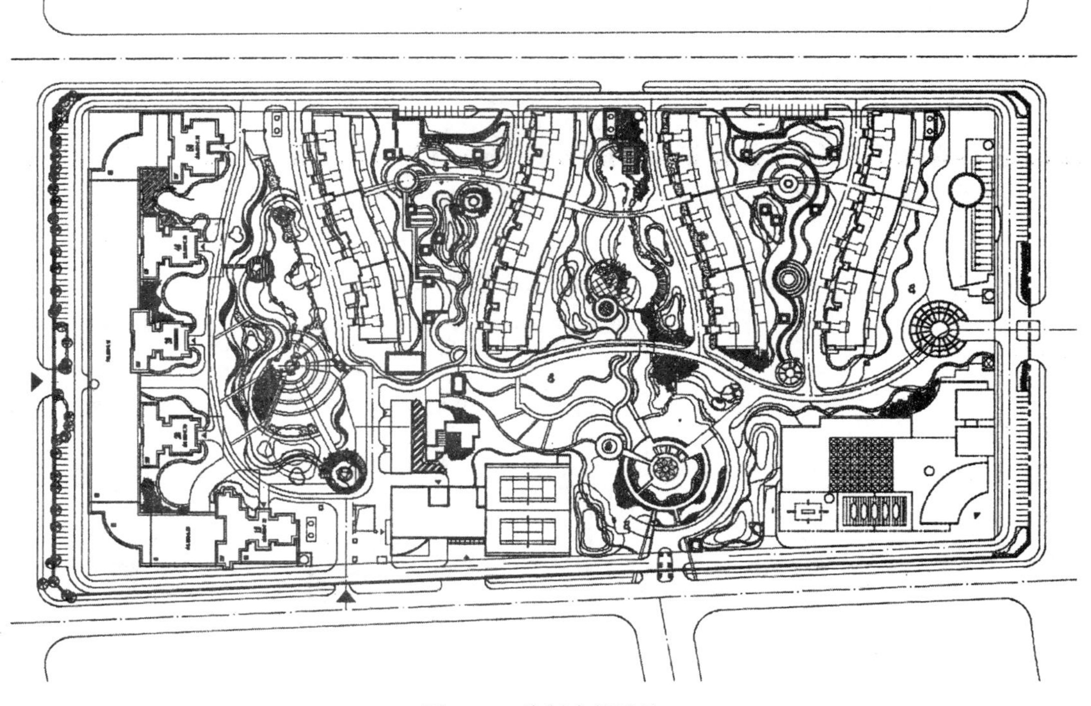

图 8-97　绘制内部设施

8.4.2　分区线和指引箭头绘制

（1）单击“绘图”工具栏中的“矩形”按钮，在绘制的图形外部绘制几个适当大小的矩形，如图 8-98 所示。

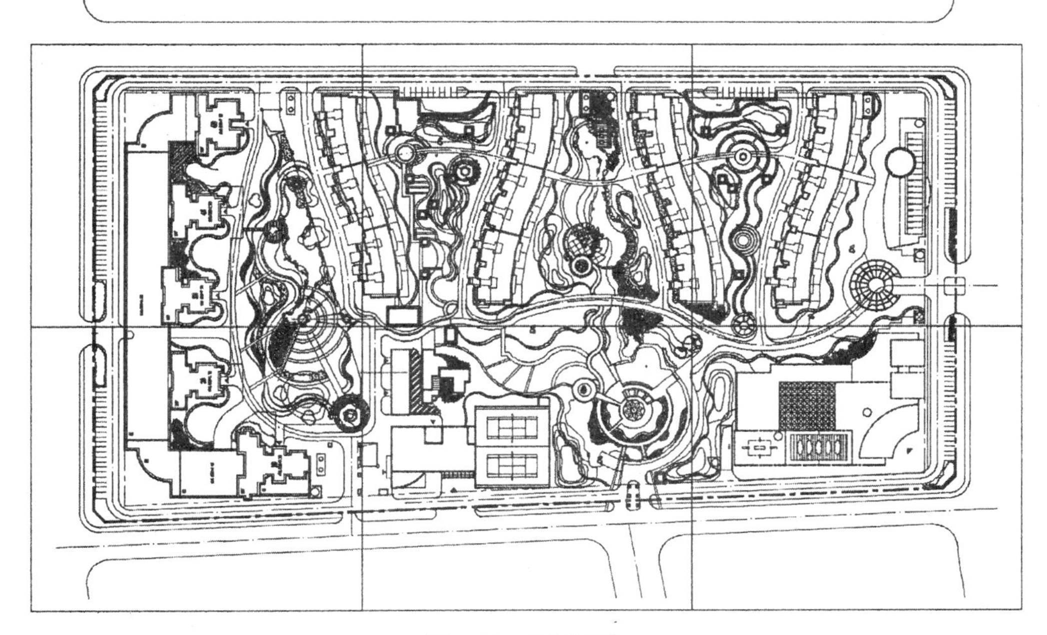

图 8-98　绘制矩形

（2）单击“绘图”工具栏中的“多段线”按钮，指定起点宽度为 8000，端点宽度为 0，绘制图形中的指示箭头，如图 8-99 所示。

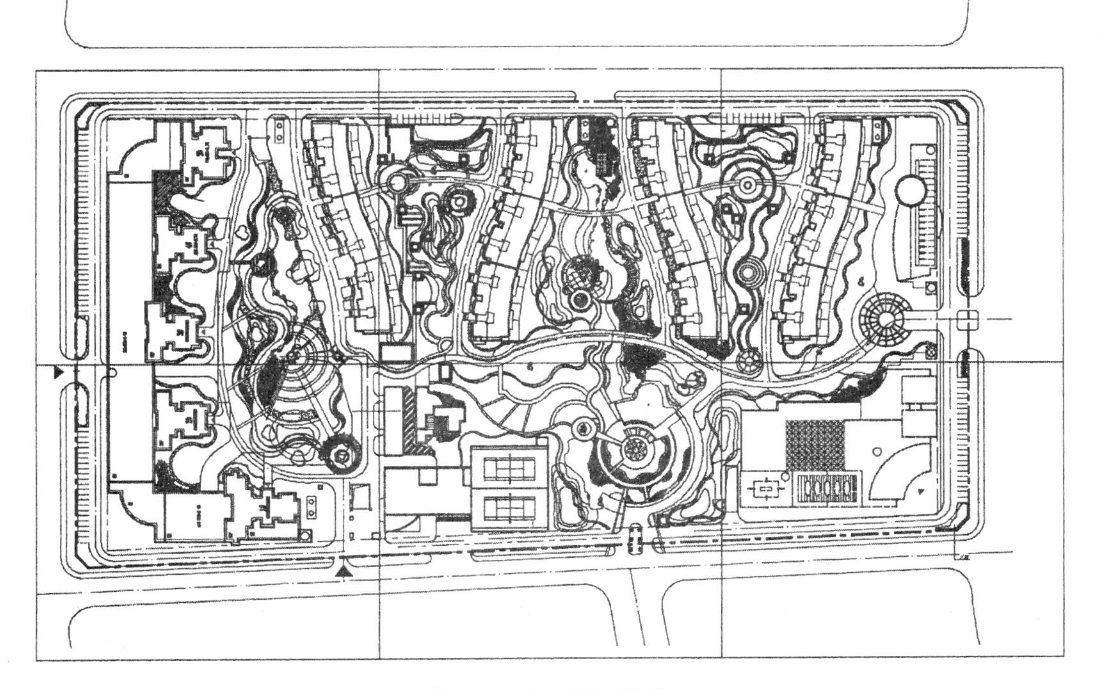

图 8-99　绘制指示箭头

（3）单击“绘图”工具栏中的“多段线”按钮，指定起点宽度为 2400，端点宽度为 0，绘制图形内小指引箭头，如图 8-100 所示。

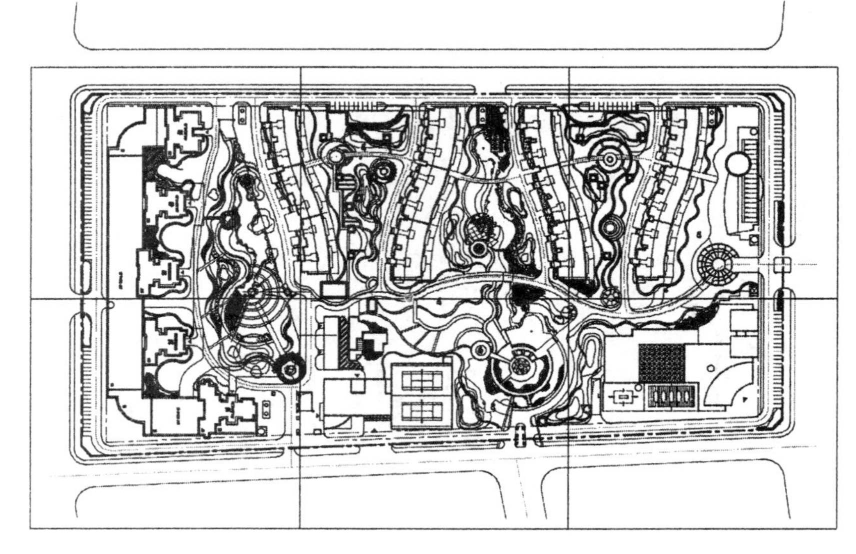

图 8-100　绘制小指引箭头

8.4.3　居住区公园景区植物的配置

（1）单击“图层”工具栏中的“图层特性管理器”按钮，弹出“图层特性管理器”选项板，建立一个新图层，命名为“绿植”，颜色选取绿色，线型为 Continuous，线宽为默认，将其设置为当前图层，如图 8-101 所示。确定后回到绘图状态。

图 8-101　新建图层

（2）单击“绘图”工具栏中的“插入块”按钮，打开“插入”对话框，在“名称”下拉列表框中选择“灌木 1”，然后单击“确定”按钮，按照图 8-102 的设置插入到刚刚绘制的平面图中。

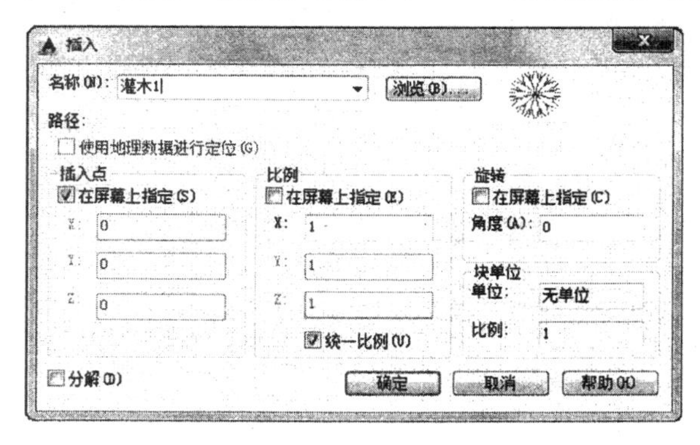

图 8-102　插入灌木

（3）利用上述方法插入图形中所有绿植，如图 8-103 所示。

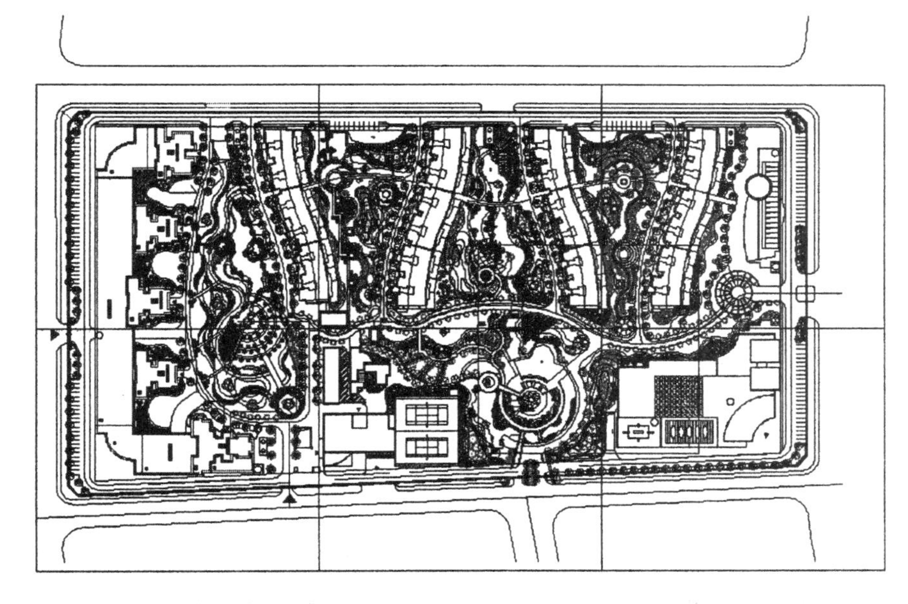

图 8-103　插入所有绿植

8.4.4　居住区公园景区文字说明

（1）选择菜单栏中的“格式”→“文字样式”命令，弹出“文字样式”对话框，如图 8-104 所示。

（2）单击“新建”按钮，弹出“新建文字样式”对话框，将文字样式命名为“说明”，如图 8-105 所示。

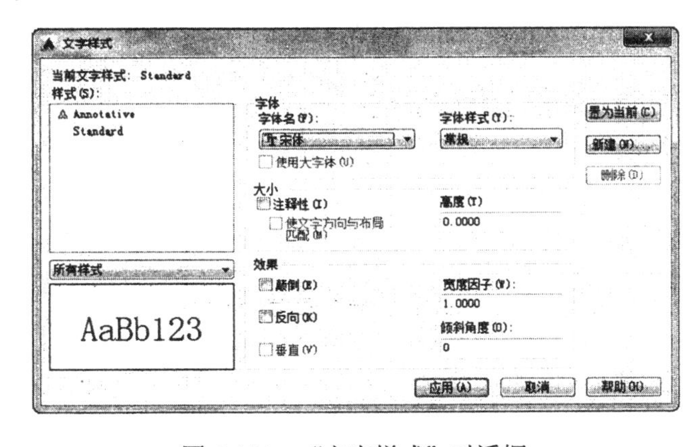

图 8-104　“文字样式”对话框

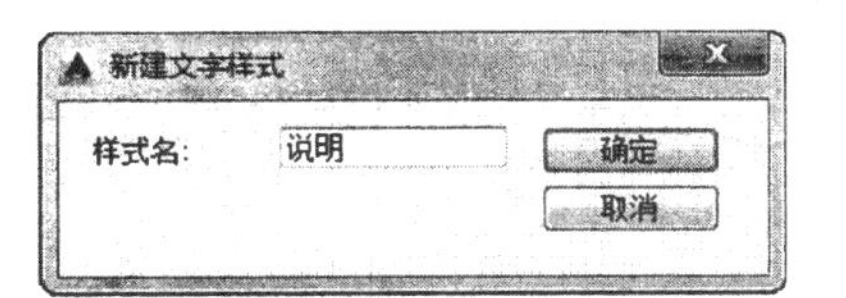

图 8-105　“新建文字样式”对话框

（3）单击“确定”按钮，在“文字样式”对话框中取消选中“使用大字体”复选框，然后在“字体名”下拉列表框中选择“宋体”，“高度”设置为 150，如图 8-106 所示。

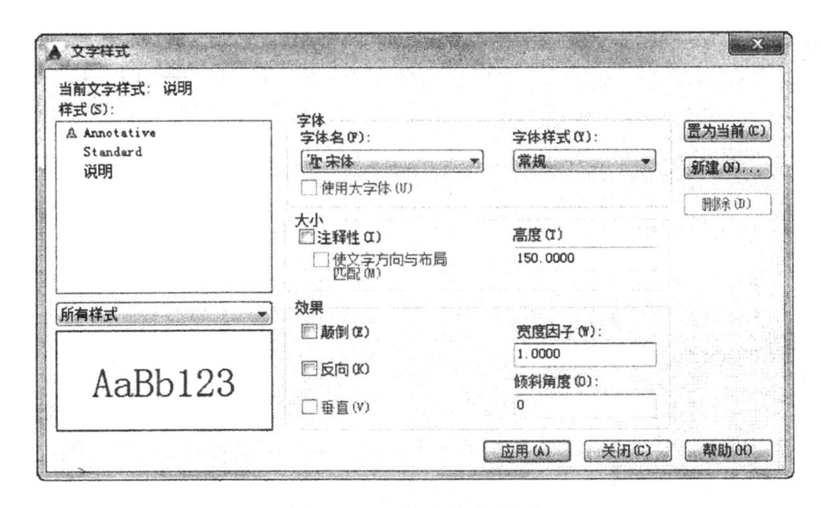

图 8-106　修改文字样式

（4）单击“图层”工具栏中的“图层特性管理器”按钮，弹出“图层特性管理器”选项板，建立一个新图层，命名为“文字”，颜色选取黑色，线型为 Continuous，线宽为默认，将其设置为当前图层，如图 8-107 所示。确定后回到绘图状态。

图 8-107　新建图层

（5）单击“绘图”工具栏中的“多行文字”按钮A，在图中相应的位置输入需要标注的文字，结果如图 8-108 所示。

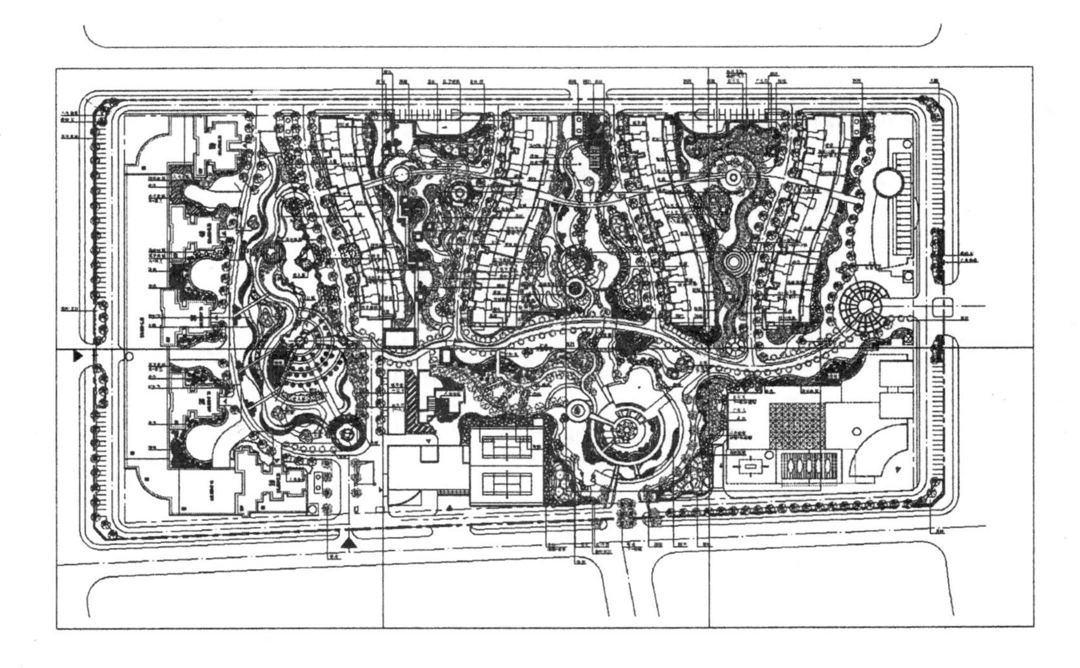

图 8-108　添加文字

（6）单击“绘图”工具栏中的“插入块”按钮，打开“插入”对话框，在“名称”下拉列表框中选择“风玫瑰”选项，如图 8-109 所示。然后单击“确定”按钮，按照图 8-110 所示的位置插入到刚刚绘制的平面图中。

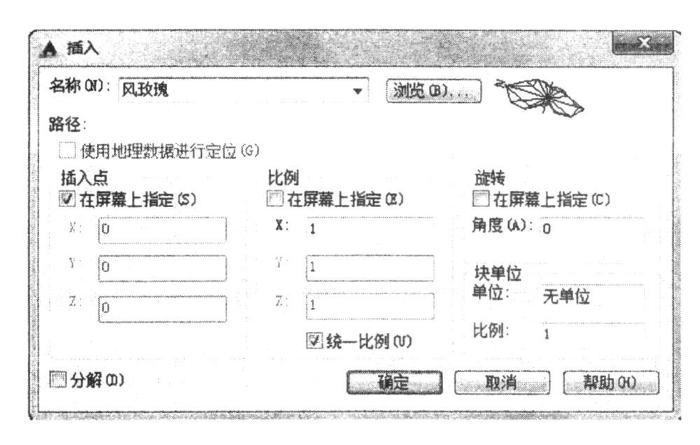

图 8-109　“插入”对话框

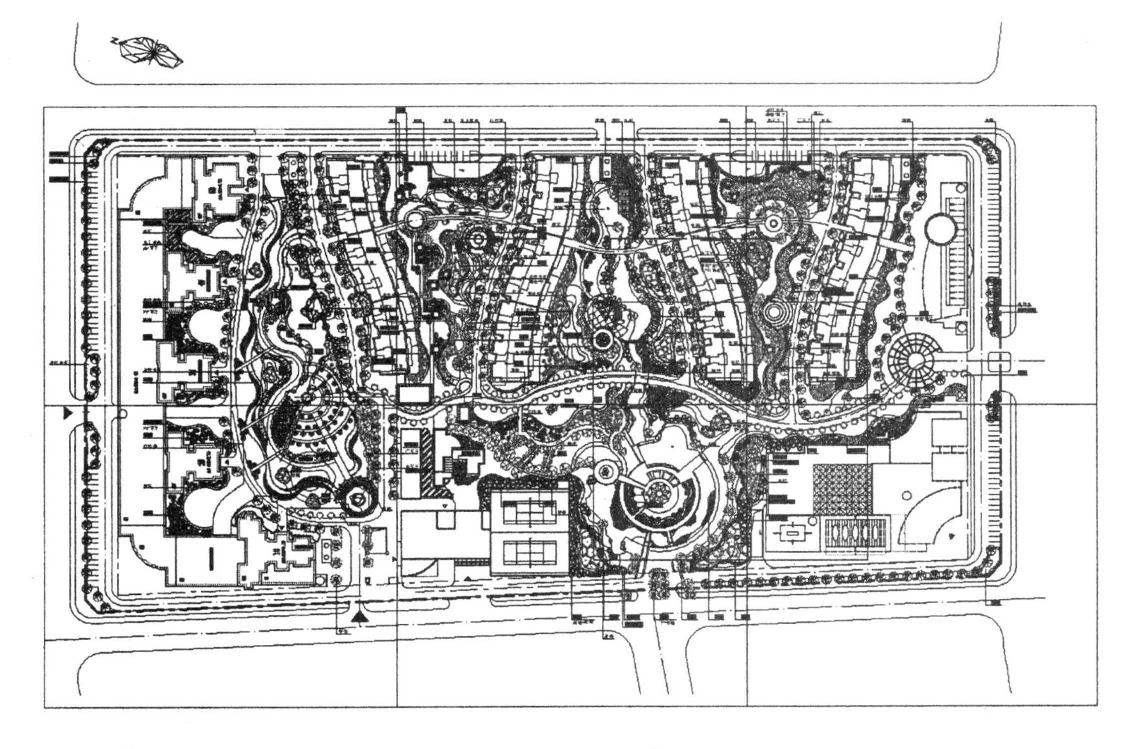

图 8-110　插入风玫瑰

▶▶ 第3篇

校园园林设计篇

本篇导读：

学院是典型的大型公共场所，也是典型的园林。学院的绿化本着为师生服务为主的原则，力求创造景色宜人、愉悦舒适的环境，为师生以及其他职工提供学习知识、交流思想、启发智力、表达感情、休闲娱乐的人性化空间。

学院的绿化应充分挖掘校园环境特色和文化内涵，体现学院景观的文化特色，起到寓教于游的作用，陶冶师生的情操，培养其健康向上的人生态度。

本篇将以某学院校园设计为例讲述学院校园园林设计的相关思路和方法。

内容要点：

- 学院园林建筑和小品设计
- 学院景观设计

第9章 某学院园林建筑

校园是育人的地方，要具有特定的氛围，而景观元素正是表达这种积极向上、富有朝气和带有启迪性环境氛围的素材，创造人文与自然相结合的环境是校园休闲绿地设计的目标。校园建筑设计通过建筑的现代材料的应用、建筑造型等的现代化设计，体现时代特色和校园文化的精髓。

本章将讲解某学院校园典型园林建筑设计的基本思路和方法。

9.1　四　角　亭

亭在我国园林中是运用最多的一种建筑形式，无论是在传统的古典园林中，还是在新建的公园及风景游览区，都可以看到有各种各样的亭子，或屹立于山冈之上，或依附在建筑之旁，或巧设在水池之畔，以玲珑美丽、丰富多样的形象与园林中的其他建筑、山水、绿化等相结合，构成一幅幅生动的画图。在造型上，要结合具体地形、自然景观和传统设计并以其特有的娇美轻巧、玲珑剔透形象与周围的建筑、绿化、水景等结合而构成园林一景。

9.1.1　亭的基本特点

亭的构造大致可分为亭顶、亭身、亭基 3 部分，体量宁小勿大，形制也较细巧，以竹、木、石、砖瓦等地方性传统材料均可修建。现在更多的是用钢筋混凝土或兼以轻钢、铝合金、玻璃钢、镜面玻璃、充气塑料等材料组建而成。

亭四面多开放，空间流动，内外交融，榭廊亦如此。解析了亭也就能举一反三于其他建筑。亭榭等体量不大，但在园林造景中作用不小，是“室内的室外”；而在庭院中则是“室外的室内”。选择要有分寸，大小要得体，即要有恰到好处的比例与尺度，只注重某一方面都是不允许的。任何作品只有在一定的环境下，才是艺术、科学。生搬硬套、追逐流行，会失去神韵和灵性，就谈不上艺术性与科学性。

园亭是指园林绿地中精致细巧的小型建筑物，可分为两类，一是供人休憩观赏的亭，二是具有实用功能的票亭、售货亭等。

1. 园亭的位置选择

建亭位置要从两方面考虑，一是由内向外好看，二是由外向内也好看。园亭要建在风景优美的地方，使入内休息的游人有景可赏，同时更要考虑建亭后成为一处园林美景，园亭在这里往往可以起到画龙点睛的作用。

2. 园亭的设计构思

园亭虽小巧，但设计时却必须经过深思才能出类拔萃。具体要求如下：

（1）选择所设计的园亭风格，如是传统或是现代，是中式或是西洋，是自然野趣或是奢华富贵，这些风格的差异是显而易见的。

（2）同种款式中，平面、立面、装修的大小、样式、繁简也有很大的不同，需要斟酌。例如，同样是植物园内的中国古典园亭，牡丹亭和槭树亭不同。牡丹亭必须重檐起翘，大红柱子；槭树亭白墙灰瓦足矣。这是因它们所在的环境气质不同而异。同样是欧式古典园顶亭，高尔夫球场和私宅庭园的大小有很大不同，这是因它们所在环境的开阔郁闭不同而异。同是自然野趣，水际竹筏嬉鱼和树上杈窝观鸟不同，这是因环境的功能要求不同而异。

（3）所有的形式、功能、建材是在演变进步之中的，常常是相互交叉的，必须着重于创造。例如，在中国古典园亭的梁架上，以卡普隆阳光板作顶代替传统的瓦，古中有今，洋为我用，可以取得很好的效果，以四片实墙，边框采用中国古典园亭的外轮廓，组成虚拟的亭，也是一种创造，还有悬索、布幕、玻璃、阳光板等，层出不穷。

只有深入考虑这些细节，才能标新立异，不落俗套。

3. 园亭的平立面

园亭体量小，平面严谨，自点状伞亭起，三角、正方、长方、六角、八角以至圆形、海棠形、扇形，由简单而复杂，基本上都是规则几何形体，或再加以组合变形。根据这个道理，可构思其他形状，也可以和其他园林建筑，如花架、长廊、水榭组合成一组建筑。

园亭的平面组成比较单纯，除柱子、坐凳（椅）、栏杆，有时也有一段墙体、桌、碑、井、镜、匾等。

园亭的平面布置，一种是一个出入口，终点式的；还有一种是两个出入口，穿过式的，视亭大小而采用。

4. 园亭的立面

园亭的立面因款式的不同有很大的差异，但有一点是共同的，就是内外空间相互渗透，立面显得开畅通透。园亭的立面可以分成几种类型，这是决定园亭风格款式的主要因素，如中国古典、西洋古典传统式样。这些类型都有程式可依，困难的是施工十分繁复。中国传统园亭柱子材质有木和石两种，用真材或砼仿制，但屋盖变化多，如以砼代木，则所费工、料均不合算，效果也不甚理想。而西洋传统型式，现在市面有各种规格的玻璃钢、GRC 柱式、檐口，可在结构外套用。

对于平顶、斜坡、曲线各种新式样，要注意园亭平面和组成均较简洁，观赏功能又强，因此屋面变化无妨多一些，如做成折板、弧形、波浪形，或者用新型建材、瓦、板材，或者强调某一部分构件和装修，来丰富园亭外立面。

仿自然、野趣的式样，目前用得多的是竹、松木、棕榈等植物外形或木结构、真实石材或仿石结构，用茅草作顶也特别有表现力。

5. 设计要点

有关亭的设计归纳起来应掌握下面几个要点：

（1）必须选择好位置，按照总的规划意图选点。

（2）亭的体量与造型的选择，主要应看其所处的周围环境的大小、性质等，要因地制宜。

（3）亭子的材料及色彩，应力求就地选用地方材料，不仅加工便利，而且易于配合自然。

9.1.2 绘制亭平面图

1. 绘图前准备

（1）建立新文件。打开 AutoCAD 2015 应用程序，单击“标准”工具栏中的“新建”按钮，

选择“无样板打开 - 公制（M）”方式建立新文件，将文件命名为“亭平面图 .dwg”并保存。

（2）设置图层。单击“图层”工具栏中的“图层特性管理器”按钮，打开“图层特性管理器”选项板，新建“标注”“亭”“文字”“轴线”图层，将“轴线”层设置为当前图层，并进行相应的设置，如图 9-1 所示。

2. 绘制平面定位轴线

（1）单击“绘图”工具栏中的“直线”按钮，绘制一条长为 89552 的水平轴线和一条长为 65895 的竖直轴线，如图 9-2 所示。

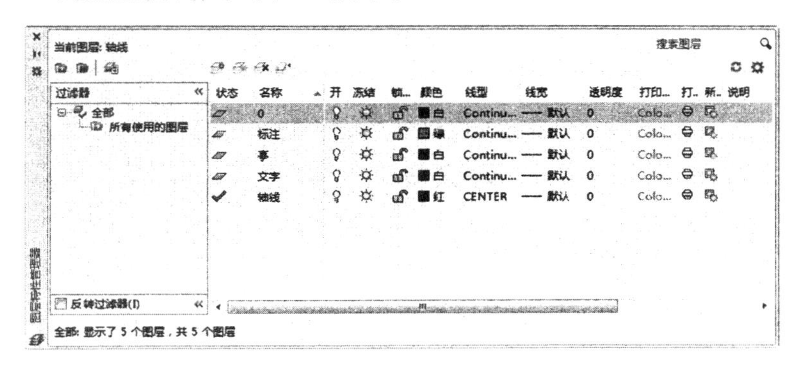

图 9-1　亭平面图图层设置

图 9-2　绘制轴线

（2）选中步骤（1）中绘制的水平轴线并右击，打开快捷菜单，如图 9-3 所示；选择“特性”命令，打开“特性”选项板，如图 9-4 所示；将线型比例设置为 100，得到的轴线如图 9-5 所示。

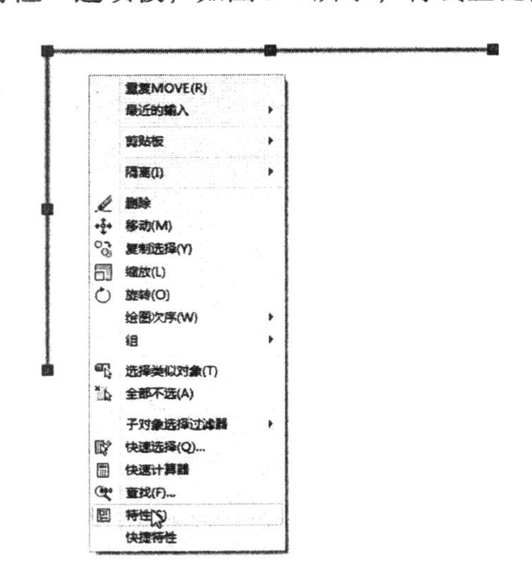

图 9-3　快捷菜单

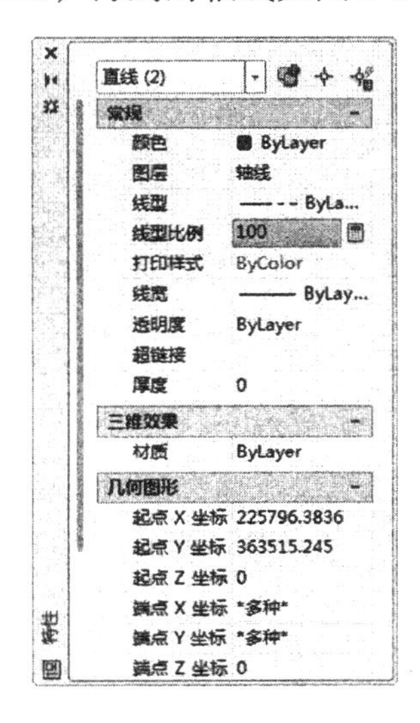

图 9-4　设置线型比例

（3）单击“修改”工具栏中的“偏移”按钮，将水平轴线向上偏移 12000，向下偏移 60000 和 12000，竖直轴线向右偏移 12000、60000 和 12000，结果如图 9-6 所示。

图 9-5　设置线型后的轴线　　　　图 9-6　偏移轴线

3. 绘制柱和矩形

（1）单击“修改”工具栏中的“倒角”按钮，设置倒角距离为 0，对最外侧的轴线进行倒角处理，并将其替换到“亭”图层，完成亭子外轮廓线的绘制，如图 9-7 所示。

（2）将“亭”图层设置为当前图层，单击“绘图”工具栏中的“圆”按钮，绘制一个半径为 2000 的圆，如图 9-8 所示。

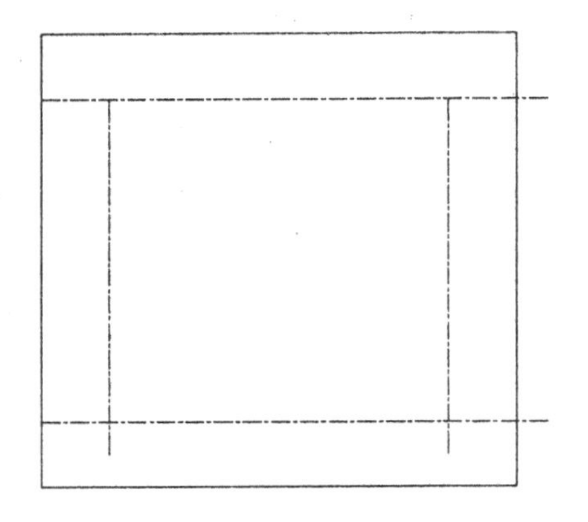

图 9-7　绘制倒角

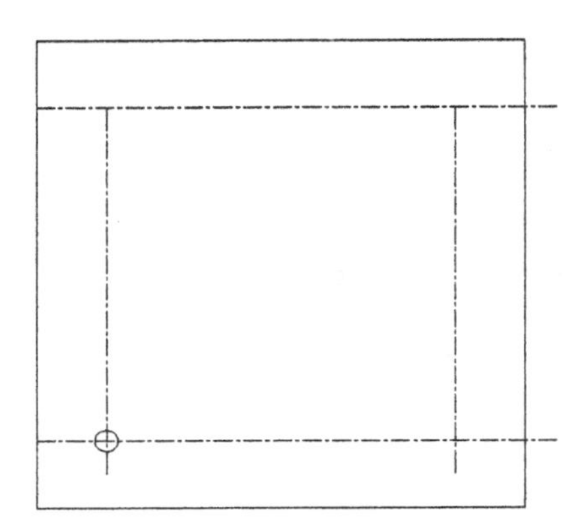

图 9-8　绘制圆

（3）单击“绘图”工具栏中的“图案填充”按钮，打开“图案填充创建”选项卡，如图 9-9 所示，选择 SOLID 图案，填充圆，结果如图 9-10 所示。

（4）单击“修改”工具栏中的“复制”按钮，将填充圆复制到图中其他位置处，完成柱子的绘制，如图 9-11 所示。

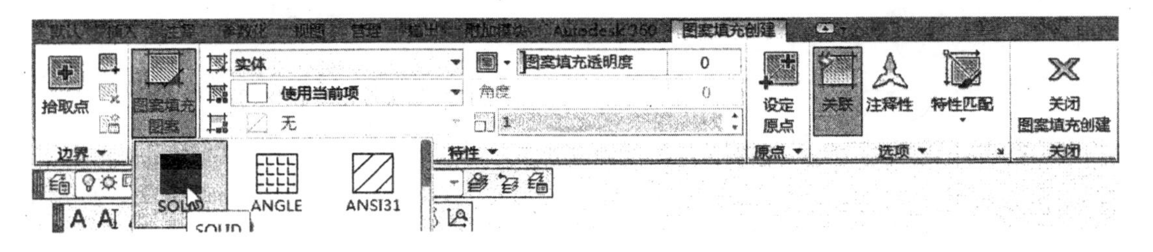

图 9-9　“图案填充创建”选项卡

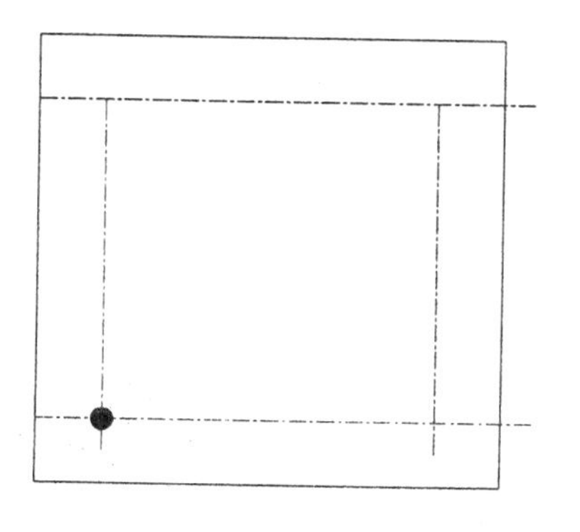

图 9-10　填充圆

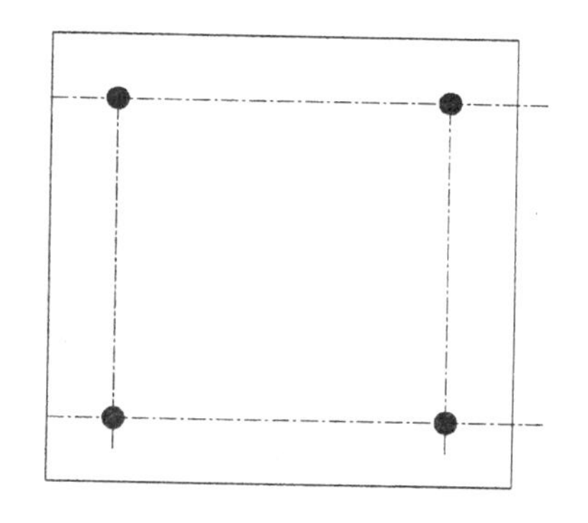

图 9-11　复制填充圆

4. 绘制坐凳

（1）单击“修改”工具栏中的“偏移”按钮，将各个轴线分别向两侧偏移 3000，如图 9-12 所示。

（2）单击“绘图”工具栏中的“直线”按钮，在 4 个角点处绘制 4 条角度为 45° 的斜线，如图 9-13 所示。

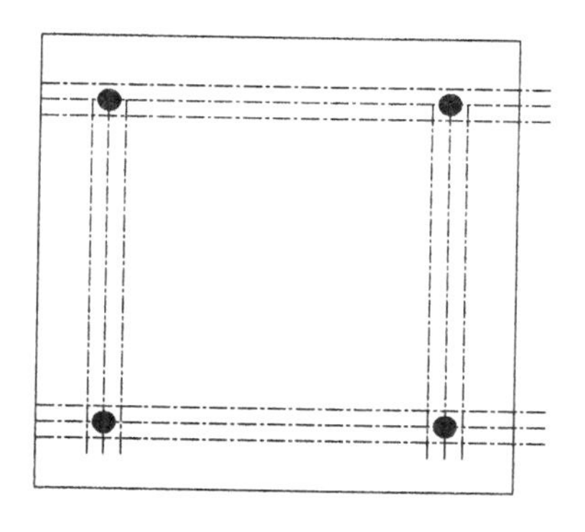

图 9-12　偏移轴线

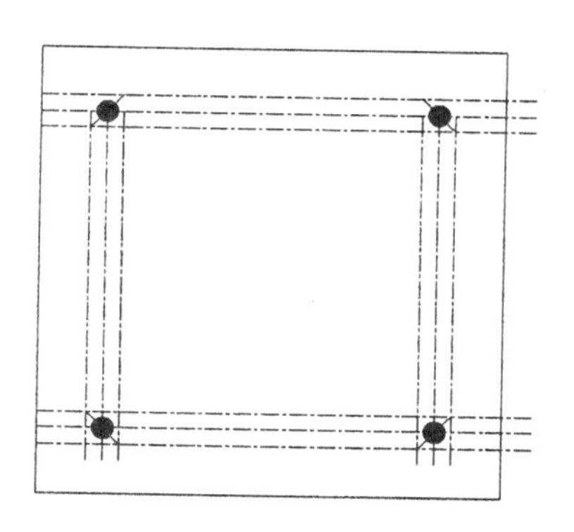

图 9-13　绘制 4 条斜线

（3）单击“修改”工具栏中的“修剪”按钮，修剪掉多余的直线，并修改线型，如图 9-14 所示。

（4）单击“修改”工具栏中的“偏移”按钮，将最上侧水平直线向下偏移，偏移距离为 27529、2000、2471、20000、2471 和 2000，如图 9-15 所示。

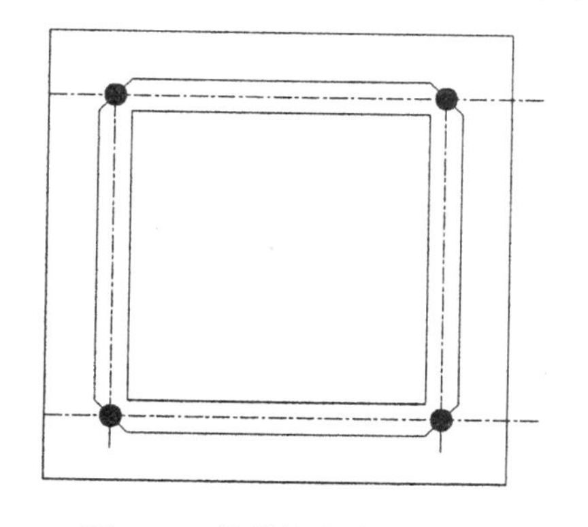

图 9-14　修剪掉多余的直线

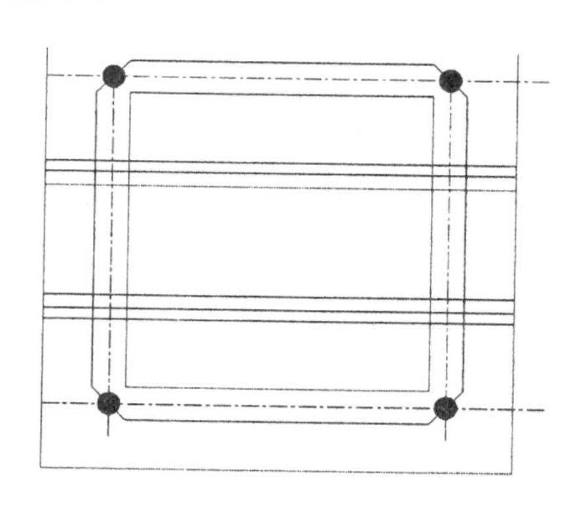

图 9-15　偏移水平直线

（5）单击“修改”工具栏中的“修剪”按钮，修剪掉多余的直线，如图 9-16 所示。

（6）单击“修改”工具栏中的“偏移”按钮，将最左侧竖直直线向右偏移，偏移距离为 30987、2000、18000 和 2000，如图 9-17 所示。

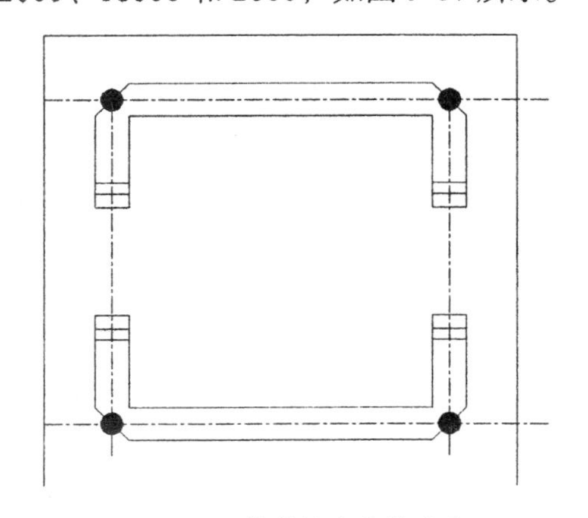

图 9-16　修剪掉多余的直线

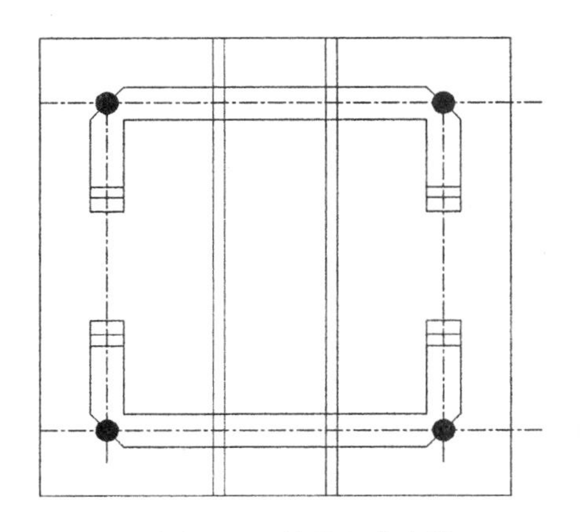

图 9-17　偏移竖直直线

（7）单击“修改”工具栏中的“修剪”按钮，修剪掉多余的直线，最终完成坐凳的绘制，如图 9-18 所示。

5. 标注尺寸和文字

（1）将“标注”图层设置为当前图层，单击“标注”工具栏中的“标注样式”按钮，打开“标注样式管理器”对话框，如图 9-19 所示。在“标注样式管理器”对话框中单击“新建”按钮，打开“创建新标注样式”对话框，输入新建样式名，然后单击“继续”按钮，设置新的标注样式。

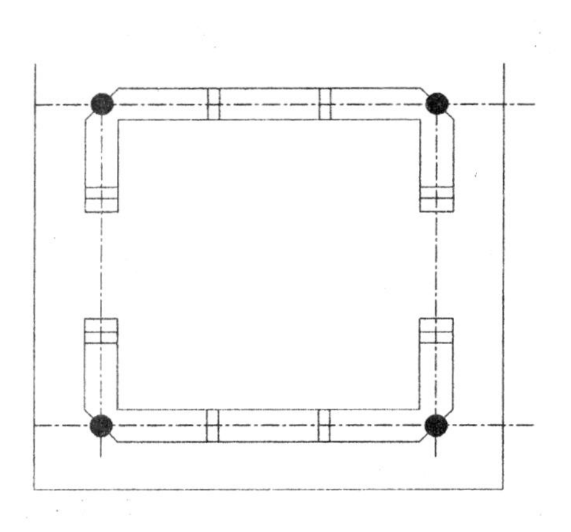

图 9-18　修剪掉多余的直线

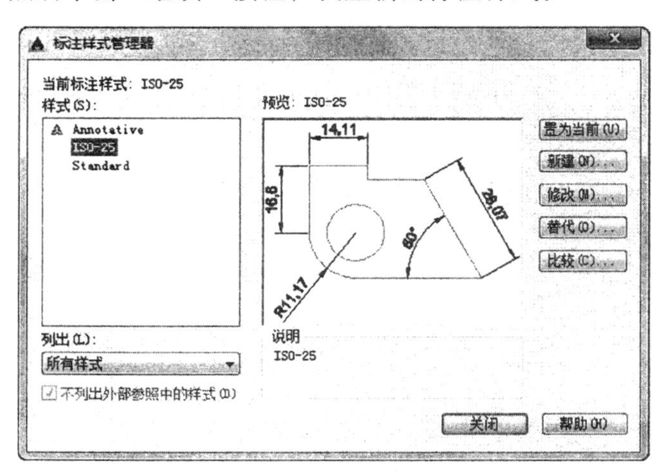

图 9-19　“标注样式管理器”对话框

设置新标注样式时，根据绘图比例，对“线”“符号和箭头”“文字”“主单位”选项卡进行设置，具体如下。

①线：超出尺寸线为 1000，起点偏移量为 1000，如图 9-20 所示。

②符号和箭头："第一个"为用户箭头，选择"建筑标记"选项，箭头大小为1000，如图9-21所示。

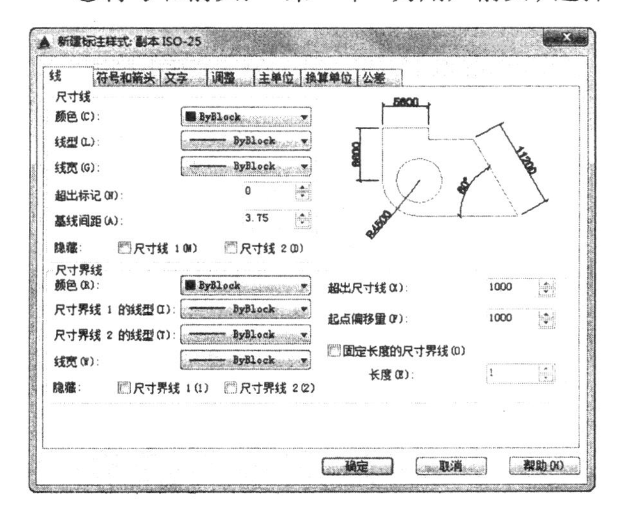

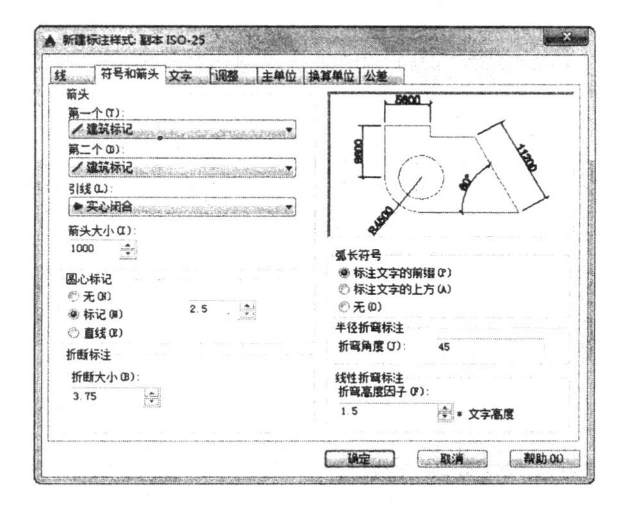

图 9-20　"线"选项卡设置　　　　图 9-21　"符号和箭头"选项卡设置

③文字：文字高度为2000，文字位置为垂直向上，文字对齐为与尺寸线对齐，如图9-22所示。

④主单位：精度为0，舍入为100，比例因子为0.05，如图9-23所示。

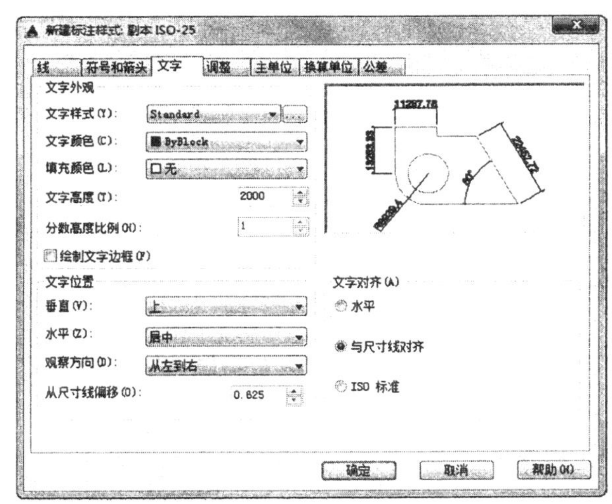

图 9-22　"文字"选项卡设置　　　　图 9-23　"主单位"选项卡设置

（2）单击"标注"工具栏中的"线性"按钮和"连续"按钮，标注第一道尺寸，如图9-24所示。

（3）同理，标注第二道尺寸，如图9-25所示。

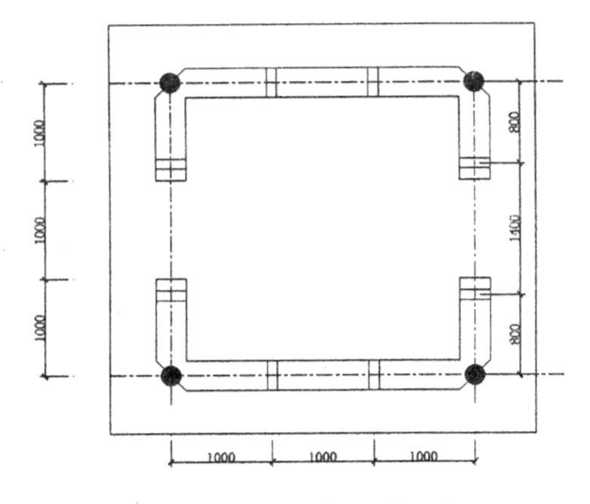

图 9-24　标注第一道尺寸

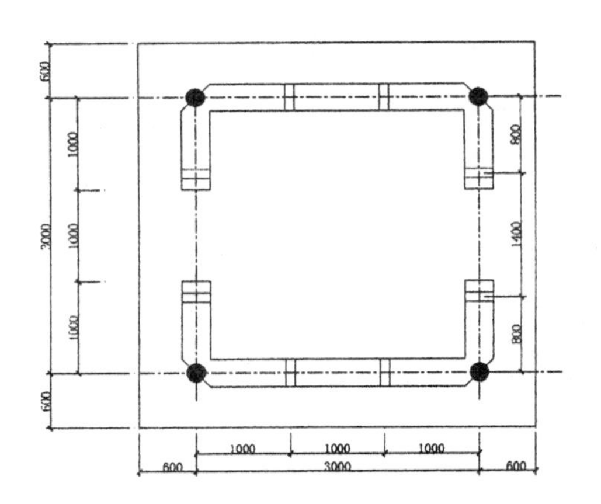

图 9-25　标注第二道尺寸

（4）单击“标注”工具栏中的“线性”按钮，标注总尺寸，如图 9-26 所示。

（5）同理，标注图形内部尺寸，如图 9-27 所示。

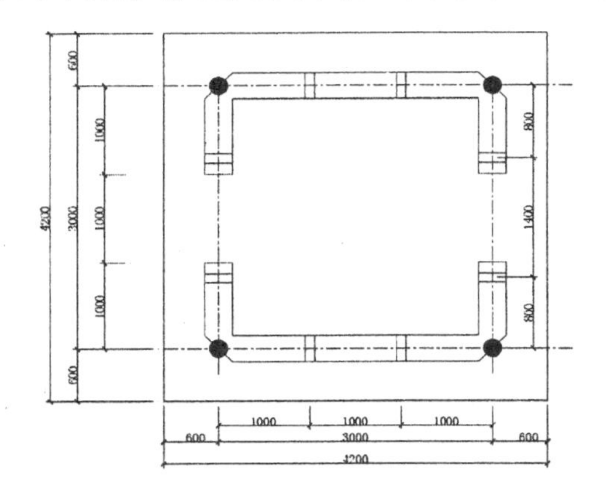

图 9-26　标注总尺寸

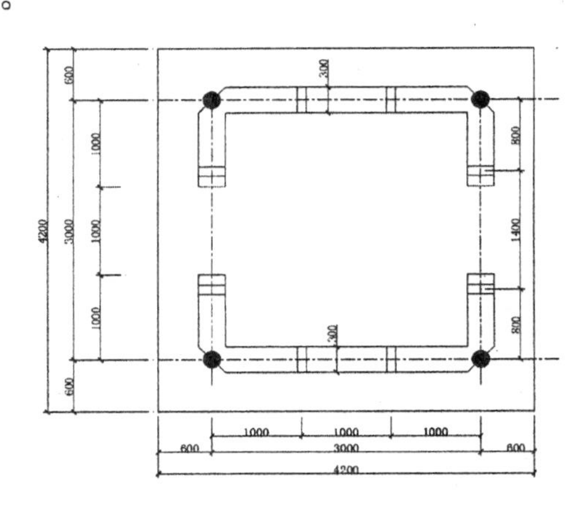

图 9-27　标注内部尺寸

（6）单击“绘图”工具栏中的“直线”按钮，标注标高符号，如图 9-28 所示。

（7）单击“绘图”工具栏中的“多行文字”按钮，输入标高数值，如图 9-29 所示。

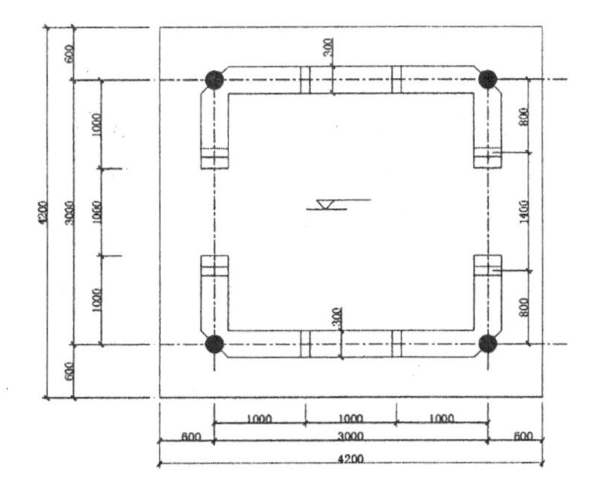

图 9-28　标注标高符号

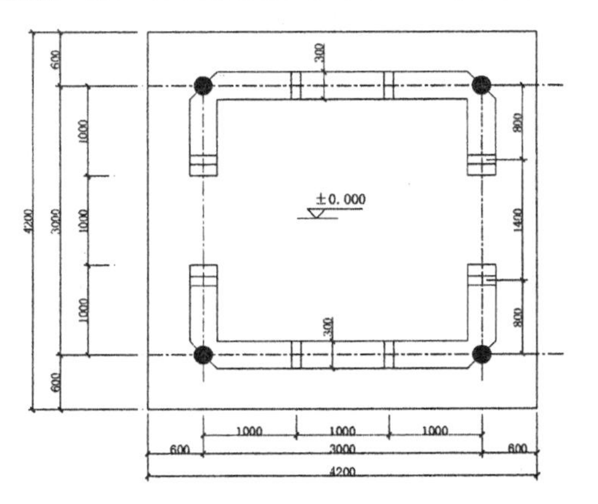

图 9-29　输入标高数值

（8）单击“绘图”工具栏中的“直线”按钮，在图中引出直线，如图 9-30 所示。

（9）单击“绘图”工具栏中的“多行文字”按钮A，在直线上方标注文字，如图 9-31 所示。

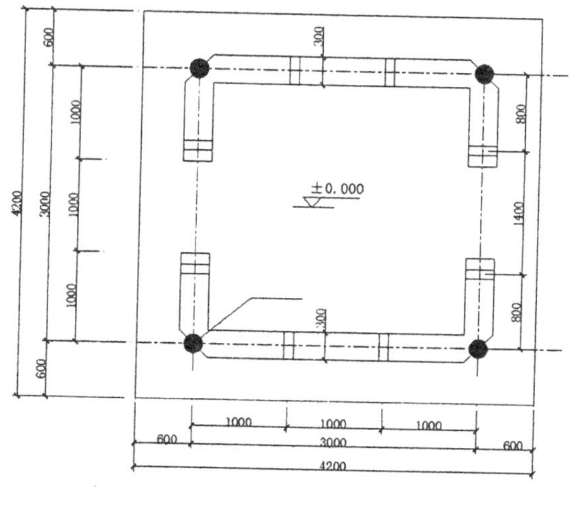

图 9-30　引出直线

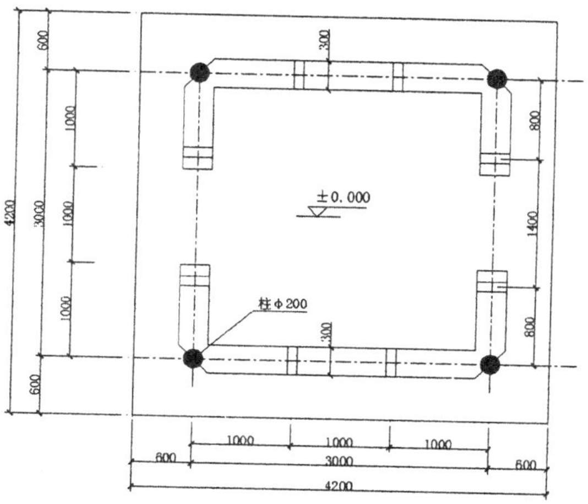

图 9-31　标注文字

（10）单击“绘图”工具栏中的“多段线”按钮和“多行文字”按钮A，绘制剖切符号，如图 9-32 所示。

（11）单击“修改”工具栏中的“复制”按钮，将剖切符号复制到另外一侧，如图 9-33 所示。

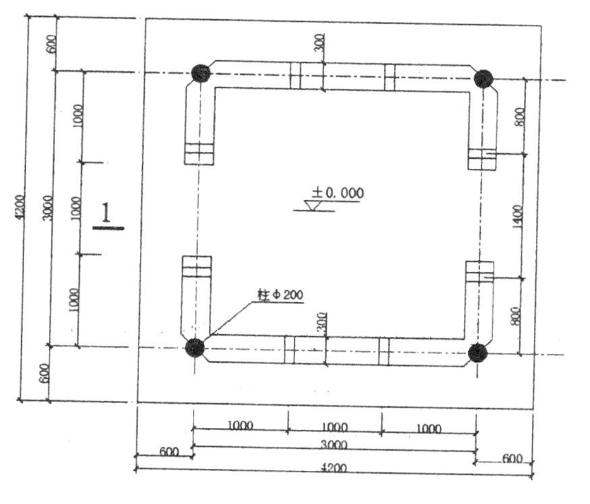

图 9-32　绘制剖切符号

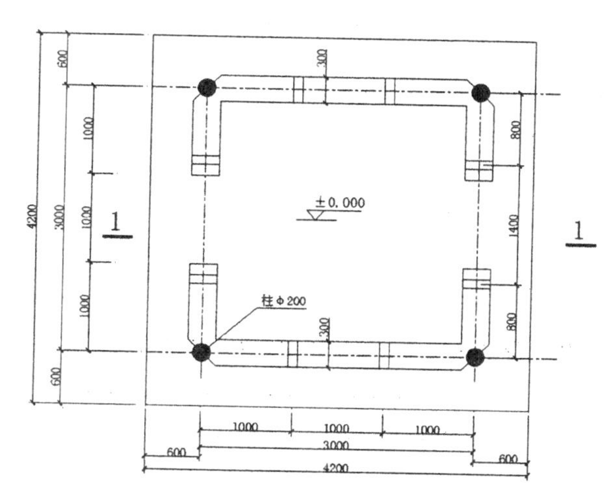

图 9-33　复制剖切符号

（12）单击“绘图”工具栏中的“直线”按钮、“多段线”按钮和“多行文字”按钮A，标注图名，如图 9-34 所示。

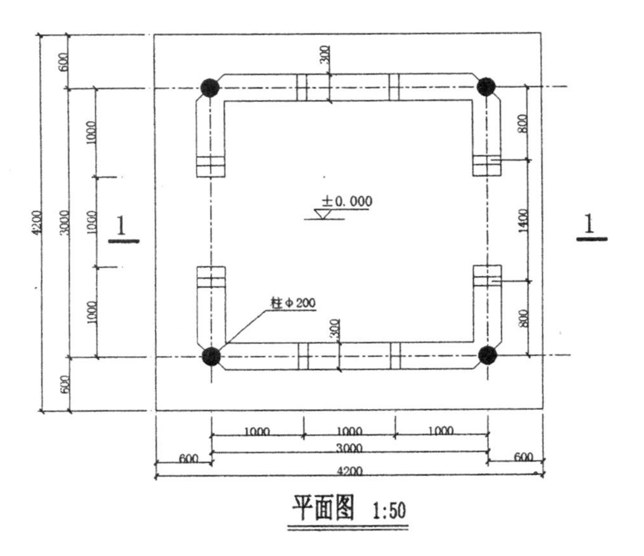

图 9-34　标注图名

9.1.3　绘制亭立面图

1. 绘制圆柱立面和坐凳

（1）单击“绘图”工具栏中的“直线”按钮，绘制地坪线，如图 9-35 所示。

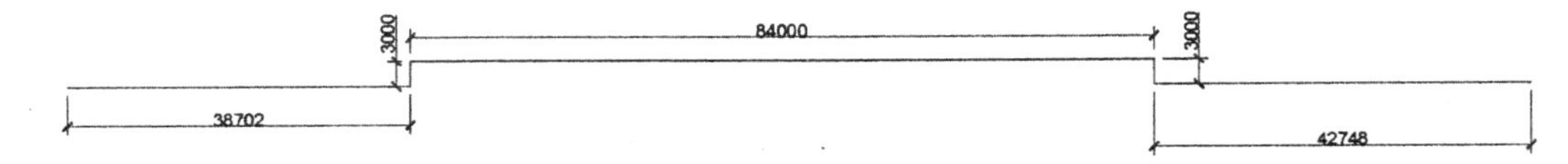

图 9-35　绘制地坪线

（2）单击“修改”工具栏中的“偏移”按钮，将左侧的竖直短线向右偏移 10000，如图 9-36 所示。

图 9-36　偏移短线

（3）单击“绘图”工具栏中的“直线”按钮，以偏移后的短线上端点为起点，绘制一条长为 52000 的竖向直线，如图 9-37 所示。

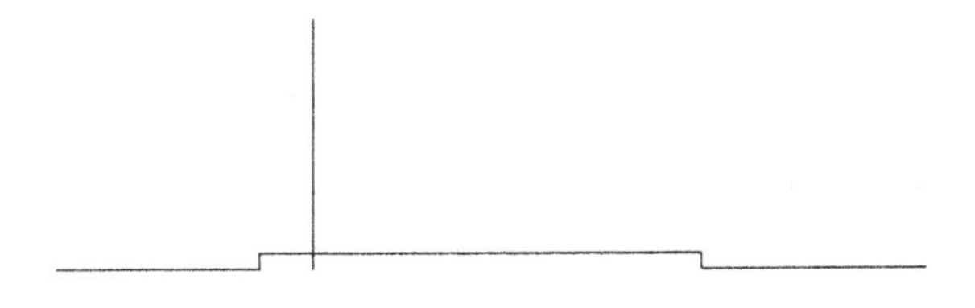

图 9-37　绘制竖向直线

（4）单击“修改”工具栏中的“删除”按钮，将偏移的短线删除，如图 9-38 所示。

图 9-38　删除短线

（5）单击“修改”工具栏中的“偏移”按钮，将竖直长线向右偏移 3058、942、17000、2000、18000、2000、17000、942 和 3058，如图 9-39 所示。

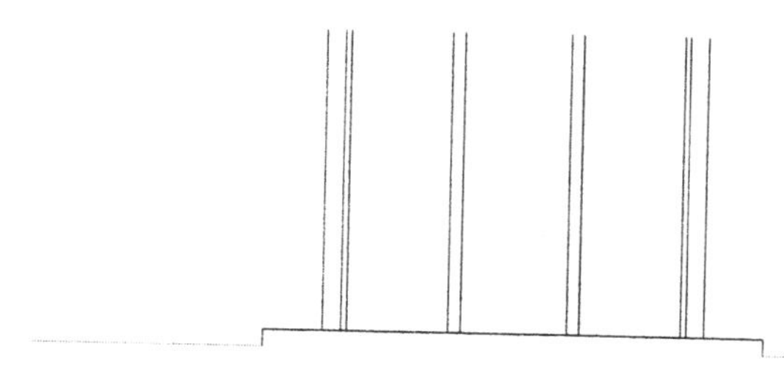

图 9-39　偏移直线

（6）同理，将最上侧水平线向上偏移 7000 和 2000，如图 9-40 所示。

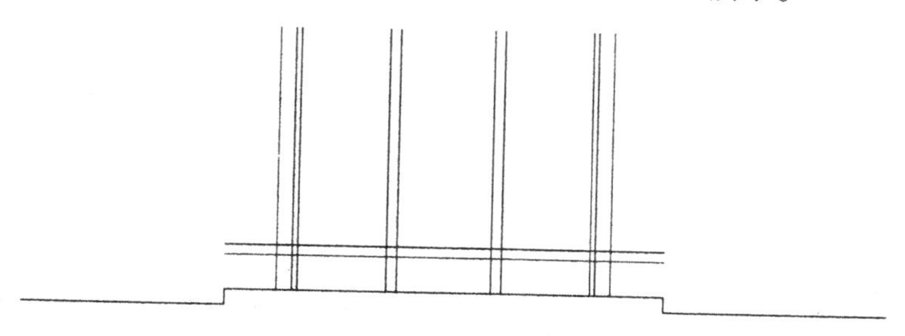

图 9-40　偏移直线

（7）单击“修改”工具栏中的“修剪”按钮，修剪掉多余的直线，如图 9-41 所示。

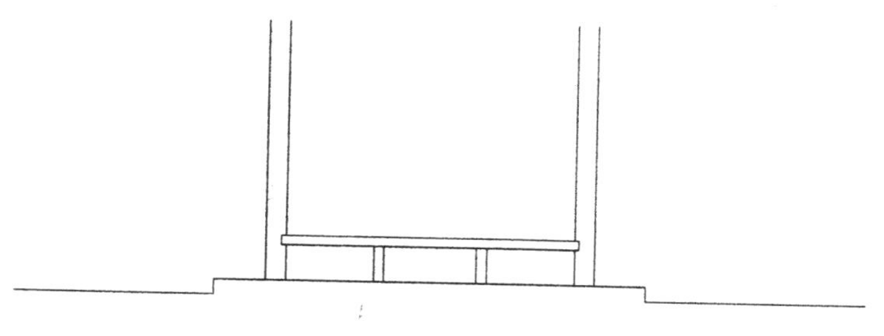

图 9-41　修剪掉多余的直线

2. 绘制亭顶轮廓线

（1）单击“绘图”工具栏中的“矩形”按钮，捕捉左侧竖直长线的端点为起点，绘制一个尺寸为 100000×3000 的矩形，如图 9-42 所示。

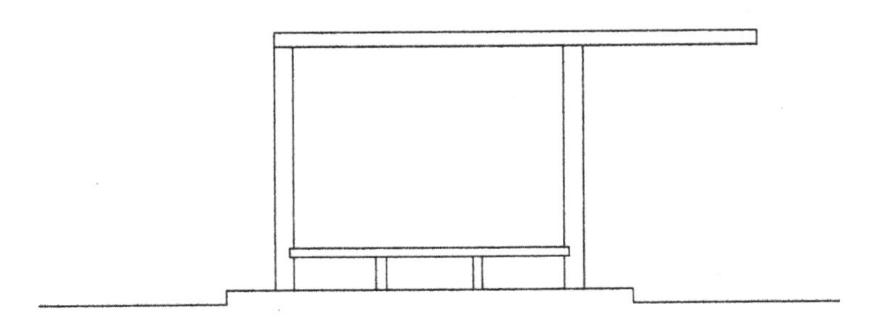

图 9-42　绘制矩形

（2）单击“修改”工具栏中的“移动”按钮，将矩形向左水平移动 18000，如图 9-43 所示。

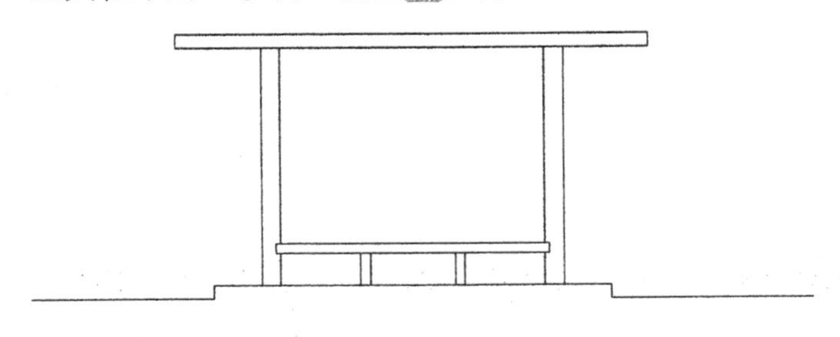

图 9-43　移动矩形

（3）单击“绘图”工具栏中的“直线”按钮，捕捉矩形上侧长边中点为起点，竖直向上绘制长为 30000 的直线作为辅助线，如图 9-44 所示。

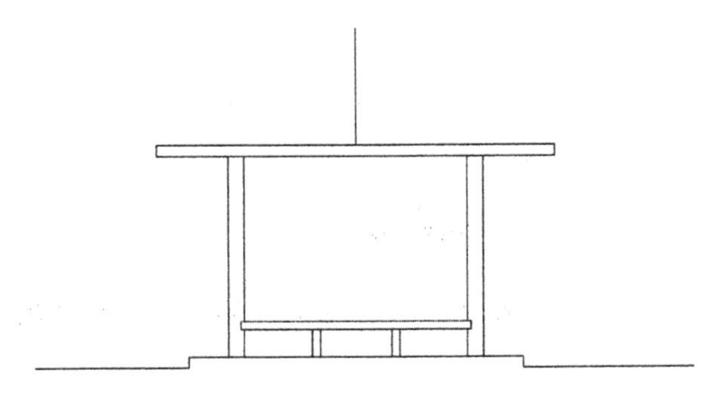

图 9-44　绘制竖线

（4）单击“绘图”工具栏中的“多段线”按钮，设置线宽为 0，根据辅助线绘制屋脊线，如图 9-45 所示。

（5）单击“修改”工具栏中的“删除”按钮，删除辅助线，如图 9-46 所示。

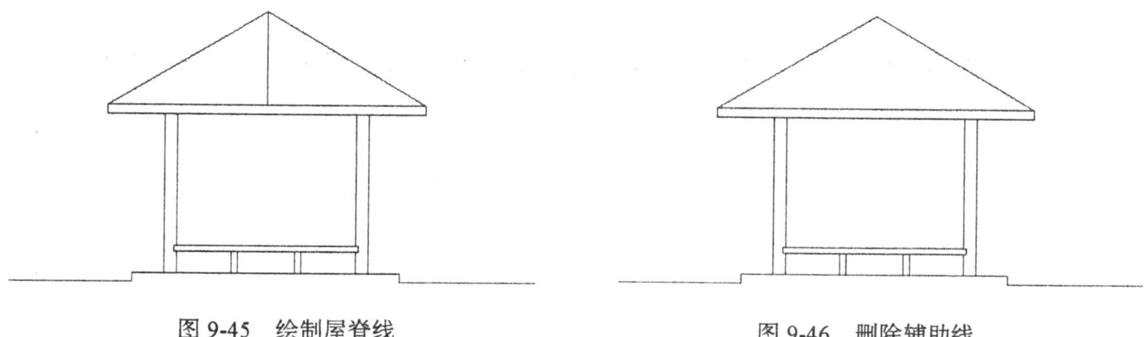

图 9-45　绘制屋脊线　　　　图 9-46　删除辅助线

（6）单击“修改”工具栏中的“偏移”按钮，将屋脊线向内偏移 600，然后单击“修改”工具栏中的“修剪”按钮，修剪掉多余的直线，如图 9-47 所示。

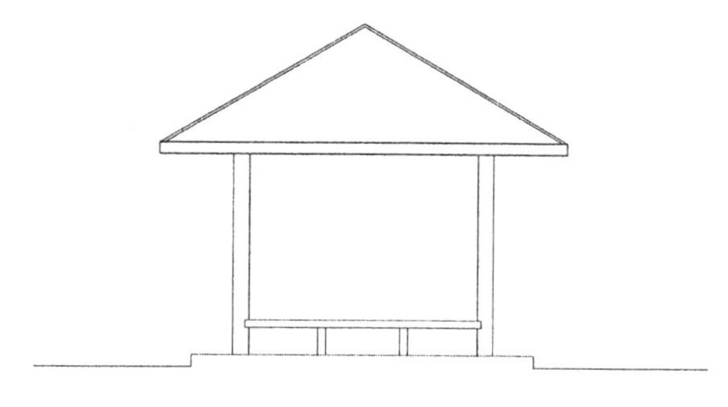

图 9-47　修剪直线

（7）单击“绘图”工具栏中的“直线”按钮，细化亭顶，如图 9-48 所示。

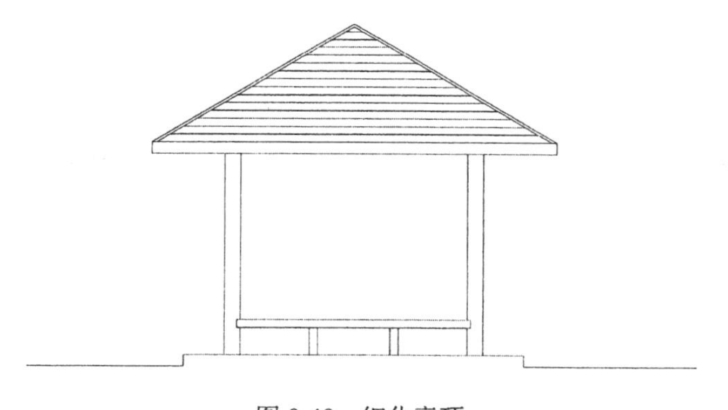

图 9-48　细化亭顶

3. 绘制屋面和挂落

（1）单击“修改”工具栏中的“分解”按钮，将亭顶处的矩形进行分解。

（2）单击“修改”工具栏中的“偏移”按钮，将分解后的矩形下侧边向下偏移 4000，如图 9-49 所示。

（3）单击“修改”工具栏中的“修剪”按钮，修剪掉多余的直线，如图 9-50 所示。

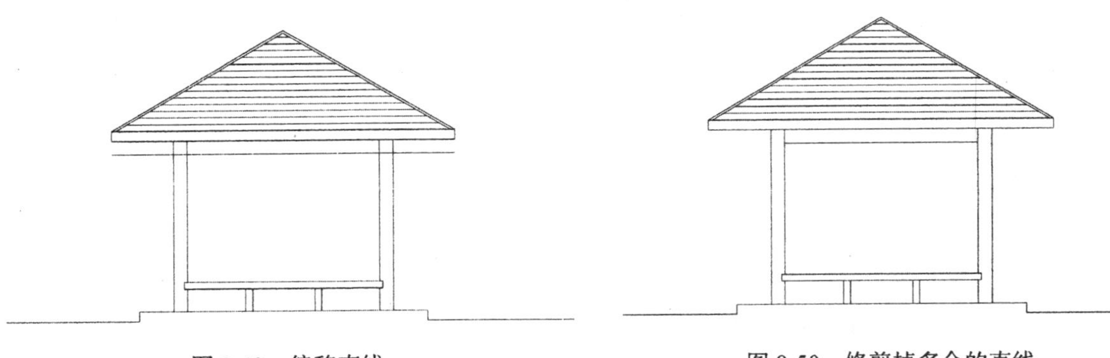

图 9-49 偏移直线　　　图 9-50 修剪掉多余的直线

（4）单击“绘图”工具栏中的“直线”按钮，绘制挂落，如图 9-51 所示。

（5）单击“绘图”工具栏中的“直线”按钮和“矩形”按钮，绘制剩余图形，如图 9-52 所示。

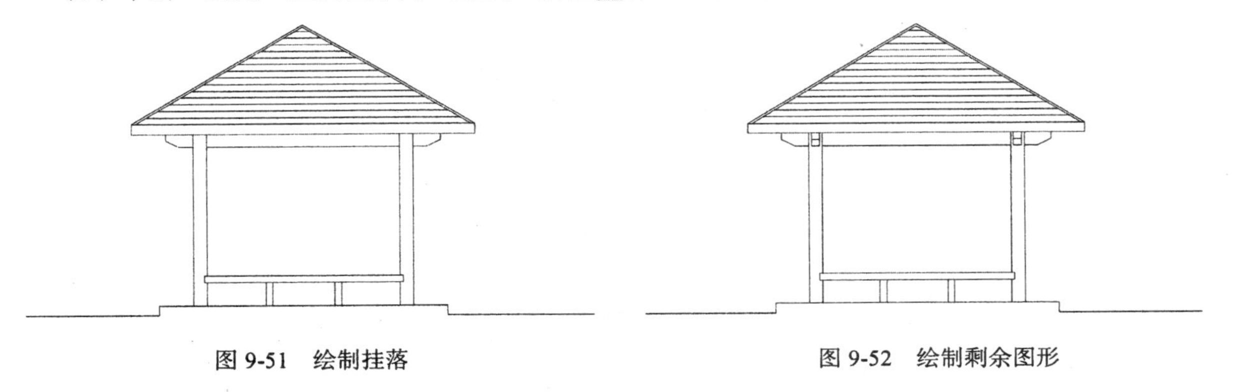

图 9-51 绘制挂落　　　图 9-52 绘制剩余图形

4. 标注文字

（1）单击“绘图”工具栏中的“直线”按钮，在图中引出直线，如图 9-53 所示。

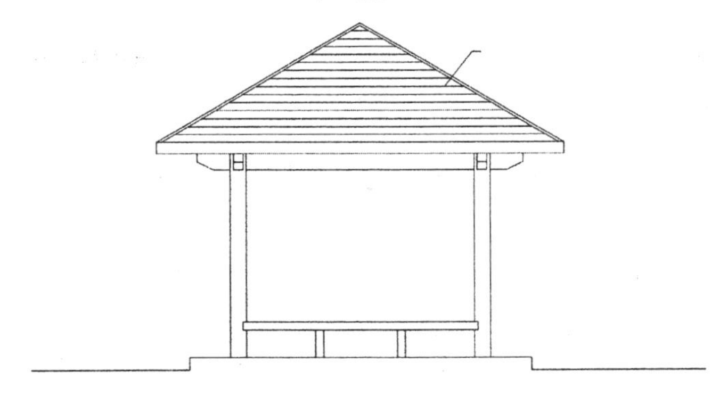

图 9-53 引出直线

（2）单击“绘图”工具栏中的“多行文字”按钮，在直线右侧输入文字，如图 9-54 所示。

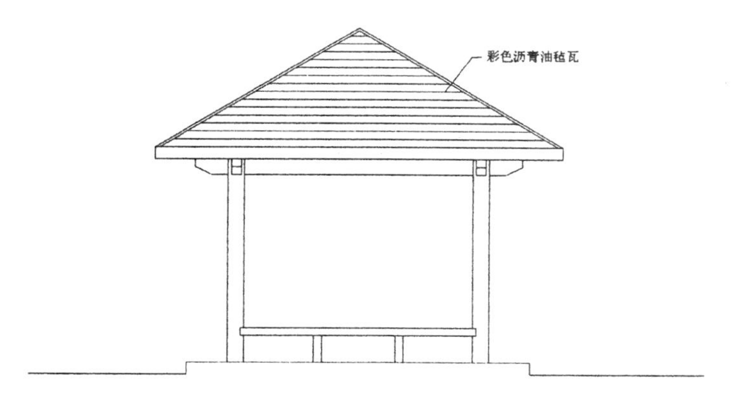

图 9-54　输入文字

（3）同理，标注其他位置处的文字说明。也可以利用“复制”命令，将步骤中输入的文字进行复制，然后双击文字修改文字内容，方便文字格式的统一，结果如图 9-55 所示。

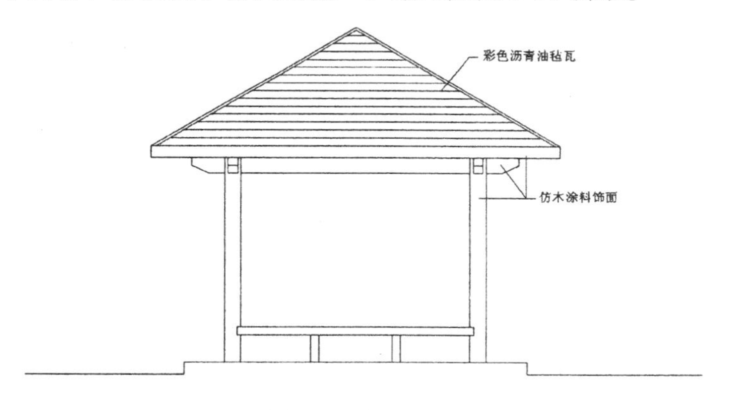

图 9-55　标注文字

（4）单击“绘图”工具栏中的“直线”按钮、“多段线”按钮和“多行文字”按钮，标注图名，如图 9-56 所示。

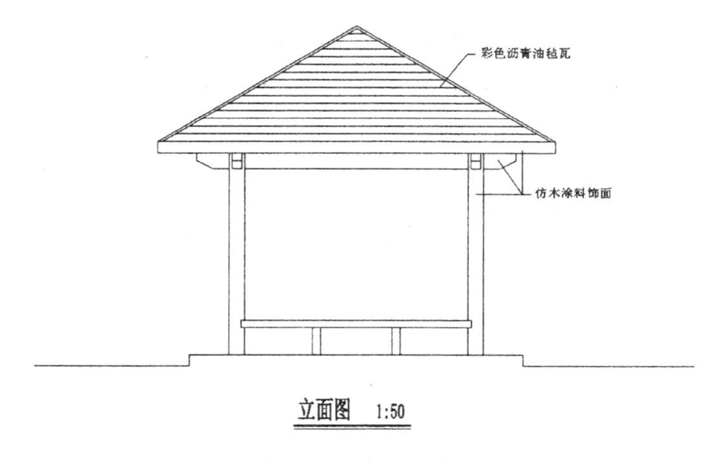

图 9-56　标注图名

9.1.4 绘制亭屋顶平面图

1. 绘制亭屋顶

（1）单击“绘图”工具栏中的“矩形”按钮，绘制一个长为 100000，宽为 100000 的矩形，如图 9-57 所示。

（2）单击“绘图”工具栏中的“直线”按钮，在矩形内绘制两条相交的斜线，如图 9-58 所示。

图 9-57 绘制矩形

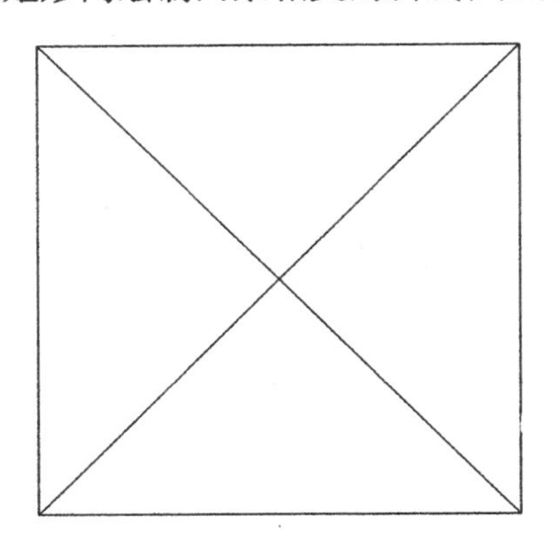

图 9-58 绘制斜线

（3）单击“修改”工具栏中的“偏移”按钮，将两条斜线分别向两侧偏移，偏移距离为 1500，如图 9-59 所示。

（4）单击“修改”工具栏中的“修剪”按钮，修剪掉多余的直线，如图 9-60 所示。

图 9-59 偏移直线

图 9-60 修剪掉多余的直线

（5）单击“绘图”工具栏中的“直线”按钮，在图形的中间位置处绘制两条互相垂直的直线，如图 9-61 所示。

（6）单击“修改”工具栏中的“偏移”按钮，将矩形分别向内偏移，偏移距离为 2879、3000、3000、3000、3000、3000、3000、3000、3000、3000、3000、3000、3000、3000 和 3000，如图 9-62 所示。

图 9-61　绘制直线

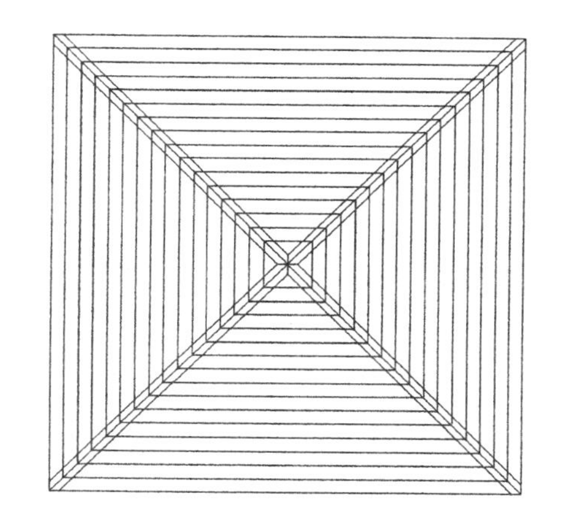

图 9-62　偏移矩形

（7）单击“修改”工具栏中的“修剪”按钮，修剪掉多余的直线，如图 9-63 所示。

（8）单击“绘图”工具栏中的“直线”按钮，绘制 4 条虚线，如图 9-64 所示。

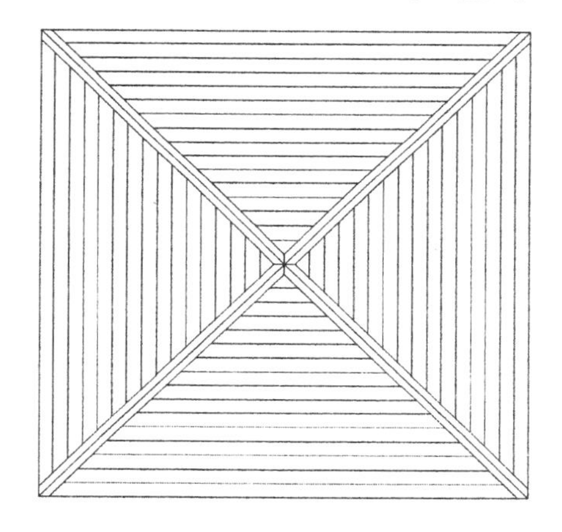

图 9-63　修剪掉多余的直线

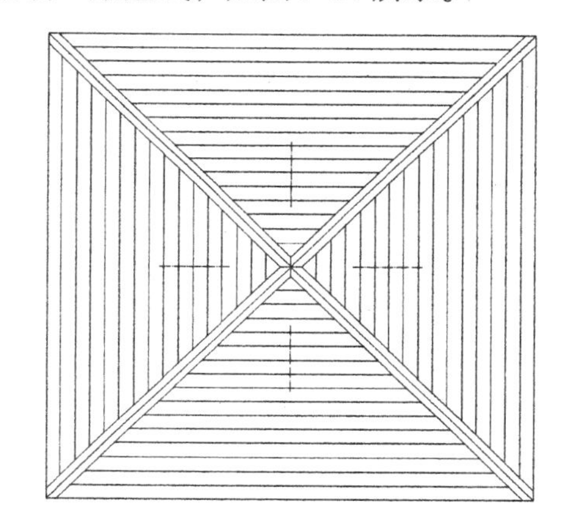

图 9-64　绘制虚线

2. 标注图形

（1）按照亭平面图中的标注样式进行设置，设置结果如下。

①线：超出尺寸线为 1000，起点偏移量为 1000。

②符号和箭头：第一个为用户箭头，选择建筑标记，箭头大小为 1000。

③文字：文字高度为 2000，文字位置为垂直向上，文字对齐设为与尺寸线对齐。

④主单位：精度为 0，舍入为 100，比例因子为 0.05。

（2）单击“标注”工具栏中的“线性”按钮，标注尺寸，如图 9-65 所示。

（3）单击“绘图”工具栏中的“直线”按钮和“多行文字”按钮，标注文字，如图 9-66 所示。

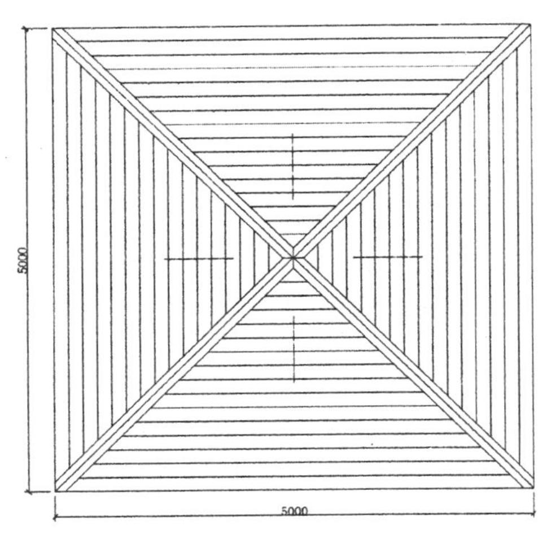

图 9-65　标注尺寸

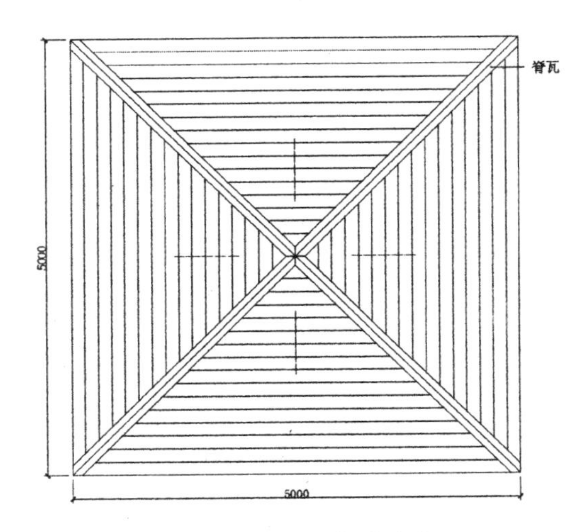

图 9-66　标注文字

（4）单击“修改”工具栏中的“复制”按钮，将步骤（3）中标注的文字复制到其他位置处，然后双击文字，修改文字内容，完成其他位置处文字的标注说明，以便文字格式的统一，结果如图 9-67 所示。

（5）单击“绘图”工具栏中的“直线”按钮、“多段线”按钮和“多行文字”按钮，标注图名，如图 9-68 所示。

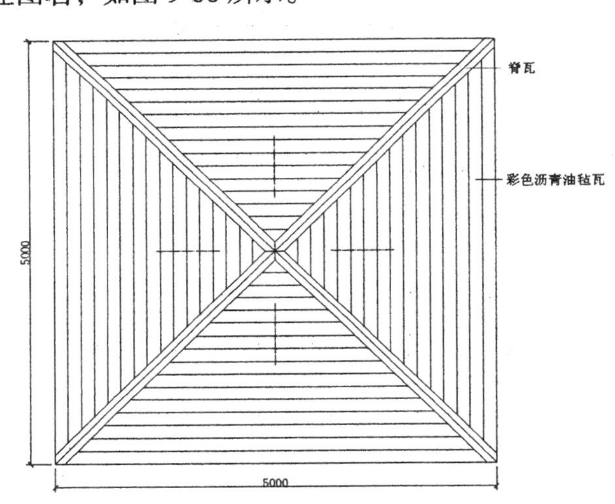

图 9-67　复制文字

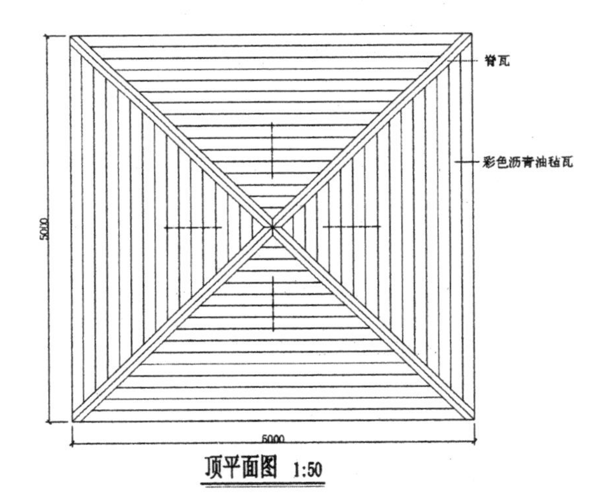

图 9-68　标注图名

9.1.5　绘制 1-1 剖面图

1. 绘制 1-1 剖面

（1）单击“标准”工具栏中的“打开”按钮，将亭立面图打开，然后将其另存为“1-1 剖面图”。

（2）单击“修改”工具栏中的“删除”按钮和“修剪”按钮，删除多余的图形并进行整理，如图 9-69 所示。

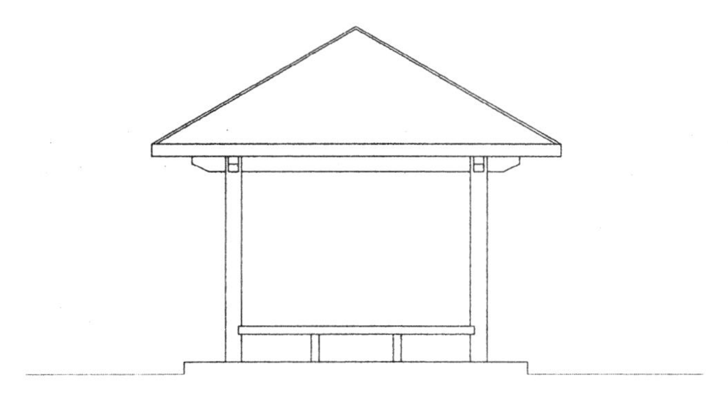

图 9-69　整理图形

（3）单击“绘图”工具栏中的“直线”按钮，在图中绘制轴线，如图 9-70 所示。

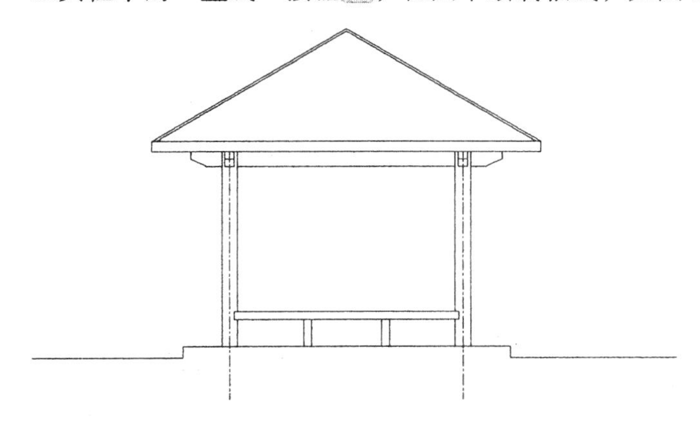

图 9-70　绘制轴线

（4）单击“修改”工具栏中的“偏移”按钮，将轴线分别向两侧偏移 3000，如图 9-71 所示。

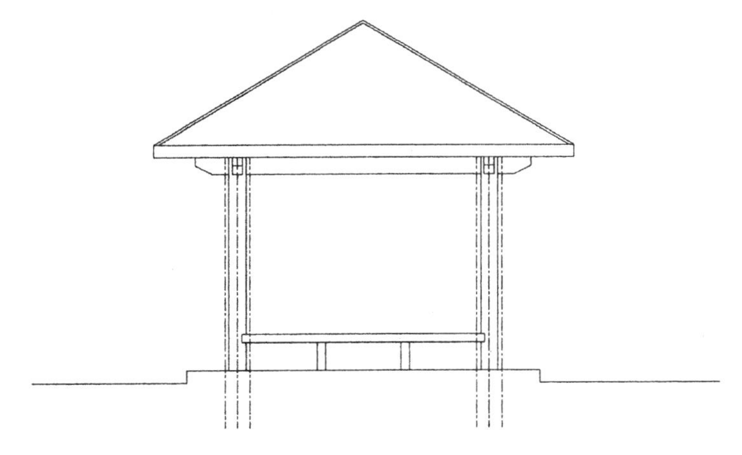

图 9-71　偏移轴线

（5）单击“修改”工具栏中的“修剪”按钮和“延伸”按钮，绘制底柱，如图 9-72 所示。

（6）单击“修改”工具栏中的“延伸”按钮，将柱子延伸到亭顶，如图 9-73 所示。

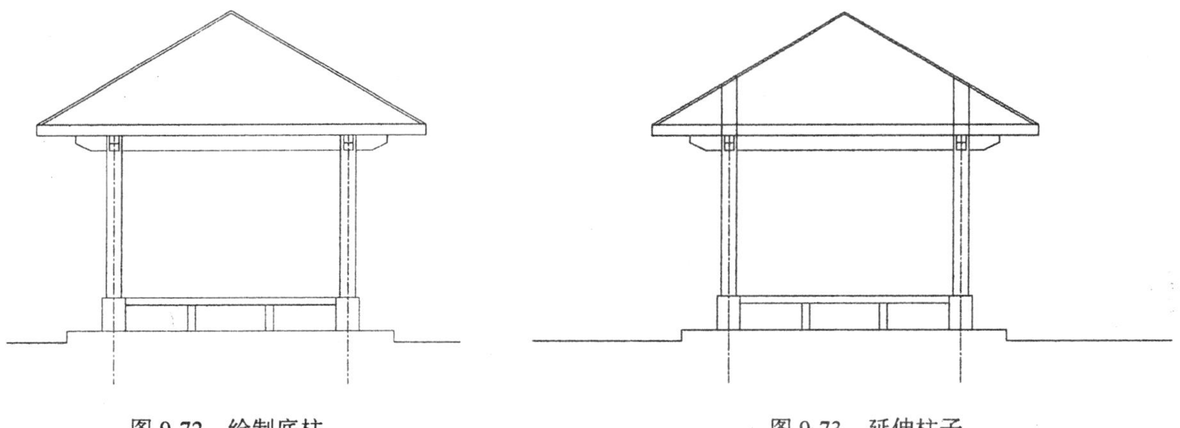

图 9-72　绘制底柱　　　　图 9-73　延伸柱子

（7）单击“修改”工具栏中的“修剪”按钮，修剪掉多余的直线，如图 9-74 所示。

（8）单击“绘图”工具栏中的“直线”按钮，以内部斜线端点处为起点，绘制两条较短的直线；然后单击“修改”工具栏中的“删除”按钮，将内部斜线删除，如图 9-75 所示。

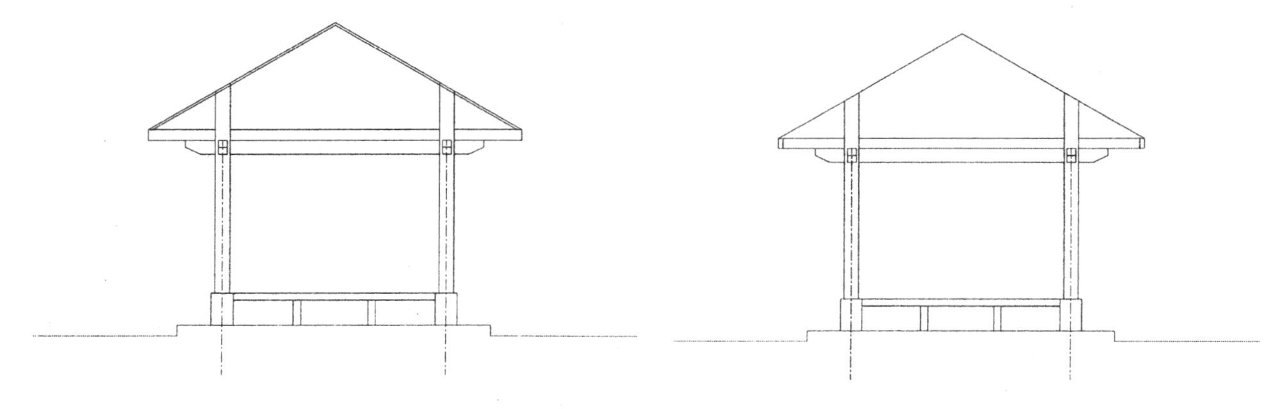

图 9-74　修剪掉多余的直线　　　　图 9-75　删除内部斜线

（9）单击“修改”工具栏中的“偏移”按钮，将最上侧水平直线向上偏移，偏移距离为 6600 和 6600，如图 9-76 所示。

（10）单击“绘图”工具栏中的“直线”按钮，细化亭顶，如图 9-77 所示。

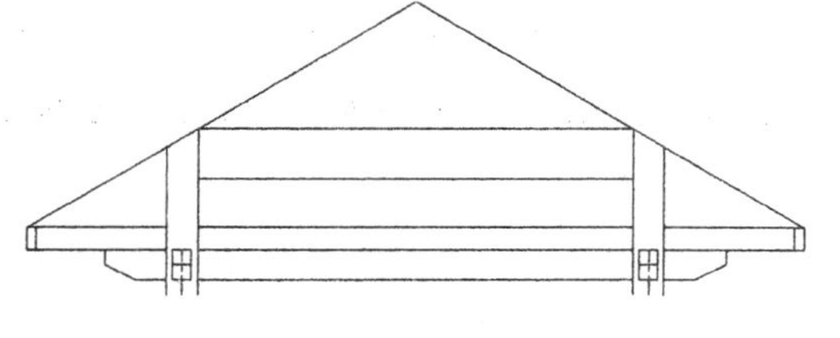

图 9-76　偏移直线

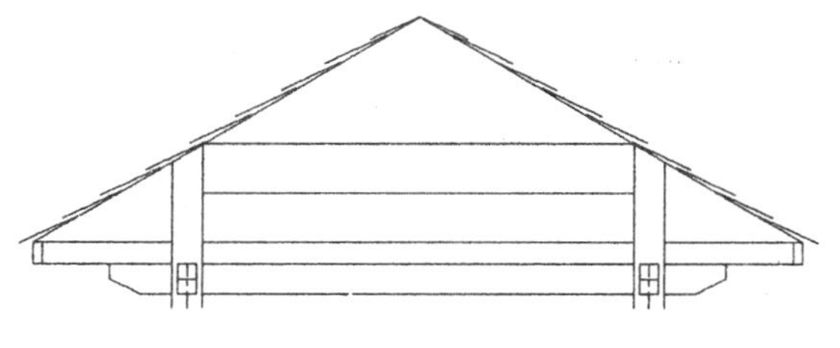

图 9-77　细化亭顶

（11）单击“绘图”工具栏中的“直线”按钮，绘制剩余图形，如图 9-78 所示。

（12）单击“绘图”工具栏中的“图案填充”按钮，打开“图案填充创建”选项卡，如图 9-79 所示。选择 SOLID 图案，用鼠标指定将要填充的区域，填充结果如图 9-80 所示。

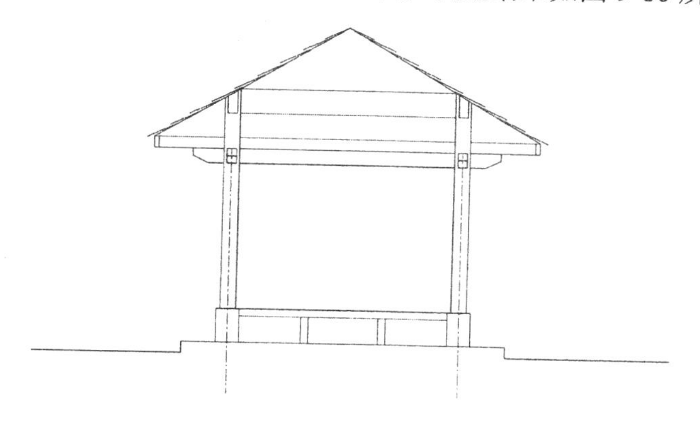

图 9-78　绘制剩余图形

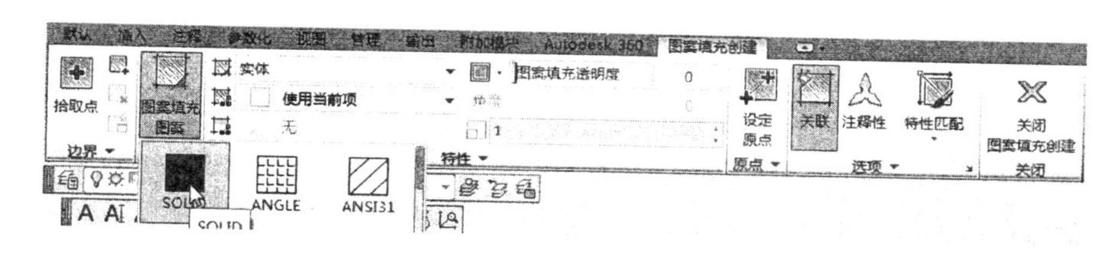

图 9-79　“图案填充创建”选项卡

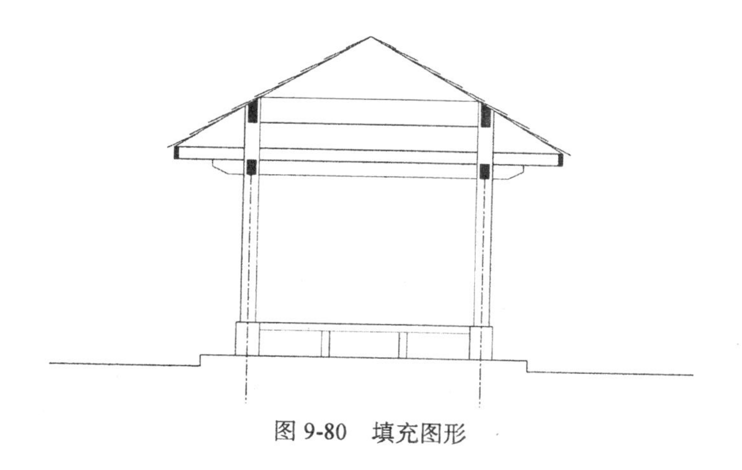

图 9-80　填充图形

2. 标注图形

（1）按照亭平面图中的标注样式进行设置，设置结果如下。

①线：超出尺寸线为 1000，起点偏移量为 1000。

②符号和箭头：第一个为用户箭头，选择建筑标记，箭头大小为 1000。

③文字：文字高度为 2000，文字位置为垂直向上，文字对齐为与尺寸线对齐。

④主单位：精度为 0，舍入为 100，比例因子为 0.05。

（2）单击“标注”工具栏中的“线性”按钮和“连续”按钮，为图形标注尺寸，如图 9-81 所示。

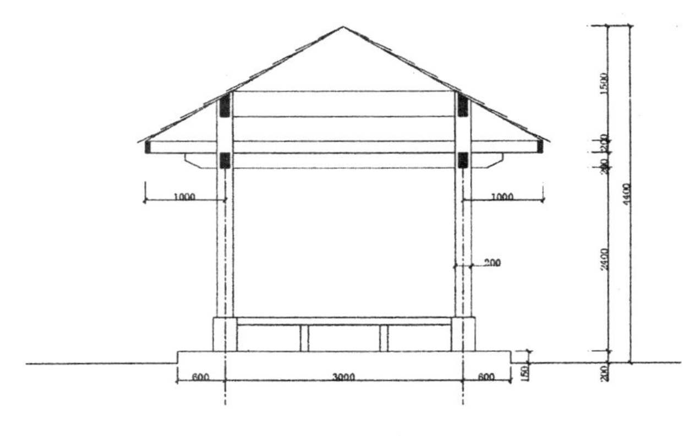

图 9-81　标注尺寸

（3）单击“绘图”工具栏中的“直线”按钮，在图中绘制标高符号，如图 9-82 所示。

（4）单击“绘图”工具栏中的“多行文字”按钮，输入标高数值，如图 9-83 所示。

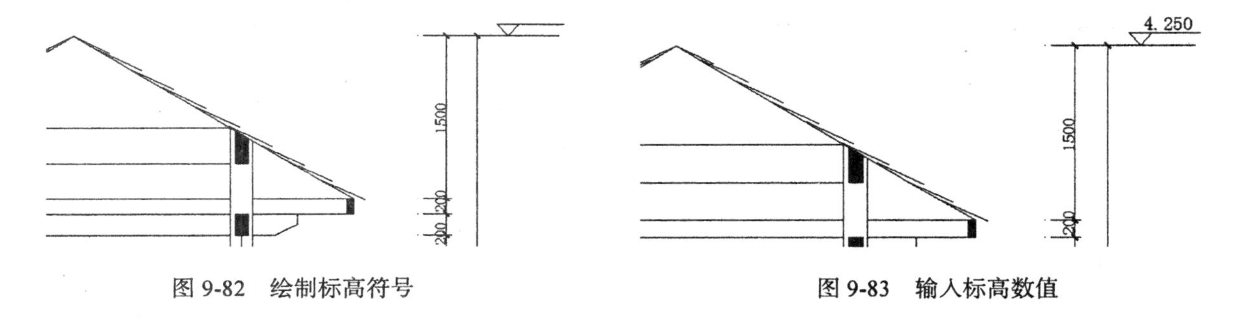

图 9-82　绘制标高符号　　图 9-83　输入标高数值

（5）单击“修改”工具栏中的“复制”按钮，将绘制的标高复制到图中其他位置处，然后双击标高数值，修改内容，完成其他位置处标高的绘制，如图 9-84 所示。

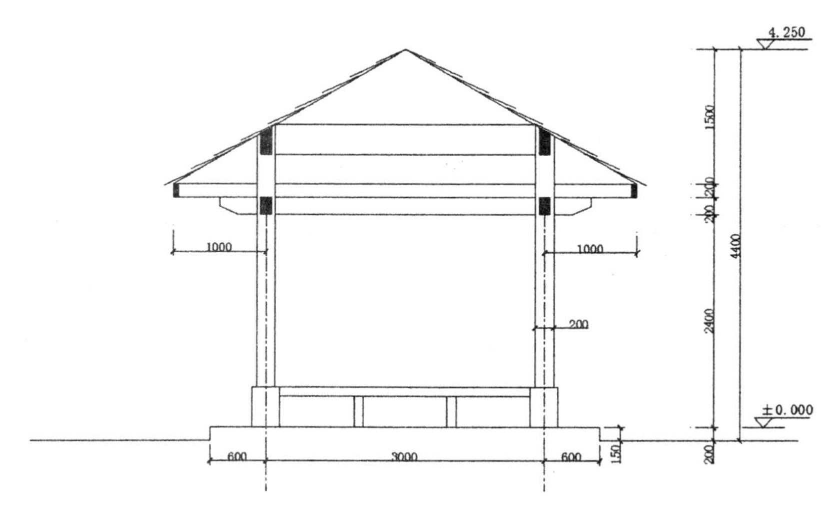

图 9-84　复制标高

（6）单击“绘图”工具栏中的“直线”按钮，在图中引出直线，如图 9-85 所示。

（7）单击“绘图”工具栏中的“圆”按钮，在直线处绘制一个圆，如图 9-86 所示。

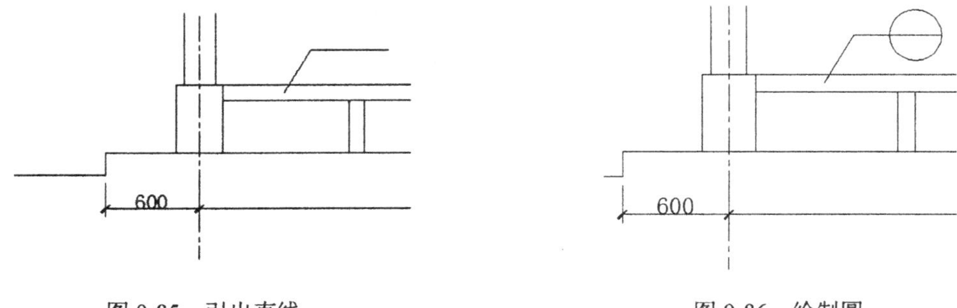

图 9-85　引出直线　　　　图 9-86　绘制圆

（8）单击“绘图”工具栏中的“多行文字”按钮，在圆内输入文字，如图 9-87 所示。

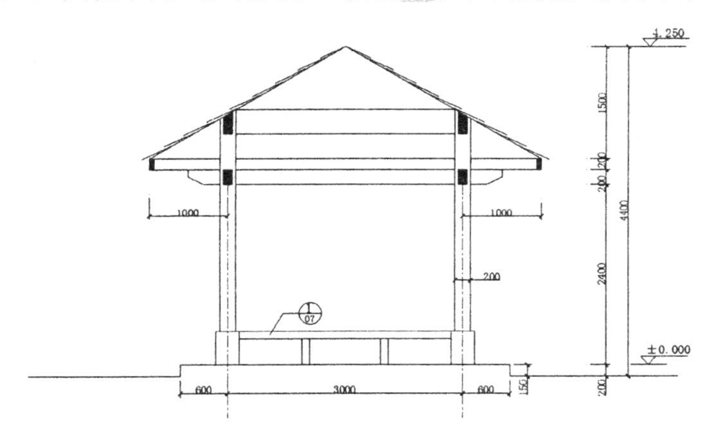

图 9-87　输入文字

（9）单击“修改”工具栏中的“复制”按钮，将标号复制到图中其他位置处，并修改内容，如图 9-88 所示。

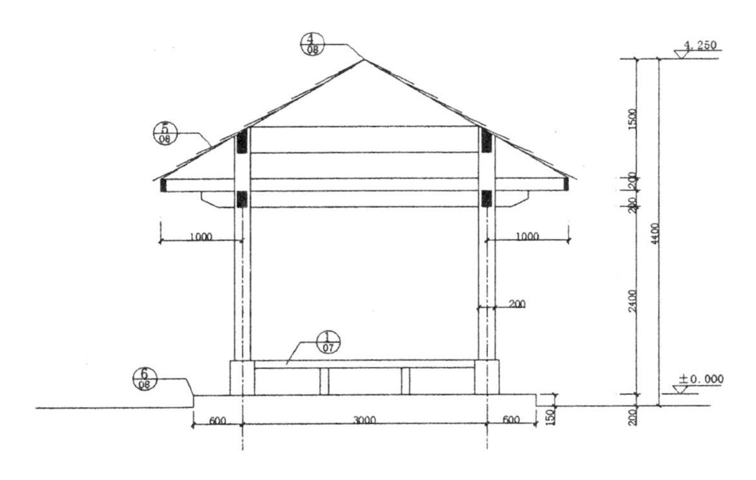

图 9-88　复制并修改标号

（10）单击“绘图”工具栏中的“直线”按钮、“多段线”按钮和“多行文字”按钮，标注图名，如图 9-89 所示。

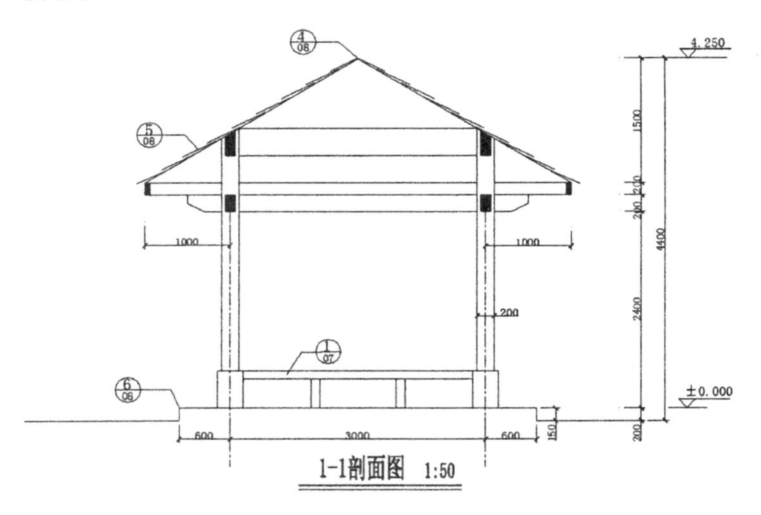

图 9-89　标注图名

9.1.6　绘制架顶平面图

1. 绘制架顶平面

（1）单击“绘图”工具栏中的“直线”按钮，绘制水平长为 65655，竖直长为 63072 的两条互相垂直的轴线，如图 9-90 所示。

（2）单击“修改”工具栏中的“偏移”按钮，将水平轴线向上偏移 43000，竖直轴线向右偏移 43000，如图 9-91 所示。

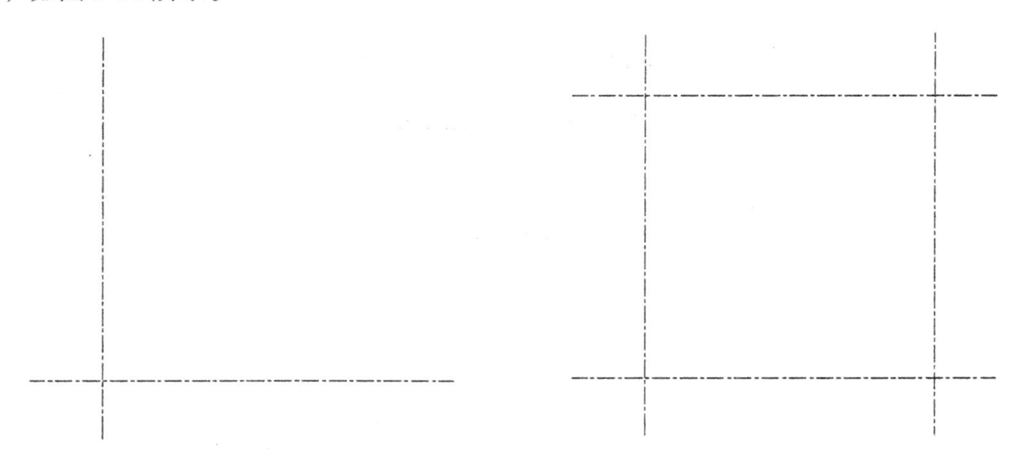

图 9-90　绘制轴线

图 9-91　偏移轴线

（3）单击“绘图”工具栏中的“矩形”按钮▭，根据如图 9-92 所示的尺寸绘制一个方木条。

（4）单击“修改”工具栏中的“复制”按钮和“旋转”按钮，将方木条复制到另外 3 条轴线上，如图 9-93 所示。

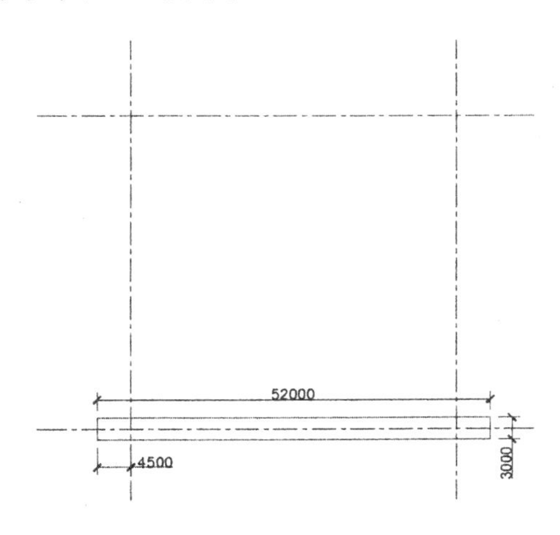

图 9-92　绘制方木条

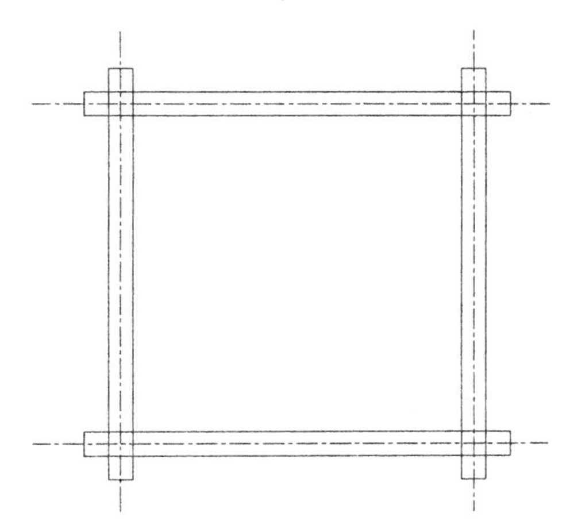

图 9-93　复制方木条

（5）单击“修改”工具栏中的“修剪”按钮，修剪掉多余的直线，如图 9-94 所示。

（6）单击“绘图”工具栏中的“圆”按钮，在轴线的交点处绘制半径为 180 的圆，如图 9-95 所示。

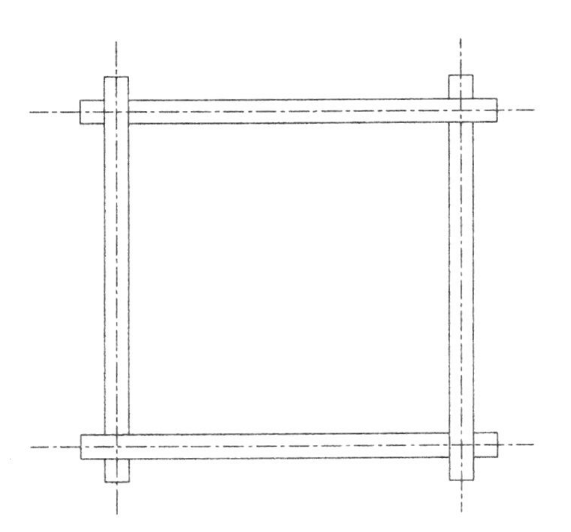

图 9-94　修剪掉多余的直线

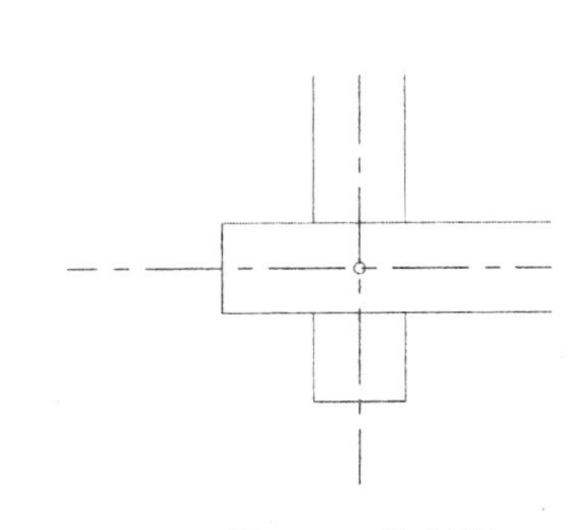

图 9-95　绘制圆

（7）单击“修改”工具栏中的“复制”按钮，将圆复制到其他 3 个角处，完成螺栓的绘制，如图 9-96 所示。

（8）单击“修改”工具栏中的“偏移”按钮，将上侧水平轴线依次向下偏移 300、8240、8240、8240 和 8240，左侧竖直轴线向右偏移 300、8240、8240、8240 和 8240，如图 9-97 所示。

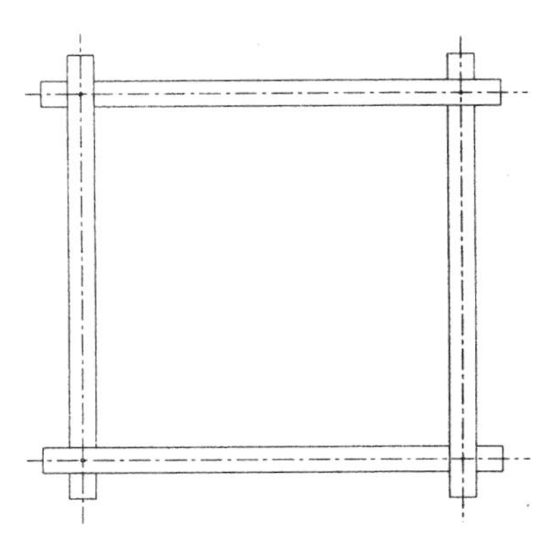

图 9-96　复制圆

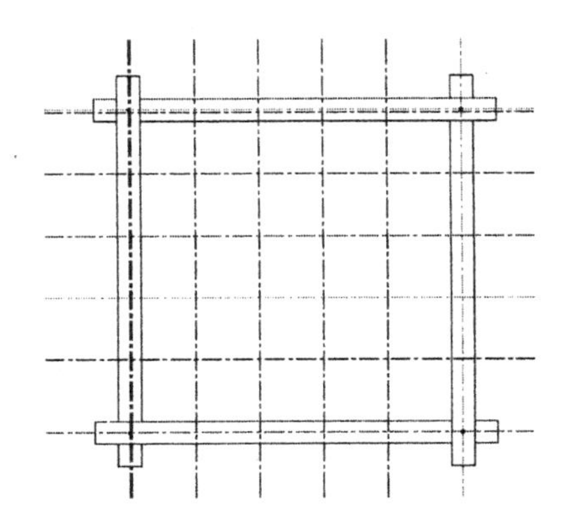

图 9-97　偏移轴线

（9）单击“绘图”工具栏中的“矩形”按钮，绘制水平方向上尺寸为 42400 × 1200 的方木条，如图 9-98 所示。

（10）单击“修改”工具栏中的“复制”按钮，根据辅助线将方木条向下复制 3 次，如图 9-99 所示。

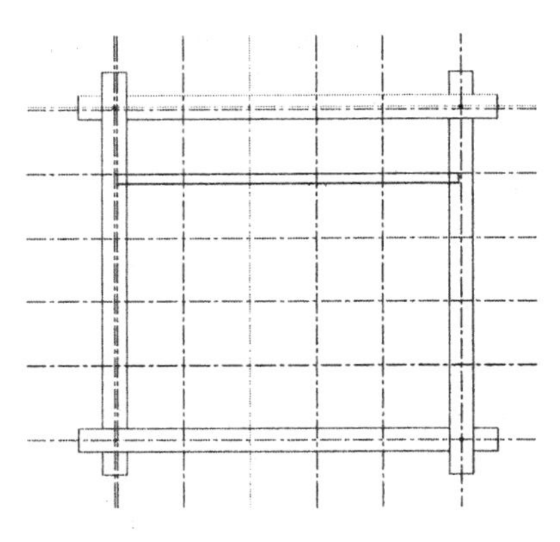

图 9-98　绘制方木条

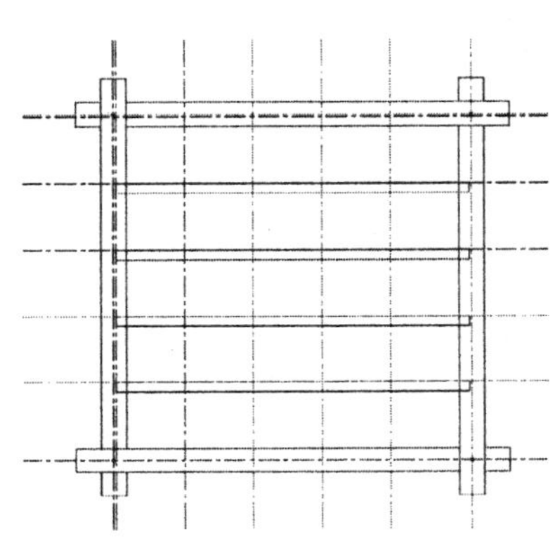

图 9-99　复制方木条

（11）同理，绘制竖直方向的方木条，如图 9-100 所示。

（12）单击“修改”工具栏中的“删除”按钮，将辅助线删除，如图 9-101 所示。

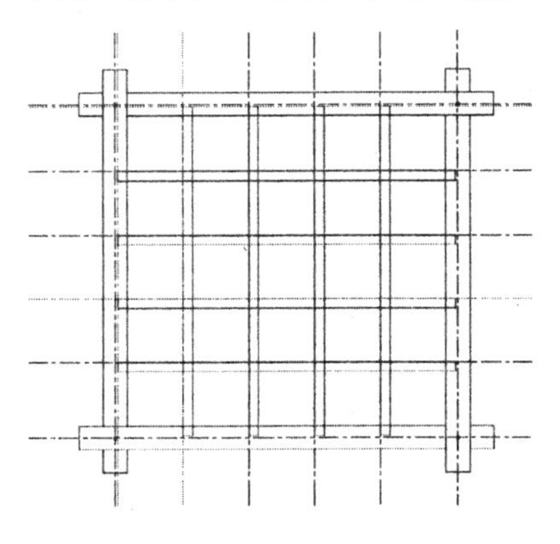

图 9-100　绘制竖直方向方木条

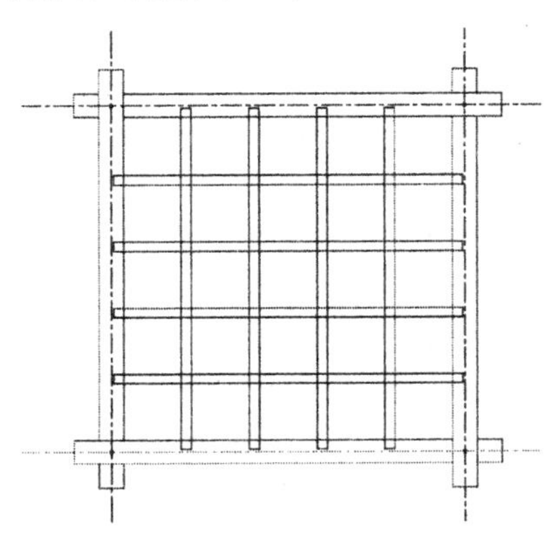

图 9-101　删除辅助线

（13）单击“修改”工具栏中的“修剪”按钮，修剪掉多余的直线，如图 9-102 所示。

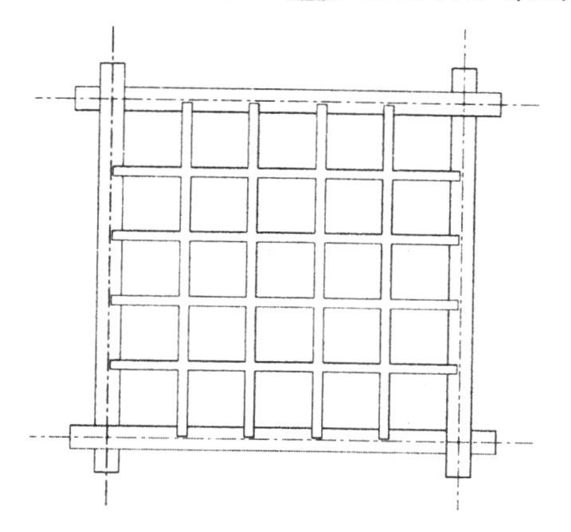

图 9-102　修剪掉多余的直线

2. 标注图形

（1）按照亭平面图中的标注样式进行设置，设置结果如下。

①线：超出尺寸线为 1000，起点偏移量为 1000。

②符号和箭头：第一个为用户箭头，选择建筑标记，箭头大小为 1000。

③文字：文字高度为 2000，文字位置为垂直向上，文字对齐为与尺寸线对齐。

④主单位：精度为 0，舍入为 1，比例因子为 0.05。

（2）单击“标注”工具栏中的“线性”按钮和“连续”按钮，标注第一道尺寸，如图 9-103 所示。

（3）单击“标注”工具栏中的“线性”按钮，标注第二道尺寸，如图 9-104 所示。

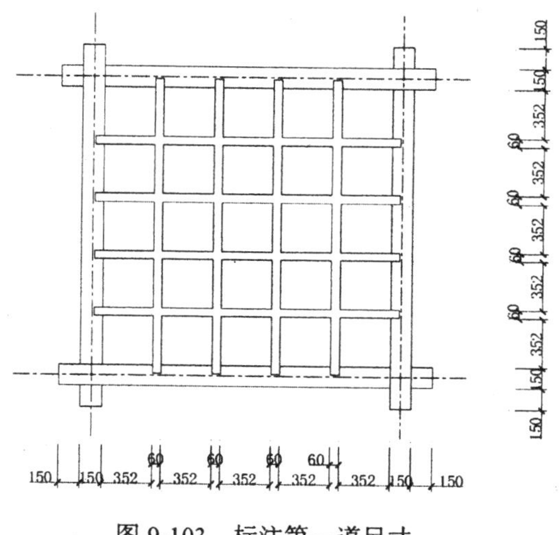

图 9-103　标注第一道尺寸

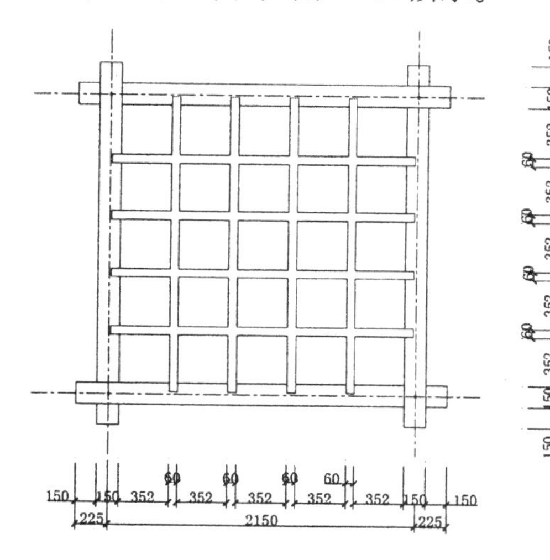

图 9-104　标注第二道尺寸

（4）单击“标注”工具栏中的“线性”按钮，标注总尺寸，如图 9-105 所示。

（5）同理，标注细节尺寸，如图 9-106 所示。

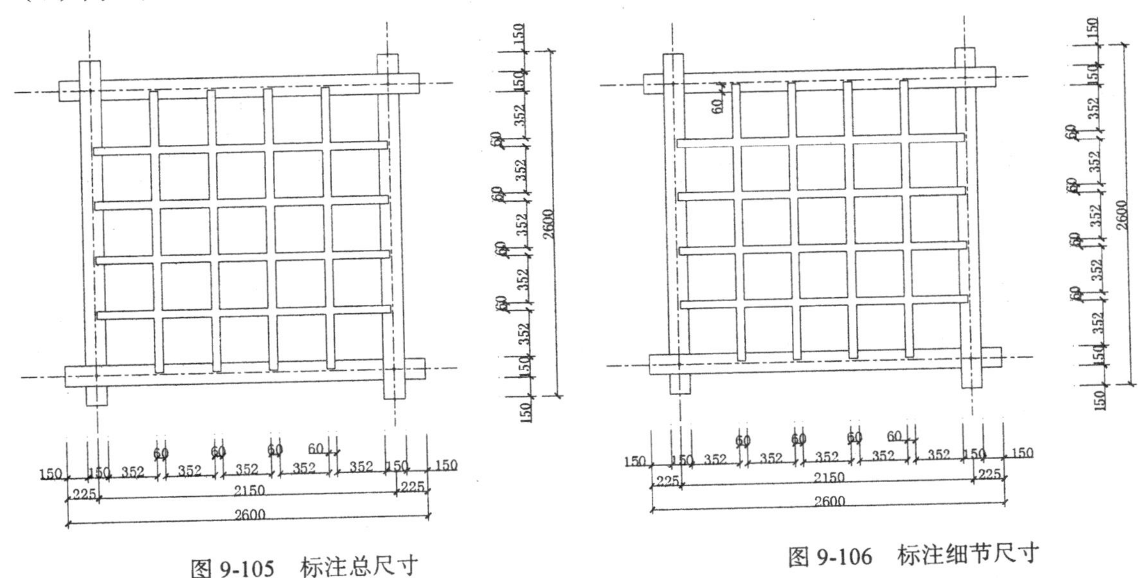

图 9-105　标注总尺寸

图 9-106　标注细节尺寸

注意　对于尺寸字样出现重叠的情况，应将其移开。单击尺寸数字，再用鼠标选中中间的蓝色方块标记，将字样移至外侧适当位置后单击“确定”按钮。

（6）单击“绘图”工具栏中的“直线”按钮，在图中引出直线，如图 9-107 所示。

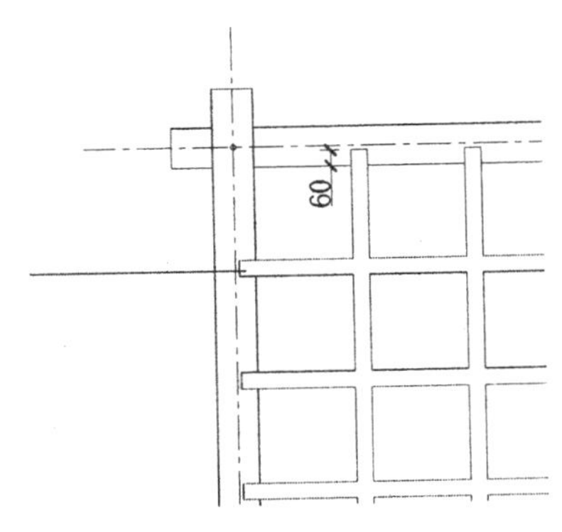

图 9-107　引出直线

（7）单击“绘图”工具栏中的“多行文字”按钮 A，在直线左侧输入文字，如图 9-108 所示。

（8）单击“修改”工具栏中的“复制”按钮，将文字复制到图中其他位置处，然后双击文字，修改文字内容，完成其他位置处文字的标注，如图 9-109 所示。

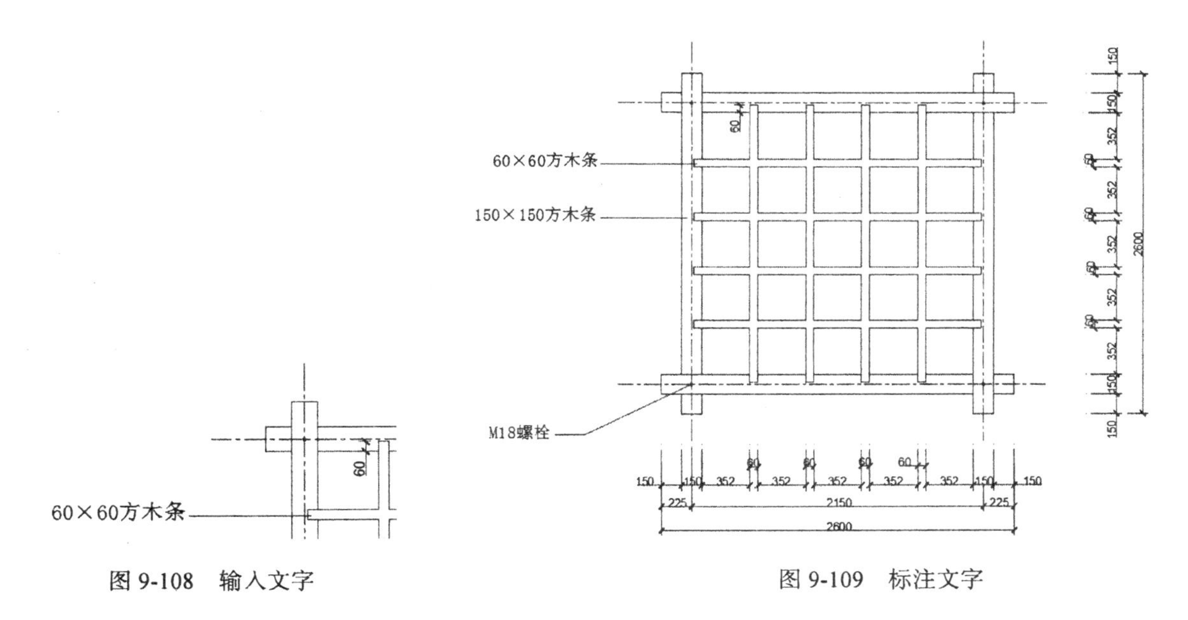

图 9-108　输入文字　　　　图 9-109　标注文字

（9）单击“绘图”工具栏中的“直线”按钮、“圆”按钮和“多行文字”按钮，标注标号，如图 9-110 所示。

（10）单击“绘图”工具栏中的“多段线”按钮和“多行文字”按钮，绘制剖切符号，如图 9-111 所示。

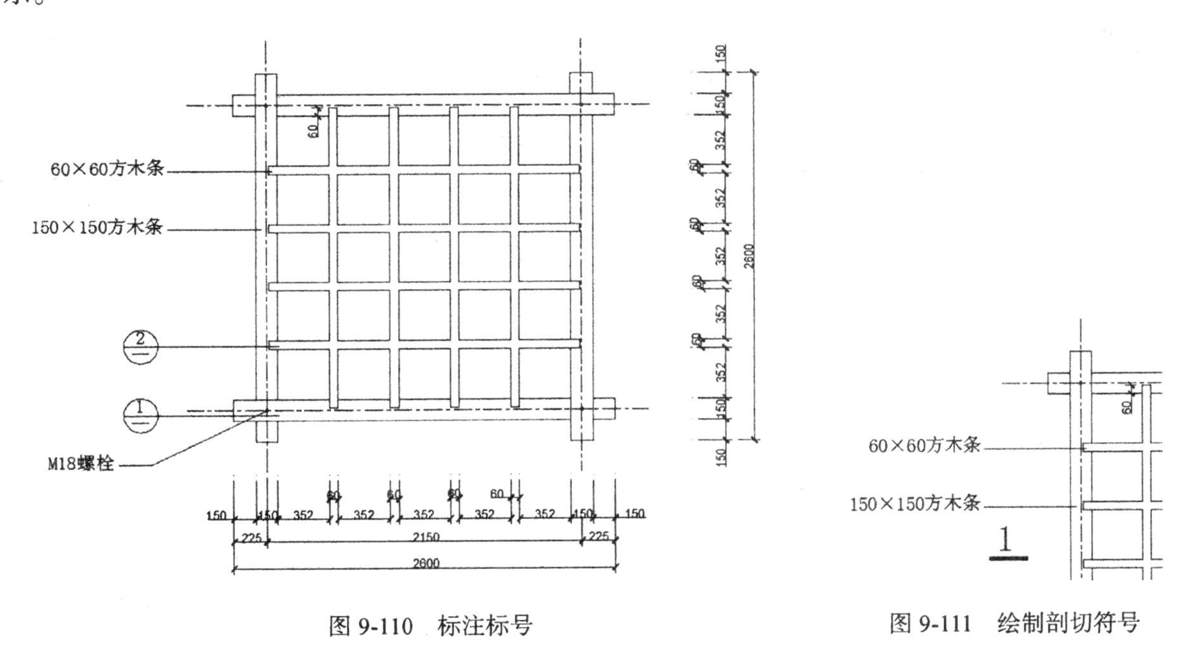

图 9-110　标注标号　　　　图 9-111　绘制剖切符号

（11）单击“修改”工具栏中的“复制”按钮，将剖切符号复制到另外一侧，如图 9-112 所示。

（12）单击“绘图”工具栏中的“直线”按钮、“多段线”按钮和“多行文字”按钮，标注图名，如图 9-113 所示。

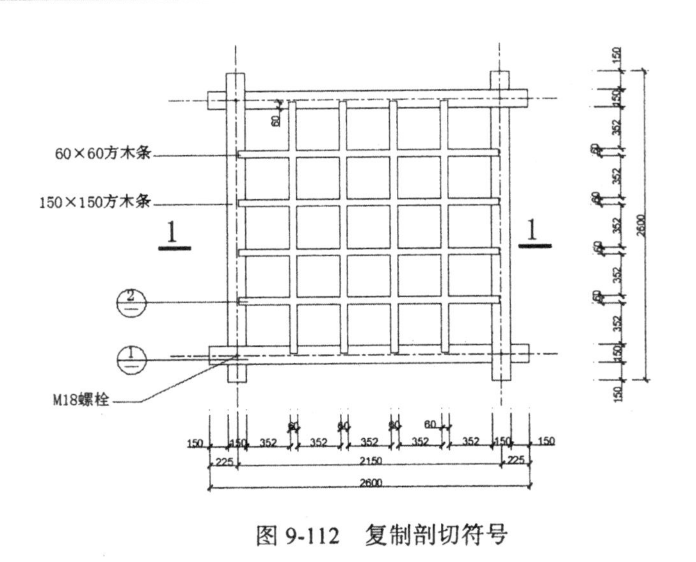

图 9-112　复制剖切符号

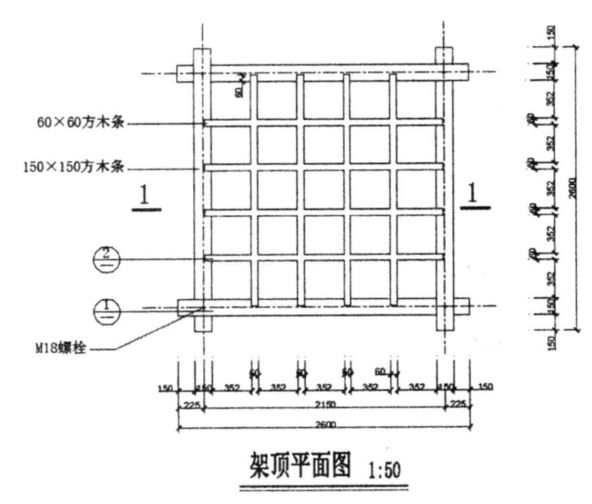

图 9-113　标注图名

9.1.7　绘制架顶立面图

1. 绘制架顶立面

（1）单击“绘图”工具栏中的“直线”按钮，绘制长为 124000 的水平直线，如图 9-114 所示。

图 9-114　绘制水平直线

（2）同理，绘制长为 51360 的轴线，如图 9-115 所示。

图 9-115　绘制轴线

（3）单击“修改”工具栏中的“偏移”按钮，将轴线向右偏移 53760，如图 9-116 所示。

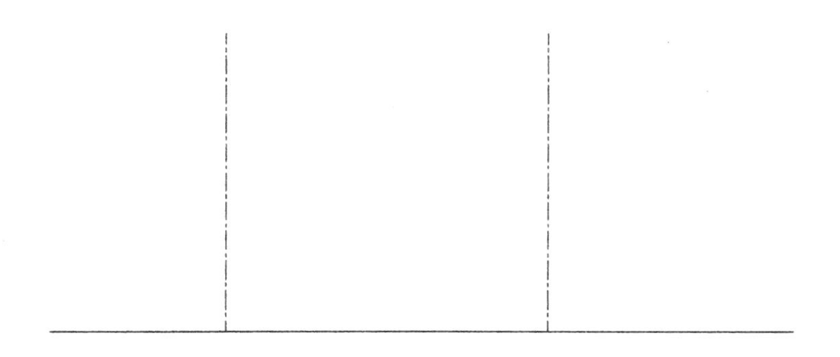

图 9-116　偏移轴线

（4）单击“绘图”工具栏中的“矩形”按钮，绘制尺寸为 62160 × 3000 的矩形作为木梁，如图 9-117 所示。

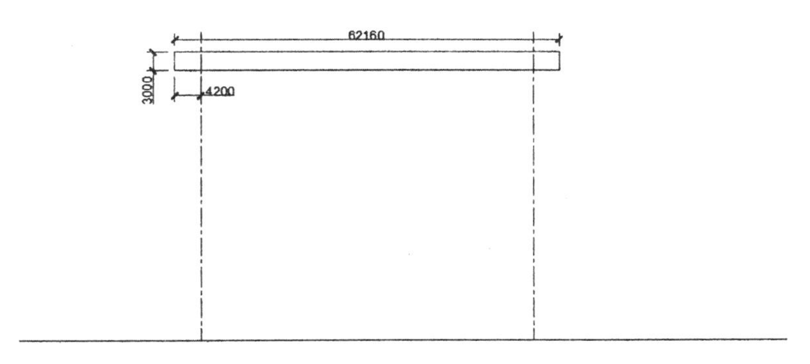

图 9-117　绘制木梁

（5）单击“修改”工具栏中的“偏移”按钮，将两条轴线分别向两侧均偏移 1200 和 250，如图 9-118 所示。

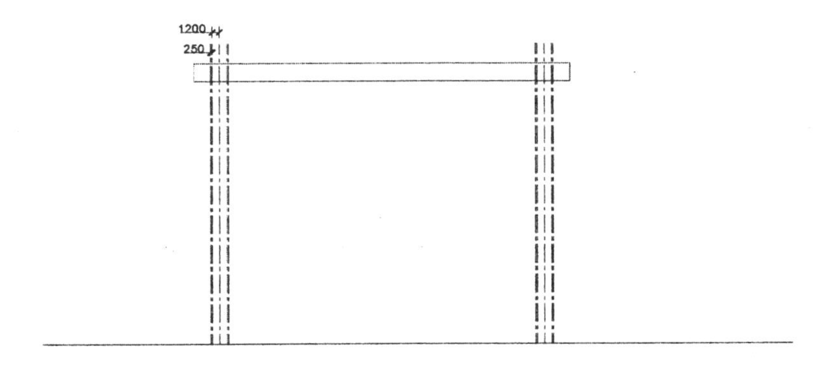

图 9-118　偏移直线

（6）单击“修改”工具栏中的“修剪”按钮，修剪掉多余的直线，完成柱子的绘制，如图 9-119 所示。

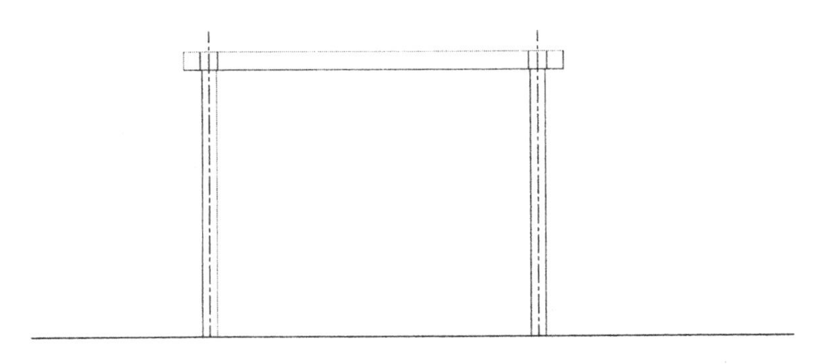

图 9-119　绘制柱子

（7）单击“绘图”工具栏中的“直线”按钮，绘制方钢管梁，如图 9-120 所示。

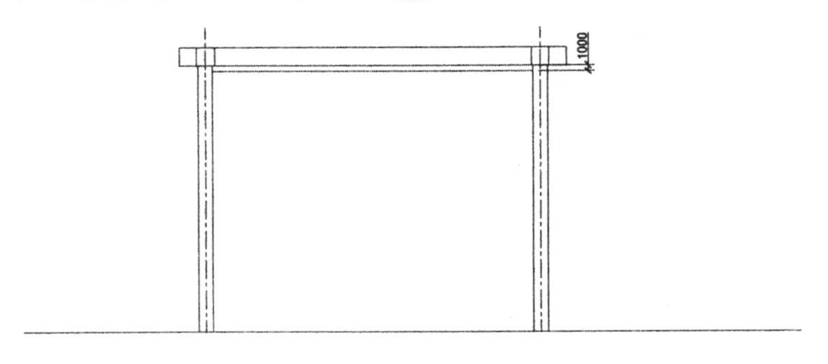

图 9-120　绘制方钢管梁

2. 标注图形

（1）按照亭平面图中的标注样式进行设置，设置结果如下。

①线：超出尺寸线为 1000，起点偏移量为 1000。

②符号和箭头：第一个为用户箭头，选择建筑标记，箭头大小为 1000。

③文字：文字高度为 2000，文字位置为垂直向上，文字对齐为与尺寸线对齐。

④主单位：精度为 0，比例因子为 0.05。

（2）单击“标注”工具栏中的“线性”按钮和“连续”按钮，标注尺寸，如图 9-121 所示。

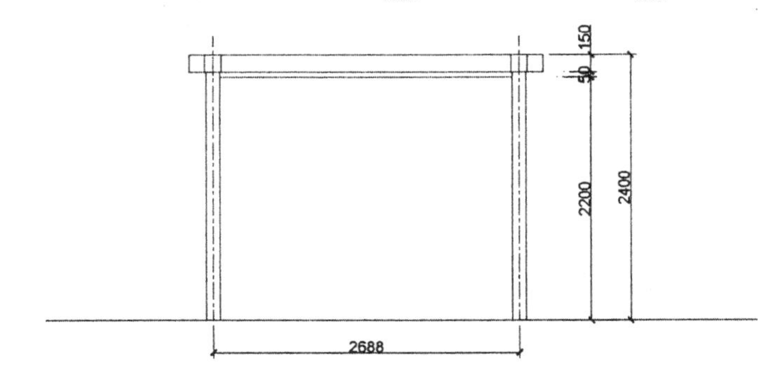

图 9-121　标注尺寸

（3）单击“绘图”工具栏中的“直线”按钮，在图中引出直线，如图 9-122 所示。

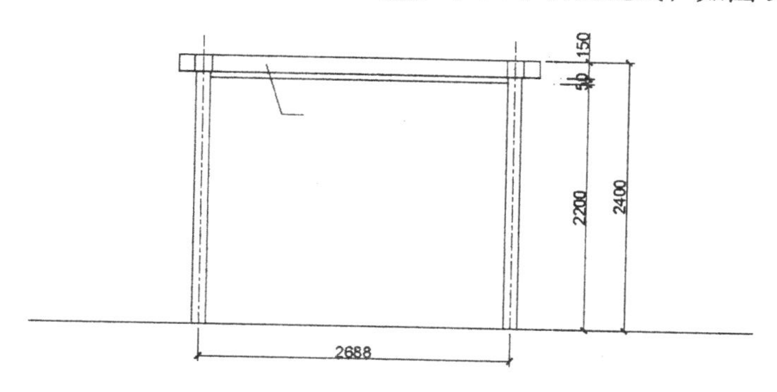

图 9-122　引出直线

（4）单击“绘图”工具栏中的“多行文字”按钮A，在直线右侧输入文字，如图 9-123 所示。

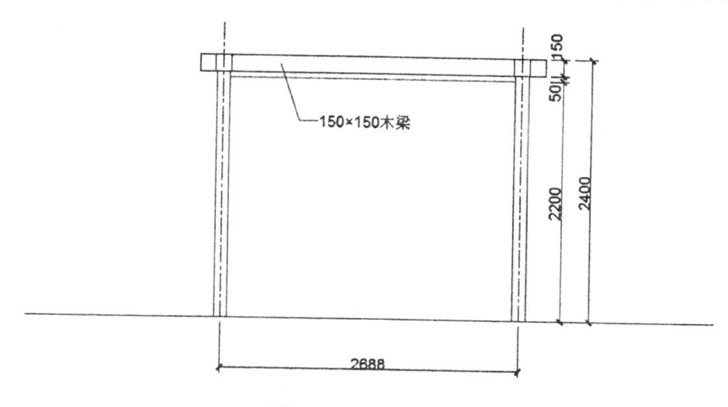

图 9-123　输入文字

（5）单击“修改”工具栏中的“复制”按钮，将直线和文字复制到图中其他位置处，然后双击文字，修改文字内容，完成其他位置处文字的标注，如图 9-124 所示。

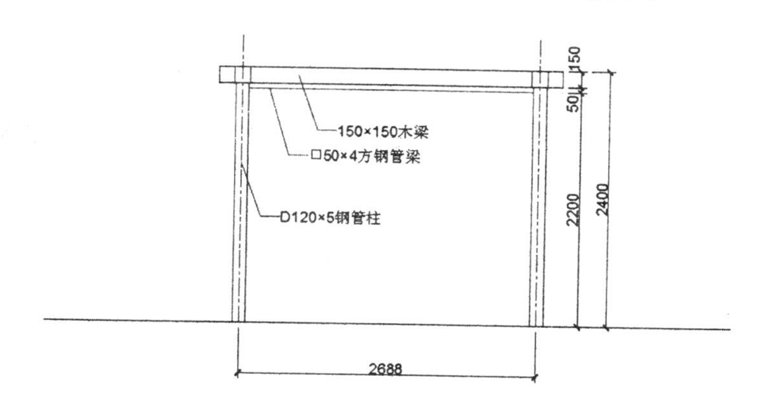

图 9-124　文字标注

（6）单击“绘图”工具栏中的“直线”按钮、“多段线”按钮和“多行文字”按钮A，标注图名，如图 9-125 所示。

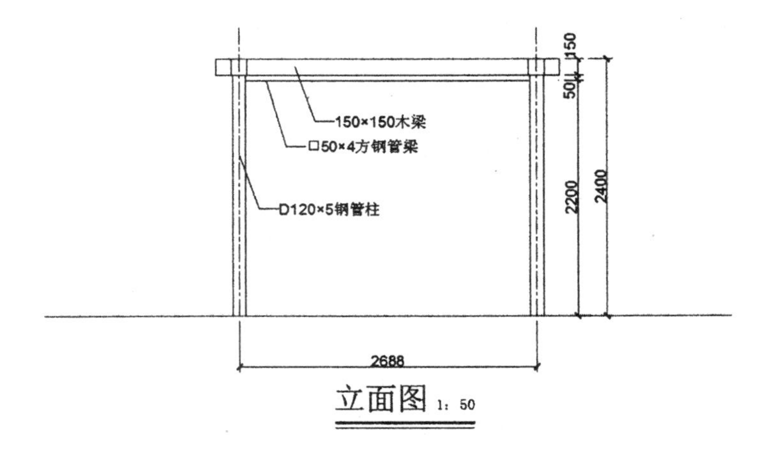

图 9-125　标注图名

架顶剖面图的绘制方法与架顶立面图的绘制方法类似，这里不再重述，如图 9-126 所示。

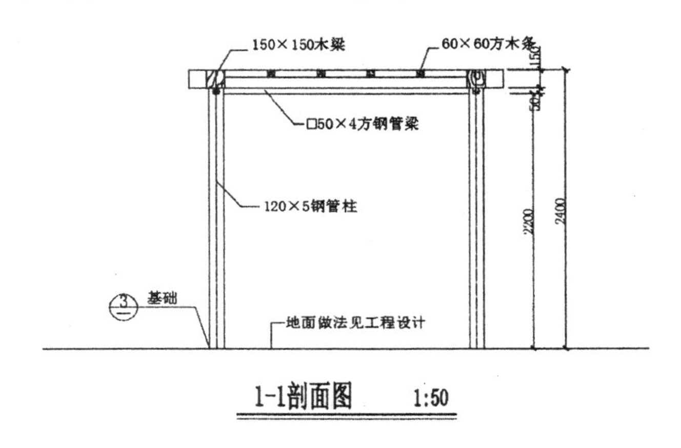

图 9-126　架顶剖面图

9.1.8　绘制亭屋面配筋图

1. 绘制亭屋面配筋

（1）单击“绘图”工具栏中的“矩形”按钮□，绘制一个长为 100000，宽为 100000 的矩形，并将线型改为 ACAD_ISO02W100，如图 9-127 所示。

（2）单击“绘图”工具栏中的“直线”按钮╱，在矩形内绘制两条相交的直线，并将线型设置为 ACAD_ISO04W100，如图 9-128 所示。

图 9-127　绘制矩形

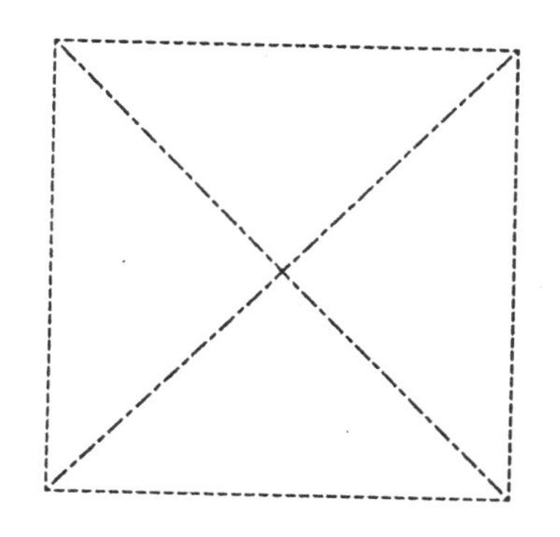

图 9-128　绘制斜线

（3）单击“修改”工具栏中的“偏移”按钮，将矩形向内偏移，偏移距离为 1660、17415、1170 和 1170，并将偏移后的矩形线型改为 Continuous，如图 9-129 所示。

（4）单击“绘图”工具栏中的“圆”按钮，在 4 个端点处绘制半径为 2000 的圆，将线型设置为 ACAD_ISO02W100，如图 9-130 所示；并在矩形交点绘制半径为 6800 的圆，将线型改为 ACAD_ISO04W100，如图 9-131 所示。

（5）单击“绘图”工具栏中的“直线”按钮，根据图 9-132 所示的尺寸绘制多条斜线。

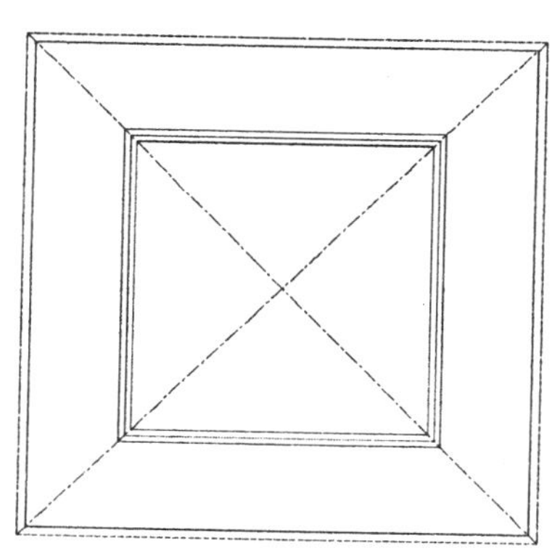

图 9-129　偏移矩形

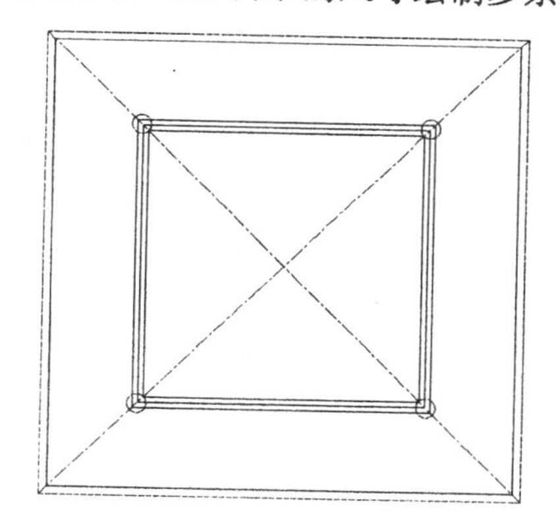

图 9-130　绘制 4 个圆

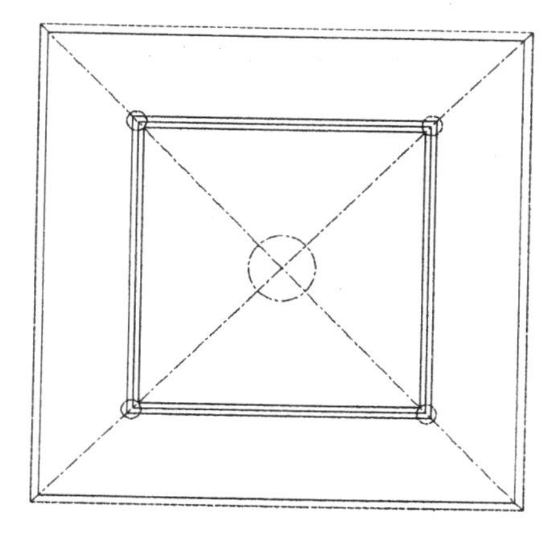

图 9-131　绘制大圆

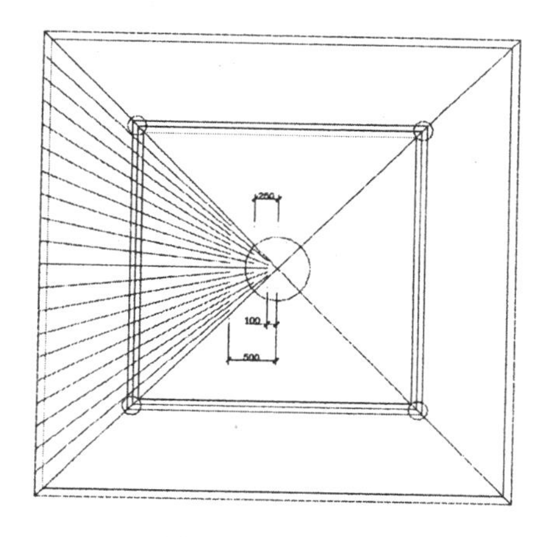

图 9-132　绘制斜线

（6）单击“绘图”工具栏中的“多段线”按钮，绘制配筋，如图 9-133 所示。
（7）同理，绘制其他位置处的配筋，如图 9-134 所示。

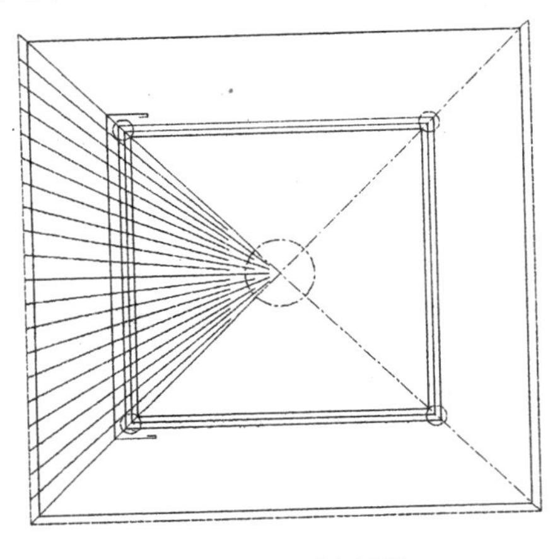

图 9-133　绘制配筋

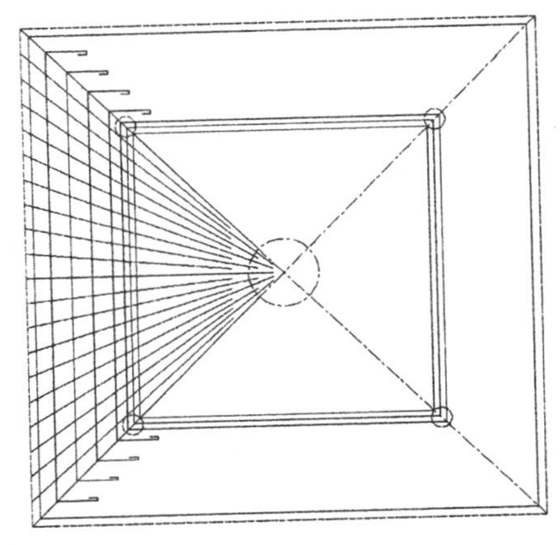

图 9-134　绘制剩余配筋

2. 标注图形

（1）按照亭平面图中的标注样式进行设置，设置结果如下。
①线：超出尺寸线为 1000，起点偏移量为 1000。
②符号和箭头：第一个为用户箭头，选择建筑标记，箭头大小为 1000。
③文字：文字高度为 2000，文字位置为垂直向上，文字对齐为与尺寸线对齐。
④主单位：精度为 0，比例因子为 0.05。
（2）单击“标注”工具栏中的“线性”按钮，为图形标注尺寸，如图 9-135 所示。
（3）单击“绘图”工具栏中的“直线”按钮，在图中引出直线，如图 9-136 所示。

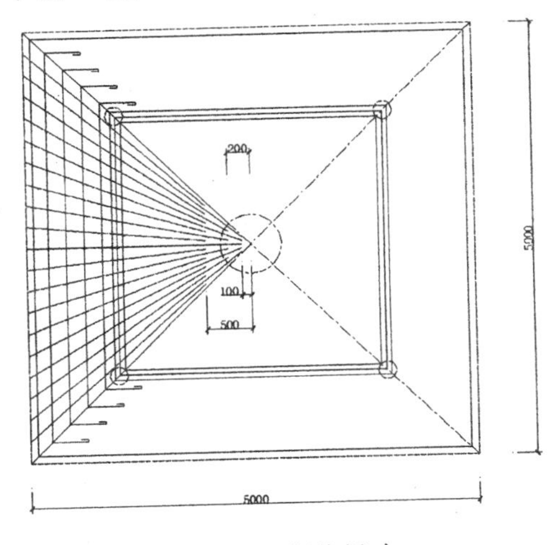

图 9-135　标注尺寸

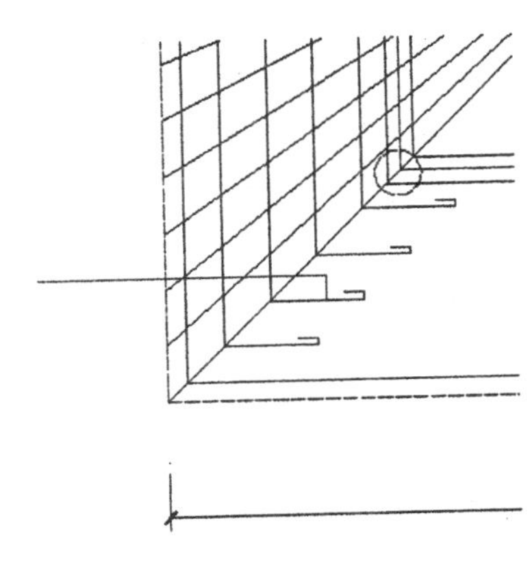

图 9-136　引出直线

（4）单击“绘图”工具栏中的“多行文字”按钮，在直线左侧输入文字，如图 9-137 所示。
（5）同理，标注其他位置处的文字，如图 9-138 所示。

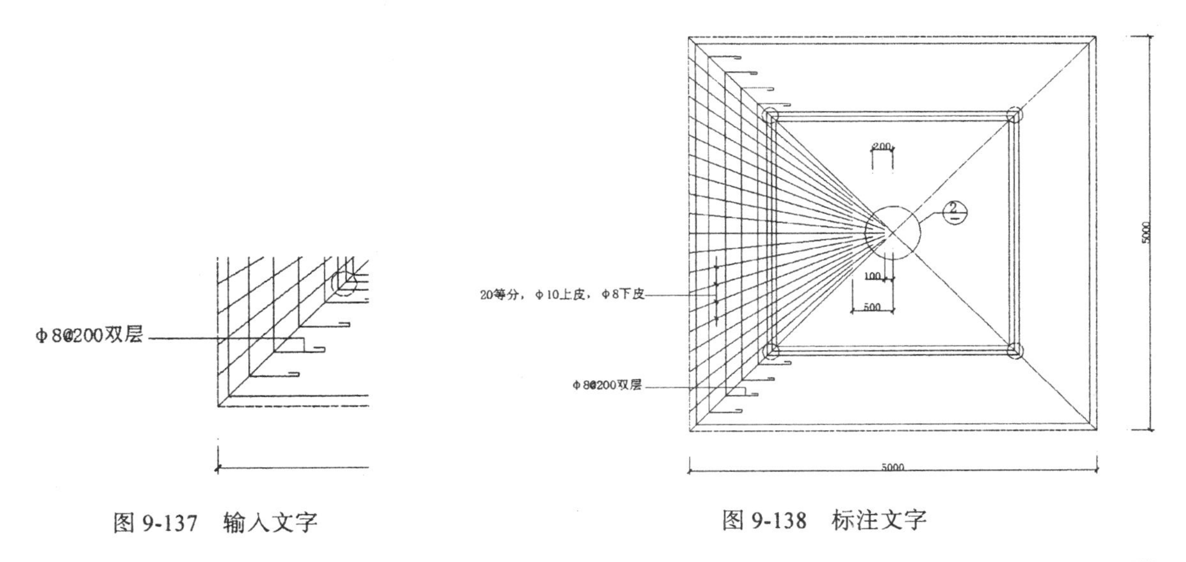

图 9-137　输入文字　　　　图 9-138　标注文字

（6）单击“绘图”工具栏中的“直线”按钮、“多段线”按钮和“多行文字”按钮，标注图名，如图 9-139 所示。

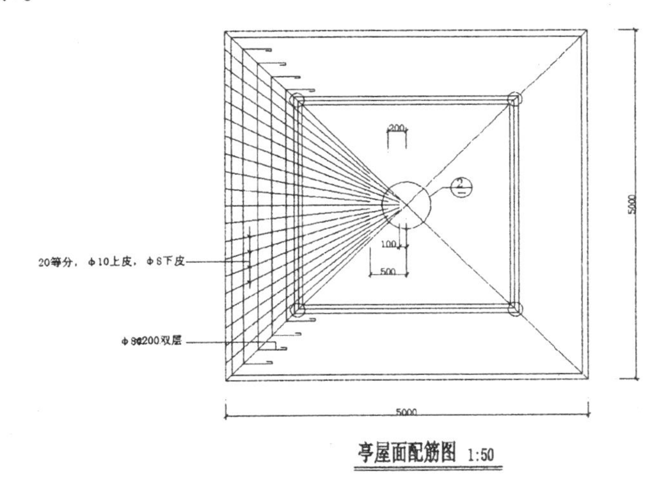

图 9-139　标注图名

9.1.9　绘制梁展开图

1. 绘制梁展开

（1）单击“绘图”工具栏中的“直线”按钮，绘制长为 106836 的水平直线和长为 53673 的竖直直线，如图 9-140 所示。

图 9-140 绘制直线

（2）单击“修改”工具栏中的“移动”按钮，将竖直直线向右移动 28477，向下移动 5673，如图 9-141 所示。

（3）单击“修改”工具栏中的“偏移”按钮，将竖直直线向右偏移 400、3200、400、55000、400、3200 和 400，如图 9-142 所示。

图 9-141 移动竖直直线　　图 9-142 偏移直线

（4）单击“绘图”工具栏中的“直线”按钮，在图 9-142 中所示图形最上侧绘制一条长为 80038 的水平直线，如图 9-143 所示。

（5）单击“修改”工具栏中的“偏移”按钮，将水平直线向上偏移 400、3200、400、7140、400、7380、400 和 400，如图 9-144 所示。

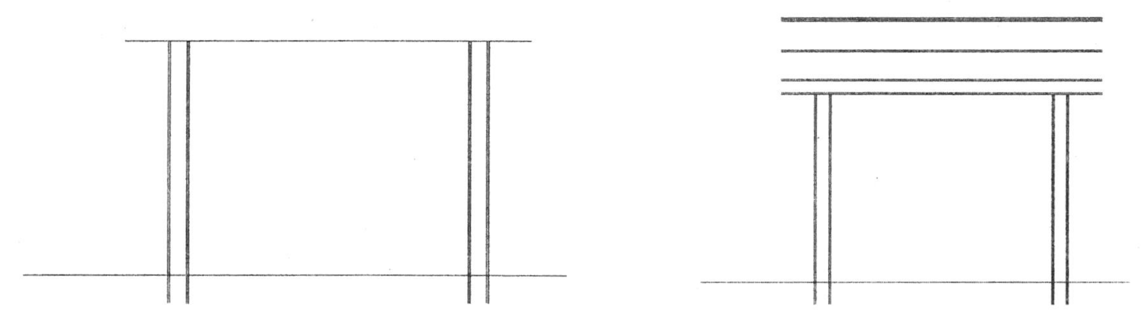

图 9-143 绘制水平直线。　　图 9-144 偏移水平直线

（6）单击“修改”工具栏中的“延伸”按钮，将部分竖直直线向上延伸，如图 9-145 所示。

（7）单击“修改”工具栏中的“修剪”按钮，修剪掉多余的直线，如图 9-146 所示。

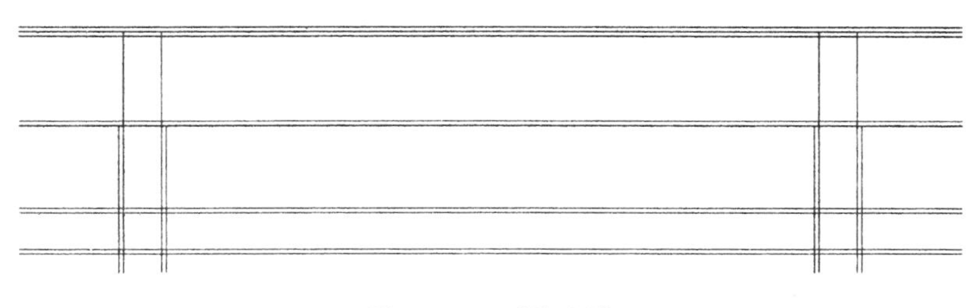

图 9-145　延伸直线

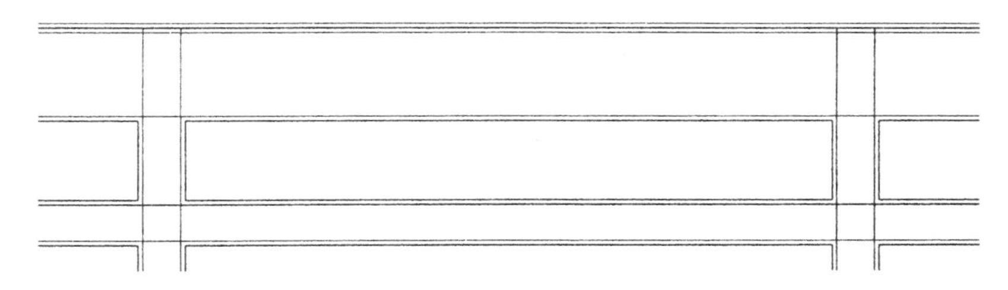

图 9-146　修剪掉多余的直线

（8）单击“绘图”工具栏中的“直线”按钮和“修改”工具栏中的“修剪”按钮，细化顶部，如图 9-147 所示。

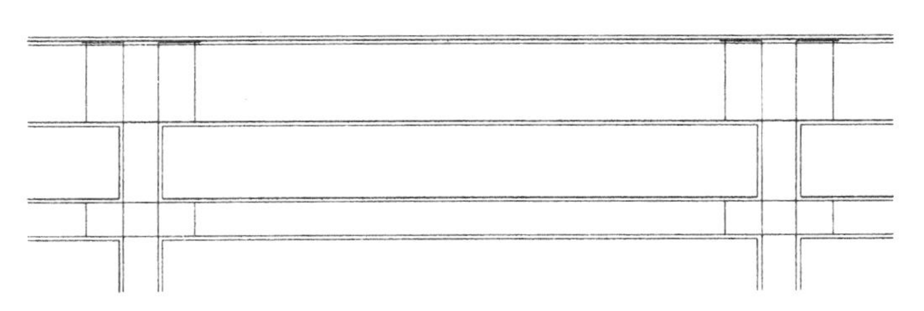

图 9-147　细化顶部

（9）单击“绘图”工具栏中的“直线”按钮，在图形左侧绘制折断线，如图 9-148 所示。

（10）单击“修改”工具栏中的“镜像”按钮，将左侧折断线镜像到另外一侧，如图 9-149 所示。

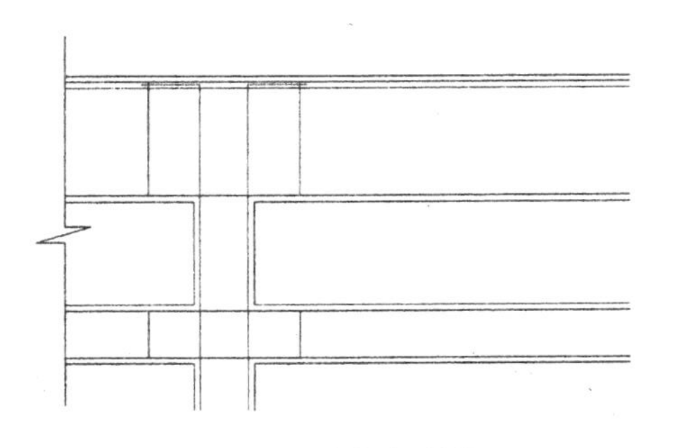

图 9-148　绘制折断线

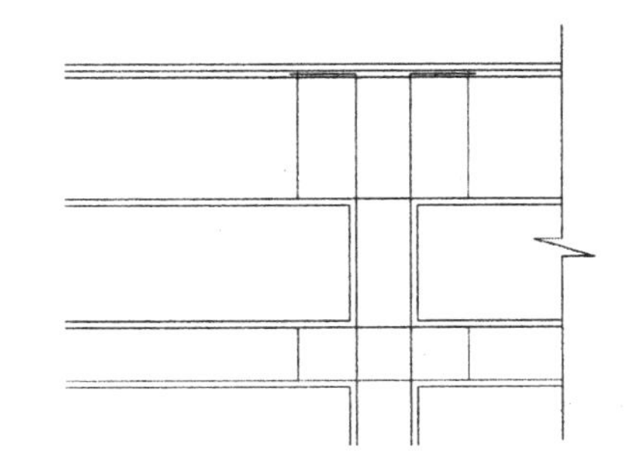

图 9-149　镜像多段线

（11）同理，绘制其他位置处的折断线，结果如图 9-150 所示。

（12）单击“修改”工具栏中的“偏移”按钮，将图形最下侧的水平长直线向上偏移，偏移距离为 7700，将最左侧竖直直线向右偏移 10000，最右侧竖直直线向左偏移 10000，如图 9-151 所示。

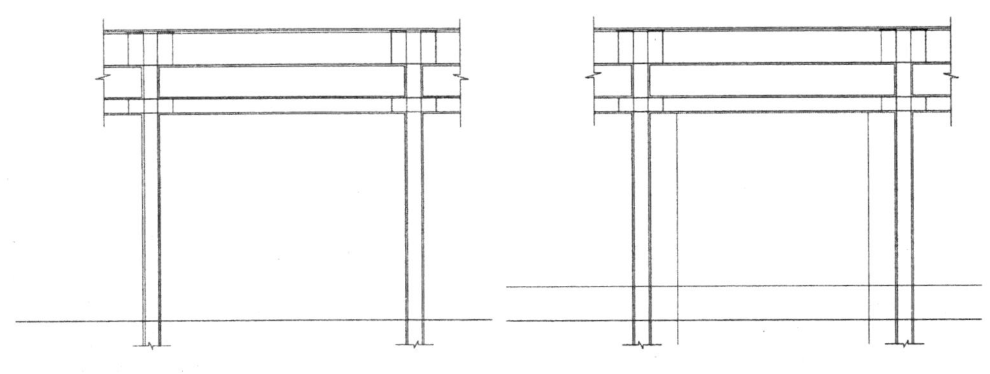

图 9-150　绘制折断线　　　　图 9-151　偏移直线

（13）单击“修改”工具栏中的“修剪”按钮，修剪掉多余的直线，如图 9-152 所示。

图 9-152　修剪掉多余的直线

（14）单击“绘图”工具栏中的“直线”按钮，绘制剩余图形，如图 9-153 所示。

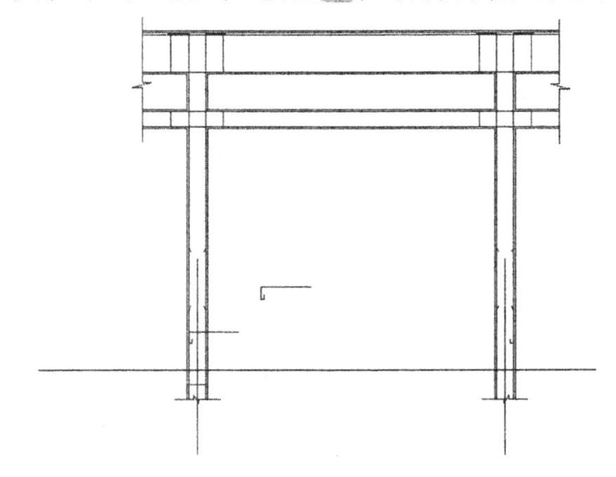

图 9-153　绘制剩余图形

2. 标注图形

（1）按照亭平面图中的标注样式进行设置，设置结果如下。

①线：超出尺寸线为 1000，起点偏移量为 1000。

②符号和箭头：第一个为用户箭头，选择建筑标记，箭头大小为 1000。

③文字：文字高度为 2000，文字位置为垂直向上，文字对齐为与尺寸线对齐。

④主单位：精度为 0，比例因子为 0.05。

（2）单击“标注”工具栏中的“线性”按钮和“连续”按钮，标注外部尺寸，如图 9-154 所示。

（3）同理，标注细节尺寸，如图 9-155 所示。

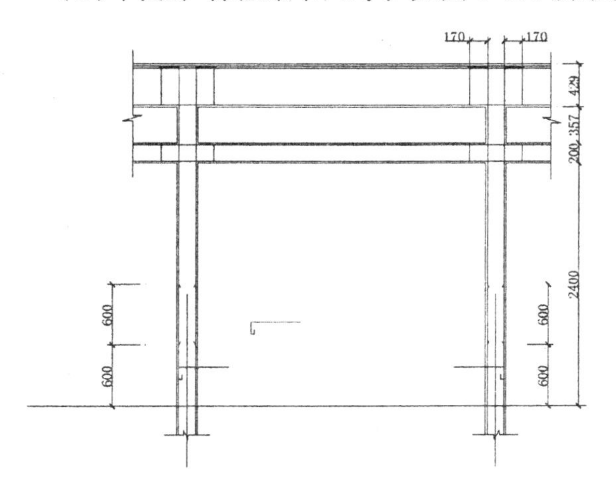

图 9-154　标注外部尺寸

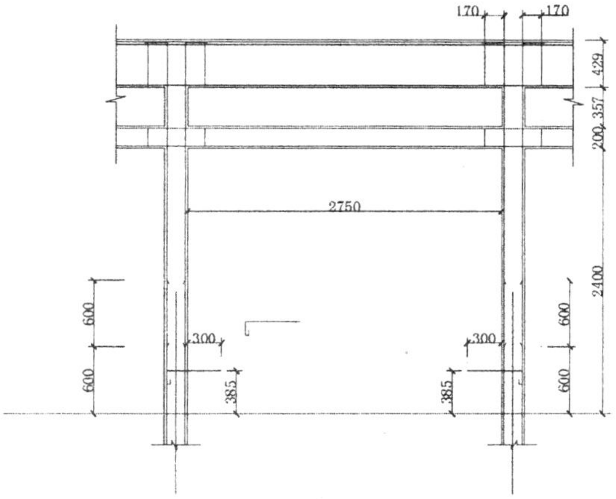

图 9-155　标注细节尺寸

（4）单击“绘图”工具栏中的“直线”按钮，绘制标高符号，如图 9-156 所示。

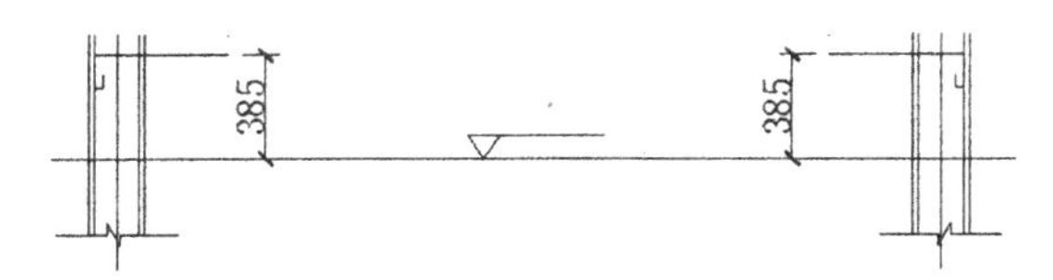

图 9-156　绘制标高符号

（5）单击“绘图”工具栏中的“多行文字”按钮A，输入标高数值，如图 9-157 所示。

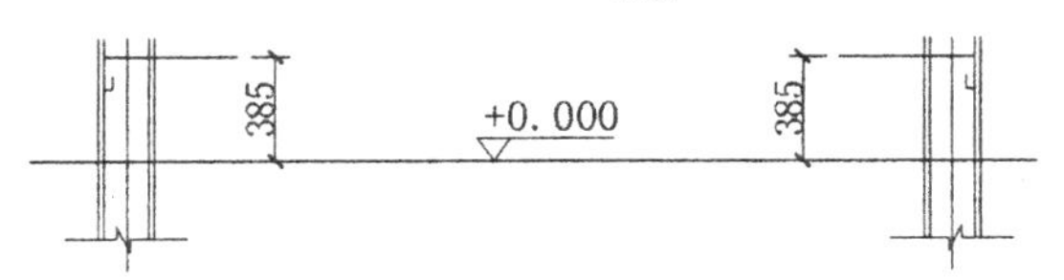

图 9-157　输入标高数值

（6）单击“绘图”工具栏中的“直线”按钮，在图中引出直线，如图 9-158 所示。

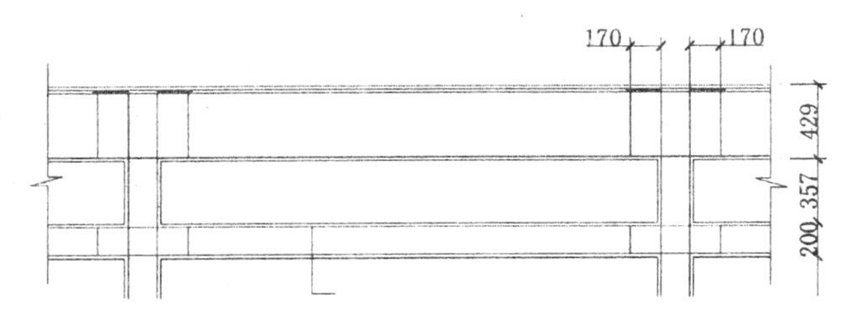

图 9-158　引出直线

（7）单击“绘图”工具栏中的“多行文字”按钮A，在直线右侧输入文字，如图 9-159 所示。

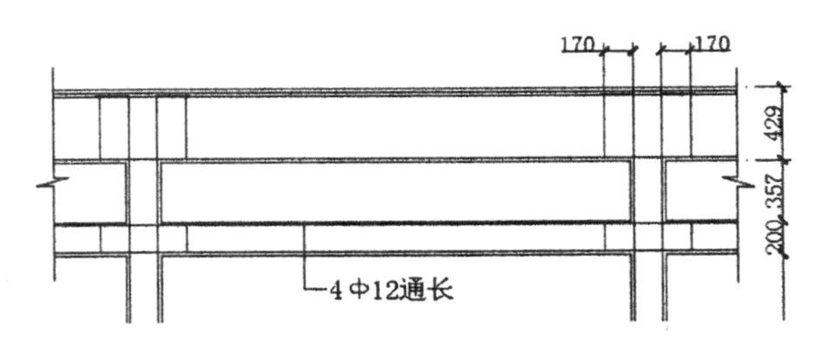

图 9-159　输入文字

（8）同理，标注其他位置处的文字说明，如图 9-160 所示。

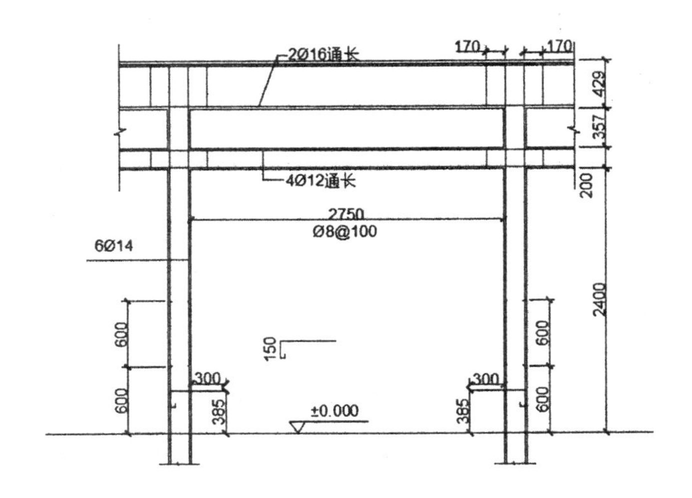

图 9-160　标注文字说明

（9）单击“绘图”工具栏中的“直线”按钮和“多行文字”按钮，绘制剖切符号，如图 9-161 所示。

（10）单击“修改”工具栏中的“复制”按钮，将剖切符号复制到另外一侧，如图 9-162 所示。

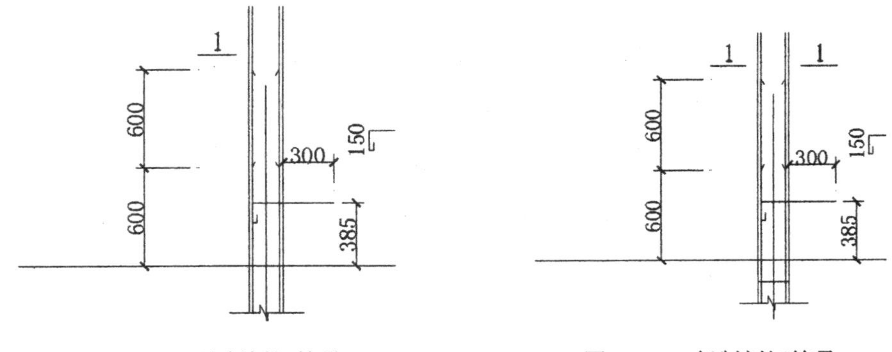

图 9-161　绘制剖切符号　　　图 9-162　复制剖切符号

（11）同理，绘制其他位置处的剖切符号，结果如图 9-163 所示。

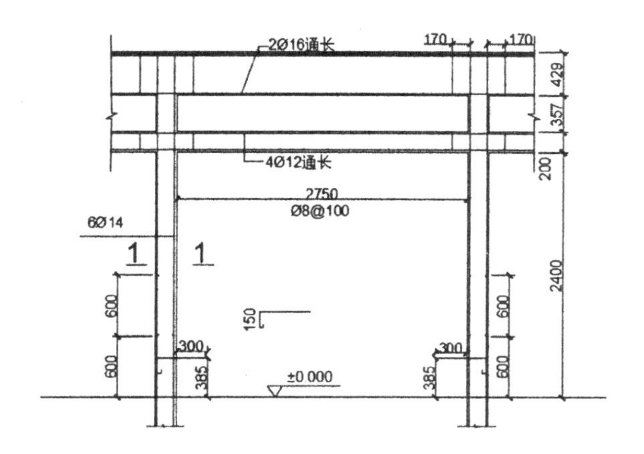

图 9-163　绘制剖切符号

（12）单击“绘图”工具栏中的“直线”按钮、“多段线”按钮和“多行文字”按钮，标注图名，如图 9-164 所示。

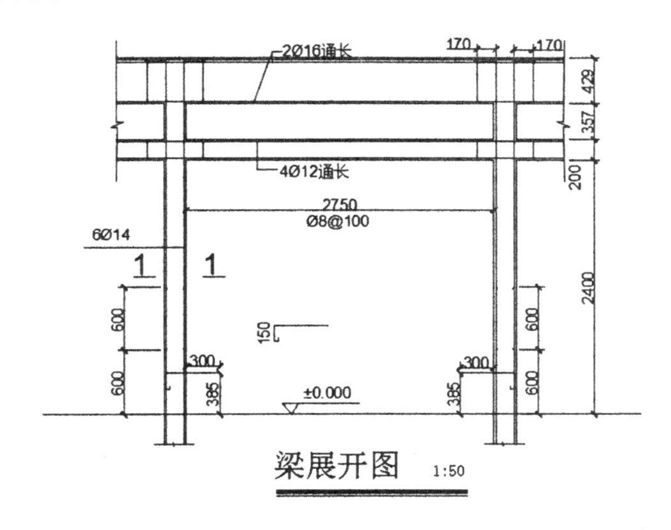

图 9-164　标注图名

9.1.10　绘制亭中坐凳

1. 绘制坐凳

（1）单击“绘图”工具栏中的“直线”按钮，绘制一条长为 27274.3 的水平直线，如图 9-165 所示。

（2）单击“修改”工具栏中的“偏移”按钮，将水平直线向上依次偏移 2400、400 和 2800，如图 9-166 所示。

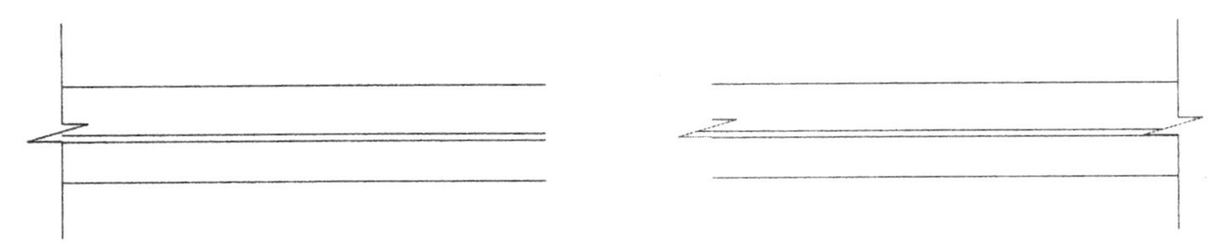

图 9-165　绘制水平直线　　　　图 9-166　偏移直线

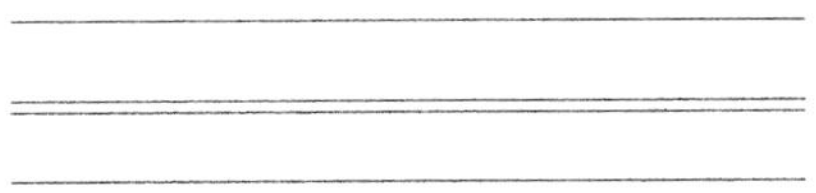

（3）单击“绘图”工具栏中的“直线”按钮，绘制折断线，如图 9-167 所示。

（4）单击“修改”工具栏中的“复制”按钮，将折断线复制到另外一侧，并整理图形，结果如图 9-168 所示。

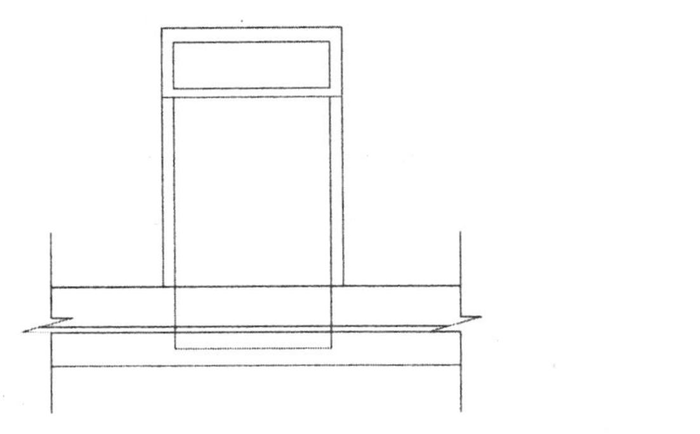

图 9-167　绘制折断线

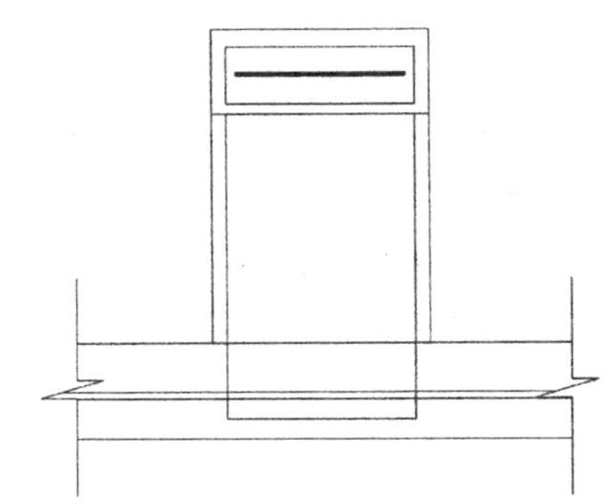

图 9-168　复制折断线

（5）单击“绘图”工具栏中的“直线”按钮，绘制基础结构图形，如图 9-169 所示。

（6）单击“绘图”工具栏中的“多段线”按钮，绘制钢筋，如图 9-170 所示。

图 9-169　绘制基础结构图形　　　　图 9-170　绘制钢筋

（7）单击“绘图”工具栏中的“圆”按钮，绘制一个半径为 320 的圆，如图 9-171 所示。

（8）单击“绘图”工具栏中的“图案填充”按钮，填充圆，如图 9-172 所示。

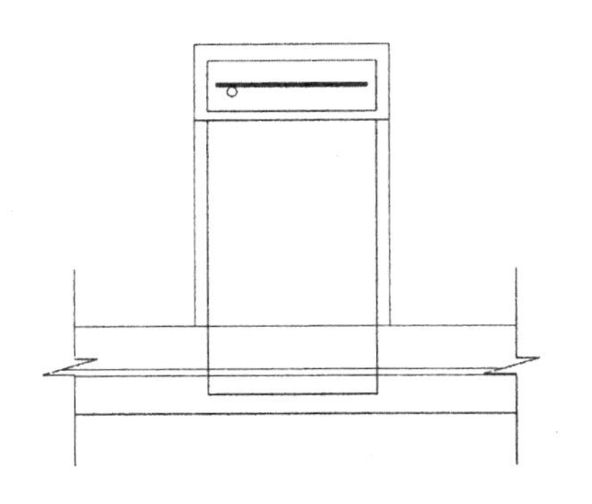

图 9-171　绘制圆

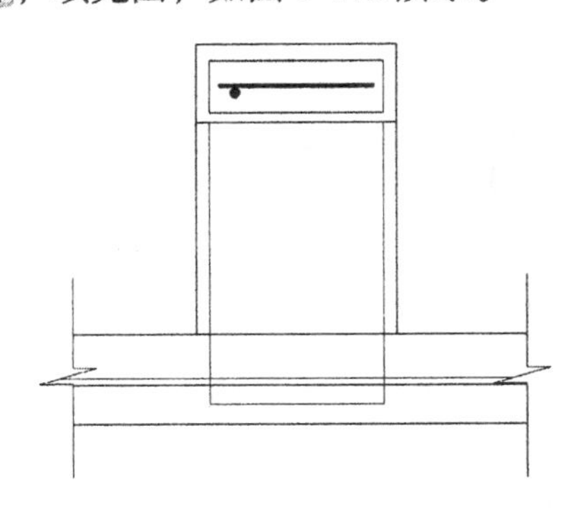

图 9-172　填充圆

（9）单击“修改”工具栏中的“复制”按钮，将填充圆复制到图中其他位置处，完成配筋的绘制，如图 9-173 所示。

（10）单击“绘图”工具栏中的“图案填充”按钮，打开“图案填充创建”选项卡，选择图案 AR-SAND、ANSI33 和 AR-HBONE，分别设置填充比例，填充图形，结果如图 9-174 所示。

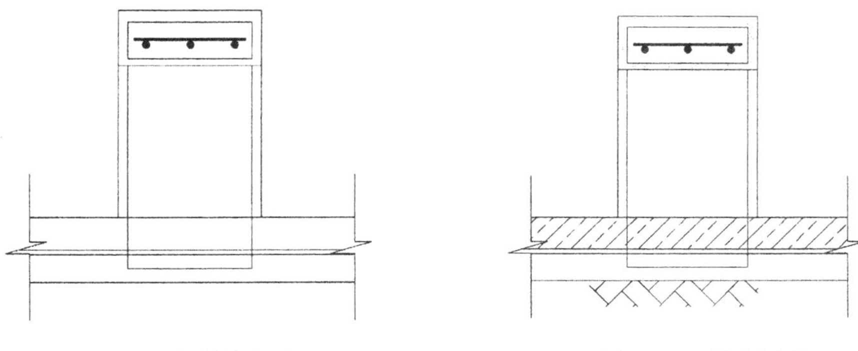

图 9-173　复制填充圆　　　　图 9-174　填充图形

2. 标注图形

（1）按照亭平面图中的标注样式进行设置，设置结果如下。

①线：超出尺寸线为 1000，起点偏移量为 1000。

②符号和箭头：第一个为用户箭头，选择建筑标记，箭头大小为 1000。

③文字：文字高度为 2000，文字位置为垂直向上，文字对齐为与尺寸线对齐。

④主单位：精度为 0，比例因子为 0.025。

（2）单击“标注”工具栏中的“线性”按钮，标注尺寸，如图 9-175 所示。

（3）单击“绘图”工具栏中的“直线”按钮和“多行文字”按钮，标注文字，如图 9-176 所示。

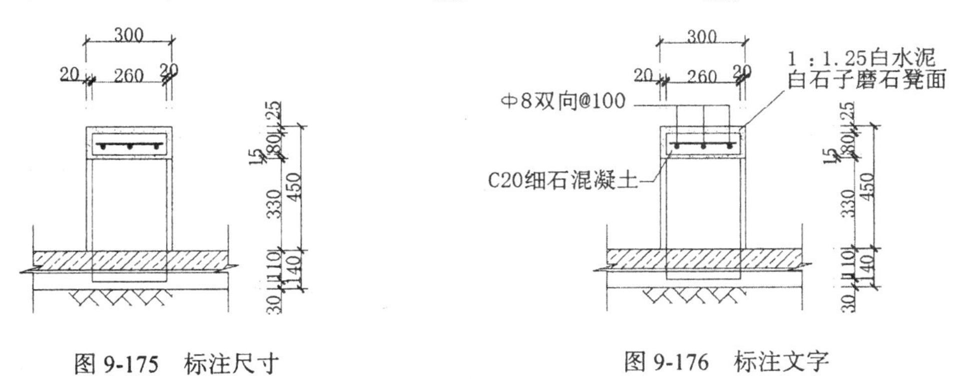

图 9-175　标注尺寸　　　　图 9-176　标注文字

（4）单击“绘图”工具栏中的“直线”按钮、“多段线”按钮和“多行文字”按钮，标注图名，如图 9-177 所示。

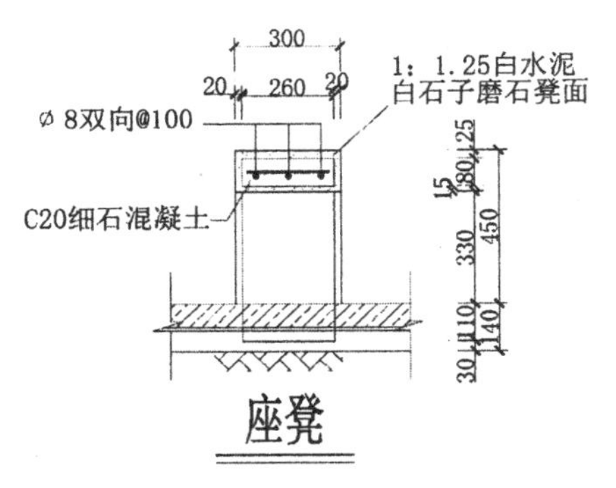

图 9-177　标注图名

9.1.11　绘制亭详图

利用二维绘制和编辑命令绘制亭详图，绘制方法与前面亭的其他图形绘制方法类似，这里不再重述，结果如图 9-178 所示。

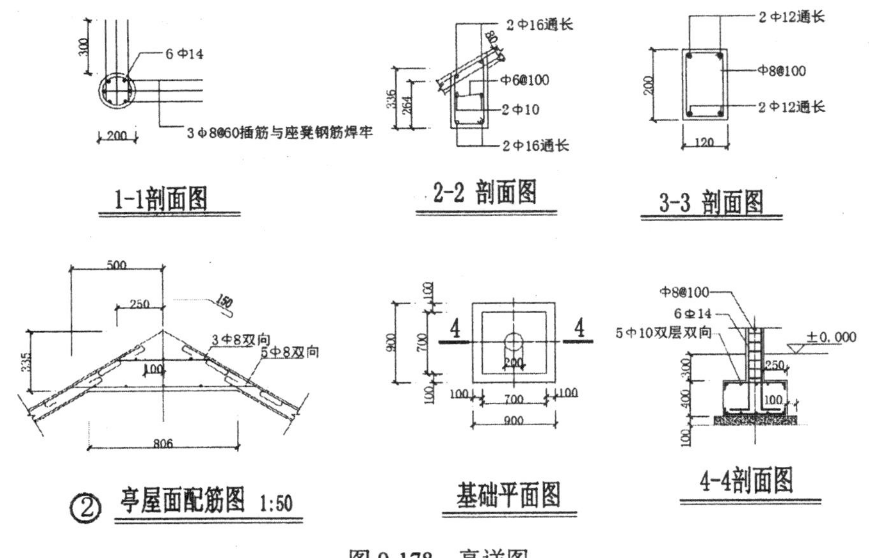

图 9-178　亭详图

9.2　仿　木　桥

仿木桥是以钢筋混凝土为主要原料添加其他轻骨材料凝合而成。具有色泽、纹理逼真、坚固耐用、免维护、防偷盗等优点，与自然生态环境搭配非常和谐。仿木景观产品既能满足园林绿化设施或户外休闲用品的实用功能，又美化了环境，深得用户喜爱。

园林中的桥既起到交通连接的功能，又兼备赏景、造景的作用，如拙政园的折桥和“小飞虹”、颐和园中的十七孔桥和园内西堤上的 6 座形式各异的桥、网师园的小石桥等。在全园规划时，应将园桥所处的环境和所起的作用作为确定园桥的设计依据。一般在园林中架桥，多选择两岸较狭窄处，或湖岸与湖岛之间，或两岛之间。桥的形式多种多样，如拱桥、折桥、亭桥、廊桥、假山桥、索桥、独木桥、吊桥等，前几类多以造景为主，联系交通时以平桥居多。就材质而言，有木桥、石桥、混凝土桥等。在设计时应根据具体情况选择适宜的形式和材料。

9.2.1　绘制仿木桥平面图

本节绘制如图 9-179 所示的仿木桥平面图。

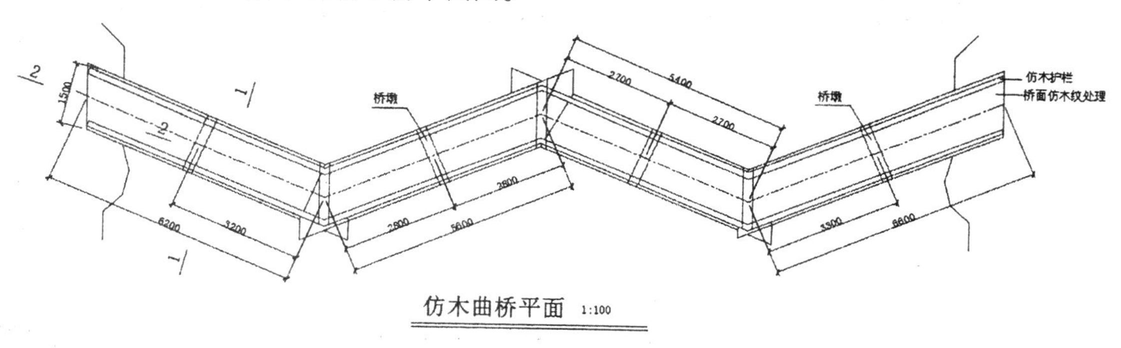

图 9-179　仿木桥平面图

1. 绘制仿木桥平面

（1）单击“图层”工具栏中的“图层特性管理器”按钮，打开“图层特性管理器”选项板，新建“轴线”和“仿木桥”图层，如图 9-180 所示。

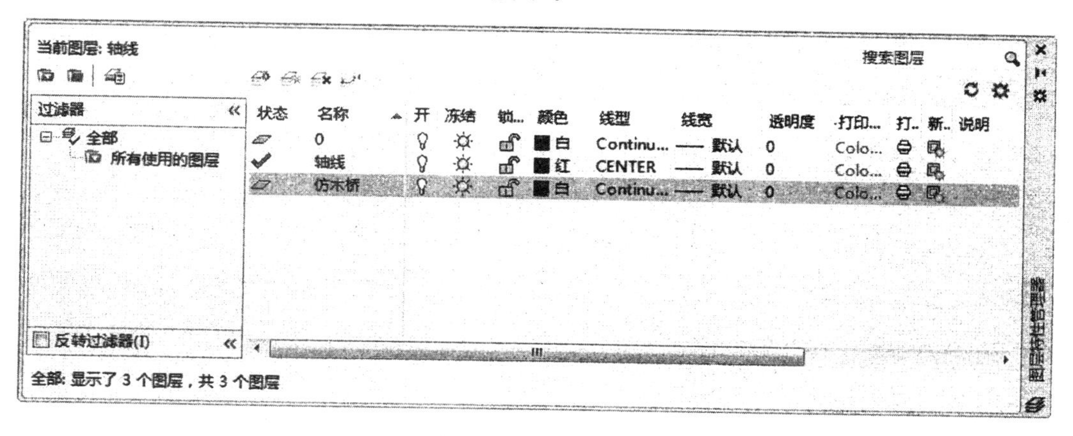

状态	名称	开	冻结	锁...	颜色	线型	线宽	透明度	打印...	打..	新..	说明
	0				白	Continu...	—— 默认	0	Colo...			
✔	轴线				红	CENTER	—— 默认	0	Colo...			
	仿木桥				白	Continu...	—— 默认	0	Colo...			

图 9-180　新建图层

（2）将“轴线”图层设置为当前层，单击“绘图”工具栏中的“直线”按钮和“修改”工具栏中的“旋转”按钮，绘制与水平地面夹角为 23° 的轴线，如图 9-181 所示。

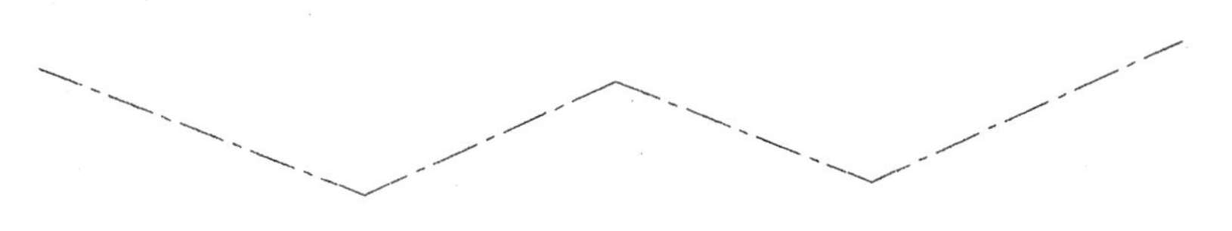

图 9-181　绘制轴线

（3）将“仿木桥”图层设置为当前层，单击“修改”工具栏中的“偏移”按钮，将最左侧轴线分别向两侧偏移 750，并将线型修改为 Continuous，如图 9-182 所示。偏移后的直线如图 9-183 所示。

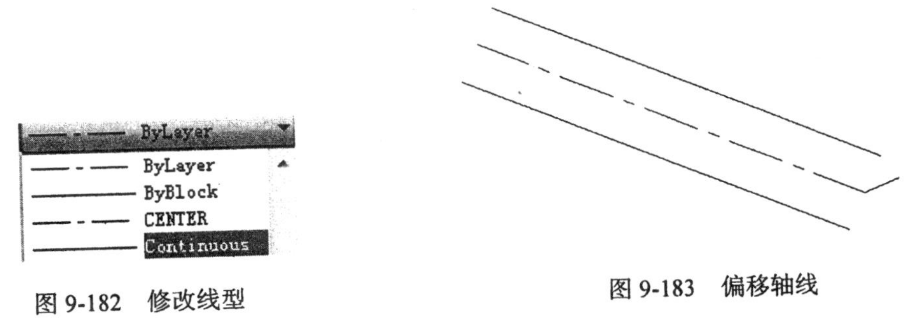

图 9-182　修改线型

图 9-183　偏移轴线

（4）单击“绘图”工具栏中的“直线”按钮，在左侧轴线右端点处绘制一条竖直直线，如图 9-184 所示。

（5）单击“修改”工具栏中的“偏移”按钮，将步骤（4）中绘制的直线向两侧偏移，并将偏移后的直线线型修改为 ACAD_ISO02W100，结果如图 9-185 所示。

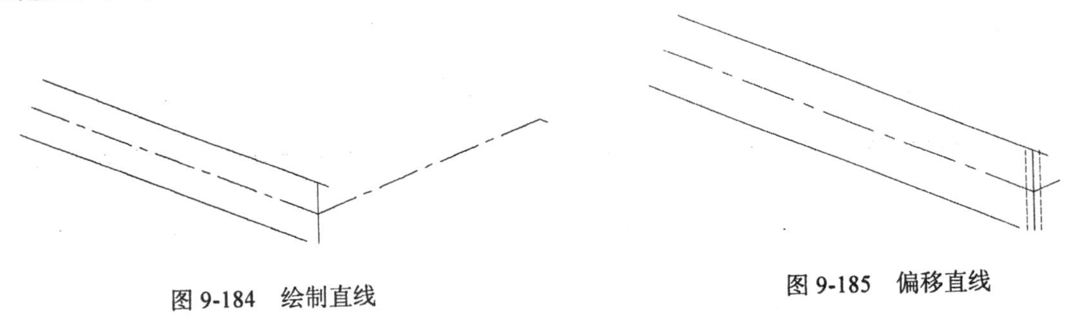

图 9-184　绘制直线

图 9-185　偏移直线

（6）单击“绘图”工具栏中的“直线”按钮和“修改”工具栏中的“修剪”按钮，绘制仿木护栏，如图 9-186 所示。

（7）单击“绘图”工具栏中的“直线”按钮，在图形左侧绘制封闭端口，如图 9-187 所示。

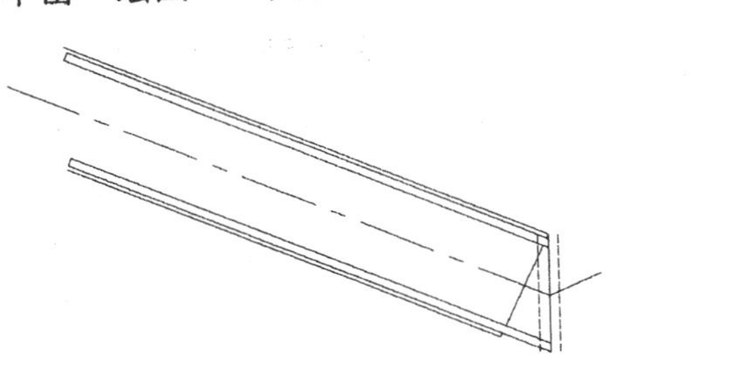

图 9-186　绘制仿木护栏

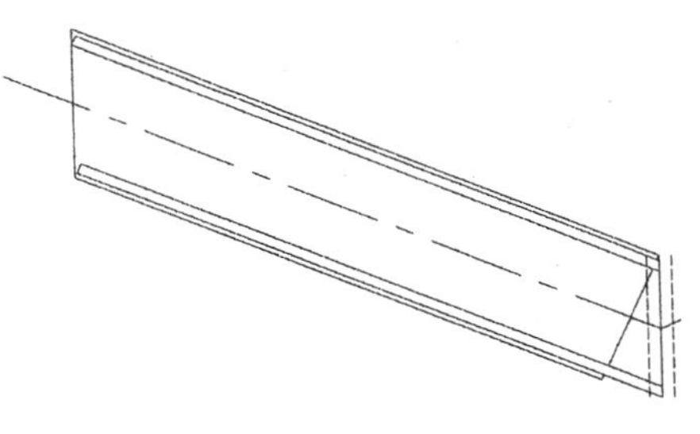

图 9-187　封闭端口

（8）单击“绘图”工具栏中的“直线”按钮，绘制桥墩，如图 9-188 所示。

（9）同理，单击“绘图”工具栏中的“直线”按钮和“修改”工具栏中的“修剪”按钮，在第二段轴线处继续绘制仿木桥，并删除多余的直线，如图 9-189 所示。

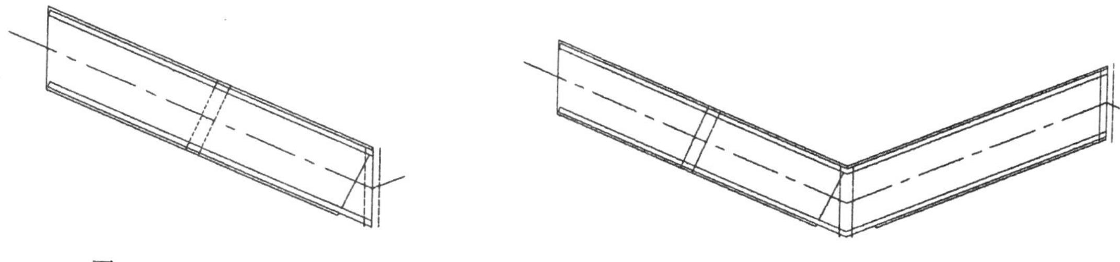

图 9-188　绘制桥墩

图 9-189　绘制仿木桥

（10）单击“绘图”工具栏中的“直线”按钮和“修改”工具栏中的“修剪”按钮，在两段仿木桥的相交处细化图形，如图 9-190 所示。

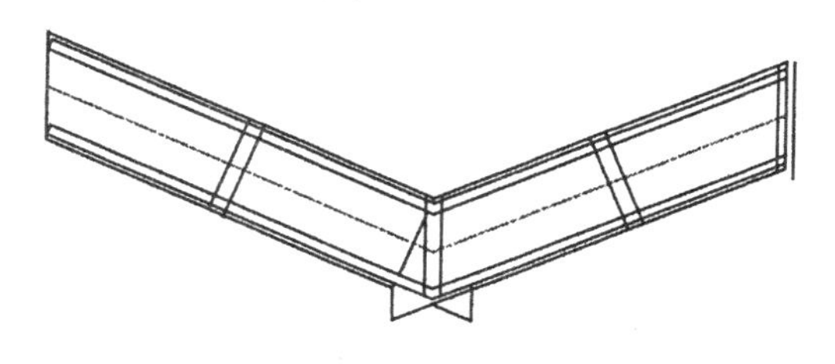

图 9-190　细化图形

（11）同理，绘制第 3、4 段轴线处的仿木桥，结果如图 9-191 所示。

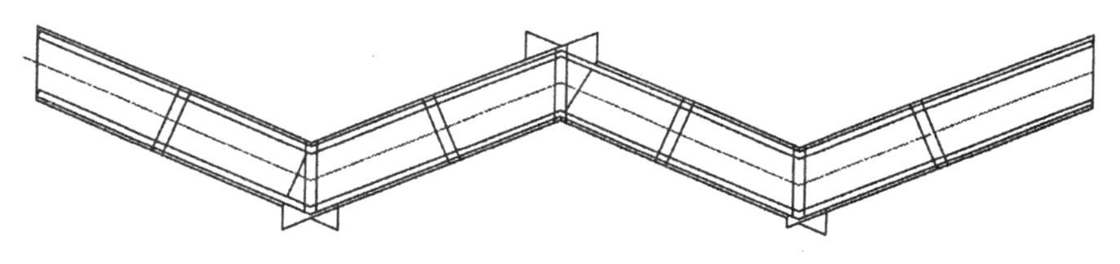

图 9-191　绘制仿木桥

（12）单击“绘图”工具栏中的“直线”按钮，绘制剩余图形，如图 9-192 所示。

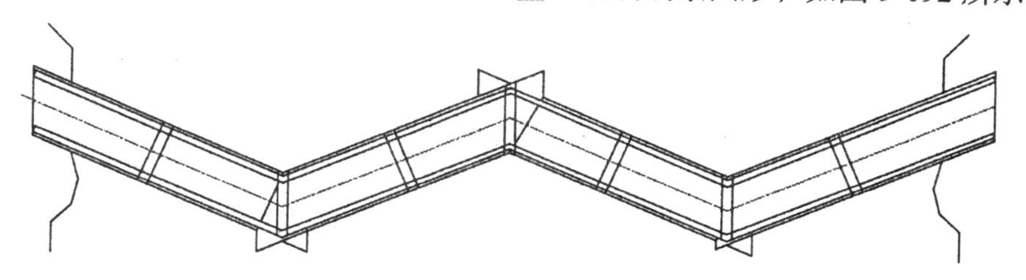

图 9-192　绘制剩余图形

2. 标注图形

（1）单击“样式”工具栏中“标注样式”按钮，打开“标注样式管理器”对话框，如图 9-193

所示。单击“新建”按钮，创建一个新的标注样式，打开“新建标注样式：副本 ISO-25”对话框，如图 9-194 所示，并分别对“线”、“符号和箭头”、“文字”和“主单位”选项卡进行设置。

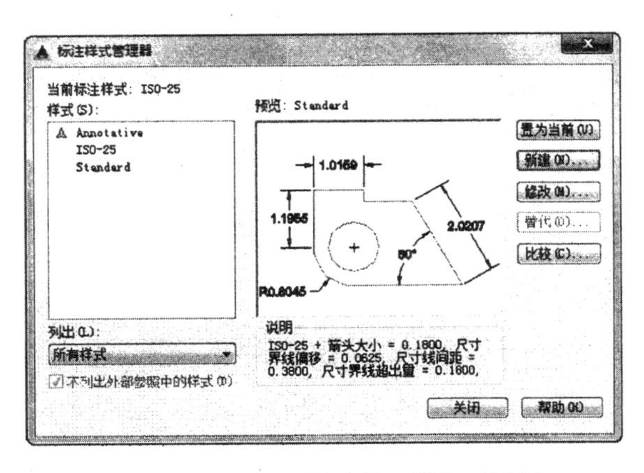

图 9-193　“标注样式管理器”对话框

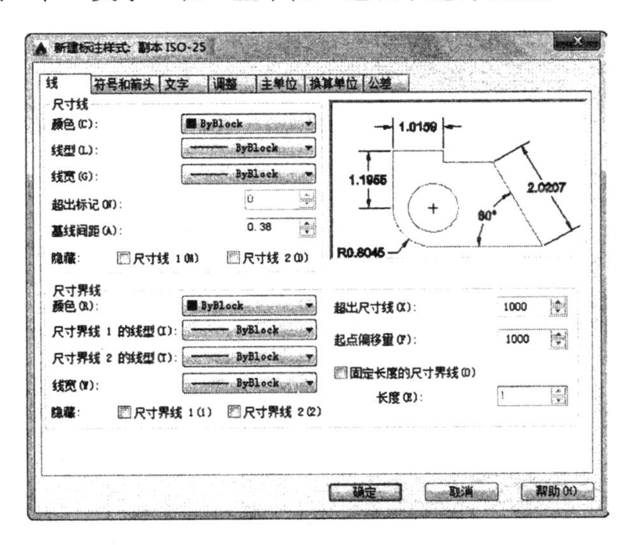

图 9-194　新建标注样式

（2）单击“标注”工具栏中的“线性”按钮，为图形标注尺寸，如图 9-195 所示。

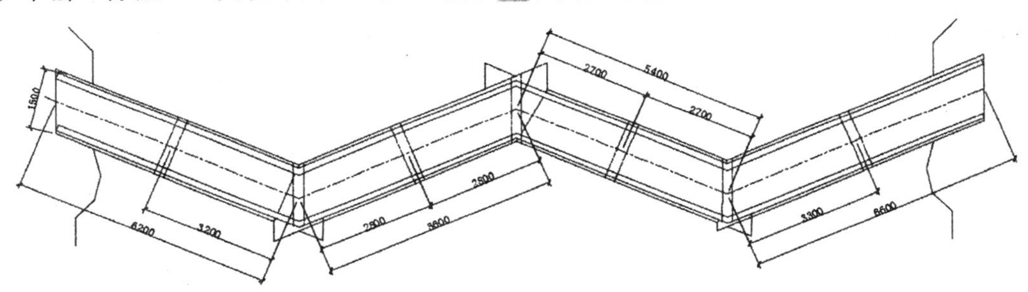

图 9-195　标注尺寸

（3）单击“绘图”工具栏中的“直线”按钮和“多行文字”按钮，标注文字，如图 9-196 所示。

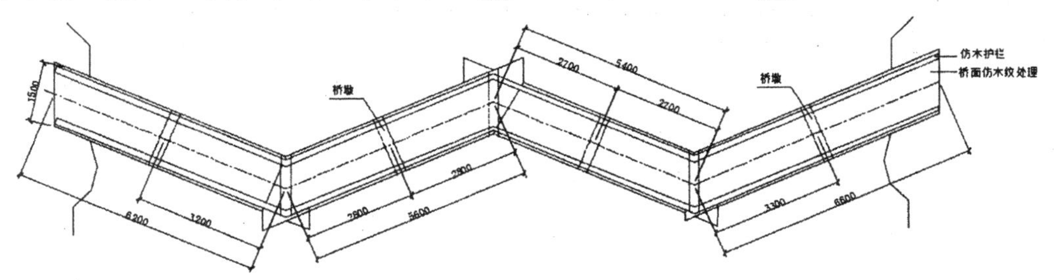

图 9-196　标注文字

（4）单击“绘图”工具栏中的“直线”按钮和“多行文字”按钮，绘制剖切符号，如图 9-197 所示。

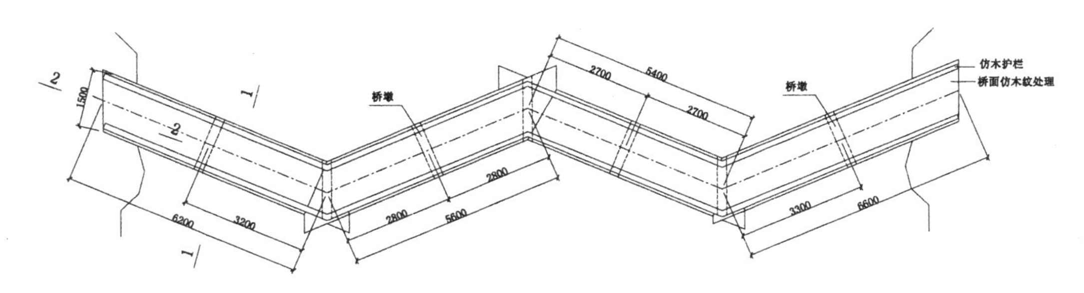

图 9-197　绘制剖切符号

（5）同理，标注图名，如图 9-179 所示。

9.2.2　绘制仿木桥基础及配筋图

本节绘制如图 9-198 所示的仿木桥基础及配筋图。

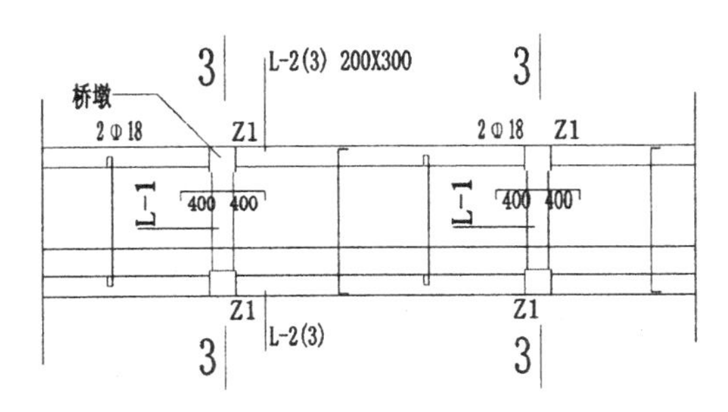

图 9-198　仿木桥基础及配筋图

1. 绘制仿木桥基础及配筋

（1）单击“绘图”工具栏中的“直线”按钮，绘制一条水平直线，如图 9-199 所示。

图 9-199　绘制直线

（2）单击“修改”工具栏中的“复制”按钮，将水平直线依次向下复制，如图 9-200 所示。

（3）单击“绘图”工具栏中的“直线”按钮，在两端绘制竖直直线，如图 9-201 所示。

图 9-200　复制直线　　图 9-201　绘制竖直直线

（4）单击“绘图”工具栏中的“直线”按钮，绘制桥墩，如图 9-202 所示。

（5）单击“绘图”工具栏中的“创建块”按钮，打开“块定义”对话框，将桥墩创建为块，如图 9-203 所示。

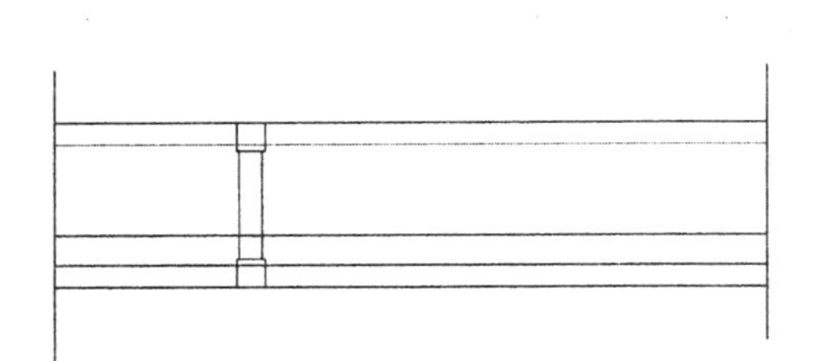

图 9-202 绘制桥墩

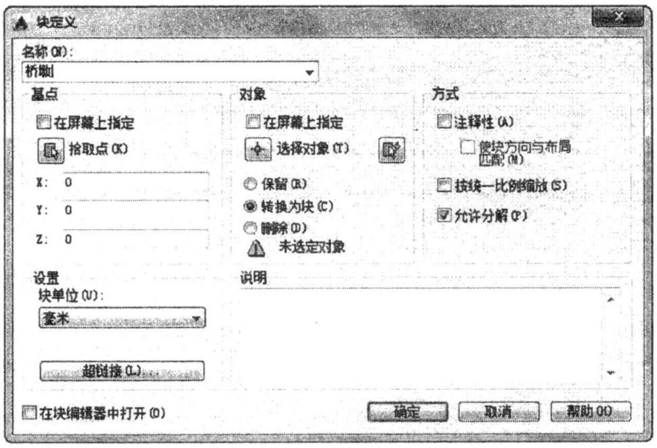

图 9-203 创建块

（6）单击“插入”工具栏中的“块”按钮，打开“插入”对话框，如图 9-204 所示，将桥墩插入到图中合适的位置处，如图 9-205 所示。

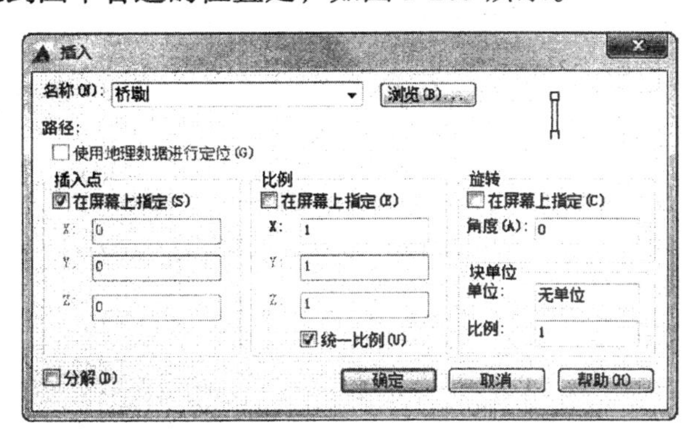

图 9-204 “插入”对话框

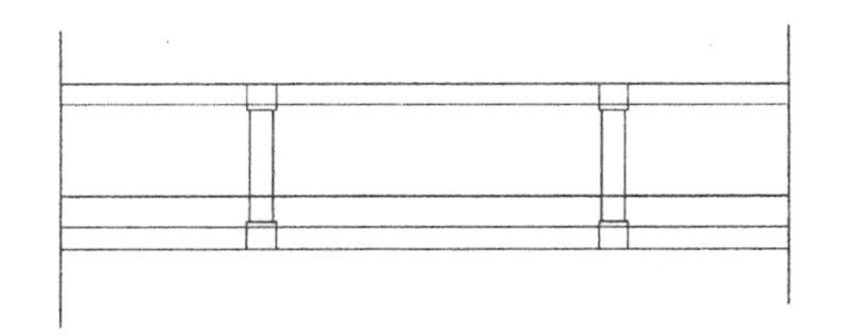

图 9-205 插入桥墩图块

（7）单击“修改”工具栏中的“修剪”按钮，修剪掉多余的直线，如图 9-206 所示。

（8）单击“绘图”工具栏中的“直线”按钮，绘制钢筋，如图 9-207 所示。

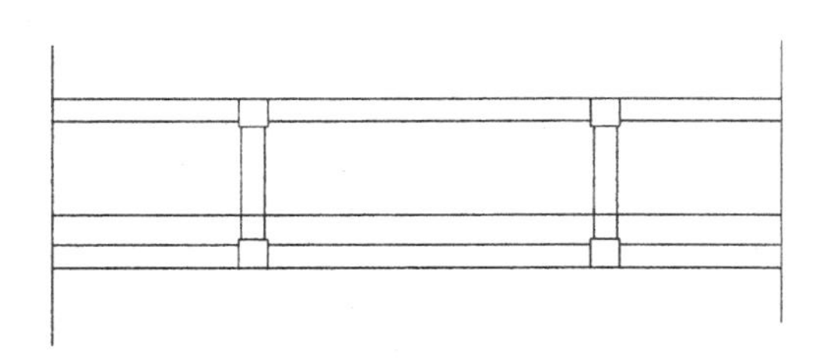

图 9-206 修剪掉多余的直线

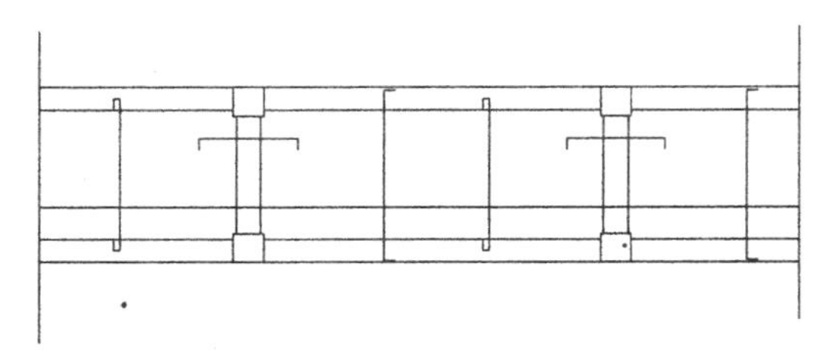

图 9-207 绘制钢筋

2. 标注图形

（1）单击“绘图”工具栏中的“直线”按钮，在图中引出直线，如图 9-208 所示。

（2）单击“绘图”工具栏中的“多行文字”按钮A，在直线左侧输入文字，如图 9-209 所示。

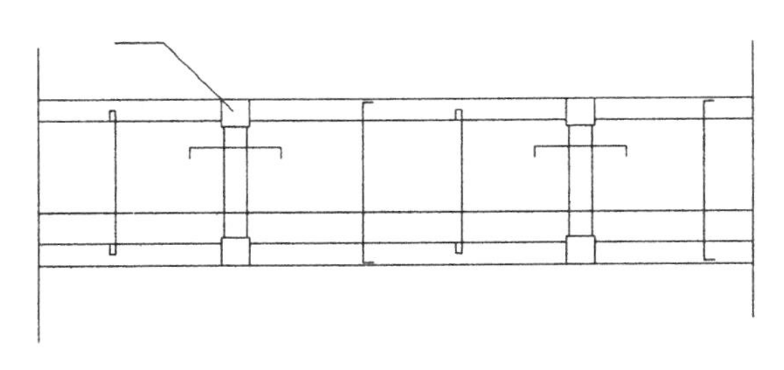

图 9-208 引出直线

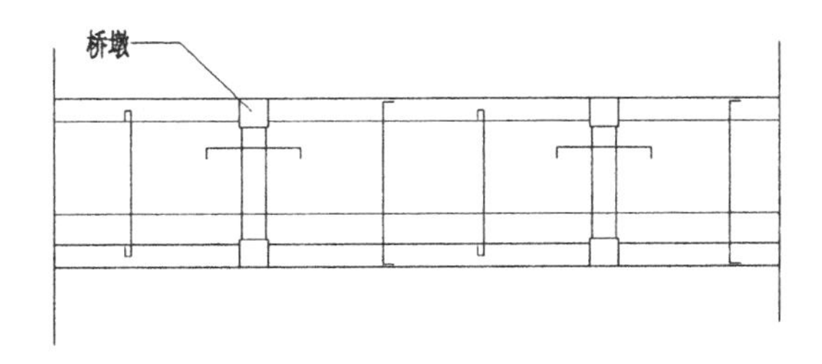

图 9-209 输入文字

（3）单击“修改”工具栏中的“复制”按钮，将文字复制到图中其他位置处，双击文字，修改文字内容，以便文字格式的统一，最终完成文字的标注，如图 9-210 所示。

（4）单击“绘图”工具栏中的“直线”按钮和“多行文字”按钮A，绘制剖切符号，如图 9-211 所示。

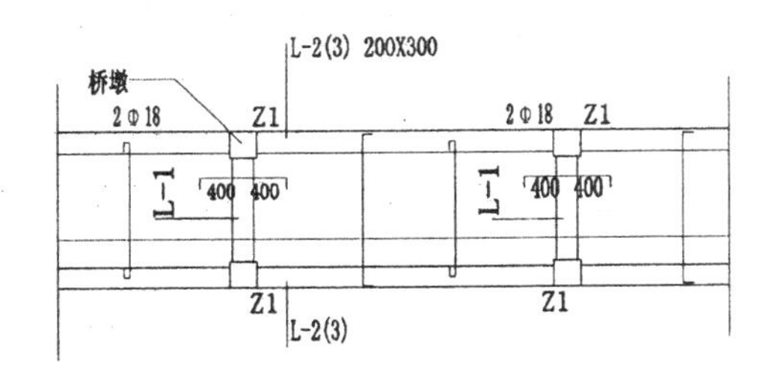

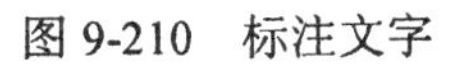

图 9-210 标注文字

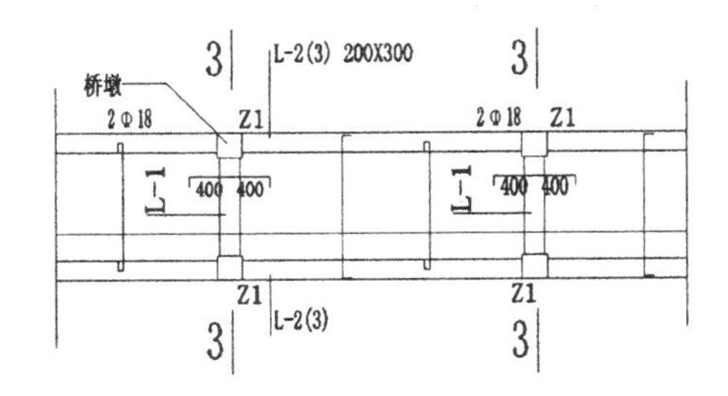

图 9-211 绘制剖切符号

（5）单击“绘图”工具栏中的“直线”按钮和“多行文字”按钮A，标注图名，如图 9-198 所示。

9.2.3 绘制护栏立面图

本例绘制如图 9-212 所示的护栏立面。

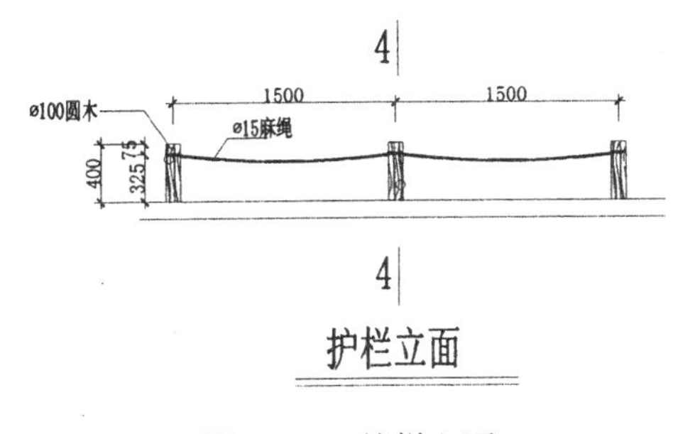

图 9-212 护栏立面

1. 绘制护栏立面

（1）单击“绘图”工具栏中的“直线”按钮，绘制一条水平直线，如图 9-213 所示。

图 9-213　绘制直线

（2）单击“修改”工具栏中的“复制”按钮，将直线向上复制，如图 9-214 所示。

图 9-214　复制直线

（3）单击“绘图”工具栏中的“直线”按钮，绘制直径为 100 的圆木，如图 9-215 所示。

图 9-215　绘制圆木

（4）单击“绘图”工具栏中的“直线”按钮，在圆木上绘制两条水平直线，如图 9-216 所示。

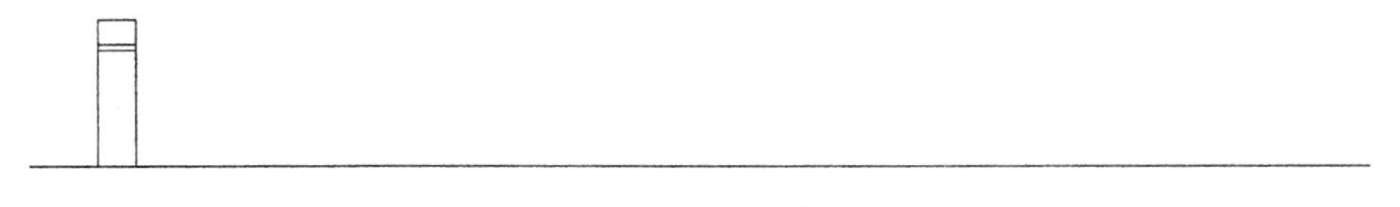

图 9-216　绘制直线

（5）单击“绘图”工具栏中的“圆弧”按钮，在步骤（4）中绘制的水平直线两端绘制圆弧，如图 9-217 所示。

（6）单击“绘图”工具栏中的“圆”按钮，在图中合适的位置处绘制一个圆，如图 9-218 所示。

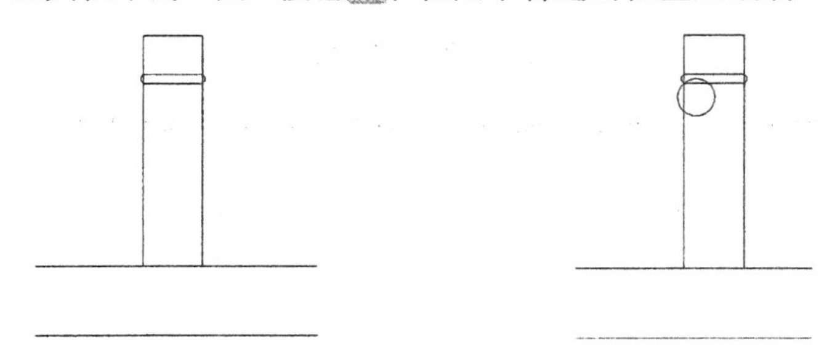

图 9-217　绘制圆弧　　　　图 9-218　绘制圆

（7）单击“修改”工具栏中的“修剪”按钮，修剪掉多余的直线，如图 9-219 所示。

（8）单击“绘图”工具栏中的“圆弧”按钮、“样条曲线”按钮和“修改”工具栏中的“修剪”按钮，细化圆木，如图 9-220 所示。

图 9-219　修剪掉多余的直线　　　　图 9-220　细化圆木

（9）单击“修改”工具栏中的“复制”按钮，将圆木依次向右复制，并整理图形，如图 9-221 所示。

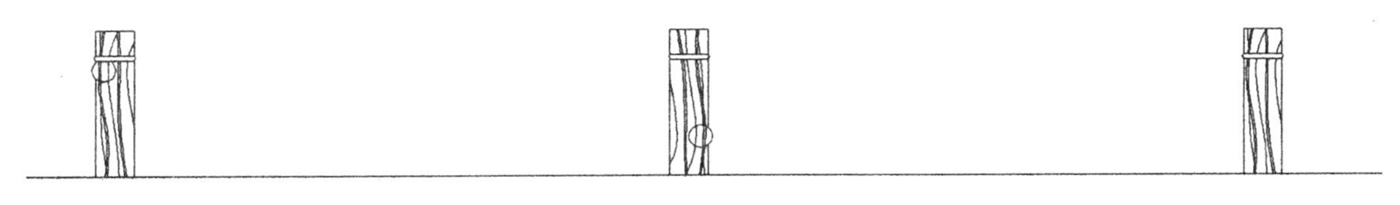

图 9-221　复制圆木

（10）单击“绘图”工具栏中的“圆弧”按钮，绘制麻绳，如图 9-222 所示。

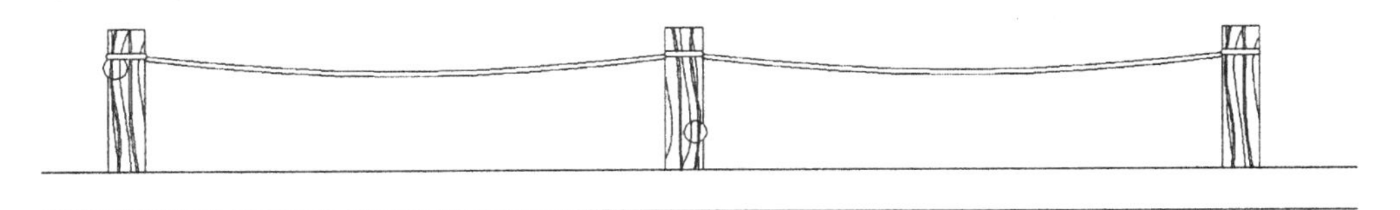

图 9-222　绘制麻绳

（11）单击“绘图”工具栏中的“图案填充”按钮，打开“图案填充创建”选项卡，选择 ANSI31 图案，如图 9-223 所示，然后填充麻绳，结果如图 9-224 所示。

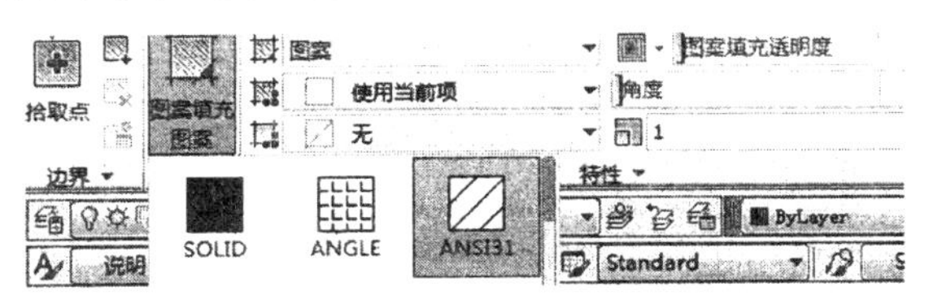

图 9-223　“图案填充创建”选项卡

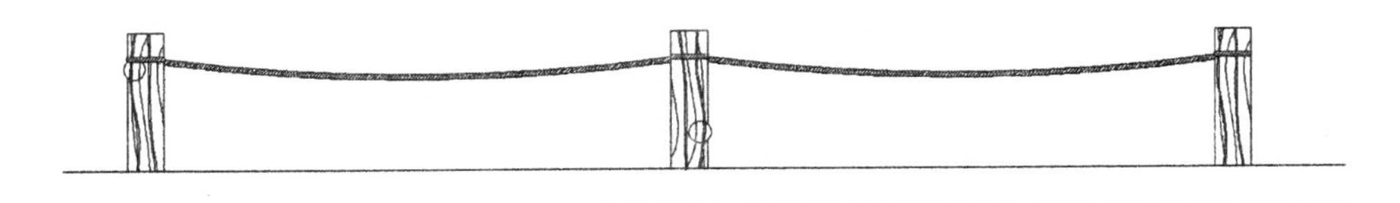

图 9-224　填充麻绳

2. 标注图形

（1）单击“标注”工具栏中的“线性”按钮，为图形标注尺寸，如图 9-225 所示。

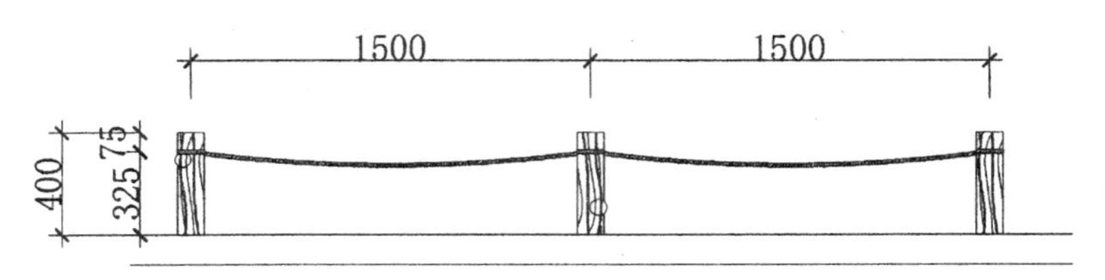

图 9-225　标注尺寸

（2）单击“绘图”工具栏中的“直线”按钮和“多行文字”按钮A，标注文字，如图 9-226 所示。

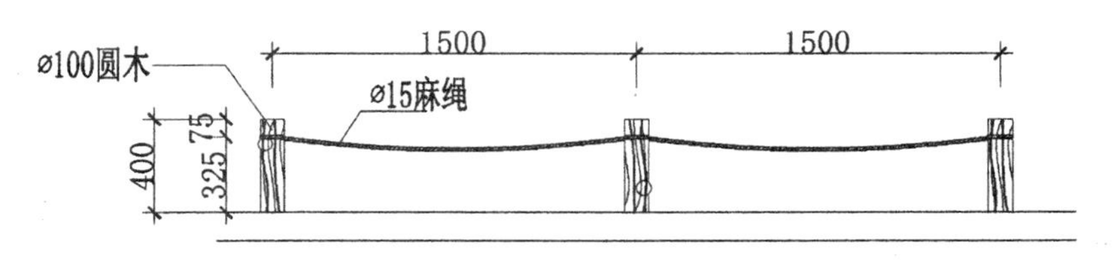

图 9-226　标注文字

（3）同理，绘制剖切符号，如图 9-227 所示。

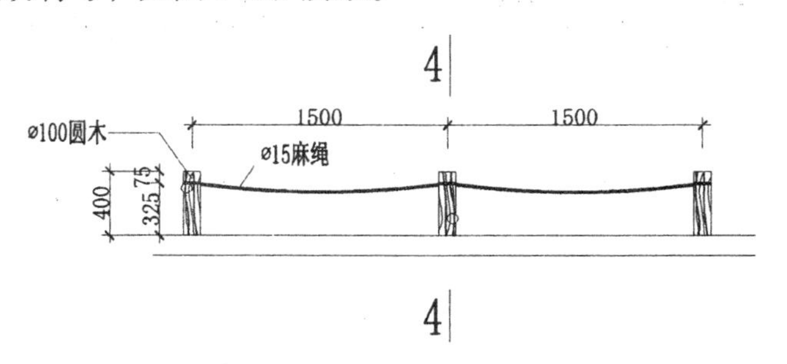

图 9-227　绘制剖切符号

（4）单击“绘图”工具栏中的“直线”按钮和“多行文字”按钮A，标注图名，结果如图 9-212 所示。

9.2.4　绘制仿木桥 1-1 剖面图

本节绘制如图 9-228 所示的仿木桥 1-1 剖面图。

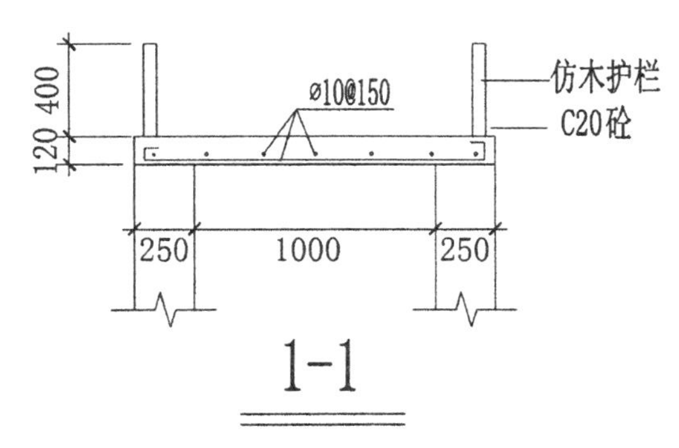

图 9-228　仿木桥 1-1 剖面图

1. 绘制仿木桥 1-1 剖面

（1）单击“绘图”工具栏中的“矩形”按钮，在图中绘制一个矩形，如图 9-229 所示。

图 9-229　绘制矩形

（2）单击“绘图”工具栏中的“直线”按钮，在矩形下方绘制两条竖直直线，如图 9-230 所示。

（3）单击“绘图”工具栏中的“直线”按钮，在步骤（3）中绘制的竖直直线下方绘制折断线，如图 9-231 所示。

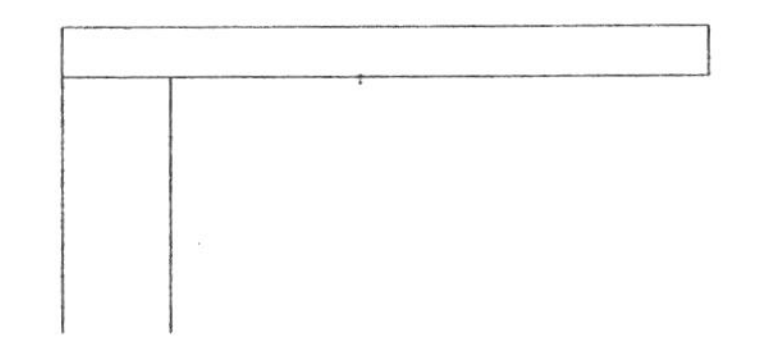

图 9-230　绘制竖直直线

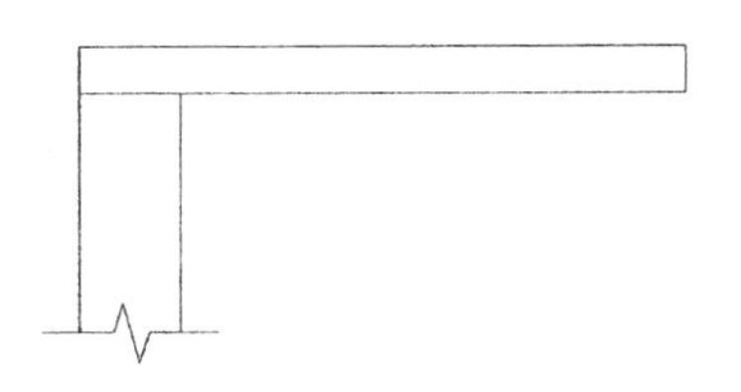

图 9-231　绘制折断线

（4）单击“修改”工具栏中的“复制”按钮，复制图形，如图 9-232 所示。

（5）单击“绘图”工具栏中的“矩形”按钮，绘制护栏，如图 9-233 所示。

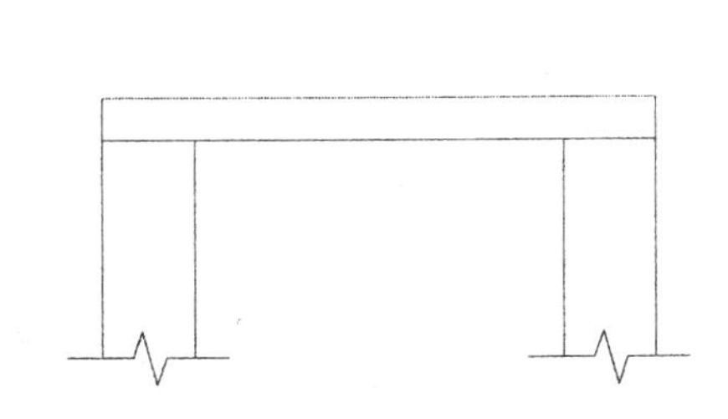

图 9-232　复制图形

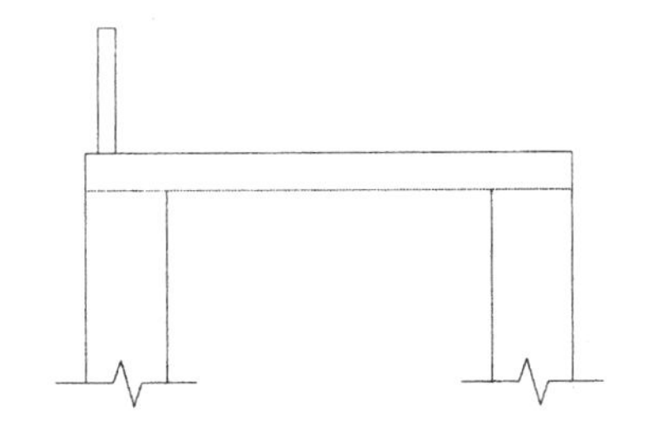

图 9-233　绘制护栏

（6）单击“修改”工具栏中的“复制”按钮，复制护栏，如图 9-234 所示。

（7）单击“绘图”工具栏中的“多段线”按钮，绘制钢筋，如图 9-235 所示。

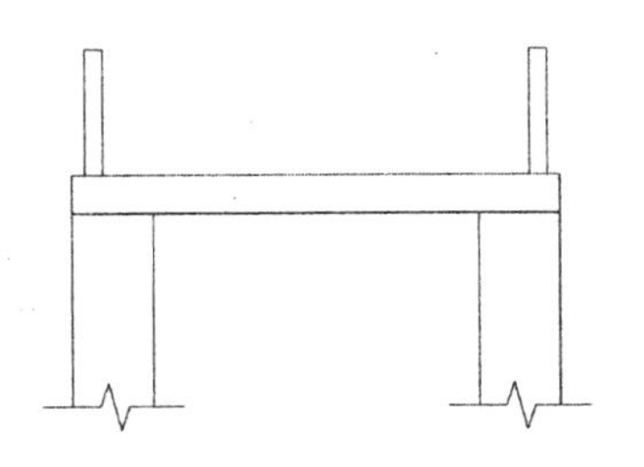

图 9-234　复制护栏

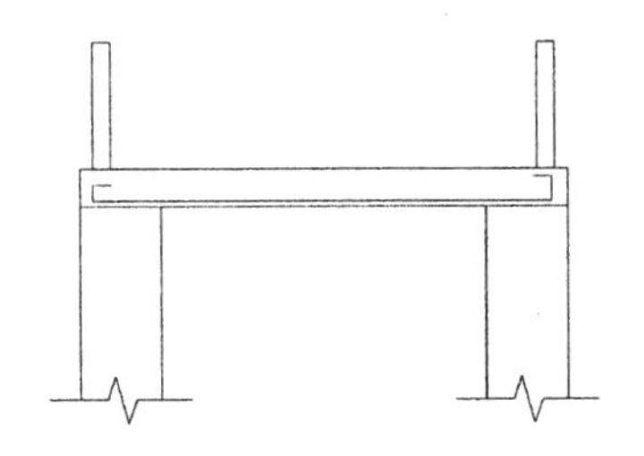

图 9-235　绘制钢筋

（8）单击“绘图”工具栏中的“圆”按钮，绘制配筋，如图 9-236 所示。

2. 标注图形

（1）单击“标注”工具栏中的“线性”按钮和“连续”按钮，为图形标注尺寸，如图 9-237 所示。

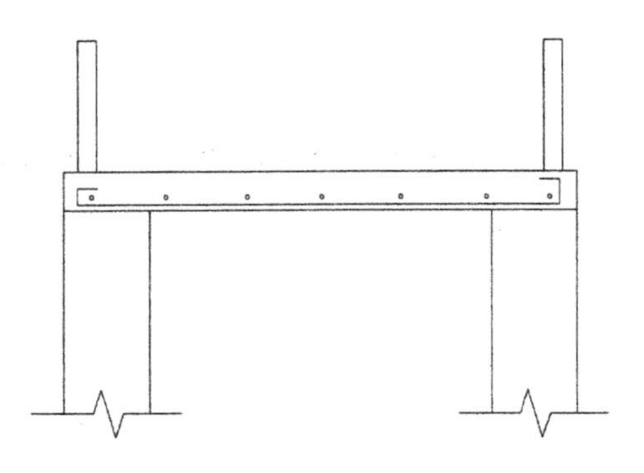

图 9-236　绘制配筋

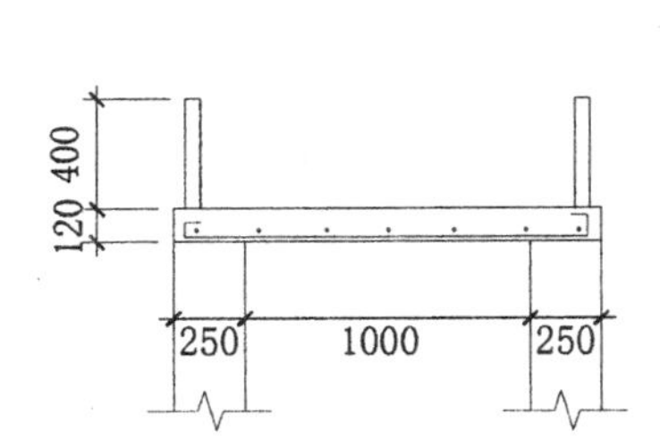

图 9-237　标注尺寸

（2）单击“绘图”工具栏中的“直线”按钮，在图中引出直线，如图 9-238 所示。
（3）单击“绘图”工具栏中的“多行文字”按钮，在直线右侧输入文字，如图 9-239 所示。

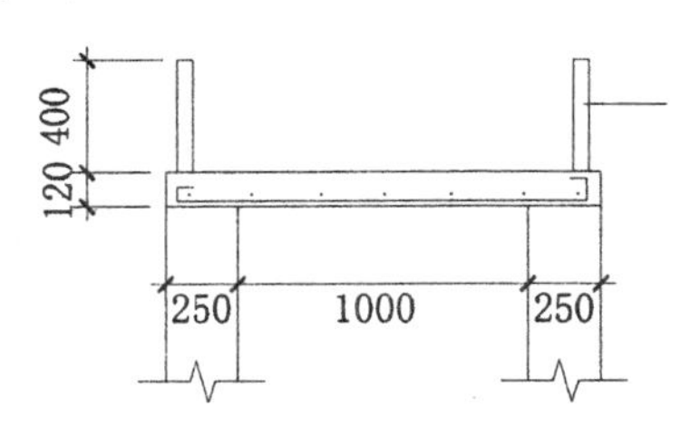

图 9-238　引出直线

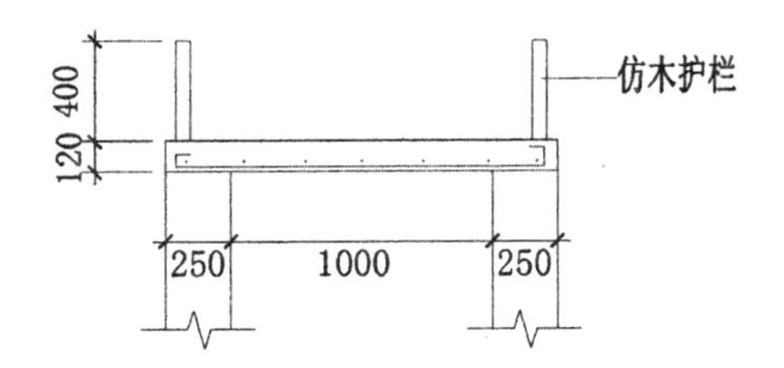

图 9-239　输入文字

（4）单击“绘图”工具栏中的“直线”按钮和“多行文字”按钮，为图形其他位置处标注文字说明，也可以利用“复制”命令，将文字复制，然后双击文字，修改文字内容，以便文字格式的统一，结果如图 9-240 所示。

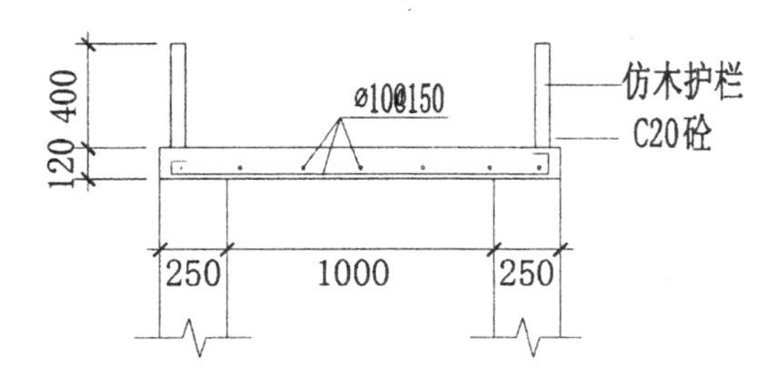

图 9-240　标注文字

（5）单击“绘图”工具栏中的“直线”按钮和“多行文字”按钮，标注图名，如图 9-228 所示。其他剖面图的绘制方法与 1-1 剖面图的绘制方法类似，这里不再重述，结果如图 9-241 所示。

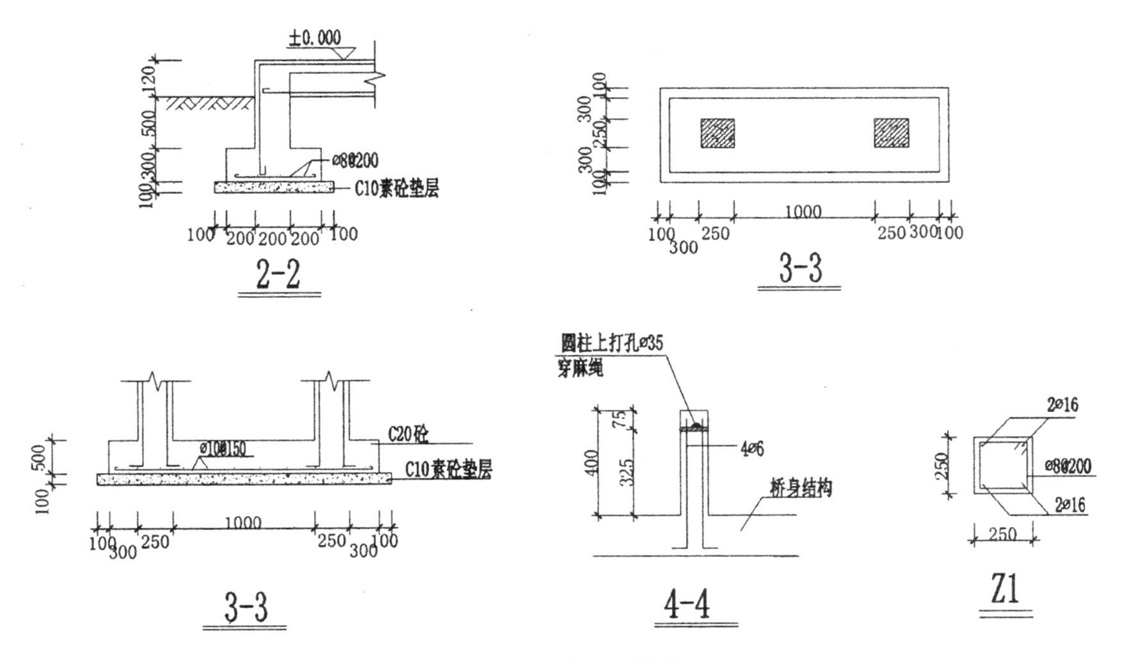

图 9-241　绘制剖面图

9.3　文　化　墙

本节绘制的文化墙属于围墙的一种。围墙在园林中起划分内外范围、分隔组织内部空间和遮挡劣景的作用，也有围合、标识、衬景的功能。建造精巧的围墙可以起到装饰、美化环境，制造气氛等多功能作用。围墙高度一般控制在 2m 以下。

9.3.1 绘制文化墙平面图

1. 绘制文化墙平面图

（1）单击“图层”工具栏中的“图层特性管理器”按钮，打开“图层特性管理器”选项板，新建几个图层，如图 9-242 所示。

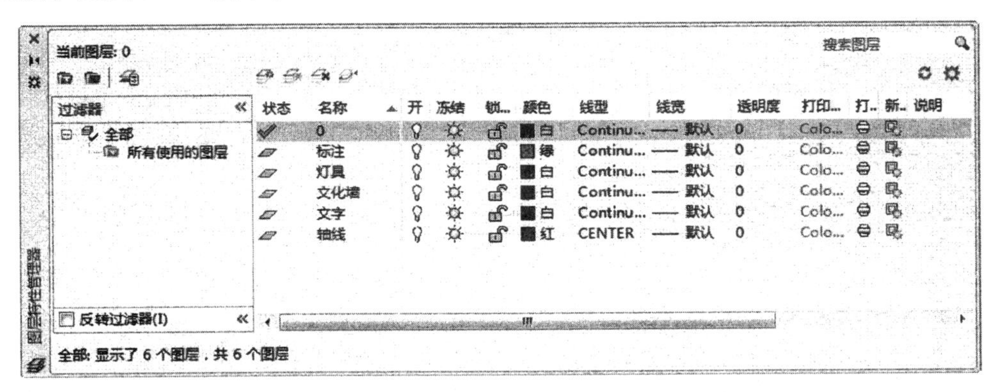

图 9-242 新建图层

（2）将“轴线”图层设置为当前图层，单击“绘图”工具栏中的“直线”按钮，绘制一条长为 75715 的轴线，并设置与水平方向的夹角为 11°，线型比例为 100，如图 9-243 所示。

（3）单击“修改”工具栏中的“偏移”按钮，将轴线向两侧偏移，偏移距离为 600 和 2400，并将偏移后的最外侧直线替换到“文化墙”图层中，如图 9-244 所示。

图 9-243 绘制轴线　　图 9-244 偏移直线

（4）将“文化墙”图层设置为当前图层，单击“绘图”工具栏中的“直线”按钮，绘制直线，如图 9-245 所示。

图 9-245 绘制直线

（5）单击“修改”工具栏中的“偏移”按钮，将步骤（4）中绘制的直线依次向右偏移，偏移距离为 5000、21000 和 5000，并修改部分线型为 CENTER，如图 9-246 所示。

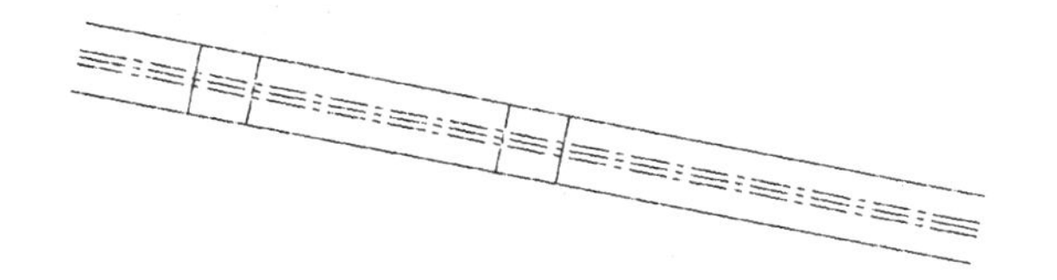

图 9-246　偏移直线

（6）单击“修改”工具栏中的“修剪”按钮，修剪掉多余的直线，完成墙体的绘制，如图 9-247 所示。

（7）将“灯具”图层设置为当前图层，单击“修改”工具栏中的“偏移”按钮，将轴线分别向两侧偏移为 1000，然后单击“绘图”工具栏中的“直线”按钮，绘制长为 4000 的斜线，作为灯具造型，最后单击“修改”工具栏中的“删除”按钮，将多余的轴线删除，结果如图 9-248 所示。

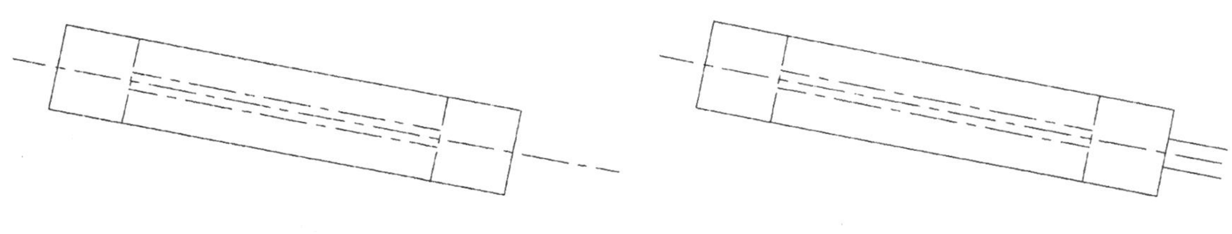

图 9-247　修剪掉多余的直线　　图 9-248　绘制灯具造型

（8）同理，绘制另一侧的墙体，如图 9-249 所示。

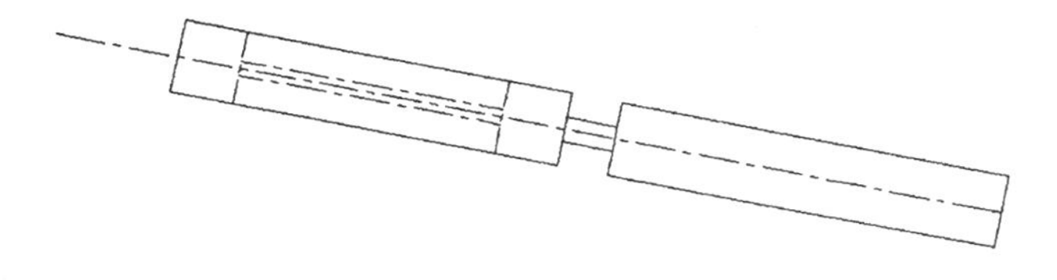

图 9-249　绘制墙体

（9）单击“修改”工具栏中的“复制”按钮，将步骤（8）中绘制的墙体和灯具复制到图中其他位置处，然后单击“修改”工具栏中的“旋转”按钮和“修剪”按钮，将复制的图形旋转到合适的角度并修剪掉多余的直线，结果如图 9-250 所示。

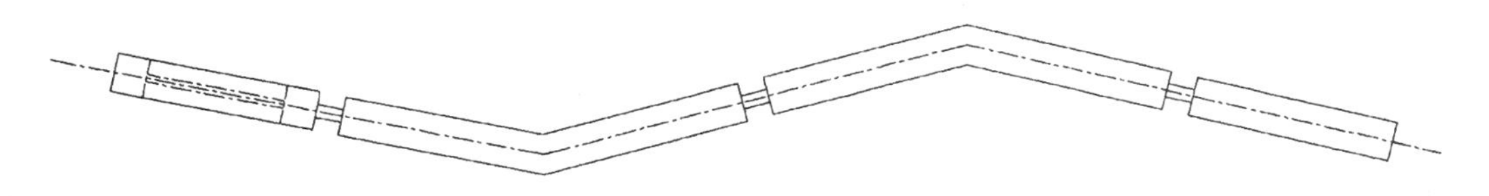

图 9-250　复制图形

2. 标注图形

（1）单击“标注”工具栏中的“标注样式”按钮，打开“标注样式管理器”对话框，新建一个新的标注样式，分别对各个选项卡进行设置，具体如下。

①线：超出尺寸线为 1000，起点偏移量为 1000。

②符号和箭头：第一个为用户箭头，选择建筑标记，箭头大小为 1000。

③文字：文字高度为 2000，文字位置为垂直向上，文字对齐为 ISO 标准。

④主单位：精度为 0，舍入为 10，比例因子为 0.05。

（2）将“标注”图层设置为当前层，单击“标注”工具栏中的“对齐”按钮和“连续”按钮，标注第一道尺寸，如图 9-251 所示。

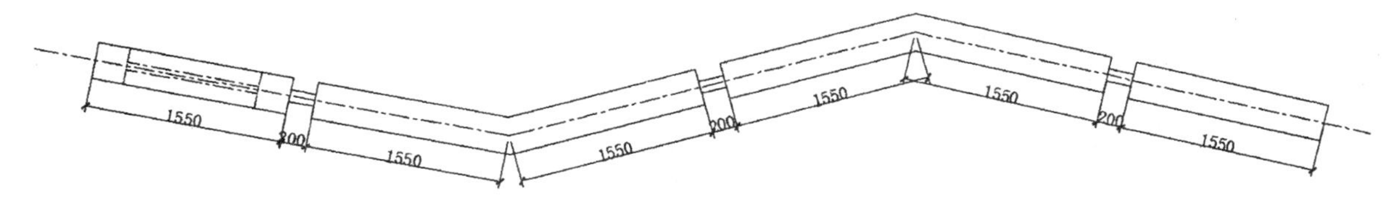

图 9-251　标注第一道尺寸

（3）单击“标注”工具栏中的“对齐”按钮，为图形标注总尺寸，如图 9-252 所示。

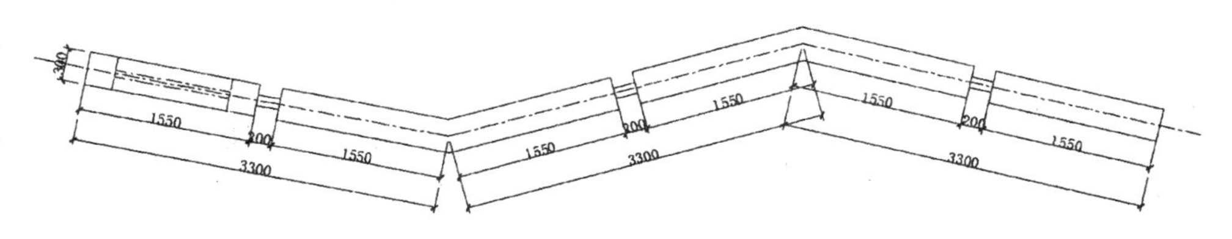

图 9-252　标注总尺寸

（4）单击“标注”工具栏中的“对齐”按钮和“角度”按钮，标注细节尺寸，如图 9-253 所示。

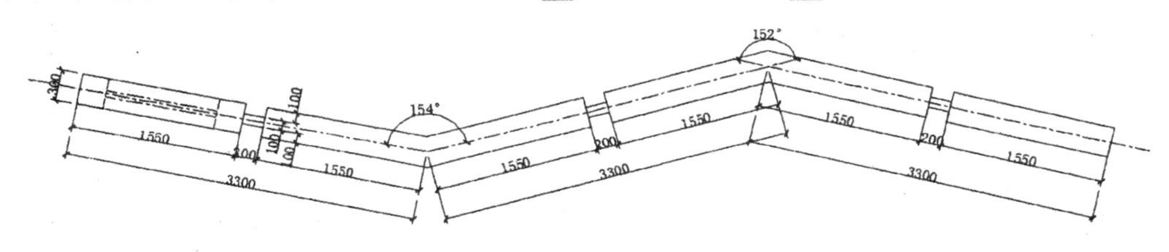

图 9-253　标注细节尺寸

（5）单击“绘图”工具栏中的“多段线”按钮，设置线宽为 200，绘制剖切符号，如图 9-254 所示。

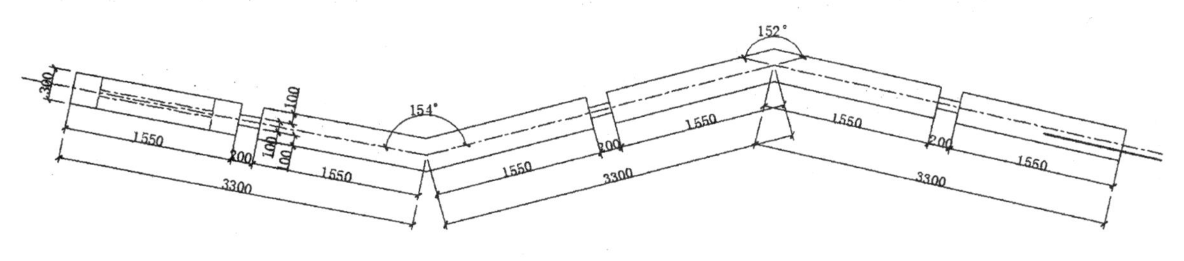

图 9-254　绘制剖切符号

（6）单击“绘图”工具栏中的“直线”按钮、“圆”按钮和“多行文字”按钮，标注文字，如图 9-255 所示。

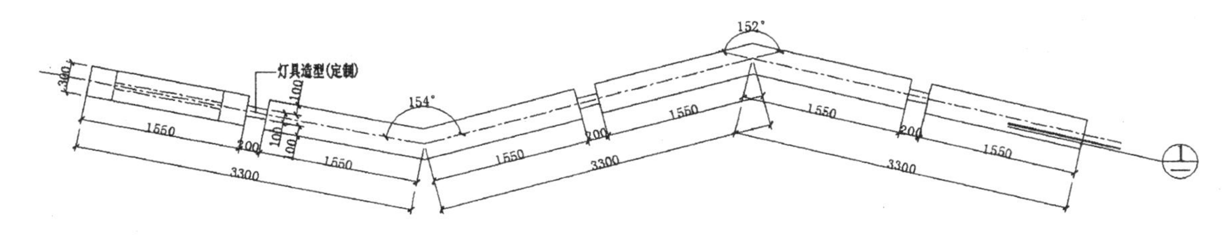

图 9-255　标注文字说明

（7）单击“绘图”工具栏中的“直线”按钮、“多段线”按钮和“多行文字”按钮，标注图名，如图 9-256 所示。

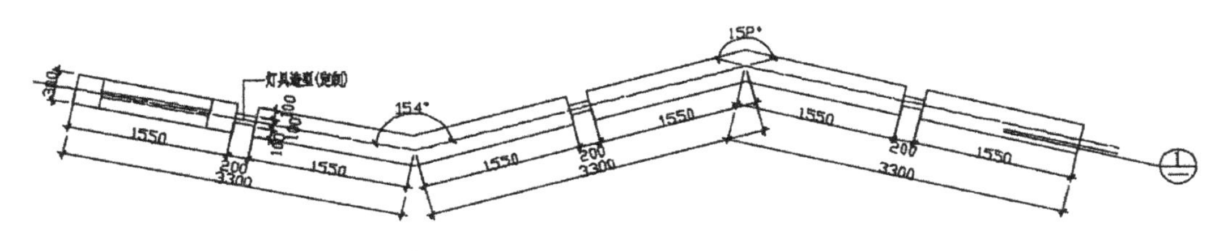

图 9-256　文化墙平面图

9.3.2　绘制文化墙立面图

1. 绘制文化墙立面

（1）单击“绘图”工具栏中的“直线”按钮，绘制一条长为 251892 的地基线，如图 9-257 所示。

图 9-257　绘制地基线

（2）单击“绘图”工具栏中的“直线”按钮，绘制连续线段，设置竖直方向长为 46000，水平方向长为 31000，如图 9-258 所示。

（3）单击“修改”工具栏中的“偏移”按钮，将水平直线向下偏移 6000、4000 和 32002，将竖直直线向右偏移 5000 和 20969，如图 9-259 所示。

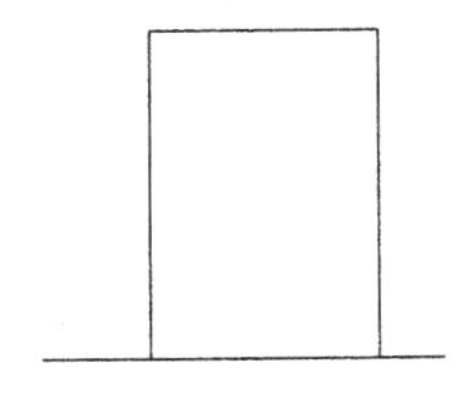

图 9-258　绘制连续线段

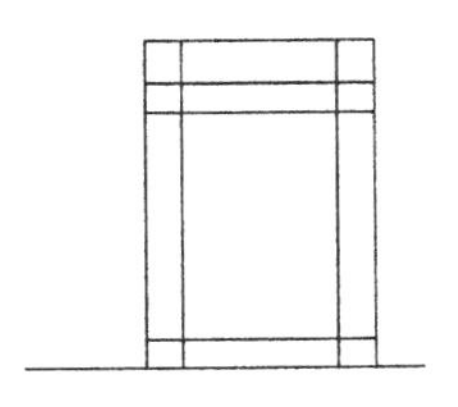

图 9-259　偏移多段线

（4）单击“修改”工具栏中的“修剪”按钮，修剪掉多余的直线，如图 9-260 所示。

（5）玻璃上下方为镂空处理，用折断线表示，单击“绘图”工具栏中的“直线”按钮，绘制折断线，如图 9-261 所示。

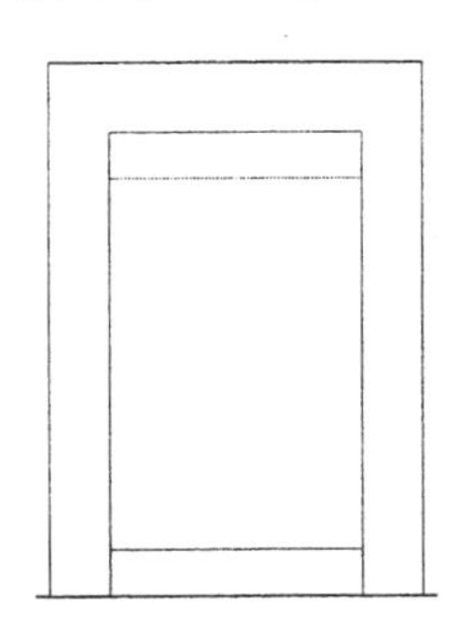

图 9-260　修剪图形

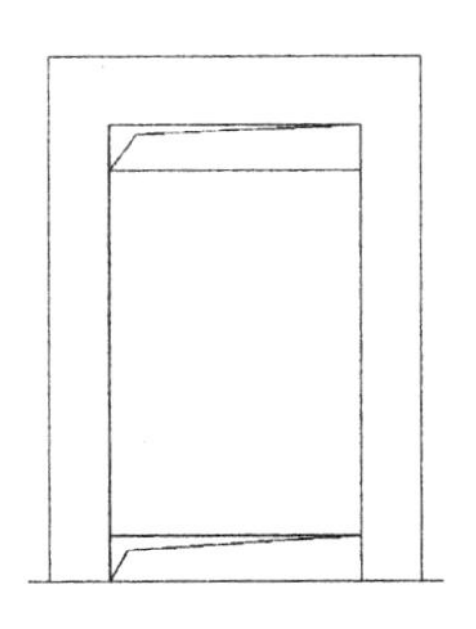

图 9-261　绘制折断线

（6）单击“绘图”工具栏中的“图案填充”按钮，打开“图案填充创建”选项卡，在“特性”选项板中选择 CUTSTONE 图案，比例设置为 8000，如图 9-262 所示，然后选择填充区域，填充图形，结果如图 9-263 所示。

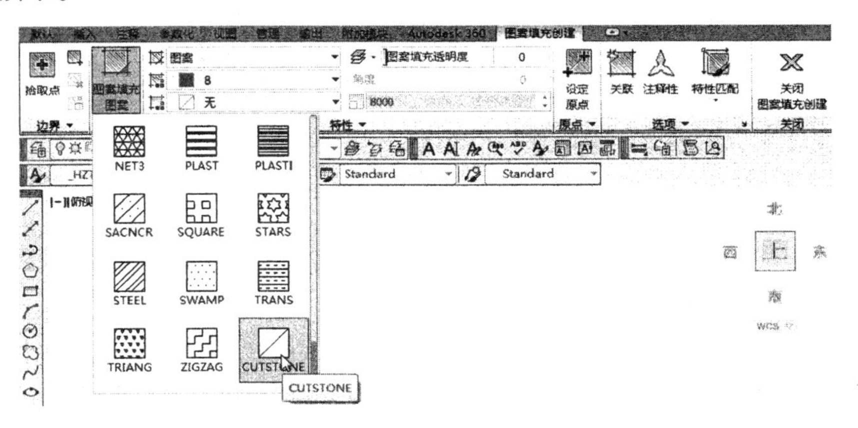

图 9-262　“图案填充创建”选项卡

（7）单击“插入”工具栏中的“插入块”按钮，打开“插入”对话框，如图 9-264 所示。将文字装饰图块插入到图中，结果如图 9-265 所示。

图 9-263　填充图形

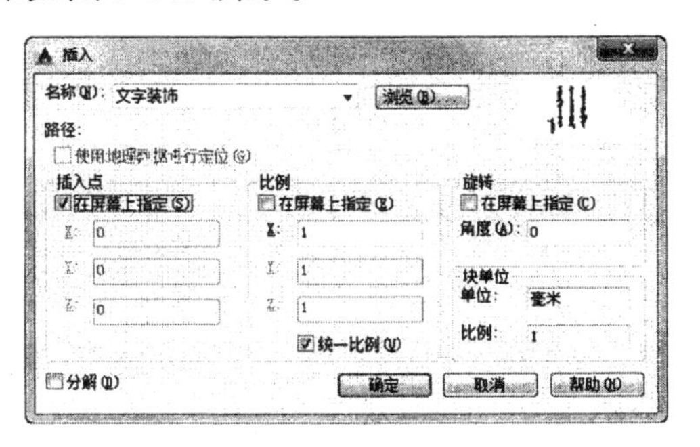

图 9-264　“插入”对话框

图 9-265　插入文字装饰

（8）单击“绘图”工具栏中的“矩形”按钮，在屏幕中的适当位置绘制一个长为 3954，宽为 38376 的矩形，如图 9-266 所示。

（9）单击“绘图”工具栏中的“圆弧”按钮，绘制灯柱上的装饰纹理，如图 9-267 所示。

（10）单击“修改”工具栏中的“移动”按钮，将灯柱移动到图中合适的位置处，如图 9-268 所示。

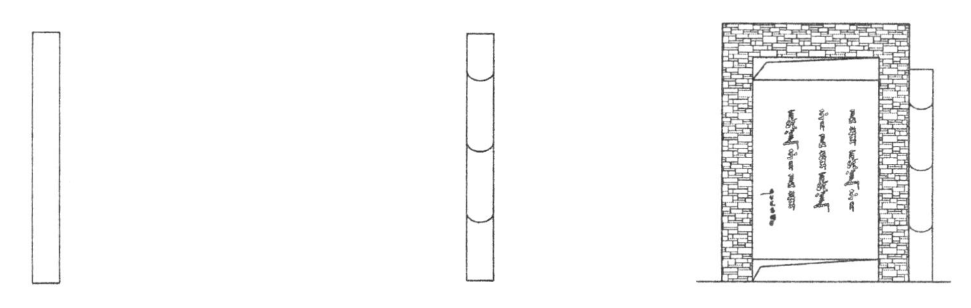

图 9-266　绘制矩形　　图 9-267　绘制装饰纹理　　图 9-268　移动灯柱

（11）单击“修改”工具栏中的“复制”按钮，将文化墙和灯具依次向右复制，如图 9-269 所示。

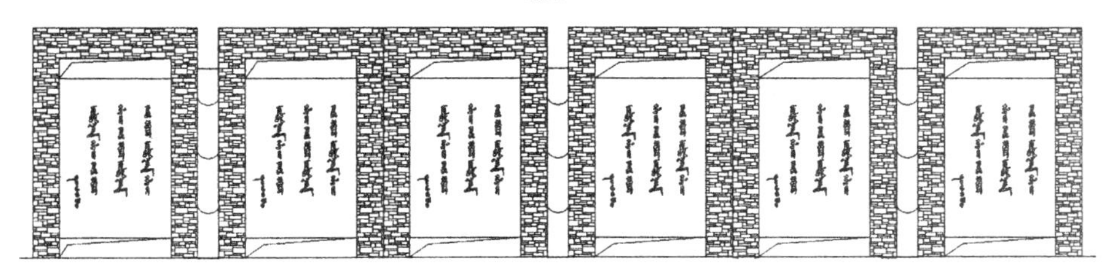

图 9-269　复制文化墙和灯具

2. 标注图形

（1）单击“样式”工具栏中的“标注样式”按钮，打开“标注样式管理器”对话框，设置标注样式，具体如下。

①线：超出尺寸线设置为 1000，起点偏移量为 1000。

②符号和箭头：箭头设置为建筑标记，箭头大小为 1000。

③文字：文字高度设置为 2000。

④主单位：精度设置为 0，舍入为 10，比例因子为 0.05。

（2）单击“标注”工具栏中的“线性”按钮和“连续”按钮，为图形标注第一道尺寸，如图 9-270 所示。

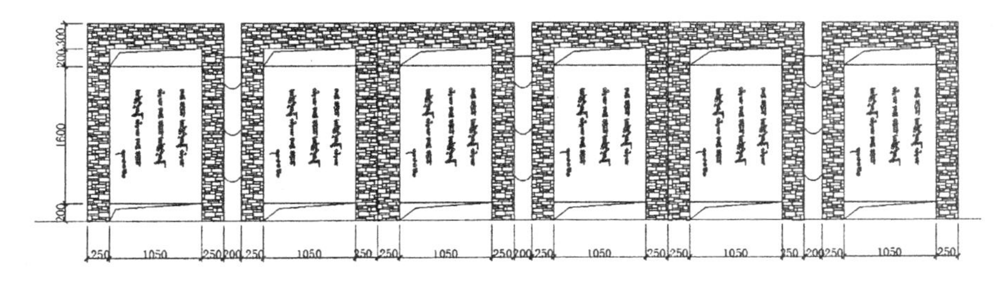

图 9-270　标注第一道尺寸

（3）同理，标注第二道尺寸，如图 9-271 所示。

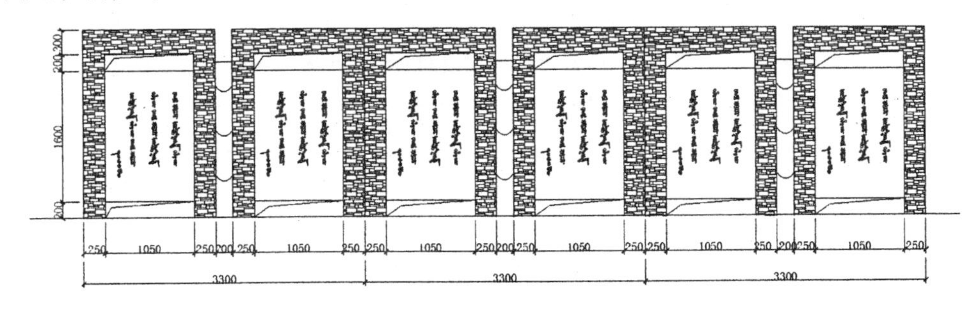

图 9-271　标注第二道尺寸

（4）单击“标注”工具栏中的“线性”按钮，为图形标注总尺寸，如图 9-272 所示。

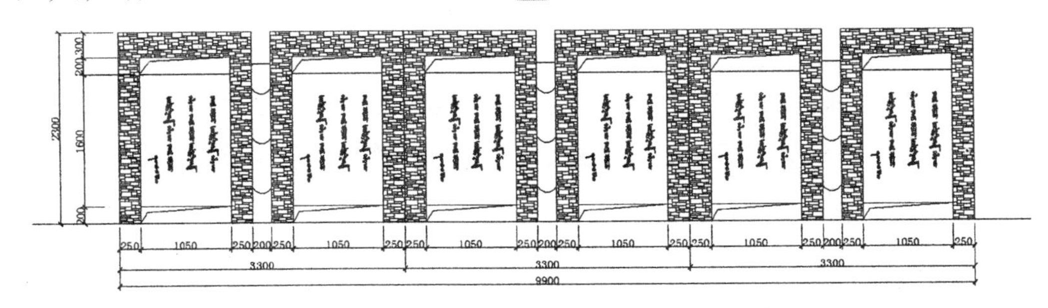

图 9-272　标注总尺寸

（5）单击“绘图”工具栏中的“直线”按钮，在图中引出直线，如图 9-273 所示。

（6）单击“绘图”工具栏中的“多行文字”按钮，在直线右侧输入文字，如图 9-274 所示。

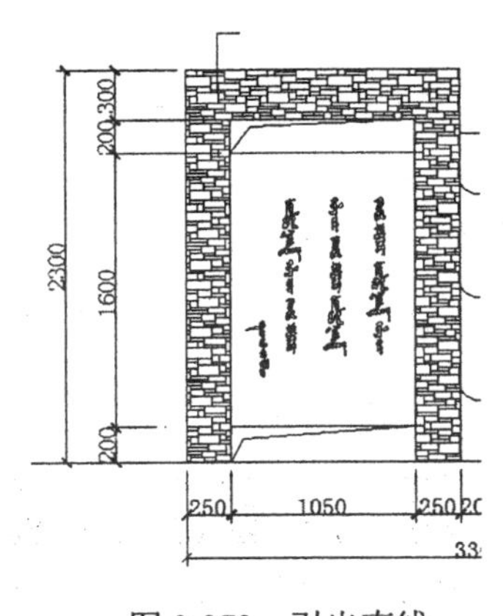

图 9-273　引出直线

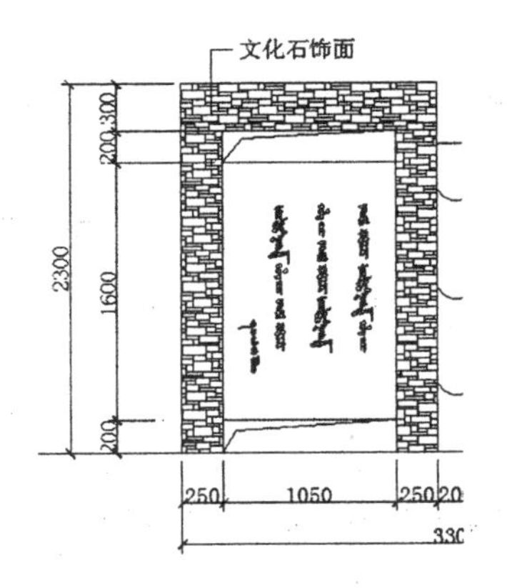

图 9-274　输入文字

（7）单击“修改”工具栏中的“复制”按钮，将直线和文字复制到图中其他位置处，然后双击文字，修改文字内容，以便文字格式的统一，最终完成其他位置处文字的标注，如图 9-275 所示。

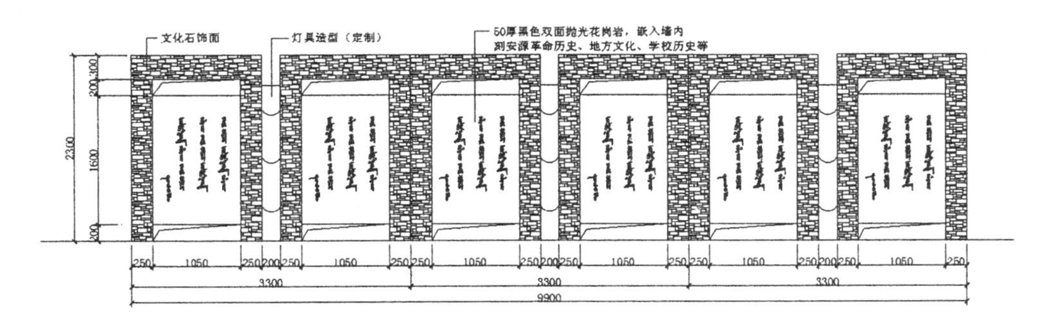

图 9-275　标注文字

（8）单击“绘图”工具栏中的“直线”按钮、“多段线”按钮和“多行文字”按钮，标注图名，如图 9-276 所示。

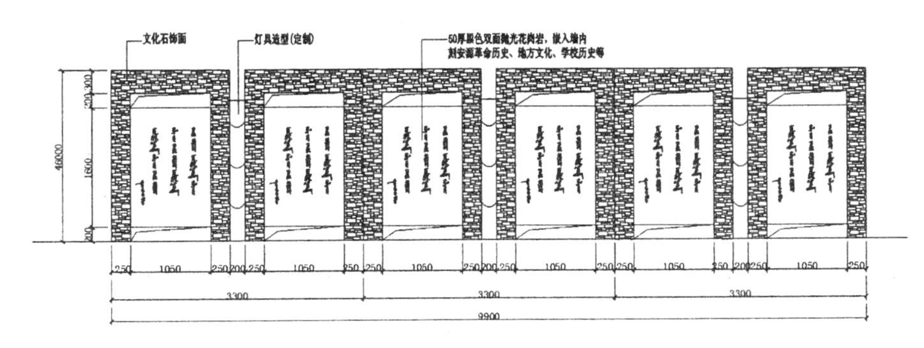

图 9-276　文化墙立面图

9.3.3　绘制文化墙基础详图

1. 绘制文化墙基础

（1）单击“绘图”工具栏中的“矩形”按钮，绘制长、宽分别为 14000 的矩形，如图 9-277 所示。

（2）单击“修改”工具栏中的“偏移”按钮，将矩形向内偏移 2000、3200 和 400，如图 9-278 所示。

图 9-277　绘制矩形

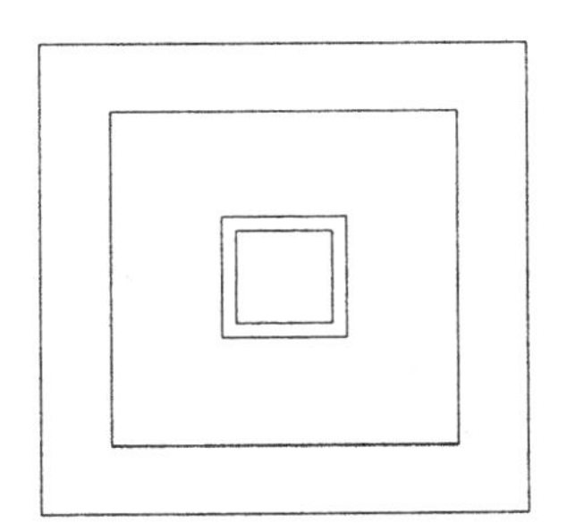

图 9-278　偏移矩形

（3）单击“绘图”工具栏中的“直线”按钮，绘制对角线，如图 9-279 所示。

（4）单击“绘图”工具栏中的“圆”按钮，绘制半径为 211 的圆，如图 9-280 所示。

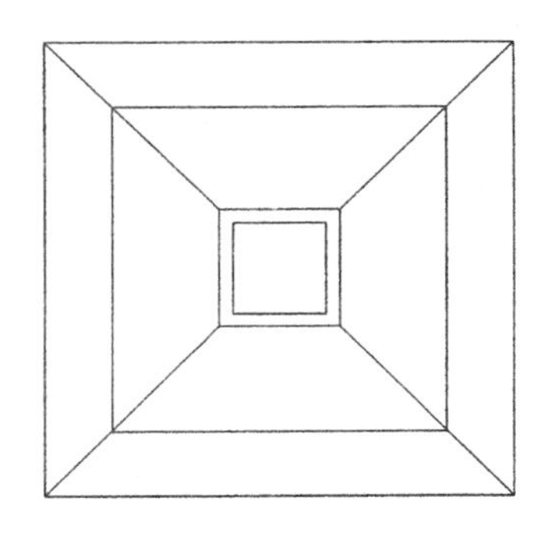

图 9-279　绘制对角线

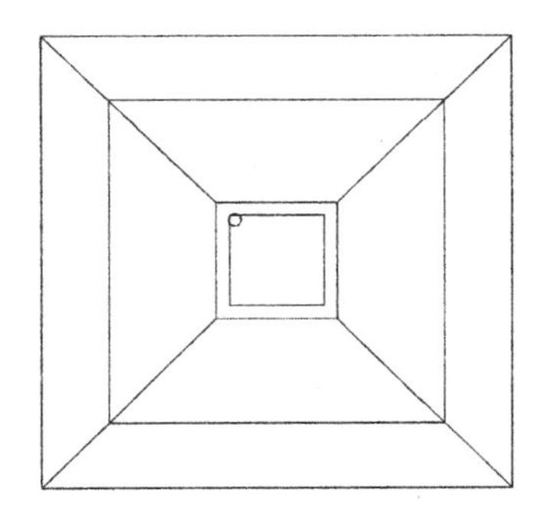

图 9-280　绘制圆

（5）单击“绘图”工具栏中的“图案填充”按钮，打开“图案填充创建”选项卡，选择 SOLID 图案，如图 9-281 所示，填充圆，结果如图 9-282 所示。

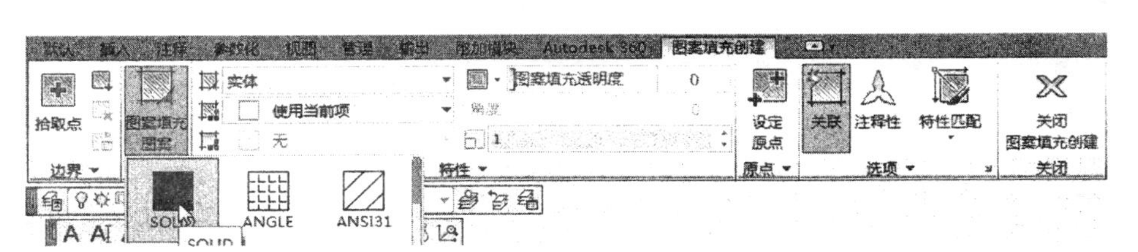

图 9-281　“图案填充创建”选项卡

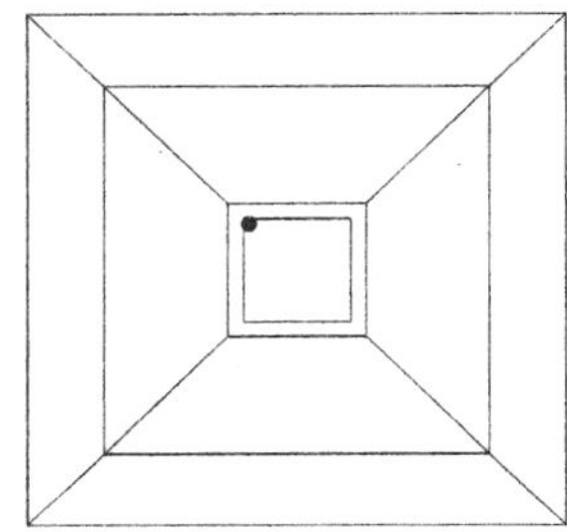

图 9-282　填充圆

（6）单击“修改”工具栏中的“复制”按钮，将填充圆复制到图中其他位置处，完成配筋的绘制，如图 9-283 所示。

2. 标注图形

（1）单击“样式”工具栏中“标注样式”按钮，打开“标注样式管理器”对话框，设置标注样式，具体如下。

①线：超出尺寸线设置为 1000，起点偏移量为 1000。

②符号和箭头：箭头设置为建筑标记，箭头大小为 1000。

③文字：文字高度设置为 1500。

④主单位：精度设置为 0，舍入为 10，比例因子为 0.05。

（2）单击“标注”工具栏中的“线性”按钮，为图形标注尺寸，如图 9-284 所示。

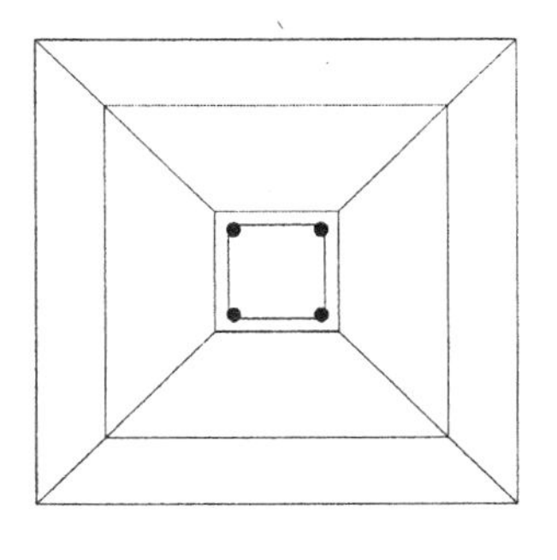
图 9-283　绘制配筋

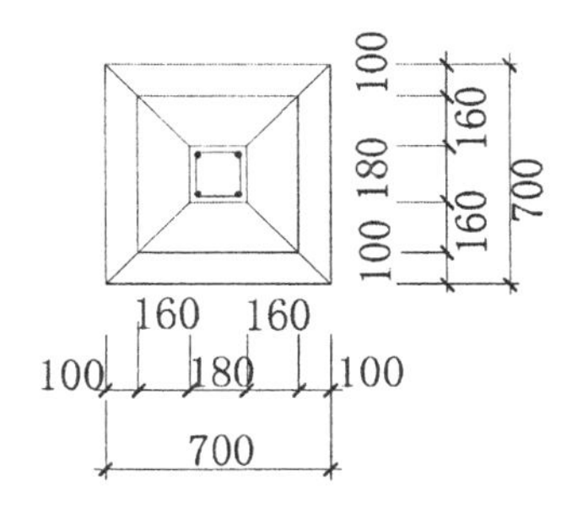

图 9-284　标注尺寸

（3）单击“绘图”工具栏中的“直线”按钮，在图中引出直线，如图 9-285 所示。

（4）单击“绘图”工具栏中的“多行文字”按钮A，在直线左侧输入文字，如图 9-286 所示。

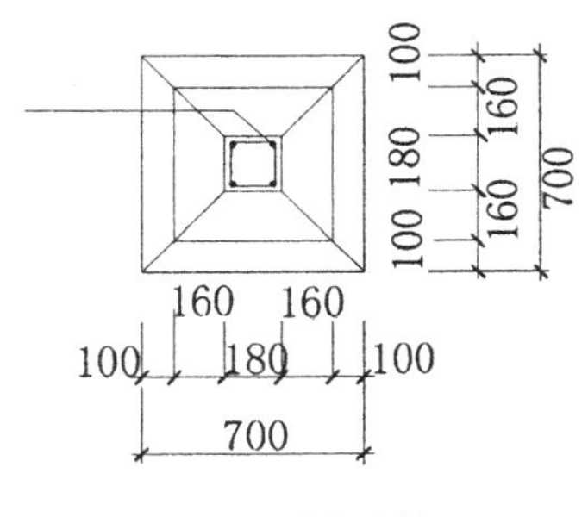

图 9-285　引出直线

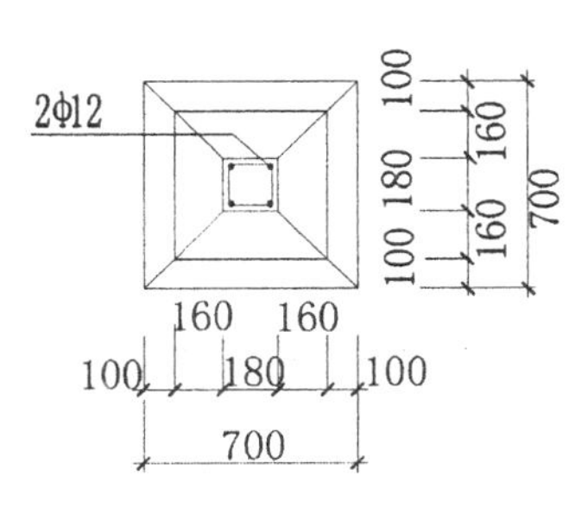

图 9-286　输入文字

（5）单击“修改”工具栏中的“复制”按钮，将直线和文字复制到下方，完成其他位置处文字的标注，如图 9-287 所示。

（6）单击“绘图”工具栏中的“直线”按钮、“多段线”按钮和“多行文字”按钮A，标注图名，如图 9-288 所示。

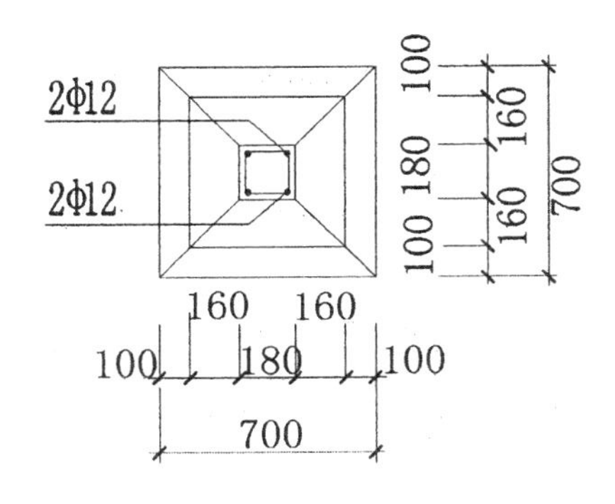

图 9-287　标注文字

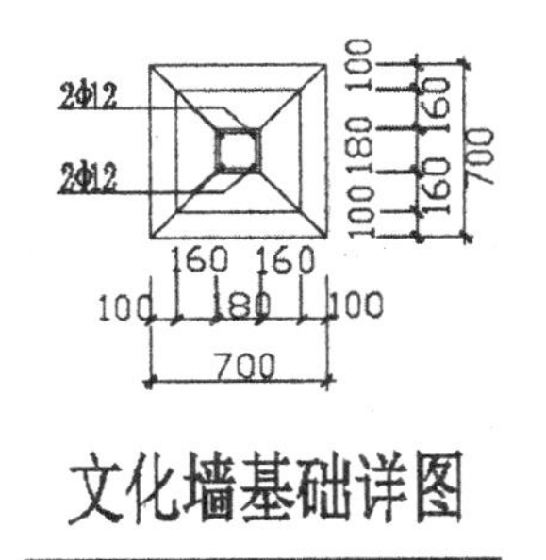

图 9-288　文化墙基础详图

文化墙剖面图的绘制与其他图形的绘制方法类似，这里不再重述，结果如图 9-289 所示。

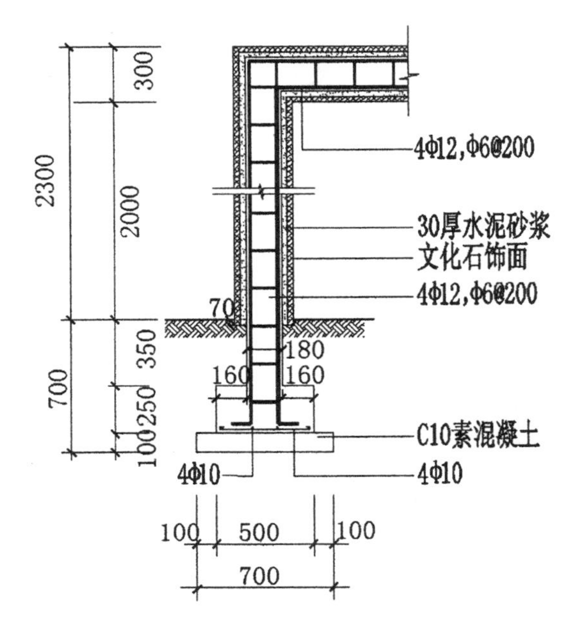

文化墙剖面图 1：50

图 9-289　文化墙剖面图

读书笔记

某学院园林小品

园林是艺术与科学的结合，设计常追求“神仪在心，意在笔先”和“情因景生，景为情造”。从表现形式上看，校园环境以清新自然、幽静典雅、尺度宜人为佳。校园小品设计常从引导学生做人、做学问和鼓励学生勇攀科学高峰等方面寻找创作思路。

本章将介绍某学院典型园林小品的设计思路和方法。

10.1 花钵坐凳

花钵为种花或摆设用的器皿，为口大底端小的倒圆台或倒棱台形状，质地多为砂岩、泥、瓷、塑料及木制品。园椅、园凳、园桌是各种园林绿地及城市广场中必备的设施。湖边池畔、花间林下、广场周边、园路两侧、山腰台地处均可设置，供游人休息、促膝长谈和观赏风景。如果在一片天然的树林中设置一组蘑菇形的园凳，宛如林间树下长出的蘑菇，可把树林环境衬托得野趣盎然。而在草坪边、园路旁、竹丛下适当地布置园椅，也会给人以亲切感，并使大自然富有生机。选择花钵时，还要注意大小，高矮要合适。花钵过大，会影响美观，而且花钵大而植株小，植株吸水能力相对较弱。浇水后，盆土长时间保持湿润，花木呼吸困难，易导致烂根。花盆过小，显得头重脚轻，而且影响根部发育。园桌、园凳既可以单独设置，也可成组布置；既可自由分散布置，又可有规则地连续布置。园椅、园凳也可与花坛等其他小品组合，形成一个整体。园椅、园凳的造型要轻巧美观，形式要活泼多样，构造要简单，制作要方便，要结合园林环境，做出具有特色的设计。花钵坐凳不仅能为游人提供休息、赏景的处所，若与环境结合得好，本身也能成为一景。

10.1.1 绘制花钵坐凳组合平面图

本节绘制如图 10-1 所示的花钵坐凳组合平面图。

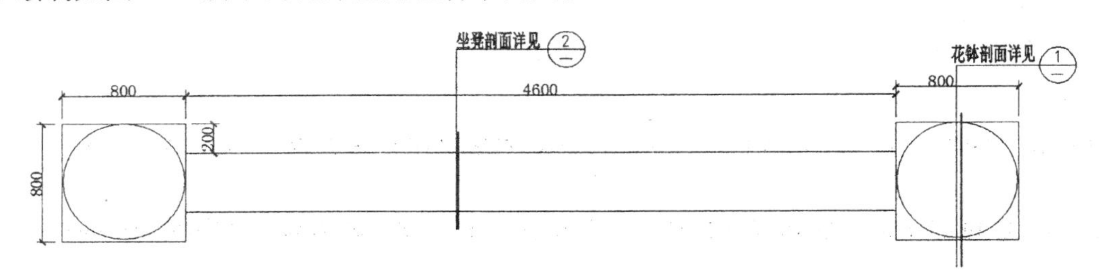

图 10-1 花钵坐凳组合平面图

1. 绘制花钵坐凳组合平面

（1）单击“绘图”工具栏中的“矩形”按钮，在图中绘制一个矩形，如图 10-2 所示。

（2）单击“绘图”工具栏中的“圆”按钮，在矩形内绘制一个圆，完成花钵的绘制，如图 10-3 所示。

图 10-2　绘制矩形

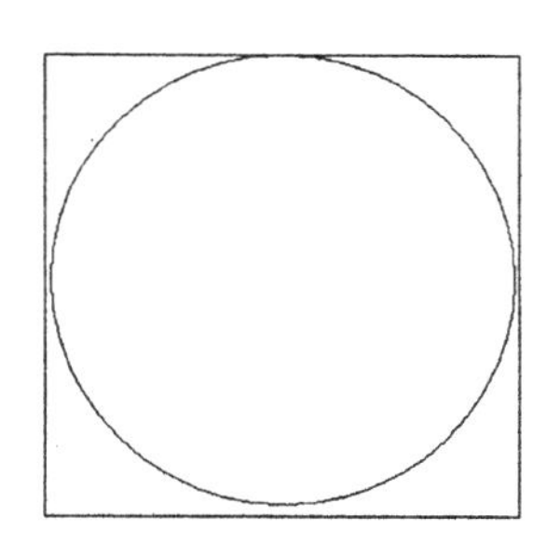

图 10-3　绘制圆

（3）单击“绘图”工具栏中的“直线”按钮，以矩形右侧直线上一点为起点，向右绘制一条水平直线，如图 10-4 所示。

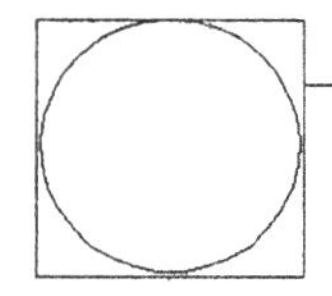

图 10-4　绘制水平直线

（4）单击“修改”工具栏中的“偏移”按钮，将水平直线向下偏移一定的距离，如图 10-5 所示。

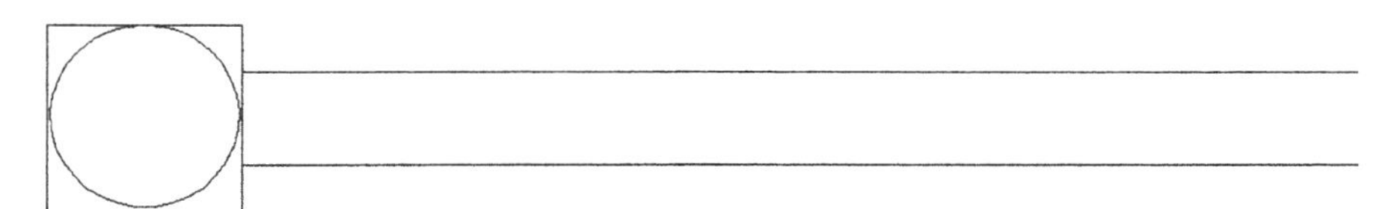

图 10-5　偏移直线

（5）单击“修改”工具栏中的“复制”按钮，将花钵复制到另外一侧，如图 10-6 所示。

图 10-6　复制花钵

（6）单击“绘图”工具栏中的“多段线”按钮，绘制剖切符号，如图 10-7 所示。

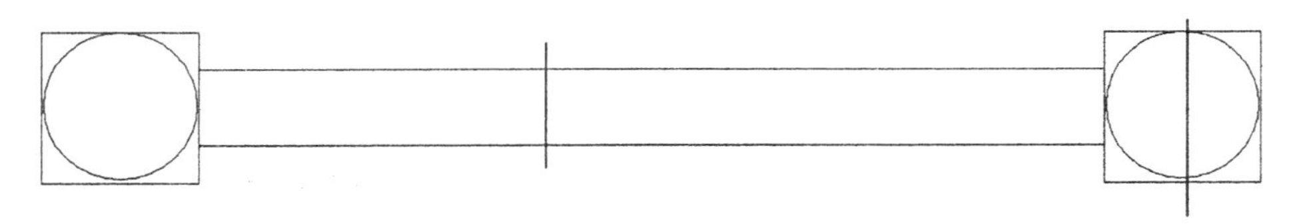

图 10-7　绘制剖切符号

2. 标注图形

（1）选择菜单栏中的“格式”→“标注样式”命令，打开“标注样式管理器”对话框，然后新建一个标注样式，分别对线、符号和箭头、文字以及主单位进行设置。单击“标注”工具栏中的“线性”按钮，为图形标注尺寸，如图 10-8 所示。

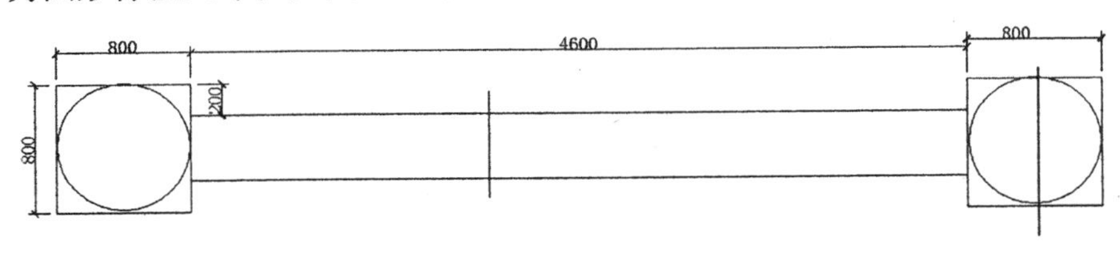

图 10-8　标注尺寸

（2）单击“绘图”工具栏中的“直线”按钮、“圆”按钮和“多行文字”按钮，绘制标号，如图 10-9 所示。

（3）单击“修改”工具栏中的“复制”按钮，将标号复制到图中其他位置处，双击文字，修改文字内容，完成其他位置处标号的绘制，如图 10-10 所示。

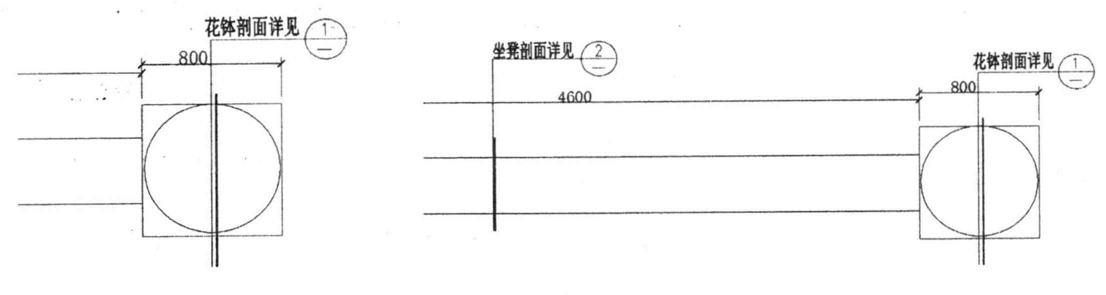

图 10-9　绘制标号

图 10-10　复制标号

（4）单击“绘图”工具栏中的“直线”按钮、“多段线”按钮和“多行文字”按钮，标注图名，如图 10-1 所示。

10.1.2　绘制花钵坐凳组合立面图

本节绘制如图 10-11 所示的花钵坐凳组合立面图。

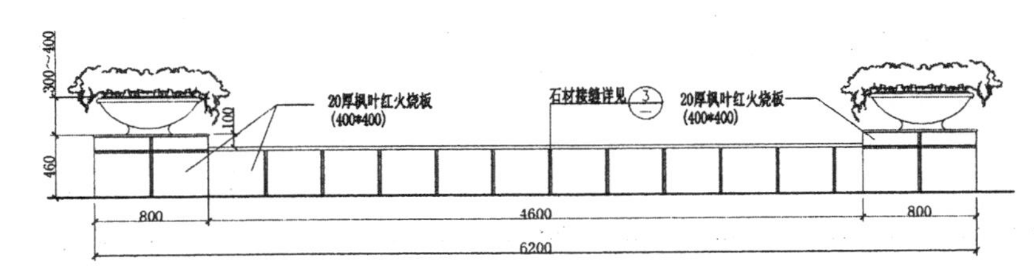

图 10-11　花钵坐凳组合立面图

1. 绘制花钵坐凳组合立面

（1）单击“绘图”工具栏中的“直线”按钮，绘制地坪线，如图 10-12 所示。

图 10-12　绘制地坪线

（2）单击“绘图”工具栏中的“直线”按钮，以地坪线上任意一点为起点绘制一条竖直直线，如图 10-13 所示。

图 10-13　绘制竖直直线

（3）单击“修改”工具栏中的“偏移”按钮，将竖直直线向右偏移，如图 10-14 所示。

图 10-14　偏移直线

（4）单击“绘图”工具栏中的“矩形”按钮，在直线上方绘制一个矩形，如图 10-15 所示。

（5）单击“修改”工具栏中的“圆角”按钮，对矩形进行圆角操作，如图 10-16 所示。

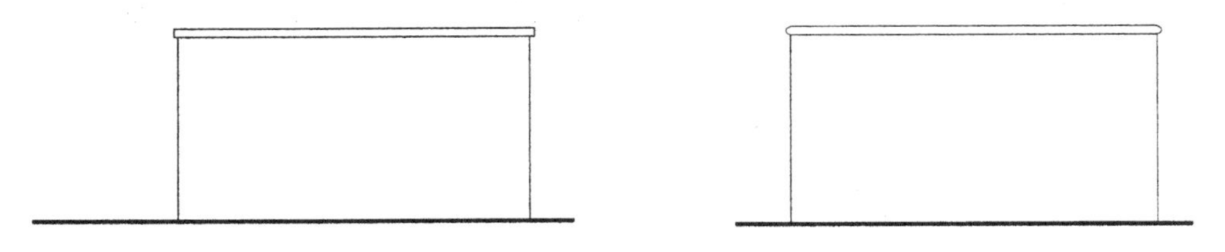

图 10-15　绘制矩形　　　　图 10-16　绘制圆角

（6）单击“绘图”工具栏中的“直线”按钮和“修改”工具栏中的“偏移”按钮，细化图形，如图 10-17 所示。

（7）单击“绘图”工具栏中的“圆弧”按钮，绘制圆弧，如图 10-18 所示。

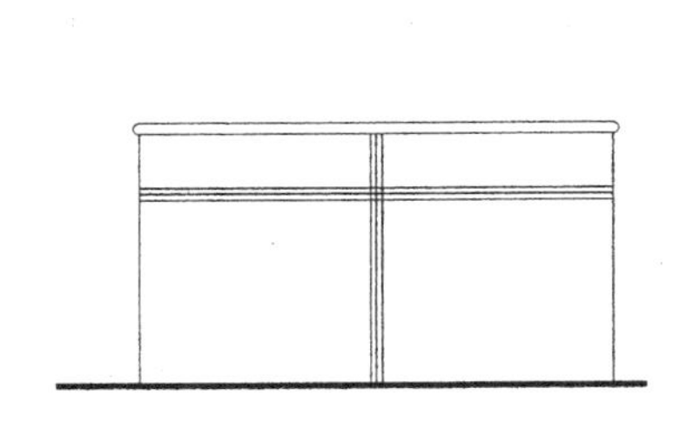

图 10-17　细化图形

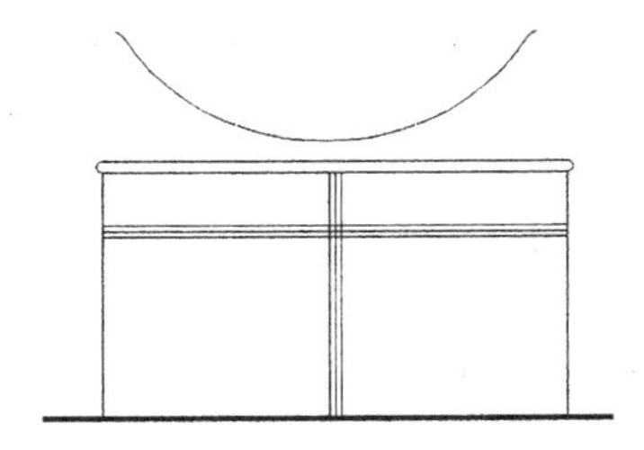

图 10-18　绘制圆弧

（8）同理，在步骤（7）中绘制的圆弧下侧绘制一小段圆弧，如图 10-19 所示。

（9）单击“修改”工具栏中的“镜像”按钮，将小段圆弧镜像到另外一侧，如图 10-20 所示。

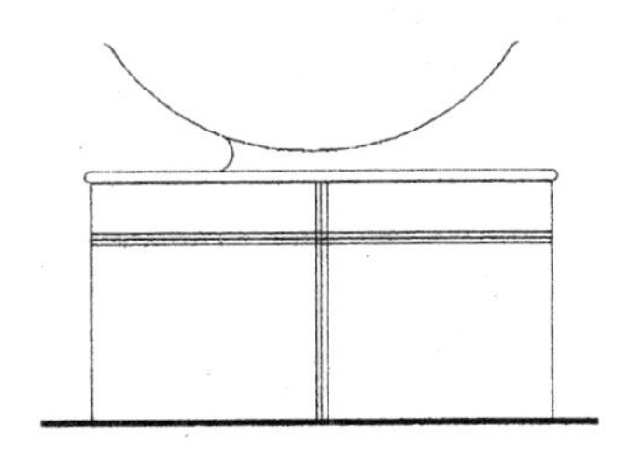

图 10-19　绘制小段圆弧

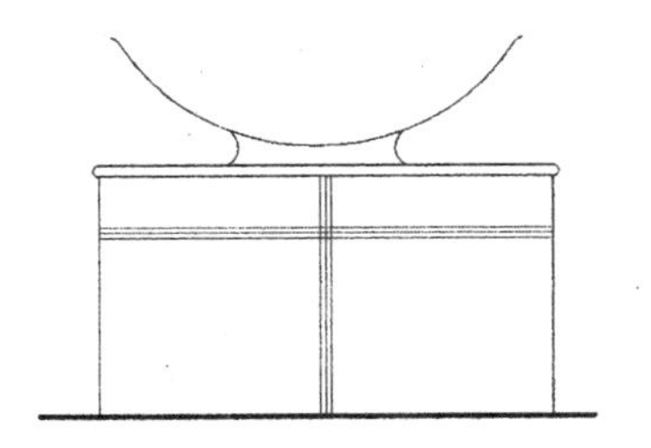

图 10-20　镜像小段圆弧

（10）单击“绘图”工具栏中的“矩形”按钮，在大段圆弧上方绘制矩形，如图 10-21 所示。

（11）单击“修改”工具栏中的“圆角”按钮，对矩形进行圆角操作，如图 10-22 所示。

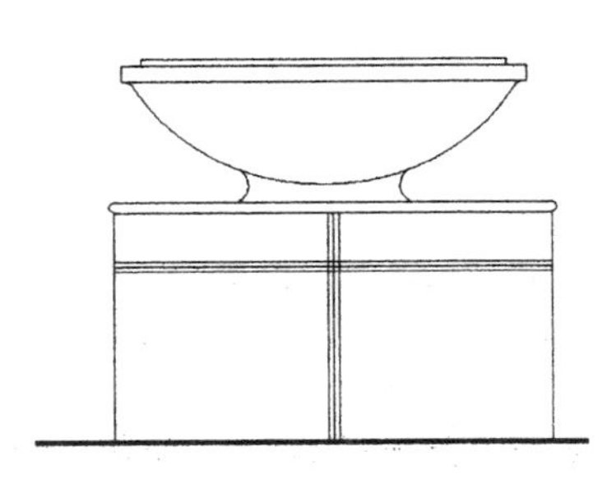

图 10-21　绘制矩形

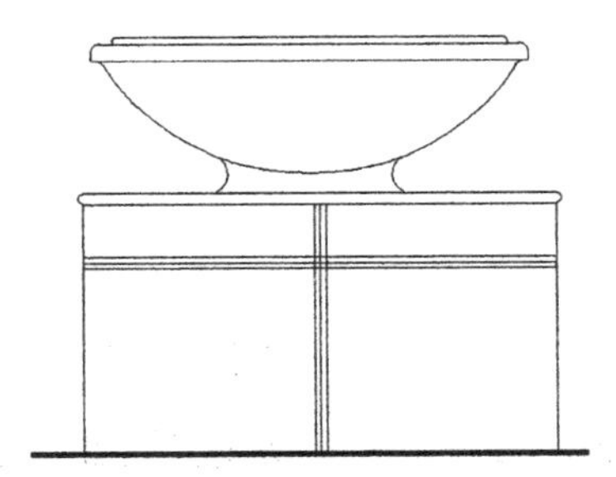

图 10-22　绘制圆角

（12）单击“绘图”工具栏中的“多段线”按钮，绘制多条多段线，如图 10-23 所示。

（13）单击“绘图”工具栏中的“修订云线”按钮，绘制云线，最终完成花钵的绘制，如图 10-24 所示。

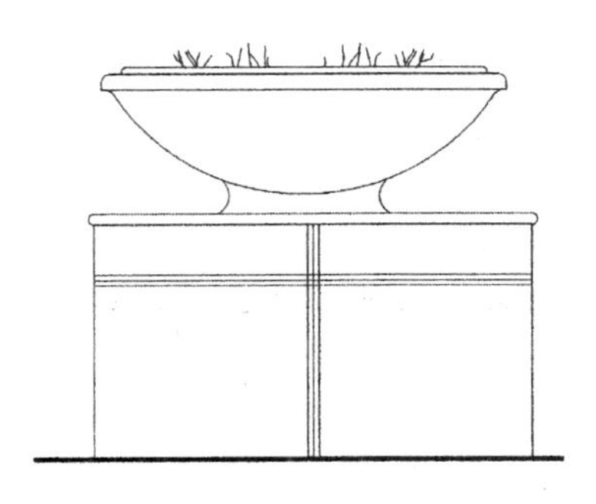

图 10-23　绘制多段线

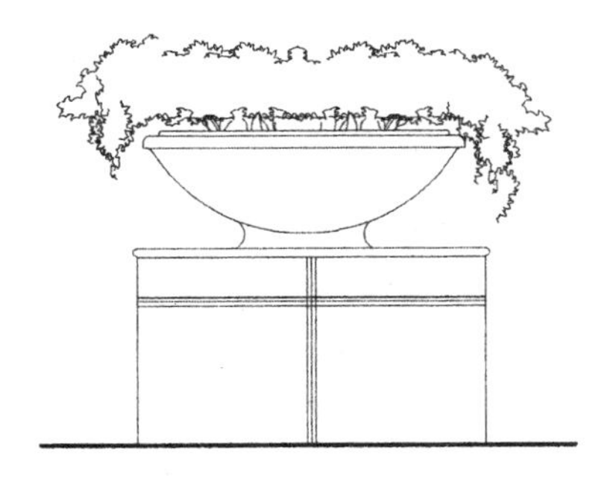

图 10-24　绘制云线

（14）单击“绘图”工具栏中的“直线”按钮，绘制一条水平直线，如图 10-25 所示。

图 10-25　绘制水平直线

（15）单击“修改”工具栏中的“偏移”按钮，将水平直线向下偏移，如图 10-26 所示。

图 10-26　偏移直线

（16）单击“绘图”工具栏中的“直线”按钮，在图中合适的位置处绘制 3 条竖直直线，如图 10-27 所示。

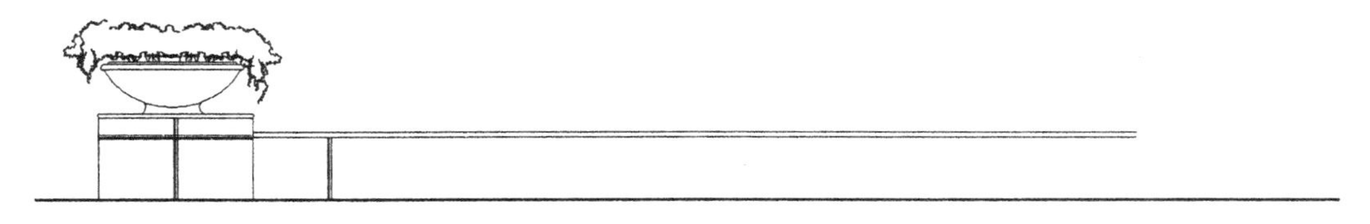

图 10-27　绘制竖直直线

（17）单击“修改”工具栏中的“复制”按钮，将竖直直线依次向右进行复制，完成坐凳的绘制，如图 10-28 所示。

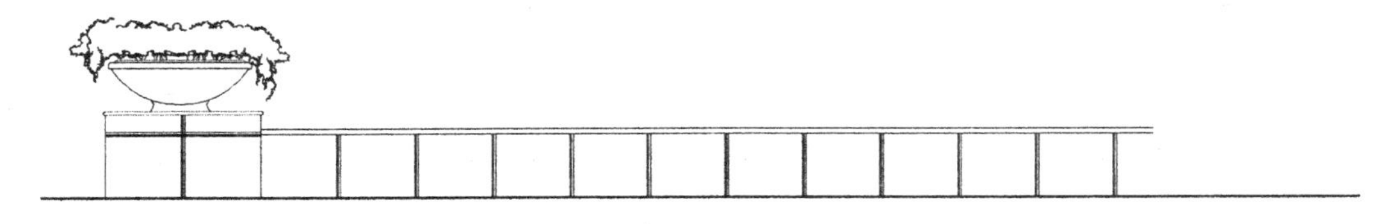

图 10-28　复制竖直直线

（18）单击“修改”工具栏中的“复制”按钮，将花钵复制到另外一侧，如图 10-29 所示。

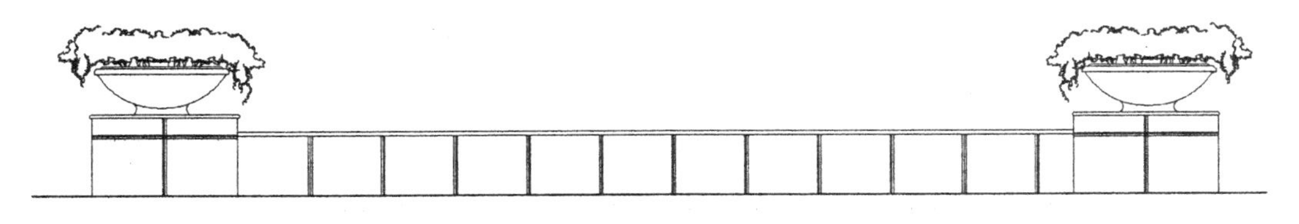

图 10-29　复制花钵

2. 标注图形

（1）选择菜单栏中的“格式”→“标注样式”命令，打开“标注样式管理器”对话框，然后新建一个标注样式，分别对线、符号和箭头、文字以及主单位进行设置。单击“标注”工具栏中的“线性”按钮，为图形标注尺寸，如图 10-30 所示。

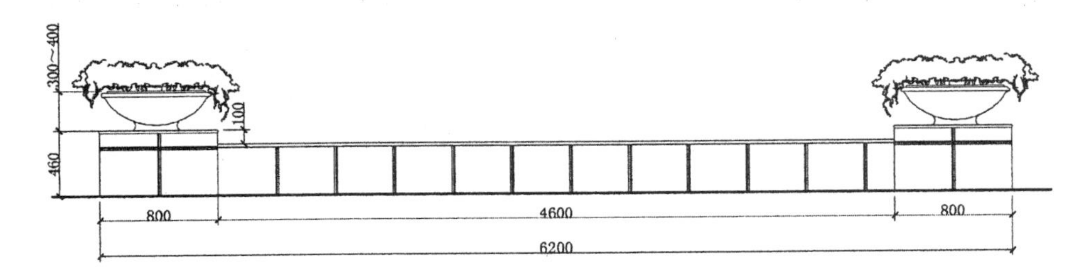

图 10-30 标注尺寸

（2）单击"绘图"工具栏中的"直线"按钮，在图中引出直线，如图 10-31 所示。

（3）单击"绘图"工具栏中的"多行文字"按钮A，在直线左侧输入文字，如图 10-32 所示。

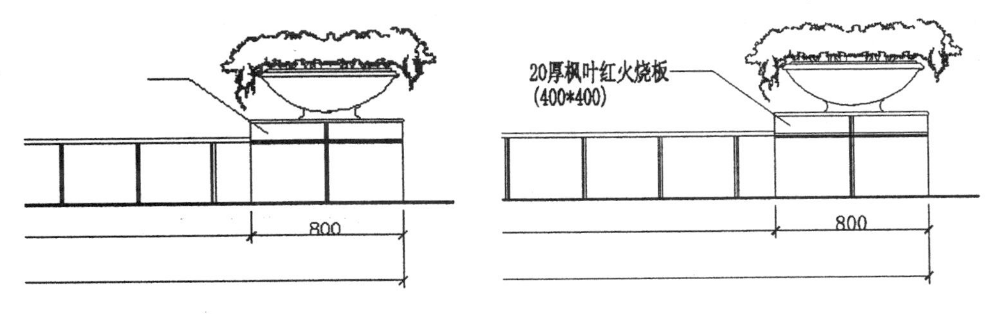

图 10-31 引出直线　　　　图 10-32 输入文字

（4）同理，标注其他位置处的文字，也可以利用"复制"命令将文字复制，然后双击文字修改文字内容，以便格式的统一，如图 10-33 所示。

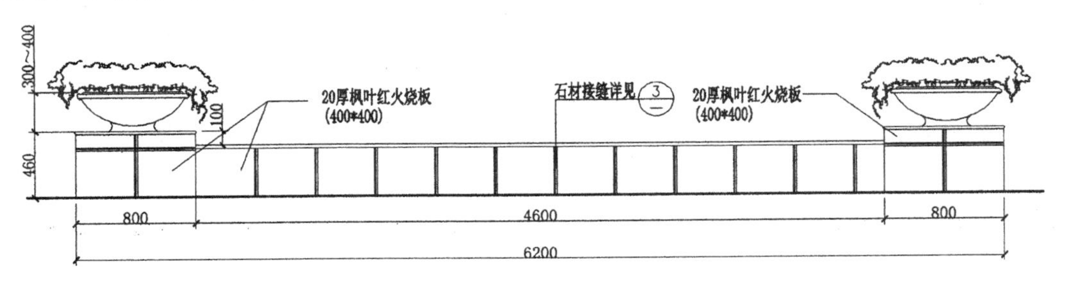

图 10-33 标注文字

（5）单击"绘图"工具栏中的"直线"按钮、"多段线"按钮和"多行文字"按钮A，标注图名，如图 10-11 所示。

10.1.3 绘制花钵剖面图

本节绘制如图 10-34 所示的花钵剖面图。

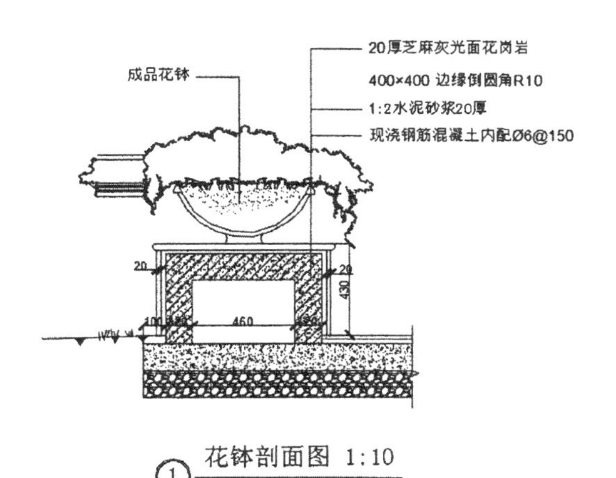

图 10-34　花钵剖面图

1. 绘制花钵剖面

（1）单击“绘图”工具栏中的“矩形”按钮，绘制一个矩形，如图 10-35 所示。

（2）单击“绘图”工具栏中的“直线”按钮，在矩形内绘制一条水平直线，如图 10-36 所示。

图 10-35　绘制矩形　　　　图 10-36　绘制水平直线

（3）单击“修改”工具栏中的“分解”按钮，将矩形分解，然后单击“修改”工具栏中的“删除”按钮，将右侧直线删除，如图 10-37 所示。

（4）单击“绘图”工具栏中的“直线”按钮，绘制折断线，如图 10-38 所示。

图 10-37　删除直线　　　　图 10-38　绘制折断线

（5）单击“绘图”工具栏中的“直线”按钮，绘制连续线段，如图 10-39 所示。

（6）单击“修改”工具栏中的“偏移”按钮，将步骤（5）中绘制的连续线段向外偏移，如图 10-40 所示。

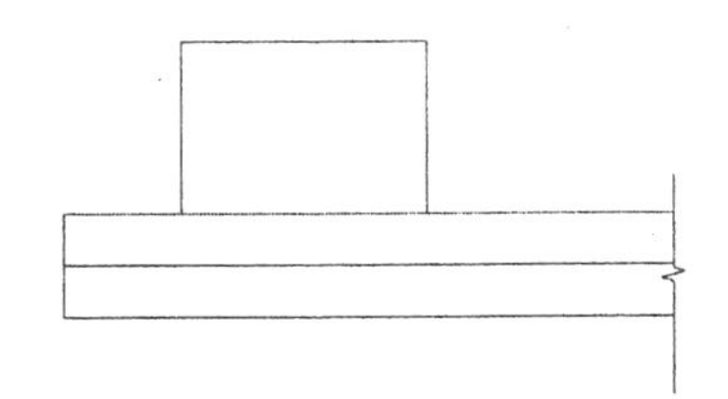

图 10-39　绘制连续线段

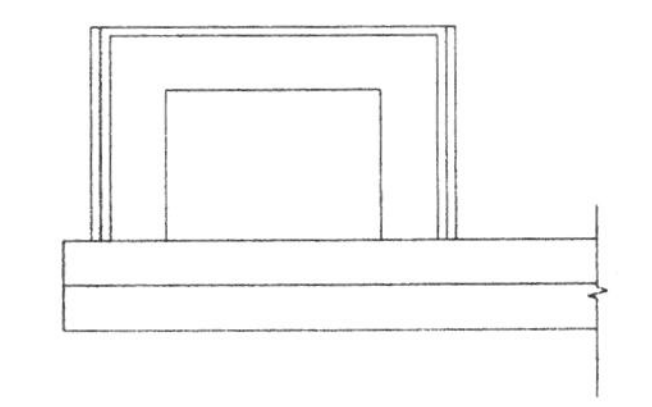

图 10-40　偏移直线

（7）单击“绘图”工具栏中的“矩形”按钮▭，在步骤（6）中绘制的图形顶部绘制矩形，然后单击“修改”工具栏中的“圆角”按钮◻，对矩形进行圆角操作，如图 10-41 所示。

（8）单击“修改”工具栏中的“偏移”按钮，将水平直线向上偏移，如图 10-42 所示。

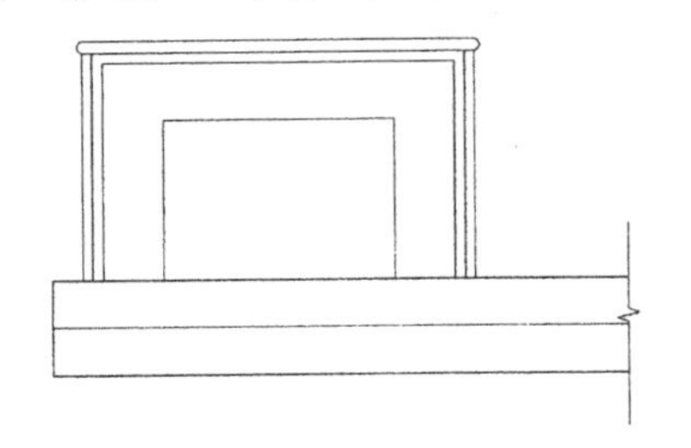

图 10-41　绘制圆角矩形

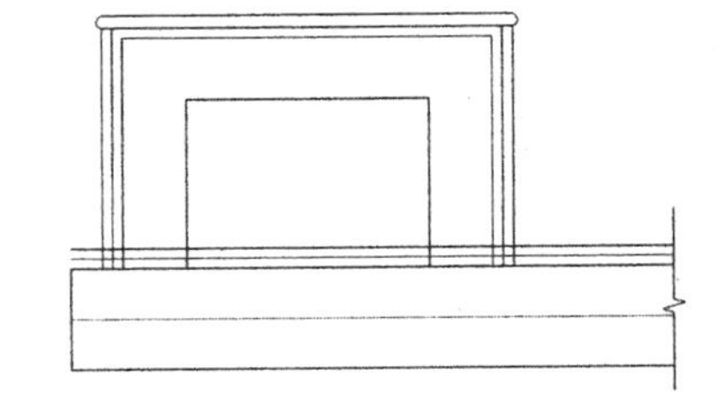

图 10-42　偏移直线

（9）单击“修改”工具栏中的“修剪”按钮，修剪掉多余的直线，如图 10-43 所示。

（10）单击“绘图”工具栏中的“圆弧”按钮，绘制圆弧，如图 10-44 所示。

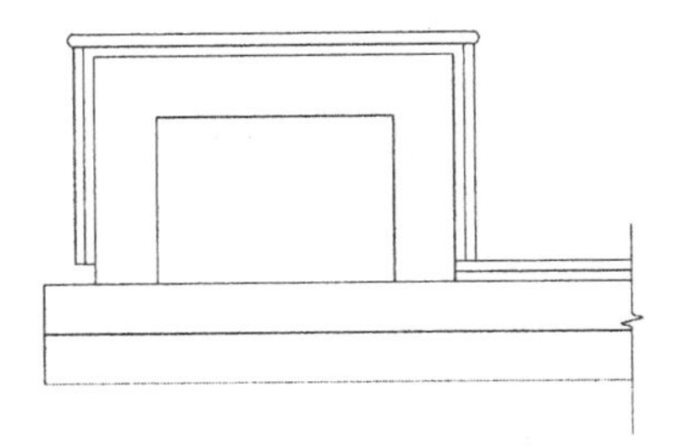

图 10-43　修剪掉多余的直线

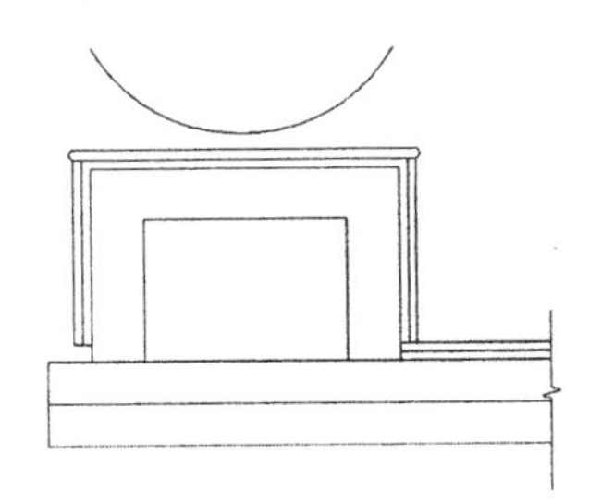

图 10-44　绘制圆弧

（11）单击“修改”工具栏中的“偏移”按钮，将圆弧向上偏移，并整理图形，结果如图 10-45 所示。

（12）单击“绘图”工具栏中的“直线”按钮和“圆弧”按钮，绘制直线和圆弧，如图 10-46 所示。

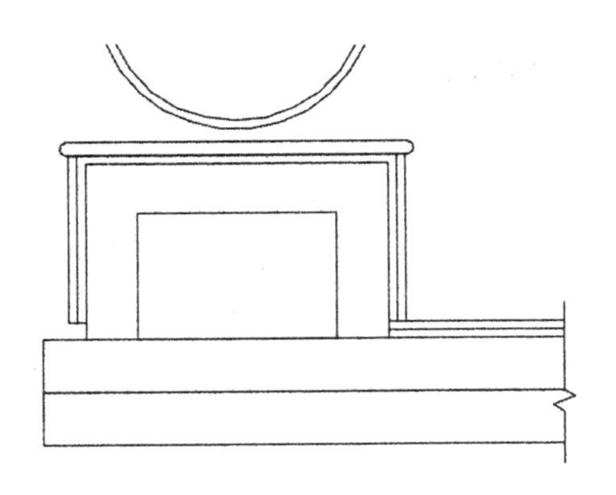

图 10-45　偏移圆弧

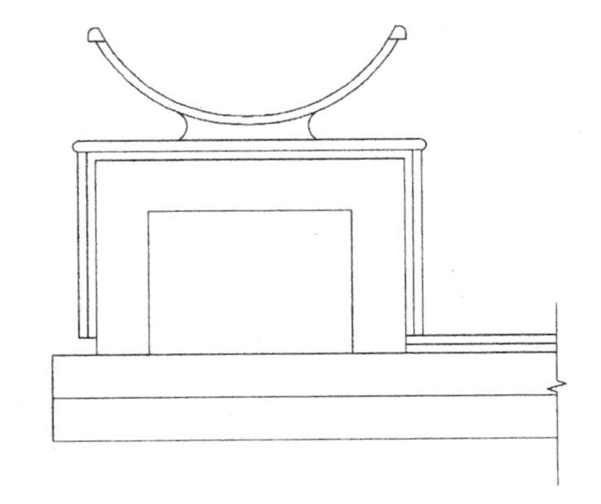

图 10-46　绘制直线和圆弧

（13）单击“插入”工具栏中的“块”按钮，打开“插入”对话框，如图 10-47 所示。将花钵

装饰插入到图中，结果如图 10-48 所示。

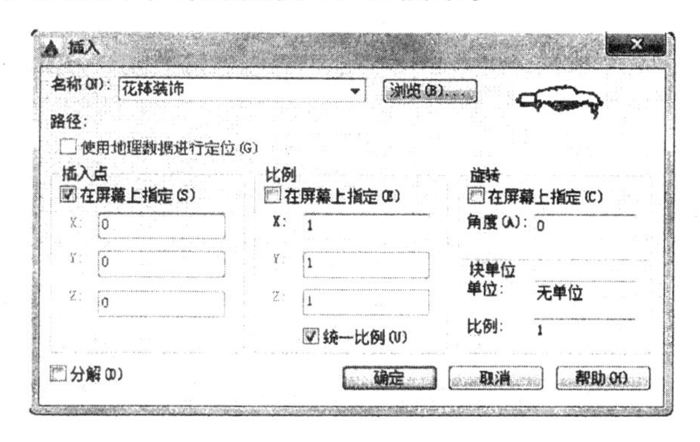

图 10-47　“插入”对话框

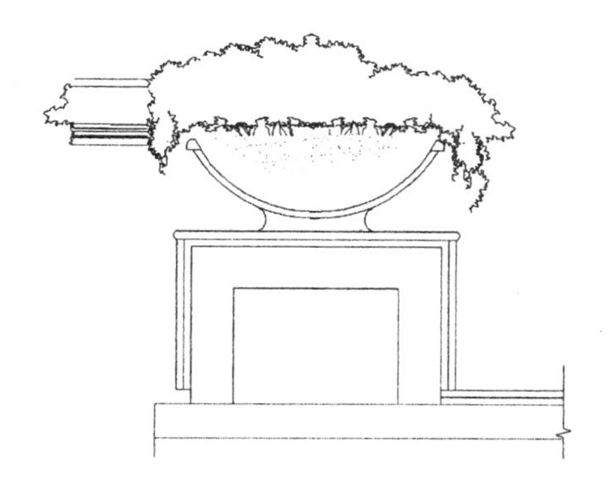

图 10-48　插入花钵装饰

（14）单击“绘图”工具栏中的“样条曲线”按钮，在图中合适的位置处绘制样条曲线，如图 10-49 所示。

（15）单击“绘图”工具栏中的“圆弧”按钮，绘制圆弧，如图 10-50 所示。

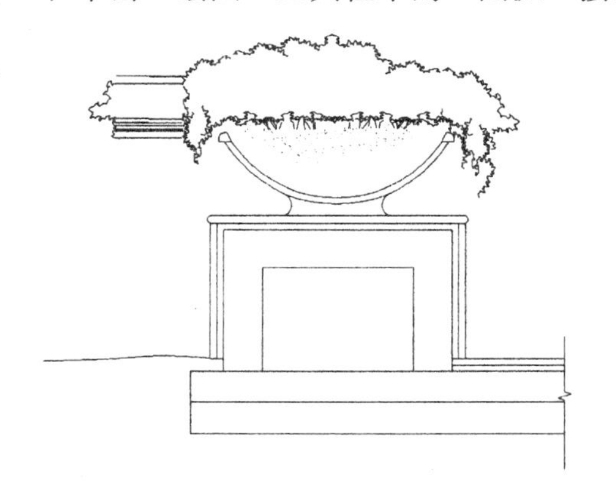

图 10-49　绘制样条曲线

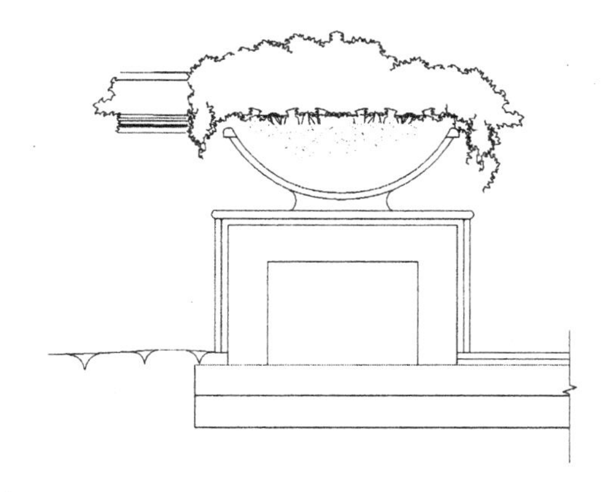

图 10-50　绘制圆弧

（16）单击“绘图”工具栏中的“直线”按钮，绘制直线，如图 10-51 所示。

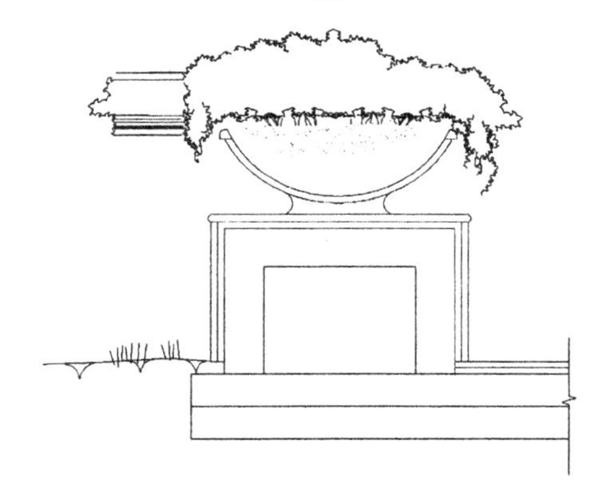

图 10-51　绘制直线

（17）单击“绘图”工具栏中的“图案填充”按钮，打开“图案填充创建”选项卡，选择图案 ANSI31，如图 10-52 所示；然后设置填充比例，填充图形，如图 10-53 所示。

（18）同理，填充剩余图形，结果如图 10-54 所示。

图 10-52　“图案填充创建”选项卡

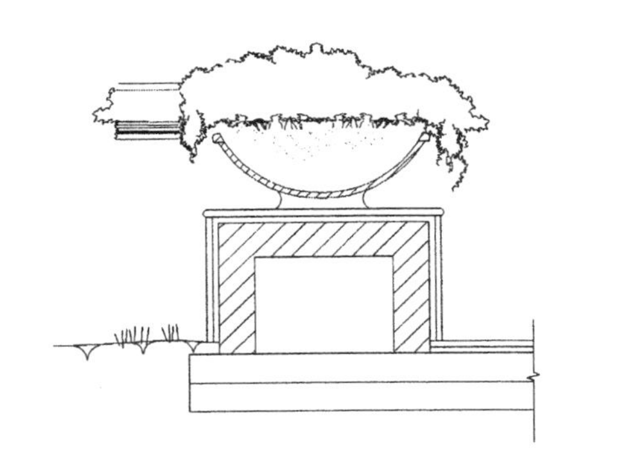

图 10-53　填充图形

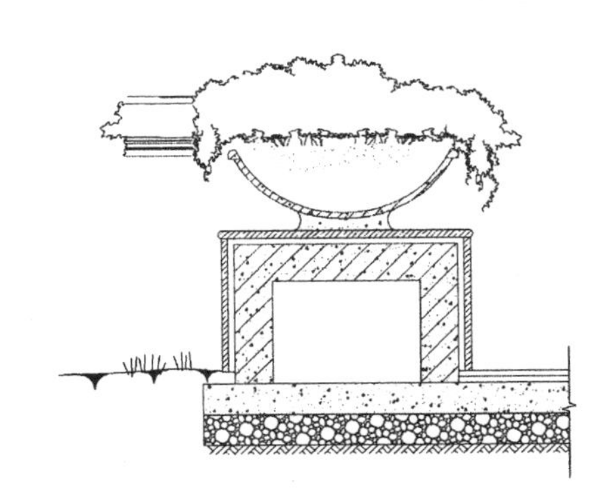

图 10-54　填充剩余图形

2. 标注图形

（1）选择菜单栏中的“格式”→“标注样式”命令，打开“标注样式管理器”对话框，然后新建一个标注样式，分别对线、符号和箭头、文字以及主单位进行设置。单击“标注”工具栏中的“线性”按钮，为图形标注尺寸，如图 10-55 所示。

（2）单击“绘图”工具栏中的“直线”按钮，在图中引出直线，如图 10-56 所示。

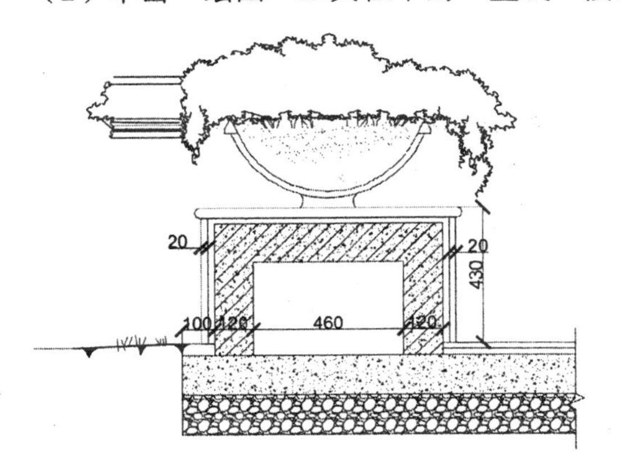

图 10-55　标注尺寸

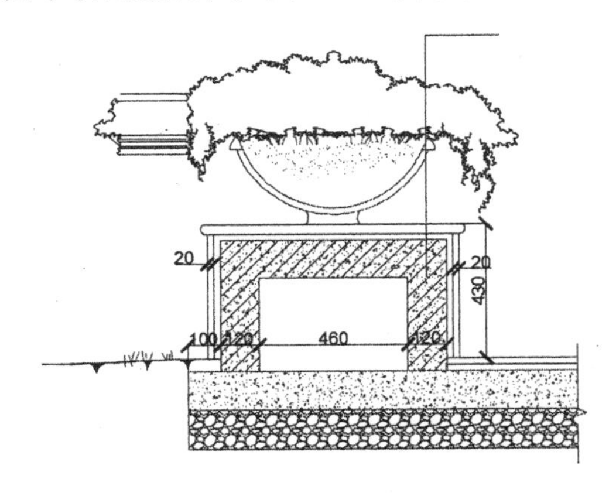

图 10-56　引出直线

（3）单击“绘图”工具栏中的“多行文字”按钮A，在直线右侧输入文字，如图 10-57 所示。

（4）单击“修改”工具栏中的“复制”按钮，将直线和文字复制到图中其他位置处，双击文字，修改文字内容，完成其他位置处文字的标注，结果如图 10-58 所示。

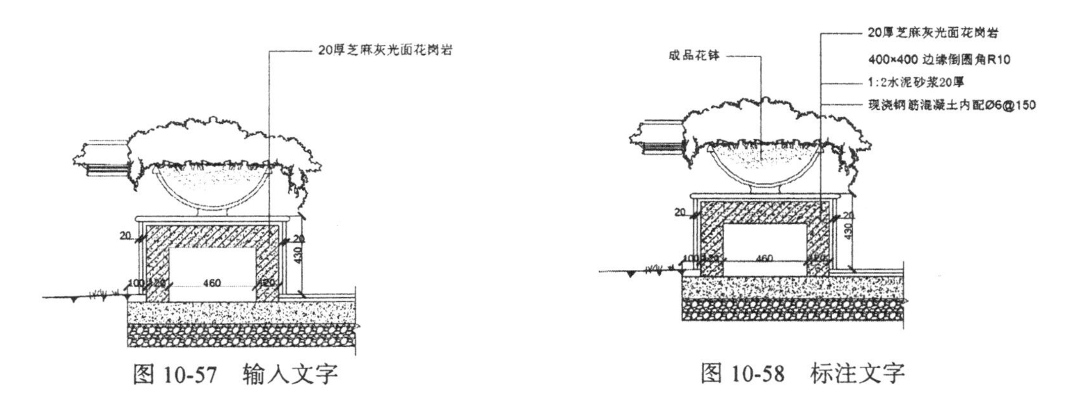

图 10-57　输入文字　　　　图 10-58　标注文字

（5）单击“绘图”工具栏中的“直线”按钮、“圆”按钮、“多段线”按钮和“多行文字”按钮A，标注图名，如图 10-34 所示。

10.1.4　绘制花钵坐凳剖面图和详图

本节主要绘制如图 10-59 所示的花钵坐凳剖面图。

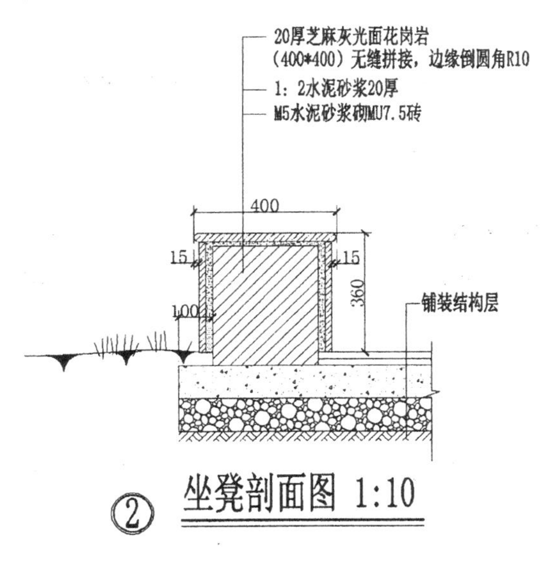

图 10-59　花钵坐凳剖面图

1. 绘制花钵坐凳剖面图

（1）单击“修改”工具栏中的“复制”按钮，将花钵剖面图中的部分图形复制到坐凳剖面图中，然后整理图形，如图 10-60 所示。

（2）单击“绘图”工具栏中的“直线”按钮，绘制连续线段，如图 10-61 所示。

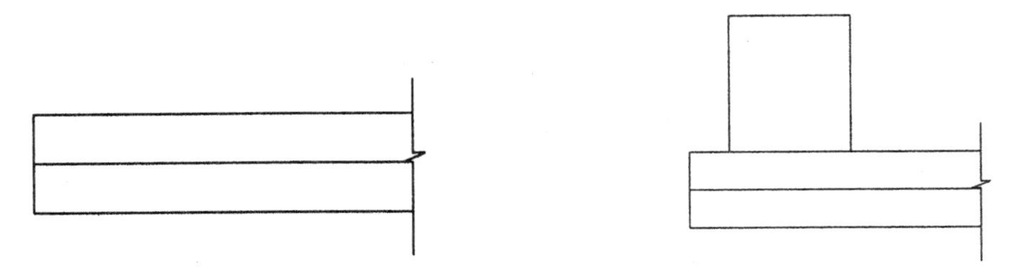

图 10-60　复制图形　　图 10-61　绘制连续线段

（3）单击“修改”工具栏中的“偏移”按钮，将步骤（2）中绘制的连续线段进行偏移，如图 10-62 所示。

（4）单击“绘图”工具栏中的“矩形”按钮，在图中合适的位置处绘制圆角矩形，如图 10-63 所示。

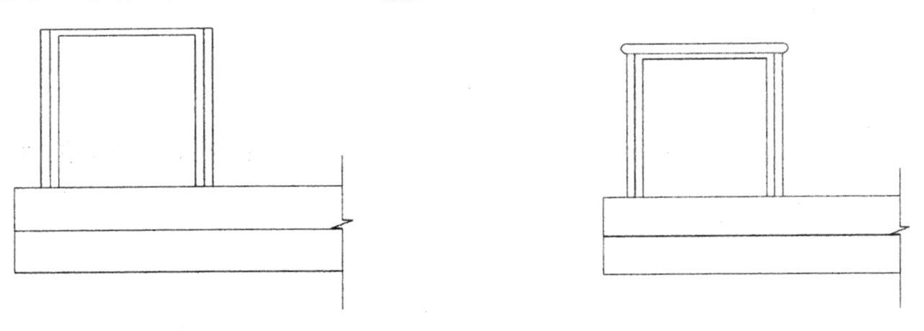

图 10-62　偏移直线　　图 10-63　绘制圆角矩形

（5）单击“绘图”工具栏中的“直线”按钮、“圆弧”按钮和“样条曲线”按钮，绘制左侧图形，如图 10-64 所示。

（6）单击“绘图”工具栏中的“直线”按钮和“修改”工具栏中的“修剪”按钮，绘制剩余图形，如图 10-65 所示。

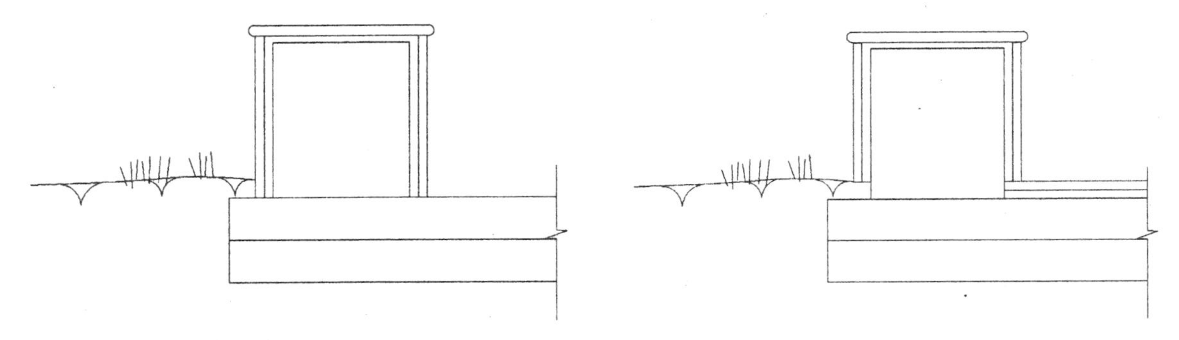

图 10-64　绘制左侧图形　　图 10-65　绘制剩余图形

（7）单击“绘图”工具栏中的“图案填充”按钮，填充图形，如图 10-66 所示。

2. 标注图形

（1）选择菜单栏中的“格式”→“标注样式”命令，打开“标注样式管理器”对话框，然后新

建一个标注样式，分别对线、符号和箭头、文字以及主单位进行设置。单击“标注”工具栏中的“线性”按钮，为图形标注尺寸，如图 10-67 所示。

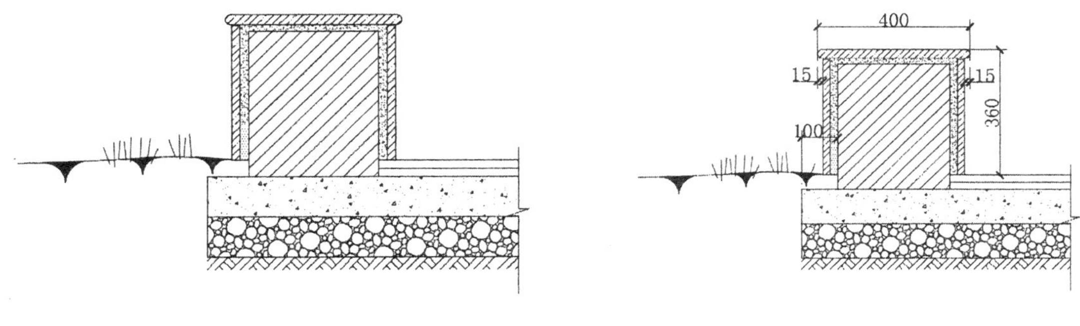

图 10-66　填充图形　　　　图 10-67　标注尺寸

（2）单击“绘图”工具栏中的“直线”按钮，在图中引出直线，如图 10-68 所示。

（3）单击“绘图”工具栏中的“多行文字”按钮A，在直线右侧输入文字，如图 10-69 所示。

（4）同理，标注其他位置处的文字，如图 10-70 所示。

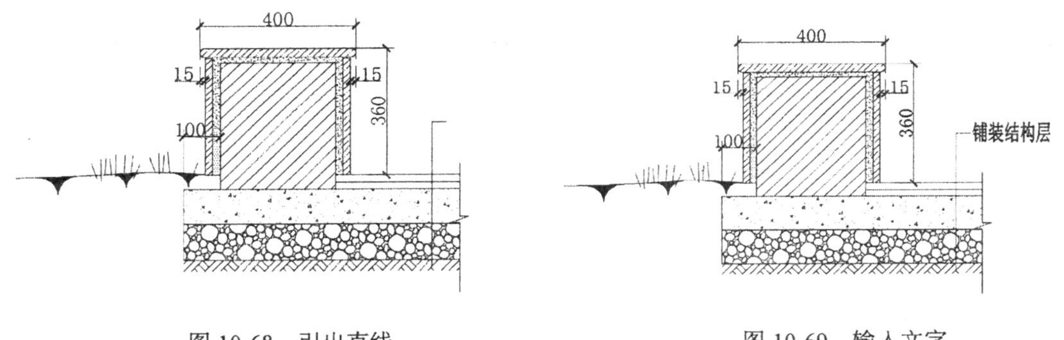

图 10-68　引出直线　　　　图 10-69　输入文字

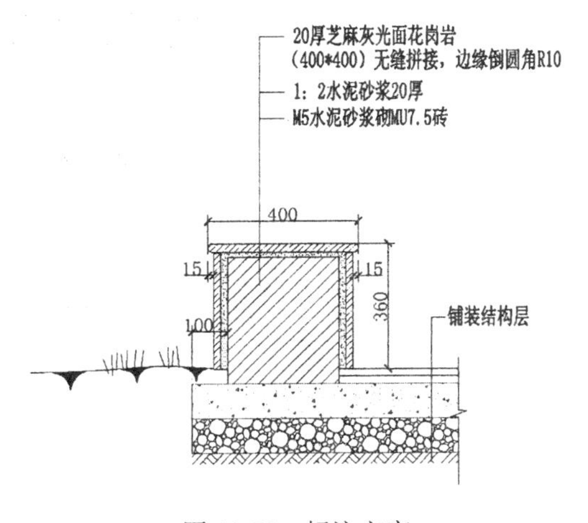

图 10-70　标注文字

（5）单击“绘图”工具栏中的“直线”按钮、“圆”按钮、“多段线”按钮和“多行文字”按钮A，标注图名，如图 10-59 所示。

花钵坐凳详图的绘制方法与花钵坐凳其他图形的绘制类似，这里不再重述，结果如图 10-71 所示。

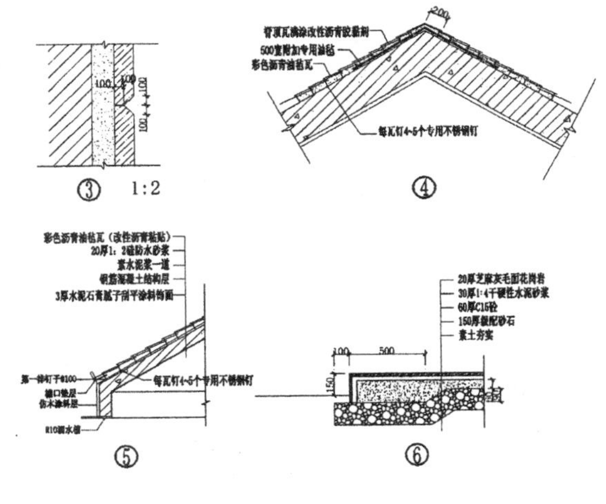

图 10-71　花钵坐凳详图

10.2　升 旗 台

学校作为教育场所，升旗台是必不可少的一种建筑单元。升旗台一般要设计得大方规整，以与国旗的尊严感相吻合。

10.2.1　绘制升旗台平面图

本节绘制如图 10-72 所示的升旗台平面图。

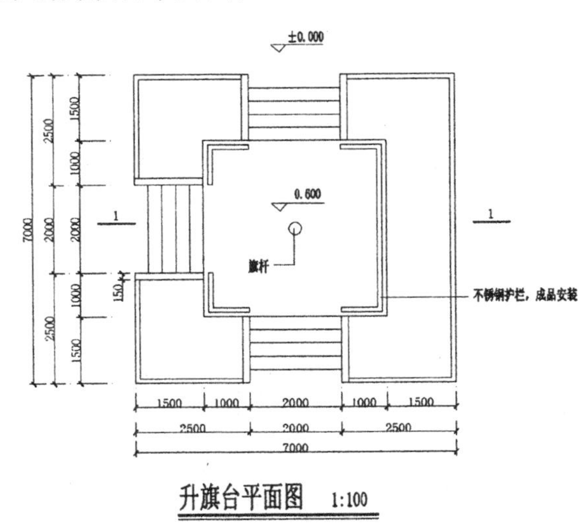

图 10-72　升旗台平面图

1. 绘制升旗台平面

（1）单击“绘图”工具栏中的“矩形”按钮，绘制一个尺寸为 4000×4000 的矩形，如图 10-73 所示。

（2）单击“修改”工具栏中的“偏移”按钮，将矩形向内依次偏移，如图 10-74 所示。

（3）单击“绘图”工具栏中的“直线”按钮，在图中绘制短直线，如图 10-75 所示。

图 10-73　绘制矩形

图 10-74　偏移矩形

图 10-75　绘制短直线

（4）单击“修改”工具栏中的“修剪”按钮，修剪掉多余的直线，完成护栏的绘制，如图 10-76 所示。

（5）单击“绘图”工具栏中的“圆”按钮，在中间位置处绘制旗杆，如图 10-77 所示。

（6）单击“修改”工具栏中的“偏移”按钮，将外侧矩形向外依次偏移，偏移距离为 1400 和 100，如图 10-78 所示。

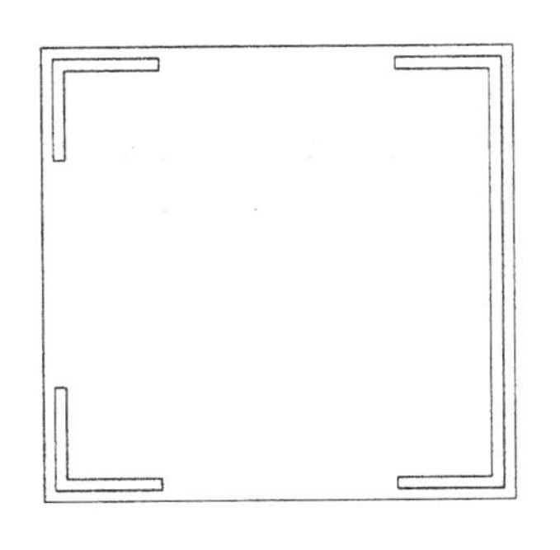

图 10-76　绘制护栏

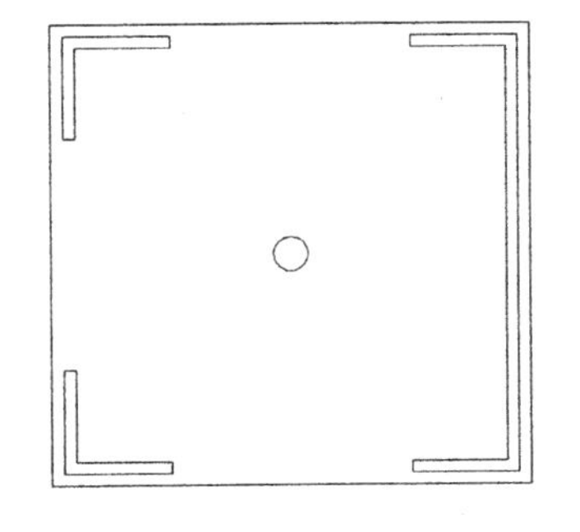

图 10-77　绘制旗杆

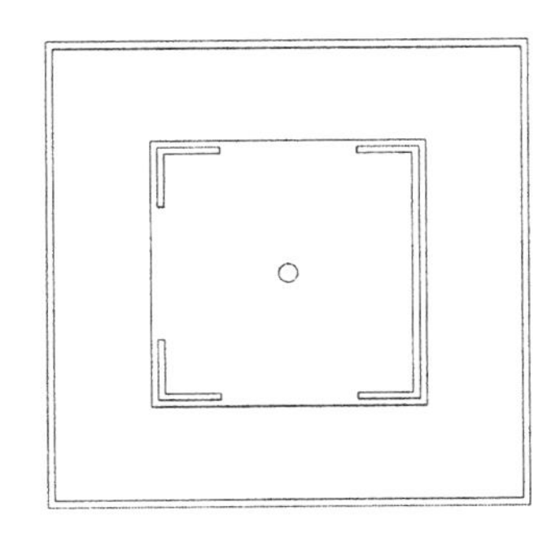

图 10-78　偏移矩形

（7）单击“绘图”工具栏中的“直线”按钮，在图中绘制直线，如图 10-79 所示。

（8）单击“修改”工具栏中的“修剪”按钮，修剪掉多余的直线，如图 10-80 所示。

（9）单击“绘图”工具栏中的“直线”按钮和“偏移”按钮，绘制台阶，如图 10-81 所示。

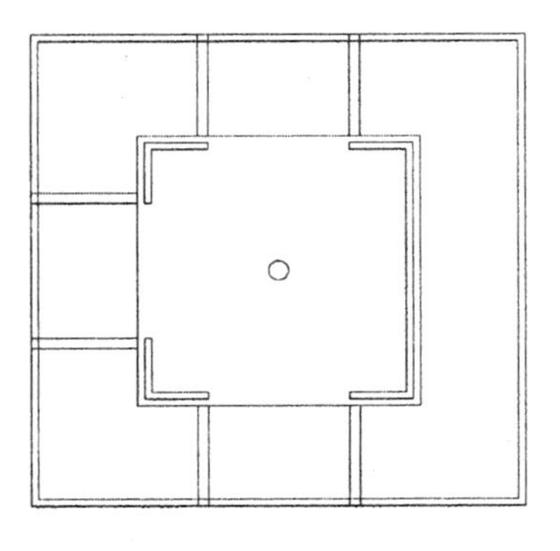

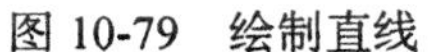

图 10-79 绘制直线

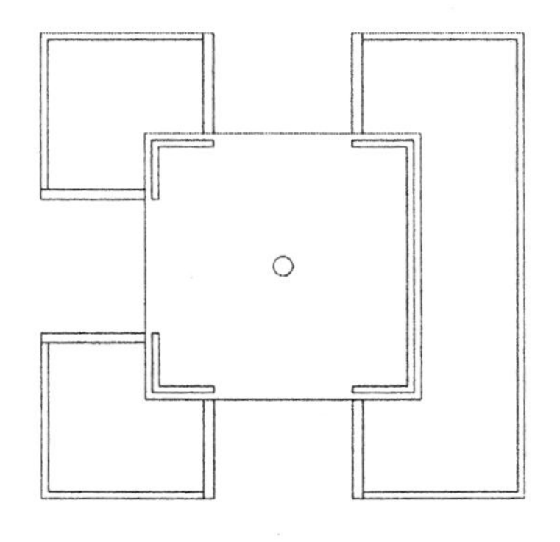

图 10-80 修剪掉多余的直线

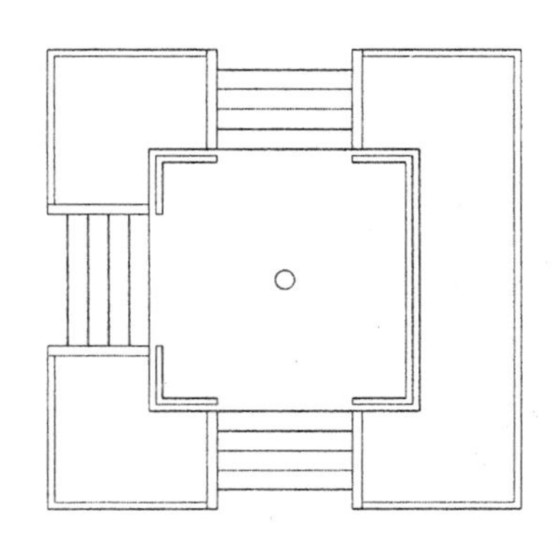

图 10-81 绘制台阶

2. 标注图形

（1）选择菜单栏中的“格式”→“标注样式”命令，打开“标注样式管理器”对话框，如图 10-82 所示，然后新建一个标注样式，分别对各个选项卡进行设置，具体如下。

①线：超出尺寸线为 20，起点偏移量为 20。

②符号和箭头：第一个为用户箭头，选择建筑标记，箭头大小为 50。

③文字：文字高度为 100，文字位置为垂直向上，文字对齐为 ISO 标准。

④主单位：精度为 0，比例因子为 1。

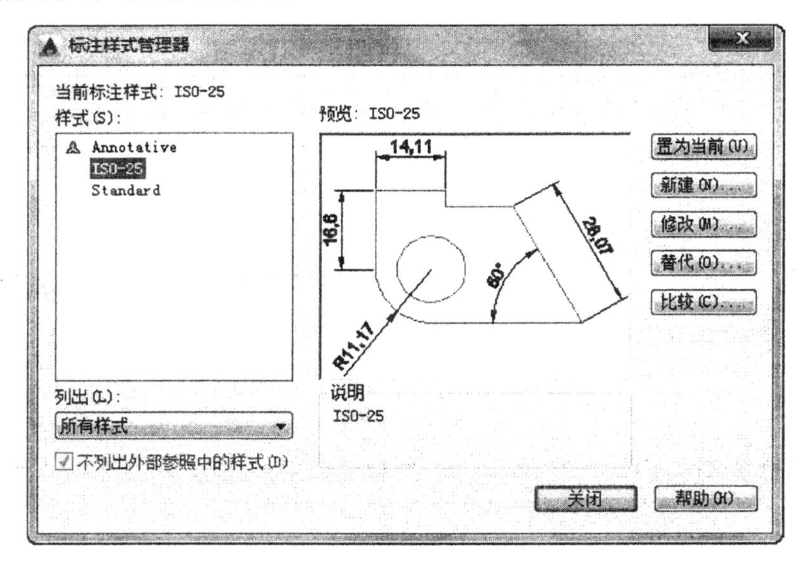

图 10-82 “标注样式管理器”对话框

（2）单击“标注”工具栏中的“线性”按钮和“连续”按钮，标注第一道尺寸，如图 10-83 所示。

（3）同理，标注第二道尺寸，如图 10-84 所示。

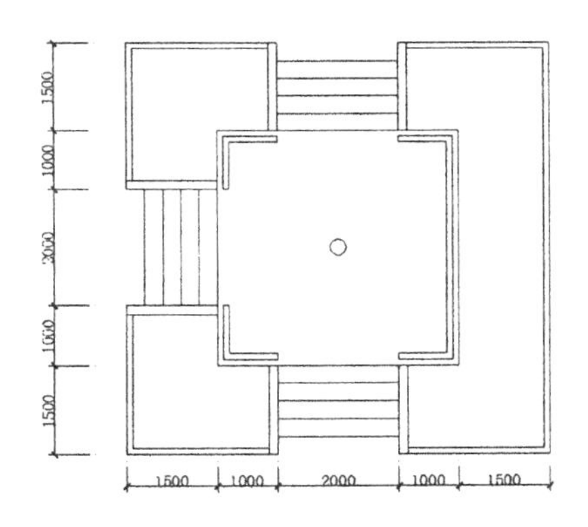

图 10-83　标注第一道尺寸

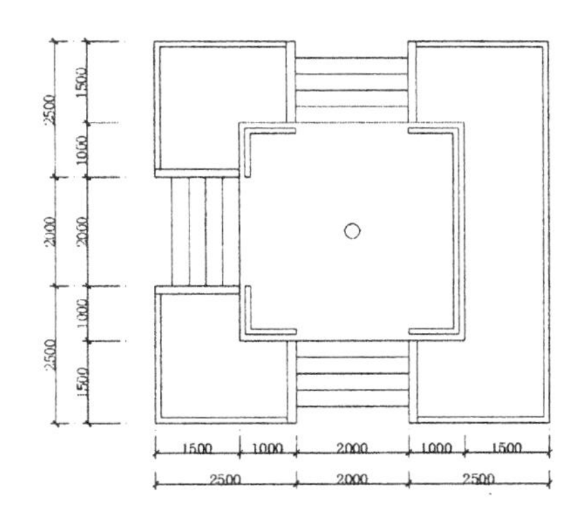

图 10-84　标注第二道尺寸

（4）单击“标注”工具栏中的“线性”按钮，标注总尺寸，如图 10-85 所示。

（5）同理，标注细节尺寸，如图 10-86 所示。

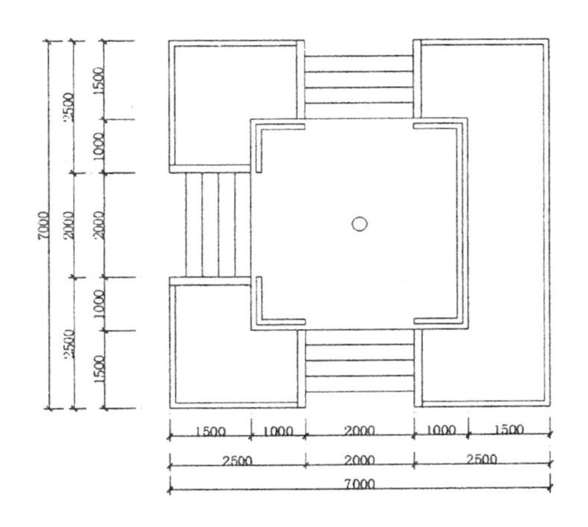

图 10-85　标注总尺寸

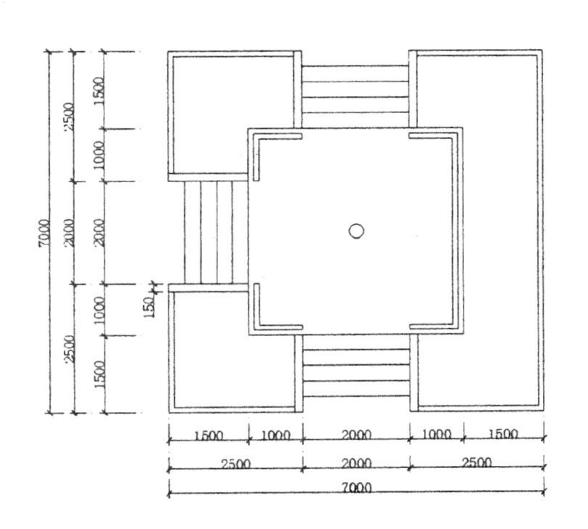

图 10-86　标注细节尺寸

（6）单击“绘图”工具栏中的“直线”按钮，绘制标高符号，如图 10-87 所示。

（7）单击“绘图”工具栏中的“多行文字”按钮 A，输入标高数值，如图 10-88 所示。

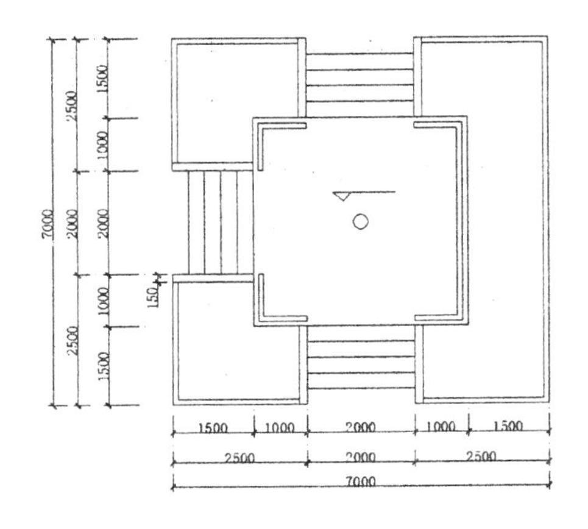

图 10-87　绘制标高符号

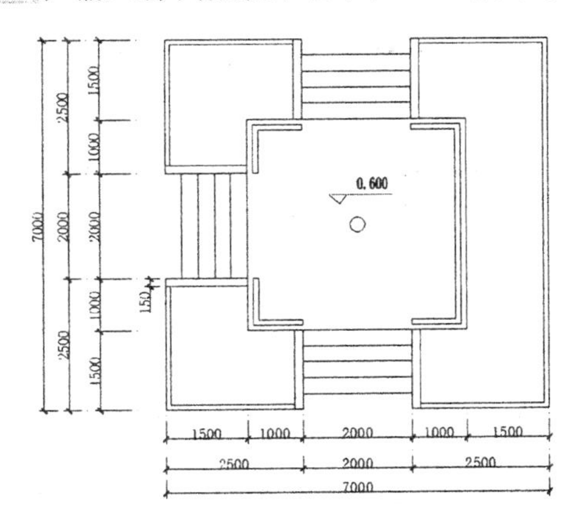

图 10-88　输入标高数值

（8）单击“修改”工具栏中的“复制”按钮，将标高复制到图中其他位置处，然后双击文字，修改文字内容，最终完成标高的绘制，如图 10-89 所示。

（9）单击“绘图”工具栏中的“直线”按钮和“多行文字”按钮，标注文字说明，如图 10-90 所示。

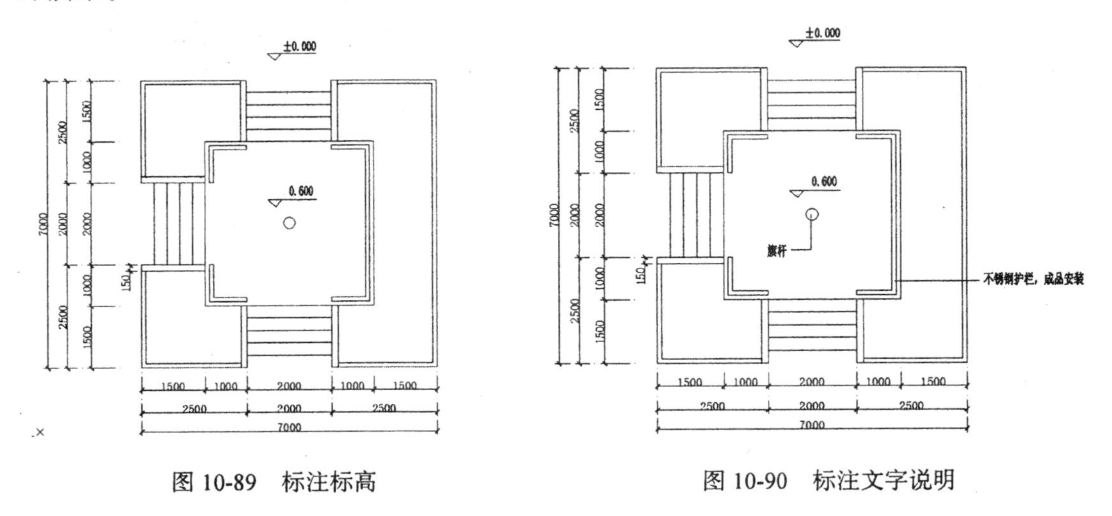

图 10-89　标注标高　　　　图 10-90　标注文字说明

（10）单击“绘图”工具栏中的“多段线”按钮和“多行文字”按钮，绘制剖切符号，如图 10-91 所示。

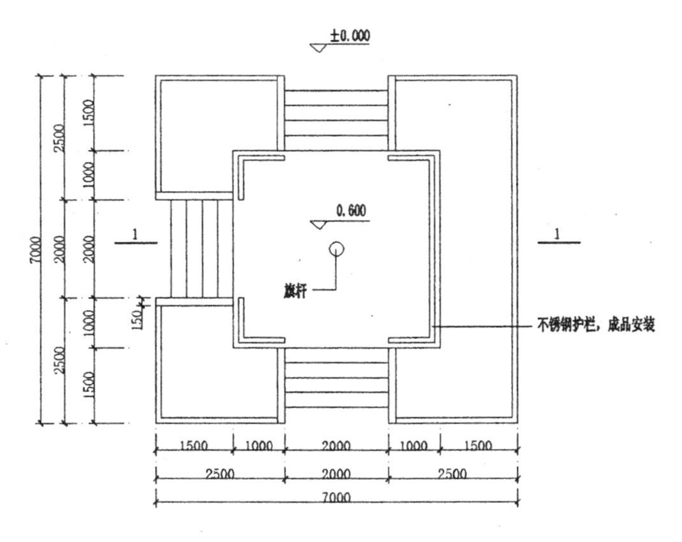

图 10-91　绘制剖切符号

（11）单击“绘图”工具栏中的“直线”按钮、“多段线”按钮和“多行文字”按钮，标注图名，如图 10-72 所示。

10.2.2　绘制 1-1 升旗台剖面图

本节绘制如图 10-92 所示的 1-1 升旗台剖面图。

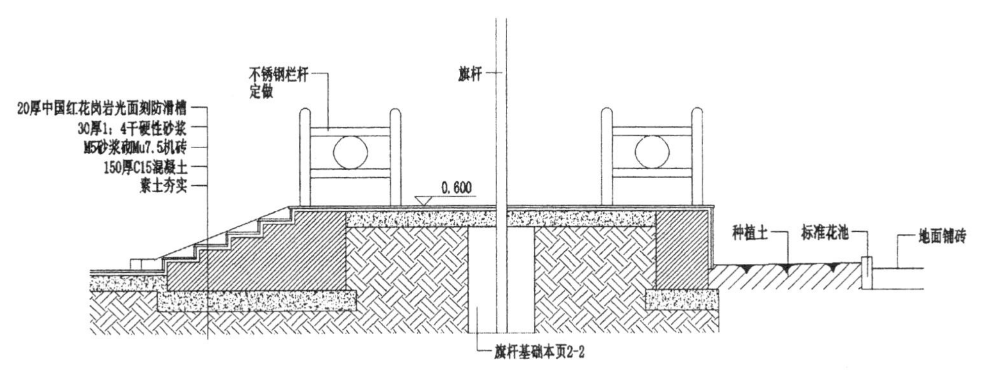

1-1升旗台剖面图　1:100

图 10-92　1-1 升旗台剖面图

1. 绘制 1-1 升旗台剖面

（1）单击“绘图”工具栏中的“直线”按钮，绘制一条水平直线，如图 10-93 所示。

图 10-93　绘制水平直线

（2）单击“修改”工具栏中的“偏移”按钮，将水平直线向上偏移，如图 10-94 所示。

图 10-94　偏移直线

（3）单击“绘图”工具栏中的“矩形”按钮，在图中合适的位置处绘制矩形，如图 10-95 所示。

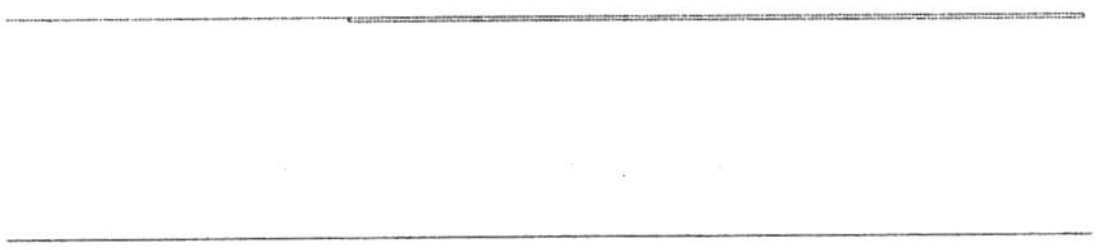

图 10-95　绘制矩形

（4）单击“修改”工具栏中的“圆角”按钮，将矩形进行圆角操作，并删除掉多余的直线，如图 10-96 所示。

图 10-96　绘制圆角

（5）单击“绘图”工具栏中的“直线”按钮和“圆弧”按钮，在图中左侧绘制台阶，如图 10-97 所示。

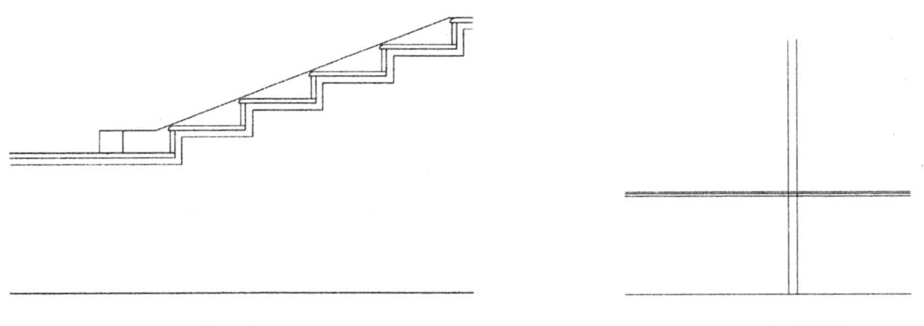

图 10-97　绘制台阶

（6）单击“绘图”工具栏中的“直线”按钮，绘制左侧图形，如图 10-98 所示。

（7）单击“绘图”工具栏中的“直线”按钮，绘制旗杆，如图 10-99 所示。

图 10-98　绘制左侧图形　　图 10-99　绘制旗杆

（8）单击“修改”工具栏中的“修剪”按钮，修剪掉多余的直线，如图 10-100 所示。

（9）单击“绘图”工具栏中的“直线”按钮，绘制旗杆基础，如图 10-101 所示。

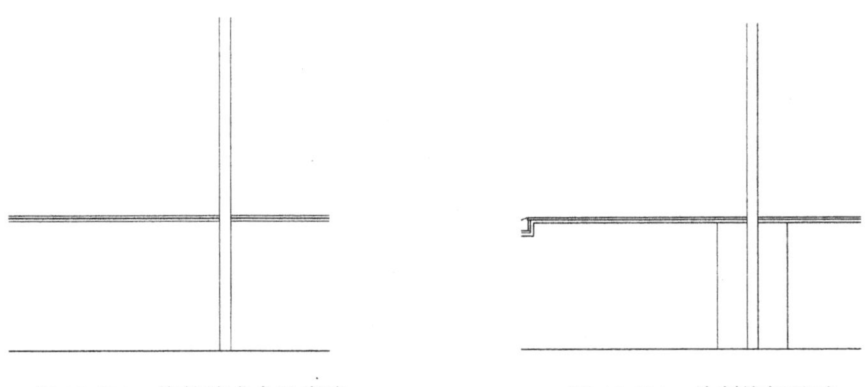

图 10-100　修剪掉多余的直线　　图 10-101　绘制旗杆基础

（10）单击“绘图”工具栏中的“直线”按钮，绘制一条竖直直线，如图 10-102 所示。

（11）单击“修改”工具栏中的“偏移”按钮，将直线向右偏移，如图 10-103 所示。

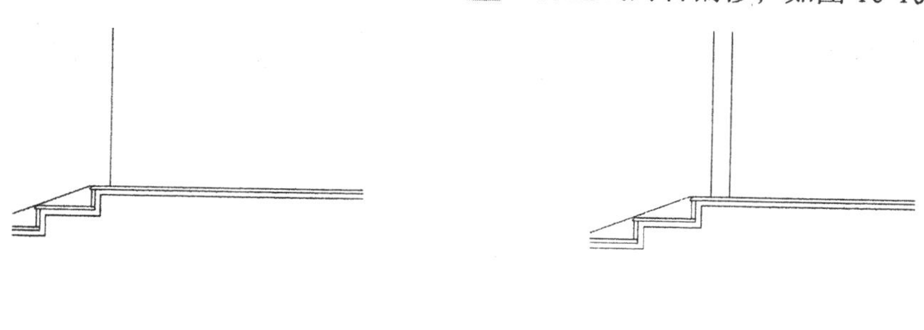

图 10-102　绘制竖直直线

图 10-103　偏移直线

（12）单击“绘图”工具栏中的“圆弧”按钮，在步骤（11）中绘制的直线顶部绘制圆弧，如图 10-104 所示。

（13）单击“修改”工具栏中的“复制”按钮，将图形复制到另外一侧，如图 10-105 所示。

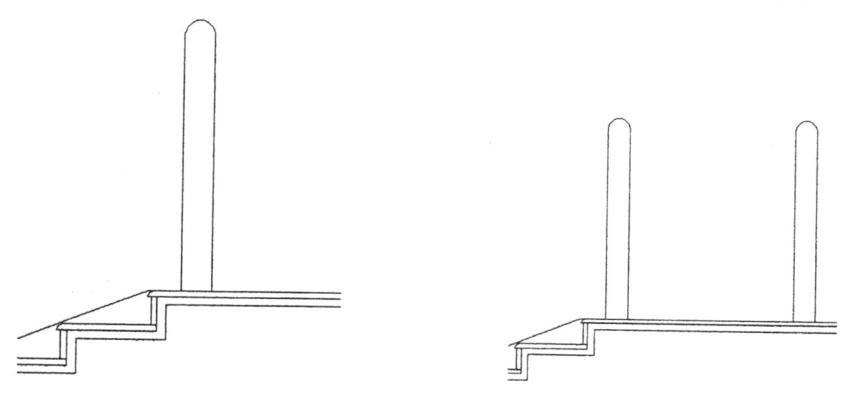

图 10-104　绘制圆弧

图 10-105　复制图形

（14）单击“绘图”工具栏中的“直线”按钮，绘制栏杆，如图 10-106 所示。

（15）单击“绘图”工具栏中的“圆”按钮，在图中绘制一个圆，如图 10-107 所示。

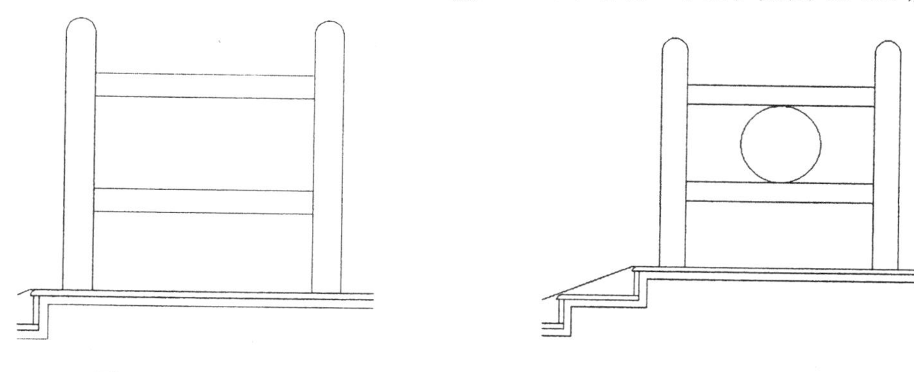

图 10-106　绘制栏杆

图 10-107　绘制圆

（16）单击“修改”工具栏中的“复制”按钮，将绘制的图形复制到另外一侧，如图 10-108 所示。

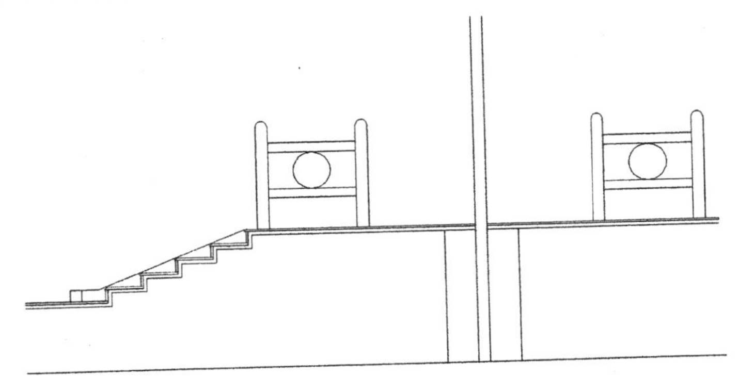

图 10-108　复制图形

（17）单击“绘图”工具栏中的“直线”按钮和“修改”工具栏中的“修剪”按钮，细化图形，如图 10-109 所示。

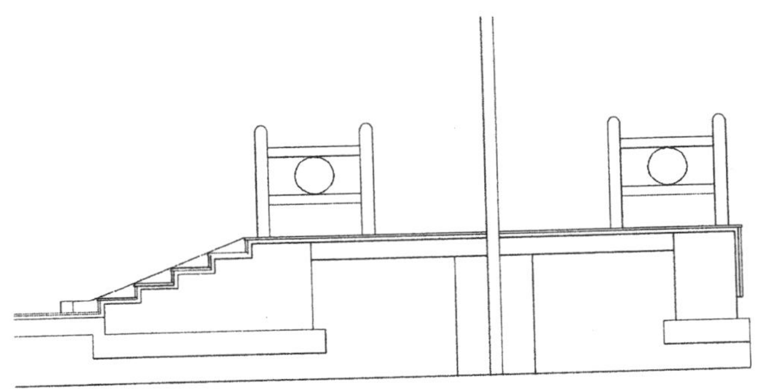

图 10-109　细化图形

（18）单击“绘图”工具栏中的“样条曲线”按钮，在图形右侧绘制样条曲线，如图 10-110 所示。
（19）单击“绘图”工具栏中的“圆弧”按钮，绘制圆弧，如图 10-111 所示。

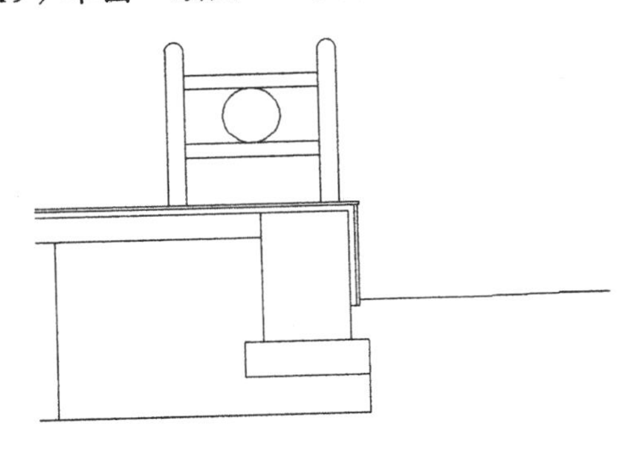

图 10-110　绘制样条曲线

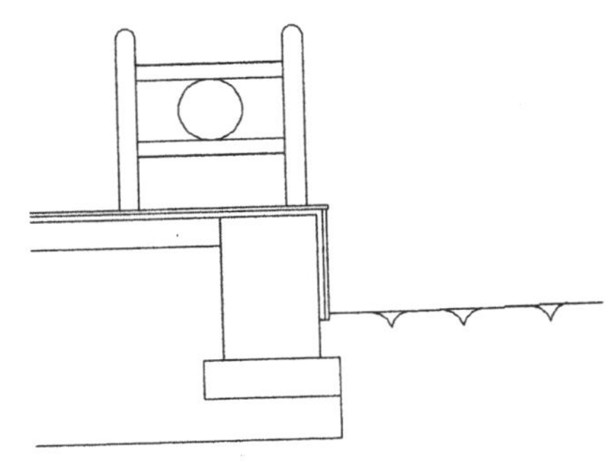

图 10-111　绘制圆弧

（20）单击“绘图”工具栏中的“矩形”按钮，绘制标准花池，如图 10-112 所示。
（21）单击“绘图”工具栏中的“直线”按钮，绘制地面铺砖，如图 10-113 所示。

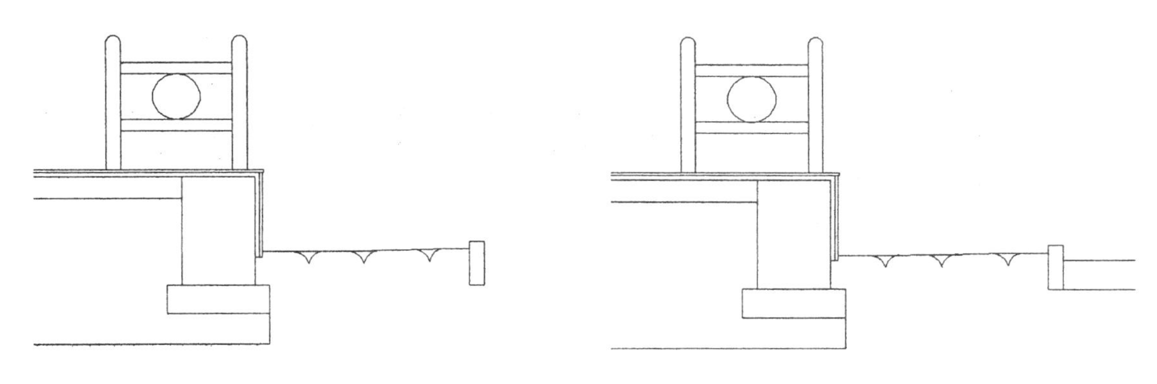

图 10-112　绘制标准花池　　　　图 10-113　绘制地面铺砖

（22）单击“绘图”工具栏中的“图案填充”按钮，打开“图案填充创建”选项卡，如图 10-114 所示，选择 SOLID 图案，填充图形，结果如图 10-115 所示。

（23）单击“绘图”工具栏中的“图案填充”按钮，分别选择 ANSI31、EARTH 和 AR-CONC 图案，然后设置填充比例，填充其他图形并整理，结果如图 10-116 所示。

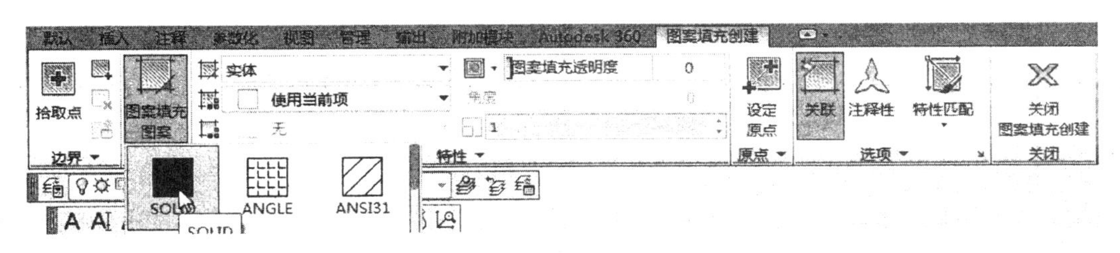

图 10-114　“图案填充创建”选项卡

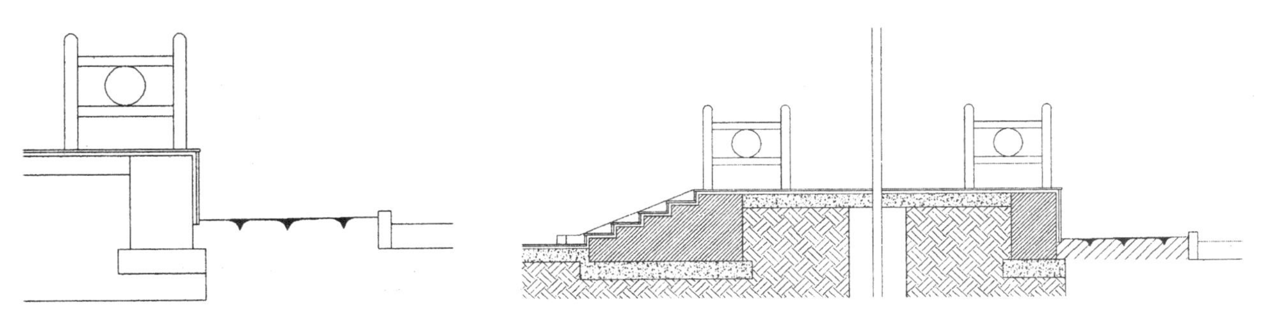

图 10-115　填充图形　　　　图 10-116　填充其他图形

2. 标注图形

（1）单击“绘图”工具栏中的“直线”按钮，绘制标高符号，如图 10-117 所示。

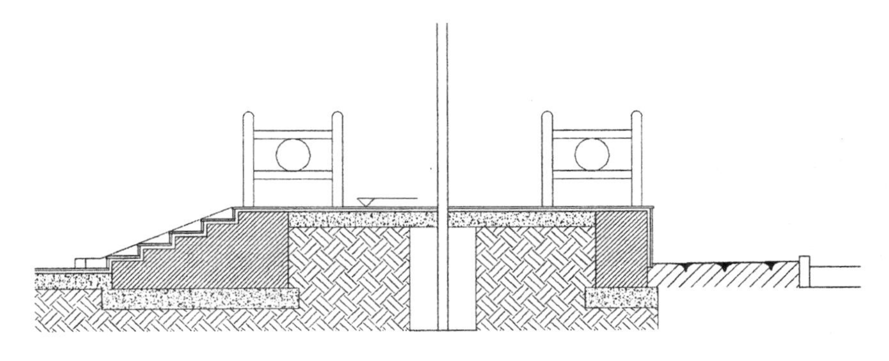

图 10-117　绘制标高符号

（2）单击“绘图”工具栏中的“多行文字”按钮A，输入标高数值，如图 10-118 所示。

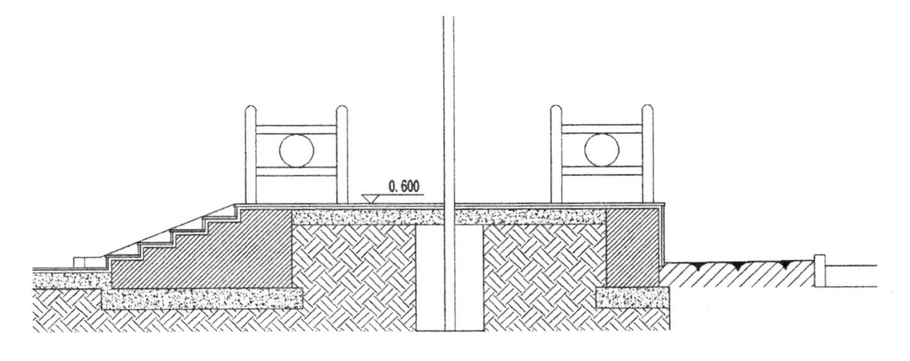

图 10-118　输入标高数值

（3）单击“绘图”工具栏中的“直线”按钮，在图中引出直线，如图 10-119 所示。

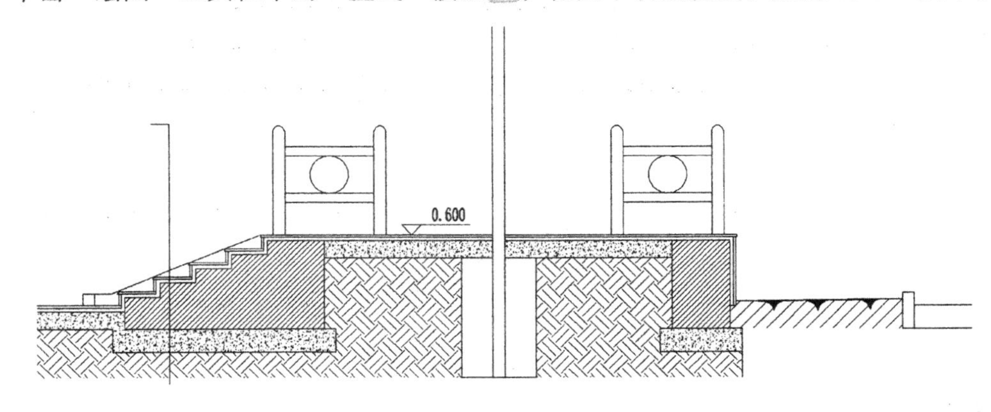

图 10-119　引出直线

（4）单击“绘图”工具栏中的“多行文字”按钮A，在直线左侧输入文字，如图 10-120 所示。

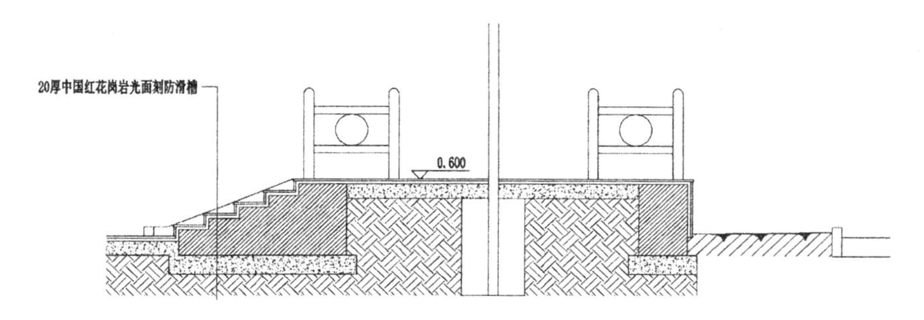

图 10-120　输入文字

（5）单击“修改”工具栏中的“复制”按钮，将文字复制到图中其他位置处，然后双击文字，修改文字内容，以便文字格式的统一，最终完成文字的标注，如图 10-121 所示。

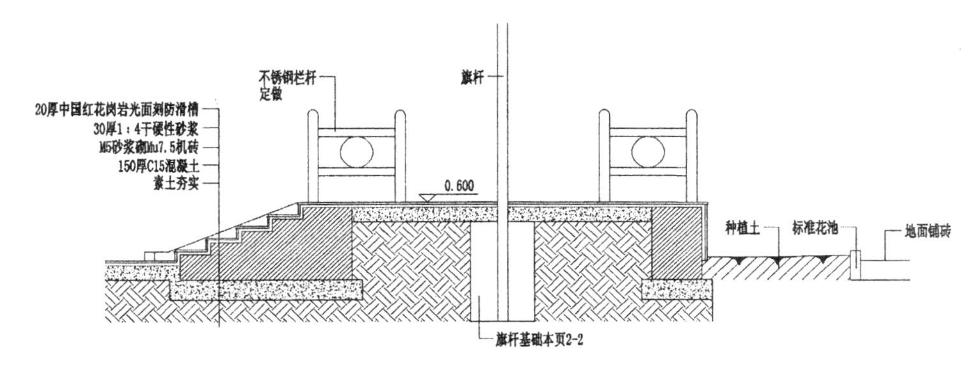

图 10-121　标注文字

（6）单击“绘图”工具栏中的“直线”按钮、“多段线”按钮和“多行文字”按钮，标注图名，如图 10-92 所示。

10.2.3　绘制旗杆基础平面图

本节绘制如图 10-122 所示的旗杆基础平面图。

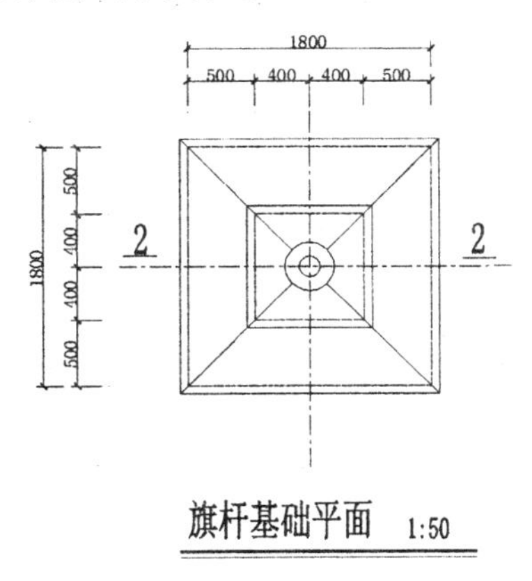

图 10-122　旗杆基础平面图

1. 绘制旗杆基础平面图

（1）单击“绘图”工具栏中的“直线”按钮，绘制两条相交的轴线，如图 10-123 所示。

（2）单击“绘图”工具栏中的“圆”按钮，绘制一个圆，如图 10-124 所示。

图 10-123　绘制轴线　　　图 10-124　绘制圆

（3）单击“修改”工具栏中的“偏移”按钮，将圆向外偏移，如图 10-125 所示。

（4）单击“绘图”工具栏中的“矩形”按钮，在图中绘制一个矩形，如图 10-126 所示。

图 10-125　偏移圆　　　图 10-126　绘制矩形

（5）单击“修改”工具栏中的“偏移”按钮，将矩形向外偏移，并将其中两个矩形的线型修改为 ACAD_ISO02W100，如图 10-127 所示。

2. 标注图形

（1）单击“标注”工具栏中的“线性”按钮和“连续”按钮，标注第一道尺寸，如图 10-128 所示。

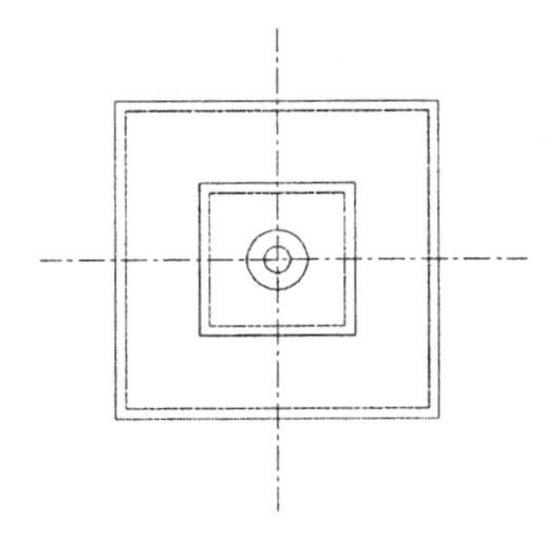

图 10-127　偏移矩形

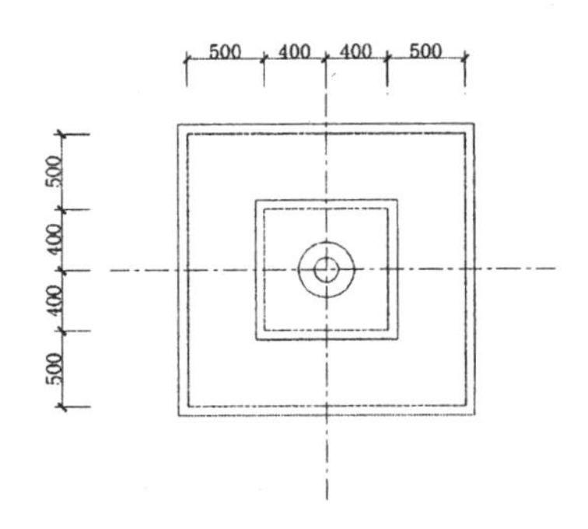

图 10-128　标注第一道尺寸

（2）单击“标注”工具栏中的“线性”按钮，标注总尺寸，如图 10-129 所示。

（3）单击“绘图”工具栏中的“直线”按钮，在矩形内绘制两条相交的斜线，如图 10-130 所示。

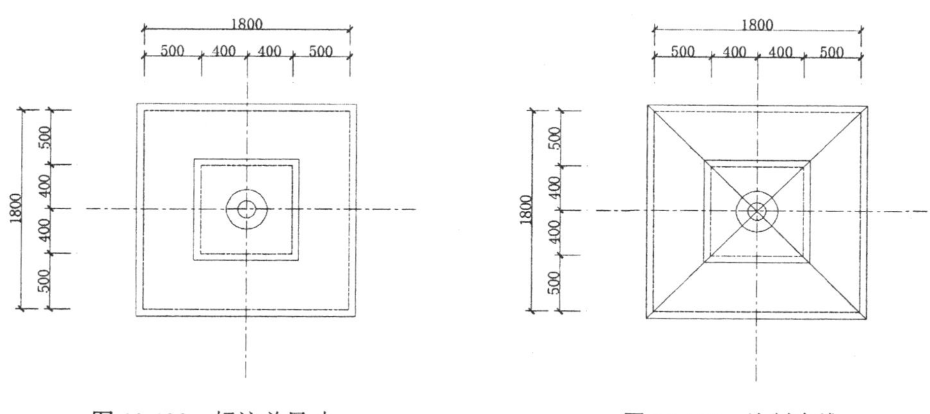

图 10-129　标注总尺寸　　　　图 10-130　绘制直线

（4）单击“修改”工具栏中的“修剪”按钮，修剪掉多余的直线，如图 10-131 所示。

（5）单击“绘图”工具栏中的“直线”按钮和“多行文字”按钮，绘制剖切符号，如图 10-132 所示。

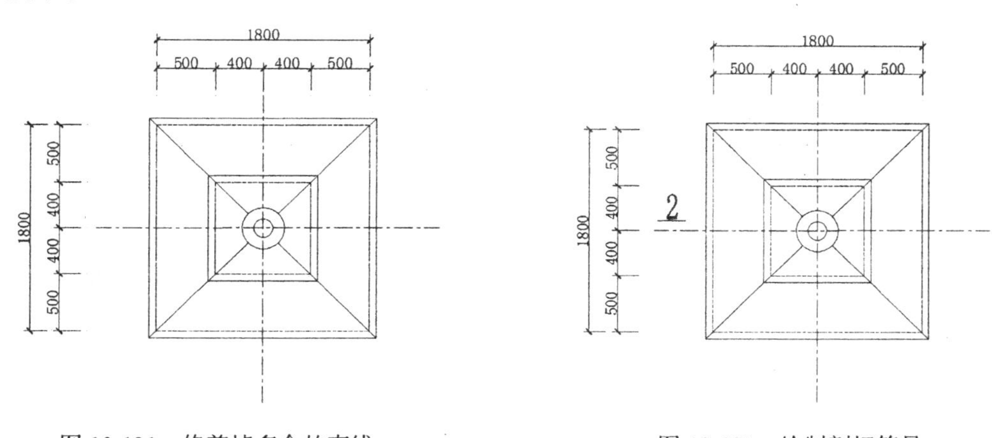

图 10-131　修剪掉多余的直线　　　　图 10-132　绘制剖切符号

（6）单击“修改”工具栏中的“复制”按钮，将剖切符号复制到另外一侧，如图 10-133 所示。

（7）单击“绘图”工具栏中的“直线”按钮、“多段线”按钮和“多行文字”按钮，标注图名，如图 10-122 所示。

2-2 剖面图的绘制方法与其他图形的绘制方法类似，这里不再重述，结果如图 10-134 所示。

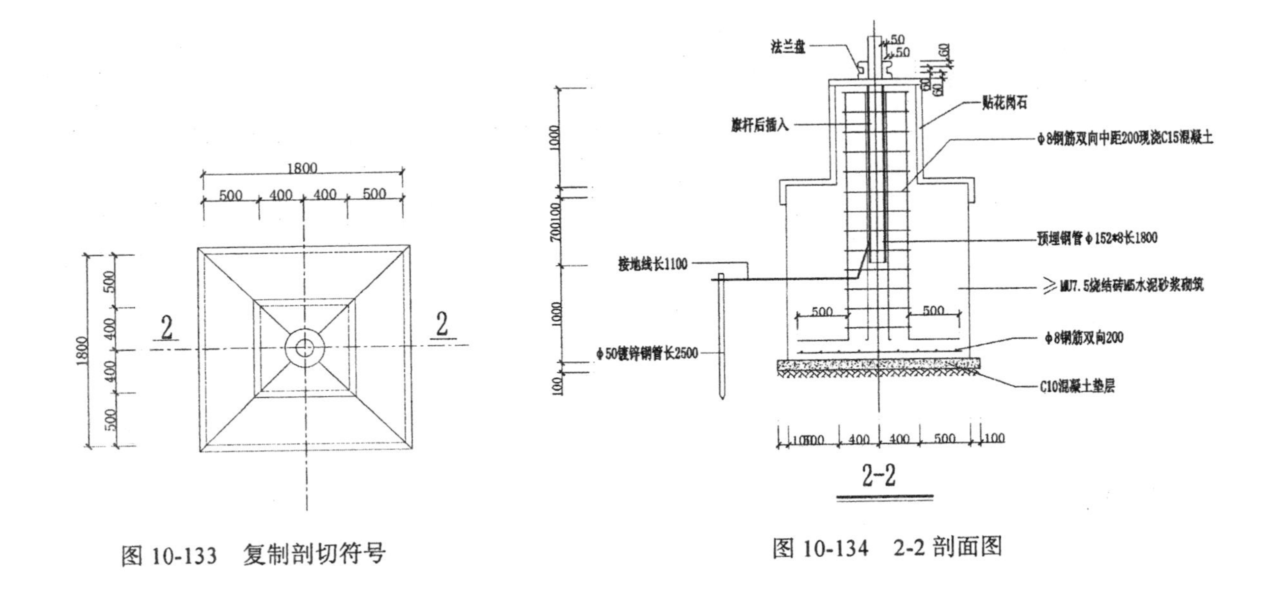

图 10-133　复制剖切符号

图 10-134　2-2 剖面图

10.3　树　　池

当在有铺装的地面上栽种树木时，应在树木的周围保留一块没有铺装的土地，通常把它叫做树池或树穴。树木移植时根球（根钵）的所需空间用以保护树木，一般由树高、树径、根系的大小所决定。树池深度至少深于树根球以下 250mm。

10.3.1　树池的基本特点

树木是营造园林景观的主要材料之一，园林一贯倡导园林景观应以植物造景为主，尤其是能够很好地体现大园林特色的乔木的应用，已成为当今园林设计的主旨之一。城市的街道、公园、游园、广场及单位庭院中的各种乔木，构成了一个城市的绿色框架，体现了一个城市的绿化特色，更为出行和游玩的人们提供着浓浓的绿荫。曾经在绿化城市时，注重了树种的选择、树池的围挡，但对树池的覆盖、树池的美化重视不够，没有把树池的覆盖当作硬性任务来完成，使得许多城市的绿化不够完美、功能不够完备。系统总结园林树池处理技术，应坚持生态为先，兼顾使用，以最大限度发挥园林树池的综合功能。

1. 树池处理的功能作用

（1）完善功能，美化市容

城市街道中无论行道还是便道都种植有各种树木，起着遮阳蔽日、美化市容的作用。由于城市中人多、车多，便利畅通的道路是人人所希望的，如不对树池进行处理，则会由于树池的低洼不平对行人或车辆通行造成影响，好比道路中的井盖缺失一样，影响通行的安全，未经处理的树池也在一定程度上影响城市的形象。

（2）增加绿地面积

采用植物覆盖或软硬结合的方式处理树池，可大大增加城市绿地面积。各城市中一般每条街道都有行道树，小的树池不小于 0.8m × 0.8m，主要街道上的大树树池都在 1.5m × 1.5m，如果把行道树的树池用植物覆盖，将增加大量的绿地。仅石家庄市行道树按一半计算，将增加绿地 13 万 m^2。树池种植植物后增加浇水次数，增加空气湿度，有利于树木生长。

（3）通气保水利于树木生长

近年来经常发现一些行道树和公园广场的树木出现长势衰败的现象，尤其是一些针叶树种，对此园林专家分析，由于城市黄土不露天的要求，树木树池周围的硬铺装对于树木的衰败有着不可推卸的责任。正是这些水泥不透气的硬铺装阻断了土壤与空气的交流，同时也阻滞了水分的下渗，导致树木根系脱水或窒息而死亡。采用透水铺装材料则能很好地解决这个问题，利于树木水分吸收和自由呼吸，从而保证树木的正常生长。

2. 树池处理方式及特点分析

（1）处理方式分类

通过对收集到的园林树池处理方式进行归纳、分析，当前园林树池处理方式可分为硬质处理、软质处理、软硬结合 3 种。

硬质处理是指使用不同的硬质材料用于架空、铺设树池表面的处理方式。此方式又分为固定式和不固定式。如园林中传统使用的铁箅子，以及近年来使用的塑胶箅子、玻璃钢箅子、碎石砾黏合铺装等，均属固定式。而使用卵石、树皮、陶粒覆盖树池则属于不固定式。软质处理则指采用低矮植物植于树池内，用于覆盖树池表面的方式。一般北方城市常用大叶黄杨、金叶女贞等灌木或冷季型草坪、麦冬类、白三叶等地被植物进行覆盖。软硬结合指同时使用硬质材料和园林植物对树池进行覆盖的处理方式，如对树池铺设透空砖、砖孔处植草等。

（2）树池处理特点分析

从使用功能上讲，上述各种树池处理方式均能起到覆盖树池、防止扬尘的作用，有的还可填平树池，便于行人通行，同时起到美化的作用。但不同的处理方式又具有独特的作用。

随着城市环境建设发展的要求，一些企业瞄准了园林这一市场，具有先进工艺的透水铺装应运而生，如透水铺装材料正是一个典型代表。这种以进口改性纤维化树脂为胶黏剂，配合天然材料或工业废弃物，如石子、木屑、树皮、废旧轮胎、碎玻璃、炉渣等做骨料，经过混合、搅拌后进行铺装，既利用了废旧物，又为植物提供了可呼吸、可透水的地被，同时对于城市来讲，其特有的色彩又是一种好的装饰。北方由于尘土较多，时间久了其透水性是否减弱，有待进一步考证。

从工程造价分析，不同类型的树池其造价差异较大。按每平方米计算，各种树池处理造价由高到底顺序为：玻璃钢箅子—石砾黏合铺装—铁箅子—塑胶箅子—透空砖植草—树皮—陶粒—植草。此顺序只是按石家庄市目前造价估算，各城市由于用工及材料来源不同，其造价应有所差异，但可以看出，树池植草造价最低，如交通或其他条件允许，树池应以植草为主。

3. 树池处理原则及设计要点

（1）树池处理原则

树池处理应坚持因地制宜、生态优先的原则。由于城市绿地树木种植的多样性，不同地段、不同种植方式应采用不同的处理方法。便道树池在人流较大地段，由于兼顾行人通过，首先要求平坦利于通行，所有树池覆盖以箅式为主。分车带应以植物覆盖为主，个别地段为照顾行人可结合嵌草砖。公园、游园、广场及庭院主干道、环路上的乔木树池选择余地较大，既可选用各种箅式也可用石砾黏合式。而位于干道、环路两侧草地的乔木则可选用陶粒、木屑等覆盖，覆盖物的颜色与绿草形成鲜明的对比，也是一种景观。林下广场树池应以软覆盖为主，选用麦冬等耐荫抗旱常绿的地被植物。总之树池覆盖在保证使用功能的前提下，宜软则软、软硬结合，以最大地发挥树池的生态效益。

（2）设计技术要点

行道树为城市道路绿化的主框架，一般以高大乔木为主，其树池面积要大，一般不小于1.2m × 1.2m，由于人流较大，树池应选择箅式覆盖，材料选玻璃钢、铁箅或塑胶箅子。如行道树地径较大，则不便使用一次铸造成型的铁箅或塑胶箅子，而以玻璃钢箅子为宜，其最大优点是可根据树木地径大小、树干生长方位随意进行调整。

公园、游园、广场及庭院树池由于受外界干扰少，主要为游园、健身、游憩的人们提供服务，树池覆盖要更有特色、更体现环保和生态，所以应选择体现自然、与环境相协调的材料和方式进行树池覆盖。对于主环路树池可选用大块卵石填充，既覆土又透水透气，还平添一些野趣。在对称路段的树池内也可种植金叶女贞或黄杨，通过修剪保持树池植物呈方柱形、叠层形等造型，也别具风格。绿地内选择主要部位的树木，用木屑、陶粒进行软覆盖，具有美化功能，又可很好地解决剪草机作业时与树干相干扰的矛盾。铺装林下广场大树树池可结合环椅的设置，池内植草。其他树池为使地被植物不被踩踏，设计树池时池壁应高于地面 15cm，池内土与地面相平，以给地被植物留有生长空间。片林式树池，尤其对于珍贵的针叶树，可将树池扩成带状，铺设嵌草砖，增大其透气面积，提供良好的生长环境。

4. 树池处理的保障措施

为保障树木生长，提升城市景观水平，处理好城市树木树池是非常必要的。对此应采取多种措施予以保障。

首先是政策支持。作为城市生态工程，政府政策至关重要。解决好透水铺装问题，也是当前建设节约型社会的要求所在。据有关资料报道，包括北京在内的许多地方都相继出台政策，把广泛应用透水铺装作为市政、园林建设的一项重要工作来抓。其次，在透水铺装材料、工艺和技术上，应勇于创新。当前在政策的鼓励下，许多企业都开始开发各种材料，如玻璃钢箅子、碎石（屑）黏合铺装及透水砌块等，在一定程度上满足了园林的需求。最后，为使各种绿地树池尤其是街道树池能一次到位，应按《城市道路绿化规划与设计规范》要求，行道树之间宜采用透气性路面铺装，树池上设置箅子，同时其覆盖工程所需费用也应列入工程总体预算，从而保证工程的实施。对于已完工程尚未进行覆盖的，要每年列出计划，逐年进行改善。在园林绿化日常养护管理中，将树池覆盖纳入管理标准及检查验收范围，力促树池覆盖工作日趋完善。各城市也要结合自身特点，不断创新树池覆盖技术，形成独特风格。

10.3.2 绘制坐凳树池平面图

本节绘制如图 10-135 所示的坐凳树池平面图。

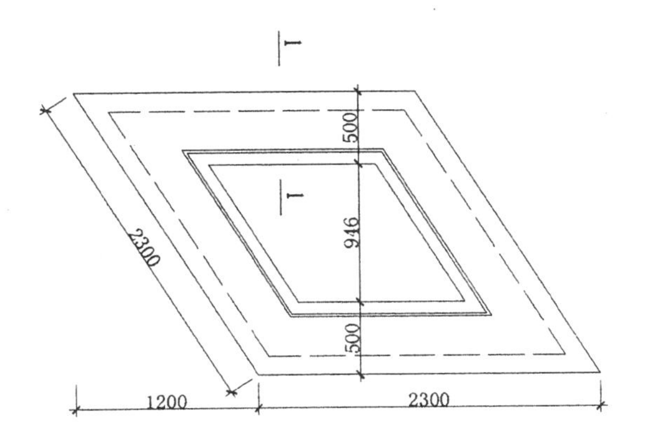

坐凳树池平面 1：50

图 10-135　坐凳树池平面图

1. 绘制坐凳树池平面

（1）单击“绘图”工具栏中的“直线”按钮，绘制一条长为 2300 的水平直线，如图 10-136 所示。

（2）单击“绘图”工具栏中的“直线”按钮，以水平直线端点为起点，绘制长为 2300 的竖直直线，如图 10-137 所示。

图 10-136　绘制水平直线

图 10-137　绘制竖直直线

（3）单击“修改”工具栏中的“偏移”按钮，将水平直线向上偏移 1946，如图 10-138 所示。

（4）单击“修改”工具栏中的“移动”按钮，将偏移后的水平直线向左移动 1200，如图 10-139 所示。然后将竖直直线调整到与水平直线左端点相交，如图 10-140 所示。

图 10-138　偏移直线

图 10-139　移动直线

（5）单击“修改”工具栏中的“复制”按钮，将斜线向右复制，如图 10-141 所示。

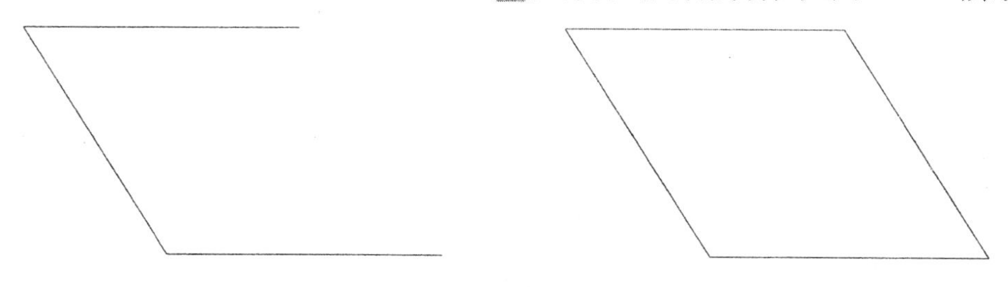

图 10-140　调整直线　　图 10-141　复制直线

（6）单击“修改”工具栏中的“偏移”按钮，将 4 条直线分别向内偏移，偏移距离为 130，如图 10-142 所示。

（7）单击“修改”工具栏中的“修剪”按钮，修剪掉多余的直线，并将线型修改为 ACAD_ISO02W100，如图 10-143 所示。

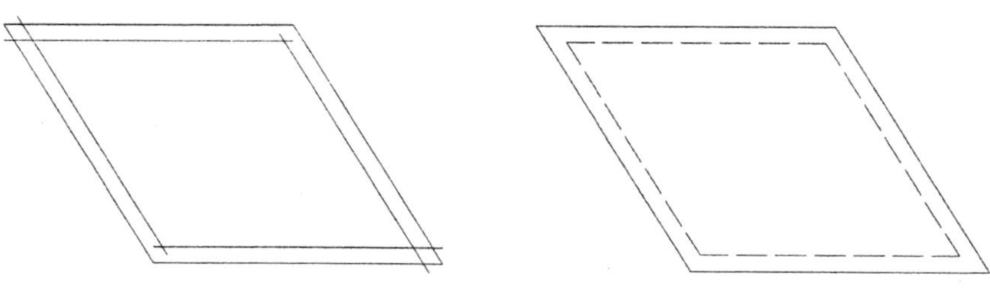

图 10-142　偏移图形　　图 10-143　修剪掉多余的直线

（8）单击“修改”工具栏中的“偏移”按钮，继续偏移直线，结果如图 10-144 所示。

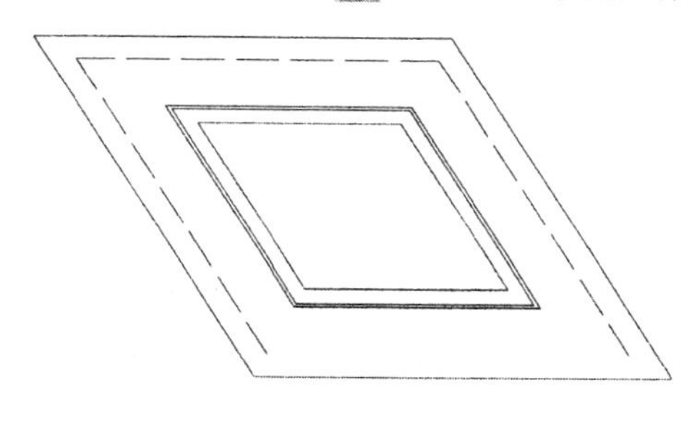

图 10-144　偏移直线

2. 标注图形

（1）单击“样式”工具栏中的“标注样式”按钮，打开“标注样式管理器”对话框，如图 10-145 所示。单击“新建”按钮，创建一个新的标注样式，打开“新建标注样式：副本 Standard”对话框，如图 10-146 所示，并分别对线、符号和箭头、文字和主单位进行设置。

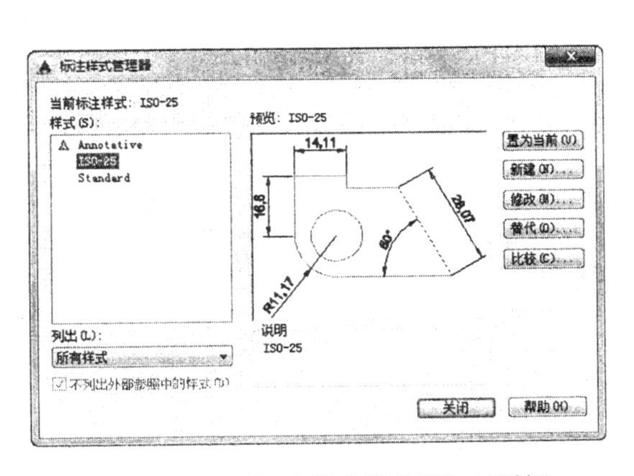

图 10-145　“标注样式管理器”对话框

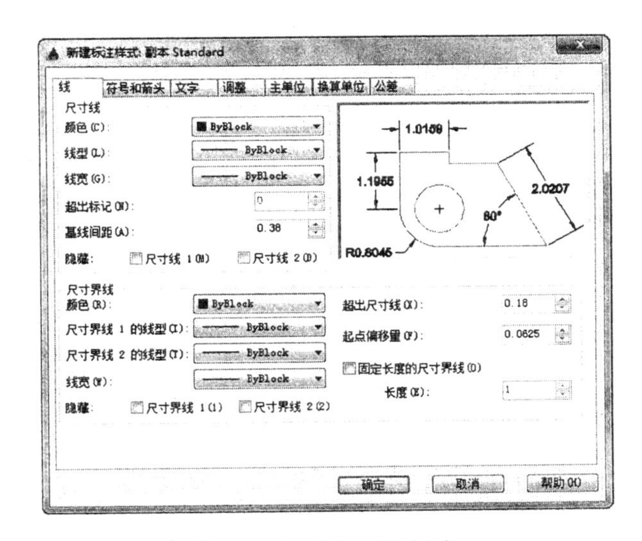

图 10-146　新建标注样式

（2）单击“标注”工具栏中的“线性”按钮，为图形标注尺寸，如图 10-147 所示。

（3）单击“绘图”工具栏中的“直线”按钮和“多行文字”按钮，绘制剖切符号，如图 10-148 所示。

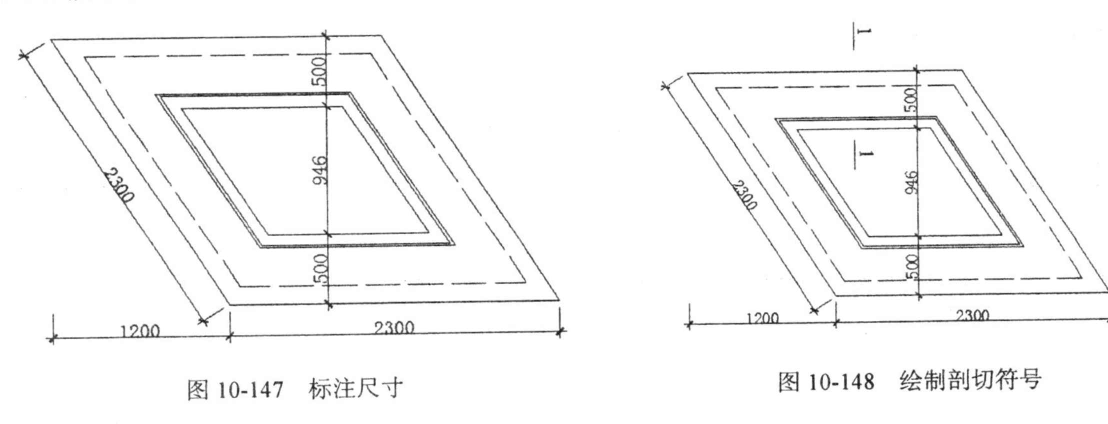

图 10-147　标注尺寸

图 10-148　绘制剖切符号

（4）单击“绘图”工具栏中的“直线”按钮和“多行文字”按钮，标注图名，结果如图 10-135 所示。

10.3.3　绘制坐凳树池立面图

本节绘制如图 10-149 所示的坐凳树池立面图。

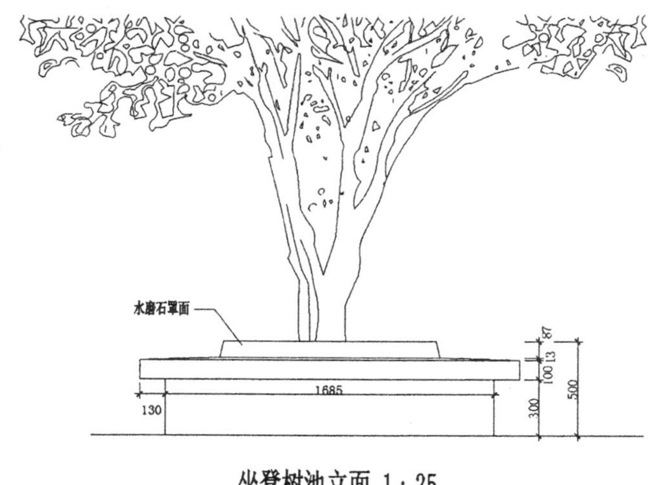

图 10-149　坐凳树池立面图

1. 绘制坐凳树池立面

（1）单击“绘图”工具栏中的“直线”按钮，绘制地坪线，如图 10-150 所示。

图 10-150　绘制地坪线

（2）单击“修改”工具栏中的“偏移”按钮，将地平线向上偏移 300、100、13 和 87，如图 10-151 所示。

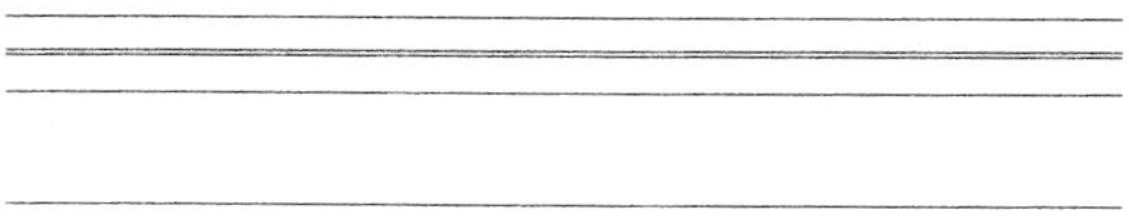

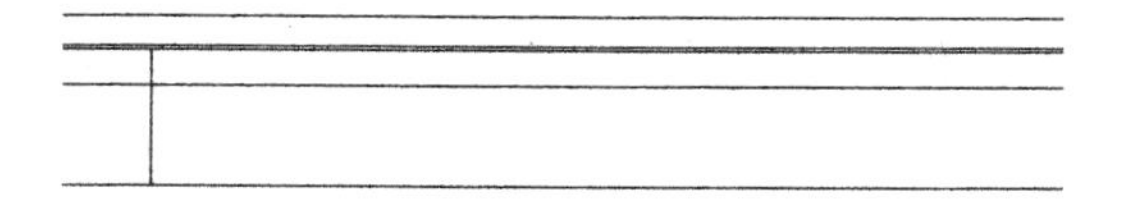

图 10-151　偏移地坪线

（3）单击“绘图”工具栏中的“直线”按钮，在图中合适的位置处绘制一条竖直直线，如图 10-152 所示。

图 10-152　绘制竖直直线

（4）单击“修改”工具栏中的“偏移”按钮，将竖直直线向右偏移 130、1685 和 130，如图 10-153 所示。

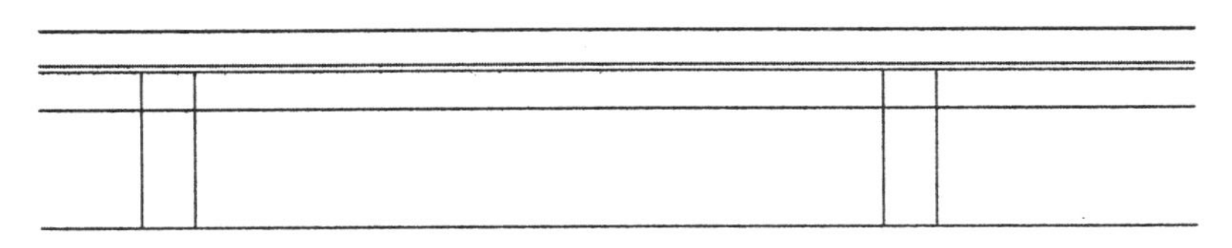

图 10-153　偏移直线

（5）单击“修改”工具栏中的“修剪”按钮，修剪掉多余的直线，如图 10-154 所示。

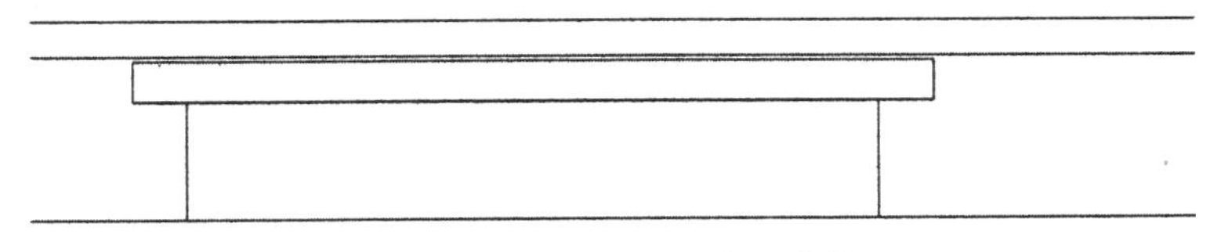

图 10-154　修剪掉多余的直线

（6）单击“绘图”工具栏中的“直线”按钮，绘制水磨石罩面，如图 10-155 所示。

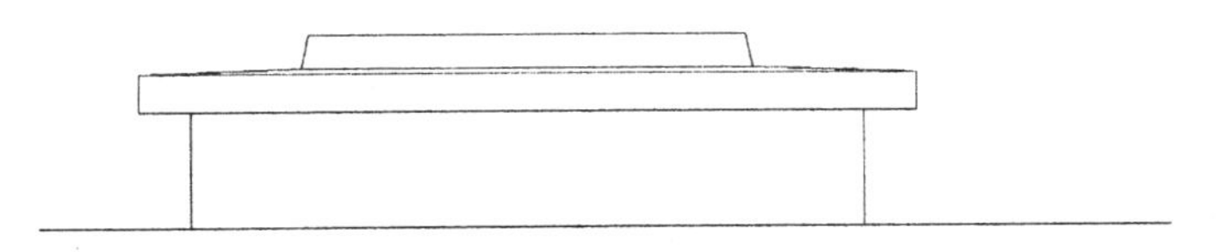

图 10-155　绘制水磨石罩面

（7）单击“绘图”工具栏中的“插入块”按钮，打开“插入”对话框，如图 10-156 所示。在图库中找到树木图块，将其插入到图中合适的位置，结果如图 10-157 所示。

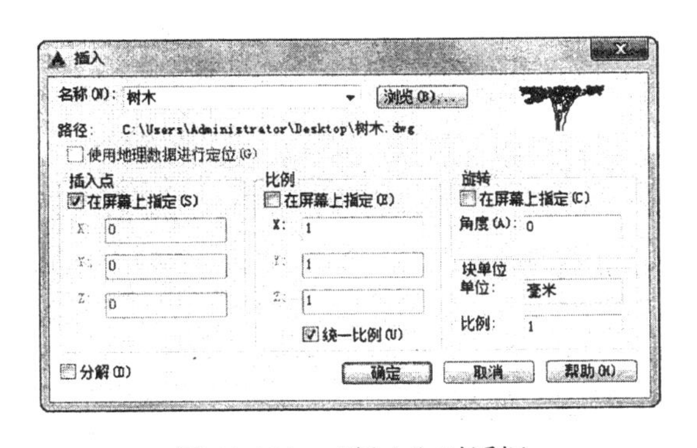

图 10-156　“插入”对话框

图 10-157　插入树木图块

2. 标注图形

（1）单击“标注”工具栏中的“线性”按钮，为图形标注尺寸，如图 10-158 所示。

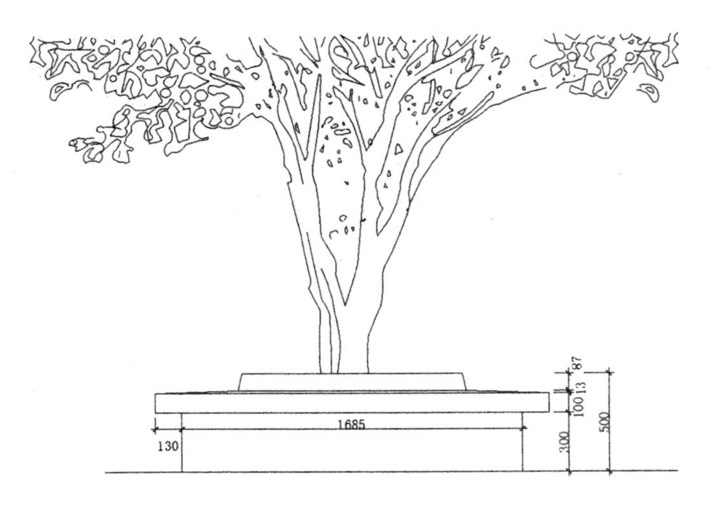

图 10-158　标注尺寸

（2）单击“绘图”工具栏中的“直线”按钮和“多行文字”按钮A，标注文字说明，如图 10-159 所示。

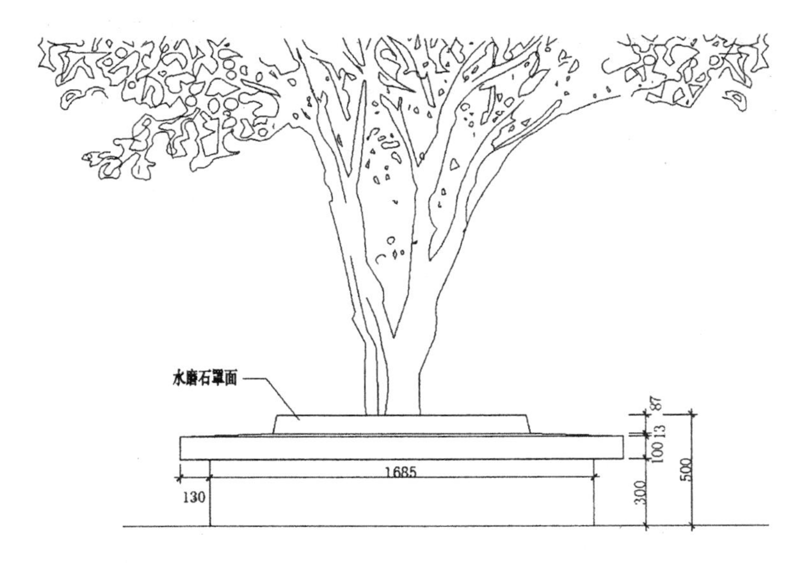

图 10-159　标注文字说明

（3）单击“绘图”工具栏中的“直线”按钮和“多行文字”按钮A，标注图名，如图 10-149 所示。

10.3.4　绘制坐凳树池断面图

本节绘制如图 10-160 所示的坐凳树池断面。

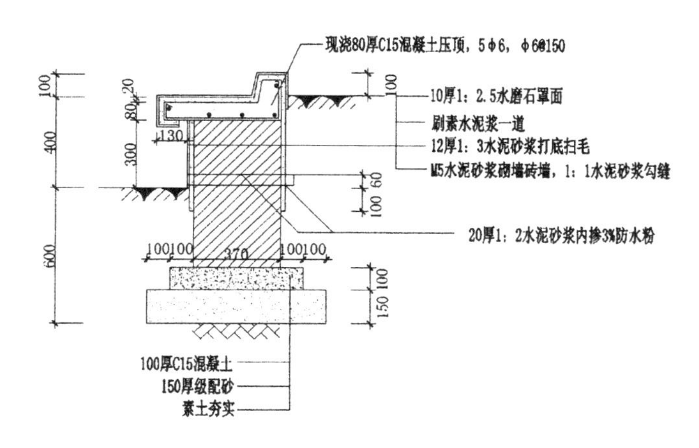

图 10-160　坐凳树池断面

1. 绘制坐凳树池断面

（1）单击“绘图”工具栏中的“矩形”按钮，绘制长为 770，宽为 150 的矩形，如图 10-161 所示。

（2）同理，在矩形上面绘制一个尺寸为 570×100 的小矩形，将两个矩形的中点重合，结果如图 10-162 所示。

图 10-161　绘制矩形　　　　图 10-162　绘制小矩形

（3）单击“修改”工具栏中的“分解”按钮，将小矩形分解。

（4）单击“修改”工具栏中的“偏移”按钮，将小矩形的两条短边分别向内偏移 100，如图 10-163 所示。

（5）单击“绘图”工具栏中的“直线”按钮，以偏移的直线顶端点为起点，绘制两条竖直直线，然后单击“修改”工具栏中的“删除”按钮，将偏移后的直线删除，如图 10-164 所示。

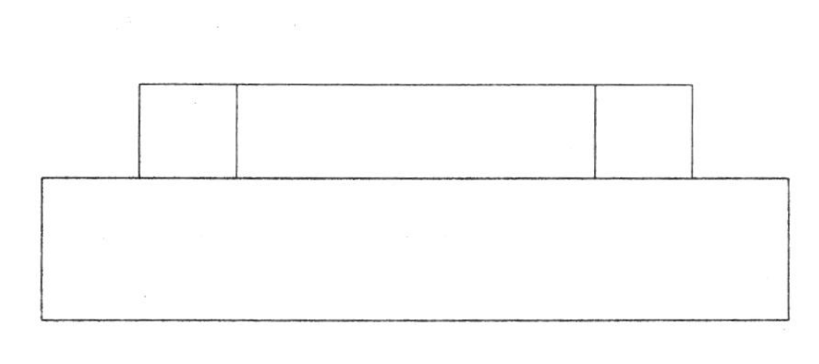

图 10-163　偏移直线

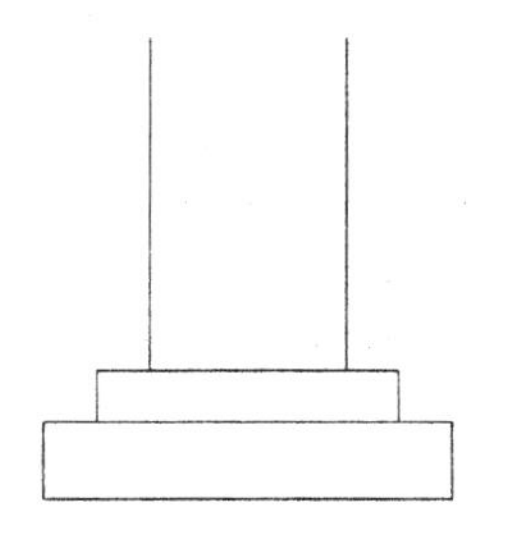

图 10-164　绘制直线

（6）单击“绘图”工具栏中的“直线”按钮，在竖直直线顶部绘制一条水平直线，如图 10-165 所示。

（7）单击“修改”工具栏中的“偏移”按钮，将水平直线向上偏移，偏移距离为 80，如图 10-166 所示。

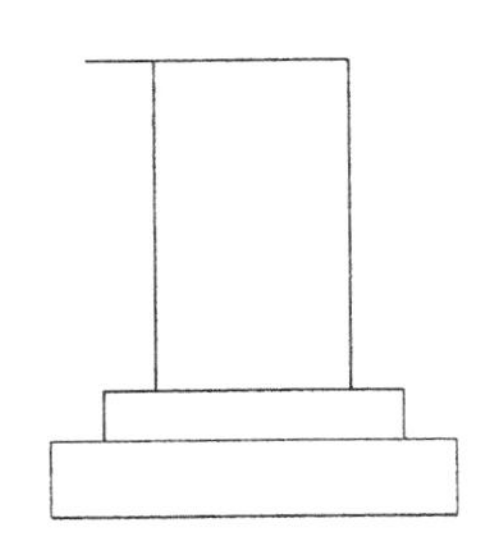
图 10-165　绘制水平直线

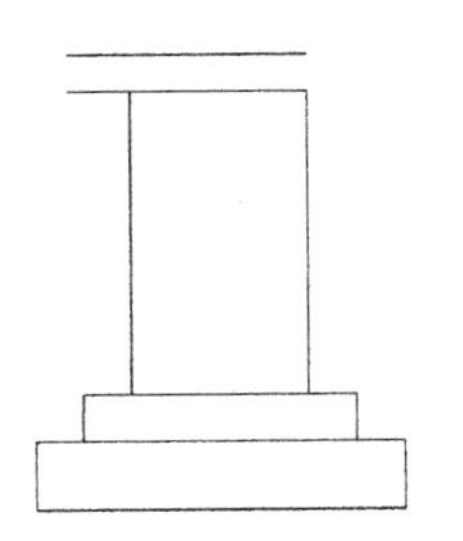
图 10-166　偏移直线

（8）单击“绘图”工具栏中的“直线”按钮和“修剪”按钮，细化顶部图形，如图 10-167 所示。

（9）单击“修改”工具栏中的“偏移”按钮，将直线 1 向下偏移 300 和 100，如图 10-168 所示。

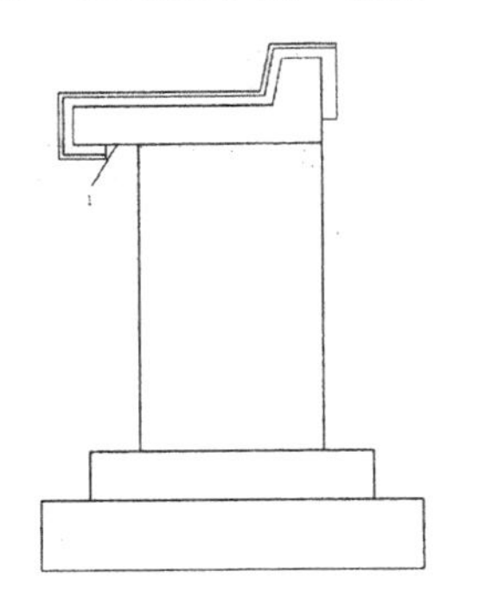
图 10-167　细化顶部图形

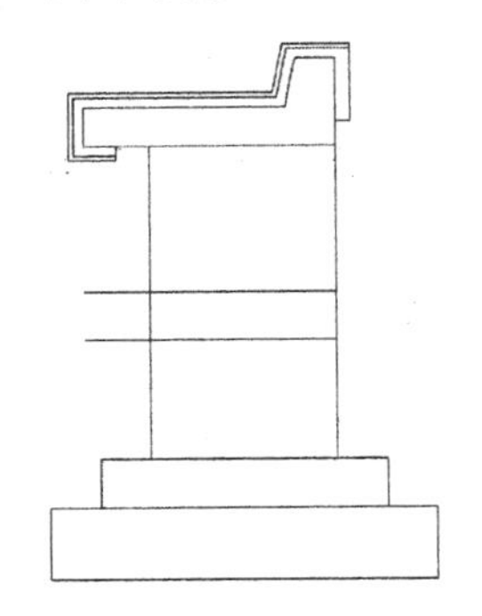
图 10-168　偏移直线

（10）单击“绘图”工具栏中的“直线”按钮，在图形两侧绘制竖直直线，然后单击“修改”工具栏中的“修剪”按钮，修剪掉多余的直线，整理图形，结果如图 10-169 所示。

（11）单击“绘图”工具栏中的“直线”按钮和“圆弧”按钮，绘制种植土，如图 10-170 所示。

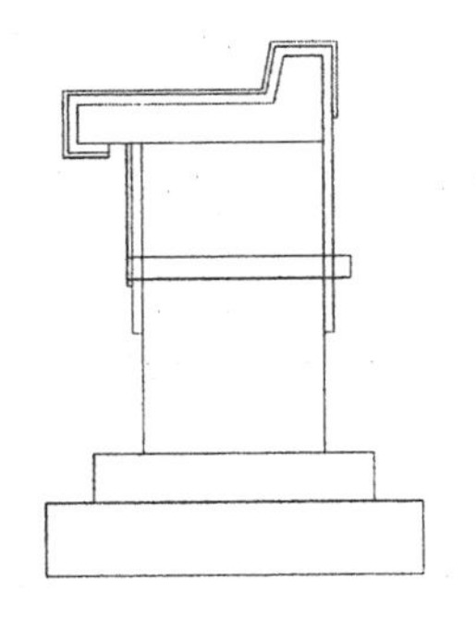
图 10-169　整理图形

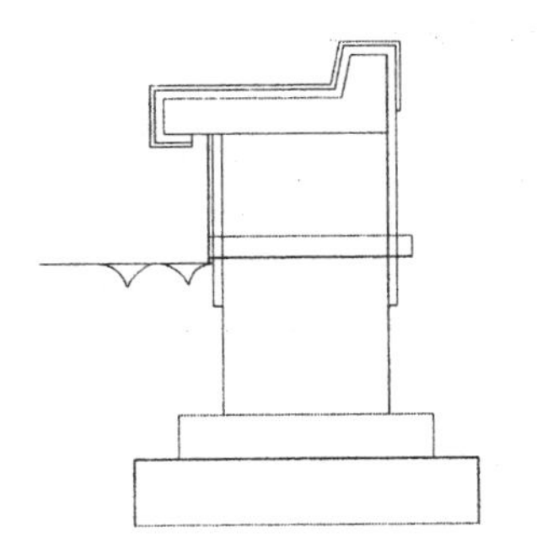
图 10-170　绘制种植土

（12）单击“修改”工具栏中的“镜像”按钮，将种植土镜像到另外一侧，然后单击“修改”工具栏中的“移动”按钮，将镜像后的图形移动到合适的位置处，结果如图 10-171 所示。

（13）单击“直线”按钮“圆弧”按钮和“删除”按钮，绘制钢筋，如图 10-172 所示。

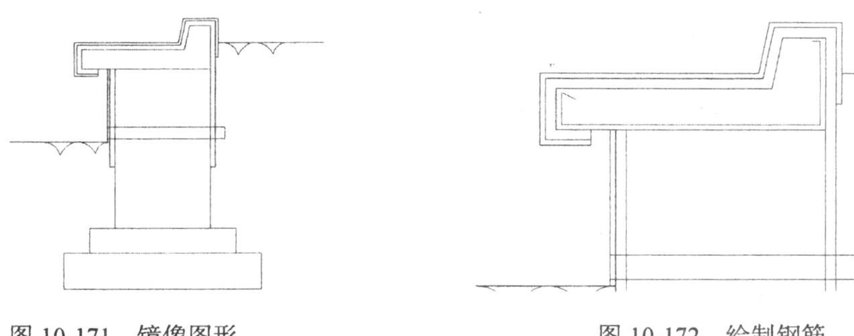

图 10-171　镜像图形　　　　图 10-172　绘制钢筋

（14）单击“绘图”工具栏中的“圆”按钮，在图中绘制一个圆，如图 10-173 所示。

（15）单击“绘图”工具栏中的“图案填充”按钮，打开“图案填充创建”选项卡，选择 SOLID 图案，填充圆，完成配筋的绘制，结果如图 10-174 所示。

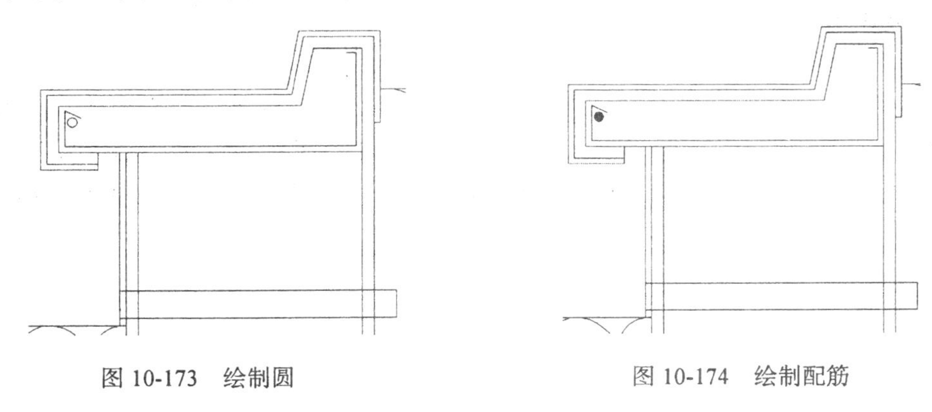

图 10-173　绘制圆　　　　图 10-174　绘制配筋

（16）单击“修改”工具栏中的“复制”按钮，将填充圆复制到图中其他位置处，如图 10-175 所示。

（17）单击“绘图”工具栏中的“图案填充”按钮，填充其他位置处的图形，在填充图形前，首先利用直线命令补充绘制填充区域，结果如图 10-176 所示。

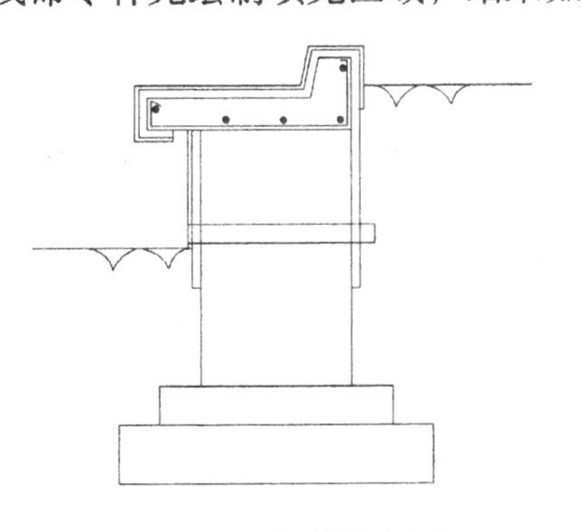

图 10-175　复制填充圆

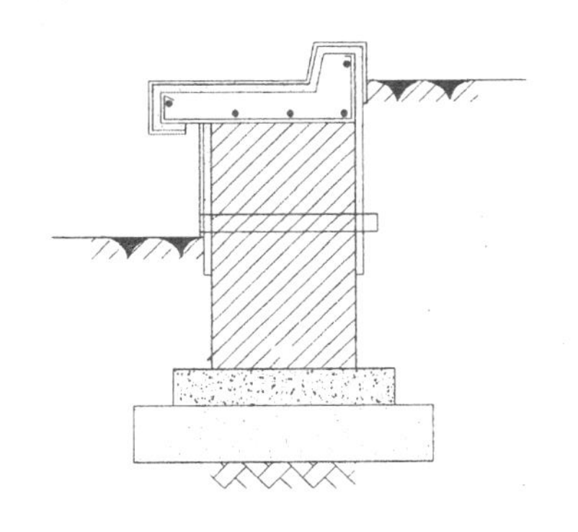

图 10-176　填充图形

2. 标注图形

（1）单击“标注”工具栏中的“线性”按钮，为图形标注尺寸，如图 10-177 所示。

（2）单击“绘图”工具栏中的“直线”按钮，在图中引出直线，如图 10-178 所示。

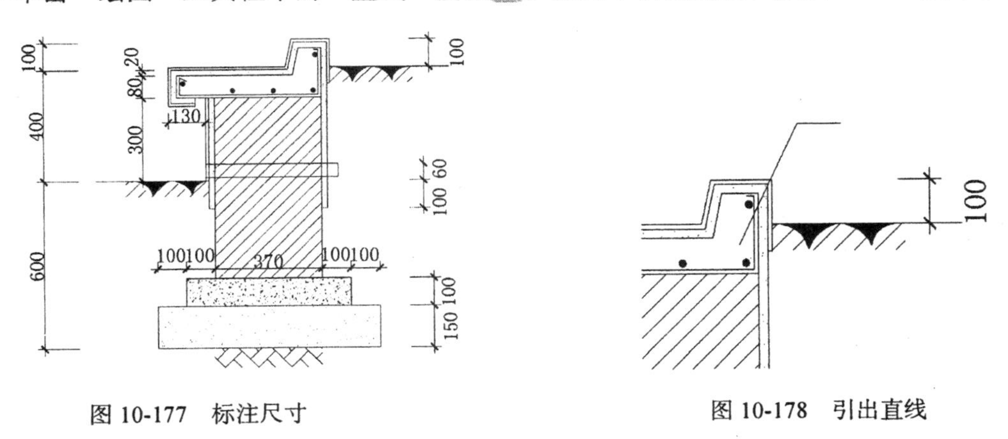

图 10-177　标注尺寸　　　图 10-178　引出直线

（3）单击“绘图”工具栏中的“多行文字”按钮，在直线右侧输入文字，如图 10-179 所示。

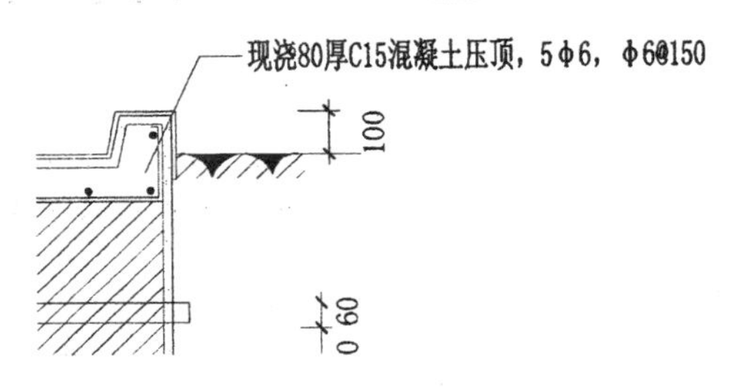

图 10-179　输入文字

（4）单击“绘图”工具栏中的“直线”按钮和“修改”工具栏中的“复制”按钮，将文字复制到图中其他位置处，双击文字，修改文字内容，以便文字格式的统一，最终完成文字的标注说明，结果如图 10-180 所示。

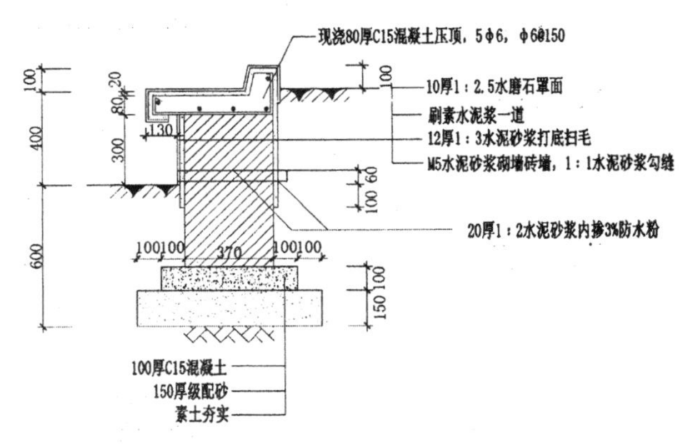

图 10-180　标注文字

（5）单击“绘图”工具栏中的“直线”按钮和“多行文字”按钮，标注图名，如图 10-160 所示。

10.3.5　绘制人行道树池

绘制如图 10-181 所示的人行道树池。

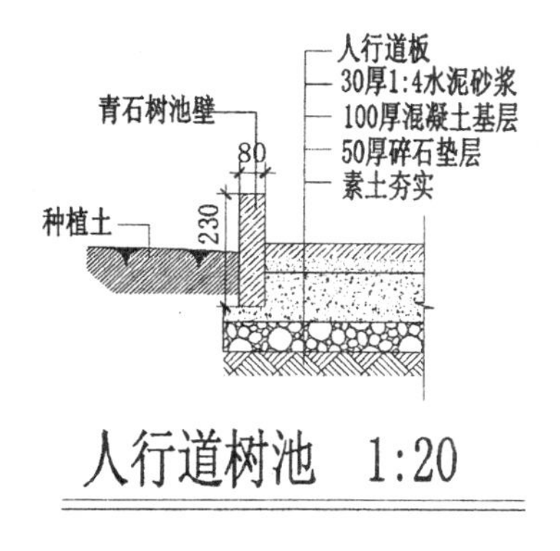

图 10-181　人行道树池

1. 绘制人行道树池剖面图

（1）单击“绘图”工具栏中的“直线”按钮，在图中绘制一条水平直线，如图 10-182 所示。

图 10-182　绘制水平直线

（2）单击“修改”工具栏中的“偏移”按钮，将步骤（1）中绘制的水平直线依次向上偏移，如图 10-183 所示。

（3）单击“绘图”工具栏中的“直线”按钮，在右侧绘制折断线，如图 10-184 所示。

图 10-183　偏移直线　　　　图 10-184　绘制折断线

（4）单击“绘图”工具栏中的“矩形”按钮，绘制池壁，如图 10-185 所示。

（5）单击“修改”工具栏中的“圆角”按钮，对池壁进行圆角操作，如图 10-186 所示。

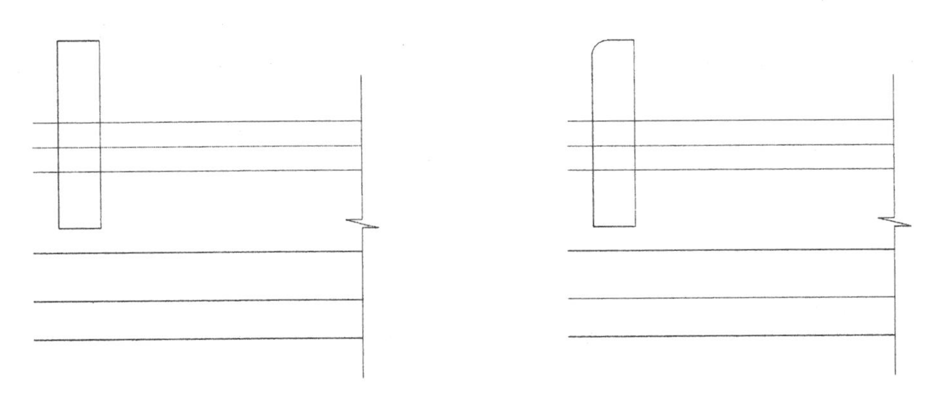

图 10-185　绘制池壁　　图 10-186　绘制圆角

（6）单击“修改”工具栏中的“修剪”按钮，修剪掉多余的直线，如图 10-187 所示。

（7）单击“绘图”工具栏中的“直线”按钮和“圆弧”按钮，绘制种植土地面，如图 10-188 所示。

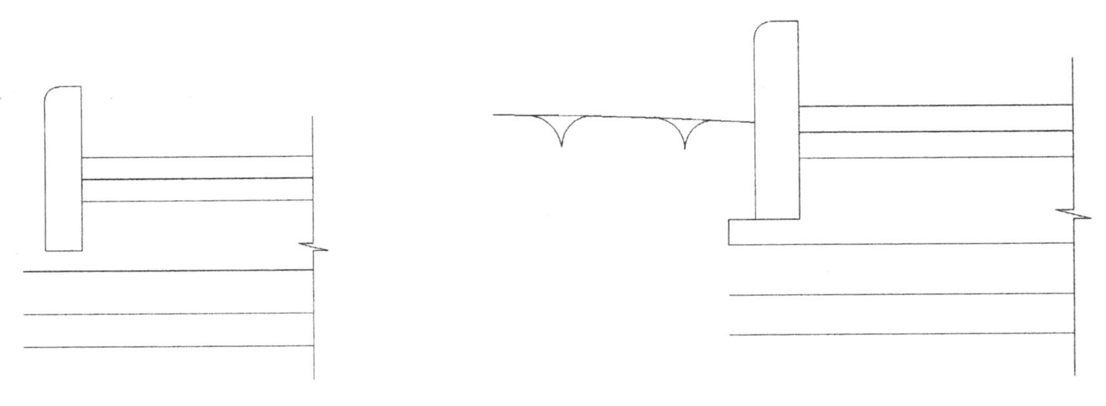

图 10-187　修剪掉多余的直线　　图 10-188　绘制种植土地面

（8）单击“绘图”工具栏中的“图案填充”按钮，打开“图案填充创建”选项卡，选择 SOLID 图案，填充图形，如图 10-189 所示。

（9）单击“绘图”工具栏中的“直线”按钮和“图案填充”按钮，填充其他图形，然后删除掉多余的直线，结果如图 10-190 所示。

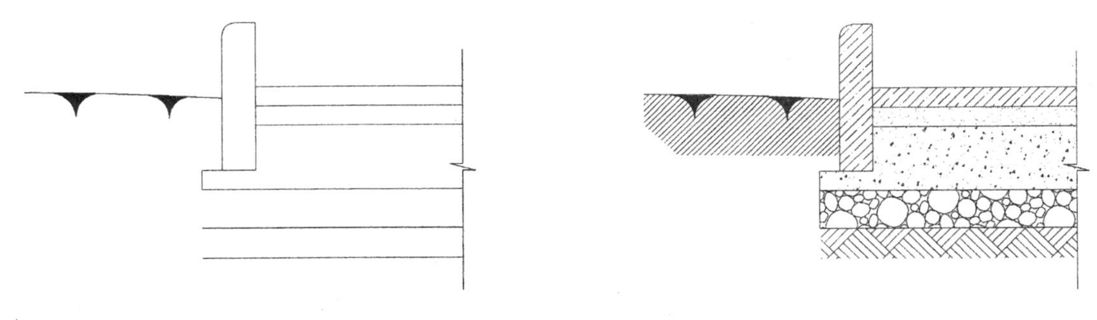

图 10-189　填充图形 1　　图 10-190　填充图形 2

2. 标注图形

（1）单击“标注”工具栏中的“线性”按钮，为图形标注尺寸，如图 10-191 所示。
（2）单击“绘图”工具栏中的“直线”按钮，在图中引出直线，如图 10-192 所示。

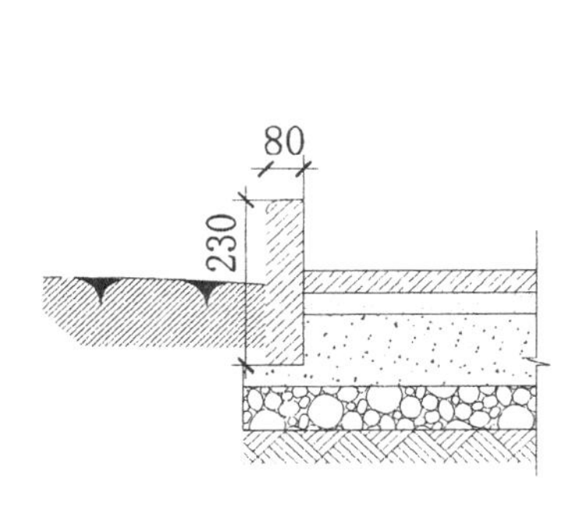

图 10-191 标注尺寸

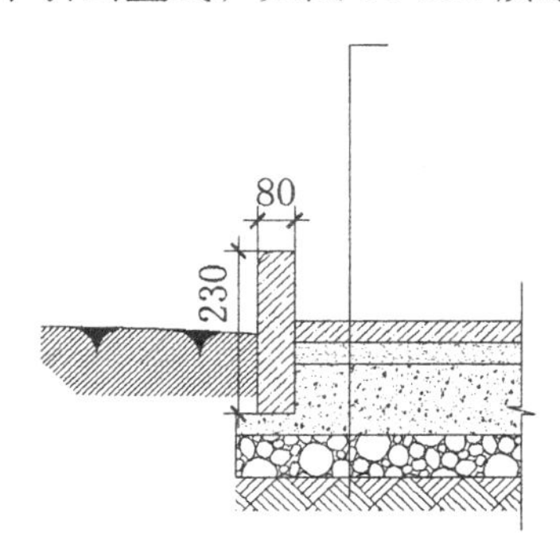

图 10-192 引出直线

（3）单击“绘图”工具栏中的“多行文字”按钮A，在直线右侧输入文字，如图 10-193 所示。
（4）单击“修改”工具栏中的“复制”按钮，将短直线和文字依次向下复制，如图 10-194 所示。

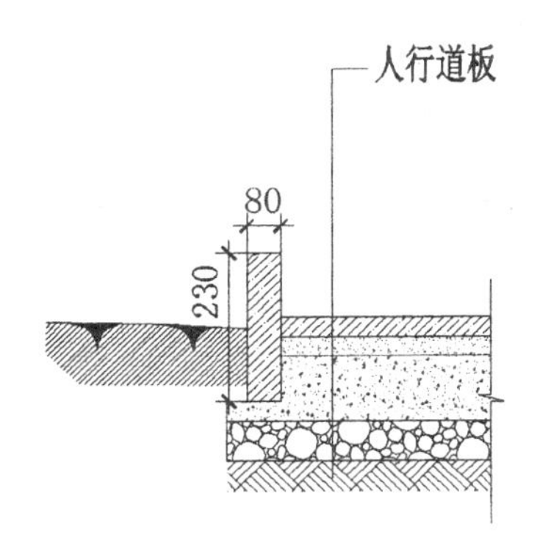

图 10-193 输入文字

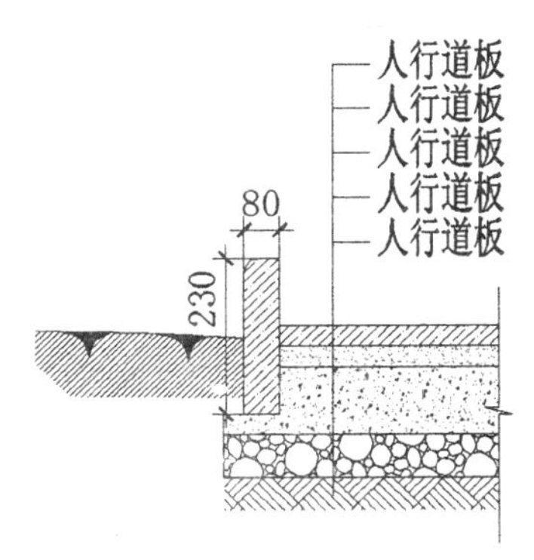

图 10-194 复制文字

（5）双击步骤（4）中复制的文字，修改文字内容，以便文字格式的统一，如图 10-195 所示。
（6）单击“绘图”工具栏中的“直线”按钮和“多行文字”按钮A，标注其他位置处的文字说明，如图 10-196 所示。

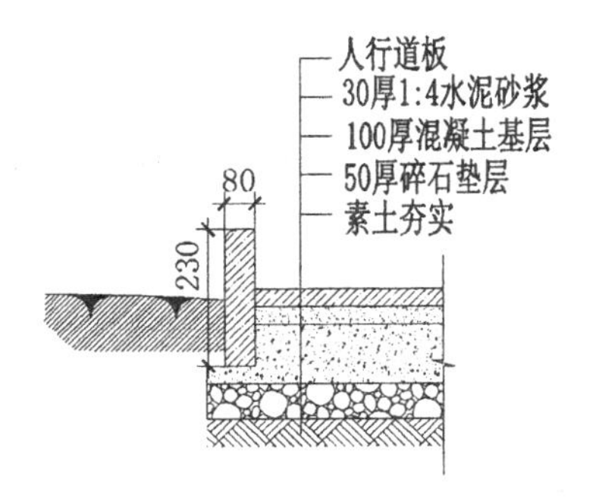

图 10-195 修改文字内容

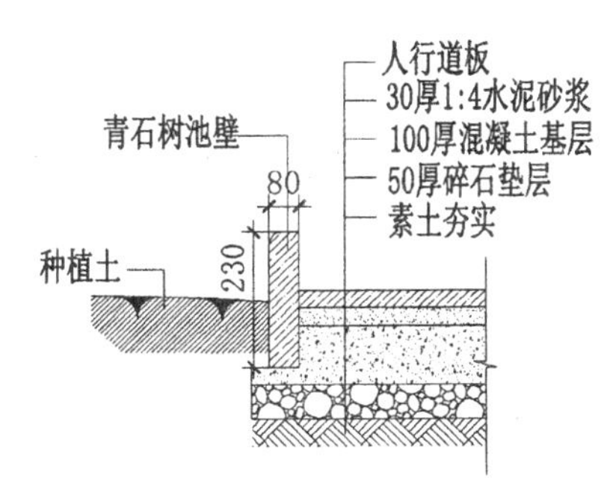

图 10-196 标注文字

（7）单击“绘图”工具栏中的“直线”按钮和“多行文字”按钮A，标注图名，如图 10-181 所示。

人行道树池平面、标准花池和水系驳岸的绘制方法与其他树池的绘制方法类似，这里不再重述，结果如图 10-197 ～图 10-199 所示。

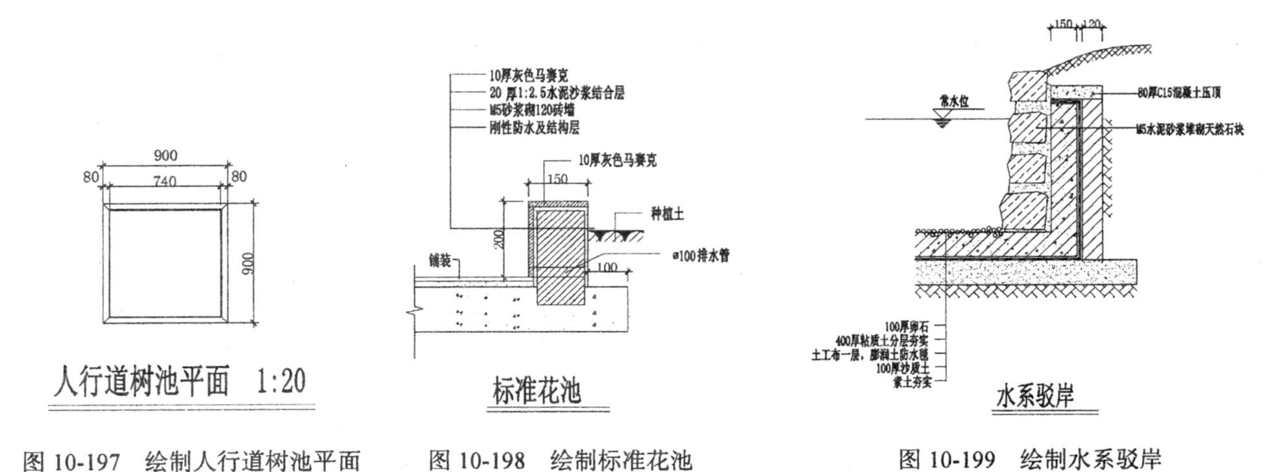

图 10-197 绘制人行道树池平面　　图 10-198 绘制标准花池　　图 10-199 绘制水系驳岸

10.4 铺装大样图

对地面进行铺装是大型公共场所或园林的一种普遍做法。好的铺装能给人带来一种美感，也是体现园林或公共场所整体风格的必要环节。

10.4.1 绘制入口广场铺装平面大样图

本节绘制如图 10-200 所示的入口广场铺装平面大样。

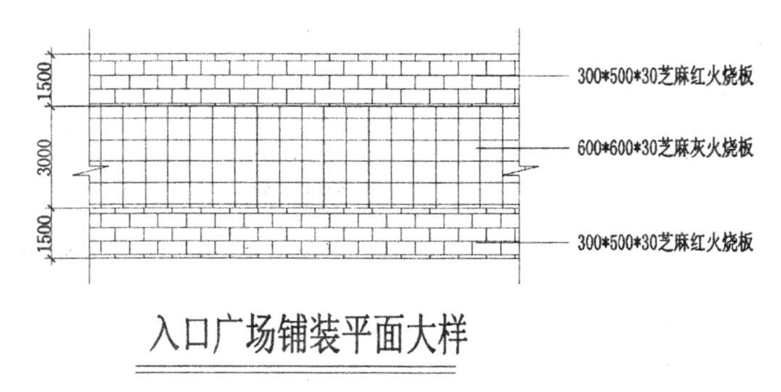

图 10-200 入口广场铺装平面大样

1. 绘制入口广场铺装大样图

（1）单击“绘图”工具栏中的“直线”按钮，绘制一条水平直线，如图 10-201 所示。

（2）单击“修改”工具栏中的“偏移”按钮，将水平直线向下依次偏移，偏移距离为 1500、3000 和 1500，如图 10-202 所示。

图 10-201　绘制直线

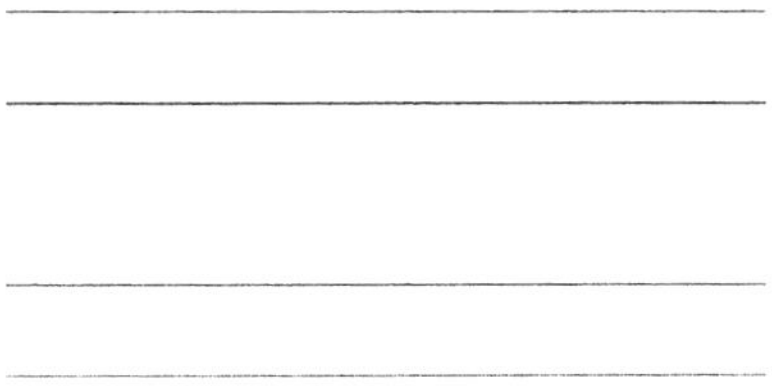

图 10-202　偏移直线

（3）单击“绘图”工具栏中的“直线”按钮，在图形左侧绘制折断线，如图 10-203 所示。

（4）单击“修改”工具栏中的“复制”按钮，将折断线复制到另外一侧，如图 10-204 所示。

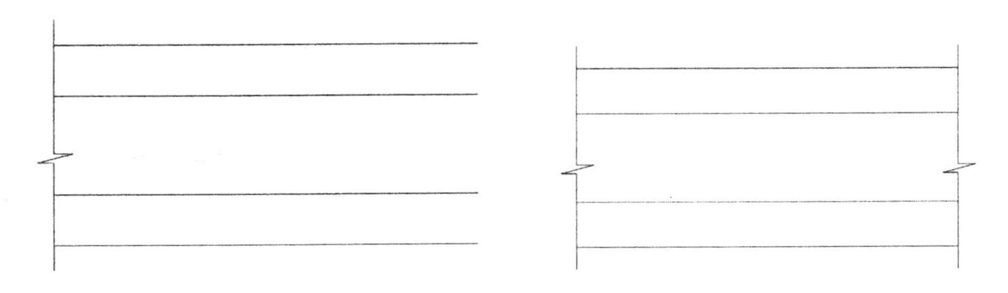

图 10-203　绘制折断线

图 10-204　复制折断线

（5）单击“绘图”工具栏中的“图案填充”按钮，打开“图案填充创建”选项卡，如图 10-205 所示，选择 AR-B816 图案，填充图形，结果如图 10-206 所示。

（6）单击“绘图”工具栏中的“图案填充”按钮，选择 NET 图案，填充图形，如图 10-207 所示。

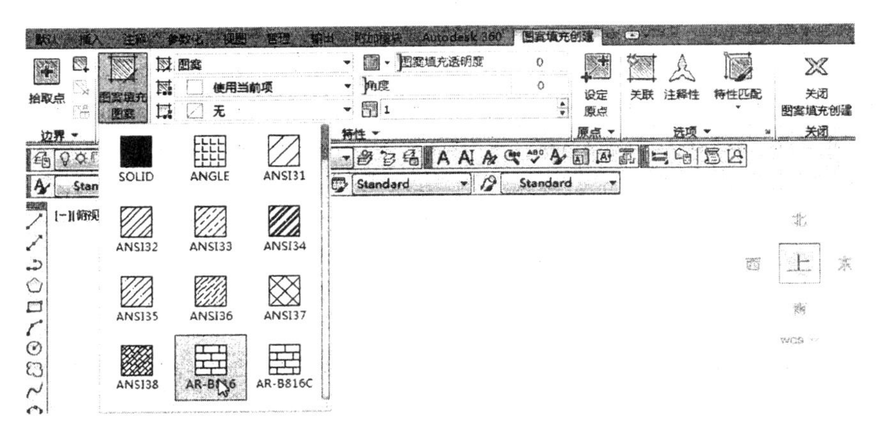

图 10-205　“图案填充创建”选项卡

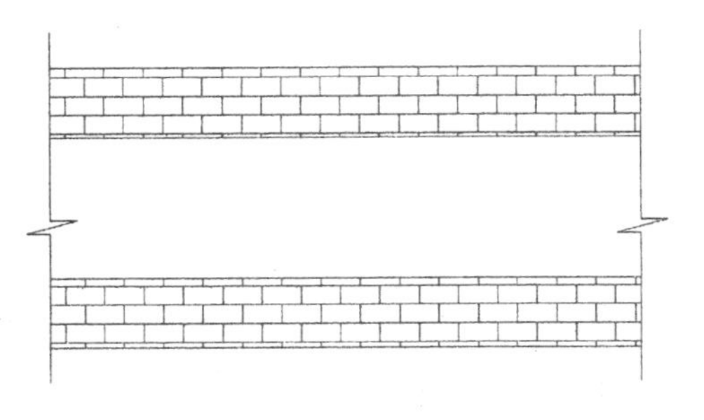

图 10-206　填充 AR-B816 图案

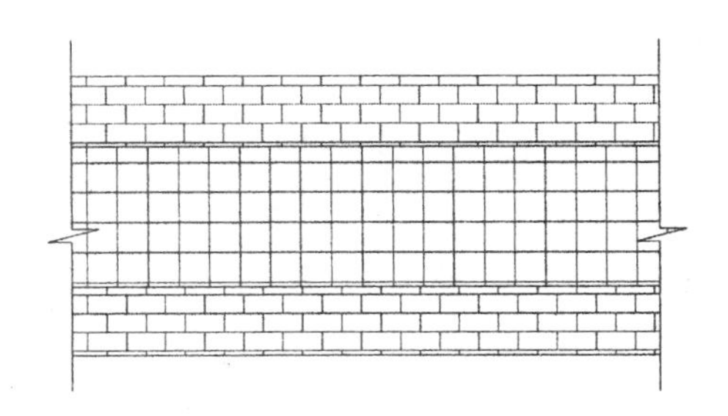

图 10-207　填充 NET 图案

2. 标注图形

（1）单击“样式”工具栏中的“标注样式”按钮，打开“标注样式管理器”对话框，如图 10-208 所示。单击“新建”按钮，创建一个新的标注样式，打开“新建标注样式: 副本 ISO-25”对话框，如图 10-209 所示，并分别对线、符号和箭头、文字和主单位进行设置。

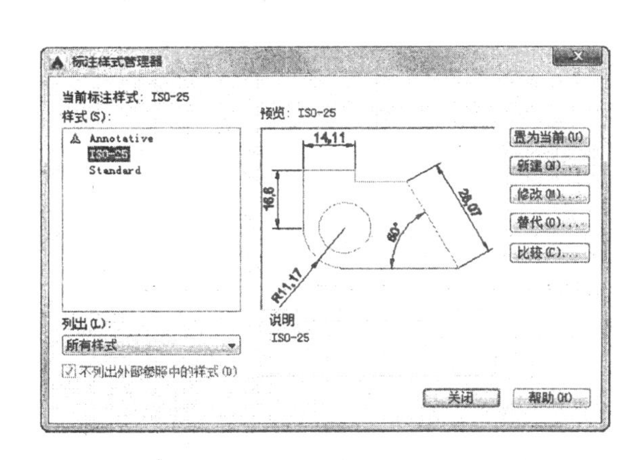

图 10-208　“标注样式管理器”对话框

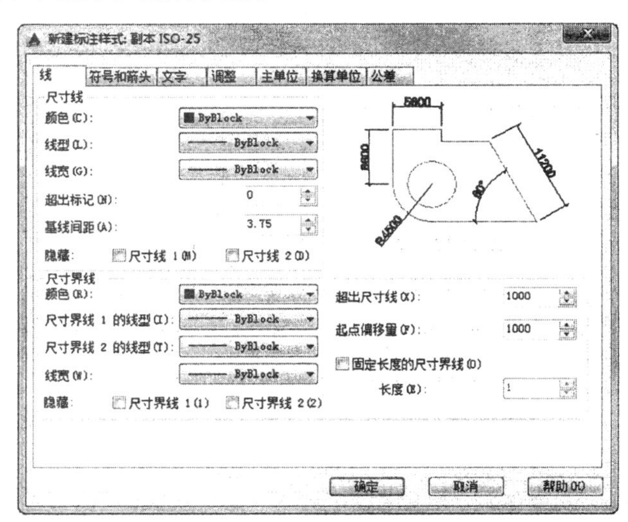

图 10-209　新建标注样式

（2）单击“标注”工具栏中的“线性”按钮和“连续”按钮，为图形标注尺寸，如图 10-210 所示。

（3）单击“绘图”工具栏中的“直线”按钮，在图中引出直线，如图 10-211 所示。

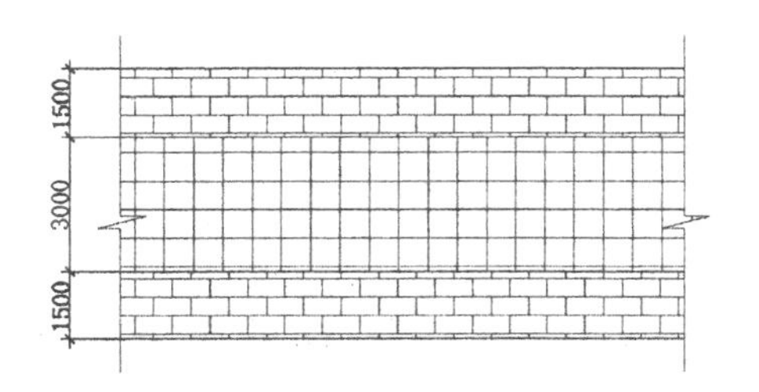

图 10-210　标注尺寸

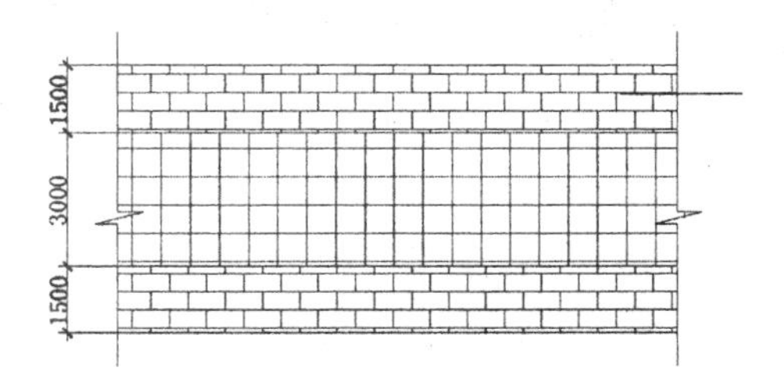

图 10-211　引出直线

（4）单击"绘图"工具栏中的"多行文字"按钮A，在直线右侧输入文字，如图 10-212 所示。

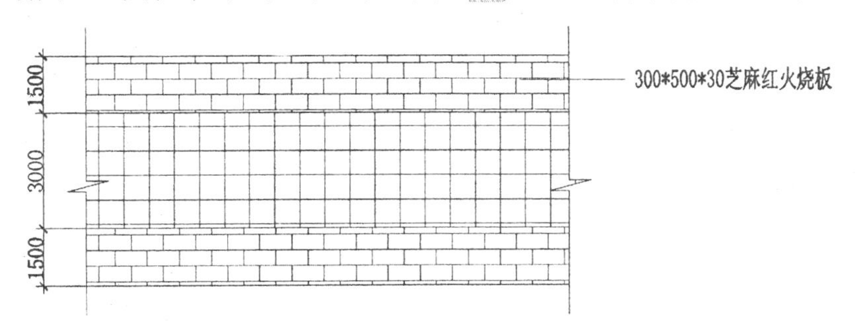

图 10-212　输入文字

（5）单击"绘图"工具栏中的"直线"按钮和"修改"工具栏中的"复制"按钮，将文字复制到图中其他位置处，然后双击文字，修改文字内容，以便文字格式的统一，最终完成文字的标注，结果如图 10-213 所示。

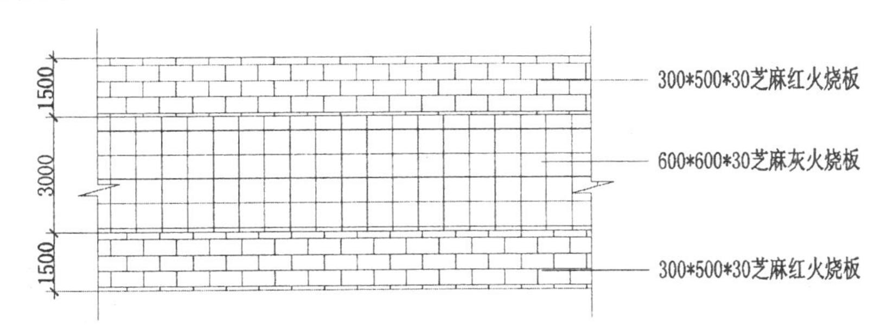

图 10-213　标注文字

（6）单击"绘图"工具栏中的"直线"按钮和"多行文字"按钮A，标注图名，如图 10-200 所示。

10.4.2　绘制文化墙广场铺装平面大样图

本节绘制如图 10-214 所示的文化墙广场铺装平面大样图。

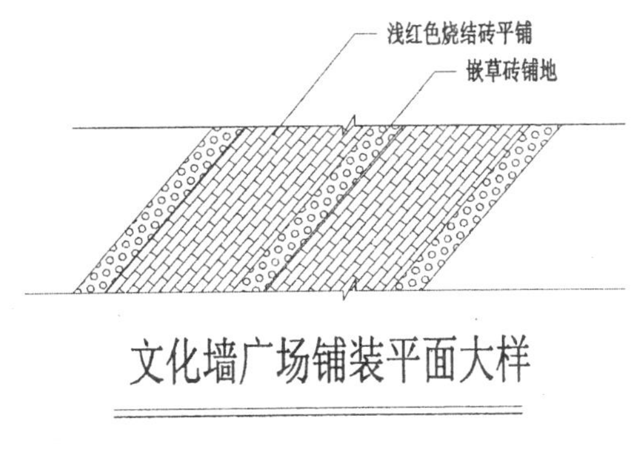

图 10-214　文化墙广场铺装平面大样图

（1）单击“绘图”工具栏中的“直线”按钮，绘制一条斜线，如图 10-215 所示。

（2）单击“修改”工具栏中的“复制”按钮，将斜线向右依次复制，如图 10-216 所示。

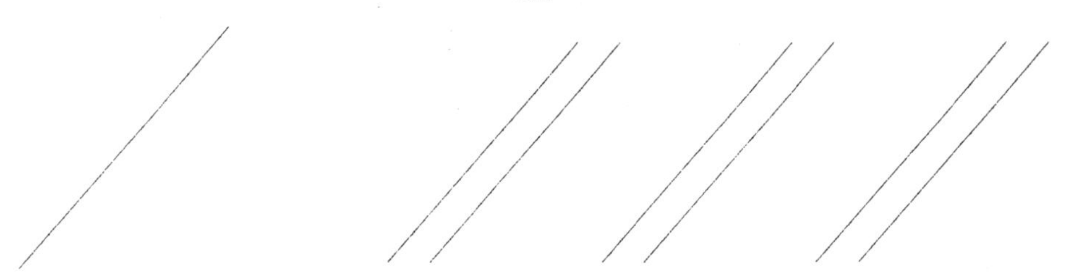

图 10-215　绘制斜线　　　　图 10-216　复制斜线

（3）单击“绘图”工具栏中的“直线”按钮，绘制折断线，如图 10-217 所示。

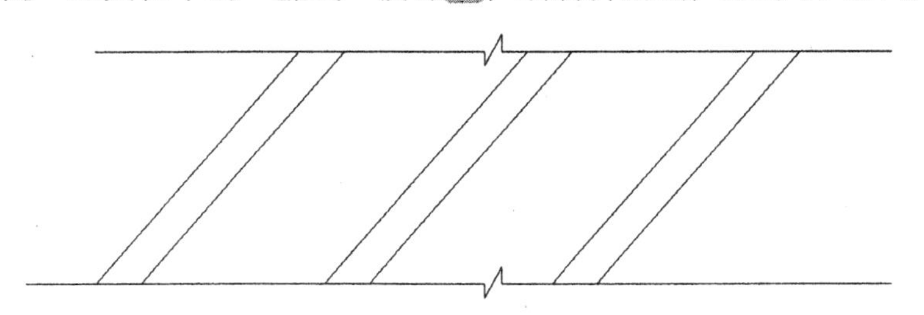

图 10-217　绘制折断线

（4）单击“绘图”工具栏中的“图案填充”按钮，打开“图案填充创建”选项卡，选择 HEX 图案，如图 10-218 所示；填充图形，如图 10-219 所示。

图 10-218　“图案填充创建”选项卡

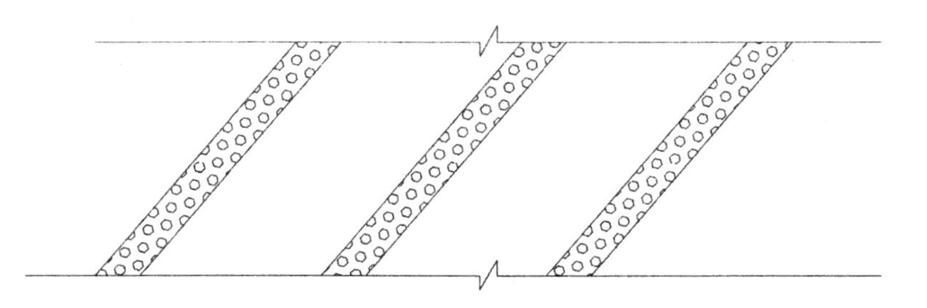

图 10-219　填充 HEX 图案

（5）同理，填充剩余图形，如图 10-220 所示。

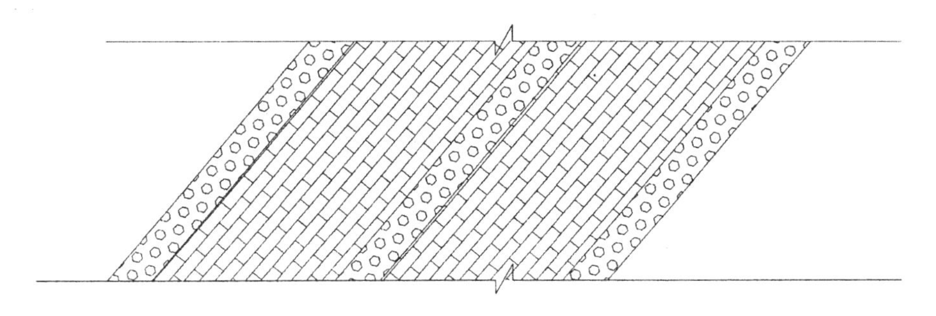

图 10-220　填充剩余图案

（6）单击“绘图”工具栏中的“直线”按钮和“多行文字”按钮A，标注文字说明，如图 10-221 所示。

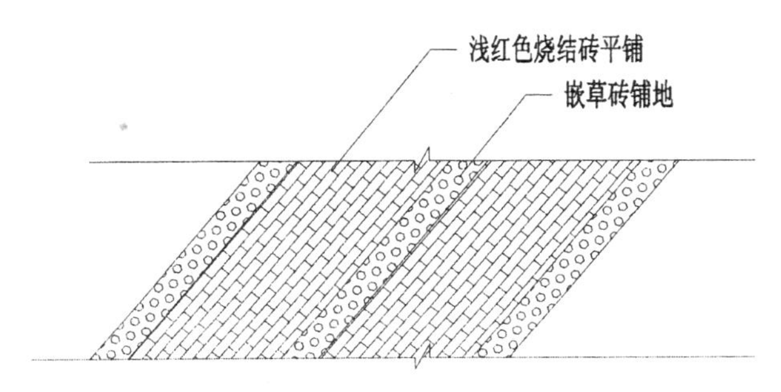

图 10-221　标注文字

（7）单击“绘图”工具栏中的“直线”按钮和“多行文字”按钮A，标注图名，如图 10-214 所示。

10.4.3　绘制升旗广场铺装平面大样图

本节绘制如图 10-222 所示的升旗广场铺装平面大样图。

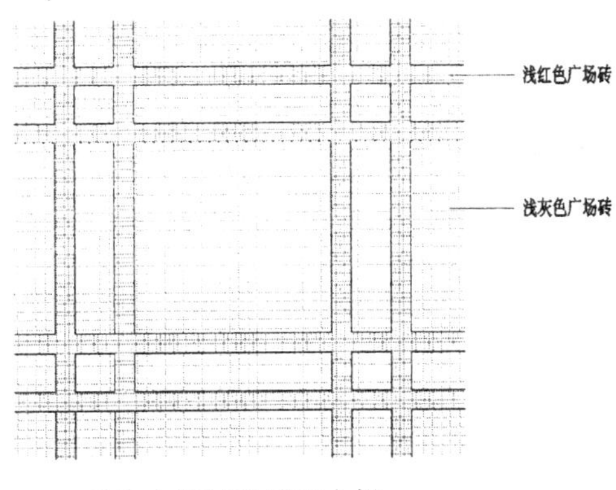

升旗广场铺装平面大样

图 10-222　升旗广场铺装平面大样图

（1）单击“绘图”工具栏中的“直线”按钮，绘制两条水平直线，如图 10-223 所示。

（2）单击“修改”工具栏中的“复制”按钮，将两条水平直线依次向下复制，如图 10-224 所示。

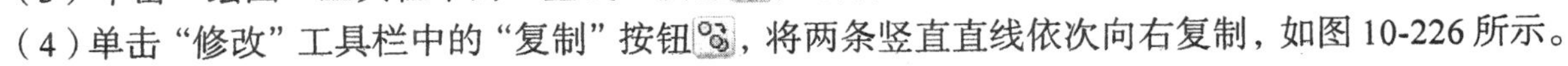

图 10-223　绘制水平直线

图 10-224　复制水平直线

（3）单击“绘图”工具栏中的“直线”按钮，绘制两条竖直直线，如图 10-225 所示。

（4）单击“修改”工具栏中的“复制”按钮，将两条竖直直线依次向右复制，如图 10-226 所示。

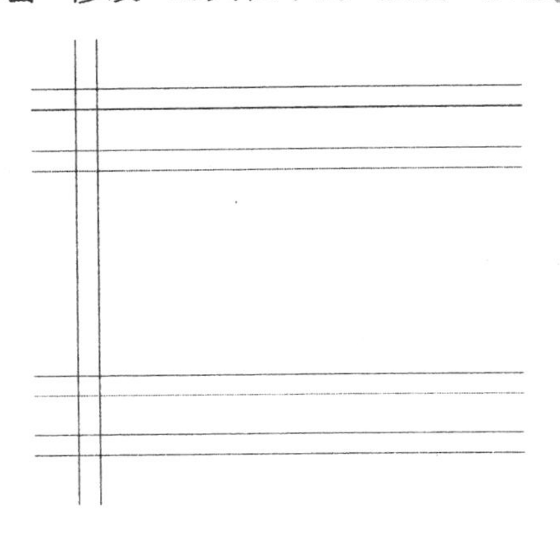

图 10-225　绘制竖直直线

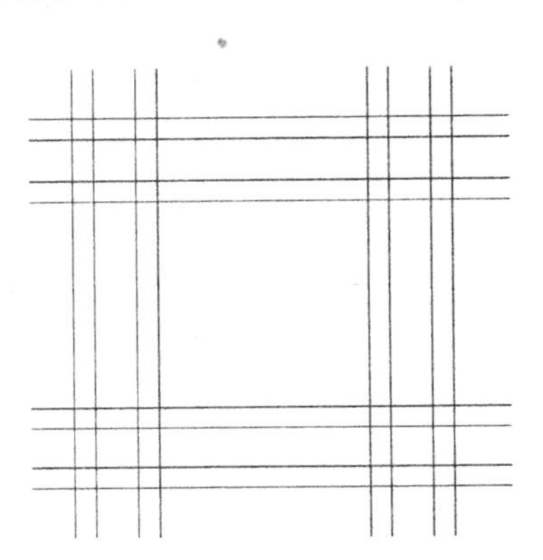

图 10-226　复制竖直直线

（5）单击“修改”工具栏中的“修剪”按钮，修剪掉多余的直线，如图 10-227 所示。

（6）单击“绘图”工具栏中的“图案填充”按钮，填充图形，在填充图形时，首先利用直线命令绘制填充界线，以便填充，然后将绘制的界线删除，结果如图 10-228 所示。

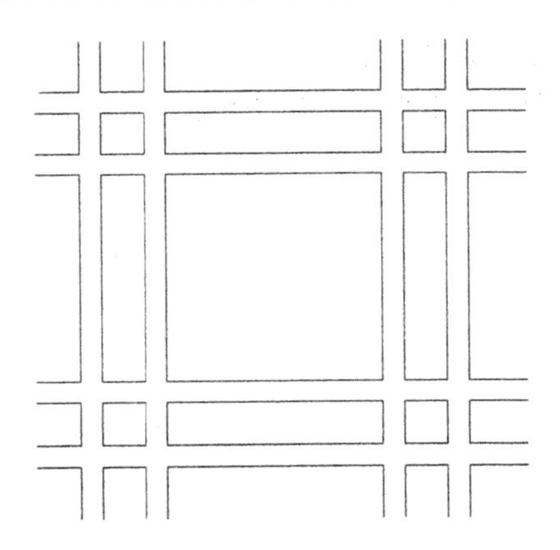

图 10-227　修剪掉多余的直线

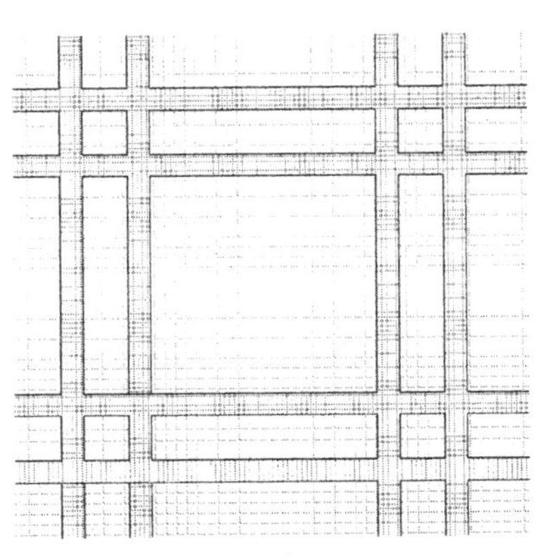

图 10-228　填充图形

（7）单击“绘图”工具栏中的“直线”按钮 和“多行文字”按钮 A，标注文字说明，如图 10-229 所示。

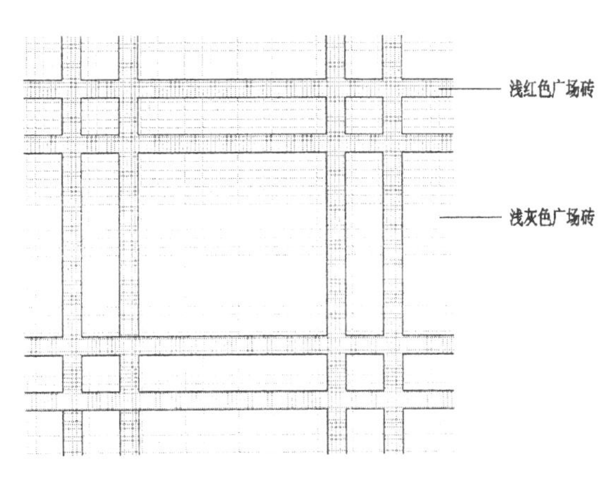

图 10-229　标注文字

（8）同理，标注图名，如图 10-222 所示。

利用二维绘制和编辑命令，绘制其他大样图以及剖面图，这里不再详述，结果如图 10-230 和图 10-231 所示。

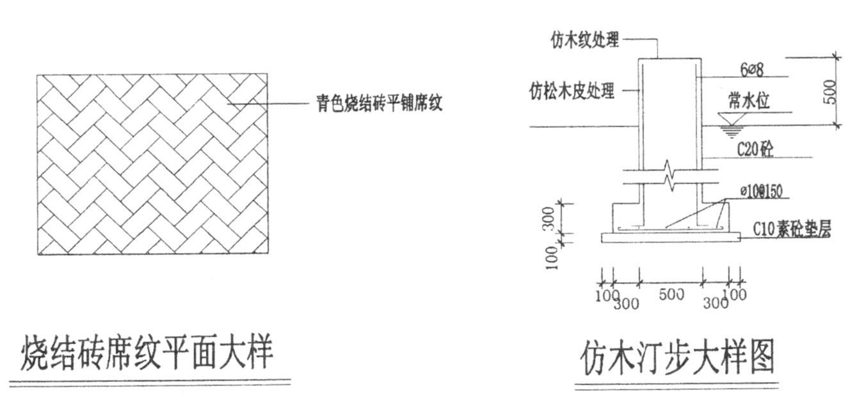

图 10-230　绘制大样图

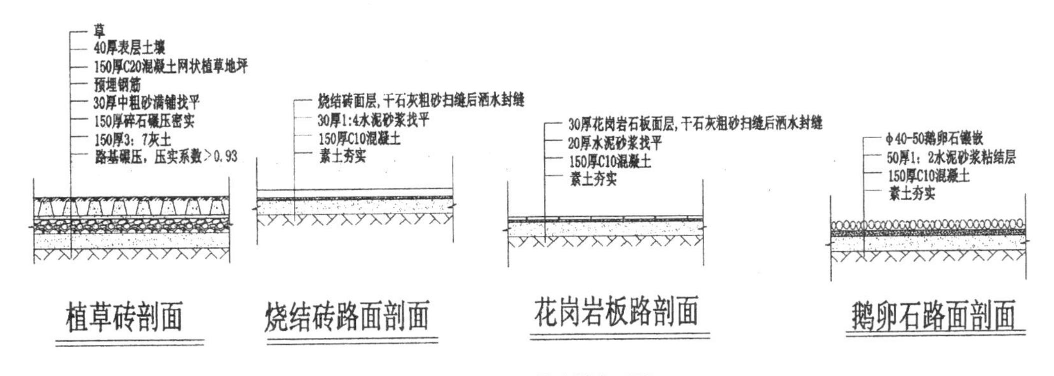

图 10-231　绘制剖面图

第11章 某学院景观绿化平面图

校园绿化应突出安静、清洁的特点，形成具有良好环境的教学区。其布局形式与建筑相协调，为方便师生通行，多采取规则式布置。在建筑物的四周，考虑到室内通风、采光的需要，靠近建筑物栽植了低矮灌木或宿根花卉，离建筑物8m以外栽植乔木，在建筑物的背阴面选用耐荫植物。园内树种丰富，并挂牌标明树种的名称、特性、原产地等，使整个校园成为普及生物学知识的园地。

本章将详细讲述某学院景观绿化平面图的设计过程。通过本实例的学习，使读者进一步掌握二维图形的绘制和编辑方法，掌握园林设计整体布局的方法和技巧。

11.1　绘制某校园 A 区平面图

本节绘制如图 11-1 所示的 A 区平面图。

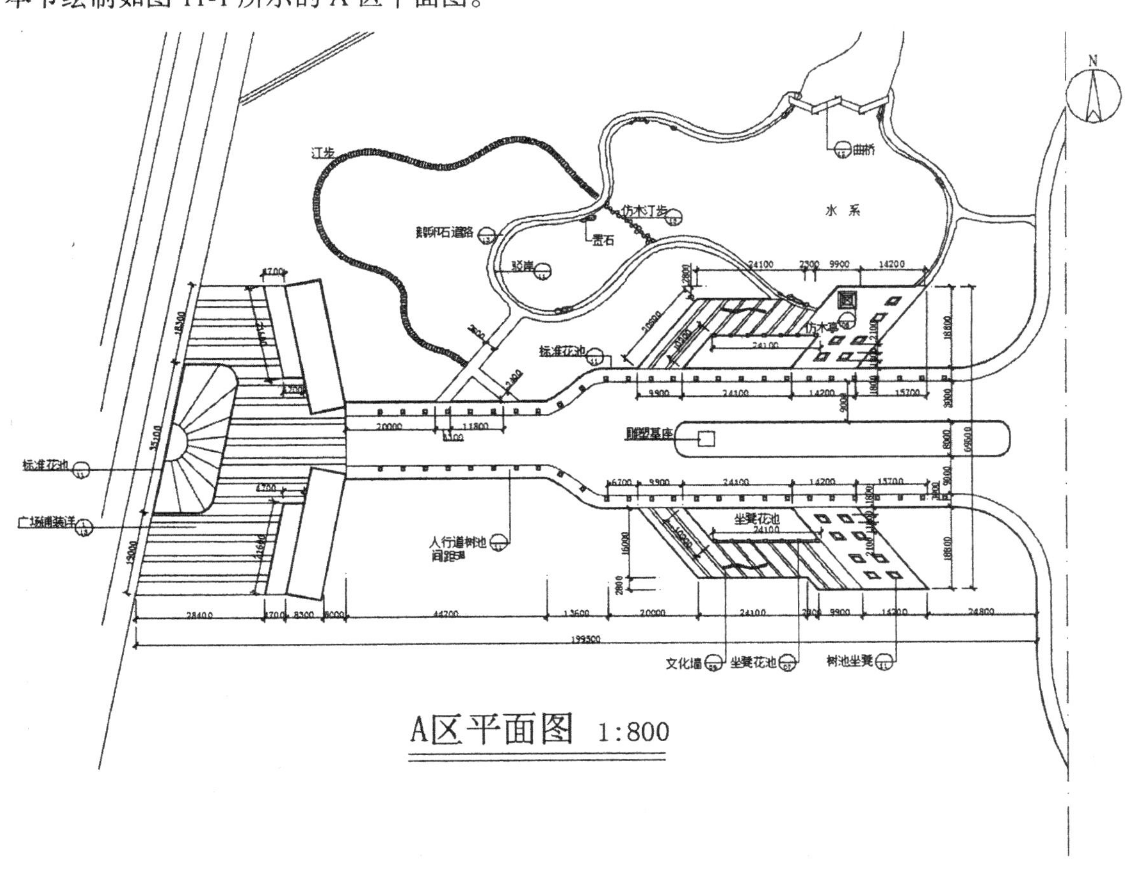

图 11-1　A 区平面图

11.1.1　必要的设置

1. 单位设置

将系统单位设为毫米（mm）。以 1：1 的比例绘制。具体操作是，选择菜单栏中的“格式”→“单位”命令，打开“图形单位”对话框，如图 11-2 所示进行设置，然后单击“确定”按钮完成设置。

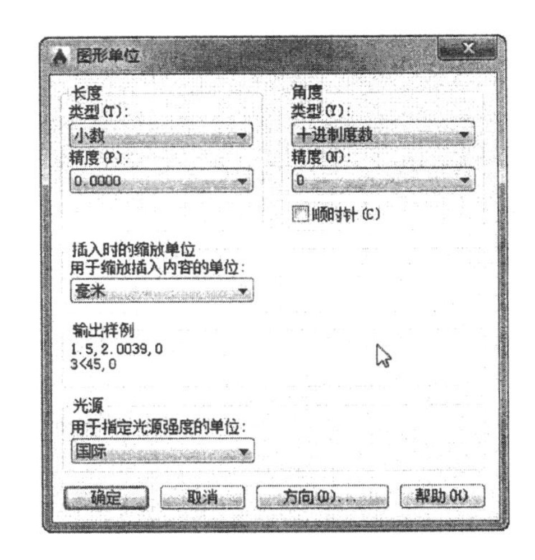

图 11-2 “图形单位”对话框

2. 图形界限设置

AutoCAD 2015 默认的图形界限为 420×297，是 A3 图幅，但是以 1：1 的比例绘图，将图形界限设为 420000×297000。命令行提示与操作如下：

```
命令 :LIMITS
重新设置模型空间界限 :
指定左下角点或 [ 开 (ON)/ 关 (OFF)] <0,0>: ( 按 Enter 键 )
指定右上角点 <420,297>: 420000,297000 ( 按 Enter 键 )
```

11.1.2 辅助线的设置

1. 建立“轴线”图层

单击“图层”工具栏中的“图层特性管理器”按钮，打开“图层特性管理器”选项板，新建“轴线”图层，将颜色设置为红色，线型设置为 ACAD_ISO10W100，其他属性默认，如图 11-3 所示。

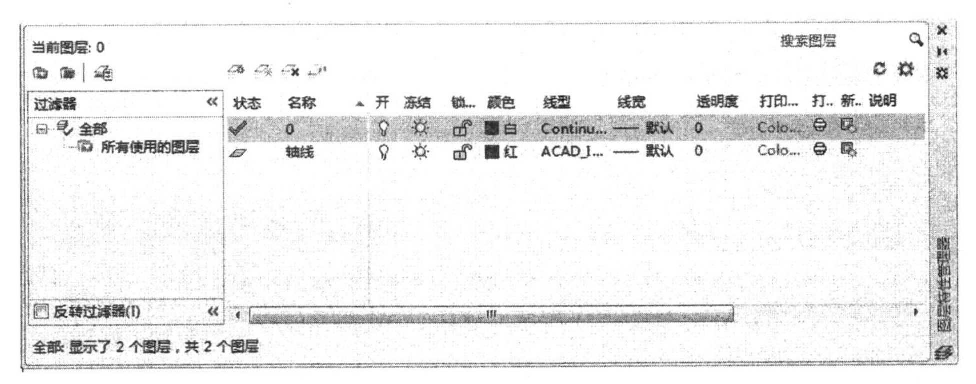

图 11-3 新建图层

2. 对象捕捉设置

将鼠标指针移到状态栏“对象捕捉”按钮上，右击打开一个快捷菜单，选择“对象捕捉设置”命令，打开“对象捕捉”选项卡，将捕捉模式按如图 11-4 所示进行设置，然后单击“确定”按钮。

3. 辅助线的绘制

辅助线的设置用来控制全园景观的秩序，为场地基址的特性。将“轴线”图层置为当前层，单击“绘图”工具栏中的“直线”按钮，绘制轴线，如图 11-5 所示。

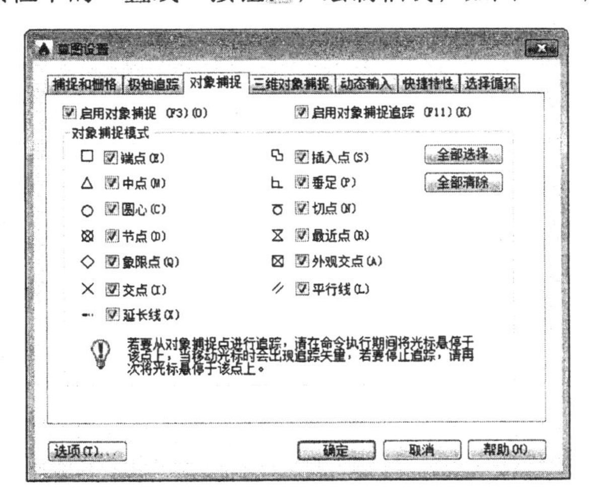

图 11-4　对象捕捉设置

图 11-5　绘制轴线

11.1.3　绘制道路

1. 绘制人行道

（1）新建“道路”图层，并将其设置为当前层，单击“绘图”工具栏中的“直线”按钮，绘制长为 44200 的水平直线，如图 11-6 所示。

图 11-6　绘制水平直线

（2）单击“绘图”工具栏中的“圆弧”按钮，绘制一段圆弧，该圆弧的水平方向长为13600，如图 11-7 所示。

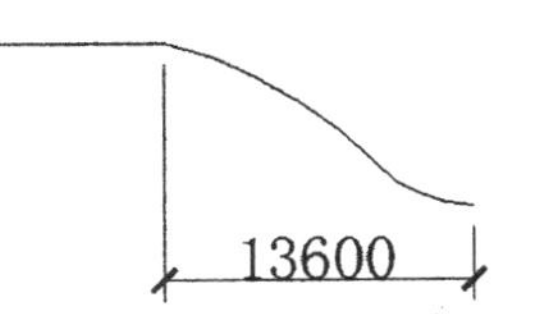

图 11-7　绘制圆弧

（3）单击“绘图”工具栏中的“直线”按钮，以步骤（2）中绘制的圆弧右端点为起点，水平向右绘制长为 77500 的水平直线，如图 11-8 所示。

图 11-8　绘制直线

（4）单击“绘图”工具栏中的“直线”按钮和“圆弧”按钮，以步骤（3）中绘制的直线端点为起点继续绘制图形，最终完成人行道轮廓线的绘制，如图 11-9 所示。

（5）单击“修改”工具栏中的“偏移”按钮，将人行道轮廓线向下偏移 3000，并整理图形，完成人行道的绘制，如图 11-10 所示。

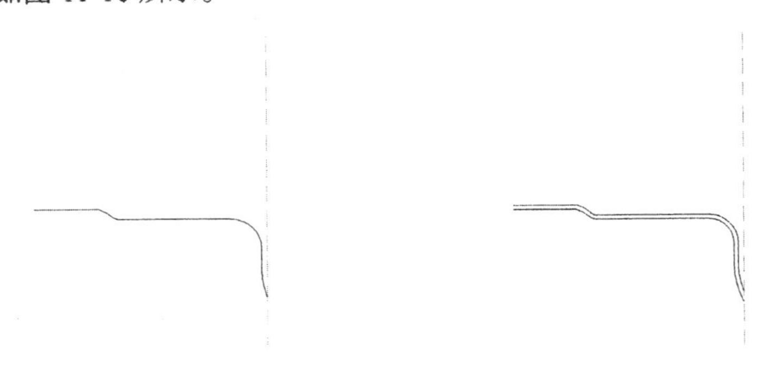

图 11-9　绘制人行道轮廓线　　　图 11-10　偏移轮廓线

（6）单击“修改”工具栏中的“偏移”按钮，将人行道最下侧轮廓线向下偏移 160，完成标准花池的绘制，如图 11-11 所示。

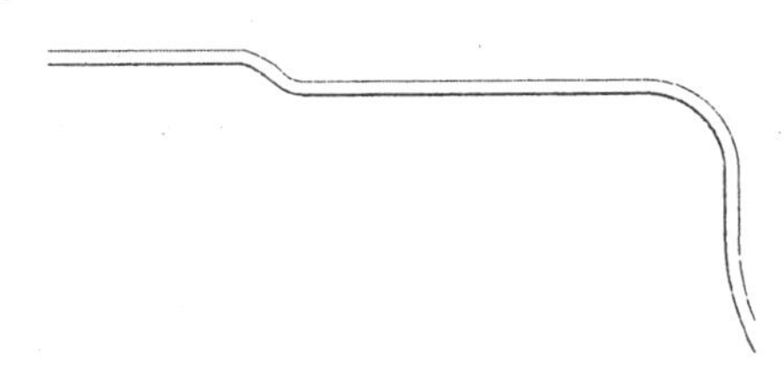

图 11-11　绘制标准花池

（7）单击“绘图”工具栏中的“矩形”按钮，在图中绘制一个小矩形，如图 11-12 所示。

（8）单击“修改”工具栏中的“偏移”按钮，将矩形向内偏移，完成人行道树池的绘制，如图 11-13 所示。

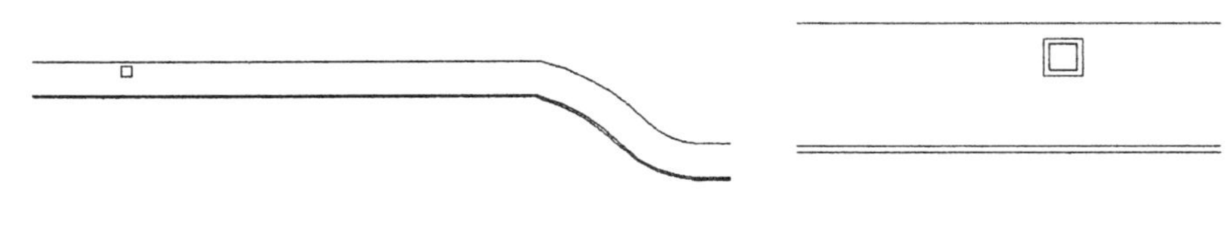

图 11-12　绘制矩形　　　　图 11-13　偏移矩形

（9）单击“修改”工具栏中的“复制”按钮和“旋转”按钮，将人行道树池复制到图中其他位置处，如图 11-14 所示。

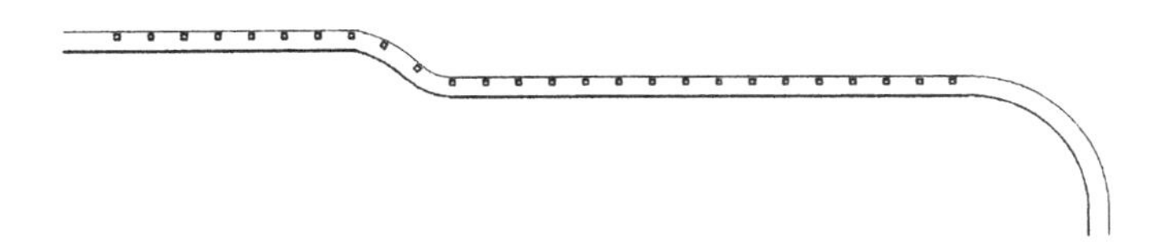

图 11-14　复制人行道树池

（10）单击“绘图”工具栏中的“直线”按钮，在图中绘制一条长为 26000 的竖直直线，如图 11-15 所示。

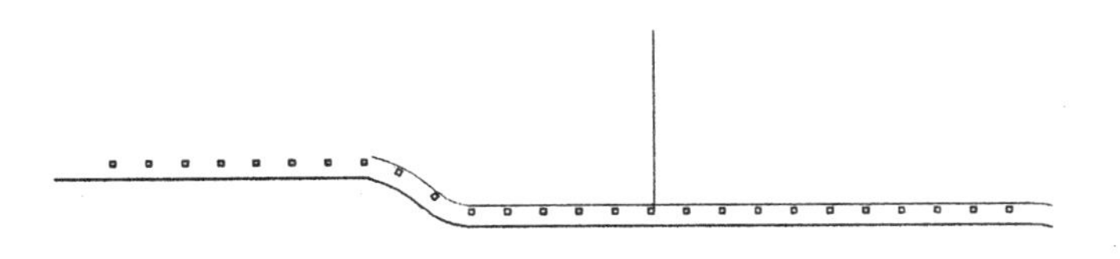

图 11-15　绘制竖直直线

（11）单击“修改”工具栏中的“镜像”按钮，以步骤（10）中绘制的竖直直线的中点为镜像点，将人行道镜像到另外一侧，使其间距为 26000，然后单击“修改”工具栏中的“删除”按钮，将竖直直线删除，结果如图 11-16 所示。

（12）单击“绘图”工具栏中的“矩形”按钮，在人行道之间绘制一个矩形，将矩形的两条长边距离人行道内侧轮廓线的间距设为 9000，如图 11-17 所示。

图 11-16　镜像人行道　　　　图 11-17　绘制矩形

（13）单击“修改”工具栏中的“分解”按钮，将矩形分解。

（14）单击“修改”工具栏中的“圆角”按钮，对矩形进行圆角操作，如图 11-18 所示。

（15）单击“修改”工具栏中的“偏移”按钮，将圆角矩形向内偏移，如图 11-19 所示。

图 11-18 绘制圆角　　图 11-19 偏移圆角矩形

（16）单击“绘图”工具栏中的“矩形”按钮，在图中合适的位置处绘制基座，如图 11-20 所示。

图 11-20 绘制基座

2. 绘制鹅卵石道路

（1）单击“绘图”工具栏中的“直线”按钮，在图中合适的位置处绘制一条斜线，如图 11-21 所示。

（2）单击“修改”工具栏中的“偏移”按钮，将斜线向右偏移 2500，如图 11-22 所示。

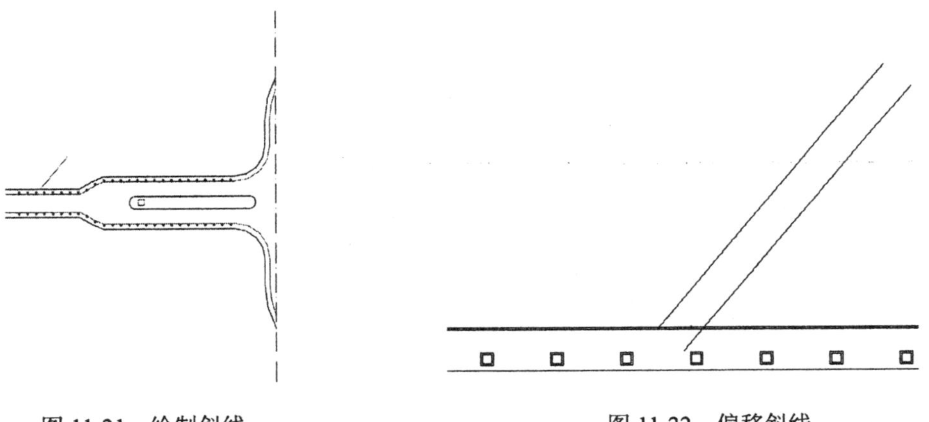

图 11-21 绘制斜线　　图 11-22 偏移斜线

（3）单击“绘图”工具栏中的“直线”按钮，在右侧绘制一条较短的直线，将其与左侧偏移的直线间距设为 11800，如图 11-23 所示。

（4）单击“修改”工具栏中的“偏移”按钮，将步骤（3）中绘制的短斜线向右偏移 2400，并将其延伸到合适的位置，如图 11-24 所示。

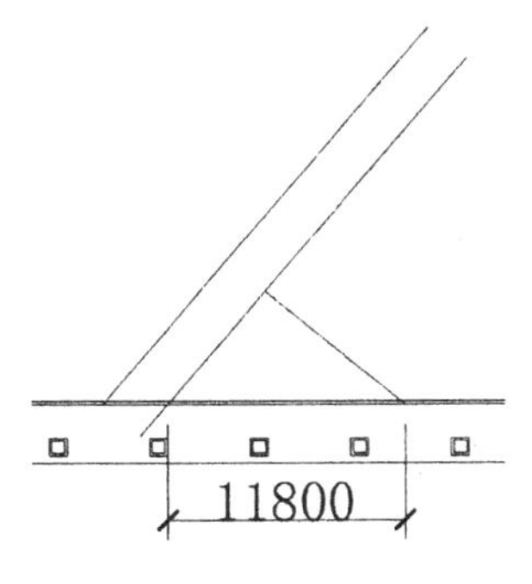

图 11-23　绘制斜线

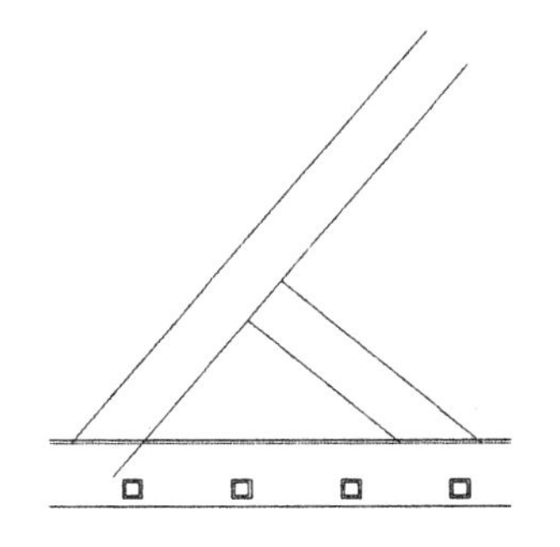

图 11-24　偏移短斜线

（5）单击“修改”工具栏中的“修剪”按钮，修剪掉多余的直线，如图 11-25 所示。

（6）单击“绘图”工具栏中的“圆弧”按钮和“样条曲线”按钮，绘制鹅卵石道路，如图 11-26 所示。

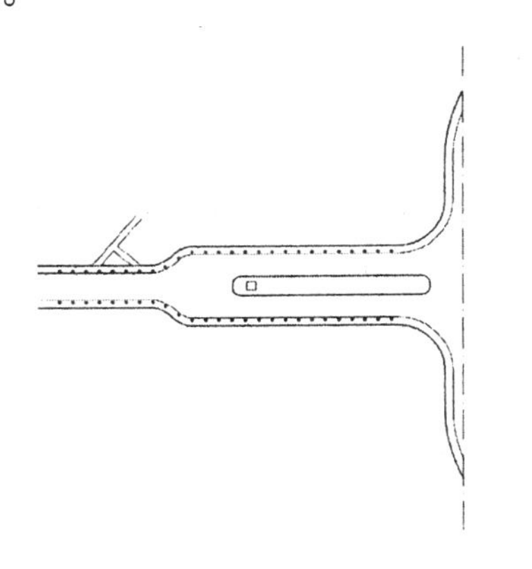

图 11-25　修剪掉多余的直线

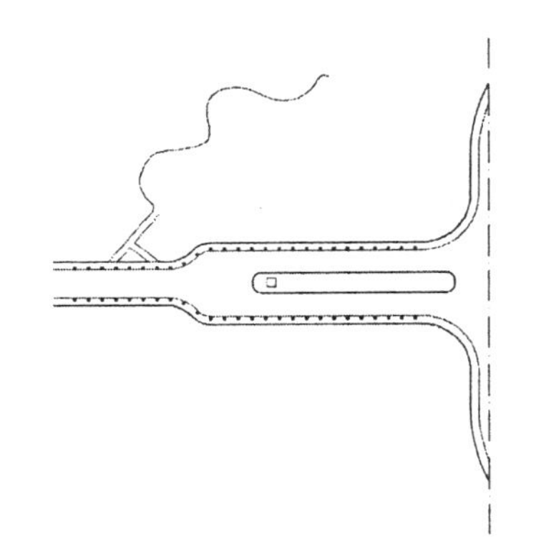

图 11-26　绘制鹅卵石道路

（7）单击“绘图”工具栏中的“样条曲线”按钮，绘制驳岸，如图 11-27 所示。

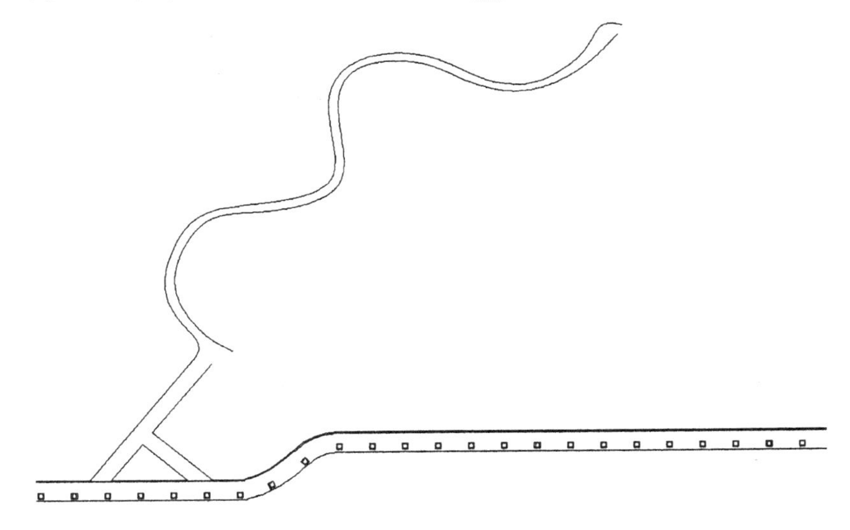

图 11-27　绘制驳岸

（8）同理，绘制其他位置处的鹅卵石道路，结果如图 11-28 所示。

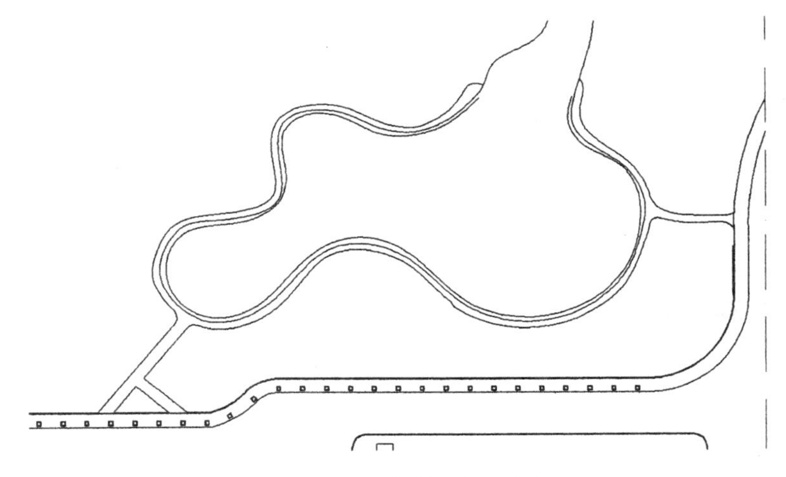

图 11-28　绘制其他鹅卵石道路

（9）单击“绘图”工具栏中的“直线”按钮，在图中绘制置石，如图 11-29 所示。

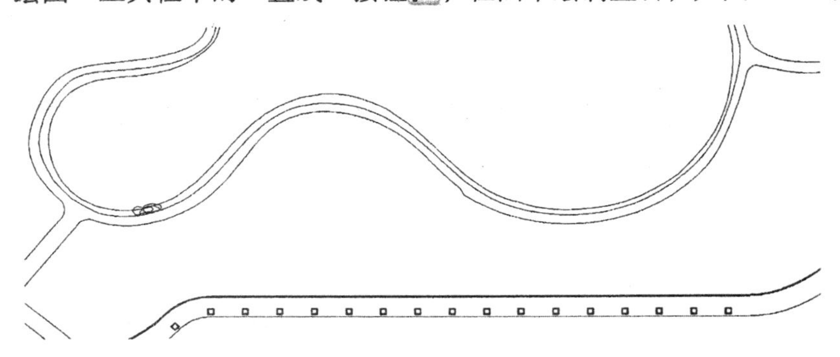

图 11-29　绘制置石 1

（10）单击“绘图”工具栏中的“直线”按钮和“修改”工具栏中的“复制”按钮，绘制其他位置处的置石，如图 11-30 所示。

（11）单击“绘图”工具栏中的“圆”按钮，在图中合适的位置处绘制一个圆，如图 11-31 所示。

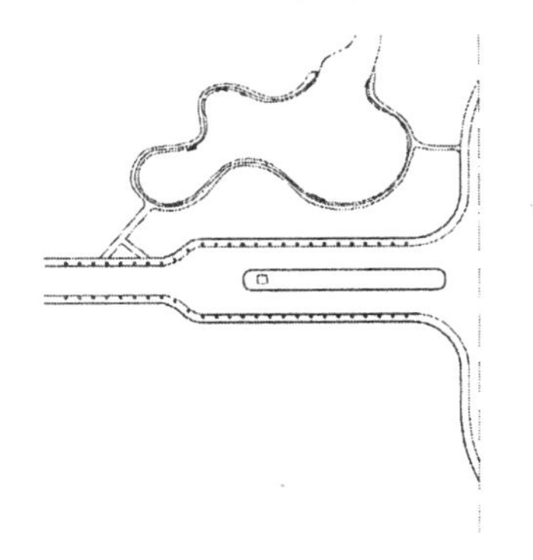

图 11-30　绘制置石 2

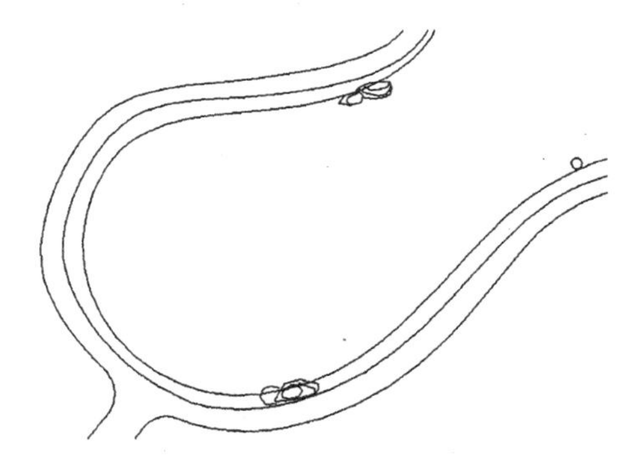

图 11-31　绘制圆

（12）单击“修改”工具栏中的“复制”按钮，复制圆，完成仿木汀步的绘制，如图 11-32 所示。

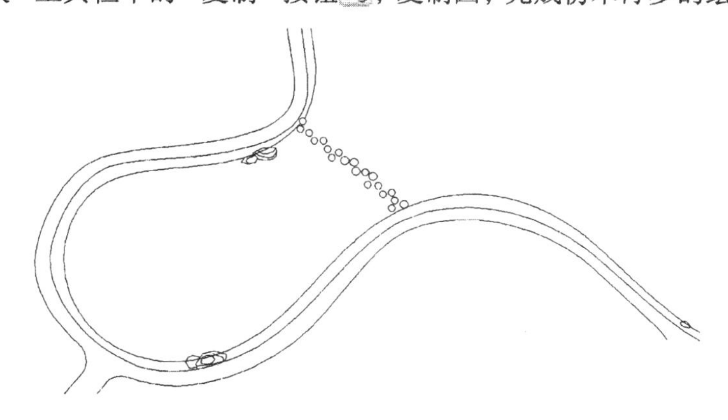

图 11-32　绘制仿木汀步

（13）单击“绘图”工具栏中的“样条曲线”按钮，在图中合适的位置处绘制一条样条曲线，如图 11-33 所示。

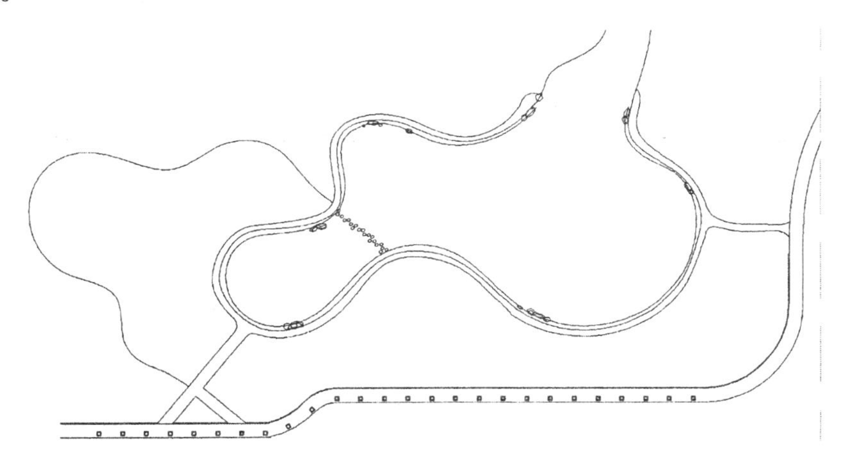

图 11-33　绘制样条曲线

（14）单击“修改”工具栏中的“偏移”按钮，将样条曲线向内偏移 1200，如图 11-34 所示。

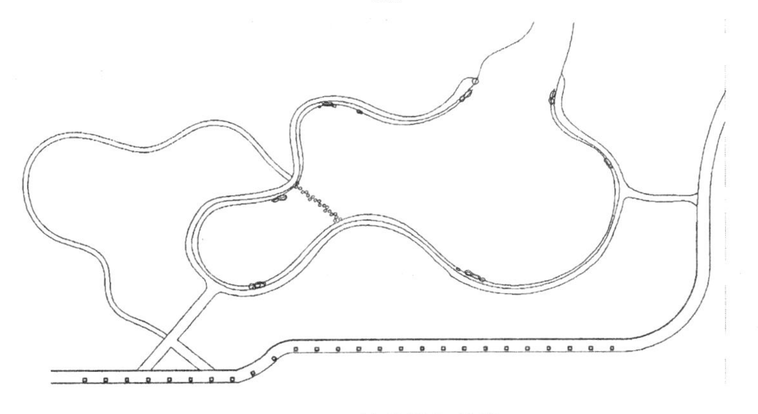

图 11-34　偏移样条曲线

（15）单击“绘图”工具栏中的“直线”按钮，绘制汀步，如图 11-35 所示。

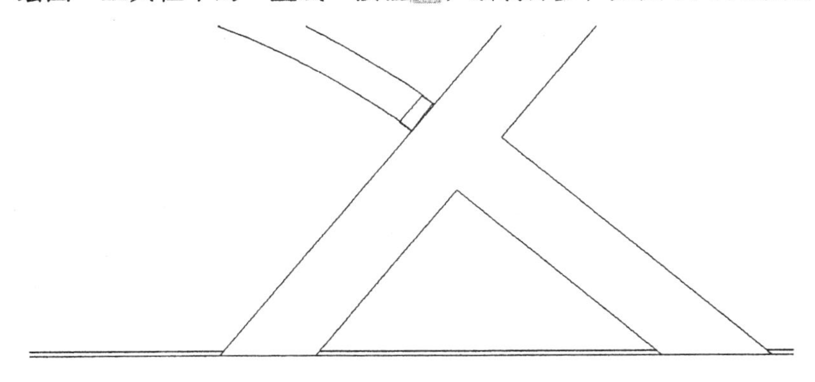

图 11-35　绘制汀步

（16）单击“修改”工具栏中的“复制”按钮，根据绘制的样条曲线，将汀步复制到图中其他位置处，然后单击“修改”工具栏中的“删除”按钮，将多余的样条曲线删除，如图 11-36 所示。

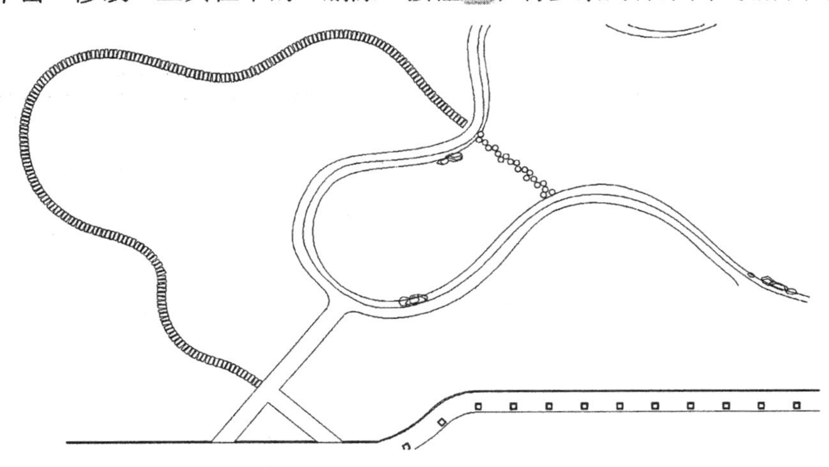

图 11-36　复制汀步

11.1.4　绘制园林设施

1. 绘制曲桥

（1）新建“建筑”图层，并将其设置为当前层，单击“绘图”工具栏中的“直线”按钮，在图中合适的位置处绘制一个四边形，如图 11-37 所示。

（2）单击“修改”工具栏中的“复制”按钮和“旋转”按钮，将四边形向右复制 3 个，并将其旋转到合适的角度，如图 11-38 所示。

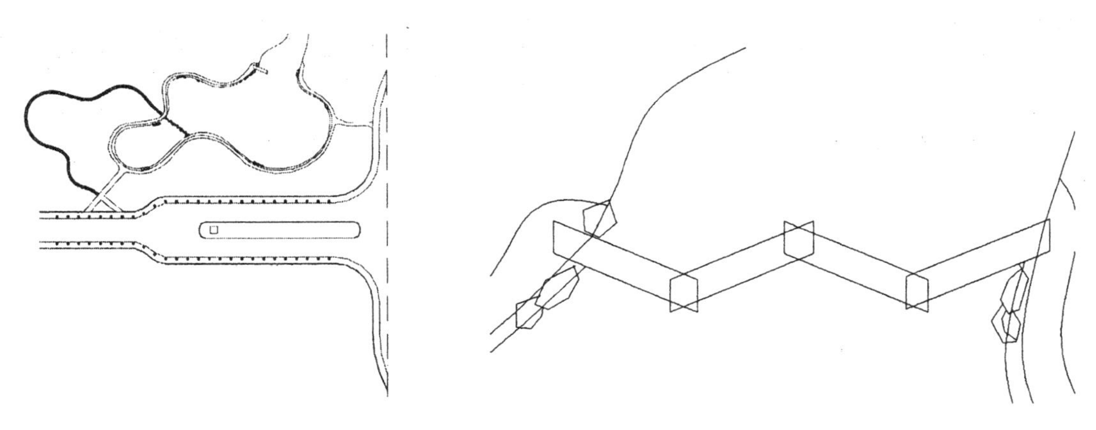

图 11-37　绘制四边形　　　　图 11-38　复制四边形

（3）单击“修改”工具栏中的“修剪”按钮，修剪掉多余的直线，最终完成曲桥的绘制，如图 11-39 所示。

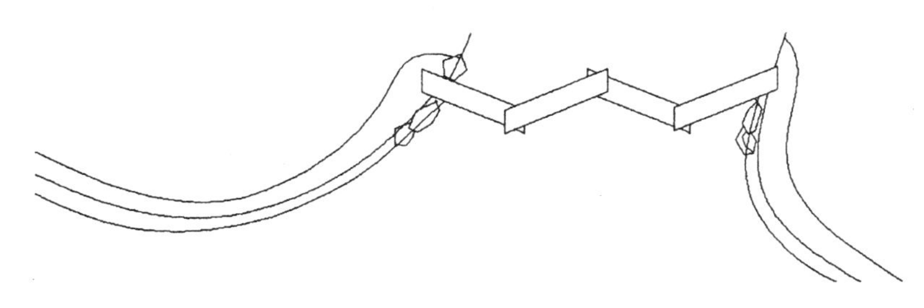

图 11-39　绘制曲桥

2. 绘制园林设施

（1）单击“绘图”工具栏中的“直线”按钮，在人行道上侧绘制一条长为 20800 的斜线，如图 11-40 所示。

（2）单击“修改”工具栏中的“偏移”按钮，将步骤（1）中绘制的斜线依次向右偏移，水平间距分别为 9900、24100 和 14200，如图 11-41 所示。

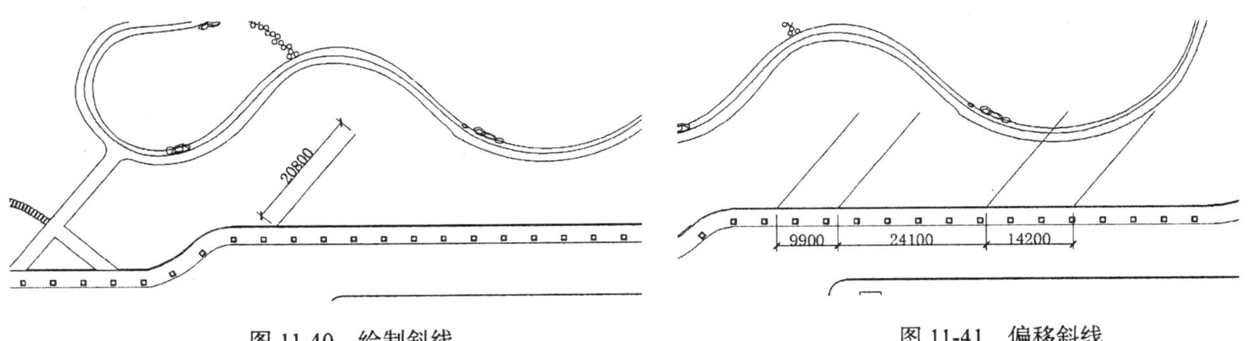

图 11-40　绘制斜线　　　　图 11-41　偏移斜线

（3）单击“绘图”工具栏中的“直线”按钮和“修改”工具栏中的“修剪”按钮，补充绘制剩余图形，如图 11-42 所示。

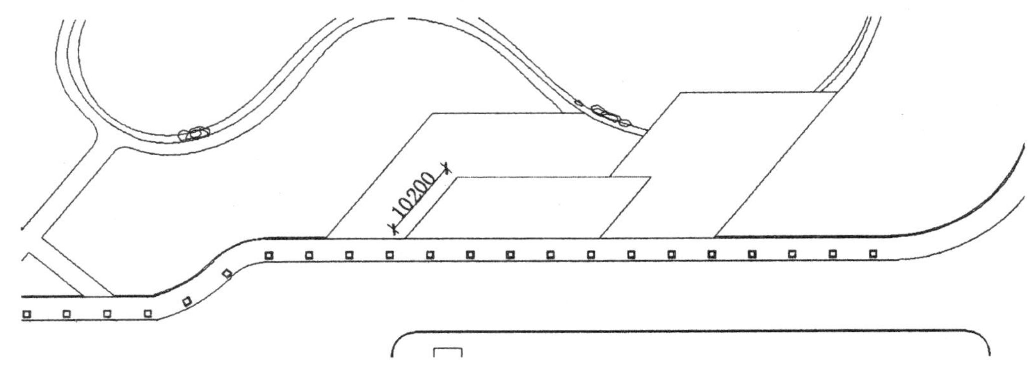

图 11-42　绘制剩余图形

（4）单击“修改”工具栏中的“偏移”按钮，将步骤（3）中绘制的轮廓线进行偏移，然后单击“修改”工具栏中的“修剪”按钮，修剪掉多余的直线，如图 11-43 所示。

（5）单击“绘图”工具栏中的“直线”按钮，绘制文化墙，如图 11-44 所示。

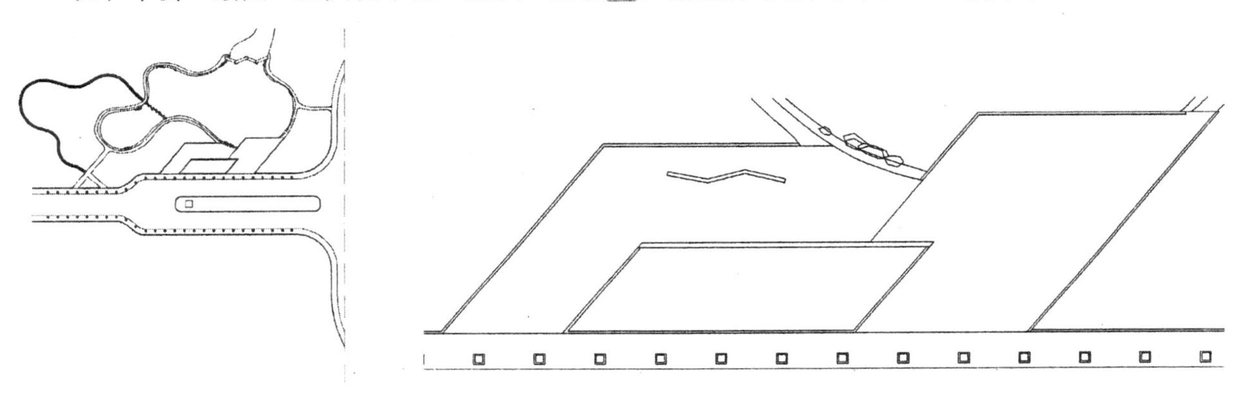

图 11-43　偏移轮廓线并修剪直线　　　图 11-44　绘制文化墙

（6）单击“绘图”工具栏中的“直线”按钮，在图中合适的位置处绘制两条斜线，如图 11-45 所示。

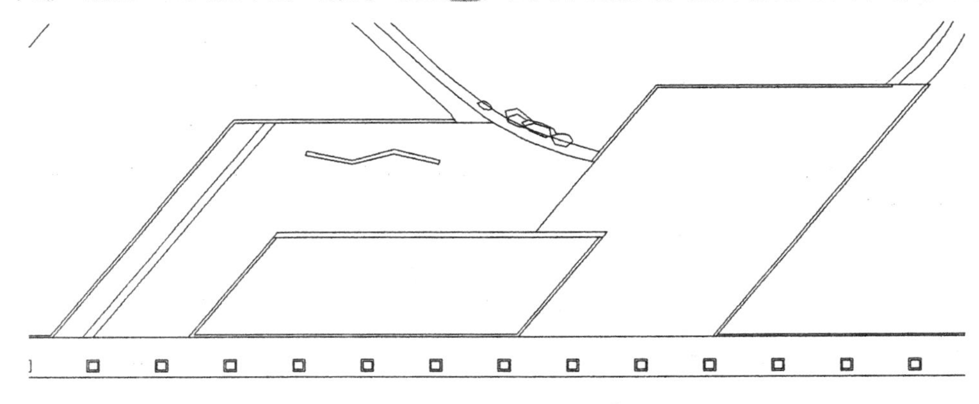

图 11-45　绘制斜线

（7）单击“修改”工具栏中的“复制”按钮，将斜线依次向右复制，如图 11-46 所示。

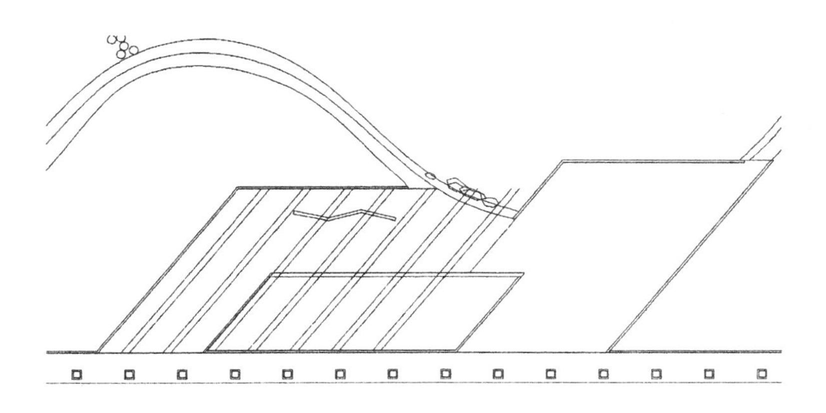

图 11-46 复制斜线

（8）单击“修改”工具栏中的“修剪”按钮，修剪掉多余的直线，如图 11-47 所示。

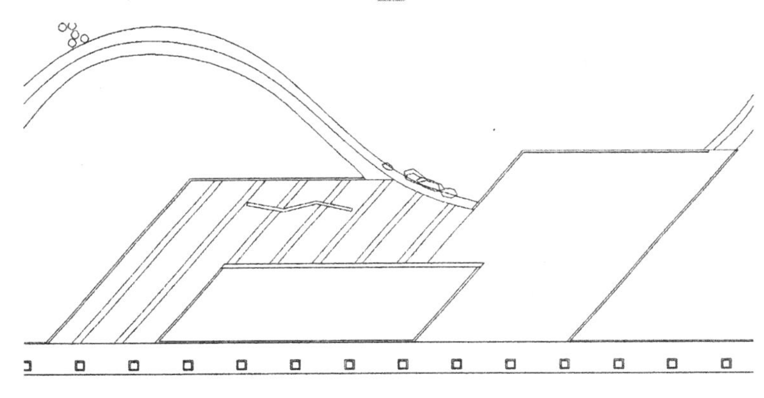

图 11-47 修剪掉多余的直线

（9）单击“绘图”工具栏中的“矩形”按钮，在图中合适的位置处绘制一个矩形，如图 11-48 所示。

（10）单击“绘图”工具栏中的“圆”按钮，在矩形内绘制一个圆，完成坐凳花池的绘制，如图 11-49 所示。

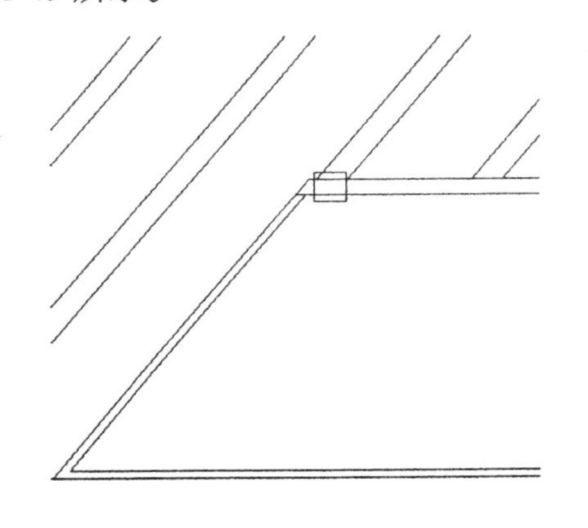

图 11-48 绘制矩形

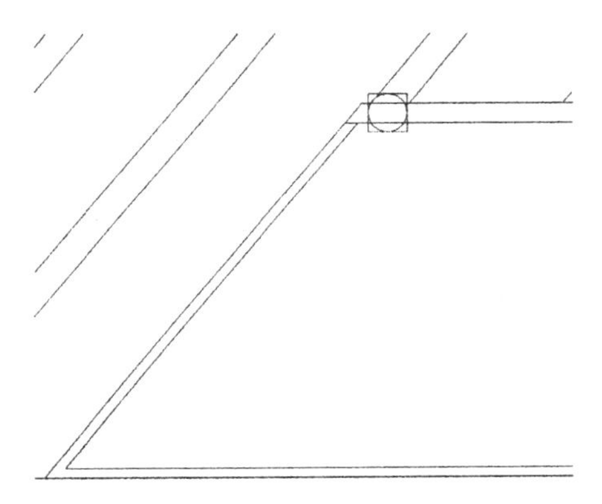

图 11-49 绘制圆

（11）单击“修改”工具栏中的“复制”按钮，将坐凳花池复制到图中其他位置处，如图 11-50 所示。

（12）单击“修改”工具栏中的“修剪”按钮，修剪掉多余的直线，如图 11-51 所示。

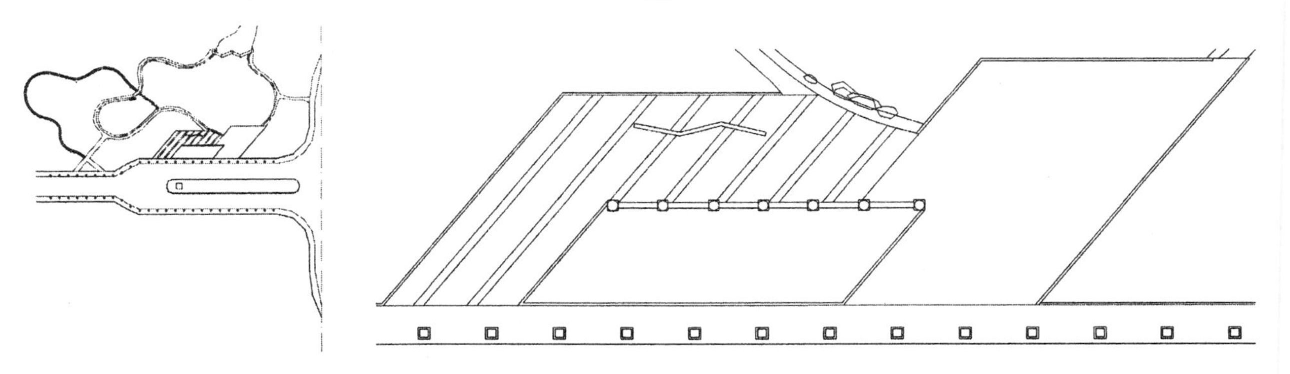

图 11-50　复制坐凳花池　　　　图 11-51　修剪掉多余的直线

（13）单击“绘图”工具栏中的“矩形”按钮，在图中合适的位置处绘制一个矩形，如图 11-52 所示。

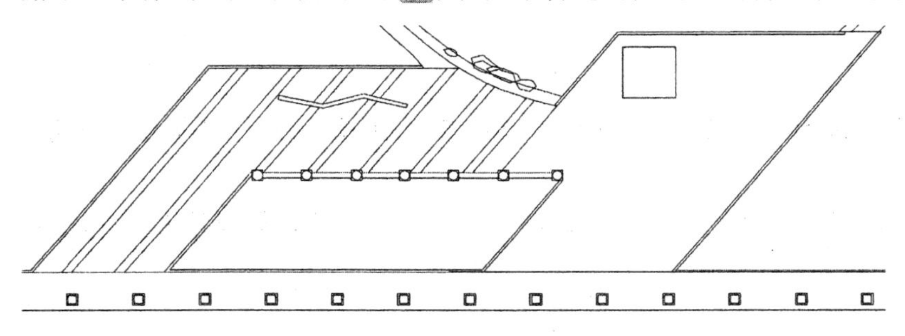

图 11-52　绘制矩形

（14）单击“修改”工具栏中的“偏移”按钮，将矩形向内偏移 3 个，如图 11-53 所示。

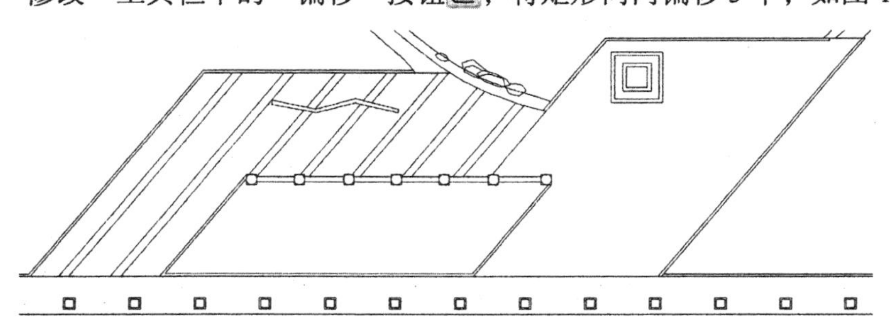

图 11-53　偏移矩形

（15）单击“绘图”工具栏中的“直线”按钮，在矩形内绘制两条相交的斜线，最终完成仿木亭的绘制，如图 11-54 所示。

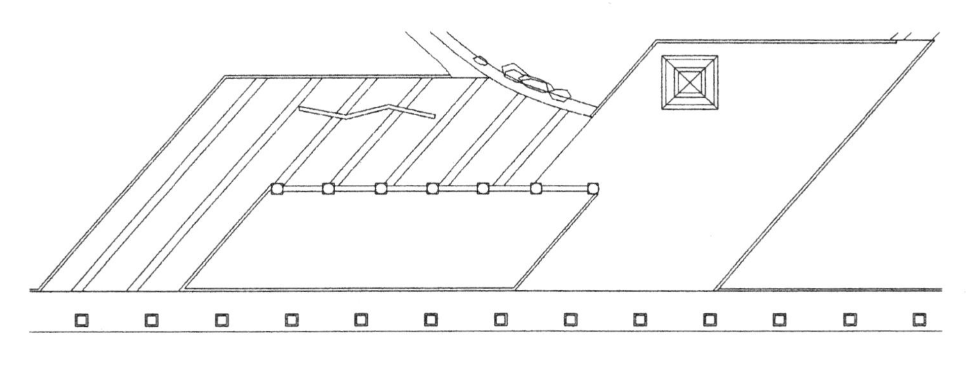

图 11-54　绘制仿木亭

（16）单击“绘图”工具栏中的“直线”按钮和“修改”工具栏中的“偏移”按钮，绘制树池坐凳，如图 11-55 所示。

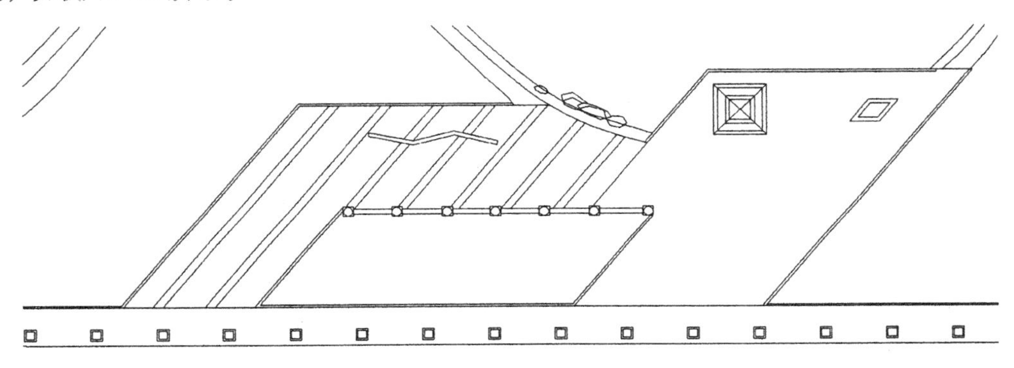

图 11-55　绘制树池坐凳

（17）单击“修改”工具栏中的“复制”按钮，将树池坐凳依次向下复制，如图 11-56 所示。

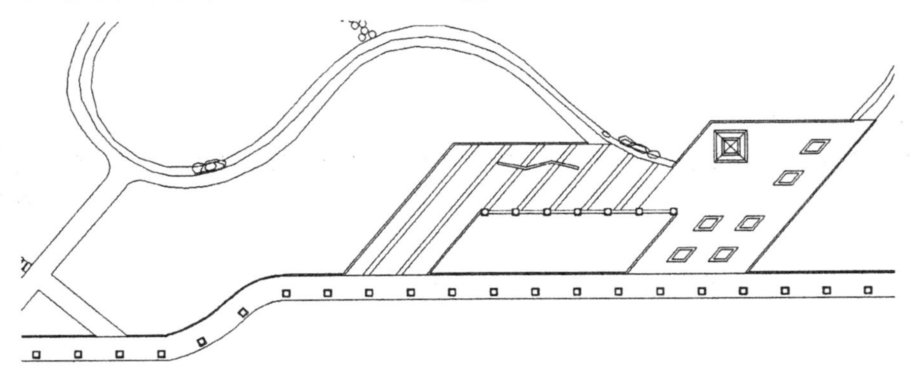

图 11-56　复制树池坐凳

（18）单击“修改”工具栏中的“镜像”按钮，镜像图形，如图 11-57 所示。

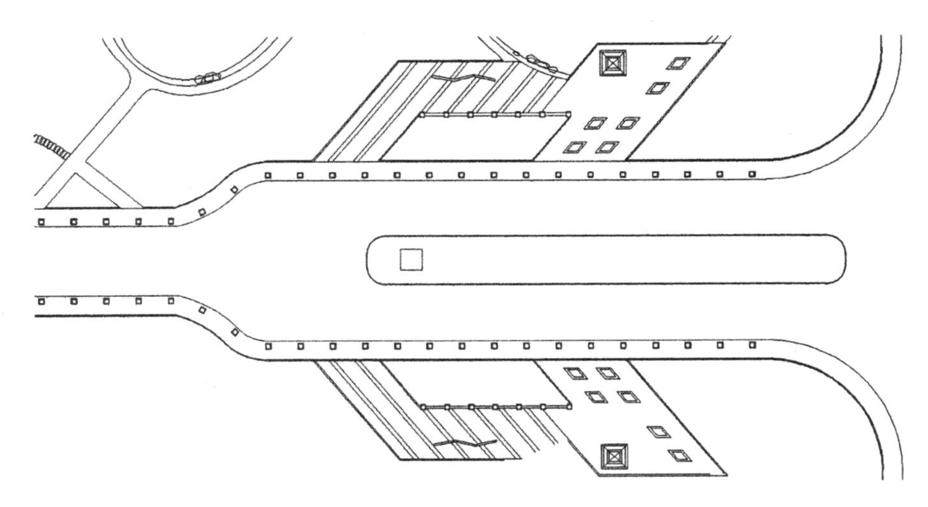

图 11-57　镜像图形

（19）单击“修改”工具栏中的“删除”按钮，将镜像后的仿木亭删除。

（20）单击“修改”工具栏中的“复制”按钮，将树池坐凳向左复制两个，如图 11-58 所示。

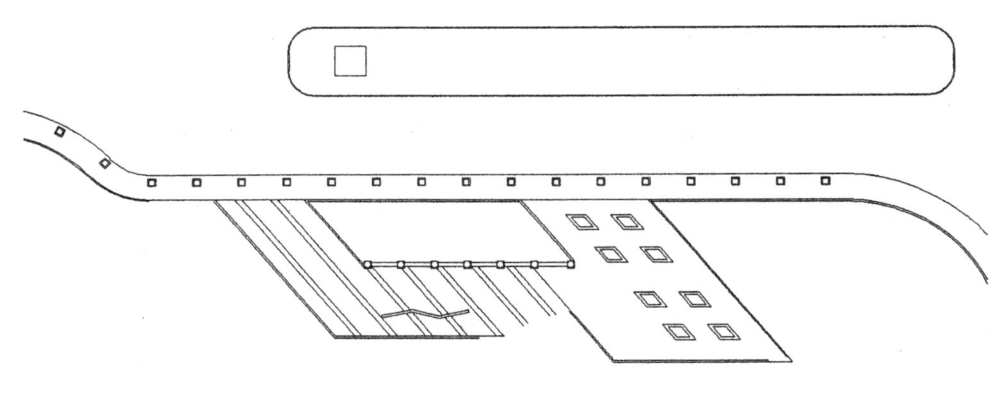

图 11-58　复制树池坐凳

（21）单击“绘图”工具栏中的“直线”按钮和“修改”工具栏中的“修剪”按钮，整理图形，如图 11-59 所示。

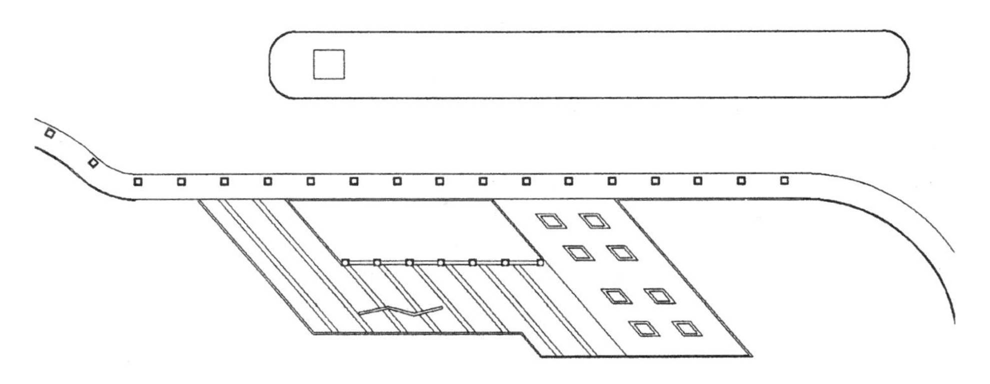

图 11-59　整理图形

11.1.5　绘制广场

（1）新建“广场”图层，并将其设置为当前层，单击“修改”工具栏中的“偏移”按钮，选中直线 1，如图 11-60 所示，将直线 1 向左偏移 199500，如图 11-61 所示。

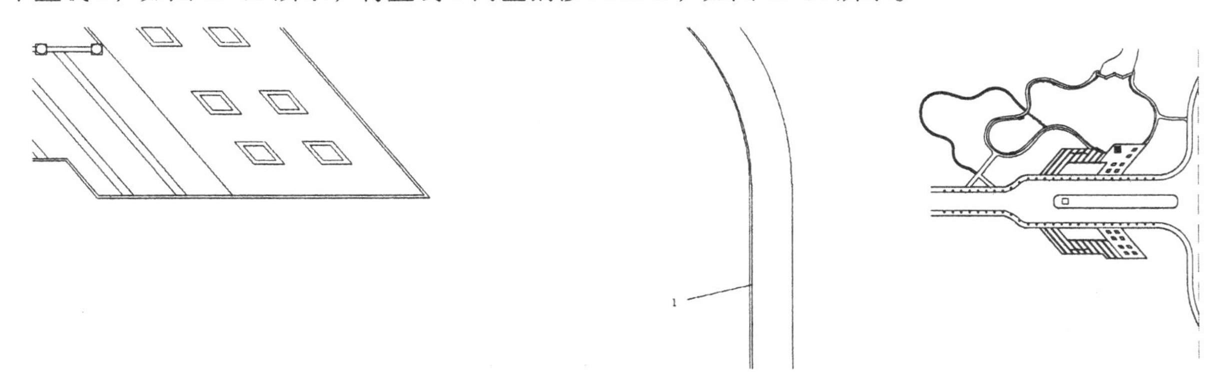

图 11-60　直线 1　　　　图 11-61　偏移直线

（2）单击“绘图”工具栏中的“直线”按钮，根据偏移的直线绘制一条斜线，并将直线 1 删除，如图 11-62 所示。

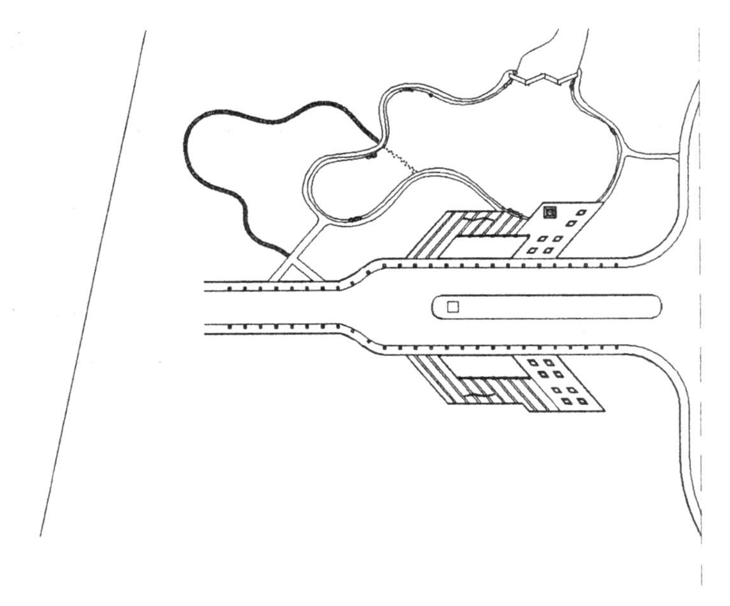

图 11-62　绘制斜线

（3）单击“绘图”工具栏中的“直线”按钮，绘制一条长为 46400 的水平直线，如图 11-63 所示。

（4）单击“修改”工具栏中的“复制”按钮，将水平直线向上依次复制，距离为 19000、35100 和 18300，如图 11-64 所示。

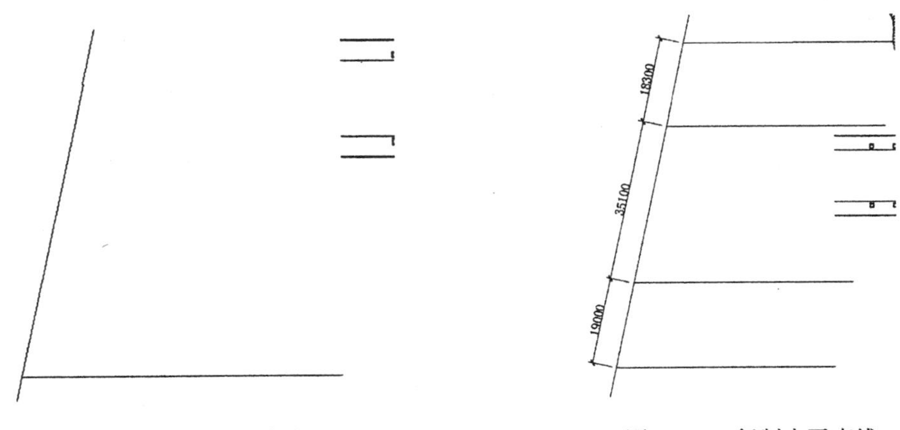

图 11-63　绘制水平直线　　　　图 11-64　复制水平直线

（5）单击“绘图”工具栏中的“直线”按钮，在图中合适的位置处绘制一条斜线，如图 11-65 所示。

（6）单击“修改”工具栏中的“修剪”按钮，修剪掉多余的直线，如图 11-66 所示。

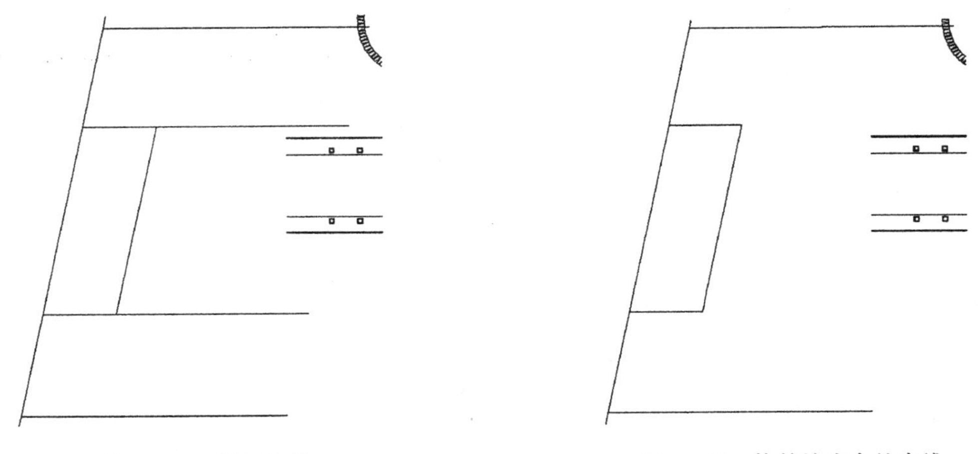

图 11-65　绘制斜线　　　　图 11-66　修剪掉多余的直线

（7）单击“修改”工具栏中的“圆角”按钮，对图形进行圆角操作，如图 11-67 所示。

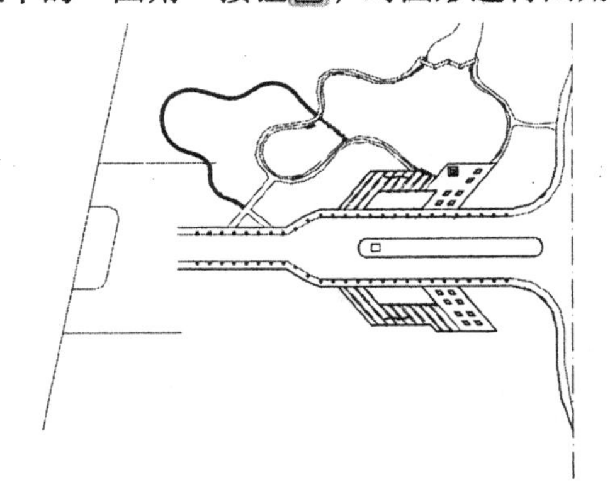

图 11-67　绘制圆角

（8）单击“修改”工具栏中的“偏移”按钮，将圆角图形向内偏移，完成标准花池的绘制，如图 11-68 所示。

（9）单击“绘图”工具栏中的“直线”按钮，在图中合适的位置处绘制一条辅助线，如图 11-69 所示。

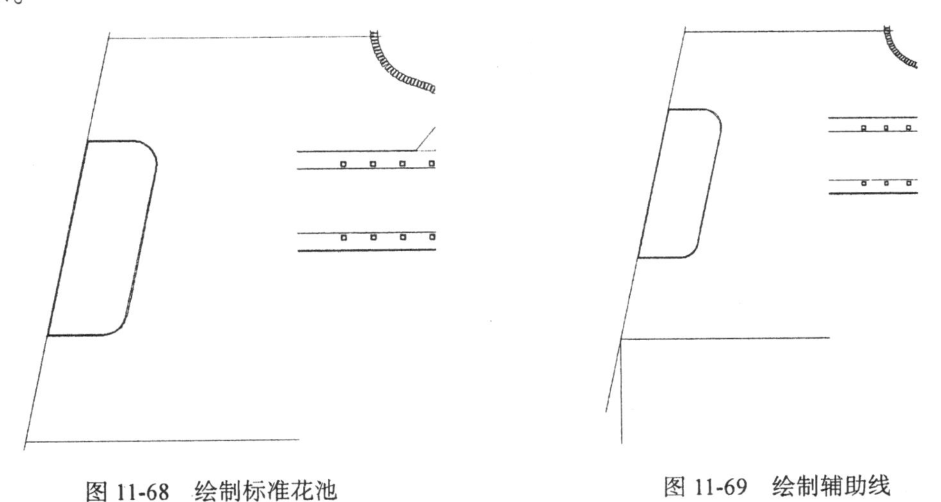

图 11-68　绘制标准花池　　　图 11-69　绘制辅助线

（10）单击“修改”工具栏中的“偏移”按钮，将辅助线向右依次偏移，偏移距离为 28400、4700、8300 和 5000，如图 11-70 所示。

（11）单击“绘图”工具栏中的“直线”按钮，绘制一条长为 21600，宽为 4700 的种植池，如图 11-71 所示。

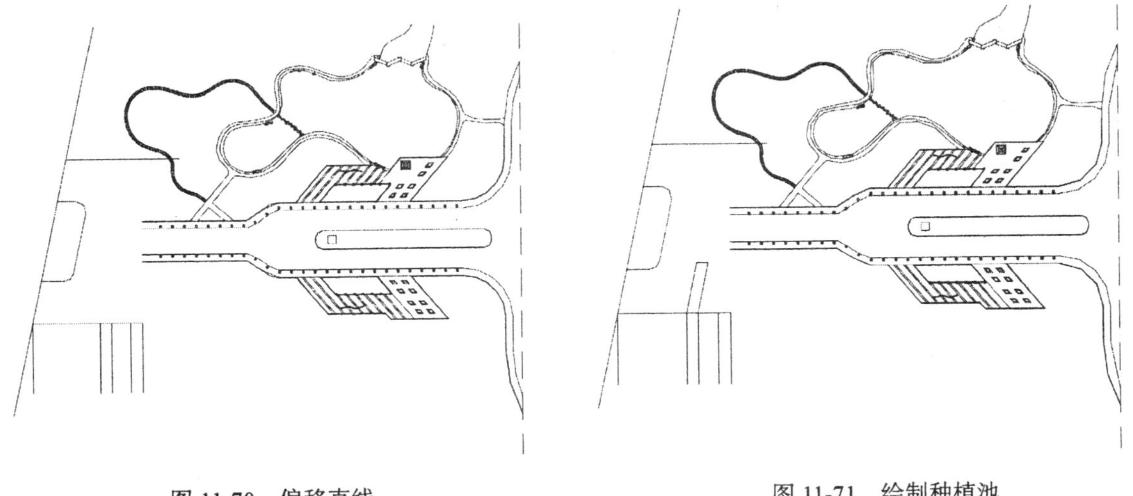

图 11-70　偏移直线　　　图 11-71　绘制种植池

（12）单击“修改”工具栏中的“偏移”按钮，将种植池轮廓向内偏移，如图 11-72 所示。

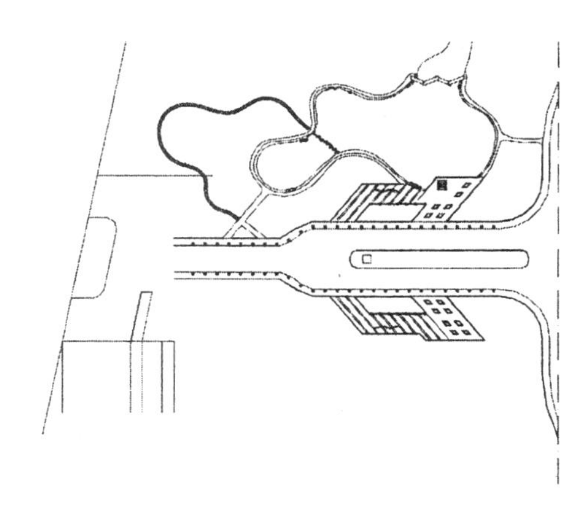

图 11-72　偏移种植池轮廓

（13）单击“绘图”工具栏中的“直线”按钮，在图中合适的位置处绘制休息室，如图 11-73 所示。

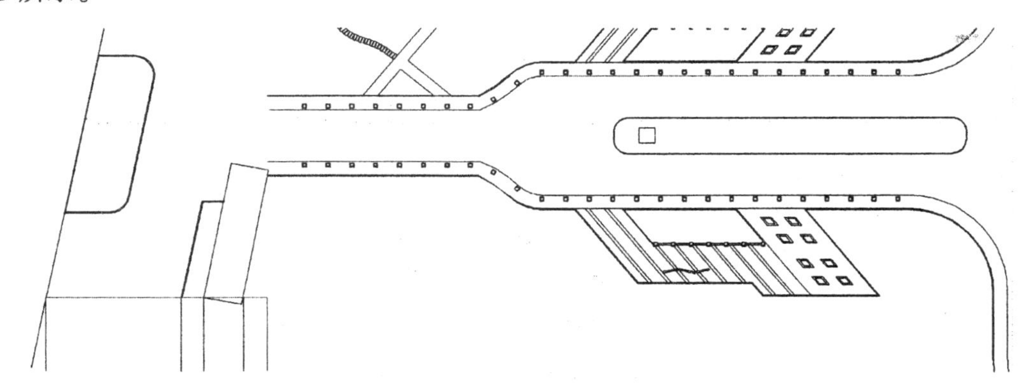

图 11-73　绘制休息室

（14）单击“修改”工具栏中的“偏移”按钮，将休息室轮廓线向内偏移，如图 11-74 所示。

（15）单击“修改”工具栏中的“修剪”按钮，修剪掉多余的直线，如图 11-75 所示。

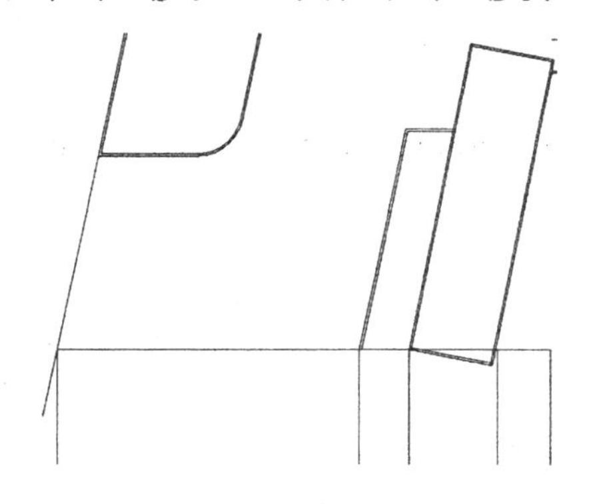

图 11-74　偏移休息室轮廓线

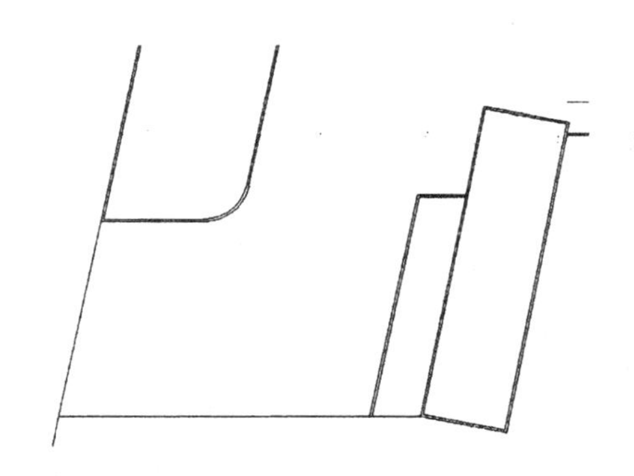

图 11-75　修剪掉多余的直线

（16）单击“绘图”工具栏中的“直线”按钮，在图中合适的位置处绘制一条竖直直线，如图 11-76 所示。

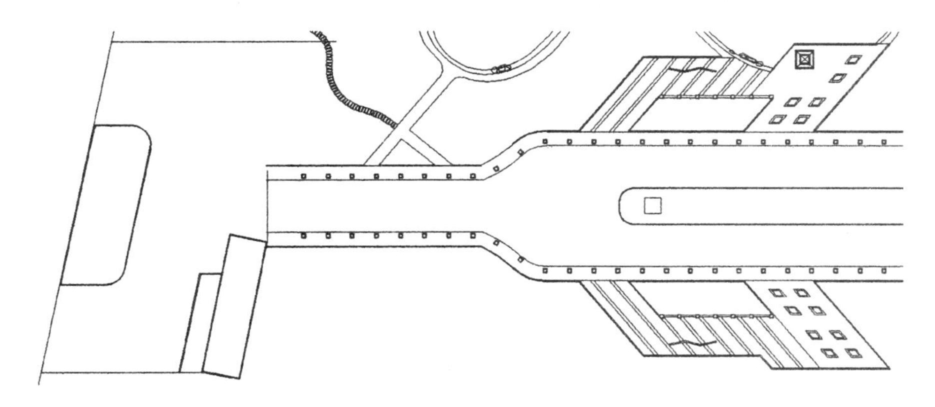

图 11-76　绘制竖直直线

（17）单击“修改”工具栏中的“镜像”按钮，镜像图形，如图 11-77 所示。

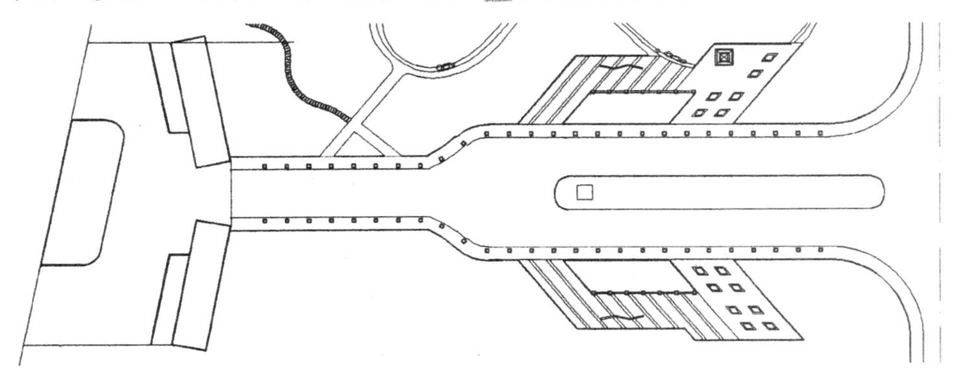

图 11-77　镜像图形

（18）单击“修改”工具栏中的“修剪”按钮，修剪掉多余的直线，如图 11-78 所示。

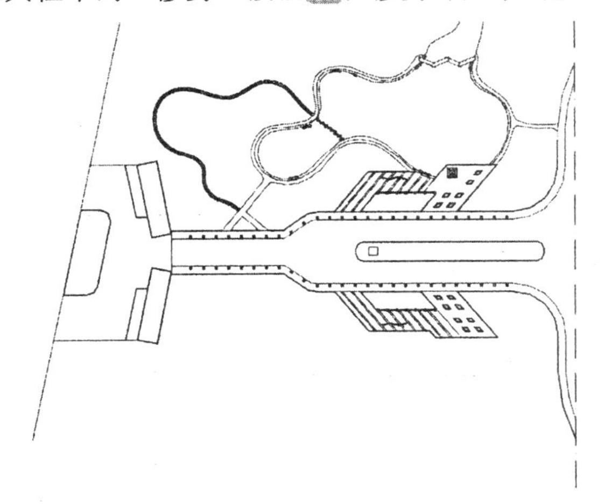

图 11-78　修剪掉多余的直线

（19）单击“绘图”工具栏中的“圆弧”按钮，在图中合适的位置处绘制一段圆弧，如图 11-79 所示。

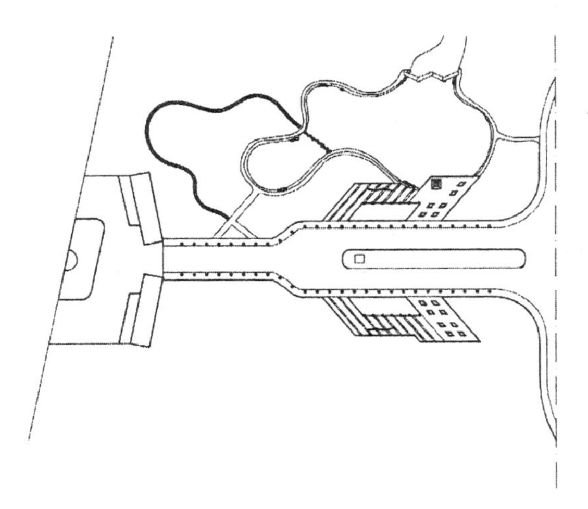

图 11-79　绘制圆弧

（20）单击“绘图”工具栏中的“直线”按钮，在图中绘制放射状直线，完成花坛的绘制，如图 11-80 所示。

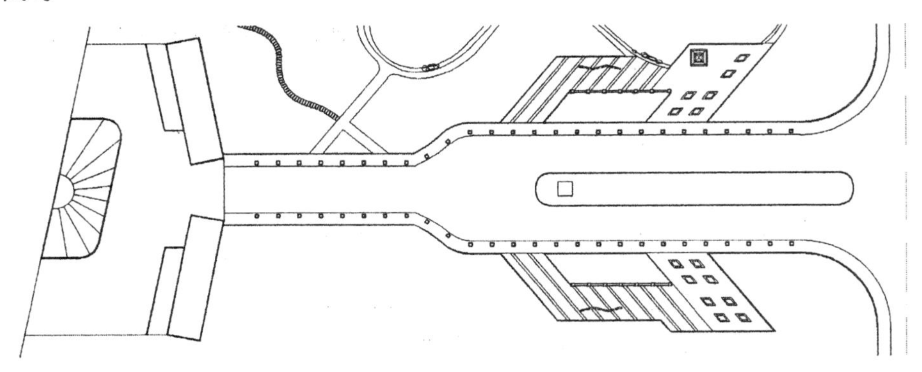

图 11-80　绘制花坛

（21）单击“绘图”工具栏中的“直线”按钮，绘制广场铺装图形，如图 11-81 所示。

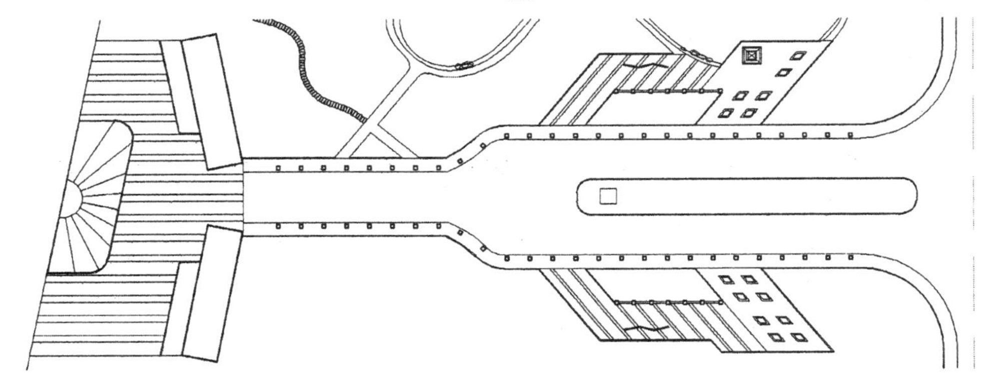

图 11-81　绘制广场铺装

（22）单击“绘图”工具栏中的“直线”按钮，绘制铁路，如图 11-82 所示。

（23）单击“绘图”工具栏中的“直线”按钮，绘制剩余图形，如图 11-83 所示。

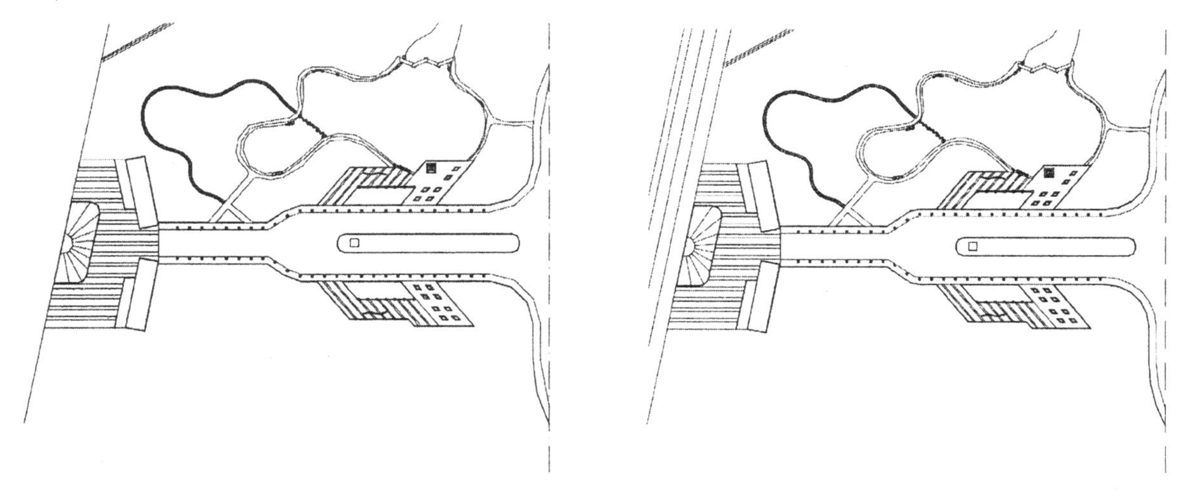

图 11-82　绘制铁路　　　　图 11-83　绘制剩余图形

11.1.6　标注尺寸

（1）选择菜单栏中的“格式”→“标注样式”命令，打开“标注样式管理器”对话框，如图 11-84 所示。单击“新建”按钮，打开“创建新标注样式”对话框，如图 11-85 所示。然后单击“继续”按钮，打开“新建标注样式：副本 ISO-25”对话框，分别对各个选项卡进行设置。

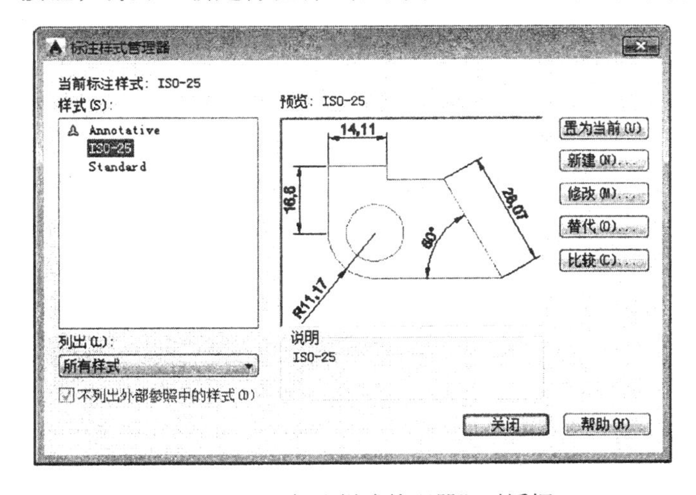

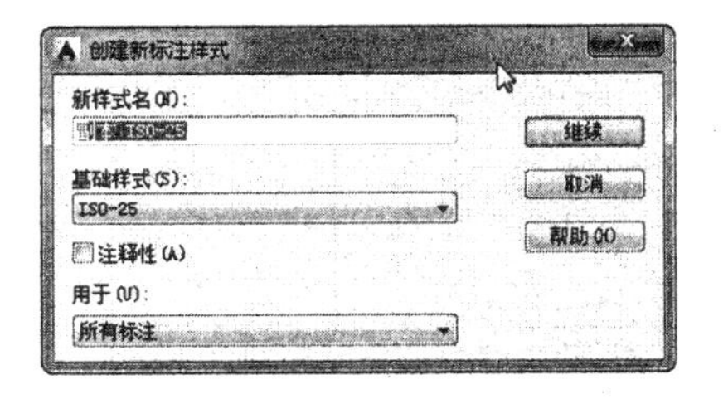

图 11-84　“标注样式管理器”对话框　　　　图 11-85　“创建新标注样式”对话框

①线：超出尺寸线为 1000，起点偏移量为 1000，如图 11-86 所示。

②符号和箭头：第一个为用户箭头，选择建筑标记，箭头大小为 1000，如图 11-87 所示。

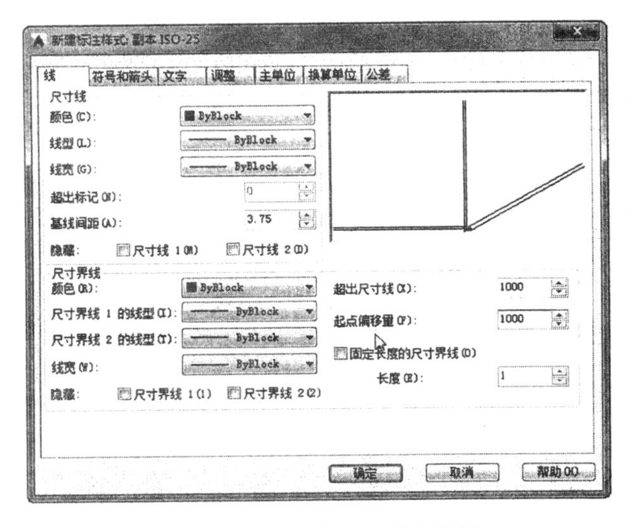

图 11-86　“线”选项卡设置

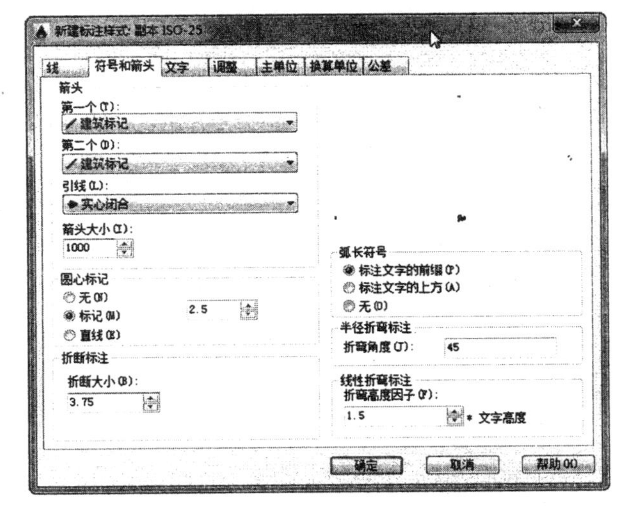

图 11-87　“符号和箭头”选项卡设置

③文字：文字高度为 1600，文字位置为垂直向上，如图 11-88 所示。

④主单位：精度为 0，舍入为 100，如图 11-89 所示。

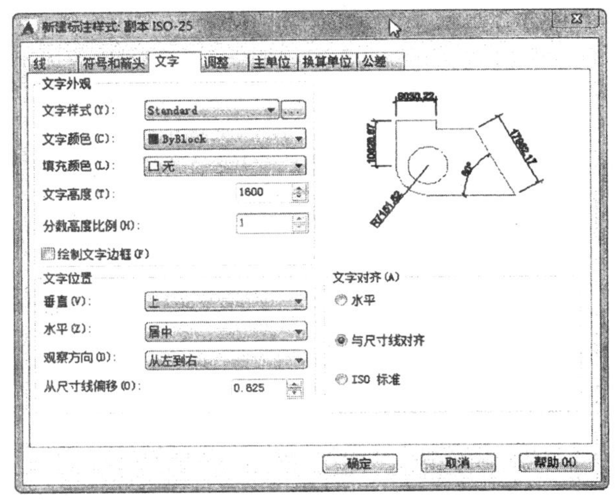

图 11-88　“文字”选项卡设置

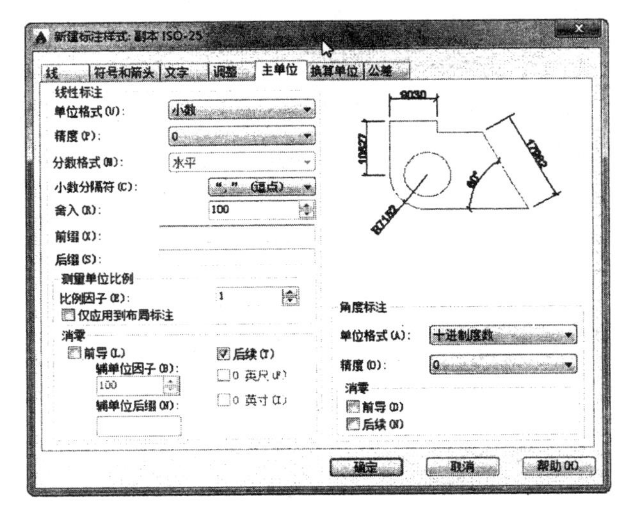

图 11-89　“主单位”选项卡设置

（2）单击“标注”工具栏中的“线性”按钮和“连续”按钮，标注第一道尺寸，如图 11-90 所示。

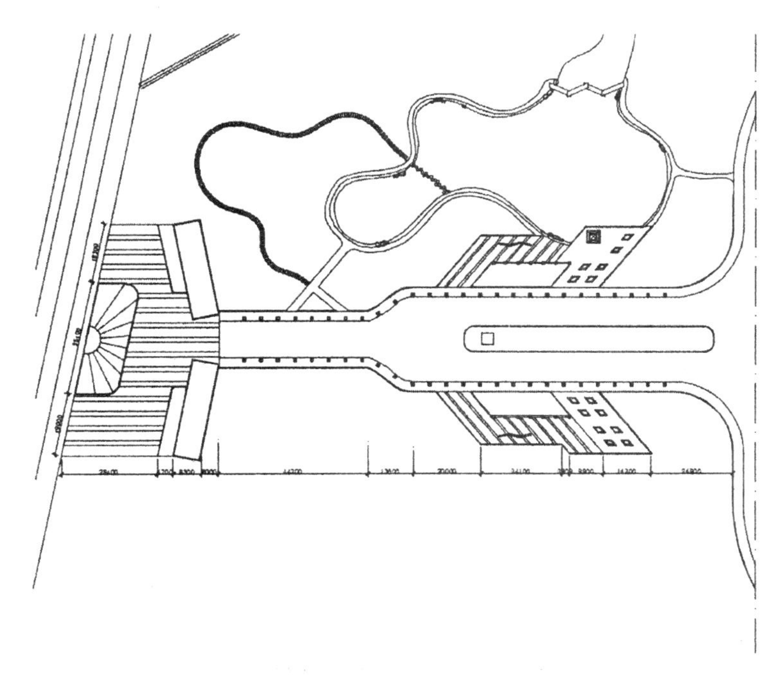

图 11-90　标注第一道尺寸

（3）单击“标注”工具栏中的“线性”按钮，标注总尺寸，如图 11-91 所示。

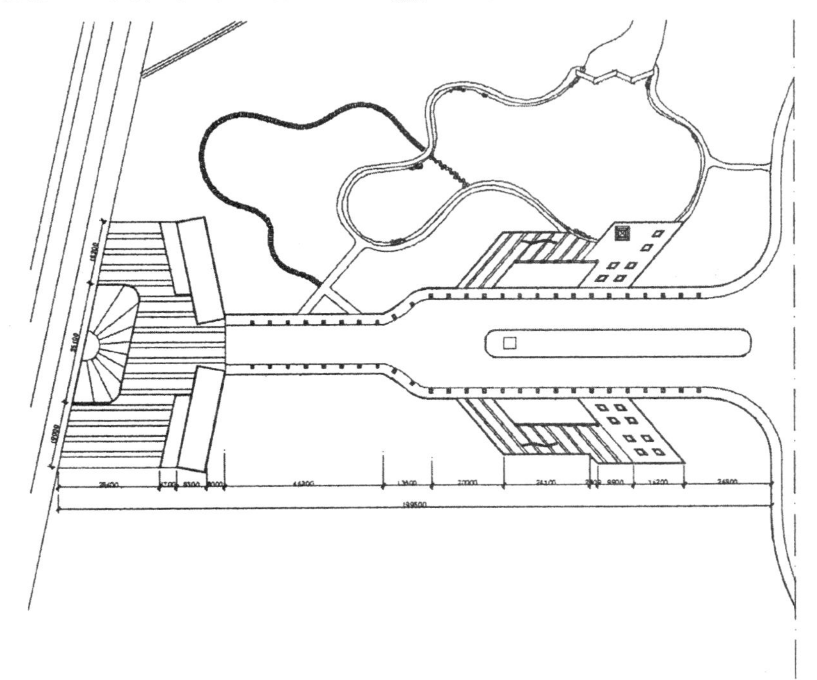

图 11-91　标注总尺寸

（4）单击“标注”工具栏中的“线性”按钮和“连续”按钮，标注细节尺寸，如图 11-92 所示。

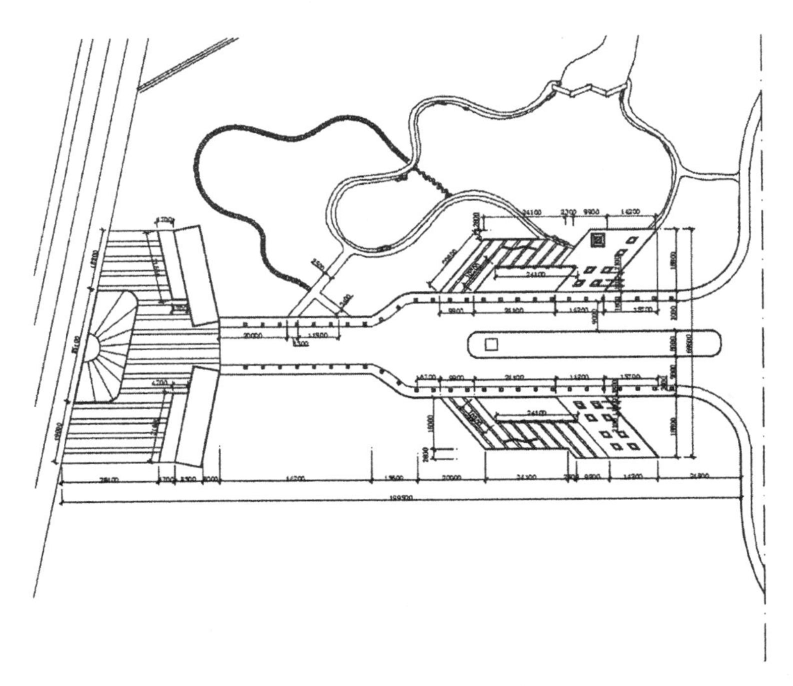

图 11-92 标注细节尺寸

11.1.7 标注文字

（1）选择菜单栏中的“格式”→“文字样式”命令，打开“文字样式”对话框，将高度设置为2000，宽度因子设置为 0.7，如图 11-93 所示。

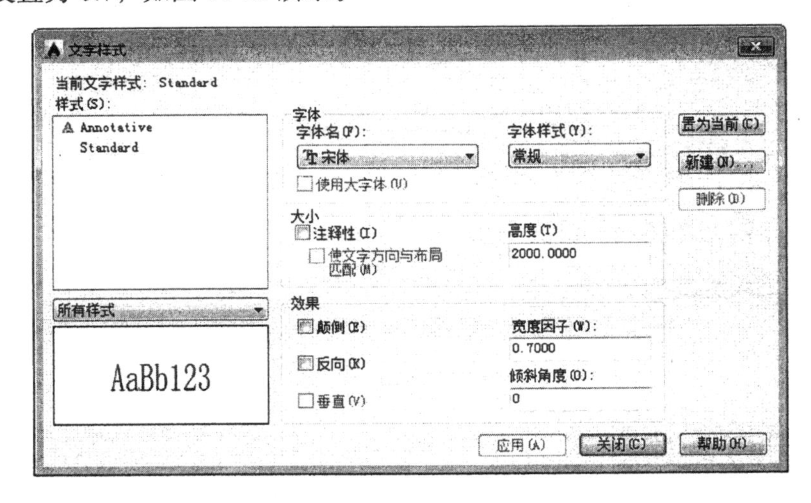

图 11-93 设置文字样式

（2）单击“绘图”工具栏中的“直线”按钮，在图中引出直线，如图 11-94 所示。

（3）单击“绘图”工具栏中的“圆”按钮，在直线处绘制一个圆，如图 11-95 所示。

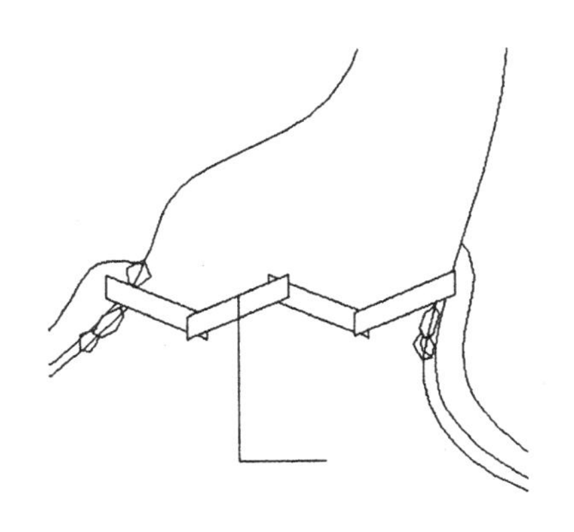

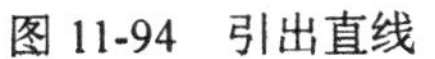
图 11-94 引出直线

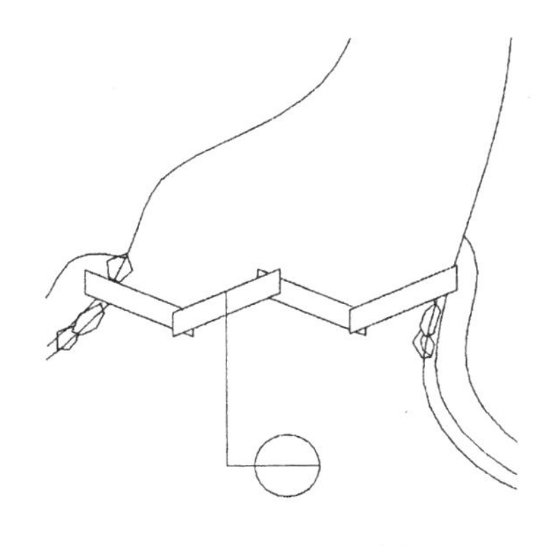

图 11-95 绘制圆

（4）单击“绘图”工具栏中的“多行文字”按钮A，在圆内输入文字，完成索引符号的绘制，如图 11-96 所示。

（5）单击“绘图”工具栏中的“多行文字”按钮A，标注文字，如图 11-97 所示。

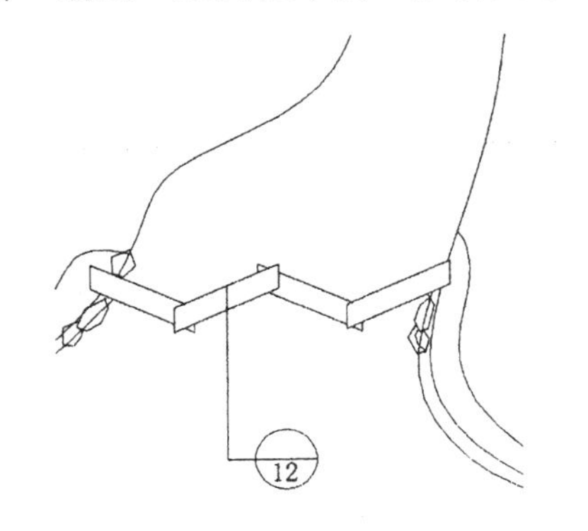

图 11-96 输入文字

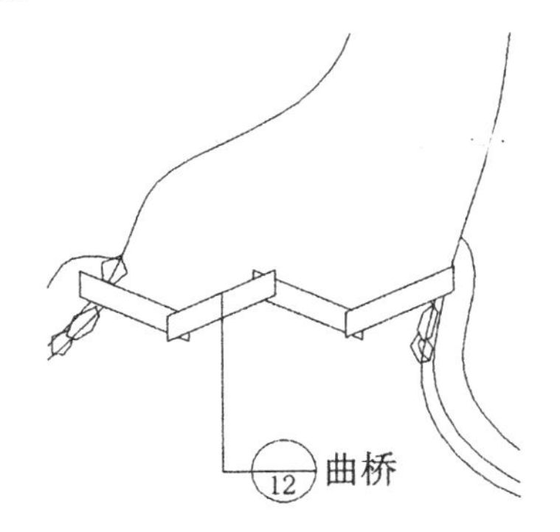

图 11-97 标注文字 1

（6）同理，标注其他位置处的文字，如图 11-98 所示。

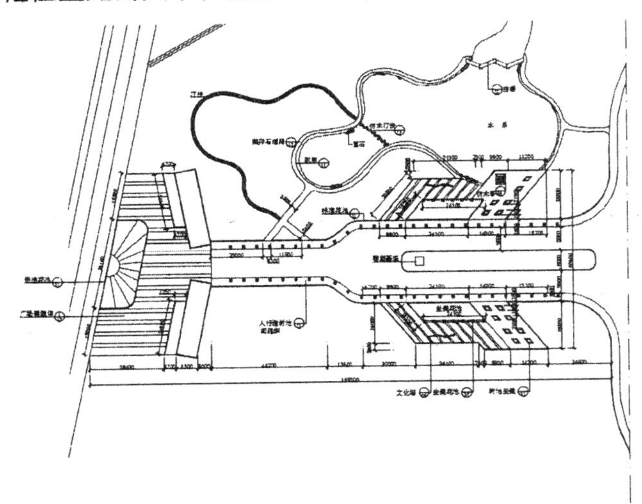

图 11-98 标注文字 2

（7）单击“绘图”工具栏中的“直线”按钮和“多行文字”按钮，标注图名，如图 11-99 所示。

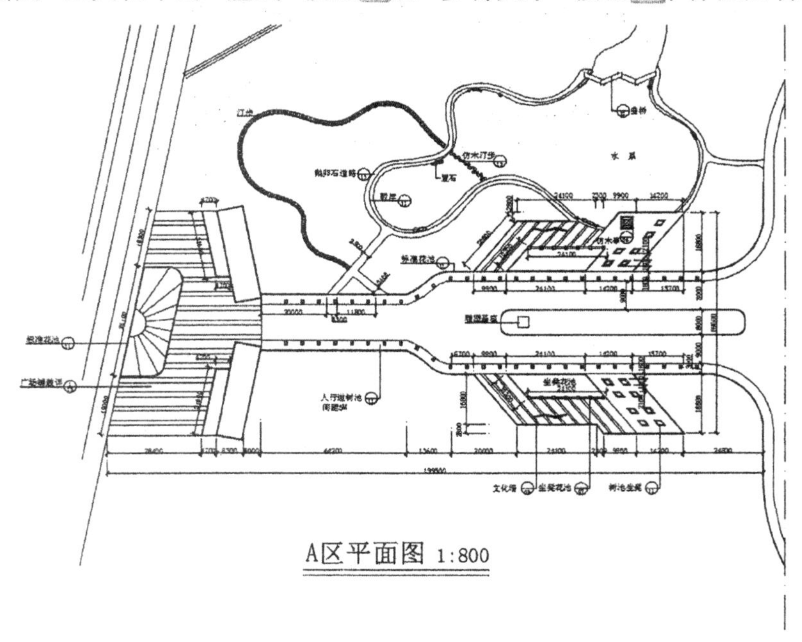

图 11-99　标注图名

11.1.8　绘制指北针

（1）单击“绘图”工具栏中的“圆”按钮，绘制一个圆，如图 11-100 所示。

（2）单击“绘图”工具栏中的“直线”按钮，绘制圆的垂直方向直径作为辅助线，如图 11-101 所示。

（3）单击“修改”工具栏中的“偏移”按钮，将辅助线分别向左右两侧偏移，如图 11-102 所示。

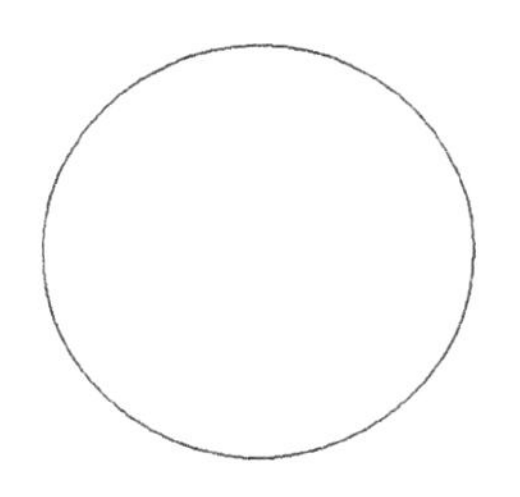

图 11-100　绘制圆

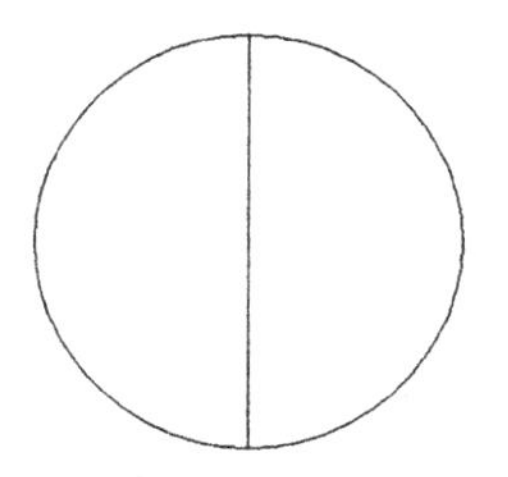

图 11-101　绘制直线

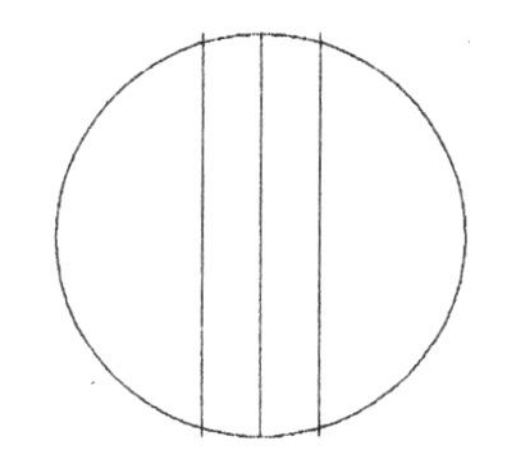

图 11-102　偏移直线

（4）单击“绘图”工具栏中的“直线”按钮，将两条偏移线与圆的下方交点同辅助线上端点连接起来，然后单击“修改”工具栏中的“删除”按钮，删除 3 条辅助线（原有辅助线及两条偏移线），得到一个等腰三角形，如图 11-103 所示。

（5）单击“绘图”工具栏中的“直线”按钮，在底部绘制连续线段，如图 11-104 所示。

（6）单击“绘图”工具栏中的“多行文字”按钮，在等腰三角形上端顶点的正上方书写大写

的英文字母 N，标示平面图的正北方向，如图 11-105 所示。

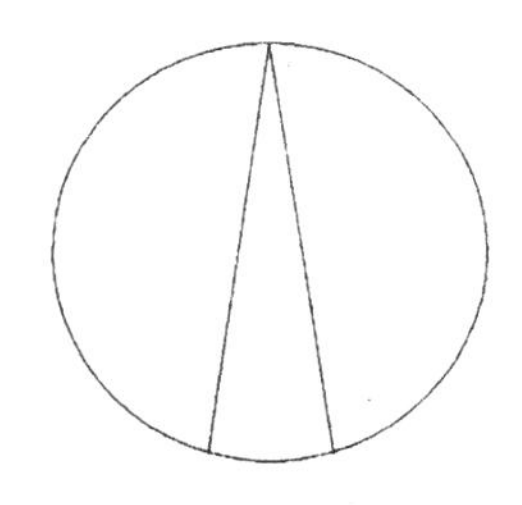

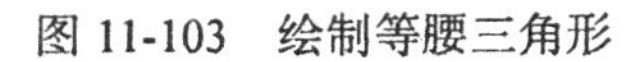

图 11-103　绘制等腰三角形

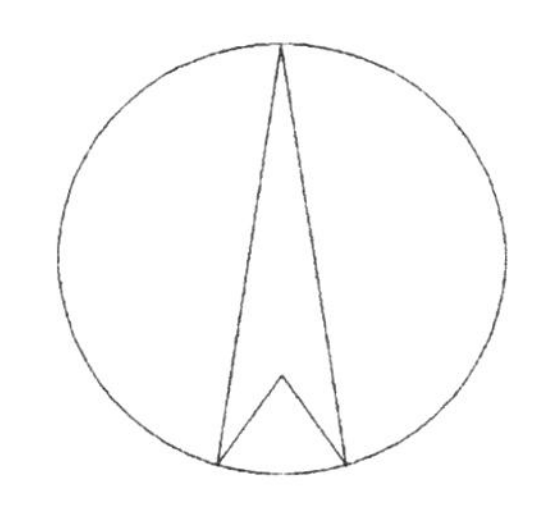

图 11-104　绘制连续线段

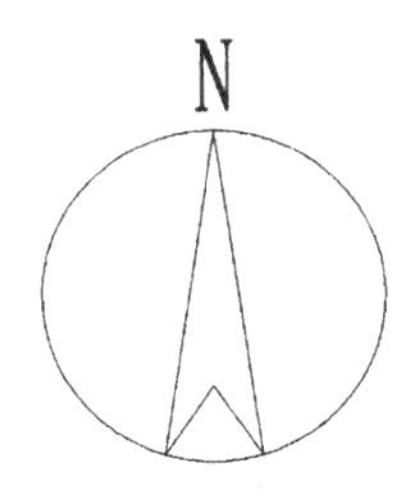

图 11-105　标示方向

（7）单击“修改”工具栏中的“移动”按钮，将指北针移动到图中合适的位置，最终完成 A 区平面图的绘制，如图 11-1 所示。

11.2　绘制某校园 B 区平面图

本节绘制如图 11-106 所示的 B 区平面图。

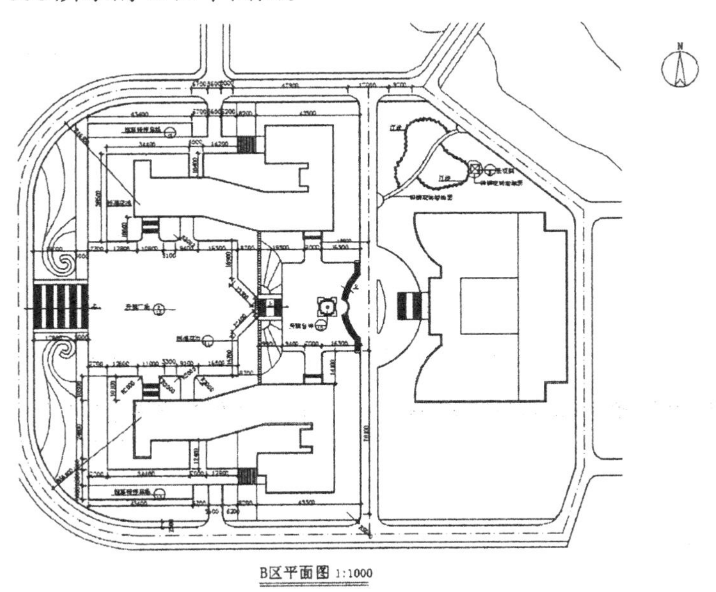

图 11-106　绘制 B 区平面图

11.2.1　辅助线的设置

1. 建立“轴线”图层

单击“图层”工具栏中的“图层特性管理器”按钮，打开“图层特性管理器”选项板，新建“轴

线”图层，将颜色设置为红色，线型设置为 ACAD_ISO10W100，其他属性默认，如图 11-107 所示。

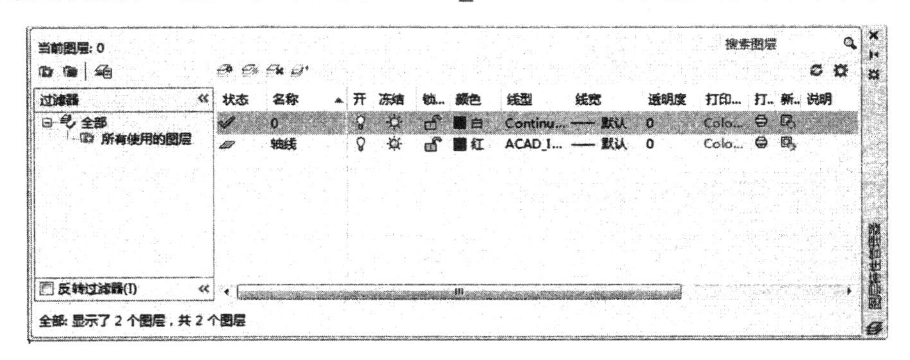

图 11-107　新建“轴线”图层

2. 对象捕捉设置

将鼠标指针移到状态栏“对象捕捉”按钮上，右击打开一个快捷菜单，选择“对象捕捉设置”命令，打开“对象捕捉”选项卡，将捕捉模式按如图 11-108 所示进行设置，然后单击“确定”按钮。

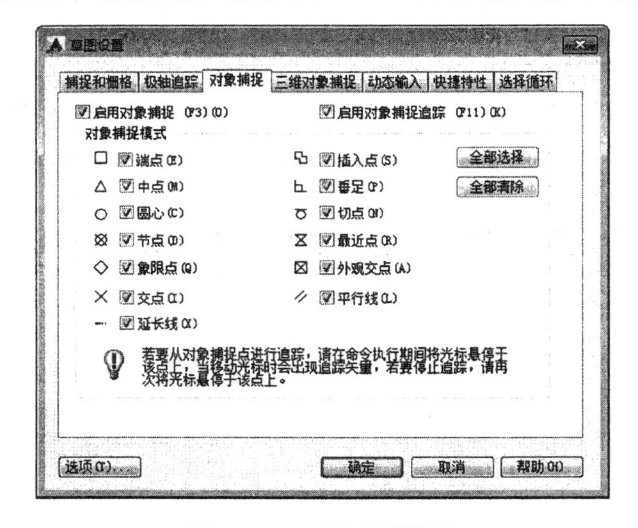

图 11-108　对象捕捉设置

3. 辅助线的绘制

（1）单击“绘图”工具栏中的“矩形”按钮，绘制一个尺寸为 252000×231000 的矩形，如图 11-109 所示。

（2）单击“修改”工具栏中的“分解”按钮，将矩形分解。

（3）单击“修改”工具栏中的“偏移”按钮，将上侧直线向下偏移 28300 和 193400，将右侧直线向左偏移 16100、89800 和 146100，并将偏移后的直线改为“轴线”图层，偏移效果如图 11-110 所示。

图 11-109　绘制矩形

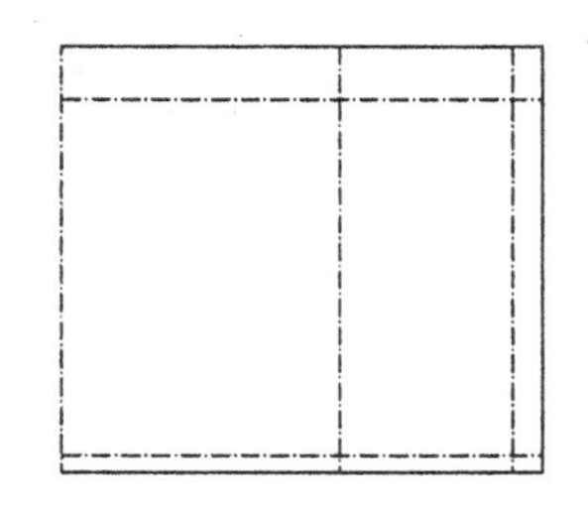

图 11-110　偏移直线

（4）单击“修改”工具栏中的“圆角”按钮，设置圆角半径为 50000，对轴线左侧进行倒圆角操作，如图 11-111 所示。

（5）单击“绘图”工具栏中的“直线”按钮，在图形右侧绘制斜线，如图 11-112 所示。

（6）单击“修改”工具栏中的“修剪”按钮，修剪掉多余的直线，如图 11-113 所示。

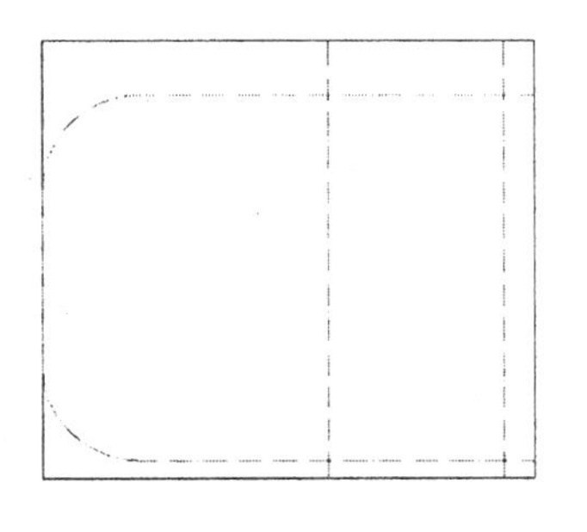

图 11-111　绘制圆角

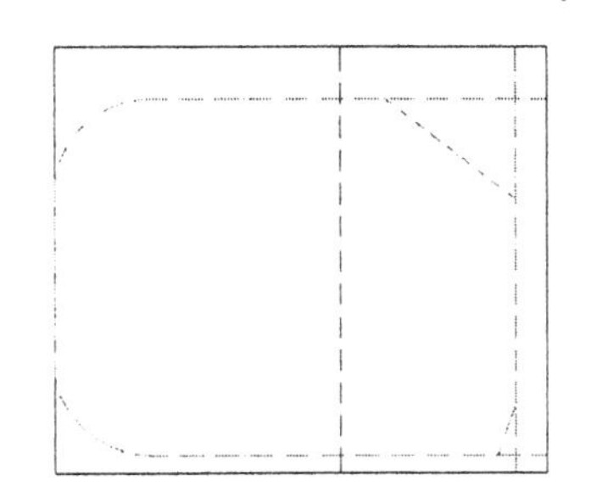

图 11-112　绘制斜线

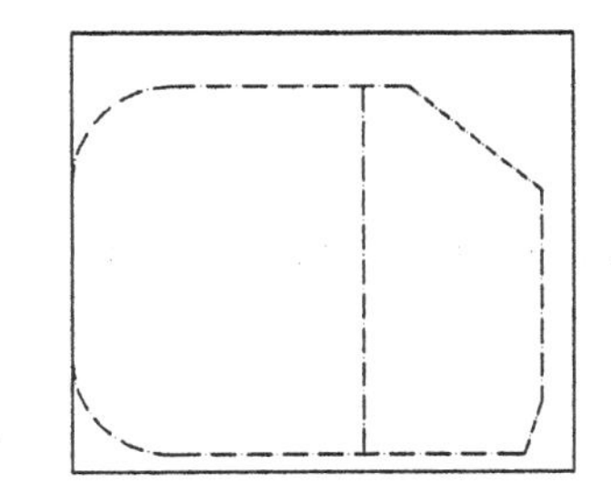

图 11-113　修剪掉多余的直线

11.2.2　绘制道路

（1）新建“道路”图层，并将其设置为当前层，单击“修改”工具栏中的“偏移”按钮，将上侧轴线向上偏移 3500、2500，向下偏移 3500，将右侧轴线向两侧分别偏移 3500，左侧轴线向右偏移 3500，将下侧轴线向上偏移 3500，向下偏移 3500 和 2500，如图 11-114 所示。

（2）单击“修改”工具栏中的“修剪”按钮，修剪掉多余的直线，并将偏移后的“轴线”图层改为“道路”图层，如图 11-115 所示。

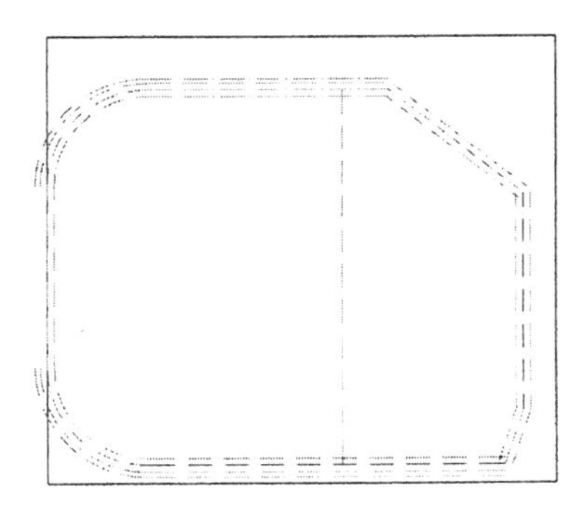

图 11-114　偏移轴线

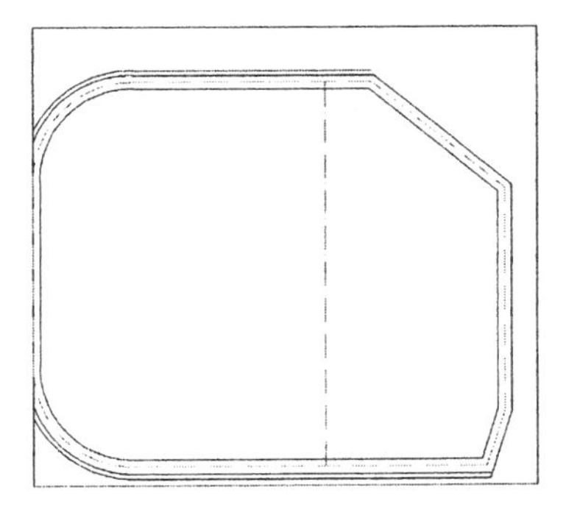

图 11-115　修剪掉多余的直线

（3）单击“绘图”工具栏中的“直线”按钮，在图中合适的位置处绘制一条竖直直线，将其与左侧直线间距设为 78600，如图 11-116 所示。

（4）单击“修改”工具栏中的“圆角”按钮，将步骤（3）中绘制的竖直直线与水平直线交点处进行圆角操作，设置圆角半径为 5000，如图 11-117 所示。

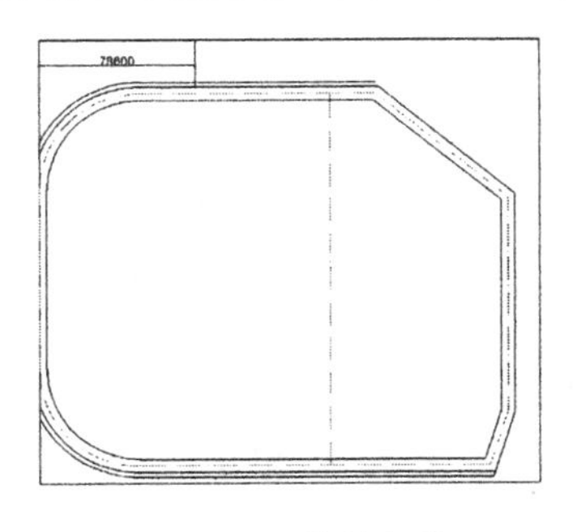

图 11-116　绘制直线

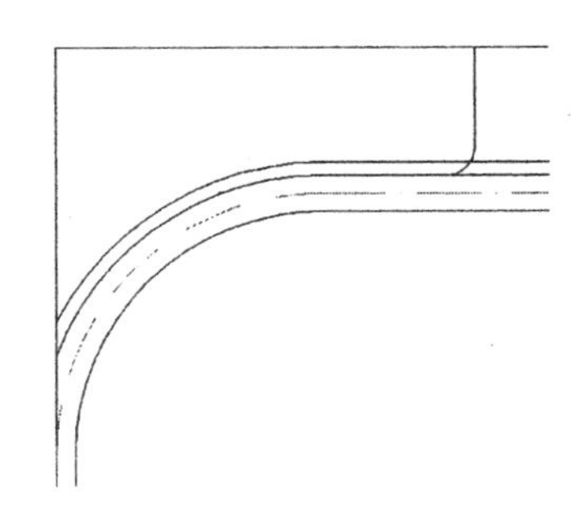

图 11-117　绘制圆角

（5）单击“修改”工具栏中的“偏移”按钮，将竖直短直线向左偏移，偏移距离为 2500，如图 11-118 所示。

（6）单击“修改”工具栏中的“倒角”按钮，对偏移后的短直线进行倒角操作，设置倒角距离为 2500，如图 11-119 所示。

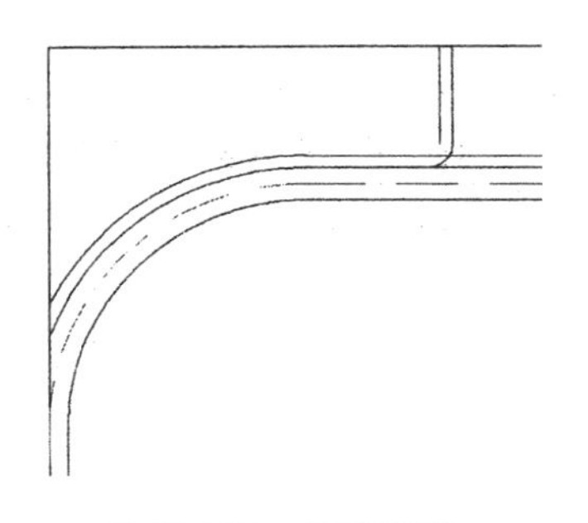

图 11-118　偏移直线

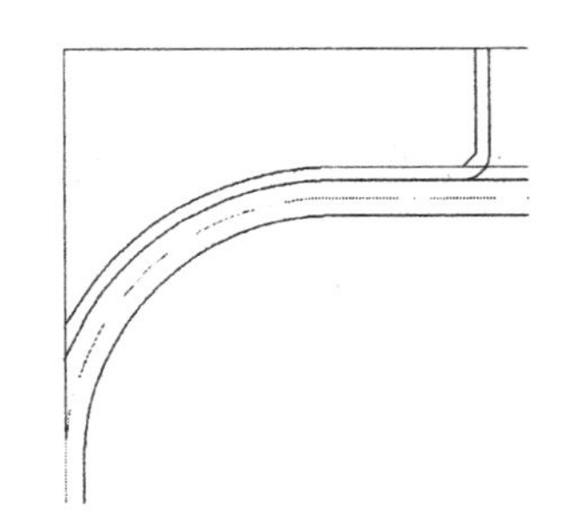

图 11-119　绘制倒角

（7）单击“绘图”工具栏中的“直线”按钮，以上侧短直线上一点为起点，水平向右绘制一条长为 7000 的水平直线，如图 11-120 所示。

（8）单击“修改”工具栏中的“镜像”按钮，以步骤（7）中绘制的水平直线中点为镜像点，镜像图形，并将水平短直线删除，如图 11-121 所示。

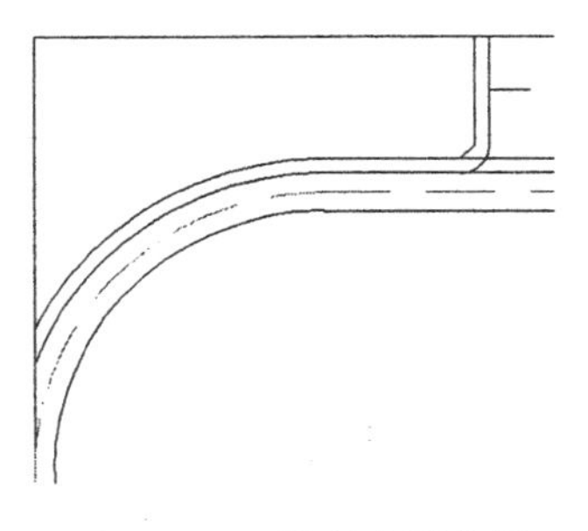

图 11-120　绘制水平直线

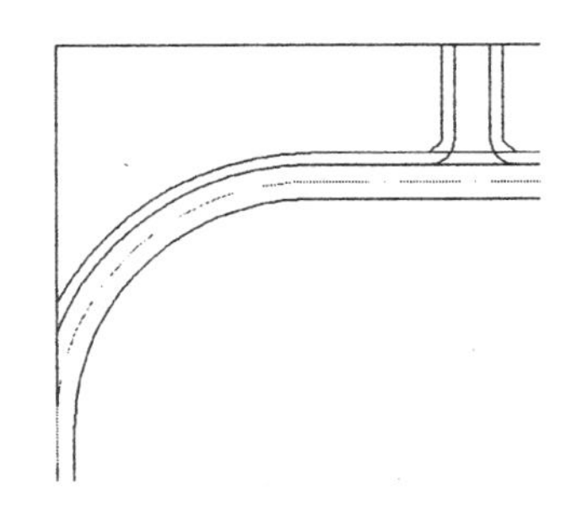

图 11-121　镜像图形

（9）单击“修改”工具栏中的“修剪”按钮，修剪掉多余的直线，完成北入口的绘制，如图 11-122 所示。

（10）单击“绘图”工具栏中的“直线”按钮，绘制一条斜线，如图 11-123 所示。

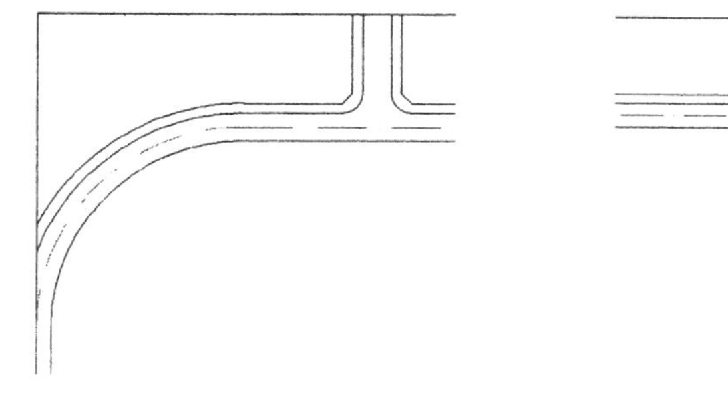

图 11-122　绘制北入口

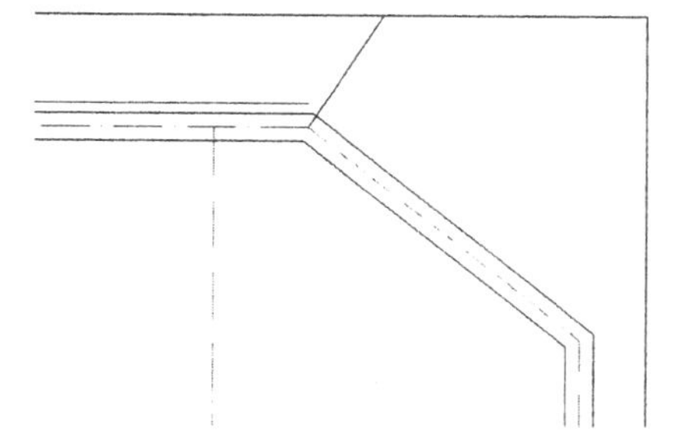

图 11-123　绘制斜线

（11）单击“修改”工具栏中的“偏移”按钮，将斜线分别向两侧偏移 3500 和 2500，如图 11-124 所示。

（12）单击“修改”工具栏中的“圆角”按钮，将步骤（11）中偏移 3500 的直线进行圆角操作，设置左侧圆角半径为 10000，右侧圆角半径为 5000，如图 11-125 所示。

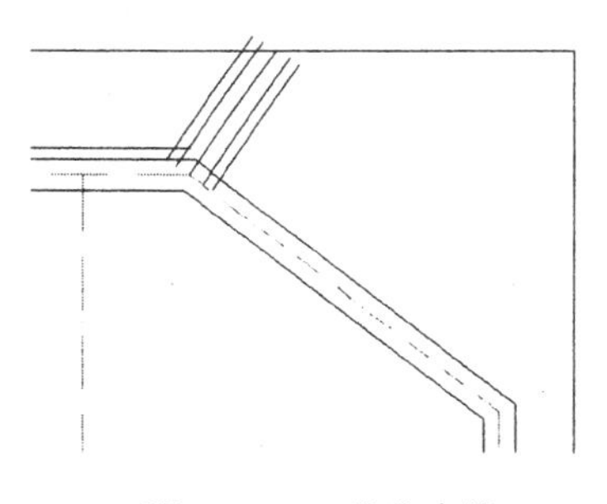

图 11-124　偏移直线

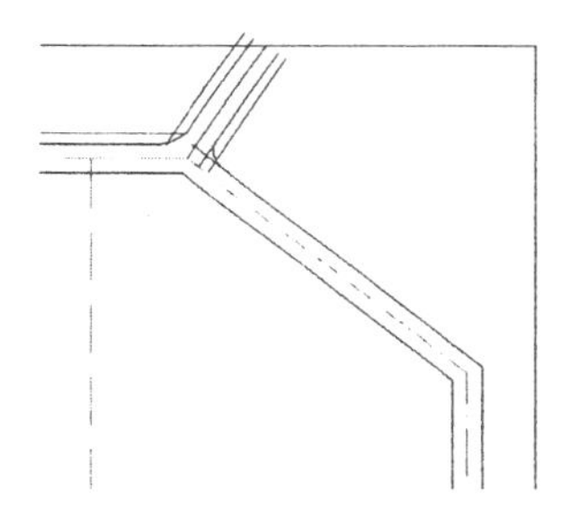

图 11-125　绘制圆角

（13）单击“修改”工具栏中的“倒角”按钮，将左侧偏移 2500 的直线进行倒角操作，设置倒角长度为 4000，角度为 28，如图 11-126 所示，命令行提示与操作如下：

```
命令: _chamfer
(“不修剪”模式) 当前倒角长度 = 4036.0000，角度 = 28
选择第一条直线或 [放弃 (U)/ 多段线 (P)/ 距离 (D)/ 角度 (A)/ 修剪 (T)/ 方式 (E)/ 多个 (M)]: a
指定第一条直线的倒角长度 <4036.0000>: 4000↙
指定第一条直线的倒角角度 <28>:28↙
选择第一条直线或 [放弃 (U)/ 多段线 (P)/ 距离 (D)/ 角度 (A)/ 修剪 (T)/ 方式 (E)/ 多个 (M)]:
选择第二条直线，或按住 Shift 键选择直线以应用角点或 [距离 (D)/ 角度 (A)/ 方法 (M)]:
```

（14）单击“修改”工具栏中的“修剪”按钮和“延伸”按钮，修剪掉多余的直线，并将部分直线延伸，如图 11-127 所示。

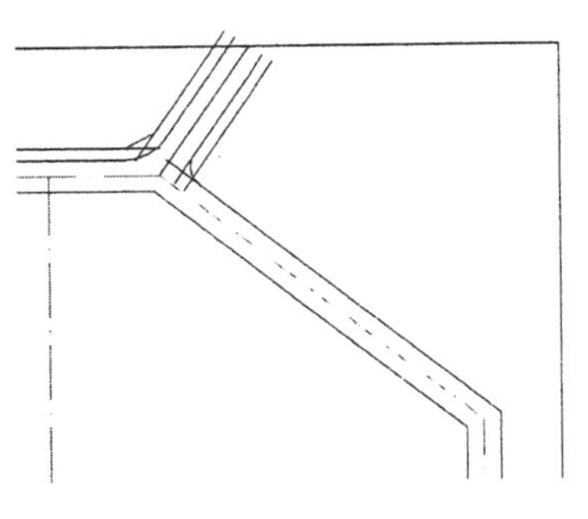

图 11-126 绘制倒角

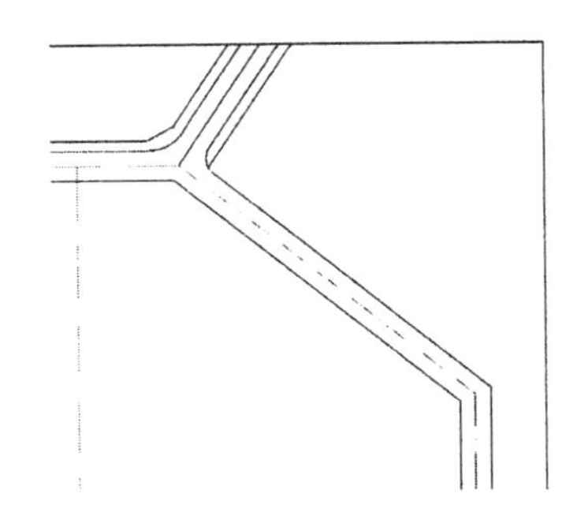

图 11-127 修剪延伸直线

（15）单击“修改”工具栏中的“偏移”按钮，将图形最上侧水平直线依次向下偏移，偏移距离为 78700、7000、104400 和 7000，如图 11-128 所示。

（16）单击“修改”工具栏中的“圆角”按钮，对偏移后的直线进行圆角操作，设置圆角半径分别为 10000 和 5000，完成东入口的绘制，如图 11-129 所示。

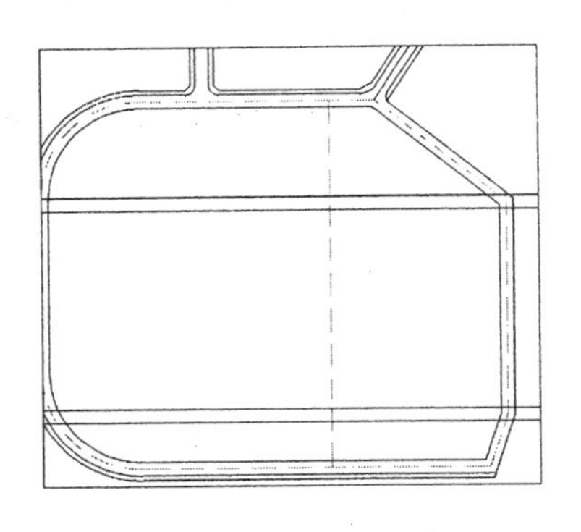

图 11-128 偏移水平直线

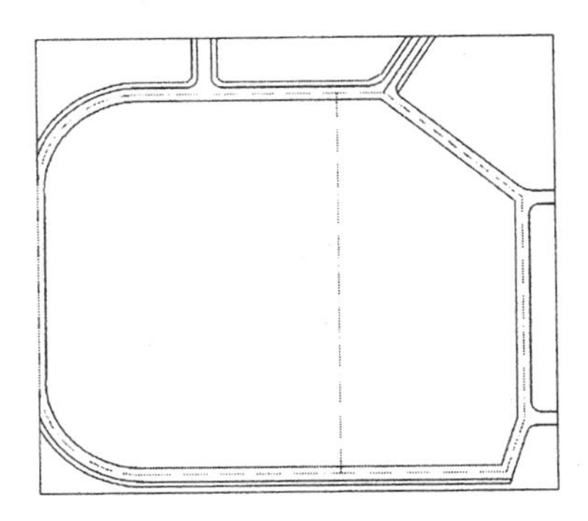

图 11-129 绘制东入口

（17）单击“修改”工具栏中的“偏移”按钮，将中间竖直轴线分别向两侧偏移 3500，并将偏移后的“轴线”图层改为“道路”图层，如图 11-130 所示。

（18）单击“修改”工具栏中的“圆角”按钮，设置圆角半径为 5000，对偏移后的直线进行圆角操作，如图 11-131 所示。

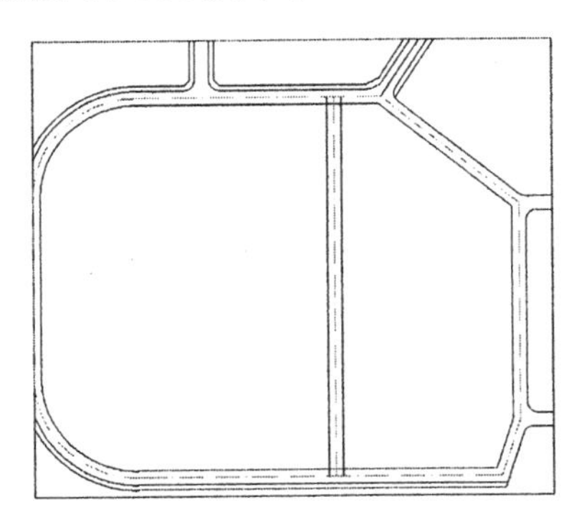

图 11-130 偏移轴线

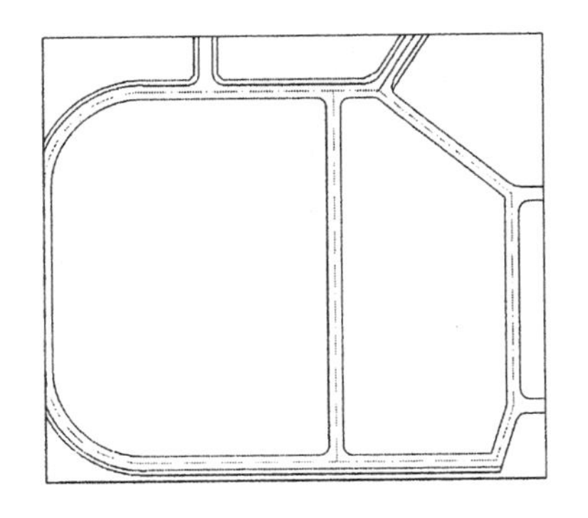

图 11-131 绘制圆角

11.2.3　绘制园林设施

1. 绘制园林设施 1

（1）新建“建筑”图层，并将其设置为当前层，单击“修改”工具栏中的“偏移”按钮，将最上侧轴线向下偏移 6000 和 8800，并将偏移后的“轴线”图层改为“建筑”图层，如图 11-132 所示。

（2）单击“修改”工具栏中的“偏移”按钮，将左侧轴线依次向右偏移，偏移距离为 6000、18000 和 5000，并将偏移后的“轴线”图层改为“建筑”图层，如图 11-133 所示。

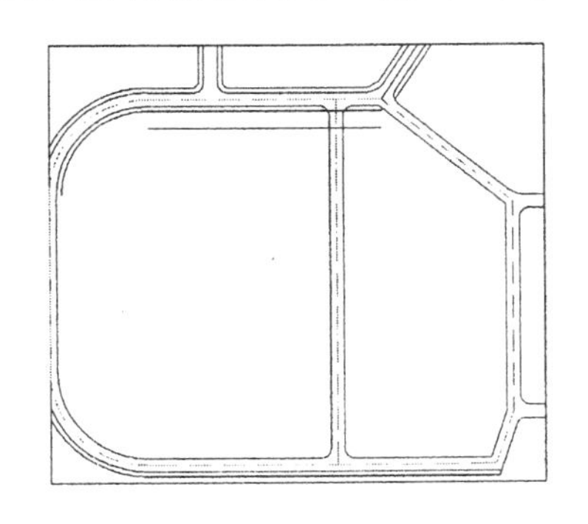

图 11-132　偏移上侧轴线

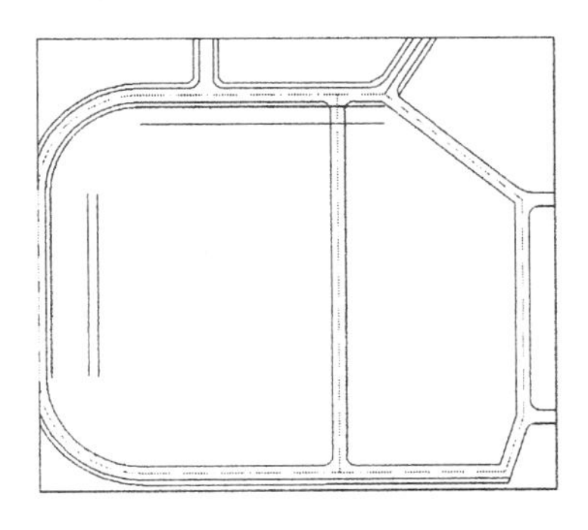

图 11-133　偏移左侧轴线

（3）单击“绘图”工具栏中的“直线”按钮，在图中合适的位置处绘制一条竖直直线，如图 11-134 所示。

（4）单击“修改”工具栏中的“圆角”按钮，设置圆角半径为 5000，对图形进行圆角操作，如图 11-135 所示。

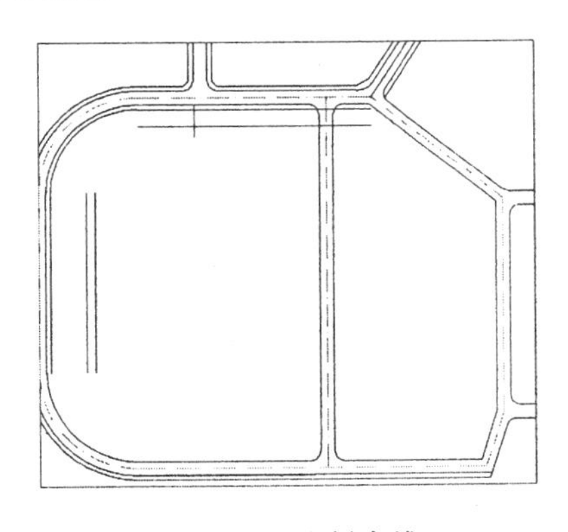

图 11-134　绘制直线

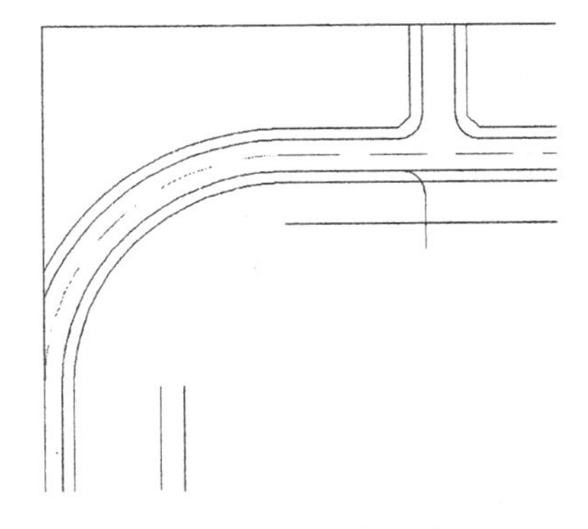

图 11-135　绘制圆角

（5）单击“绘图”工具栏中的“直线”按钮，以竖直短直线下端点为起点，水平向左绘制一条长为 6700 的水平直线，如图 11-136 所示。

（6）单击“绘图”工具栏中的“直线”按钮和“修改”工具栏中的“修剪”按钮，绘制停车场，如图 11-137 所示。

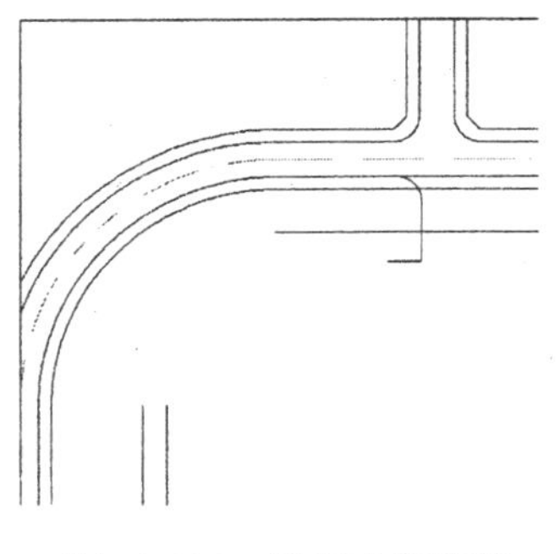

图 11-136　绘制水平直线

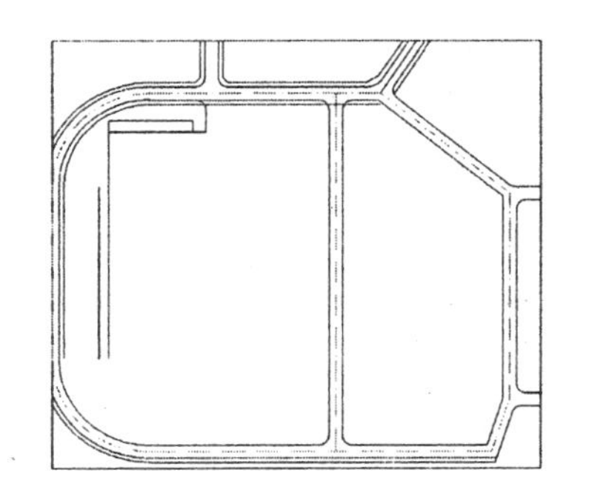

图 11-137　绘制停车场

2. 绘制园林设施 2

（1）单击“绘图”工具栏中的“直线”按钮，在图中合适的位置处绘制一条长为 5600 的水平直线，如图 11-138 所示。

（2）单击“修改”工具栏中的“镜像”按钮，以步骤（1）中绘制的水平直线中点为镜像点，镜像图形，如图 11-139 所示。

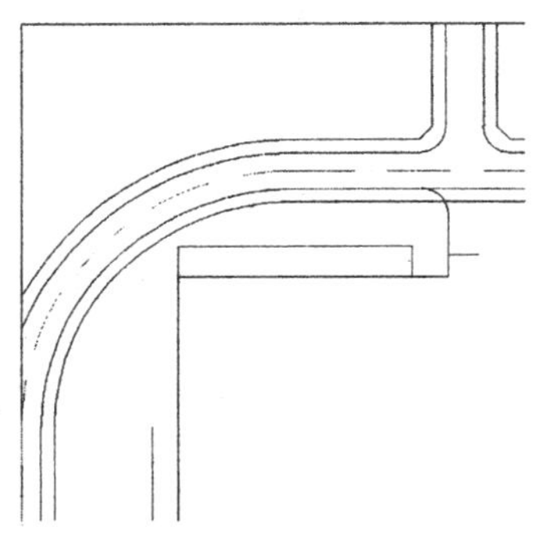

图 11-138　绘制水平直线

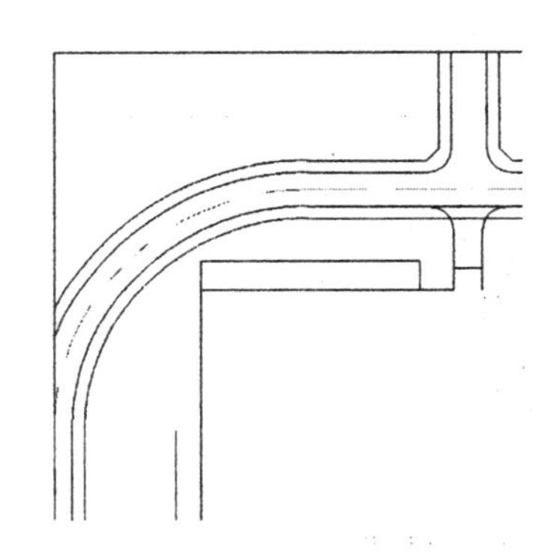

图 11-139　镜像图形

（3）单击“修改”工具栏中的“修剪”按钮，修剪掉多余的直线，如图 11-140 所示。

（4）单击“修改”工具栏中的“偏移”按钮，将步骤（3）中镜像的竖直短直线向右偏移，偏移距离为 6200 和 8200，如图 11-141 所示。

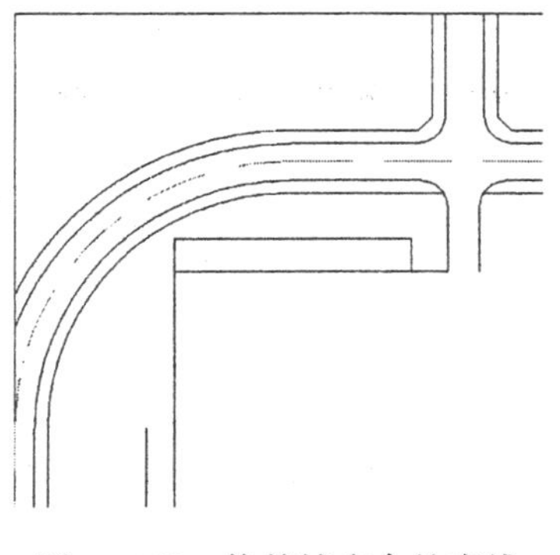

图 11-140　修剪掉多余的直线

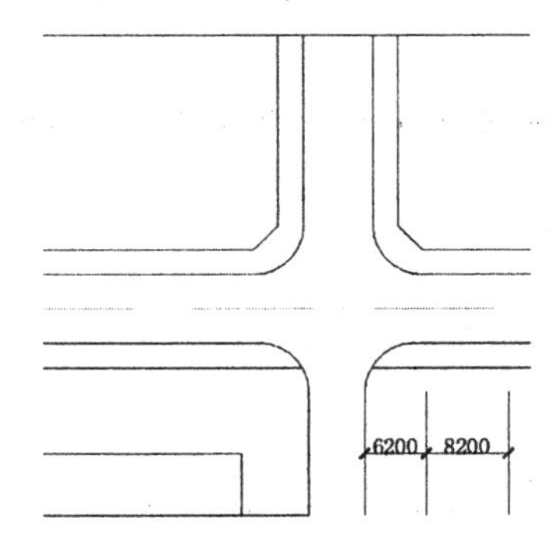

图 11-141　偏移直线

（5）单击“修改”工具栏中的“延伸”按钮，将步骤（4）中偏移的直线向上延伸，如图 11-142 所示。

（6）单击“绘图”工具栏中的“直线”按钮，在图中合适的位置处绘制长为 18000 的水平直线，如图 11-143 所示。

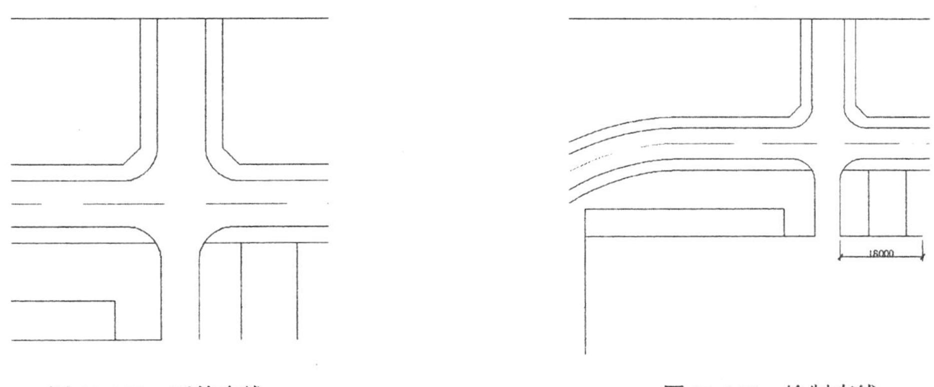

图 11-142　延伸直线　　　图 11-143　绘制直线

（7）单击“修改”工具栏中的“偏移”按钮，将水平直线向下偏移，偏移距离为 7400．如图 11-144 所示。

（8）单击“绘图”工具栏中的“直线”按钮，在图中合适的位置处绘制竖直直线，如图 11-145 所示。

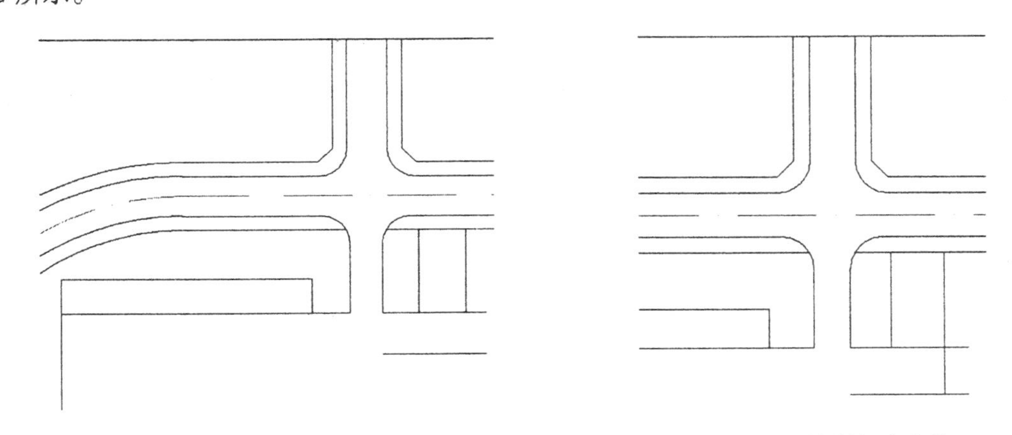

图 11-144　偏移直线　　　图 11-145　绘制竖直直线

（9）单击“修改”工具栏中的“偏移”按钮，将步骤（8）中绘制的短直线向左偏移 600，偏移 13 次，完成台阶的绘制，如图 11-146 所示。

（10）单击“修改”工具栏中的“偏移”按钮，将台阶最左侧直线向左偏移 14200、6000 和 34400，如图 11-147 所示。

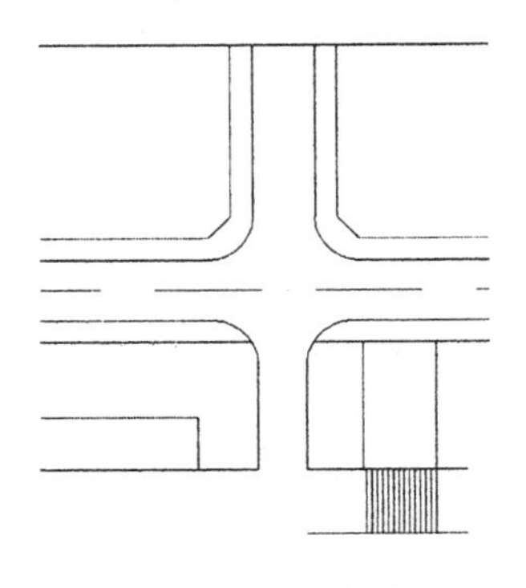

图 11-146 绘制台阶

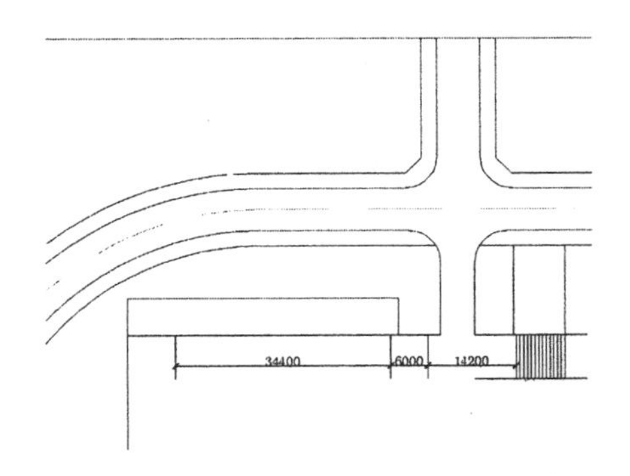

图 11-147 偏移直线

（11）单击“绘图”工具栏中的“直线”按钮，根据偏移的直线绘制水平直线，并将多余的直线删除，如图 11-148 所示。

（12）单击“绘图”工具栏中的“直线”按钮，以水平直线左端点为起点，竖直向下绘制长为 38500 的竖直直线，向右绘制长为 14800 的水平直线，向上绘制长为 10600 的竖直直线，结果如图 11-149 所示。

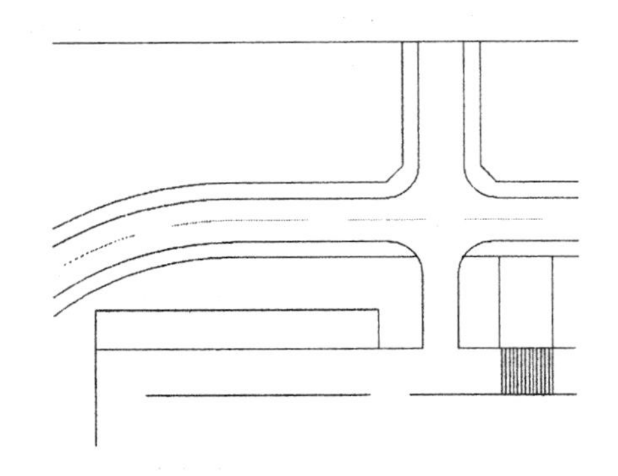

图 11-148 绘制水平直线

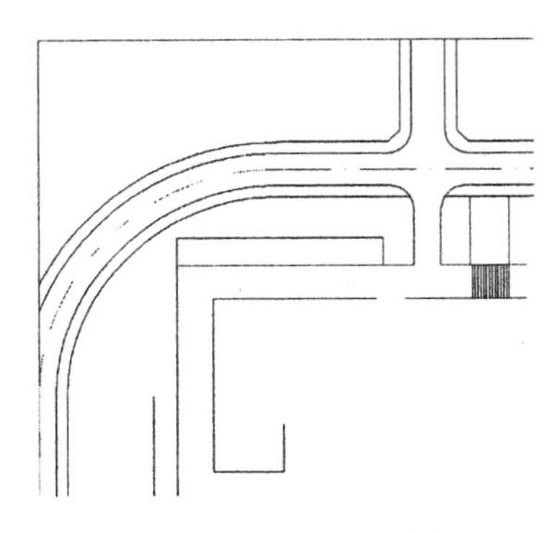

图 11-149 绘制连续线段

（13）单击“修改”工具栏中的“圆角”按钮，设置圆角半径为 2000，对图形进行圆角操作，如图 11-150 所示。

（14）单击“绘图”工具栏中的“直线”按钮，绘制长为 7000 的水平直线，如图 11-151 所示。

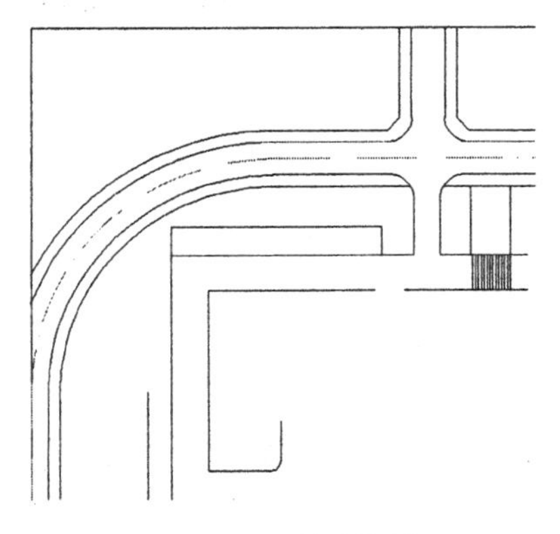

图 11-150 绘制圆角

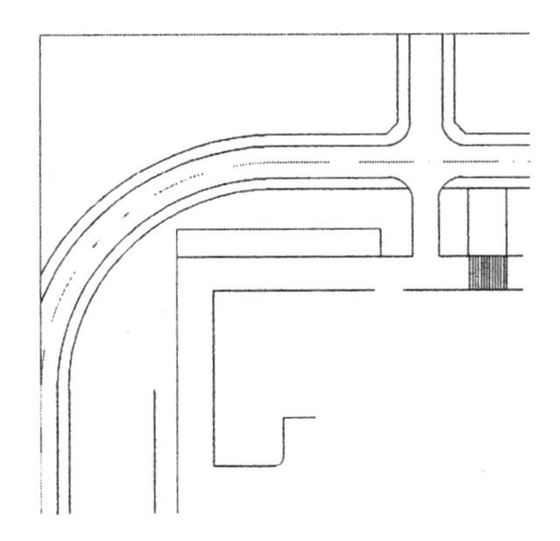

图 11-151 绘制水平直线

（15）单击“修改”工具栏中的“镜像”按钮，以步骤（14）中绘制的水平直线中点为镜像点，镜像图形，如图 11-152 所示。

（16）单击“修改”工具栏中的“偏移”按钮，将中间轴线向左依次偏移，偏移距离为 54800、16500、9400 和 5100，如图 11-153 所示。

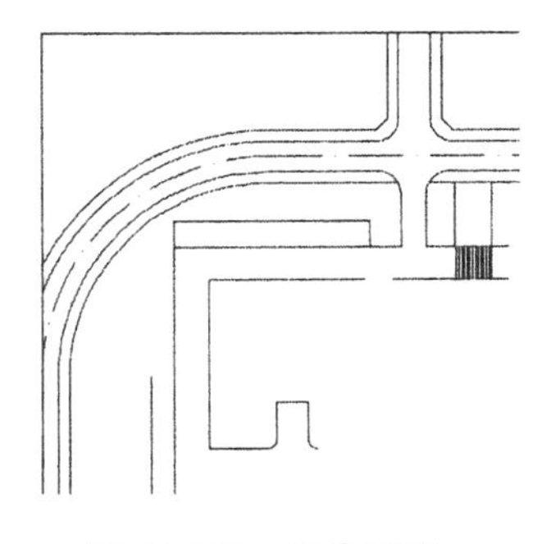

图 11-152　镜像图形

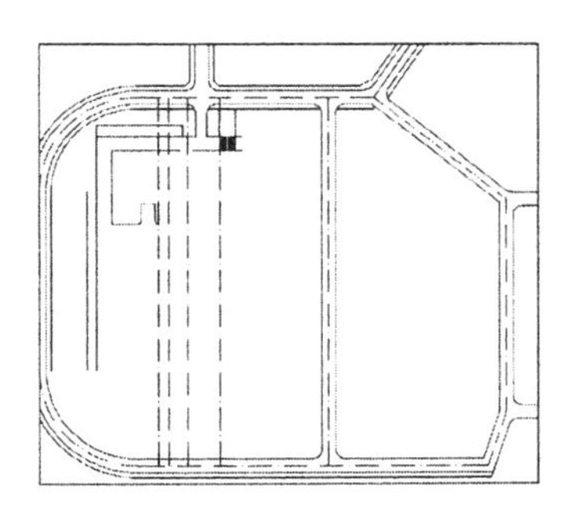

图 11-153　偏移轴线

（17）单击“绘图”工具栏中的“直线”按钮，根据偏移的轴线绘制轮廓线，如图 11-154 所示。

（18）单击“修改”工具栏中的“删除”按钮，删除多余的轴线和直线，如图 11-155 所示。

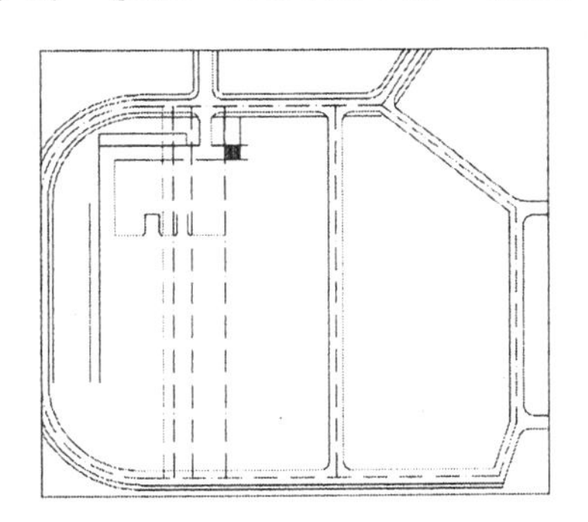

图 11-154　绘制轮廓线

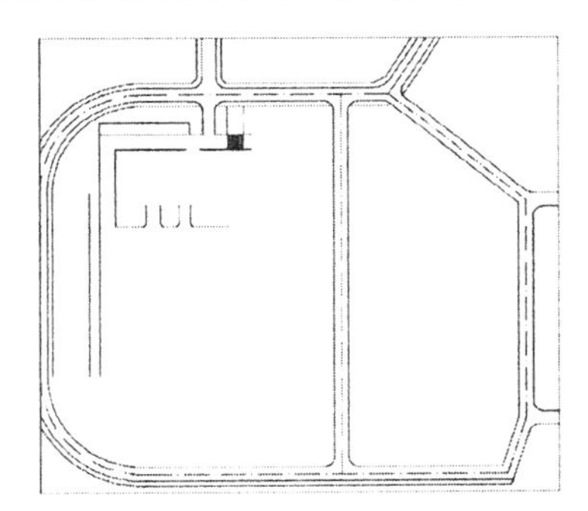

图 11-155　删除多余的轴线

（19）单击“绘图”工具栏中的“直线”按钮和“修改”工具栏中的“修剪”按钮，细化图形，如图 11-156 所示。

（20）单击“修改”工具栏中的“偏移”按钮，将步骤（19）中绘制的图形向内偏移 300，如图 11-157 所示。

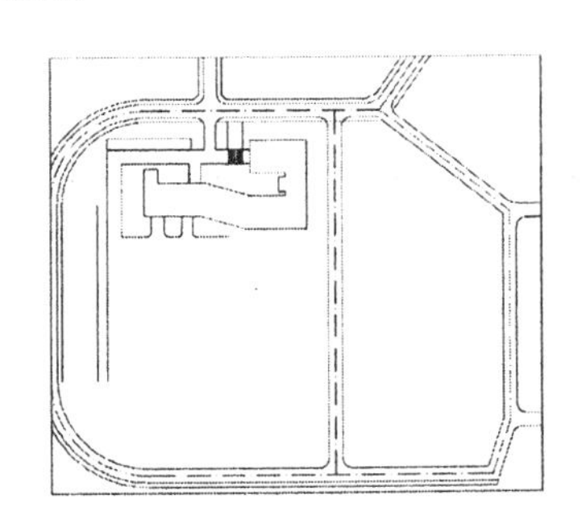

图 11-156　细化图形

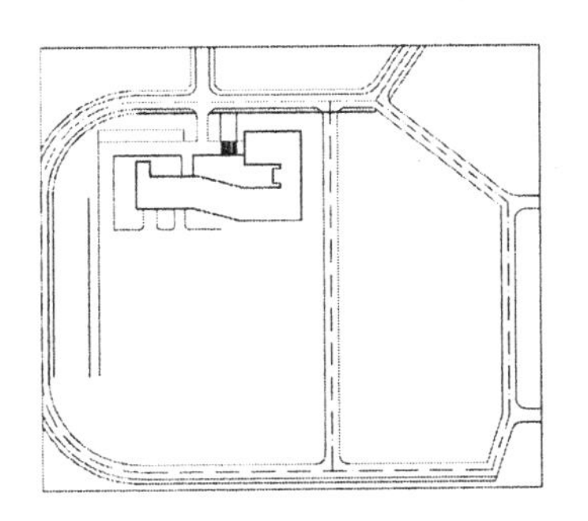

图 11-157　偏移直线

（21）单击“绘图”工具栏中的“直线”按钮，在图中合适的位置处绘制一条长为 16900 的竖直直线，向右绘制长为 12300，角度为 135° 的斜线，如图 11-158 所示。

（22）单击“修改”工具栏中的“偏移”按钮和“修剪”按钮，设置偏移距离为 200，绘制标准花池，如图 11-159 所示。

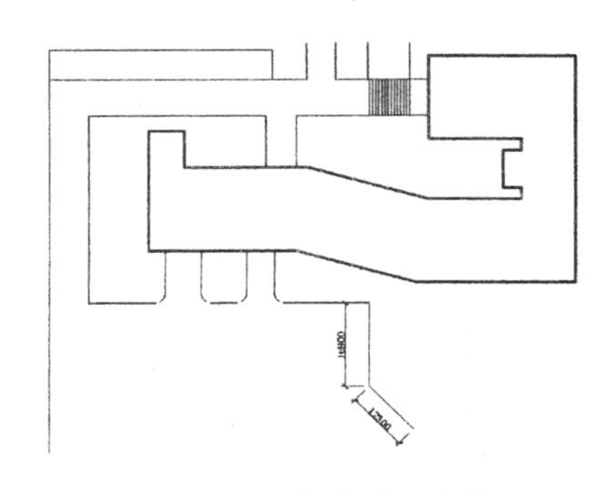

图 11-158　绘制直线和斜线

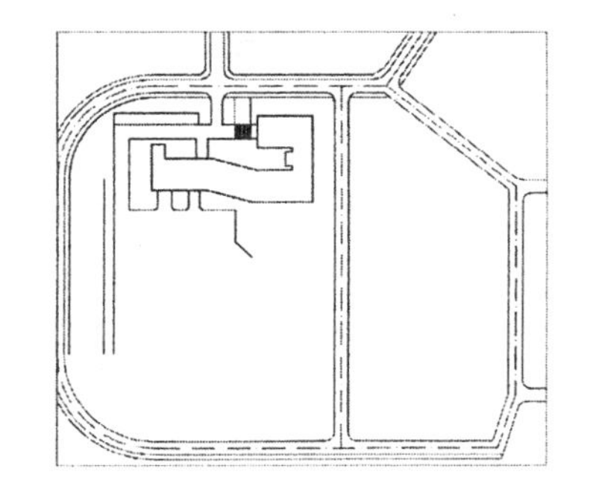

图 11-159　绘制标准花池

（23）单击“绘图”工具栏中的“直线”按钮，在图中合适的位置处绘制一条水平直线，如图 11-160 所示。

（24）单击“修改”工具栏中的“修剪”按钮，修剪掉多余的直线，如图 11-161 所示。

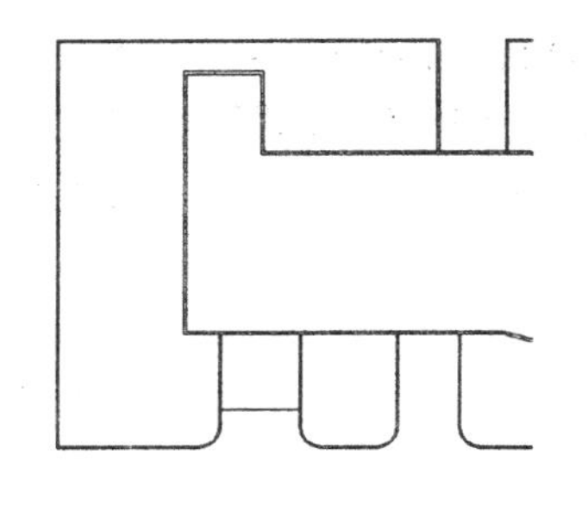

图 11-160　绘制水平直线

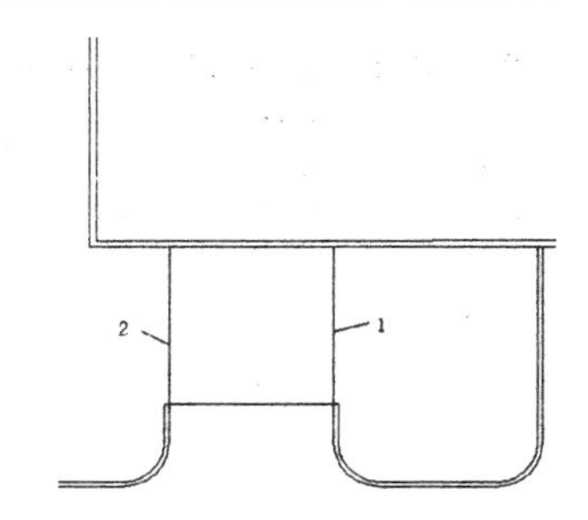

图 11-161　修剪掉多余的直线

（25）单击“修改”工具栏中的“偏移”按钮，将直线 1 和直线 2 分别向内偏移 100，如图 11-162 所示。

（26）单击“修改”工具栏中的“偏移”按钮，将水平直线向上偏移 300，偏移 6 次，如图 11-163 所示。

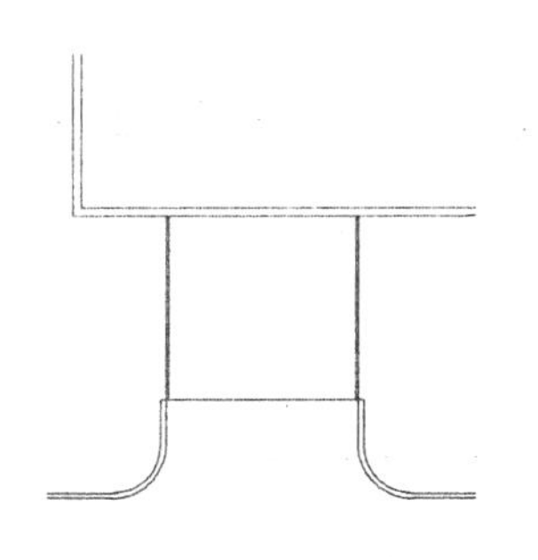

图 11-162　偏移竖直直线

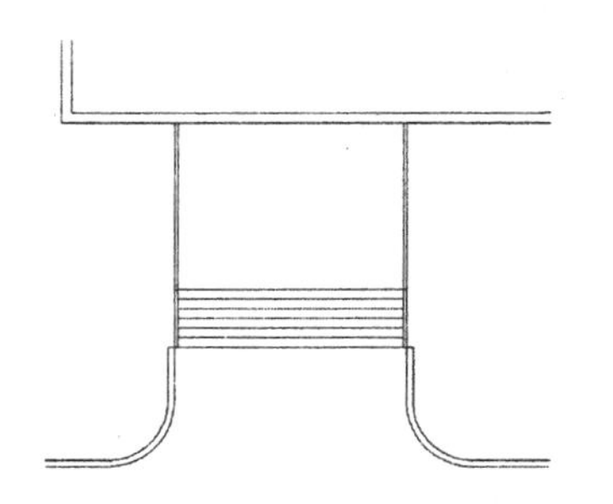

图 11-163　偏移水平直线

（27）单击“修改”工具栏中的“复制”按钮，将偏移后的直线向上复制，间距为 1600，完成台阶的绘制，如图 11-164 所示。

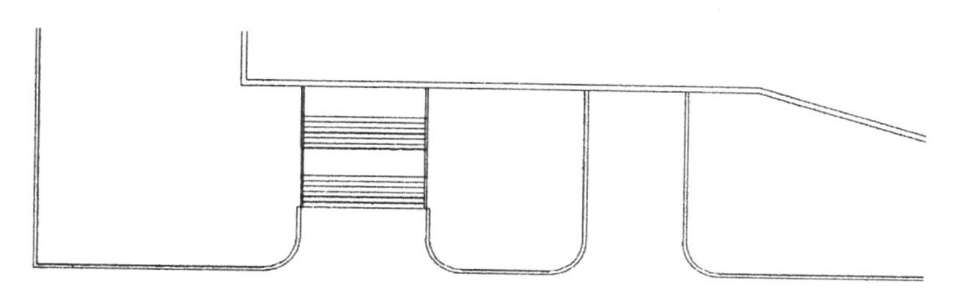

图 11-164　绘制台阶

（28）单击“修改”工具栏中的“镜像”按钮，镜像图形并进行整理，如图 11-165 所示。

（29）单击“绘图”工具栏中的“直线”按钮，在图中合适的位置处绘制一条水平直线，如图 11-166 所示。

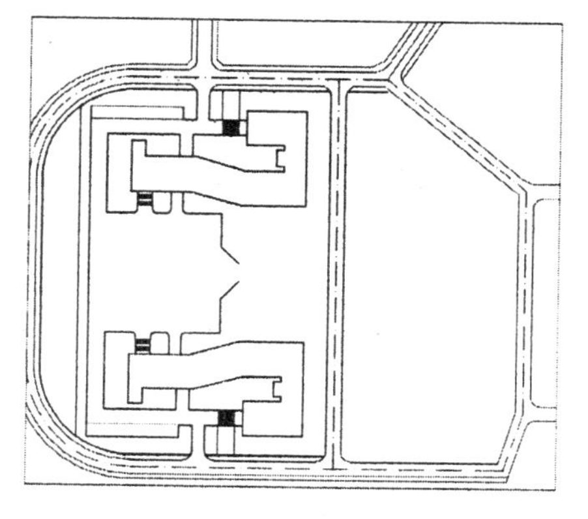

图 11-165　镜像图形

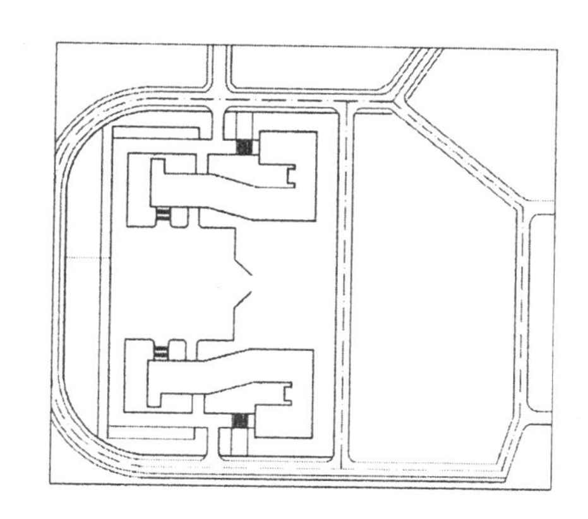

图 11-166　绘制水平直线

（30）单击“修改”工具栏中的“偏移”按钮，将水平直线依次向下偏移，偏移距离为 2000、18600 和 2000，如图 11-167 所示。

（31）单击“修改”工具栏中的“修剪”按钮，修剪掉多余的直线，如图 11-168 所示。

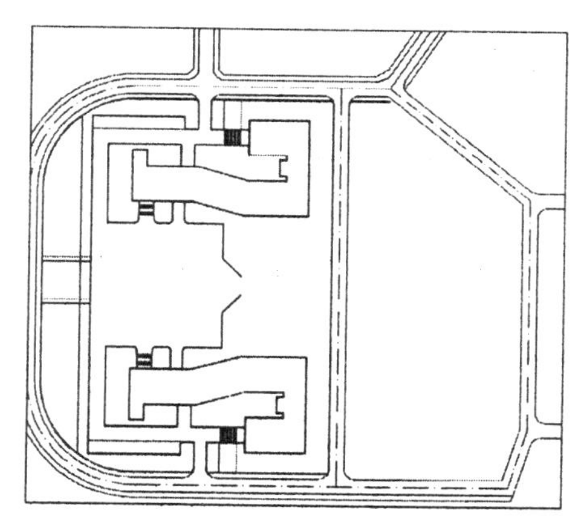

图 11-167　偏移水平直线

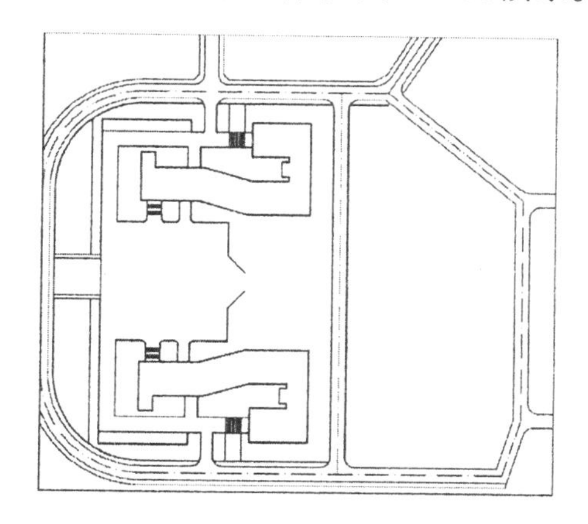

图 11-168　修剪掉多余的直线

（32）单击“绘图”工具栏中的“直线”按钮，在图中合适的位置处绘制一条竖直直线，然后单击“修改”工具栏中的“矩形阵列”按钮，设置行数为 1，列数为 12，列偏移为 300，将竖直直线进行阵列，结果如图 11-169 所示。

（33）单击“修改”工具栏中的“复制”按钮，将步骤（32）中阵列后的 11 条直线向右复制 4 次，间距为 2000，完成台阶的绘制，如图 11-170 所示。

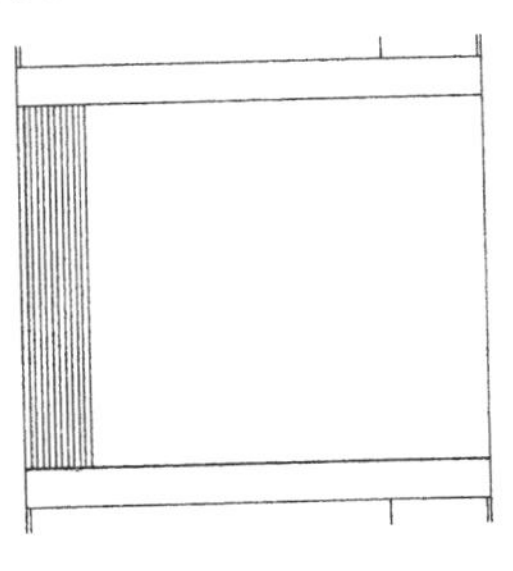

图 11-169　偏移直线

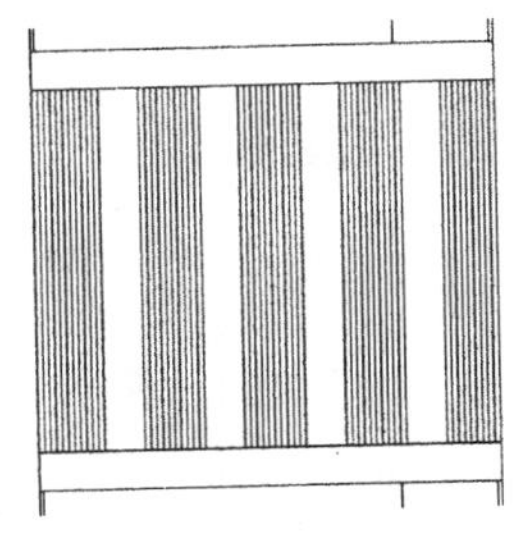

图 11-170　绘制台阶

（34）单击“绘图”工具栏中的“直线”按钮，绘制指引箭头，如图 11-171 所示。

（35）单击“绘图”工具栏中的“多行文字”按钮，在箭头处输入文字，如图 11-172 所示。

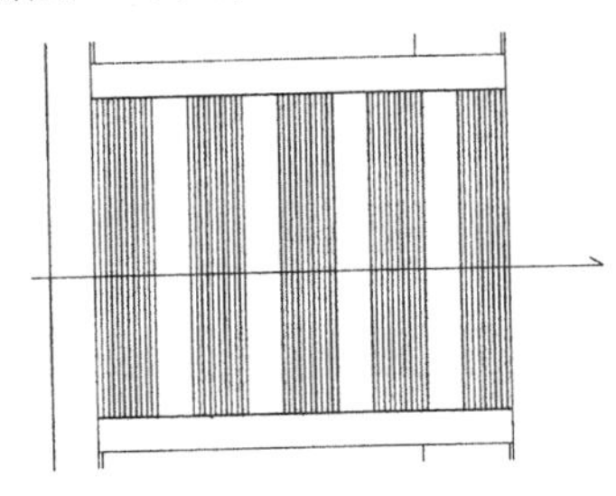

图 11-171　绘制指引箭头

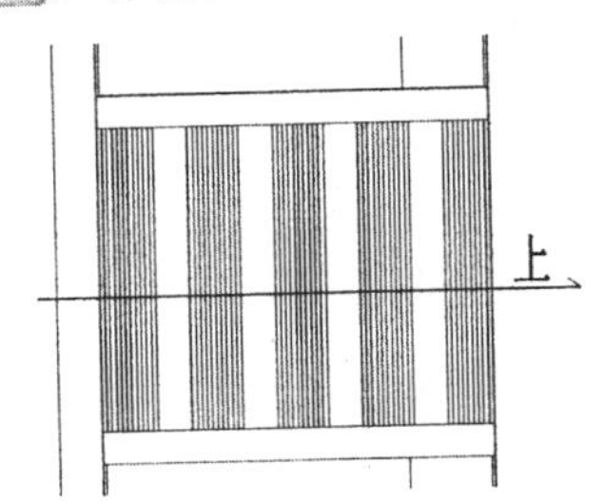

图 11-172　输入文字

（36）单击“绘图”工具栏中的“直线”按钮，在图中合适的位置处绘制一条竖直直线，如图 11-173 所示。

（37）单击“修改”工具栏中的“偏移”按钮，将竖直直线向右偏移，偏移距离为 1000，如图 11-174 所示。

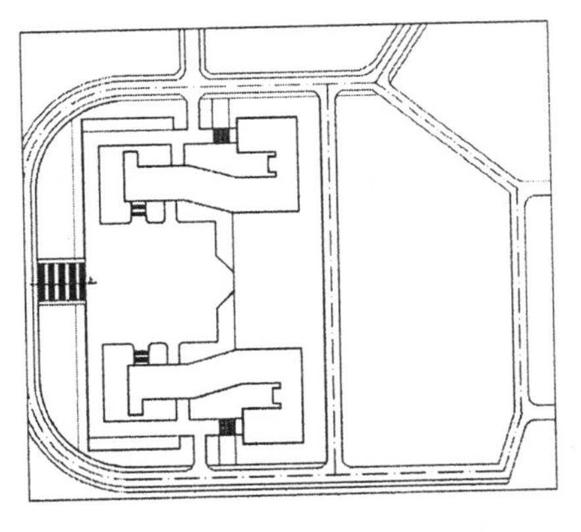

图 11-173　绘制竖直直线

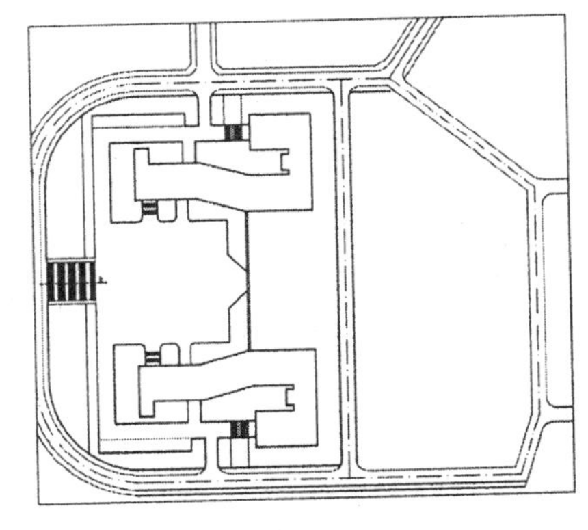

图 11-174　偏移直线

（38）单击“绘图”工具栏中的“直线”按钮，在图中合适的位置处绘制一条短直线，如图 11-175 所示。

（39）单击“修改”工具栏中的“偏移”按钮，将短直线依次向下偏移，偏移间距为 1100，如图 11-176 所示。

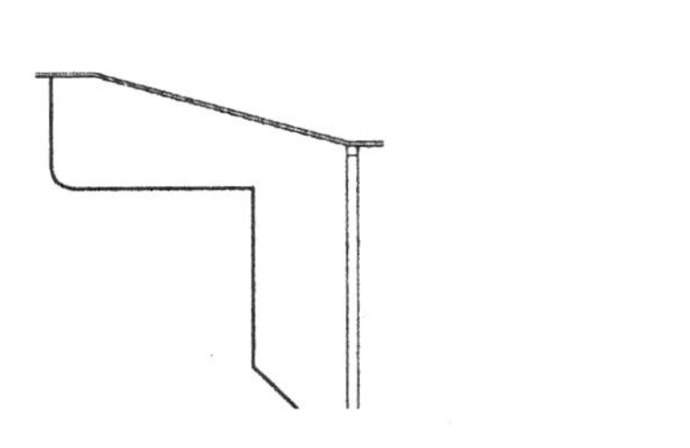

图 11-175　绘制短直线

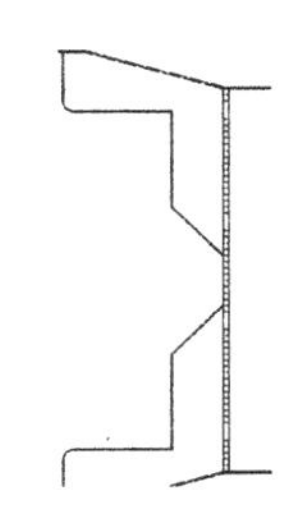

图 11-176　偏移短直线

（40）单击“绘图”工具栏中的“直线”按钮和“圆弧”按钮，绘制图形，如图 11-177 所示。

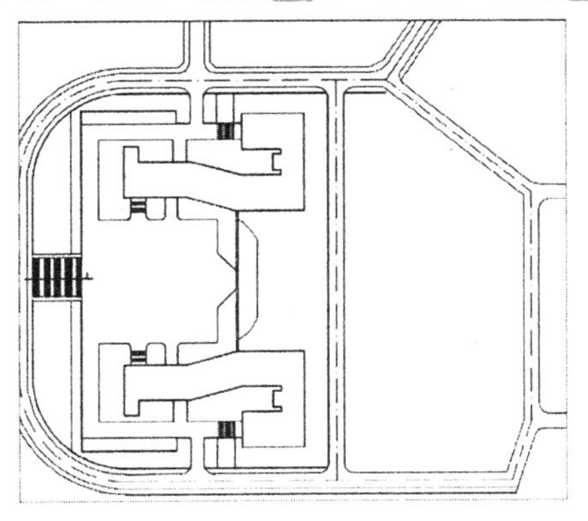

图 11-177　绘制图形

（41）单击“绘图”工具栏中的“直线”按钮，在图中合适的位置处绘制一条水平直线，如图 11-178 所示。

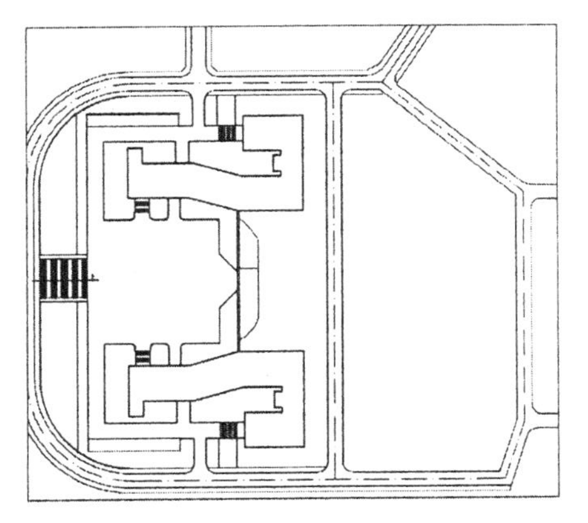

图 11-178　绘制水平直线

（42）单击“修改”工具栏中的“偏移”按钮，将水平直线依次向下偏移，如图 11-179 所示。

（43）单击“修改”工具栏中的“修剪”按钮，修剪掉多余的直线，如图 11-180 所示。

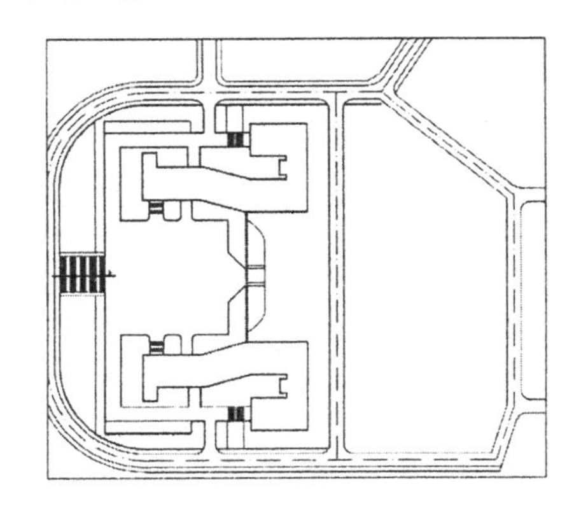

图 11-179　偏移直线

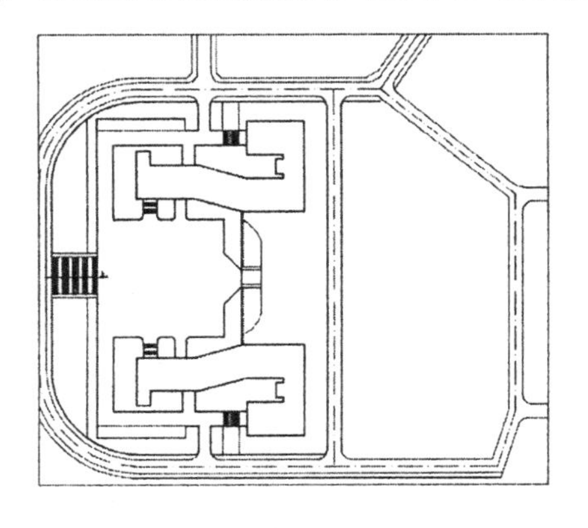

图 11-180　修剪掉多余的直线

（44）单击“绘图”工具栏中的“直线”按钮，绘制台阶，如图 11-181 所示。

（45）单击“绘图”工具栏中的“直线”按钮和“多行文字”按钮A，绘制指引箭头，如图 11-182 所示。

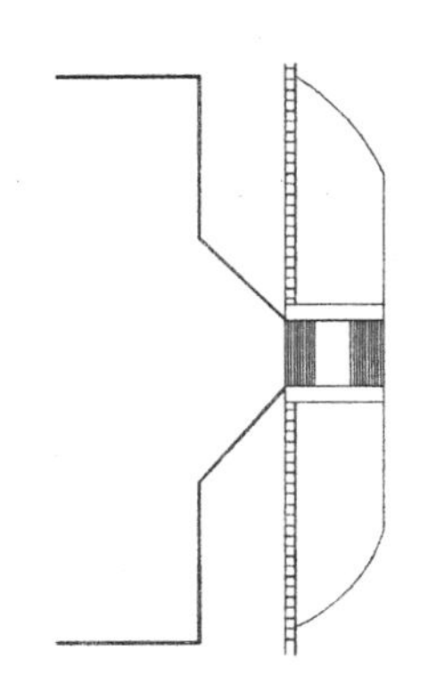

图 11-181　绘制台阶

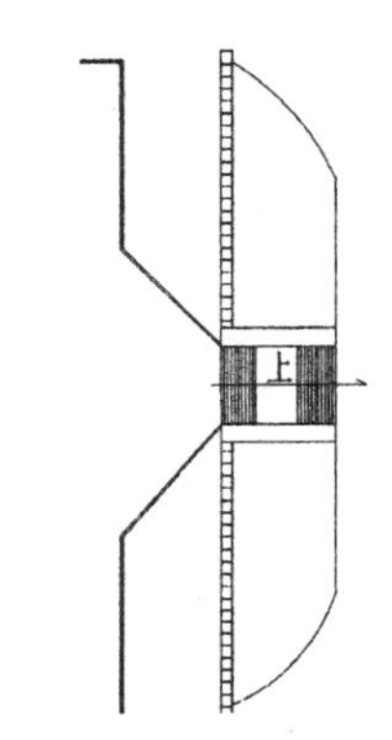

图 11-182　绘制指引箭头

（46）单击“绘图”工具栏中的“圆弧”按钮，绘制一段圆弧，如图 11-183 所示。

（47）单击“绘图”工具栏中的“直线”按钮，绘制放射状直线，如图 11-184 所示。

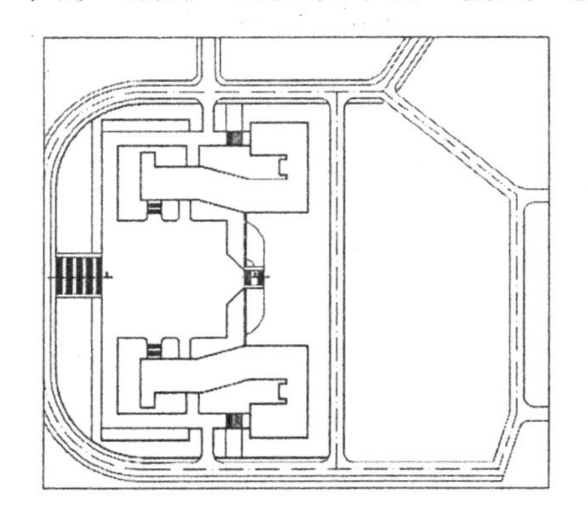

图 11-183　绘制圆弧

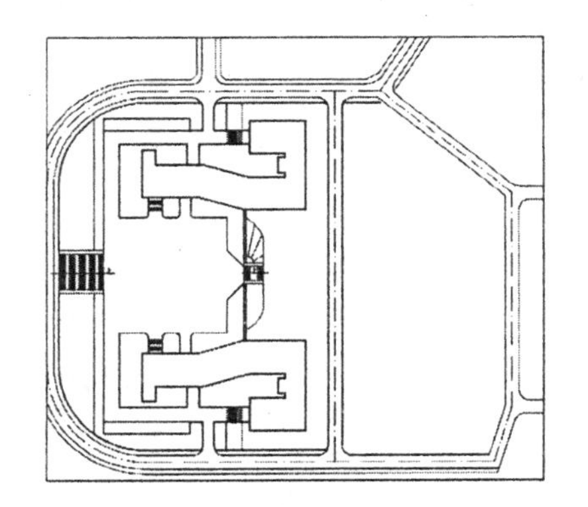

图 11-184　绘制放射状直线

（48）单击“修改”工具栏中的“镜像”按钮，镜像图形，并进行整理，如图 11-185 所示。

（49）单击“修改”工具栏中的“偏移”按钮，将中间轴线向左偏移，偏移距离为 19800 和 7200，如图 11-186 所示。

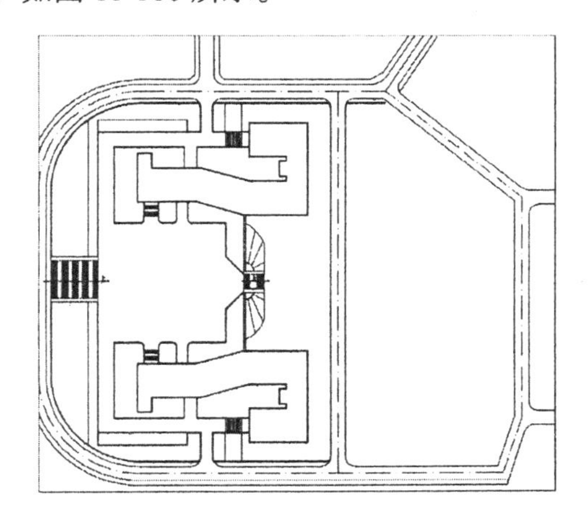

图 11-185　镜像图形

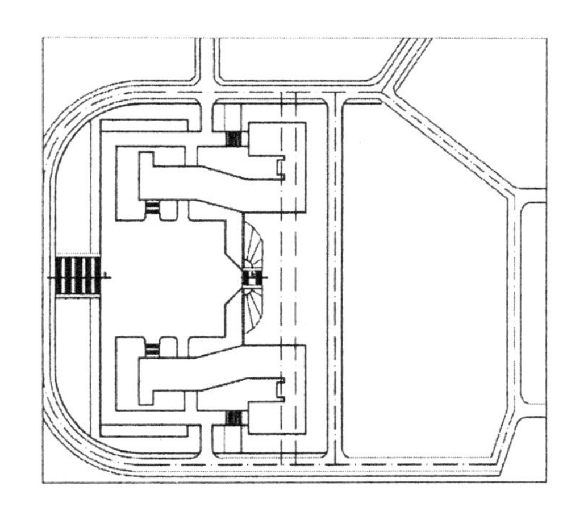

图 11-186　偏移轴线

（50）单击“绘图”工具栏中的“直线”按钮，根据图 11-186 中的偏移轴线绘制升旗广场入口踏步，并将偏移的轴线删除，如图 11-187 所示。

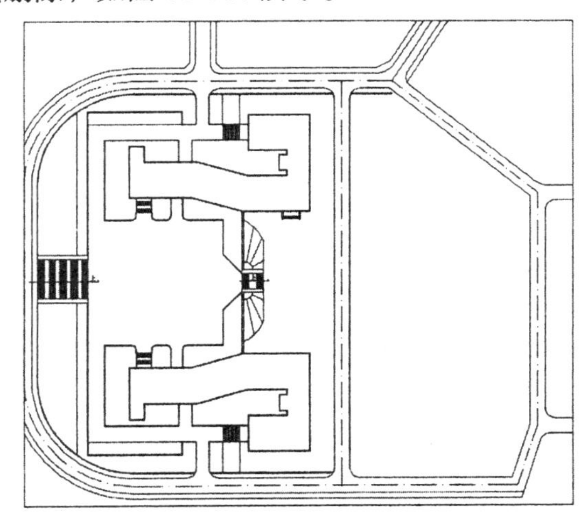

图 11-187　绘制踏步

（51）单击“绘图”工具栏中的“矩形”按钮，在图中绘制一个矩形，如图 11-188 所示。

（52）单击“修改”工具栏中的“复制”按钮，将矩形向下复制，如图 11-189 所示。

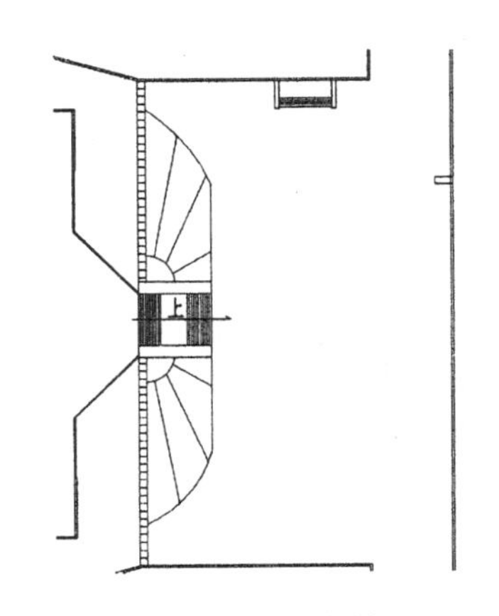

图 11-188　绘制矩形

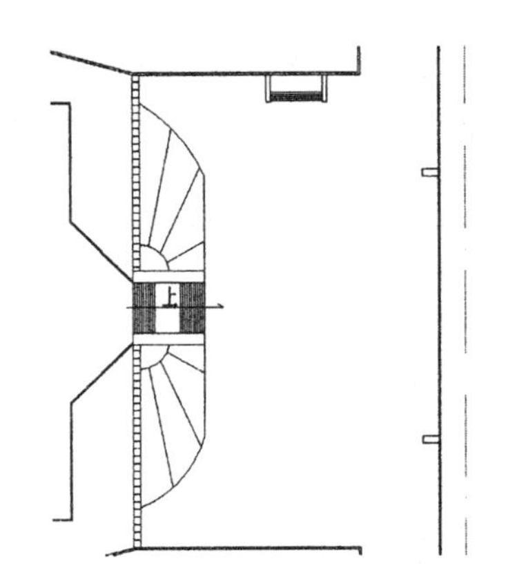

图 11-189　复制矩形

（53）单击“绘图”工具栏中的“直线”按钮和“圆弧”按钮，绘制轮廓线，如图 11-190 所示。

（54）单击“修改”工具栏中的“偏移”按钮，偏移轮廓线，完成台阶的绘制，如图 11-191 所示。

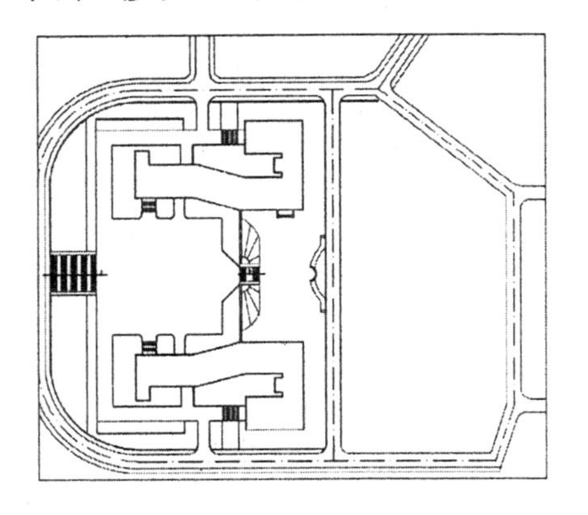

图 11-190　绘制轮廓线

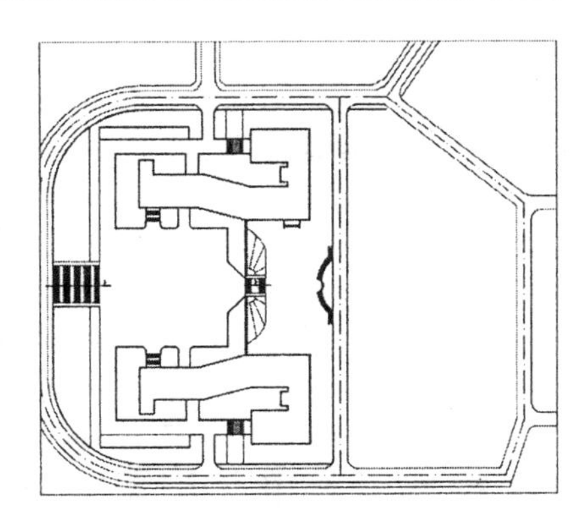

图 11-191　绘制台阶

（55）单击“绘图”工具栏中的“直线”按钮和“多行文字”按钮，绘制指引箭头，如图 11-192 所示。

（56）单击“修改”工具栏中的“镜像”按钮，镜像图形，如图 11-193 所示。

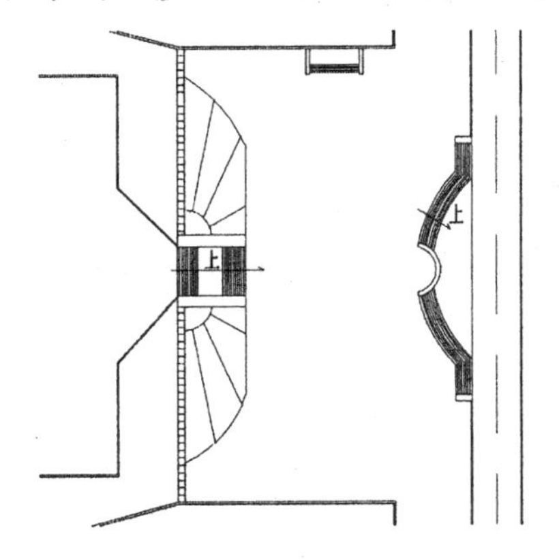

图 11-192　绘制指引箭头

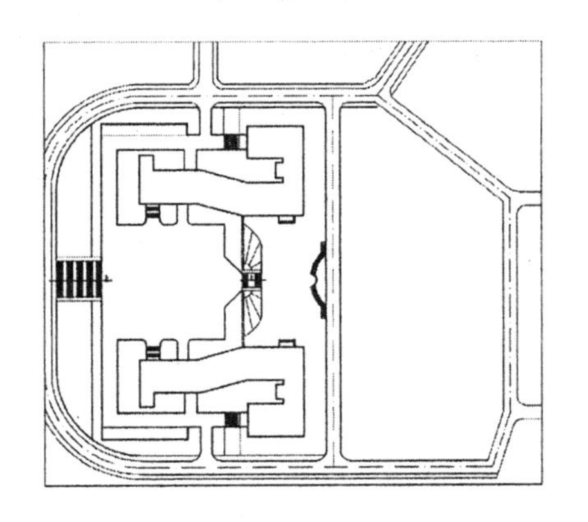

图 11-193　镜像图形

（57）单击“绘图”工具栏中的“直线”按钮和“圆弧”按钮，绘制升旗广场通道，如图 11-194 所示。

3. 绘制园林设施 3

（1）单击“绘图”工具栏中的“矩形”按钮，在图中合适的位置处绘制一个矩形，如图 11-195 所示。

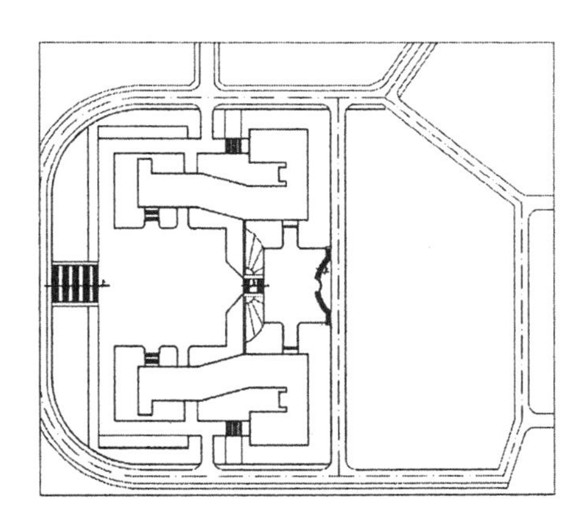

图 11-194　绘制升旗广场通道

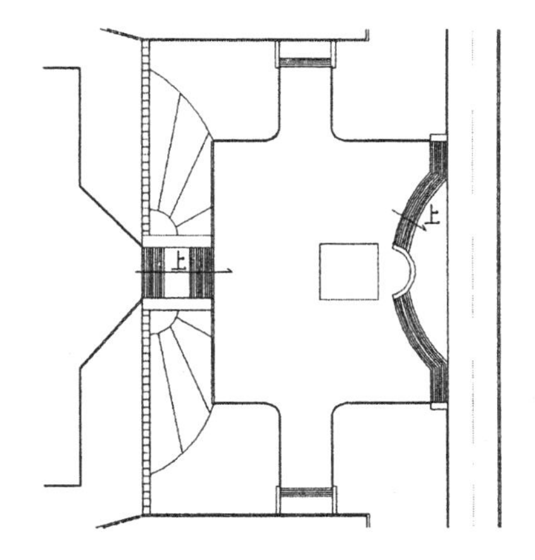

图 11-195　绘制矩形

（2）单击“修改”工具栏中的“偏移”按钮，将矩形向内偏移，如图 11-196 所示。
（3）单击“绘图”工具栏中的“直线”按钮，在图中绘制直线，如图 11-197 所示。

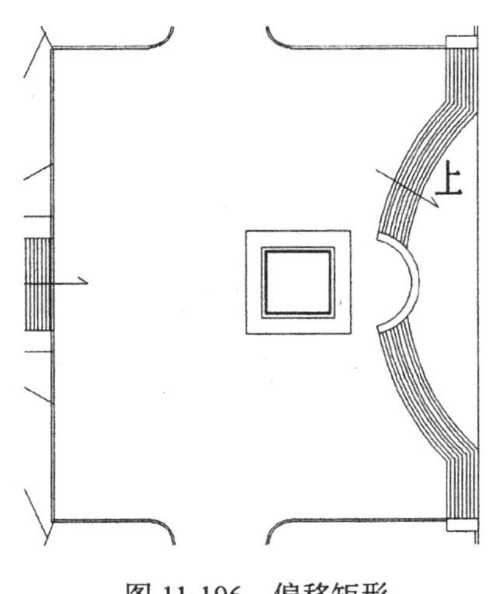

图 11-196　偏移矩形

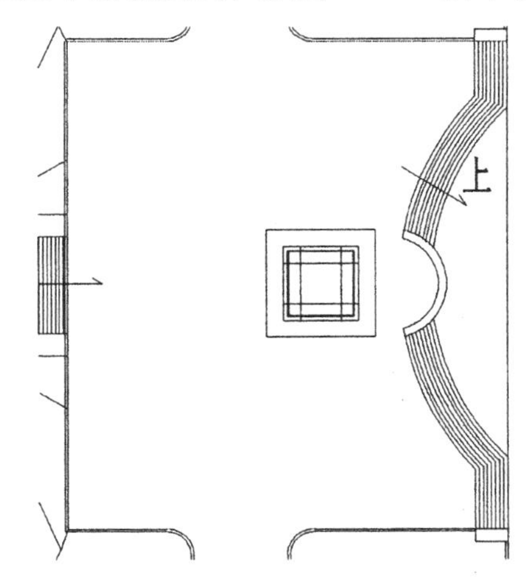

图 11-197　绘制直线

（4）单击“修改”工具栏中的“修剪”按钮，修剪掉多余的直线，如图 11-198 所示。
（5）单击“绘图”工具栏中的“直线”按钮，绘制踏步，如图 11-199 所示。

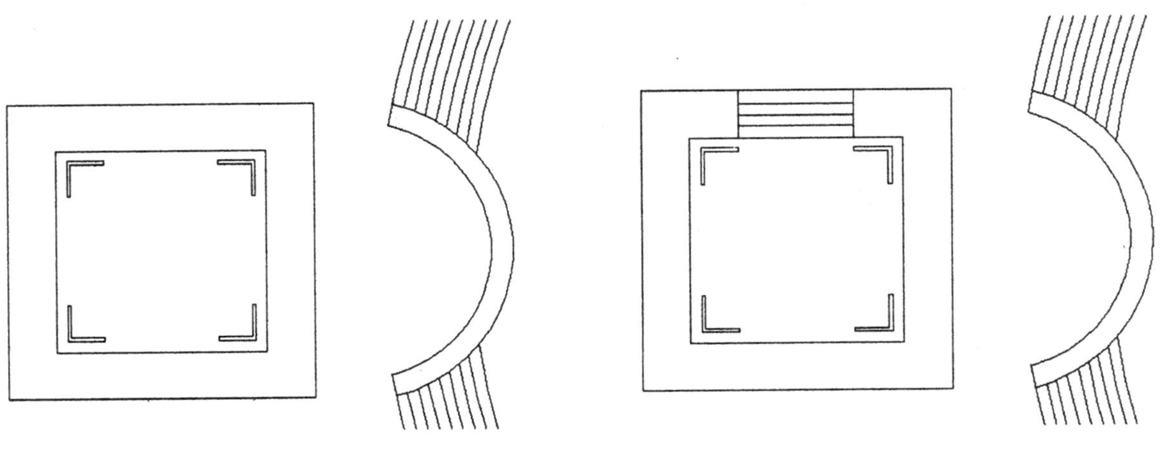

图 11-198　修剪掉多余的直线　　　　图 11-199　绘制踏步

（6）单击“修改”工具栏中的“镜像”按钮，将踏步镜像到另外一侧，如图 11-200 所示。

（7）单击“修改”工具栏中的“复制”按钮和“旋转”按钮，复制踏步并旋转到合适的角度，如图 11-201 所示。

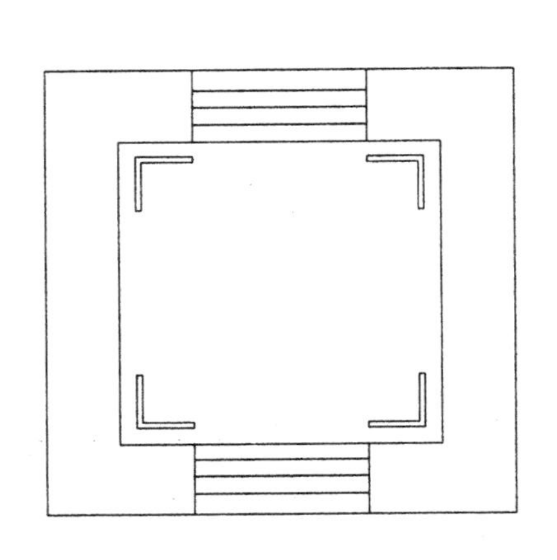

图 11-200　镜像踏步

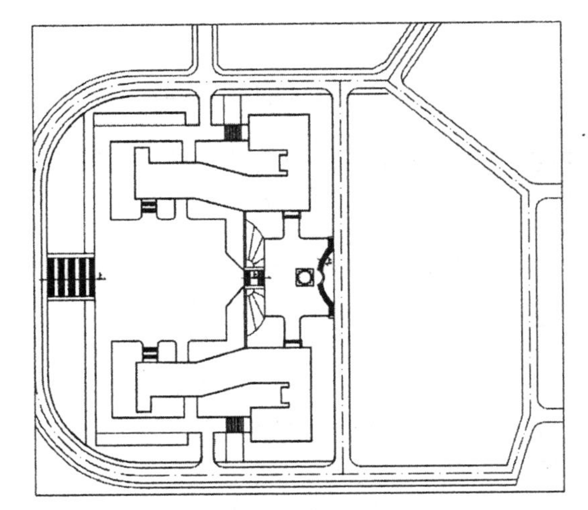

图 11-201　复制踏步

（8）单击“绘图”工具栏中的“圆”按钮，绘制一个圆，如图 11-202 所示。

（9）单击“修改”工具栏中的“修剪”按钮，修剪掉多余的直线，最终完成升旗台的绘制，如图 11-203 所示。

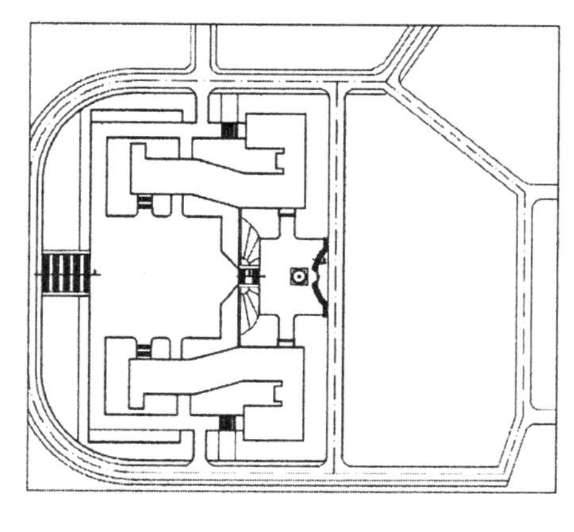

图 11-202　绘制圆

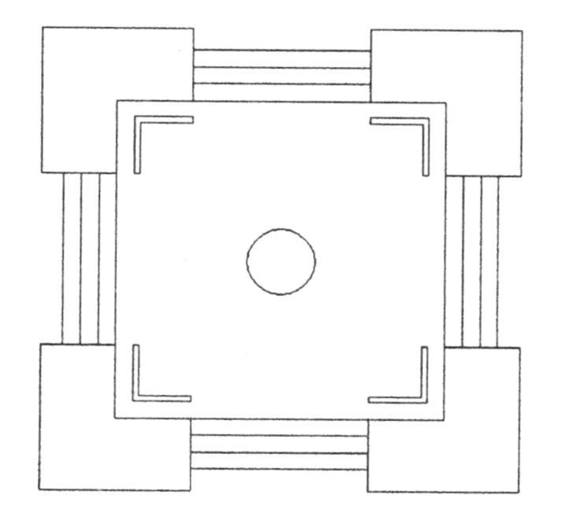

图 11-203　绘制升旗台

4. 绘制园林设施 4

（1）单击“绘图”工具栏中的“圆弧”按钮，在图中合适的位置处绘制一段圆弧，如图 11-204 所示。

（2）单击“修改”工具栏中的“偏移”按钮，将圆弧向外偏移 200，绘制标准花池，如图 11-205 所示。

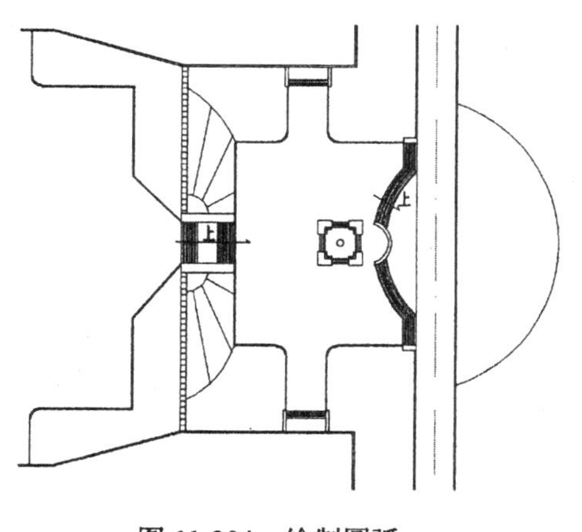

图 11-204　绘制圆弧

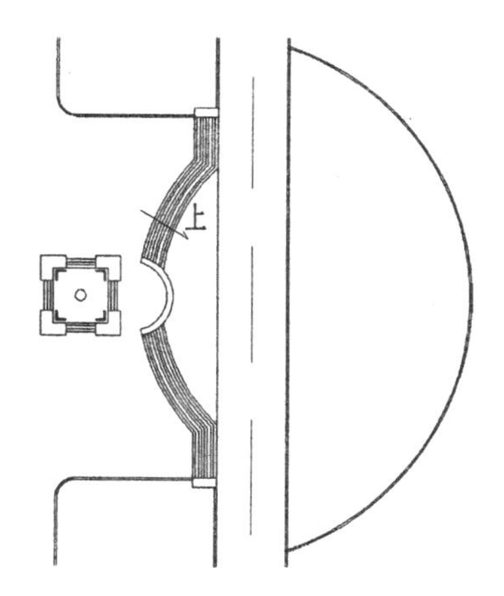

图 11-205　绘制标准花池

（3）单击“绘图”工具栏中的“圆弧”按钮，在图中合适的位置处绘制一小段圆弧，如图 11-206 所示。

（4）单击“绘图”工具栏中的“直线”按钮，封闭圆弧，如图 11-207 所示。

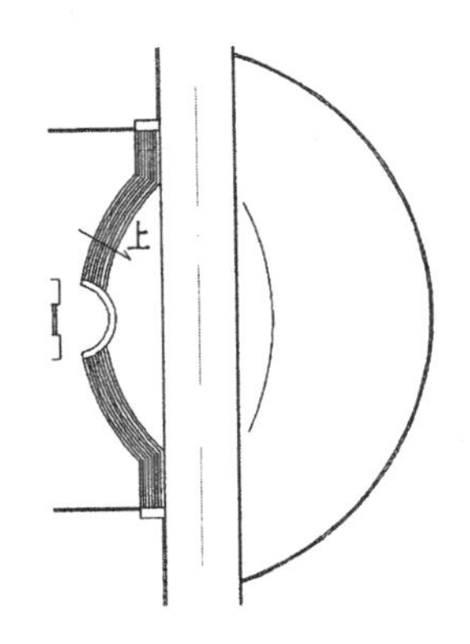

图 11-206　绘制小段圆弧

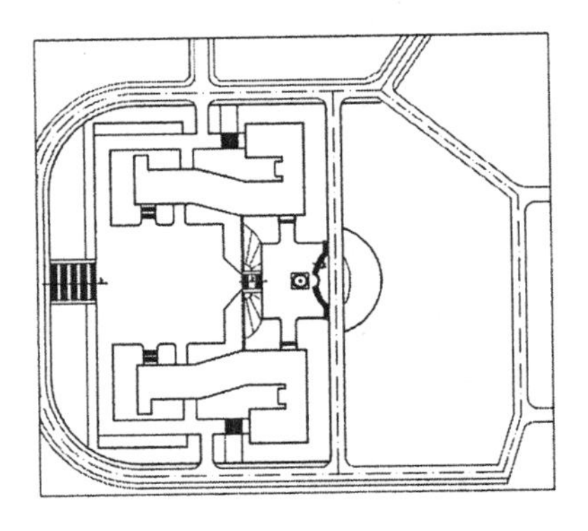

图 11-207　封闭圆弧

（5）单击“修改”工具栏中的“修剪”按钮，修剪掉多余的直线，如图 11-208 所示。

5. 绘制园林设施 5

（1）单击“绘图”工具栏中的“直线”按钮和“圆弧”按钮，绘制轮廓线，如图 11-209 所示。

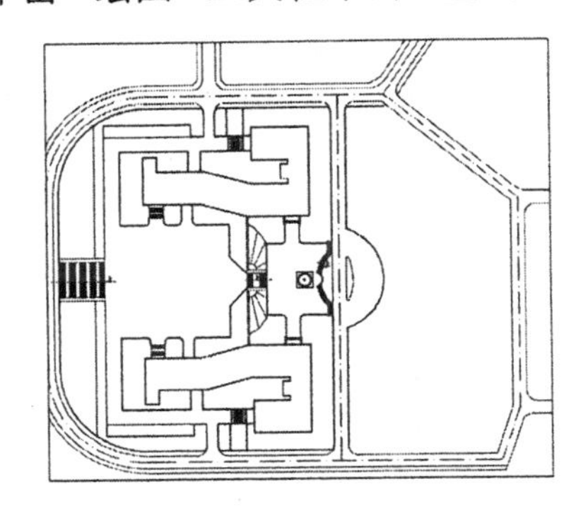

图 11-208　修剪掉多余的直线

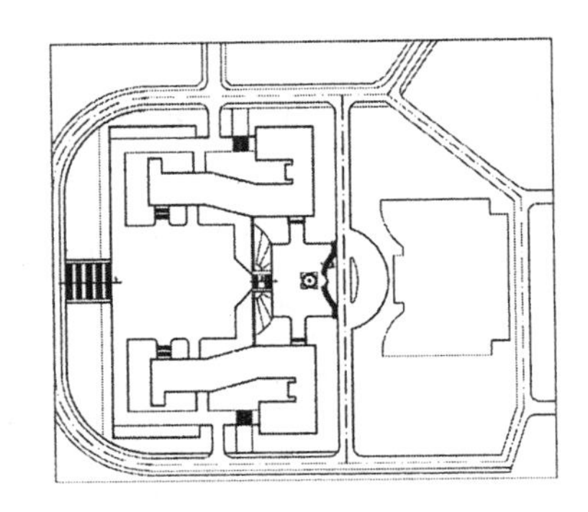

图 11-209　绘制轮廓线

（2）单击“修改”工具栏中的“偏移”按钮，将轮廓线向内偏移 200，然后单击“修改”工具栏中的“修剪”按钮，修剪掉多余的直线，如图 11-210 所示。

（3）单击“绘图”工具栏中的“直线”按钮，绘制一条竖直直线，如图 11-211 所示。

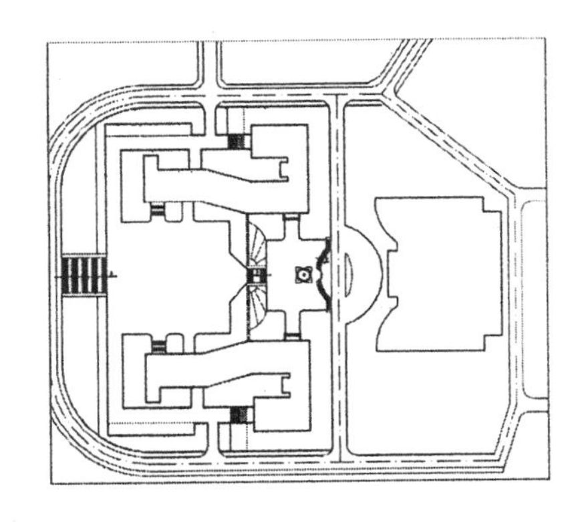

图 11-210　偏移直线

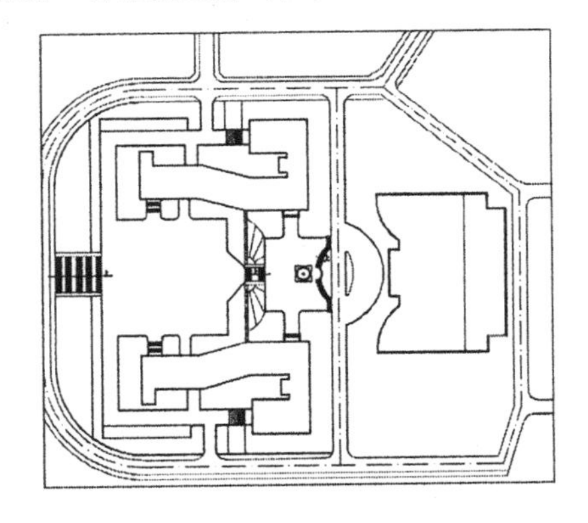

图 11-211　绘制竖直直线

（4）单击“绘图”工具栏中的“矩形”按钮▭，绘制一个矩形，如图 11-212 所示。

（5）单击“绘图”工具栏中的“直线”按钮╱和“修改”工具栏中的“偏移”按钮▲、“修剪”按钮-/-，绘制台阶，如图 11-213 所示。

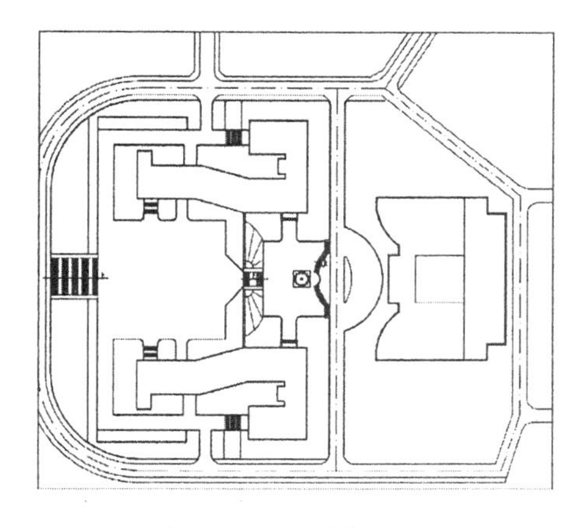

图 11-212　绘制矩形

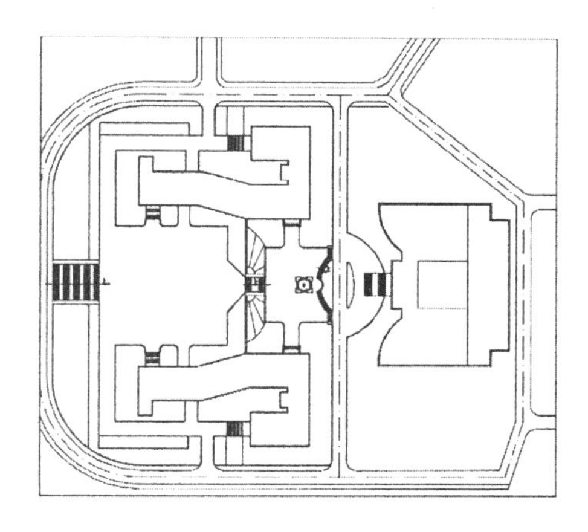

图 11-213　绘制台阶

（6）单击“绘图”工具栏中的“直线”按钮╱和“修改”工具栏中的“偏移”按钮▲，补充绘制道路和标准花池，如图 11-214 所示。

6. 绘制园林设施 6

（1）单击“绘图”工具栏中的“圆弧”按钮⌒，在图中绘制一段圆弧，如图 11-215 所示。

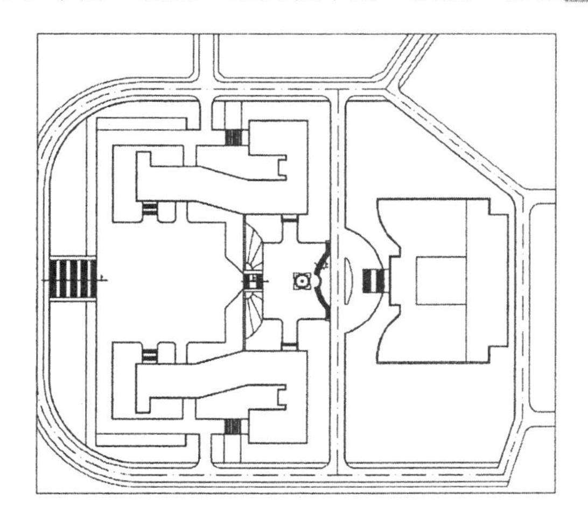

图 11-214　绘制道路和标准花池

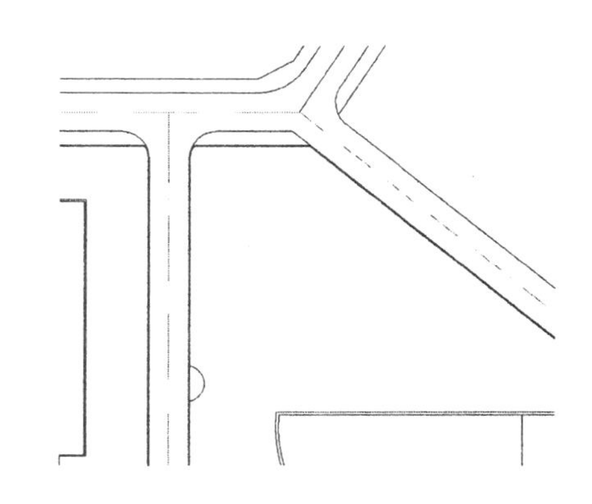

图 11-215　绘制圆弧 1

（2）单击“绘图”工具栏中的“圆弧”按钮⌒，绘制另外一段圆弧，如图 11-216 所示。

（3）单击“修改”工具栏中的“修剪”按钮-/-，修剪掉多余的直线，如图 11-217 所示。

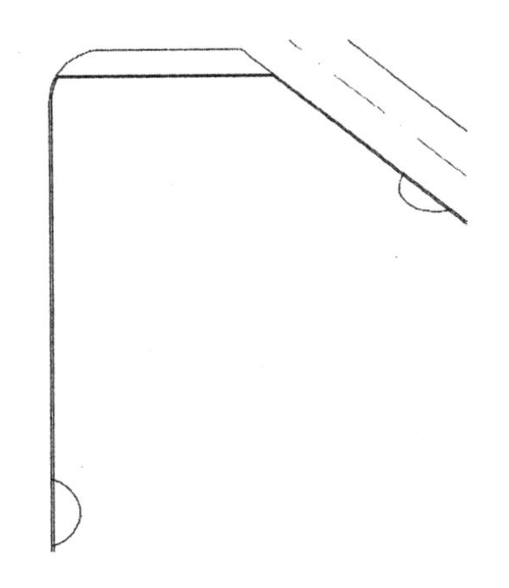

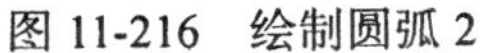

图 11-216　绘制圆弧 2

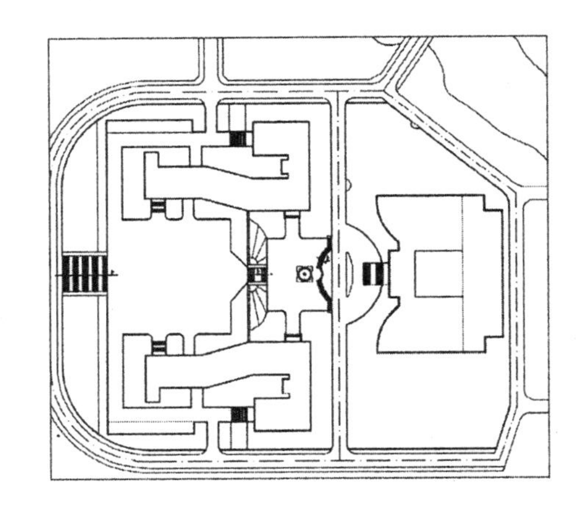

图 11-217　修剪掉多余的直线

（4）单击“绘图”工具栏中的“样条曲线”按钮，绘制地面，如图 11-218 所示。

（5）单击“绘图”工具栏中的“圆”按钮，绘制一个圆，如图 11-219 所示。

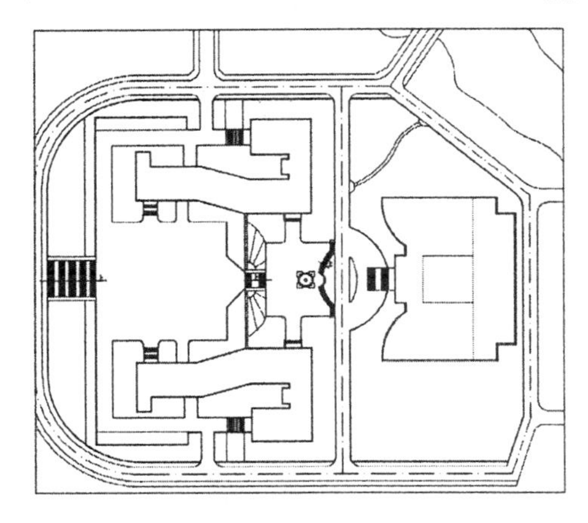

图 11-218　绘制地面

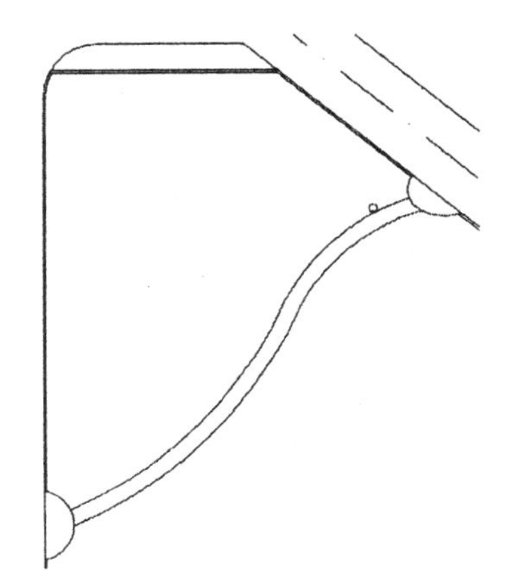

图 11-219　绘制圆

（6）单击“修改”工具栏中的“复制”按钮，复制圆，完成汀步的绘制，如图 11-220 所示。

（7）单击“绘图”工具栏中的“圆”按钮，绘制另外一侧的汀步，如图 11-221 所示。

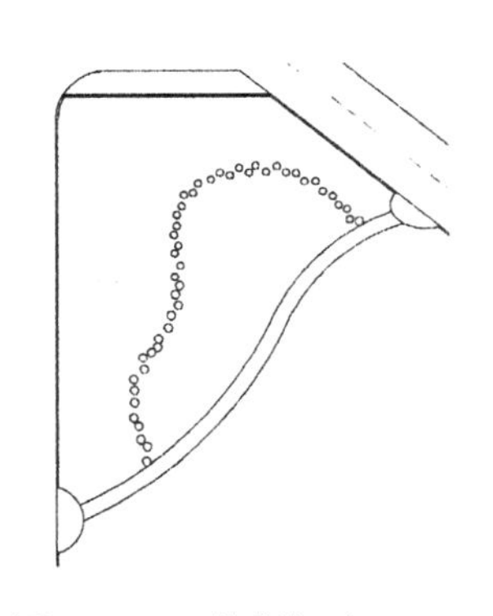

图 11-220　绘制汀步 1

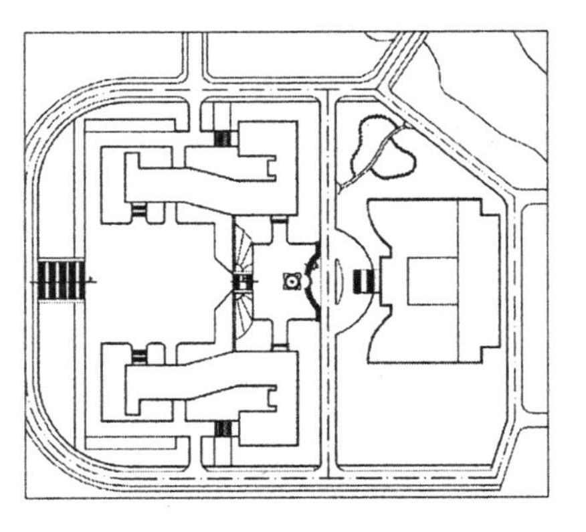

图 11-221　绘制汀步 2

（8）单击“绘图”工具栏中的“矩形”按钮，绘制一个矩形，如图 11-222 所示。

（9）单击“绘图”工具栏中的“直线”按钮，在矩形内绘制两条相交的直线，完成景观架的绘制，如图 11-223 所示。

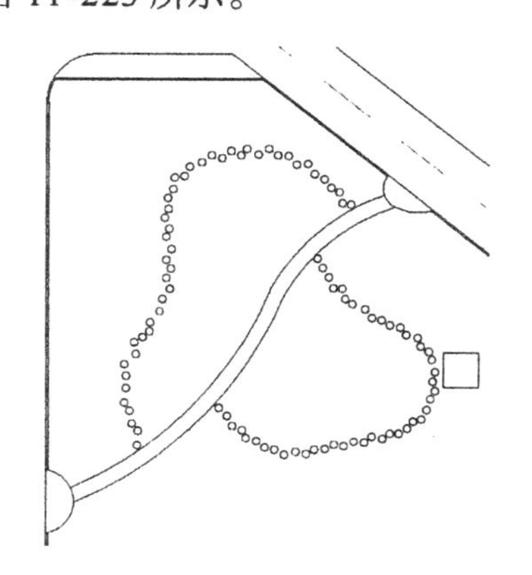

图 11-222　绘制矩形

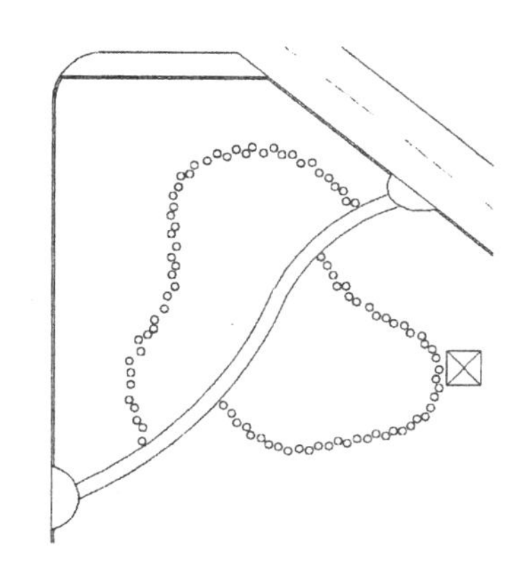

图 11-223　绘制景观架

（10）单击“绘图”工具栏中的“圆”按钮 和“修剪”按钮，绘制花岗石地面，如图 11-224 所示。

（11）单击“绘图”工具栏中的“圆弧”按钮和“样条曲线”按钮，绘制剩余图形，并将外框删除，结果如图 11-225 所示。

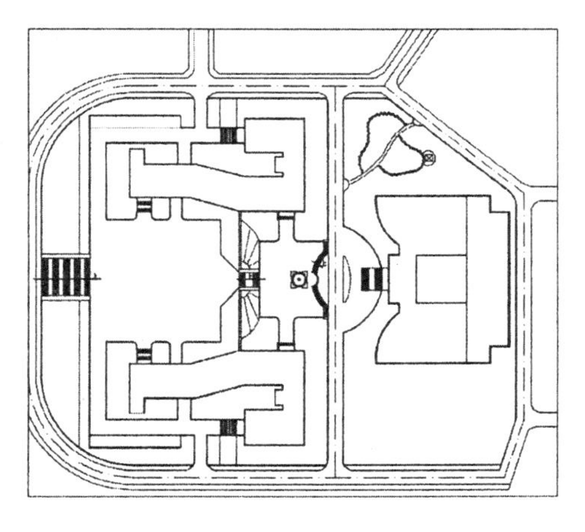

图 11-224　绘制花岗石地面

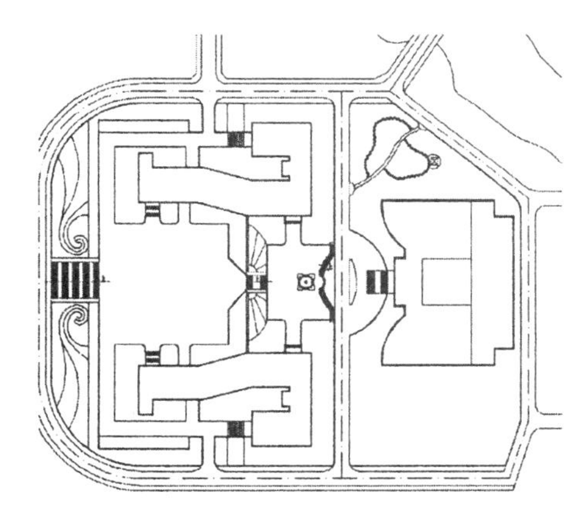

图 11-225　绘制剩余图形

11.2.4　标注尺寸

（1）选择菜单栏中的“格式”→“标注样式”命令，打开“标注样式管理器”对话框，如图 11-226 所示。新建一个标注样式并进行设置，将超出尺寸线设置为 1000，起点偏移量为 1000，箭头大小为 1000，文字高度为 1600，精度为 0，舍入为 100。

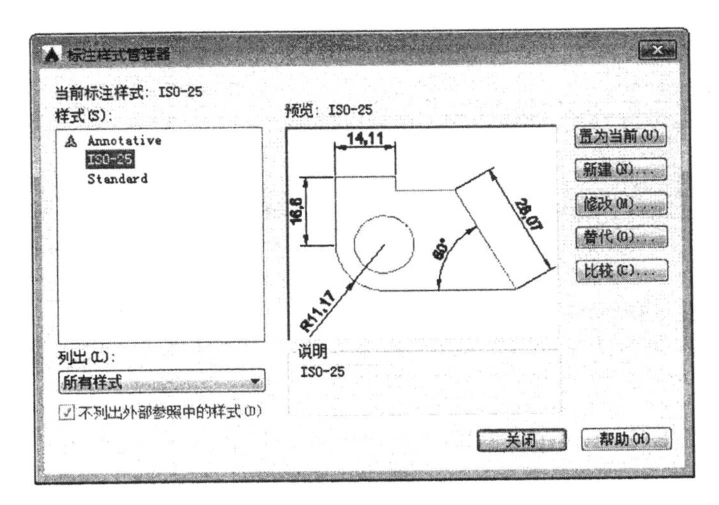

图 11-226 “标注样式管理器”对话框

（2）单击“标注”工具栏中的“线性”按钮和“连续”按钮，为图形标注尺寸，如图 11-227 所示。

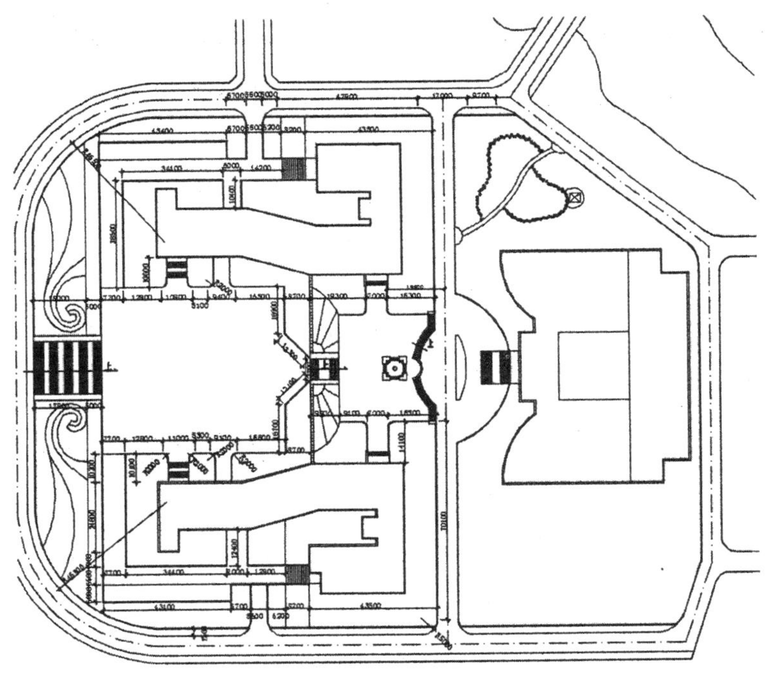

图 11-227 标注尺寸

11.2.5 标注文字

（1）选择菜单栏中的“格式”→“文字样式”命令，打开“文字样式”对话框，将高度设置为 2000，宽度因子设置为 0.7，如图 11-228 所示。

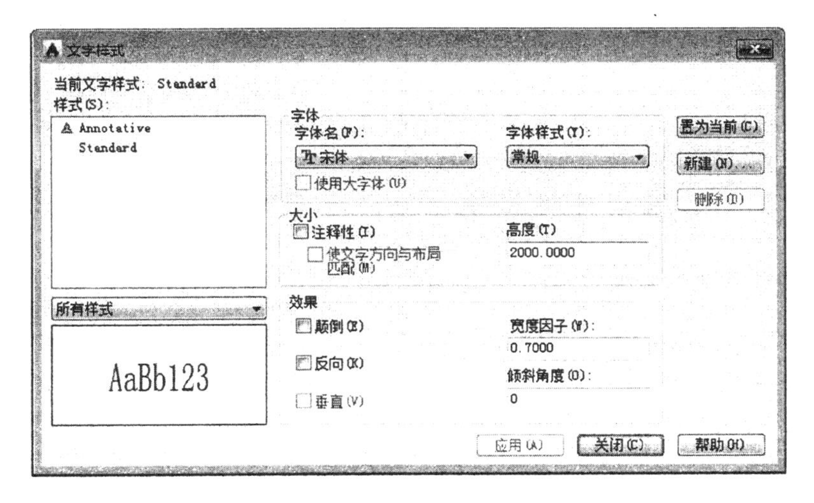

图 11-228　设置文字样式

（2）单击“绘图”工具栏中的“直线”按钮，在图中引出直线，如图 11-229 所示。

（3）单击“绘图”工具栏中的“圆”按钮，在直线处绘制一个圆，如图 11-230 所示。

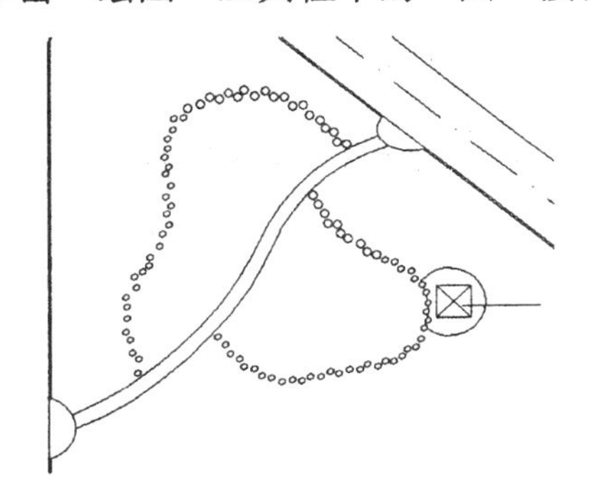

图 11-229　引出直线

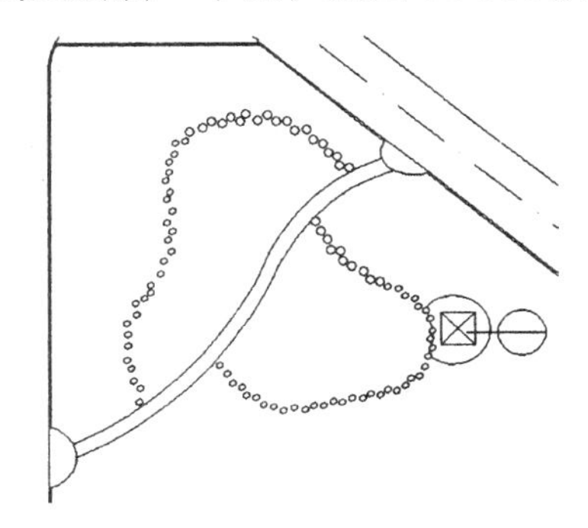

图 11-230　绘制圆

（4）单击“绘图”工具栏中的“多行文字”按钮A，在圆内输入文字，完成索引符号的绘制，如图 11-231 所示。

（5）单击“绘图”工具栏中的“多行文字”按钮A，标注文字，如图 11-232 所示。

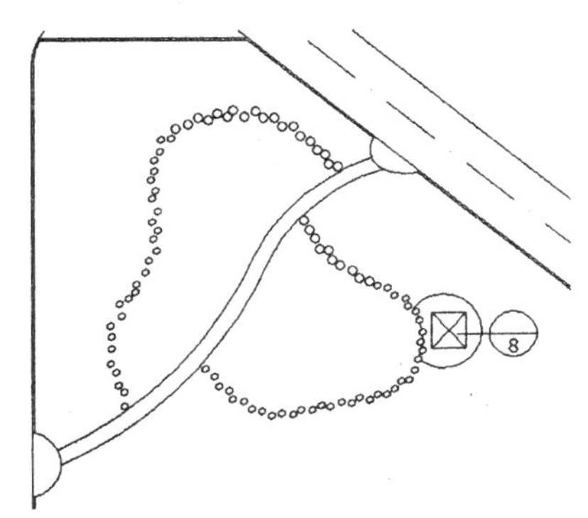

图 11-231　输入文字

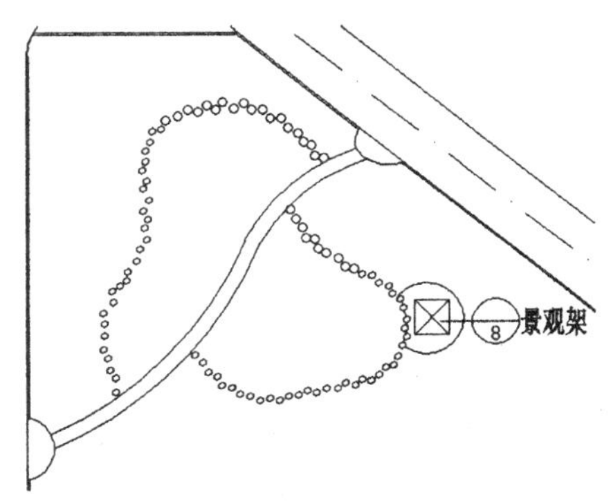

图 11-232　标注文字 1

（6）同理，标注其他位置处的文字，如图 11-233 所示。

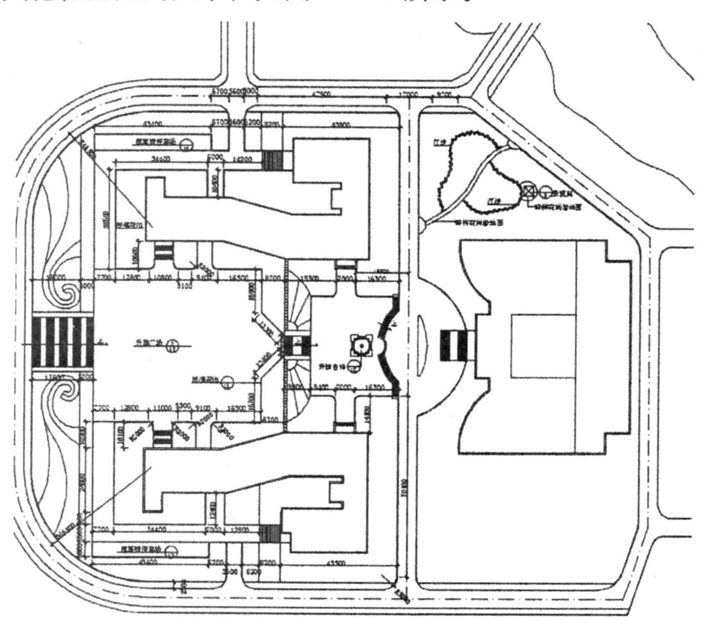

图 11-233　标注文字 2

（7）单击“绘图”工具栏中的“直线”按钮和“多行文字”按钮，标注图名，如图 11-234 所示。

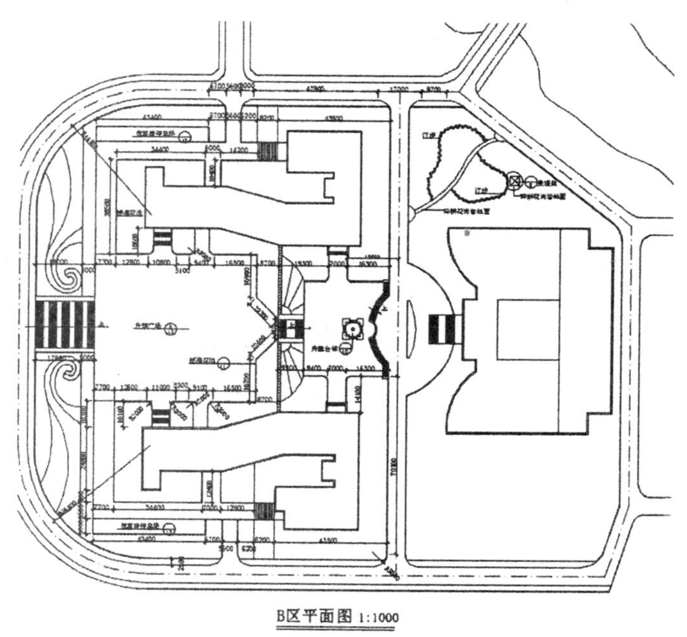

图 11-234　标注图名

（8）单击“绘图”工具栏中的“直线”按钮、“圆”按钮和“多行文字”按钮，绘制指北针，最终完成 B 区平面图的绘制，如图 11-106 所示。

某学院景观绿化种植图

校园作为学生学习、生活的场所，特定的因素和使用主体决定了环境的基本特点。作为总体环境的一部分，校园休闲绿地除满足基本要求之外，其功能的实效性同样值得关注。通过分析不难看出，校园内的休闲绿地，对其要求无外乎能够举行以班级为单位的小型聚会、小型活动，提供交流、读书、休憩等场地。因此，在平面布局设计上就着重分析这些因素，立足实际，以学生为本，创造出不同要求的多样空间，真正达到美观、实用的目的。

植物配置常会运用桃和李，意喻“桃李满天下”。本章讲解园林植物图例的绘制和植物的配置。

12.1　绘制 A 区种植图

本节绘制如图 12-1 所示的 A 区种植图。

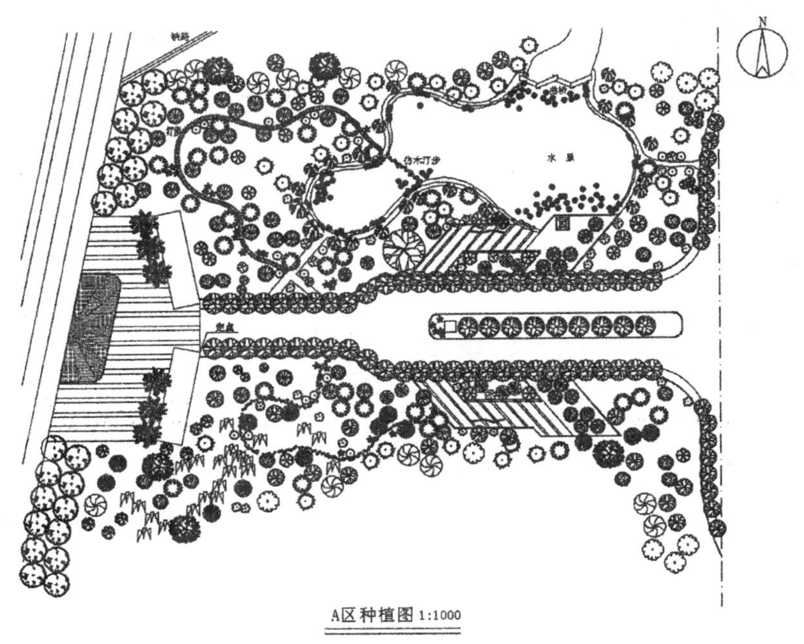

图 12-1　A 区种植图

12.1.1　必要的设置

1. 单位设置

将系统单位设为毫米（mm）。以 1 : 1 的比例绘制。具体操作是，选择菜单栏中的“格式”→“单位”命令，打开“图形单位”对话框，如图 12-2 所示进行设置，然后单击“确定”按钮完成。

2. 图形界限设置

AutoCAD 2015 默认的图形界限为 420 × 297，是 A3 图幅，但是以 1 : 1 的比例绘图，将图形界限设为 420000 × 297000。命令行提示与操作如下：

```
命令 :LIMITS
重新设置模型空间界限 :
指定左下角点或 [ 开 (ON)/ 关 (OFF)] <0,0>:（按 Enter 键）
指定右上角点 <420,297>: 420000,297000（按 Enter 键）
```

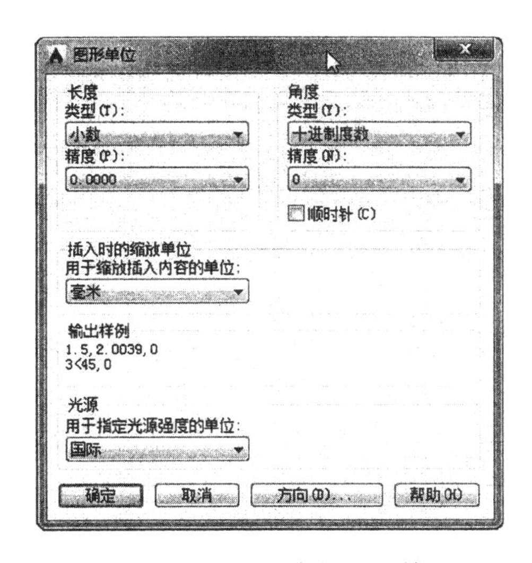

图 12-2　“图形单位”对话框

12.1.2　编辑旧文件

（1）打开 AutoCAD 2015 应用程序，选择菜单栏中的“文件”→“打开”命令，弹出“选择文件”对话框，选择图形文件“某学院景观绿化 A 区平面图”；或者在“文件”下拉菜单中最近打开的文档中选择“某学院景观绿化 A 区平面图”，双击打开文件，将文件另存为“某学院景观绿化 A 区种植图”，打开后的图形如图 12-3 所示。

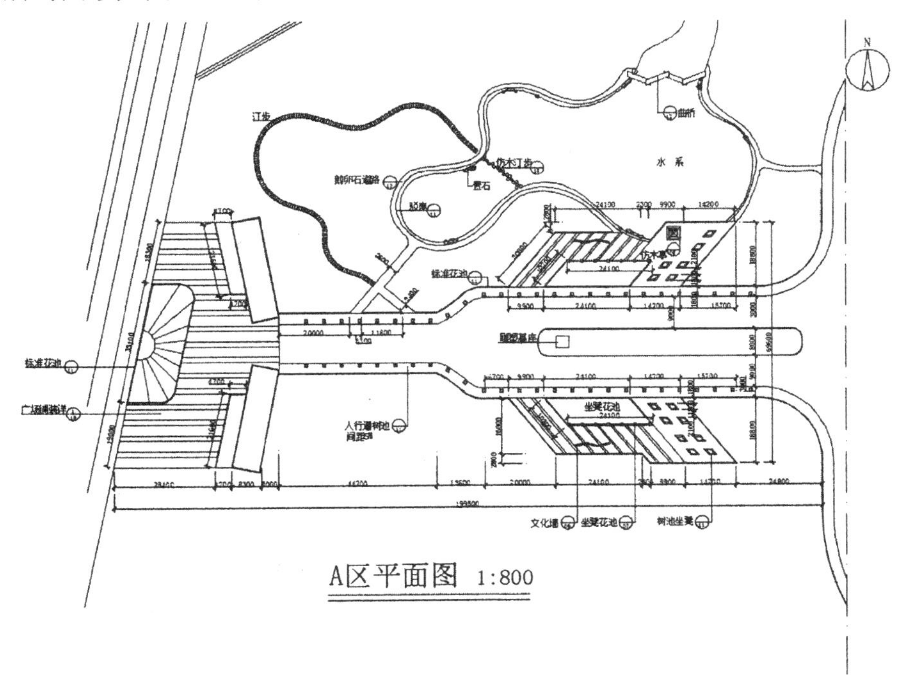

图 12-3　打开“某学院景观绿化 A 区平面图”

（2）单击“修改”工具栏中的“删除”按钮，将多余的图形删除，如图 12-4 所示。

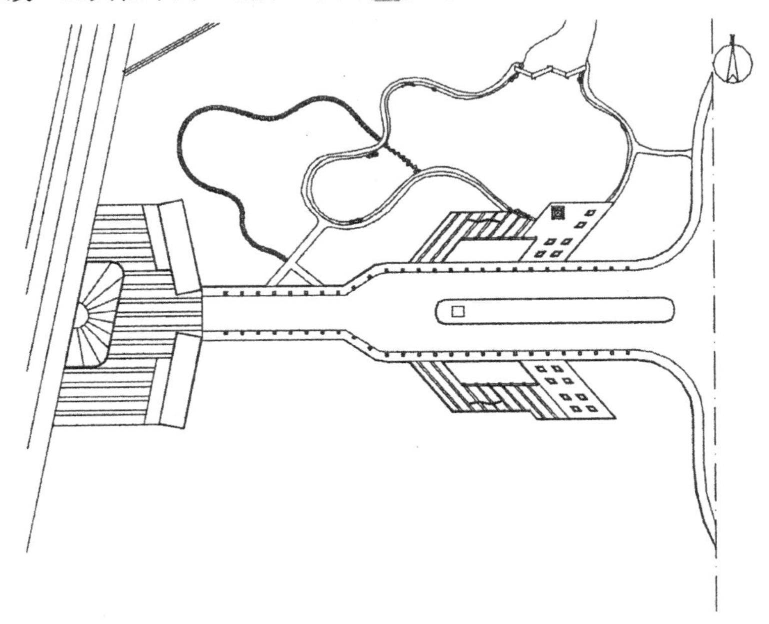

图 12-4　删除多余的图形

12.1.3　植物的绘制

（1）单击“绘图”工具栏中的“圆”按钮，在图中合适的位置处绘制一个圆，如图 12-5 所示。

（2）单击“修改”工具栏中的“复制”按钮，将圆复制到图中其他位置处，如图 12-6 所示。

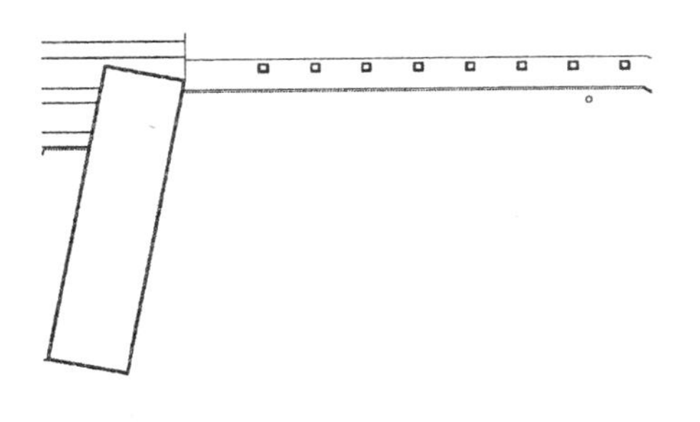

图 12-5　绘制圆

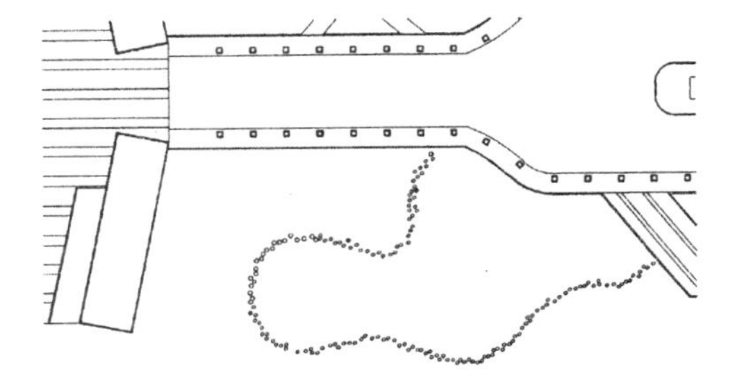

图 12-6　复制圆

（3）建立“乔木”图层，颜色选取 3 号绿色，线型为 Continuous，线宽为默认，并设置为当前层。

（4）绘制落叶乔木图例。

①单击“绘图”工具栏中的“圆”按钮，在命令行输入 2400（树种不同，输入的树冠半径也不同），命令行提示与操作如下：

```
命令 : _circle
指定圆的圆心或 [ 三点 (3P)/ 两点 (2P)/ 切点、切点、半径 (T)]:
指定圆的半径或 [ 直径 (D)] <4.1463>: 2400
```

绘制一半径为 2400 的圆，圆直径代表乔木树冠冠幅，如图 12-7 所示。

②单击“绘图”工具栏中的“直线”按钮，在圆内绘制直线，直线代表树木的枝条，如图 12-8 所示。

③单击“绘图”工具栏中的“直线”按钮，继续在圆内绘制直线，结果如图 12-9 所示。

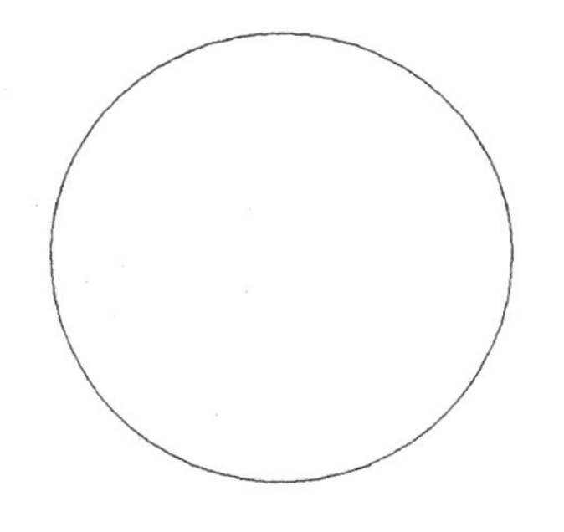

图 12-7 绘制圆

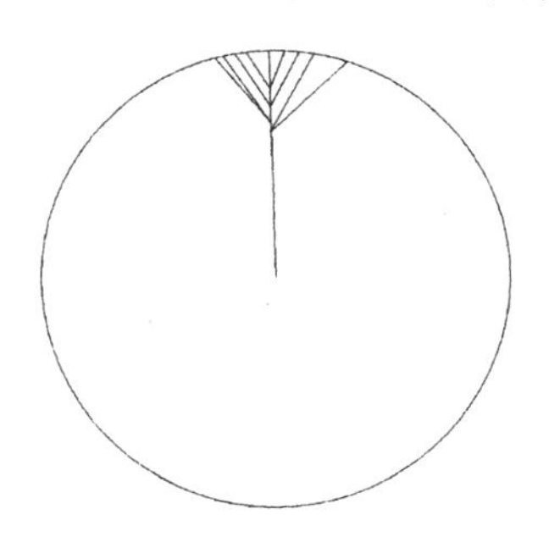

图 12-8 绘制树木枝条

图 12-9 绘制其他树木枝条

④单击“绘图”工具栏中的“直线”按钮，沿圆绘制连续线段，如图 12-10 所示。

⑤单击“修改”工具栏中的“删除”按钮，将外轮廓线圈删除，如图 12-11 所示。

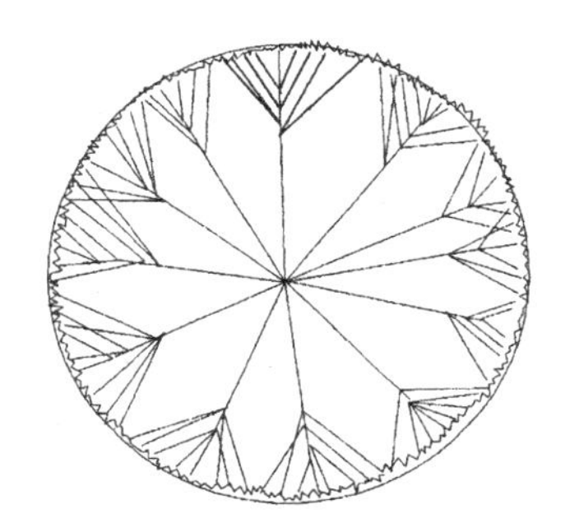

图 12-10 绘制连续线段

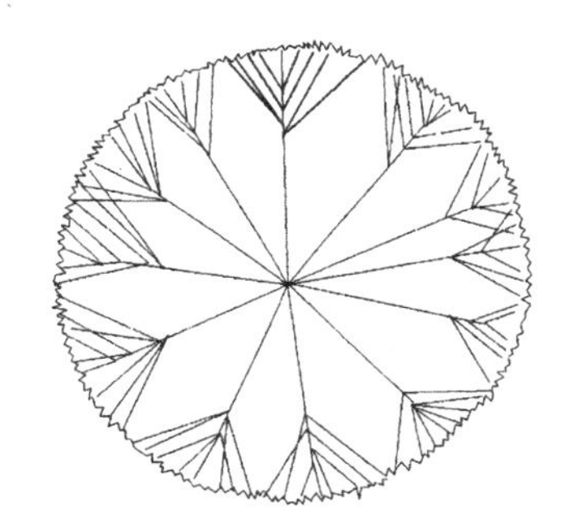

图 12-11 删除外轮廓线圈

注意

在完成第一步后也可将绘制的这几条直线全选，然后进行圆形阵列，但是绘制出来的图例不够自然，不能够准确代表自然界植物的生长状态，因为自然界树木的枝条总是形态各异的。

⑥单击“绘图”工具栏中的“创建块”按钮，弹出“块定义”对话框，如图 12-12 所示。在“名称”下拉列表框内输入植物名称，然后单击“选择对象”按钮，选择要创建的植物图例，按 Enter 键或空格键确定；接着单击“拾取点”按钮，选择图例的中心点，按 Enter 或空格键确定，结果如图 12-13 所示；单击“确定”按钮，植物的块就创建好了。

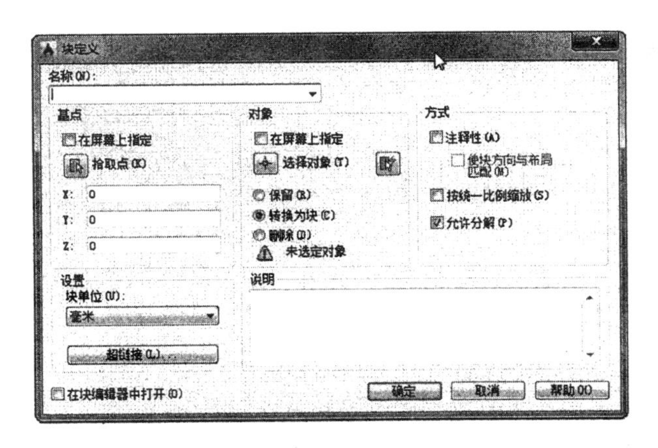

图 12-12 “块定义”对话框

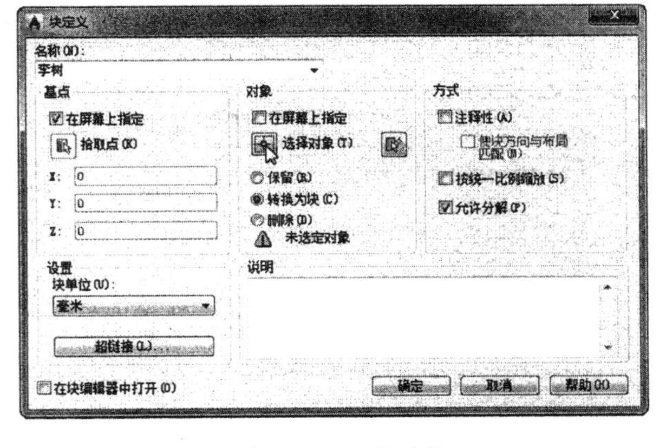

图 12-13 创建块

⑦单击“插入”工具栏中的“块”按钮，将“李树”图块插入到图中合适的位置处，如图 12-14 所示。

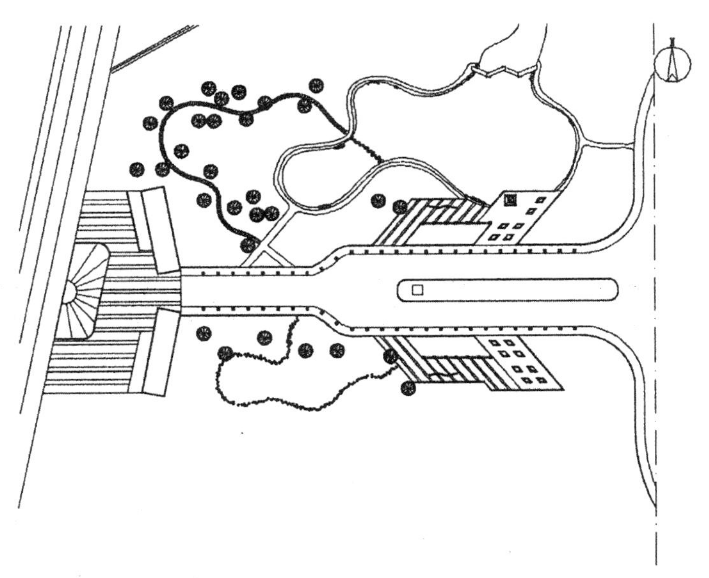

图 12-14 插入“李树”图块

（5）绘制常绿针叶乔木图例。

①单击“绘图”工具栏中的“圆”按钮，在命令行输入 3000，命令行提示与操作如下：

```
命令：_circle
指定圆的圆心或 [ 三点 (3P)/ 两点 (2P)/ 切点、切点、半径 (T)]:
指定圆的半径或 [ 直径 (D)] <4.1463>:3000
```

绘制一半径为 1500 的圆，圆代表乔木树冠平面的轮廓，如图 12-15 所示。

②单击“绘图”工具栏中的“圆”按钮，绘制一个半径为 100 的小圆，代表乔木的树干，如图 12-16 所示。

③单击“绘图”工具栏中的“直线”按钮，在圆内绘制直线，直线代表枝条，如图 12-17 所示。

④单击“修改”工具栏中的“删除”按钮，将外轮廓线圈删除，如图 12-18 所示。

⑤单击“绘图”工具栏中的“创建块”按钮，将针叶乔木创建为块，并命名为“水杉”。

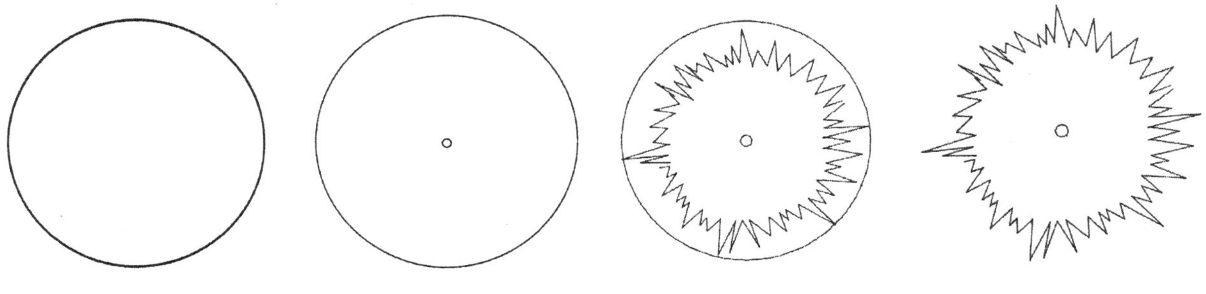

图 12-15　绘制圆　　图 12-16　绘制小圆　　图 12-17　绘制枝条　　图 12-18　删除外轮廓线圈

⑥单击“插入”工具栏中的“块”按钮，将“水杉”图块插入到图中合适的位置处，如图 12-19 所示。

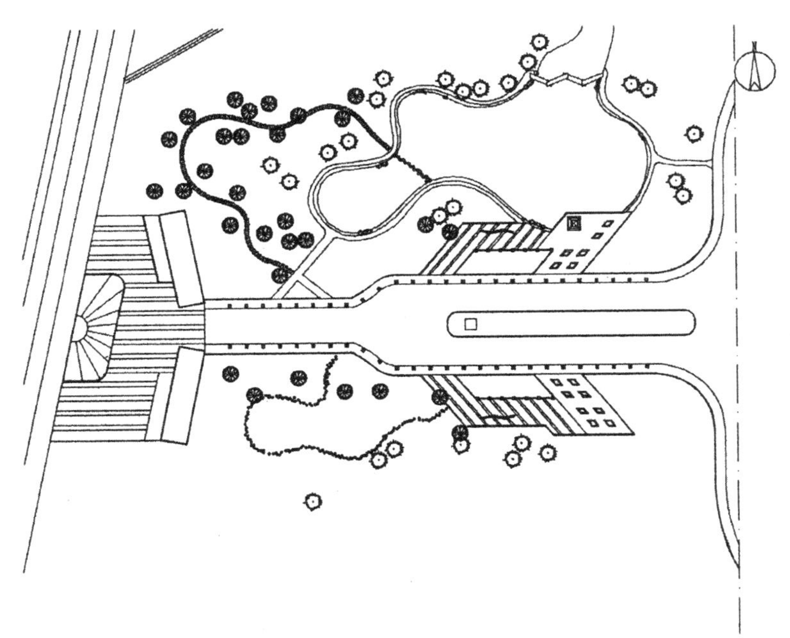

图 12-19　插入“水杉”图块

（6）绘制竹叶。

①单击“绘图”工具栏中的“多段线”按钮，绘制单个竹叶的形状，如图 12-20 所示。

②单击“修改”工具栏中的“复制”按钮，对其进行复制，然后单击“修改”工具栏中的“旋转”按钮，旋转至合适角度，如图 12-21 所示。

③单击“绘图”工具栏中的“创建块”按钮，将如图 12-21 所示的一组竹叶选中，创建为块，命名为“苦竹”。

图 12-20 单个竹叶　　图 12-21 一组竹叶

④单击“插入”工具栏中的“块”按钮，将“苦竹”图块插入到图中合适的位置处，如图 12-22 所示。

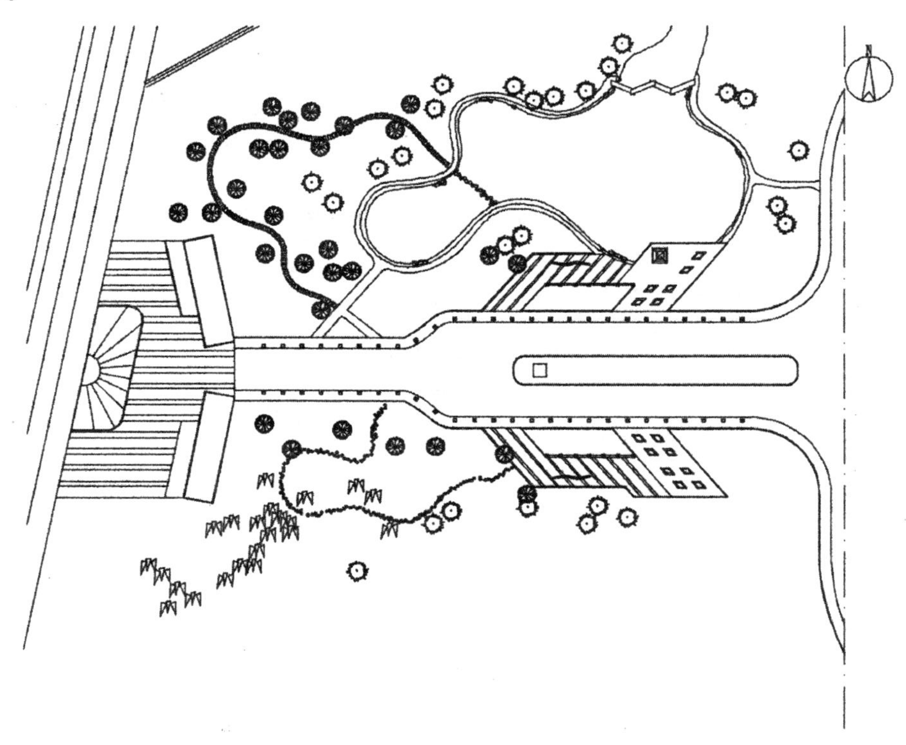

图 12-22 插入“苦竹”图块

（7）同理，绘制其他植物图形，并将其创建为块。

（8）单击“插入”工具栏中的“块”按钮，将其他植物图块插入到图中合适的位置处，也可以打开“光盘 / 图库”中的其他植物，然后单击“修改”工具栏中的“复制”按钮，将植物其复制到图中其他位置处，结果如图 12-23 所示。

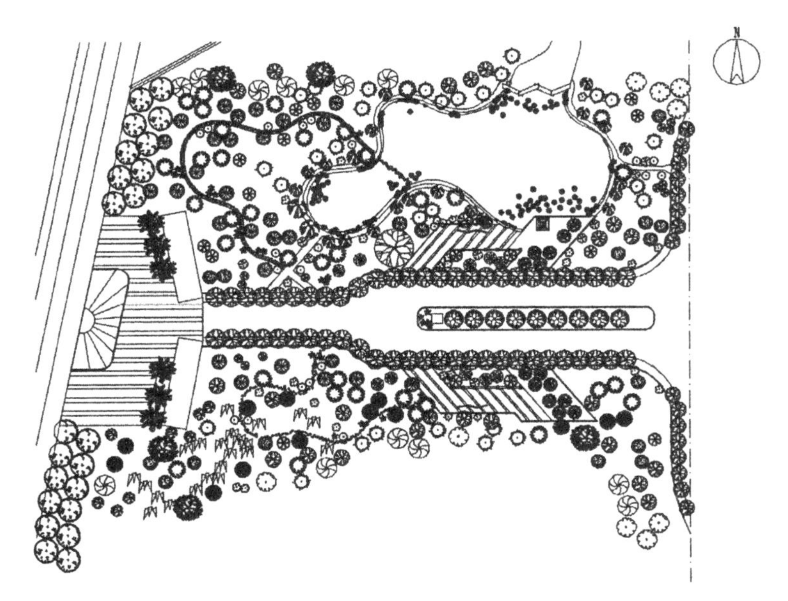

图 12-23　插入植物

（9）单击“绘图”工具栏中的“图案填充”按钮▨，打开“图案填充创建”选项卡，选择 GOST_GLASS 图案，如图 12-24 所示。填充圆弧区域，如图 12-25 所示。

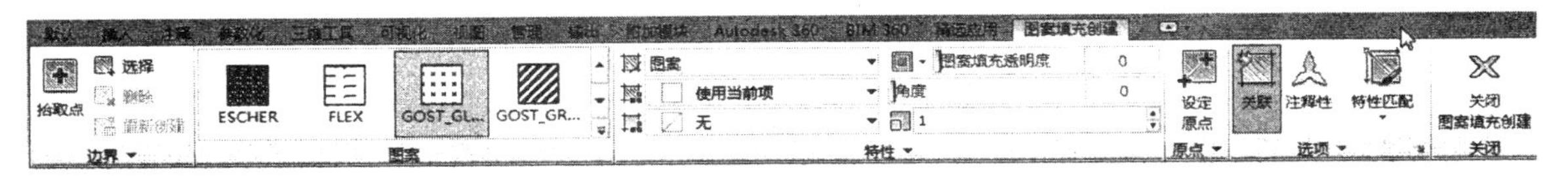

图 12-24　“图案填充创建”选项卡

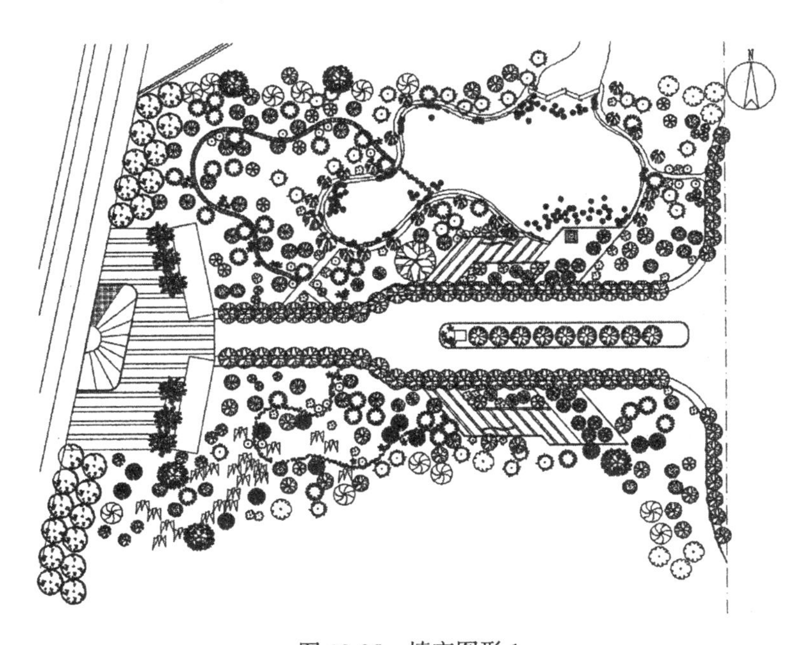

图 12-25　填充图形 1

（10）单击“绘图”工具栏中的“图案填充”按钮，分别选择 CORK 图案、HOUND 图案和 STARS 图案，填充剩余图形，如图 12-26 所示。

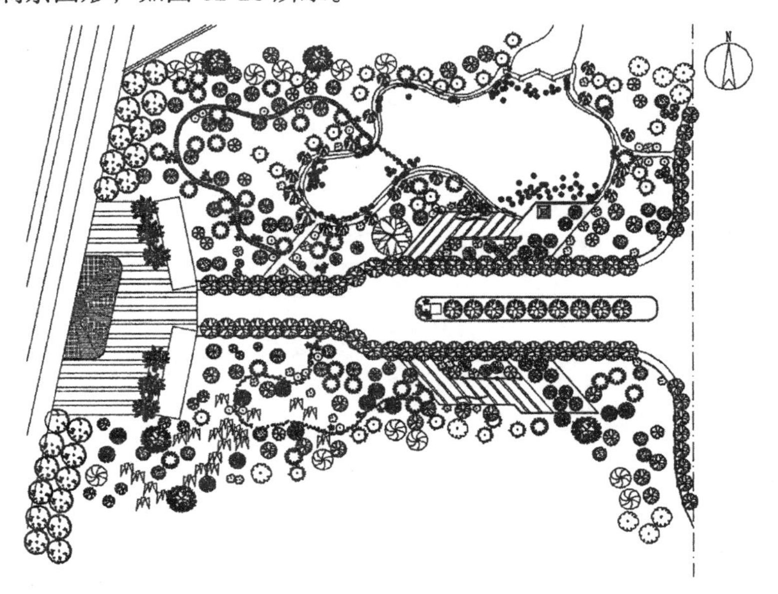

图 12-26　填充图形 2

12.1.4　标注文字

（1）选择菜单栏中的“格式”→“文字样式”命令，打开“文字样式”对话框，单击“新建”按钮，打开“新建文字样式”对话框，创建一个新的文字样式，然后设置字体为“宋体”，高度为 2000，宽度因子为 0.7，如图 12-27 所示。

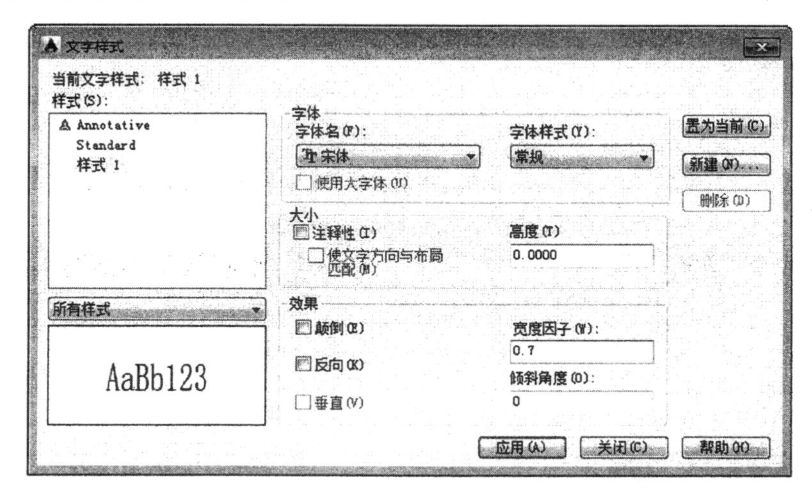

图 12-27　设置文字样式

（2）单击“绘图”工具栏中的“多行文字”按钮，为图形标注文字，如图 12-28 所示。

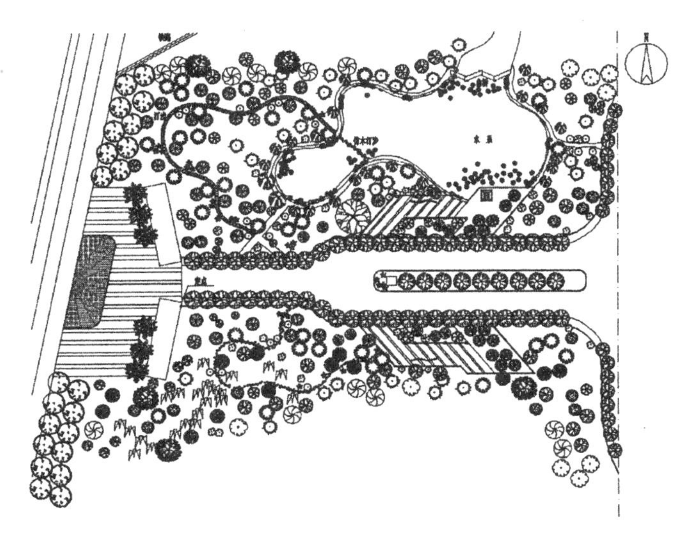

图 12-28　标注文字

（3）单击“绘图”工具栏中的“直线”按钮和“多行文字”按钮A，标注图名，如图 12-1 所示。

12.2　绘制 B 区种植图

本节绘制如图 12-29 所示的 B 区种植图。

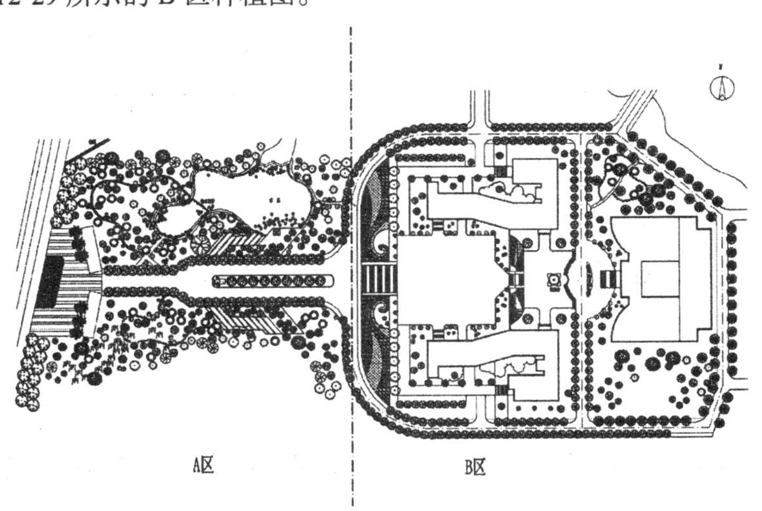

图 12-29　某学院景观绿化种植图

12.2.1　编辑旧文件

（1）打开 AutoCAD 2015 应用程序，选择菜单栏中的“文件”→“打开”命令，弹出“选择文件”

对话框，选择图形文件“某学院景观绿化 B 区平面图”；或者在“文件”下拉菜单中最近打开的文档中选择“某学院景观绿化 B 区平面图”，双击打开文件，将文件另存为“某学院景观绿化 B 区种植图”，打开后的图形如图 12-30 所示。

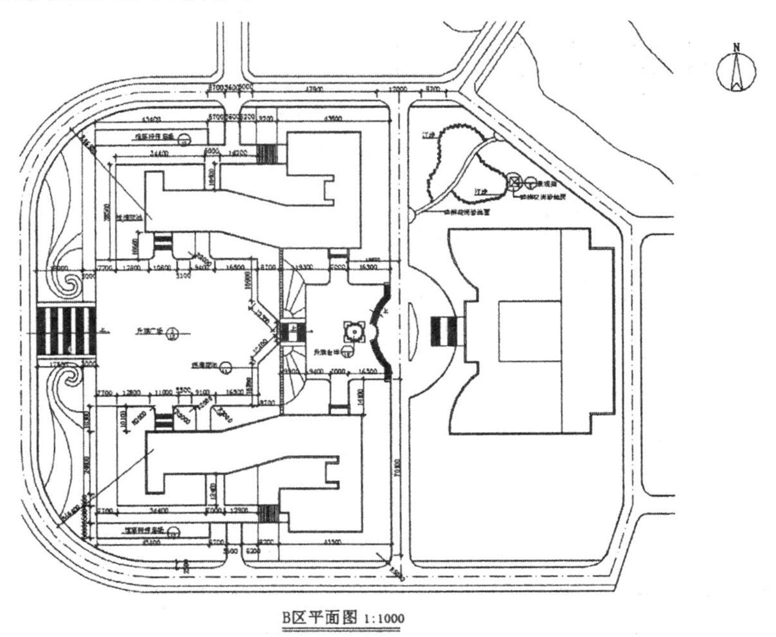

图 12-30　打开“某学院景观绿化 B 区平面图”

（2）单击“修改”工具栏中的“删除”按钮，将多余的图形删除，如图 12-31 所示。

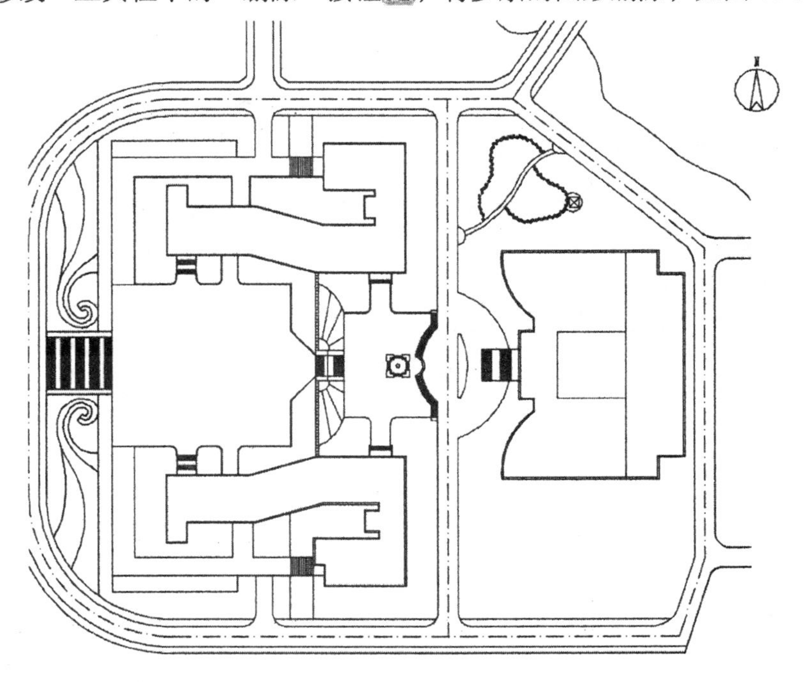

图 12-31　删除多余的图形

12.2.2　植物的绘制

（1）单击“绘图”工具栏中的“圆弧”按钮，在图中绘制一段圆弧，如图 12-32 所示。

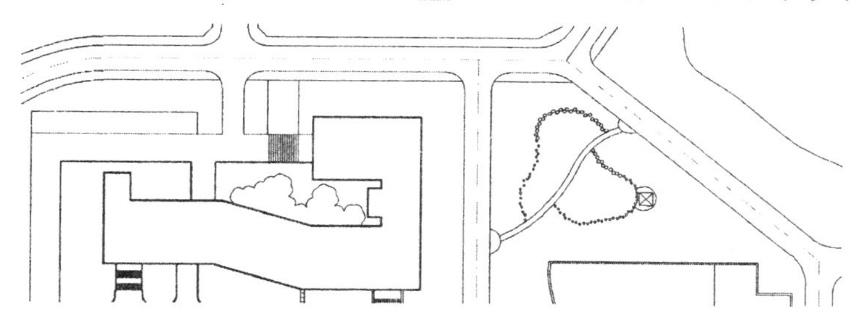

图 12-32　绘制圆弧

（2）单击“绘图”工具栏中的“图案填充”按钮，打开“图案填充创建”选项卡，选择 ZIGZAG 图案，如图 12-33 所示。填充圆弧区域，如图 12-34 所示。

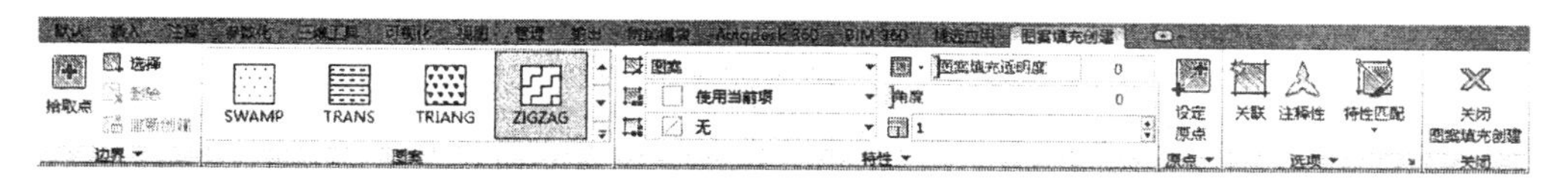

图 12-33　设置填充图案

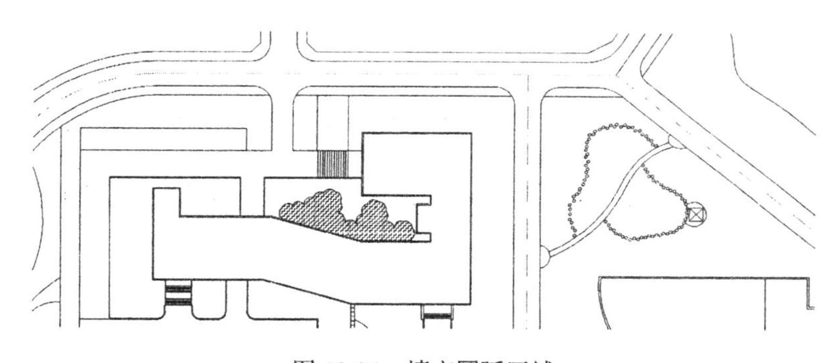

图 12-34　填充圆弧区域

（3）单击“绘图”工具栏中的“圆弧”按钮，绘制另外一侧的圆弧，如图 12-35 所示。

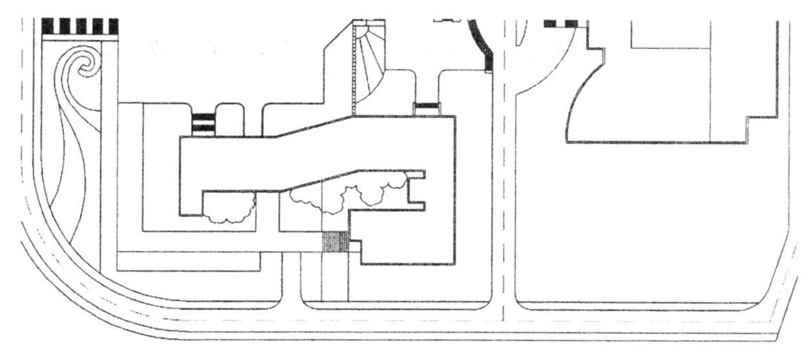

图 12-35　绘制另外一侧的圆弧

（4）单击“绘图”工具栏中的“图案填充”按钮，填充圆弧区域，如图 12-36 所示。

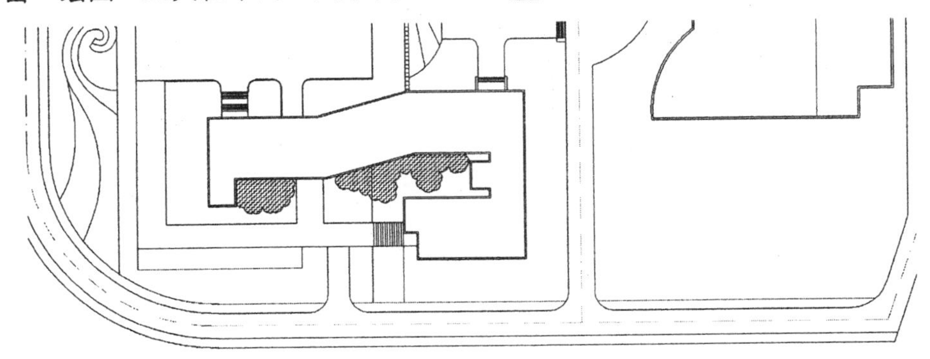

图 12-36　填充圆弧区域

（5）单击“绘图”工具栏中的“图案填充”按钮，分别选择 CORK 图案、GOST_GLASS 图案、HOUND 图案和 STARS 图案，填充其他图形，如图 12-37 所示。

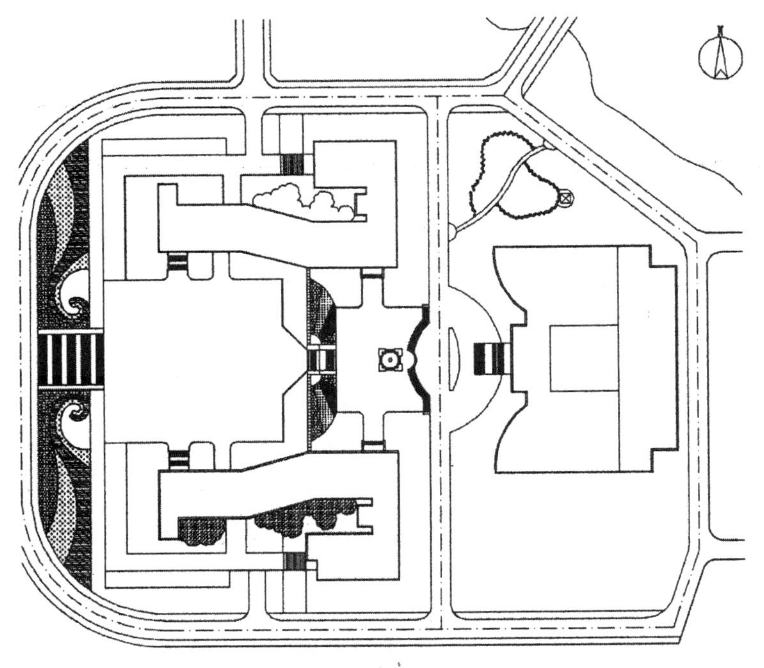

图 12-37　填充图形

（6）单击“插入”工具栏中的“块”按钮，将植物图块插入到图中合适的位置处，或者打开“光盘 / 图库”中的植物，然后单击“修改”工具栏中的“复制”按钮，将植物复制到图中合适的位置处，如图 12-38 所示。

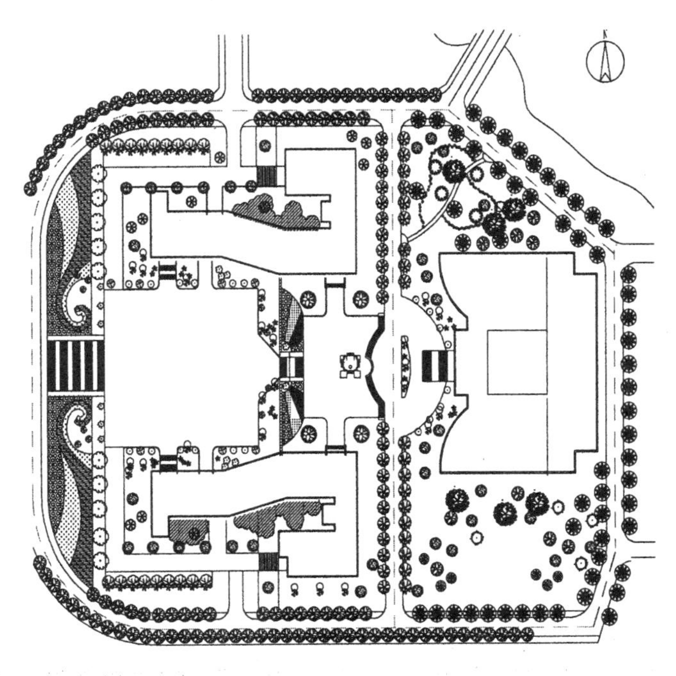

图 12-38　插入植物图块

12.2.3　标注文字

（1）选择菜单栏中的“格式”→“文字样式”命令，打开“文字样式”对话框，创建一个新的文字样式并进行设置，如图 12-39 所示。

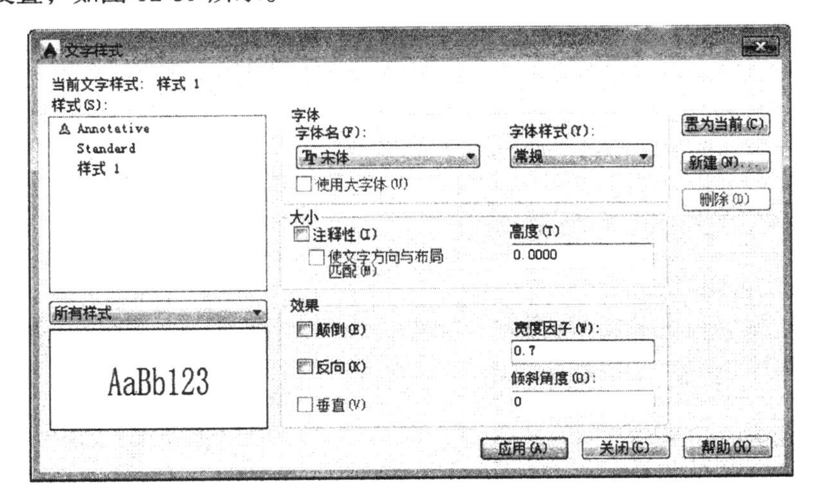

图 12-39　设置文字样式

（2）单击“绘图”工具栏中的“多行文字”按钮 A，为图形标注文字，如图 12-40 所示。

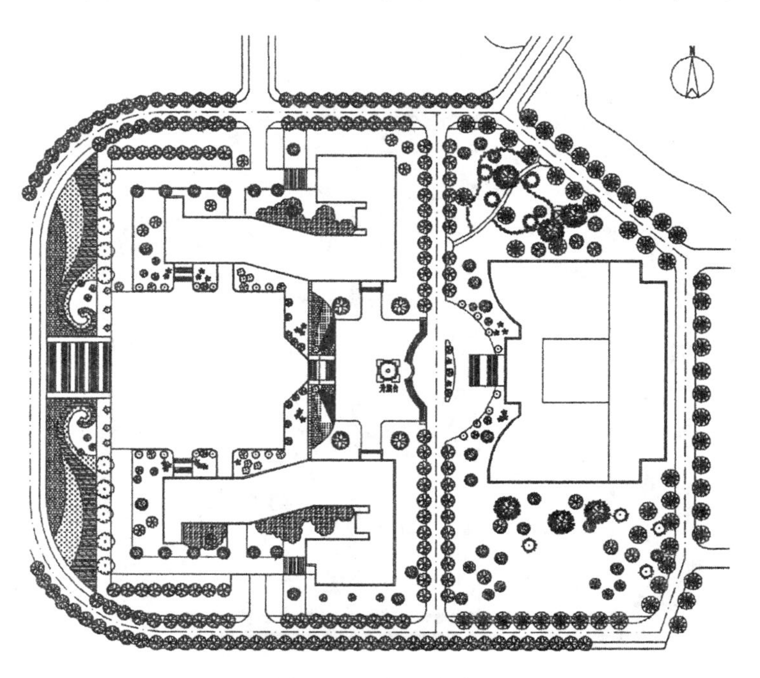

图 12-40　标注文字

（3）单击“绘图”工具栏中的“直线”按钮和“多行文字”按钮，标注图名，如图 12-41 所示。

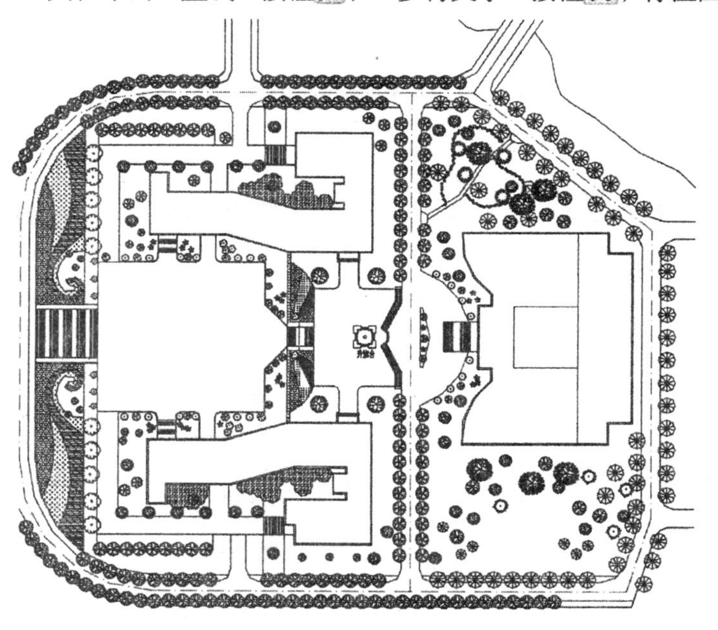

图 12-41　标注图名

（4）根据绘制的 A 区和 B 区种植图，单击“修改”工具栏中的“移动”按钮，调整图形的位置并进行整理，这里不再赘述，最终完成某学院景观绿化种植图的绘制，结果如图 12-29 所示。

12.3　苗木表的绘制

在园林设计中配置完植物之后，要进行苗木表（植物配置表）的制作。苗木表用来统计整个园林规划设计中植物的基本情况，主要包括序号、图例、树种、规格、数量、单位等项。常绿植物一般用高度和冠幅来表示，如雪松、大叶黄杨等；落叶乔木一般用胸径和冠幅来表示，如垂柳、栾树等；落叶灌木一般用冠幅和高度来表示，如金银木、连翘等。绘制如图 12-42 所示的苗木表。

序号	图例	树　种	规　格	数量	单位	备　注
1		香　樟	ø28-30	20	株	
2		香　樟	ø14-16	34	株	
3		香　樟	ø8-10	40	株	
4		银　杏	ø8-10	0	株	
5		白玉兰	ø5-7	16	株	
6		雪　松	H500	9	株	
7		李　树	ø8-10	30	株	
8		碧　桃	ø6-8	35	株	
9		女　贞	ø10-12	21	株	
10		杜　英	ø8-10	0	株	
11		桂　花	ø8-10	16	株	
12		水　杉	ø7-9	29	株	
13		全缘栾树	ø8-10	5	株	
14		榉　树	ø12-15	14	株	
15		樱　花	ø6-8	10	株	
16		垂　柳	ø6-8	24	株	
17		红　枫	ø6-8 H150	9	株	
18		乌　桕	ø7-9	12	株	
19		广玉兰	ø8-10	9	株	
20		山　茶	H150	23	株	
21		红叶李	ø4-6	11	株	
22		龙爪槐	ø5-7	0	株	
23		苦　竹	2-3杆/丛　ø3	50	丛	
24		华　榛	H350	6	株	
25		菊　花	3-5芽/丛	100	丛	
26		罗汉松	ø6-8	4	株	
27		腊　梅	H200	8	株	
28		黑　松	ø8-10	16	株	
29		含　笑	W100	23	株	
30		苏　铁	ø20　H50	26	株	
31		菖　蒲	3-5芽/丛	50	丛	
32		红花继木	H35　W20	124	M²	
33		金叶女贞	H35　W20	102	M²	
34		月　桂	H35　W20	162	M²	
35		四季草花		20	M²	
36		八角金盘	H35　W20	0	M²	
		马尼拉草	满铺	12000	M²	

图 12-42　绘制苗木表

（1）单击“绘图”工具栏中的“矩形”按钮，在图中绘制一个尺寸为 171000 × 89300 的矩形，如图 12-43 所示。

（2）单击“修改”工具栏中的“分解”按钮，将矩形分解。

（3）单击“修改”工具栏中的“偏移”按钮，将最上侧水平直线向下依次偏移，偏移距离为 4500，偏移 37 次，如图 12-44 所示。

（4）单击“修改”工具栏中的“偏移”按钮，将左侧竖直直线依次向右偏移，偏移距离分别为6800、7500、15000、25500、10800、8900和14800，如图12-45所示。

图 12-43　绘制矩形

图 12-44　偏移水平直线

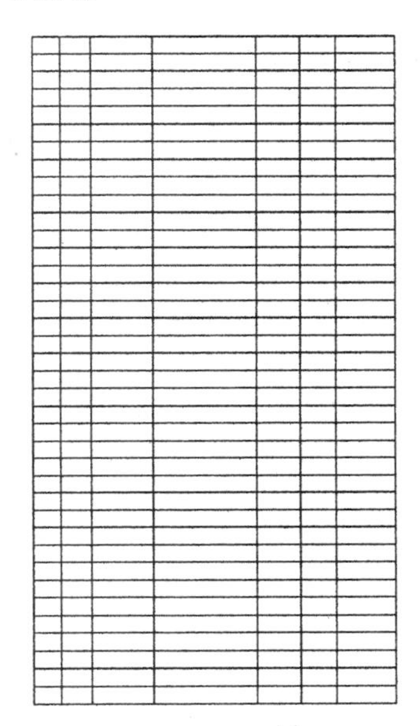

图 12-45　偏移竖直直线

（5）选择菜单栏中的“格式”→“文字样式”命令，打开“文字样式”对话框，创建一个新的文字样式并进行设置，如图12-46所示。

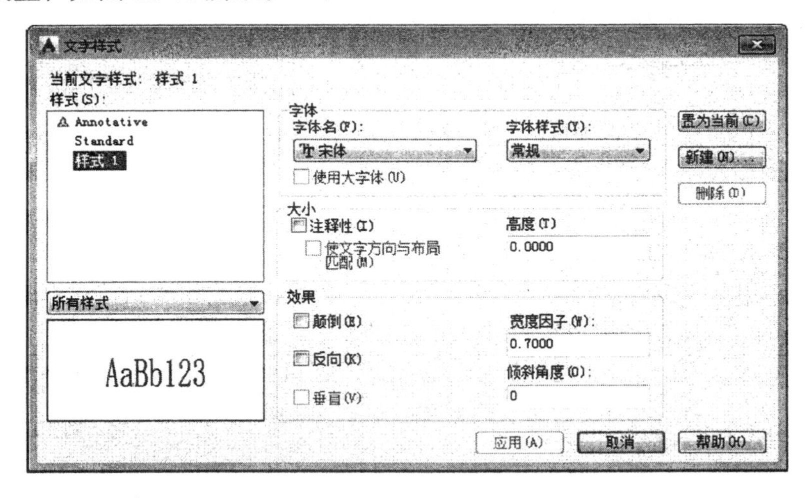

图 12-46　设置文字样式

（6）单击“绘图”工具栏中的“多行文字”按钮A，在第一行中输入标题，如图12-47所示。

（7）单击“修改”工具栏中的“复制”按钮，将第一行第一列的文字依次向下复制，如图12-48所示。双击文字，修改文字内容，以便文字格式的统一，如图12-49所示。

（8）单击“修改”工具栏中的“复制”按钮，在种植图中选择各个植物图例，复制到表内，如图12-50所示。

（9）单击“绘图”工具栏中的“多行文字”按钮 A 和“修改”工具栏中的“复制”按钮，在各个标题内输入相应的内容，最终完成苗木表的绘制，如图 12-42 所示。

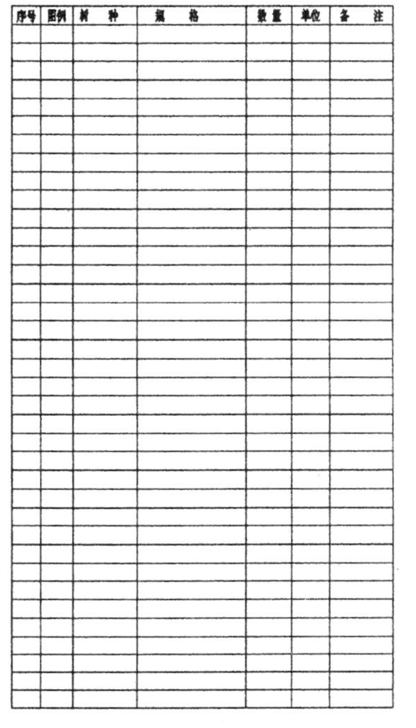

图 12-47　输入标题

图 12-48　复制文字

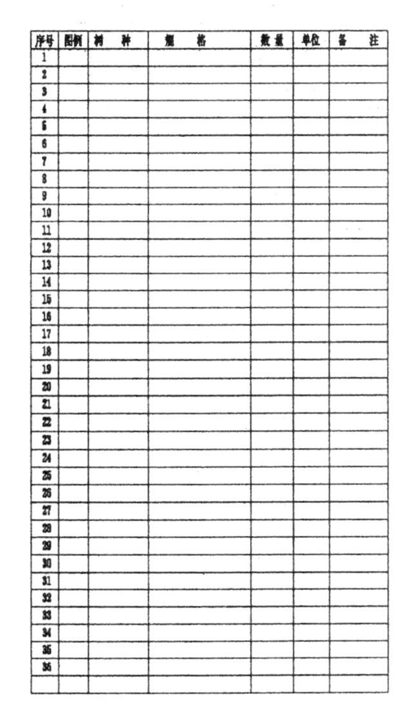

图 12-49　修改文字内容

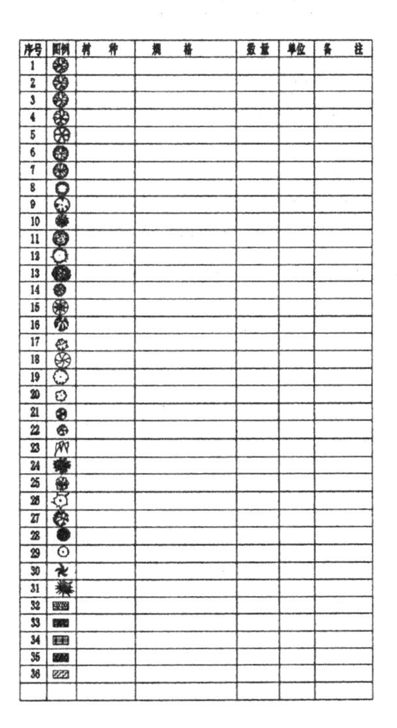

图 12-50　复制图例

某学院景观绿化施工图

施工图是表示工程项目总体布局，建筑物的外部形状、内部布置、结构构造、内外装修、材料作法以及设备、施工等要求的图样。

本章首先介绍了景观绿化施工图的绘制方法，然后详细讲述了施工详图的绘制过程。

13.1　A 区放线图的绘制

绘制如图 13-1 所示的 A 区放线图。

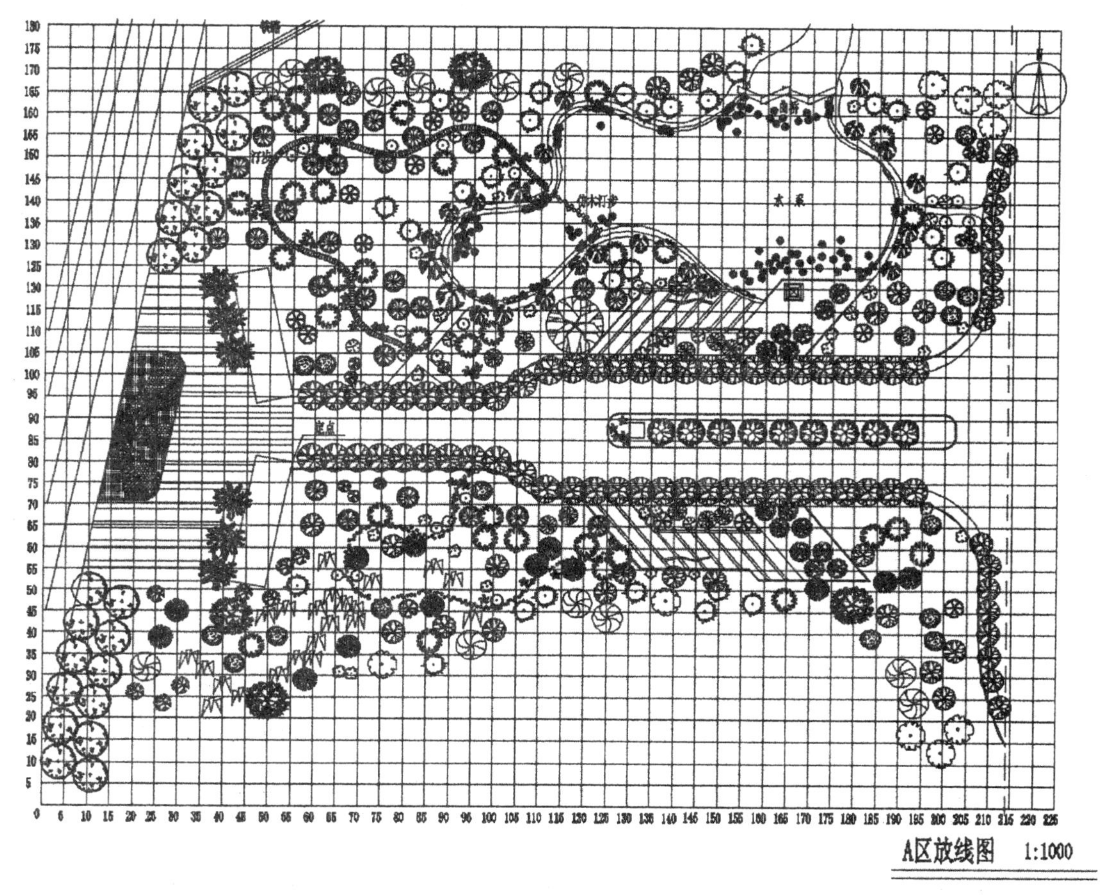

图 13-1　A 区放线图

（1）打开 AutoCAD 2015 应用程序，选择菜单栏中的“文件”→“打开”命令，弹出“选择文件”对话框，选择图形文件“某学院景观绿化 A 区种植图”；或者在“文件”下拉菜单中最近打开的文档中选择“某学院景观绿化 A 区种植图”，双击打开文件，将文件另存，打开后的图形如图 13-2 所示。

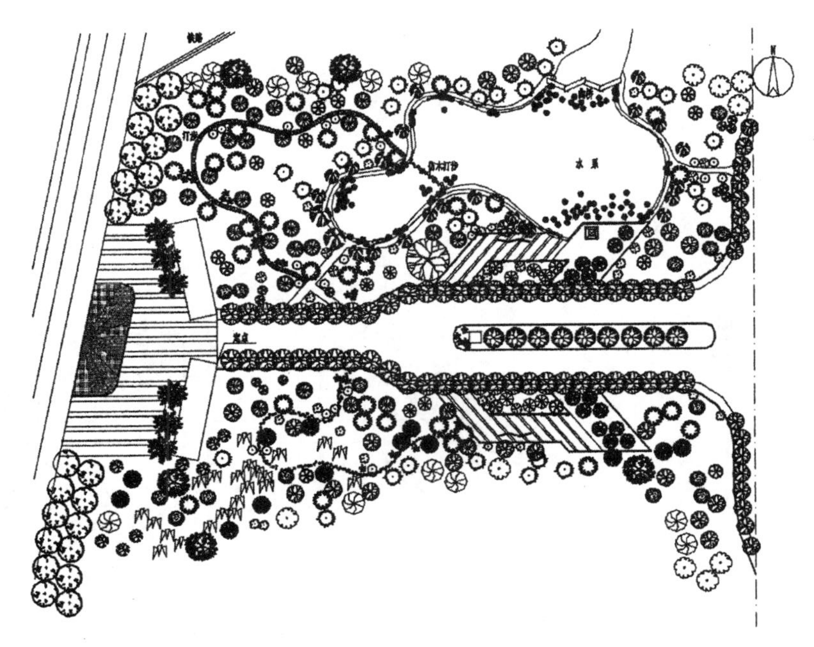

图 13-2　打开“某学院景观绿化 A 区种植图”

（2）单击“绘图”工具栏中的“直线”按钮，在图中合适的位置处绘制一条水平直线和一条竖直直线，如图 13-3 所示。

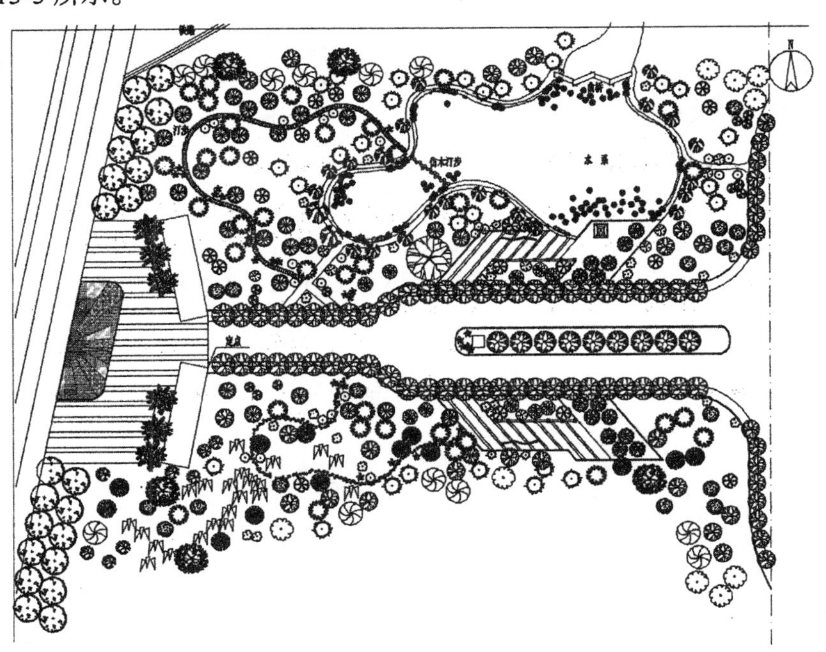

图 13-3　绘制直线

（3）单击“修改”工具栏中的“偏移”按钮，将水平直线依次向下偏移，偏移间距为 5000，如图 13-4 所示。

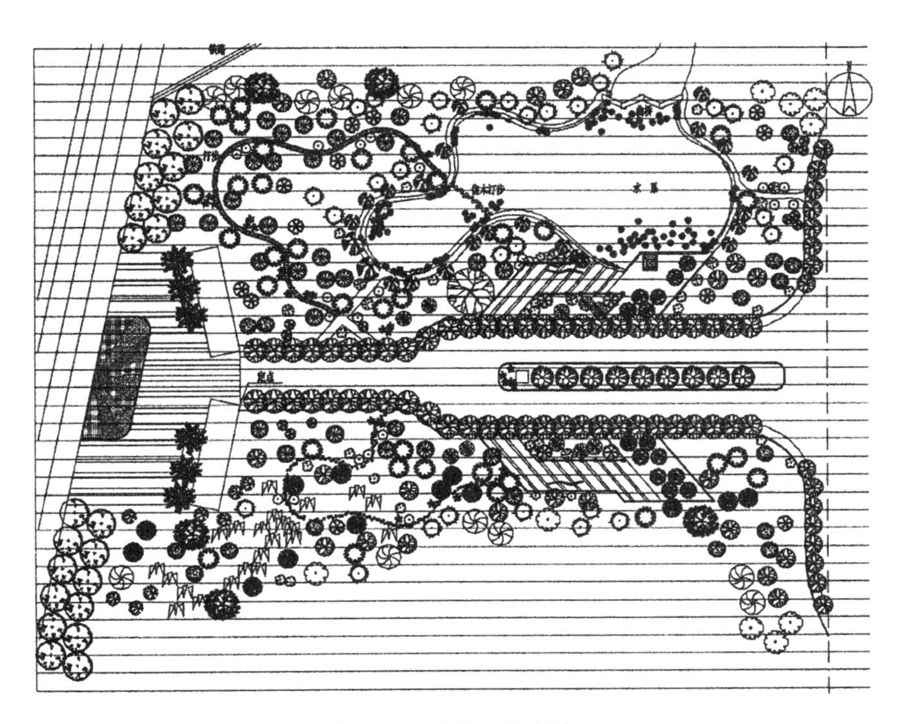

图 13-4　偏移水平直线

（4）同理，单击“修改”工具栏中的“偏移”按钮，偏移竖直直线，偏移间距为 5000，如图 13-5 所示。

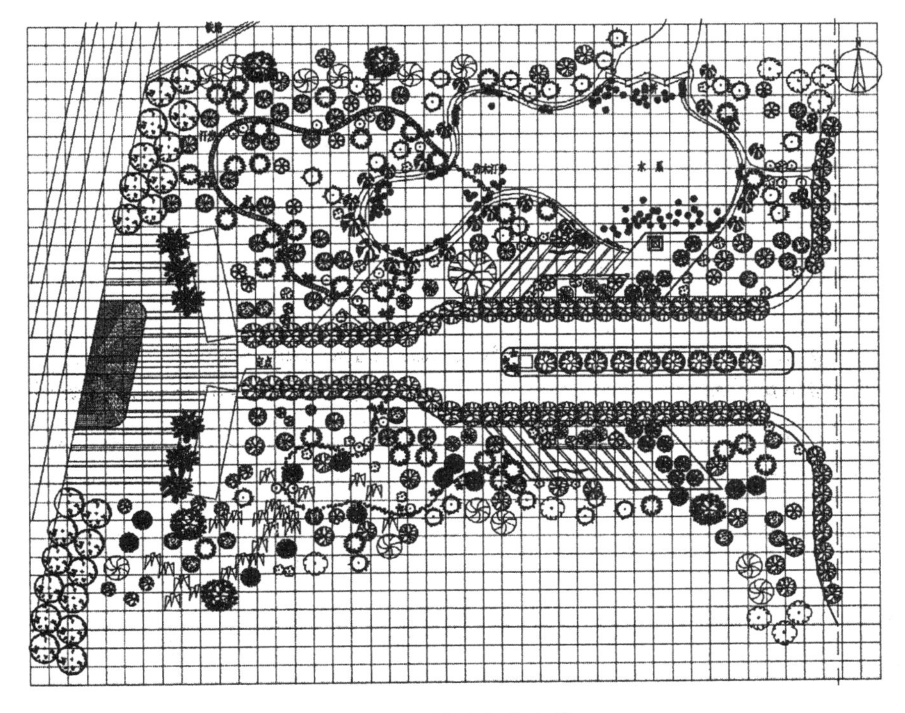

图 13-5　偏移竖直直线

（5）单击“绘图”工具栏中的“多行文字”按钮A，在网格线上标注尺寸。首先标注放线原点的相对坐标尺寸，如图 13-6 所示。将标注好的相对坐标尺寸进行阵列，阵列后双击多行文字修改尺寸，如图 13-7 所示。

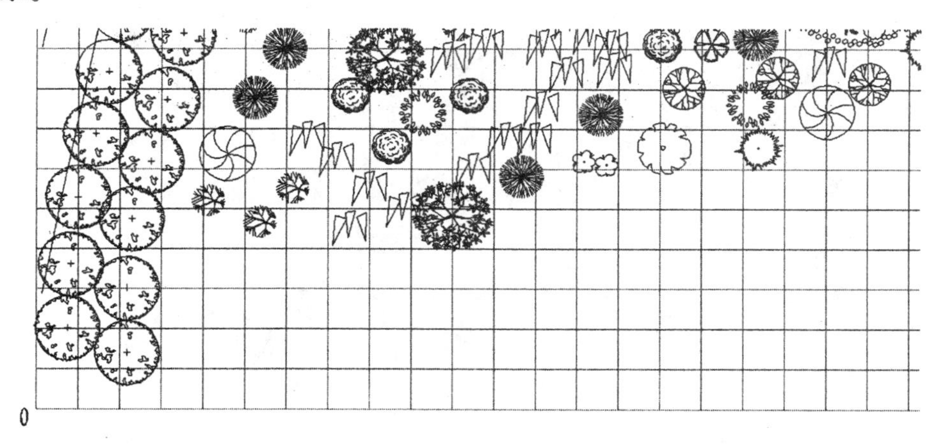

图 13-6　标注原点坐标

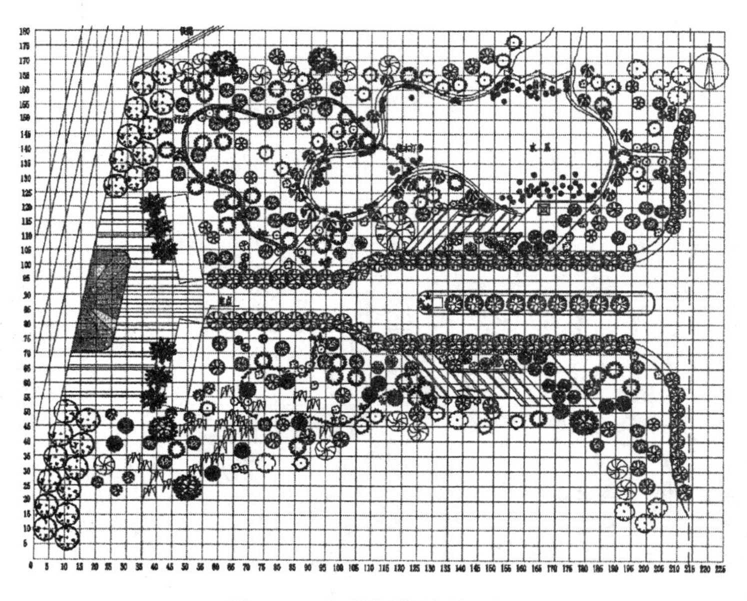

图 13-7　标注网格线的坐标

（6）单击“绘图”工具栏中的“直线”按钮和“多行文字”按钮A，标注图名，最终完成 A 区放线图的绘制，如图 13-1 所示。

13.2　B 区放线图的绘制

绘制如图 13-8 所示的 B 区放线图。

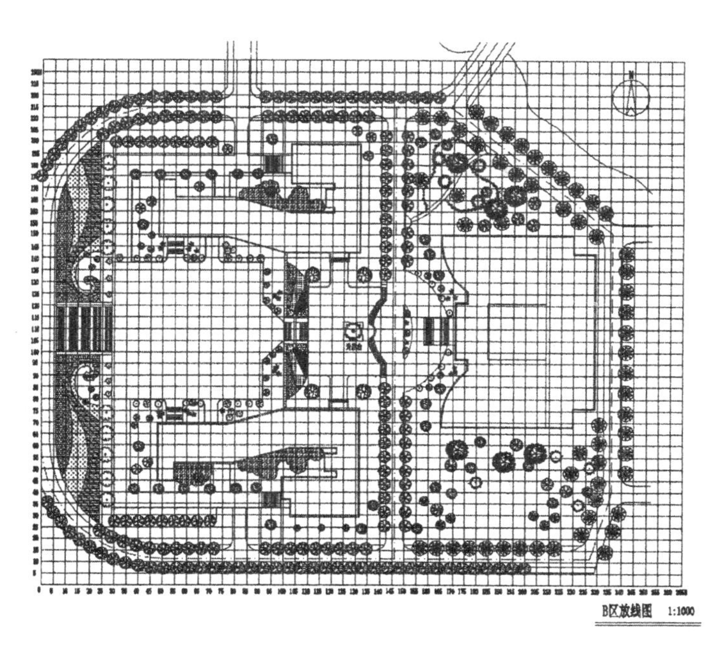

图 13-8　B 区放线图

（1）打开 AutoCAD 2015 应用程序，选择菜单栏中的“文件”→“打开”命令，弹出“选择文件”对话框，选择图形文件“某学院景观绿化 B 区种植图”；或者在“文件”下拉菜单中最近打开的文档中选择“某学院景观绿化 B 区种植图”，双击打开文件，将文件另存，打开后的图形如图 13-9 所示。

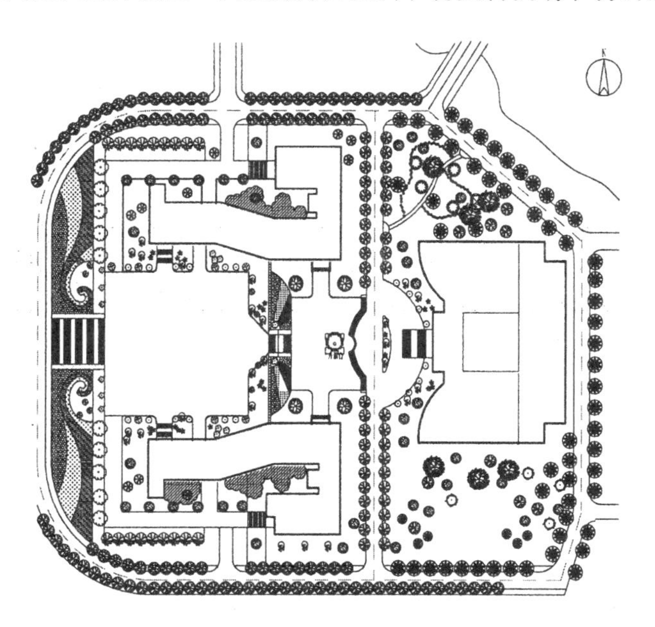

图 13-9　打开“某学院景观绿化 B 区种植图”

（2）单击“绘图”工具栏中的“直线”按钮，在图中合适的位置处绘制一条水平直线和一条竖直直线，如图 13-10 所示。

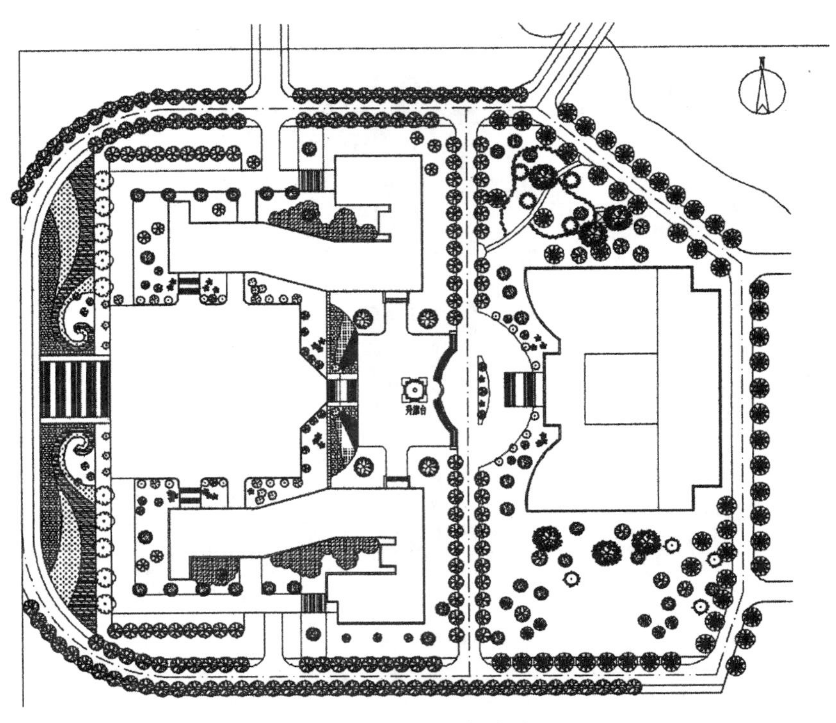

图 13-10　绘制直线

（3）单击“修改”工具栏中的“偏移”按钮，将水平直线依次向下偏移，偏移间距为 5000，如图 13-11 所示。

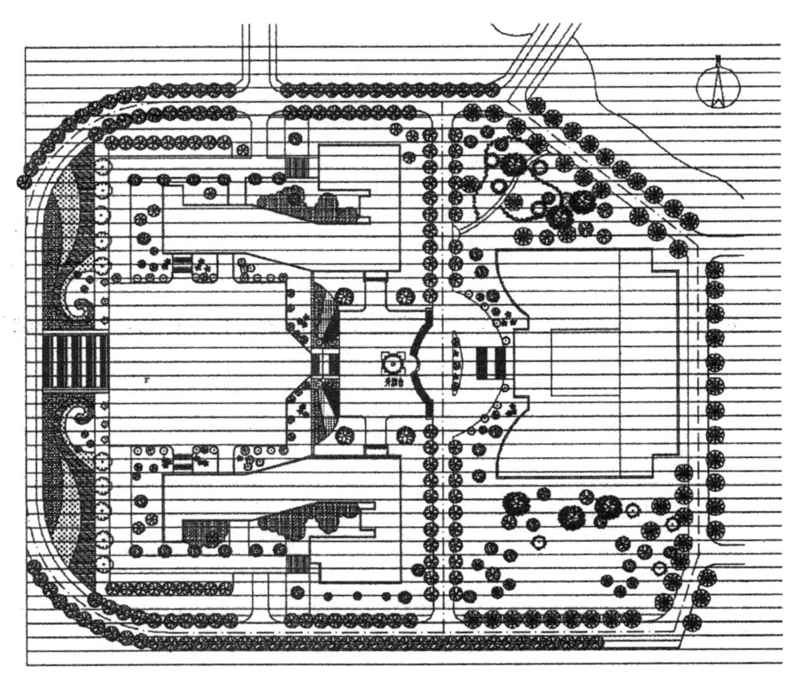

图 13-11　偏移水平直线

（4）单击“修改”工具栏中的“偏移”按钮，将竖直直线依次向右偏移，偏移间距为 5000，如图 13-12 所示。

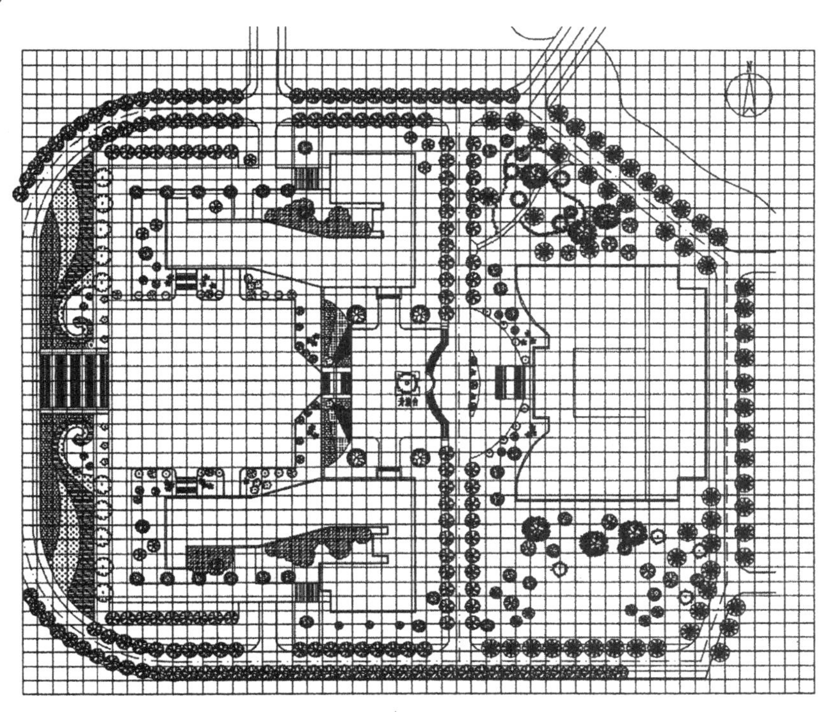

图 13-12　偏移竖直直线

（5）单击“绘图”工具栏中的“多行文字”按钮 A，在网格线上标注尺寸。首先标注放线原点的相对坐标尺寸，如图 13-13 所示。将标注好的相对坐标尺寸进行阵列，阵列后双击多行文字修改尺寸，如图 13-14 所示。

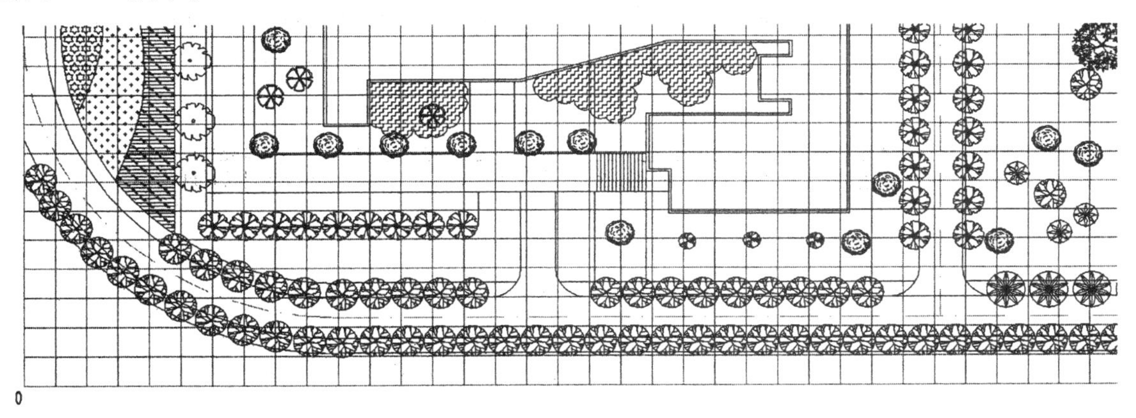

图 13-13　标注原点坐标

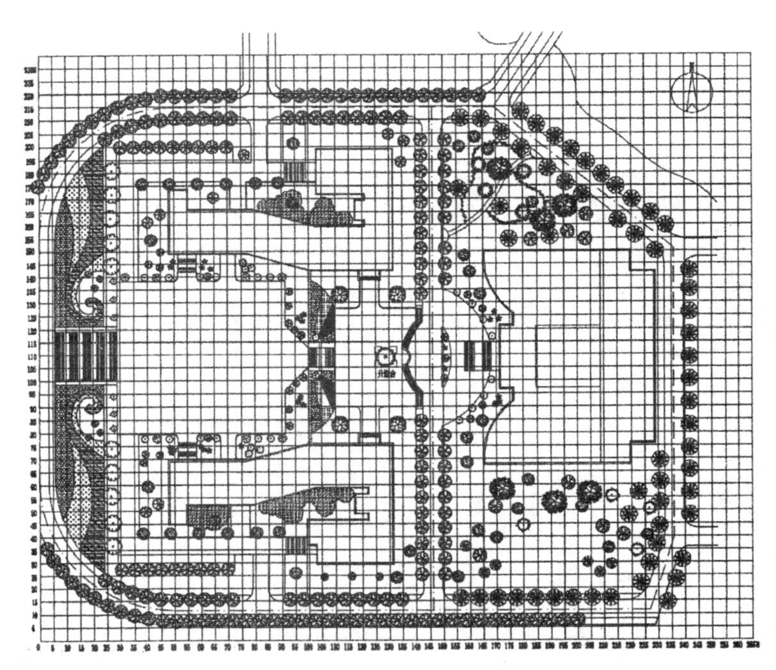

图 13-14　标注网格线的坐标

（6）单击“绘图”工具栏中的“直线”按钮 和“多行文字”按钮 A，标注图名，最终完成 B 区放线图的绘制，如图 13-8 所示。

13.3　某学院景观绿化施工详图 1

本节绘制如图 13-15 所示的景观绿化施工详图 1。

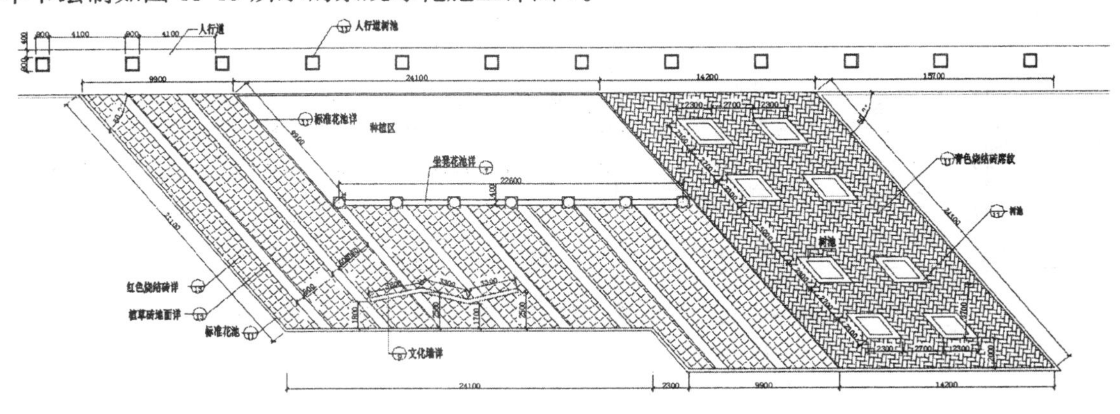

图 13-15　景观绿化施工详图 1

（1）单击“标准”工具栏中的“打开”按钮，打开“选择文件”对话框，如图 13-16 所示。

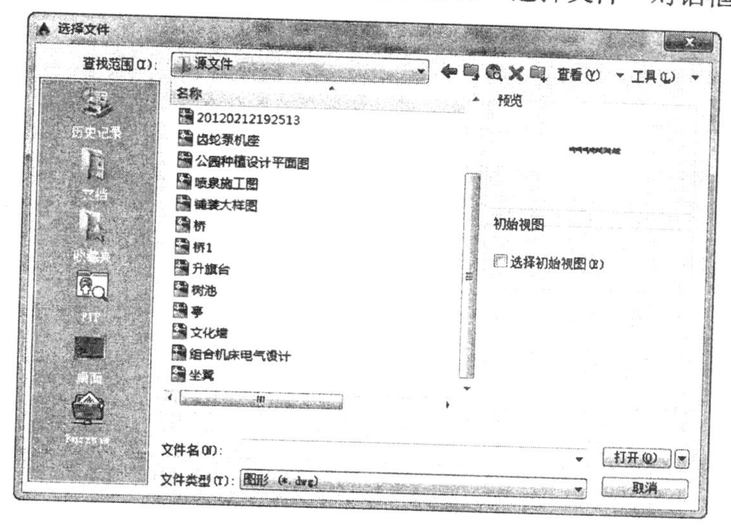

图 13-16　“选择文件”对话框

（2）打开“某学院景观绿化 A 区平面图”，选择部分图形，然后单击“修改”工具栏中的“删除”按钮和“修剪”按钮，整理图形，如图 13-17 所示。

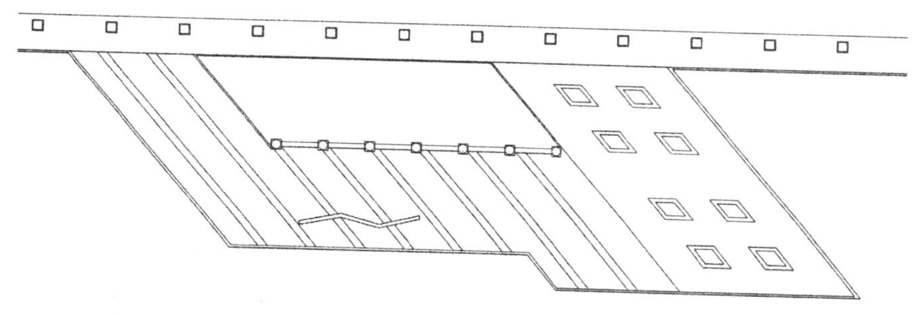

图 13-17　整理图形

（3）单击“绘图”工具栏中的“图案填充”按钮，打开“图案填充创建”选项卡，选择 ANGLE 图案，如图 13-18 所示。填充图形，如图 13-19 所示。

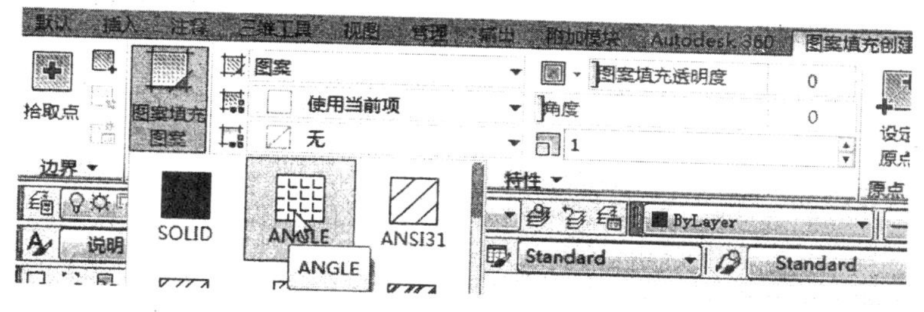

图 13-18　“图案填充创建”选项卡

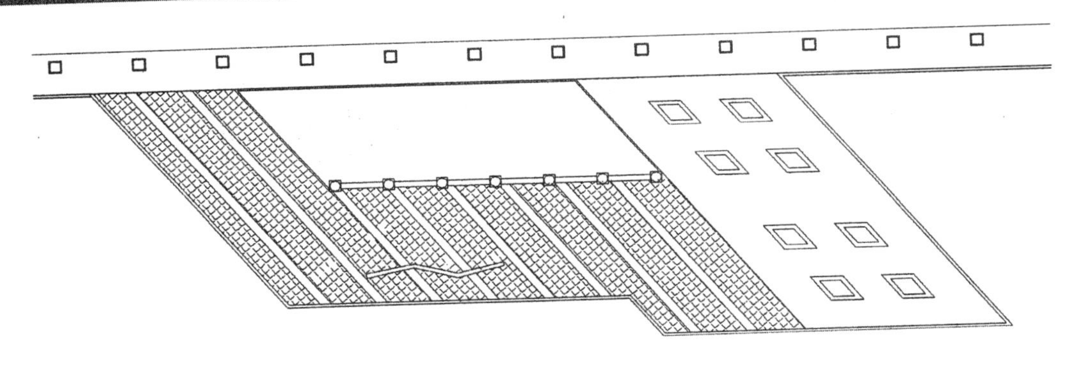

图 13-19　填充图形 1

（4）单击“绘图”工具栏中的“图案填充”按钮，选择 AR-HBONE 图案，填充其他位置处的图形，如图 13-20 所示。

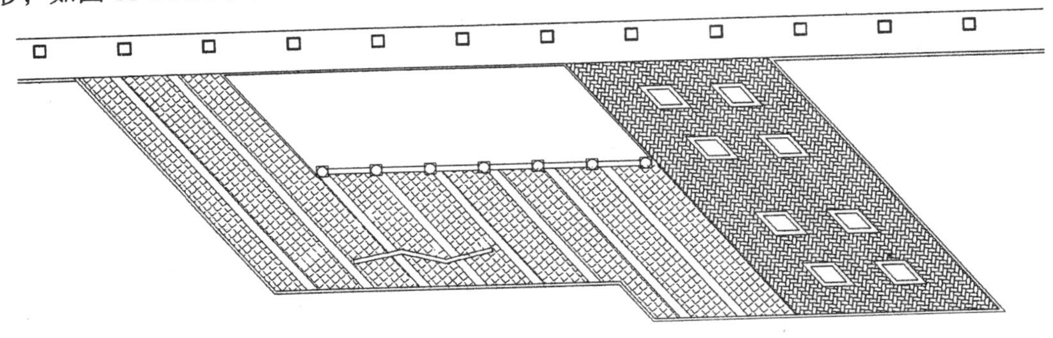

图 13-20　填充图形 2

（5）选择菜单栏中的“格式”→“标注样式”命令，打开 “标注样式管理器”对话框，如图 13-21 所示，创建一个新的标注样式，并对各个选项卡进行设置。

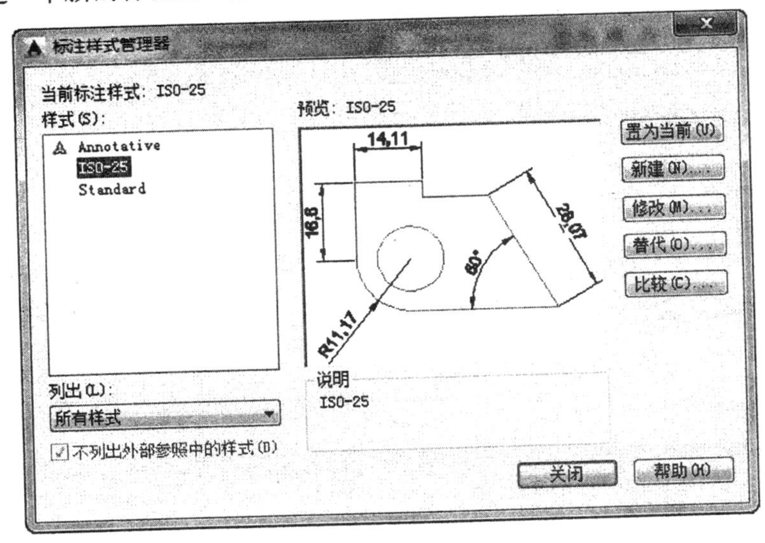

图 13-21　“标注样式管理器”对话框

①线：超出尺寸线为 1000，起点偏移量为 1000，如图 13-22 所示。

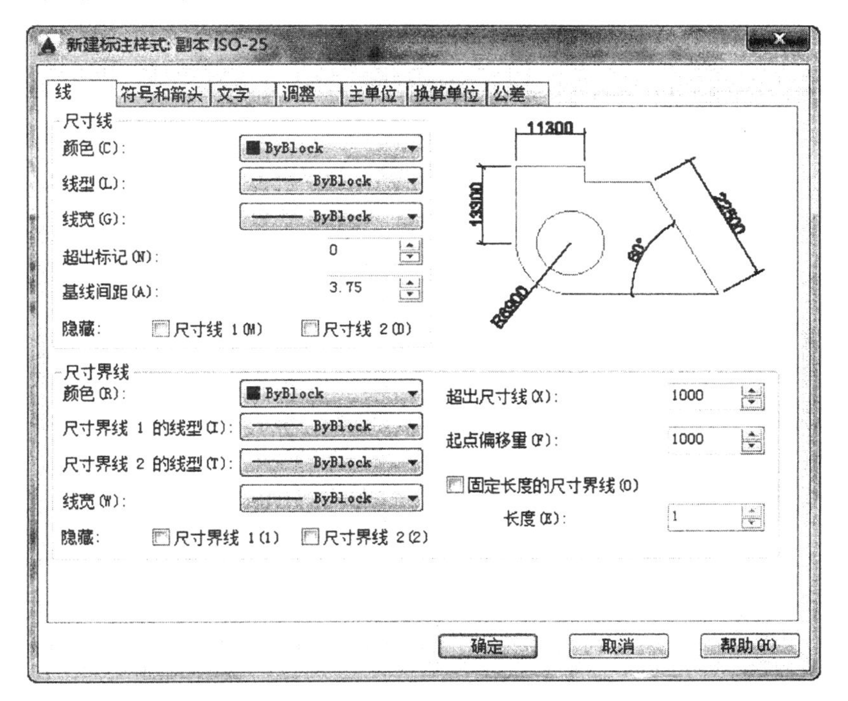

图 13-22　“线”选项卡设置

②符号和箭头：第一个为用户箭头，选择建筑标记，箭头大小为 1000，如图 13-23 所示。

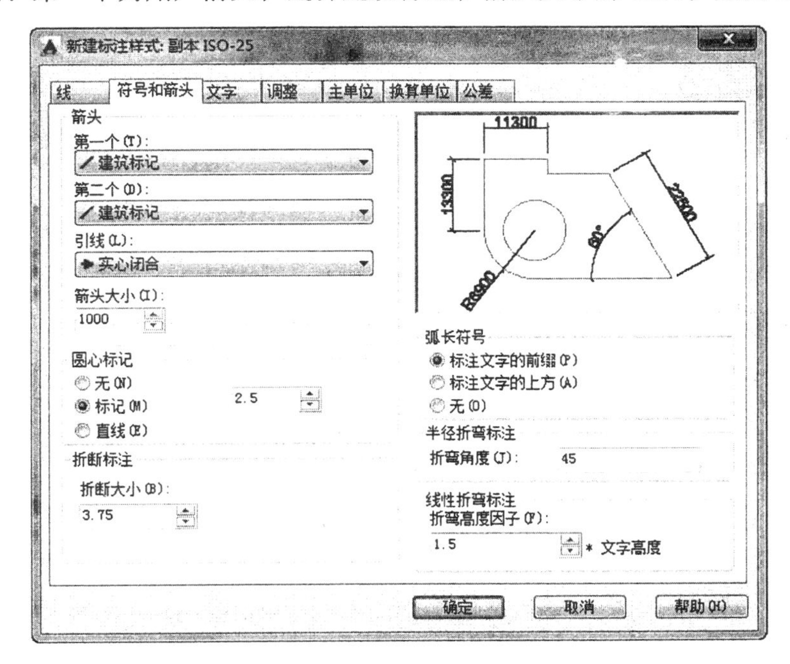

图 13-23　“符号和箭头”选项卡设置

③文字：文字高度为 2000，文字位置为垂直上，如图 13-24 所示。

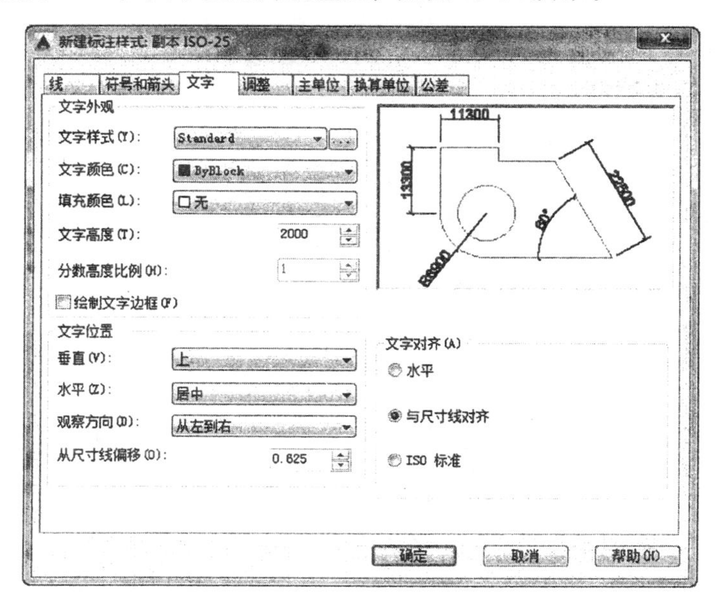

图 13-24 “文字”选项卡设置

④主单位：精度为 0，舍入为 100，如图 13-25 所示。

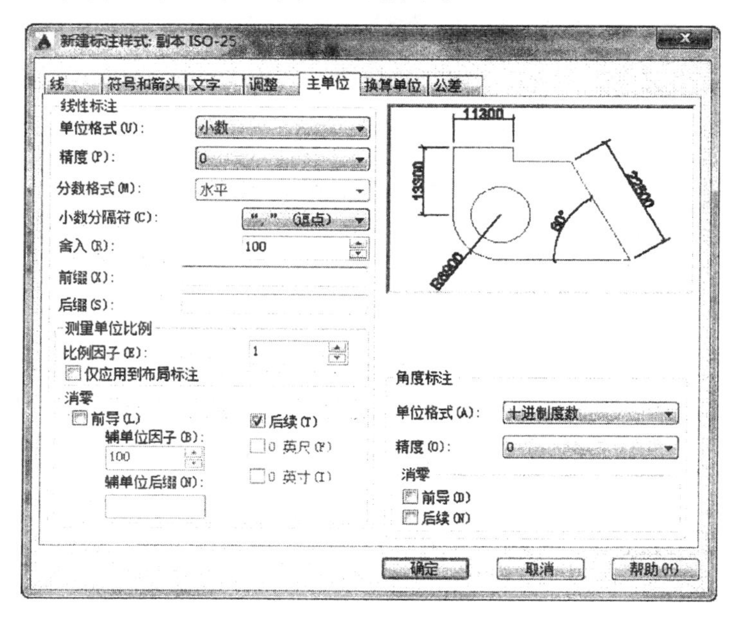

图 13-25 “主单位”选项卡设置

（6）单击“标注”工具栏中的“线性”按钮和“连续”按钮，为图形标注外部尺寸，如图 13-26 所示。

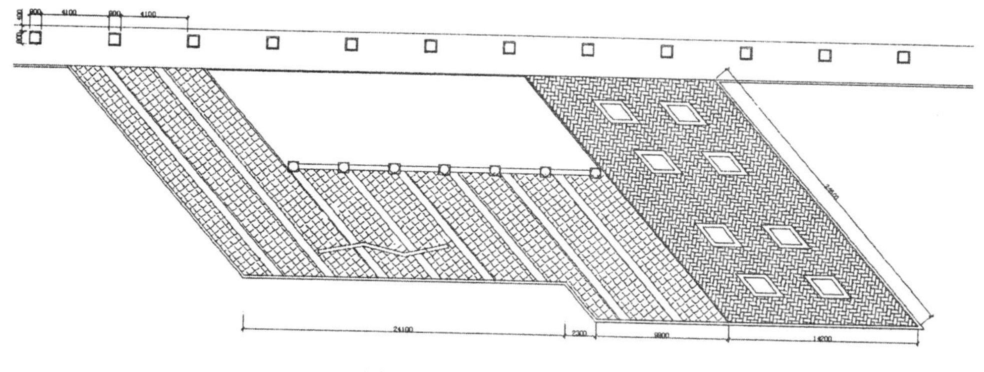

图 13-26　标注外部尺寸

（7）单击“标注”工具栏中的“线性”按钮，标注细节尺寸，如图 13-27 所示。

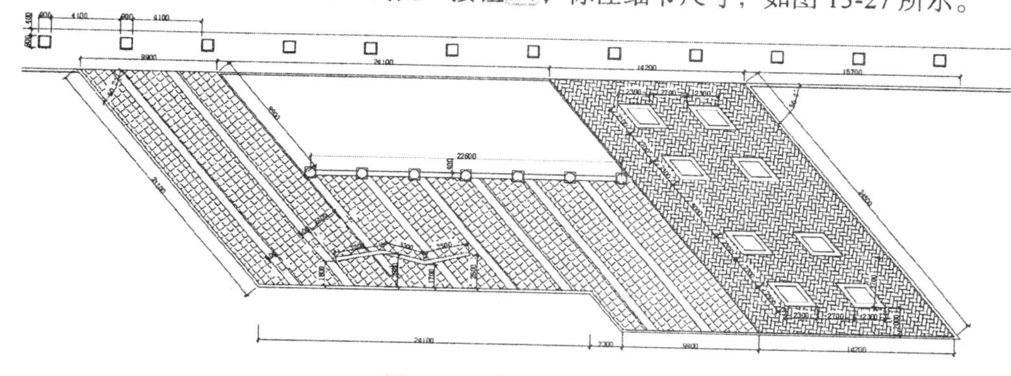

图 13-27　标注细节尺寸

（8）单击“绘图”工具栏中的“直线”按钮，在图中引出直线，如图 13-28 所示。

（9）单击“绘图”工具栏中的“圆”按钮，在直线处绘制一个圆，如图 13-29 所示。

（10）单击“绘图”工具栏中的“多行文字”按钮A，在圆内输入文字，完成索引符号的绘制，如图 13-30 所示。

（11）单击“绘图”工具栏中的“多行文字”按钮A，在索引符号左侧标注文字，如图 13-31 所示。

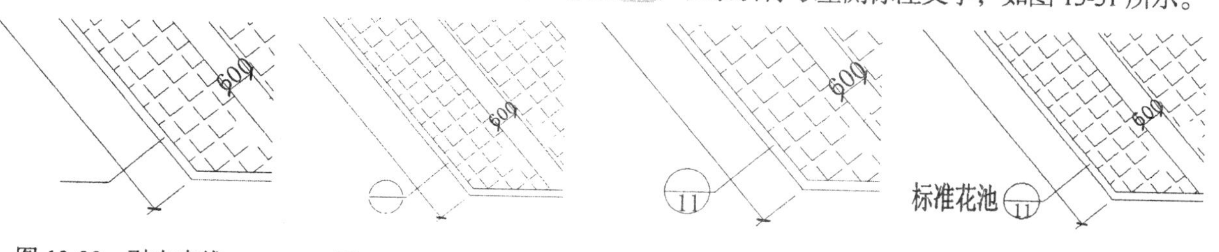

图 13-28　引出直线　　图 13-29　绘制圆　　图 13-30　绘制索引符号　　图 13-31　标注文字

（12）同理，标注其他位置处的文字说明，也可以单击“修改”工具栏中的“复制”按钮，将步骤（11）中标注的文字复制，然后双击文字，修改文字内容，以便文字格式的统一，如图 13-15 所示。

13.4 某学院景观绿化施工详图 2

本节绘制如图 13-32 所示的某学院景观绿化施工详图 2。

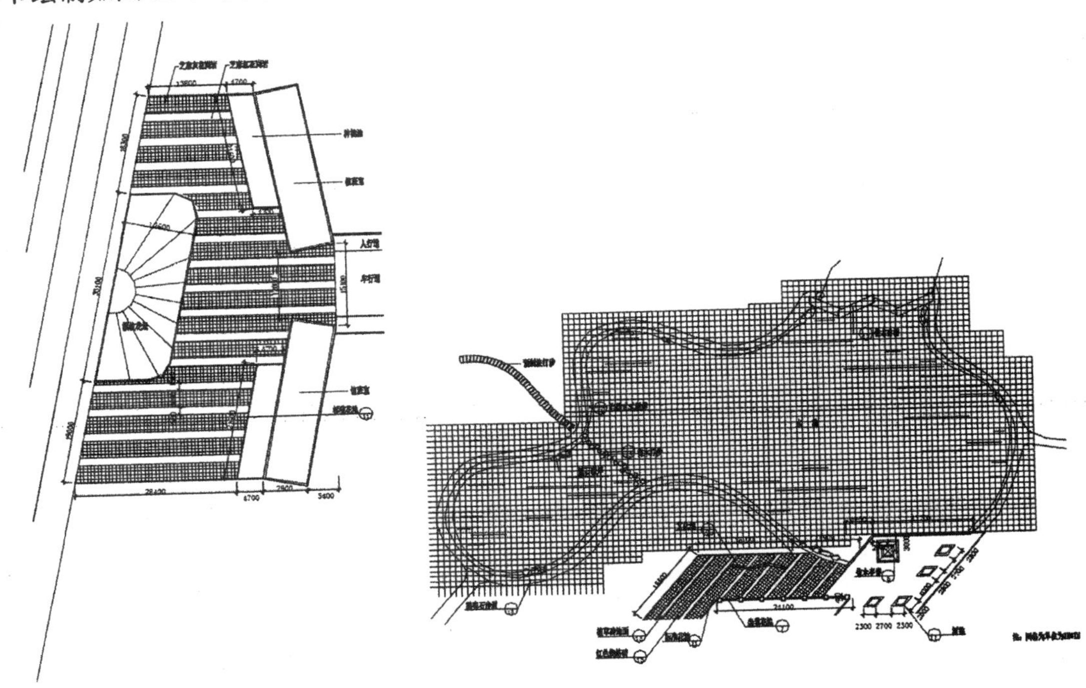

图 13-32 景观绿化施工详图 2

（1）单击“标准”工具栏中的“打开”按钮，打开“某学院景观绿化 A 区平面图”，选择部分图形，然后单击“修改”工具栏中的“删除”按钮和“修剪”按钮，整理图形，如图 13-33 所示。

（2）单击“绘图”工具栏中的“直线”按钮，绘制水池，如图 13-34 所示。

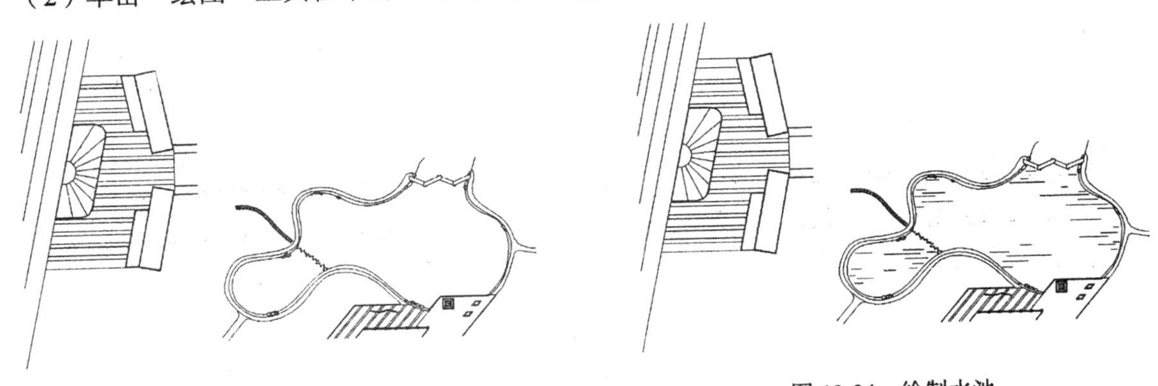

图 13-33 整理图形

图 13-34 绘制水池

（3）单击“绘图”工具栏中的“图案填充”按钮，选择 NET 图案，填充图形，如图 13-35 所示。

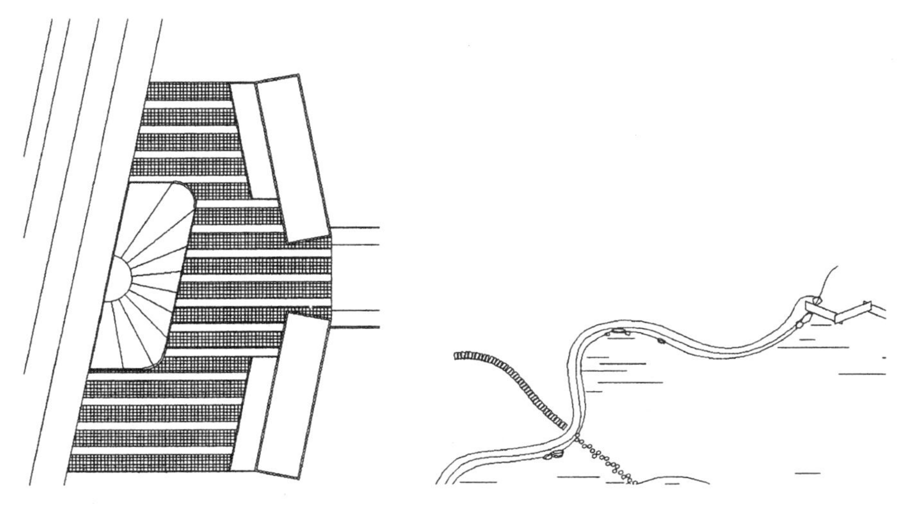

图 13-35　填充图形 1

（4）单击“绘图”工具栏中的“图案填充”按钮，选择 ANGLE 图案，填充其他位置处的图形，如图 13-36 所示。

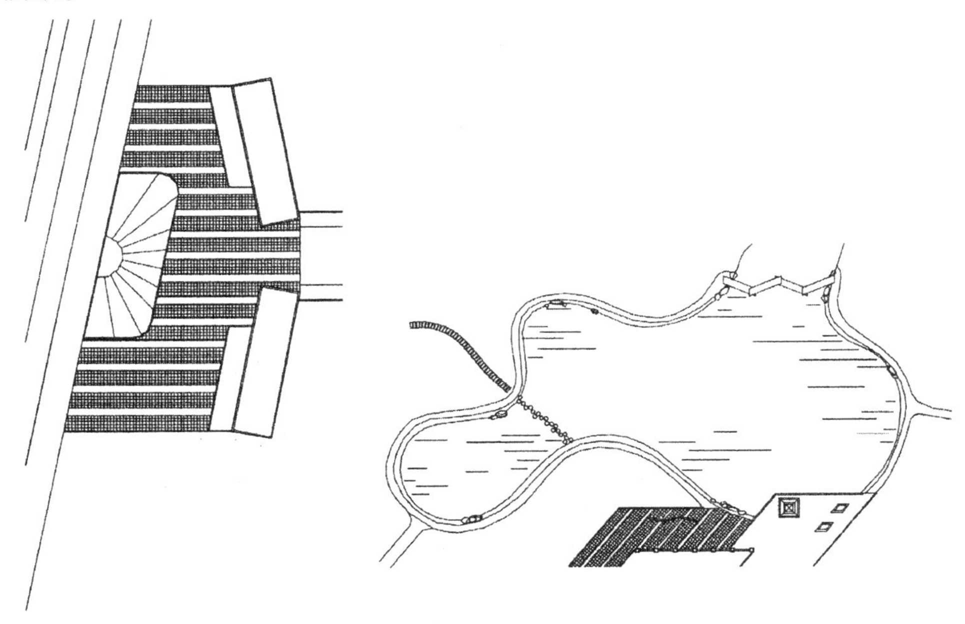

图 13-36　填充图形 2

（5）选择菜单栏中的“格式”→“标注样式”命令，打开 “标注样式管理器”对话框，创建一个新的标注样式，设置超出尺寸线为 1000，起点偏移量为 1000，箭头大小为 1000，文字高度为 2000，精度为 0，舍入为 100。

（6）单击“标注”工具栏中的“线性”按钮和“连续”按钮，为图形标注尺寸，如图 13-37 所示。

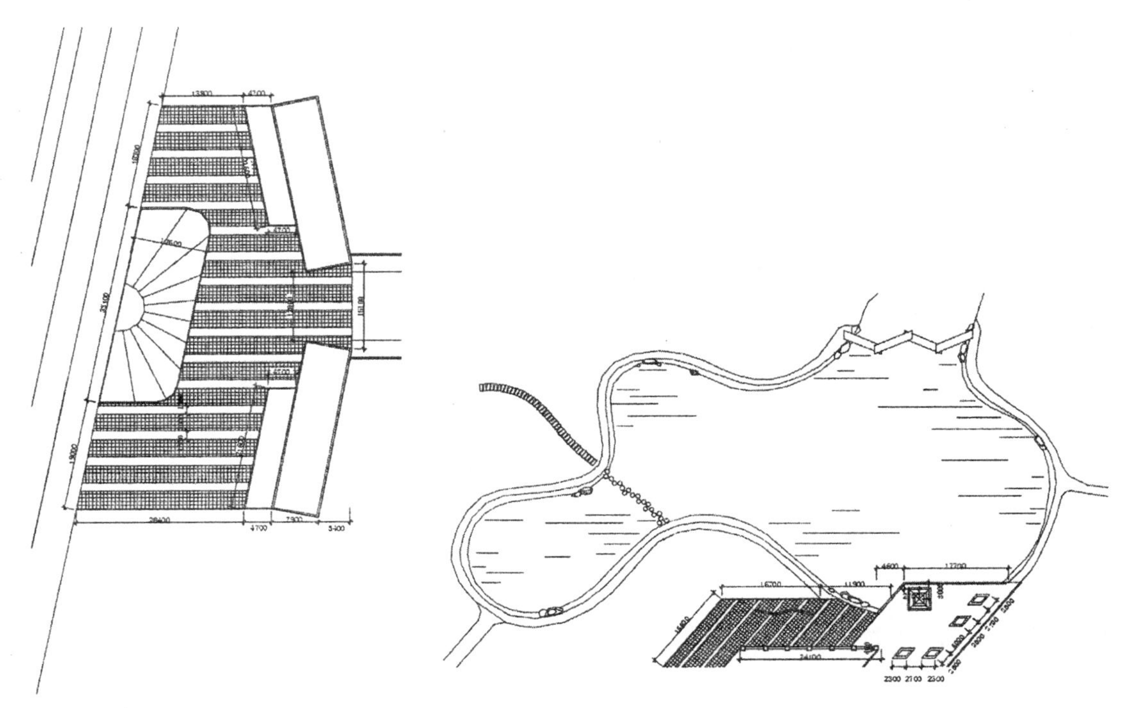

图 13-37　标注尺寸

（7）单击“绘图”工具栏中的“直线”按钮，在图中引出直线，如图 13-38 所示。

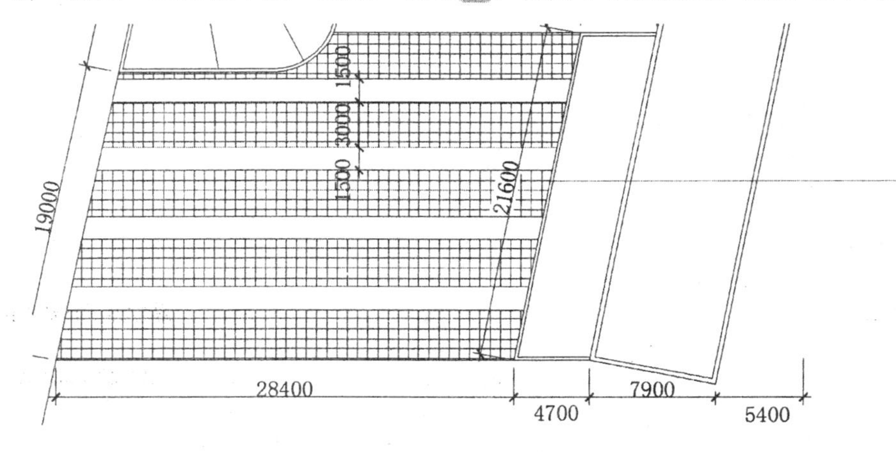

图 13-38　引出直线

（8）单击“绘图”工具栏中的“圆”按钮，在直线处绘制一个圆，如图 13-39 所示。

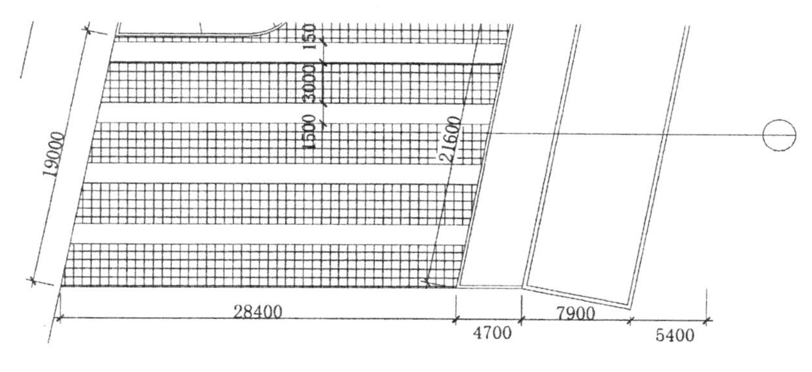

图 13-39　绘制圆

（9）单击“绘图”工具栏中的“多行文字”按钮A，在圆内输入文字，完成索引符号的绘制，如图 13-40 所示。

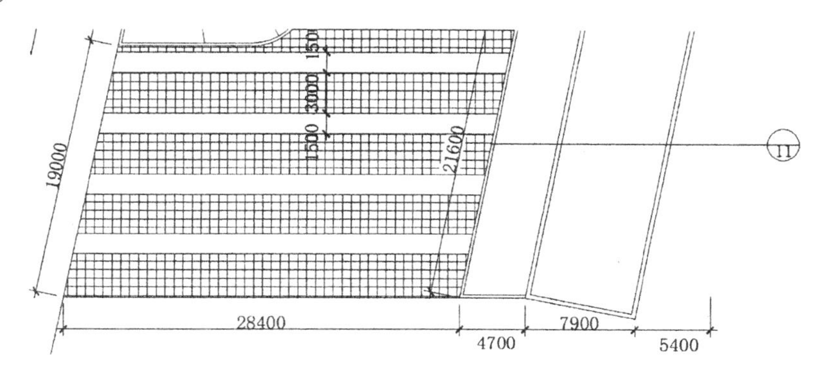

图 13-40　绘制索引符号

（10）单击“绘图”工具栏中的“多行文字”按钮A，标注文字，如图 13-41 所示。

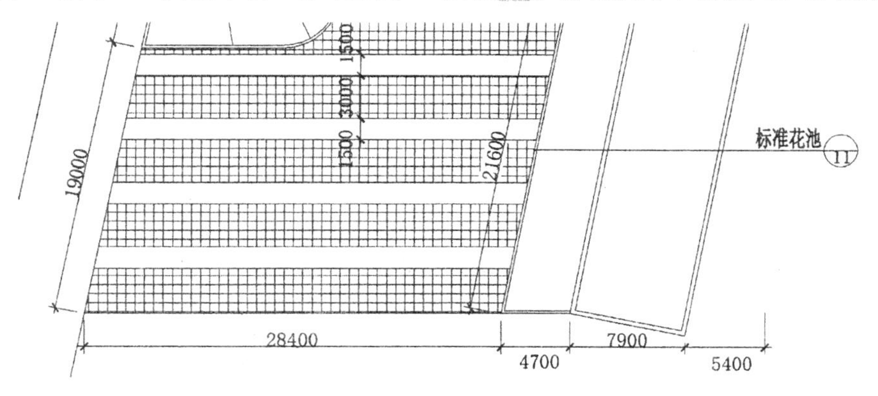

图 13-41　标注文字

（11）同理，标注其他位置处的文字说明，也可以单击“修改”工具栏中的“复制”按钮，将步骤（10）中标注的文字复制，然后双击文字，修改文字内容，以便文字格式的统一，如图 13-42 所示。

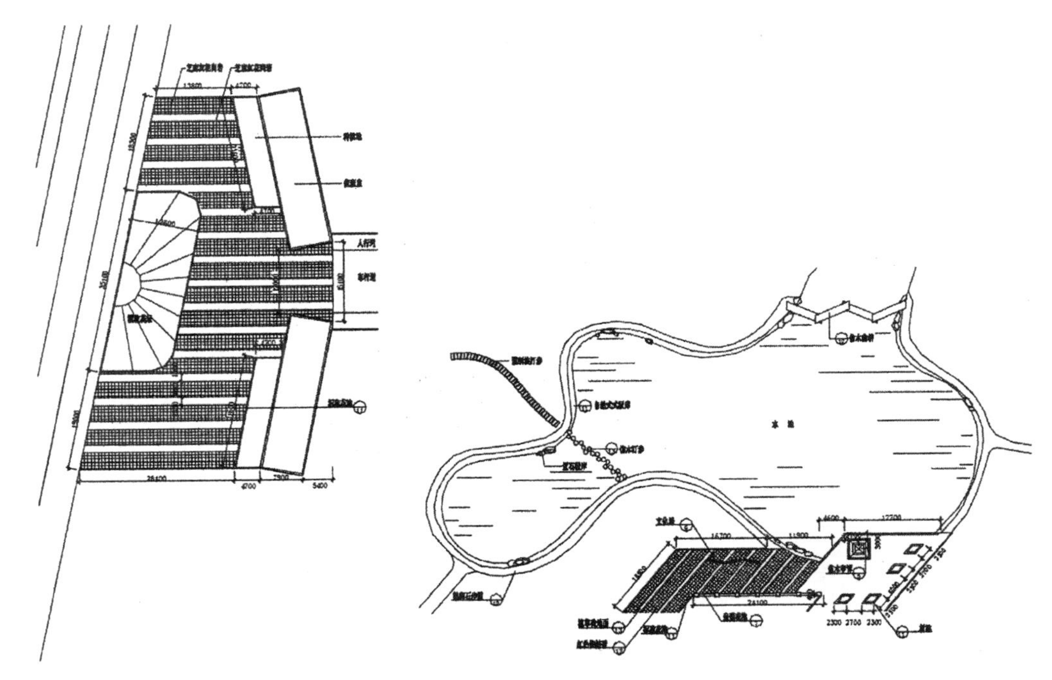

图 13-42　复制并修改文字

（12）单击“绘图”工具栏中的“直线”按钮和“修改”工具栏中的“偏移”按钮，绘制放线图，如图 13-43 所示。

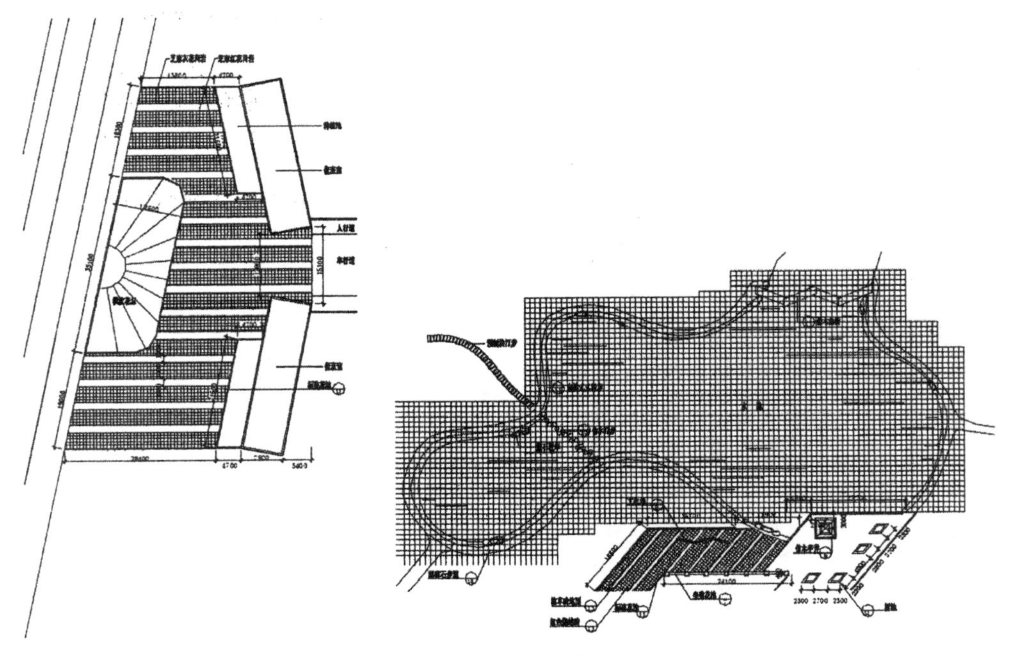

图 13-43　绘制放线图

（13）单击“绘图”工具栏中的“多行文字”按钮，在图形右下角标注文字说明，如图 13-32 所示。

▶▶ 第 4 篇

植物园园林设计篇

本篇导读：

本篇主要结合植物园设计实例讲解利用 AutoCAD 2015 进行园林设计的操作步骤、方法技巧等，包括植物园园林设计的相关思路和方法。

本篇内容通过实例加深读者对 AutoCAD 功能的理解和掌握，更主要的是向读者传授一种园林设计的系统的思想。

内容要点：

- 植物园平面图和施工图的绘制
- 蓄水池和灌溉系统工程图的绘制

植物园总平面图绘制

植物园的选址要求水源充足，土层深厚，地形有一定的起伏变化。植物园的规划设计力求科学内容与艺术形式的恰当结合，体现出一定的园林特色。

本章将以某游览胜地配套植物园规划设计为例，讲解植物园这类典型园林总体规划设计的基本思路和方法。

14.1　某植物园植物表

如图 14-1 所示，植物表是一般园林设计都必须具备的基本要素。本节将讲述制作植物表的基本思路和方法。

编号	名称	拉丁学名	编号	名称	拉丁学名
①	毛肋杜鹃	Rhododendron augustinii	㉗	秀雅杜鹃	R.concinnum
②	紫花杜鹃	R.amesiae	㉘	栎叶杜鹃	R.phaeochrysum
③	烈香杜鹃	R.anthopogonoides	㉙	凝毛(金褐)杜鹃	R.phaeochrysum var.agglutinatum
④	银叶杜鹃	R.argyrophyllum	㉚	海绵杜鹃	R.pingianum
⑤	汶川星毛杜鹃	R.asterochnoum	㉛	多鳞杜鹃	R.polylepis
⑥	问客杜鹃	R.ambiguum	㉜	树生杜鹃	R.dendrochairs
⑦	美容杜鹃	R.calophytum var.calophytum	㉝	硬叶杜鹃	R.tatsienense
⑧	尖叶美容杜鹃	R.calophytum var.openshawianum	㉞	大王杜鹃	R. rex
⑨	腺果杜鹃	R. davidii	㉟	大钟杜鹃	R. ririei
⑩	大白杜鹃	R.decorum	㊱	淡黄杜鹃	R.flavidum
⑪	绒毛杜鹃	R.pachytrichum	㊲	杜鹃	R.simsii
⑫	头花杜鹃	R.capitatum	㊳	白碗杜鹃	R.souliei
⑬	毛喉杜鹃	R.cephalanthum	㊴	隐蕊杜鹃	R.intricatum
⑭	陇蜀杜鹃	R.przewalskii	㊵	芒刺杜鹃	R.strigillosum
⑮	喇叭杜鹃	R. Discolor	㊶	红背杜鹃	R.refescens
⑯	金顶杜鹃	R. faberi	㊷	长毛杜鹃	R.trichanthum
⑰	密枝杜鹃	R.fastigiatum	㊸	皱叶杜鹃	R.wiltonii
⑱	黄毛杜鹃	R.rufum	㊹	草原杜鹃	R.telmateium
⑲	凉山杜鹃	R.huianum	㊺	三花杜鹃	R.triflorum
⑳	岷江杜鹃	R. hunnewellianum	㊻	峨眉光亮杜鹃	R. nitidulum var.omeiense
㉑	长蕊杜鹃	R.stamineum	㊼	四川杜鹃	R. sutchuenense
㉒	麻花杜鹃	R.maculiferum	㊽	褐毛杜鹃	R.wasonii
㉓	照山白	R.micranthum	㊾	光亮杜鹃	R.nitidulurm
㉔	无柄杜鹃	R.watsonii	㊿	毛蕊杜鹃	R.websterianum
㉕	亮叶杜鹃	R.vernicosum	(51)	千里香杜鹃	R.thymifolium
㉖	山光杜鹃	R.oreodoxa	○	桦木	Betula spp.

图 14-1　植物表

14.1.1　绘制图表

（1）单击“绘图”工具栏中的“矩形”按钮，在图形空白位置选择一点为矩形起点，绘制一个尺寸为 64×61 的矩形，如图 14-2 所示。

（2）单击“修改”工具栏中的“分解”按钮，选择步骤（1）中绘制的矩形为分解对象，按 Enter 键确认对其进行分解，使矩形分解为 4 条独立线段。

（3）单击“修改”工具栏中的“偏移”按钮，选择分解矩形左侧竖直边为偏移对象，将其向右偏移，偏移距离分别为 3、8、21、3 和 8，如图 14-3 所示。

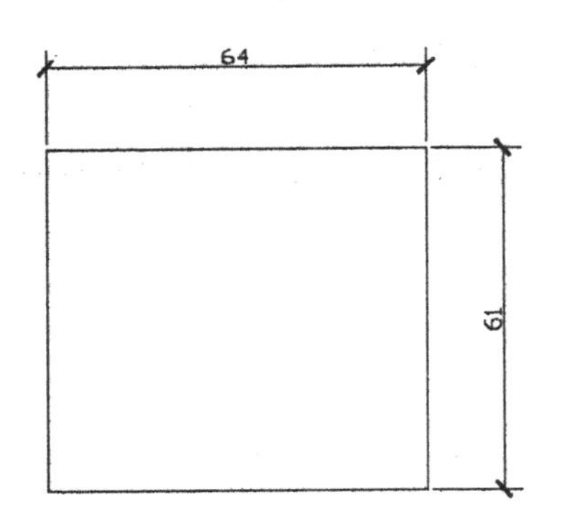

图 14-2　绘制矩形

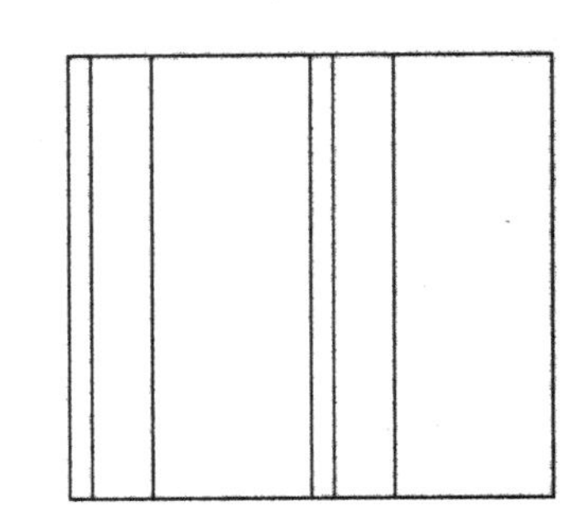

图 14-3　偏移线段

（4）单击“修改”工具栏中的“偏移”按钮，选择分解矩形上部线段为偏移对象，将其向下进行偏移，偏移距离均为 2.25，如图 14-4 所示。

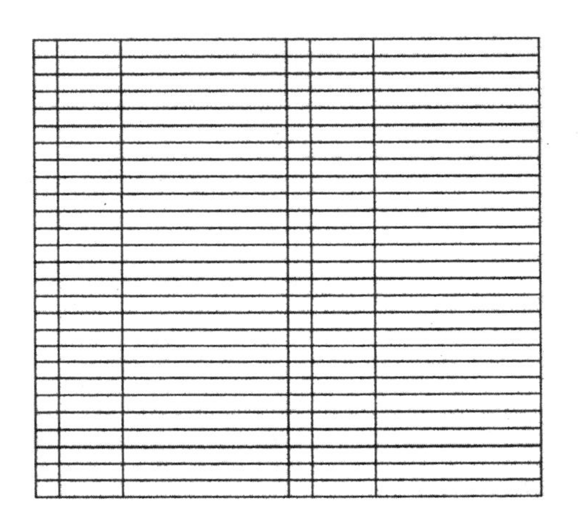

图 14-4　偏移线段

14.1.2　添加文字

（1）单击“绘图”工具栏中的“多行文字”按钮，在相应位置输入文字“编号”，设置文字字体高度为 0.75，字体为宋体，如图 14-5 所示。

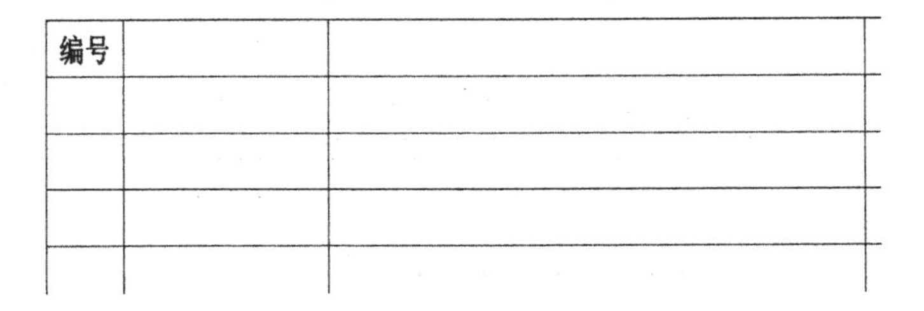

图 14-5　输入文字

（2）单击“绘图”工具栏中的“圆”按钮⊙，在步骤（1）中文字下方的线段内选择一点为圆的圆心，绘制一个半径为 0.75 的圆，如图 14-6 所示。

（3）单击“绘图”工具栏中的“多行文字”按钮A，在步骤（2）中绘制的圆内添加文字，如图 14-7 所示。

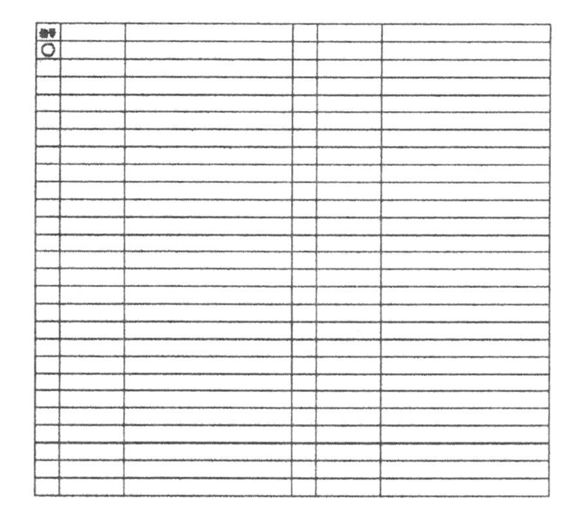

图 14-6　绘制圆

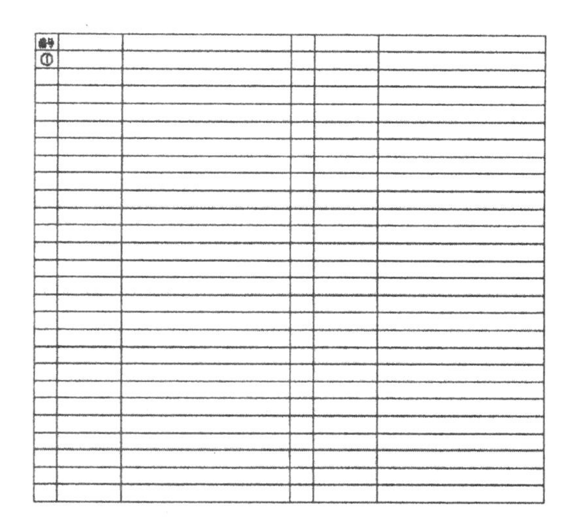

图 14-7　添加文字

（4）利用上述方法完成剩余部分的绘制，如图 14-1 所示。

14.2　绘制样板图框

根据国家标准的规定，标准的园林设计图纸都有标准的图框大小（即图幅）。常用的图幅有 A0（也称“0 号图幅”，以此类推）、A1、A2、A3 及 A4。将图框按标准绘制完成后保存成样板图或者图块，在绘制不同的图形时进行调用，这样既提高绘图的效率，也保持了图纸之间的统一性。

14.2.1　绘制样板图框 1

本节将绘制一个标准的横放式 A3 图框，如图 14-8 所示。具体的思路是利用“直线”“偏移”“修剪”等命令，按相关尺寸标准绘制图框，然后利用“多行文字”命令输入相关文字。下面简要讲述。

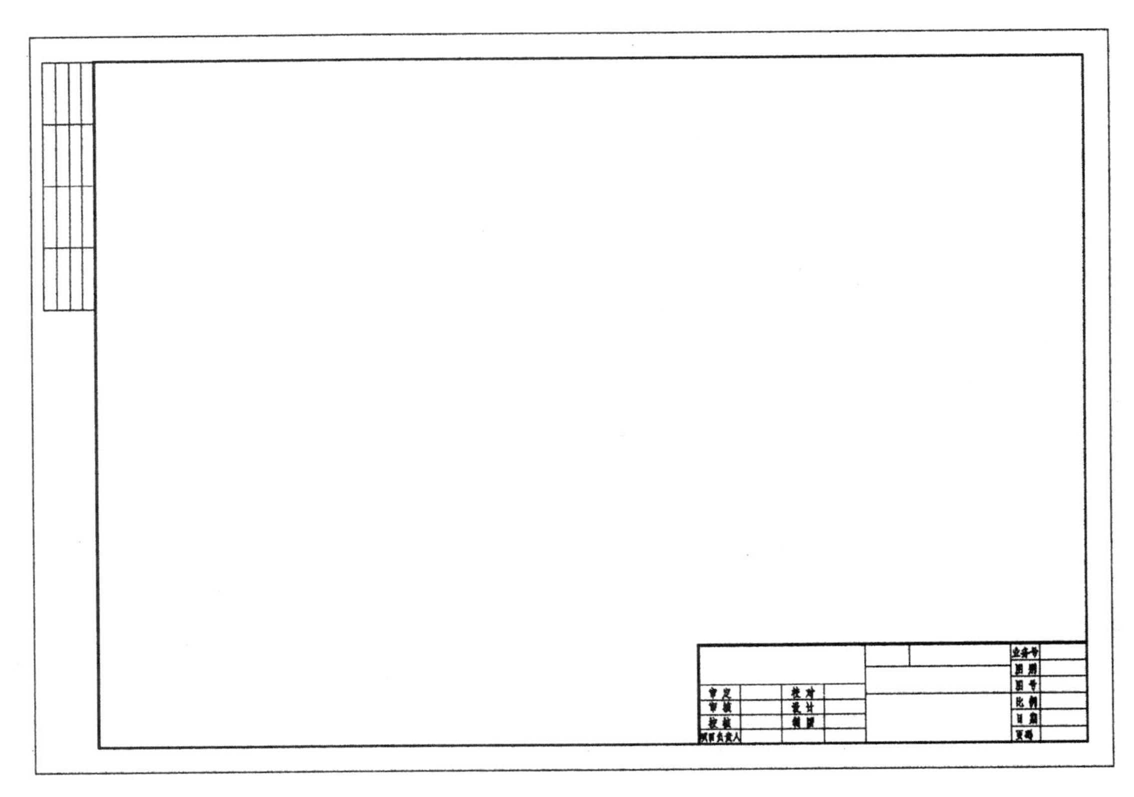

图 14-8　添加文字

（1）单击“绘图”工具栏中的“矩形”按钮，在图形空白位置任选一点为矩形起点，绘制一个尺寸为 420 × 297 的矩形，如图 14-9 所示。

（2）单击“绘图”工具栏中的“多段线”按钮，指定起点宽度为 0.5，端点宽度为 0.5，在步骤（1）中绘制的矩形内绘制连续多段线，如图 14-10 所示。

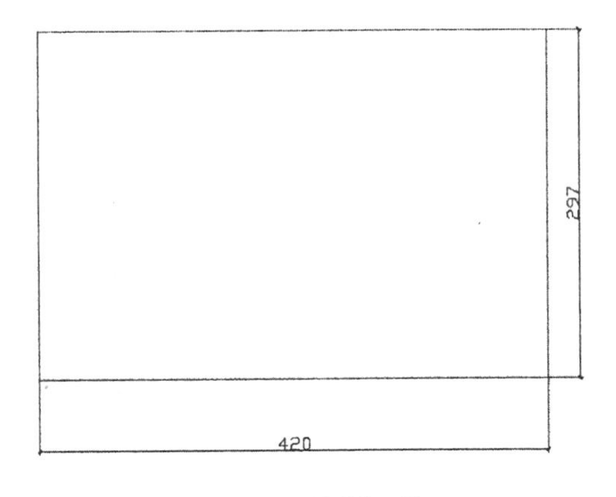

图 14-9　绘制矩形

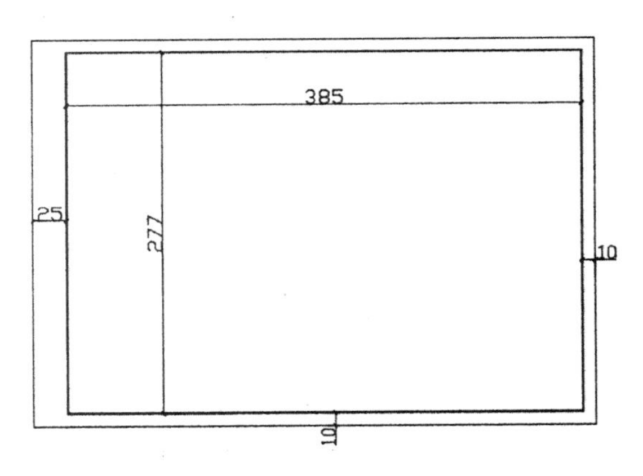

图 14-10　绘制连续多段线

（3）单击“绘图”工具栏中的“矩形”按钮，在图形空白位置任选一点为矩形起点，绘制一个尺寸为 100×20 的矩形，如图 14-11 所示。

（4）单击“修改”工具栏中的“分解”按钮，选择步骤（3）中绘制的矩形为分解对象，按 Enter 键确认对其进行分解处理，使其变为独立的线段。

（5）单击“修改”工具栏中的“偏移”按钮，选择步骤（4）中分解的线段左侧竖直直线为偏移对象，将其向右进行偏移，偏移距离分别为 25、25、25 和 25，如图 14-12 所示。

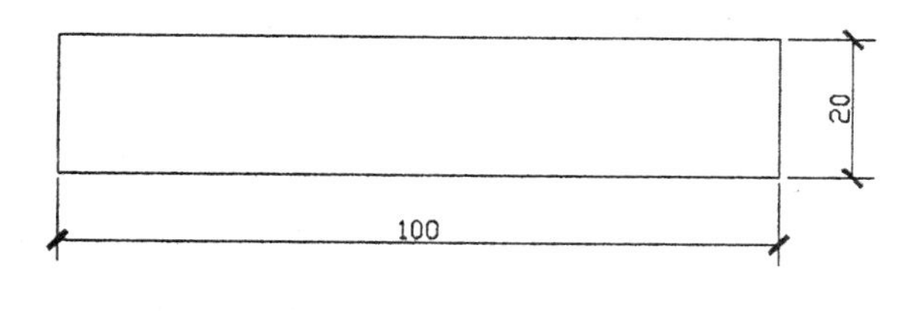

图 14-11　绘制矩形

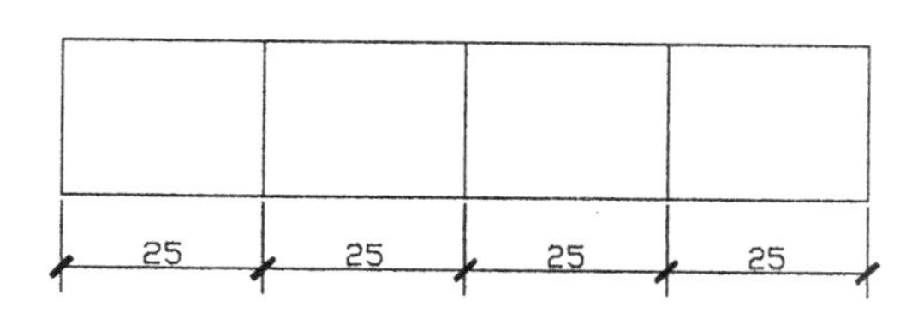

图 14-12　偏移线段

（6）单击“修改”工具栏中的“偏移”按钮，选择分解矩形上部水平边为偏移对象，将其向下进行偏移，偏移距离均为 5，如图 14-13 所示。

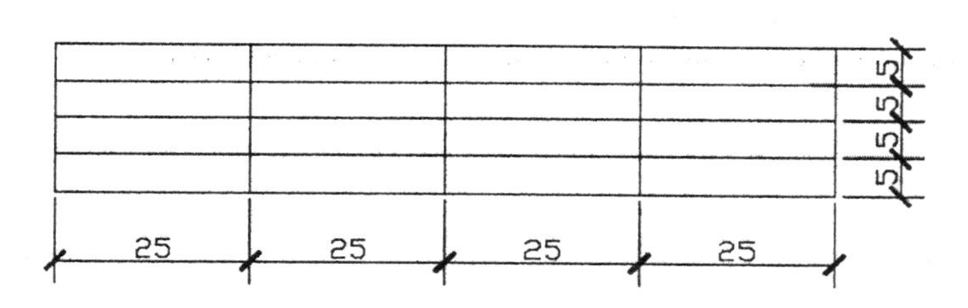

图 14-13　偏移线段

（7）单击“绘图”工具栏中的“多行文字”按钮，在步骤（6）中的偏移线段内添加文字，设置字高为 3.5，字体为宋体，如图 14-14 所示。

专业	实名	签名	日期

图 14-14　添加文字

（8）单击“修改”工具栏中的“移动”按钮，选择步骤（7）中绘制的会签栏为移动对象，将其移动放置到前面绘制的矩形左上角位置，如图 14-15 所示。

图 14-15　绘制矩形

（9）单击“绘图”工具栏中的“多段线”按钮，指定起点宽度为 0.8，端点宽度为 0.8，在内部矩形右下角位置绘制连续多段线，如图 14-16 所示。

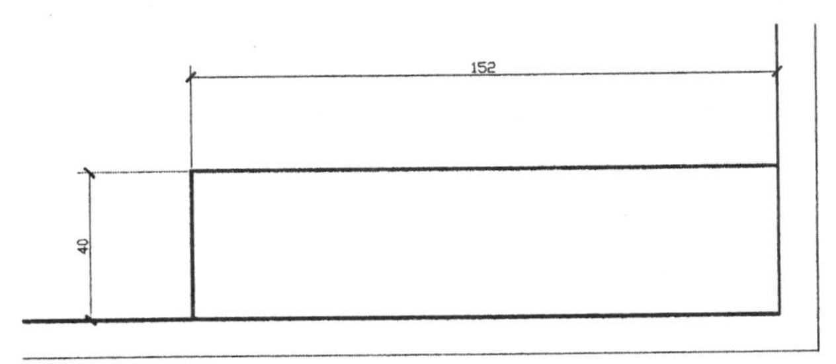

图 14-16　绘制连续多段线

（10）单击“绘图”工具栏中的“直线”按钮，在步骤（9）中绘制的多段线内绘制多条直线，如图 14-17 所示。

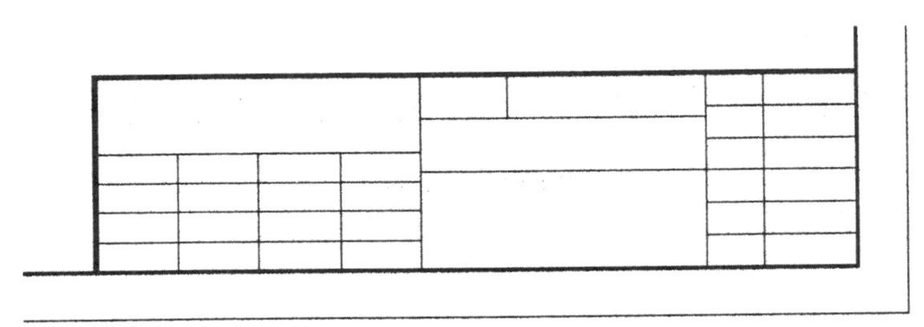

图 14-17　绘制多条直线

（11）单击“绘图”工具栏中的“多行文字”按钮A，在步骤（10）中绘制的线段内添加文字。

（12）在命令行中输入 WBLOCK 写块命令，弹出“写块”对话框，如图 14-18 所示。单击对话

框上的“拾取点”按钮，选择步骤（11）中绘制完成的图框上左下角点为定义点，单击“选择对象”按钮，选择图框，再选择保存名和路径，将绘制的图框图形定义为块，并为其命名。

图 14-18　“写块”对话框

14.2.2　绘制样板图框 2

如图 14-19 所示，本节将绘制一个标准的竖放式 A2 图框。具体绘制方法与 14.2.1 节类似，下面简要讲述。

（1）单击“绘图”工具栏中的“矩形”按钮，将线宽设置为 0.3，在图形空白位置选择一点为矩形起点，绘制尺寸为 480×671 的矩形，如图 14-20 所示。

图 14-19　样板图框 2

图 14-20　绘制 480×671 矩形

（2）单击“绘图”工具栏中的“矩形”按钮，将线宽设置为 0，在步骤（1）中绘制的矩形外部选择一点为矩形起点，绘制一个尺寸为 504×712 的矩形，如图 14-21 所示。

（3）单击“默认”选项卡“特性”面板上的“线宽”下拉列表，将线宽设置为 0.3。

（4）单击“绘图”工具栏中的“矩形”按钮，将线宽设置为 0.3，在绘制的初始矩形右下角点选择 182×48 的矩形，如图 14-22 所示。

图 14-21　绘制 504×712 矩形

图 14-22　选择矩形

（5）单击“绘图”工具栏中的“直线”按钮，在步骤（4）中的矩形内绘制多条线段，如图 14-23 所示。

（6）单击“绘图”工具栏中的“多行文字”按钮，在步骤（5）中绘制的直线内添加文字说明，如图 14-24 所示。

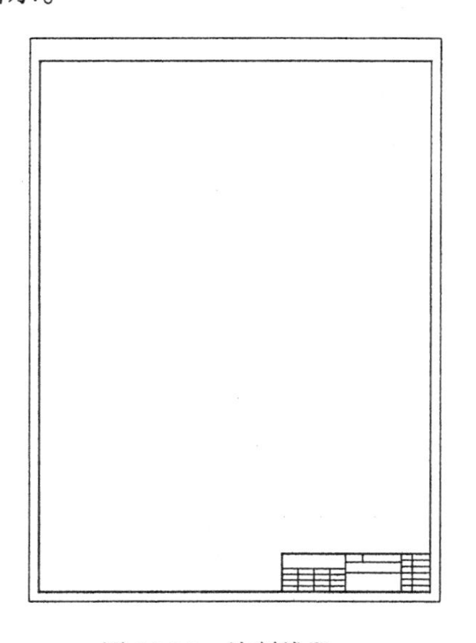

图 14-23　绘制线段

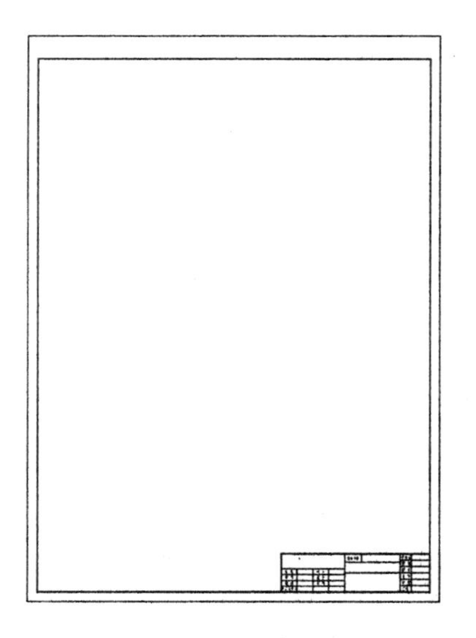

图 14-24　添加文字

（7）利用前面讲述的绘制标题栏的方法完成样板图框 2 内标题栏的绘制，最终完成样板图 2 的绘制并将其利用样板图框 1 的方法定义为块，如图 14-19 所示。

14.3　绘制植物园总平面图

对大型园林设计而言，总平面图具有至关重要的作用，是园林设计的灵魂和设计思想的集中呈现。如图 14-25 所示为某植物园的总平面图，下面对其设计思路和方法进行讲述。

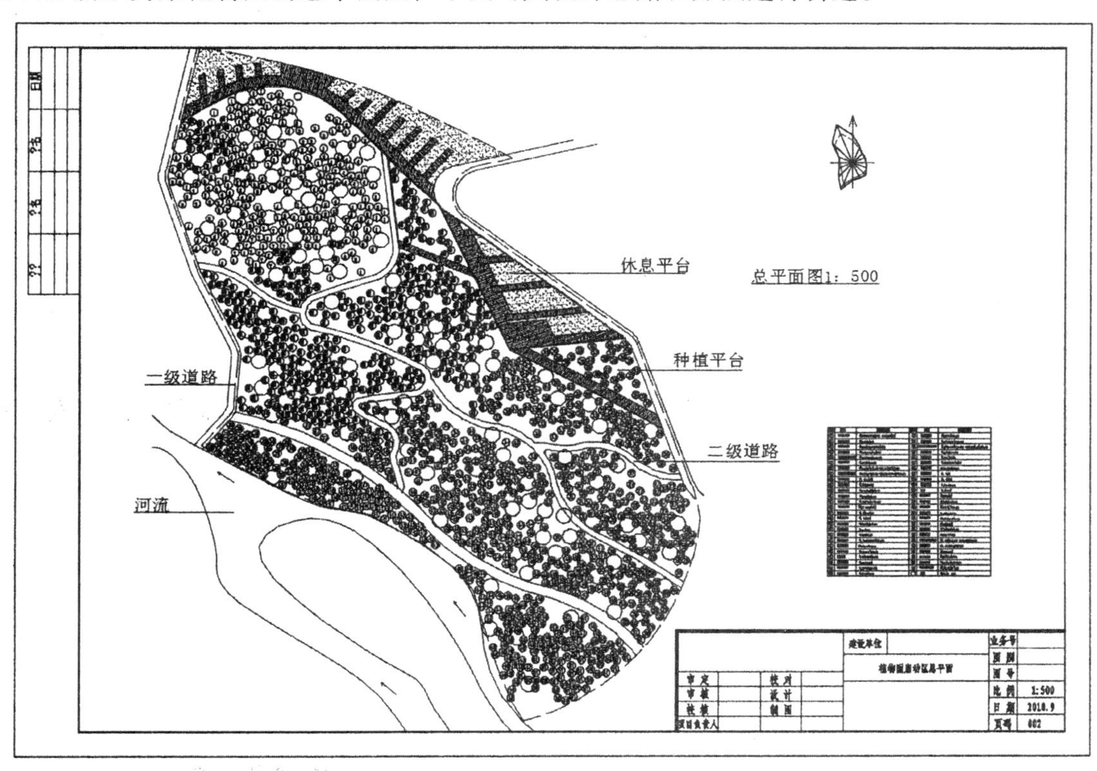

图 14-25　植物园总平面图

14.3.1　绘制道路

（1）建立一个新图层，命名为“道路”，颜色选取为 170，线型为默认，线宽设置为 0.3，并将其设置为当前图层，如图 14-26 所示。

图 14-26　“道路”图层

（2）单击“绘图”工具栏中的“多段线”按钮，线宽设置为 0.3，在图形空白位置选择一点

为多段线起点，绘制连续多段线，如图 14-27 所示。

（3）单击“修改”工具栏中的“偏移”按钮，选择步骤（2）中绘制的多段线为偏移对象，将其向外进行偏移，偏移距离为 4，如图 14-28 所示。

图 14-27　绘制多段线　　图 14-28　偏移多段线

（4）单击“绘图”工具栏中的“多段线”按钮，指定多段线起点为 0，端点为 0，线宽为 0.3，在步骤（3）中偏移多段线上方选取一点为多段线起点，绘制连续多段线，如图 14-29 所示。

（5）单击“修改”工具栏中的“打断”按钮，选择步骤（4）中的偏移线段为打断对象，将其距多段线 1 处打断。完成操作后如图 14-30 所示。

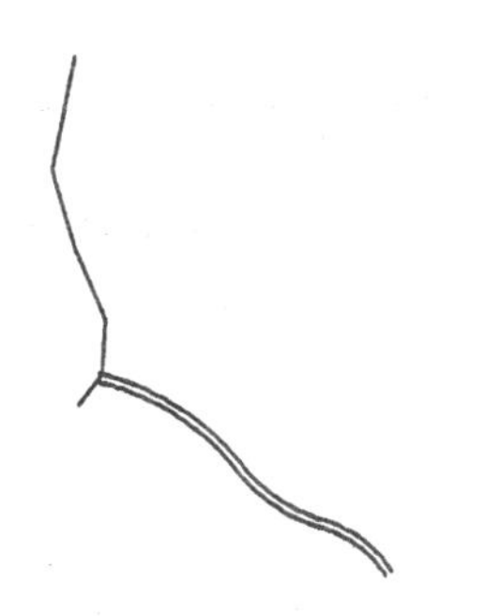

图 14-29　绘制多段线

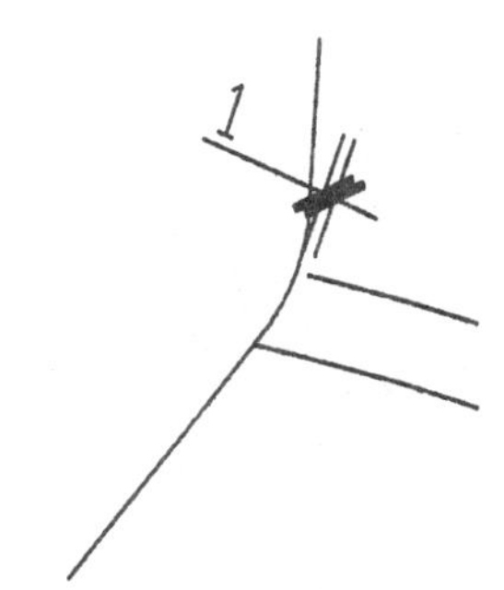

图 14-30　打断线段

（6）单击“修改”工具栏中的“偏移”按钮，选择如图 14-31 所示的多段线为偏移对象，将其向外进行偏移，偏移距离为 4，如图 14-31 所示。

（7）利用上述方法完成右侧道路的绘制，如图 14-32 所示。

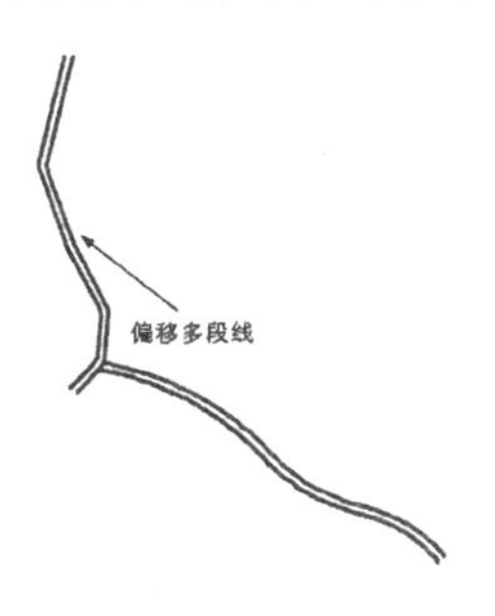

图 14-31　偏移线段

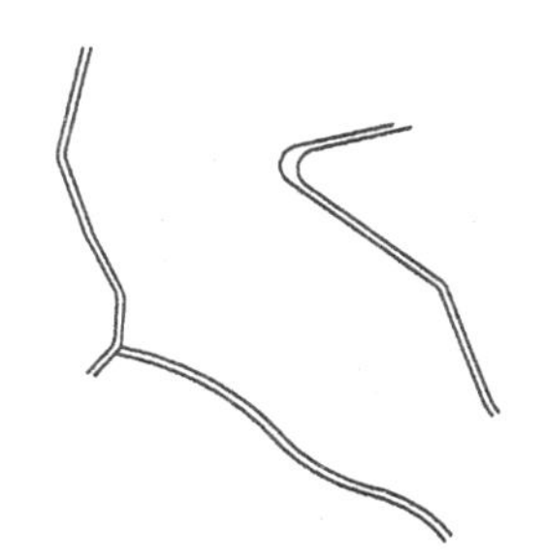

图 14-32　绘制右侧道路

（8）单击“绘图”工具栏中的“多段线”按钮，指定多段线起点为 0，端点为 0，指定线宽为 0.0，在步骤（7）中绘制的图形下方选取一点为多段线起点，绘制连续多段线，如图 14-33 所示。

（9）单击“绘图”工具栏中的“多段线”按钮，指定多段线起点为 0，端点为 0，在步骤（8）中绘制的图形右侧选取一点为多段线起点，绘制连续多段线，如图 14-34 所示。

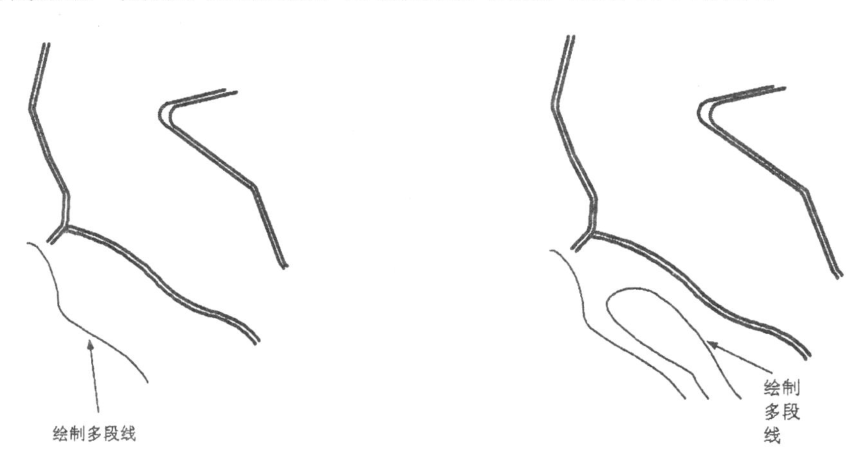

图 14-33　绘制多段线 1　　　图 14-34　绘制多段线 2

（10）单击“绘图”工具栏中的“多段线”按钮，指定多段线起点为 0，端点为 0，选择如图 14-35 所示的位置为多段线起点，绘制多段线，如图 14-35 所示。

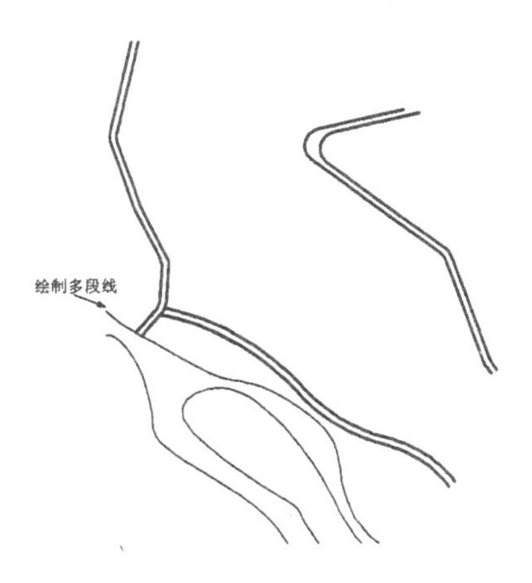

图 14-35　绘制多段线 3

（11）建立新图层，命名为“二级道路”，颜色选取 30，线型、线宽为默认，如图 14-36 所示，并将其设置为当前图层。

二级道路　30　Continu... —— 默认　0　Color_...

图 14-36　“二级道路”图层

（12）单击“绘图”工具栏中的“多段线”按钮，指定起点宽度为 0，端点宽度为 0，在道路之间选择一点为多段线起点，完成图形中二级道路的绘制，结果如图 14-37 所示。

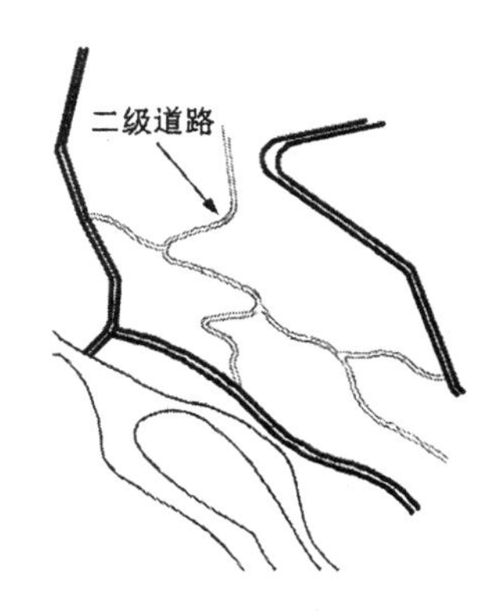

图 14-37　二级道路

14.3.2　绘制分区

（1）建立一个新图层，命名为“分区 1”，颜色选取为红色，线型、线宽为默认，并将其设置为当前图层，如图 14-38 所示。

分区1　Continu...　默认　0　Color_1

图 14-38　“分区 1”图层

（2）单击“绘图”工具栏中的“多段线”按钮，指定多段线起点宽度为 0，端点宽度为 0，在 14.3.1 节图 14-37 中图形上选择一点为多段线起点，绘制连续多段线，完成分区 1 的绘制，如图 14-39 所示。

（3）单击“绘图”工具栏中的“多段线”按钮，指定多段线起点宽度为 0，端点宽度为 0，在步骤（2）中绘制的多段线上绘制十字交叉线，并单击“绘图”工具栏中的“多段线”按钮，选择交叉线间的线段为修剪对象，对其进行修剪处理，如图 14-40 所示。

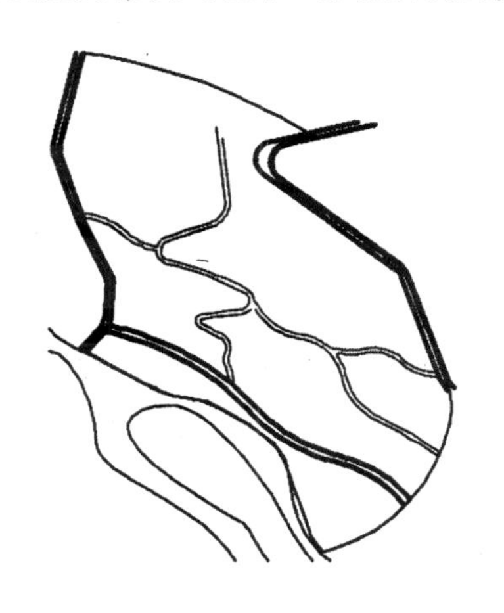

图 14-39　绘制多段线

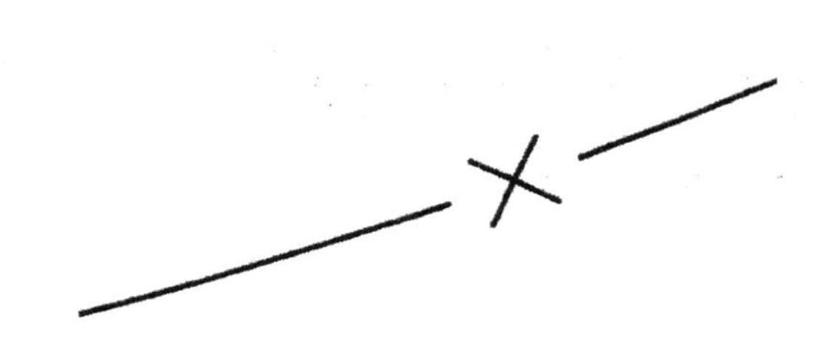

图 14-40　修剪线段

（4）利用上述方法完成剩余相同图形的绘制，如图 14-41 所示。

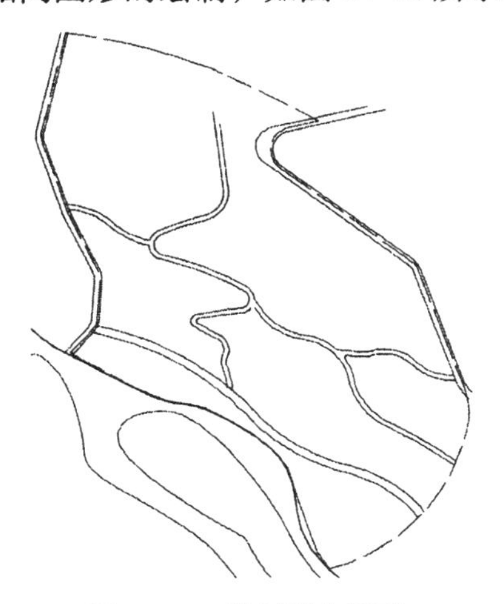

图 14-41　绘制剩余图形

14.3.3　绘制地形

（1）建立一个新图层，命名为“地形控制”，颜色选取为 240，线型、线宽为默认，如图 14-42 所示，并将其设置为当前图层。

图 14-42　“地形控制”图层

（2）单击“绘图”工具栏中的“多段线”按钮，在 14.3.2 节图 14-41 中图形内部选取一点为多段线起点，完成地形控制区的绘制，如图 14-43 所示。

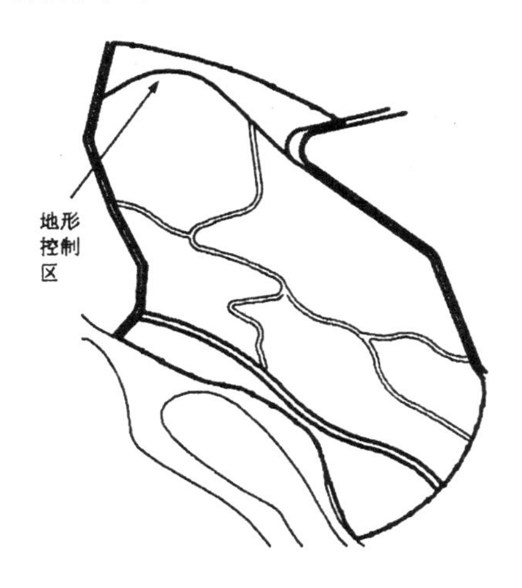

图 14-43　绘制地形控制区

（3）单击“修改”工具栏中的“偏移”按钮，选择步骤（2）中绘制的多段线为偏移对象，

将其向外侧进行偏移，偏移距离为 0.5、4，如图 14-44 所示。

（4）选择步骤（3）中偏移的两线段为操作对象，将其线宽修改为 0，如图 14-45 所示。

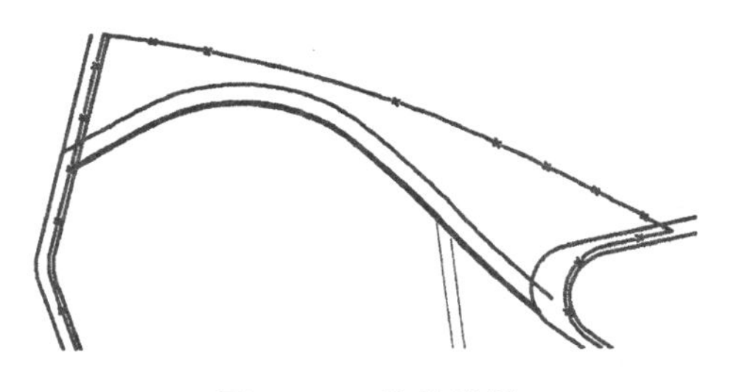

图 14-44　偏移线段

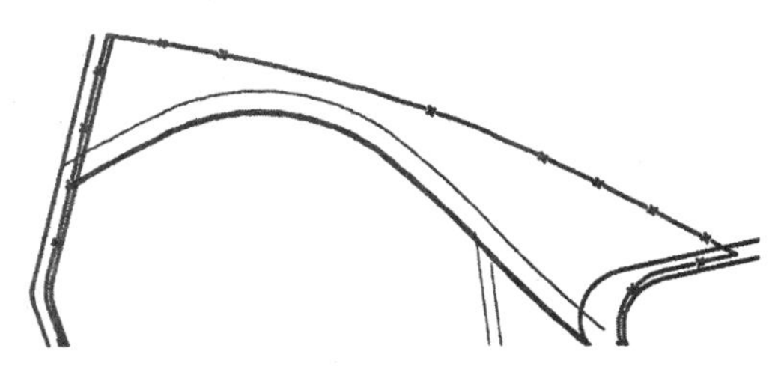

图 14-45　修改线宽

（5）单击“修改”工具栏中的“修剪”按钮，选择步骤（4）中偏移线段超出两边为线段的修剪对象，对其进行修剪处理，如图 14-46 所示。

（6）单击“绘图”工具栏中的“直线”按钮，在步骤（5）中的图形上方选择一点为直线起点，绘制两条斜向直线，如图 14-47 所示。

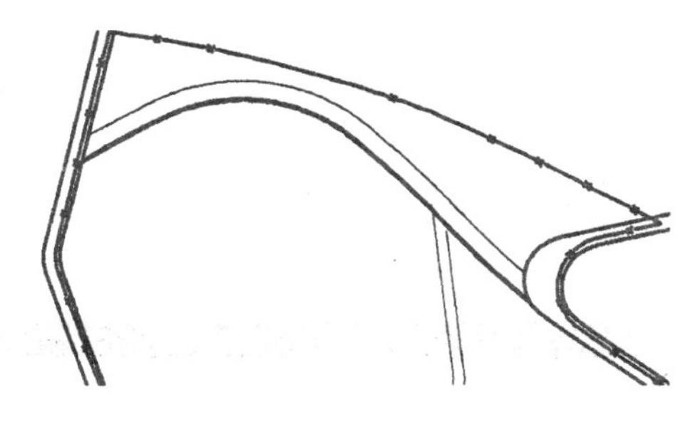

图 14-46　修剪线段

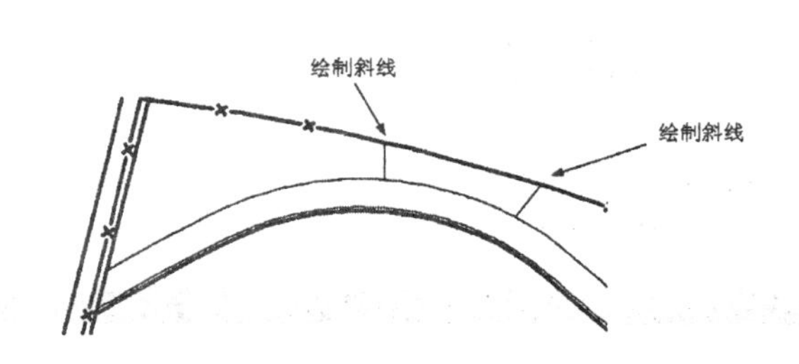

图 14-47　绘制斜向直线

（7）单击“修改”工具栏中的“修剪”按钮，选择两斜线间线段为修剪对象，按 Enter 键确认对其进行修剪，如图 14-48 所示。

（8）单击“绘图”工具栏中的“直线”按钮，在步骤（7）中的图形上方绘制连续直线，如图 14-49 所示。

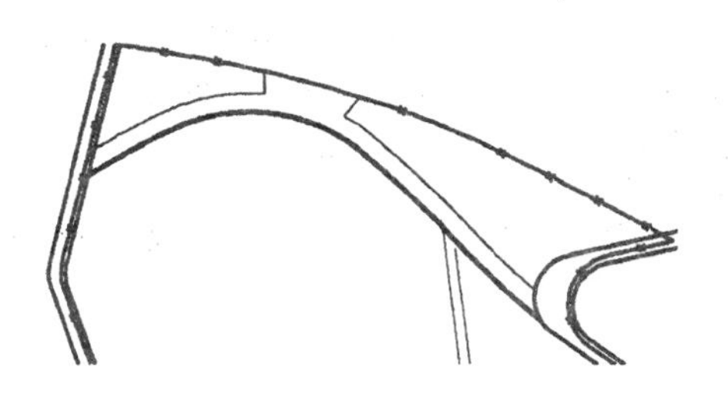

图 14-48　绘制斜向直线

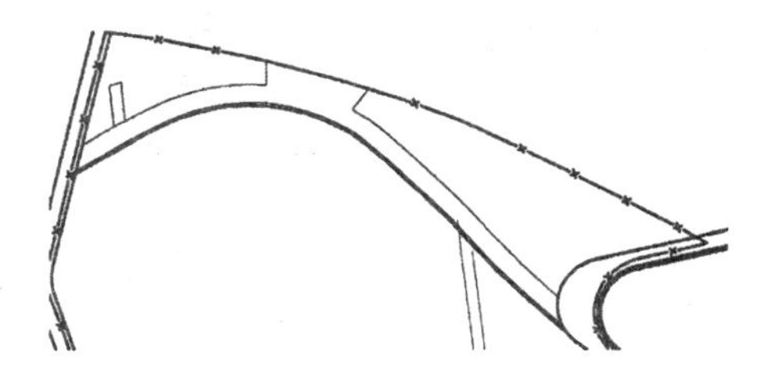

图 14-49　绘制连续直线

（9）重复上述操作，完成相同图形的绘制，如图 14-50 所示。

（10）单击“绘图”工具栏中的“图案填充”按钮，选择步骤（9）中图形部分区域为填充区域，设置图案为 AR-SAND，填充比例为 0.04，如图 14-51 所示。

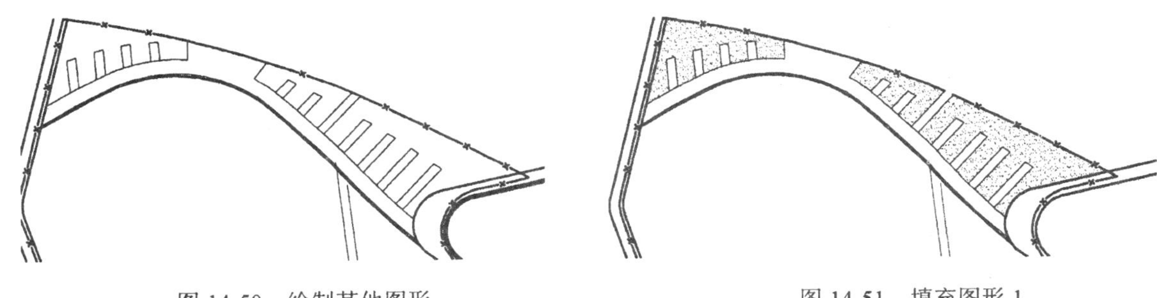

图 14-50　绘制其他图形　　　　图 14-51　填充图形 1

（11）单击“绘图”工具栏中的“图案填充”按钮，选择步骤（10）中图形部分区域为填充区域，设置图案为 DOLMIT，填充比例为 0.1，角度为 75，完成填充，结果如图 14-52 所示。

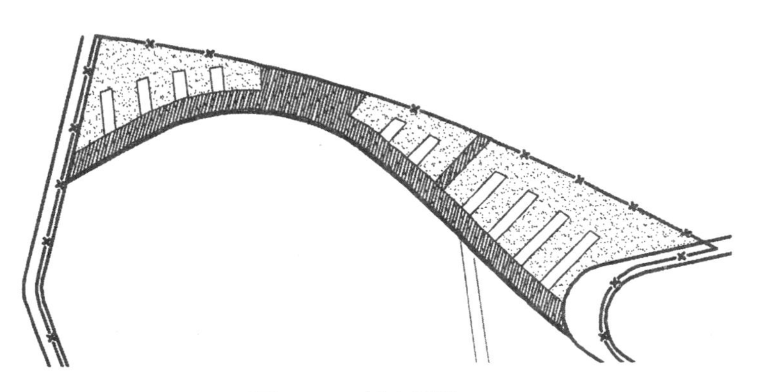

图 14-52　填充图形 2

（12）单击“绘图”工具栏中的“图案填充”按钮，选择步骤（11）中图形部分区域为填充区域，设置图案为 DOLMIT，填充比例为 0.1，角度为 15，如图 14-53 所示。

（13）单击“绘图”工具栏中的“图案填充”按钮，选择步骤（12）中图形部分区域为填充区域，设置图案为 DOLMIT，填充比例为 0.1，角度为 315，如图 14-54 所示。

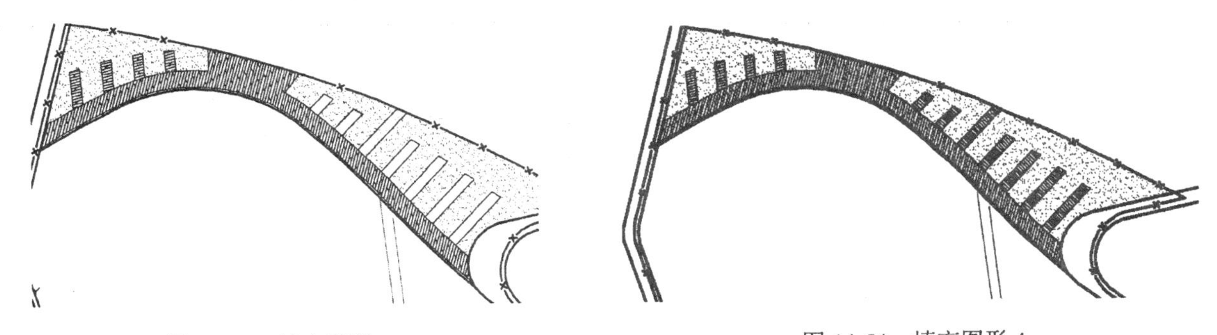

图 14-53　填充图形 3　　　　图 14-54　填充图形 4

（14）单击“修改”工具栏中的“修剪”按钮，选择步骤（13）中绘制图形中的多余线段为修剪对象，对其进行修剪处理，如图 14-55 所示。

（15）利用上述方法完成下部相同图形的绘制，如图 14-56 所示。

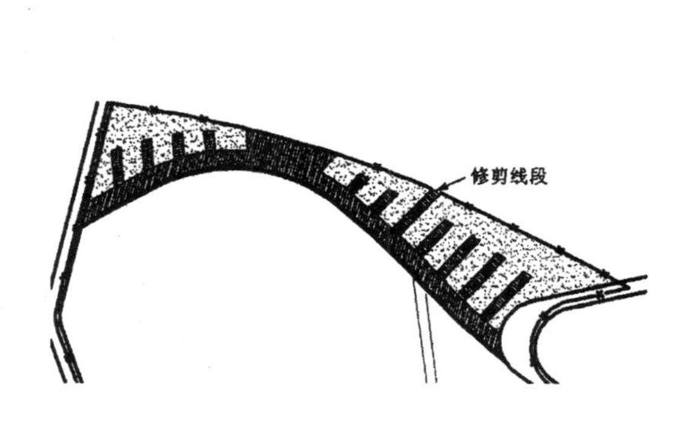

图 14-55　修剪线段

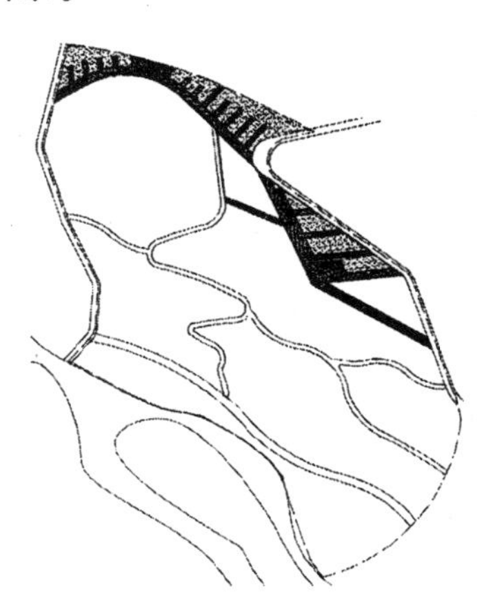

图 14-56　填充下部图形

14.3.4　绘制植物

（1）建立新图层，命名为“灌木”，颜色选取为洋红，线型、线宽为默认，如图 14-57 所示，并将其设置为当前图层。

灌木				洋红	Continu...	—— 默认	0	Color_6		

图 14-57　“灌木”图层

（2）单击“绘图”工具栏中的“圆”按钮，在 14.3.3 节图 14-56 中图形内部选择一点为圆的圆心，绘制半径为 1.5 的圆，如图 14-58 所示。

（3）单击“绘图”工具栏中的“多行文字”按钮A，设置字体为 ros，字高为 2.5，在步骤（2）中绘制的圆内添加文字，如图 14-59 所示。

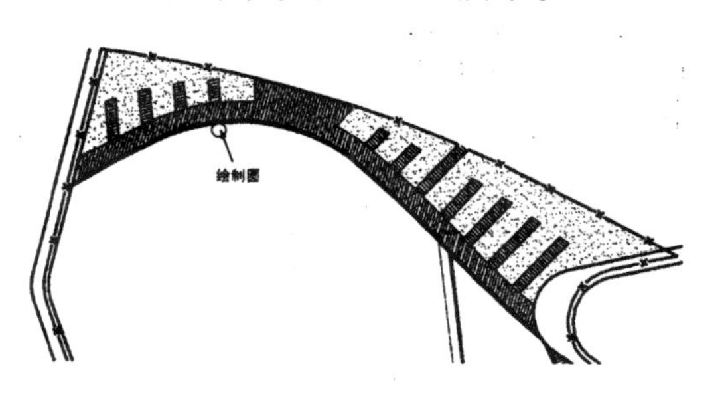

图 14-58　绘制圆

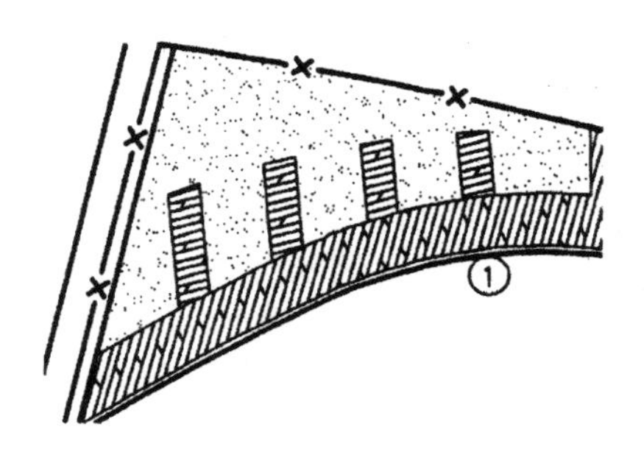

图 14-59　添加文字

（4）单击“修改”工具栏中的“复制”按钮，选择步骤（3）中完成添加文字后的图形为复制对象，将其向下进行复制操作，如图 14-60 所示。

（5）双击步骤（4）中复制的圆内文字为修改对象，弹出“多行文字”编辑器，在编辑器内输入新的文字 2，单击“确定”按钮，如图 14-61 所示。

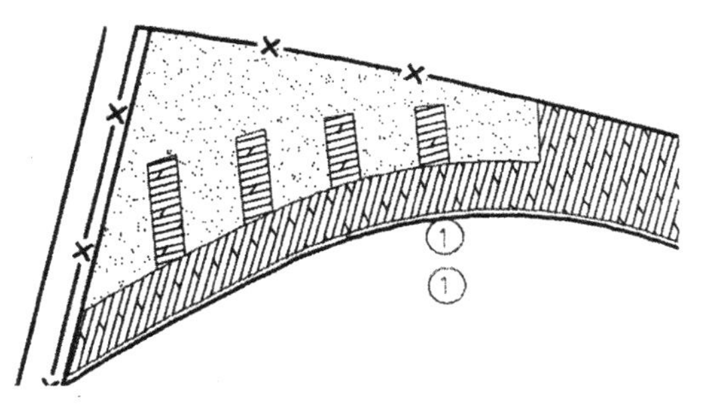

图 14-60　复制图形

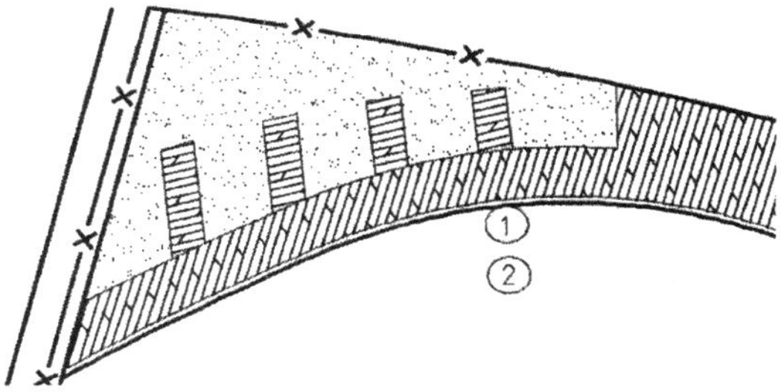

图 14-61　修改文字

（6）利用上述方法完成剩余相同图形的绘制，如图 14-62 所示。

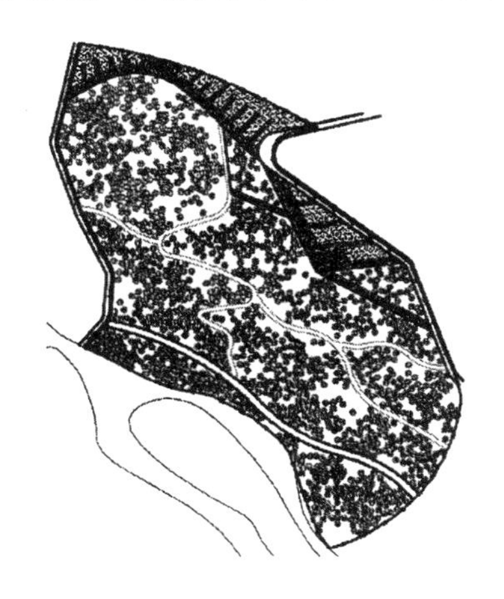

图 14-62　绘制剩余图形

（7）建立新图层，命名为“乔木”，颜色选取为绿色，线型、线宽为默认，如图 14-63 所示，并将其置为当前图层。

图 14-63　“乔木”图层

（8）单击“绘图”工具栏中的“圆”按钮，在步骤（7）中的图形上绘制一个半径为 3 的圆，如图 14-64 所示。

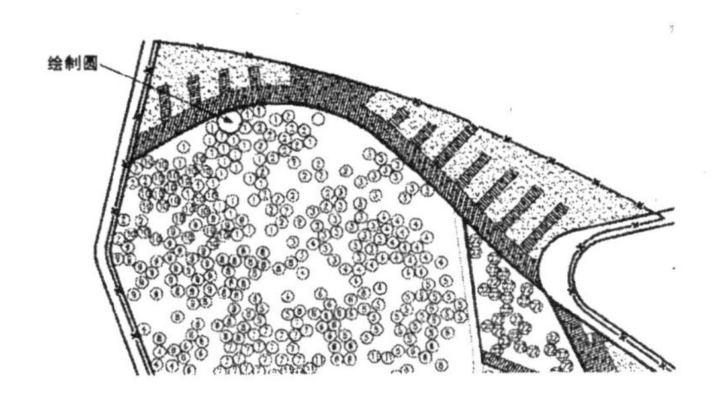

图 14-64　绘制圆

（9）单击“修改”工具栏中的“复制”按钮，选择步骤（8）中绘制的圆为复制对象，对其进行连续复制，如图 14-65 所示。

（10）单击“绘图”工具栏中的“直线”按钮，在图形空白位置任选一点为直线起点，绘制长度为 8 的直线，如图 14-66 所示。

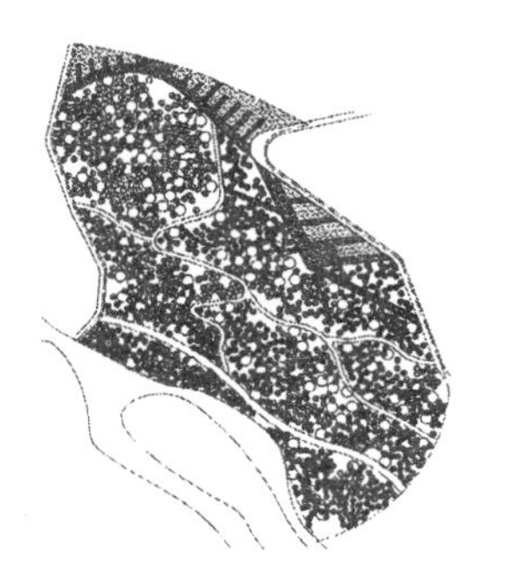

图 14-65　复制图形

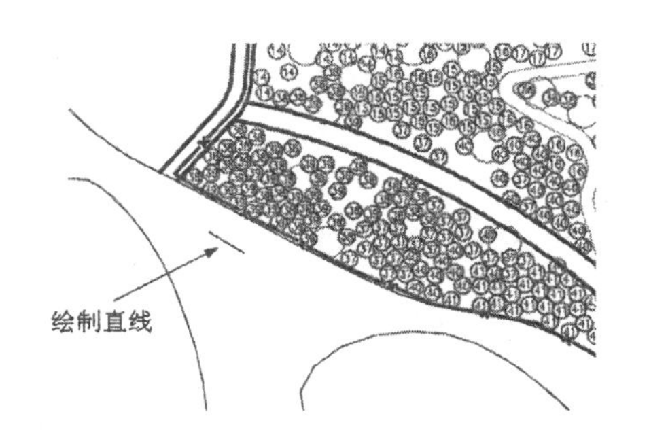

图 14-66　绘制直线

（11）单击“绘图”工具栏中的“直线”按钮，选择步骤（10）中的斜向直线上端点为直线起点，绘制一条长度为 1 的斜向直线，如图 14-67 所示。

（12）单击“修改”工具栏中的“镜像”按钮，选择步骤（11）中绘制的斜向直线为镜像对象，对其进行竖直镜像，如图 14-68 所示。

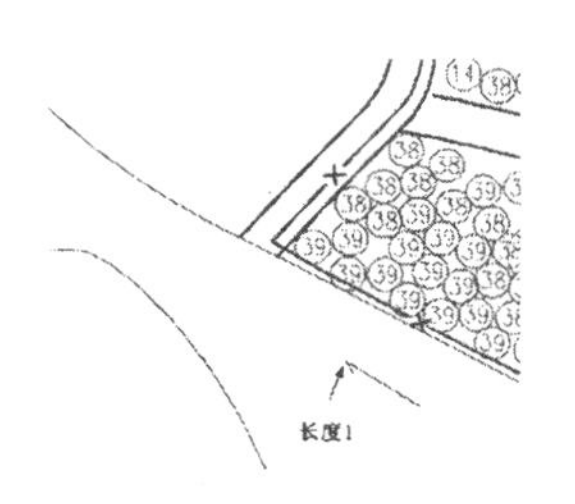

图 14-67　绘制斜向直线

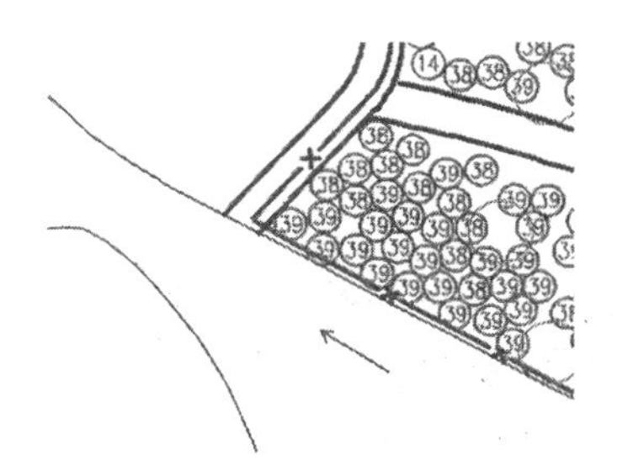

图 14-68　镜像线段

（13）单击“修改”工具栏中的“复制”按钮，选择步骤（12）中绘制的图形为复制对象，对其进行连续复制，放置到图形中，如图 14-69 所示。

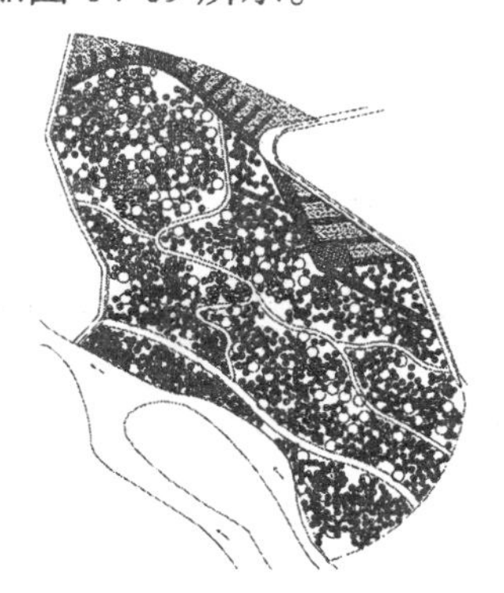

图 14-69　复制图形

14.3.5　绘制建筑指引

（1）建立新图层，命名为“指北针”，颜色选取为白色，线型、线宽为默认，如图 14-70 所示，并将其置为当前图层。

指北针　白　Continu... —— 默认　0　Color_7

图 14-70　“指北针”图层

（2）单击“绘图”工具栏中的“直线”按钮，在 14.3.4 节图 14-69 中图形右侧，选取一点为直线起点，绘制连续直线，完成指北针外围轮廓线的绘制，如图 14-71 所示。

（3）单击“绘图”工具栏中的“直线”按钮，以步骤（2）中绘制的连续直线各端点为直线起点绘制多条斜向直线，如图 14-72 所示。

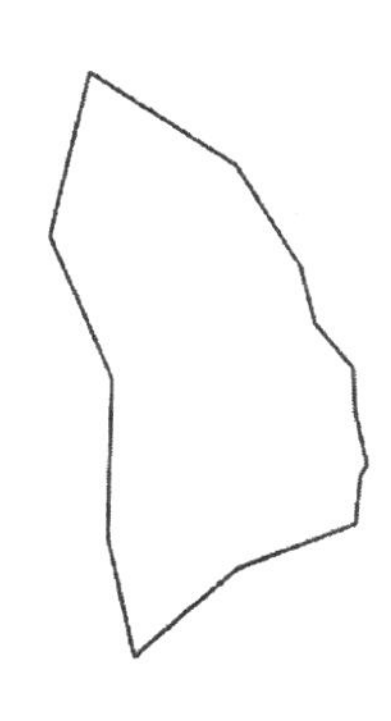

图 14-71　绘制直线

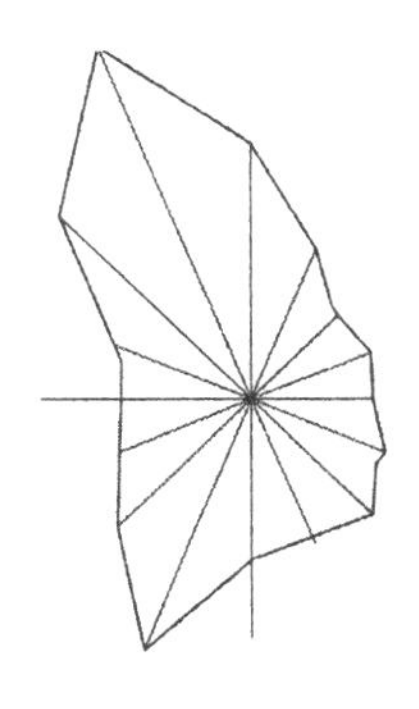

图 14-72　绘制斜向直线

（4）单击“绘图”工具栏中的“直线”按钮，在步骤（3）中绘制的图形内选择一点为直线起点，绘制连续线段，如图 14-73 所示。

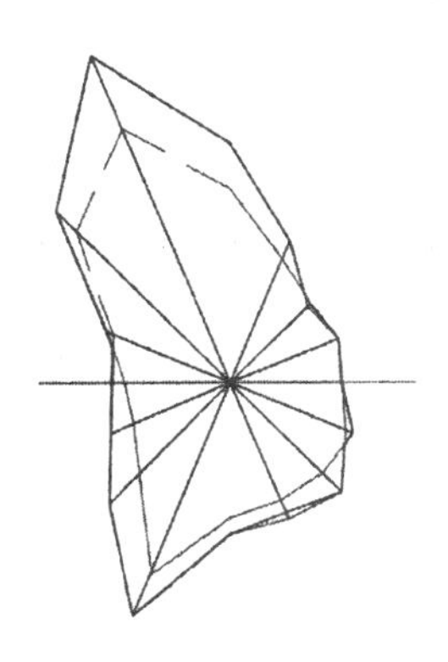

图 14-73　绘制连续直线

（5）单击“绘图”工具栏中的“直线”按钮，在指北针内选择一点为直线起点，绘制一条直线，如图 14-74 所示。

（6）单击“绘图”工具栏中的“直线”按钮，以步骤（5）中绘制的竖直直线上端点为直线起点，向左绘制一条斜向直线，如图 14-75 所示。

（7）单击“修改”工具栏中的“镜像”按钮，选择步骤（6）中绘制的斜向直线为镜像对象，对其进行竖直镜像，如图 14-76 所示。

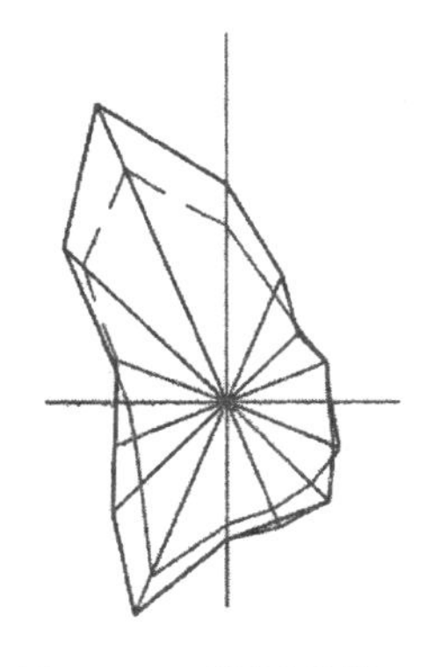

图 14-74　绘制直线

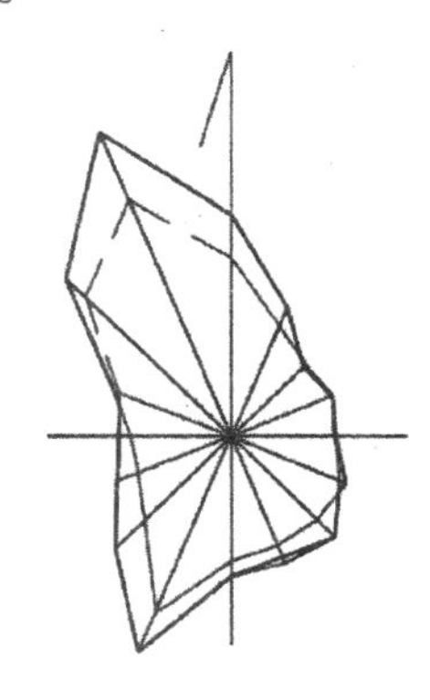

图 14-75　绘制斜向直线

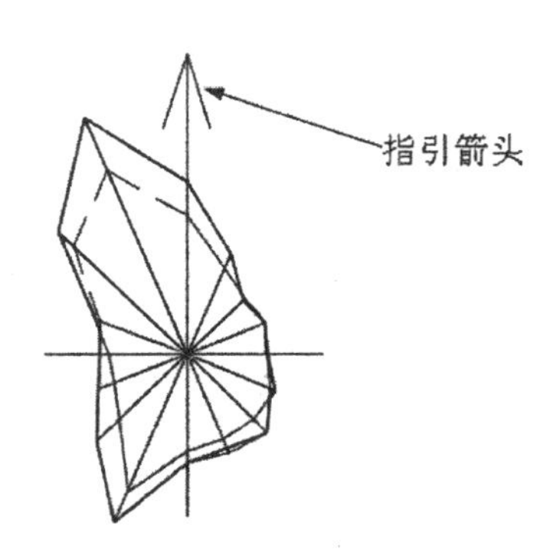

图 14-76　镜像线段

14.3.6　添加文字说明

（1）建立新图层，命名为“文字说明”，颜色选取为白色，线型、线宽为默认，如图 14-77 所示，并将其设置为当前图层。

文字说明　白　Continu... —— 默认　0　Color_7

图 14-77　“文字说明”图层

（2）单击“绘图”工具栏中的“直线”按钮，在 14.3.5 节图 14-76 中图形内绘制一条水平直线，如图 14-78 所示。

（3）单击“绘图”工具栏中的“多行文字”按钮A，在步骤（2）中绘制的直线上添加文字，如图 14-79 所示。

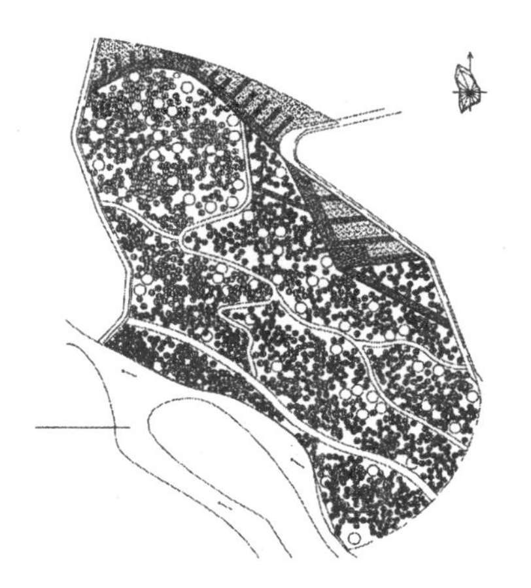

图 14-78　绘制水平直线

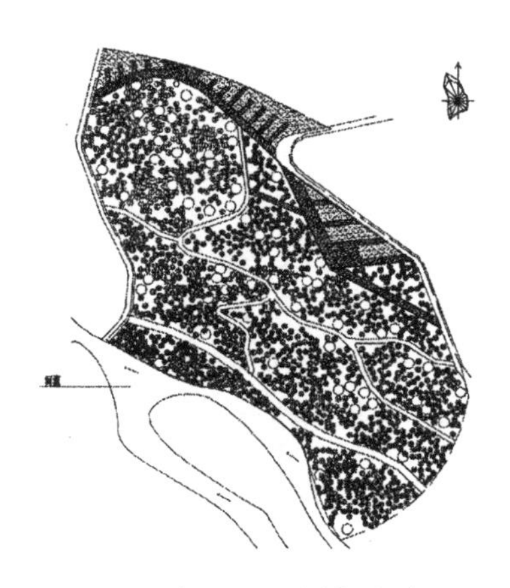

图 14-79　添加文字

（4）利用上述方法完成剩余文字的添加，最终完成植物园总平面的绘制，如图 14-80 所示。

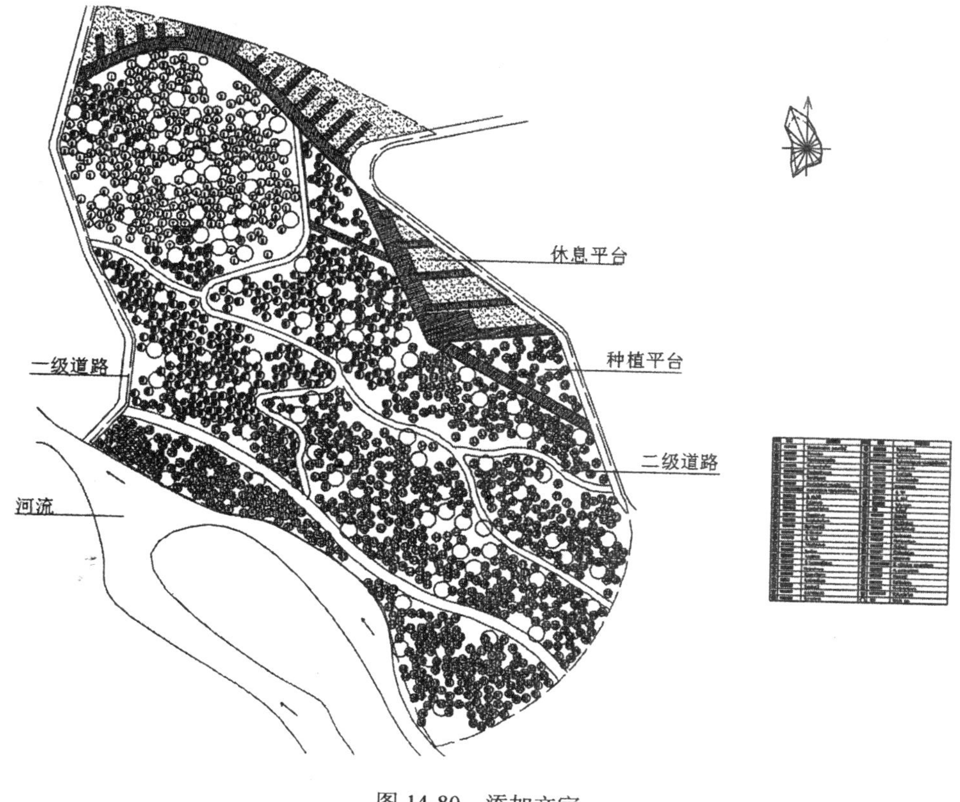

图 14-80　添加文字

14.3.7　插入图框

（1）单击“绘图”工具栏中的“插入块”按钮，弹出“插入”对话框，如图 14-81 所示。单击其中的 浏览(B)... 按钮，弹出“选择文件”对话框，如图 14-82 所示。选择前面定义的“样板图框 1”为插入对象，将其插入到图形中，如图 14-83 所示。

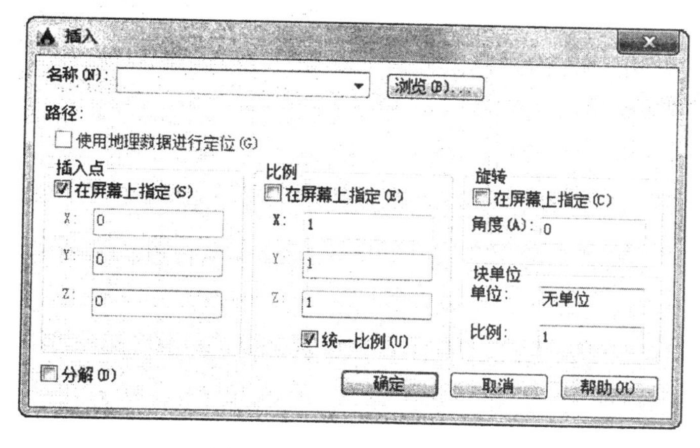

图 14-81　“插入”对话框

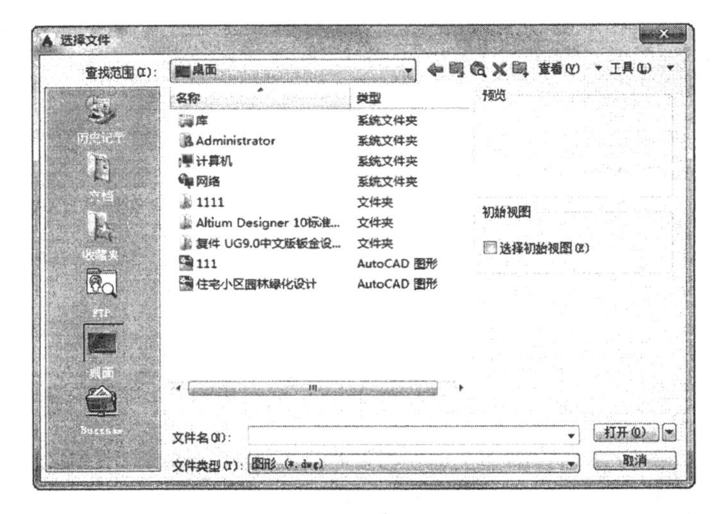

图 14-82 “选择文件”对话框

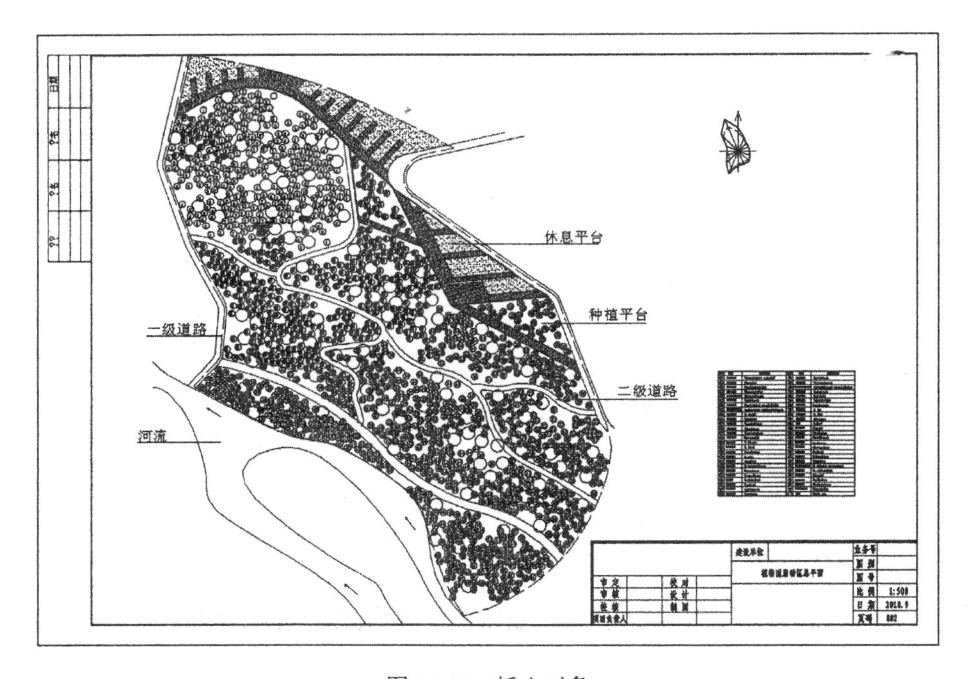

图 14-83 插入对象

（2）单击“默认”选项卡“绘图”面板上的“多行文字”按钮A，为图形添加总图名，如图 14-25 所示。

14.4 绘制平面定位图与平面标注图

平面定位图与平面标注图参照总平面图绘制完成，如图 14-84 ～图 14-88 所示。

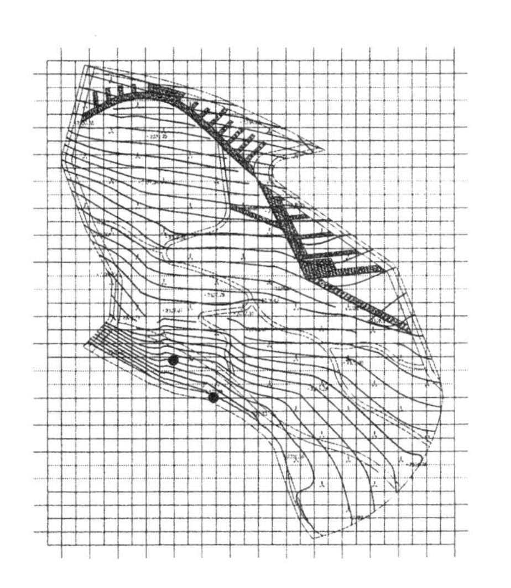

图 14-84　总平面定位图

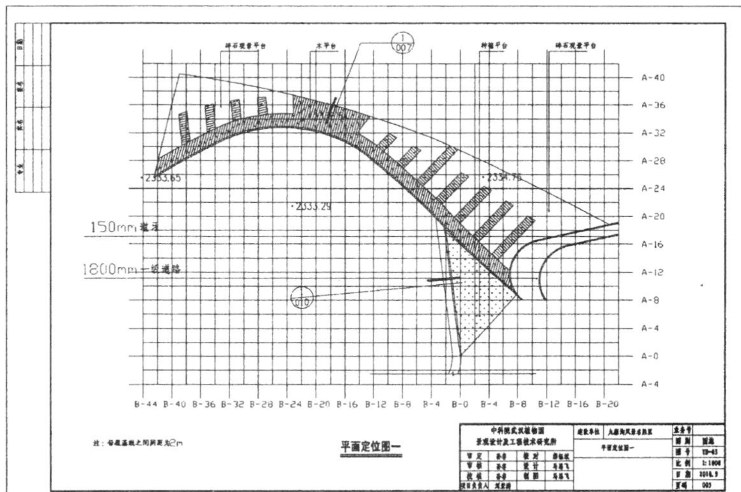

图 14-85　平面定位图 1

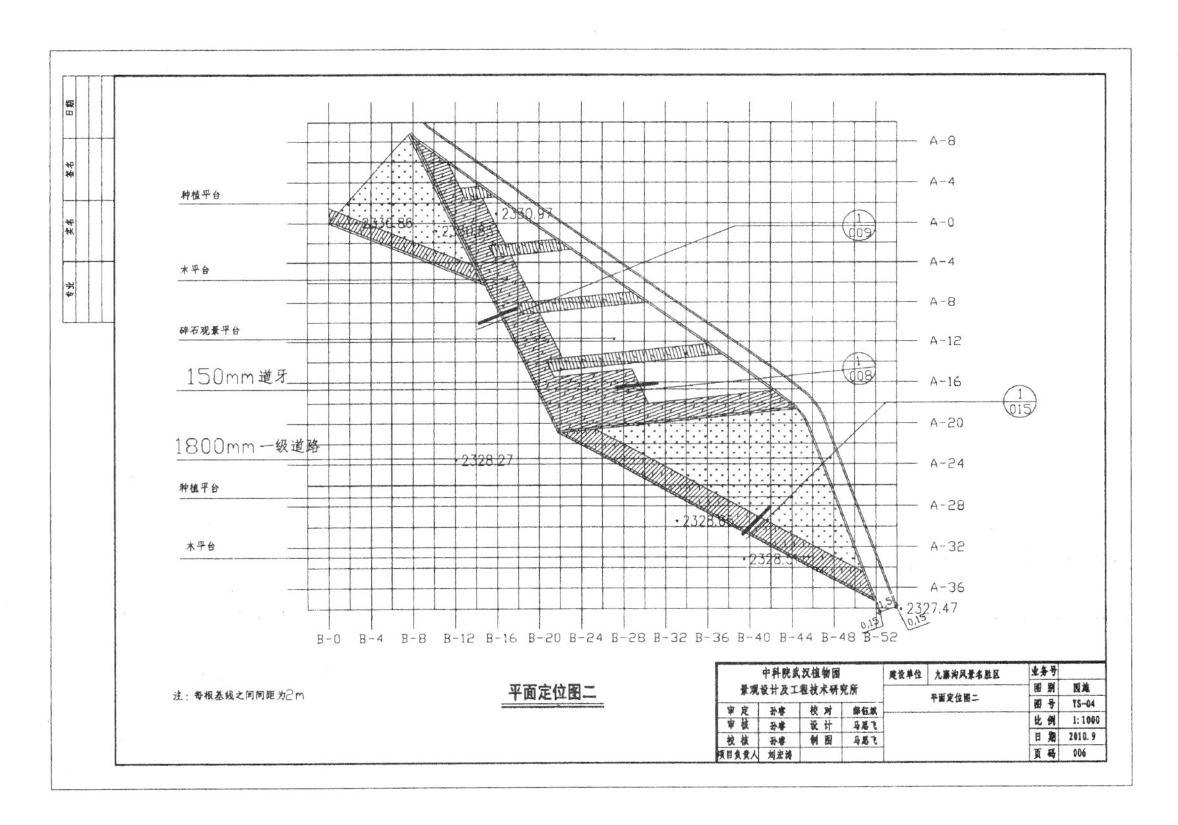

图 14-86　平面定位图 2

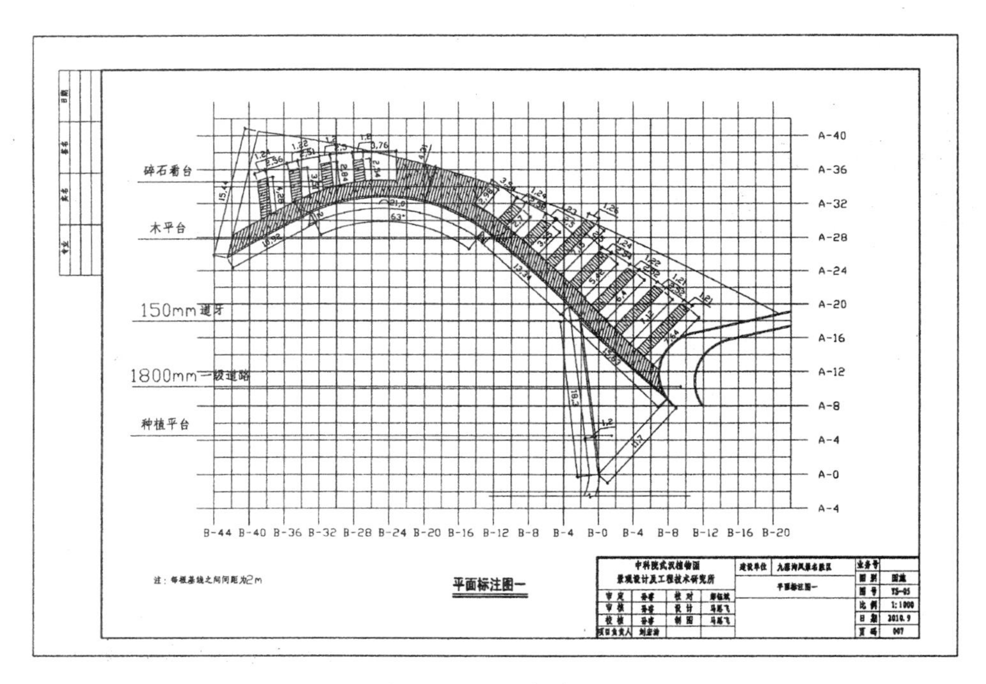

图 14-87 平面标注图 1

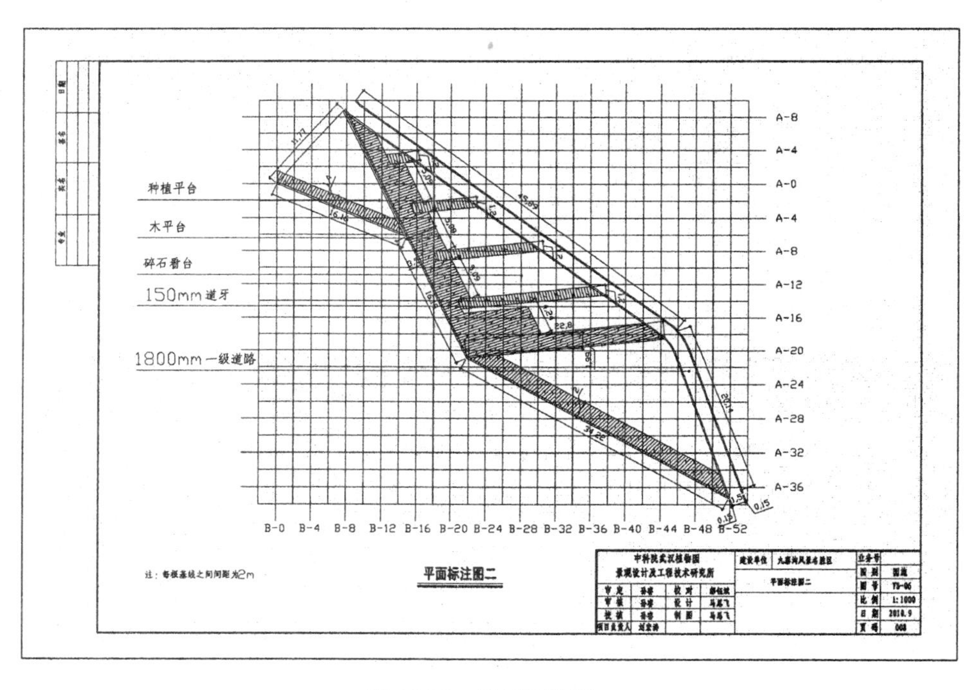

图 14-88 平面标注图 2

植物园施工图绘制

各类植物是植物园的主要组成，另外还有道路、楼梯、平台等配套设施，共同形成一个完整的供游客赏玩、休憩的场所。

本章将以某游览胜地配套植物园规划设计为例，讲解植物园施工图的绘制方法。

15.1　绘制植物园种植施工图

由于植物园植物种植过于密集，无法在种植施工图上直接绘制出植物图形，只能用代号来代替，所以首先需要绘制一个植物名称编号表，然后把编号插入到施工图中。下面讲述其基本方法和绘制过程。

15.1.1　绘制植物明细表

（1）单击“绘图”工具栏中的“矩形”按钮，在图形空白区域任选一点为矩形起点，绘制一个尺寸为 47×61 的矩形，如图 15-1 所示。

（2）单击“修改”工具栏中的“分解”按钮，选择步骤（1）中绘制的矩形为分解对象，按 Enter 键确认对其分解，使其变成独立的线段。

（3）单击“修改”工具栏中的“偏移”按钮，选择步骤（2）中分解的矩形上部水平边为偏移对象，将其向下进行偏移，偏移距离为 2.25，偏移次数为 27，结果如图 15-2 所示。

图 15-1　绘制矩形

图 15-2　偏移线段

（4）单击“修改”工具栏中的“偏移”按钮，选择左侧竖直直线为偏移对象，将其向右进行偏移，偏移距离分别为 3、8.4、21 和 3，如图 15-3 所示。

（5）单击“绘图”工具栏中的“多行文字”按钮A，在步骤（4）中的偏移线段内添加文字，如图 15-4 所示。

（6）单击“绘图”工具栏中的“圆”按钮，在步骤（5）中的偏移线段内选取一点为圆的圆心，绘制半径为 0.75 的圆，如图 15-5 所示。

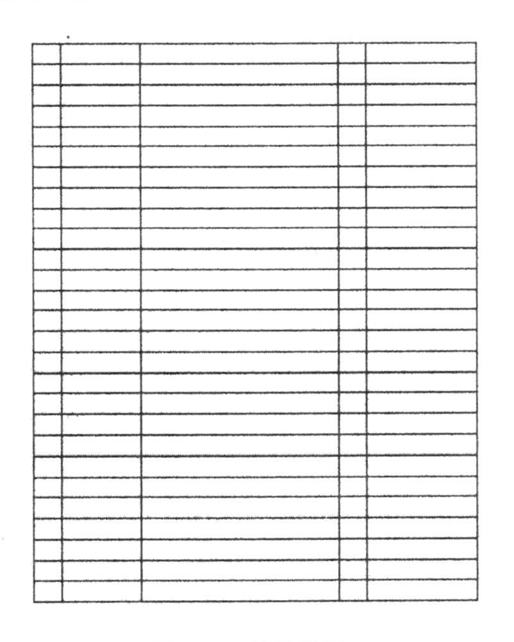

图 15-3　偏移线段

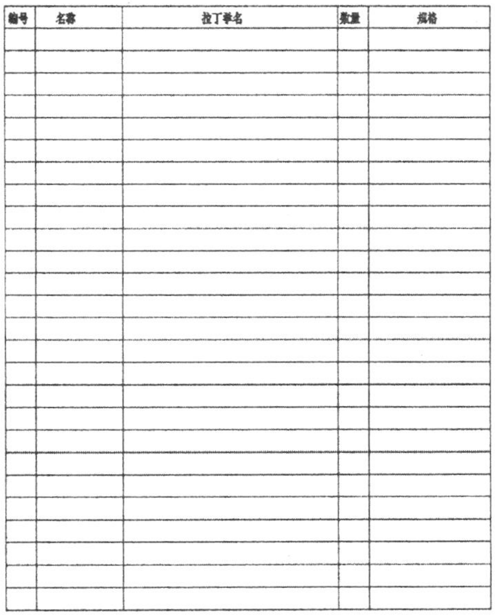

编号
名称
拉丁学名
数量
规格

图 15-4　添加文字

（7）单击“绘图”工具栏中的“多行文字”按钮 A，在步骤（6）中绘制的圆内添加文字，如图 15-6 所示。

编号
名称
拉丁学名
数量
规格

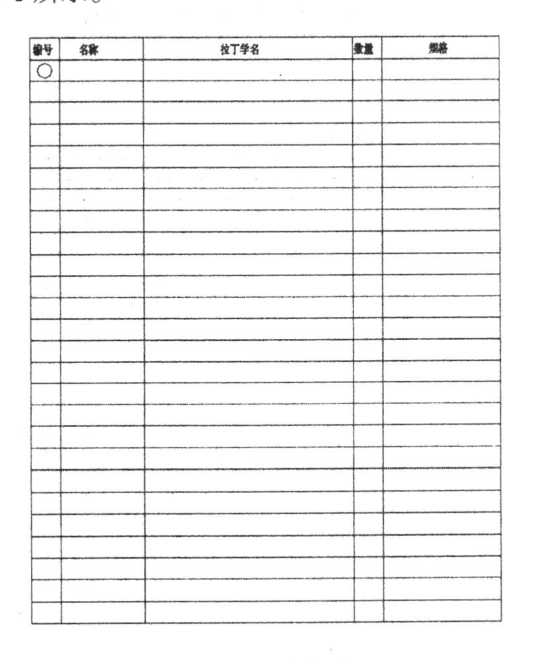

图 15-5　绘制圆

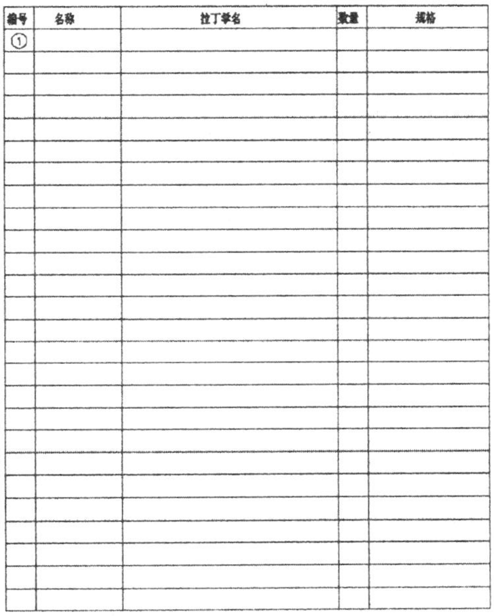

编号
名称
拉丁学名
数量
规格
①

图 15-6　添加文字

（8）单击“修改”工具栏中的“复制”按钮，选择步骤（7）中绘制完成的编号图形为复制对象，对其进行连续复制，并双击圆内文字进行修改，如图 15-7 所示。

（9）利用上述方法完成表格内剩余文字的添加，如图 15-8 所示。

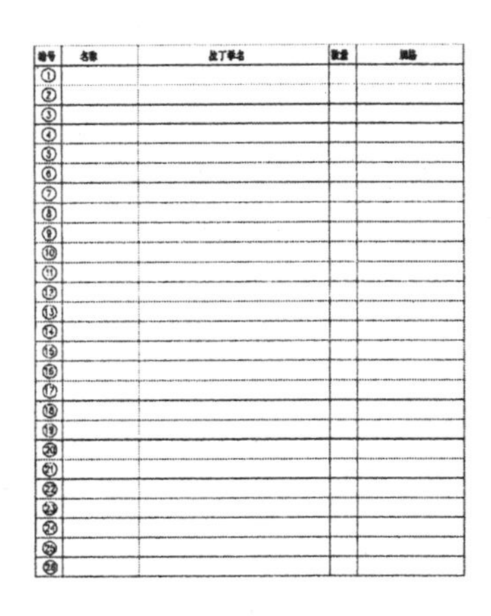

编号	名称	拉丁学名	数量	规格
①				
②				
③				
④				
⑤				
⑥				
⑦				
⑧				
⑨				
⑩				
⑪				
⑫				
⑬				
⑭				
⑮				
⑯				
⑰				
⑱				
⑲				
⑳				
㉑				
㉒				
㉓				
㉔				
㉕				
㉖				

图 15-7　复制并修改文字

编号	名称	拉丁学名	数量	规格
①	毛肋杜鹃	Rhododendron augustinii	31	株高2.5-3m，蓬径2-2.5m
②	紫花杜鹃	R.amesiae	26	株高1.2-1.5m，蓬径1-1.2m
③	烈香杜鹃	R.anthopogonoides	30	株高1.2-1.5m，蓬径1-1.2m
④	银叶杜鹃	R.argyrophyllum	28	株高1.2-1.6m，蓬径1-1.2m
⑤	汶川星毛杜鹃	R.asterochnoum	30	株高2.5-3m，蓬径2-2.5m
⑥	问客杜鹃	R.ambiguum	30	株高1.2-1.5m，蓬径1-1.2m
⑦	美容杜鹃	R.calophytum var.calophytum	27	株高2.5-3m，蓬径2-2.5m
⑧	尖叶美容杜鹃	R.calophytum var.openshawianum	29	株高2.5-3m，蓬径2-2.5m
⑨	腺果杜鹃	R. davidii	28	株高2.5-3m，蓬径2-2.5m
⑩	大白杜鹃	R.decorum	23	株高2.5-3m，蓬径2-2.5m
⑪	绒毛杜鹃	R.pachytrichum	30	株高2.5-3m，蓬径2-2.5m
⑫	头花杜鹃	R.capitatum	30	株高0.3-0.5m，蓬径0.3-0.5m
⑬	毛喉杜鹃	R.cephalanthum	30	株高0.3-0.5m，蓬径0.3-0.5m
⑭	陕甘杜鹃	R.przewalskii	30	株高2.5-3m，蓬径2-2.5m
⑮	喇叭杜鹃	R. Discolor	28	株高1.2-1.5m，蓬径1-1.2m
⑯	金顶杜鹃	R. faberi	30	株高1.2-1.5m，蓬径1-1.2m
⑰	密枝杜鹃	R.fastigiatum	34	株高0.3-0.5m，蓬径0.3-0.5m
⑱	黄毛杜鹃	R.rufum	23	株高2.5-3m，蓬径2-2.5m
⑲	凉山杜鹃	R.huianum	27	株高1.2-1.5m，蓬径1-1.2m
⑳	岷江杜鹃	R. hunnewellianum	30	株高2.5-3m，蓬径2-2.5m
㉑	长蕊杜鹃	R.stamineum	27	株高2.5-3m，蓬径2-2.5m
㉒	麻花杜鹃	R.maculiferum	30	株高2.5-3m，蓬径2-2.5m
㉓	照山白	R.micranthum	24	株高2.5-3m，蓬径2-2.5m
㉔	无柄杜鹃	R.watsonii	27	株高1.2-1.5m，蓬径1-1.2m
㉕	亮叶杜鹃	R.vernicosum	27	株高1.2-1.5m，蓬径1-1.2m
㉖	山光杜鹃	R.oreodoxa	28	株高2.5-3m，蓬径2-2.5m

图 15-8　添加剩余文字

（10）剩余的表格绘制方法与上相同，这里不再详细阐述，结果如图 15-9 所示。

编号	名称	拉丁学名	数量	规格
①	毛肋杜鹃	Rhododendron augustinii	31	株高2.5-3m，蓬径2-2.6m
①	紫花杜鹃	R.amesiae	26	株高1.2-1.5m，蓬径1-1.2m
③	烈香杜鹃	R.anthopogonoides	30	株高1.2-1.5m，蓬径1-1.2m
④	银叶杜鹃	R.argyrophyllum	28	株高1.2-1.6m，蓬径1-1.2m
⑤	汶川星毛杜鹃	R.asterochnoum	30	株高2.5-3m，蓬径2-2.5m
⑥	问客杜鹃	R.ambiguum	30	株高1.2-1.5m，蓬径1-1.2m
⑦	美容杜鹃	R.calophytum var.calophytum	27	株高2.5-3m，蓬径2-2.6m
⑧	尖叶美容杜鹃	R.calophytum var.openshawianum	29	株高2.5-3m，蓬径2-2.6m
⑨	腺果杜鹃	R. davidii	28	株高2.5-3m，蓬径2-2.6m
⑩	大白杜鹃	R.decorum	23	株高2.5-3m，蓬径2-2.6m
⑪	绒毛杜鹃	R.pachytrichum	30	株高2.5-3m，蓬径2-2.6m
⑫	头花杜鹃	R.capitatum	30	株高0.3-0.5m，蓬径0.3-0.5m
⑬	毛喉杜鹃	R.cephalanthum	30	株高0.3-0.5m，蓬径0.3-0.5m
⑭	陕甘杜鹃	R.przewalskii	30	株高2.5-3m，蓬径2-2.6m
⑮	喇叭杜鹃	R. Discolor	28	株高1.2-1.5m，蓬径1-1.2m
⑯	金顶杜鹃	R. faberi	30	株高1.2-1.5m，蓬径1-1.2m
⑰	密枝杜鹃	R.fastigiatum	34	株高0.3-0.5m，蓬径0.3-0.5m
⑱	黄毛杜鹃	R.rufum	23	株高2.5-3m，蓬径2-2.6m
⑲	凉山杜鹃	R.huianum	27	株高1.2-1.5m，蓬径1-1.2m
⑳	岷江杜鹃	R. hunnewellianum	30	株高2.5-3m，蓬径2-2.5m
㉑	长蕊杜鹃	R.stamineum	27	株高2.5-3m，蓬径2-2.6m
㉒	麻花杜鹃	R.maculiferum	30	株高2.5-3m，蓬径2-2.6m
㉓	照山白	R.micranthum	24	株高2.5-3m，蓬径2-2.6m
㉔	无柄杜鹃	R.watsonii	27	株高1.2-1.5m，蓬径1-1.2m
㉕	亮叶杜鹃	R.vernicosum	27	株高1.2-1.5m，蓬径1-1.2m
㉖	山光杜鹃	R.oreodoxa	28	株高2.5-3m，蓬径2-2.6m
㉗	秀雅杜鹃	R.concinnum	35	株高0.3-0.5m，蓬径0.3-0.5m
㉘	栎叶杜鹃	R.phaeochrysum	30	株高2.5-3m，蓬径2-2.5m
㉙	黏毛(金褐)杜鹃	R.phaeochrysum var.agglutinatum	30	株高2.5-3m，蓬径2-2.5m
㉚	海绵杜鹃	R.pingianum	30	株高2.5-3m，蓬径2-2.6m
㉛	多鳞杜鹃	R.polylepis	30	株高1.2-1.5m，蓬径1-1.2m
㉜	树生杜鹃	R.dendrochairs	30	株高0.3-0.5m，蓬径0.3-0.5m
㉝	硬叶杜鹃	R.tatsienense	26	株高2.5-3m，蓬径2-2.6m
㉞	大王杜鹃	R. rex	28	株高2.5-3m，蓬径2-2.6m
㉟	大钟杜鹃	R. ririei	30	株高1.2-1.5m，蓬径1-1.2m
㊱	淡黄杜鹃	R.flavidum	27	株高0.3-0.5m，蓬径0.3-0.5m
㊲	杜鹃	R.simsii	30	株高1.2-1.5m，蓬径1-1.2m
㊳	白碗杜鹃	R.souliei	30	株高1.2-1.5m，蓬径1-1.2m
㊴	隐蕊杜鹃	R.intricatum	30	株高0.3-0.5m，蓬径0.3-0.5m
㊵	芒刺杜鹃	R.strigillosum	30	株高2.5-3m，蓬径2-2.6m
㊶	红背杜鹃	R.refescens	30	株高0.3-0.5m，蓬径0.3-0.5m
㊷	长毛杜鹃	R.trichanthum	30	株高1.2-1.5m，蓬径1-1.2m
㊸	皱叶杜鹃	R.wiltonii	30	株高2.5-3m，蓬径2-2.6m
㊹	草原杜鹃	R.telmateium	28	株高0.3-0.5m，蓬径0.3-0.5m
㊺	三花杜鹃	R.triflorum	30	株高1.2-1.5m，蓬径1-1.2m
㊻	峨眉光亮杜鹃	R. nitidulum var.omeiense	30	株高0.3-0.5m，蓬径0.3-0.5m
㊼	四川杜鹃	R. sutchuenense	24	株高2.5-3m，蓬径2-2.6m
㊽	褐毛杜鹃	R.wasonii	28	株高1.2-1.5m，蓬径1-1.2m
㊾	光亮杜鹃	R.nitidulurm	29	株高0.3-0.5m，蓬径0.3-0.5m
㊿	毛蕊杜鹃	R.websterianum	32	株高0.3-0.5m，蓬径0.3-0.5m
51	千里香杜鹃	R.thymifolium	34	株高0.3-0.5m，蓬径0.3-0.5m
52	桦木	Betula spp.	125	株高6-8m，全冠

图 15-9　植物表格

15.1.2　布置植物代号

1. 绘制网格线

（1）建立一个新图层，命名为“网格线”，颜色选取为黄色，线型为默认，并将其设置为当前图层，如图 15-10 所示。

图 15-10　“网格线”图层

（2）单击“绘图”工具栏中的“矩形”按钮，在图形空白位置任选一点为矩形起点，绘制一个尺寸为 216×276 的矩形，如图 15-11 所示。

（3）单击“修改”工具栏中的“分解”按钮，选择步骤（2）中绘制的矩形为分解对象，按 Enter 键确认对其进行分解，使其变成独立的线段。

（4）单击“修改”工具栏中的“偏移”按钮，选择左侧竖直直线为偏移对象，将其向右进行偏移，偏移距离为 8，偏移次数为 27，如图 15-12 所示。

图 15-11　绘制矩形

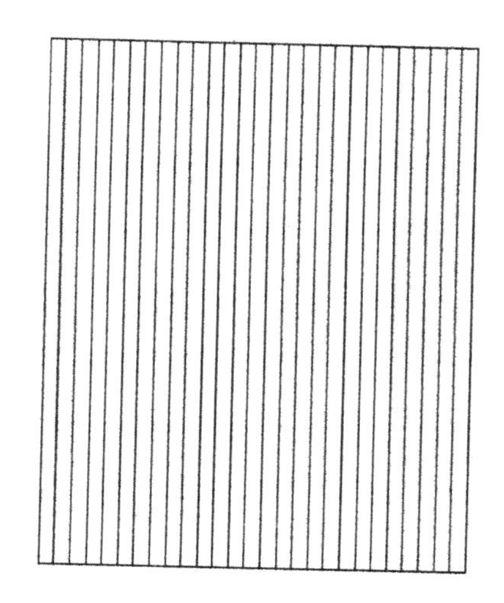

图 15-12　偏移竖直直线

（5）单击“修改”工具栏中的“偏移”按钮，选择步骤（4）中的水平直线为偏移对象，将其向下进行偏移，偏移距离为 8，偏移次数为 32，如图 15-13 所示。

（6）利用绘制植物园总平面图的方法完成植物园种植施工图外部图形的绘制，如图 15-14 所示。

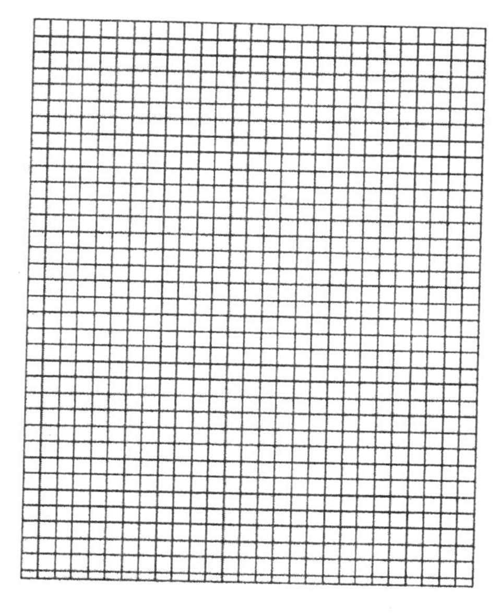

图 15-13　偏移水平直线

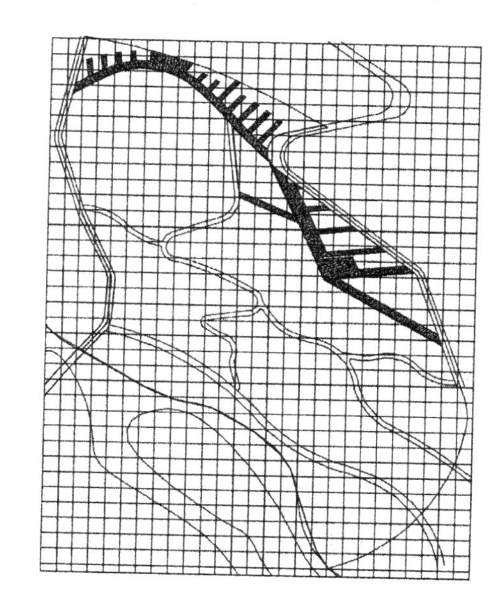

图 15-14　绘制基本线段

2. 绘制灌木

（1）建立一个新图层，命名为“灌木”，颜色选取为洋红，线型、线宽为默认，并将其设置为当前图层，如图 15-15 所示。

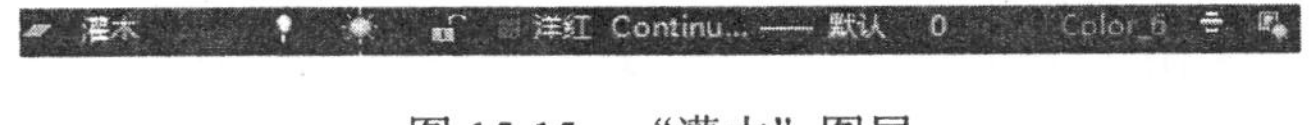

图 15-15 “灌木”图层

（2）单击“绘图”工具栏中的“圆”按钮，在图形适当位置选择一点为圆心，绘制一个半径为 1.5 的圆，如图 15-16 所示。

（3）单击“绘图”工具栏中的“多行文字”按钮A，在步骤（2）中绘制的圆内添加文字，如图 15-17 所示。

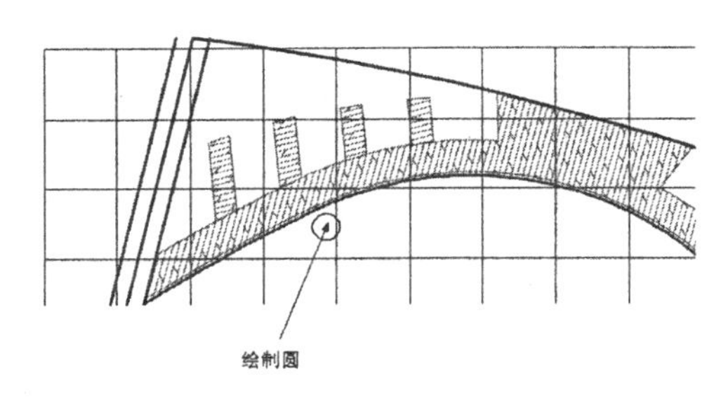

图 15-16 绘制圆

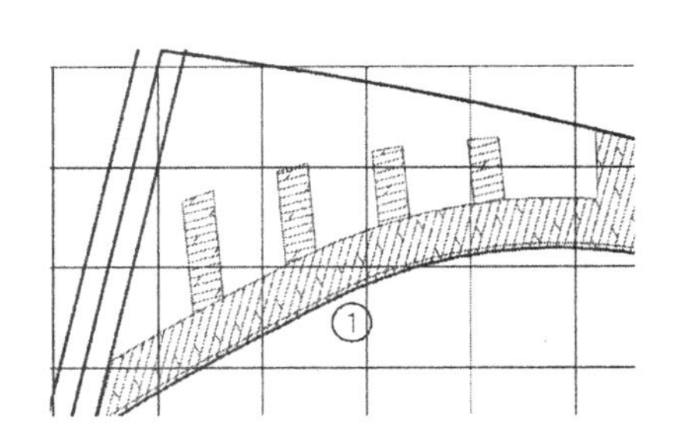

图 15-17 添加文字

（4）单击“修改”工具栏中的“复制”按钮，选择步骤（3）中绘制的代表灌木的标号为复制对象，对其进行复制操作，如图 15-18 所示。

（5）利用上述方法完成其他灌木的绘制，如图 15-19 所示。

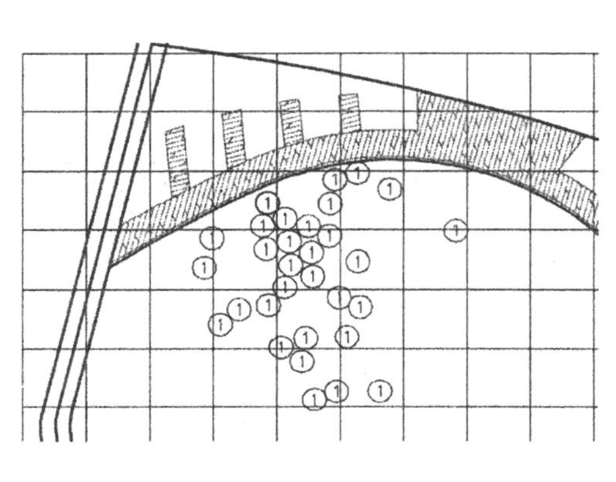

图 15-18 复制图形

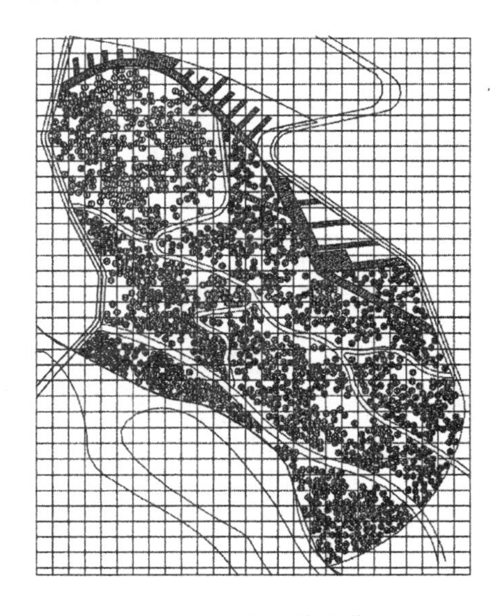

图 15-19 绘制其他灌木

（6）单击“绘图”工具栏中的“圆”按钮，在步骤（5）中的图形内选择一点为圆的圆心，

绘制半径为 3 的圆，如图 15-20 所示。

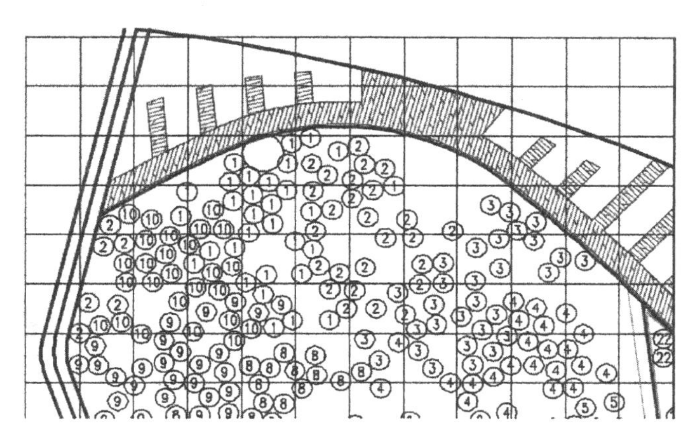

图 15-20　绘制圆

（7）单击“绘图”工具栏中的“多行文字”按钮A，在步骤（6）中绘制的圆内添加文字，如图 15-21 所示。

（8）单击“修改”工具栏中的“复制”按钮，选择步骤（7）中绘制完成的标号图形为复制对象，对其进行复制操作，如图 15-22 所示。

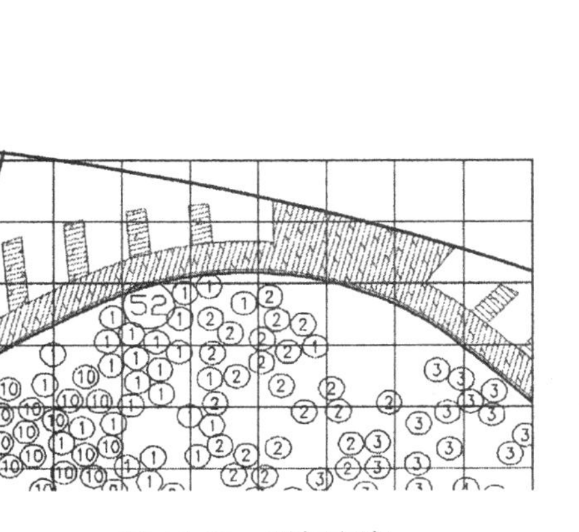

图 15-21　添加文字

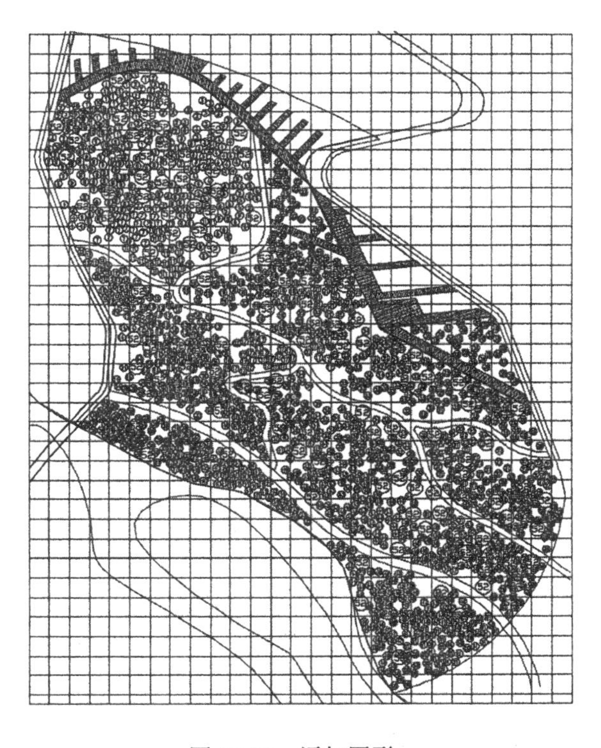

图 15-22　添加图形

（9）单击“绘图”工具栏中的“直线”按钮，在步骤（8）中绘制的图形左下角绘制一条斜向线段，如图 15-23 所示。

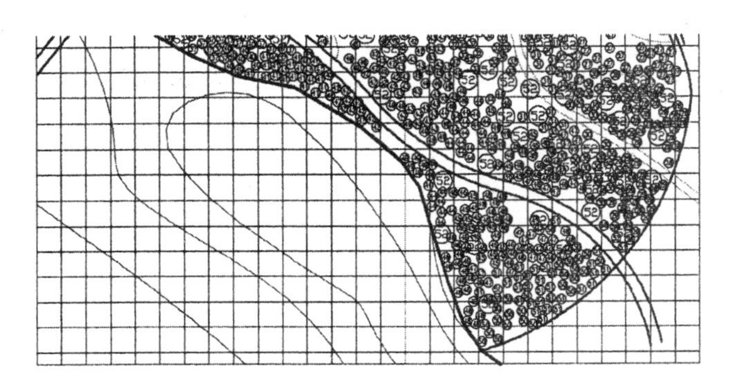

图 15-23　绘制斜向线段

（10）单击“绘图”工具栏中的“直线”按钮，在步骤（9）中绘制的斜向线段上绘制多条竖直直线，如图 15-24 所示。

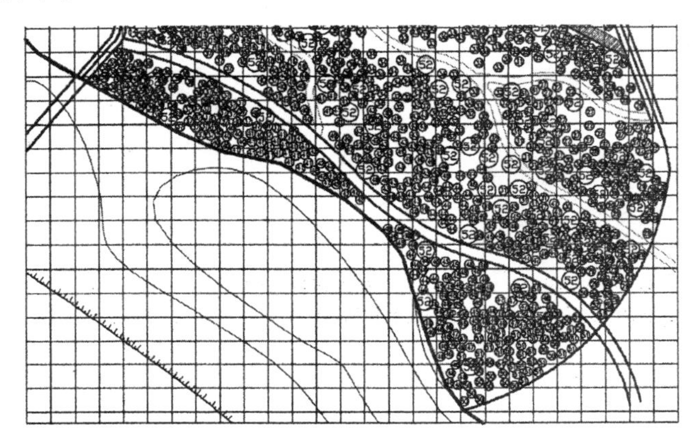

图 15-24　绘制多条竖直直线

（11）单击“绘图”工具栏中的“多段线”按钮，指定起点宽度为 0.2，端点宽度为 0.2，在步骤（10）中绘制的线段下方绘制一条斜向多段线，如图 15-25 所示。

（12）单击“绘图”工具栏中的“直线”按钮和“圆”按钮，在步骤（11）中绘制的线段下方绘制线段，如图 15-26 所示。

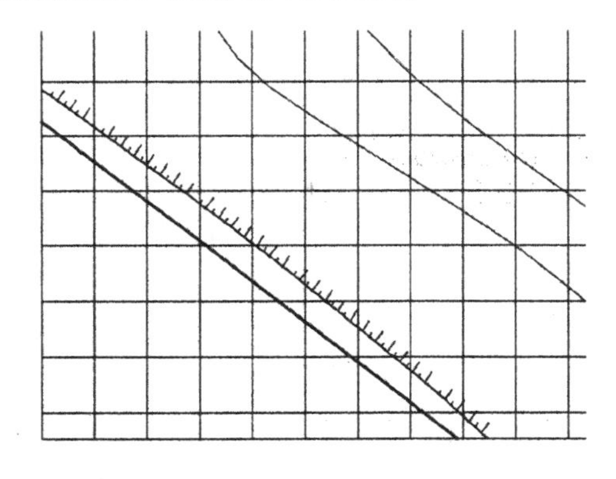

图 15-25　绘制斜向多段线

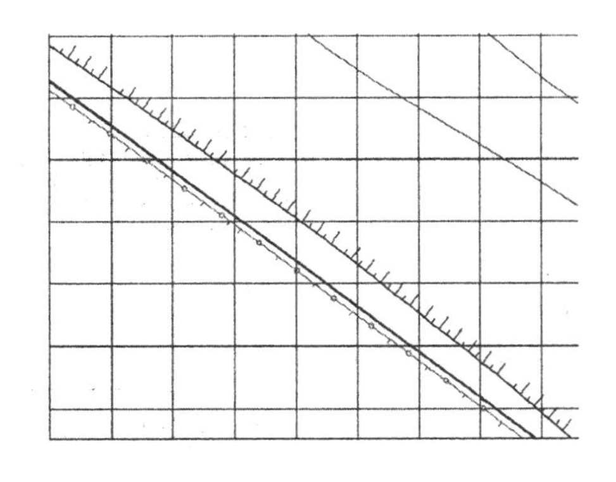

图 15-26　绘制线段

（13）利用上述方法完成剩余图形的绘制，如图 15-27 所示。

（14）单击“绘图”工具栏中的“直线”按钮，在图形适当位置绘制指引箭头，如图 15-28 所示。

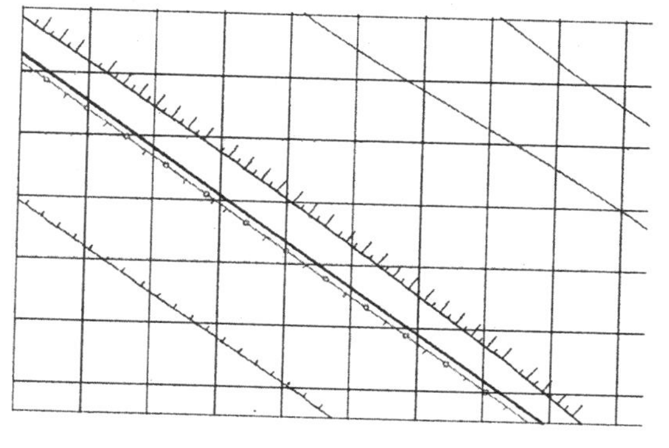

图 15-27　绘制线段

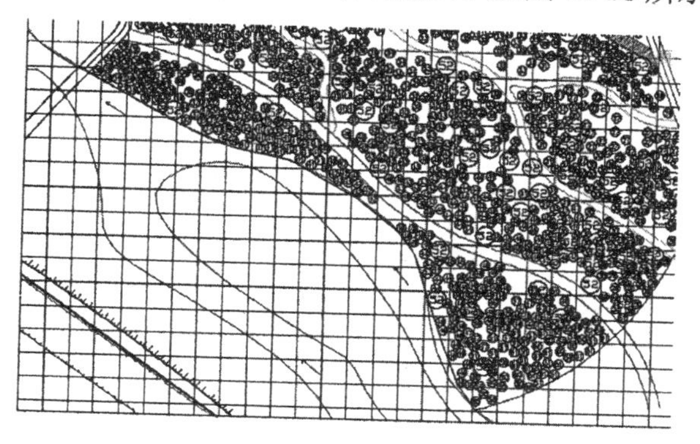

图 15-28　绘制指引箭头

3. 完善图形

（1）将前面章节绘制的指北针定义为块，单击“绘图”工具栏中的“插入块”按钮，选择前面绘制的指北针图形为插入对象，将其放置到图形适当位置，如图 15-29 所示。

（2）单击“绘图”工具栏中的“直线”按钮，在步骤（1）中插入指北针的位置上方选择一点为直线起点绘制一条水平直线，如图 15-30 所示。

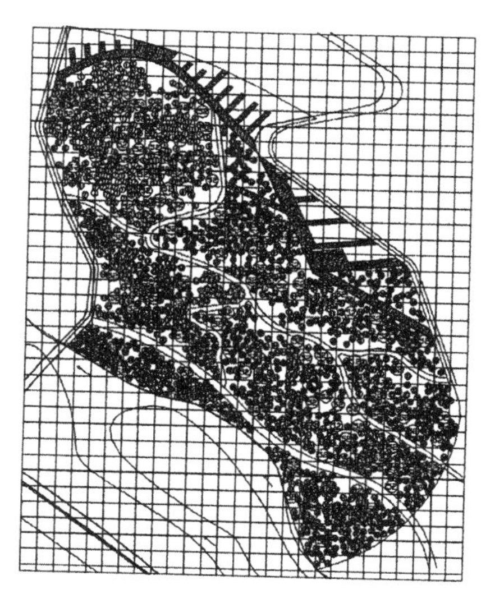

图 15-29　插入指北针

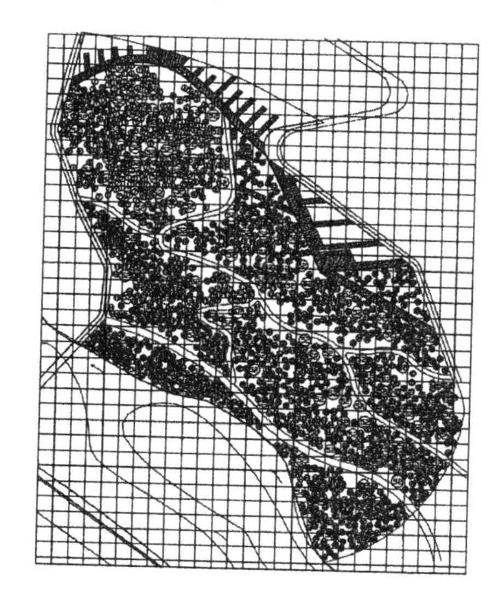

图 15-30　绘制水平直线

（3）单击“绘图”工具栏中的“多行文字”按钮 A，在步骤（2）中绘制的水平直线上添加文字，如图 15-31 所示。

（4）单击“修改”工具栏中的“移动”按钮，选择前面绘制完成的植物表为移动对象，将其移动放置到步骤（3）中图形右侧，如图 15-32 所示。

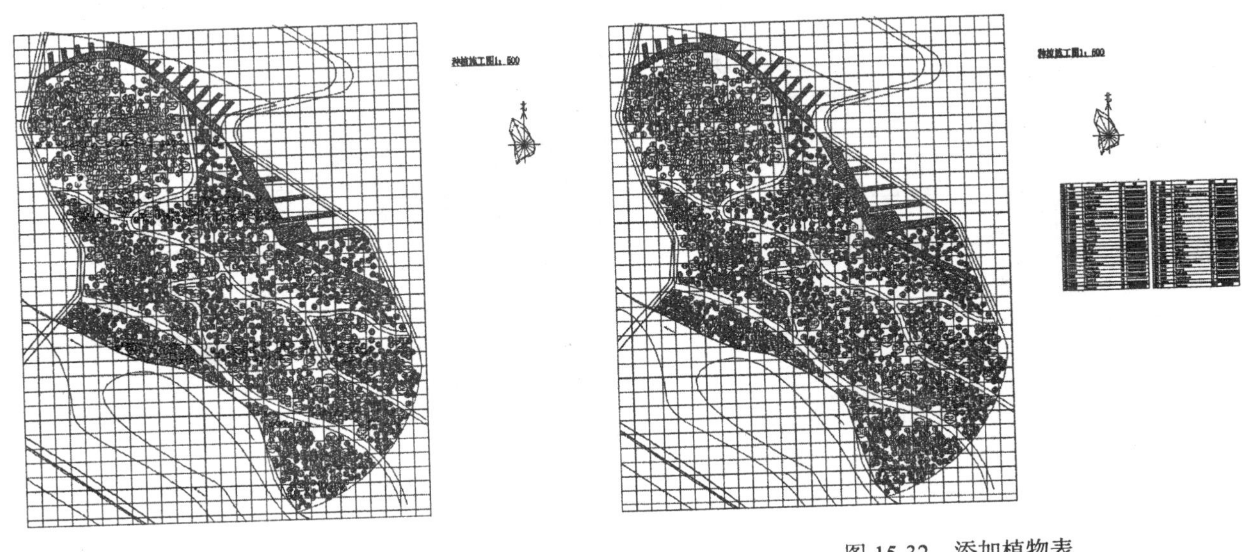

图 15-31 添加文字　　　　图 15-32 添加植物表

（5）单击“绘图”工具栏中的“多行文字”按钮A，为图形添加总图文字说明，如图 15-33 所示。

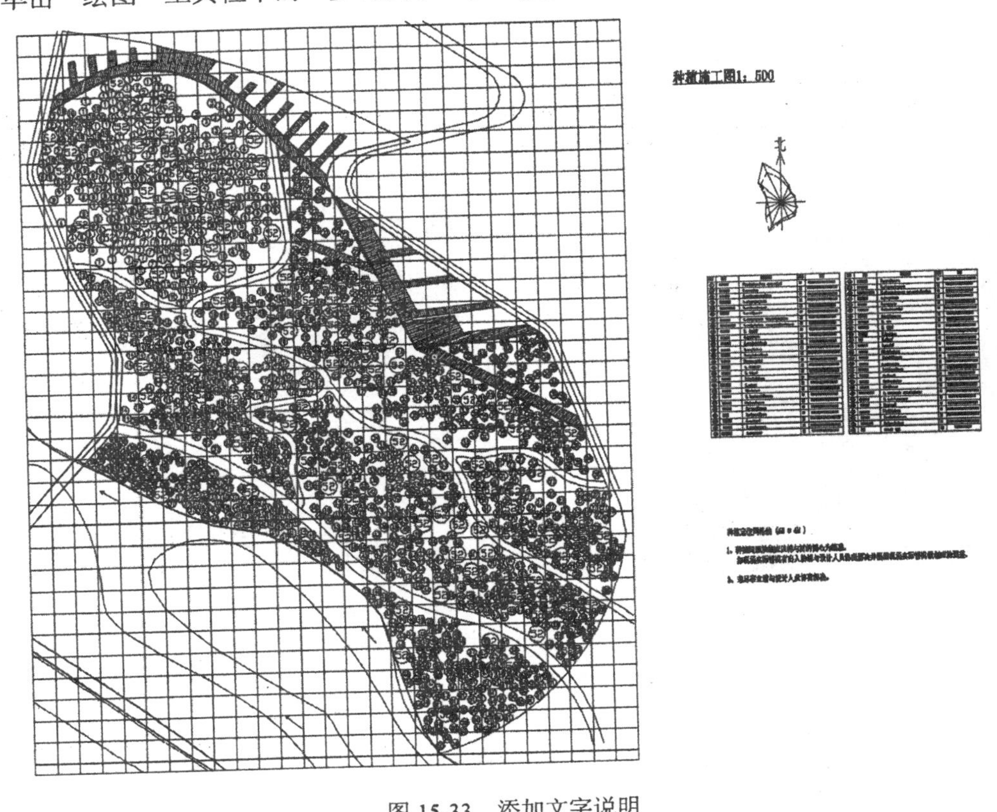

图 15-33 添加文字说明

（6）单击“绘图”工具栏中的“插入块”按钮，选择“源文件 / 图块 /A3 图框”为插入对象，将其插入到图形适当位置，并填写标题栏，最终完成植物园种植施工图的绘制，如图 15-34 所示。

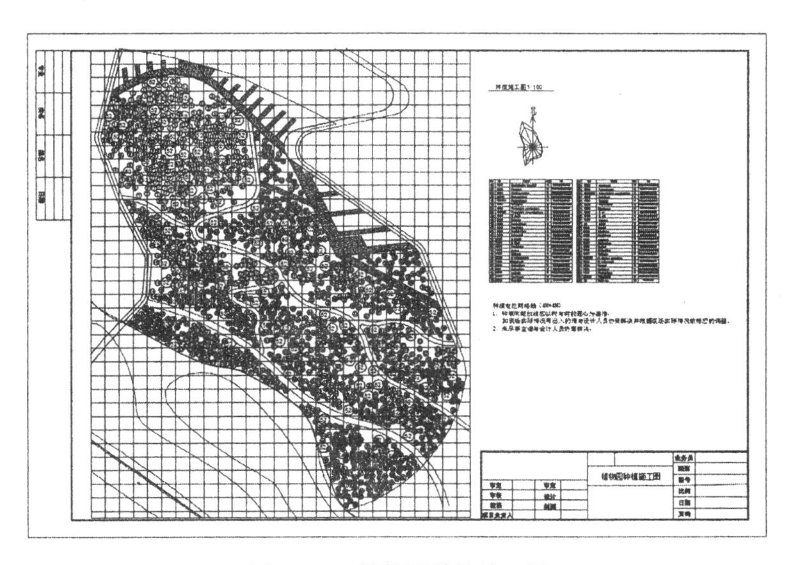

图 15-34　植物园种植施工图

15.2　绘制木平台工程图

木平台工程图属于植物园施工图的一部分，包括木平台剖面图和施工详图，下面分别讲述其绘制方法。

15.2.1　木平台施工详图

木平台施工详图如图 15-35 所示，下面讲述其绘制思路和过程。

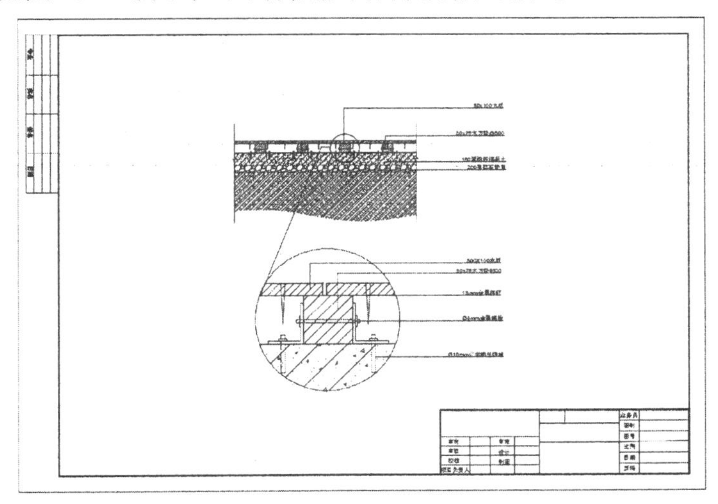

图 15-35　木平台施工详图

1. 绘制木平台施工详图轮廓

（1）单击“绘图”工具栏中的“直线”按钮，在图形空白位置任选一点为直线起点，水平向右绘制一条长度为 2220 的水平直线，如图 15-36 所示。

图 15-36　绘制水平直线

（2）单击“修改”工具栏中的“偏移”按钮，选择步骤（1）中绘制的水平直线为偏移对象，将其向下进行偏移，偏移距离分别为 30、120、150 和 100，如图 15-37 所示。

图 15-37　偏移水平直线

（3）单击“绘图”工具栏中的“直线”按钮，在图形左侧绘制一条长度为 1241 的竖直直线，如图 15-38 所示。

（4）单击“修改”工具栏中的“偏移”按钮，选择左侧竖直直线为偏移对象，将其向右进行偏移，偏移距离分别为 80、10、200、10、200、10、200、10、200、10、200、10、200、10、200、10、200、10、200、10、200、10 和 30，如图 15-39 所示。

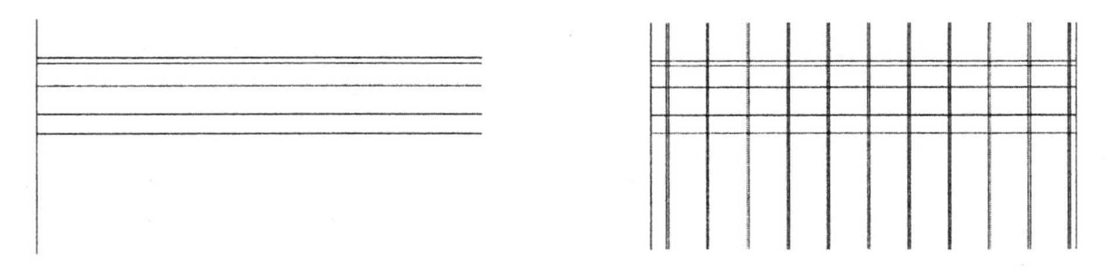

图 15-38　绘制竖直直线　　图 15-39　偏移竖直直线

（5）单击“修改”工具栏中的“修剪”按钮，选择步骤（4）中的偏移线段为修剪对象，对其进行修剪处理，如图 15-40 所示。

（6）单击“绘图”工具栏中的“多段线”按钮，在步骤（5）中的修剪线段上选择一点为多段线起点，绘制连续多段线，如图 15-41 所示。

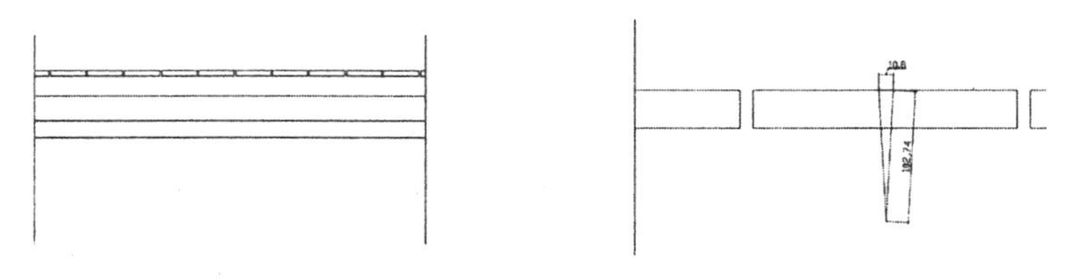

图 15-40　修剪线段　　图 15-41　绘制连续多段线

（7）单击“修改”工具栏中的“复制”按钮，选择步骤（6）中绘制的连续多段线的底部交

点为复制基点，将其向右复制，复制间距为 210，复制 9 次，如图 15-42 所示。

（8）单击“修改”工具栏中的“偏移”按钮，选择左侧竖直直线为偏移对象，将其向右进行偏移，偏移距离分别为 252 和 120，如图 15-43 所示。

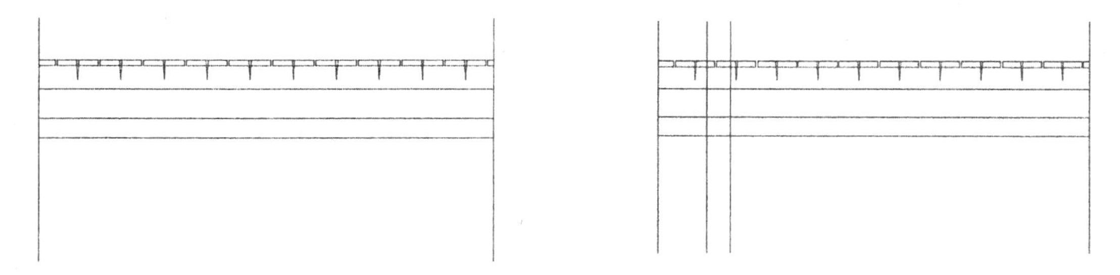

图 15-42　复制图形　　　　图 15-43　偏移直线

（9）单击“修改”工具栏中的“修剪”按钮，选择步骤（8）中的偏移线段为修剪对象，按 Enter 键确认对其进行修剪处理，如图 15-44 所示。

（10）单击“修改”工具栏中的“偏移”按钮，以步骤（9）中修剪图形左侧竖直直线为偏移对象，将其向左进行偏移，偏移距离分别为 7.5 和 80，如图 15-45 所示。

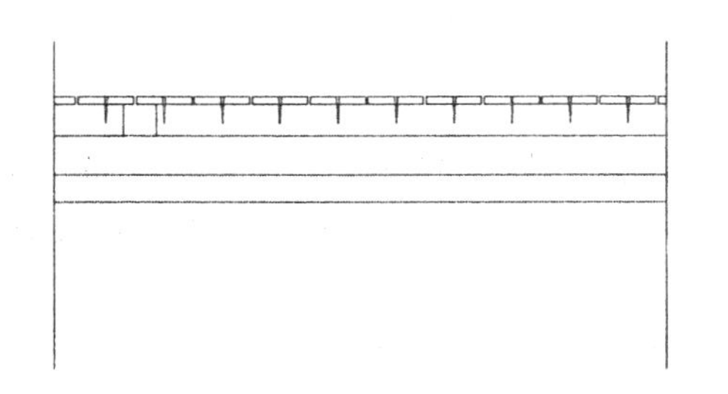

图 15-44　修剪线段

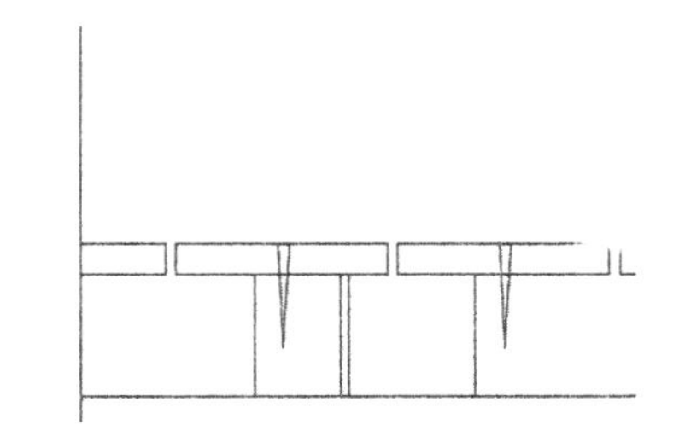

图 15-45　偏移竖直直线

（11）单击“修改”工具栏中的“偏移”按钮，选择底部水平直线为偏移对象，将其向上进行偏移，偏移距离分别为 257.5 和 92.5，如图 15-46 所示。

（12）单击“修改”工具栏中的“修剪”按钮，选择步骤（11）中的偏移线段为修剪对象，按 Enter 键确认对其进行修剪处理，如图 15-47 所示。

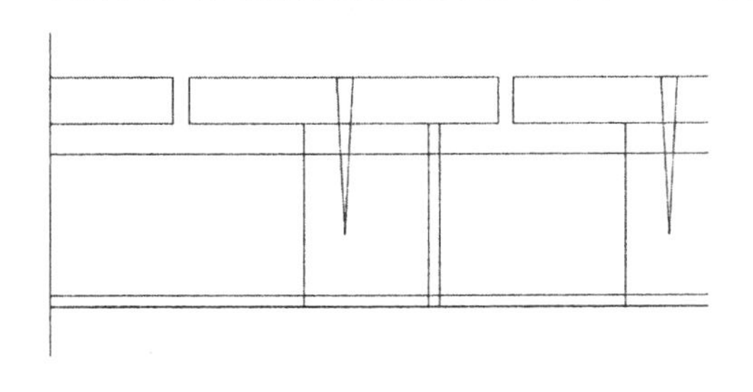

图 15-46　偏移水平直线

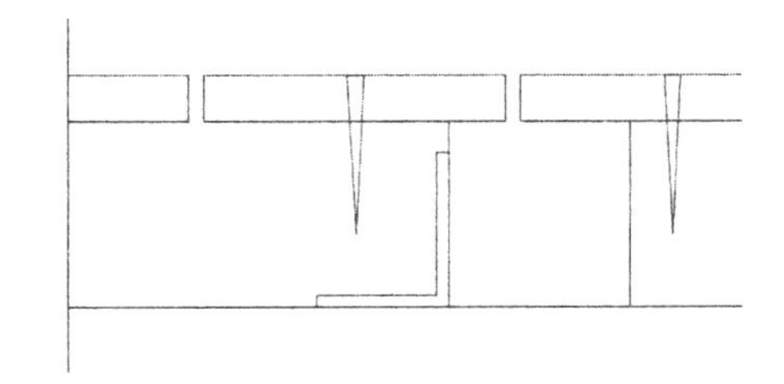

图 15-47　修剪线段

（13）单击“绘图”工具栏中的“矩形”按钮，在步骤（12）中的修剪线段内绘制多个矩形，如图 15-48 所示。

（14）单击“修改”工具栏中的“镜像”按钮，选择左侧图形为镜像对象，对其进行竖直镜像，如图 15-49 所示。

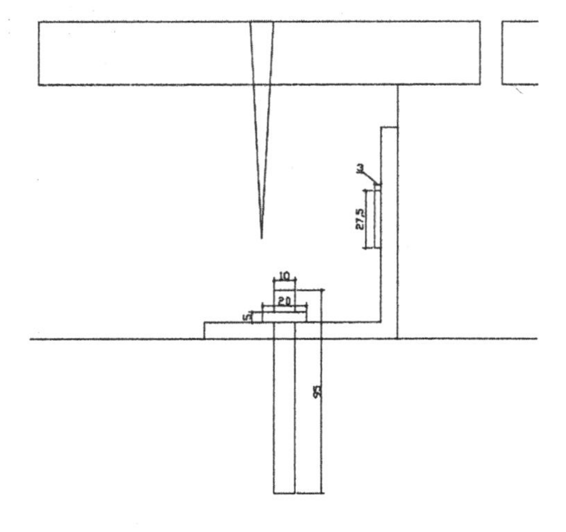

图 15-48　绘制矩形

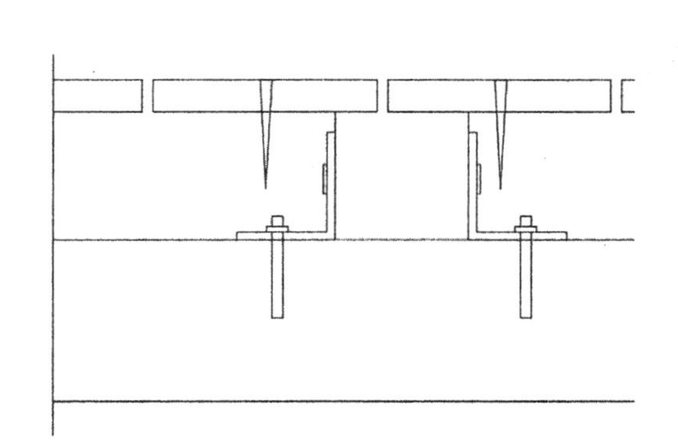

图 15-49　镜像对象

（15）单击“绘图”工具栏中的“矩形”按钮，在步骤（14）中镜像图形的中间位置绘制一个尺寸为 156×7.5 的矩形，如图 15-50 所示。

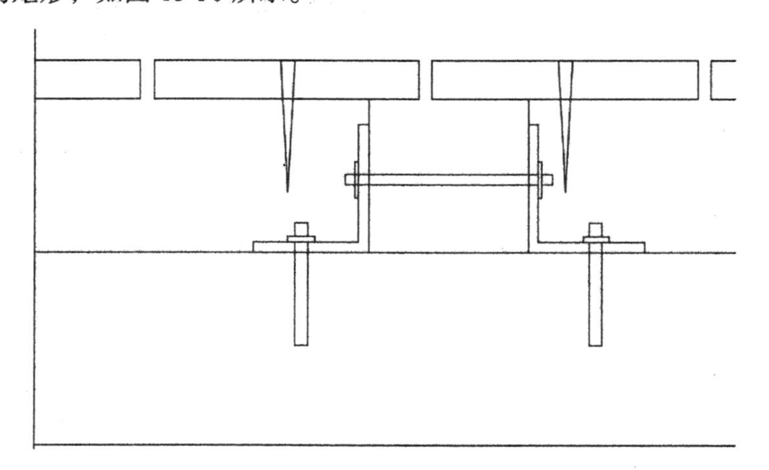

图 15-50　绘制矩形

（16）单击“修改”工具栏中的“分解”按钮，选择步骤（15）中绘制的矩形为分解对象，按 Enter 键确认对其进行分解，使其变成独立的线段。

（17）选择分解矩形的上下两水平边为操作对象，将其线型修改为 ACAD_ISO02W100，如图 15-51 所示。

（18）单击“修改”工具栏中的“复制”按钮，选择步骤（17）中绘制的图形为复制对象，选择分解矩形上部水平边中点为复制基点，将其向右进行复制，复制间距为 520，如图 15-52 所示。

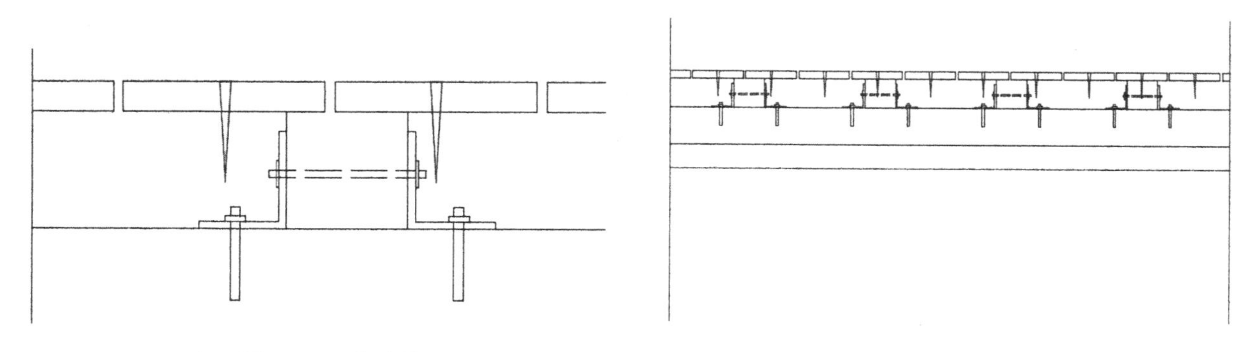

图 15-51　修改线型　　　　图 15-52　复制图形

（19）单击“绘图”工具栏中的“样条曲线”按钮，在步骤（18）中图形底部绘制样条曲线，如图 15-53 所示。

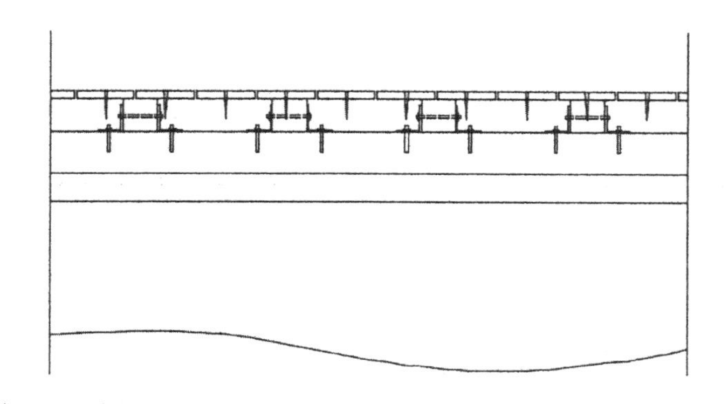

图 15-53　绘制样条曲线

（20）单击“绘图”工具栏中的“直线”按钮，在左侧竖直直线上绘制连续直线，如图 15-54 所示。

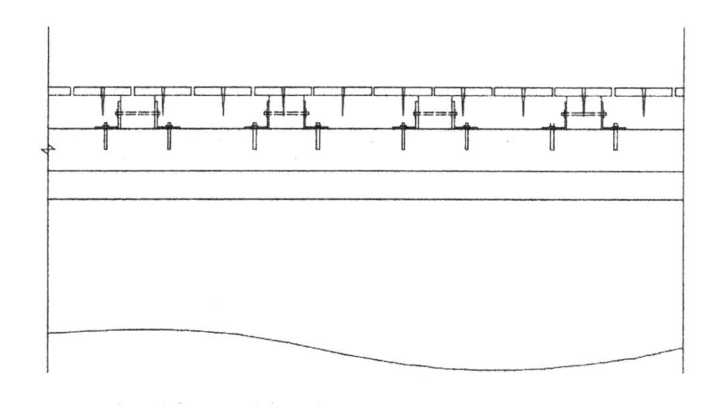

图 15-54　绘制连续直线

（21）单击“修改”工具栏中的“修剪”按钮，选择步骤（20）中绘制的连续直线为修剪对象，对其进行修剪处理，如图 15-55 所示。

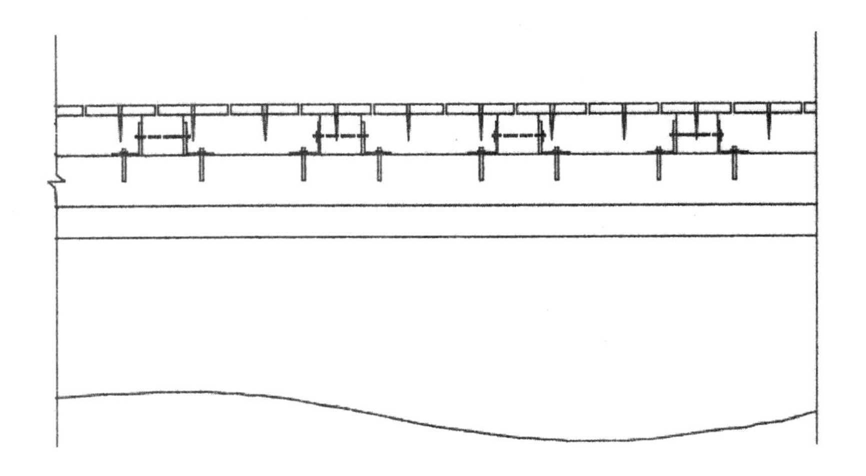

图 15-55　修剪线段

（22）利用上述方法完成右侧相同图形的绘制，如图 15-56 所示。

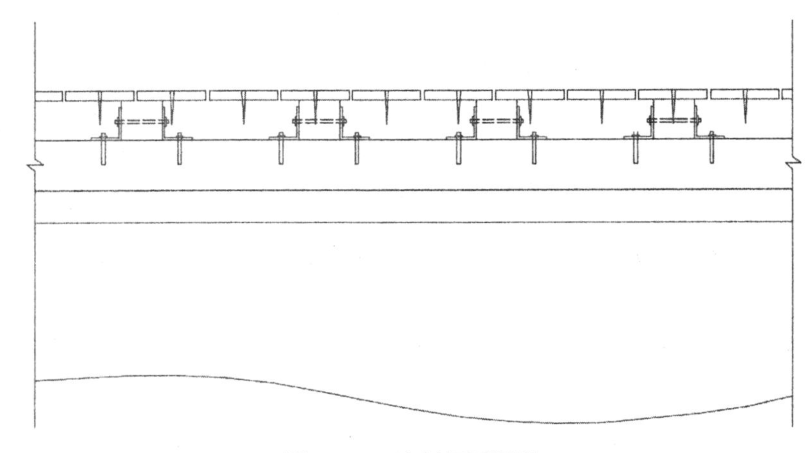

图 15-56　绘制相同图形

2. 填充图形

（1）建立新图层，命名为“填充”，颜色选取为 165，线型为默认，线宽设为 0.13，如图 15-57 所示，并将其设置为当前图层。

图 15-57　“填充”图层

（2）单击“绘图”工具栏中的“图案填充”按钮，选择图 15-56 中的图形为填充区域，设置填充图案为 ANSI31，填充比例为 4，填充效果如图 15-58 所示。

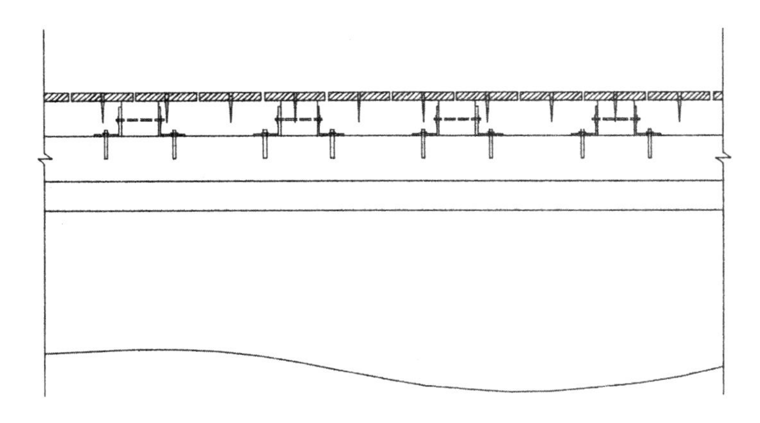

图 15-58　填充图形

（3）单击“绘图”工具栏中的“直线”按钮，封闭填充区域缺口。

（4）单击“绘图”工具栏中的“图案填充”按钮，选择步骤（3）中绘制完成的图形为填充区域，设置填充图案为 ANSI31，填充比例为 6，填充效果如图 15-59 所示。

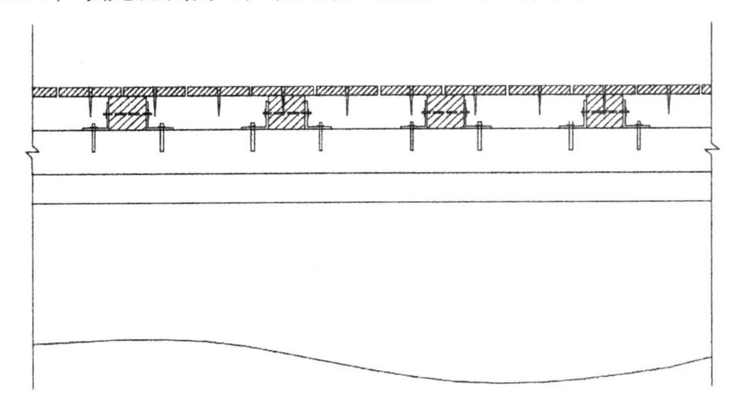

图 15-59　填充图形 2

（5）单击“绘图”工具栏中的“图案填充”按钮，选择步骤（4）中绘制完成的图形为填充区域，设置填充图案为 AR-CONC，填充比例为 10，填充效果如图 15-60 所示。

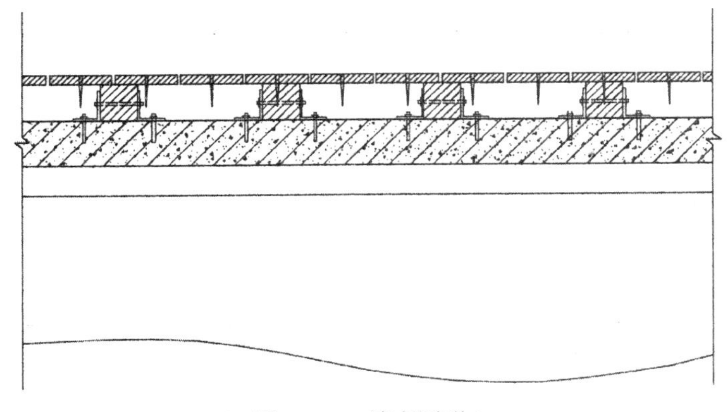

图 15-60　填充图形 3

（6）单击“绘图”工具栏中的“图案填充”按钮，选择步骤（5）中绘制完成的图形为填充区域，设置填充图案为 GRAVEL，填充比例为 5，填充效果如图 15-61 所示。

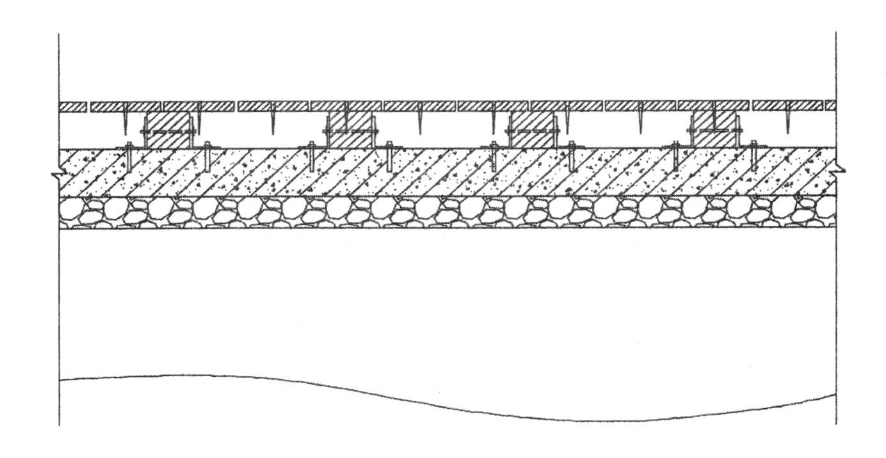

图 15-61　填充图形 4

（7）单击“绘图”工具栏中的“直线”按钮，在图形底部位置绘制素土夯实图案，如图 15-62 所示。

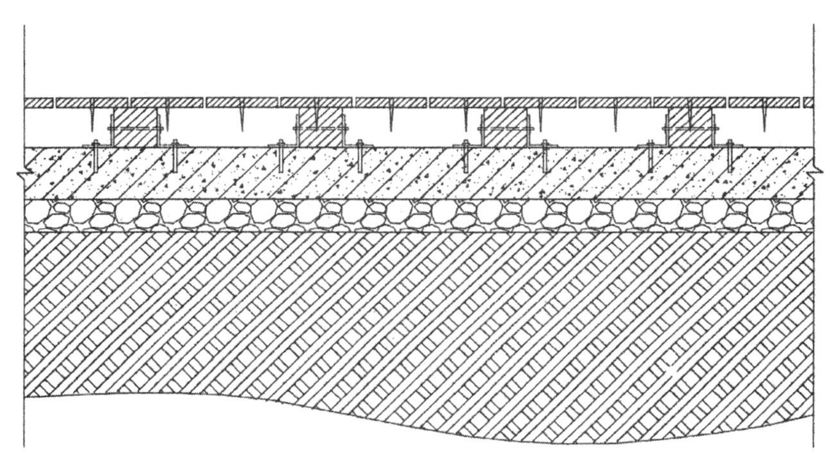

图 15-62　绘制素土夯实图案

（8）单击“修改”工具栏中的“删除”按钮，选择底部样条曲线为删除对象，对其进行删除，如图 15-63 所示。

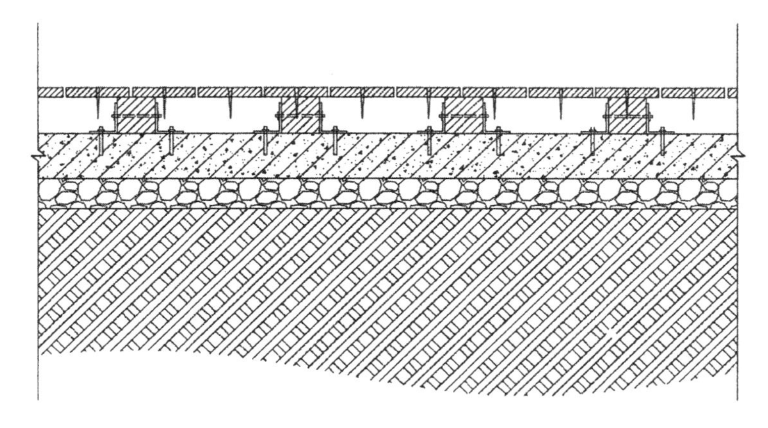

图 15-63　删除线条

3. **标注图形**

（1）单击“绘图”工具栏中的“圆”按钮，在图 15-63 中的图形上方选择一点为圆的圆心，绘制一个半径为 169 的圆，如图 15-64 所示。

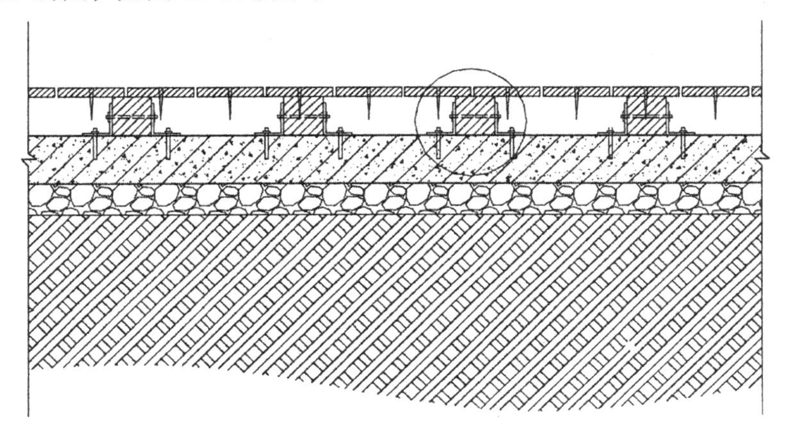

图 15-64　绘制圆

（2）利用“快速引线”标注命令为图形添加引线标注，如图 15-65 所示。

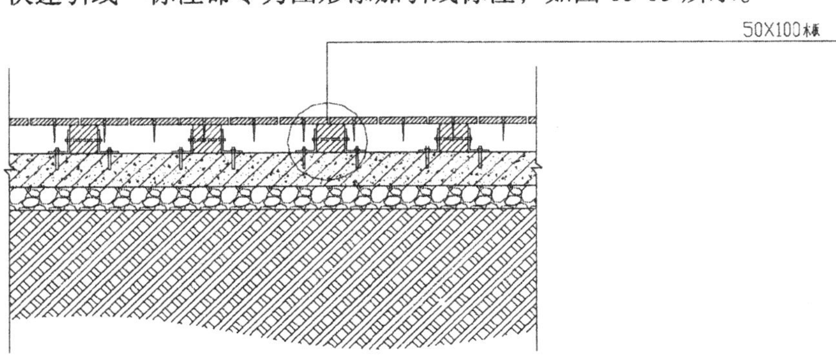

图 15-65　添加引线标注

（3）利用上述方法完成剩余文字的添加，如图 15-66 所示。

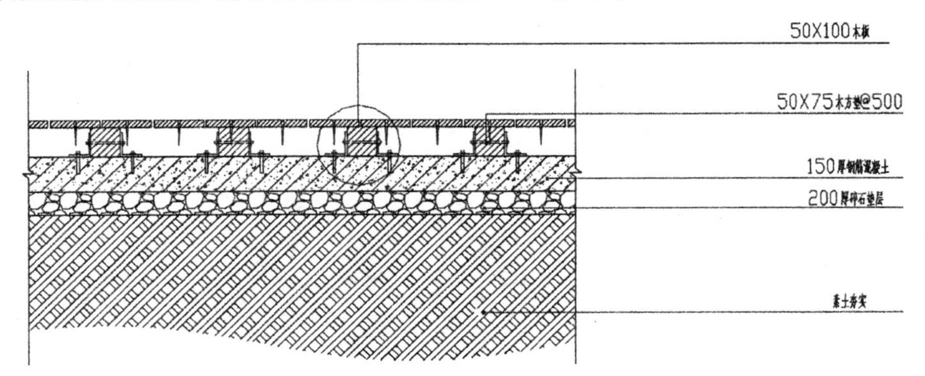

图 15-66　添加剩余文字

（4）利用“复制”命令，将图 15-66 中圆圈圈住部分的图线复制到图形下方，并利用“修剪”命令进行修剪，再利用“缩放”命令放大 5 倍，形成局部放大图，如图 15-67 所示。

（5）利用“直线”命令和“多行文字”命令对放大图进行标注，如图 15-68 所示。

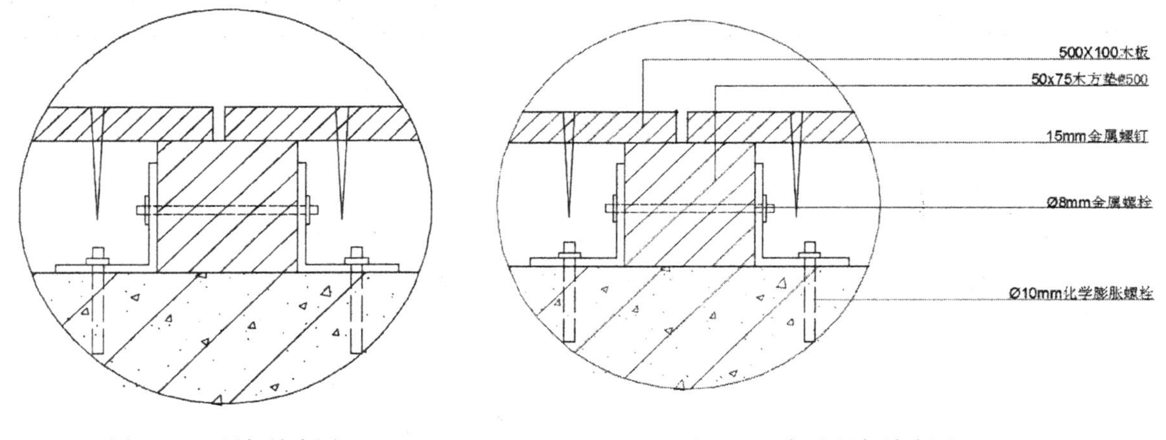

图 15-67　局部放大图　　　图 15-68　标注局部放大图

（6）利用“直线”命令绘制局部放大图指引线，插入图框，最后完成的木平台施工详图如图 15-35 所示。

15.2.2　木平台剖面图

木平台剖面图如图 15-69 所示。具体绘制方法参照 15.2.1 节，这里不再赘述。

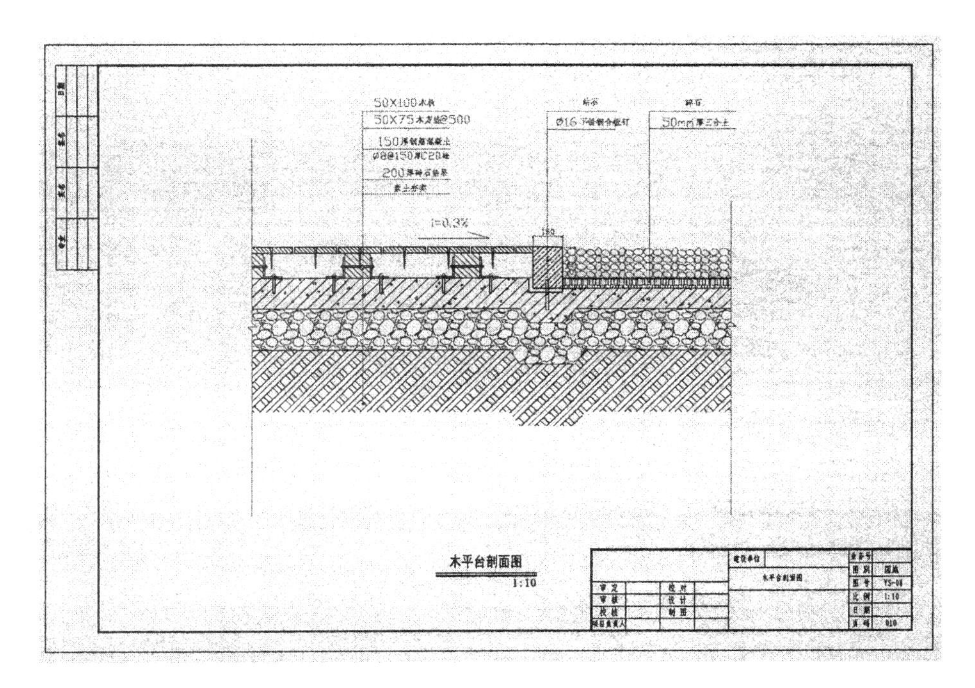

图 15-69　木平台剖面图

15.3　二级道路大样图

道路是园林必不可少的组成部分，如图 15-70 所示为二级道路大样图。下面讲述二级道路大样图的绘制方法和过程。

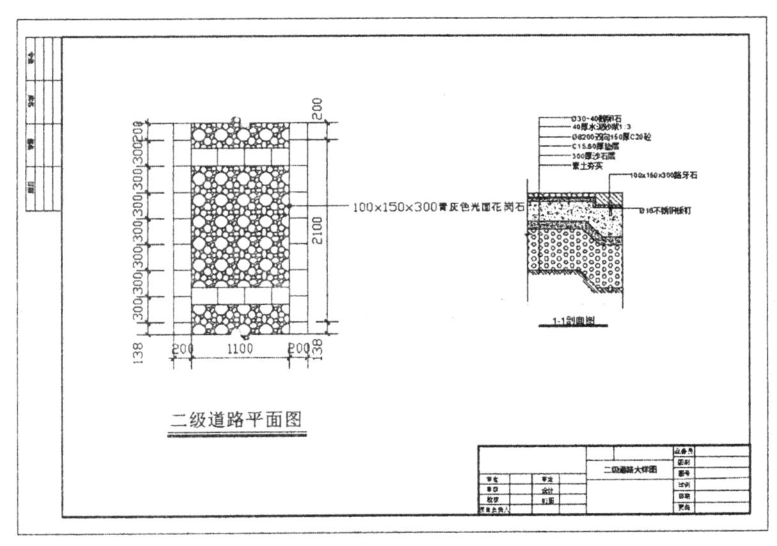

图 15-70　二级道路大样图

15.3.1　绘制二级道路平面图

1. 绘制轮廓

（1）单击“绘图”工具栏中的“直线”按钮，在图形空白位置任选一点为直线起点，绘制一条长度为 2062 的水平直线，如图 15-71 所示。

图 15-71　绘制水平直线

（2）单击“修改”工具栏中的“偏移”按钮，选择步骤（1）中绘制的水平直线为偏移对象，将其向下进行偏移，偏移距离为 2438，如图 15-72 所示。

（3）单击“绘图”工具栏中的“直线”按钮，以步骤（2）中绘制的水平线上一点为直线起点，向下绘制一条竖直直线，如图 15-73 所示。

图 15-72　偏移水平线段

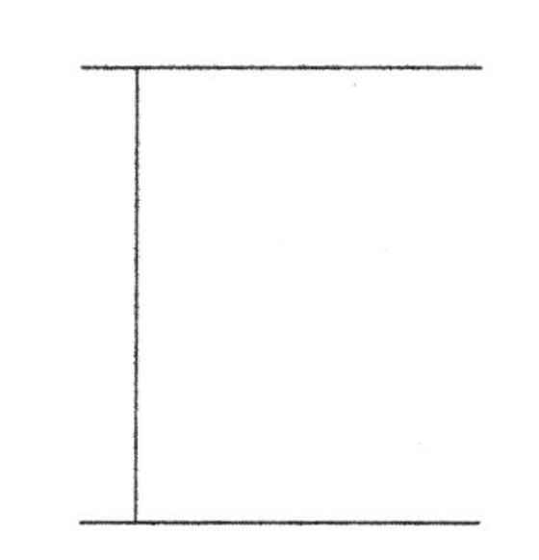

图 15-73　绘制竖直直线

2. 绘制细部轮廓

（1）单击“修改”工具栏中的“偏移”按钮，选择图 15-73 中的竖直直线为偏移线段，将其向右侧进行偏移，偏移距离分别为 200、300、300、300、200 和 200，如图 15-74 所示。

（2）单击“修改”工具栏中的“偏移”按钮，选择步骤（1）中绘制的水平直线为偏移对象，将其向下进行偏移，偏移距离分别为 200、100、200、300、300、300、300、200、100、100 和 200，如图 15-75 所示。

（3）单击“修改”工具栏中的“修剪”按钮，选择步骤（2）中的偏移线段为修剪对象，对其进行修剪处理，如图 15-76 所示。

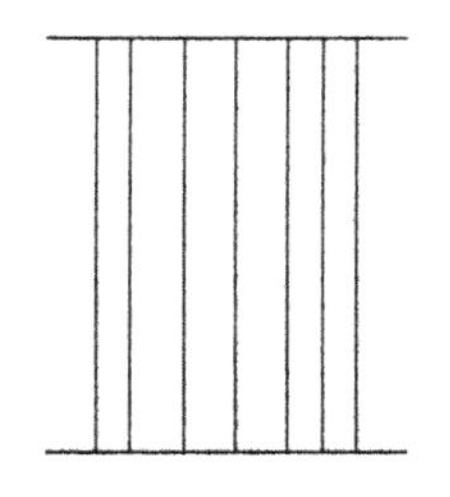

图 15-74　偏移竖直直线

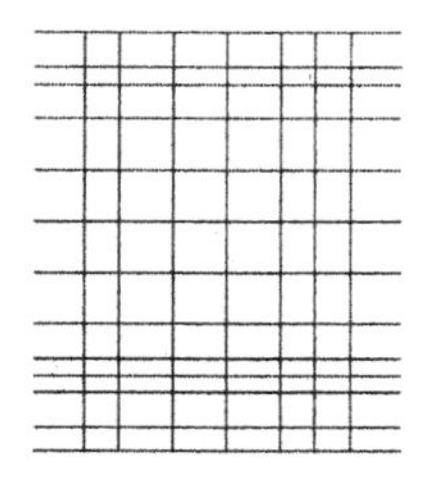

图 15-75　偏移水平线段

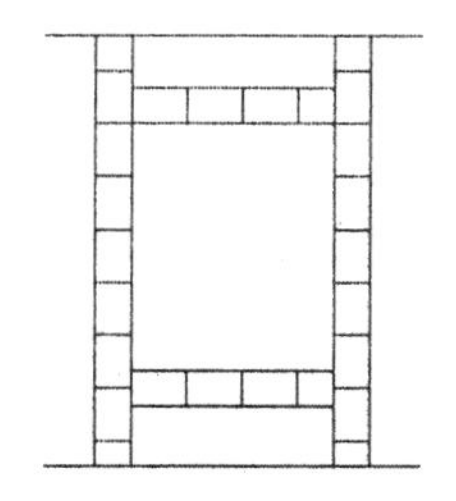

图 15-76　修剪线段

（4）单击“绘图”工具栏中的“圆弧”按钮，在步骤（3）的图形上部绘制两段适当半径的圆弧，如图 15-77 所示。

（5）单击“修改”工具栏中的“复制”按钮，选择步骤（4）中绘制的圆弧图形为复制对象，将其向下端进行复制，如图 15-78 所示。

（6）单击“修改”工具栏中的“修剪”按钮，选择步骤（5）中绘制的圆弧内线段为修剪对象，对其进行修剪处理，如图 15-79 所示。

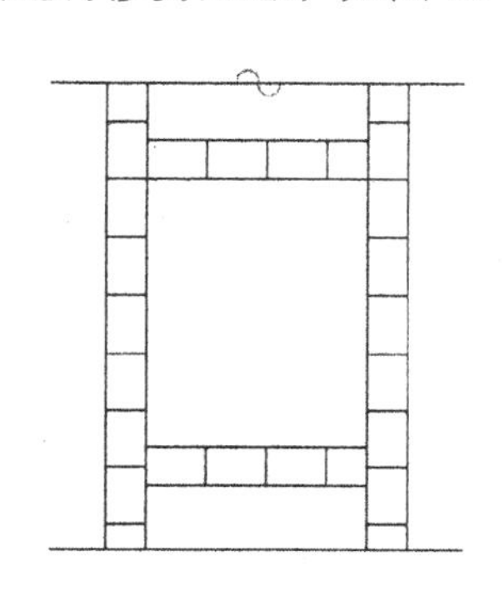

图 15-77　绘制圆弧

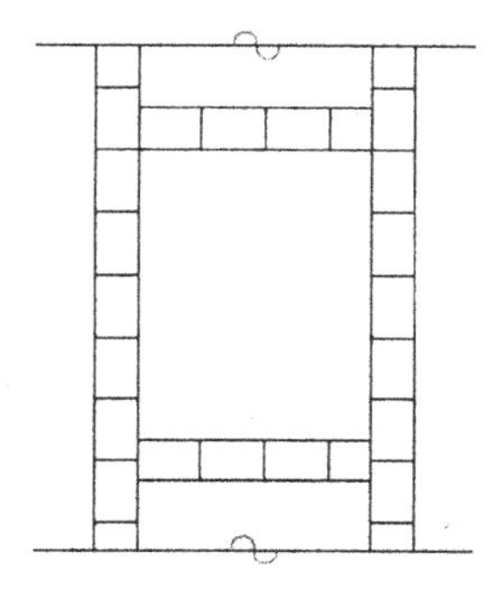

图 15-78　复制对象

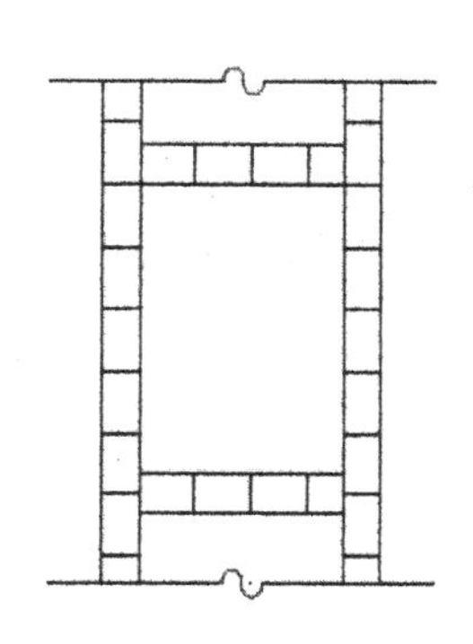

图 15-79　修剪线段

（7）单击“绘图”工具栏中的“多段线”按钮和“修改”工具栏中的“复制”按钮，绘制卵石砌体，如图 15-80 所示。

3. 添加标注

单击“标注”工具栏中的“线性”按钮，为图 15-79 中的图形添加尺寸标注，如图 15-81 所示。

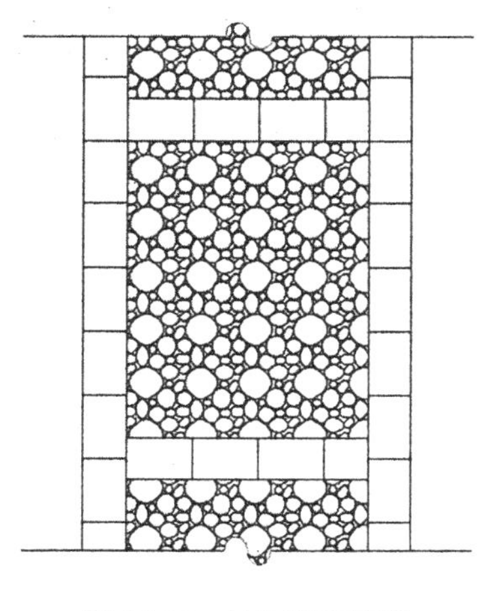

图 15-80　绘制卵石砌体

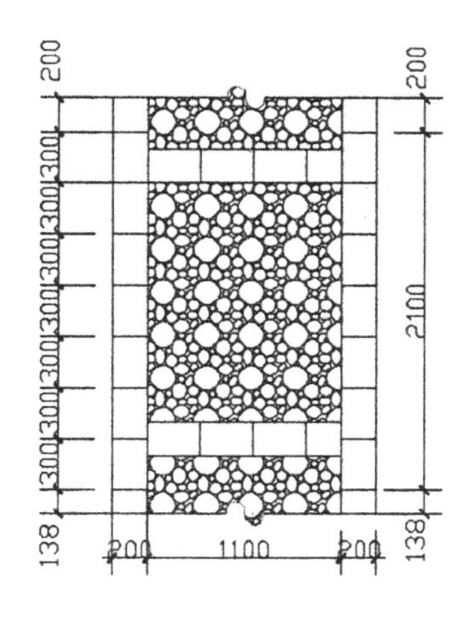

图 15-81　添加尺寸标注

4. 添加引线标注

在命令行输入 QLEADER 命令，为图形添加引线标注说明，字体为 Txt，字体高度为 100，如图 15-82 所示。

5. 添加总图文字说明

（1）单击“绘图”工具栏中的“多段线”按钮，指定起点宽度为 20，端点宽度为 20，在步骤 3 中的图形底部绘制一条水平多段线，如图 15-83 所示。

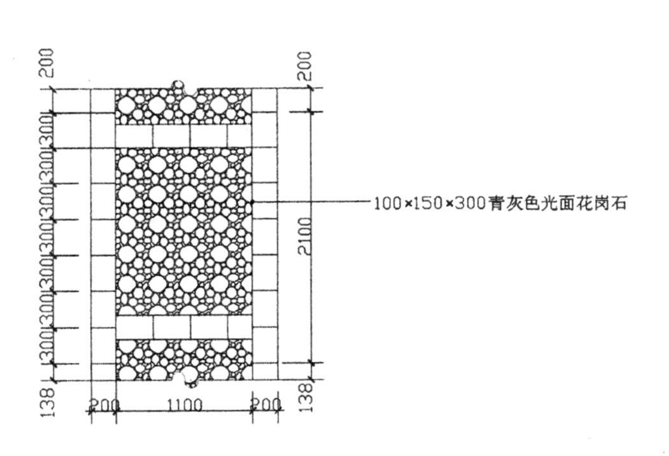

图 15-82　添加引线标注说明

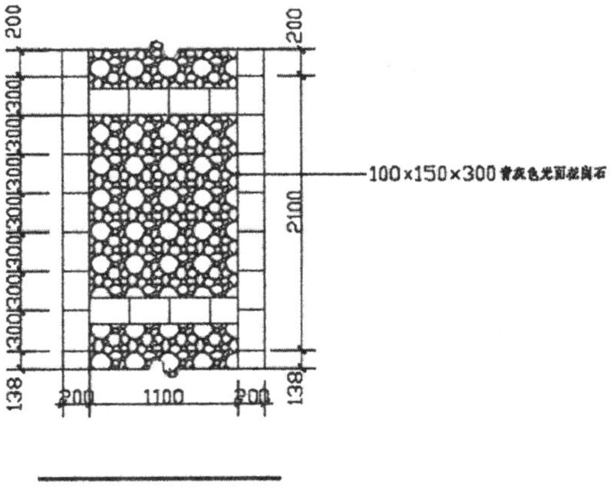

图 15-83　绘制水平直线

（2）单击“绘图”工具栏中的“多段线”按钮，指定起点宽度为 0，端点宽度为 0，在步骤（1）中的图形底部绘制一条适当长度的水平多段线，如图 15-84 所示。

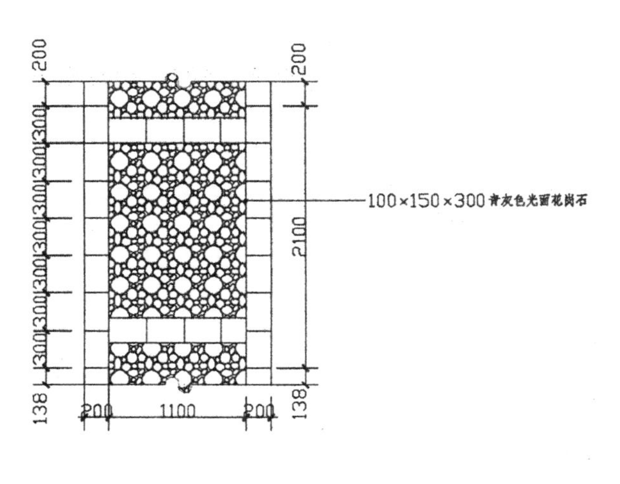

图 15-84　绘制水平多段线

（3）单击“绘图”工具栏中的“多行文字”按钮 A，字体为“黑体”，字体高度为 150，在步骤（2）中绘制的多段线上方添加文字，如图 15-85 所示。

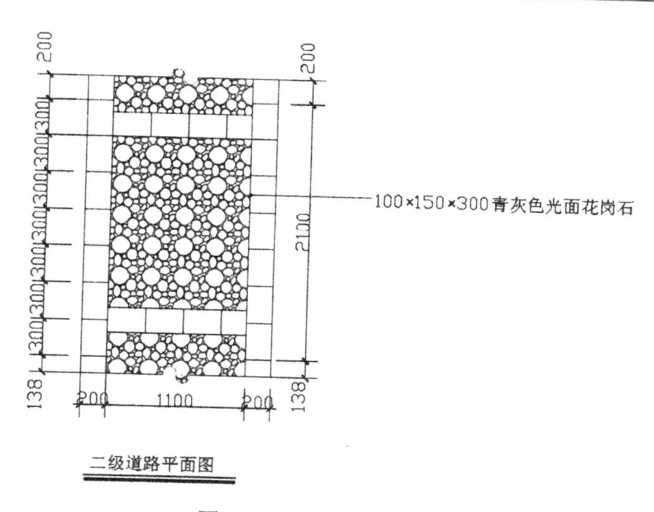

图 15-85 添加多行文字

15.3.2 绘制二级道路 1-1 剖面图

仅有道路平面图无法完整地表达出道路结构的完整信息，需要辅助剖面图等其他图样。如图 15-86 所示为二级道路 1-1 剖面图。下面介绍二级道路 1-1 剖面图的绘制方法和过程。

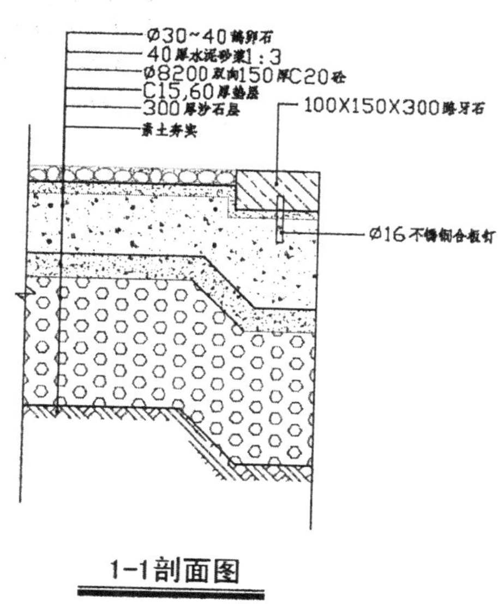

图 15-86 二级道路 1-1 剖面图

1. 绘制剖面轮廓

（1）单击“绘图”工具栏中的“直线”按钮，在图形空白位置任选一点为直线起点，绘制一条长度为 708 的水平直线，如图 15-87 所示。

图 15-87　绘制直线

（2）单击“绘图”工具栏中的“矩形”按钮，在步骤（1）中绘制的直线下方绘制一个尺寸为 200×100 的矩形，如图 15-88 所示。

（3）单击“绘图”工具栏中的“多段线”按钮，指定起点宽度为 0，端点宽度为 0，在步骤（2）中绘制的图形下方绘制连续多段线，如图 15-89 所示。

图 15-88　绘制矩形　　图 15-89　绘制连续多段线

（4）单击“修改”工具栏中的“偏移”按钮，选择步骤（3）中绘制的多段线为偏移对象，将其向下进行偏移，偏移距离为 20，如图 15-90 所示。

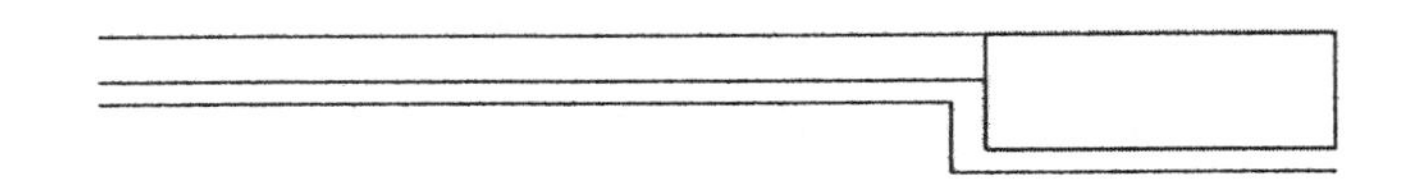

图 15-90　偏移多段线

（5）单击“绘图”工具栏中的“多段线”按钮，指定起点宽度为 0，端点宽度为 0，在步骤（4）中的偏移线段下方绘制连续多段线，如图 15-91 所示。

（6）单击“修改”工具栏中的“偏移”按钮，选择步骤（5）中绘制的连续多段线为偏移线段，将其向下进行偏移，偏移距离为 60，如图 15-92 所示。

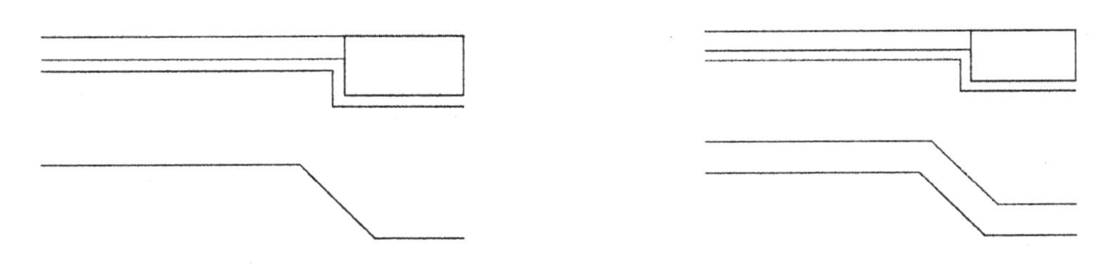

图 15-91　绘制连续多段线　　图 15-92　偏移多段线

（7）单击“绘图”工具栏中的“多段线”按钮，指定起点宽度为 0，端点宽度为 0，在步骤（6）中的偏移线段下方绘制连续多段线，如图 15-93 所示。

（8）单击“修改”工具栏中的“偏移”按钮，选择步骤（7）中绘制的多段线为偏移对象，将其向下进行偏移，偏移距离为 41，如图 15-94 所示。

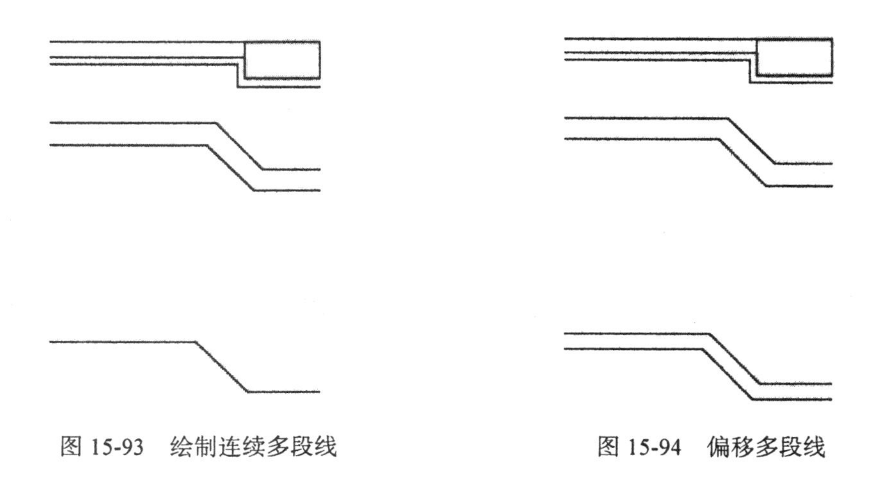

图 15-93　绘制连续多段线　　　　图 15-94　偏移多段线

2. 细部操作

（1）单击“绘图”工具栏中的“直线”按钮，在步骤 1 中绘制的图形两侧绘制两条适当长度的直线，如图 15-95 所示。

（2）单击“绘图”工具栏中的“矩形”按钮，在步骤（1）中的图形顶部位置选择一点为矩形起点，绘制尺寸为 15.9×116 的矩形，如图 15-96 所示。

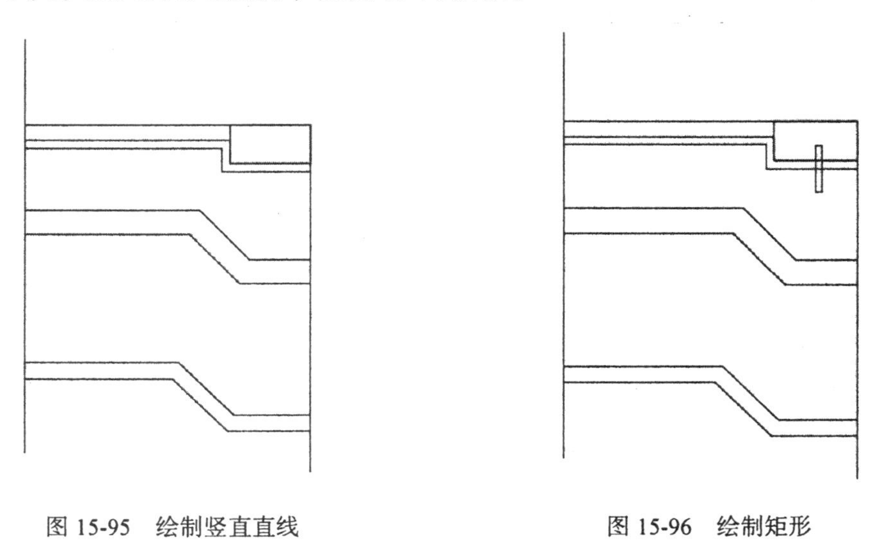

图 15-95　绘制竖直直线　　　　图 15-96　绘制矩形

3. 填充图形

（1）单击“绘图”工具栏中的“图案填充”按钮，选择图案 ANSI35，设置角度为 270，比例为 7，填充结果如图 15-97 所示。

（2）单击“绘图”工具栏中的“图案填充”按钮，选择图案 AR-SAND，设置角度为 0，比例为 0.3，填充结果如图 15-98 所示。

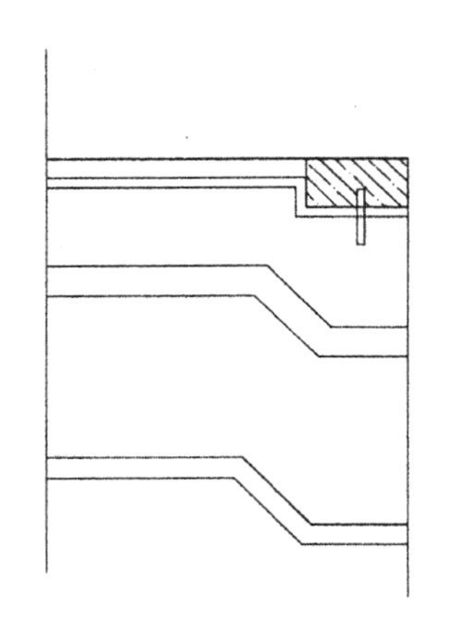

图 15-97　填充图形 1

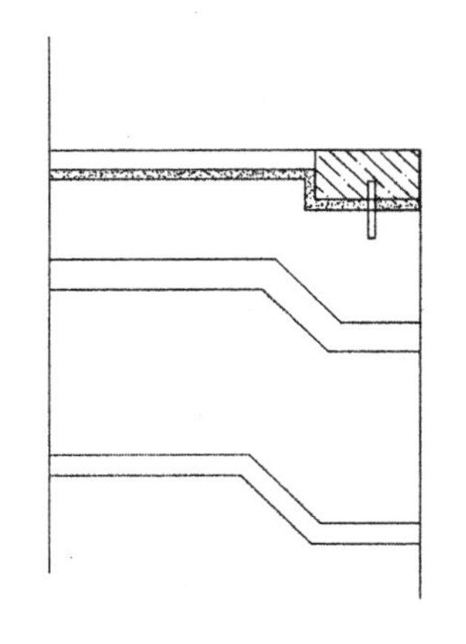

图 15-98　填充图形 2

（3）单击“绘图”工具栏中的“图案填充”按钮，选择图案 AR-CONC，设置角度为 0，比例为 0.3，填充结果如图 15-99 所示。

（4）单击“绘图”工具栏中的“图案填充”按钮，选择图案 AR-CONC，设置角度为 0，比例为 0.2，填充结果如图 15-100 所示。

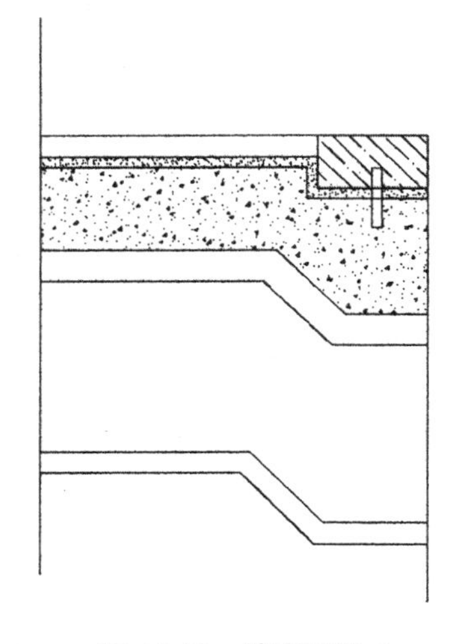

图 15-99　填充图形 3

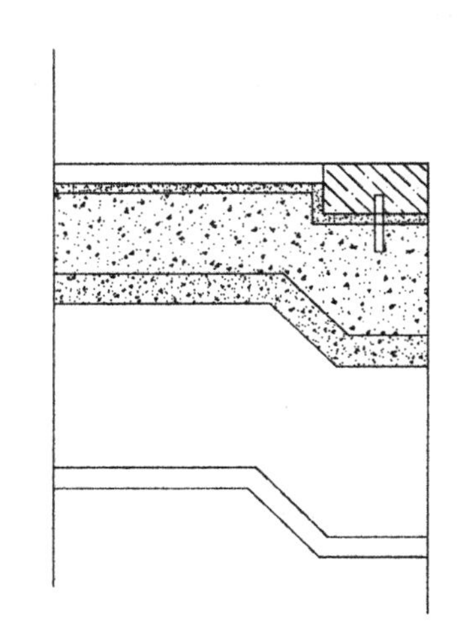

图 15-100　填充图形 4

（5）单击“绘图”工具栏中的“图案填充”按钮，选择图案 HEX，设置角度为 0，比例为 5，填充结果如图 15-101 所示。

（6）单击“绘图”工具栏中的“图案填充”按钮，选择图案 EARTH，设置角度为 0，比例为 5，填充结果如图 15-102 所示。

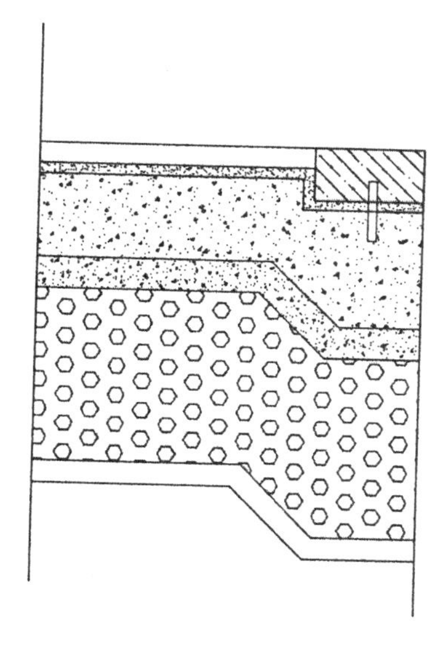

图 15-101　填充图形 5

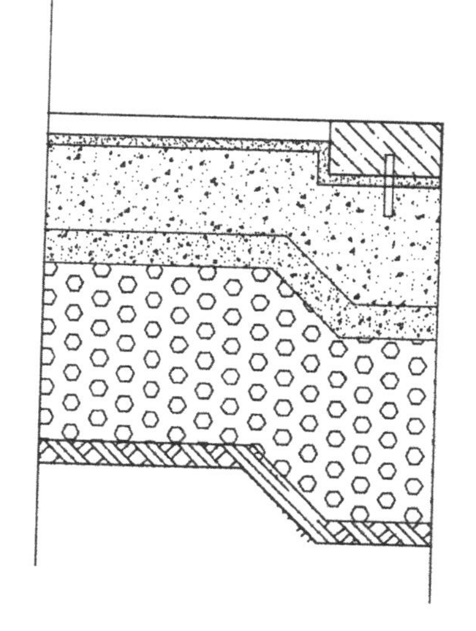

图 15-102　填充图形 6

（7）单击“修改”工具栏中的“删除”按钮，选择最底部的多段辅助线，如图 15-103 所示。

（8）单击“绘图”工具栏中的“多段线”按钮，指定起点宽度为 0，端点宽度为 0，在步骤（7）中的图形左侧竖直直线上绘制连续多段线，如图 15-104 所示。

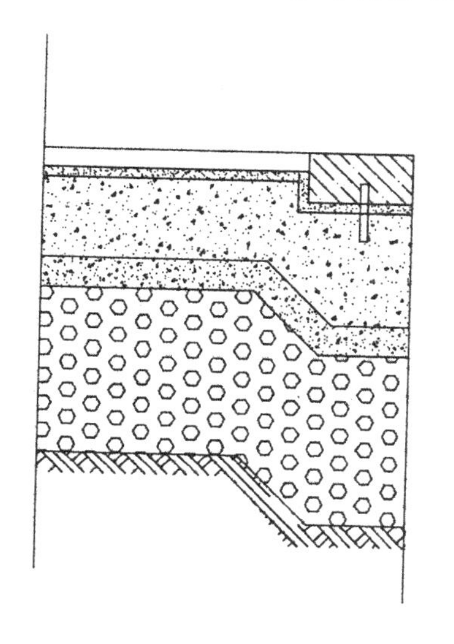

图 15-103　删除多段线

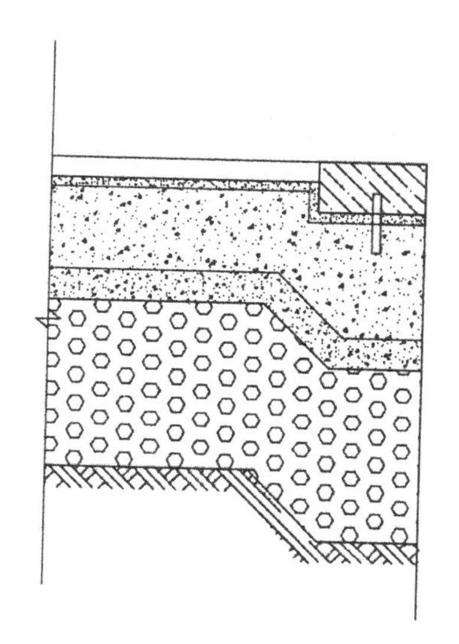

图 15-104　绘制多段线

4. 添加引线说明

（1）在命令行中输入 QLEADER 命令，为图形添加引线文字说明，如图 15-105 所示。

（2）单击“绘图”工具栏中的“直线”按钮，在步骤（1）中的图形下方绘制一条水平直线，如图 15-106 所示。

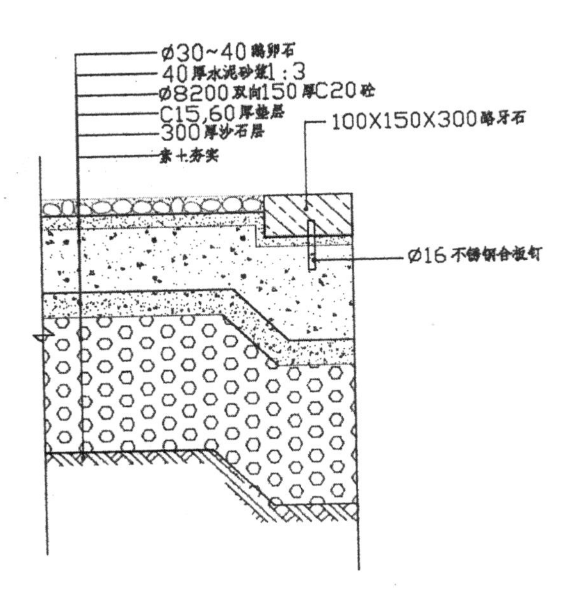

图 15-105　添加多行文字

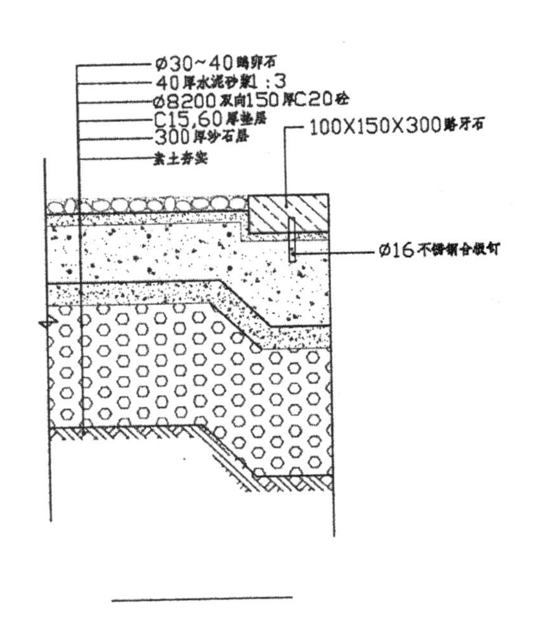

图 15-106　绘制水平直线

（3）单击“绘图”工具栏中的“多段线”按钮，指定多段线起点为 1，端点为 1，在步骤（2）中绘制的水平直线底部绘制连续多段线，如图 15-107 所示。

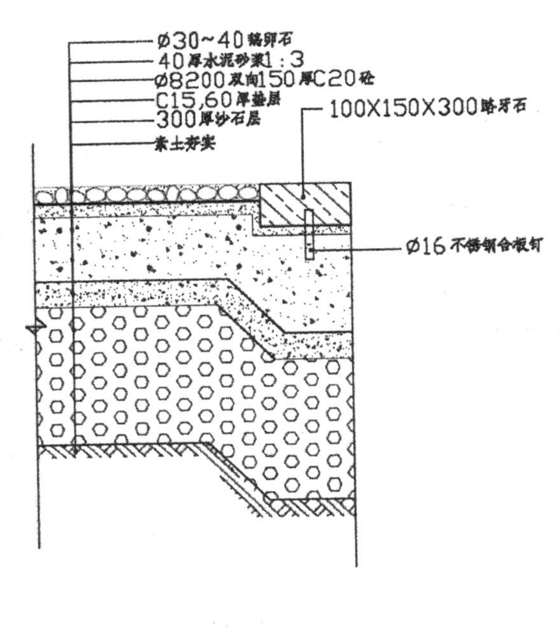

图 15-107　绘制多段线

（4）单击“绘图”工具栏中的“多行文字”按钮A，在步骤（3）中绘制的多段线上方添加文字，并利用“缩放”命令将绘制完成的图形放大 15 倍，最终效果如图 15-86 所示。

15.3.3　插入图框

单击“绘图”工具栏中的“插入块”按钮，选择“源文件 / 图块 /A3 图框”为插入对象，将其插入到图形适当位置，并填写标题栏，最后完成二级道路大样图的绘制，如图 15-70 所示。

15.4　一级道路节点图 a 的绘制

节点图可以辅助其他图形来表达对象的细节，下面介绍一级道路节点图 a 的绘制方法和过程。

15.4.1　一级道路节点一的绘制

（1）单击“绘图”工具栏中的“圆”按钮，在图形空白位置任选一点为圆的圆心，绘制半径为 83 的圆，如图 15-108 所示。

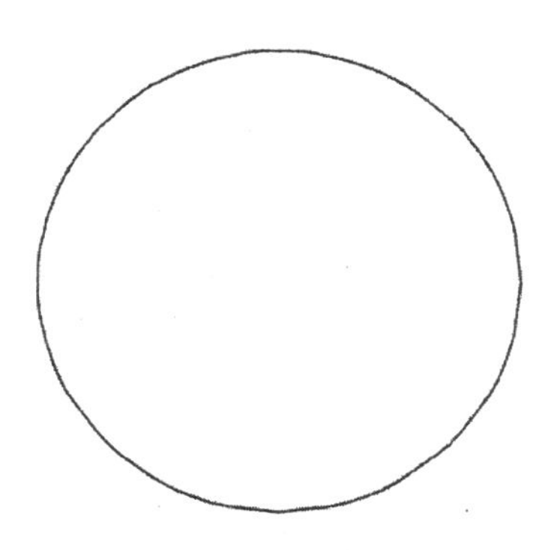

图 15-108　绘制圆

（2）建立新图层，命名为“道路”，颜色选取为 170，线型、线宽为默认，并将其设置为当前图层，如图 15-109 所示。

道路　170　Continu...　——　默认　0　Color_...

图 15-109　“道路”图层

（3）单击“绘图”工具栏中的“多段线”按钮，将线宽设为 1，在步骤（1）中绘制的圆内选择一点为直线起点，绘制连续直线，如图 15-110 所示。

（4）利用上述方法完成相同多段线的绘制，如图 15-111 所示。

（5）单击“绘图”工具栏中的“多段线”按钮，在步骤（4）中的线段上选择一点为多段线起点，绘制多条水平多段线，如图 15-112 所示。

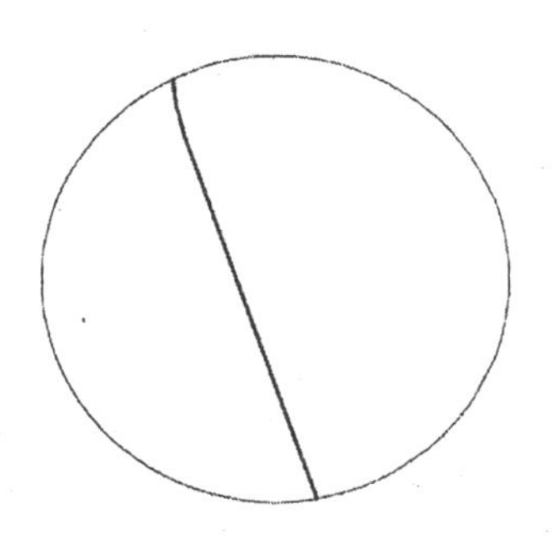

图 15-110　绘制多段线

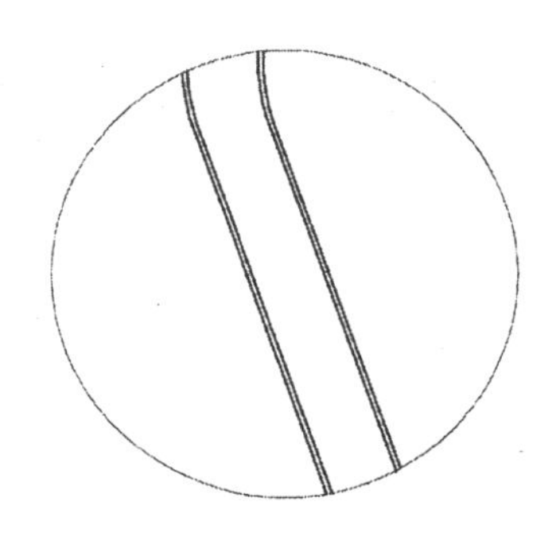

图 15-111　绘制相同多段线

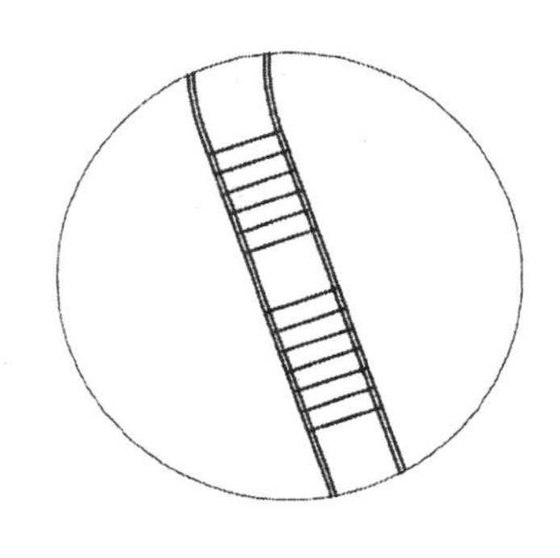

图 15-112　绘制水平多段线

（6）单击“绘图”工具栏中的“图案填充”按钮，选择偏移多段线间区域为填充区域，设置填充图案为 DOLMIT，填充比例为 0.15，角度为 20，填充结果如图 15-113 所示。

（7）单击“标注”工具栏中的“线性”按钮，为步骤（6）中的图形添加第一道线性标注，尺寸缩小比例为 0.0625，如图 15-114 所示。

（8）单击“标注”工具栏中的“连续”按钮，为图形添加总尺寸标注，如图 15-115 所示。

图 15-113　图案填充

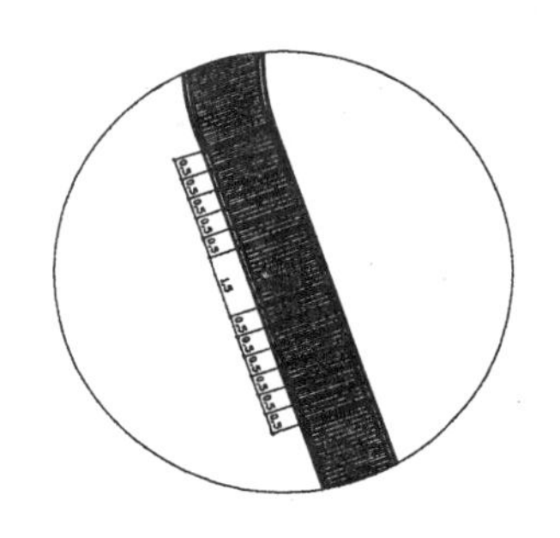

图 15-114　添加尺寸标注

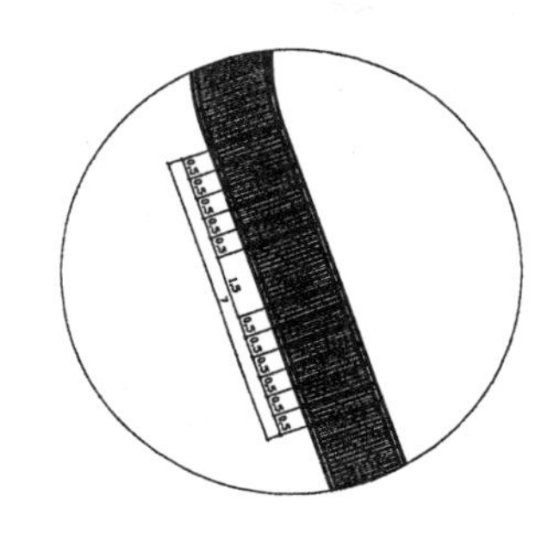

图 15-115　添加总尺寸标注

（9）单击“绘图”工具栏中的“直线”按钮，在图形空白位置任选一点为直线起点，绘制一条长度为 16 的水平直线，如图 15-116 所示。

（10）单击“绘图”工具栏中的“直线”按钮，以步骤（9）中绘制的水平直线左侧端点为直线起点，绘制一条斜向直线，如图 15-117 所示。

图 15-116　绘制直线

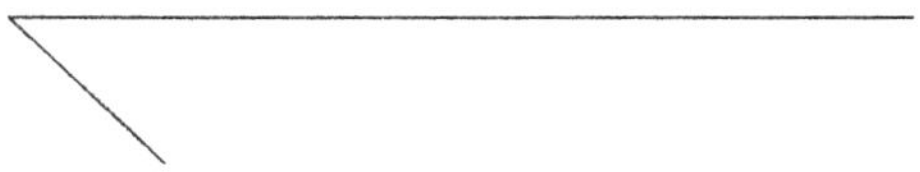

图 15-117　绘制斜向直线

（11）单击“修改”工具栏中的“镜像”按钮，选择步骤（10）中绘制的斜向直线为镜像对象，对其进行竖直镜像，如图 15-118 所示。

（12）单击“绘图”工具栏中的“多行文字”按钮，在步骤（11）中绘制的标高上添加文字，完成标高的绘制，如图 15-119 所示。

图 15-118　镜像线段　　　　图 15-119　添加文字

（13）单击“修改”工具栏中的“复制”按钮，选择步骤（12）中绘制完成的标高图形为复制对象，将其放置到合适的位置，如图 15-120 所示，并修改标高数值。

（14）单击“绘图”工具栏中的“多段线”按钮，指定起点宽度为 1，端点宽度为 1，在图形适当位置绘制长度为 16 的水平直线，如图 15-121 所示。

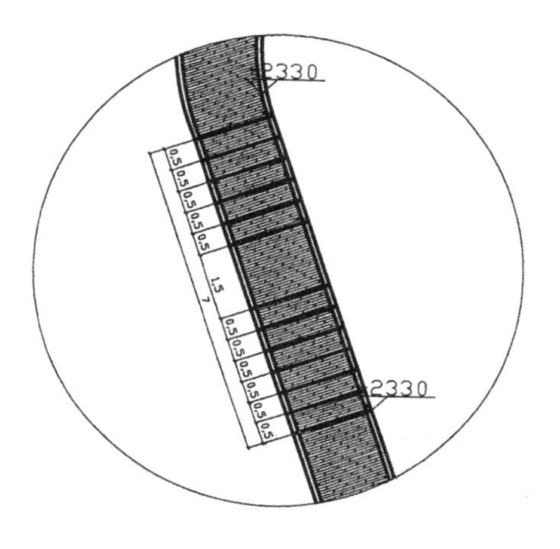

图 15-120　复制标高图形

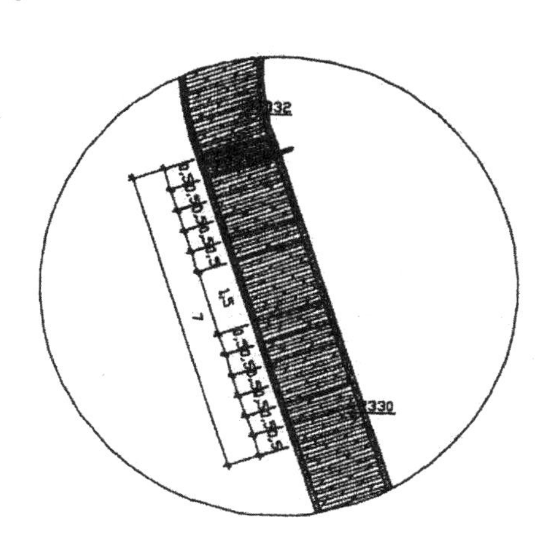

图 15-121　绘制水平直线

（15）单击“绘图”工具栏中的“直线”按钮，在步骤（14）中绘制的多段线下方绘制连续多段线，如图 15-122 所示。

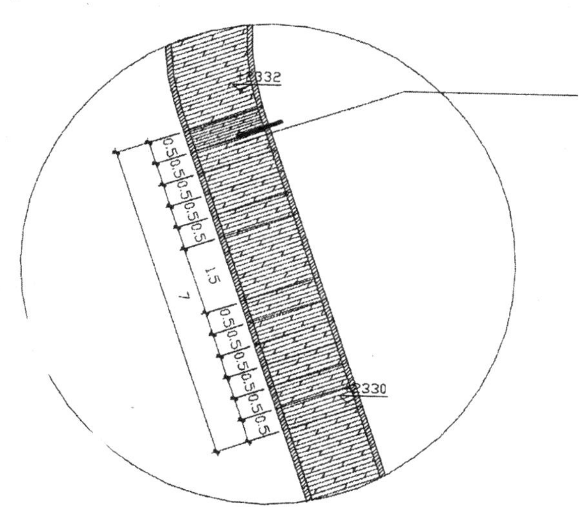

图 15-122　绘制连续多段线

（16）单击“绘图”工具栏中的“圆”按钮，在步骤（15）中绘制的直线上选择一点为圆的

圆心，绘制半径为 6 的圆，如图 15-123 所示。

（17）单击“绘图”工具栏中的“多行文字”按钮A，在步骤（17）中绘制的圆内添加文字，如图 15-124 所示。

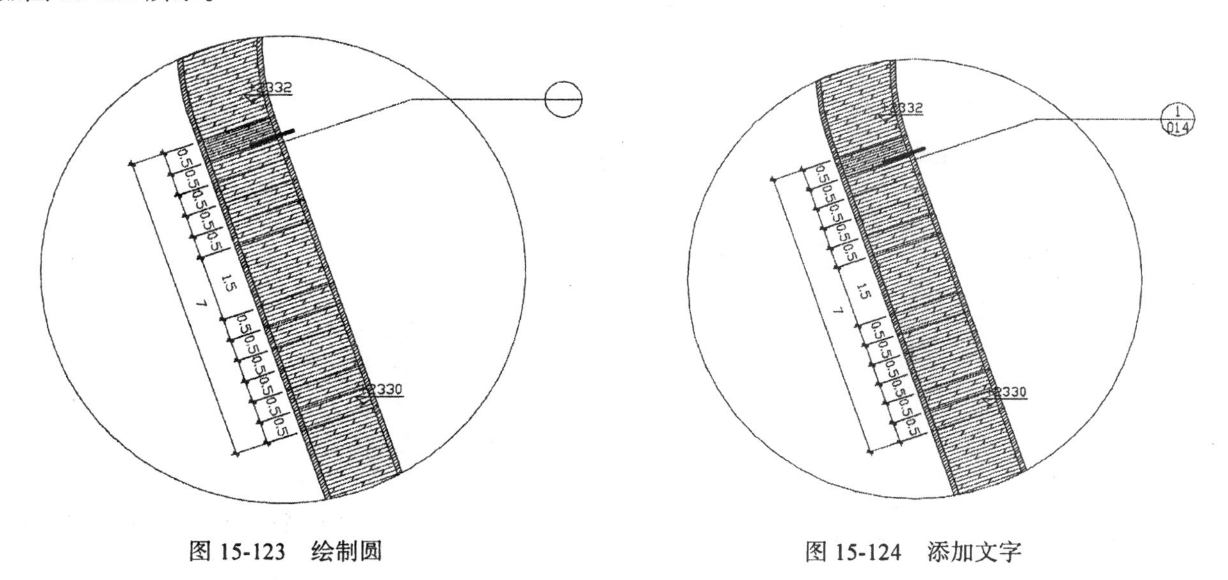

图 15-123　绘制圆　　　　图 15-124　添加文字

（18）利用上述方法完成相同图形的绘制，如图 15-125 所示。

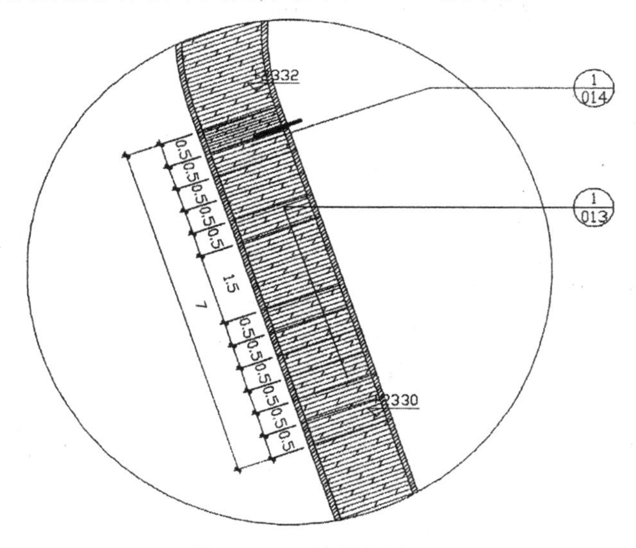

图 15-125　绘制相同图形

15.4.2　一级道路节点二的绘制

利用上述方法完成植物园一级道路节点二的绘制，如图 15-126 所示。

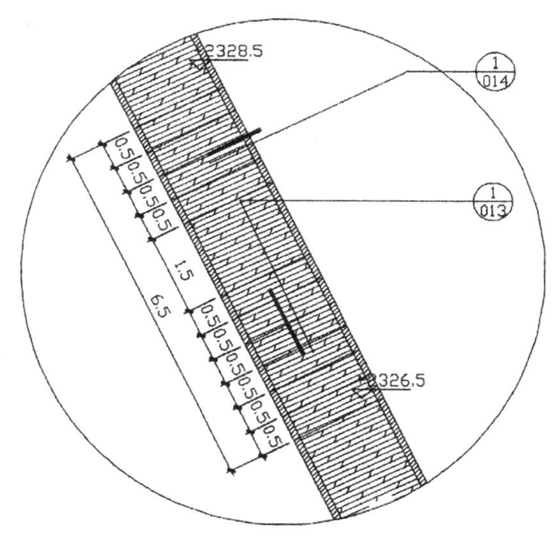

图 15-126　绘制节点二

单击“绘图”工具栏中的“直线”按钮和“多行文字”按钮A，为图形添加总图文字说明，如图 15-127 所示。

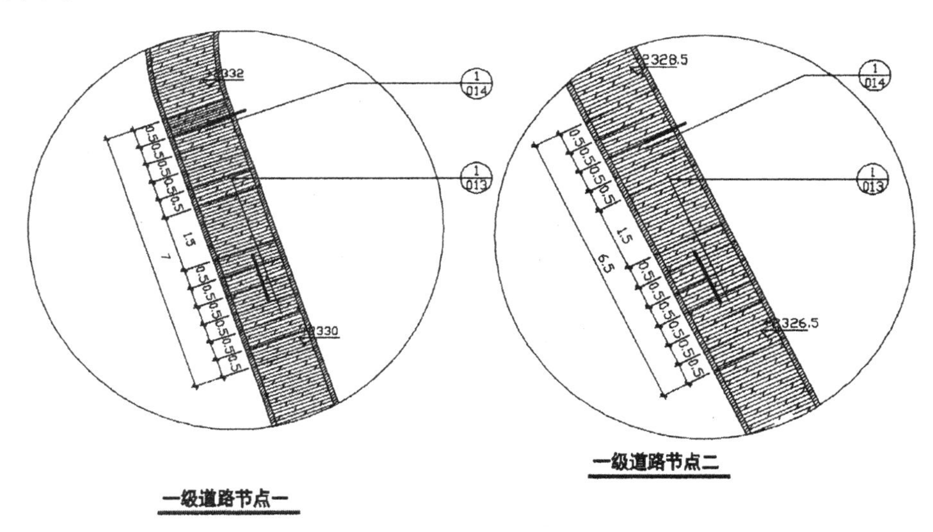

图 15-127　添加文字说明

15.4.3　插入图框

单击“绘图”工具栏中的“插入块”按钮，选择“源文件 / 图块 /A3”图框为插入对象，将其插入到图形中并填写标题栏，最终完成一级道路节点图 a 的绘制，如图 15-128 所示。

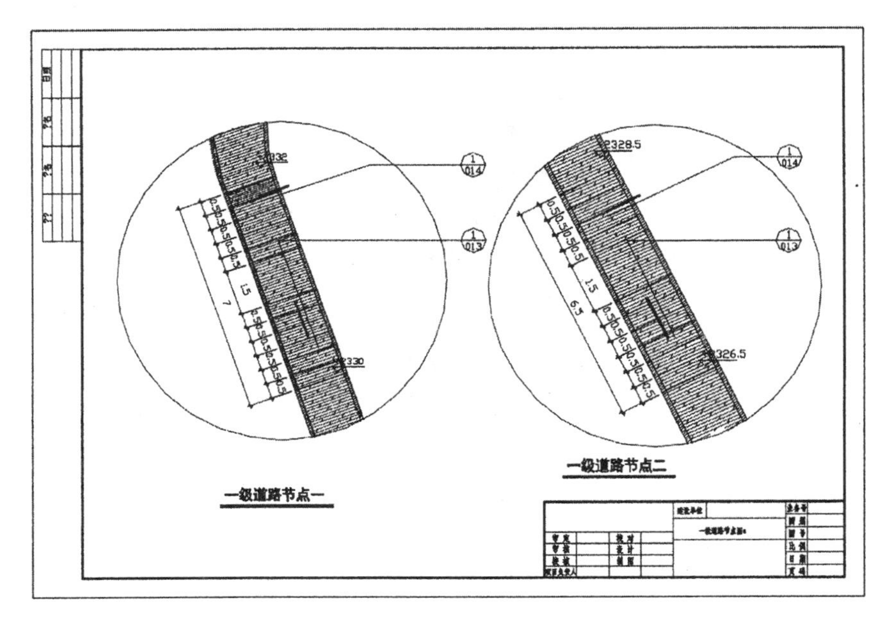

图 15-128　插入图框

15.5　一级道路节点图 b 的绘制

植物园一级道路节点图 b 的绘制方法与一级道路节点图 a 的绘制方法基本相同，这里不再详细阐述，如图 15-129 所示。

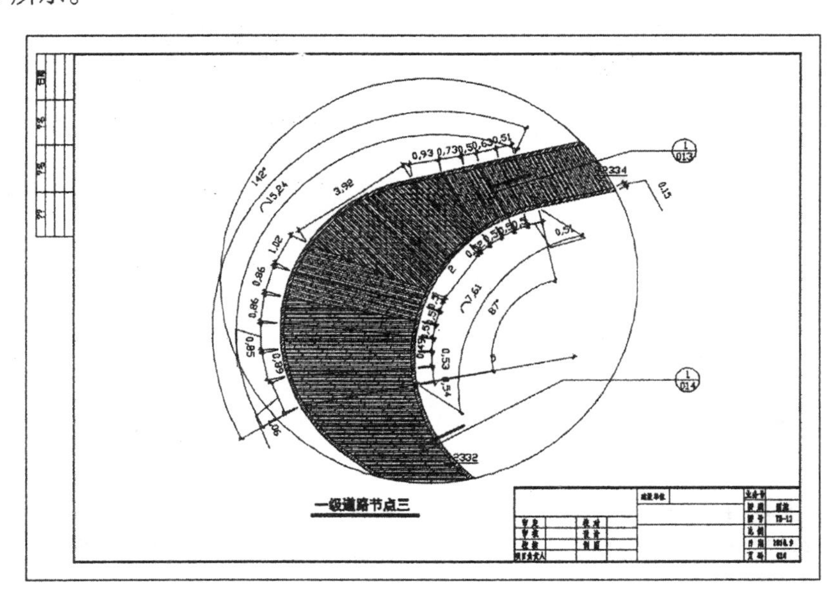

图 15-129　一级道路节点图 b

15.6　一级道路楼梯剖面图

利用上述方法完成一级道路楼梯剖面图的绘制，如图 15-130 所示。

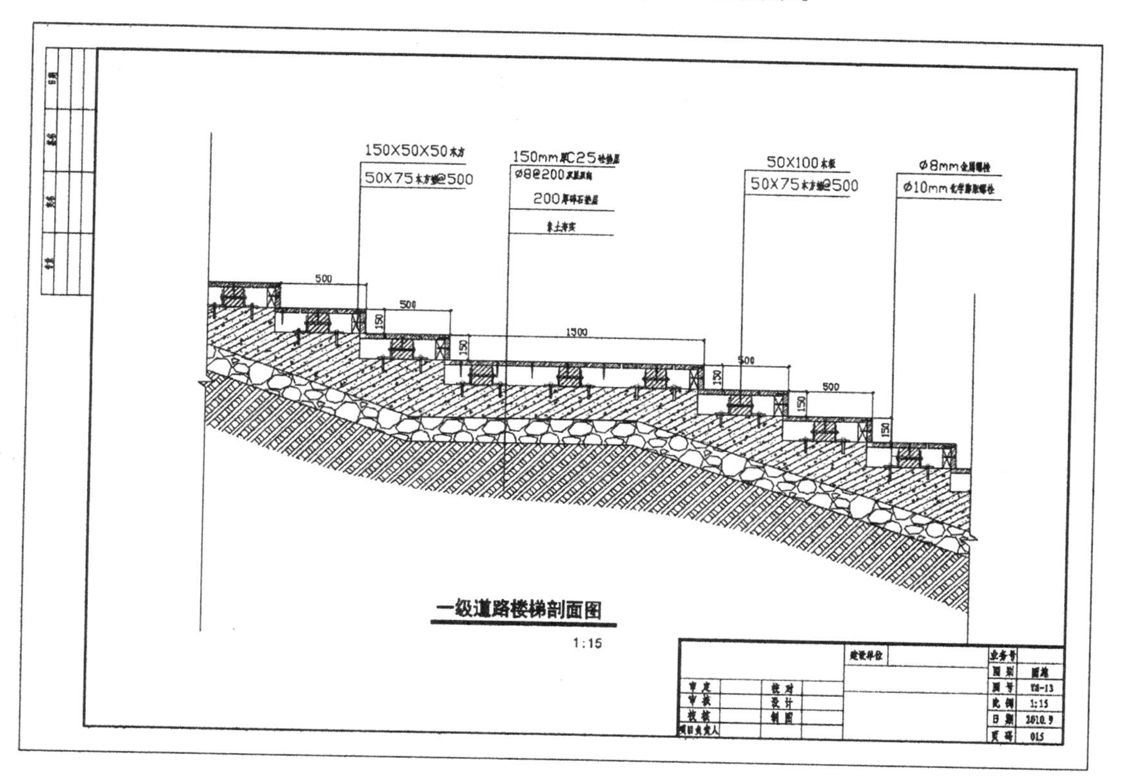

图 15-130　一级道路楼梯剖面图

读书笔记

蓄水池工程图绘制

植物离不开水，庞大的植物园如果靠天然降水显然无法保证所有植物用水需求，所以所有的植物园都必须建有蓄水池，以供灌溉需要。

本章将以某游览胜地配套植物园蓄水池工程图设计为例，讲解植物园蓄水池设计的基本思路和方法。

16.1　蓄水池平面图

本节介绍蓄水池平面图的绘制方法和过程。基本思路是：先绘制结构线和轴线，然后绘制细节结构，最后添加文字说明。

16.1.1　绘制结构线

（1）建立一个新图层，命名为“结构线”，颜色选取为白色，线型保持默认，线宽设为 0.25，如图 16-1 所示，并将其设置为当前图层。

图 16-1　“结构线”图层

（2）单击“绘图”工具栏中的“矩形”按钮，在图形空白位置选择一点为矩形起点，绘制一个尺寸为 10500×12800 的矩形，如图 16-2 所示。

（3）单击“修改”工具栏中的“分解”按钮，选择步骤（2）中绘制的矩形为分解对象，按 Enter 键确认对其分解，使其分解为 4 条独立线段。

（4）单击“修改”工具栏中的“偏移”按钮，选择步骤（3）中分解的矩形上部水平边为偏移对象，将其向下进行偏移，偏移距离为 2300 和 8200，如图 16-3 所示。

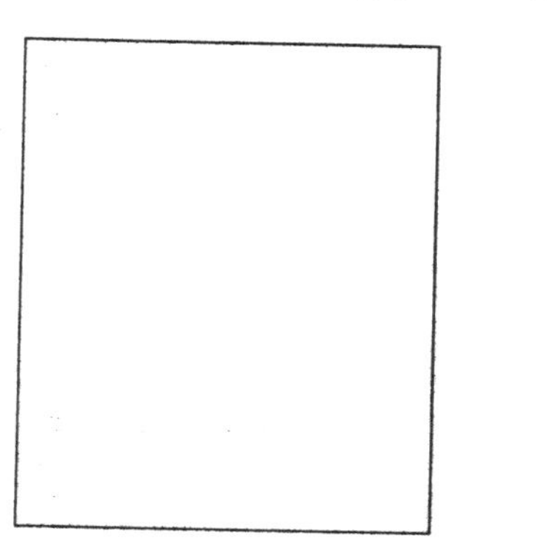

图 16-2　绘制矩形

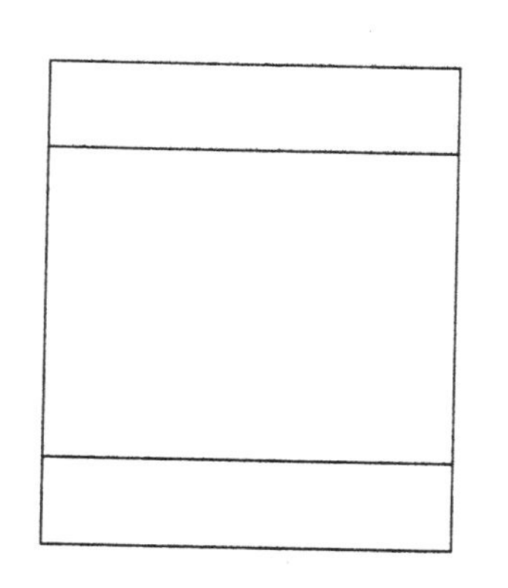

图 16-3　偏移水平直线

（5）单击“修改”工具栏中的“偏移”按钮，选择左侧竖直直线为偏移对象，将其向右进行偏移，偏移距离为 2300，如图 16-4 所示。

（6）单击“绘图”工具栏中的“矩形”按钮，在步骤（5）中的偏移线段内选择一点为矩形起点，绘制一个尺寸为 6900×6900 的矩形，如图 16-5 所示。

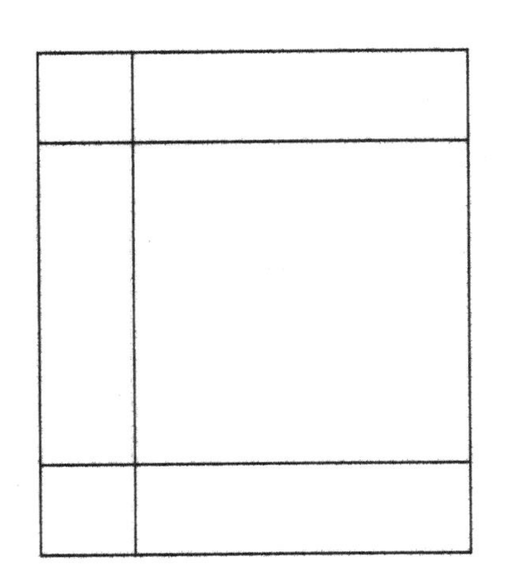

图 16-4 偏移竖直直线

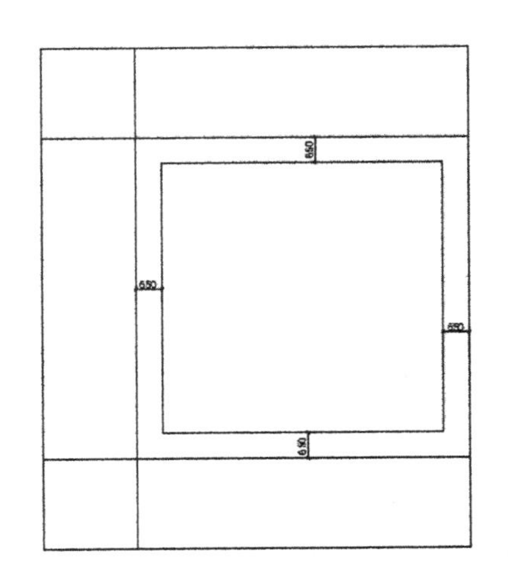

图 16-5 绘制矩形

（7）单击“修改”工具栏中的“偏移”按钮，选择步骤（6）中绘制的矩形为偏移对象，将其向内进行偏移，偏移距离为 100、250、300 和 600，如图 16-6 所示。

（8）单击“修改”工具栏中的“偏移”按钮，选择左侧竖直直线为偏移对象，将其向右进行偏移，偏移距离为 700、500 和 500，如图 16-7 所示。

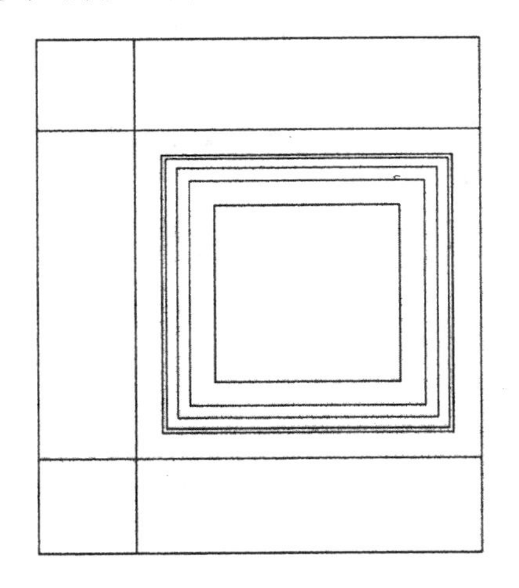

图 16-6 偏移矩形

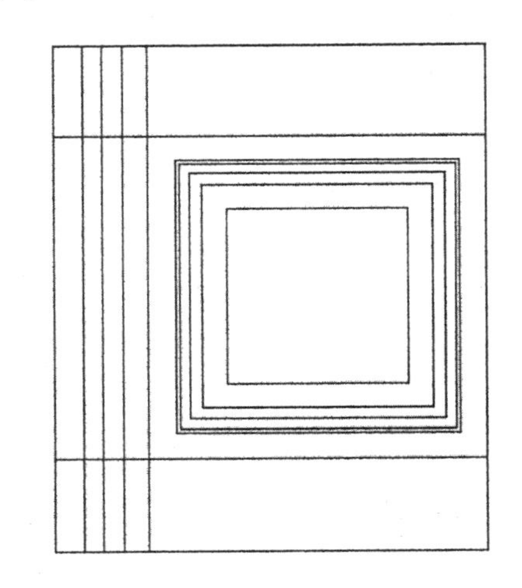

图 16-7 偏移线段

（9）单击“修改”工具栏中的“偏移”按钮，选择上面的水平直线为偏移对象，分别向上、向下进行偏移，偏移距离为 700、500、500、9400、500、500 和 250，如图 16-8 所示。

（10）单击“修改”工具栏中的“修剪”按钮，选择步骤（9）中的偏移线段为修剪对象，对其进行修剪处理，如图 16-9 所示。

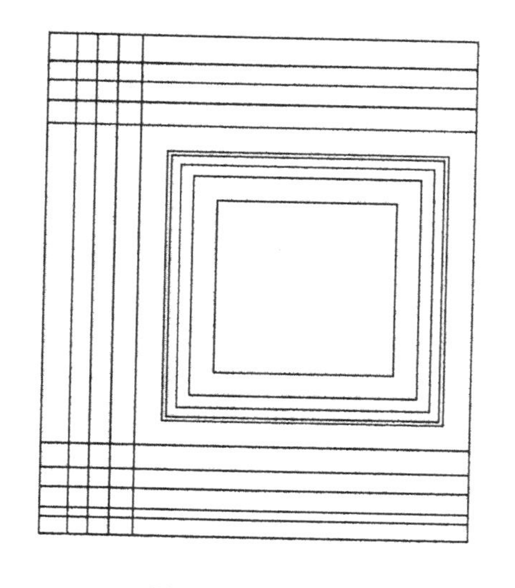

图 16-8　偏移线段

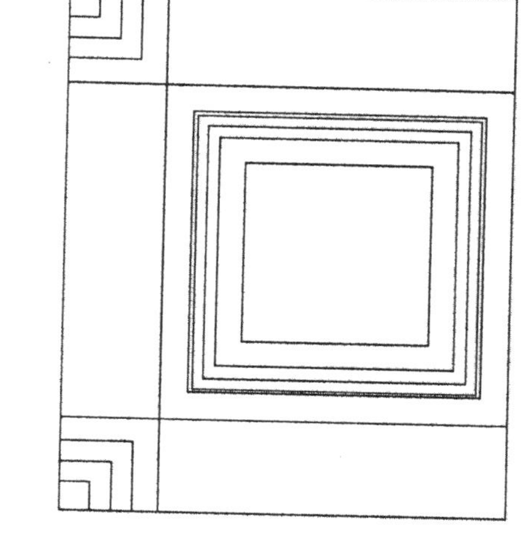

图 16-9　修剪线段

（11）单击“绘图”工具栏中的“直线”按钮，在步骤（10）绘制的图形内绘制两条斜向直线，如图 16-10 所示。

（12）单击“绘图”工具栏中的“直线”按钮，设置其线宽为 0.3，绘制连续直线，如图 16-11 所示。

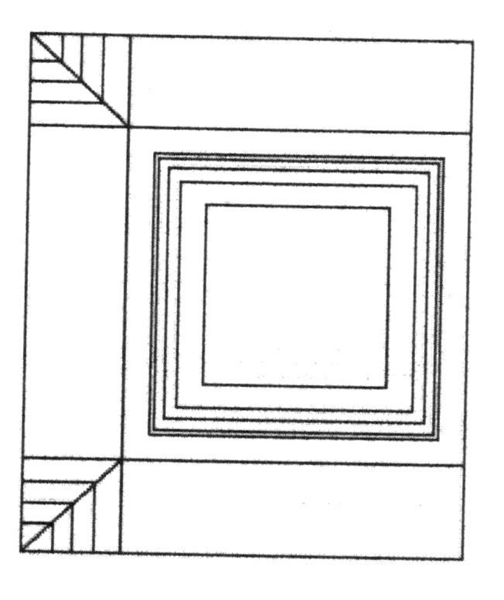

图 16-10　绘制斜向直线

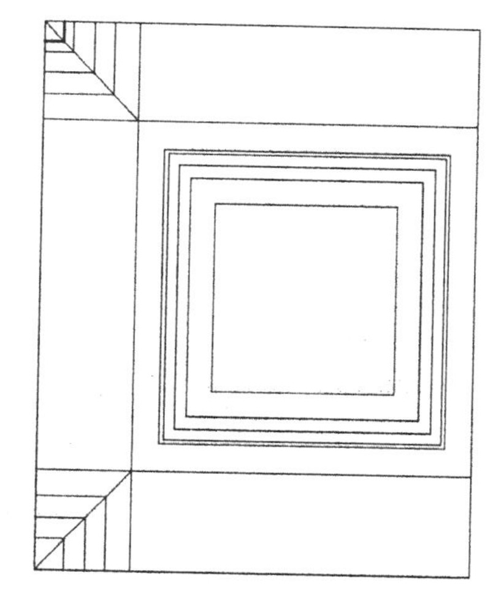

图 16-11　绘制连续直线

（13）单击“修改”工具栏中的“复制”按钮，选择步骤（12）中绘制的多段线为复制对象，将其向右下端进行复制，如图 16-12 所示。

（14）单击“修改”工具栏中的“镜像”按钮，选择步骤（13）中的图形为镜像对象，对其进行水平镜像，如图 16-13 所示。

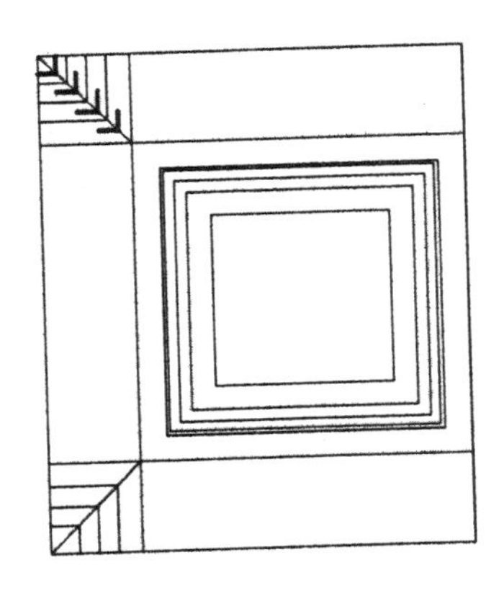

图 16-12　复制图形

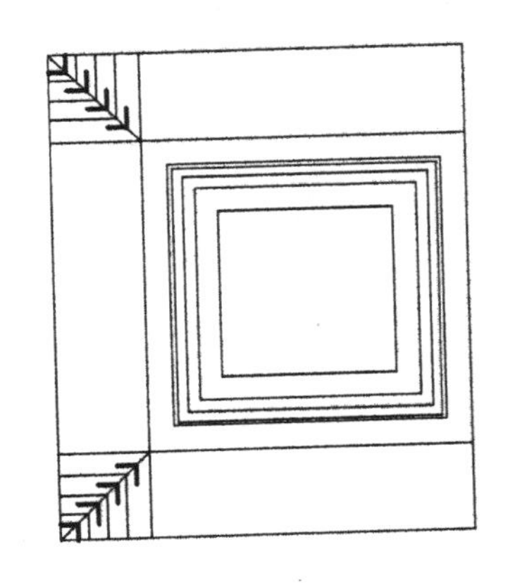

图 16-13　镜像图形

（15）单击“修改”工具栏中的“倒角”按钮，选择步骤（7）中偏移的第 4 个矩形为倒角对象，设置其倒角距离为 150，如图 16-14 所示。

（16）单击“绘图”工具栏中的“直线”按钮，在步骤（15）中图形的适当位置绘制矩形间的连接线，如图 16-15 所示。

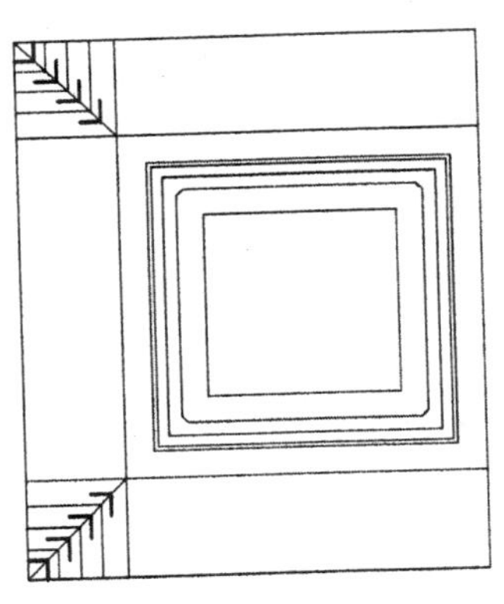

图 16-14　倒角图形

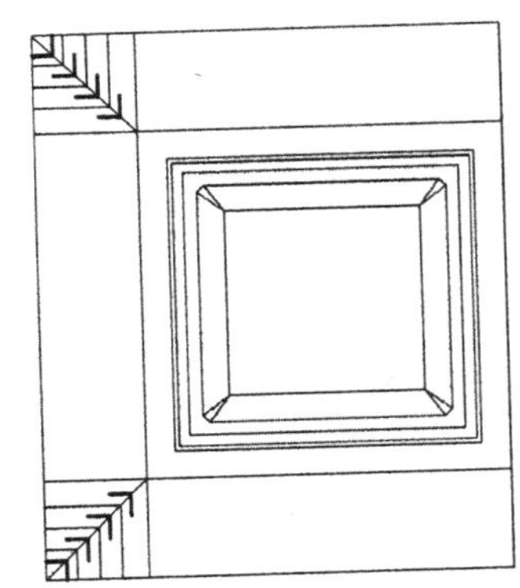

图 16-15　绘制连接线

（17）选择左侧的斜向直线为操作对象，将其线型修改为 DASHDOT2，如图 16-16 所示。

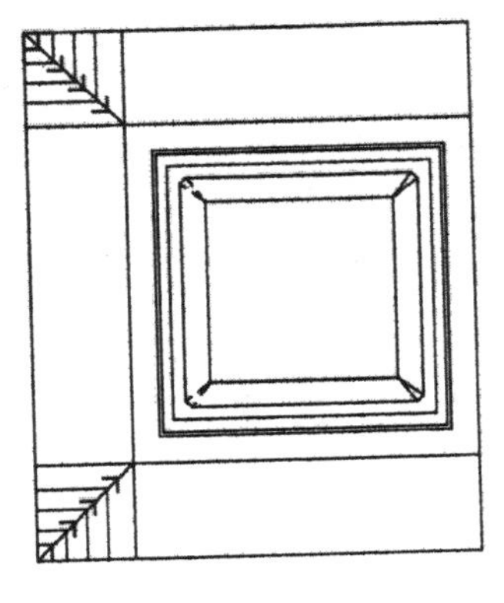

图 16-16　修改线型

16.1.2　补充轴线

（1）建立一个新图层，命名为“轴线”，颜色选取为洋红，线型设置为 DASHD，线宽为默认，如图 16-17 所示，并将其设置为当前图层。

图 16-17　“轴线”图层

（2）单击“绘图”工具栏中的“直线”按钮，在 16.1.1 节绘制的图形内分别绘制长度为 1187 的水平直线及长度为 1150 的竖直直线，如图 16-18 所示。

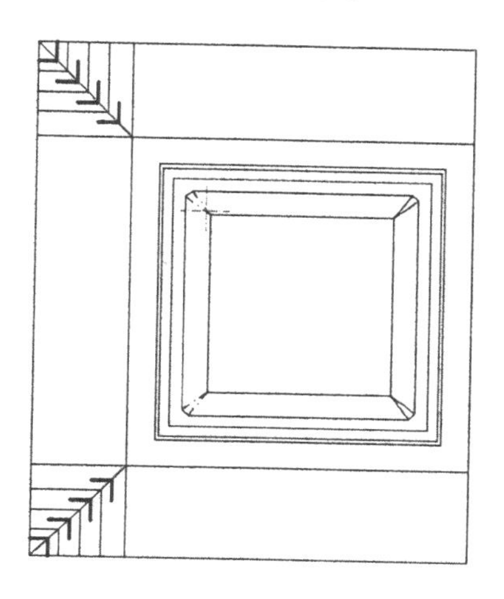

图 16-18　绘制直线

16.1.3　绘制钢筋

（1）建立新图层，命名为“钢筋”，颜色选取为红色，线型、线宽设置为默认，如图 16-19 所示，并将其设置为当前图层。

图 16-19　“钢筋”图层

（2）单击“绘图”工具栏中的“圆”按钮，以 16.1.2 节绘制两条交叉线的相交点为圆心绘制半径为 500 的圆，如图 16-20 所示。

（3）单击“修改”工具栏中的“偏移”按钮，选择步骤（2）中绘制的圆为偏移对象，将其向外进行偏移，偏移距离为 70，如图 16-21 所示。

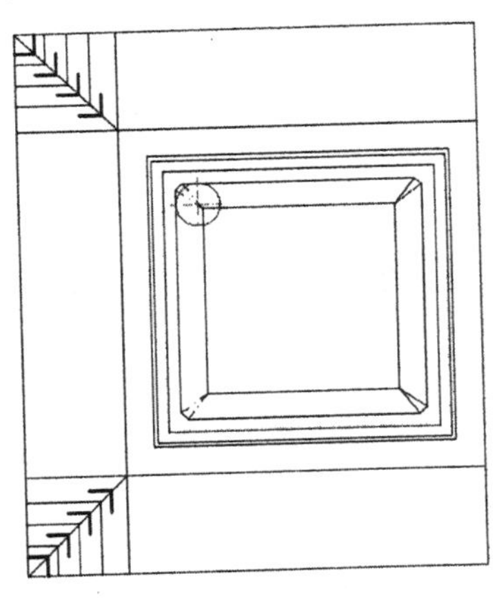

图 16-20　绘制圆

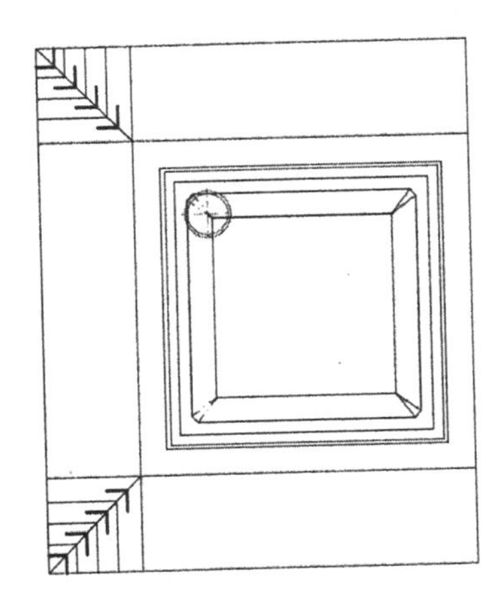

图 16-21　偏移圆

（4）单击“绘图”工具栏中的“多段线”按钮，指定起点宽度为 2，端点宽度为 2，绘制连续多段线，如图 16-22 所示。

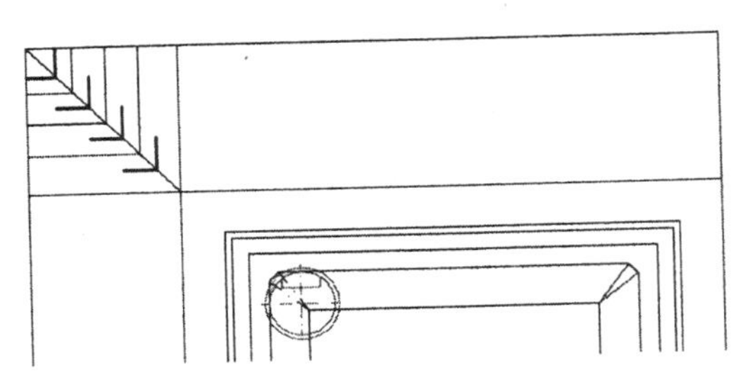

图 16-22　绘制连续多段线

（5）单击“修改”工具栏中的“偏移”按钮，选择步骤（4）中绘制的连续多段线为偏移对象，将其向外侧进行偏移，偏移距离为 10，如图 16-23 所示。

（6）单击“修改”工具栏中的“修剪”按钮，选择步骤（5）中的偏移线段为修剪对象，对其进行修剪处理，如图 16-24 所示。

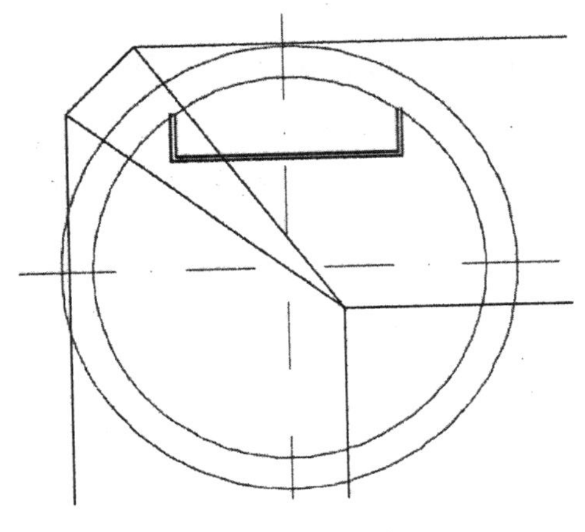

图 16-23　偏移多段线

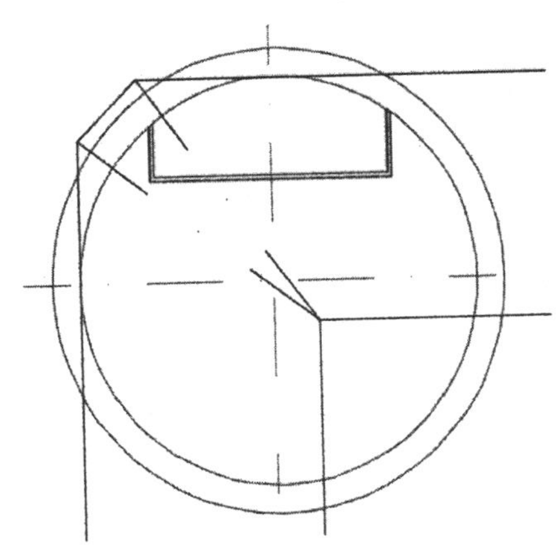

图 16-24　修剪线段

16.1.4　绘制检修口

（1）将“轴线”图层设置为当前图层，单击“绘图”工具栏中的“直线”按钮，在 16.1.3 节的图形右侧绘制长度为 1021 的水平直线以及长度为 908 的竖直直线，如图 16-25 所示。

（2）将“结构线”图层设置为当前图层，单击“绘图”工具栏中的“圆”按钮，选择步骤（1）中绘制的十字交叉线交点为圆心，绘制一个半径为 120 的圆，如图 16-26 所示。

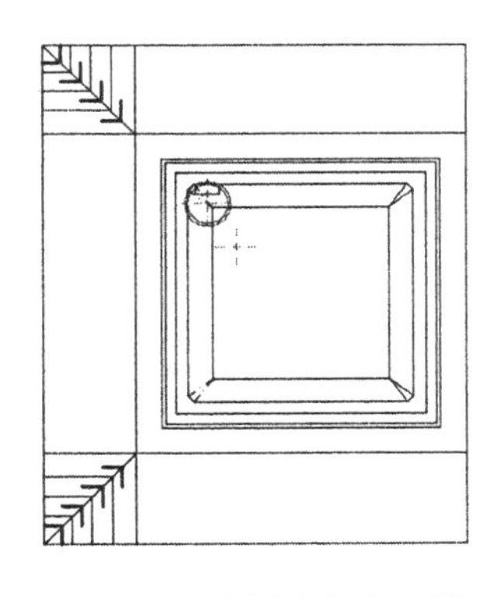

图 16-25　绘制十字交叉线

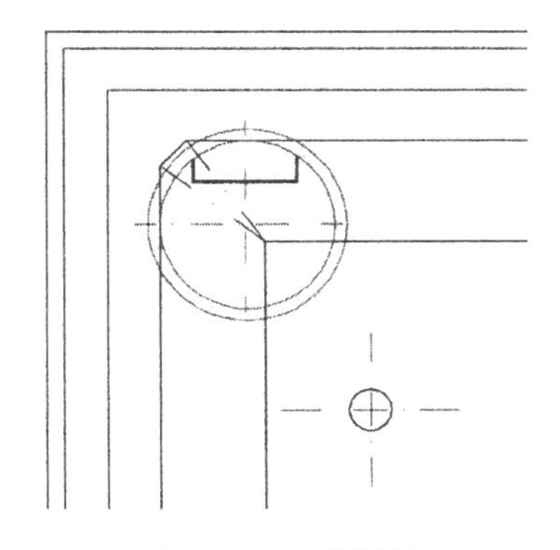

图 16-26　绘制圆

（3）选择步骤（2）中绘制的圆为操作对象，将其线型修改为 DASHDOT2，完成 PVC 通风管的绘制，如图 16-27 所示。

（4）单击“修改”工具栏中的“复制”按钮，选择步骤（3）中绘制完成的 PVC 通风管为复制对象，对其进行复制，如图 16-28 所示。

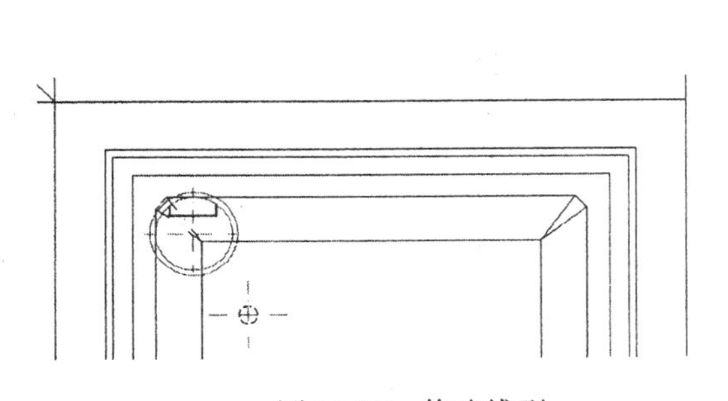

图 16-27　修改线型

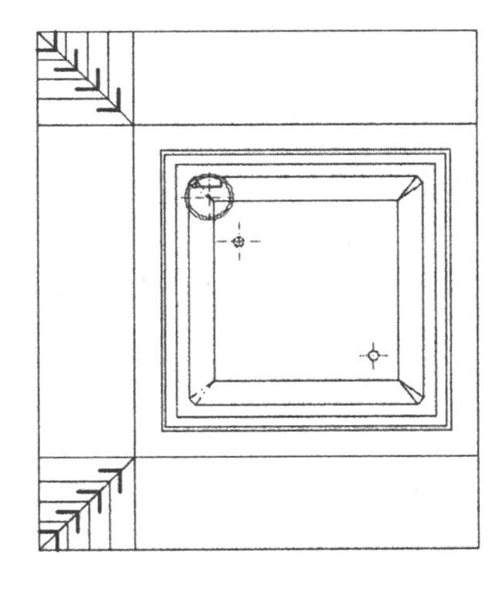

图 16-28　复制图形

16.1.5　绘制检查井及管道

（1）单击“绘图”工具栏中的“圆”按钮，以图 16-28 中左侧一点为圆心，绘制一个半径

为 500 的圆，如图 16-29 所示。

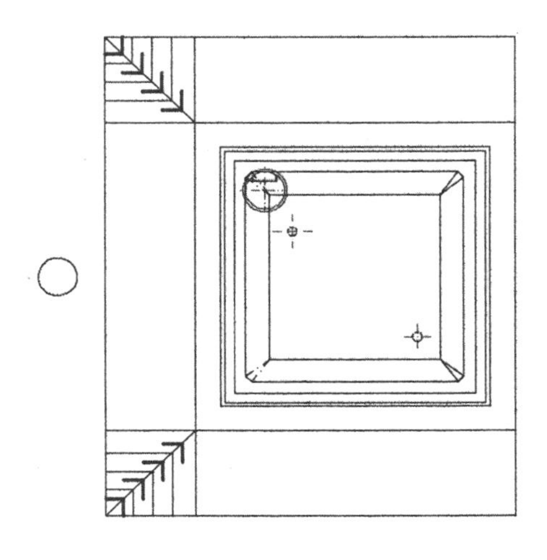

图 16-29　绘制圆

（2）单击“修改”工具栏中的“偏移”按钮，选择步骤（1）中绘制的圆为偏移对象，将其向外进行偏移，偏移距离为 240，如图 16-30 所示。

（3）单击“修改”工具栏中的“复制”按钮，选择步骤（2）中绘制的图形为复制对象，将其向下复制，如图 16-31 所示。

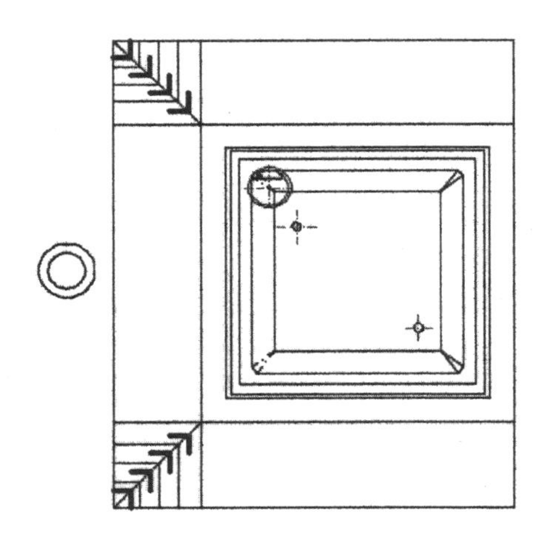

图 16-30　偏移圆

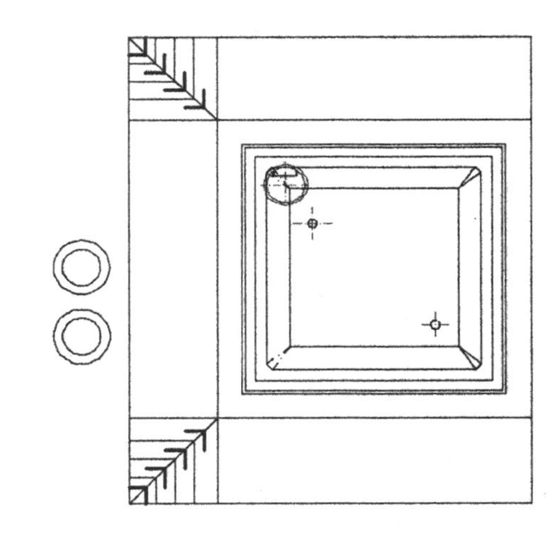

图 16-31　复制图形

（4）将“轴线”层设置为当前图层，单击“绘图”工具栏中的“直线”按钮，在步骤（3）中的图形中绘制一条长度为 14000 的水平直线，如图 16-32 所示。

（5）单击“绘图”工具栏中的“直线”按钮，在距离步骤（4）中绘制的直线 1900 处绘制一条长度为 7260 的水平直线，如图 16-33 所示。

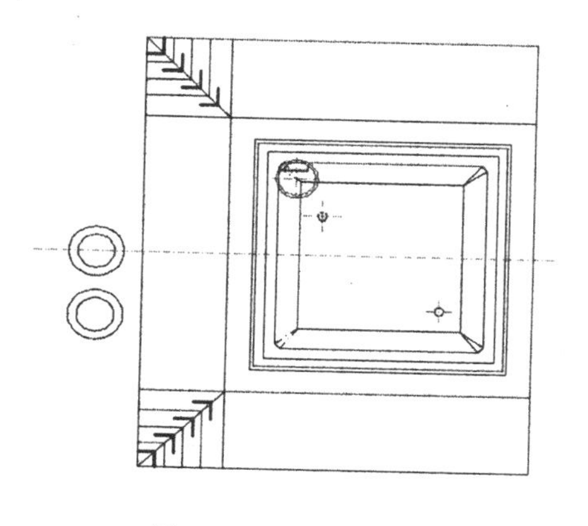

图 16-32　绘制水平直线 1

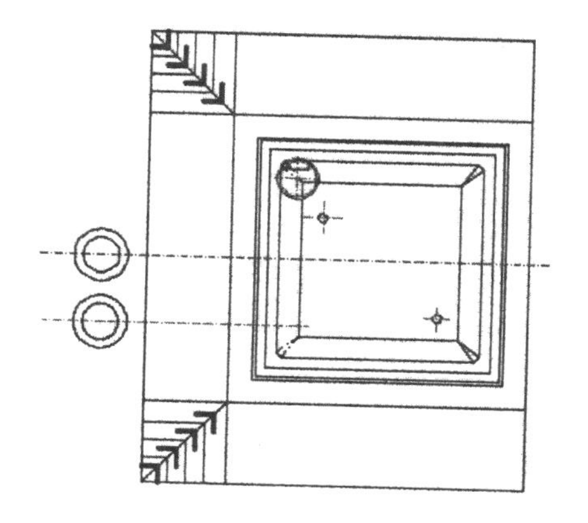

图 16-33　绘制水平直线 2

（6）单击“绘图”工具栏中的“直线”按钮，在步骤（5）中绘制的两直线间绘制一条竖直直线，如图 16-34 所示。

（7）单击“修改”工具栏中的“偏移”按钮，选择前面绘制的几条直线为偏移对象，分别将其向外进行偏移，偏移距离为 75，如图 16-35 所示。

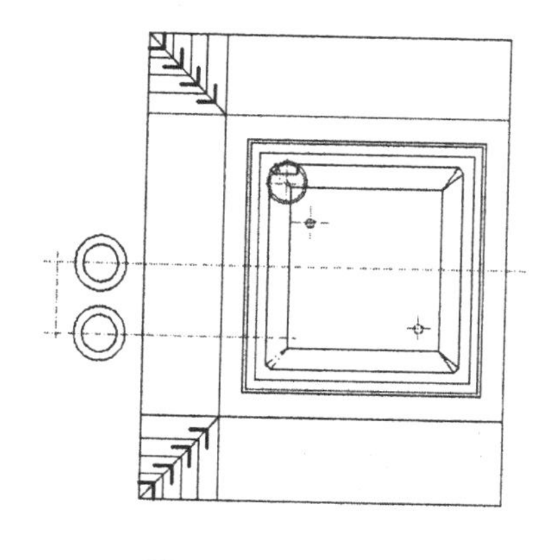

图 16-34　绘制竖直直线

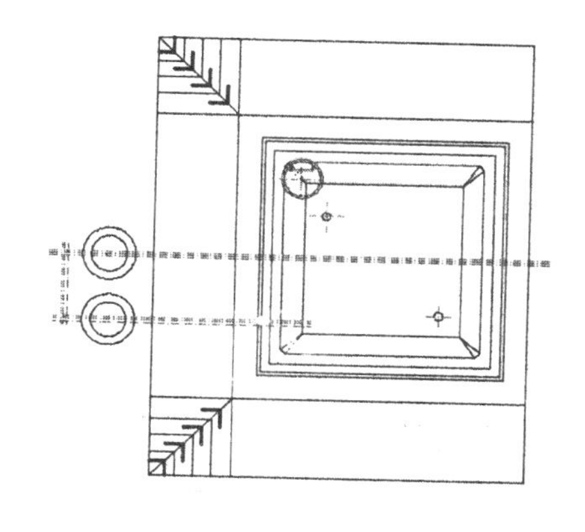

图 16-35　偏移直线

（8）单击“修改”工具栏中的“修剪”按钮，选择步骤（7）中的偏移直线为修剪对象，对其进行修剪处理，如图 16-36 所示。

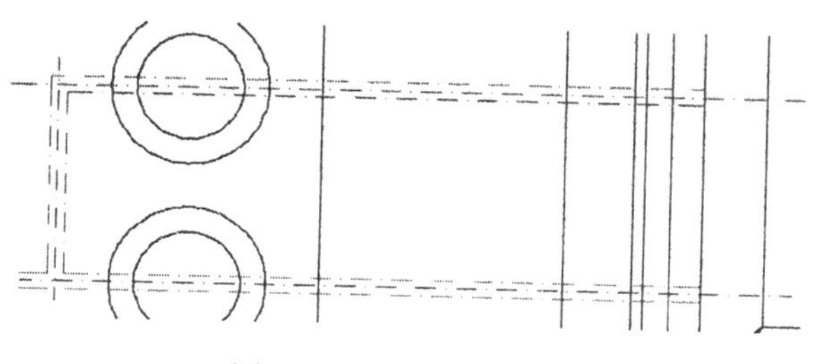

图 16-36　修剪线段

（9）单击“绘图”工具栏中的“多段线”按钮，指定起点宽度为 12.5，端点宽度为 12.5，

沿步骤（8）中的偏移线段绘制多段线，将其图层切换到“钢筋”层并将线型修改为 DASHED2，将线型比例设置为 20，删除定位线，如图 16-37 所示。

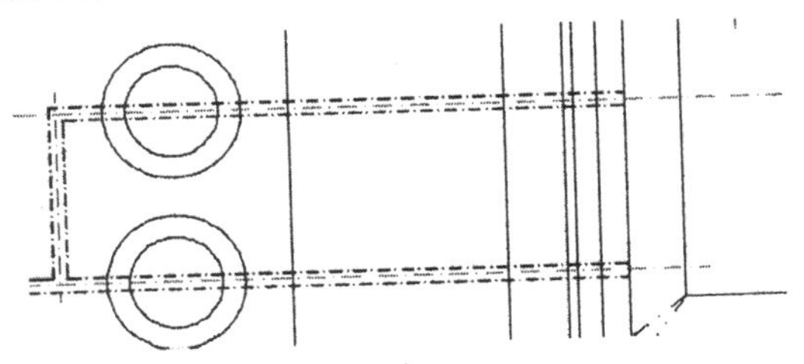

图 16-37　绘制多段线

（10）单击“修改”工具栏中的“圆角”按钮，选择外侧水平多段线及竖直多段线为操作对象，对其进行圆角处理，圆角外径为 275，内径为 125，如图 16-38 所示。

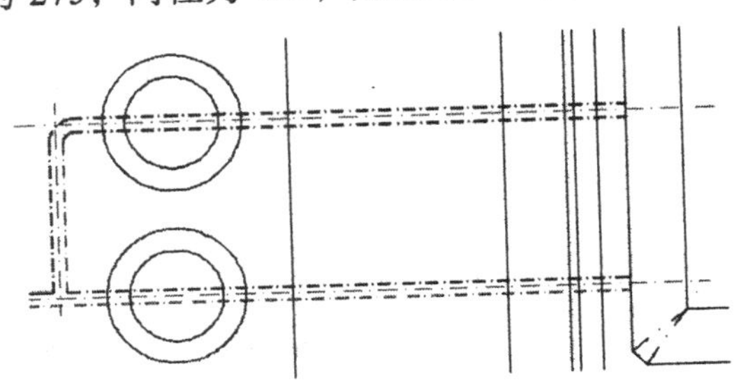

图 16-38　圆角处理

（11）单击“绘图”工具栏中的“多段线”按钮，指定起点宽度为 12.5，端点宽度为 12.5，在步骤（10）中的图形内绘制一条竖直多段线和一条水平多段线，如图 16-39 所示。

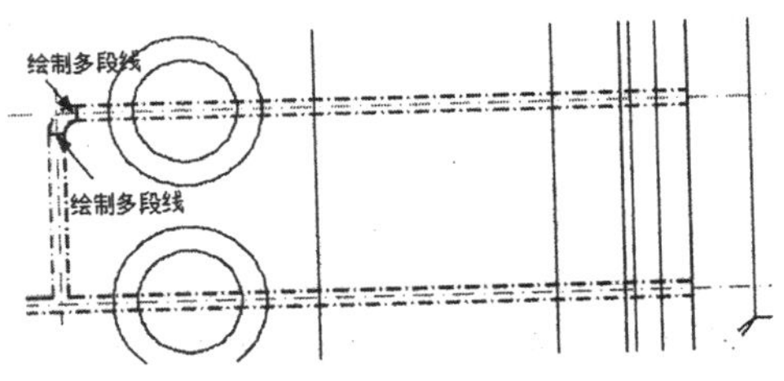

图 16-39　绘制多段线

（12）单击“绘图”工具栏中的“多段线”按钮，指定起点宽度为 12.5，端点宽度为 12.5，在步骤（11）中绘制的图形内绘制一段圆弧，如图 16-40 所示。

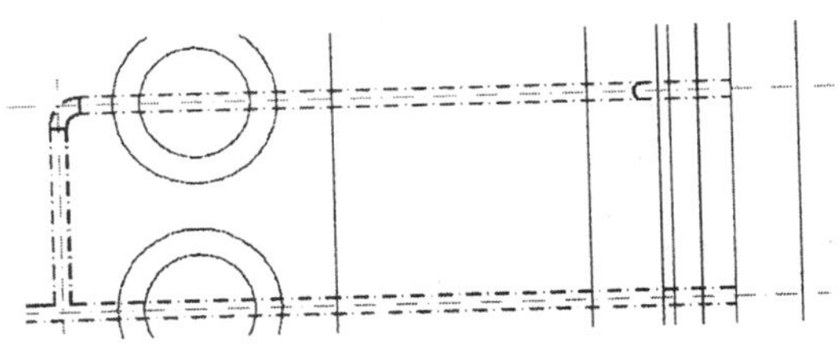

图 16-40　绘制圆弧

（13）单击“绘图”工具栏中的“多段线”按钮，指定起点宽度为 12.5，端点宽度为 12.5，在检查井内部绘制长度为 400 的竖直多段线，如图 16-41 所示。

（14）单击“修改”工具栏中的“偏移”按钮，选择步骤（13）中绘制的竖直直线为偏移对象，将其向右进行偏移，偏移距离为 215，如图 16-42 所示。

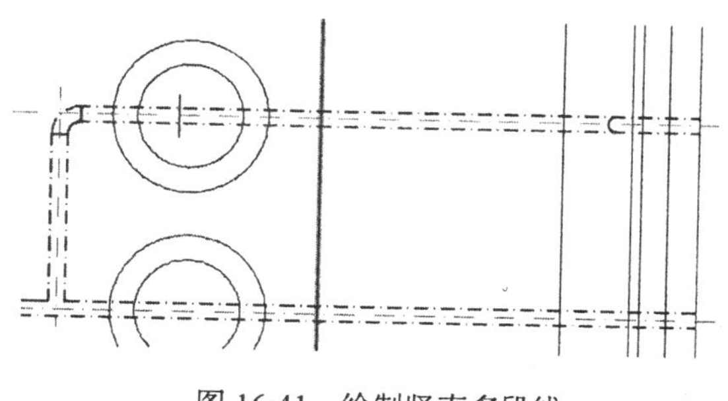

图 16-41　绘制竖直多段线

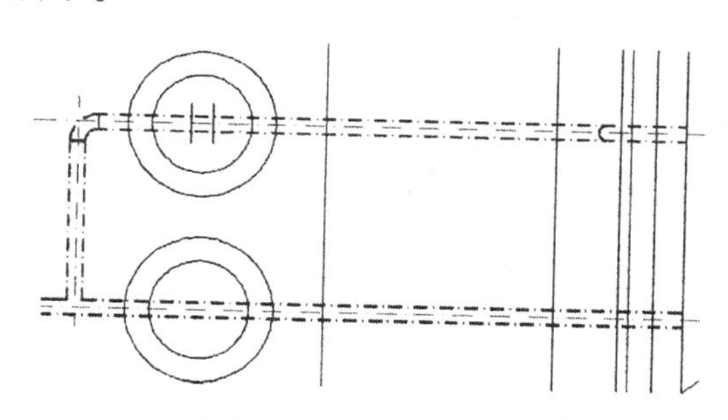

图 16-42　偏移竖直多段线

（15）单击“绘图”工具栏中的“多段线”按钮，在两偏移线段间绘制对角线，用以表示闸阀，如图 16-43 所示。

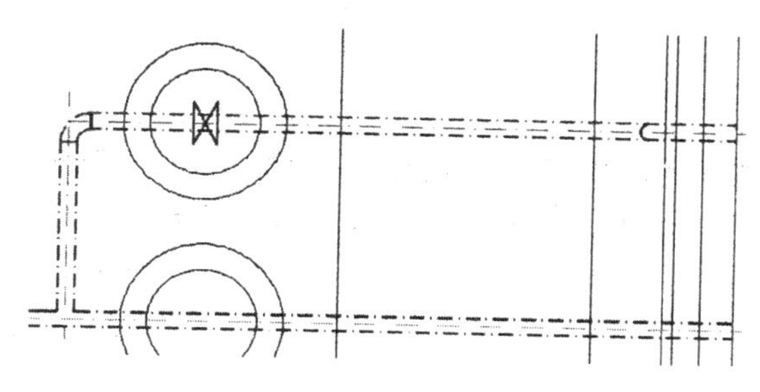

图 16-43　绘制对角线

（16）单击“修改”工具栏中的“复制”按钮，选择步骤（15）中绘制的闸阀为复制对象，将其放置到合适位置，如图 16-44 所示。

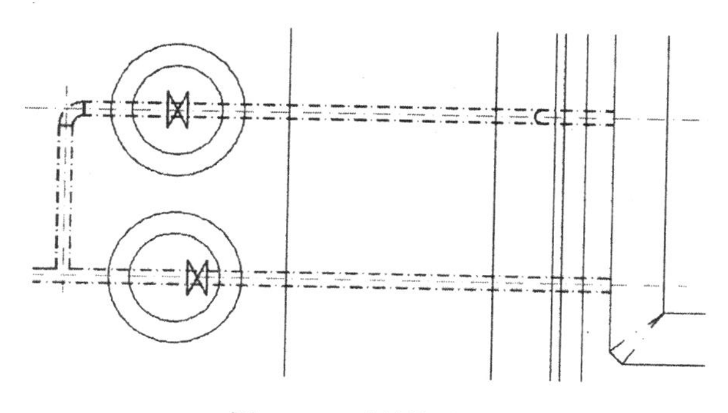

图 16-44　复制闸阀

（17）止回阀的绘制方法与闸阀的绘制方法相同，这里不再详细阐述，如图 16-45 所示。

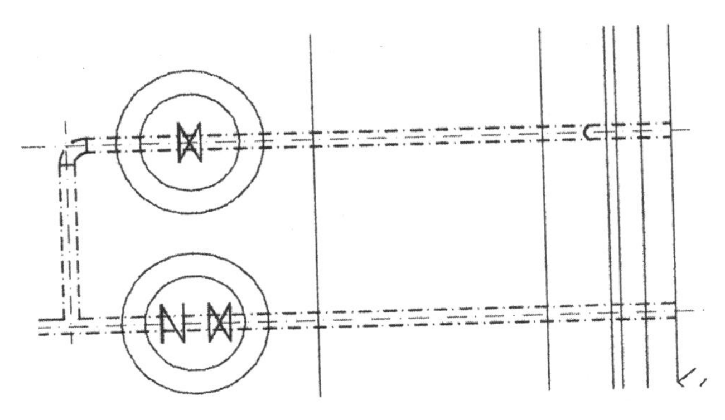

图 16-45　绘制止回阀

（18）单击“修改”工具栏中的“修剪”按钮，选择步骤（17）中绘制完成的闸阀与止回阀间的线段为修剪对象进行修剪，如图 16-46 所示。

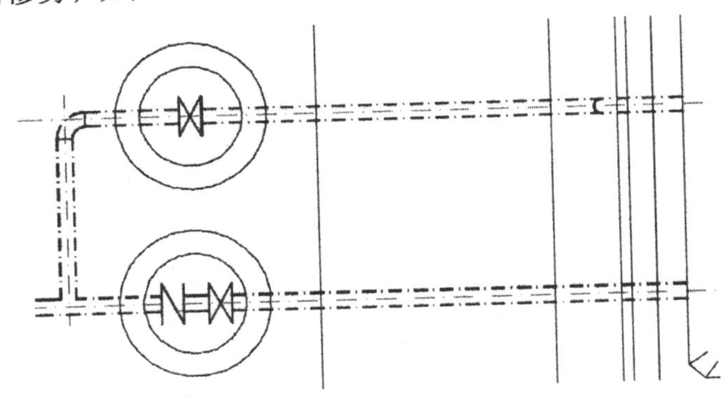

图 16-46　修剪线段

（19）单击“绘图”工具栏中的“圆弧”按钮，在图形左侧端口处绘制多段圆弧，如图 16-47 所示。

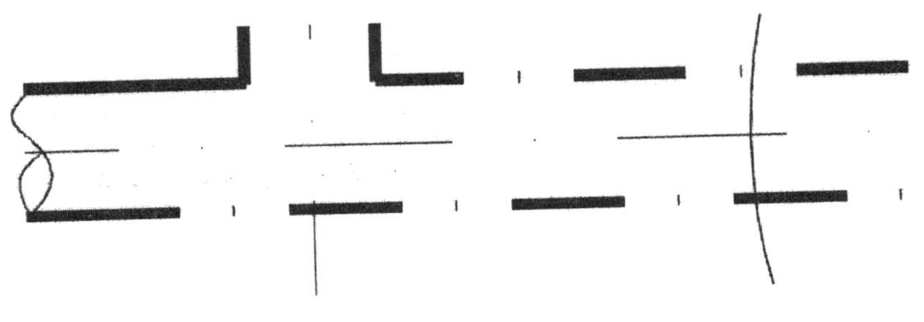

图 16-47　绘制圆弧

（20）将“结构线”图层设置为当前图层，单击“绘图”工具栏中的“多段线”按钮，指定起点宽度为 37.5，端点宽度为 37.5，在图形左侧绘制连续线段，如图 16-48 所示。

（21）单击“修改”工具栏中的“镜像”按钮，选择步骤（20）中绘制的图形为镜像对象，对其进行竖直镜像，如图 16-49 所示。

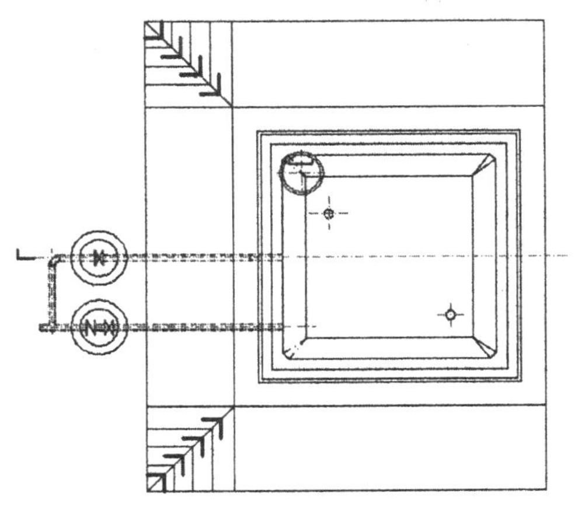

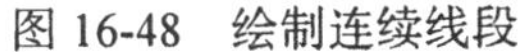

图 16-48 绘制连续线段

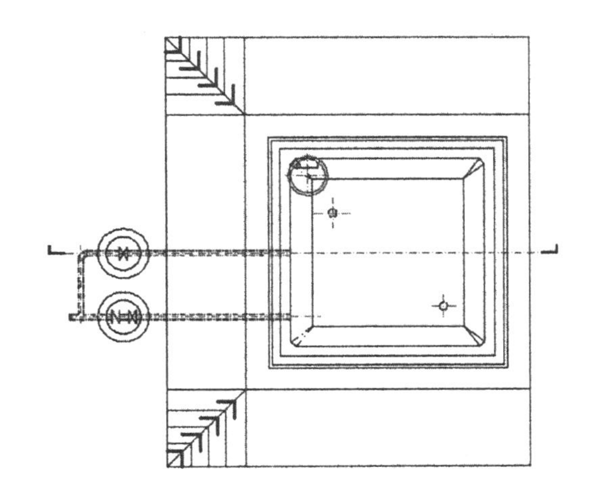

图 16-49 竖直镜像

16.1.6 标注检查井及管道

（1）建立一个新图层，命名为“标注”，颜色设置为绿色，线型、线宽设置为默认，如图 16-50 所示，并将其设置为当前图层。

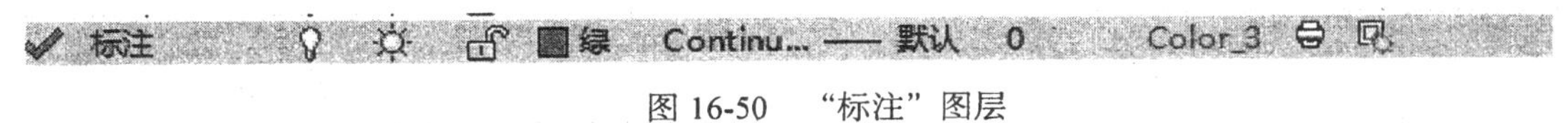

图 16-50 “标注”图层

（2）单击“标注”工具栏中的“线性”按钮，为图形添加细部标注，如图 16-51 所示。

（3）单击“标注”工具栏中的“线性”按钮及“连续”按钮，为图形添加第一道尺寸标注，如图 16-52 所示。

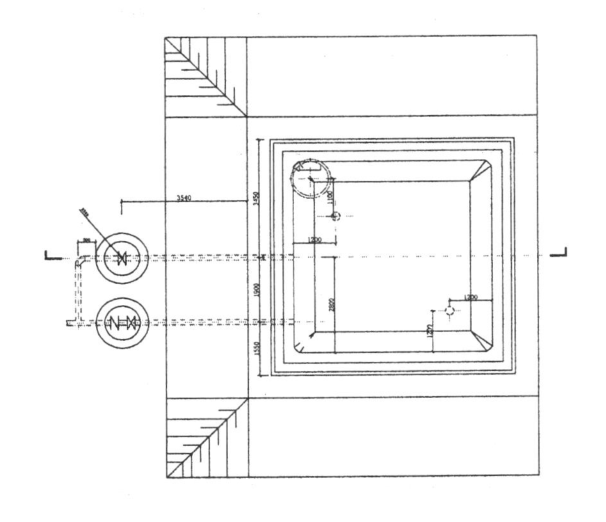

图 16-51 添加细部标注

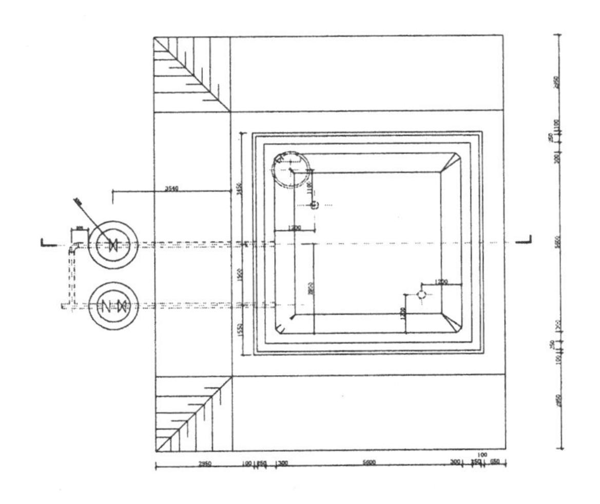

图 16-52 添加第一道尺寸标注

（4）单击“标注”工具栏中的“线性”按钮，为图形添加总尺寸标注，如图 16-53 所示。

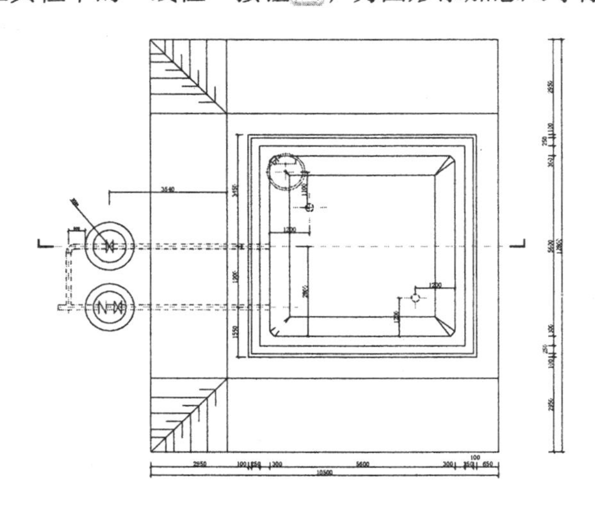

图 16-53　添加总尺寸标注

16.1.7　添加文字说明

（1）单击“绘图”工具栏中的“直线”按钮，在图形适当位置绘制一条长度为 1487 的竖直直线，如图 16-54 所示。

（2）单击“修改”工具栏中的“偏移”按钮，选择步骤（1）中绘制的竖直直线为偏移对象，将其向右进行偏移，偏移距离为 450、450、450 和 450，如图 16-55 所示。

（3）单击“绘图”工具栏中的“多段线”按钮，指定起点宽度为 15，端点宽度为 15，在偏移线段间绘制长度为 764 的竖直多段线，如图 16-56 所示。

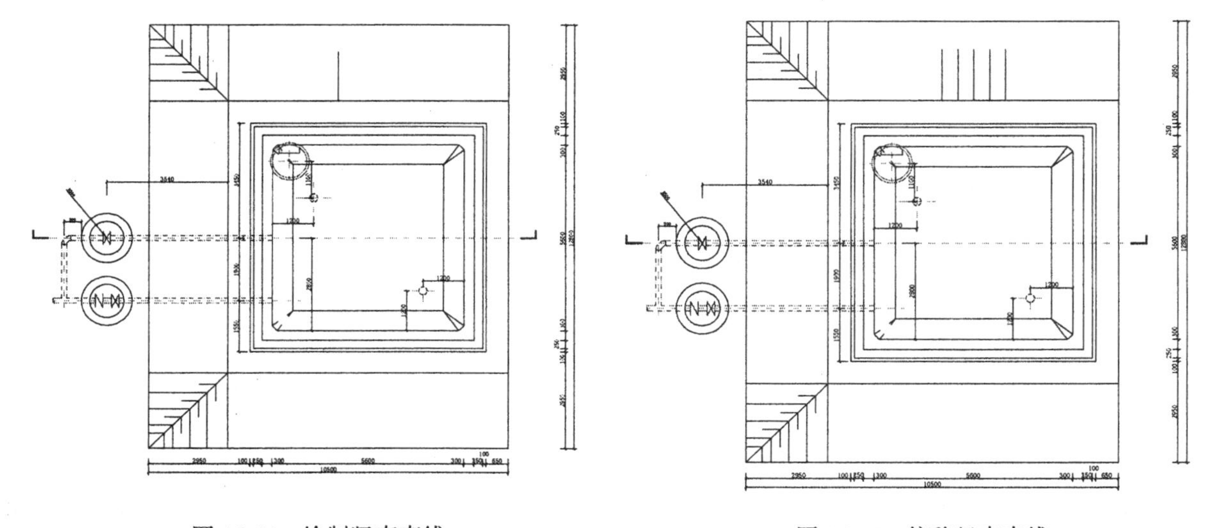

图 16-54　绘制竖直直线　　　图 16-55　偏移竖直直线

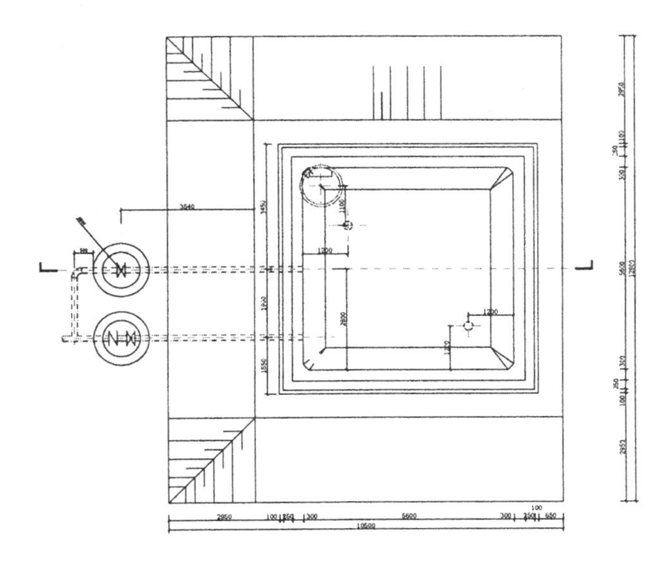

图 16-56　绘制多段线

（4）单击“修改”工具栏中的“偏移”按钮，选择步骤（3）中绘制的多段线为偏移对象，将其向右进行偏移，偏移距离为 450、450 和 450，如图 16-57 所示。

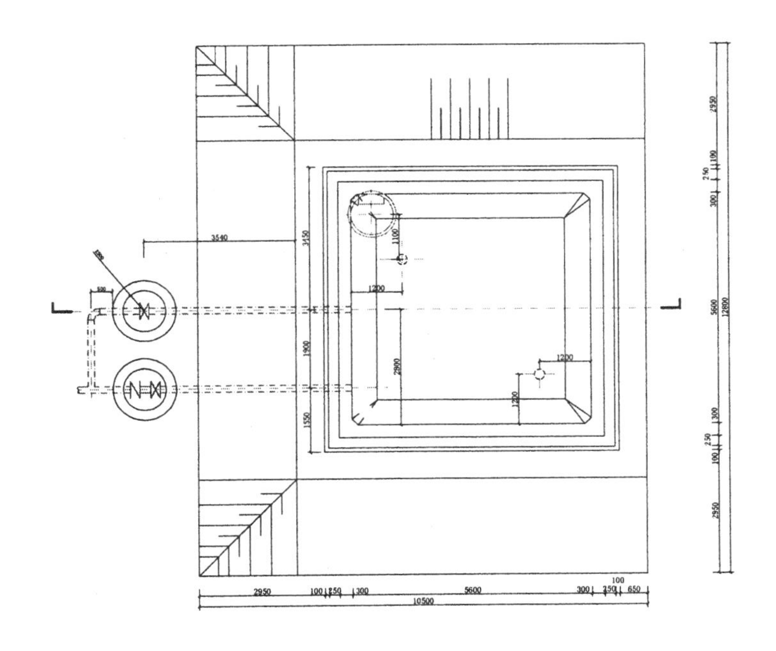

图 16-57　偏移多段线

（5）单击“绘图”工具栏中的“直线”按钮，在步骤（4）中的图形适当位置绘制连续直线为指示线，如图 16-58 所示。

（6）单击“绘图”工具栏中的“多行文字”按钮 A，在步骤（5）中绘制的连续直线上添加文字，如图 16-59 所示。

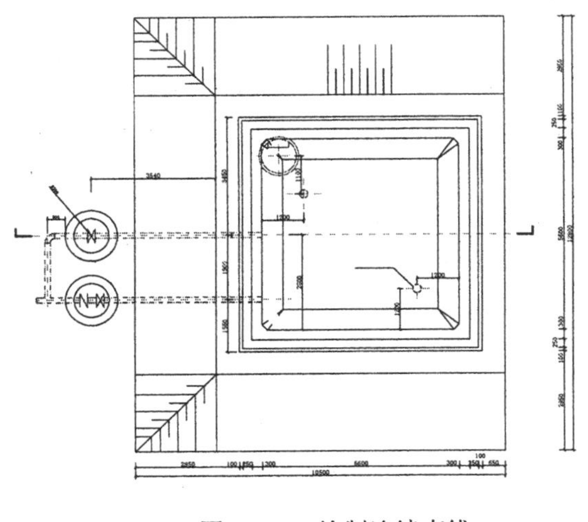

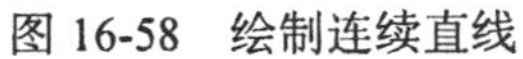

图 16-58　绘制连续直线

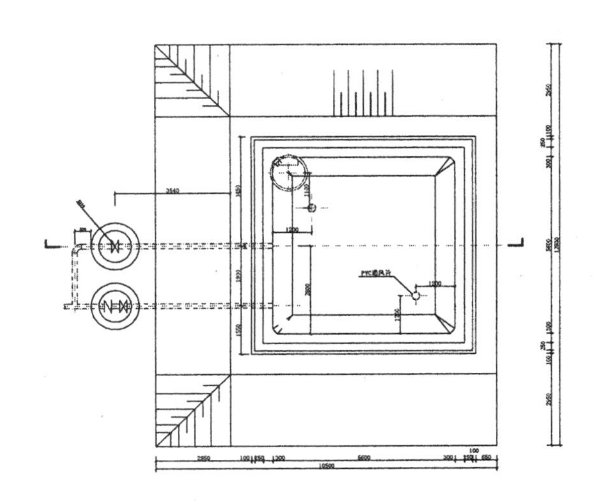

图 16-59　添加文字

（7）利用上述方法完成剩余文字的添加，如图 16-60 所示。

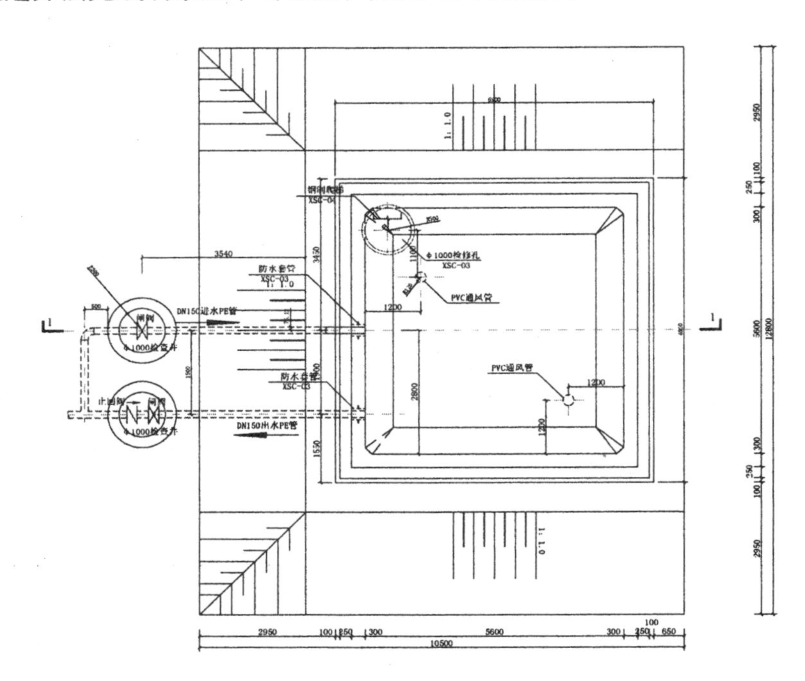

图 16-60　添加剩余文字

（8）单击“绘图”工具栏中的“多段线”按钮，指定起点宽度为 15，端点宽度为 15，在图形底部绘制一条长度为 1790 的水平多段线，如图 16-61 所示。

（9）单击“绘图”工具栏中的“直线”按钮，在步骤（8）中的多段线下方绘制相同长度的水平直线，如图 16-62 所示。

（10）单击“绘图”工具栏中的“多行文字”按钮，在步骤（9）中绘制的线段上添加总图文字说明，如图 16-63 所示。

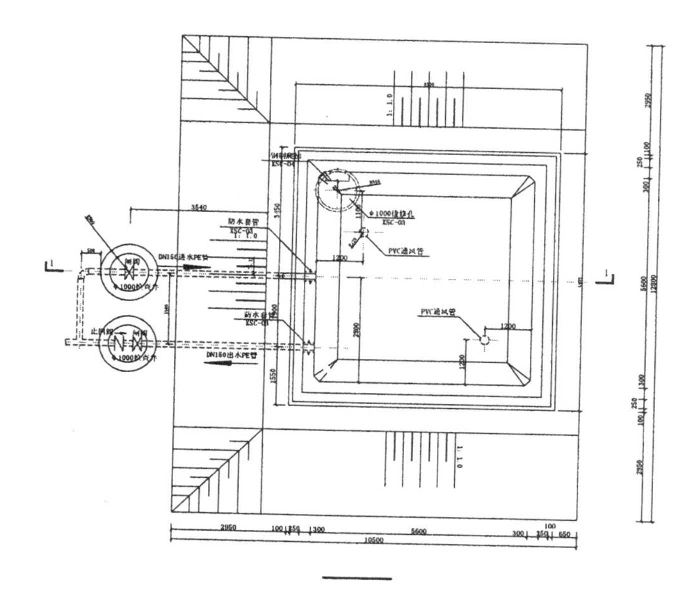

图 16-61　绘制水平多段线

图 16-62　绘制水平直线

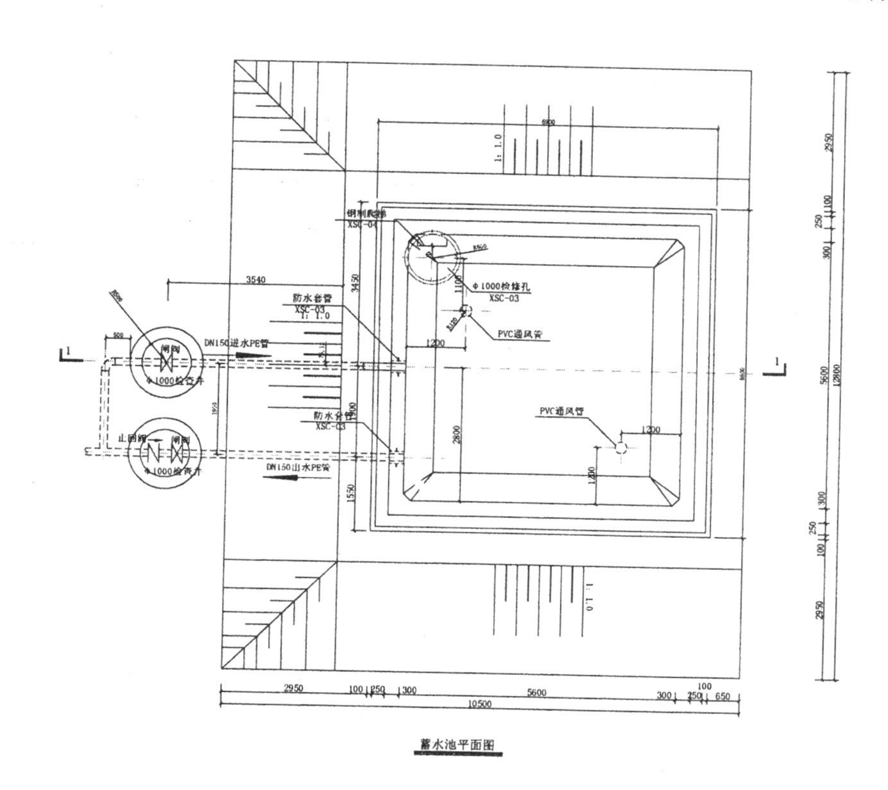

图 16-63　添加总图文字说明

（11）单击“绘图”工具栏中的“多行文字”按钮A，在图形底部添加说明文字，如图 16-64 所示。

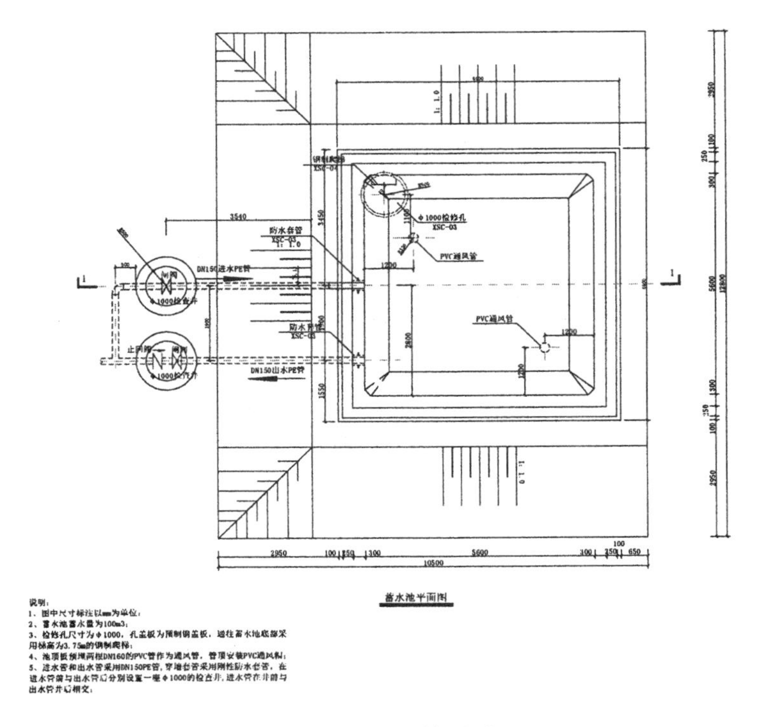

图 16-64　添加文字

（12）单击“绘图”工具栏中的“插入块”按钮，弹出“插入”对话框，单击“浏览”按钮，选择 A3 图框为插入对象，将其插入到图形中，完成蓄水池平面图的绘制，如图 16-65 所示。

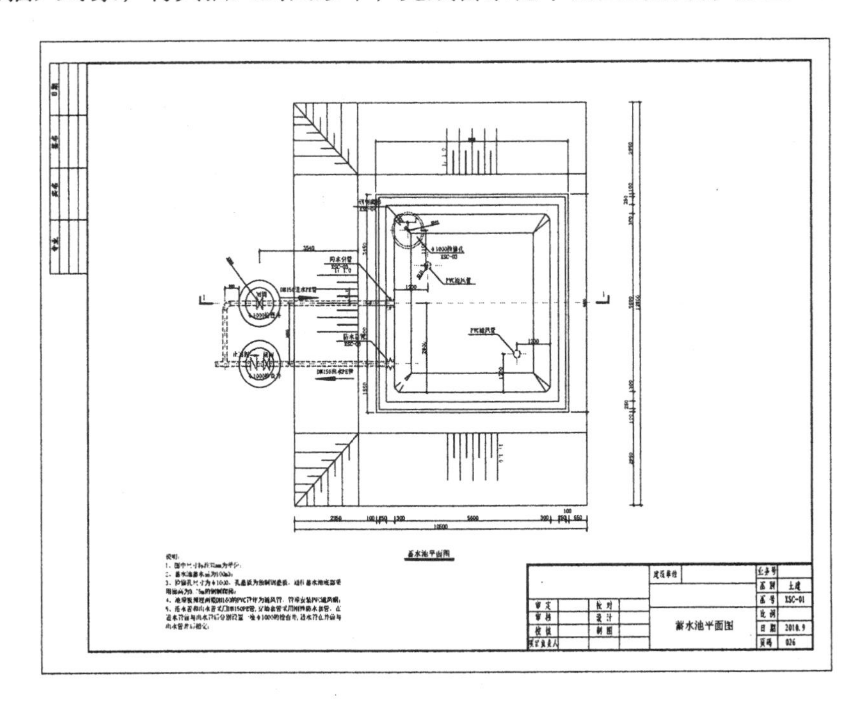

图 16-65　蓄水池平面图

16.2　蓄水池剖视图

本节介绍蓄水池剖视图的绘制方法和过程。

16.2.1　绘制外部结构

（1）单击“绘图”工具栏中的“矩形”按钮，在图形空白位置选择一点作为起点，绘制一个尺寸为 6900 × 100 的矩形，如图 16-66 所示。

图 16-66　绘制矩形

（2）单击“绘图”工具栏中的“直线”按钮，以步骤（1）中绘制的矩形右上端点为直线起点，向上绘制一条竖直直线，如图 16-67 所示。

（3）单击“修改”工具栏中的“偏移”按钮，选择步骤（2）中的竖直直线为偏移对象，将其向左进行偏移，偏移距离为 250、300、600、4400、600、300 和 250，如图 16-68 所示。

（4）单击“修改”工具栏中的“分解”按钮，选择底部矩形为分解对象，按 Enter 键确认对其进行分解，使其分解为独立线段。

（5）单击“修改”工具栏中的“偏移”按钮，选择分解矩形顶部水平边为偏移对象，将其向上进行偏移，偏移距离为 300、150、3200、150 和 200，如图 16-69 所示。

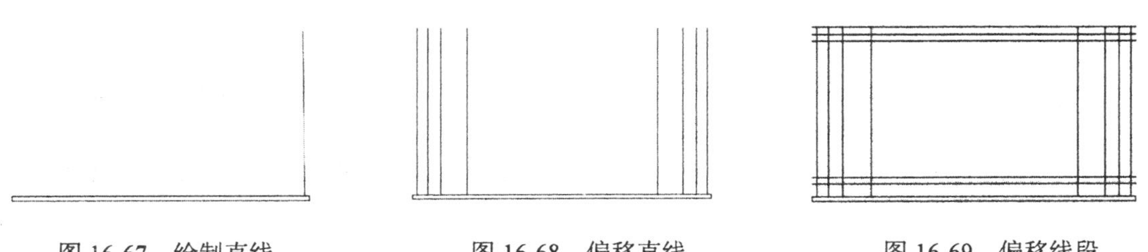

图 16-67　绘制直线　　图 16-68　偏移直线　　图 16-69　偏移线段

（6）单击“绘图”工具栏中的“直线”按钮，在步骤（5）中偏移线段内绘制斜向直线，如图 16-70 所示。

（7）单击“修改”工具栏中的“修剪”按钮，选择步骤（6）中绘制的线段为修剪对象，对其进行修剪处理，如图 16-71 所示。

（8）单击“绘图”工具栏中的“直线”按钮，在步骤（7）中绘制的图形内绘制一条竖直直线，如图 16-72 所示。

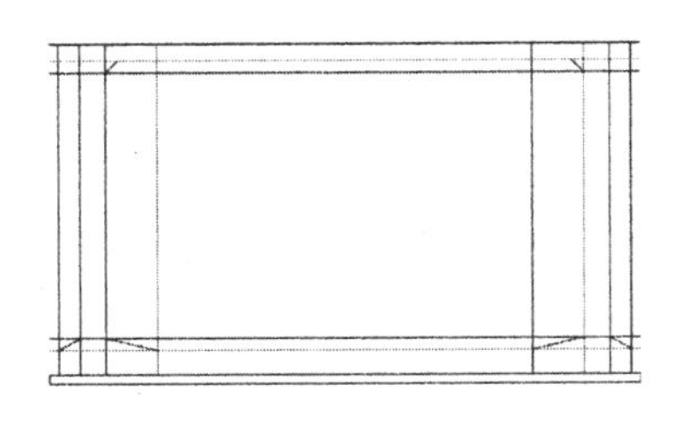

图 16-70　绘制斜向直线

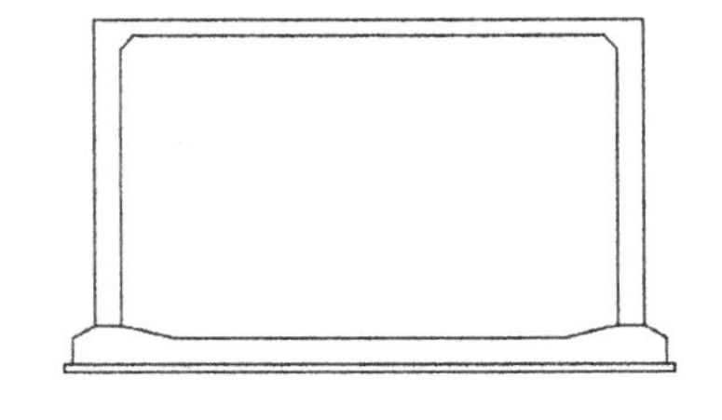

图 16-71　修剪线段

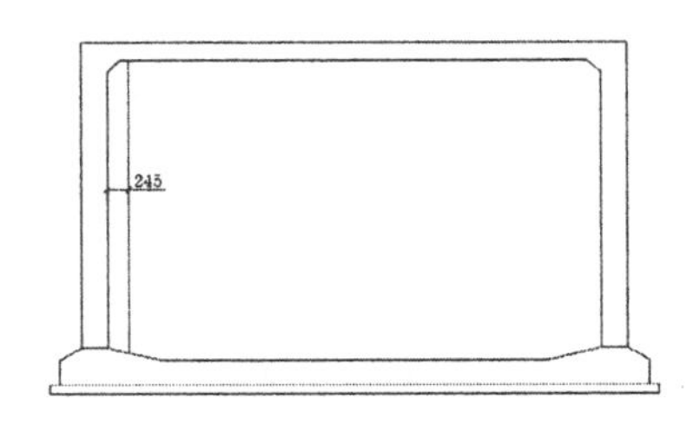

图 16-72　绘制竖直直线

（9）单击“修改”工具栏中的“偏移”按钮，选择步骤（8）中绘制的竖直直线为偏移对象，将其向外进行偏移，偏移距离为 610，如图 16-73 所示。

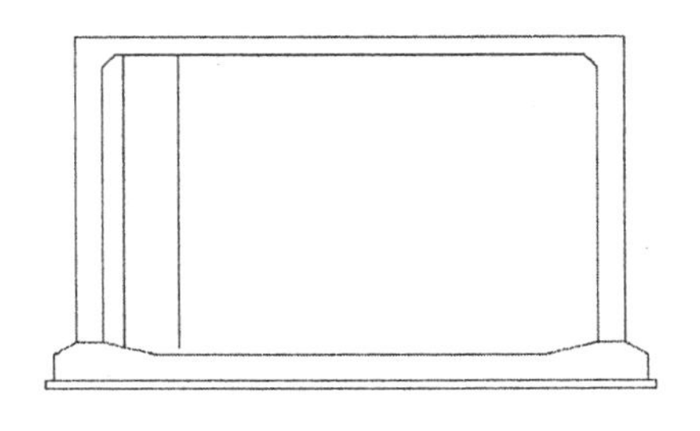

图 16-73　偏移竖直直线

16.2.2　绘制钢制爬梯

（1）单击“绘图”工具栏中的“多段线”按钮，指定起点宽度为 15，端点宽度为 15，在 16.2.1 节左侧竖直直线上选择一点为多段线起点，水平向右绘制长度为 610 的水平多段线，如图 16-74 所示。

（2）单击“修改”工具栏中的“偏移”按钮，选择步骤（1）中绘制的多段线为偏移对象，将其向下进行偏移，偏移距离 320，共偏移 9 次，如图 16-75 所示。

（3）单击“修改”工具栏中的“延伸”按钮，选择右侧竖直直线为延伸对象，将其向下进行延伸，与边相交，如图 16-76 所示。

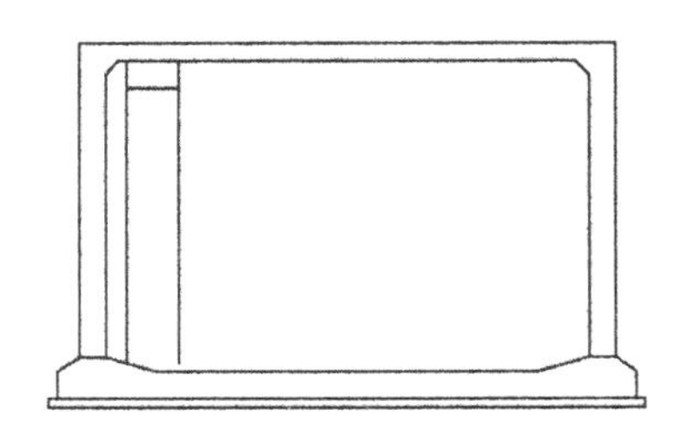

图 16-74　绘制水平多段线

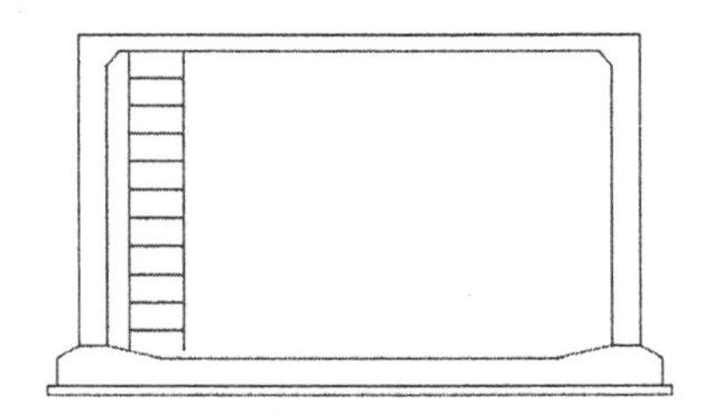

图 16-75　偏移多段线

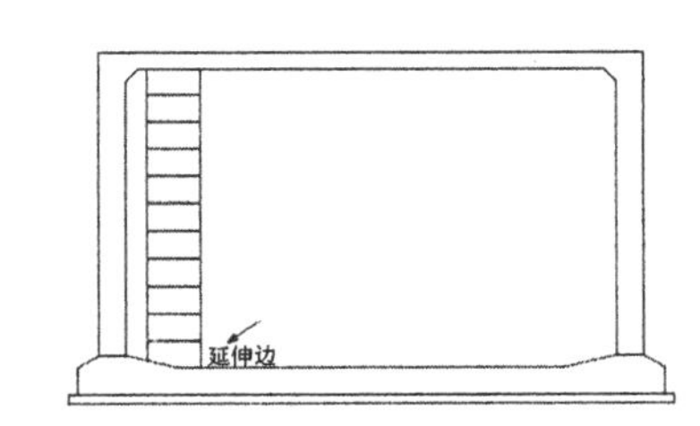

图 16-76　延伸竖直边

16.2.3　绘制预埋通风管

1. 绘制上部图形

（1）单击“绘图”工具栏中的“直线”按钮，在上部图形顶部位置绘制一条长度为 1760 的竖直直线，利用前面讲述的方法修改线型，如图 16-77 所示。

（2）单击“绘图”工具栏中的“多段线”按钮，指定起点宽度为 12.5，端点宽度为 12.5，在步骤（1）中绘制的竖直轴线两侧分别绘制长度为 900 的竖直直线，如图 16-78 所示。

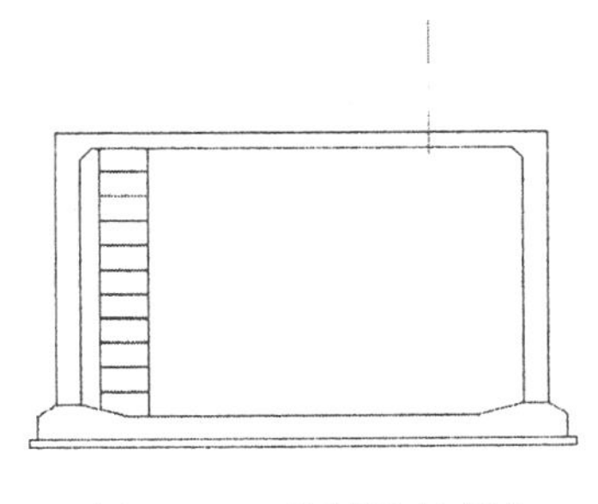

图 16-77　绘制竖直直线

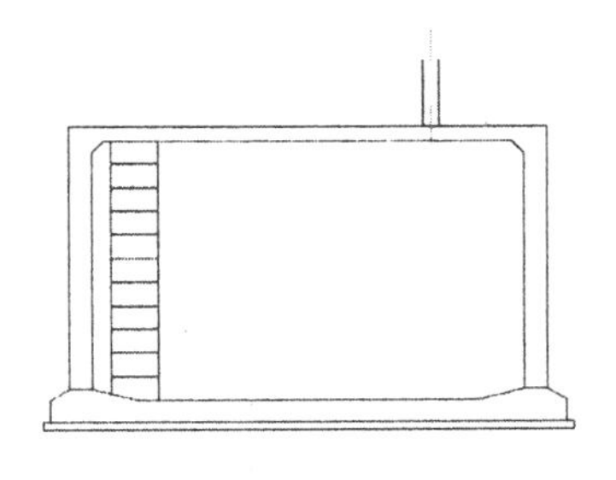

图 16-78　绘制竖直多段线

（3）单击“绘图”工具栏中的“多段线”按钮，在步骤（2）中绘制的多段线上方绘制连续多段线，如图 16-79 所示。

（4）单击“绘图”工具栏中的“多段线”按钮，选择步骤（3）中绘制的图形为复制对象，水平边中点为复制基点，将其向左进行复制，复制距离为 3200，如图 16-80 所示。

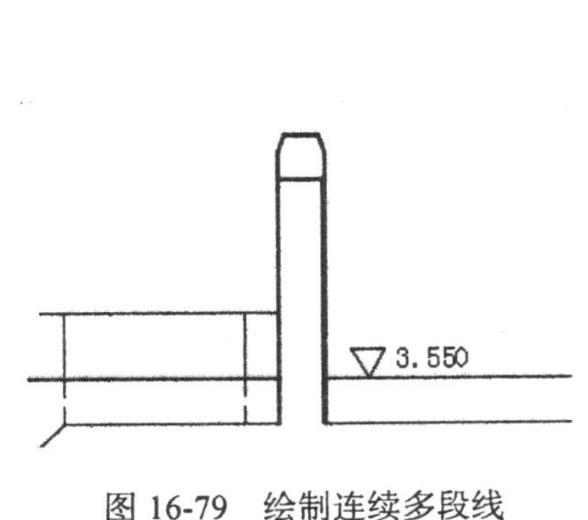

图 16-79　绘制连续多段线

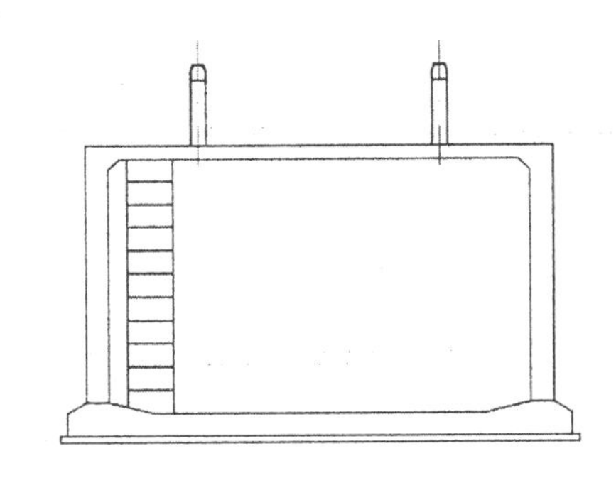

图 16-80　复制图形

（5）单击“修改”工具栏中的“延伸”按钮，选择步骤（4）中复制图形两条竖直边为延伸对象，将其向下端进行延伸，如图 16-81 所示。

（6）单击“修改”工具栏中的“修剪”按钮，选择步骤（5）中完成的两图形间线段为修剪对象，对其进行修剪处理，如图 16-82 所示。

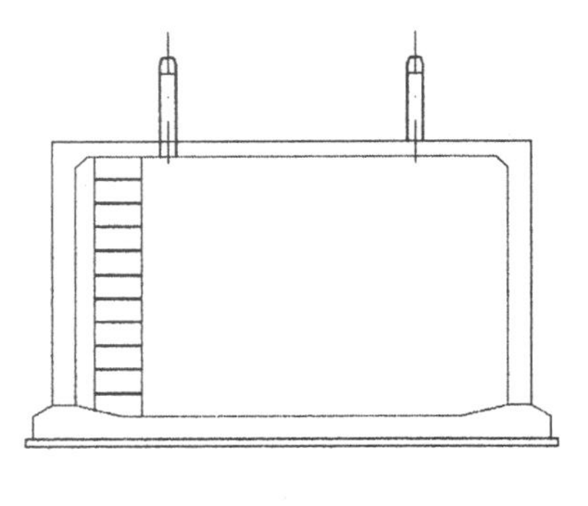

图 16-81　延伸线段

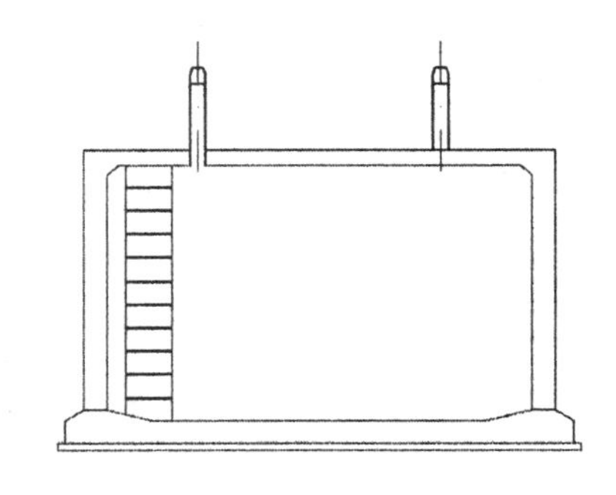

图 16-82　修剪线段

2. 绘制左侧图形

（1）单击“绘图”工具栏中的“直线”按钮，以图 16-82 中图形上部水平边左端点为直线起点绘制连续直线，如图 16-83 所示。

（2）单击“绘图”工具栏中的“直线”按钮，在步骤（1）中绘制的连续直线上绘制斜向直线，如图 16-84 所示。

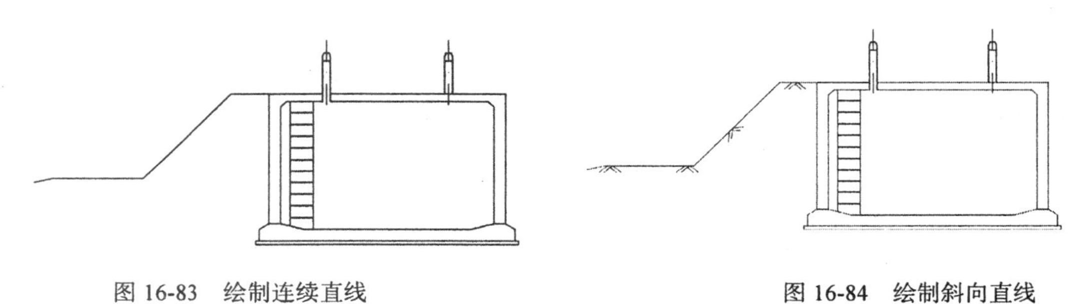

图 16-83　绘制连续直线　　图 16-84　绘制斜向直线

（3）单击“绘图”工具栏中的“直线”按钮，在步骤（2）中绘制的图形左侧位置绘制两条水平直线和一条竖直直线，如图 16-85 所示。

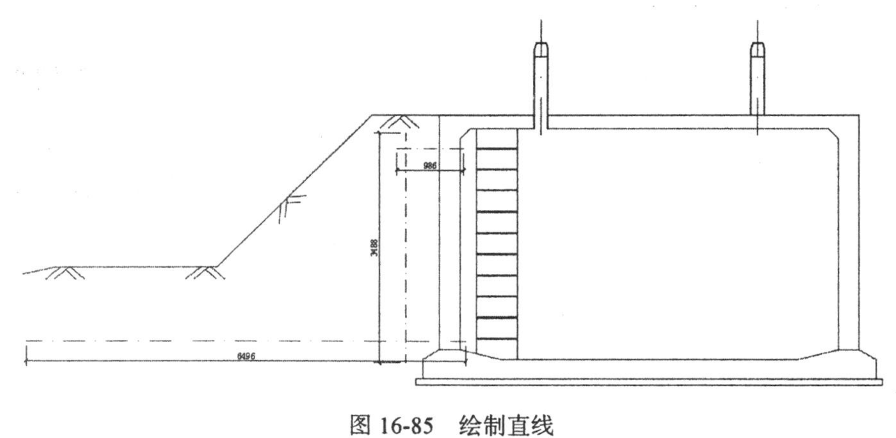

图 16-85　绘制直线

（4）单击“绘图”工具栏中的“多段线”按钮，指定起点宽度为 12.5，端点宽度为 12.5，在

距离步骤（3）中绘制的图形左右两侧 75 处绘制多段线，修剪处理后的效果如图 16-86 所示。

（5）单击“修改”工具栏中的“圆角”按钮，选择步骤（4）中的两线段为圆角对象，圆角外径为 275、125，如图 16-87 所示。

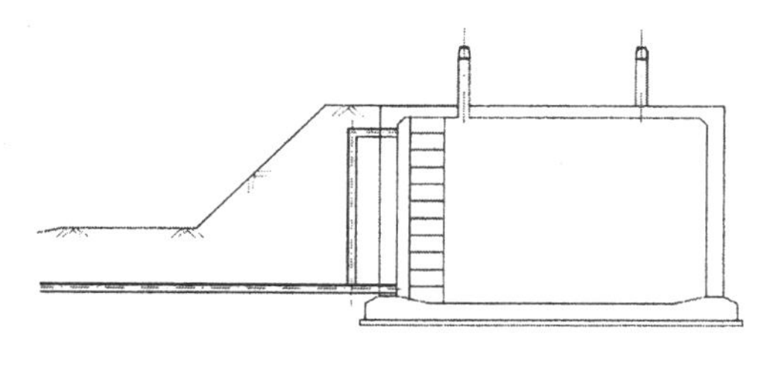

图 16-86　绘制多段线

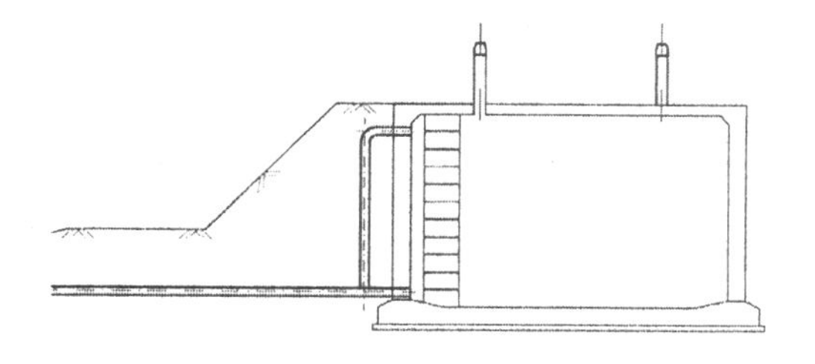

图 16-87　圆角对象

（6）单击“绘图”工具栏中的“多段线”按钮，指定起点宽度为 12.5，端点宽度为 12.5，在步骤（5）中圆角处理后的图形内部绘制一条水平多段线和一条竖直多段线，如图 16-88 所示。

（7）单击“绘图”工具栏中的“多段线”按钮，指定起点宽度为 12.5，端点宽度为 12.5，在如图 16-89 所示的位置绘制连续多段线。

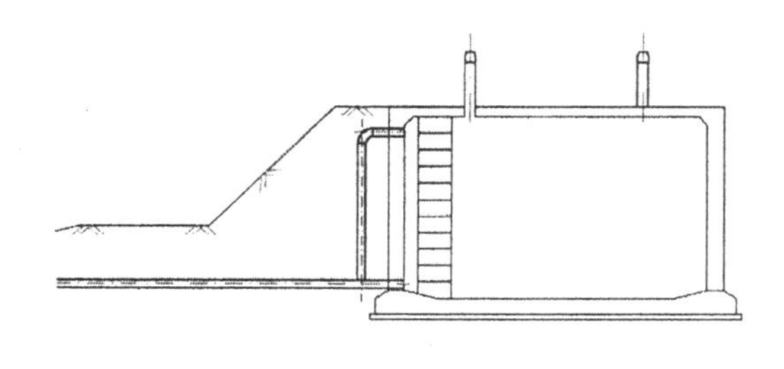

图 16-88　绘制多段线

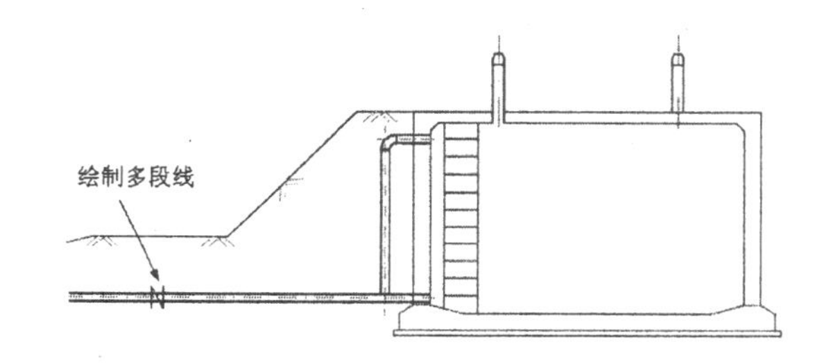

图 16-89　绘制连续多段线

（8）单击“修改”工具栏中的“修剪”按钮，选择步骤（7）中绘制的连续多段线间线段为修剪对象，按 Enter 键确认对其进行修剪处理，如图 16-90 所示。

（9）将“结构线”图层设置为当前图层，单击“绘图”工具栏中的“多段线”按钮，指定起点宽度为 0，端点宽度为 0，在步骤（8）中的图形左侧绘制连续多段线，如图 16-91 所示。

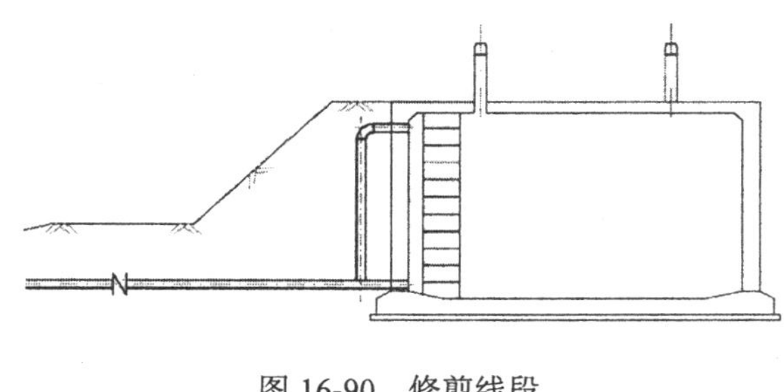

图 16-90　修剪线段

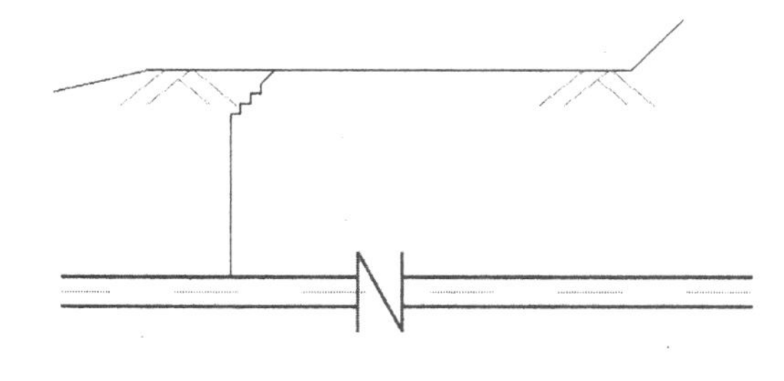

图 16-91　绘制连续多段线

（10）单击“绘图”工具栏中的“多段线”按钮，指定起点宽度为 0，端点宽度为 0，在步骤（9）中连续多段线右侧继续绘制连续多段线，如图 16-92 所示。

（11）单击“修改”工具栏中的“镜像”按钮，选择步骤（10）中的连续多段线为镜像对象，对其进行竖直镜像，如图 16-93 所示。

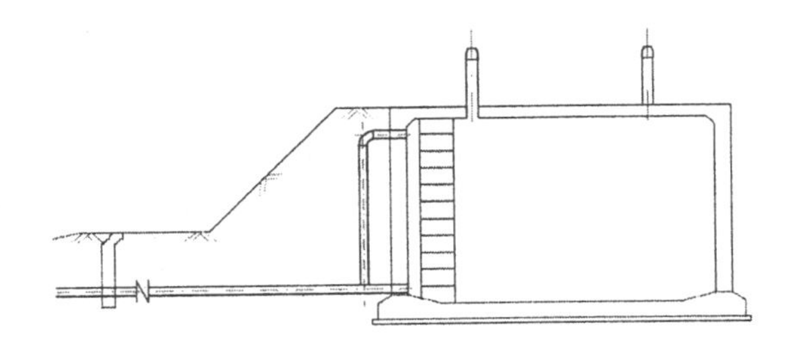

图 16-92　继续绘制连续多段线

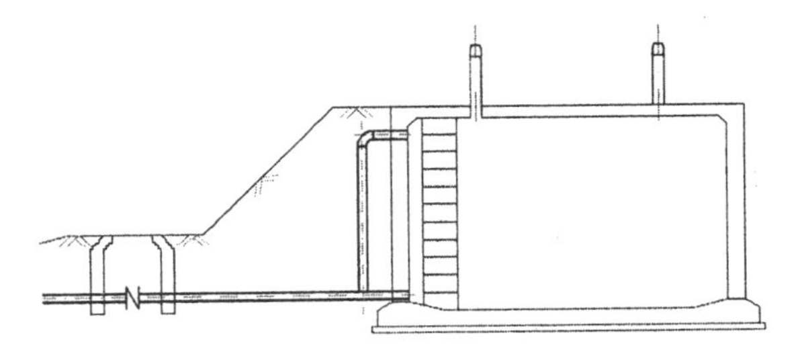

图 16-93　镜像对象

（12）单击“修改”工具栏中的“修剪”按钮，选择步骤（11）中两图形间的线段为修剪对象，对其进行修剪处理，如图 16-94 所示。

（13）单击“绘图”工具栏中的“直线”按钮，在通风帽左侧适当位置作为直线起点，向右绘制一条长度为 1070 的水平直线，如图 16-95 所示。

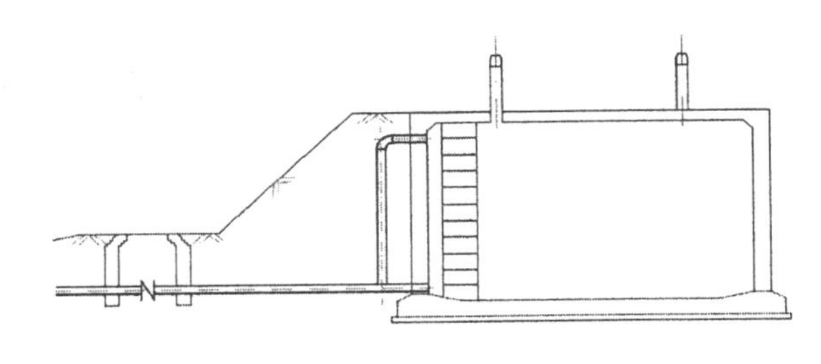

图 16-94　修剪对象

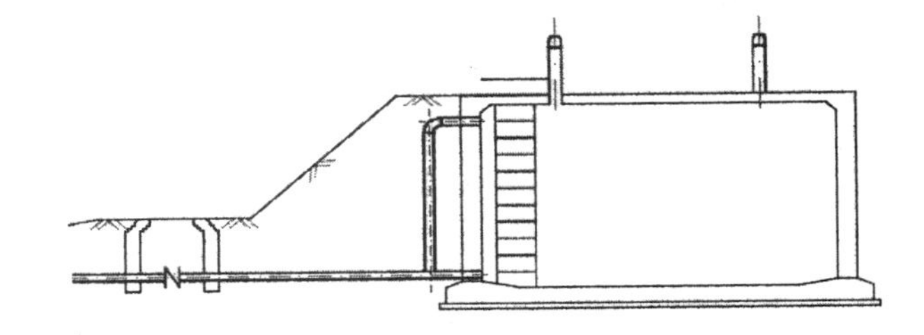

图 16-95　绘制水平直线

（14）单击“绘图”工具栏中的“直线”按钮，在步骤（13）中绘制的水平直线上选择一点为直线起点，向下绘制一条长度为 300 的竖直直线，如图 16-96 所示。

（15）单击“修改”工具栏中的“偏移”按钮，选择步骤（14）中绘制的竖直直线为偏移对象，将其向右进行偏移，偏移距离为 800，如图 16-97 所示。

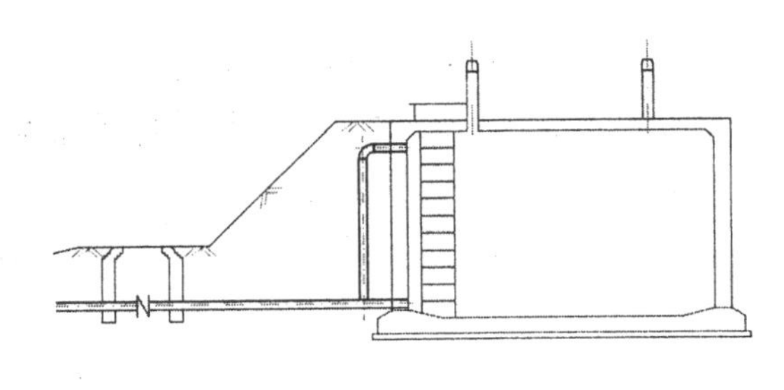

图 16-96　绘制竖直直线

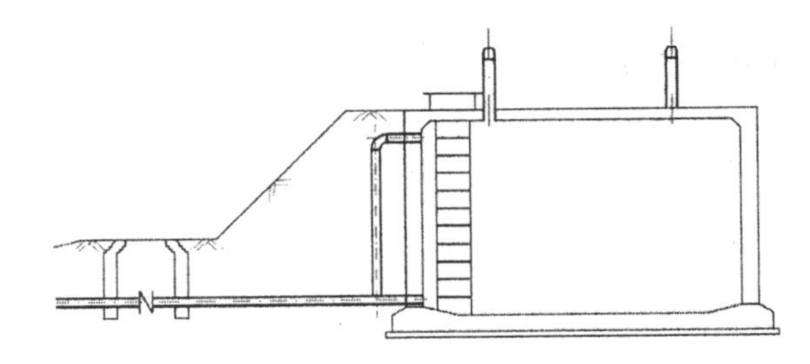

图 16-97　偏移竖直直线

（16）单击“绘图”工具栏中的“直线”按钮，以步骤（15）中绘制的两竖直直线下端点为直线起点，分别向下绘制长度为 200 的直线，如图 16-98 所示。

（17）选择步骤（16）中绘制的两竖直直线为操作对象，将其线型更改为 DASHED2，结果如

图 16-99 所示。

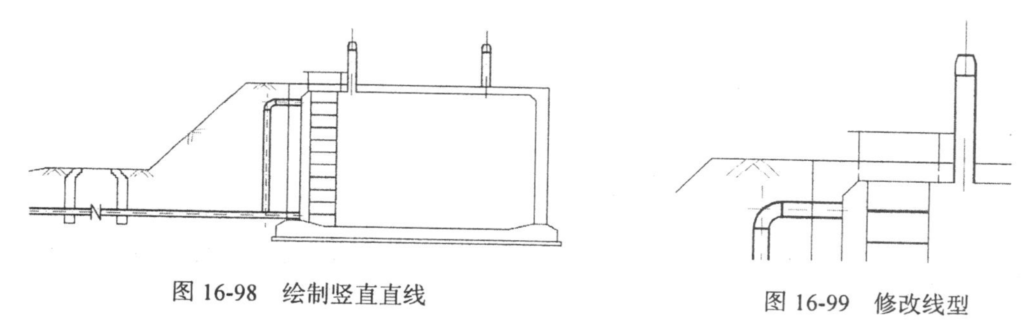

图 16-98　绘制竖直直线

图 16-99　修改线型

（18）单击“绘图”工具栏中的“圆弧”按钮，在出水 PE 管端口处绘制连续圆弧，如图 16-100 所示。

（19）单击“绘图”工具栏中的“圆”按钮，在步骤（17）中绘制的封口圆弧右侧绘制半径为 75 的圆，如图 16-101 所示。

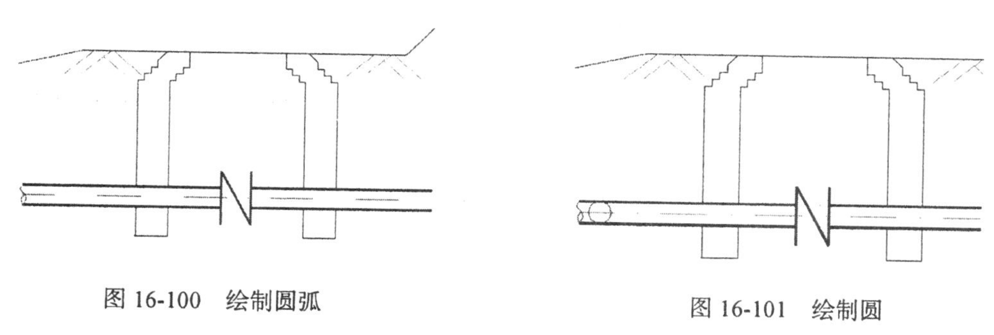

图 16-100　绘制圆弧

图 16-101　绘制圆

（20）选择步骤（19）中绘制的圆为操作对象，将其线型修改为 DASHED2，如图 16-102 所示。

（21）单击“绘图”工具栏中的“图案填充”按钮，设置填充图案为 AR-B816C，填充比例为 0.5，选择前面绘制的检查井为填充区域，如图 16-103 所示。

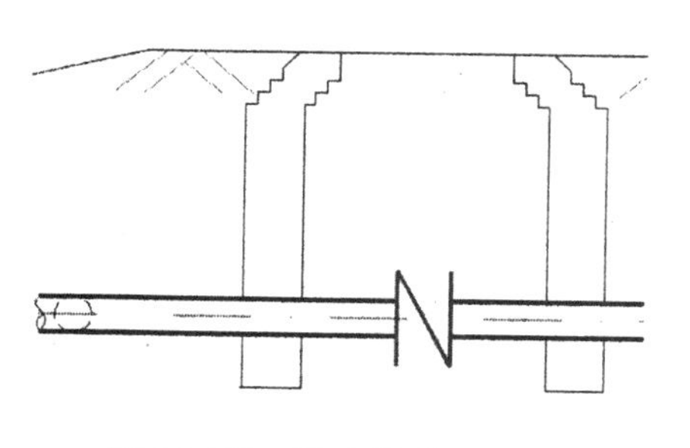

图 16-102　修改线型

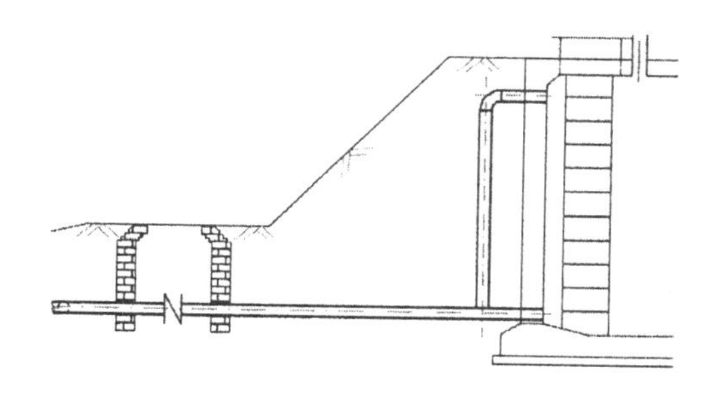

图 16-103　填充图形

（22）单击“修改”工具栏中的“偏移”按钮，选择如图 16-104 所示的水平轴线为偏移对象、分别向上、下进行偏移，偏移距离均为 125。

（23）单击“修改”工具栏中的“修剪”按钮，选择步骤（22）中的延伸线段为修剪对象，按 Enter 键确认对其进行修剪，如图 16-105 所示。

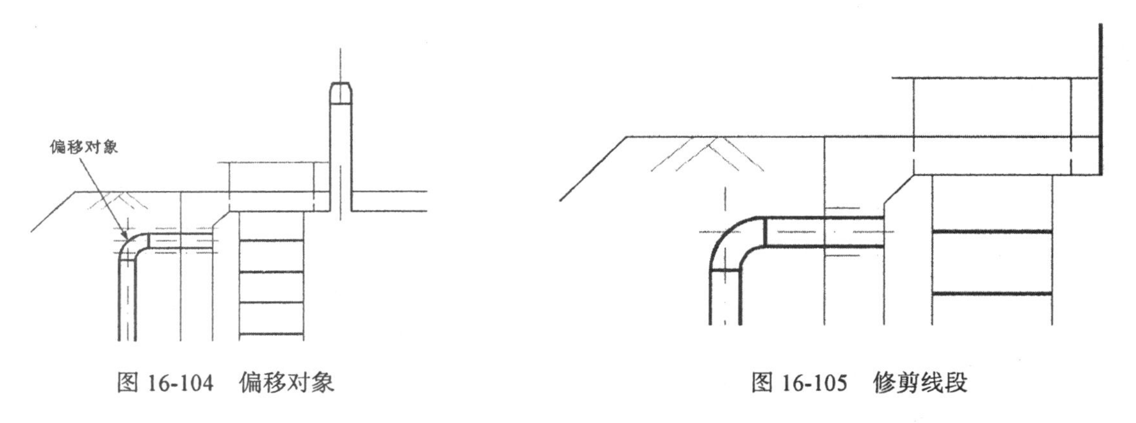

图 16-104　偏移对象　　　图 16-105　修剪线段

（24）选择步骤（23）中的延伸线段为操作对象，将其图层线型修改为结构线层，如图 16-106 所示。

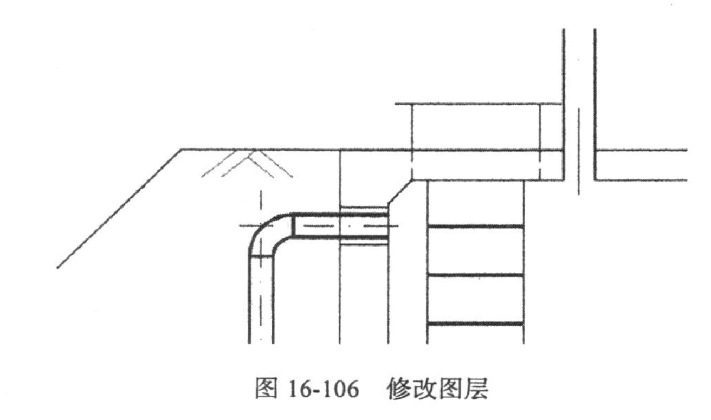

图 16-106　修改图层

（25）利用上述方法完成剩余图形的绘制，并修改部分线段的线型，如图 16-107 所示。

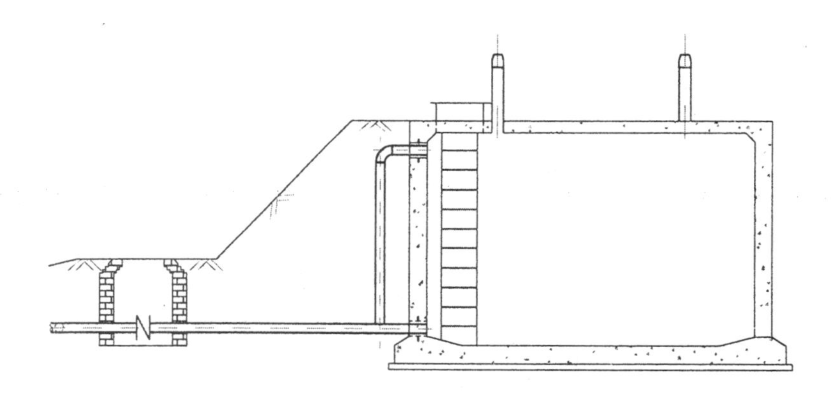

图 16-107　绘制剩余图形

3. 标注尺寸

（1）单击“标注”工具栏中的“线性”按钮和“连续”按钮，为绘制完成的蓄水池 1-1 剖面图添加细部尺寸标注，如图 16-108 所示。

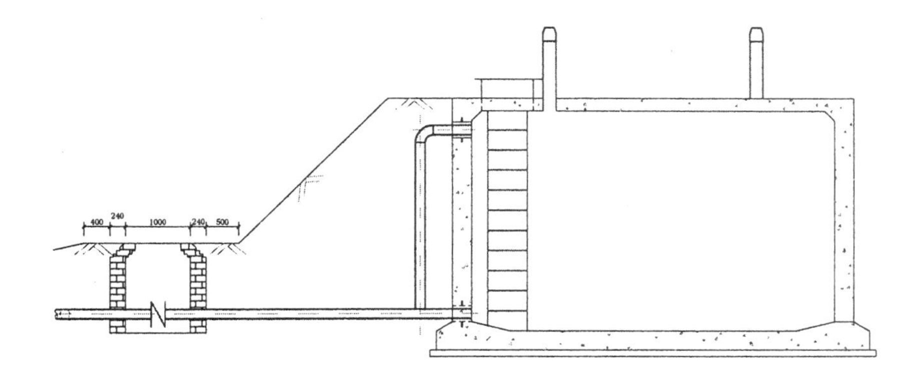

图 16-108　添加细部尺寸标注

（2）单击“标注”工具栏中的“线性”按钮，为图形添加第一道尺寸标注，如图 16-109 所示。

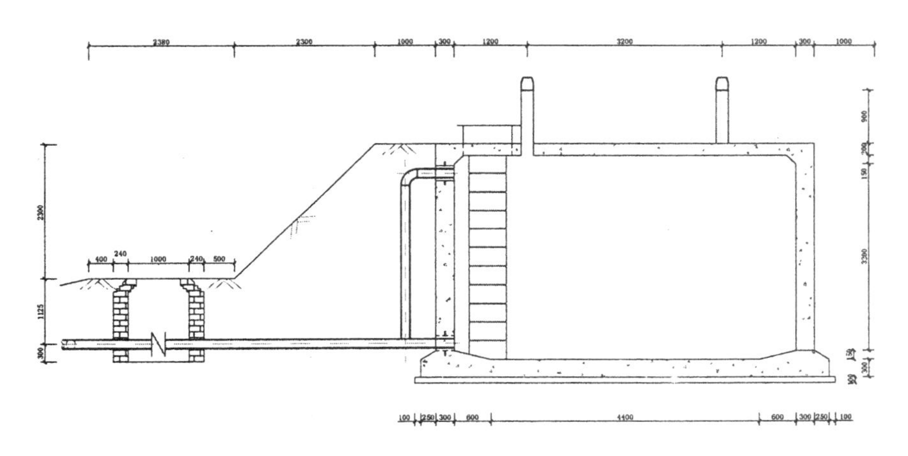

图 16-109　添加第一道尺寸标注

（3）单击“标注”工具栏中的“线性”按钮，为图形添加总尺寸标注，如图 16-110 所示。

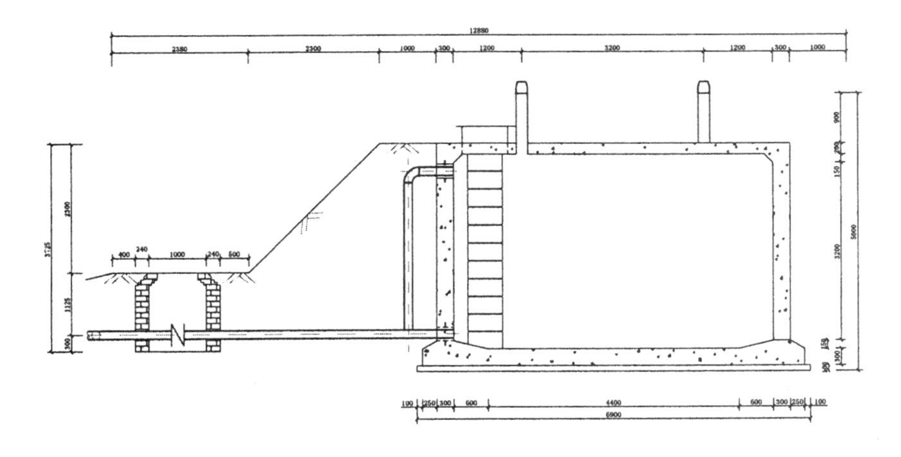

图 16-110　添加总尺寸标注

（4）单击“绘图”工具栏中的“直线”按钮，在步骤（3）中图形适当位置选择一点为直线起点，绘制连续直线，如图 16-111 所示。

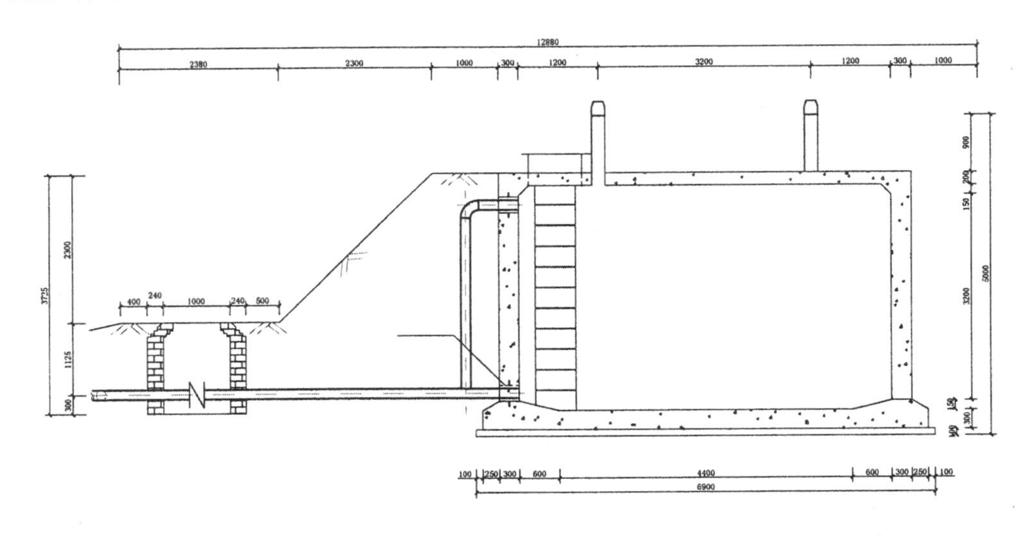

图 16-111　绘制连续直线

4. 标注文字

（1）单击“绘图”工具栏中的“多行文字”按钮，在图 16-11 中的连续直线上方添加文字，如图 16-112 所示。

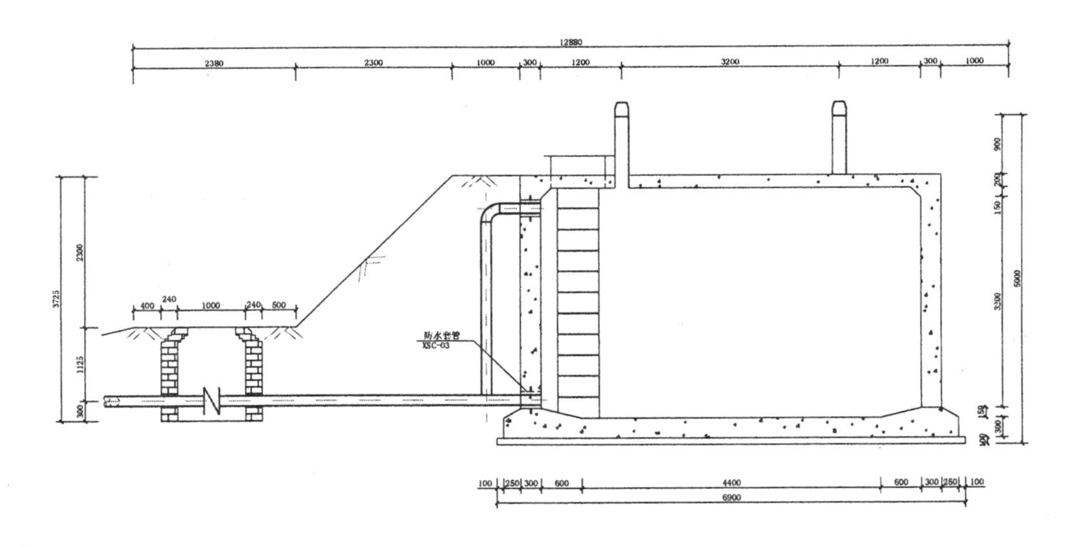

图 16-112　添加文字

（2）利用上述方法完成剩余带线文字说明的添加，如图 16-113 所示。

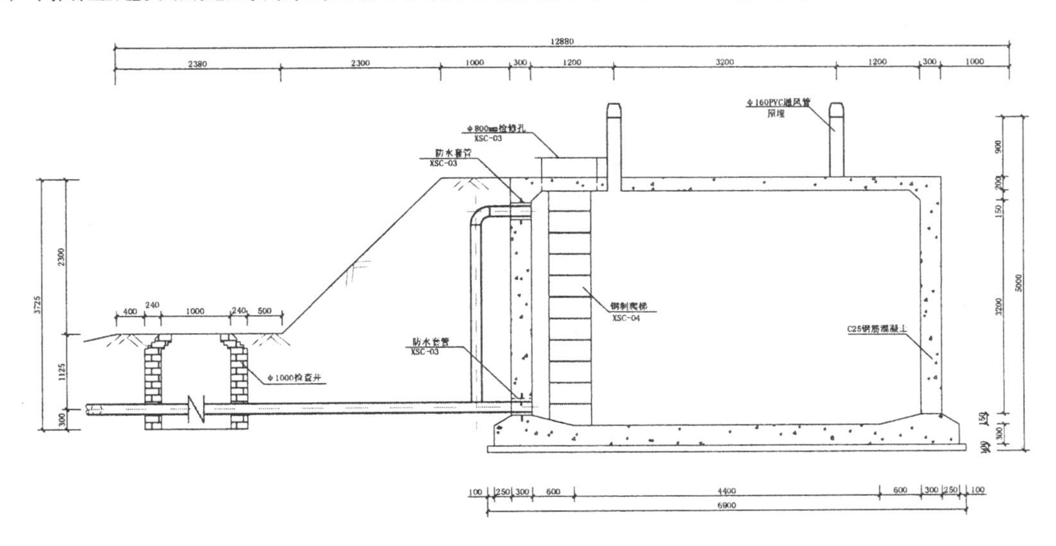

图 16-113　添加剩余文字

（3）单击“绘图”工具栏中的“多段线”按钮，指定多段线起点宽度为 0.3，端点宽度为 0.3，在图形空白区域绘制一条长度为 450 的水平多段线，如图 16-114 所示。

（4）单击“绘图”工具栏中的“多段线”按钮，指定起点宽度为 0，端点宽度为 0，以步骤（3）中绘制的水平多段线左端点为多段线起点绘制连续多段线，如图 16-115 所示。

图 16-114　绘制水平多段线　　图 16-115　绘制连续多段线

（5）单击“绘图”工具栏中的“图案填充”按钮，选择步骤（4）中绘制的连续多段线内部为填充区域，设置填充图案为 SOLID，填充效果如图 16-116 所示。

图 16-116　填充图案

（6）单击“修改”工具栏中的“移动”按钮，选择步骤（5）中绘制的箭头图形为移动对象，将其移动放置到合适的位置，如图 16-117 所示。

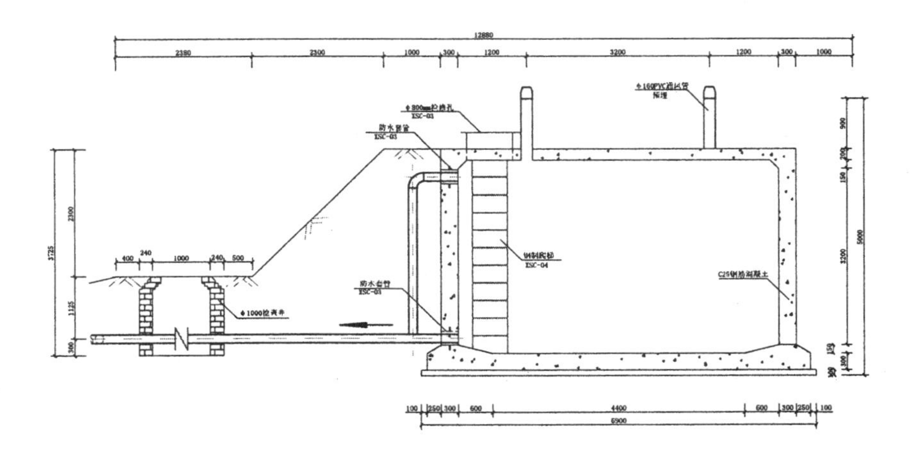

图 16-117　移动图形

（7）单击“绘图”工具栏中的“多行文字”按钮A，在步骤（6）中绘制的箭头上添加文字，如图 16-118 所示。

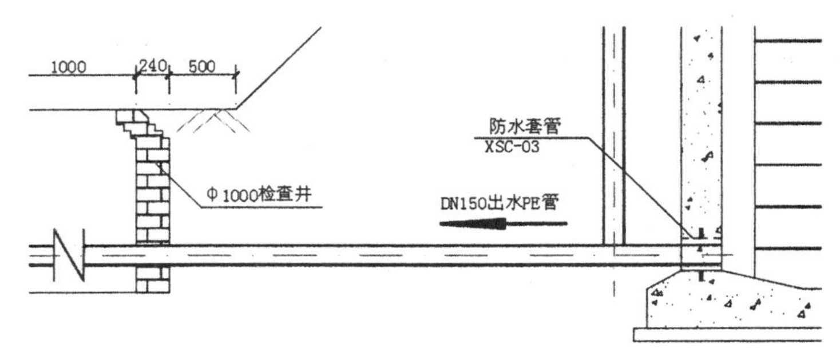

图 16-118　添加文字

（8）利用上述方法完成剩余相同图形的绘制以及所有文字说明的添加，如图 16-119 所示。

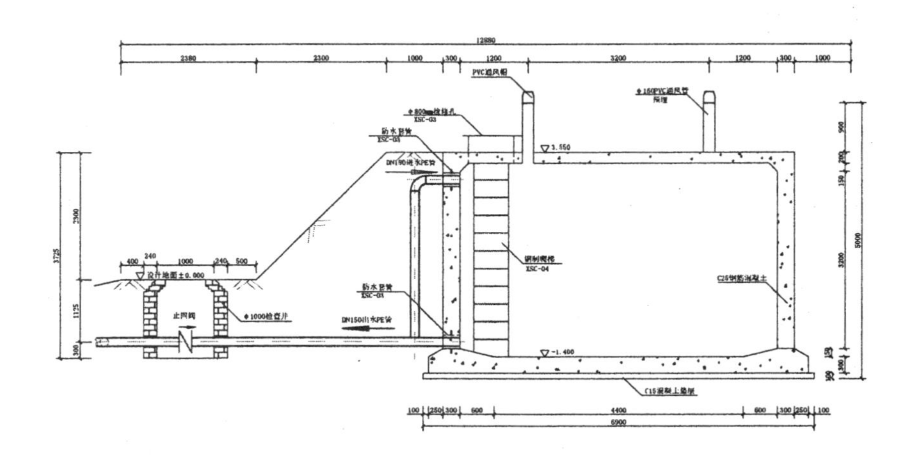

图 16-119　添加剩余相同图形及文字

（9）单击“绘图”工具栏中的“多行文字”按钮A和“直线”按钮⟋，为图形添加总图文字说明，如图 16-120 所示。

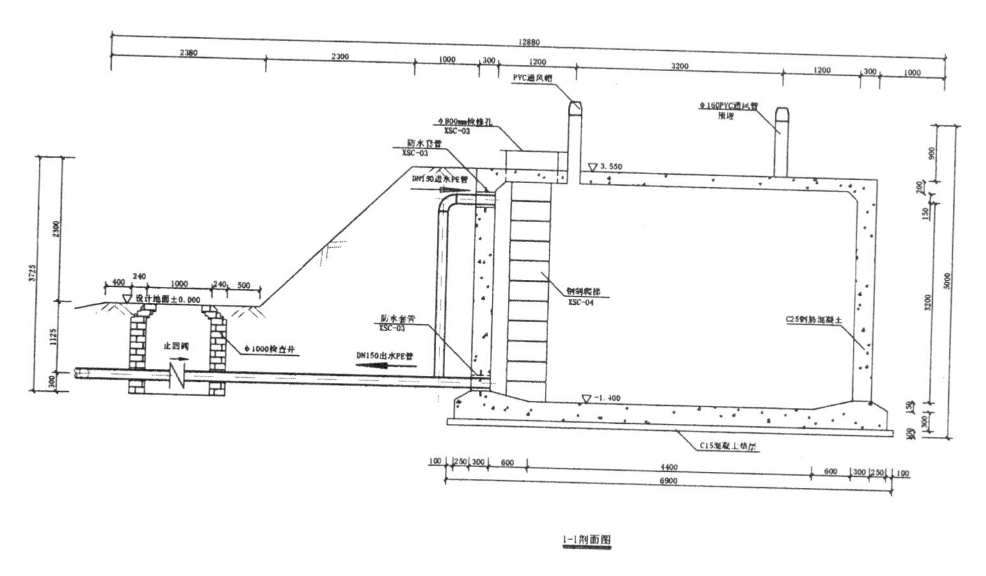

图 16-120　添加总图文字说明

（10）单击“绘图”工具栏中的“多行文字”按钮A，为图形添加文字说明，如图 16-121 所示。

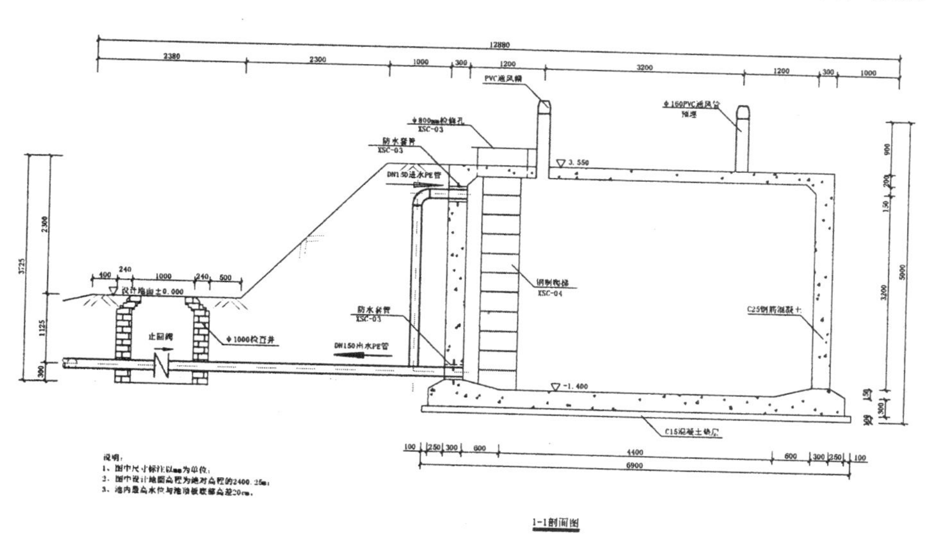

图 16-121　添加多行文字

（11）单击“绘图”工具栏中的“插入块”按钮，弹出“插入”对话框，单击“浏览”按钮，选择 A3 图框为插入对象，将其插入到图形中，最终完成蓄水池 1-1 剖面图的绘制，如图 16-122 所示。

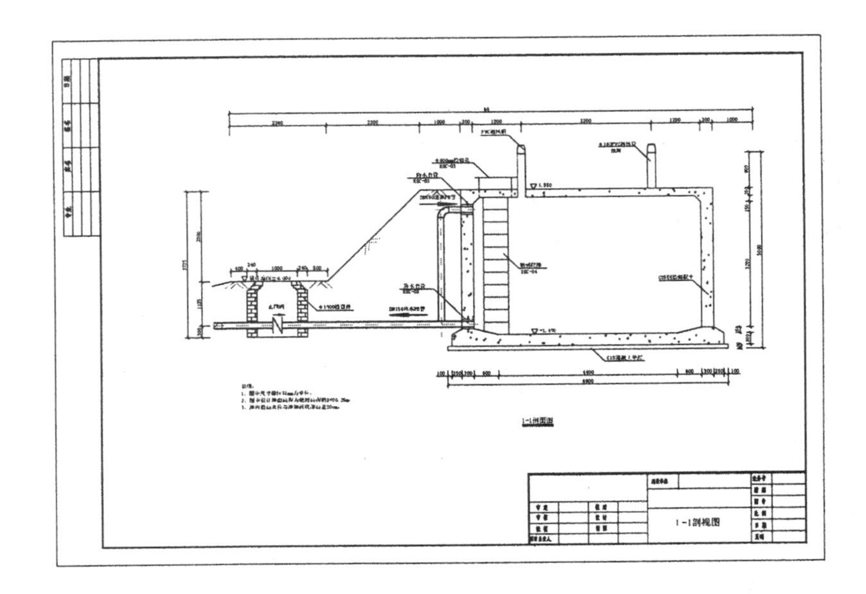

图 16-122　添加图框

16.3　检修孔、防水套管详图

本节介绍蓄水池工程图中结构详图的绘制方法和过程，包括检修孔和防水套管详图。

16.3.1　检修孔钢筋布置图

1. 绘制轮廓线

（1）将“轴线”图层设置为当前图层，单击“绘图”工具栏中的“直线”按钮，在图形空白位置任选一点为直线起点，绘制长度为 1827 的竖直直线，如图 16-123 所示。

（2）将“结构线”图层设置为当前图层，单击“绘图”工具栏中的“直线”按钮，在步骤（1）中绘制的中心线右侧选择一点为直线起点，向右绘制一条长度为 2280 的水平直线，如图 16-124 所示。

图 16-123　绘制竖直直线　　　　图 16-124　绘制水平直线

（3）单击“绘图”工具栏中的“直线”按钮，选择步骤（2）中的水平直线左端点为起点，绘制连续直线，如图 16-125 所示。

（4）单击“修改”工具栏中的“偏移”按钮，选择步骤（2）中绘制的水平直线为偏移对象，将其向下进行偏移，偏移距离为 1000，如图 16-126 所示。

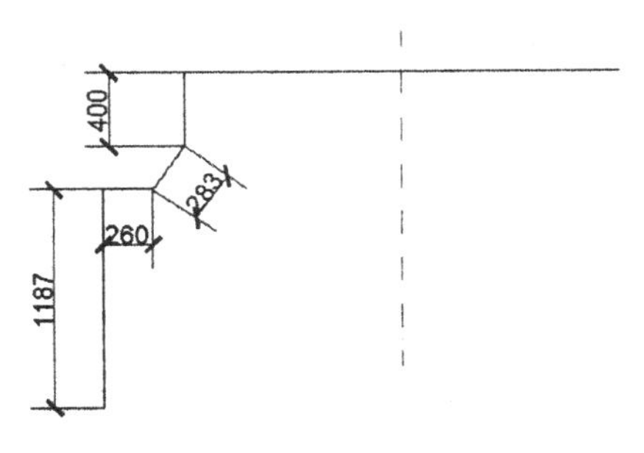

图 16-125　绘制连续直线

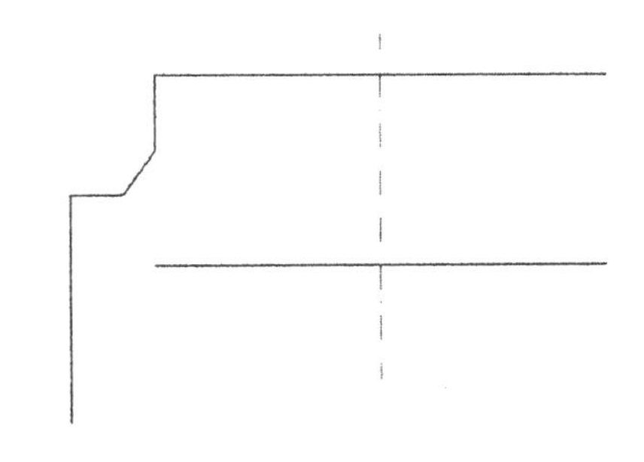

图 16-126　偏移直线

（5）单击“修改”工具栏中的“偏移”按钮，选择左侧竖直直线为偏移对象，将其向右进行偏移，偏移距离为 600，如图 16-127 所示。

（6）单击“修改”工具栏中的“延伸”按钮，选择步骤（5）中偏移的竖直直线为偏移对象，将其向上进行延伸，如图 16-128 所示。

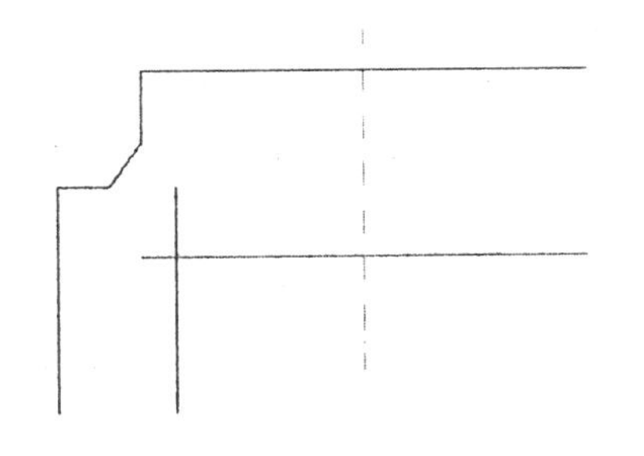

图 16-127　偏移线段

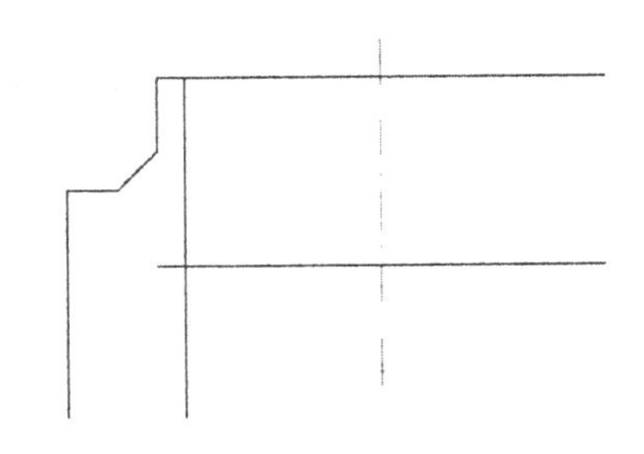

图 16-128　延伸线段

（7）单击“修改”工具栏中的“修剪”按钮，选择步骤（6）中的延伸线段为修剪对象，对其进行修剪处理，如图 16-129 所示。

（8）单击“修改”工具栏中的“镜像”按钮，选择步骤（7）中图形左半部分为镜像对象，对其进行竖直镜像，如图 16-130 所示。

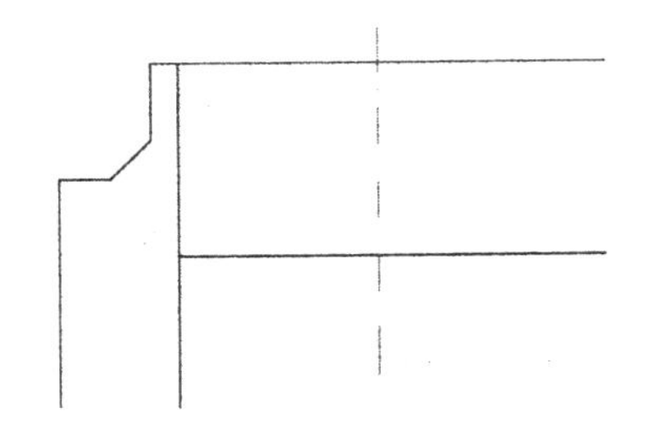

图 16-129　修剪线段

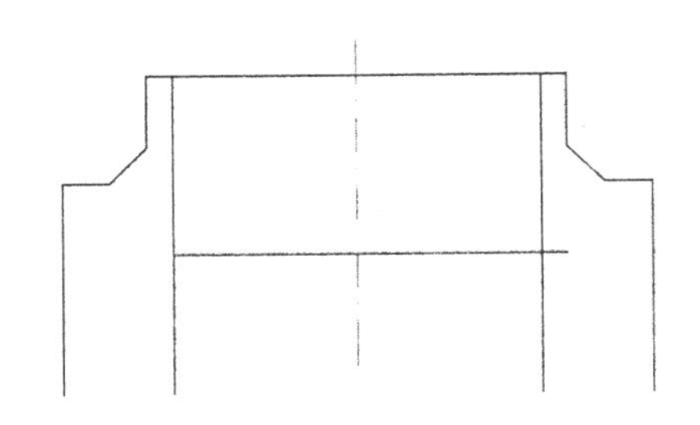

图 16-130　镜像对象

（9）单击如图 16-131 所示的水平直线，出现夹点，将其向右拉伸 1135。

（10）单击“修改”工具栏中的“修剪”按钮，选择步骤（9）中的线段为修剪对象，对其进行修剪处理，如图 16-132 所示。

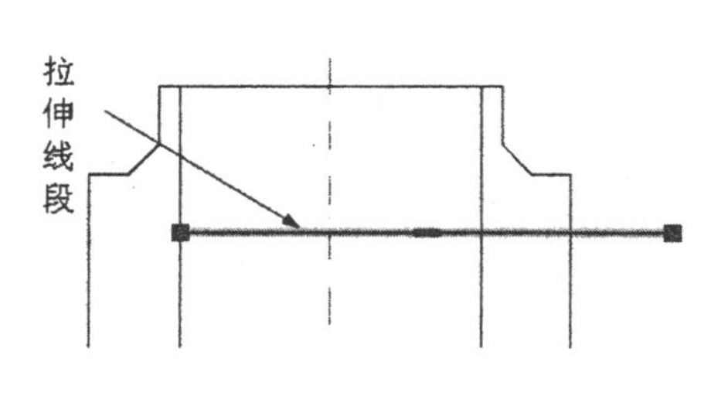

图 16-131　拉伸线段

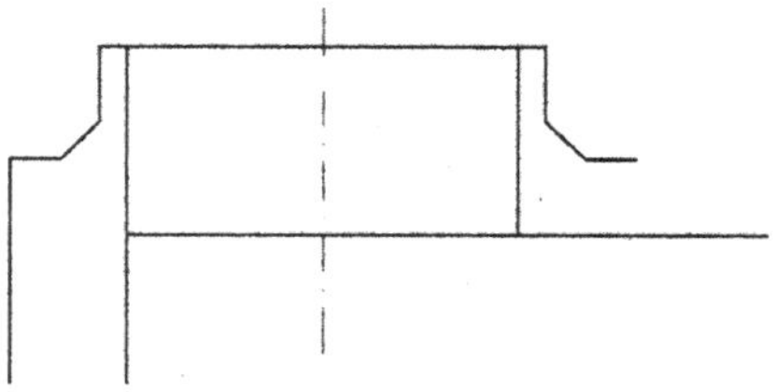

图 16-132　修剪线段

（11）利用相同的方法将图 16-132 中修剪后的水平线段向右延伸，结果如图 16-133 所示。

2. 绘制钢筋

（1）新建“钢筋”图层，颜色设置为红色，其他属性保持默认，并将其设置为当前图层。单击“绘图”工具栏中的“多段线”按钮，指定起点宽度为 20，端点宽度为 20，在图形左侧位置绘制钢筋，如图 16-134 所示。

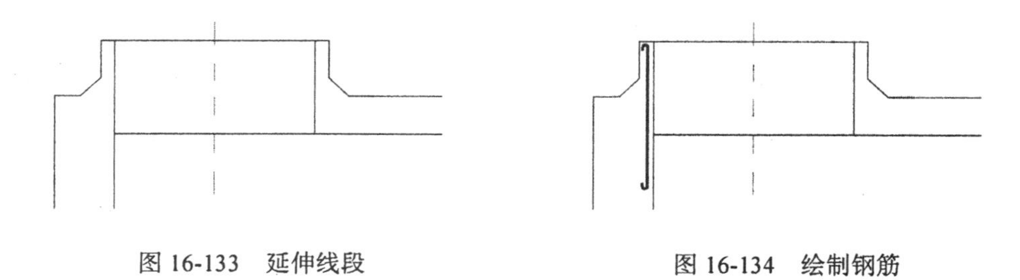

图 16-133　延伸线段

图 16-134　绘制钢筋

（2）单击“绘图”工具栏中的“圆”按钮，在步骤（1）中绘制的多段线一侧绘制半径为 15 的圆，如图 16-135 所示。

（3）单击“绘图”工具栏中的“图案填充”按钮，选择步骤（2）中绘制的圆为填充区域，设置填充图案为 SOLID，如图 16-136 所示。

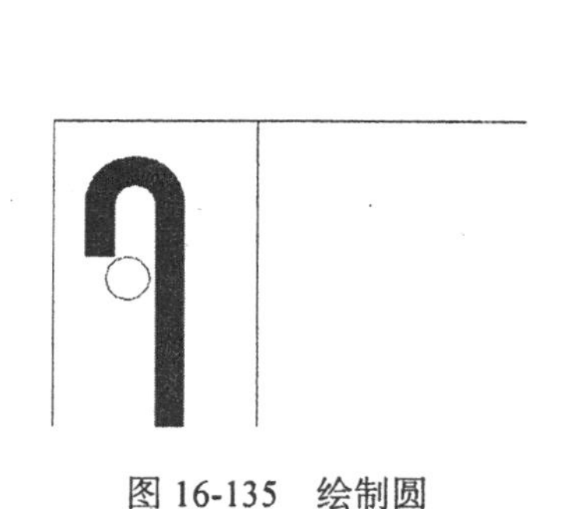

图 16-135　绘制圆

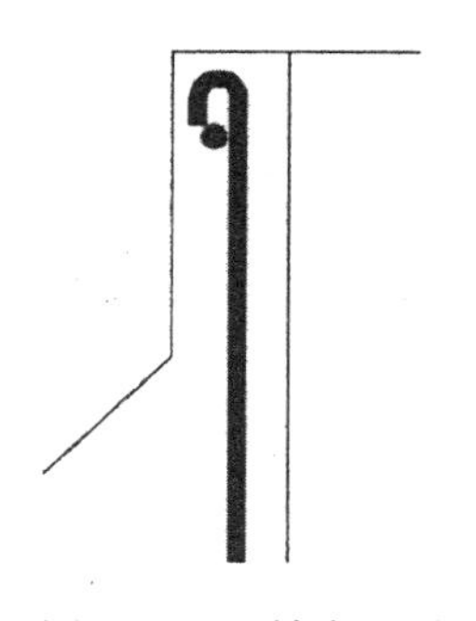

图 16-136　填充图形

（4）单击“修改”工具栏中的“复制”按钮，选择步骤（3）中填充后的圆为复制对象，对其进行复制操作，选择填充圆的圆心为复制基点，设置复制距离为 400，如图 16-137 所示。

（5）利用上述方法完成剩余钢筋的绘制，如图 16-138 所示。

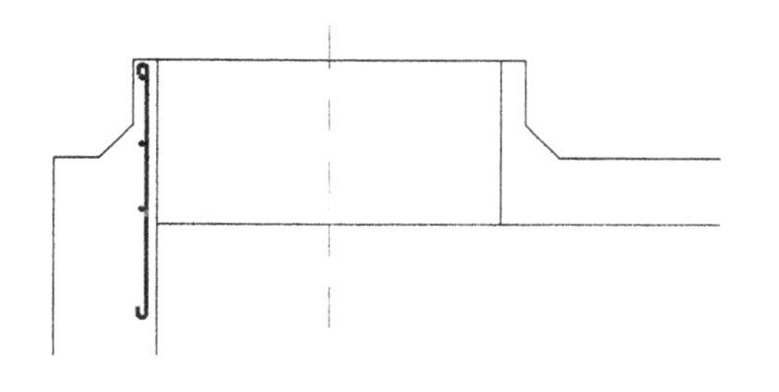

图 16-137　复制图形

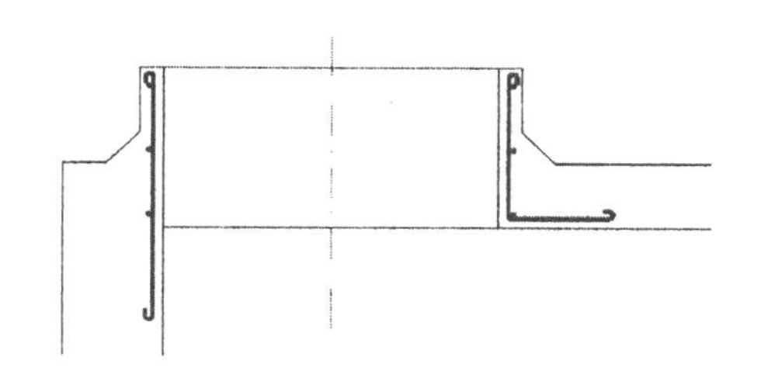

图 16-138　绘制剩余钢筋

3. 绘制剖切符号

（1）将“结构线”层设置为当前图层，单击“绘图”工具栏中的“多段线”按钮，指定起点宽度为 25，端点宽度为 25，绘制连续多段线，如图 16-139 所示。

（2）利用上述方法完成剩余相同图形的绘制，如图 16-140 所示。

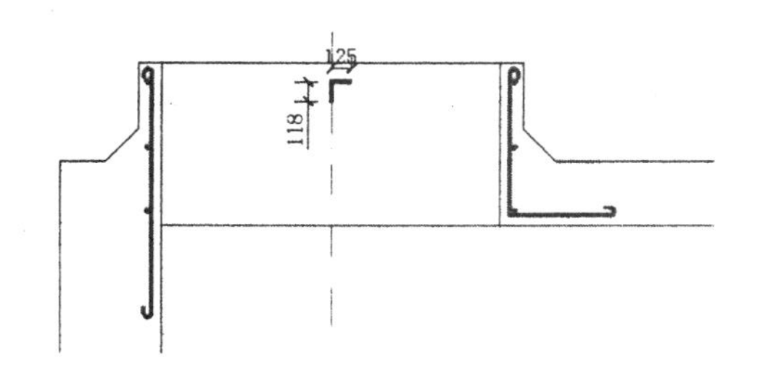

图 16-139　绘制多段线

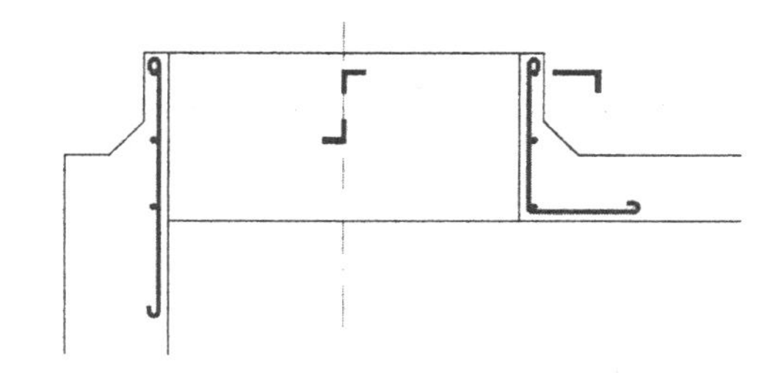

图 16-140　绘制相同图形

（3）单击“绘图”工具栏中的“直线”按钮，在步骤（2）中的图形底部选择一点为起点，水平向右绘制长度为 1188 的直线，如图 16-141 所示。

（4）单击“绘图”工具栏中的“多段线”按钮，指定起点宽度为 20，端点宽度为 20，在步骤（3）中绘制的水平直线上绘制连续多段线，如图 16-142 所示。

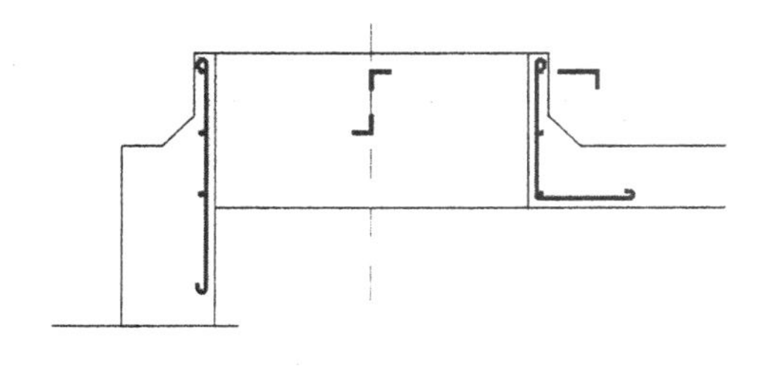

图 16-141　绘制水平直线

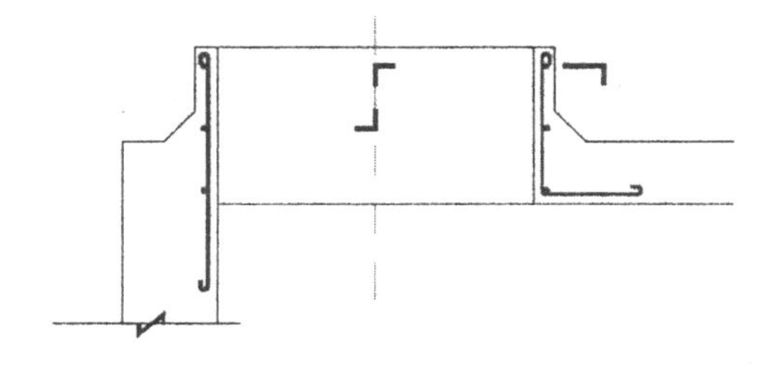

图 16-142　绘制连续多段线

（5）单击“修改”工具栏中的“修剪”按钮，选择步骤（4）中绘制的连续多段线为修剪对象，

对其进行修剪处理，如图 16-143 所示。

（6）利用上述方法完成相同图形的绘制，如图 16-144 所示。

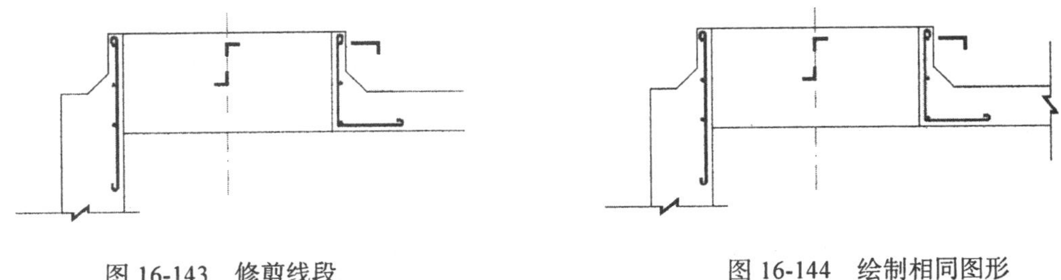

图 16-143　修剪线段　　　　图 16-144　绘制相同图形

（7）单击“绘图”工具栏中的“多段线”按钮，指定起点宽度为 25，端点宽度为 25，绘制剖切线，如图 16-145 所示。

4. 标注图形

（1）新建“标注”层，设置颜色为绿色，其他属性为默认，并将其设置为当前图层。

（2）单击“标注”工具栏中的“线性”按钮，为图形添加尺寸标注，如图 16-146 所示。

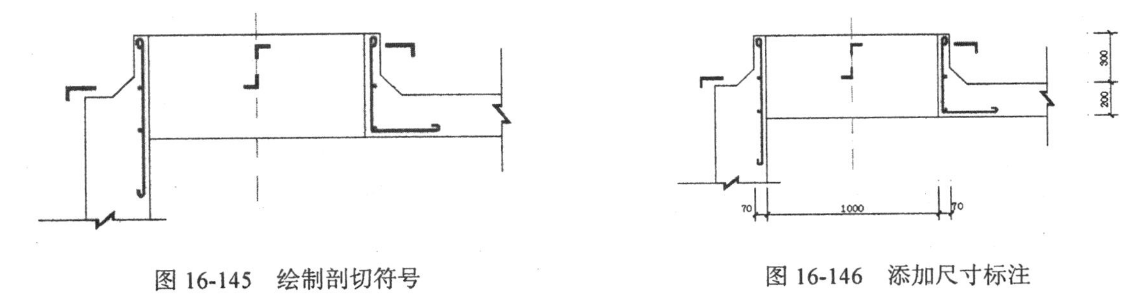

图 16-145　绘制剖切符号　　　　图 16-146　添加尺寸标注

（3）单击“绘图”工具栏中的“直线”按钮，在图形左上角钢筋处选择一点为直线起点，绘制连续直线，如图 16-147 所示。

（4）单击“绘图”工具栏中的“多行文字”按钮 A，在步骤（3）中绘制的连续直线上添加文字，如图 16-148 所示。

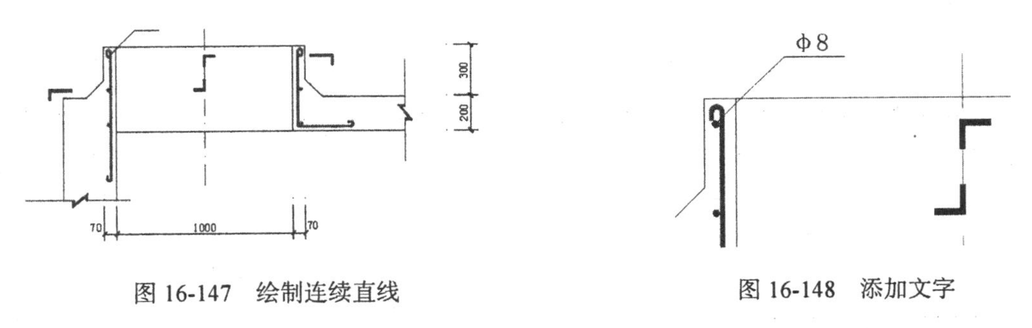

图 16-147　绘制连续直线　　　　图 16-148　添加文字

（5）单击“绘图”工具栏中的“圆”按钮，在步骤（4）中绘制的连续直线上部水平直线右端点处选择一点为圆心，绘制半径为 80 的圆，如图 16-149 所示。

（6）单击“绘图”工具栏中的“多行文字”按钮A，在步骤（5）中绘制的圆内添加文字，如图 16-150 所示。

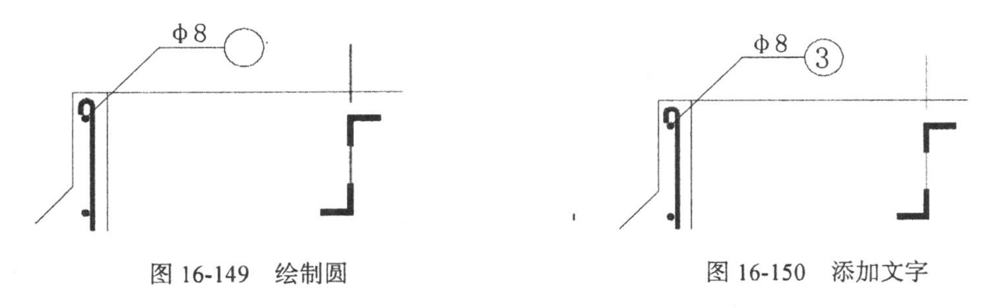

图 16-149　绘制圆　　　　图 16-150　添加文字

（7）利用 QLEADER 命令完成剩余文字说明的添加，如图 16-151 所示。

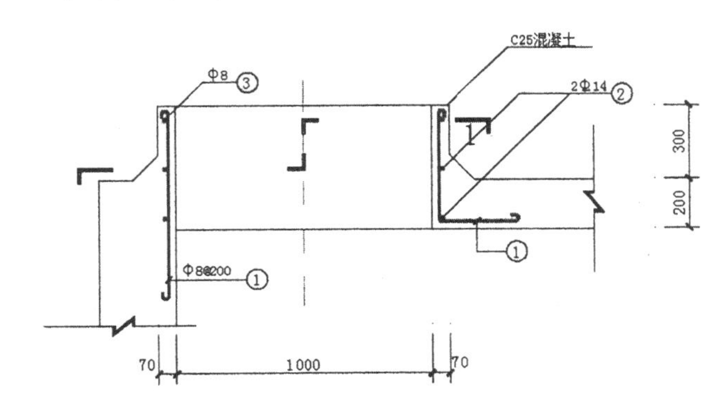

图 16-151　添加引线标注

（8）单击“绘图”工具栏中的“多段线”按钮，指定起点宽度为 20，端点宽度为 20，在步骤（7）中的图形底部绘制长度为 1370 的水平多段线，如图 16-152 所示。

（9）单击“修改”工具栏中的“偏移”按钮，选择步骤（8）中绘制的水平多段线为偏移对象，将其向下进行偏移，偏移距离为 50，如图 16-153 所示。

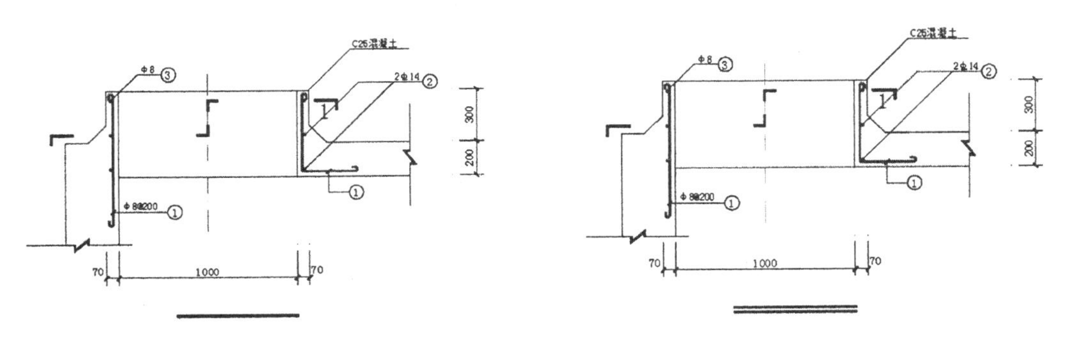

图 16-152　绘制多段线　　　　图 16-153　偏移多段线

（10）单击“修改”工具栏中的“分解”按钮，选择步骤（9）中绘制的多段线为分解对象，按 Enter 键确认对其分解，如图 16-154 所示。

（11）单击“绘图”工具栏中的“多行文字”按钮A，在步骤（10）中绘制的多段线上添加总

图文字说明，如图 16-155 所示。

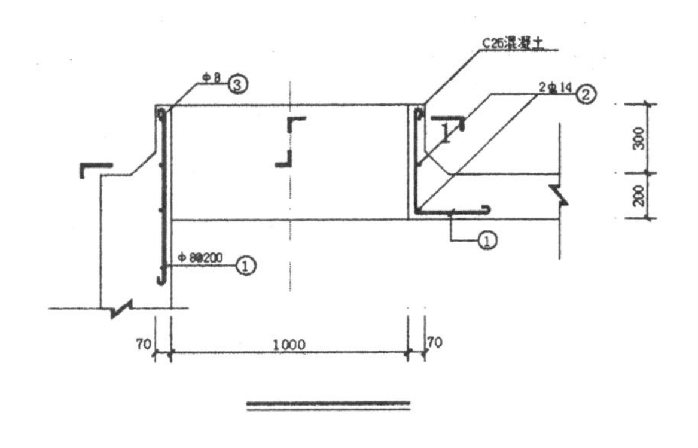

图 16-154　分解多段线

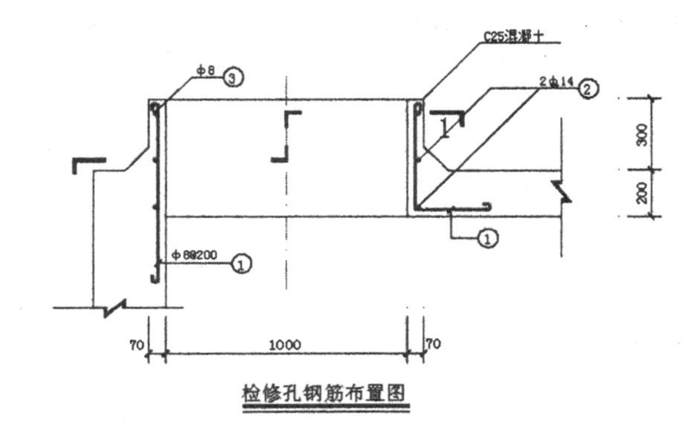

图 16-155　添加总图文字说明

16.3.2　检修孔 1-1 剖面图

1. 绘制轴线

（1）将“轴线”层设置为当前图层，单击“绘图”工具栏中的“直线”按钮，在绘制的检修孔钢筋布置图右侧选择一点为直线起点，绘制长度为 3016 的水平轴线，如图 16-156 所示。

（2）单击“绘图”工具栏中的“直线”按钮，在步骤（1）中绘制的水平直线中点上方选择一点为直线起点，竖直向下绘制长度为 3231 的直线，如图 16-157 所示。

图 16-156　绘制水平轴线　　图 16-157　绘制竖直直线

2. 绘制剖面图

（1）将“结构线”图层设置为当前层，单击“绘图”工具栏中的“圆”按钮，以图 16-157 中的十字交叉线交点为圆的圆心，绘制半径为 1000 的圆，如图 16-158 所示。

（2）单击“修改”工具栏中的“偏移”按钮，选择步骤（1）中绘制的圆为偏移对象，将其向外进行偏移，偏移距离为 109 和 31，如图 16-159 所示。

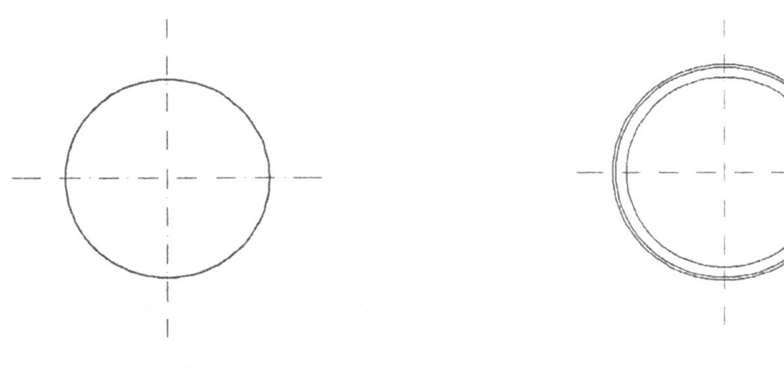

图 16-158　绘制半径为 1000 的圆　　　　图 16-159　偏移圆

（3）单击“绘图”工具栏中的“多段线”按钮，指定起点宽度为 20，端点宽度为 20，绕偏移后的第二个圆绘制多段线，如图 16-160 所示。

（4）单击“绘图”工具栏中的“圆弧”按钮，在步骤（3）中偏移圆内绘制一段圆弧，如图 16-161 所示。

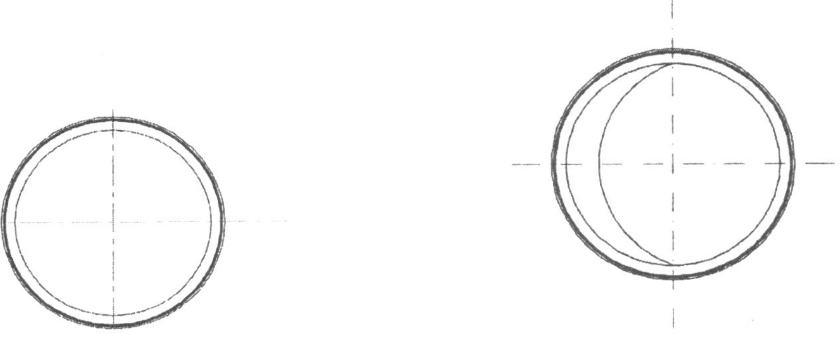

图 16-160　绘制多段线　　　　图 16-161　绘制圆弧

（5）单击“绘图”工具栏中的“圆”按钮，在步骤（4）中的图形内部绘制一个半径为 15 的圆，如图 16-162 所示。

（6）单击“绘图”工具栏中的“图案填充”按钮，选择步骤（5）中绘制的圆为填充区域，设置图案为 SOLID，对其进行填充，如图 16-163 所示。

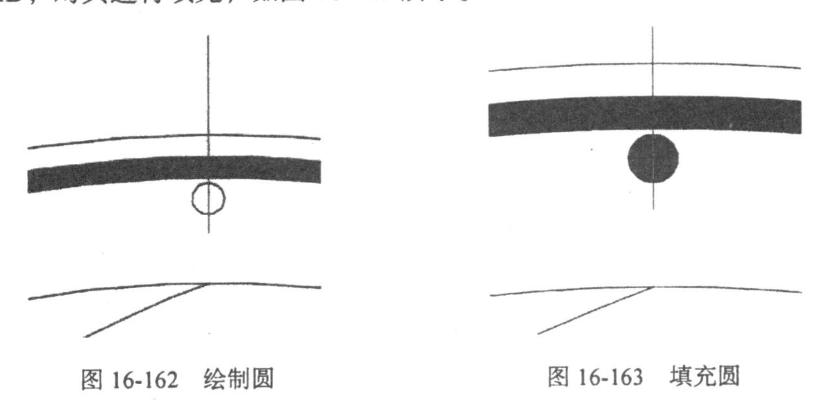

图 16-162　绘制圆　　　　图 16-163　填充圆

（7）单击“修改”工具栏中的“环形阵列”按钮，选择步骤（6）中填充的圆图形为阵列对象，选择同心圆圆心为阵列基点，设置项目数为 16，如图 16-164 所示。

（8）单击“标注”工具栏中的“半径”按钮，为绘制完成的图形添加标注，如图 16-165 所示。

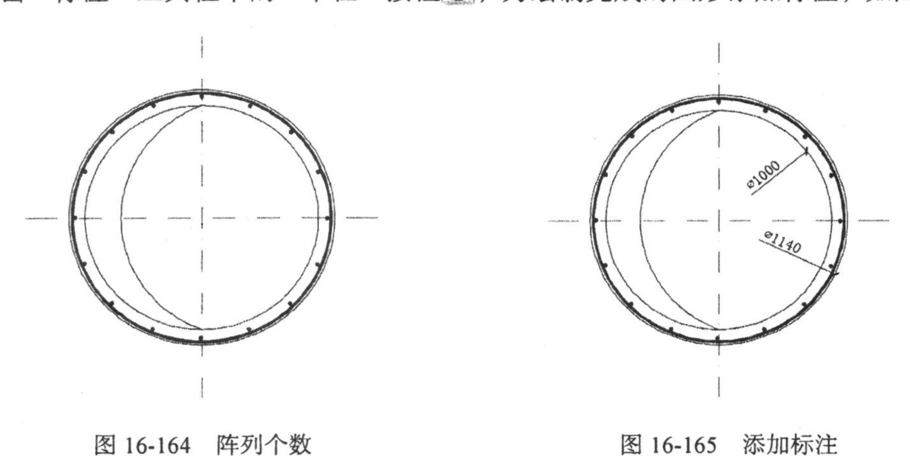

图 16-164　阵列个数　　图 16-165　添加标注

（9）单击“绘图”工具栏中的“直线”按钮和“多段线”按钮，在步骤（8）中绘制的图形上选择一点为直线起点，绘制连续线段。

3. 标注图形

（1）单击“绘图”工具栏中的“多行文字”按钮A，在步骤 2 的（9）中的直线上添加文字，如图 16-166 所示。

（2）利用上述方法完成剩余文字的添加，如图 16-167 所示。

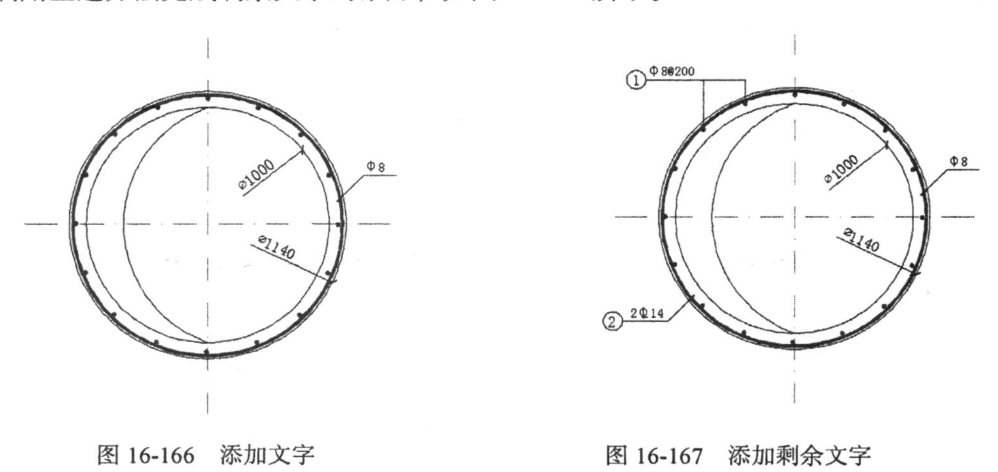

图 16-166　添加文字　　图 16-167　添加剩余文字

（3）单击“绘图”工具栏中的“多行文字”按钮A和“多段线”按钮，为图形添加总图文字说明，如图 16-168 所示。

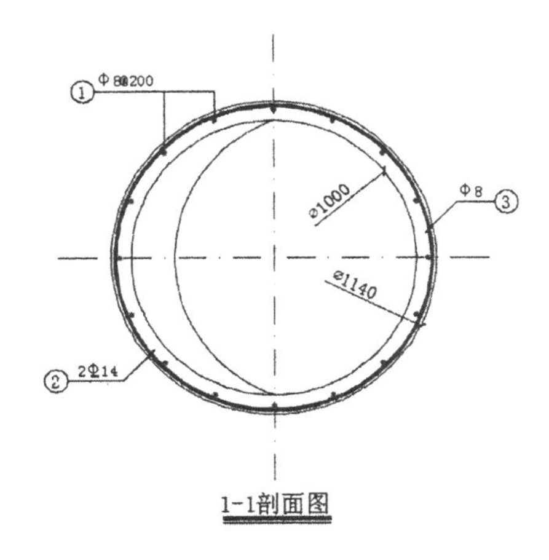

图 16-168　添加总图文字说明

16.3.3　水泵进水管穿墙大样

1. 绘制轴线

将“轴线”图层设置为当前图层，利用“直线”命令绘制轴线，如图 16-169 所示。

2. 绘制大样图

（1）将“结构线”层设置为当前图层，单击“绘图”工具栏中的“多段线”按钮，指定起点宽度为 4.8，端点宽度为 4.8，在图形适当位置选择一点为多段线起点，绘制长度为 1146 的竖直多段线，如图 16-170 所示。

（2）单击“修改”工具栏中的“偏移”按钮，选择步骤（1）中绘制的竖直多段线为偏移对象，将其向右进行偏移，偏移距离为 480，如图 16-171 所示。

图 16-169　绘制轴线　　图 16-170　绘制竖直多段线　　图 16-171　偏移多段线

（3）单击“绘图”工具栏中的“多段线”按钮，指定起点宽度为 4.8，端点宽度为 4.8，在步骤（2）中绘制的多段线上绘制一条长度为 976 的水平多段线，如图 16-172 所示。

（4）单击“修改”工具栏中的“偏移”按钮，选择步骤（3）中绘制的水平多段线为偏移对象，将其向上进行偏移，偏移距离为 32、46、32、320、32、48 和 32，并将多余直线进行修剪，结果如

图 16-173 所示。

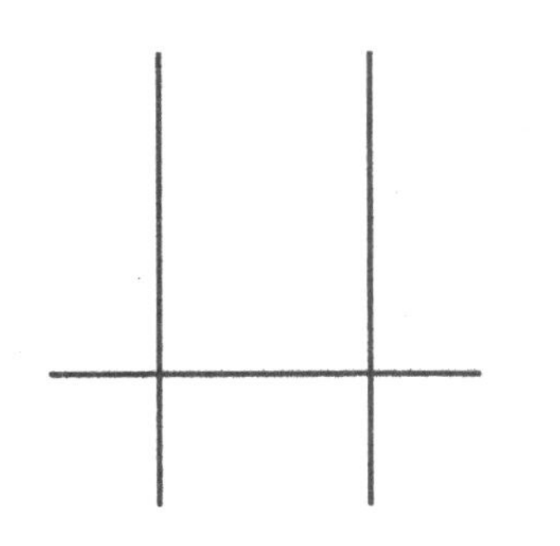

图 16-172　绘制水平多段线

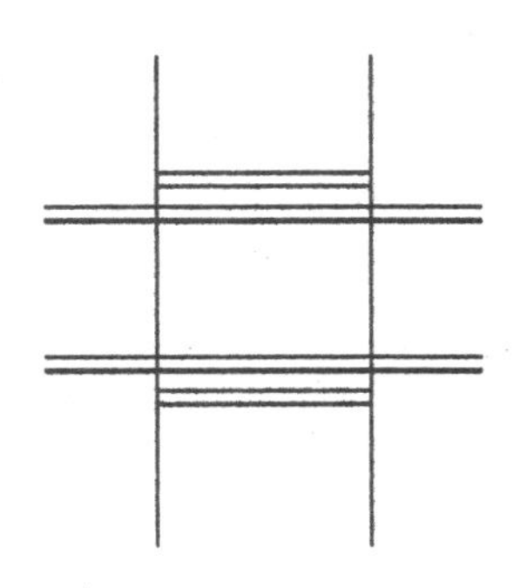

图 16-173　偏移多段线

（5）单击“绘图”工具栏中的“多段线”按钮，指定起点宽度为 4.8，端点宽度为 4.8，在步骤（4）中的图形上绘制多条竖直直线，如图 16-174 所示。

（6）单击“绘图”工具栏中的“多段线”按钮，指定起点宽度为 0，端点宽度为 0，绘制封闭两端端口的多段线，如图 16-175 所示。

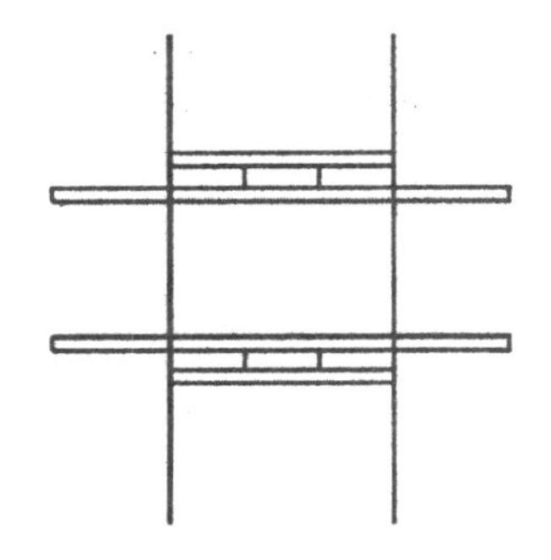

图 16-174　绘制多条竖直直线

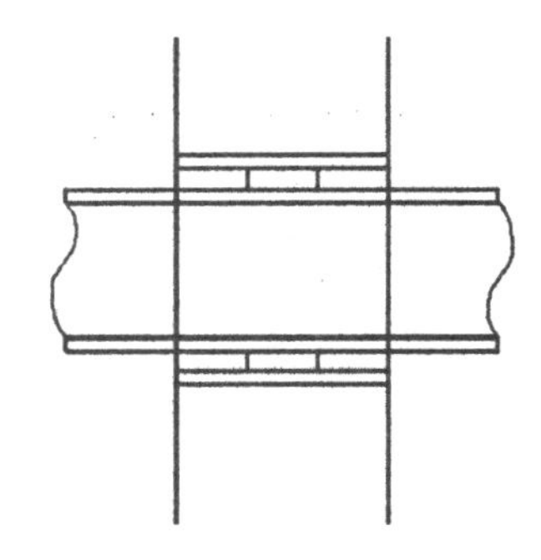

图 16-175　绘制多段线

（7）单击“绘图”工具栏中的“多段线”按钮，指定起点宽度为 4.8，端点宽度为 4.8，在图形适当位置绘制连续多段线，如图 16-176 所示。

（8）单击“绘图”工具栏中的“多段线”按钮，指定起点宽度为 4.8，端点宽度为 4.8，在上步绘制图形左侧绘制连续多段线，如图 16-177 所示。

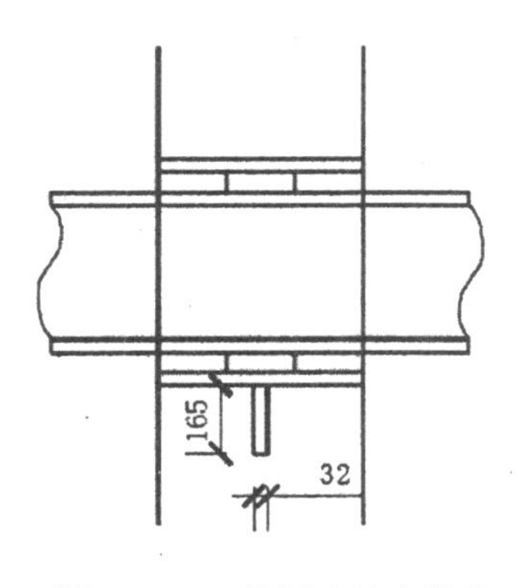

图 16-176　绘制连续多段线

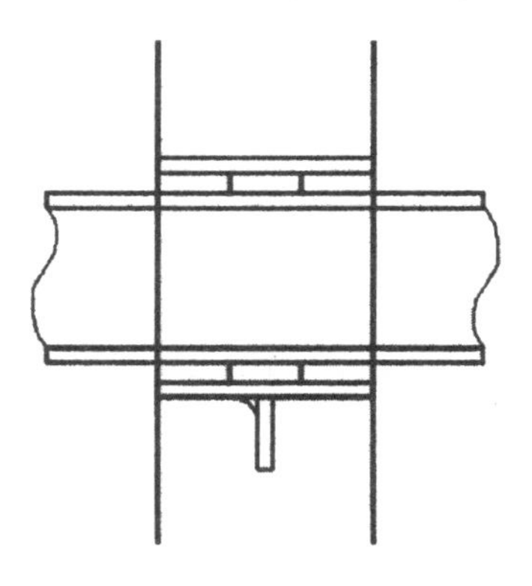

图 16-177　继续绘制连续多段线

（9）单击“修改”工具栏中的“镜像”按钮，选择步骤（8）中绘制的多段线为镜像对象，将其向右进行竖直镜像，如图 16-178 所示。

（10）单击“修改”工具栏中的“镜像”按钮，选择步骤（9）中绘制的图形为镜像对象，对其进行水平镜像，如图 16-179 所示。

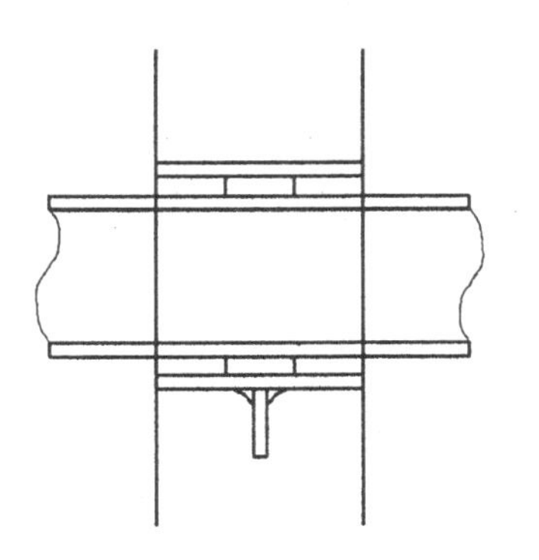

图 16-178　镜像多段线

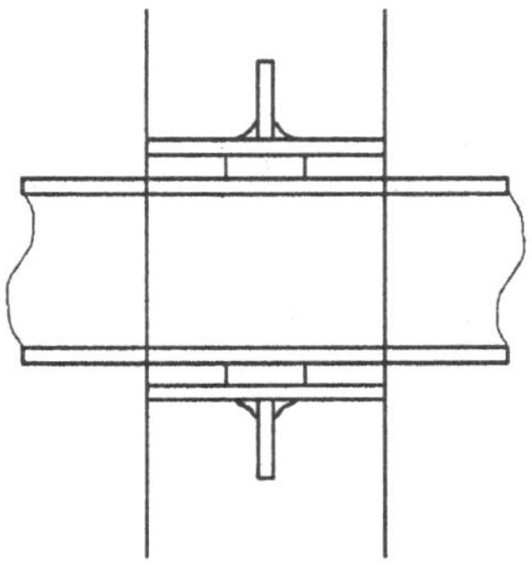

图 16-179　镜像图形

（11）单击“修改”工具栏中的“修剪”按钮，选择步骤（10）中图形间线段为修剪对象，对其进行修剪处理，如图 16-180 所示。

3. 填充图形

（1）单击“绘图”工具栏中的“图案填充”按钮，选择图 16-180 中的图形为填充区域，对填充图案进行设置，选择填充图案为 ANSI31，角度为 270，比例为 5，填充结果如图 16-181 所示。

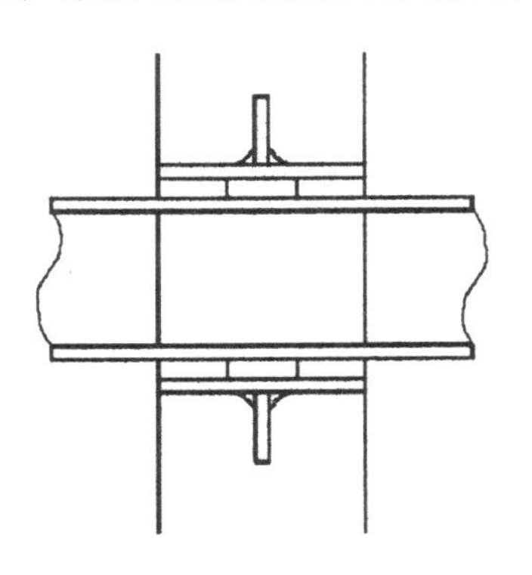

图 16-180　修剪线段

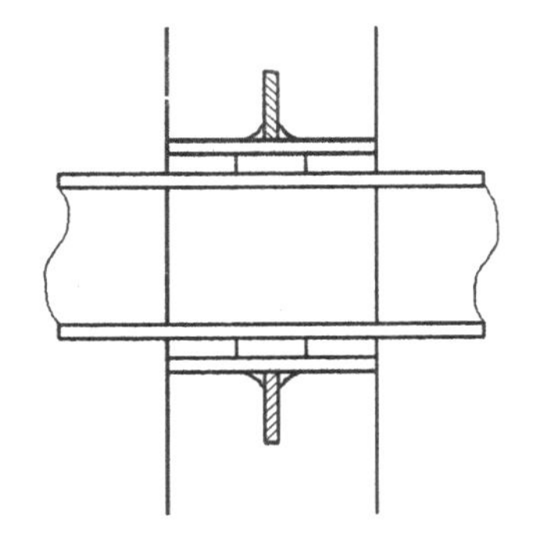

图 16-181　填充 ANSI31 图案

（2）单击“绘图”工具栏中的“图案填充”按钮，选择填充区域，对填充图案进行设置，选择填充图案为 ANSI32，角度为 45，比例为 5，填充结果如图 16-182 所示。

（3）单击“绘图”工具栏中的“图案填充”按钮，选择填充区域，对填充图案进行设置，选择填充图案为 ANSI31，角度为 0，比例为 0.5，填充结果如图 16-183 所示。

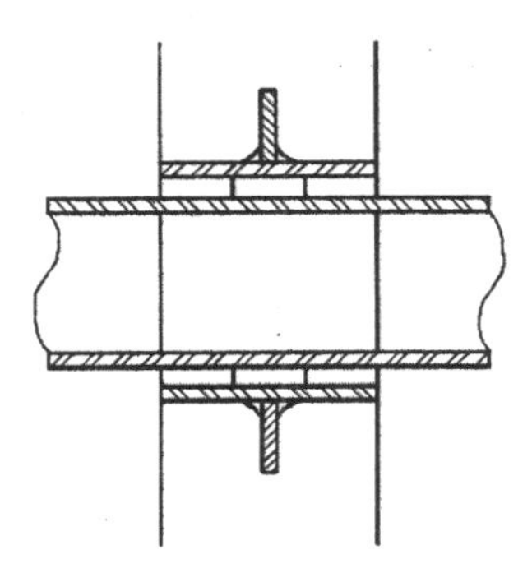

图 16-182　填充 ANSI32 图案

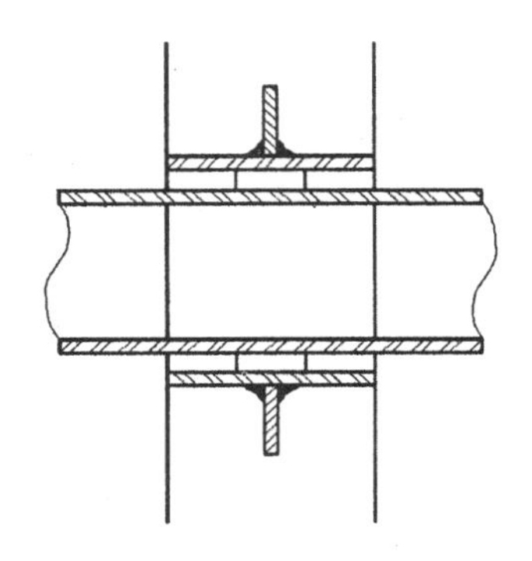

图 16-183　填充 ANSI31 图案

（4）单击“绘图”工具栏中的“图案填充”按钮，选择填充区域，对填充图案进行设置，选择填充图案为 AR-SI37，角度为 0，比例为 10，填充结果如图 16-184 所示。

（5）单击“绘图”工具栏中的“图案填充”按钮，选择填充区域，对填充图案进行设置，选择填充图案为 AR-SAND，角度为 0，比例为 0.5，填充结果如图 16-185 所示。

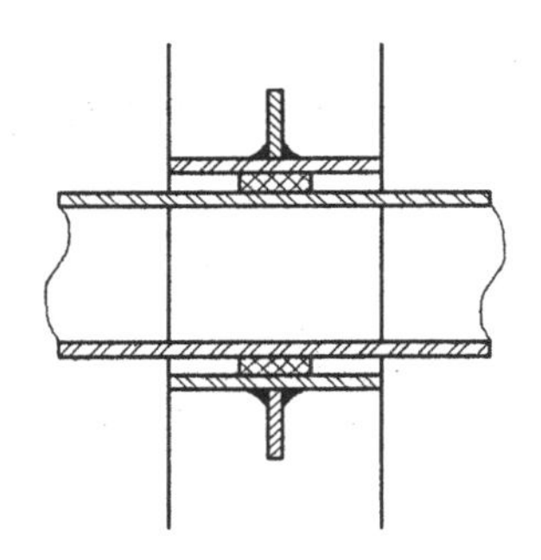

图 16-184　填充 AR-SI37 图案

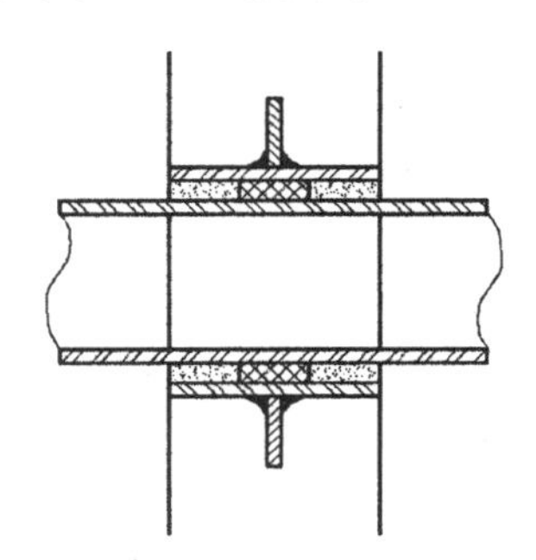

图 16-185　填充 AR-SAND 图案

4. 细化图形

（1）单击“绘图”工具栏中的“直线”按钮，在图 16-185 中图形顶部位置绘制一段适当长度的水平直线，如图 16-186 所示。

（2）单击“绘图”工具栏中的“直线”按钮，在步骤（1）中绘制的水平直线上选择一点为直线起点，绘制连续直线，如图 16-187 所示。

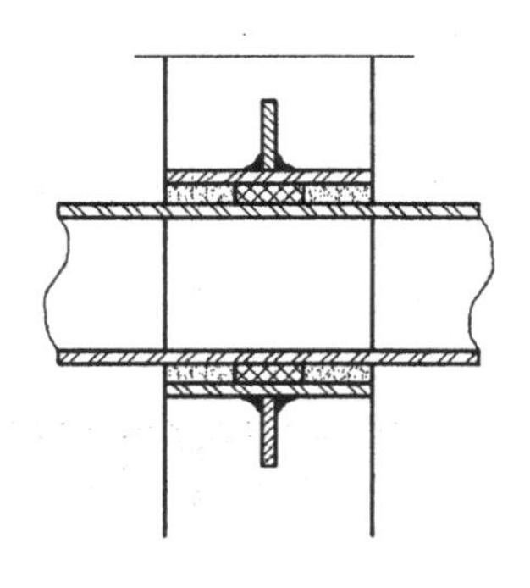

图 16-186　绘制水平直线

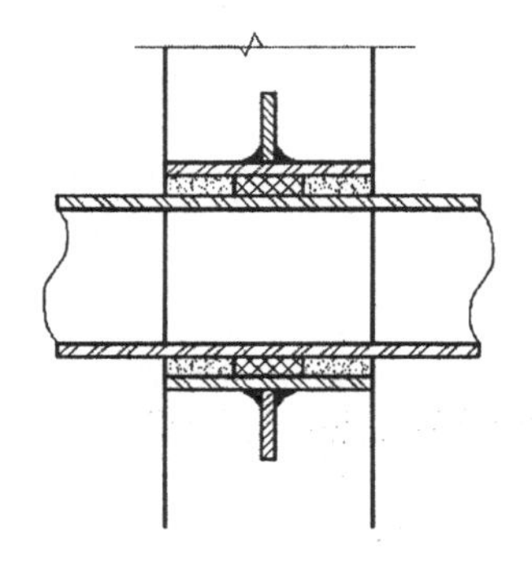

图 16-187　绘制连续直线

（3）单击“修改”工具栏中的“修剪”按钮，选择步骤（2）中绘制的连续直线间线段为修剪对象，对其进行修剪处理，如图 16-188 所示。

（4）利用上述方法完成相同图形的绘制，如图 16-189 所示 。

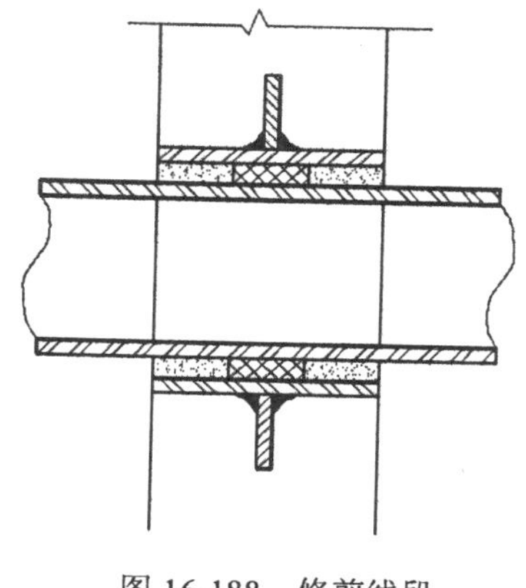

图 16-188　修剪线段

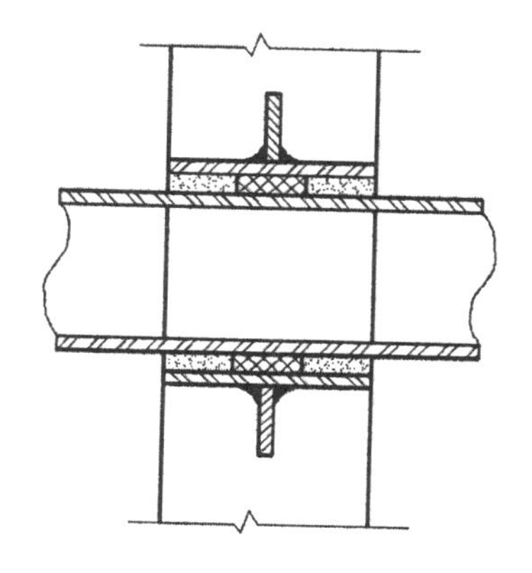

图 16-189　绘制相同图形

5. 添加文字和说明

（1）单击“绘图”工具栏中的“直线”按钮和“多行文字”按钮，为图形添加文字说明，如图 16-190 所示。

（2）将“轴线”图层打开，单击“绘图”工具栏中的“多段线”按钮和“多行文字”按钮，为图形添加总图文字说明，最终完成水泵进水管穿墙大样图的绘制，如图 16-191 所示。

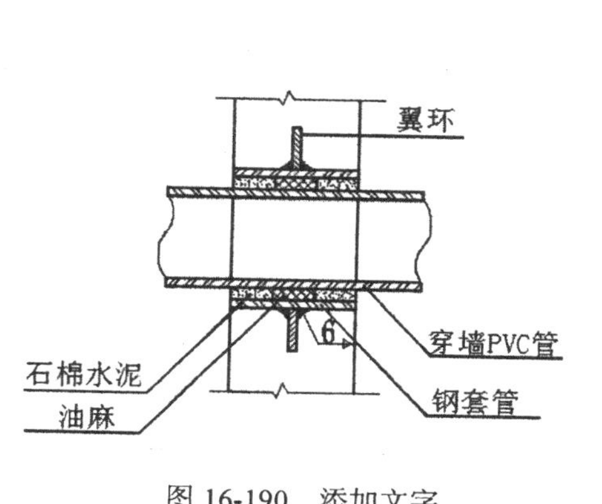

翼环
6
穿墙PVC管
石棉水泥
油麻
钢套管

图 16-190　添加文字

翼环
6
穿墙PVC管
石棉水泥
油麻
钢套管
水泵进水管穿墙大样

图 16-191　绘制大样图

（3）单击“绘图”工具栏中的“矩形”按钮，在图形下方绘制一个尺寸为 8244×2445 的矩形，如图 16-192 所示。

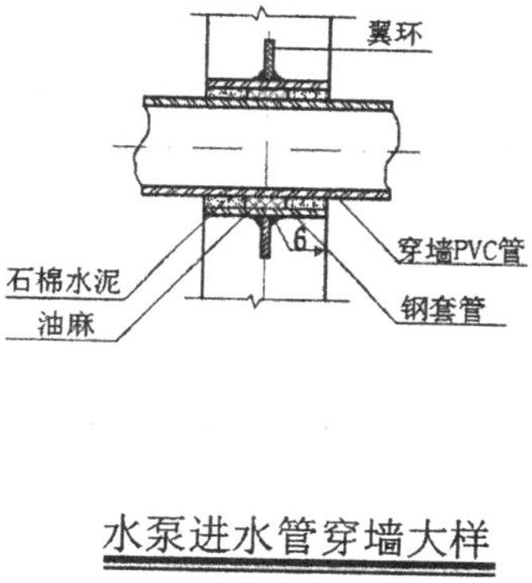

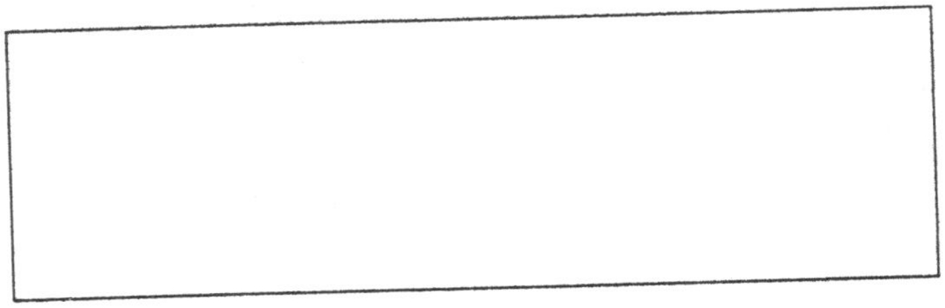

图 16-192　绘制矩形

（4）单击“修改”工具栏中的“分解”按钮，选择步骤（3）中绘制的矩形为分解对象，按Enter键确认对其进行分解，使其变成独立的线段。

（5）单击“修改”工具栏中的“偏移”按钮，选择左侧竖直直线为偏移对象，将其向右进行偏移，偏移距离为500、500、1510、500、500、500、500、709、709、709和694，如图16-193所示。

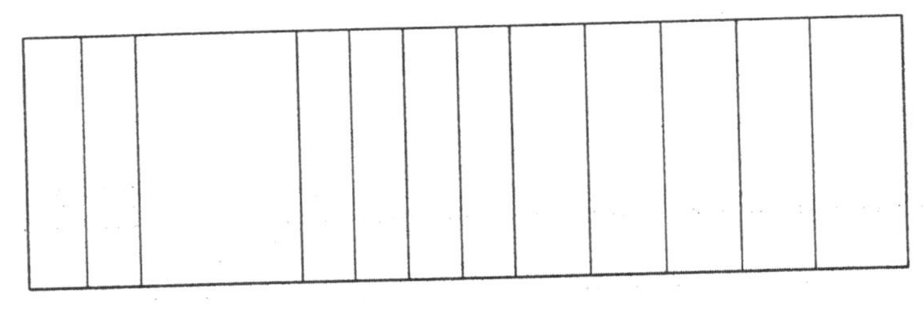

图 16-193　偏移竖直直线

（6）单击“修改”工具栏中的“偏移”按钮，选择分解矩形上部水平边为偏移对象，将其向下进行偏移，偏移距离为354、660和660，如图16-194所示。

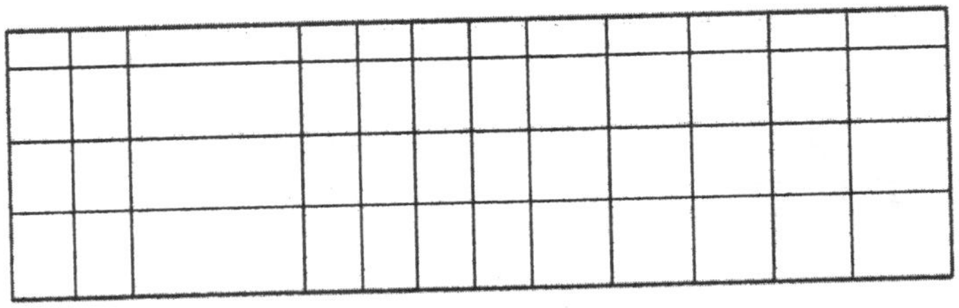

图 16-194　偏移水平直线

（7）单击“修改”工具栏中的“修剪”按钮，选择步骤（6）中的偏移对象为修剪对象，对其进行修剪处理，如图16-195所示。

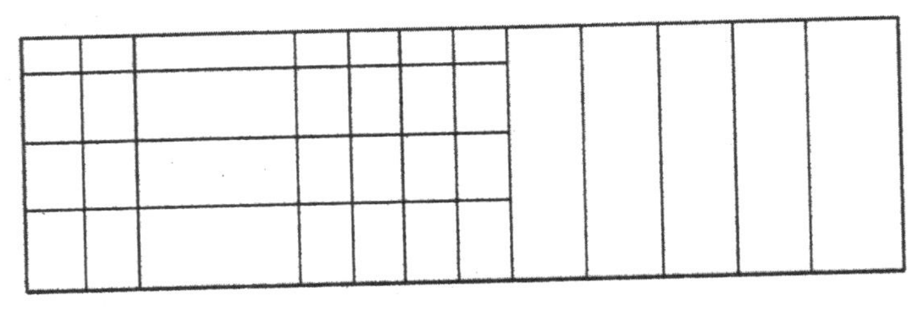

图 16-195　修剪线段

（8）单击“修改”工具栏中的“偏移”按钮，选择分解矩形最上部水平直线为偏移对象，将其向下进行偏移，偏移距离为 310、310、440、311、311 和 311，如图 16-196 所示。

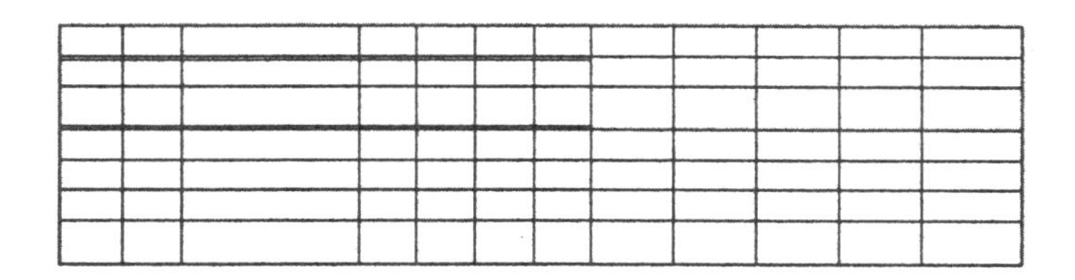

图 16-196　偏移线段

（9）单击“修改”工具栏中的“修剪”按钮，选择步骤（8）中的偏移线段为修剪对象，对其进行修剪处理，如图 16-197 所示。

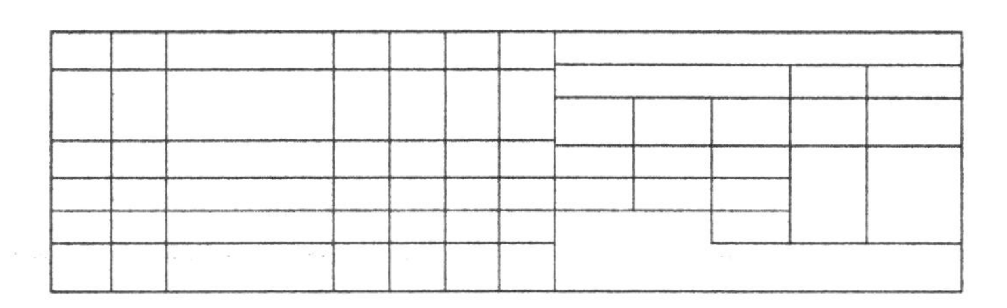

图 16-197　修剪线段

（10）单击“绘图”工具栏中的“多行文字”按钮，在步骤（9）中绘制的图形内添加文字，如图 16-198 所示。

构件名称	编号	略　　图	直径（mm）	长度（mm）	根数	总长（m）	各构件材料用量				
							钢筋			混凝土	防水套管重量
检修孔	1	460 300 300	8	800	16	12.8	直径（mm）	长度（m）	总重（Kg）	C25（m³）	总重（Kg）
	2	490 3480	14	4635	2	9.27	8	20.88	8.25	0.09	10.06
							14	9.27	11.22		
	3	240 3480	8	4040	2	8.08			19.47		

图 16-198　添加文字

（11）单击“绘图”工具栏中的“多行文字”按钮，在图形底部添加总图文字说明，如图 16-199 所示。

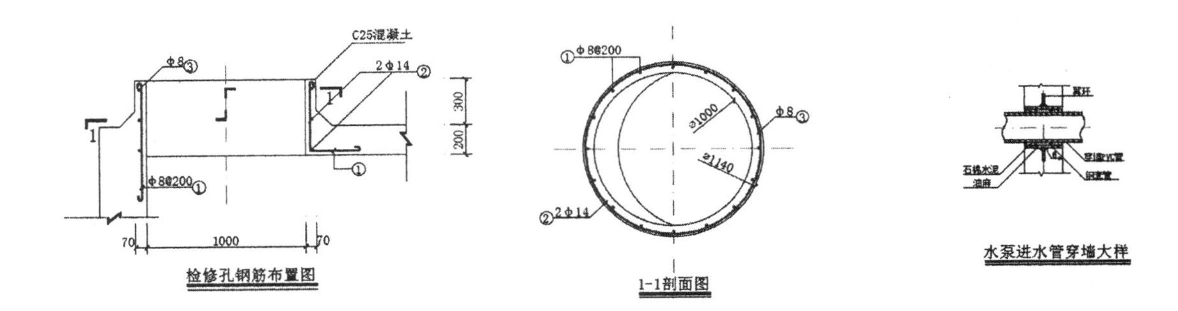

构件名称	编号	略图	直径(mm)	长度(mm)	根数	总长(m)	各构件材料用量				
							钢筋			混凝土	防水套管重量
检修孔	1	460 300 300	8	800	16	12.8	直径(mm)	长度(m)	总重(Kg)	C25(m³)	总重(Kg)
	2	490 3480	14	4635	2	9.27	8	20.88	8.25	0.09	10.06
							14	9.27	11.22		
									19.47		
	3	240 3480	8	4040	2	8.08					

说明：
1、图中尺寸标注以mm为单位；
2、检修孔盖板为预制φ1000井钢盖板。

图 16-199　添加总图文字说明

6. 插入图框

单击“绘图”工具栏中的“插入块”按钮，选择前面保存的A3图框为插入对象，将其插入到图形中，如图16-200所示。

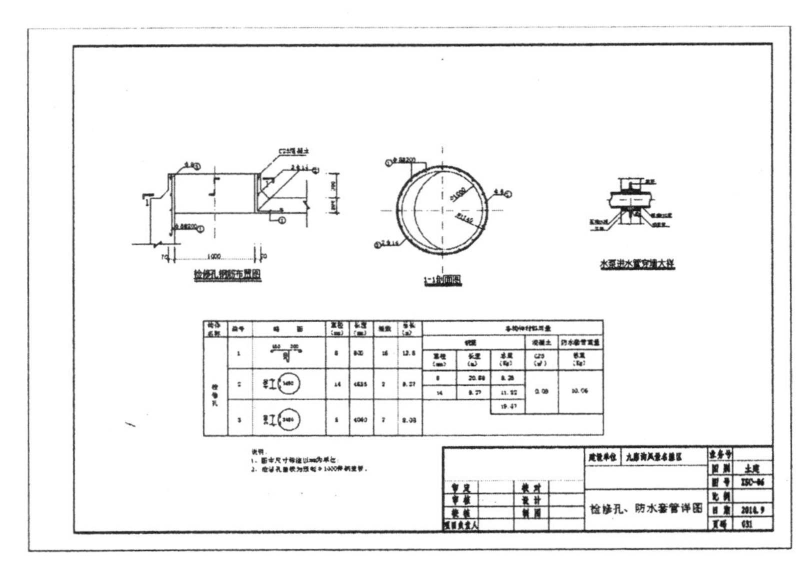

图 16-200　插入图框

灌溉系统工程图绘制

植物园灌溉系统除了第16章介绍的蓄水池外，还包括离心泵房、管路、检查井和镇墩等。

本章将以某游览胜地配套植物园灌溉系统工程图设计为例，讲解植物园灌溉系统工程图设计的基本思路和方法。

17.1　离心泵房平面图

离心泵相当于灌溉系统的心脏，为灌溉系统提供动力，如图 17-1 所示为离心泵房平面图。本节将介绍离心泵房平面图设计的基本方法和过程。

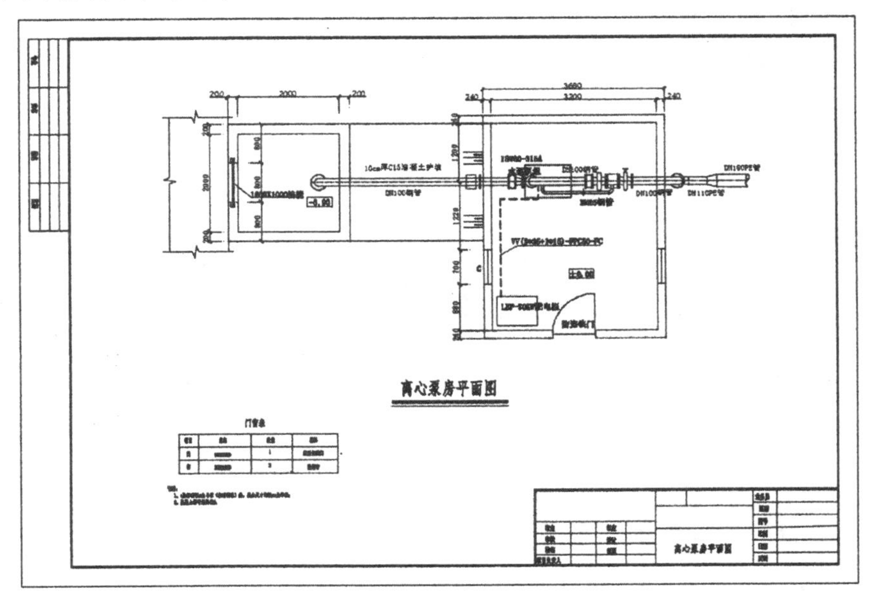

图 17-1　离心泵房平面图

17.1.1　离心泵房

（1）将线宽设置为 0.4，并开启线宽。单击“绘图”工具栏中的“矩形”按钮，在图形空白位置任选一点为矩形起点，绘制一个尺寸为 4800×4800 的矩形，如图 17-2 所示。

（2）单击“修改”工具栏中的“偏移”按钮，选择步骤（1）中绘制的矩形为偏移对象，将其向内进行偏移，偏移距离为 400，如图 17-3 所示。

图 17-2　绘制矩形

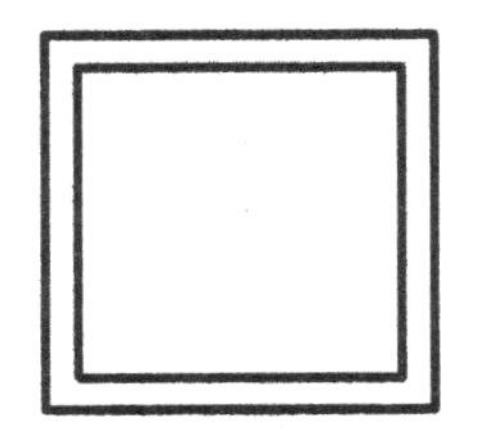

图 17-3　偏移矩形

（3）单击“绘图”工具栏中的“直线”按钮，在步骤（2）中绘制的矩形左侧竖直边上绘制

连续直线，如图 17-4 所示。

（4）单击“修改”工具栏中的“镜像”按钮，选择步骤（3）中绘制的连续直线为镜像对象，对其进行水平镜像，如图 17-5 所示。

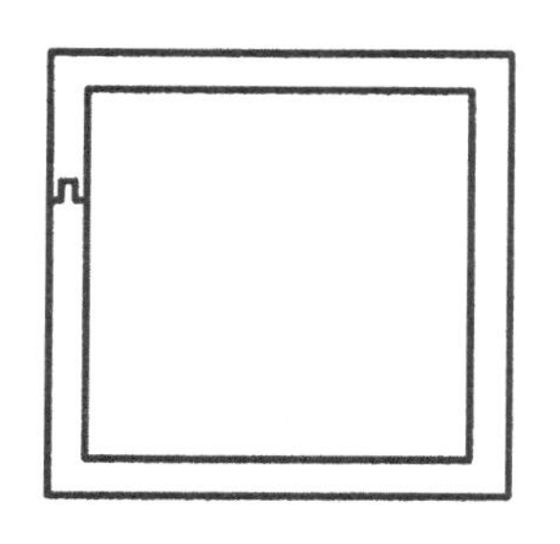

图 17-4　绘制连续直线

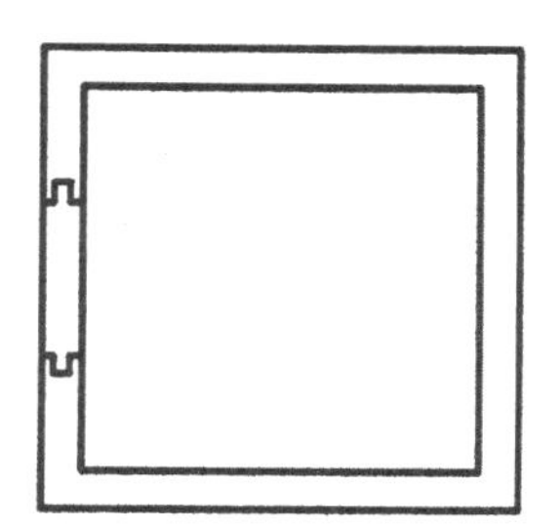

图 17-5　镜像图形

（5）单击“修改”工具栏中的“修剪”按钮，选择步骤（4）中镜像图形间的线段为修剪对象，对其进行修剪，如图 17-6 所示。

（6）单击“绘图”工具栏中的“直线”按钮，以如图 17-7 所示的点为线段起点垂直向下绘制一条直线，直线线宽为 0。

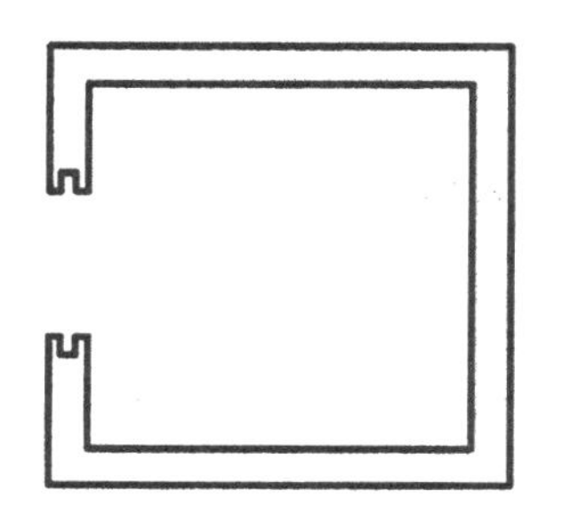

图 17-6　修剪线段

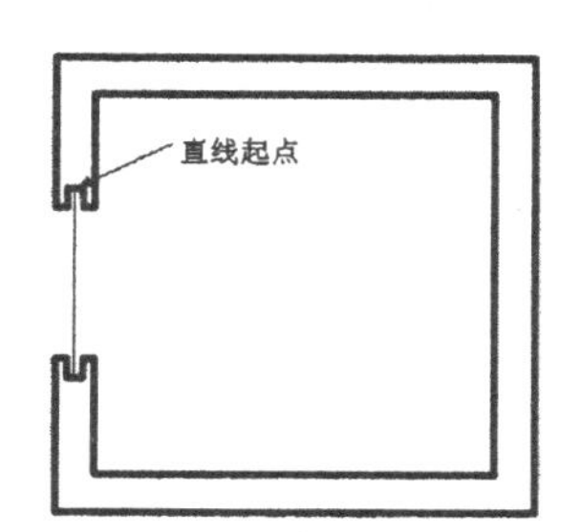

图 17-7　绘制直线

（7）单击“修改”工具栏中的“偏移”按钮，选择步骤（6）中绘制的竖直直线为偏移对象，分别向直线左右两侧进行偏移，偏移距离为 32 和 165，如图 17-8 所示。

（8）将线宽设置为 0.4，单击“绘图”工具栏中的“直线”按钮，以矩形外部水平边右端点为直线起点，水平向右绘制长度为 5287 的直线，如图 17-9 所示。

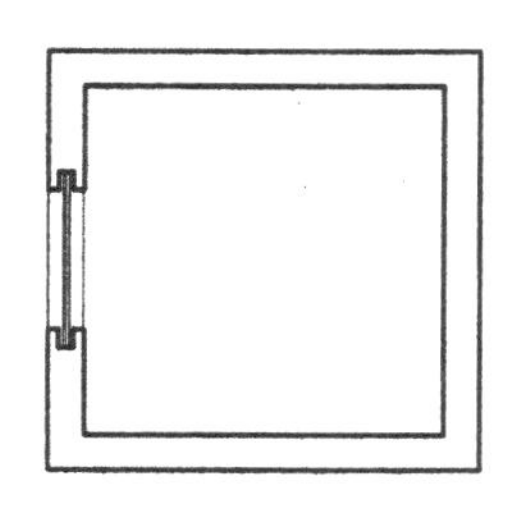

图 17-8　偏移线段

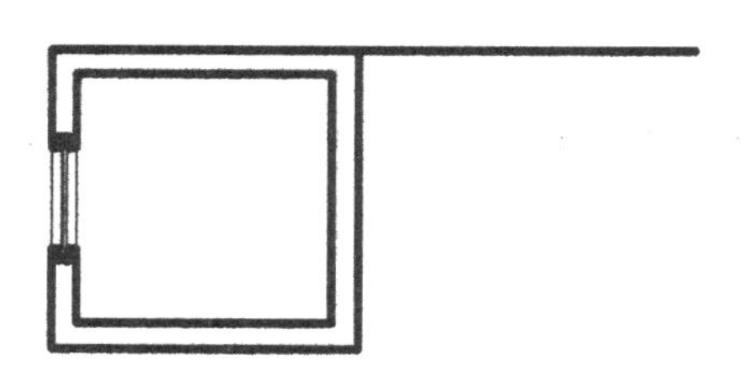

图 17-9　绘制水平直线

（9）单击“修改”工具栏中的“偏移”按钮，选择步骤（8）中绘制的水平直线为偏移对象，

将其向下进行偏移，偏移距离为 4800，如图 17-10 所示。

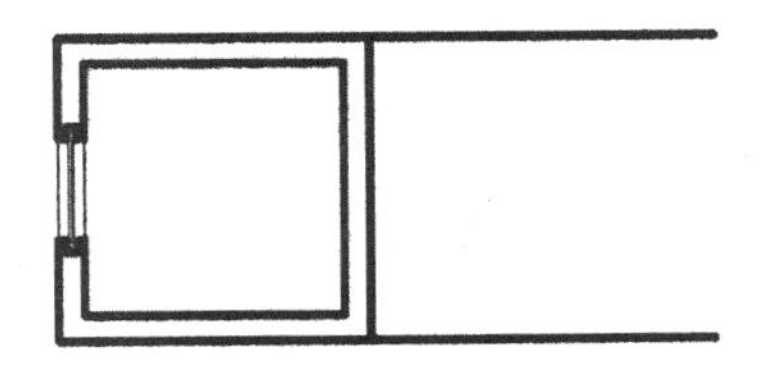

图 17-10　偏移水平直线

（10）将直线线型设置为 ACAD_ISO04W100，单击“绘图”工具栏中的“直线”按钮，在图形中间位置选择一点为直线起点，绘制长度为 17286 的水平直线，如图 17-11 所示。

（11）将线宽设置为 0.4，单击“绘图”工具栏中的“圆”按钮，在步骤（10）中绘制的直线上选择一点为圆心，绘制半径为 316 的圆，如图 17-12 所示。

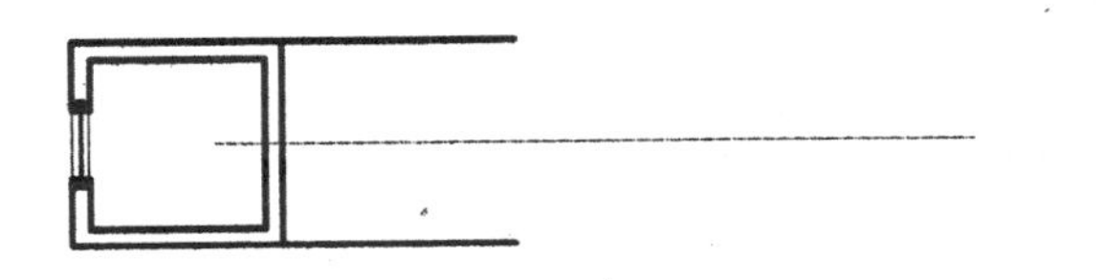

图 17-11　绘制水平直线

图 17-12　绘制圆

（12）单击“修改”工具栏中的“偏移”按钮，选择步骤（11）中绘制的圆为偏移对象，将其向内进行偏移，偏移距离为 147，如图 17-13 所示。

（13）单击“绘图”工具栏中的“直线”按钮，在距离步骤（10）中绘制的直线 169 处，绘制长度为 15381 的水平直线，线宽为 0.4，如图 17-14 所示。

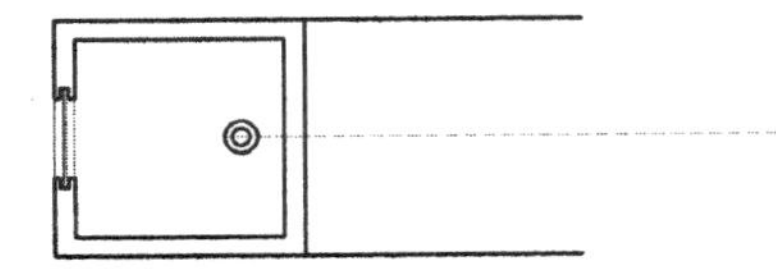

图 17-13　偏移圆

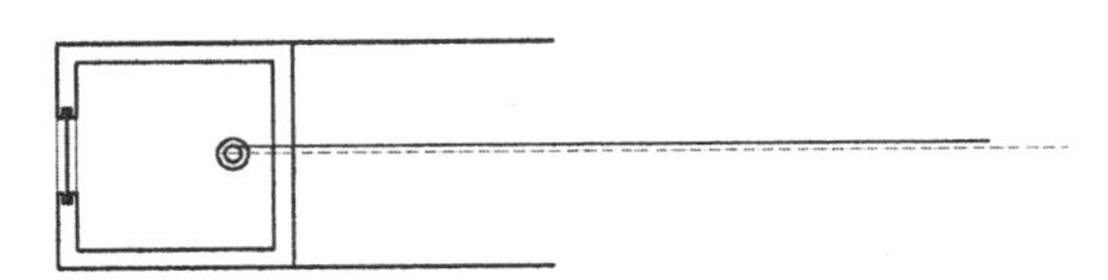

图 17-14　绘制水平直线

（14）单击“修改”工具栏中的“偏移”按钮，选择步骤（13）中绘制的水平直线为偏移对象，将其向下进行偏移，偏移距离为 338，如图 17-15 所示。

（15）单击“修改”工具栏中的“修剪”按钮，选择步骤（14）中偏移线段间的图形为修剪对象对其进行修剪处理，如图 17-16 所示。

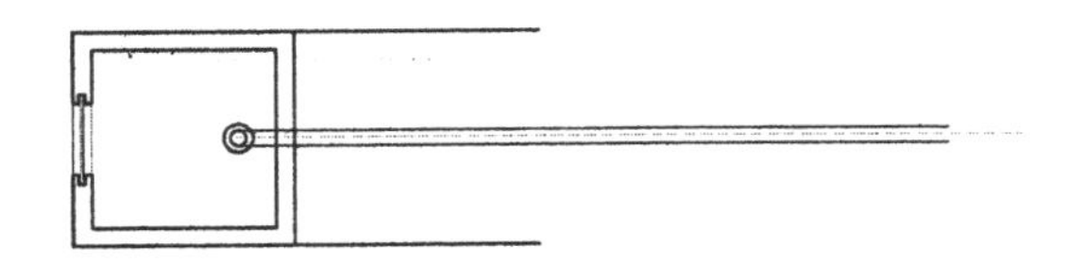

图 17-15　偏移线段

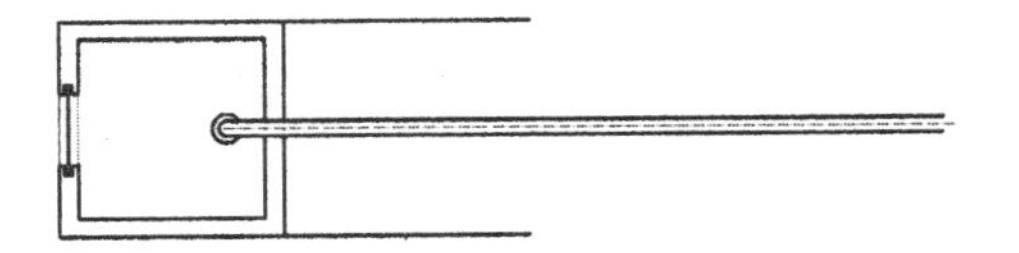

图 17-16　修剪线段

（16）单击“绘图”工具栏中的“直线”按钮，在步骤（15）中的偏移线段上绘制连续直线，

如图 17-17 所示。

（17）单击“修改”工具栏中的“镜像”按钮，选择步骤（16）中绘制的连续线段为镜像对象，对其进行水平镜像，如图 17-18 所示。

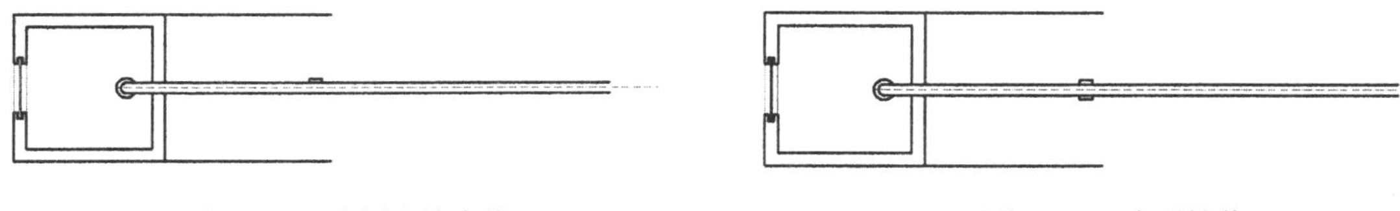

图 17-17　绘制连续直线　　　　图 17-18　水平镜像

（18）单击“绘图”工具栏中的“直线”按钮，在两镜像线段间绘制两条竖直直线，如图 17-19 所示。

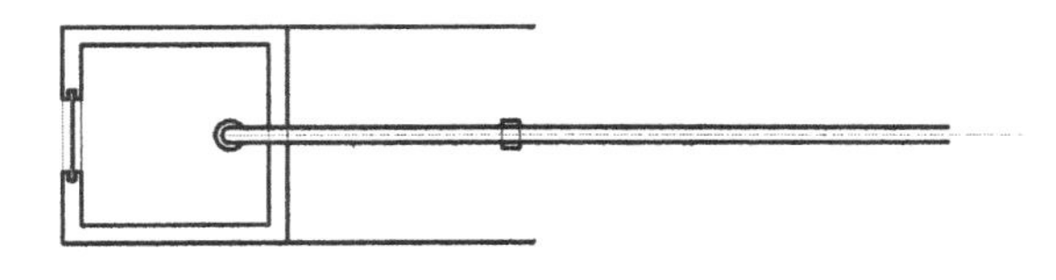

图 17-19　绘制直线

（19）单击“绘图”工具栏中的“矩形”按钮，绘制一个尺寸为 68×595 的矩形，如图 17-20 所示。

（20）单击“修改”工具栏中的“分解”按钮，选择绘制的矩形为分解对象，按 Enter 键确认进行分解，使其变为独立线段。

（21）单击“修改”工具栏中的“偏移”按钮，选择左侧竖直直线为偏移对象，将其向右进行偏移，偏移距离为 34，如图 17-21 所示。

图 17-20　绘制矩形　　　　图 17-21　偏移线段

（22）单击“修改”工具栏中的“复制”按钮，选择步骤（21）中绘制的图形为复制对象，对其进行复制操作，选择步骤（22）中偏移线段上端点为复制基点，将其向右进行复制，复制距离为 1172 和 254，如图 17-22 所示。

（23）单击“绘图”工具栏中的“圆弧”按钮，在两图形间绘制一段适当半径的圆弧，如图 17-23 所示。

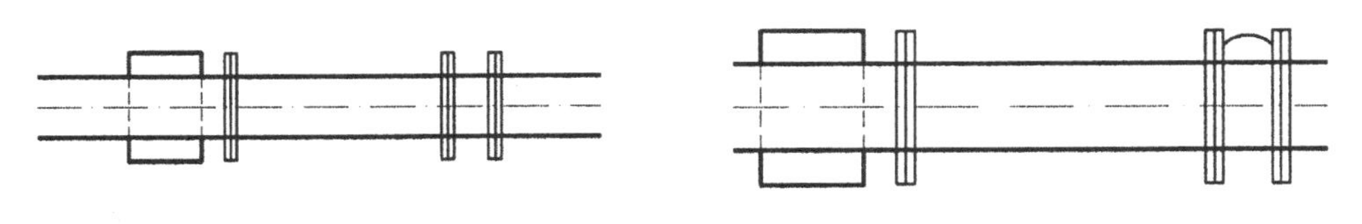

图 17-22　复制线段　　　　图 17-23　绘制圆弧

（24）单击“修改”工具栏中的“镜像”按钮，选择步骤（23）中绘制的圆弧为镜像对象，对其进行水平镜像，如图 17-24 所示。

（25）单击“修改”工具栏中的“修剪”按钮，选择步骤（24）中绘制的两圆弧间的线段为修剪对象，对其进行修剪处理，如图 17-25 所示。

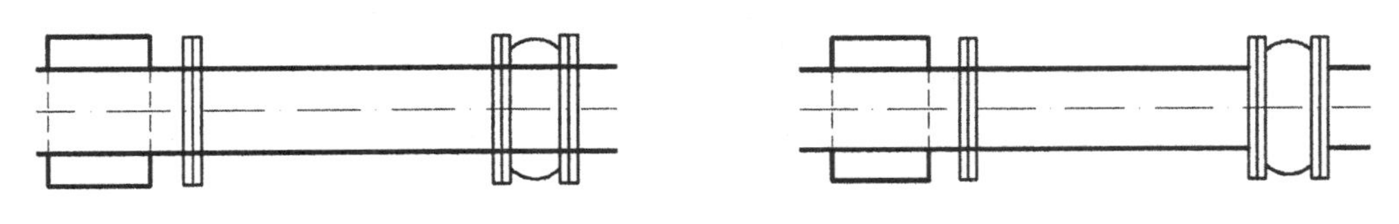

图 17-24　水平镜像　　　　图 17-25　修剪线段

（26）单击“修改”工具栏中的“复制”按钮，选择已有图形为复制对象，对其进行复制操作，并将内部线段修剪掉，如图 17-26 所示。

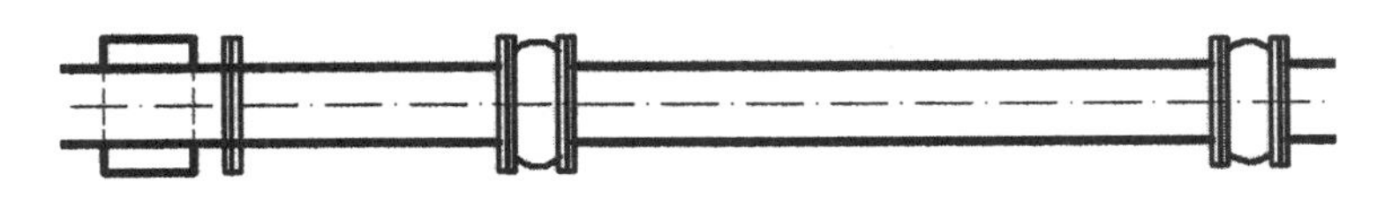

图 17-26　复制修剪

（27）单击“绘图”工具栏中的“矩形”按钮，在图形中绘制一个尺寸为 1822 × 1343 的矩形，如图 17-27 所示。

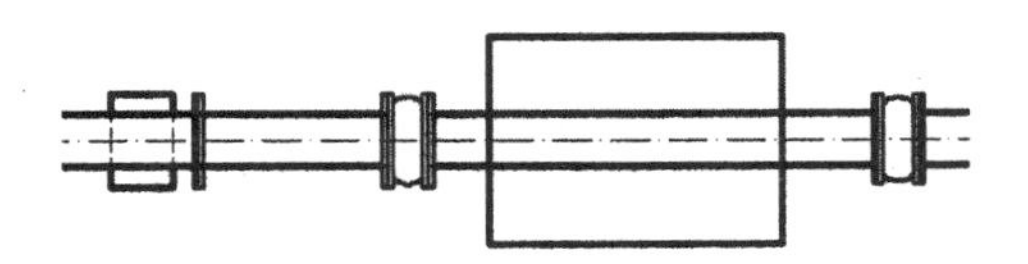

图 17-27　绘制矩形

（28）利用上述方法完成剩余相同图形的绘制，如图 17-28 所示。

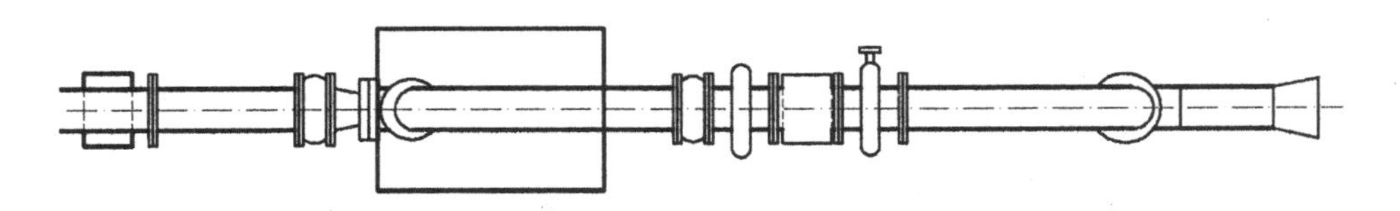

图 17-28　绘制剩余相同图形

（29）单击“绘图”工具栏中的“直线”按钮，以如图 17-29 所示的点为直线起点，水平向右绘制两条长度为 1229 的直线。

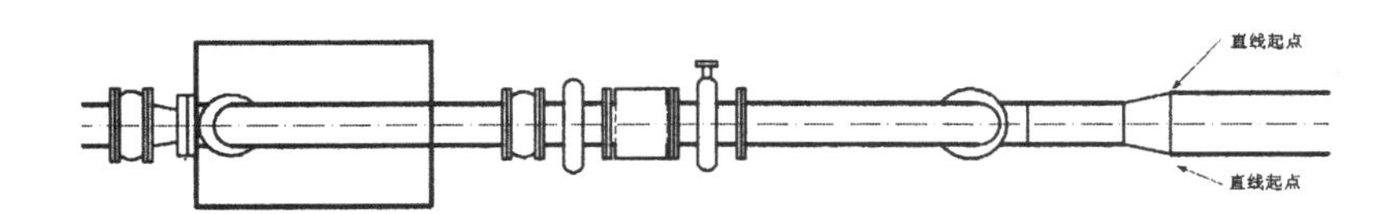

图 17-29　绘制直线

（30）单击“绘图”工具栏中的“矩形”按钮，在步骤（29）中绘制的图形上方选择一点为矩形起点，绘制尺寸为 7198 × 9161 的矩形，如图 17-30 所示。

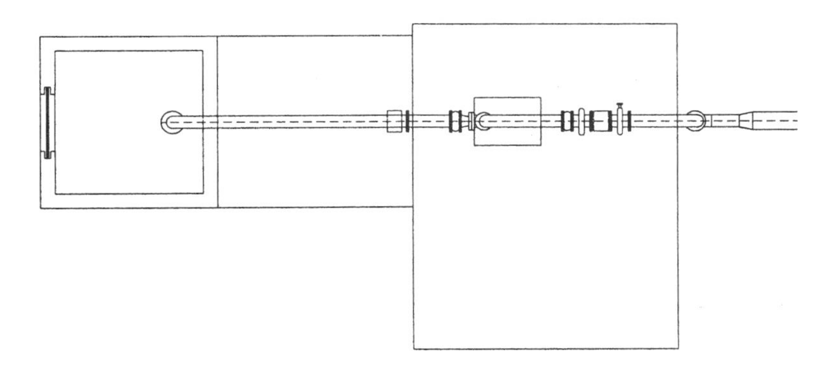

图 17-30　绘制矩形

（31）单击“修改”工具栏中的“偏移”按钮，选择步骤（30）中绘制的矩形为偏移对象，将其向内进行偏移，偏移距离为 327，如图 17-31 所示。

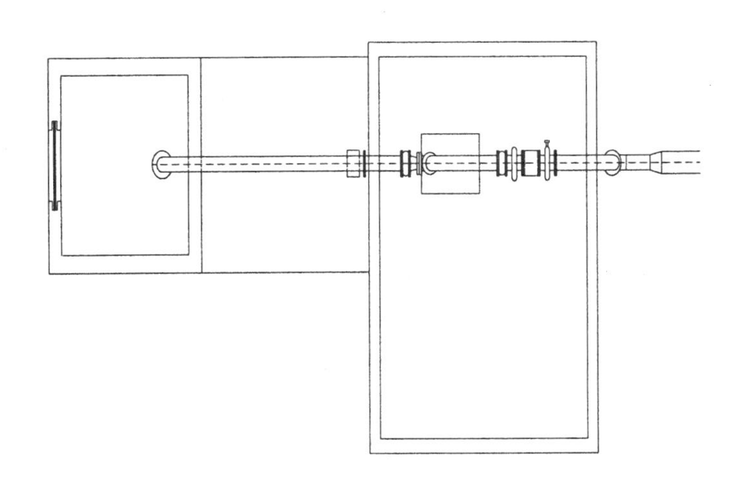

图 17-31　偏移矩形

（32）单击“绘图”工具栏中的“矩形”按钮，在步骤（31）中的偏移矩形内绘制尺寸为 1600 × 1200 的矩形，如图 17-32 所示。

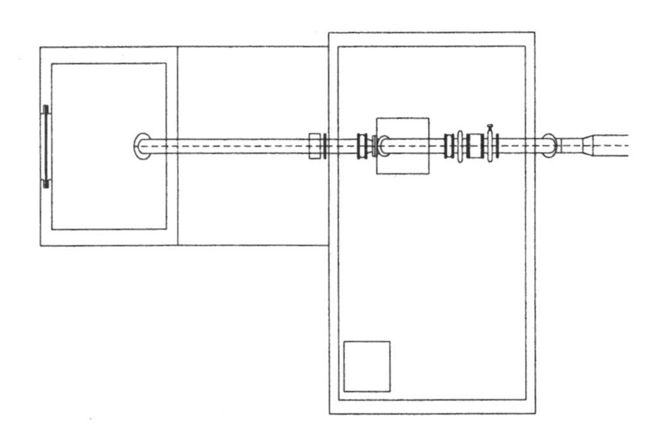

图 17-32　绘制矩形

17.1.2　绘制门窗

1. 绘制门窗

（1）单击“绘图”工具栏中的“直线”按钮，在图 17-32 中图形底部位置绘制一条竖直直线，如图 17-33 所示。

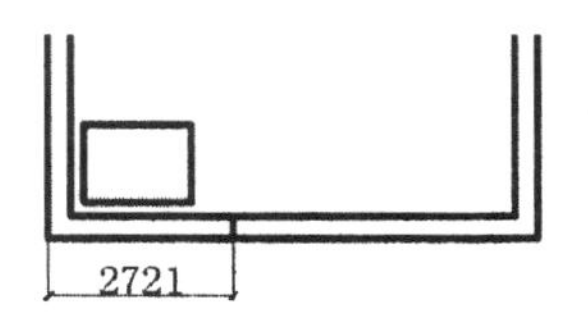

图 17-33　绘制直线

（2）单击“修改”工具栏中的“偏移”按钮，选择左侧竖直直线为偏移对象，将其向右进行偏移，偏移距离为 1681，如图 17-34 所示。

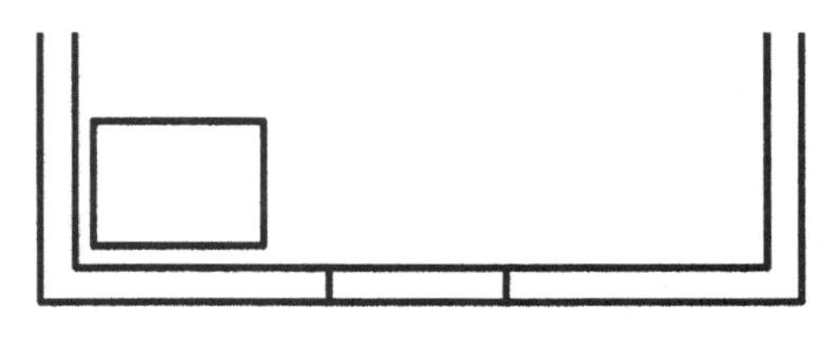

图 17-34　偏移直线

（3）单击“修改”工具栏中的“修剪”按钮，选择步骤（2）中偏移线段间的线段为修剪对象，对其进行修剪处理，如图 17-35 所示。

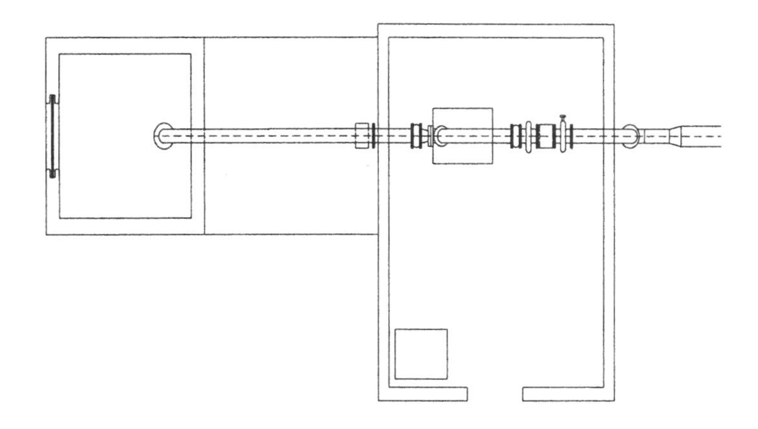

图 17-35　修剪线段

（4）单击“绘图”工具栏中的“直线”按钮，在图形上选择一点为直线起点，绘制适当长度的水平直线，如图 17-36 所示。

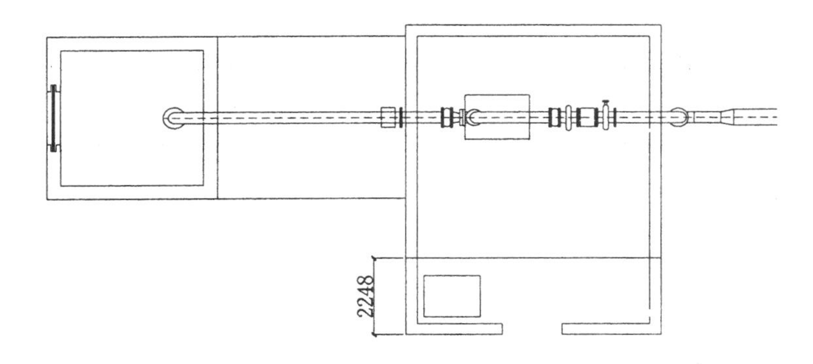

图 17-36　绘制直线

（5）单击“修改”工具栏中的“偏移”按钮，选择步骤（4）中绘制的水平直线为偏移对象，将其向上进行偏移，偏移距离为 1400，如图 17-37 所示。

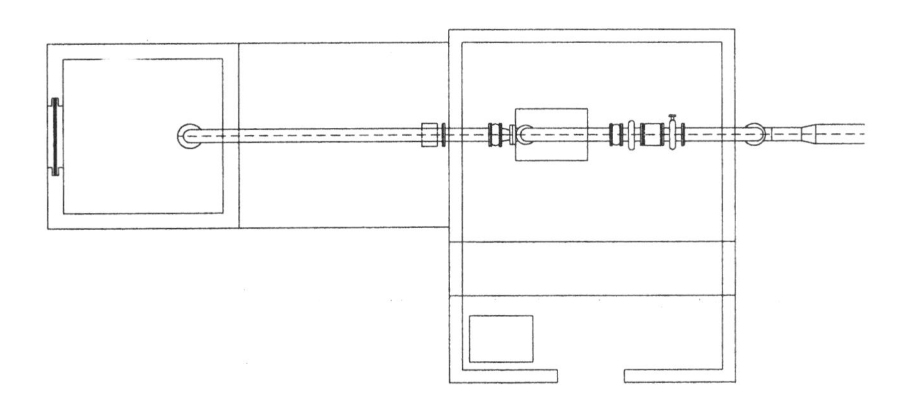

图 17-37　偏移线段

（6）单击“修改”工具栏中的“修剪”按钮，选择步骤（5）中偏移线段间的线段为修剪对象，对其进行修剪处理，如图 17-38 所示。

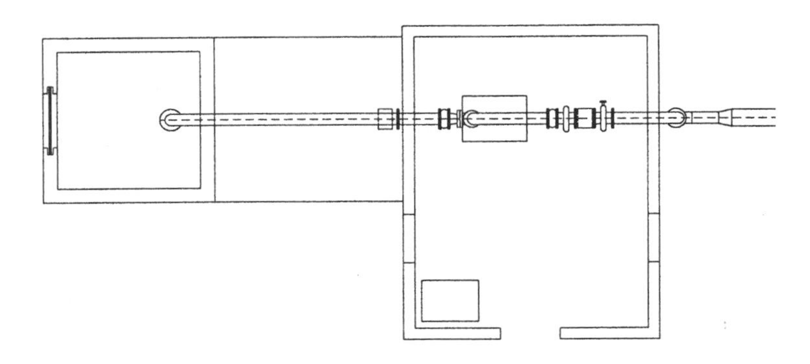

图 17-38 修剪处理

（7）单击“绘图”工具栏中的“直线”按钮，在绘制的水平直线中点为直线起点，分别向下绘制垂直直线，如图 17-39 所示。

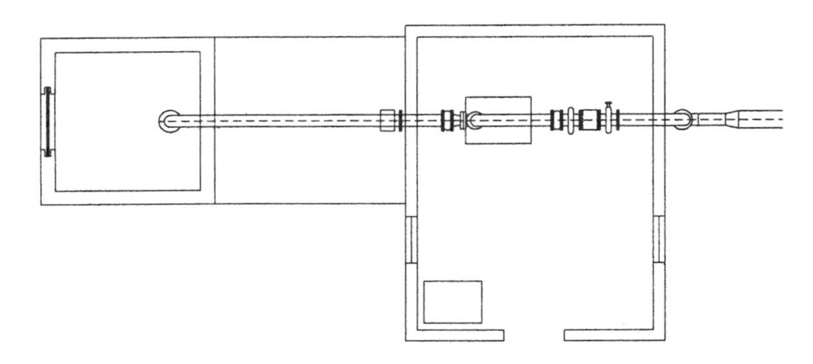

图 17-39 绘制直线

（8）单击“绘图”工具栏中的“直线”按钮和“圆弧”按钮，在门洞处完成门图形的绘制，如图 17-40 所示。

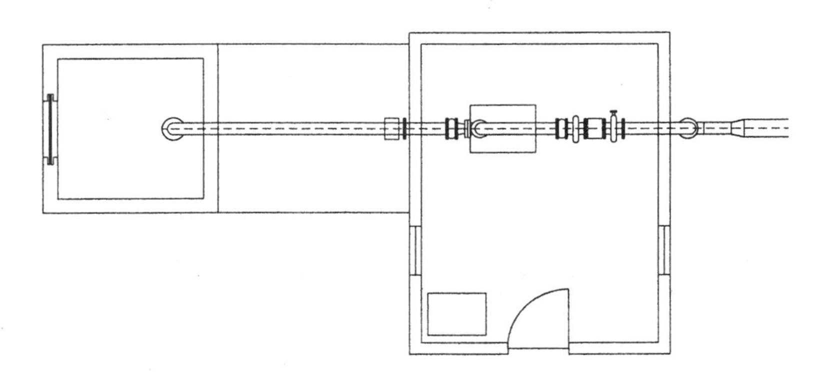

图 17-40 绘制门

2. 绘制管身

（1）建立新图层，命名为“管身”，颜色选取为 30，线型、线宽为默认，并将其设置为当前图层，如图 17-41 所示。

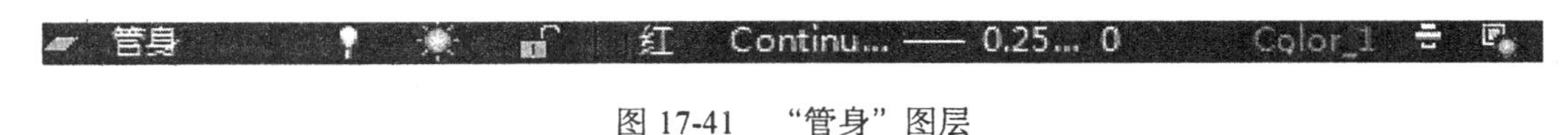

图 17-41 “管身”图层

（2）单击“绘图”工具栏中的“多段线”按钮，指定起点宽度为 30，端点宽度为 30，以如图 17-42 所示的点为多段线起点绘制连续多段线。

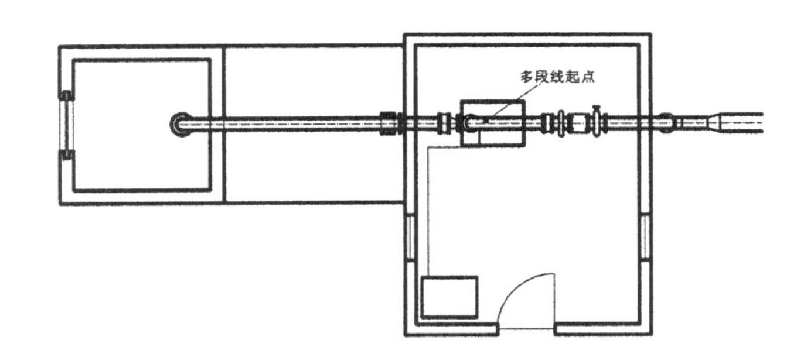

图 17-42 多段线起点

（3）选择步骤（2）中绘制的多段线为操作对象并右击，在弹出的快捷菜单中选择“特性”命令，弹出“特性”选项板，对其进行设置，如图 17-43 所示，图形效果如图 17-44 所示。

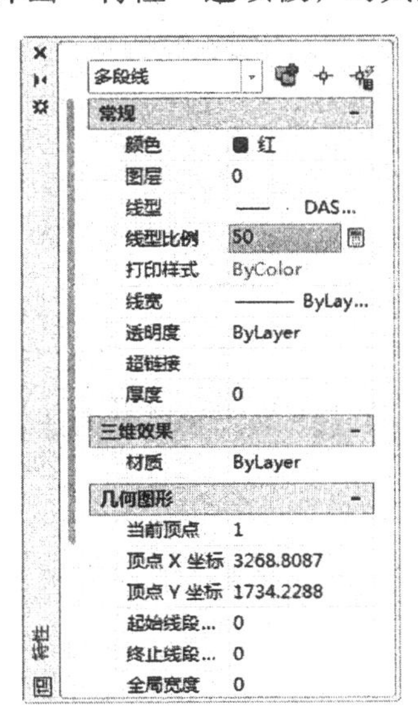

图 17-43 “特性”选项板

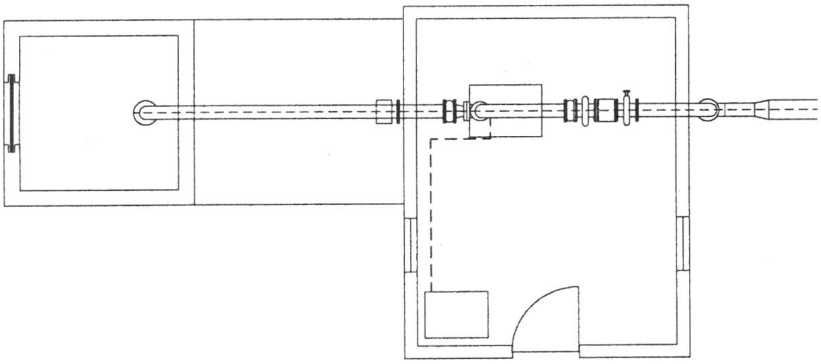

图 17-44 修改线型

（4）单击“绘图”工具栏中的“直线”按钮，在如图 17-45 所示的位置绘制一条长度为 754 的水平直线。

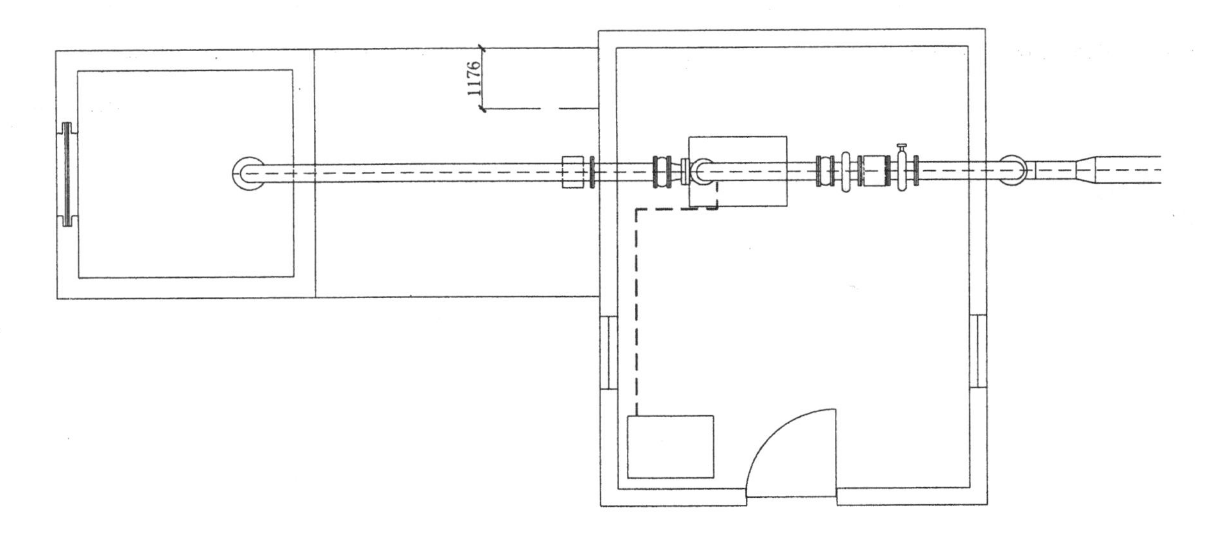

图 17-45　绘制水平直线

（5）单击“修改”工具栏中的“偏移”按钮，选择步骤（4）中绘制的水平直线为偏移对象，将其向下偏移，偏移距离为 243、243、2120、243 和 243，如图 17-46 所示。

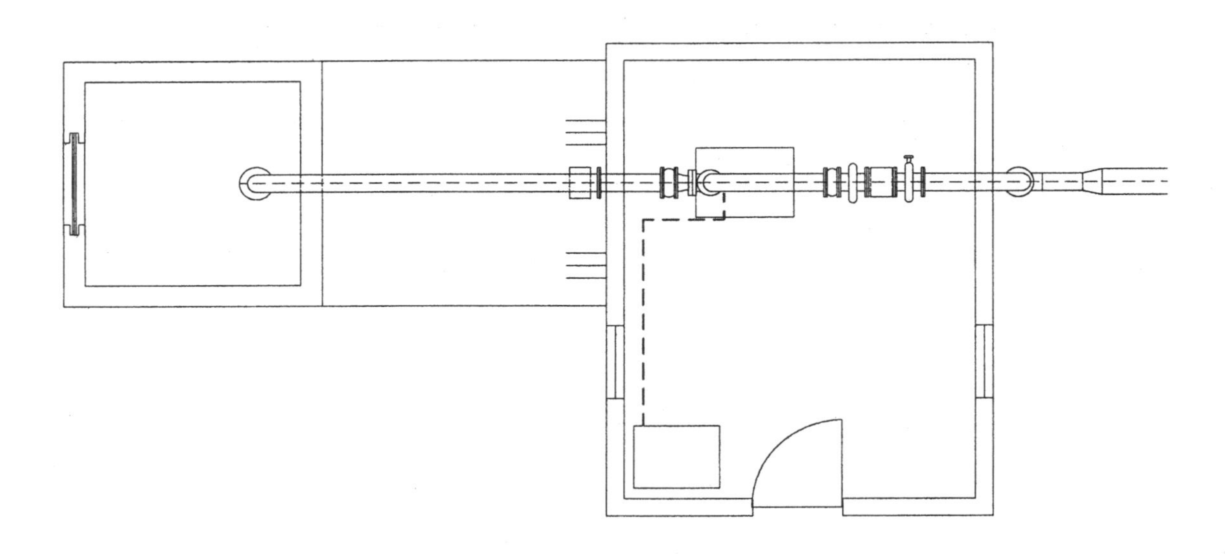

图 17-46　偏移水平直线

（6）利用上述方法完成直线间多段线的绘制，如图 17-47 所示。

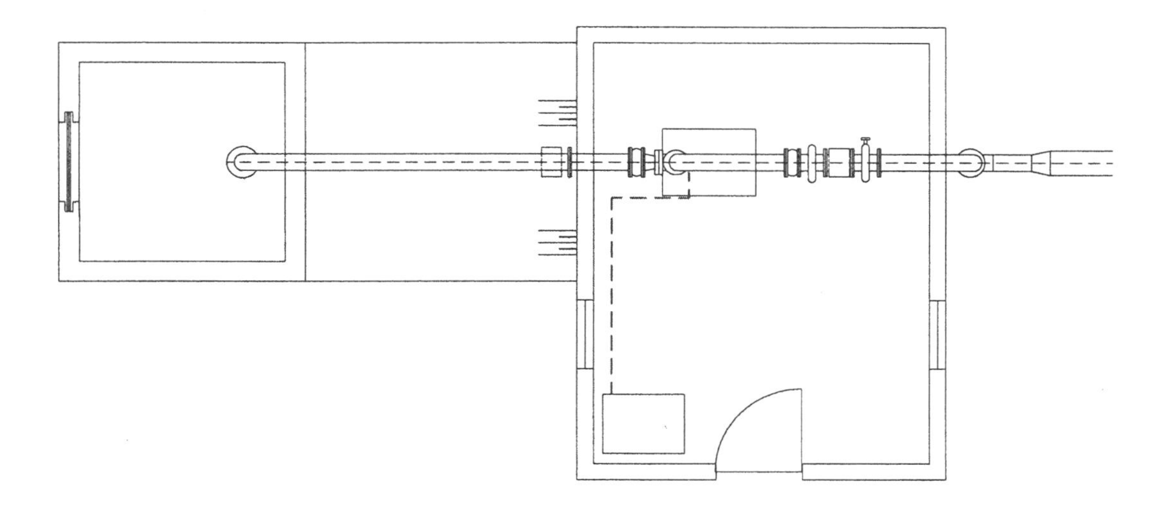

图 17-47　绘制多段线

（7）单击“绘图”工具栏中的“直线”按钮，在步骤（6）中图形左侧位置选择一点为直线起点，竖直向下绘制长度为 5524 的直线，如图 17-48 所示。

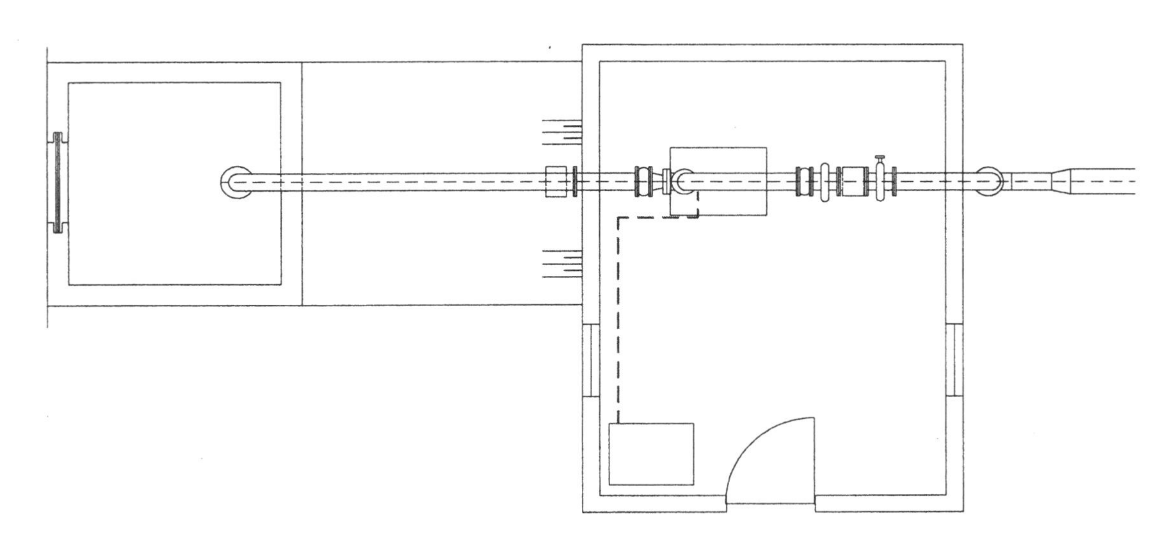

图 17-48　绘制竖直直线

（8）单击“修改”工具栏中的“偏移”按钮，选择步骤（7）中绘制的竖直直线为偏移对象，将其向左进行偏移，偏移距离为 2316，如图 17-49 所示。

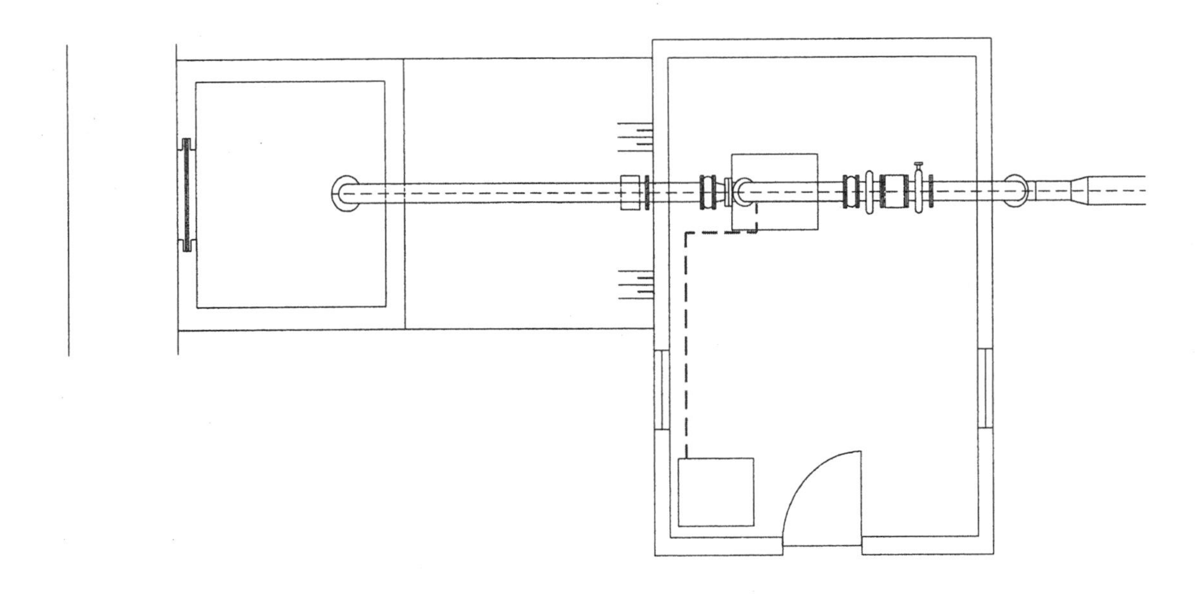

图 17-49　偏移竖直直线

（9）单击“绘图”工具栏中的“直线”按钮，在步骤（8）中绘制的两偏移线段上端和下端分别绘制长度为 2785 的水平直线，如图 17-50 所示。

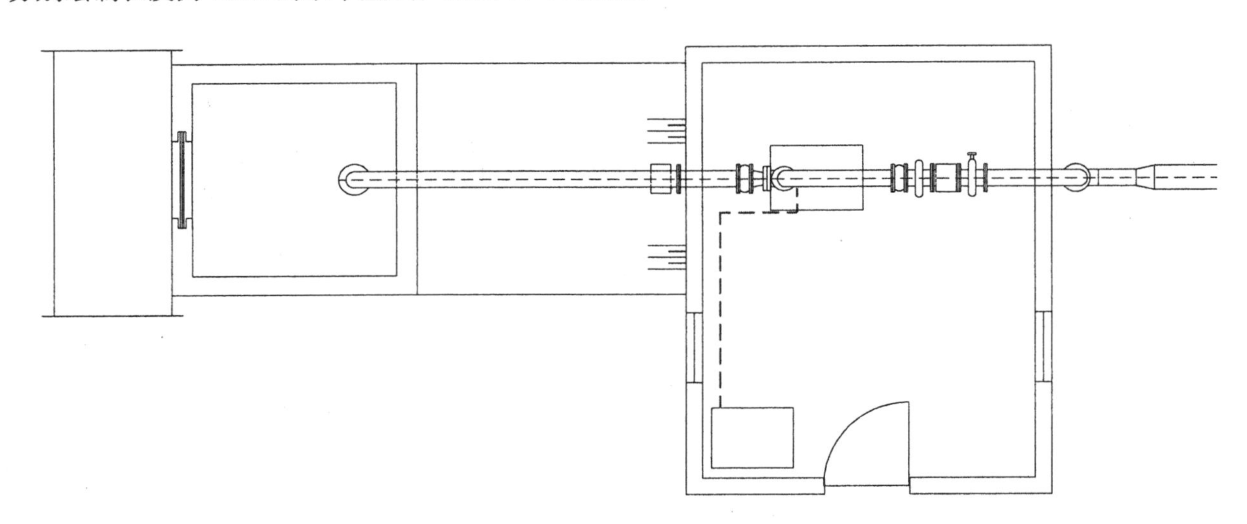

图 17-50　绘制水平直线

（10）单击“绘图”工具栏中的“直线”按钮，在步骤（9）中绘制的两条水平直线上绘制连续直线，如图 17-51 所示。

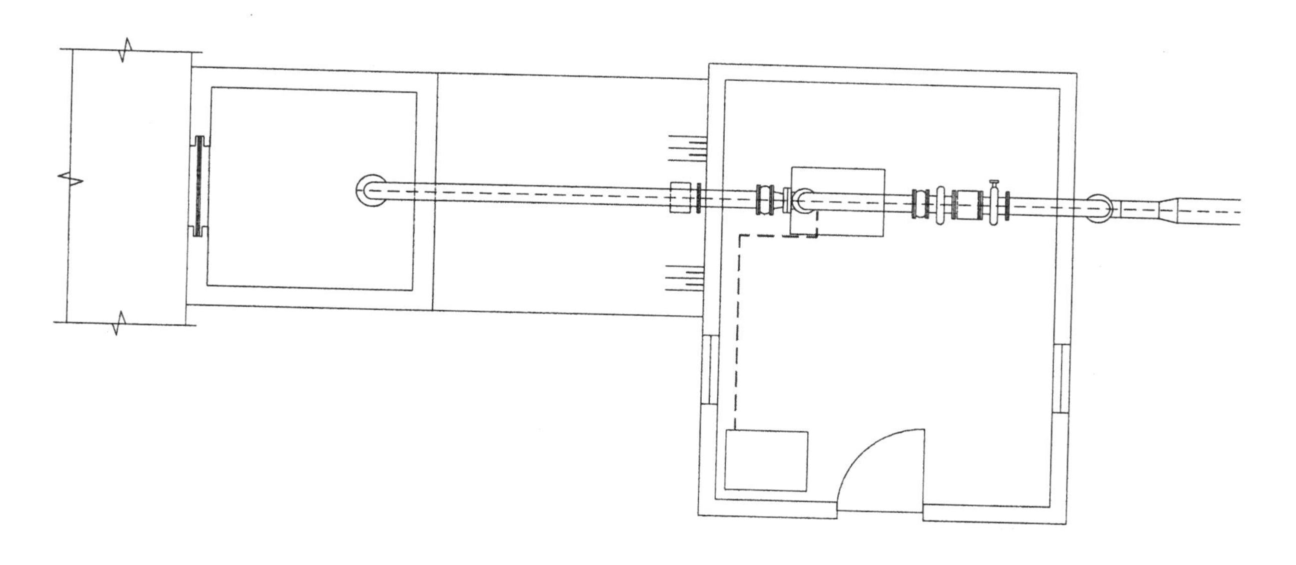

图 17-51　绘制连续直线

（11）单击“修改”工具栏中的“修剪”按钮，选择步骤（10）中绘制连续线段间的多余线段为修剪对象，对其进行修剪处理，如图 17-52 所示。

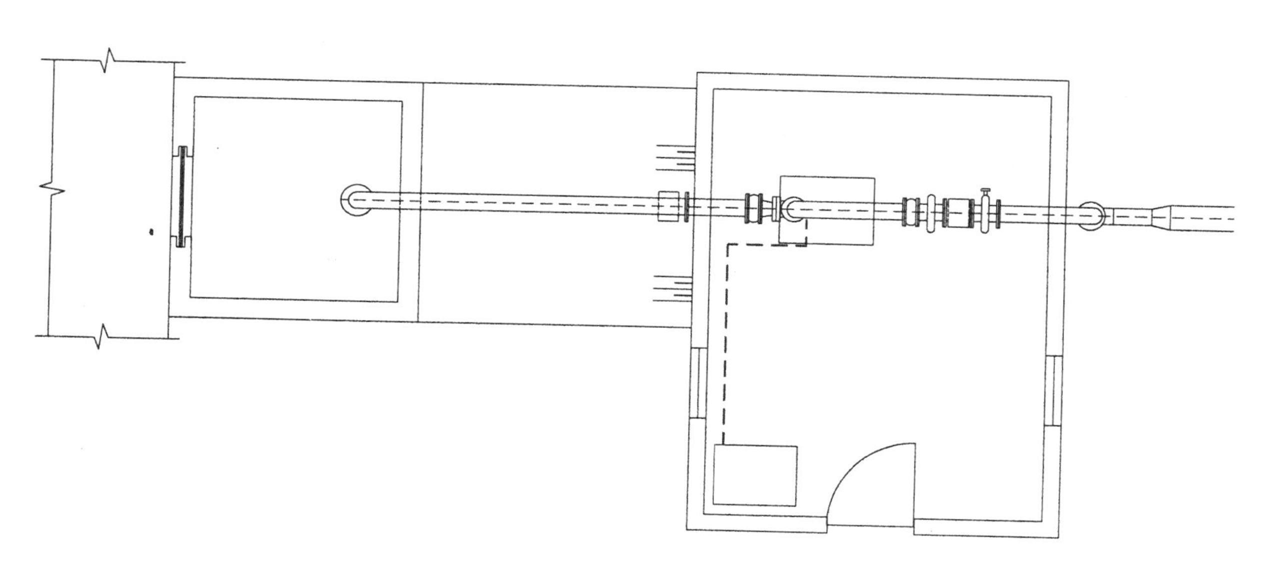

图 17-52　修剪多余线段

（12）利用上述方法完成剩余图形的绘制，如图 17-53 所示。

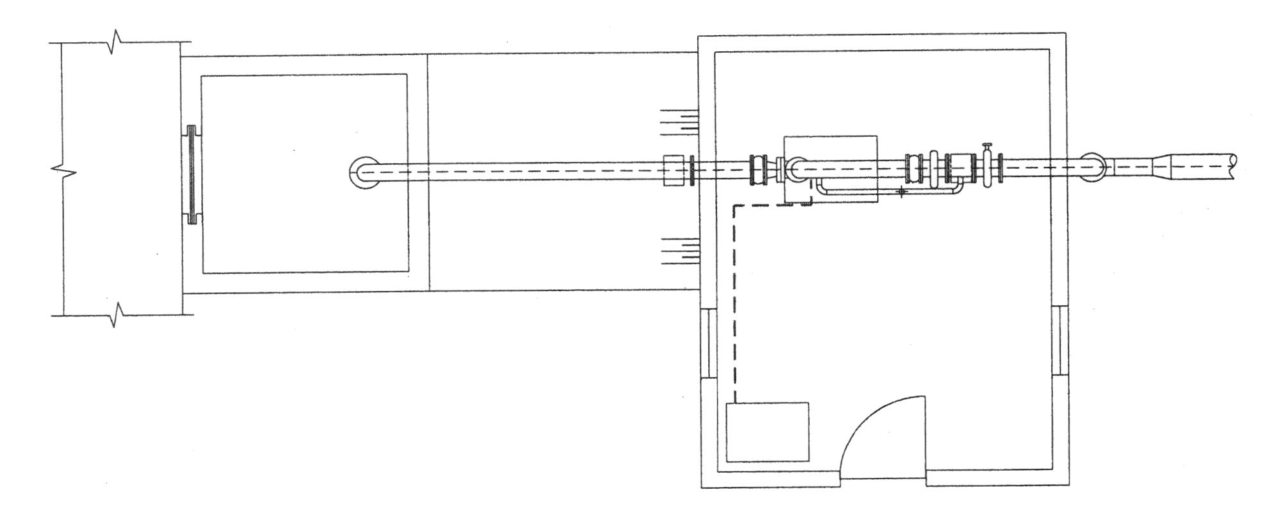

图 17-53　绘制剩余图形

3. 标注图形

（1）单击“标注”工具栏中的“线性”按钮，为图 17-53 中的图形添加标注，标注图形比例设置为 0.5，双击尺寸线上的数值对其进行修改，如图 17-54 所示。

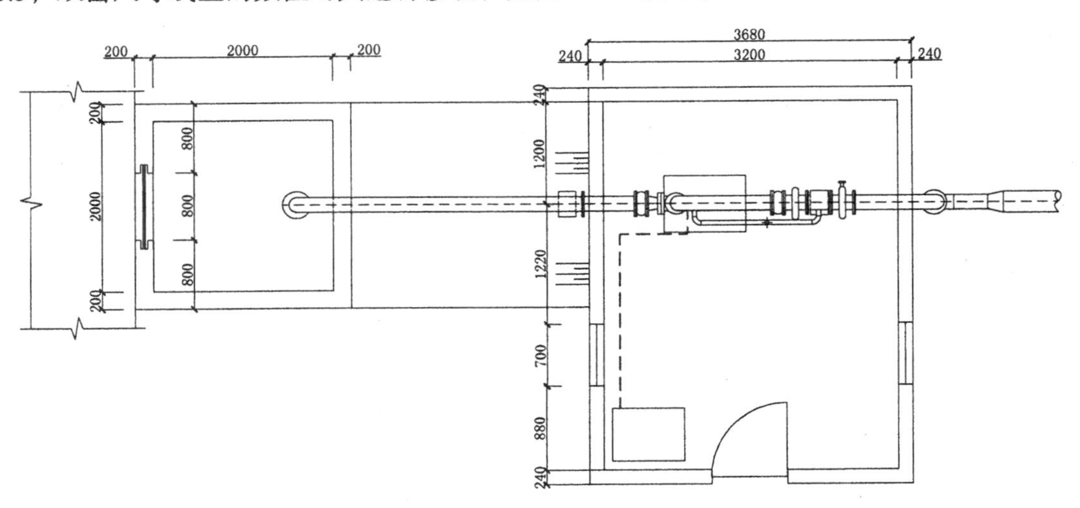

图 17-54　添加标注

（2）单击“绘图”工具栏中的“矩形”按钮，在图形内绘制尺寸为 969×384 的矩形，如图 17-55 所示。

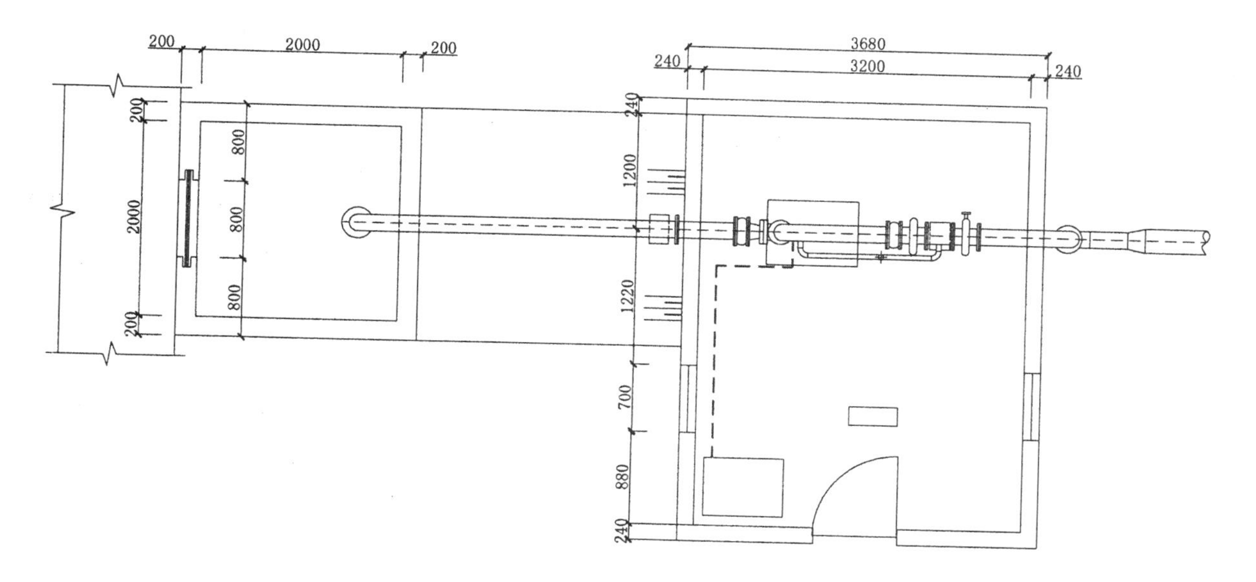

图 17-55　绘制矩形

（3）单击“绘图”工具栏中的“多行文字”按钮A，在步骤（2）中绘制的矩形内添加文字，如图 17-56 所示。

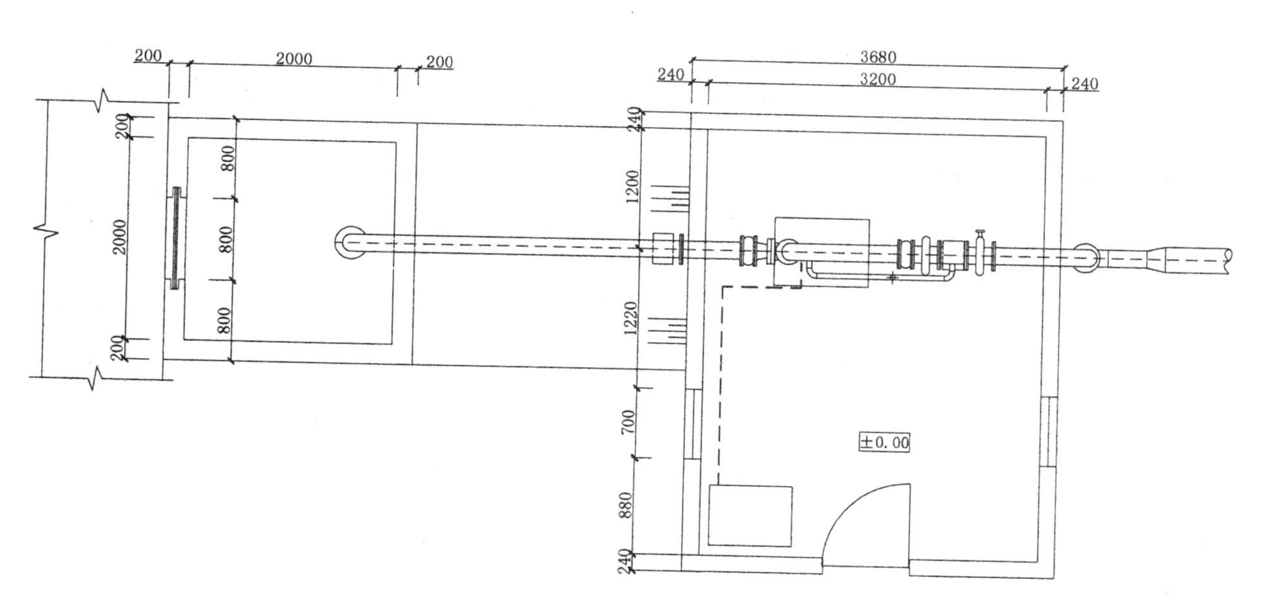

图 17-56　添加文字

（4）单击“绘图”工具栏中的“直线”按钮，在如图 17-57 所示的位置绘制连续直线。

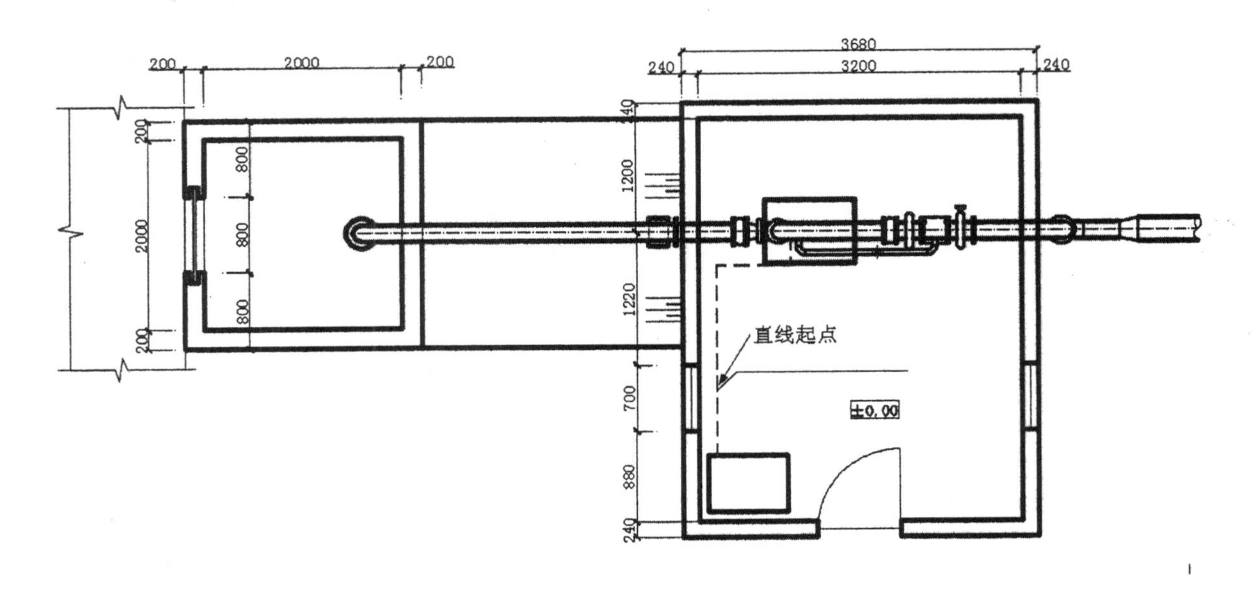

图 17-57　绘制连续直线

（5）单击“绘图”工具栏中的“多行文字”按钮A，在步骤（4）中绘制的连续直线上添加文字，如图 17-58 所示。

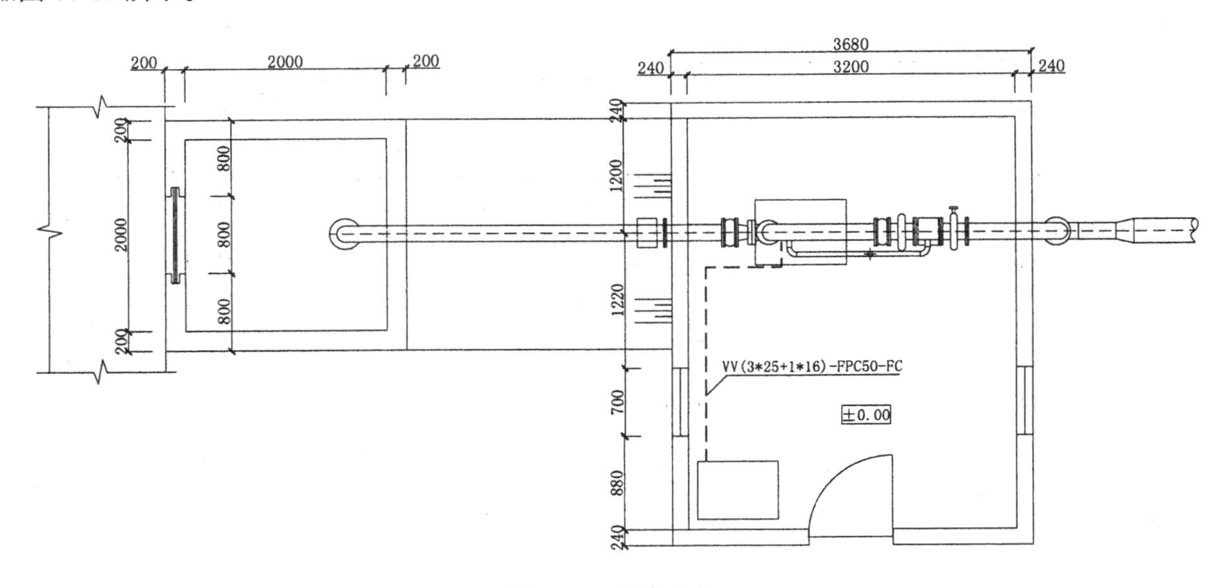

图 17-58　添加文字

（6）利用上述方法完成图形中剩余文字说明的添加，最终完成离心泵房平面图的绘制，如图 17-59 所示。

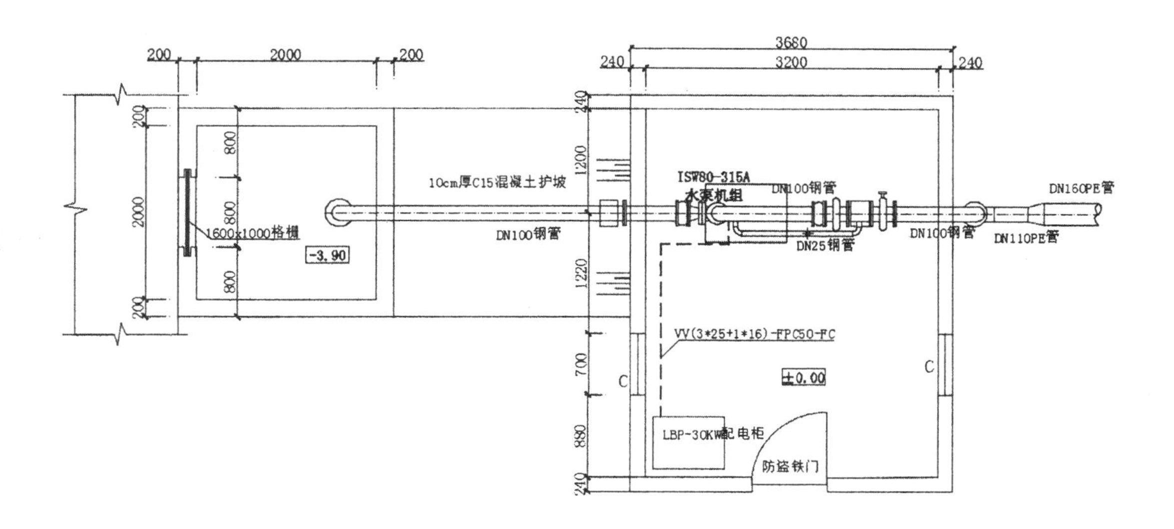

图 17-59　添加离心泵房

17.1.3　绘制门窗表

（1）将线宽设置为 0.4，单击“绘图”工具栏中的“矩形”按钮▭，在图形适当位置选择一点为矩形起点，绘制一个尺寸为 6261 × 1612 的矩形，如图 17-60 所示。

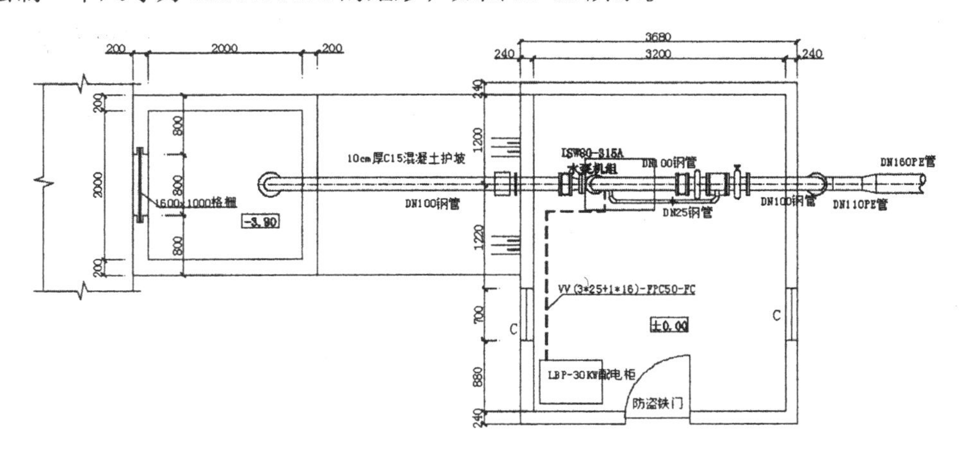

图 17-60　绘制矩形

（2）单击“修改”工具栏中的“分解”按钮，选择步骤（1）中绘制的矩形为分解对象，按Enter键确认对其进行分解，使其变成独立线段。

（3）单击“修改”工具栏中的“偏移”按钮，选择步骤（2）中分解矩形上部水平边为偏移对象，将其向下偏移，偏移距离为537和537，如图17-61所示。

（4）单击“修改”工具栏中的“偏移”按钮，选择左侧竖直直线为偏移对象，将其向右进行偏移，偏移距离为760、2078和1650，如图17-62所示。

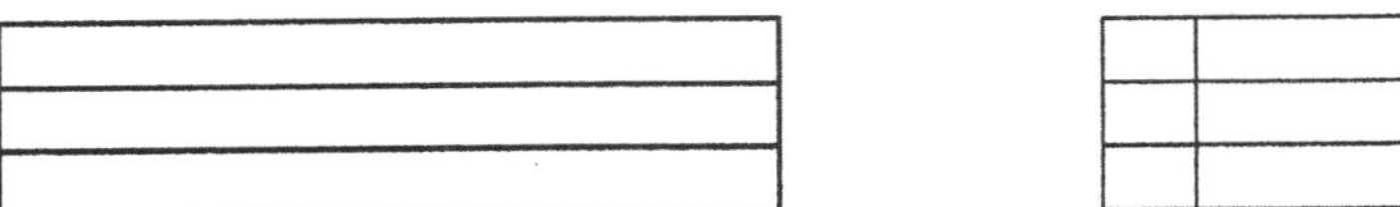

图 17-61　偏移水平直线

图 17-62　偏移竖直直线

（5）单击“绘图”工具栏中的“多行文字”按钮，在步骤（4）中的偏移线段内添加文字，如图17-63所示。

门窗表

项目	规格	数量	材料
门	900×2100	1	定型钢制门
窗	900×1200	2	塑钢窗

图 17-63　添加文字

（6）单击“绘图”工具栏中的“多行文字”按钮，为图形添加说明文字，如图17-64所示。

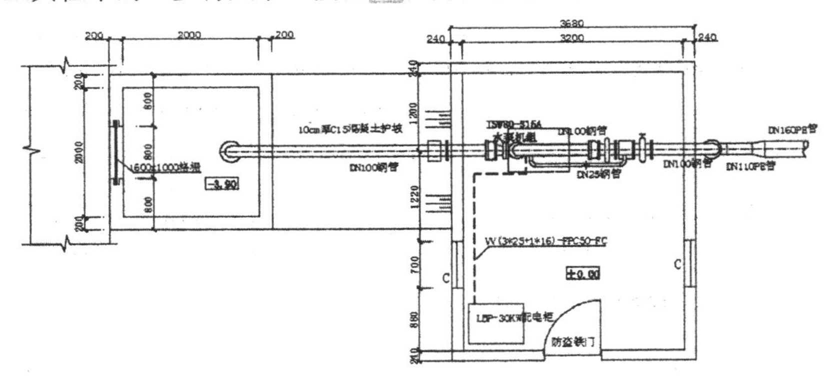

离心泵房平面图

项目	规格	数量	材料
门	900×2100	1	定型钢制门
窗	900×1200	2	塑钢窗

说明：
1、除标高以m为单位（相对高程）外，其余尺寸均以mm为单位；
2、混凝土标号采用C20；

图 17-64　添加说明文字

（7）单击“绘图”工具栏中的“插入块”按钮，选择“源文件 / 图块 /A3”图框，将其放置到图形位置，并添加图题，如图 17-1 所示。

17.2　检查井、镇墩结构详图

检查井和镇墩是灌溉系统的具体节点，如图 17-65 所示为检查井、镇墩结构详图。本节将讲述检查井和镇墩结构详图绘制的具体方法和过程。

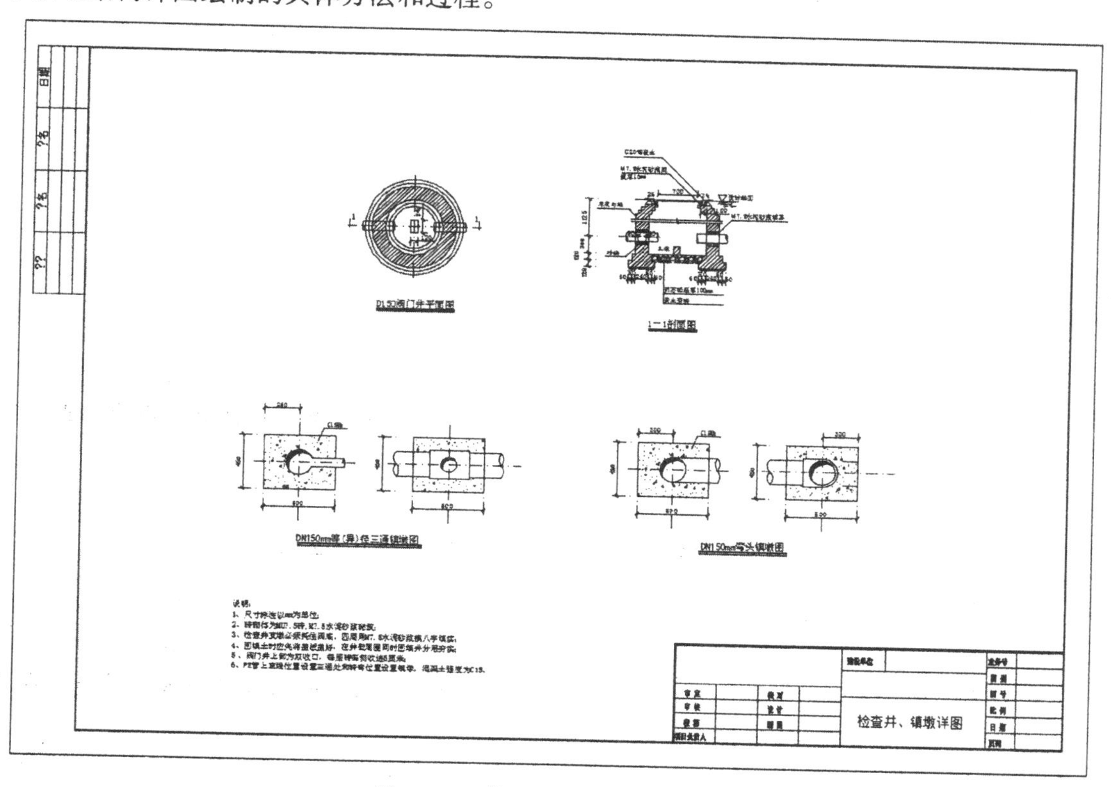

图 17-65　检查井、镇墩结构详图

17.2.1　绘制阀门井平面图

1. 绘制轴线

（1）新建“轴线”图层，设置图层颜色为洋红，线型为 DASHDOT，并将其设置为当前图层。

（2）单击“绘图”工具栏中的“直线”按钮，在图形空白位置任选一点为直线起点，绘制长度为 1862 的水平直线和竖直直线，如图 17-66 所示。

2. 绘制阀门井平面图

（1）新建“结构线”图层，属性保持默认并将其设置为当前图层。单击“绘图”工具栏中的“圆”按钮，以图 17-66 中的十字交叉线为圆心，绘制半径为 380 的圆，如图 17-67 所示。

图 17-66　绘制直线　　图 17-67　绘制圆

（2）单击“修改”工具栏中的“偏移”按钮，选择步骤（1）中绘制的圆为偏移对象，将其向外进行偏移，偏移距离为 60、60、240、60 和 60，如图 17-68 所示。

（3）单击“绘图”工具栏中的“矩形”按钮，选择十字交叉中心线中间位置为矩形中心，绘制一个尺寸为 120×240 的矩形，如图 17-69 所示。

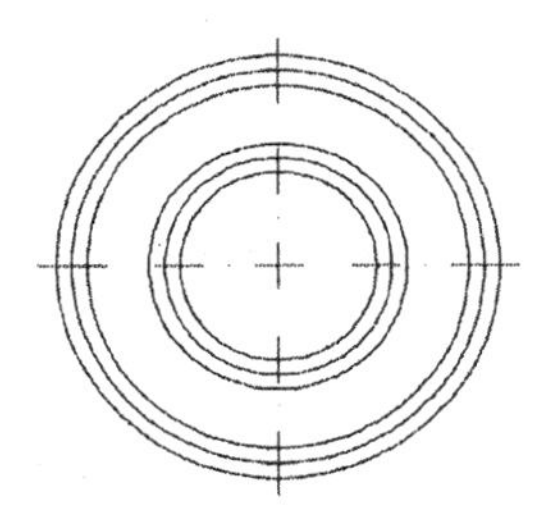

图 17-68　偏移圆

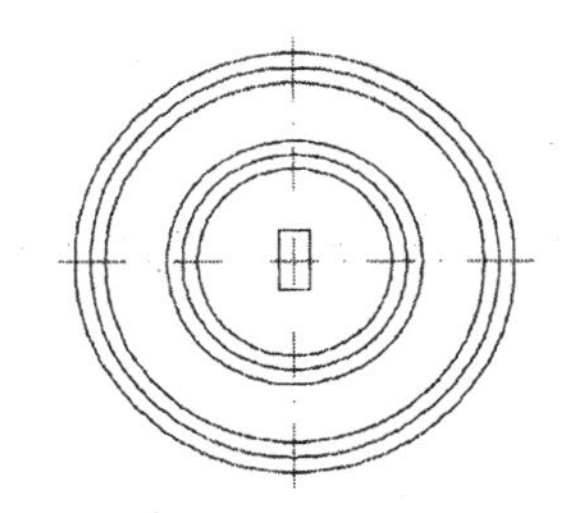

图 17-69　绘制矩形

（4）单击“绘图”工具栏中的“直线”按钮，设置线宽为 0.5，在图形适当位置绘制长度为 540 的水平直线，如图 17-70 所示。

（5）单击“修改”工具栏中的“偏移”按钮，选择步骤（3）中绘制的直线为偏移对象，将其向下进行偏移，偏移距离为 160，如图 17-71 所示。

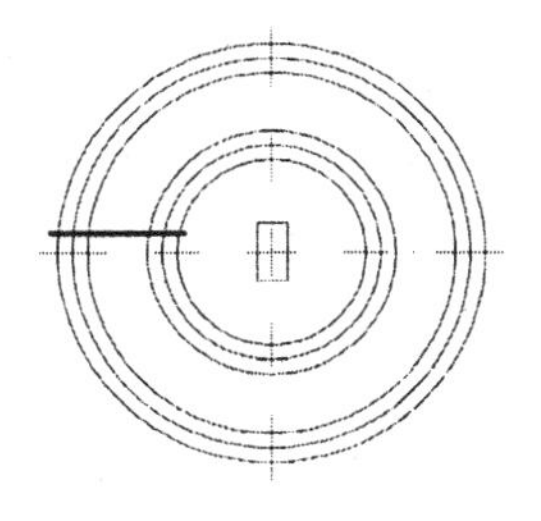

图 17-70　绘制直线

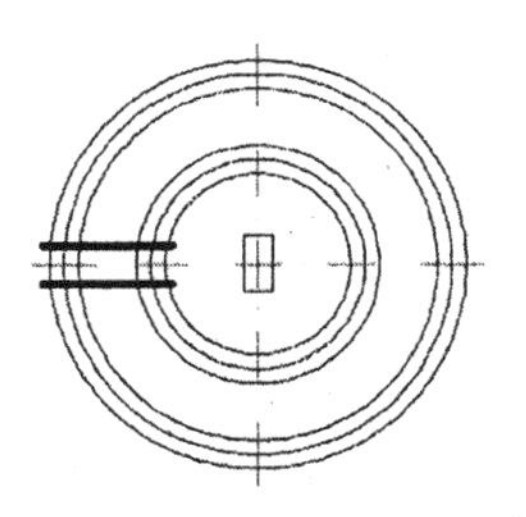

图 17-71　偏移直线

（6）单击“绘图”工具栏中的“圆弧”按钮，在步骤（5）中绘制的两水平直线左右两侧绘制多段圆弧，如图 17-72 所示。

（7）单击“修改”工具栏中的“镜像”按钮，选择左侧绘制对象为镜像对象，对其进行竖直镜像，如图 17-73 所示。

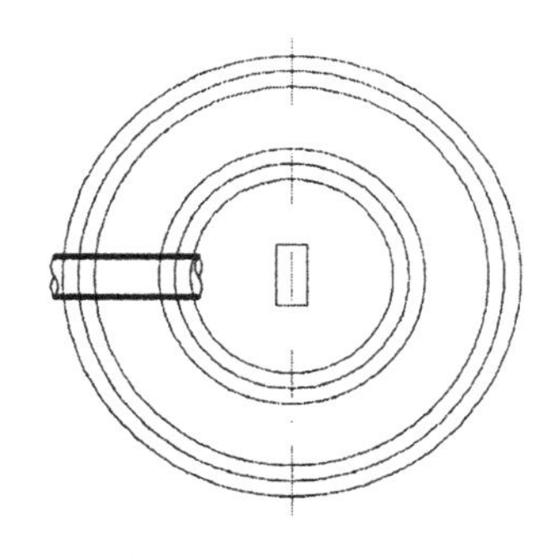

图 17-72　绘制圆弧

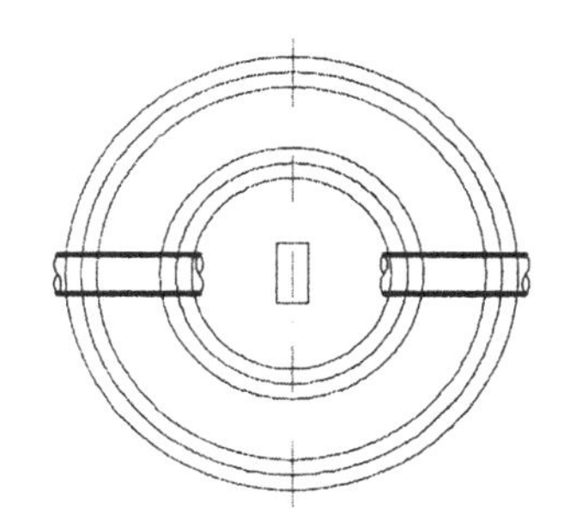

图 17-73　镜像对象

（8）单击“绘图”工具栏中的“直线”按钮，设置线宽为 0.5，在步骤（7）中绘制的图形左侧位置绘制一条竖直直线和一条水平直线，如图 17-74 所示。

（9）单击“修改”工具栏中的“镜像”按钮，选择左侧线段为镜像对象，将其向右进行竖直镜像，如图 17-75 所示。

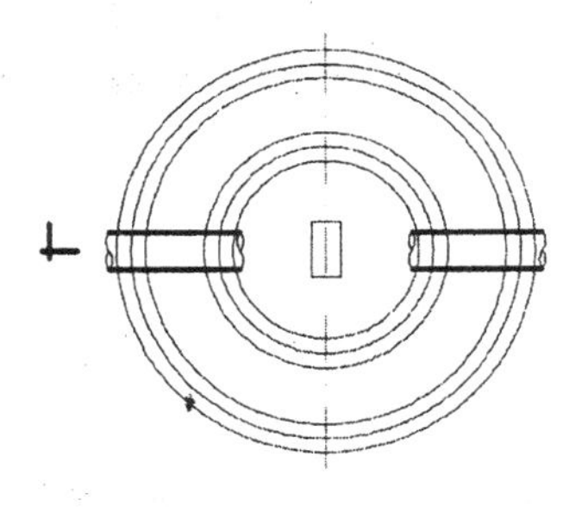

图 17-74　绘制直线

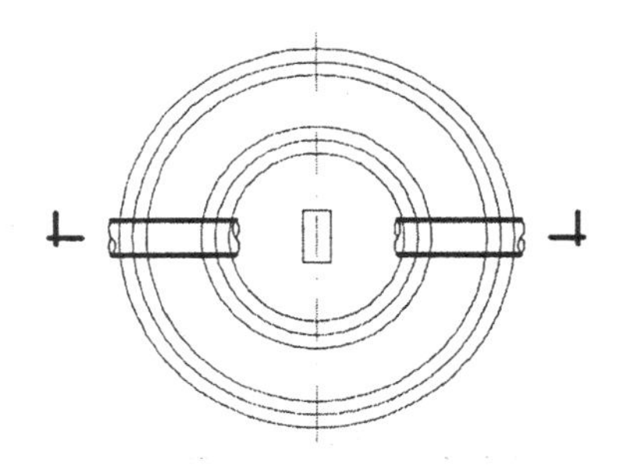

图 17-75　镜像对象

3. 标注图形

（1）建立新图层，命名为“标注”，颜色选取为绿色，线型、线宽为默认，如图 17-76 所示，并将其设置为当前图层。

标注　绿　Continu...　默认　0　Colo...

图 17-76　“标注”图层

（2）单击“标注”工具栏中的“线性”按钮，为图形添加尺寸标注，如图 17-77 所示。

（3）单击“绘图”工具栏中的“图案填充”按钮和“多行文字”按钮，填充图案并为图形添加总图文字说明，如图 17-78 所示。

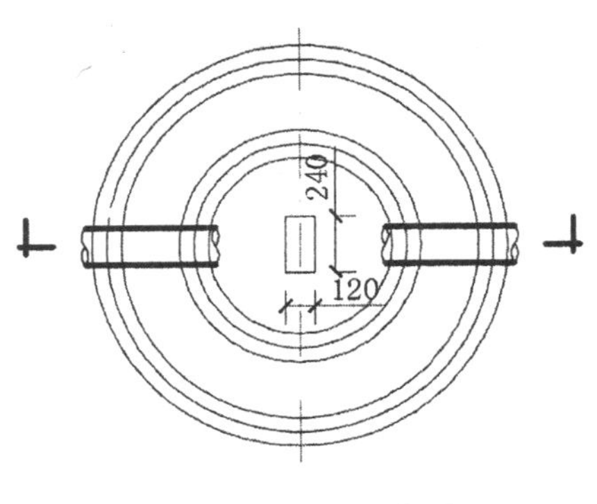

图 17-77　添加标注

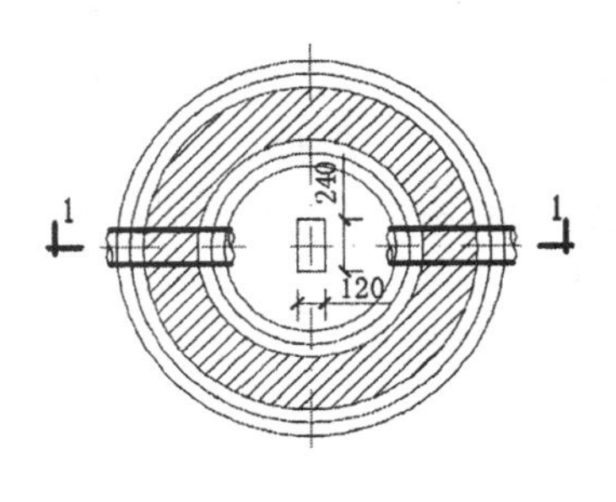

图 17-78　添加总图文字说明

17.2.2　绘制阀门井 1-1 剖面图

1. 绘制下部基础

（1）单击“绘图”工具栏中的“直线”按钮，在图形右侧位置绘制连续直线，如图 17-79 所示。

（2）单击“绘图”工具栏中的“直线”按钮，以步骤（1）中绘制的底部竖直直线下端点为直线起点，水平向右绘制长度为 480 的直线，如图 17-80 所示。

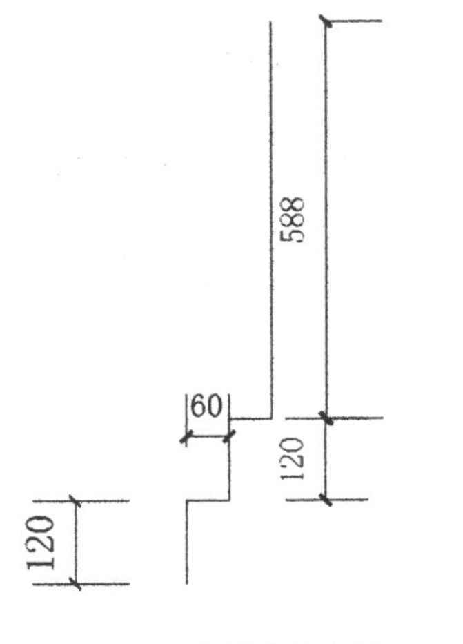

图 17-79　绘制连续直线

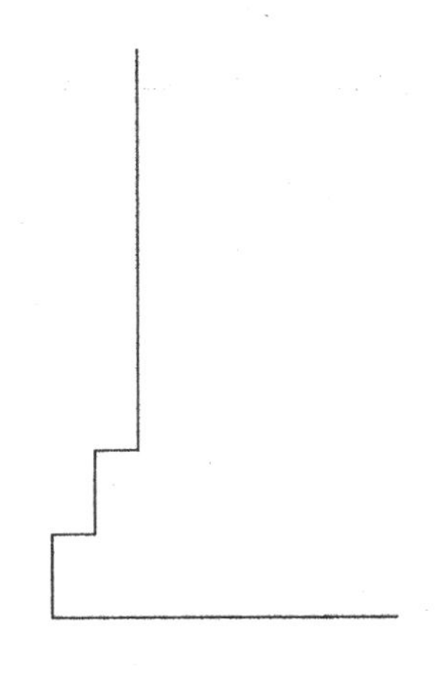

图 17-80　绘制水平直线

（3）单击“修改”工具栏中的“镜像”按钮，选择左侧连续线段为镜像对象，以水平直线中点为镜像线起点，对其进行竖直镜像，如图 17-81 所示。

2. 绘制上部剖面图

（1）单击“修改”工具栏中的“偏移”按钮，选择底部水平直线为偏移对象，将其向上进行偏移，偏移距离为 410、50、160 和 50，如图 17-82 所示。

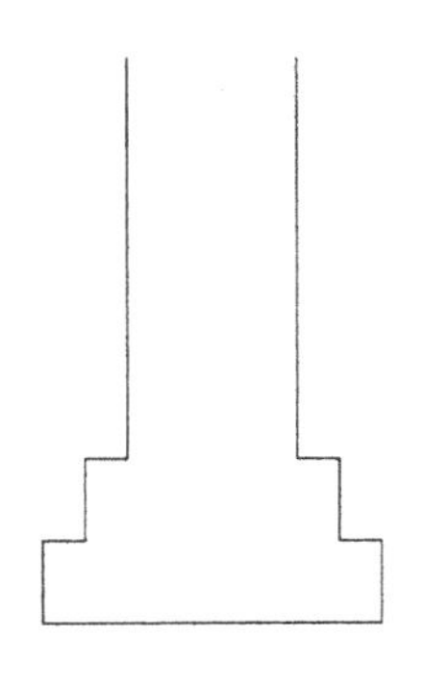

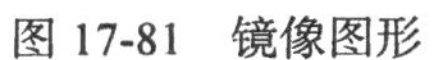

图 17-81　镜像图形

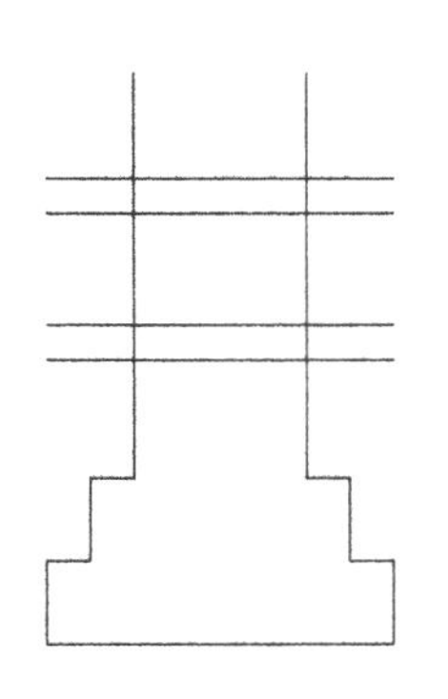

图 17-82　偏移线段

（2）单击“修改”工具栏中的“修剪”按钮，选择步骤（1）中的偏移线段为修剪对象，对其进行修剪处理，如图 17-83 所示。

（3）利用前面讲述的方法在偏移线段间绘制图形，如图 17-84 所示。

（4）单击“绘图”工具栏中的“直线”按钮，在偏移线段内绘制两条竖直直线，如图 17-85 所示。

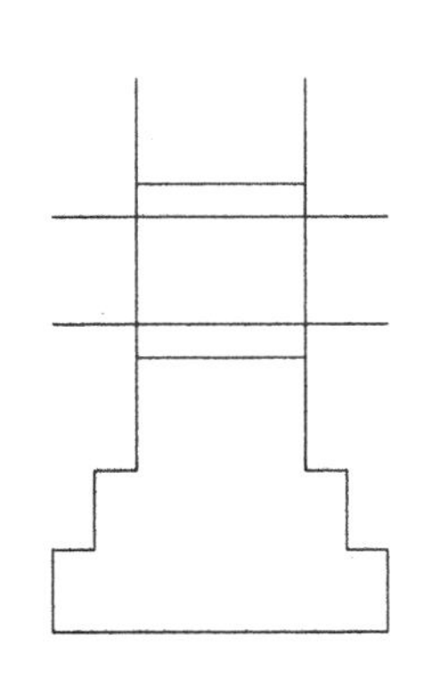

图 17-83　修剪线段

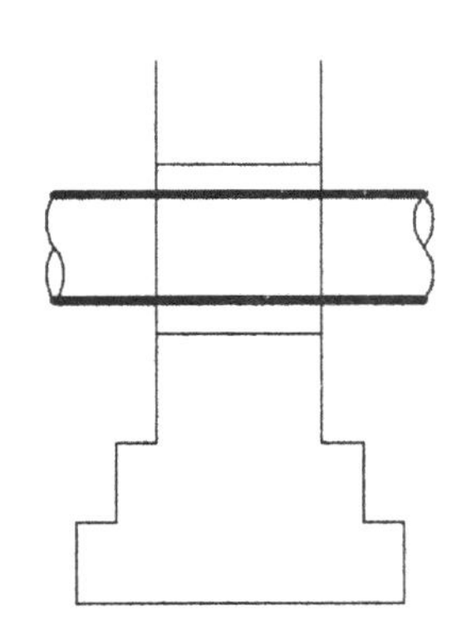

图 17-84　绘制图形

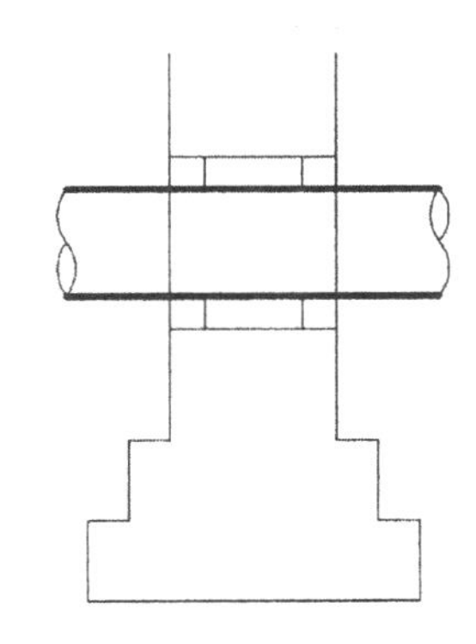

图 17-85　绘制竖直直线

（5）单击“绘图”工具栏中的“直线”按钮，在步骤（4）中绘制的图形顶部绘制一条长度为 1606 的水平直线，如图 17-86 所示。

（6）单击“修改”工具栏中的“偏移”按钮，选择步骤（5）中的水平直线为偏移对象，将其向上进行偏移，偏移距离为 36，如图 17-87 所示。

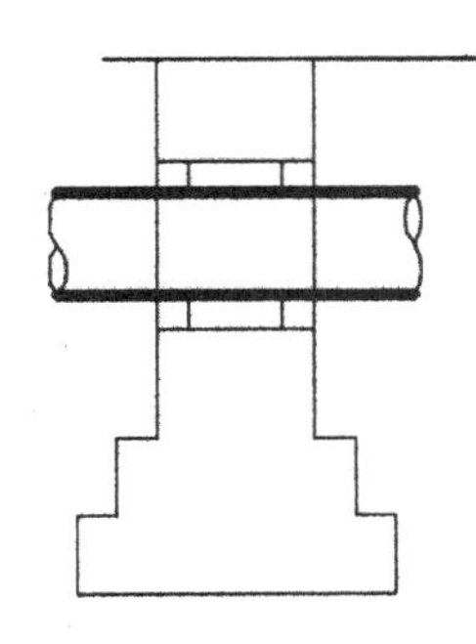

图 17-86　绘制水平直线

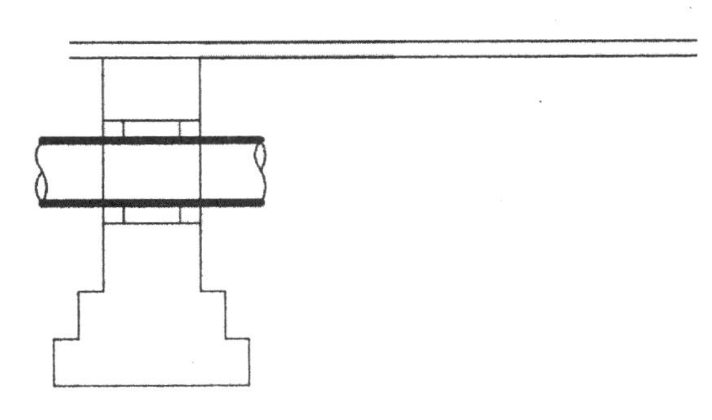

图 17-87　偏移水平直线

（7）单击“绘图”工具栏中的“直线”按钮，在步骤（6）中偏移水平直线上选择一点为直线起点，绘制连续直线，如图 17-88 所示。

（8）单击“绘图”工具栏中的“直线”按钮，以步骤（7）中绘制的水平直线左端点为直线起点，绘制一条长度为 114 的斜向直线，如图 17-89 所示。

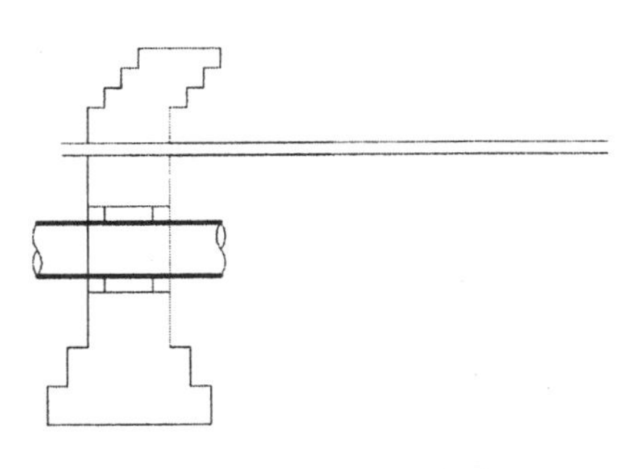
图 17-88　绘制连续直线

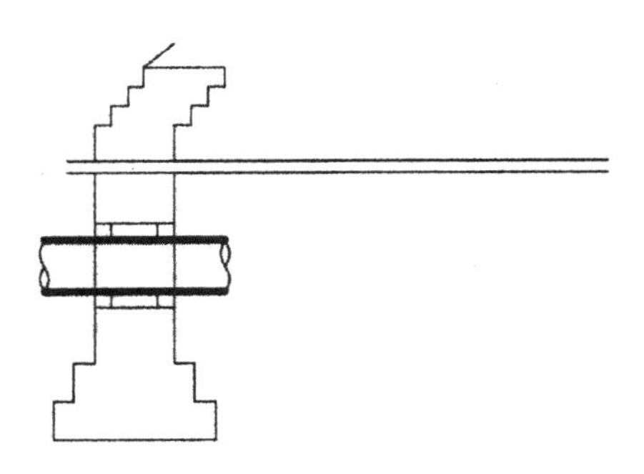
图 17-89　绘制斜向直线

（9）单击“绘图”工具栏中的“直线”按钮，完成左侧剩余部分图形的绘制，如图 17-90 所示。

（10）单击“修改”工具栏中的“镜像”按钮，选择左侧图形为镜像对象，过中间水平直线中点的竖直线为镜像线，对其进行竖直镜像，如图 17-91 所示。

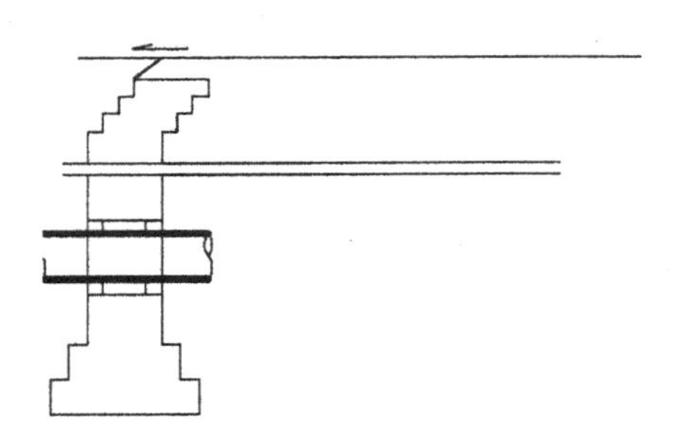
图 17-90　绘制剩余图形

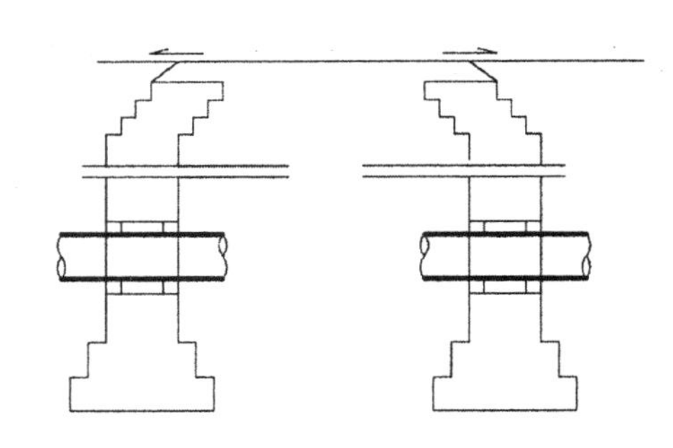
图 17-91　镜像对象

（11）单击“修改”工具栏中的“延伸”按钮，选择左侧镜像线段未与水平边相接部分，对其进行延伸，如图 17-92 所示。

（12）单击“绘图”工具栏中的“直线”按钮，在两图形间绘制一条水平直线，如图 17-93 所示。

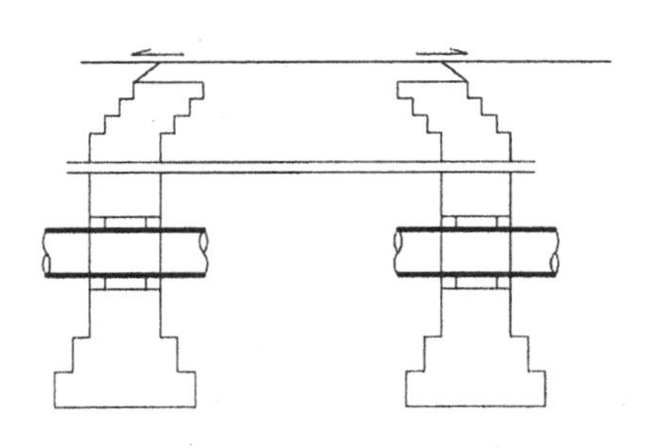
图 17-92　延伸线段

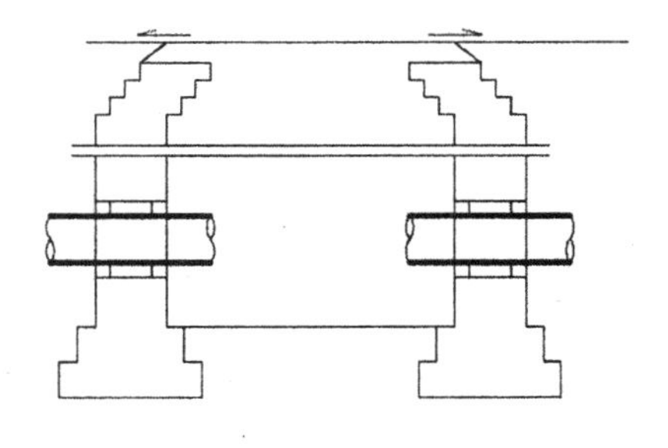
图 17-93　绘制水平直线

（13）单击“修改”工具栏中的“偏移”按钮，选择步骤（12）中绘制的水平直线为偏移对象，将其向下进行偏移，偏移距离为 100，如图 17-94 所示。

（14）单击“绘图”工具栏中的“矩形”按钮，在图形中间位置绘制一个尺寸为 120 × 142 的矩形，如图 17-95 所示。

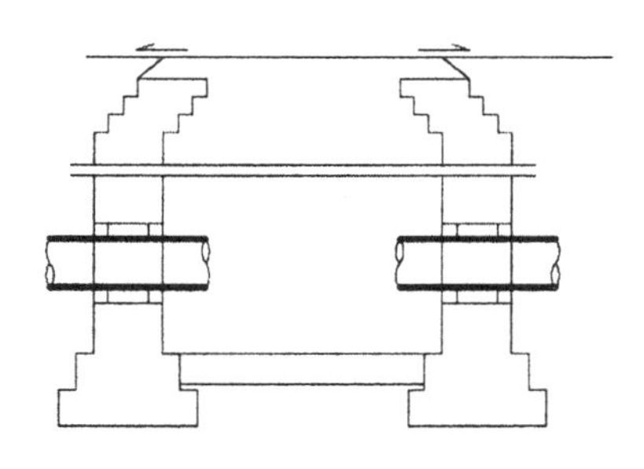

图 17-94　偏移水平直线

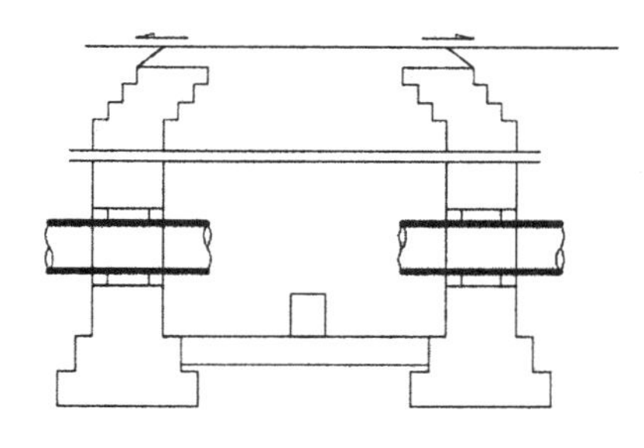

图 17-95　绘制矩形

（15）单击“绘图”工具栏中的“直线”按钮，在图形适当位置绘制连续直线，如图 17-96 所示。

（16）单击“修改”工具栏中的“修剪”按钮，选择步骤（14）中绘制的连续直线为修剪对象，对其进行修剪处理，如图 17-97 所示。

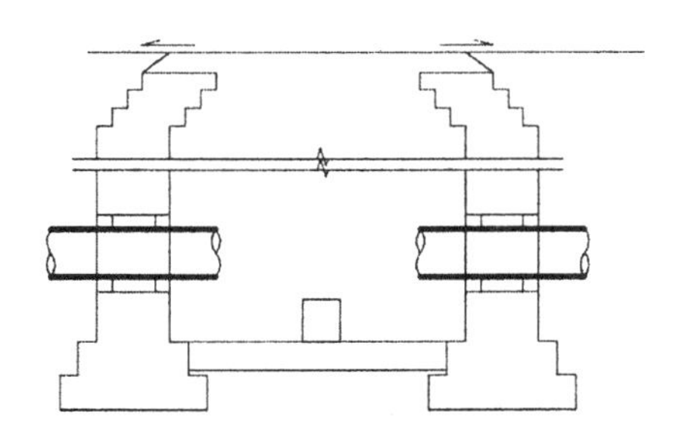

图 17-96　绘制连续直线

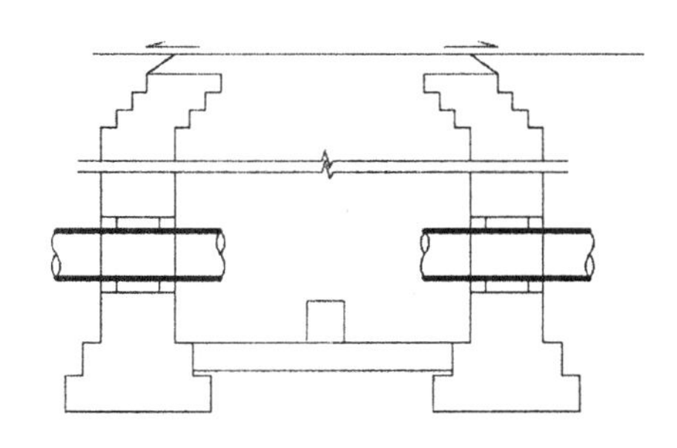

图 17-97　修剪处理

（17）单击“绘图”工具栏中的“直线”按钮，在图形底部绘制多条斜向直线，如图 17-98 所示。

（18）单击“修改”工具栏中的“复制”按钮，选择步骤（16）中绘制的线段为复制对象，对其进行连续复制，如图 17-99 所示。

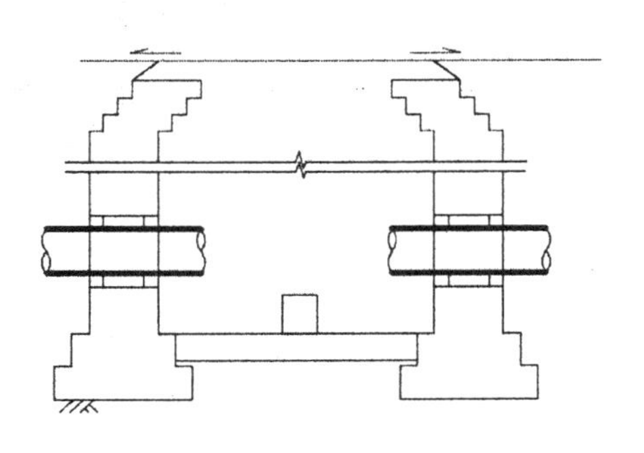

图 17-98　绘制斜向直线

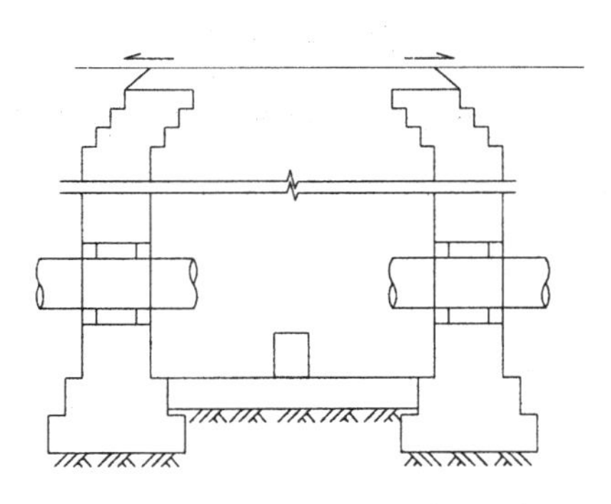

图 17-99　复制图形

（19）单击“绘图”工具栏中的“图案填充”按钮，选择填充区域，设置填充图案为ANSI31，填充比例为15，如图17-100所示。

（20）单击“绘图”工具栏中的“图案填充”按钮，选择填充区域，设置填充图案为GRAVEL，比例为8，如图17-101所示。

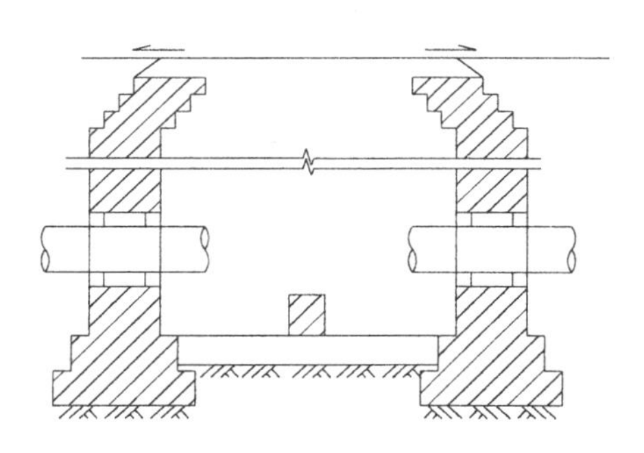

图 17-100　填充 ANSI31 图案

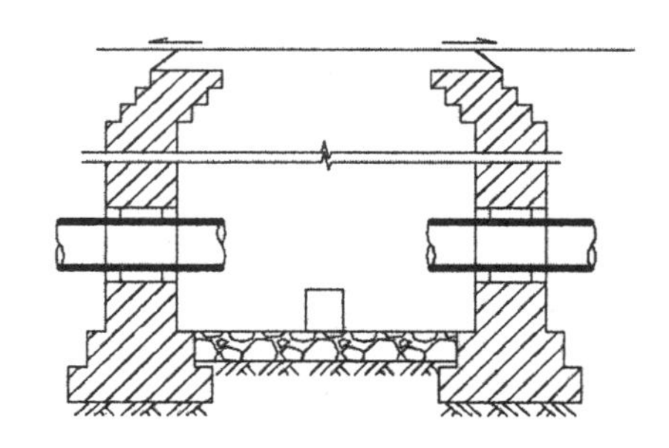

图 17-101　填充 GRAVEL 图案

（21）利用上述方法完成剖面图剩余图形的绘制，如图17-102所示。

3. 标注图形

（1）单击“标注”工具栏中的“线性”按钮，为图17-102中的图形添加线性标注，如图17-103所示。

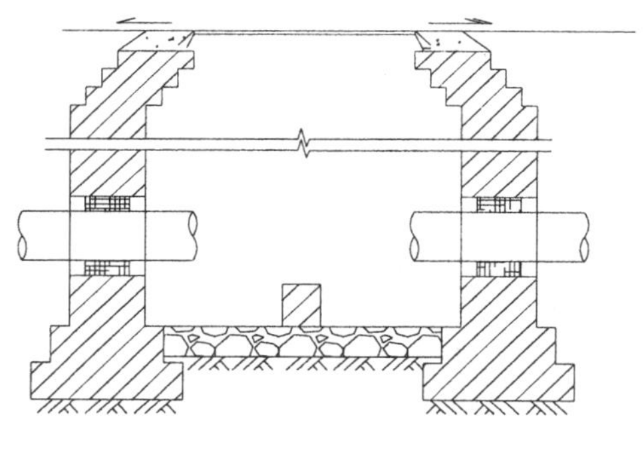

图 17-102　绘制剩余图形

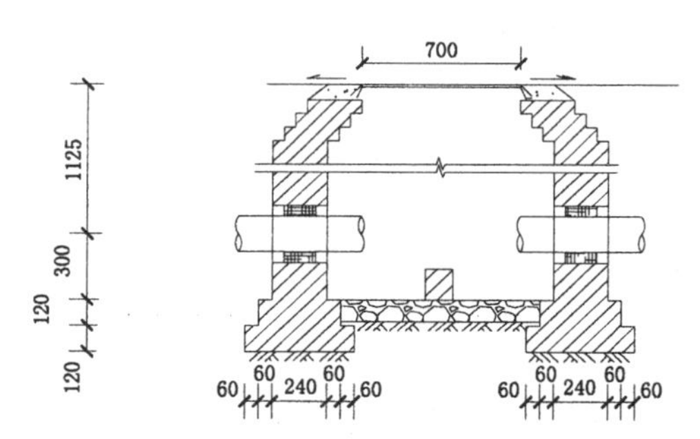

图 17-103　添加线性标注

（2）单击“绘图”工具栏中的“直线”按钮，在步骤（1）中的图形上绘制连续直线，如图17-104所示。

（3）单击“绘图”工具栏中的“多行文字”按钮A，在步骤（2）中绘制的连续直线上添加文字，如图17-105所示。

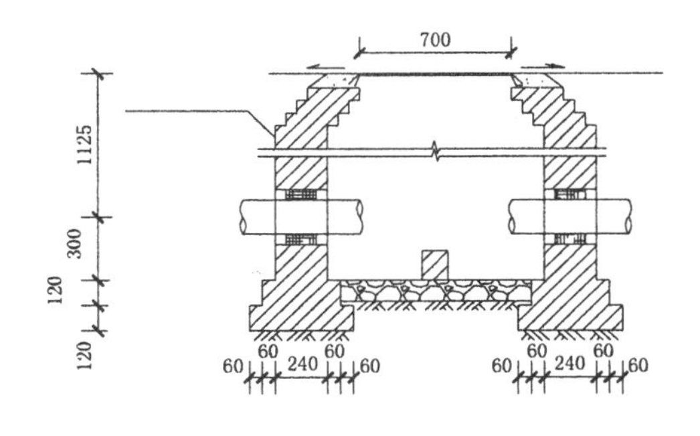

图 17-104 绘制直线

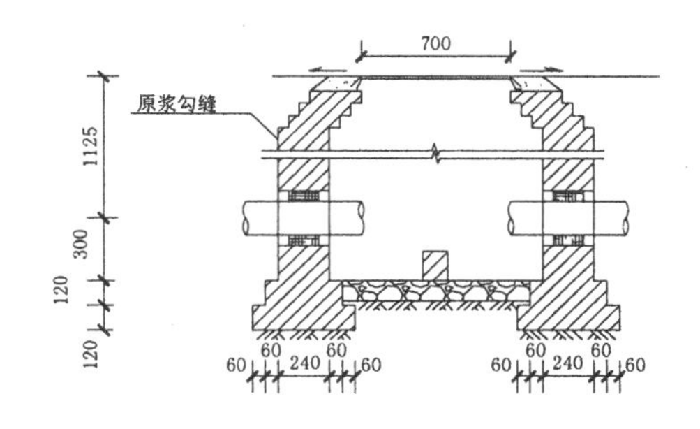

图 17-105 添加文字

（4）利用上述方法完成剩余文字的标注，如图 17-106 所示。

（5）单击“绘图”工具栏中的“多段线”按钮和“多行文字”按钮，为图形添加总图文字说明，如图 17-107 所示。

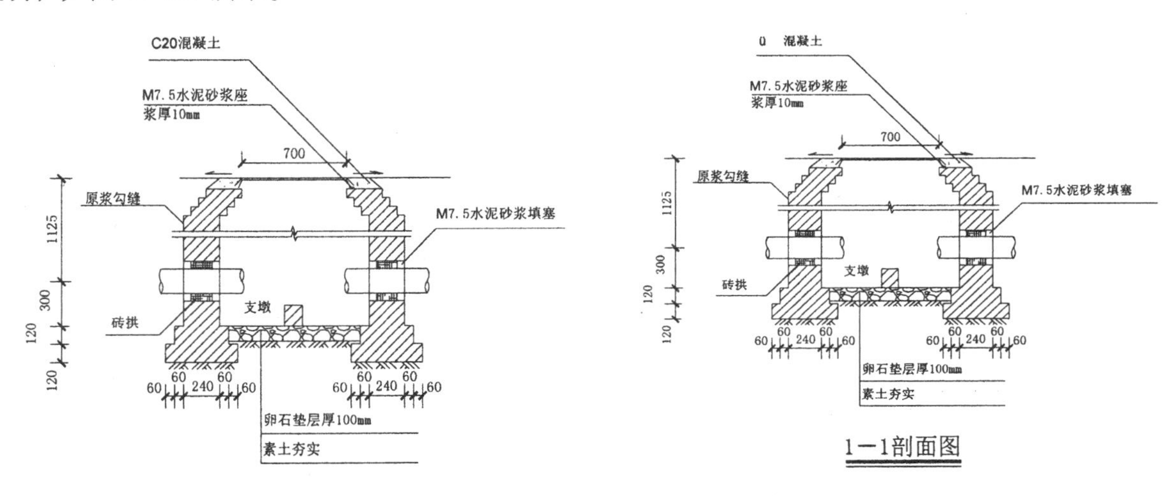

图 17-106 绘制剩余文字

图 17-107 添加总图文字说明

17.2.3 DN150mm 等（异）径三通镇墩图

（1）将“轴线”图层设置为当前图层，单击“绘图”工具栏中的“直线”按钮，在图形空白位置区域选择一点为直线起点，绘制长度为 1769 的水平直线，如图 17-108 所示。

图 17-108 绘制水平直线

（2）单击“绘图”工具栏中的“直线”按钮，在步骤（1）中绘制的水平直线上方绘制一条长度为 1357 的竖直直线，如图 17-109 所示。

（3）将“结构线”图层设置为当前图层，单击“绘图”工具栏中的“矩形”按钮，在步骤（2）

中的图形上选择一点为矩形起点，绘制一个尺寸为 1250 × 1000 的矩形，如图 17-110 所示。

图 17-109　绘制竖直直线　　　　图 17-110　绘制矩形

（4）单击“绘图”工具栏中的“圆”按钮，以步骤（3）中绘制的十字交叉线交点为圆心，绘制半径为 230 的圆，如图 17-111 所示。

（5）单击“绘图”工具栏中的“直线”按钮，在步骤（4）中绘制的圆上选择一点为直线起点，水平向右绘制长度为 563 的直线，如图 17-112 所示。

图 17-111　绘制圆　　　　图 17-112　绘制水平直线

（6）单击“修改”工具栏中的“偏移”按钮，选择步骤（5）中绘制的水平直线为偏移对象，将其向下进行偏移，偏移距离为 166，如图 17-113 所示。

（7）单击“修改”工具栏中的“修剪”按钮，选择步骤（6）中两偏移线段间圆线段为修剪对象，对其进行修剪处理，如图 17-114 所示。

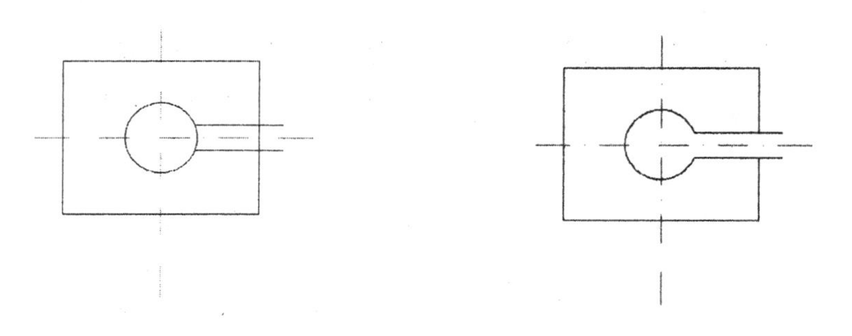

图 17-113　偏移线段　　　　图 17-114　修剪线段

（8）单击“绘图”工具栏中的“圆弧”按钮，在步骤（7）中的圆内绘制一段适当半径的圆弧，如图 17-115 所示。

（9）单击“绘图”工具栏中的“圆弧”按钮，在步骤（8）中的两直线线段间绘制两段圆弧，如图 17-116 所示。

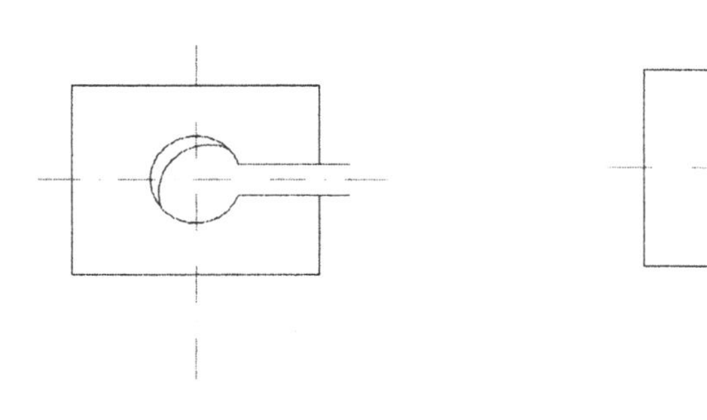

图 17-115　绘制适当半径圆弧　　　　图 17-116　绘制两段圆弧

（10）单击“绘图”工具栏中的“图案填充”按钮，选择矩形为填充区域，设置填充图案为 AR-CONC，填充比例为 2，对图形进行填充，如图 17-117 所示。

（11）单击“绘图”工具栏中的“图案填充”按钮，选择圆弧内部为填充区域，设置填充图案为 SOLID，填充比例为 1，如图 17-118 所示。

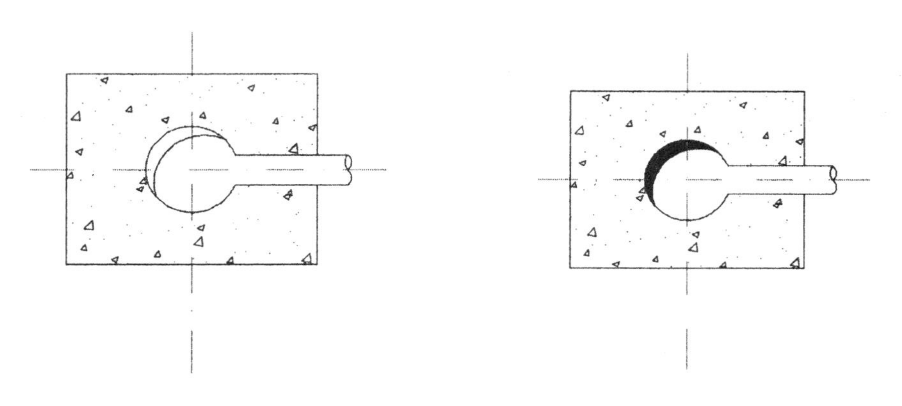

图 17-117　填充图形 1　　　　图 17-118　填充图形 2

（12）单击“标注”工具栏中的“线性”按钮，为步骤（11）中的图形添加尺寸标注，如图 17-119 所示。

（13）单击“绘图”工具栏中的“直线”按钮，在步骤（12）中的图形适当位置处绘制连续直线，如图 17-120 所示。

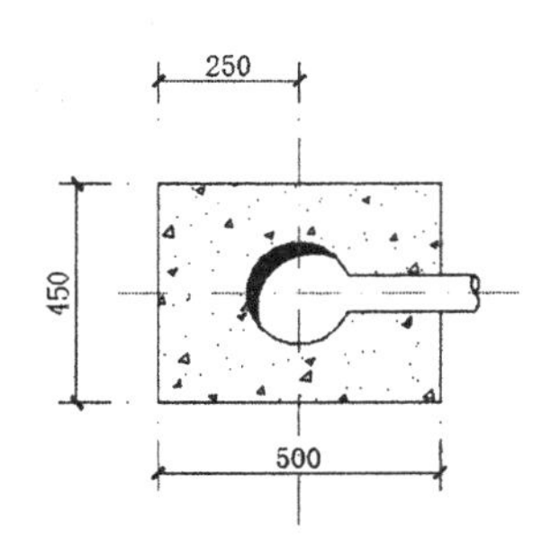

图 17-119　添加标注

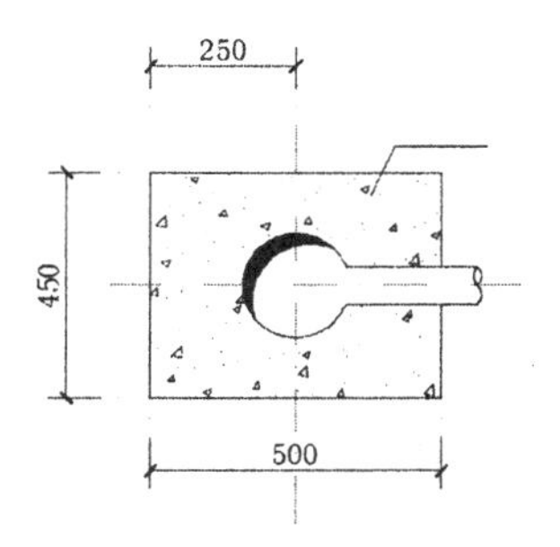

图 17-120　绘制连续直线

（14）单击“绘图”工具栏中的“多行文字”按钮A，在步骤（13）中绘制的连续直线上添加文字，如图 17-121 所示。

（15）利用上述方法完成 DN150mm 异径三通镇墩图，如图 17-122 所示。

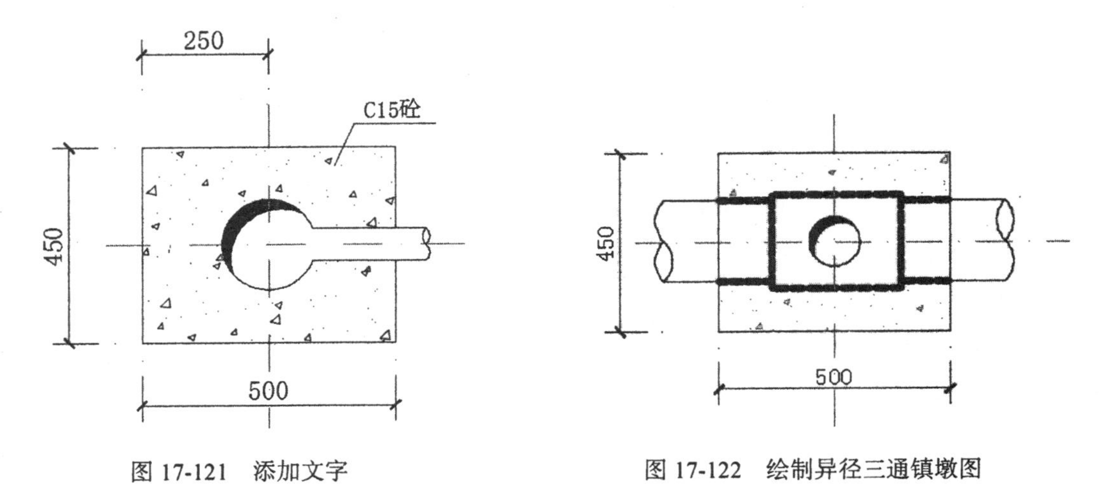

图 17-121　添加文字　　　　图 17-122　绘制异径三通镇墩图

（16）单击“绘图”工具栏中的“多段线”按钮和“多行文字”按钮A，在步骤（15）中绘制的图形底部添加总图文字说明，如图 17-123 所示。

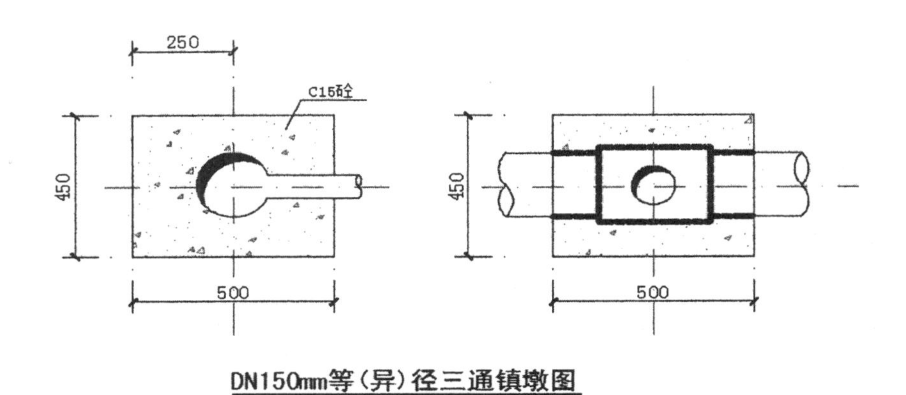

图 17-123　添加总图文字说明

17.2.4　DN150mm 弯头镇墩图

利用前面讲述的方法绘制 DN150mm 弯头镇墩图，如图 17-124 所示。

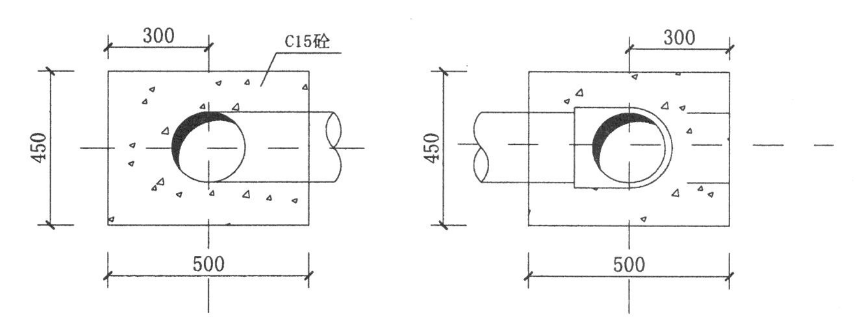

图 17-124　DN150mm 弯头镇墩图

17.2.5　添加文字说明

（1）单击“绘图”工具栏中的“多行文字”按钮A，为图形添加文字说明，如图 17-125 所示。

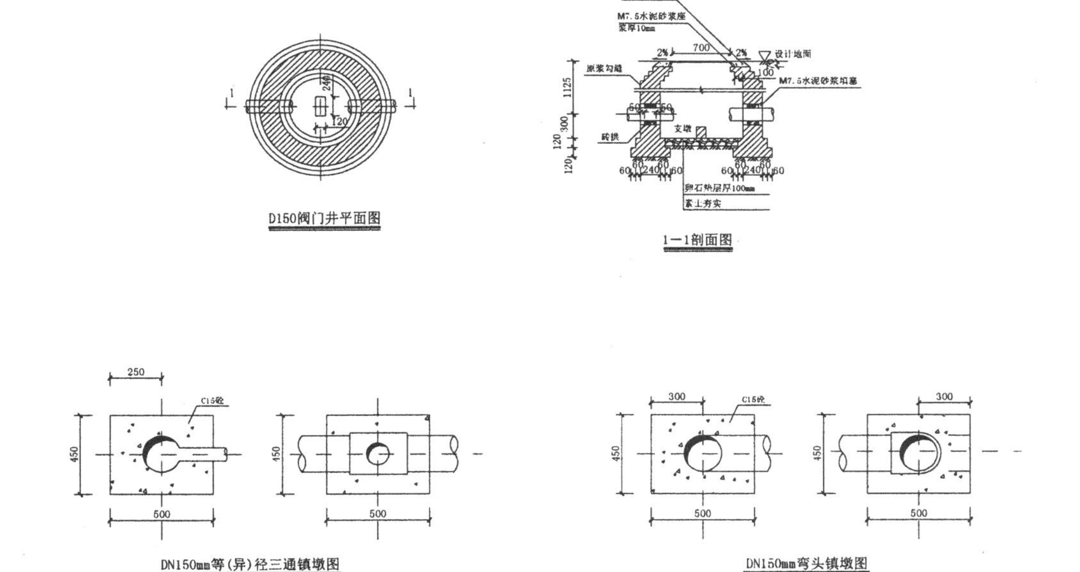

说明：
1、尺寸标注以mm为单位；
2、砖砌体为MU7.5砖，M7.5水泥砂浆砌筑；
3、检查井支墩必须托住阀底，四周用M7.5水泥砂浆摸八字填实；
4、回填土时应先将盖板盖好，在井壁周围同时回填并分层夯实；
5、阀门井上部为双收口，每层砖每侧收进5厘米；
6、PE管上直线位置设置三通处和转弯位置设置镇墩，混凝土强度为C15。

图 17-125　添加文字说明

（2）单击“绘图”工具栏中的“插入块”按钮，选择前面绘制的 A3 图框为插入对象，将其放置到图形中并在图框内添加图纸名称，最终完成检查井、镇墩详图的绘制，如图 17-65 所示。

17.3 植物园提灌系统总体设计

植物园提灌系统要覆盖到整个园区，其总平面布置图和平面布置图与第 14 章介绍的总平面图类似，这里简要介绍。

17.3.1 提灌系统总平面布置图

参照第 14 章具体绘制方法完成提灌系统总平面图布置图的绘制，如图 17-126 所示。

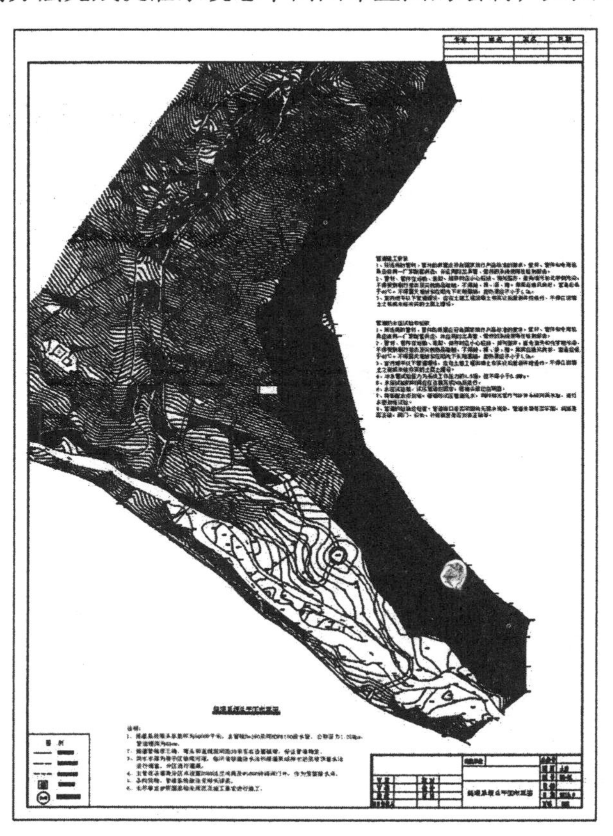

图 17-126 提灌系统总平面布置图

17.3.2 灌溉系统平面布置图

参照第 14 章具体绘制方法完成灌溉系统平面布置图的绘制，如图 17-127 所示。

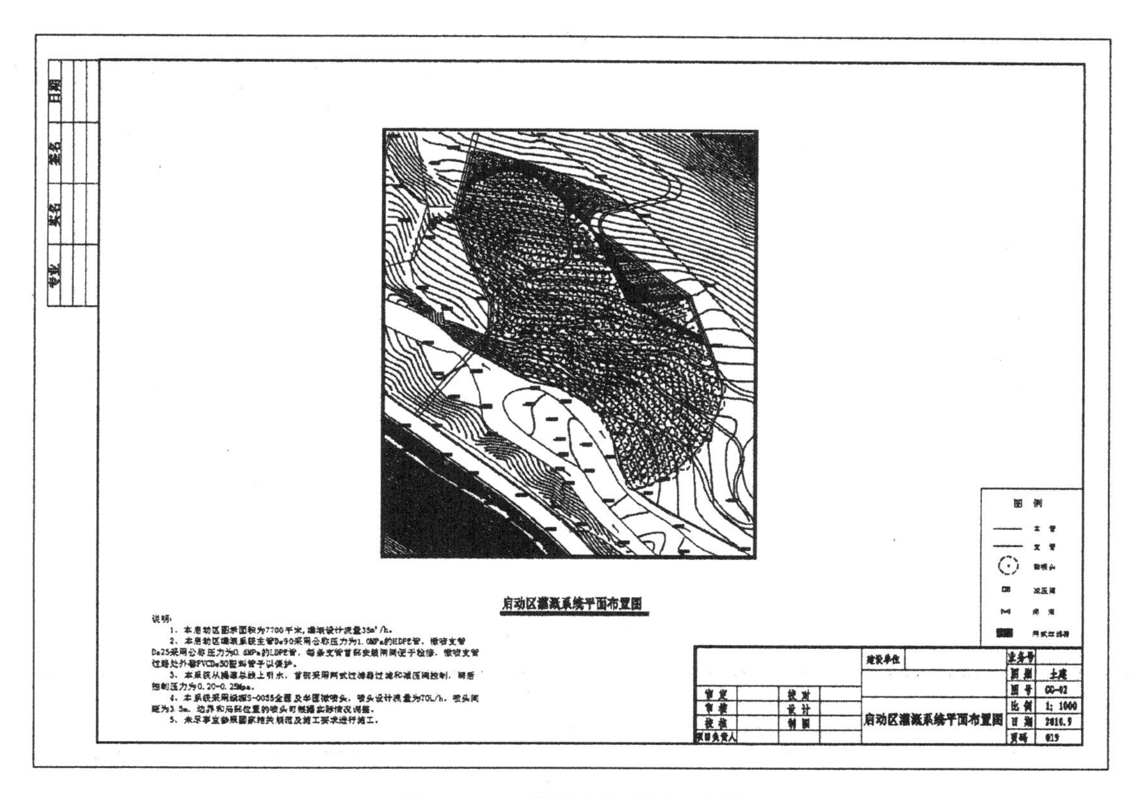

图 17-127　灌溉系统平面布置图

精品图书 推荐阅读

“善于工作讲方法，提高效率有捷径。”清华大学出版社“高效随身查”系列就是一套致力于提高职场人员工作效率的“口袋书”。全系列包括11个品种，含图像处理与绘图、办公自动化及操作系统等多个方向，适合于设计人员、行政管理人员、文秘、网管等读者使用。

一两个技巧，也许能解除您一天的烦恼，让您少走很多弯路；一本小册子，也可能让您从职场中脱颖而出。“高效随身查”系列图书，教你以一当十的“绝活”，教你不加班的秘诀。

（本系列图书在各地新华书店、书城及当当网、亚马逊、京东商城等网店有售）

精品图书　推荐阅读

AutoCAD 实例教程系列书共 8 本，以“基础知识 + 中小实例 + 综合演练 + 名师点拨 + 上机实验 + 模拟考试”的形式介绍了 AutoCAD 在机械、建筑、电气、室内装潢、家具、园林景观、市政等方面的应用。本系列书遵循 AutoCAD 认证考试大纲编写，非常适合参加 AutoCAD 技能考试的人员参考。

另外，AutoCAD 实例教程系列书还配套多媒体教学光盘，为读者配备了极为丰富的学习资源，具体包括以下内容：

1. 与书同步的高清多媒体实例教学视频，边看视频边学习，轻松效率高。

2. AutoCAD 应用技巧大全、各种速查手册、AutoCAD 认证考试样题集、常用图块集和常用填充图案集等辅助学习资料，能极大地方便学习。

3. 赠送与书相关的案例视频及源文件，可以拓展视野，增强实战。

4. 全书实例的源文件和素材，方便按照书中实例操作时直接调用。

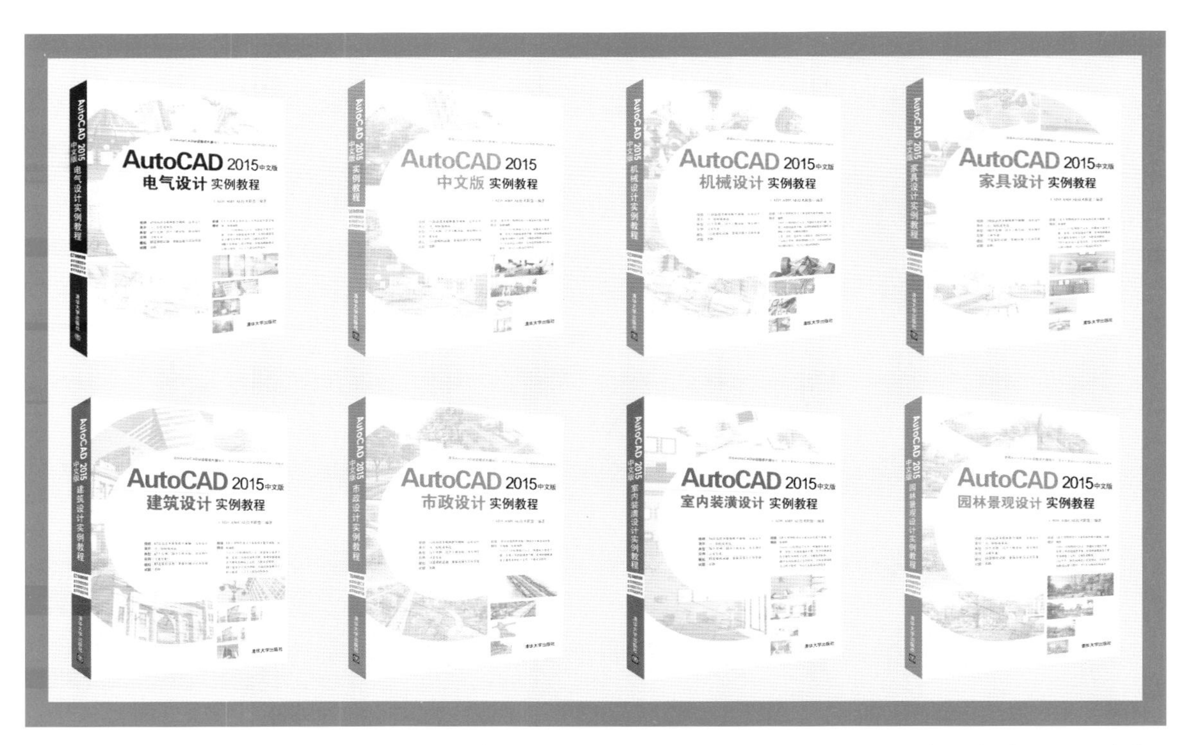

（以上图书在各地新华书店、书城及当当网、亚马逊、京东商城等网店有售）